基础生命科学 第2版

ESSENTIALS OF LIFE SCIENCE

封面图片说明

绿鬣蜥（*Iguana iguana*）局部形态特写。绿鬣蜥属脊椎动物门、爬行纲、有鳞目、鬣蜥科、蜥蜴属。绿鬣蜥头大、尾长，主体色为绿色，背颈部生较多圆椎状鳞，从背部至尾部有一行梳状鬣鳞，体侧有黑色竖纹至尾端。头部特征突出，眼大、鼓膜裸露体表，两腮有大型的圆形鳞片，喉下有大齿状喉扇。主要分布在热带和亚热带，一般生活在树上，以素食为主，性情温顺，易于人工驯养。

图片摄影：吴庆余；拍摄地点：清华大学近春园湖边。

基础生命科学 第2版

ESSENTIALS OF LIFE SCIENCE

吴庆余　编著

高等教育出版社·北京

©2006 高等教育出版社 北京

版权所有 侵权必究

图书在版编目（CIP）数据

基础生命科学／吴庆余编著．—2 版．—北京：高等教育出版社，
2006.5（2024.5重印）
ISBN 978-7-04-019199-8

Ⅰ．基… Ⅱ．吴… Ⅲ．生命科学－高等学校－教材 Ⅳ．Q1-0

中国版本图书馆 CIP 数据核字（2006）第 032612 号

策划编辑	吴雪梅 王 莉		责任编辑	王 莉 吴雪梅	
封面设计	吴庆余 张 楠		责任绘图	刘金龙	
版式设计	刘金龙 张 楠		责任印制	耿 轩	

出版发行	高等教育出版社	网　　址	http://www.hep.edu.cn
社　　址	北京市西城区德外大街 4 号		http://www.hep.com.cn
邮政编码	100120	网上订购	http://www.landraco.com
印　　刷	河北信瑞彩印刷有限公司		http://www.landraco.com.cn
开　　本	889×1194　1/16		
印　　张	25	版　　次	2002年5月第1版
字　　数	920 000		2006年5月第2版
购书热线	010-58581118	印　　次	2024年5月第19次印刷
咨询电话	400-810-0598	定　　价	47.60元

本书如有缺页、倒页、脱页等质量问题，请到所购图书销售部门联系调换。

物料号　19199-00

序 *Prelude*

翻开《基础生命科学》第2版，先有耳目一新的感觉，读完全书，认为这是一本适应科技发展与创新人才培养的好教科书。因此，应作者邀请，欣然提笔作序。

科教兴国，人才为本。中国要赶超世界发达国家的先进科技水平，可能需要几代人长期的努力。科学研究与人才培养，相辅相成。在我们这一代科学工作者攀登科技高峰的同时，应该注重后继创新人才的培养，这是一种责任、一种使命，更是科学家应有的一种境界。编写出适应科技发展与创新人才培养的好教科书应该得到鼓励。

20世纪后叶，分子生物学领域一系列重大突破，使生命科学在自然科学中的地位发生了革命性的变化。当今世界，解决人类面临的诸如人口膨胀、粮食短缺、疾病危害、环境污染、能源危机、生态失衡、生物多样性丢失等一系列重大问题和挑战，在很大程度上要依赖于生命科学和生物技术的进步与发展。与十多年来重视和普及计算机和信息技术知识一样，现在应该是重视和普及生命科学与生物技术知识的时候了。否则，我们有可能会再次失去在激烈的科技竞争和经济发展中领先的机会。因此，《基础生命科学》第2版教科书的出版发行正逢其时。

建万丈高楼，夯实基础最重要。攀登科技高峰，需要有扎实的基础知识为后盾。学习现代生命科学基础知识，是生物类专业和非生物类专业大学生共同的需要，也是科技工作者更新知识或完善知识结构的需要。基础应该是共同的，就像提倡中小学不分文理科一样，好的基础生命科学教科书也可在各专业通用。纵观国内外大学书苑，越是好的教科书，就越能把深奥复杂的科技知识写得更通俗易懂。一本好书，不但会在一流大学中流行，也应该受到一般大学师生的普遍欢迎。《基础生命科学》作者长期主持国家自然科学基金项目，又一直亲临课堂一线讲授基础课程，科研与教学的亲身经历为他编写图文并茂、深入浅出的教科书提供了条件。

生命科学，奥妙无穷，也是现代艺术创作取之不尽、用之不竭的源泉。编写全彩色《基础生命科学》教科书是科学与艺术结合的可贵实践，期盼它能激发年轻学子的求知欲和学习热情。图书有价，知识无价；学位与学问，学问更重要。愿同学们通过学习基础生命科学知识，更加崇尚科学、珍爱生命、追求创新。

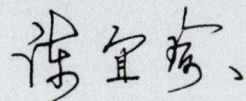

（中国科学院院士，国家自然科学基金委员会主任）

前言
Preface

吴庆余　清华大学教授

上世纪80年代，我第一次去美国，看到修读生物学课程的大学生人手一本全彩色生物学教材，我想，如果中国的大学生能用上我们自行编写的全彩色生物学教材，那该多好啊！生命原本有形有色，有色盲的人不适合从事生物学类专业的学习和工作。随着人类文明与技术的进步，彩色电视取代了黑白电视，同样，基础生物学全彩色教材取代黑白教材也是生命科学领域高等教育发展的必然趋势，因为图文并茂的彩色教材能够更真实高效地反映生命的特征和规律。

基于以上愿望和认识，经过4年的辛苦工作，我终于在2002年编写出版了全彩色《基础生命科学》大学教材。虽然《基础生命科学》第1版有许多不足，但它仍然受到了许多大学生和教师的欢迎。在《基础生命科学》第1版付诸印刷的时候，第2版教材的编写工作就开始了。经过又一次约4年的辛苦工作，现在《基础生命科学》第2版终于得以完成。

与第1版相比，《基础生命科学》第2版仍然追求简单明了，通俗易懂；基础与前沿并重；宏观与微观紧密联系；激发学习热情和兴趣等目标。在形式与内容上，第2版被完全重新编排和编写，最大的变化包括：

1. 全书内容增加了约30%，增加了"发育"、"人体健康与重大疾病预防"两章新内容，其他各章节也都补充了最新的前沿知识，每章还新增加了精选的习题。因此，它适用于生物类专业基础课，也适用于大学本科公共课。

2. 各章节进行了重新编排，如原"能量与代谢"、"细胞呼吸"、"光合作用"三章合并为一章；原"细胞繁殖和遗传"、"DNA"、"基因表达和调控"合并为一章；"生物的多样性及其分类代表"并入了"进化"一章；有关动植物发育的内容转入"发育"一章；动物免疫的有关内容转入到"人体健康与重大疾病预防"一章；等等。如此重新编排并补充新内容，使第2版各章节更具有条理性，并照顾到微观与宏观的联系、基础与应用的结合。

3. 经过专业美术人员与作者共同努力，几乎所有图片都经过重新设计或绘制，图片数量增加了约20%，不仅质量显著提高，而且更易于直观理解。图片的绘制还特别注重增加新创意或新表现形式。大部分图片新配了精心编写的图注。

4. 采用双栏排版，彩印平装版还特别将易于自学的"植物的结构与功能"、"动物的结构与功能"两章用电子版的形式制成随书的光盘，大大降低了平装版的售价。与第2版新教材同步出版的教辅材料包括《基础生命科学（第2版）学习指导与习题》和《基础生命科学（第2版）教学辅助光盘》。

编写全彩色基础生命科学教材仍然是新尝试，一定还存在错误和不足，欢迎各位专家和使用本教材的教师、学生及读者提供批评、建议与具体修改意见。

在本书编写完成的时候，我心中充满了对许多人的感激，书后致谢部分一并表达。

吴庆余

2006年4月于清华园

email: qingyu@tsinghua.edu.cn

目 录
Contents

第一章 生物与生命科学   1

第一节   什么是生命 ……………………………………… 2
第二节   为什么要学习生命科学 ………………………… 6
第三节   生命科学涵盖的主要内容 ……………………… 9
第四节   如何学习生命科学 ……………………………… 13
第五节   创新性研究推动生命科学向前发展 …………… 16

第二章 生物的化学组成   25

第一节   原子与分子——生命的化学基础 ……………… 26
第二节   糖 类 …………………………………………… 32
第三节   脂 类 …………………………………………… 35
第四节   蛋白质 …………………………………………… 37
第五节   核 酸 …………………………………………… 46

第三章 细胞——生命的基本单位   55

第一节   细胞的基本概念 ………………………………… 56
第二节   真核细胞的结构与功能 ………………………… 62
第三节   生物膜 …………………………………………… 66
第四节   细胞分裂与细胞周期 …………………………… 76
第五节   细胞学研究的一般方法 ………………………… 84

第四章
能量与代谢　91

- 第一节　生物体的能量 …… 92
- 第二节　生物催化剂——酶 …… 96
- 第三节　生物代谢 …… 101
- 第四节　细胞呼吸 …… 105
- 第五节　光合作用 …… 113

第五章
遗传及其分子基础　125

- 第一节　遗传学基本定律 …… 126
- 第二节　基因的奥秘 …… 134
- 第三节　遗传密码与蛋白质合成 …… 141
- 第四节　基因表达的调控和DNA损伤的修复 …… 147
- 第五节　人类基因组计划简介 …… 156

第六章
发　育　165

- 第一节　细胞分化与胚胎发育 …… 166
- 第二节　发育的细胞与分子生物学机制 …… 172
- 第三节　几种发育模式生物的特征 …… 185
- 第四节　干细胞和动物克隆 …… 193

第七章
进　化　201

- 第一节　生命的起源 …… 202
- 第二节　Darwin与进化论 …… 210
- 第三节　群体遗传与生物进化的机理 …… 218
- 第四节　生物进化的证据和历程 …… 225
- 第五节　生命系统及进化树 …… 231
- 第六节　人类的起源和进化 …… 239

第八章
植物的结构与功能　247

第一节　植物各门类及其特征 …………………………… 249
第二节　植物的结构与生长 ……………………………… 252
第三节　植物的营养与体内运输 ………………………… 263
第四节　植物的繁殖 ……………………………………… 268
第五节　植物生长发育的调控 …………………………… 275

第九章
动物的结构与功能　287

第一节　动物体结构对功能的适应性 …………………… 288
第二节　消化系统与排泄系统 …………………………… 296
第三节　呼吸系统与循环系统 …………………………… 305
第四节　内分泌系统与动物激素的作用 ………………… 315
第五节　神经系统、感觉与运动 ………………………… 321
第六节　生殖系统、繁殖与胚胎发育 …………………… 339

第十章
生物与环境　351

第一节　生态学的层次和生态因子 ……………………… 352
第二节　种群生态 ………………………………………… 358
第三节　生物群落 ………………………………………… 366
第四节　生态系统 ………………………………………… 374
第五节　生物多样性、人口、资源与可持续发展 ……… 384

第十一章
人体健康与重大疾病预防　395

第一节　人体免疫与防御系统 …………………………… 396
第二节　主要致病因素和病原体 ………………………… 403
第三节　几种重大疾病简介及其预防 …………………… 413
第四节　保持身体健康，提高生命质量 ………………… 424

第十二章
生物技术与人类未来

第一节 生物技术及其发展历史	432
第二节 重组 DNA 技术——基因工程	435
第三节 蛋白质工程、发酵工程和细胞工程简介	446
第四节 生物技术在农业、医药等方面的应用	452
第五节 生物技术面临的问题与挑战	461
第六节 生物科技造福人类	463
主要参考书目	469
中英名词对照及索引	470
图片说明	487
致　谢	489

各章摘要

 内容详见随书光盘。

本书配套教辅材料之一：
《基础生命科学（第 2 版）学习指导与习题》
作者：李菡　吴庆余
高等教育出版社 2006 年 7 月出版

本书配套教辅材料之二：
《基础生命科学（第 2 版）教案与多媒体课件》
作者：闫永彬　吴庆余
高等教育出版社 2006 年 7 月出版

第一章

生物与生命科学

第一节　什么是生命
　　一、细胞是生命的基本单位
　　二、新陈代谢、生长和运动是生命的本能
　　三、生命通过繁殖而延续
　　四、生物具有个体发育和进化的历史
　　五、生物对环境的适应性

第二节　为什么要学习生命科学
　　一、从达尔文的进化论到克隆羊"多莉"
　　二、人类面临的挑战
　　三、新世纪的大学生不能没有现代生命科学基础知识
　　四、生命科学的发展需要您的参与

第三节　生命科学涵盖的主要内容
　　一、生命科学的概念与基本内容
　　二、微观与宏观领域相互联系
　　三、跟踪生命科学和生物技术的最新进展

第四节　如何学习生命科学
　　一、兴趣是最好的老师
　　二、把握基本概念和它们之间的内在联系
　　三、提出问题和设想
　　四、实验是开启生命王国大门的钥匙

第五节　创新性研究推动生命科学向前发展
　　一、生命科学是一个变化发展的过程
　　二、如何进行创新科学研究
　　三、科技论文与学术交流
　　四、科学研究的驱动力

世间万物，唯独生命是最美的。生命本质无限深奥，人类对生命奥秘的探索永无止境。

第一节　什么是生命

欢迎打开本书，学习生命科学，探索生命的奥秘。

每天，当我们阅读报纸、收看电视或上网浏览，不知您是否注意到，在所有科技新闻中，与生命科学（life science）和生物技术（biotechnology）相关的报道出现的频率最高。我们正生活在一个生命科学大发展的时代。新的生命科技浪潮使我们的生活更富有挑战性。

生命有形，梦想无限；我们享受生活，因为我们具有生命。随着人类社会的进步和物质生活的日益丰富，人类更加珍惜生命，追求健康，更加重视对生命奥秘的探索和对生命科学知识的学习。生命科学与生物技术将决定人类和自然的未来。

什么是生命呢？

"活的东西就是生命"，"能动的东西是生命"，"生命可以新陈代谢（metabolism）"等等，这些回答都没有错。要简单明了并且较系统地回答什么是生命这一问题，就要区别生命与非生命，首先应该了解生命（life）或生物体（organism）的基本特征。

一、细胞是生命的基本单位

除了病毒（virus）以外，所有的生物体都是由**细胞**（cell）组成的。细胞由膜（membrane）包被，内含有细胞核（nucleus）或拟核（nucleoid）和原生质（protoplasm）。成千上万的细胞可以组成复杂的生物体，如高大的树木、大熊猫或人体；单个细胞也可以组成简单的生物体，如细菌（bacteria）、单细胞藻类（alga）（图1-1）。**病毒**（如噬菌体）主要是由核酸（nucleic acid）和蛋白质（protein）外壳组成的简单生命个体，它虽然没有细胞结构，但仍然具有生命的其他基本特征（图1-2，有关病毒的结构和功能等将在第十一章第二节详细介绍）。

细胞是生物结构与功能的基本单位，其生命活动的结构基础是细胞内高度有序且为动态的结构体系。最初产生的细胞是原核细胞（prokaryotic cell），原核细胞的遗传物质分布于核区，没有膜包被的细胞器（organelle）。真核细胞（eukaryotic cell）具有真正的细胞核和具有特定结构与功能的细胞器。细胞内最重要的结构体系包括遗传信息结构体系、膜结构体系和细胞骨架结构体系。活细胞是一个微小的化学工业园，在极其复杂的结构空间内发生着数千种受到严格控制的生物化学反应。

细胞的结构与功能、生长和增殖、发育与分化、遗传与变异、信号转导和通讯、基因表达和调控、衰老和凋亡、起源与演化等是我们在显微、亚显微和分子水平上认识生命现象所需要学习和研究的一些最重要的问题。

图1-1　所有生物体都是由细胞组成的　大熊猫是多细胞哺乳动物，其身体各部分包含了许多细胞。典型的动物细胞没有细胞壁，细胞中可观察到细胞核等细胞器。大熊猫食用的竹子是多细胞植物，植物细胞除了细胞核外，还可见液泡、叶绿体等细胞器，植物细胞具有典型的细胞壁。图中（a）为典型的动物细胞模式图，（b）为典型的植物细胞模式图。图中（c）显示溪流里有许多细菌和藻类生物，细菌都是单细胞原核生物。藻类生物有单细胞的，也有多细胞的，它们一般都具有光合作用的能力。

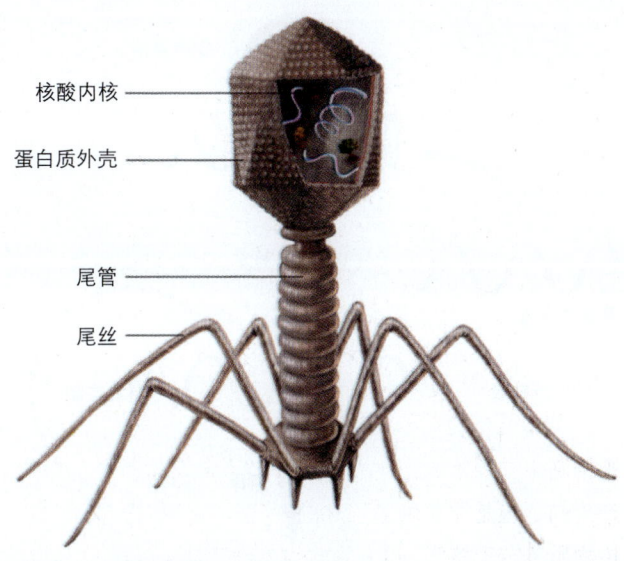

图1-2 噬菌体结构模式图 噬菌体是一种没有细胞结构的病毒,寄生于细菌。它们的蛋白质外壳分为头、尾两部分。头部包裹单链或双链的RNA或DNA,尾部是一个长管,有的噬菌体尾部有尾丝。侵染细菌时,噬菌体以尾部顶端和尾丝附着于细菌表面,通过尾管将头部的核酸注入细菌内,随后利用细菌的复制、转录和翻译机制合成噬菌体新的核酸和蛋白质,组装出新一代噬菌体。

二、新陈代谢、生长和运动是生命的本能

通俗地说,生物体内每时每刻都有新的物质被合成,又有一些物质不断被分解,在这种物质合成与分解中又伴随着能量的贮藏与释放,这就是**新陈代谢**。生命的活动需要能量,为了维持自身高度有序的状态,生物必须与外界不断地进行物质和能量交换。它们从外界获取太阳能或富含自由能(free energy)的有机物并加以利用,而把热及含自由能较少的代谢废物释放回环境中去。在生物体内,以腺苷三磷酸(adenosine triphosphate, ATP)为代表的高能化合物不断地被合成和分解,维持着生命活动的能量需要和平衡。例如,食草动物从外界环境摄取食物,这些食物一部分用于身体的生长(growth),另一部分转化为维持生命的能量。物质代谢是能量代谢的载体,能量代谢是物质代谢的动力。生物与外界交换物质与能量的同时,体内连续地进行着合成代谢与分解代谢的生物化学反应,所有生物体内的这种新陈代谢一刻也不会停止(图1-3)。所谓"生物是活的东西",就是说生命过程始终处于新陈代谢、生长和运动过程之中。而生命运动与自然界其他运动形式如物理的位移、化学分子的结构变化等相比较,要复杂得多。因此,生命活动是自然界最高级的运动形式。例如,目前我们还很难理解和想象,在记忆过程中大脑细胞内各种物质运动的详细过程。我们也不完全知道,为什么有些植物也能感受外界刺激而运动,如食虫植物可以捕食消化昆虫等等(图1-4)。

富含自由能的有机物合成与分解是新陈代谢对立统一的两个方面。**光合作用**(photosynthesis)是植物吸收太阳能将二氧化碳与水合成为葡萄糖的过程。通过细胞**呼吸**(respiration),在有氧的情况下葡萄糖又可被分解成二氧化碳与水,同时产生生命代谢活动所需要的能量。光合作用与细胞呼吸作用过程都涉及到细胞内一系列高度有序的酶促反应(enzymatic reaction)。伴随能量流动的新陈代谢是生命最基本的特征,光合作用与呼吸作用的过程与机理是认识生物新陈代谢的主要内容之一。

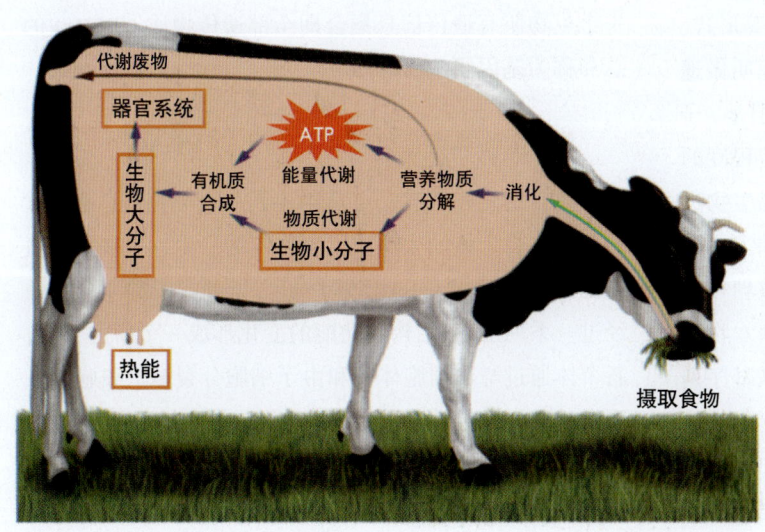

图1-3 新陈代谢——物质的合成与分解及能量转换
为了维持自身的有序状态,生物都必须与外界不断地进行物质和能量交换,这就是新陈代谢过程。以一头吃草的奶牛为例,富含自由能的青草在牛的消化道里经过消化成为可被吸收的营养物质,这些营养物质被吸收后有的成为构成奶牛体细胞的原材料,有的用于呼吸作用,其中的能量被转移到ATP中去。各种生化反应都需要能量,ATP扮演着能量通货的角色。在这些过程中产生的低能量代谢废物最后被重新释放到环境中,奶牛则获得了维持自身高度有序状态的能量。

图 1-4 **食虫植物** 已知的食虫植物有许多种,图中列举了其中两种。(a)捕蝇草叶的上部分化成具尖齿的瓣片,表面为红色消化腺,并有敏感的腺毛,一经触动瓣片便立即闭合。(b)圆叶毛毡苔会在昆虫降落其上后迅速作出反应,触毛裹紧猎物,同时迅速分泌消化液。研究发现,触毛只有受到含氮化合物的刺激后才会作出捕虫反应。也就是说,食虫植物捕食昆虫其实是为了补充N元素。食虫植物的存在体现了大自然的神奇。

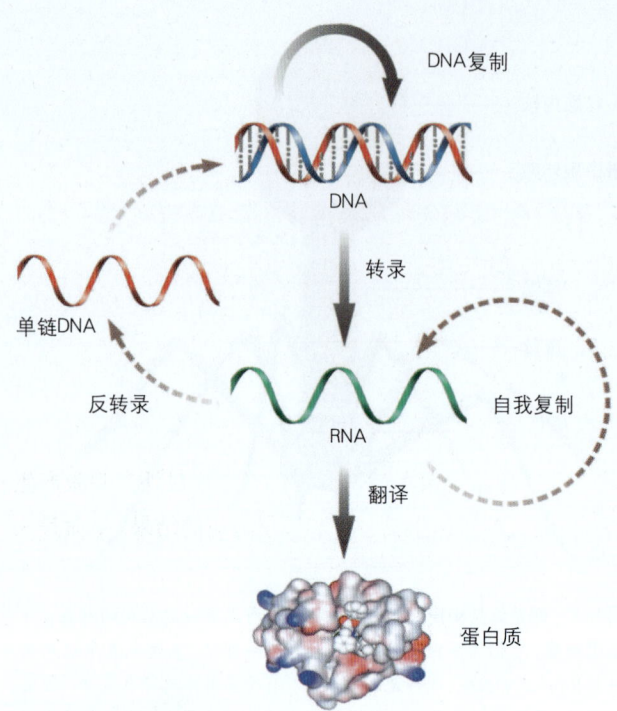

图 1-5 **DNA 结构和遗传信息流** 1953 年 Watson 和 Crick 建立了 DNA 双螺旋结构模型,奠定了现代分子生物学的基础。DNA 分子是由两条脱氧核糖核酸长链互以碱基配对相连而成螺旋状的右旋双链分子,DNA 分子可以自我复制,将遗传信息传给下一代。DNA 分子也可以转录成 mRNA,mRNA 再把遗传信息翻译成蛋白质。即遗传信息流的流动方向是由 DNA 到 RNA 再到蛋白质。科学家还发现了 RNA 自我复制和以 RNA 为模板,反向转录形成互补的 DNA 的逆转录现象。尽管如此,在 DNA、RNA 和蛋白质三者中,DNA 是最关键的物质,DNA 包含着生命的秘密。

三、生命通过繁殖而延续

所谓"生生不息,生命不止",说的是生物都具有繁衍后代的能力。在自然界,唯独生物具有繁衍后代的能力。生物繁殖(reproduction)包括无性生殖(asexual reproduction)、有性生殖(sexual reproduction)等形式。生物可以繁殖产生与自身相似的后代,这种现象叫做**遗传**(heredity)。遗传使生物体的特征得以延续,但是,子代与亲代之间及子代不同个体之间还会产生一定程度的差异,这就是**变异**(variation)。遗传和变异也是生物进化(evolution)的基础。如今,生命的繁殖不再神秘,因为科学家们已经揭示了生物遗传的秘密:脱氧核糖核酸(deoxyribonucleic acid,DNA)是生物遗传的基本物质(图 1-5)。遗传信息(genetic information)以碱基序列(base sequence)的形式贮存在 DNA 分子中,再由亲代传给子代,并决定了蛋白质分子的氨基酸(amino acid)组成和序列等,从而决定了生物体的性状。基因的表达(expression)与调控(regulation)决定了生物体的特征和代谢过程。所有生命都具有指令其生长与发育(development)、维持其结构与功能所必需的遗传信息,一个生物所有遗传信息集合即全部遗传物质(DNA)的总和称为**基因组**(genome)。

四、生物具有个体发育和进化的历史

正常的生物都有一个从出生到死亡的完整过程,这一过程也是个体的生活史。生物体的一生,通常从生殖细胞形成受精卵(fertilized egg)开始,受精卵分裂并经过一系列形态、结构和功能的变化形成一个新的个体,新个体通过增加细胞体积和由于细胞分裂增加细胞数目而**生长**,再经过性成熟、繁殖后代、衰老直至最终死亡,生物这一总的转变过程称为**发育**。探索生物个体从出生到发育成熟以及衰老和死亡的规律是发育生物学最主要

的研究内容。生物个体不断繁殖后代，无数代的个体生活史串联起来，生物的一些基本特征代代相传但又有所改变，即遗传和变异的组合，再加上自然选择的长期作用，便构成了生物进化的历史（图1-6）。**进化**就是遗传、变异和自然选择的长期作用导致的生物由低等到高等、由简单到复杂的逐渐演变过程。由于在进化的过程中，形成了生物的适应性和多种多样的类型，因此，进化也是生物多样性（biodiversity）的来源。

五、生物对环境的适应性

生物进化从根本上说，是由于生物对外界刺激产生反应、自我调节和生物对自然环境适应的结果。生命是一个开放的系统，生命科学不但要研究生物体本身，还要研究生物与环境的相互作用。生物必须与环境不断地交换物质和能量，它们适应和依赖于环境而生存；生物同时又对环境产生影响，环境会因生命活动而发生改变。生物与环境的相互作用是生态学（ecology）最主要的研究内容。同时，发育生物学、进化生物学和生态学等又是密切相互关联的。生物与环境的关系及相互作用体现在个体（individual）、种群（population）、群落（community）和生态系统（ecosystem）等不同的层次上。其中范围最广的**生态系统**是指在一定空间里各类生物以及与其相关联的环境因子的集合，它是生命的家园（图1-7）。我们只有一个地球，在地球上，人是万物之灵，我们应当了解和关爱

图1-6 生物进化 生物进化的研究揭示了生命从无到有、生物构造由简单到复杂、门类由少到多和从低等到高等的一幅生物演化的图画。地层中化石出现的顺序清楚地显示生物在地球上出现和进化的顺序。大体上看，植物演化的先后顺序为：细菌、藻类、苔藓、蕨类、裸子植物、被子植物等；动物的演化顺序为：多孔动物、腔肠动物、扁形动物、软体动物、环节动物、节肢动物、棘皮动物、半索动物、圆口动物、鱼类、两栖类、爬行类、鸟类、哺乳类。图中数字单位：百万年前。

图1-7 生命的家园 自然界存在生物与非生物两大类，它们可以被区分，但又不能彼此孤立地存在。生物依赖于环境，它们与环境不断地交换物质和能量，并适应于环境而生存；生物又影响和改变着环境。生物与环境是相互作用的统一体。

与我们分享这个地球的一切生命。

什么是生命？这是一种回答或一家之言：细胞是生命的基本单位；新陈代谢、生长和运动是生命的本能；生命通过繁殖而延续，DNA是生物遗传的基本物质；生物具有个体发育的经历和系统进化的历史；生物对外界刺激可产生应激反应并对环境具有适应性。**生命**就是集合这些主要特征、开放有序的物质存在形式。

第二节　为什么要学习生命科学

这里主要问的是：包括生物类专业在内的各专业大学生为什么都要学习生命科学？

一、从达尔文的进化论到克隆羊"多莉"

1859年，达尔文（Charles Darwin）的《物种起源》发表了，一天之内该书的第一版便销售一空。他的关于生物进化的革命性理论不但引起科学界的广泛关注，当时也引起了广大平民百姓的兴趣。

1997年2月，当苏格兰生物学家完成了首例哺乳动物——绵羊"多莉"的克隆（clone）时，这个神奇的故事立刻上了各传播媒介的首页和头条，一夜之间，全球大多数生物技术公司的股票价值迅速上升。

今天，公众对生命科学的兴趣比一个多世纪前的达尔文时代更加高涨（图1-8）。

20世纪末，一些国际著名的新闻媒体评选20世纪100件大事，在包括政治、经济、文化、历史、战争和科学等的100件大事中，涉及自然科学的大事大部分属于生命科学领域。

1928—1942年，Alexander Fleming 发现青霉素（penicillin），在第二次世界大战后期拯救了几百万人的生命。

图1-8 从达尔文时代到克隆羊"多莉" 生命科学每前进一步都直接影响着人们对待生命的态度和对自身的认识，并且引发公众对世界及人类未来的遐想，在达尔文时代是这样，在克隆羊"多莉"问世后的今天更是如此。（参见图6-39, 7-14）

1953年，James D. Watson 和 Francis Crick 首次提出了 DNA 双螺旋结构模型，奠定了现代遗传学和分子生物学（molecular biology）的基础，从而获得了诺贝尔奖。有的学者高度评价 DNA 双螺旋（double helix）结构模型的确定是"诺贝尔奖中的诺贝尔奖"。

1973年，美国斯坦福大学教授 Tanley Cohn 和美国加州大学教授 Paul Boyer 以及 Paul Berg 等带领各自的研究小组几乎在同时分别完成了 DNA 体外重组，一举打开了基因工程的大门，他们被誉为重组 DNA 技术之父。

1997年2月，苏格兰 Roslin 研究所的生物学家（Ian Wilmut 和 Keith Campbell 等）完成了首例哺乳动物——绵羊"多莉"的克隆，消息传出以后，立刻在全球引发了一场有关克隆的大争论。

除了媒体评选的大事以外，近年来有关生命科学的大事件还有很多。

2000年6月26日，在多方参与和协调下，人类基因组工作框架图完成，标志着功能基因组时代的到来。

2001年，人类在干细胞研究方面又取得重大突破。

2002年，Science 杂志以长达14页的篇幅介绍了中国科学家完成世界第一张籼稻基因组精细图。

2003年刚开春，各大媒体上又相继传出，一些与人类重大疾病相关的基因被发现。

2004年是火星探测年，其中最引人关注的消息是，科学家在火星上探测到水存在的痕迹，据此推测火星上曾经有生命的活动。

2005年，人类X染色体基因测序完成，微RNA（micro-RNA）调节身体中大部分基因的表达功能被发现，人类蛋白质相互作用首张图谱完成。

当今，以计算机科学及信息技术、生命科学及生物技术为代表的高科技正迅猛发展，它们代表了现代科学发展的最前沿，并成为现代高科技的两大支柱。科学技术的迅速发展让我们思考，20年后生命科学的发展和生物技术的应用及其产业会达到怎样的程度，回顾生命科学发展历史，并从前瞻性的角度思考这一问题，便不难回答我们为什么要学习生命科学。

二、人类面临的挑战

我们再从发展的角度转换到危机与挑战的角度看问题。

2003年春，一场突如其来的传染性非典型肺炎又称严重急性呼吸综合征（severe acute respiratory syndrome, SARS）在全世界许多国家蔓延，灾难面前人们谈虎色变，一场不见硝烟的新战争开始了。2005年。禽流感灾难愈演愈烈，不但造成一些国家养殖业的巨大损失，禽流感还向人类蔓延，防范人类感染禽流感成为世界各国共同面对的重大难题。当今人类社会面临的重大的问题和挑战还包括：人口膨胀、粮食短缺、疾病危害、环境污染、能源危机、资源匮乏、生态平衡（ecological balance）被破坏和生物物种（species）大量消亡（图1-9）等。解决人类生存与发展所面临的一系列重大问题，在很大程度上将依赖于生命科学的发展。生命科学对人类经济、科技、政治和社会发展的作用是全方位的。

生命科学全方位的发展呼唤着培养更多高水平的复合型科技人才，还要求提高全民的科学文化素质。学习

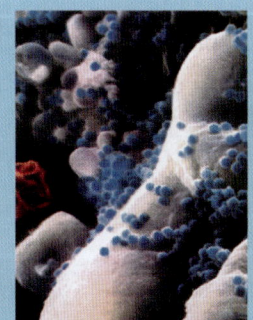

粮食短缺　　疾病危害（HIV感染）　　环境污染　　生态平衡被破坏　　人口膨胀

图1-9　人类社会面临的重大问题和挑战　地球人口以爆炸的方式增长，由此引发的粮食短缺、环境污染以及盲目的资源开发带来的生态环境的破坏长期以来一直困扰着人类。另一重大挑战来自微观世界。人与HIV等病毒的斗争从未停止，而人类似乎至今仍没有明显的优势。

生命科学原理，有助于我们自觉地认识控制人口增长并提高人口素质、保护环境、保护生态平衡和生物多样性、节约能源和资源的重要性；还有助于我们利用生命科学和生物技术的理论和方法，增加粮食产量，战胜各种疾病，开发利用可再生生物新能源与新资源等等。掌握生命科学和相关学科的新理论和新技术，解决人类共同面临的上述重大问题是我们每一个人的义务和责任。

三、新世纪的大学生不能没有现代生命科学基础知识

没有生命的大自然是难以想象的。地球上的生物有形有色、千变万化，多种多样的生物构成了真实和精彩的大自然。它们制造氧气，让我们能够自由呼吸；它们提供食品，让我们的生命得以延续；它们提供能源（煤和石油都来源于古代的生物）和各种资源，让我们的生活有了物质保障。事实证明，人们的日常生活也越来越离不开对生命科学知识的学习和理解。例如，当你去超市购物，面对转基因食品，你如何选择？有人说，移动电话的电磁信号辐射可能对健康或下一代健康有影响，你会放弃每天随身携带的手机吗？野生动物毛皮制作的衣物美观保暖，抵制还是接受它们对保护环境与生物多样性有意义吗（图1-10）？你对生物技术相关敏感问题了解多少，看法如何？还有转基因、克隆人、克隆器官或异种器官移植等等，当生命科学与生物技术发展到能改变人类自身构成的时候，它不仅仅涉及到技术的复杂性，还涉及伦理道德等社会问题，你的认识和看法以及公众的认识和看法就会对政府的决策及生物技术的发展方向甚至人类社会的发展有重大的作用和影响。

也许你会成为一名生物学家，将要帮助阐明人类大脑工作的复杂机理，或培育抗病、抗旱的小麦和水稻品种，或发现征服癌症（cancer）的方法等等；也许你会在生物技术公司工作，从事基因药物或诊断芯片（diagnostic biochip）的研制或营销。即使你不打算以生命科学或生物技术某一领域为今后的职业，学习生命科学也将帮助你更好地认识你自己，因为人本身就是生命。如果你是物理学、自动化、计算机、材料科学等理工科专业的学生，在本课程的学习中你将发现，你所学过的本专业的知识可以很好地应用于生命科学领域，学科交叉可以促进科技创新。即使你是文科专业的学生，通过本课程的学习，你会认识到，作为将来的社会科学专家，甚至作为地球上的一位普通公民，也应经常步入生命科学的殿堂，因为生命科学与人类和社会的联系比其他任何学科都更加紧密，生命科学对人类社会的巨大作用和影响难以估量，一个21世纪的现代大学生不能没有现代生命科学的基础知识。

如果现在大学生毕业时不懂得什么是DNA、什么叫克隆等基本概念，不了解保护生物多样性的意义，不了解生物技术与人类社会及经济发展的关系，将可能会成为一种遗憾。因此，美国麻省理工学院（MIT）等一些名牌大学都已经将基础生命科学列为本科生的必修课程，这说明所有大学生学习基础生物学知识是现代高等教育的发展趋势（图1-11）。

四、生命科学的发展需要您的参与

人类社会进入20世纪以后，各门自然科学已发展到相当高的水平，在此基础上，20世纪后叶分子生物学取得了一系列突破性成就，使生命科学在自然科学中的位

图1-10 用生命科学知识应对人们日常生活面临的诸多问题和挑战 (a) 手机的电磁辐射是否对人的健康造成危害。(b) 如何面对转基因食品。(c) 为保护野生动物和环境，是否该抵制使用野生动物毛皮制作的皮草衣物。

技术的快速发展又为医药、农业、环境工程和其他行业开辟了更加广阔的前景。有人预测，生物科技浪潮将推动生物经济的发展，生命科学与技术对国家安全也具有重大意义。国力的竞争是人才的竞争，所有大学生都应该学习生命科学，因为这是完善自我知识结构、认识自然科学最核心内容的需要，也是培养既懂生命科学又有其他专门学科知识的复合型人才的需要。

回顾生命科学发展的历史，无数科学伟人历历在目。例如：Darwin创立了进化论，Antonie van Leeuwenhoek发明了显微镜，Louis Pasteur建立了微生物学和发酵理论，Gregor Mendel建立了遗传学经典法则，Thomas Hunt Morgan提出了基因的染色体定位学说，Fleming发现青霉素，Frederick Griffith、Osward Avery、Alfred Hershey和Marsha Chase等证明生命的遗传物质不是蛋白质而是DNA，Watson和Crick发现了DNA双螺旋结构模型，Cohn和Boyer首次完成了DNA体外重组，Kary Mullis发明了PCR技术，Wilmut和Campbell等完成了首例哺乳动物"多莉"羊的克隆等等。我们不知道生命科学领域下一个（或几个）名人是谁，不知道下一个（或几个）诺贝尔奖得主是谁。生命科学发展的历史启示我们，他们之中有人曾经是非生物学类专业的学生。生命科学并不为生物学家所专有，它应属于我们每一个人。今天谁也不能确切地预测生命科学将来究竟会发展到什么样的程度，但有一点可以预测，有您的参与，有更多生物学类与非生物学类专业的专家共同参与，21世纪一定会成为生命科学取得重大突破的世纪，生命科学将会对人类社会的发展做出更大的贡献。

图1-11 学习生命科学是现代高等教育的发展趋势

置起了革命性的变化，现已聚集起更大的力量，酝酿着更大的突破进入了21世纪。生命科学的发展和进步也向数学、物理学、化学、信息科学、材料科学及许多工程科学甚至社会科学提出了很多新问题、新思路和新挑战，带动了其他学科的发展和提高。生命科学不但要成为21世纪自然科学的带头学科，而且自然科学、工程科学、社会科学等都可以在生命科学领域发生交叉，因此它正在逐渐成为一门"中心科学"。另外，生命科学与现代生物

第三节　生命科学涵盖的主要内容

一、生命科学的概念与基本内容

生命科学是研究生物体及其活动规律的科学，广义的生命科学还包括生物技术、医学、农学、生物与环境、生物学与其他学科交叉的领域。人们常用**生命**来泛指所

图1-12 在不同的层面表现生命的特征 图示从（a）进化、（b）蛋白质结构、（c）神经刺激的信号传导、（d）细胞结构、（e）生物个体行为、（f）碳通过食物链在自然界循环和（g）生物膜上的电子传递等不同的层面上表现了生命现象和规律。

有的生物和广义或抽象的生物活动现象，而用**生物**来特指某一种具生命特征的个体或群体。

迄今为止，科学家在地球上已经发现和命名的生物有200多万种，其中植物（plant）约26万种，脊椎动物（vertebrate）约50万种。科学家估计，地球上的生物共有500万至3 000万种，其中大部分还未被命名。这些生物彼此都不一样，即使同一物种的不同个体之间，也存在着差异。**生物多样性**反映了地球上包括植物、动物、菌类等在内的一切生命都有各不相同的特征及生存环境，它们相互间存在着错综复杂的关系。另一方面，所有的生物都具有一些共同的特征，我们可以在不同的层面和深度来认识这些特征（图1-12）。由于生命活动是自然界最复杂、最高级的运动形式，尽管现代科学技术的发展使人类对生命现象和规律的认识越来越深入，在生命科学的王国仍然有更多未知领域和挑战。因此，生命科学涉及的内容非常广泛和复杂，生命本质无限深奥，人类对生命科学内容的探索永无止境。

就目前的认识，基础生命科学涵盖的最基本的内容至少应该包括：生命的化学组成，细胞的结构与功能，能量与代谢，繁殖与遗传，遗传信息的传递与控制，生物的起源、进化与系统分类，生物个体的发育、结构、功能和行为，生态环境，生物技术等。

随着科学研究的深入，内容广泛的生命科学被分成诸多不同的领域或专门分支学科。例如，基础生物学科方面除了普通生物学（general biology）外，还包括细胞生物学（cell biology）、生物化学（biochemis-try）、生物物理学（biophysics）、微生物学（microbiology）、遗传学（genetics）、分子生物学（molecular biology）、生态学（ecology）、生理学（physiology）、生物技术（biotechnology）等。这些学科从不同的角度，应用各自的理论或手段，侧重不同的对象或目标分别研究涉及生物与生命活动的不同方面，它们之间也存在某些内容的重叠。

"基础生命科学"或"生命科学导论"是生命科学的入门课程，是为大学本科生开设的基础课。本课程结合生命科学的基础知识和前沿进展，简明地阐述生命的化学、细胞、代谢、遗传、分子生物学、进化、生态、健康与疾病和生物技术等方面最基本的概念和理论，同时还将重点地介绍一些基本理论产生的过程和其中最杰出的科学家，希望以此能激发同学们热爱生命科学，献身科学事业的热情。

生命科学本身既是自然科学，又是建立在数学、物理、化学、信息科学等学科深入发展基础之上的应用性较强的"中心科学"。通过本课程的学习，我们还应该积极去思考生命科学与其他各门学科的内在联系，促进生命科学与其他学科的交叉渗透。特别对于非生物类专业的学生，促进本专业与生命科学的交叉和发展也是本课程学习所要追求的目标。修完"基础生命科学"之后，如果有需要，同学们还可以进一步选修生命科学的其他专门分支学科课程。

二、微观与宏观领域相互联系

生物体是高度组织化的复杂生命形式，我们可以在不同的层次和水平上来认识它们（图1-13）。生物体（如一棵杨树）由不同的器官（organ）（如根、茎、叶、花等）组成，器官（如叶片）由组织（tissue）（如叶肉组织、表皮组织、输导组织等）组成，组织（如叶肉组织）由细胞组成，叶肉细胞含有许多种细胞器（如叶绿体），叶绿体中含有叶绿素（chlorophyll）分子，叶绿素分子由多种原子组成。现代生命科学研究正在由宏观向微观深入发展，分子生物学正在向揭示生命的本质方向迈进，即用化学分子的语言说明生命现象的统一性、复杂性和有效性，揭示无生命的糖类、脂肪酸、氨基酸和核苷酸等如何组成生命个体及产生生命现象的规律。从分子水平上认识核酸等生物大分子的结构特征、功能和变化规律，使人类有可能从本质上和机理上深入地揭示生物遗传、信息传递和代谢调控的奥秘，并有可能主动地重组基因和改造生命，从而造福人类（图1-14）。

对生物大分子的结构和功能研究最终需要体现在细胞和个体水平上，众多生物体分子生物学特征的差别决定了其个体结构与功能的差别。每一种生物个体的众多基因还与环境相互作用，从而促进了生物的进化。现代生命科学还不仅只研究单个生物体及其生命活动的过程，它还研究众多生物个体之间的相互关系与联系（即生物进化与生物多样性问题），研究这些生物体与环境的相互关系与相互作用（即生态问题）。因此，现代生命科学同时也正在向宏观方向深入。生命科学的微观与宏观领域是相互联系、相辅相成的，我们不能只见树木不见森林。总之，需要从微观和宏观两个方面把握生命科学的基本概念和内容。

作为生命科学的基础和入门课程，由于课时和篇幅的限制，也为了体现现代生命科学的最新进展，本教材对动物与植物的分类(taxonomy)等生命科学的宏观领域内容作了适当的取舍或压缩，重点介绍了人们现在更关注的生物进化和生态环境等方面内容。在微观生物学方面，

图1-13 生命的层次 原子、分子构成了生物大分子，各种生物大分子组合形成细胞器和细胞。细胞是生命的基本单位，形态、功能相近的细胞在一起形成组织，进而构成器官。不同器官和器官组成的系统以奇妙的方式结合起来，成为一个能整体运作、维持代谢平衡、制造各种产物甚至有自主意识、能思维的生命。而生物体之间也有着千丝万缕的联系，它们集合成种群、群落，并与环境一起形成生态系统。最大的生态系统是生物圈。

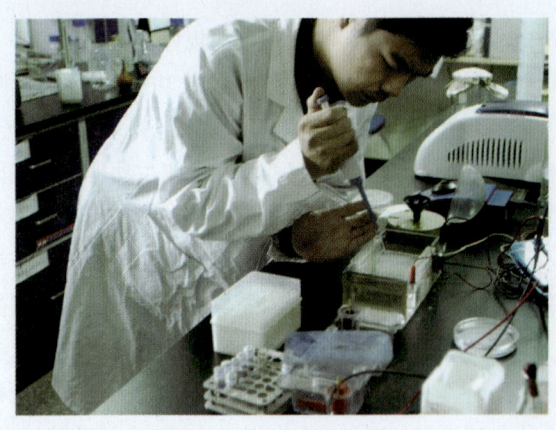

图1-14 从分子水平上深入揭示生命的奥秘 科学家根据分子生物学的理论和实验技术可以进行转基因的实验操作。图为科学工作者试图通过凝胶电泳实验对目的基因片段进行鉴定和分离,为下一步基因重组和转化做准备。

代谢、遗传、分子生物学和生物技术等内容的篇幅相对多一些。对于生物学类专业学生,无论其专业方向如何,全面把握包括宏观与微观各领域的基础知识与基本概念对于今后发展十分重要。对于非生物学类专业,由于课时短,教授内容更应该精练而不必面面俱到,可给学生们留下自学的空间和安排课后阅读课文的时间。

三、跟踪生命科学和生物技术的最新进展

生命科学近50年的发展超过了过去500年。传统描述性的生物学已经不能代表现代生命科学最基础内容。21世纪,人类进入生命科学大发展的时代,生命科学前沿不断变化,一些最新成就和进展提供的前沿知识也不断成为现代生命科学最基本的内容。

在生命科学领域,学科的界限逐渐模糊,分子生物学、细胞生物学、遗传学等已经密不可分。分子生物学在微观层次对生物大分子的结构和功能特别是对基因的研究取得突破后,正深入到从分子水平上来解释细胞活动、个体发育、遗传和进化的现象与规律。基因、蛋白质、细胞、发育、进化与生态研究形成基础生物学研究的一条主线。另一方面,遗传、细胞学、免疫学(immunology)等从分子、细胞到整体不同层次水平的研究,其他领域如数学、物理、信息科学等多学科向生命科学的交叉和相互渗透,复杂系统理论和非线性科学的发展,也使得基础生物学研究在思维和方法论上从分析走向综合,或者分析与综合结合,体现了整合生物学或系统生物学的思想。此外,新技术和新方法的建立和引入,如生物芯片(biochips)技术、蛋白质组学(prote-omics)方法、结构基因组学(structural genomics)方法、生物信息学(bioinformatics)理论和方法、各种质谱(mass spectrum)、波谱方法、单分子技术等,在基础生物学研究中发挥着越来越重要的作用。

近年来,在分子生物学、细胞生物学、遗传学、发育生物学(developmental biology)、免疫学、神经生物学(neurobiology)、生物医学工程(biomedical engineering)、系统生物学(systematic biology)与生态学等重要领域,不断涌现出许多新的研究热点。例如,蛋白质等生物大分子具有生物功能的结构基础以及生物大分子之间相互识别的结构,核酸特别是非编码区基因的功能,酶(enzyme)的催化和调节机制,膜蛋白和膜脂的相互作用,糖蛋白和糖复合物的结构、功能等;干细胞(stem cell)技术,细胞周期调控,细胞分裂、增殖、分化(differentiation)、凋亡(apoptosis),以及细胞间相互作用,细胞迁移,细胞内蛋白质分选,物质跨膜转运,信号跨膜转导的过程和机制,细胞分化和生物个体发育;人类及重要物种全基因测序(gene sequencing),功能基因组学,基因表达调控规律,多基因、多因素影响的遗传学问题,针对基因组研究产生的海量数据的生物信息学方法;机体免疫系统,神经与内分泌系统等相互关系,免疫与某些疾病的发病机理,疾病的诊断和防治等;在分子和细胞层次上神经活动的基本过程,脑功能与认知的分子机制,特定环境中适应性行为的脑机制,神经系统疾病;生物材料,人工器官,组织工程,生物医学信号获取与处理,生物医学成像及图像处理技术等;分子生态与进化生物学,全球生态系统的变化,生物多样性保护等等就是这样的一些热点。也有人提出,基因组、干细胞和克隆代表了现代生命科学的3大前沿。热点与前沿问题的研究还不断衍生出诸如生物信息学、蛋白质组学等一些新的分支学科和交叉学科。

20世纪后叶,生命科学领域一系列突破性成就,不但改变了它在自然科学中的地位,而且引发了一场生物技术革命,这场革命为人类带来了巨大的利益和财富。人类进入21世纪后,生物技术正日益成为各国科技竞争甚至经济竞争的焦点。例如,2002年美国国会决定每年4月21日至28日为"生物科技周",美国还不断加大生物经济的发展力度;日本政府最近提出了"生物产业立国"的口号;英国政府发表并正在实施《生物技术制胜

图 1-15　**北京中关村生命科学园**　该图是位于北京北郊五环路外北清路上的北京中关村生命科学园区规划图。该规划图上的多家生物科技研发机构与公司目前已经建成运行，它们包括北京博奥生物芯片有限责任公司（生物芯片国家工程研究中心）、北京市生命科学研究所、北京（国家）蛋白质组工程中心等。

2005年预案和发展展望》报告；印度率先成立了世界上第一个政府部级的"生物技术部"；新加坡提出把新加坡建成"生命科学中心"的目标；中国在北京、上海等地设立了20多个生物技术园区（图1-15），全国有近200多个生物技术重点实验室和500多家现代生物技术企业。基础生物学、医药生物技术、农业生物技术、环境生物技术、生物多样性和生物安全等被确立为当前发展的重点。近年来，我国进入临床研究的生物医药已达150多个，干扰素等21种生物技术药品投入生产，生物医药制品年销售额达到200多亿元，14年增长了近100倍。我国首创的水稻杂交技术已向20多个国家推广，超级杂交稻每公顷产量突破了12 t（图1-16）。最近，中国政府还在抓紧制定《生物技术发展中长期规划》。很多人预测，生物技术引擎助推世界经济继续增长，以高技术、高投入和高利润为特点的生物技术产业将成为全球下一轮新的经济增长点。

科学与技术有时并没有严格的界限。生物技术产业的发展为生命科学研究提供了新的动力，重点发展基础生物学，加强源头创新是抢占生物技术制高点的关键。

我们强调跟踪生命科学和生物技术的最新进展，不断更新知识，是因为它们是当今科技发展最快、最具有挑战性的学科领域，学习生命科学也应该与时俱进，不断调整和扩展相关内容。

第四节　如何学习生命科学

一、兴趣是最好的老师

对学生来说，不仅应该知道为什么要学习生命科学，还应该主动地去探索生命的奥秘，这种探索需要付出艰辛的劳动。但是，一旦有所理解或有所启示，有所收获或有所成就，兴趣便油然而生。对于教师和教材来说，揭示生命科学的真谛，显示其精华和美妙，唤起学生们的热情，始终是我们追求的目标。俗话说，你可以把牛牵到河边去，但你不能强按住牛头让它喝水。引导和培养学习的兴趣，越学越愿意学下去，才能达到学习和传播生命科学知识的目的。

世间万物，唯独生命是最美的。生命五彩缤纷、千变万化，与其他学科相比，生命科学应该更生动和更形象。从作者的角度考虑，仅用白纸黑字做长篇叙述，对于揭示丰富多彩的生命和生命科学可能效果有限。信息化社会，各种媒体都在"争夺眼球"，"读图"比读文字的学习效率更高。生命科学虽然比较深奥和复杂，但它的教材不应该深奥难懂。考虑到兴趣是学习的发动机，因此，作为这门课的教材，本书尽量多用彩色图解和图片，以利于学生对有关基本概念和原理的理解，也有利于对学生兴趣的引导。

尽管每一个人都有不同的知识背景、生活经历和人

图 1-16　**超级杂交稻**　人工培育的超级杂交稻产量高，为解决饥饿与粮食短缺做出了重大的贡献。

生目标，但我们都热爱生命，这是共同的。因此，热爱生命科学，提高学习生命科学的兴趣便有了基础。一个睿智的女孩说："热爱生命进而喜爱生命科学是一份天然，我对生命及生命科学感觉有三，其一是神秘，其二是神妙，其三就是神圣。"一位博学的教授说："面对最优秀的大学生，讲授世界上最精彩的生命科学，是一种荣幸和享受。"我们还记得，1999年7月，我国影响最大、竞争最激烈的大学入学统一考试刚进入第一天，一道高考作文题"假如记忆可以移植"让学生、教师和家长都感到意外，更引起人们对生命科学未来的憧憬。"生命有形，梦想无限"，充满生命力与青春活力的当代大学生们一定会发挥想象力和创造性，描绘出生命科学发展最美好的蓝图，谱写出赞美生命最美妙的乐曲。

二、把握基本概念和它们之间的内在联系

为了学好生命科学课程，除了需要兴趣和热情，还要通过课堂与课外学习，把握好生命科学中的许多基本概念和它们之间的内在联系。

生命科学是一门综合性很强的基础科学，数学、物理、化学等基础性学科又是它的基础，信息学科、材料学科、工程学科甚至社会科学等都与它关系密切，生命科学本身又有许多分支学科。生命科学是一门知识范围广泛和复杂的大学科，又是生命科学类各专业（包括生物科学、生物技术、医学、农学等专业）入门的课程。因此，首先把握该课程涉及的基本概念对于强化专业基础，促进后续课程的学习是十分重要的。由于知识范围广泛和复杂，该课程涉及的基本概念很多，从宏观领域的物种、进化、生物多样性、生态系统，到微观领域的基因、克隆、代谢、信号传导等，还包括不同层次水平上众多的生物名词与名称。对于基础生命科学涉及到的一些主要的基本概念，本教材中都给出了英文对照，其中重要的概念以黑体字标示，并有相应的解释或说明（图1-17）。需要说明的是，对于这些基本概念，在理解的基础上是很容易记忆的，把多个概念内在联系起来融会贯通形成知识链也不易忘记，且可灵活应用，而死记硬背不是有效的学习方法。

在掌握生命科学基本概念的同时，认识这些基本概念之间内在的联系十分重要。因为我们的学习不是为了仅仅记住一些事实和术语，而是要认识生命活动的客观规律。只有揭示了生命现象的内在联系，我们才能对生命活动规律有更深刻的认识。例如，本书第三章指出："细胞不是一个装满各种酶和底物的口袋，细胞复杂的结构特别是膜的结构使各类代谢反应高度有序地进行，并可以被控制和调节"，在你的头脑中是否已经建立了这些重要代谢途径的联络图，并明确了一些重要生命过程发生的部位？又例如，通过第四章的学习，你能否总结呼吸作用与光合作用的共同特点和共同理论基础？学习光系统组成时，您是否主动思考和正确回答过为什么叶片细胞中没有游离的叶绿素？你能否举出很多例证，说明生物的结构与功能的统一与协调关系……在我们学习过程中经常思考类似的问题，就能促进我们及时把握基本概念之间内在的联系。即使过了很长的时间，某些术语和

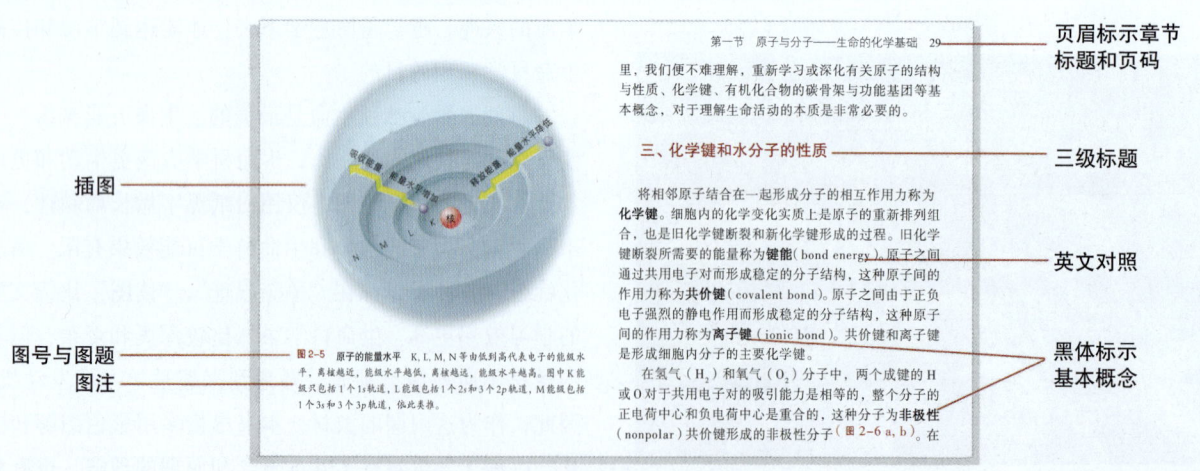

图1-17 课文示例 课文中以黑体字标示基本概念并做出相应的说明或解释，有的黑体词可以在不同章节出现不止一次，便于读者对基本概念的理解；图示说明用不同字体区分图题和图注；一些主要的生物学词汇第一次出现时有英文对照，书后有中英词汇对照表及页码索引。

词汇淡忘了，但我们已经构建起来的生命科学知识框架将让我们受用终身。

把握基本概念之间的内在联系可以有以下线索：①生物在地球上已经有35亿年的历史，生物进化是一个漫长而又生动的故事。进化可以把包括人在内的所有生命形式以及相关现象串联起来，形成**进化流**。②所有生物都需要获得精确的信息指令来指导和控制其生长、运动、代谢、分化和繁殖等等，因此发生在分子水平上的信息传递或信息流动是一切生命活动必不可少的过程。信息传递包括由DNA分子组成的遗传信息向后代的传递，还包括由基因控制的遗传信息通过转录、翻译过程合成蛋白质而控制细胞与组织的结构与功能，蛋白质和其他化学物质（如激素等）还可以作为特殊的化学信号通过细胞的信号传导途径来启动相应的生物化学反应。生命信息的传递和流动又简称为**信息流**。③所有生命都共享地球上的外部环境，高度有序的生命要依靠不断从外部输入能量来维持，由此造成生物与环境、不同生物之间和同一生物体内发生以物质流带动的能量流动即**能量流**是许多生物之间相互作用和生命活动相互影响的重要原因。上述的进化流、信息流和能量流贯穿了整个生物界和生命过程，是我们学习生命科学基本概念时需要重点把握的知识框架和内在联系的主要脉络。

三、提出问题和设想

当我们还是孩子时，我们几乎都问过这样的问题：什么东西让我们活着？我的身体为什么会生病？我是从哪儿来的？我为什么是男孩而不是女孩？

学习生命科学不但要继承前人总结的宝贵经验和理论，更需要创新。观察、提问、设想、推理、分析、实验验证等是科学创新的基本要素。在这些基本要素中，天性好奇和提出好的问题是学习和创新的发动机（图1-18）。爱因斯坦获得的成就得益于他天真烂漫的好奇，他问了许多大多数人只是在儿童阶段才提出的问题，更重要的是，当他有了分析问题和解决问题的能力时，他仍然坚持问这些问题。

优秀的科学家都试图思考那些有意义并有可能回答的问题，他们知道，不可能一次就能回答一个很大的或全部的问题。问题的提出必须基于观察和实验，而答案必须能被进一步的观察和实验所证实。

孔子说："学而不思则罔，思而不学则殆（只学而不

图1-18　天性好奇和提出好的问题是学习和创新的发动机

思考是无用的，只思考而不学则是危险的）。"为了使提出的问题有意义，为了使寻找答案的途径更科学，首先要学习生命科学最基本的知识，学习前人总结的宝贵经验和理论。"我们比别人看得更远，因为我们站在巨人的肩膀上。"带着问题学习，留出想象的空间是最好的方法。在您的学习过程中，请保持天性好奇和经常思考与提问的习惯。同时，利用课余时间，多阅读几本不同作者编写的生命科学教材和参考书是非常有益的。

除此以外，还要提醒两点：①学习生命科学知识应该密切联系实践，将所学的知识与日常生活中诸如人体健康、农业生产、环境变化和社会伦理等现象或问题相联系；②生命科学是一个创新与变化的过程，要通过了解生命科学重要理论产生的过程和杰出科学家的事迹，树立正确的科学态度，掌握创新的科学方法。

四、实验是开启生命王国大门的钥匙

20世纪初，德国生理学家Otto Loewi提出了一个大胆的预测和假设：神经系统通过产生化学物质作为信号，指挥并控制心脏肌肉的收缩。

Loewi研究迷走神经对心脏跳动（心脏肌肉收缩）的控制作用。心脏主要由心肌组成，当Loewi用电流来刺激青蛙的迷走神经（vagus nerve）时，青蛙的心脏跳动就减慢下来。Loewi便问：是迷走神经受电流刺激后电信

号直接传导造成了心脏跳动减慢的效应,还是由于迷走神经分泌了某种化学物质造成了心脏跳动的减慢?这种化学物质是什么?当时设计一个实验来验证他提出的假设似乎是不可能的。

事实上,Loewi 一直想用实验来证实他的假设是正确的,构思和设计这个实验整整用了他17年的时间。后来 Loewi 回忆了他当时做实验前后的情景(图1-19):

"1920年复活节的前夜,我突然从睡梦中醒来,打开电灯,匆匆在一张小纸片上写下几行字,我又躺下睡着了。第二天早晨6点钟,我起床后想起来,夜间我曾写下了点重要的东西,但由于小纸片上的字太潦草,已无法辨认。第二天夜间3点钟,上一夜的想法又在我头脑中出现了,原来是一个验证迷走神经产生化学物质控制心脏肌肉收缩的双蛙心灌流实验设计。深更半夜我立刻起床,冲进实验室,按照梦中的设计,进行了控制青蛙心脏跳动的实验。"

其实实验并不复杂。Loewi 解剖了两只青蛙,取出心脏,第一个心脏上仍连着迷走神经,另一个心脏上的迷走神经被剥离或割断。他将两个蛙心通过导管连接起来实施灌流实验。他先用电流刺激了第一个心脏上的迷走神经,当连着迷走神经的心脏中的液体流入到另一个心脏中时,奇迹出现了,第二个心脏的跳动立即减慢下来。实验结果证明,神经系统通过产生化学物质作为信号控制了肌肉的收缩。Loewi 将迷走神经分泌的化学物质叫做"迷走素"。现在我们知道,这种化学信号是乙酰胆碱(acetylcholine)。Loewi 的成就在于,他的实验揭开了神经细胞通讯(nerves communication)问题的神秘面纱,Loewi 为此获得了诺贝尔奖。

Loewi 的故事告诉我们,科学实验和观察是假设成为理论的桥梁,生命科学离不开实验;另一方面,如果 Loewi 没有动物(青蛙)的解剖知识和实验技能,就不可能完成迷走神经化学信号传递的研究。生物学实验可以帮助我们更深刻地理解生命科学的基本概念和原理,提高我们的动手能力、分析问题和解决问题的能力。科学实验是开启知识创新大门的钥匙。因此,只要条件可能,配合本课程最好能适当做一些生物学实验(包括到大自然中去观察生物和生命现象)。即使一时不能做生物学实验,也应重视和了解一些生物学的实验原理和方法。为此,本课程不但讲解一些最基本的生命科学知识,还特别介绍了一些获得这些知识的实验过程,介绍著名科学家的实验设计和研究经历。

第五节 创新性研究推动生命科学向前发展

一、生命科学是一个变化发展的过程

生物学是一门**科学**(science)。science 一词来源于拉丁文,原意为"去认知",这种认知是渐进的。科学是一个渐进的、动态的变化发展过程,生命科学更是如此。

人类文明进步的历史事实上是先进生产力不断替代落后生产力的历史,也是科学技术不断推动社会进步发展的历史。人类文明和科学技术发展至少经历了几次大的革命:第一次是以瓦特发明蒸汽机为标志和起始的工业革命。工业革命最大的成果在于解放了人类的双手,它使人们从繁重的体力劳动中解脱出来,有了更多的精力和时间从事更复杂和更高级的脑力劳动,以及从事文化的发展和交流。另一次革命是近十年来开始的信息技术革命,它以计算机和互联网广泛应用为主要标志。信息科学革命使人的大脑得到扩展,知识与信息的传递与更新更加高效迅捷,人们脑力劳动的效率空前提高,从这个意义上说,信息科学革命解放了人的大脑。有人把20世纪末21世纪初开始的生命科学与生物技术的飞跃称为人类文明和科学技术发展的又一次革命(图1-20)。重组 DNA

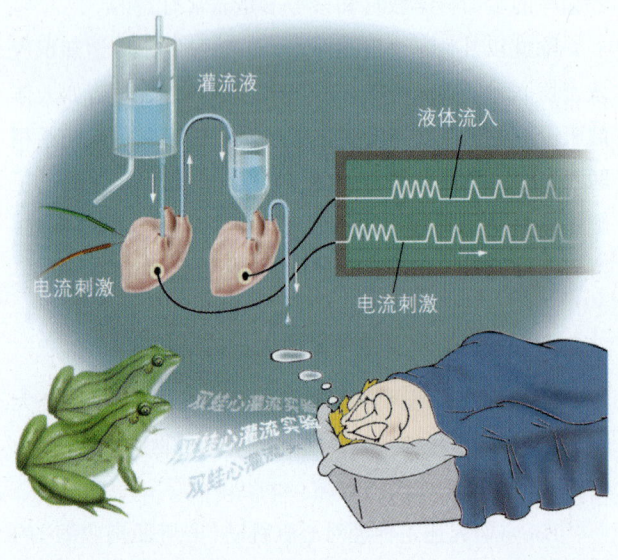

图1-19 Loewi 的故事 德国生理学家 Otto Loewi 在梦中设计了双蛙心灌流实验,揭开了神经细胞通讯的神秘面纱。故事细节见正文。

图1-20 人类文明与科学技术发展的3次革命 在工业革命前，人类社会科学技术水平很低，200－300万年前，早期的原始人以狩猎为生，只能制造和使用简单的石器。10 000－15 000年前，原始部落的人们开始栽培植物和驯养动物，于是出现了早期的农业，人类制造和使用工具的能力进一步增强，并逐渐开始制造陶器、铜器和铁器。18世纪以后，人类社会科学技术真正快速发展起来，先后经历了工业革命、计算机科学与信息技术革命、生命科学与生物技术革命的阶段。图中显示的（a）石器、陶器和铜器是人类科技发展不发达时期的代表象征，（b）蒸汽机车与航天飞机反映了工业革命的主要成果，（c）计算机及互联网则是信息技术革命的代表产物，（d）重组DNA技术、绵羊"多莉"的克隆和重要物种基因组测序相继完成，这一系列重大突破标志了人类文明与科学技术发展的第3次革命——生命科学与生物技术革命已经开始。

技术、绵羊"多莉"的克隆和人类基因组计划的完成等一系列创新研究成果是这次革命起步的标志。与前两次革命相比较，生命科学与生物技术革命的理论与实践意义更加重大，因为前两次革命都是以非生命的客观世界为主要对象，而生命科学与生物技术革命的对象是包括人在内的生命本身。无论是从理论上还是从实践上来看，重组DNA、克隆和人类基因组测序技术等方面的创新研究成果使人类可以改造生命，最终甚至将可以"创造"出全新的人类，即让人的寿命更长、体能更强、智商更高，人群中将出现更多的爱因斯坦和比尔盖茨……从某种意义上看，生命科学领域的科技创新过程有可能改变以往经过自然选择来被动适应环境的整个生物进化进程。

事实证明，正是创新性的科学研究推动了生命科学的进步和大发展，深刻地影响着人们的世界观、价值观和人生观，也深刻改变了人类文明的发展进程。生命科学研究可以分为基础研究与应用研究两个领域。例如，涉及人类和重要物种的基因组测序、生命的起源与进化、光合作用的分子机理等研究课题都属于基础研究。**基础研究**以探索未知世界和知识创新为目标，其成果的创新性和意义在国际范围内接受同行评审、评价和时间的检验。在基础研究领域，创新性是评判研究成果科学价值的一个最重要标准。从事基础研究的科学家承担的研究课题通常大部分由政府、个人基金会等提供资助（图1-21），申请自然科学研究基金需要经过评审和竞争等程序。涉及药物开发、生物芯片、作物育种等研究课题可以归入**应用研究**，应用研究追求经济效益和成果向商品转化，这类研究课题大部分由工业界提供资金支持，往往还涉及申请专利来保护应用研究成果的知识产权。基础研究除了为应用研究提供基础以外，与应用研究有时也没有严格的界限，在生命科学和生物技术领域的研究尤其如此。

二、如何进行创新科学研究

首先，科学需要有好奇心、梦想和热情。热爱科学、追求真理、实事求是、团结协作、屏弃实用主义和功利主义等往往是一些最成功的科学家所具备的基本科学态度和精神。完成一些大的研究课题需要科学家们的协同合作，也需要有团队精神，同时创新性研究从根本上要取决于每一位科学家的创造性劳动。科学家个人的素质、能力、智慧，有时还包括机遇等都是科学研究成败或成果大小的重要因素。科学家们的创造性劳动特点各异，如何进行创新性研究虽然没有统一的定则，但创新性科学研究的方法都自觉或不自觉地遵循一些最基本的思维方式和最基本的步骤。

科学研究经常采用演绎（deduction）和归纳（induction）两种基本的系统思维方式。**演绎**就是应用一般的法则或定律去推论出一个新的特殊结论或假设。例如，如果我们接受一个一般的假定或前提：所有的鸟都具有翅膀。我们又接受另一个事实：大雁是鸟。于是我们便利用演

图 1-21　中国国家自然科学基金委员会是代表政府资助科学家从事基础研究的主要机构　国家自然科学基金是国家资助基础研究的主要渠道之一。国家自然科学基金委员会作为管理国家自然科学基金的主管部门，成立于1986年，其职能在于根据国家发展科学技术的方针、政策和规划，主要运用国家财政投入的自然科学基金，资助自然科学基础研究。近年来，中国国家自然科学基金委员会提出了"尊重科学，发扬民主，提倡竞争，促进合作，激励创新，引领未来"的24字方针，加强对基础研究的支持。

绎的思维方式推论出这样的结论：大雁具有翅膀。在科学研究中，在观察（observation）和提出问题以后，通过演绎推论可导致建立一个假说（hypothesis）。演绎帮助我们在一些已知现象中发现其中的内在联系。什么是归纳呢？**归纳**就是应用一些特殊的观察或实验来获得一个新的一般法则或定律。例如，如果我们知道，大雁有翅膀，是鸟；如果我们还知道，麻雀、杜鹃、鸽子、鹰等都有翅膀，它们都是鸟，于是我们便可归纳出这样的结论：所有的鸟都有翅膀。又例如，牛顿观察到苹果下落现象时，提出了地球是否存在引力的重要问题，又通过观察许多物体的下落事实后，通过归纳的思维方式，他最终建立了万有引力定律。在科学研究中，通过进行一些特殊的观察或实验对假设进行验证的时候，归纳观察和实验结果可以获得假设是否成立的结论。通俗简单地说，演绎是由一般到特殊，归纳是由特殊到一般，它们是相互对应的两种系统思维方式。

科学家进行科学研究的过程通常包括对客观现象的观察（实验）或对前人研究成果的思考分析，提出特殊有意义的问题，针对问题引出若干可能的推测性解释，即提出一些假说。然后设计和进行实验（包括进一步观察）来排除那些不能成立的假说。对没有被排除的假说作出预测，分别再通过实验来从不同方面证实预测的正

确性。最后，保留目前不能被排除的假说。不论实验结果支持或不支持原先的假说，它们都是有意义的，因为错误的假说里往往包含合理的因素或成分。通过对保留的假说和被排除假说的归纳分析，还可以建立新的相关假说或提出新的更有意义的问题。因此，所谓**假说**，是以人们一定的经验材料和已知的事实为依据，以已有的科学理论和技术方法为指导，对未知的自然事物或现象产生的原因及其运动规律所作出的推测和推测性解释。从那些被反复检验而且具有普遍意义的重要假说中，科学家发展或创立了相关的理论。这种理论既要符合客观实际，经得起实验的检验，又为新的研究提供了指导（图1-22）。让我们以上述Loewi的研究为例，来看其是否符合科学研究的一般步骤。首先Loewi在实验中观察到，用电流来刺激青蛙的迷走神经时，青蛙的心脏跳动就减慢下来。于是Loewi便问了一个有意义的问题：电流刺激青蛙迷走神经造成心脏跳动减慢的机理是什么？针对这一问题，他提出了许多可能的解释即假说，通过许多实验和观察，多种假说被排除后保留下来的一个假说便是：迷走神经可能分泌了某种化学物质造成了心脏跳动的减慢。以后Loewi用了很长的时间思考和设计实验来验证他的假说。17年后他终于完成了验证实验，实验结果与他的预测完全吻合，支持了他的假说。由于Loewi的

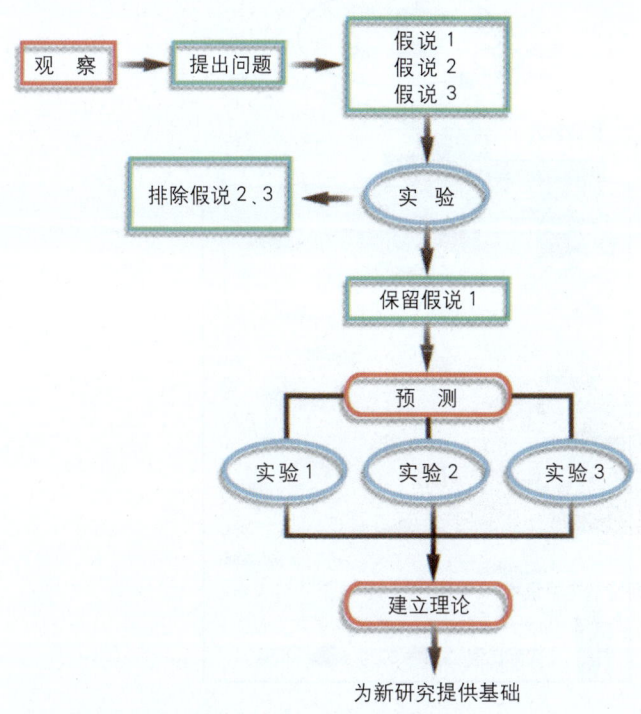

图1-22 科学研究的一般步骤

研究揭示了神经细胞通讯的重要机理,并经过反复检验具有普遍意义,神经化学信号的理论便被建立起来。在该理论指导下,不久科学家们分离得到了神经信号传导的重要化学物质——乙酰胆碱。

机遇总是垂青那些有准备的头脑。只有基础知识扎实、善于仔细观察和思考,才可能提出好的问题。英国微生物学家 Fleming 发明青霉素的故事说明,善于观察和思考在科学研究中是非常重要的。如何解释或回答问题取决于通过科学的演绎提出最符合逻辑的各种假说,更取决于科学的实验设计、精确的实验操作和对实验结果进行科学地归纳分析。所谓科学的实验设计,就是要避免在实验中产生假象。因此只要可能,所有的研究都应该设立对照实验。例如,在药物疗效的实验中,科学家们现在通常都采用一种**双盲设计**(double-blind fashion)的方法。具体做法是,由医生将病人分为相同的两组,一组病人服用编号为1的药片,另一组病人服用编号为2的安慰剂(对照),该安慰剂的形状、颜色等都与1号药片完全相同,然后由医生检测服药后的效果,做好记录。在以上过程中,医生和病人两方面都不知道谁服用的是药物,谁服用的是安慰剂,因此称为"双盲"。只有实验全部结束后,医生才得知编号的内容,即谁是实验组,谁是对照组。科学家根据实验组与对照组结果相比是否具有显著的差异来判定被测药物的疗效。

在科学研究中,科学家根据收集的实验数据对实验结果作出判断并获得结论。为了消除实验中的假象,避免实验中样品的随机误差,有些研究除了要设计多次重复实验外,被测样品的数量应该足够大,才可能获得更接近客观实际的结论。因为被测样品往往只提供了一些代表性的结果,根据这种代表性的结果下结论可能会产生误差(图1-23)。另外,对于相同多批次的实验数据,除了取平均值以外,还需要根据数学统计的原则,对实验数据进行统计分析,报告实验的误差范围,并找出出现误差的原因。

从事科学研究,尤其是从事生命科学的实验研究,需要有扎实的基础生命科学知识和了解相关研究领域国内外研究动态,还需要经过专门的训练以提高实验技能,提高分析问题和解决问题的能力。对于学生来说,在导师指导下的毕业论文和研究生阶段的学习为提高科研创新能力提供了途径。

三、科技论文与学术交流

创新是科学研究的灵魂,创新性大小是科学研究成果最重要的评价指标。科学家所完成的科研成果都要接受同行的检验,即该成果应该具有可重复性,同时还要由同行来评价其创新性。那些具有创新性的研究成果才能成为人类知识宝库的资源,才能被发表交流、传播和被应用。因此,科学家必须以科技研究论文的形式记录其研究成果,然后以某种形式公开地发表这些研究论文,并达到交流的目的。即使那些由于军事、商业等特殊原因需要保密而不能发表的研究论文也需要同行的验证和评审。

基础研究成果的创新性和意义在国际范围内接受同行评审、评价和时间的检验,学术交流没有国界,因此,撰写科技论文往往需要使用国际上最通用的语言——英语。从事科学研究尤其是基础研究,熟练掌握英语这一最通用的交流工具不但是撰写科技论文的需要,也是查阅最新文献资料,与国际同行进行私人通讯和参加国际学术会议的需要。

科学家取得的新成果大部分都以科技论文(又称学术论文)的形式发表在学术刊物上,撰写科技论文是科学研究活动的一个组成部分,在论文通过评审被接受发表以后,该项研究工作才能算告一段落或基本完成。

图 1-23 被测样品数量足够大才能减小实验误差 该卡通图以钓鱼为例，说明对未知对象取样量（上钩的各种鱼数量）的不同，可造成对未知对象判断即分析结果（如池塘中两种鱼数量比例）的差别。从未知系统中取样检测，样品量小，实验误差就大。增加样品量可以减少由样品误差造成的假象。

科技论文与一般的试验报告和工作总结不同，它是以书面形式发表的原创性的研究成果报道。一篇科技论文通常要告诉读者：①研究的是什么问题或研究的目的是什么；②用什么方法和材料进行研究的；③研究的结果怎样，即有哪些新发现或新发明；④该结果有何科学意义或应用前景，又能启发引出哪些新的科学问题等等。

一篇完整的科技论文通常包括题目、作者署名与通讯地址、摘要、关键词、前言、研究方法和材料、结果、讨论及结论、参考文献等几部分内容（图1-24）。一篇好的论文要求所报道的成果内容真实、创新性强、论点明确、数据可靠、条例清晰、文字精练、图表简洁、书写形式规范。例如，论文的题目应准确表达论文的中心内容、恰如其分地概括研究的范围与深度；摘要能简明扼要地概括研究工作的目的、方法、主要成果或结论；关键词能够表达论文主题，便于读者检索；前言部分能准确介绍研究背景及相关研究进展、存在的科技问题及研究目的等；材料与方法部分能够让他人明确如何重复或验证该项研究过程；结果中的数据可靠，文、图、表的内容没有重复，内容能明确和准确地表达论文的主要成果或结论；讨论要求切题、论点明确且合乎逻辑；论文所引用的参考文献必须紧扣主题，符合"最新、关键、必要和亲自阅读过"的原则。对于初次进行科技论文写作的作者，还应该特别注意文字简洁精练、表述规范、重要词汇定义确切等问题。要避免一些含糊或模棱两可的表述，避免可能引起歧义的形容词或修饰，可有可无或空泛的语句一定要删除。对于初次用英文撰写科技论文且母语非英语国家的作者，最好还应将完成的草稿请以英文为母语或英文基础好的专家帮助进行语言方面的检查或修改。

学术刊物的编辑部通常都有相应的编辑委员会和同行专家库，编辑部选择2~3位同行专家对投来的论文进行严格地评审，确定论文是否达到了该刊物发表论文的要求和水平，然后向作者反馈接受发表、要求修改或退稿的通知。一般来说，那些有较大影响、读者多或引用多的刊物对稿件水平的要求更高，退稿率较高。

在科学研究中，学术交流对于推动科技进步和发展具有特别重要的作用。出版科技期刊和举行学术会议是最广泛的学术交流形式。为了便于开展学术交流和学术评价，也为了让科学家们便于通过快速检索了解最新的科研成果，美国科学情报研究所（Institute for Scientific

第五节　创新性研究推动生命科学向前发展

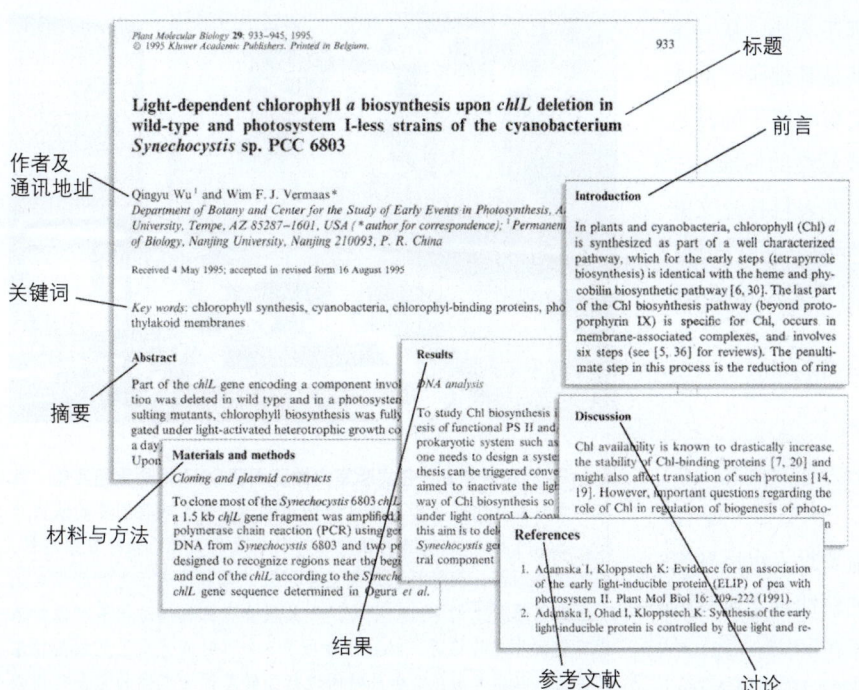

图1-24　科技论文的格式与组成　不同的学术刊物(杂志)对来稿的学科领域范围及内容、质量、格式等都有各自的要求，作者可以通过查阅这些刊物的征稿简则获取有关投稿的须知。一篇完整的科技论文通常包括题目、作者署名与通讯地址、摘要、关键词、前言、研究方法和材料、结果、讨论及结论、参考文献等几部分内容。

Information，ISI)出版了一部世界著名的期刊文献检索工具——《科学引文索引》，英文全称为Science Citation Index，简称为SCI。其出版形式包括印刷版期刊和光盘版及联机数据库，现在还发行了互联网上Web版数据库。SCI收录全世界出版的数、理、化、农、林、医、生物、天文、地理、环境、材料、工程技术等各学科的核心期刊约3 500种。ISI通过它严格的选刊标准和评估程序挑选刊源，从而做到SCI收录的文献能全面覆盖全世界最重要和最有影响力的研究成果。凡是被SCI收录的论文通称为**SCI论文**。ISI每年对包括SCI收录在内的4 700种期刊之间的引用和被引用数据进行统计、运算，并针对每种期刊定义了影响因子(impact factor)等指数加以报道。一种期刊的**影响因子**，指的是该刊前二年发表的文献在当前年的平均被引用次数。一种刊物的影响因子越高，也即其刊载的文献被引用率越高，一方面说明这些文献报道的研究成果影响力大，另一方面也反映该刊物的学术水平高。像Nature, Science, Cell等影响因子很高的期刊就是这样一些高水平的学术刊物(图1-25)。科研机构和

图1-25　许多科学家都希望能在有高影响力的学术期刊发表高水平的科技论文　Nature, Science属于国际上影响最大的综合性学术期刊，与其他各学科领域相比，近年来所刊登的生命科学领域重要成果的比例最大。Cell属于生命科学领域高影响力的专业期刊。一般情况下，科学家们以在这些学术刊物上发表研究成果为荣。

科学家被SCI收录的论文总量和影响因子大小，从一个方面反映整个机构和个人的科研、尤其是基础研究的水平。当然，发表科技论文的多少或论文影响因子的高低有时并不是评价科技成果高低唯一的或最终的标准。

科学研究并不神秘，在国际刊物上发表科技论文并非高不可攀。本课程是面向全体本科生的公共基础课，要提倡学习生命科学知识与全面提高科学素质相结合，科学研究与人才培养相互促进。

四、科学研究的驱动力

生命科学是实验科学，生命科学的大部分研究工作需要在野外现场或实验室来完成（图1-26，1-27）。生命科学研究需要大量的资金投入，还需要投入艰巨和复杂的智力及体力劳动。驱动人们从事创新性科学研究的动力是什么呢？

对于生命科学领域来说，至少有两方面是根本的。第一，在知识经济时代，科学技术是先进的生产力，它直接为人类创造财富和利益，满足人类日益增长的物质与文化需求。例如，社会越进步、物质生活越丰富，人类对健康和长寿的期望值就越高。从更高的视角来看，人类从事的一切实践活动（包括制造出最先进的电视机、汽车、计算机等，还包括其他学科的研究）都是服务于人的。人是生命的最高形式和万物之灵，对于为生命服务或为人服务，哪一项实践活动能比直接从事生命科学的研究能有更强的驱动力呢？第二，求知欲和好奇心是人的天性，正是创新性研究才能够最大程度地满足人类

图1-27 本书作者正在实验室内做蓝细菌DNA体外重组实验 该实验需要构建重组质粒，经过酶切和电泳，分离回收需要的基因片段，将不同来源的DNA片段连接后转化大肠杆菌，获得重组质粒，再转化蓝细菌，获得转基因突变体。图中本书作者正在紫外投射光下分离电泳胶上的DNA片段，头上戴着有机玻璃防护罩可保护眼睛不受紫外光的伤害。以后作者用了5个月时间完成了蓝细菌转基因实验，以后又用了7个月时间进行了转基因突变体的光合作用分子生物学研究。

的求知欲和好奇心，生命科学研究更能满足人类对自身了解的需求。为了探索未知世界，为了追求真理，在好奇心驱动下许多优秀的科学家在不同的科学领域取得了重大发现和突破。著名的生物化学家，诺贝尔奖获得者Max Perutz说：科学发现就好像是坠入情网，又好像经过艰辛的登攀到达顶峰，看到了前人从未见过的美妙景色而心醉神迷。

谈到科学研究获得的精神享受，作者曾在课堂上向同学们介绍了一段亲身的经历和感受。1988年，我在美国从事光合作用的分子生物学研究。按照基因工程学的原理，我设计了DNA体外重组实验来构建一种蓝细菌突变体。为了实现设计蓝图，那一段时期，大约持续了5

图1-26 学生们在野外现场进行生命科学研究

个月,每天早晨9点钟前,我迎着朝阳进入实验大楼工作,到晚上10点以后从实验楼出来的时候,外面已经一片漆黑。那些日子,辛勤忘我的工作,不知道每天太阳是如何落山的,我看见的只有早晨和夜晚而没有黄昏。

细胞培养、接种、DNA提取、酶切、电泳、制备同位素探针、聚合酶链式反应(PCR)、DNA杂交实验(Southern blot,见本书第十二章相关内容)、生理学与生物化学指标测定(图1-27)……实验时常有失败、时常有困惑,研究工作异常辛苦。最后一段时间,我天天与放射性同位素^{32}P探针打交道,累的时候手捧着画着骷髅标记的同位素铅盒,我甚至有呕吐的感觉。

功夫不负有心人,勤奋的努力换来了丰硕的成果,经分子遗传检测和生理生化检测,我得到了具有新遗传性状的蓝细菌突变体。按照实验设计的蓝图,微观世界里一座"高楼大厦"被建成,最后一次放射自显影结果终于证明了实验的成功。带着成功的喜悦,那一天傍晚5点钟比往常提前从实验楼出来,我又见到了久违的黄昏:冬日里金黄色的夕阳,映照着参天大树、宁静的校园、天边的云朵……当时我从心底赞叹,今天的黄昏可真美啊!此刻我是世界上最幸福的人,感觉比百万富翁还富有!

课堂上我曾经讲述了以上故事和感受,随后又郑重宣布:诸位,告诉大家一个好消息——人生短暂,但我构建的这个新的蓝细菌突变体将代表我永远活在这个世界上!这时,教室里响起了热烈的掌声和会心的笑声,从同学们专注的眼神中,我看到了他们对未来创新性研究的渴望。

我们今天学习的知识是前人研究成果的总结,创造性研究推动生命科学不断向前发展。新的研究成果将使我们对生命的认识更加深化,以往的知识不断被更新,有些旧的理论甚至会被推翻。因此,作为新时代的大学生,刻苦读书但不局限于书本,尊重老师和专家但不迷信权威。生命科学是当今时代最富有挑战性、意义最重大和发展最快的学科。怀着兴趣、充满热情、勤奋学习,你就能在学习生命科学知识的同时,感受到生命的美丽和奇妙,体验到探索生命奥秘的乐趣。

思考与讨论

1. 生物同非生物相比,具有哪些独有的特征?
2. 有些同学在高中阶段对生物学课程并不十分感兴趣,请分析原因。对如何学好大学基础生命科学课程提出你的建议。
3. 一位正准备参加高考的学生家长问:生命科学类专业将来的就业前景如何?请您对这一问题作出分析和回答。
4. 什么是双盲设计?科学研究中的假象和误差是如何产生的?
5. 科学研究一般遵循哪些最基本的思维方式和步骤?请用本书第六章图6-8和图6-9所介绍的实验研究实例,总结出科学研究的一般步骤。
6. 众所周知,北京的中关村是中国计算机及信息技术的大本营,为什么在它的广场上没有计算机模型或电子模型,却树立了一个DNA双螺旋模型(见图5-2)?
7. 以本章每一节的标题为议题,进行分组讨论。(建议按10人左右分组,授课老师和助教可旁听讨论。讨论后各组可推选代表进行全班交流。讨论与交流应提倡百花齐放、百家争鸣的方针,允许存在不同意见和观点。)

练习题

1. 名词解释：

   生命　细胞　病毒　新陈代谢　遗传　变异　基因组　发育　进化　生态系统　生物多样性　进化流　信息流　能量流　基础研究　应用研究　演绎　归纳　假说　双盲设计　SCI 论文　影响因子

2. 将下列科学家与他们在生物学上的贡献连线

   A. Cohn 和 Boyer　　　　　　　DNA 双螺旋结构

   B. Darwin　　　　　　　　　　超级杂交稻

   C. Fleming　　　　　　　　　　生物进化论

   D. Griffith, Avery　　　　　　　PCR 技术

   E. Leeuwenhoek　　　　　　　重组 DNA 技术

   F. Mendel　　　　　　　　　　籼稻基因组测序

   G. Morgan　　　　　　　　　　绵羊"多莉"克隆

   H. Mullis　　　　　　　　　　遗传物质是核酸（不是蛋白质）

   I. Pasteur　　　　　　　　　　青霉素

   J. Watson 和 Crick　　　　　　微生物发酵理论

   K. Wilmut　　　　　　　　　　显微镜

   L. 袁隆平　　　　　　　　　　基因的染色体定位

   M. 杨焕明等　　　　　　　　　经典的遗传学法则

3. 本章提出了生命的 5 个最基本特征，如果每个特征仅用 2 个字代表，它们分别应该是（　）、（　）、（　）、（　）和（　）。

4. 请以"生命有形，梦想无限"为题目，结合学习生命科学的感受，写一篇短文，题材不限。

5. 正确的生物结构的层次是（　）。

   a. 原子，分子，细胞器，细胞，组织，器官，器官系统，生物体，生态系统

   b. 原子，分子，细胞，组织，细胞器，器官，器官系统，生物体，生态系统

   c. 原子，分子，细胞器，组织，细胞，器官系统，器官，生物体，生态系统

   d. 原子，分子，细胞，细胞器，组织，器官，器官系统，生物体，生态系统

6. 请写出本章的内容提要。（以后各章学习中，也可以写出各章的内容提要。）

相关网站　　http://www.biology4all.com/　　http://www.biosino.org

　　　　　　http://china.sciencemag.org/　　http://www.bioon.com

　　　　　　http://www.cabi-bioscience.org/

第二章
生物的化学组成

第一节 原子与分子——生命的化学基础
一、组成细胞及生物体的主要元素及作用
二、原子的结构与性质
三、化学键和水分子的性质
四、有机化合物的碳骨架与功能基团

第二节 糖 类
一、单 糖
二、二 糖
三、多 糖

第三节 脂 类
一、脂类的组成和功能
二、磷 脂
三、其他类型的脂类

第四节 蛋白质
一、蛋白质的主要种类和功能
二、蛋白质是由20种氨基酸组成的生物大分子
三、蛋白质结构与功能的关系
四、蛋白质的四级结构
五、蛋白质结构的研究方法

第五节 核 酸
一、核苷酸
二、核糖核酸和脱氧核糖核酸
三、DNA双螺旋结构
四、细胞内总DNA的提取分离与浓度测定
五、DNA双螺旋结构发现的故事

学习并深化有关原子、分子的结构与性质的知识，对于理解生命活动的本质非常必要。

第二章 生物的化学组成

地球上的生命具有多样性,但各种各样的生物都具有一个共同点,即它们都是由细胞组成的。认识细胞,让我们从了解细胞的化学组成开始。

第一节 原子与分子——生命的化学基础

自然界的一切物质都是由原子(atom)组成的。细胞的结构与功能虽然非常复杂,但细胞乃至生命与其他所有物质一样,也是由原子组成的。例如,我们追踪分析一个植物细胞的不同组分和不同成分,最终结果显示,在生命活动和生物化学反应中保持不变的最基本物质还是一些不同的原子(图2-1)。

一、组成细胞及生物体的主要元素及作用

组成细胞及生物体的主要元素包括C、H、O、N、P、S、Ca等,以上7种元素约占生物体的99.35%,其中C、H、O、N 4种元素约占96%。图2-2显示了以人体为例的元素组成。这些元素在细胞构成和生命活动中分别具有各种重要的作用和功能。例如,占比例最大的O存在于几乎所有的有机化合物(organic compound)中,是构成水的元素之一,又为细胞呼吸所必需。在生命元素中,C具有特别重要的作用,碳原子相互连接成链或环,形成各种生物大分子(biomacromolecule)的基本骨架。H与O一样,几乎存在于所有的有机化合物中,是构成水的另一种元素。在生物代谢反应中,氢离子还与电子及

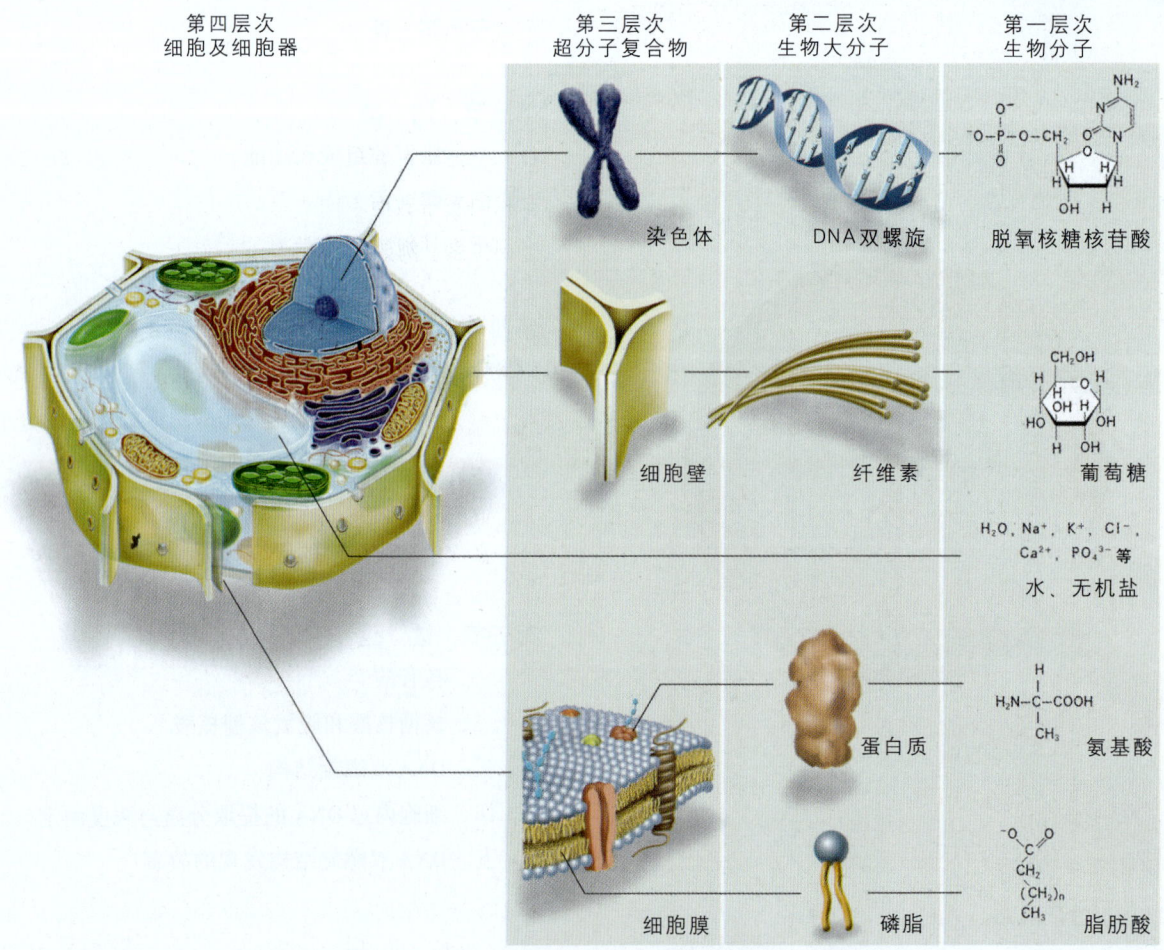

图2-1 追踪细胞的化学组成 植物细胞含有细胞核、细胞膜、细胞壁和液泡等。由DNA和蛋白质等生物大分子组成了细胞核中的染色体。DNA由脱氧核糖核苷酸组成,组成脱氧核糖核苷酸的元素包括C,H,O,N,P。组成细胞膜的是磷脂双分子层,每一个磷脂分子由脂肪酸、甘油和磷酸结合而成,因此也含有C,H,O,N,P等元素。细胞膜上还镶嵌了各种蛋白质,蛋白质由氨基酸组成,组成氨基酸的原子包括C,H,O,N,S等。细胞壁由纤维素等组成,纤维素是葡萄糖的多聚体,组成葡萄糖的原子包括C,H,O等。在细胞的原生质和液泡内,含有大量的水和一些无机盐等小分子,这些小分子的基本成分也是O,H,Na,Cl等元素。

量元素，它们包括 I、Mn、Cu、Zn、Co、F、Mo、Se、B、Si，等等。为了从根本上了解细胞及生物的结构、功能与生命活动的化学本质，有必要重新学习或深化有关原子的结构与性质、化学键（chemical bond）、有机化合物的碳骨架（carbon backbone）与功能基团（functional group）等基本概念。

二、原子的结构与性质

原子学说提出，物质是由**原子**组成的，原子不能创造，也不能毁灭，并且在一般化学变化中不可再分割，在化学反应中保持性质不变。同一种原子质量、形状和性质完全相同，不同原子则不相同。原子由原子核和核外电子组成，原子核带正电荷，并位于原子中心，电子带负电荷，在原子核周围空间做高速运动。原子核所带的正电荷数与核外电子所带负电荷总量相等，所以整个原子是电中性的。原子核由带正电荷的质子和不带电荷的中子组成。因此，核电荷数等于质子数又等于核外电子数。元素是具有相同核电荷数的同一类原子的总称。具有相同质子数而不同质量数（即不同中子数）的原子互为同位素。例如，普通的质量数为12的碳元素（^{12}C）其原子核含有6个质子和6个中子；而质量数为14的碳元素（^{14}C）其原子核含有6个质子和8个中子，它是放射性同位素（isotope），又称放射性核素（图2-3）。

原子的化学性质很大程度上取决于核外电子的分布和运动状态。由于电子在核外空间的位置及其运动速度不能同时确定，用经典力学不能描述它们的运动状态。科学家用量子力学的方法统计电子在核外空间某单位体积中出现的概率密度，发现它们就好像一团带负电荷的云雾，笼罩在原子核的周围。电子在核外空间运动的特征区域称为**原子轨道**（atomic orbit），每一个轨道可容纳的电子数最多为2个。电子的能量大小取决于它们所占据的轨道。例如s轨道（包括$1s$和$2s$轨道）是以原子核为中心的球形，$1s$轨道能级最低。3个更高且能级相同的$2p$轨道各自都呈哑铃形，原子核处于它们的中间，每一个$2p$轨道的轴垂直于其他2个$2p$轨道的轴，它们分别用$2p_x$、$2p_y$和$2p_z$的名称来区别，这里x、y、z代表其相应的轴。为了方便起见，不同能级轨道一般在平面上用圆环表示，能级最低的$1s$轨道最多可容纳2个电子，它们离核的距离最近。能级相同的$2s$和$2p$（包括$2p_x$、$2p_y$和$2p_z$）轨道最多可容纳8个电子，该能级圆环在$1s$轨道

图2-2 人体的元素组成 组成生物体的元素具有一定的浓度范围，若浓度低于或高于其范围，生命活动便不能正常进行甚至造成中毒或死亡。生物体内的元素组成了水、无机盐等无机化合物和糖、脂类、核酸、蛋白质等有机化合物。

能量的转移密切相关。N是蛋白质、核酸、植物细胞中叶绿素等的重要组成元素。Ca是动物骨骼、牙齿等的成分，钙离子在肌肉收缩、细胞信号转导（signal transduction）中发挥作用，并参与了血液的凝聚和植物细胞壁的组成。P是核酸、生物膜中磷脂（phospholipid）的成分，参与细胞中的能量转移反应，还是骨骼的结构成分。K^+和Na^+是细胞质（cytoplasm）与动物组织液中的主要阳离子，对于维持体液或细胞内外正负离子平衡、神经冲动的传导有重要作用，其中K^+可影响肌肉收缩，控制叶片气孔（stoma）的开闭等。S是大多数蛋白质的成分。动物的血液及其他组织都需要有Mg，它参与多种酶的活化，也是植物细胞中叶绿素的成分。Cl^-是细胞质与动物组织液的主要阴离子，对于维持体液或细胞内外正负离子平衡有重要作用，对于植物光合作用也必不可少。Fe是动物血红蛋白（hemoglobin）的重要成分，还可参与某些酶的活化。另外，在生物细胞中还有一些微

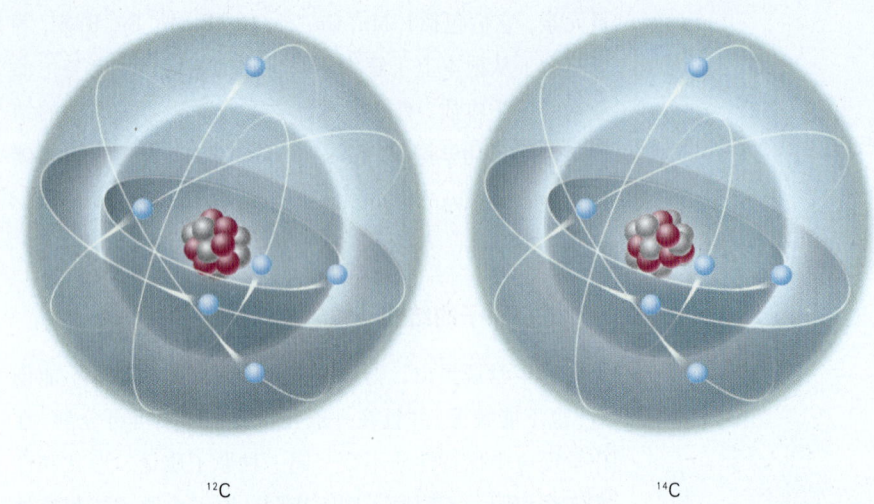

图2-3 **原子的结构** 中心部分为原子核，红色和白色小球分别代表核内质子与中子，核外蓝色小球代表电子，它们在原子核周围空间特定轨道上做高速运动。^{12}C和^{14}C的原子结构差别在于核内的中子数不同，因此质量数也不同。

外圈，表示其能级高于$1s$（图2-4）。原子中的电子按照"能量越低越稳定"的原则优先占据能量较低的原子轨道，整个原子能量最低的状态是原子的基态。原子的化学性质很大程度上取决于最外层能级轨道上的电子数目。

从占生物细胞总量96%的C、H、O、N 4种原子的基态电子组态可以看出，它们都是仅仅包含s轨道和p轨道的元素。可表示为：

H, $(1s)^1$（括弧内为轨道标记，括弧外右上角为该轨道电子数）

C, $(1s)^2(2s)^2(2p)^2$

N, $(1s)^2(2s)^2(2p)^3$

O, $(1s)^2(2s)^2(2p)^4$

所有的原子都具有可以做功的潜能，其原因在于带负电荷的电子被带正电荷的原子核所吸引，保持在其特定的轨道上。就好像一个苹果被你克服着重力的作用而拿在手中一样，这个苹果具有势能，可以做功。如果你松开手让苹果落下，其势能便降低，如果你举起手，苹果的势能便增加。同样，电子由于其位置而具有势能。如果克服核的吸引力将电子向离核更远的能级轨道上移动，便将增加电子的势能，离开基态的电子成为高能电子。一个直接的例证是，在光合作用中，叶绿素捕获和吸收光能后，叶绿素分子中的某些电子便被激发为可以做功的高能电子。同理，电子向离核更近的轨道移动，降低了其势能，这时可释放出能量，以热的形式释放能量或者释放的能量用来做功（图2-5）。在细胞内的生物化学反应过程中，高能电子可以从一个原子或化合物向另一个原子或化合物转移，失去电子被称为**氧化**（oxidation），得到电子被称为**还原**（reduction）。学到这里，我们便不难理解，

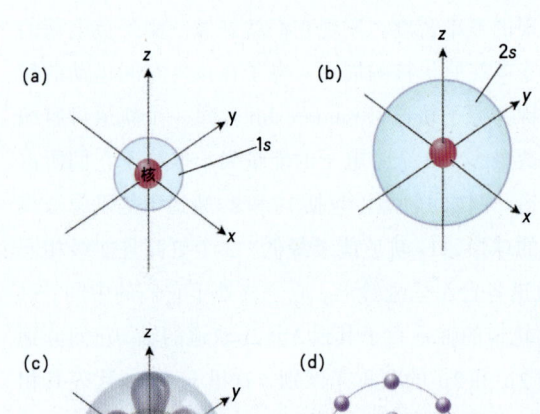

图2-4 **原子轨道** 用原子轨道表征电子云特征，不同能量的电子在不同能级的原子轨道上运动：(a) 第一能级（K级）水平只包括球形的$1s$轨道，最多可容纳2个电子。(b) 第二能级（L级）水平包括1个球形的$2s$轨道，3个哑铃形的$2p$轨道，每个轨道最多可容纳2个电子，因此最多可容纳共8个电子，3个$2p$轨道取向相互垂直，即p_x轨道伸展取向垂直于yz平面，p_y轨道伸展取向垂直于xz平面，而p_z轨道伸展取向垂直于xy平面。(c) 同时表示第一和第二能级轨道的立体图。(d) 用平面图表示Ne原子的结构，其核外电子中的2个首先占据第一能级轨道（$1s$轨道），其余8个电子占据第二能级轨道（即占据$2s$轨道和$2p_x$、$2p_y$、$2p_z$轨道）。

重新学习或深化有关原子的结构与性质、化学键、有机化合物的碳骨架与功能基团等基本概念，对于理解生命活动的本质是非常必要的。

三、化学键和水分子的性质

将相邻原子结合在一起形成分子的相互作用力称为**化学键**。细胞内的化学变化实质上是原子的重新排列组合，也是旧化学键断裂和新化学键形成的过程。旧化学键断裂所需要的能量称为**键能**（bond energy）。原子之间通过共用电子对而形成稳定的分子结构，这种原子间的作用力称为**共价键**（covalent bond）。原子之间由于正负电荷强烈的静电作用而形成稳定的分子结构，这种原子间的作用力称为**离子键**（ionic bond）。共价键和离子键是形成细胞内分子的主要化学键。

在氢气（H_2）和氧气（O_2）分子中，两个成键的H或O对于共用电子对的吸引能力是相等的，整个分子的正电荷中心和负电荷中心是重合的，这种分子为**非极性**（nonpolar）共价键形成的非极性分子（图2-6 a, b）。在

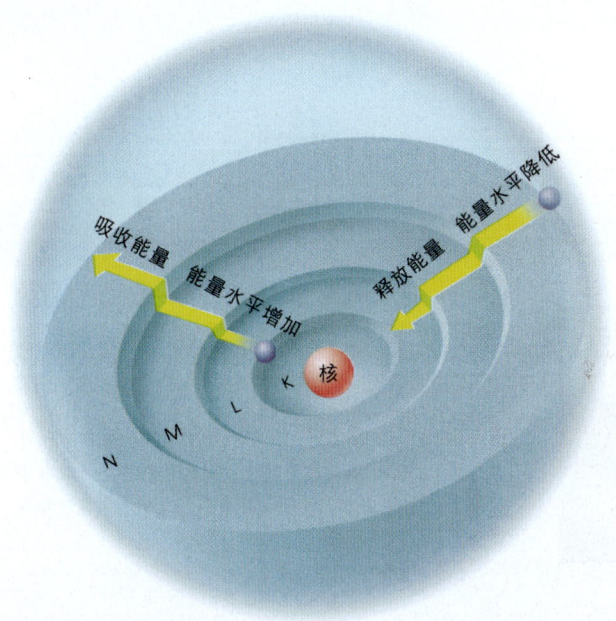

图2-5 原子的能量水平 K, L, M, N等由低到高代表电子的能级水平，离核越近，能级水平越低，离核越远，能级水平越高。图中K能级只包括1个1s轨道，L能级包括1个2s和3个2p轨道，M能级包括1个3s和3个3p轨道，依此类推。

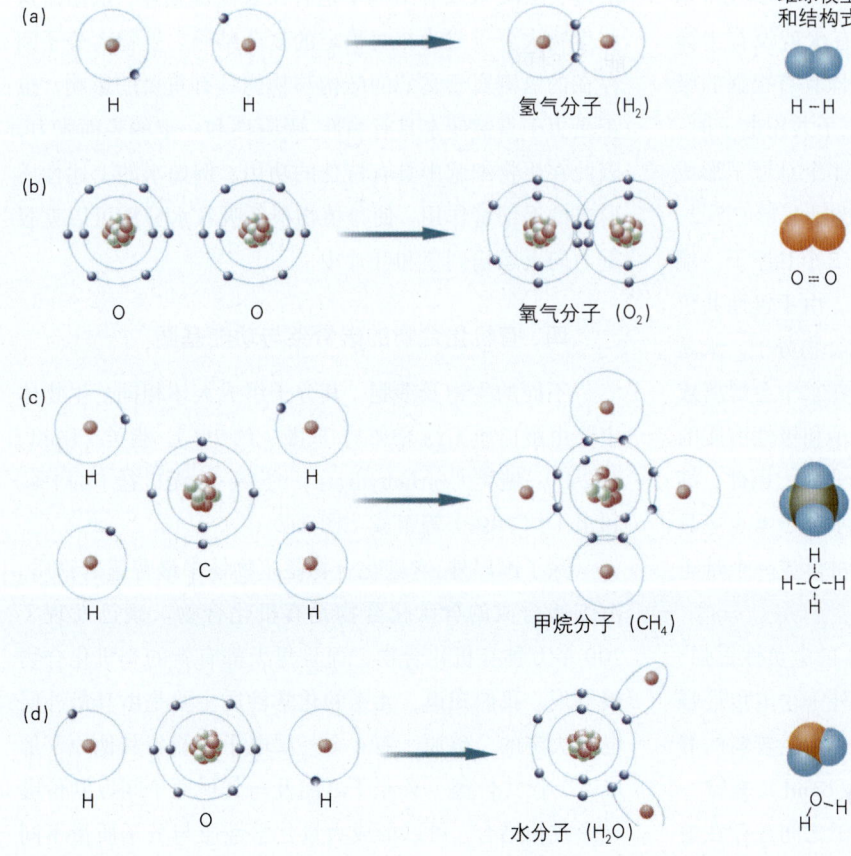

图2-6 通过共用电子对形成非极性的共价键化合物和极性的共价键化合 （a）两个H通过共用一对电子形成H_2分子，最右侧H间的一条短直线代表共用一对电子的共价键，又称为单键。（b）两个O通过共用两对电子形成O_2分子，最右侧O间的两条短直线代表共用两对电子的共价键，又称为双键。（c）CH_4在C与H间形成共价键，整个分子呈正四面体结构。（d）O与H之间的极性共价键的键角呈105°的排列，使H_2O成为极性化合物分子。

图 2-7 **水是生命之源** 生命起源于海洋，生命从一开始就离不开水。水是细胞内比例最大的成分，一般占细胞质量的70%左右。水可以有液体、气体和固体3种存在形式。

CH_4（甲烷）分子中，C与H之间由于对共用电子对的吸引力不相等，C–H键是**极性**（polar）键，但由于C的$sp3$杂化轨道（1个$1s$轨道与3个$2p$轨道叠加重合）以正四面体方向与4个H成键，4个C–H键极性相互抵消，整个分子就成了没有极性的非极性分子（图2-6 c）。同理，CO_2分子也是非极性分子。

H_2O（水）分子是占细胞中比例最大的基本组分，水又是细胞中代谢反应的基本环境。没有水就没有生命（图2-7）。由于氧原子有高的电负性，即具有很强的吸引电子的能力，氧原子与氢原子或碳原子共用电子时，便形成了极性共价键。当2个H原子与1个O原子形成H_2O分子时，它们之间的2个极性共价键呈V形（图2-6 d），靠O原子一端形成水分子的负极，2个H原子一端形成正极。虽然整个水分子是电中性的，由于极性共价键的V形排列，因此H_2O分子是极性化合物分子。水是极性分子，以离子键结合形成的化合物在水中会解离成正负两种离子，因此水是细胞中各种离子和极性溶质的优良溶剂分子。细胞中70%左右的组分是水，因此，细胞中的无机盐一般都以离子状态存在。水分子本身还具有较弱的电离倾向，结果由2个水分子可形成一个带正电的H_3O^+和一个带负电的OH^-。

另外，由于O（还包括N、S、F等）的电负性很强，与H形成的共价键具有较强极性，当另外一个电负性强的原子接近H（分子的正极端）时，就会产生较弱的静电引力，这种静电引力叫**氢键**（hydrogen bond）。氢键一般用点虚线（…）标示。因此，H_2O分子之间还存在着较弱的作用力即氢键（O–H…O）（图2-8）。在细胞中，除了H_2O分子之间可形成氢键外，还存在其他各种氢键。例如，组成蛋白质的单体分子氨基酸中的O和N都可以形成氢键，一个氨基酸分子的羧基（>C=O）和另一个氨基酸分子的氨基（–NH_2）间可形成氢键>C=O…H–N–。肽链中的α螺旋或β折叠结构（参见图2-30）中有大量氢键，DNA双螺旋结构中也有大量氢键相连，从而使这些生物大分子成为相对稳定的复杂结构。生物大分子间存在的氢键对于它们的结构与功能具有重要的影响。也正是由于氢键使水具有黏性、吸附性和一定的表面张力，因此在生物细胞中具有特殊的功用，例如水的上述性质形成的毛细管作用，使得植物根系吸收水分后可以克服重力向上运输到茎和叶片中。

四、有机化合物的碳骨架与功能基团

不同的生物及细胞，其分子组成大体相同。生物体主要由蛋白质（约15%）、核酸（约7%）、脂类（lipid，约2%）、糖类（carbohydrate，约3%）、无机盐（约1%）和水（约70%）等组成（图2-9）。

除了水以外，含碳化合物是生物体中最普遍的物质。由细胞合成的含碳化合物是有机化合物。现已发现了200多万种有机化合物，而且每天都有新的有机化合物被发现。我们知道，元素的化学性质主要是由其最外层电子决定的。碳原子有4个外层电子，能与其他原子形成4个强共价键。碳原子之间及与其他原子间以共价键等形式相结合，可以形成大量化学性质与分子质量不同

图2-8 **水分子间可以形成氢键** 红球为氧原子，蓝球为氢原子，虚线代表分子间的氢键，每一个水分子最多可以和4个相邻的水分子形成氢键。(a) 当水分子运动时，氢键可以连续地断开和形成。(b) 在冰中，氢键将水分子固定成固态。由辅助线构成的平行四边形代表空间的一个平面，便于看出水分子在冰中的空间分布。

的生物分子。碳碳之间可以单键相结合，也可以双键或三键相结合，形成不同长度的链状、分支链状或环状结构，这些结构称为有机化合物的**碳骨架**。碳骨架结构排列和长短决定了有机化合物的基本性质（图2-10）。由碳原子和氢原子组成的化合物称为**烃类化合物**（hydrocarbons）。碳氢共价键中富含化学能，碳氢间共价键的断开可释放一定的能量。例如汽油就是一些烃类化合物，是非常优质的燃料。由于碳原子和氢原子具有大体相同的电负性，电子在碳氢键和碳碳键之间均等分布，所以烃类是非极性化合物，具有疏水性，即不溶于水或排斥水的性质。

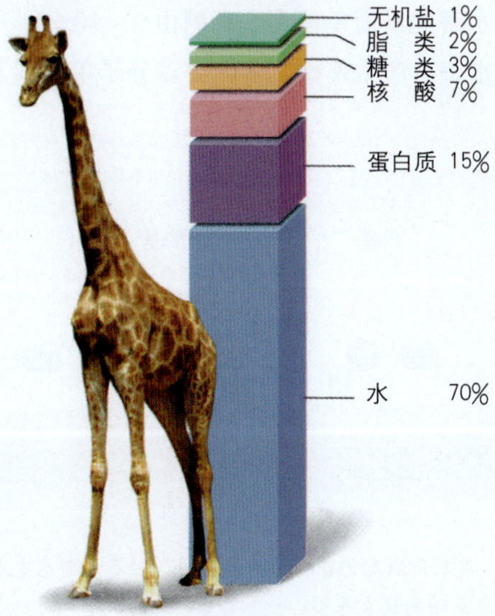

除了碳骨架外，有机化合物的性质还取决于与碳骨架相连接的某些含氧、氮、硫、磷的原子团（又称**功能基团**）。因为这些功能基团往往可以引发有机化合物间特定的化学反应。生物体中的有机化合物主要含有羟基、羰基、羧基和氨基等功能基团（图2-11），这些功能基团几乎都是极性基团，因为其中的氧原子或氮原子都有较强的吸引共享电子的能力。功能基团的极性使得生物分子具有亲水性，有利于这些化合物稳定于有大量水分子存在的细胞中。发生在细胞中的许多化学反应往往涉及到这些功能基团从一个分子向另一个分子的转移。

细胞中的一些有机化合物是一些简单的小分子，它们只含有一个或少数几个功能基团。另一些则是复杂的大分子聚合体，称为**生物大分子**。蛋白质、核酸、脂类和糖类是组成生物体最重要的生物分子，其中蛋白质、核酸和多糖类是由一些含有功能基团的彼此相同或相近的单个有机化合物聚合而成的。这些单个有机化合物被称为**单体**（monomer），生物大分子则是由单体聚合成的**多聚体**（polymer）。生物大分子就好像是整列火车，单体分子就是其中的一节车厢。由生物单体分子合成生物大分子多聚体往往涉及与功能基团相关的脱水反应，又

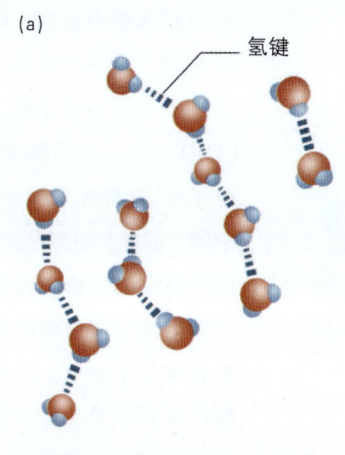

图2-9 **生物体的一般化学组成** 不同的细胞或组织，其分子组成可以有差异。

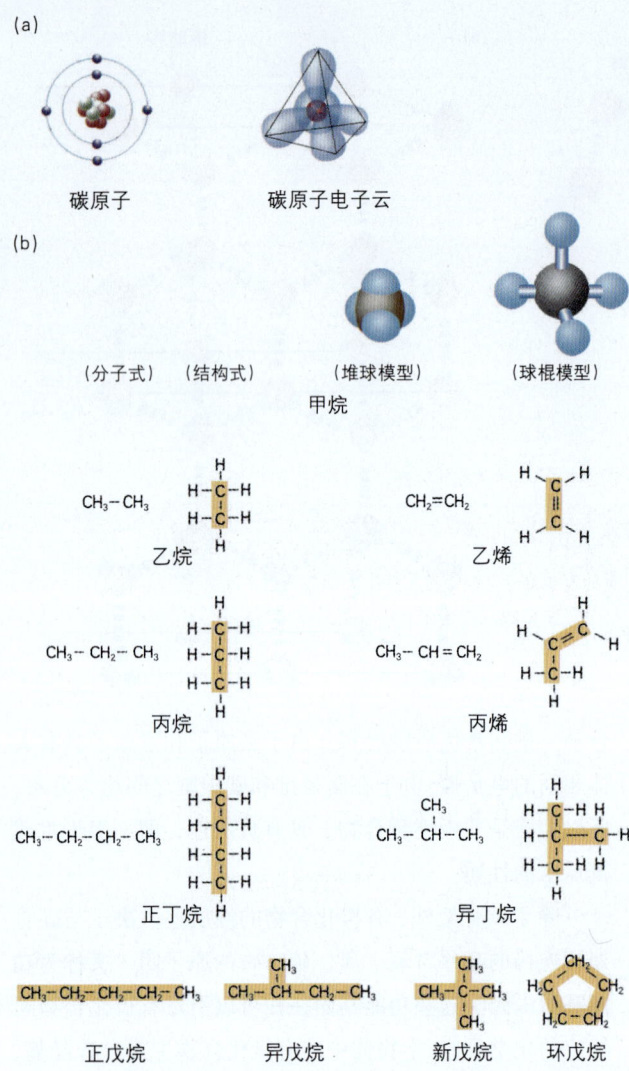

图 2-10 碳骨架结构排列和长短决定了有机化合物的基本性质
(a) 碳原子结构显示其外层4个电子能与其他原子形成4个共价键。(b) 不同碳骨架结构排列的有机化合物显示每一个碳原子都形成4个共价键。图中黄色表示该化合物的碳骨架。

称为**脱水缩合反应**(dehydration synthesis)。即两个单体结合时，由一个单体分子中脱下的一个羟基（-OH）与另一个单体分子中脱下的氢（H）相结合，形成一分子水（H_2O）。每一个单体被加入到生物大分子中去，便除去一分子水，这种脱水缩合反应需要消耗能量来打破相应的化学键。因此，细胞中生物大分子的合成需要消耗能量。细胞中有形成生物大分子的缩合合成反应，也有使生物大分子多聚体分解为单体的分解反应。而这些分解反应往往需要有水分子参与，因此又称为**水解反应**(hydrolysis)。水解反应在断开生物大分子间的共价键时可释放出贮存在这些共价键中的能量。水解反应是脱水缩合反应的逆反应（图 2-12）。

第二节 糖 类

糖类是多羟醛或多羟酮及其缩合物和某些衍生物的总称。糖类广布于生物细胞中，所有生物的细胞皆含核糖。动物血液含有葡萄糖，植物的细胞壁、木质部、棉花的白色棉桃等都由纤维素（cellulose，一种多糖）组成，粮食（谷类）含丰富的淀粉（starch，另一种多糖）。

糖是生物代谢过程的重要中间代谢物，糖类是细胞重要的结构成分（如纤维素和淀粉），还可构成核酸和糖蛋白等重要生物大分子，糖类又是生命活动的主要能源。

糖类包括小分子的单糖（monosaccharide）、寡糖（oligosaccharide）和大分子多糖（polysaccharide）。单糖是不能水解的最简单糖类。寡糖由2~10分子单糖结合而成，水解后产生单糖。多糖由多分子单糖或其衍生物组成。

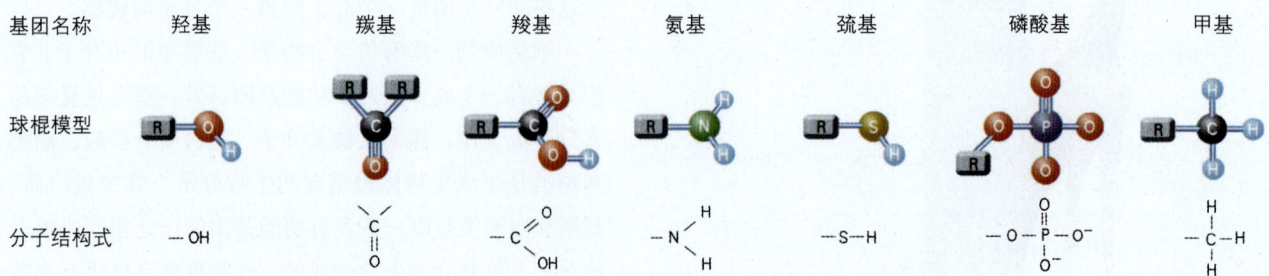

图 2-11 有机化合物的性质还取决于功能基团　羟基是有机醇类化合物的功能基团，羰基是酮类化合物的功能基团，羟基和羰基也是糖类分子的代表性基团。羧基是羧酸分子的代表基团，也是氨基酸中的重要原子团。氨基是氨基酸的代表基团。一个氨基酸中的氨基与另一个氨基酸中的羧基反应生成肽键。巯基是蛋白质分子中的重要基团，两个巯基之间可形成二硫键，对于蛋白质结构的形成具有重要作用。含有磷酸基的三磷酸腺苷是细胞中贮存能量的高能化合物。图中的R代表除功能基团外的有机化合物的其他部分，又称为任意基团。图中黑球代表碳原子，红球代表氧原子，蓝球代表氢原子，紫球代表磷原子（本书插图中各分子球棍模型小球的颜色都与此相同）。

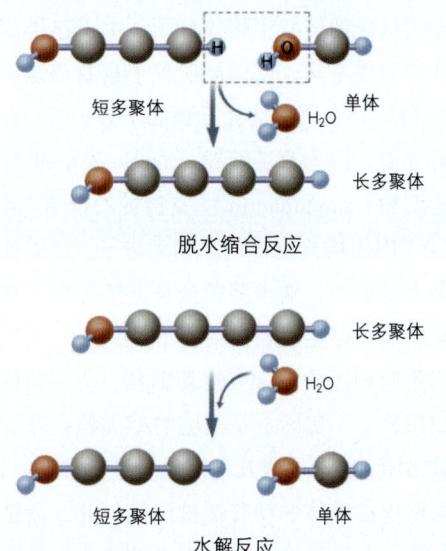

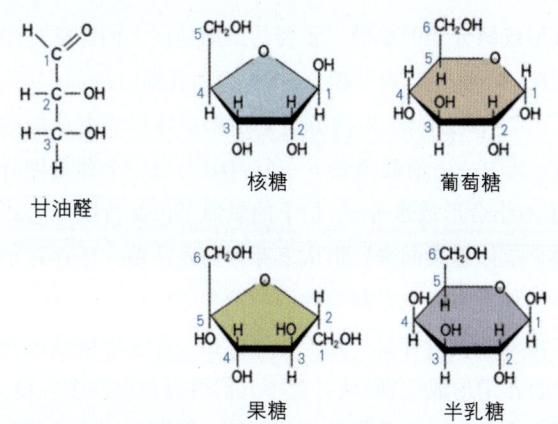

图2-12 脱水缩合反应和水解反应 脱水缩合反应和水解反应都是细胞内有机化合物最基本的反应。例如,单糖分子通过脱水缩合反应形成各种多糖;氨基酸分子通过脱水缩合反应生成多肽,进而合成蛋白质;核苷酸分子则通过脱水缩合反应组成DNA和RNA。反之,糖类或蛋白质等生物大分子在细胞中通过水解反应又可生成单糖或氨基酸单体。前一种反应需要消耗能量并产生水分子,后者则释放出能量并消耗水分子。

图2-13 几种重要的单糖 甘油醛是仅有3个碳原子的最小的单糖;核糖是五碳糖,其第2位碳上的氧原子脱去便是脱氧核糖,核糖与脱氧核糖是核酸的主要成分;葡萄糖和果糖是六碳糖,是细胞中贮存能量的有机分子。图中蓝色数字表示碳原子部位的序号,单糖的结构式可将环中的碳原子省略,即成图中的缩写形式。

一、单 糖

糖类的单体称为**单糖**,单糖的主要碳骨架可以从3个碳到7个碳。重要的单糖包括甘油醛(glyceraldehyde)、核糖(ribose)、葡萄糖(glucose)、果糖(fructose)、半乳糖(galactose)等(图2-13);单糖分子含C、H、O 3种元素,通常3者的比例为1∶2∶1,一般化学通式为$(CH_2O)_n$。

葡萄糖的分子式为$C_6H_{12}O_6$,其碳骨架上主要连着羟基和羰基两种功能基团(图2-14)。葡萄糖是六碳糖,有7个C-H键,因此葡萄糖是细胞中贮存能量的有机分子。五碳糖和六碳糖等单糖分子在水溶液中成环式结构,即单糖分子中的醛基或酮基与另一个碳原子上的羟基反应生成半缩醛或半缩酮,从而形成环式结构(图2-14 a)。功能基团如羟基(-OH)位于环骨架平面的上方或下方,由于各原子间共价键及电子分布,整个葡萄糖分子在水溶液中形成如图2-14 b所示的特定三维立体构型。

果糖的分子式与葡萄糖完全一样,只是结构式不同。这种分子式相同而结构式不同的两种有机化合物称为同分异构体(isomer)。核糖是五碳糖,其第2位碳上的氧原子脱去便是脱氧核糖,核糖与脱氧核糖是核糖核酸

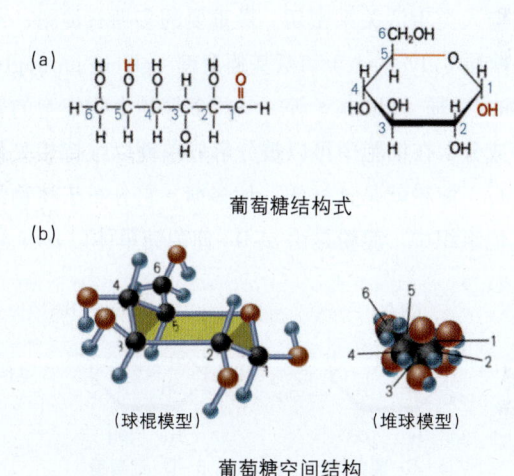

图2-14 葡萄糖成环结构和三维立体构型 (a)链式结构的葡萄糖在水溶液中成为环式结构。注意,图中的粗黑线体现分子的这一部分向着页面的外部方向,细红线既是新的共价单键,又代表这部分位于页面最内侧。(b)体现葡萄糖分子空间结构球棍模型和堆球模型,图中的数字表示碳原子的序号。

(RNA)与脱氧核糖核酸(DNA)的主要成分。

各种单糖是细胞内代谢反应的重要中间产物,又是构成多糖的单体原料。植物光合作用的产物便是葡萄糖。

二、二 糖

二糖(disaccharide,又称双糖)是最简单的寡糖。在生物细胞中,两分子的单糖可以经过脱水缩合作用形成以**糖苷键**(glycosidic linkage)连接的二糖。二糖水解后

又可形成两分子的单糖。重要的二糖包括人们经常食用的蔗糖(sucrose)、麦芽糖(maltose)和乳糖(lactose)等。

图2-15显示了由两分子葡萄糖单体形成麦芽糖的反应,其中一个葡萄糖脱下一个-OH与另一个葡萄糖分子的-H结合形成水分子,留下的氧原子以共价键的形式将两个单体连接起来,形成麦芽糖。麦芽糖一般存在于发芽的种子中,也是制造啤酒的原料。

像麦芽糖一样,一分子葡萄糖和一分子果糖经过脱水缩合作用形成蔗糖。从甘蔗中人们可以提取许多蔗糖。蔗糖是食品和饮料业最常用的原料。乳糖由一分子葡萄糖和一分子半乳糖缩合而成,存在于人和其他哺乳动物的乳汁中。

三、多 糖

多糖一般是几百个或几千个单糖脱水缩合形成的多聚体,与人类生活关系密切。最重要的多糖有淀粉、纤维素、糖原(glycogen)和氨基葡聚糖(glycosaminoglycan)如几丁质(chitin)等。一些多糖是生物细胞的营养贮存成分,在细胞中可以被分解成单糖以维持相关代谢的进行。淀粉就是这样的一种多糖,它分布于植物的根或其他组织中。**淀粉**是由α-D-葡萄糖单体以α-1,4-糖苷键连接组成的链状多聚体分子,由于连接葡萄糖分子的糖苷键角度不同,使得淀粉分子盘卷成螺旋状(图2-16 a),相对分子质量从几千到几十万不等。有的淀粉分子没有分支,称为直链淀粉(amylose),带有分支的称为支链淀粉(amylopectin)。支链淀粉既有1,4位又有1,6位缩合,因而构成支链的多糖大分子。豆类种子中的淀粉全是直链淀粉,糯米淀粉全是支链淀粉。直链淀粉遇碘变蓝,这是鉴定淀粉的简便方法。

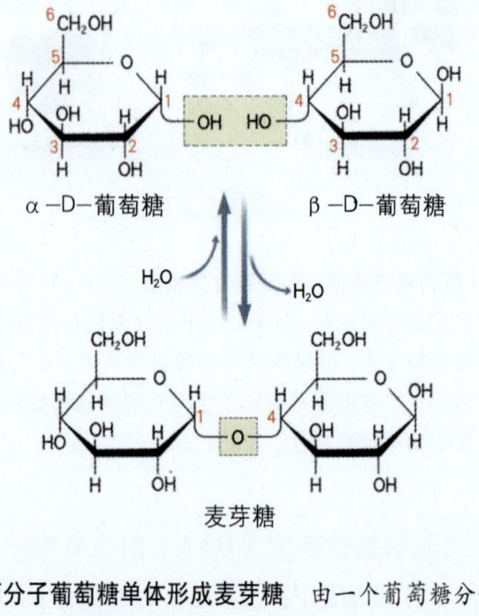

植物细胞中通常都含有淀粉颗粒,这些颗粒是一团盘卷的淀粉分子,实际上是细胞的糖类贮存库。糖是细胞的能量来源,也是形成其他有机分子的原料。需要时,长链淀粉中连接单体的糖苷键被水解打开,淀粉便水解生成葡萄糖。人和其他动物都能通过其消化系统水解植物淀粉。马铃薯和小麦、玉米、水稻等谷物含有丰富的淀粉,是人类最重要的食物。

动物细胞中贮存的多糖是糖原,又称动物淀粉。**糖原**也是由D-葡萄糖组成的链状多聚体分子,它与淀粉的组成基本相同,但糖原的支链比支链淀粉更多,而分支的长度较短。糖原主链上的葡萄糖以α-1,4-糖苷键相连接,支链的连接为α-1,6-糖苷键(图2-16 b)。大多数糖原以颗粒状贮存于动物的肝脏和肌细胞中,需要时糖原可以被水解释放出葡萄糖。人的消化系统能够水解肉类食物中的糖原。糖原在水中的溶解度大于淀粉,遇碘变为红褐色。肝细胞中糖原的相对分子质量平均可达几百万。

许多多糖是保护和构建细胞、保持细胞和生物体形状的重要生物大分子成分。纤维素就是具有这样一种作用的多糖,它又是地球上产量最多的一类有机化合物。纤维素在植物界占碳素总量的50%以上,它是植物细胞壁的主要成分,也是木材的主要成分,它所形成的网状纤维结构对植物细胞起保护作用。**纤维素**与淀粉和糖原一样,也是葡萄糖的多聚体,但葡萄糖单体之间糖苷键的连接方向与淀粉、糖原不同,它是β-D-葡萄糖以β-1,4-糖苷键相连接构成的不分支多糖大分子。葡萄糖单体相互连接形成不分支的杆状而不是盘卷成螺旋状,这些长链分子相互平行排列,上千个纤维素分子再由氢键相互连接,形成了纤维的一部分(图2-16 c)。纤维素水解时产生纤维二糖,再进一步水解产生葡萄糖。

人的唾液中含有唾液淀粉酶,能破坏淀粉的α-葡萄糖链,形成的葡萄糖最终在小肠里被人吸收。但这种酶不能水解β-葡萄糖苷键,因此纤维素不能被人吸收。植

图2-15 两分子葡萄糖单体形成麦芽糖 由一个葡萄糖分子的第1位碳原子和另一个葡萄糖的第4位碳原子通过失去一分子水相连接(图中红色数字表示碳原子位数),形成糖苷键,即得到麦芽糖。麦芽糖具有还原性。淀粉水解即产生麦芽糖,所以麦芽糖通常只存在于发生淀粉水解的组织,如麦芽中。一分子麦芽糖在一定条件下水解可得两分子葡萄糖。在葡萄糖环状结构中,原羰基碳原子成为新的手性中心,其上羟基(C₁上的—OH)的上下位置取向差异被确定为α与β两种不同的异构体。另外,D-型与L-型葡萄糖是互为镜像不能重叠的两种构型。与人类关系密切的是D-葡萄糖。

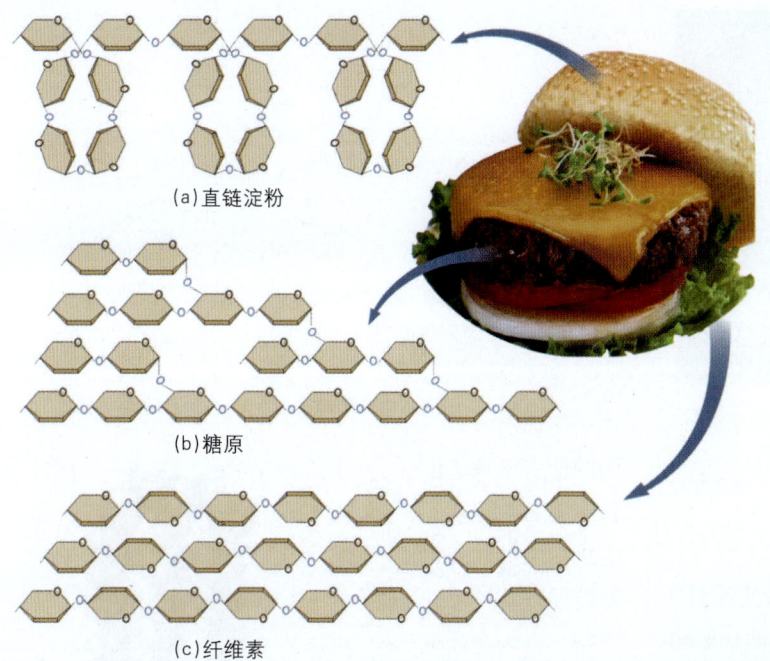

图 2-16 淀粉、糖原和纤维素是由葡萄糖单体组成的多聚体分子　汉堡包的面包部分主要是淀粉，牛肉部分含有糖原，蔬菜部分含有纤维素。(a)淀粉是植物细胞中以贮藏状态存在的糖，是由葡萄糖单体以 α-1,4-糖苷键连接组成的链状多聚体分子。根据淀粉分子的链分支与否分为支链淀粉和直链淀粉2种。图中的直链淀粉，分子不分支，通常卷曲成螺旋形。(b)糖原是动物细胞中贮存的多糖。糖原每隔8～12个葡萄糖单体就会有一个分支，每个分支有6～7个葡萄糖单位。糖原主链上的葡萄糖以 α-1,4-糖苷键相连接，支链的连接为 α-1,6-糖苷键。(c)与前述的几种由 α-D-葡萄糖缩合而成的多糖不同，纤维素分子呈不分支长链，由 10 000～15 000 个 β-D-葡萄糖在 1, 4 碳原子之间连接而成。

物中的纤维素虽然不能作为人体的营养，但可刺激肠道蠕动，有助于胃肠对食物的消化。有些动物如牛和羊，由于其消化系统中有水解纤维素的微生物和纤维素酶，因而可以从纤维素中获得营养。另外，生物学实验中培养细菌的培养基所加入的琼脂（agar）也是一种来源于海藻的多糖，主要是半乳糖的多聚体，在细菌培养基中加入少量琼脂可以保持其凝胶状态，细菌在凝胶培养基上生长和分裂可以堆积形成**菌落**（colony），即形成一群无性繁殖系，同一个菌落中的无数细菌来源于同一个细菌，因此具有相同的遗传学背景（图 2-17）。

第三节　脂　类

脂类是脂肪酸和醇所形成的酯及其衍生物。脂类广泛地存在于动植物体内及其细胞中，是食用油的来源。脂类是细胞代谢的重要储能化合物，由于含有更多的 H 原子，其贮存的能量大大高于糖类。磷脂是构成生物膜的基本物质。不同的脂类化合物在生物结构和代谢中还具有其他一些特殊的作用。

一、脂类的组成和功能

脂类分子含 C、H、O 3 种元素，但 H 与 O 的比值远大于 2，可以说脂类主要是由碳原子和氢原子通过共价键结合形成的非极性化合物，具有疏水性，即脂类不溶

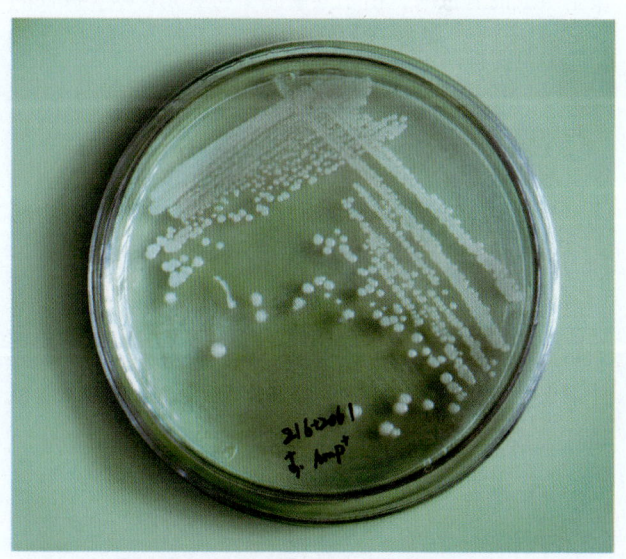

图 2-17 琼脂凝胶培养基上的细菌菌落　在细菌培养液中加入约 1.5% 的琼脂，加热溶解后倒入培养皿中冷却，用接种环在琼脂凝胶培养基上划线后，置于培养箱内，一般在10余小时后便可出现细菌的菌落。一个菌落中的无数细菌都来源于同一个细菌，因此具有相同的遗传学背景。

于水，可溶于非极性溶剂。例如，由于羽毛上的油脂对水具有排斥作用，一滴水落在羽毛上时便形成了几个圆形的水珠（图 2-18）。一些水禽正是由于其羽毛上蜡质不吸水的特性而能在水面上漂浮。

中性脂肪和油都是由甘油（glycerol）和脂肪酸（fatty acid）结合成的脂类，对于动物称为脂肪（fat），对

图 2-18 油脂对水的排斥作用　水禽羽毛上富含蜡质（一种油脂），对水有排斥作用。

于植物则称为油（oil）。甘油是由 3 个碳原子分别连着 3 个羟基构成的醇。常见脂肪酸是由 12~24 个碳的烃链与羧基组成的有机酸，由于其碳原子与氢原子以非极性的共价键相连接，因此整个烃链具有疏水性（非极性）（图 2-19）。脂肪酸与甘油经过脱水缩合可以形成脂类，由 3 个脂肪酸分子上的羧基与一分子甘油上的 3 个羟基分别脱水缩合形成的脂类又叫**三酰甘油**（triacylglycerol），其上常常有 3 种不同的脂肪酸。烃链含有双键的脂肪酸称为不饱和脂肪酸，电子分布的特点使得双键处发生扭曲弯折，造成不饱和脂肪酸与相邻的不含双键的饱和脂肪酸不能紧密平行排列，因而熔点较低，在室温条件下保持液态，不容易凝固。玉米油、菜籽油和其他植物油大多含不饱和脂肪酸。大多数动物脂肪为饱和脂肪酸，动物脂肪中的相邻饱和脂肪酸相互平行排列，分子之间结合比较紧密，因此熔点较高。经常摄入饱和脂肪酸含量高的食品可导致人体动脉粥样硬化而易引发心血管疾病。

各种脂类分子的结构可以差异很大，有些脂类含有 P 和 N。脂类是生物膜的主要成分；脂肪氧化时产生的能量大约是糖氧化时的二倍。脂类可构成生物表面的保护层，如皮肤、羽毛和果实外表的蜡质；动物皮下脂肪有保持正常体温作用；维生素 A（vitamin A）、维生素 D、肾上腺皮质激素（corticoid）等脂类分子是重要的生物活性物质。

二、磷　脂

磷脂又称磷酸甘油酯（phosphoglyceride）。磷脂与脂肪不同之处在于甘油的 1 个羟基不是与脂肪酸结合成酯，

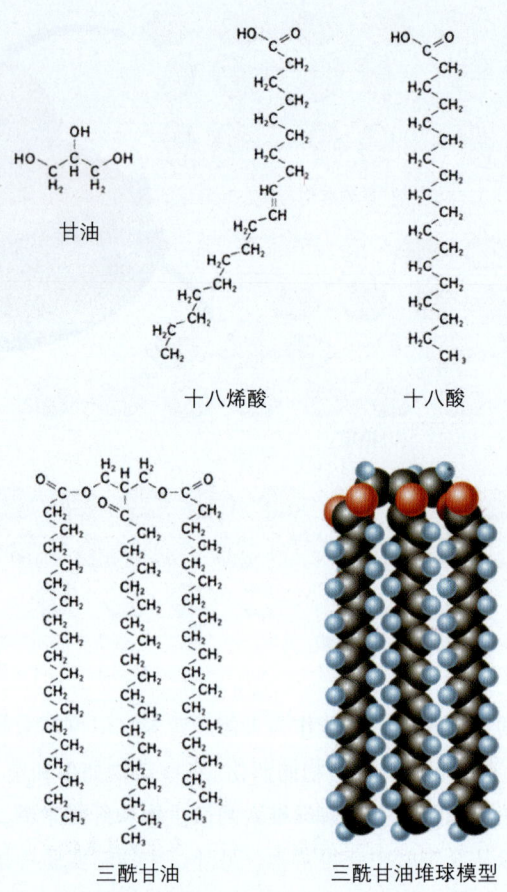

图 2-19 甘油、脂肪酸和三酰甘油　甘油是一种三元醇，分子中有 3 个羟基，每一个均可以和羧酸类化合物中的羧基发生脱水缩合反应（酯化反应）。3 分子脂肪酸中的羧基和 1 分子甘油中的 3 个羟基分别发生脱水缩合反应便得到三酰甘油。图中所示的三酰甘油是三硬脂酰甘油酯，由 3 个硬脂酸残基与甘油酯化而成。然而事实上，天然脂肪中 3 个酯位含有相同脂肪酸残基的甘油三酯所占比例极少，几乎全是混合甘油酯，即由 1 种以上脂肪酸与甘油酯化而成。

而是与磷酸及其衍生物结合，如与磷酸胆碱（phosphate choline）结合形成细胞中最重要的一类磷脂——卵磷脂或称**磷脂酰胆碱**（phosphatidylcholine）。磷酸胆碱一端为亲水头部（hydrophilic head），两个脂肪酸一端弯曲为疏水尾部（hydrophobic tail），其中一个脂肪酸通常含有不饱和双键，因此总是有点弯折（图 2-20）。天然磷脂酰胆碱常常是含有不同脂肪酸的混合物，常见的有棕榈酸（十六酸）、硬脂酸（十八酸）、油酸（十八碳一烯酸）、亚油酸（十八碳二烯酸）、亚麻酸（十八碳三烯酸）和花生四烯酸（二十碳四烯酸）等。磷脂酰胆碱之所以重要，因为它们是生物膜脂质双层的主要成分（参见第三章生物膜部分）。

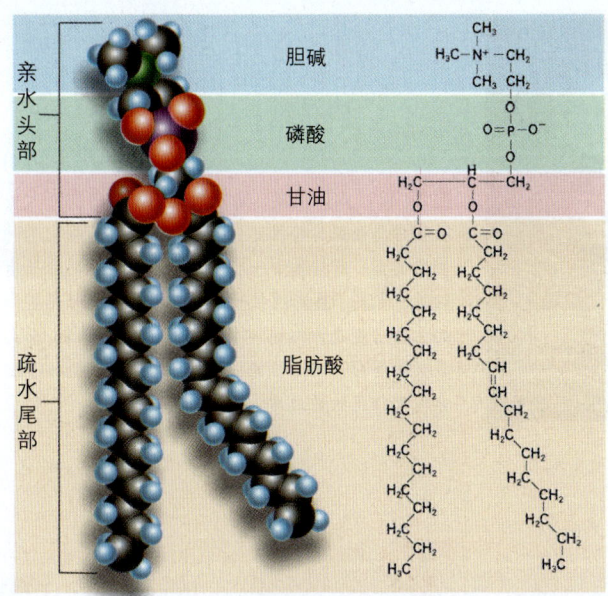

图2-20 磷脂的分子结构 图中所示的磷脂由1分子甘油中的3个羟基分别与1分子的十八酸、1分子十八烯酸和1分子磷酸胆碱中的三个羧基发生脱水缩和反应生成。十八酸即分子中含有18个碳原子的饱和直链羧酸，又称硬脂酸。十八烯酸由于分子中含有代表烯烃结构特征的碳碳双键而得名。当甘油与其他种类的羧酸和羧酸衍生物发生这样的反应时便会得到其他种类的磷脂类物质。除图中的磷脂酰胆碱外，磷脂类物质还包括磷脂酰乙醇胺、磷脂酰丝氨酸等几大类。

三、其他类型的脂类

常见其他类型的脂类包括类固醇、糖脂、多异戊二烯类、部分脂溶性维生素等。类固醇（steroid）如胆固醇（cholesterol）等脂类也是细胞膜的重要成分，其碳骨架弯曲形成3个六元环和1个五元环（图2-21）。在动物细胞中类固醇也是生成其他甾类或类固醇化合物如雌性和雄性激素的前体物质。血液中类固醇含量高时易引发动脉粥样硬化。胆固醇是动物细胞膜和神经髓鞘的重要成分，与膜的透性有关。植物细胞不含胆固醇，但含有称为植物固醇的类固醇类物质。另外，植物细胞中的类胡萝卜素是含8个异戊二烯分子的萜类（图2-21）。糖脂是含糖基分子的脂类。

第四节 蛋白质

蛋白质是决定生物体结构和功能的重要成分。**氨基酸**是蛋白质的结构单体，天然氨基酸有20种。**蛋白质**是由多个氨基酸单体组成的生物大分子多聚体。人体有成千上万种蛋白，每一种蛋白都具有特定的三维空间结构

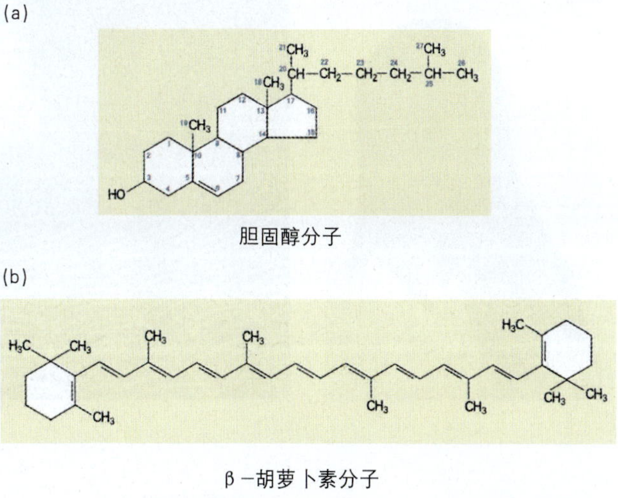

图2-21 胆固醇分子和β-胡萝卜素分子 （a）胆固醇属类固醇类物质，分子中不含脂肪酸，胆固醇分子中的四个碳环结构名为环戊烷多氢菲，是类固醇类物质的基本结构。（b）β-胡萝卜素是光合作用的一种辅助色素，也是维生素的来源。

和生物学功能。蛋白质是细胞最重要的结构成分并参与所有的生命活动过程。

一、蛋白质的主要种类和功能

蛋白质的种类很多，按功能分主要包括结构蛋白、伸缩蛋白、贮存蛋白、保护蛋白、运输蛋白、信号蛋白等。例如，蜘蛛网的网丝、人体的毛发（图2-22）、肌腱与韧带纤维等都是结构蛋白；伸缩蛋白与结构蛋白可共同完成肌肉的运动（图2-23）；卵清蛋白（ovalbumin）（如鸡蛋的蛋清）是一种贮存蛋白，其作用是为胚胎的发育提供氨基酸源；血液中的抗体蛋白（antibody protein）属于保护蛋白，它能与外源蛋白特异性结合，抵抗外部病源对细胞的入侵；血红蛋白作为一种运输蛋白，它能将肺部的氧气转运到体内的其他部位；某些蛋白具有信号的功能，可在细胞内和细胞间进行信号传递，协调和控制相关代谢和生命活动（图2-24）。

酶（enzyme）是生物细胞中催化生物化学反应的一类蛋白质，它可以作为催化剂改变生化反应的速率，而自身并没有发生改变。细胞内的所有反应都是在酶的作用下进行的。关于酶的结构和功能，请阅读第四章的有关内容。

二、蛋白质是由20种氨基酸组成的生物大分子

在所有生物分子中，蛋白质是结构和功能最复杂的

图 2-22　人体毛发、蜘蛛网等都是蛋白质　大多数蛋白质按照其特性可分为纤维蛋白和球蛋白两种主要类型。纤维蛋白一般不溶于水，延展的分子有韧性，毛发、蜘蛛网丝等都是纤维蛋白。纤维蛋白的主要功能是为细胞和有机体提供机械支撑。而大多数球蛋白是水溶性的，它们包括酶和其他许多起非催化作用的蛋白质。

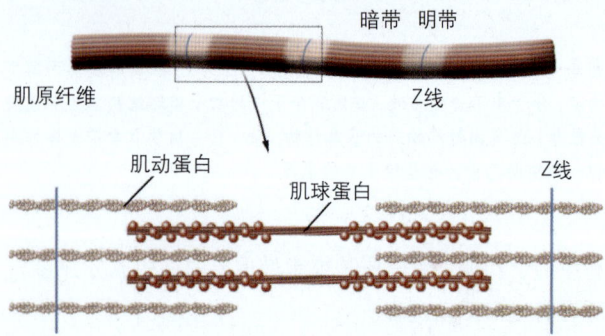

图 2-23　肌动蛋白与肌球蛋白　肌原纤维中，密度较大的暗带（图中深色）主要成分为肌球蛋白的粗丝，密度较小的部分（图中浅色）是由肌动蛋白组成的明带，明带被致密而狭窄的Z线平分，由此构成了肌原纤维的主要结构。

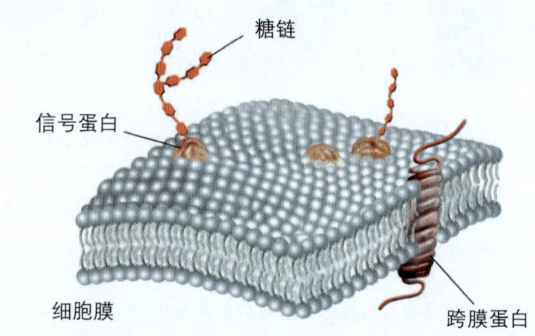

图2-24　信号蛋白　一些插入细胞膜中的蛋白具有传递信号的作用，这些信号蛋白往往是糖蛋白，即在膜外所连接的糖链（糖基）具有接受信号的"天线"作用。

一类生物大分子，这种复杂性首先在于组成蛋白质的20种氨基酸可以以无限制的方式排列与组合。

在氨基酸分子中，与功能基团（一个羧基和一个氨基）以共价键相连接的中心碳原子称为α碳原子，与α碳原子共价键相连的还包括一个氢原子和一个以字母R表示的化学基团（图2-25），R基是连接着其他功能基团的碳链（甘氨酸例外），20种氨基酸的基本差别就在于R基团的变化（图2-25）。例如，最简单的氨基酸甘氨酸（Gly），其R基仅是一个氢原子。根据R基极性不同可将氨基酸分为两类，一类的R基是非极性疏水的基团，如亮氨酸（Leu）；另一类的R基是极性（亲水）的，如丝氨酸（Ser），它的R基含有一个羟基。半胱氨酸（Cys）是R基上带有硫原子的极性氨基酸。极性氨基酸可协助蛋白质溶解于细胞内的水性溶液。R基的结构决定了20种氨基酸的特殊性质。图2-26列出了生物体中天然存在的20种氨基酸的结构式和球棍模型。

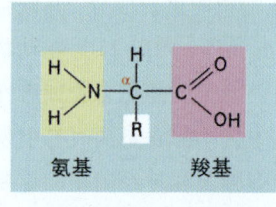
（不带电荷）

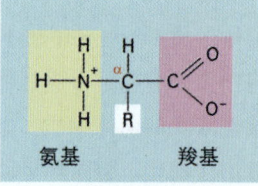
（两性离子）

图 2-25　氨基酸分子的基本结构　各种氨基酸的α碳原子上均连接着4种基团，即所有氨基酸的α碳原子都连着一个羧基（α羧基）和一个氨基（α氨基），还连着一个H原子和一个R基（除甘氨酸中为H原子外，R基代表任意基团）。因此，氨基酸的α碳为手性碳原子。根据旋光性的不同，左旋与右旋氨基酸分别命名为L-α-氨基酸(左旋)和D-α-氨基酸(右旋)。L-α-氨基酸和D-α-氨基酸恰似左、右手，互为镜像体。生物界各种蛋白质（除一些细菌的细胞壁中的短肽和个别抗生素外）几乎都是由L-氨基酸所构成的，含D-氨基酸的极少。因为氨基酸是两性的，因此氨基酸分子中的羧基H^+可以转移到氨基上，形成内盐（两性离子）。

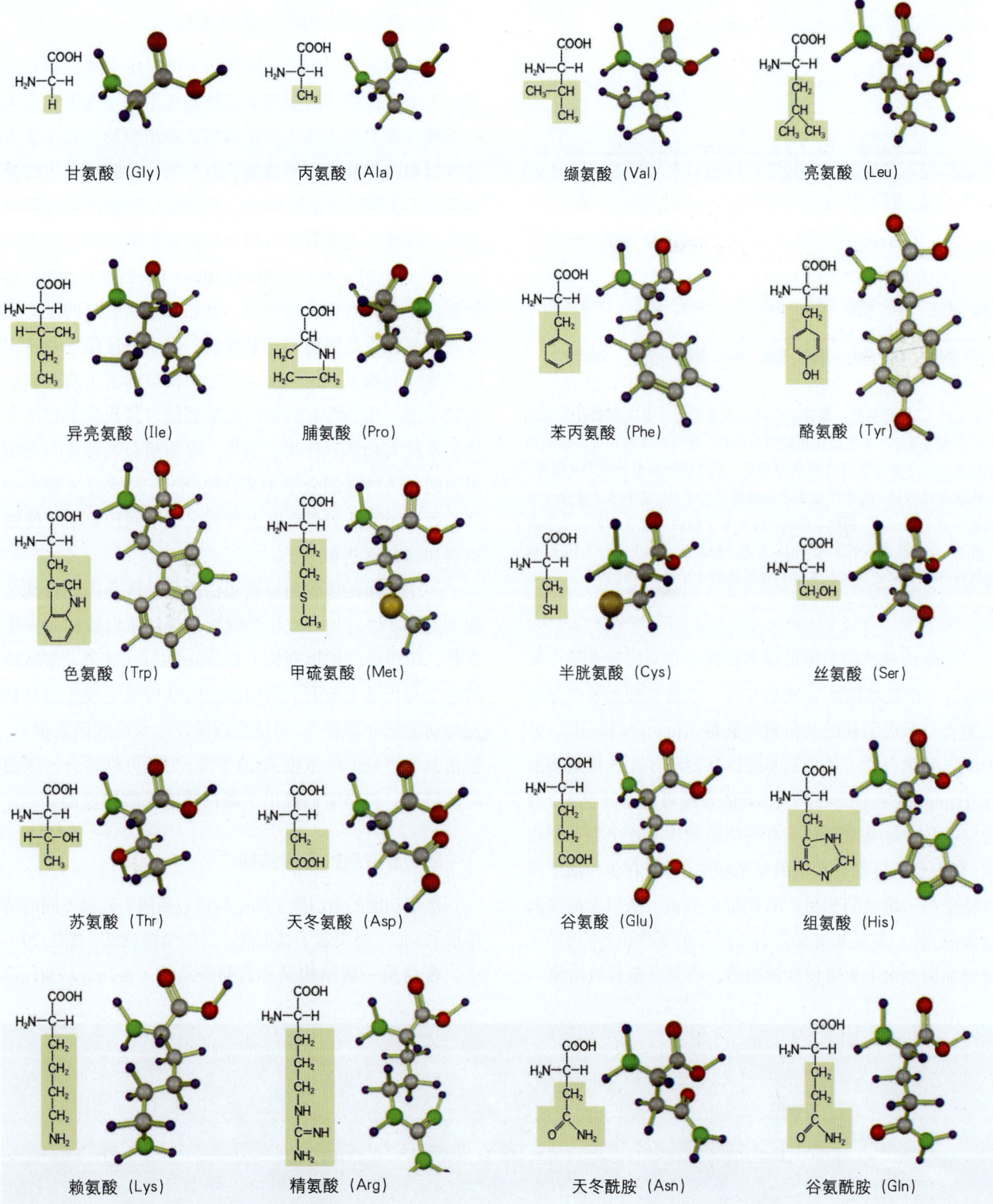

图2-26 生物体中的20种氨基酸 在氨基酸中文名称后的括号内为该氨基酸名称的3字母英文缩写,另外还有下列括号中大写单字母的名称代表。根据侧链(R基)的化学性质,可分为脂肪族氨基酸:Gly(G)、Ala(A)、Val(V)、Leu(L)、Ile(I)、Pro(P);芳香族氨基酸:Phe(F)、Tyr(Y)、Trp(W);含硫氨基酸 Met(M)、Cys(C);醇类氨基酸:Ser(S)、Thr(T);酸性氨基酸:Asp(D)、Glu(E);碱性氨基酸:His(H)、Lys(K)、Arg(R);酰胺类氨基酸:Asn(N)、Gln(Q)。

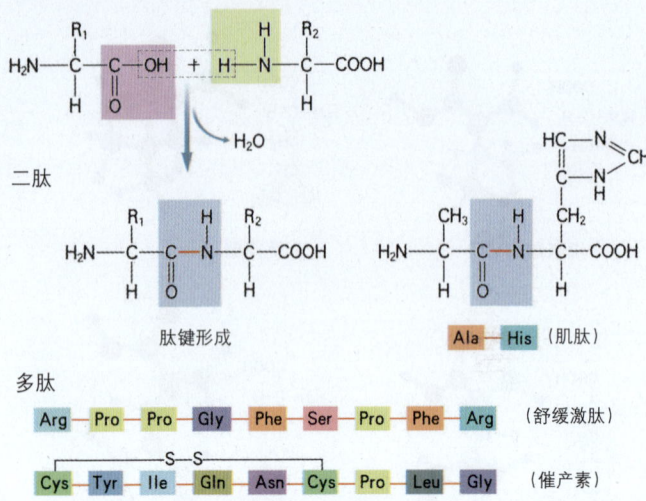

图2-27 二肽和多肽 氨基酸中的α羧基和另一氨基酸的α氨基发生脱水缩合反应,生成的化学键叫做肽键。每一种多肽在由其构成的蛋白质分子中还有其特定的空间构型,维持这种构型的通常是氢键、二硫键等化学键。图中所示的是几种简单的多肽,其中催产素分子示意图中的"-S-S-"表示二硫键。肽链分子的两端有自由的α氨基或α羧基,分别称为氨基末端(N-末端)和羧基末端(C-末端)。肽链的顺序方向定义为从氨基端到羧基端的方向。

细胞内氨基酸单体形成多聚体也是通过脱水缩合实现的,一个氨基酸的α氨基与另一个氨基酸的α羧基脱水缩合,形成了新的共价键即**肽键**(peptide bond),并生成二肽化合物。多个氨基酸以肽键顺序相连形成多肽(polypeptide)(图2-27)。肽链的长短可以差异很大,有的仅有几个氨基酸单体,有的则由成千上万个氨基酸组成。每一条肽链都有特定的氨基酸序列,并在蛋白质中具有特定的三维空间构象。有的蛋白质由一条以上的多肽链组成,每一条多肽链是蛋白质分子的亚单位。水解即水分子加到肽键上也可使肽键断裂,将氨基酸释放出来。

三、蛋白质结构与功能的关系

蛋白质的特定构象(即蛋白质的三维空间结构和形态)对于蛋白质的功能起决定性的作用。一种蛋白是由一条或几条折叠成特定构象的多肽链组成的。存在于人的眼泪和白细胞中的溶菌酶是由一条长多肽链组成的蛋白质,其带状空间模型如图2-28所示,其整体的外部形态略呈球状。大多数蛋白的外形是球形的,称为球蛋白(globulin);另一些纤维蛋白(fibrin)则是细长形的。每种蛋白质都具有特定的构象,例如溶菌酶肽链的盘绕和卷曲折叠似乎是偶然和任意性的,实质上这是一种特定的三维空间构象,正是这一特定的构象确定了溶菌酶的特殊功能。几乎所有的蛋白质都必须与其他分子相结合才能发挥其功能和作用,例如,溶菌酶必须首先与细菌表面的一些特殊的分子(又称靶分子)结合,才能将细菌杀死,而溶菌酶只有在这种特定的空间构象下才能够识别和结合这些靶分子。

一个简单的实验可证明蛋白质的功能是由其特殊结构决定的。通过加热或化学试剂处理使蛋白质构象发生变化,即对蛋白质做**变性**(denaturation)处理,多肽链的盘绕和折叠被解开,蛋白质空间结构发生改变后其特定的功能便立即丧失。可使蛋白质发生变性的因素很多,包括改变溶液的盐浓度或pH等等。为了更好地分析蛋白质的结构,科学家们提出了**蛋白质四级结构**模型。

四、蛋白质的四级结构

决定功能的蛋白质空间结构可包括四个连续不同的结构水平,每一级决定了其更高一级的结构特点(图2-29)。
蛋白质一级结构又称为初级结构(primary struc-

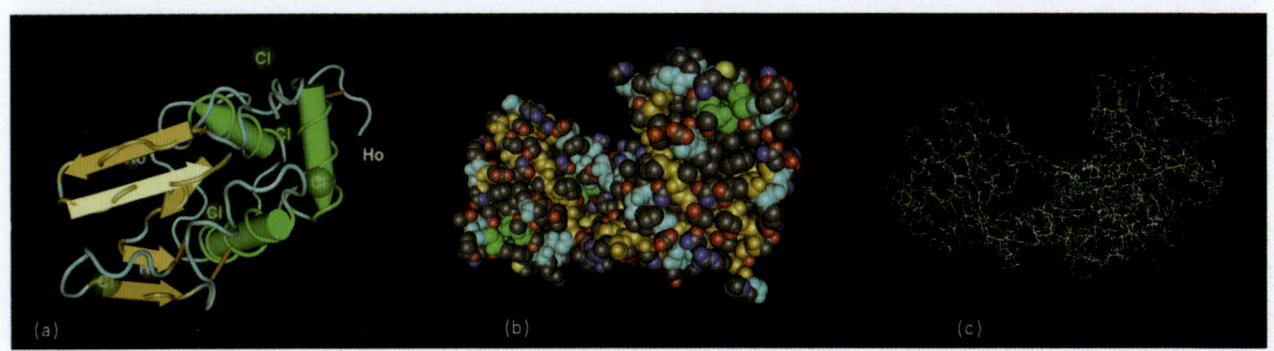

图2-28 溶菌酶空间模型 (a)带状模型。(b)堆球模型。(c)线状模型。溶菌酶是一种能与细菌蛋白质结合而将细菌杀死的蛋白质,其整个分子由129个氨基酸顺序连接成的一条多肽链组成。

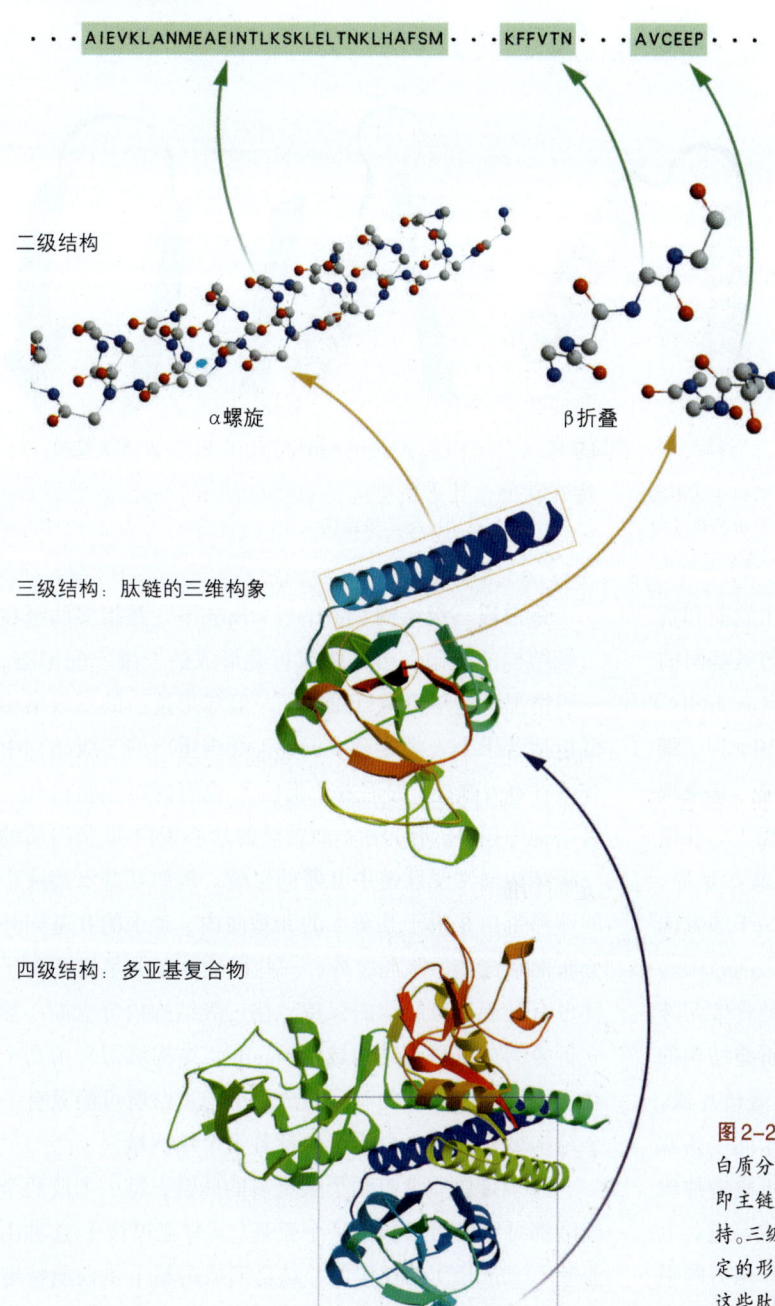

图2-29 蛋白质的四级结构模型 蛋白质的一级结构即指蛋白质分子中氨基酸残基的顺序。二级结构主要指主链的卷曲，即主链的构象，主要有α螺旋和β折叠。两种构象均由氢键维持。三级结构是已经具有二级结构的多肽链进一步折叠达到一定的形态。如果蛋白质是由二条或二条以上肽链组成的，而且这些肽链又是通过次级键而不是共价键结合在一起的，那么这样的蛋白质具有四级结构，常见的为二聚体和四聚体。

ture），是指形成肽链的氨基酸序列，包括肽链中氨基酸的数目、种类和顺序等。蛋白质一级结构的改变可使其二级结构（secondary structure）和蛋白质的功能发生变化。例如，血红蛋白中一个特定氨基酸的改变可导致镰形细胞贫血症（sickle cell anemia）的发生，其根源就是其一级结构的变化（一个氨基酸的改变）改变了血红蛋白的结构和功能。蛋白质的一级结构是由编码它的基因确定的，不同生物同种（或同源）蛋白质一级结构之间的差别可以反映出它们的进化关系，即一级结构中氨基酸序列的差别越小，说明它们的亲缘关系就越近。例如，人与黑猩猩的细胞色素c的氨基酸序列相同，其他生物与之相比，在1，10，21和44位的氨基酸残基可能出现变化。

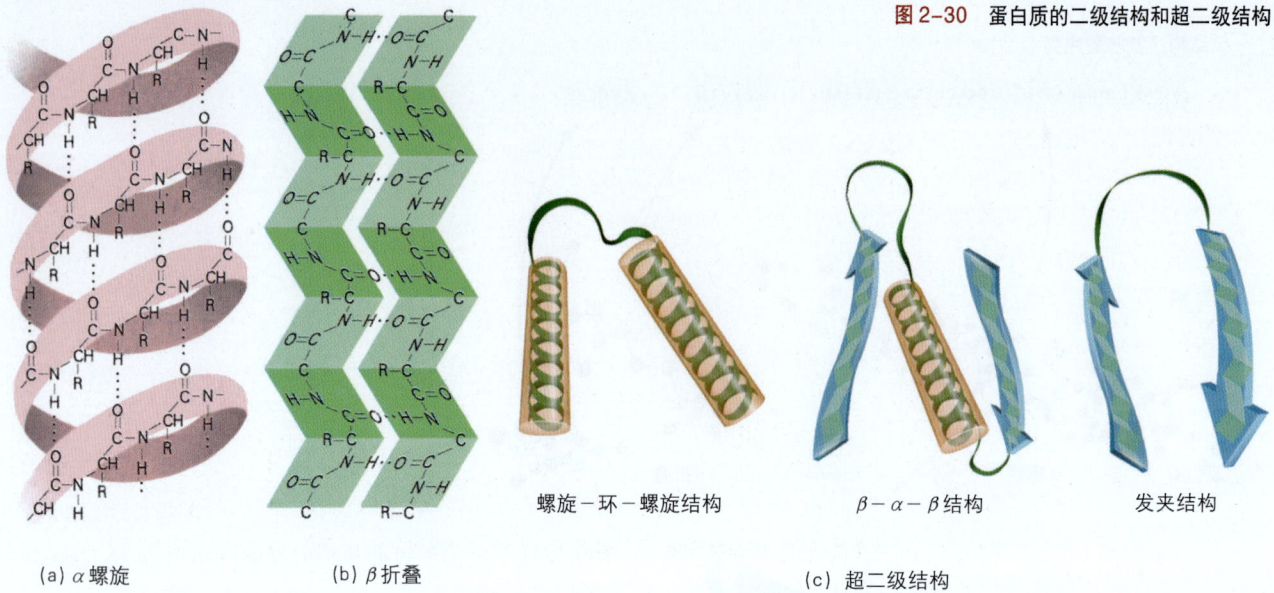

图 2-30 蛋白质的二级结构和超二级结构

(a) α 螺旋　　(b) β 折叠

螺旋-环-螺旋结构　　β-α-β 结构　　发夹结构

(c) 超二级结构

在**蛋白质二级结构**水平上，部分肽链发生卷曲和折叠，这种卷曲和折叠主要是靠肽链中的羰基与氨基间的氢键维持的。蛋白质的二级结构包括 α 螺旋（α helix）和 β 折叠（β pleated sheet）两种形式（图 2-30 a,b）。细胞中 60% 的多肽链以 α 螺旋和 β 折叠形式存在，其余部分是无规则卷曲和转角。**α 螺旋**结构的特征在于，肽链骨架像弹簧一样围绕一个假想的中心轴呈螺旋状延伸，形成右手螺旋；每一个肽键的羰基氧原子和 C-末端方向氨基酸的酰胺氢原子之间形成氢键，氢键的方向与中心轴几乎平行；氨基酸残基侧链（R 基）从肽链骨架向外伸出，并由其决定蛋白质的亲水或疏水性。**β 折叠**结构的特征是，由 5~8 个氨基酸残基形成伸展的折叠链片段，相邻的 β 折叠链片段平行排列；它们无论属于同一条肽链或来自不同肽链，均通过氢键相互结合，β 折叠链片段骨架上的羰基氧原子和酰胺氢原子都参与形成氢键，氢键的方向与 β 折叠链的长轴几乎垂直，氢键作用力的平面性使 β 折叠链骨架发生像手风琴那样的折叠；氨基酸残基侧链基团交替指向 β 折叠链片层的上方和下方。

蛋白质的二级结构还可组合成**超二级结构**（super-secondary structure），称为**基序**（motif，又称为基元或模体），最常见的基序有 3 种类型（图 2-30 c）：(1) 螺旋-环-螺旋；(2) β-α-β 结构；(3) 发夹结构。其中第一种类型十分重要，因为许多蛋白质都利用螺旋-环-螺旋结构来直接与 DNA 双螺旋相结合，调控基因的功能（见第五章第四节部分内容）。

蛋白质三级结构（tertiary structure）是指多肽链在二级结构的基础上再盘绕或折叠形成的三维空间形态，一般情况下呈球形或纤维状。一般球形蛋白的三级结构可包括若干个 α 螺旋和 β 折叠；纤维蛋白的三级结构中普遍存在 α 螺旋（如毛发角蛋白），也有的纤维蛋白其三级结构中以 β 折叠为主（如蚕丝的丝心蛋白）。蛋白质的三级结构通常受肽链中 R 基的影响。例如某些水溶液中的球形蛋白是由于其疏水的 R 基向内、亲水的 R 基向外分布而形成的。除此之外，一些极性 R 基的氢键和离子键也有助于三级结构的保持。在三级结构内分立的、独立折叠的单位称为**结构域**（domain）。结构域通常由几个在三级结构中相邻的基元组成，小的蛋白质可能只有一个结构域，大的蛋白质可包括若干个结构域。

许多蛋白质含有两个或更多的肽链，每一个或两个肽链都可组成蛋白质的一个亚基（又称亚单位）。这种由亚基（subunit）相互作用并结合形成的整个蛋白质特定的结构，即**蛋白质四级结构**（quaternary structure）。例如，血红蛋白就是含有 4 个亚基的四聚体。蛋白质四级结构的稳定性和折叠依赖于氢键、疏水效应、离子作用力和"范德华力"等非共价键因素。另外，二硫键（共价键）对稳定蛋白质四级结构也具重要作用（图 2-31）。

研究蛋白质的三维结构和折叠及去折叠条件与机理对于从分子水平上认识蛋白质的功能具有重要的理论价值，同时也具有应用价值。例如，药物是通过其与生物体内的受体相互作用而产生对疾病的治疗效果，多数药

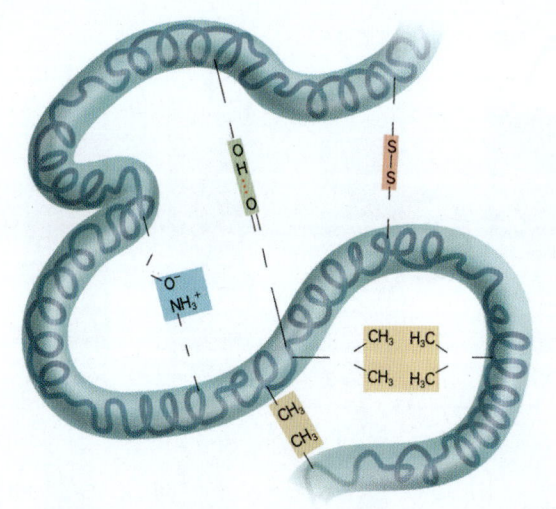

图2-31 氢键、疏水效应、离子作用力和"范德华力"等非共价键因素和二硫键决定了蛋白质四级结构的稳定性

物受体本身就是蛋白质。有些蛋白质的特殊结构部位是酶的活性中心或药物的作用位点，根据"靶"蛋白的结构和折叠与去折叠机理来进行药物设计，有可能改变某些与人类疾病相关蛋白的特征，达到治疗疾病的目的。与人类重大疾病相关的蛋白质结构研究还有助于揭示疾病的发病机理，寻找治疗途径。对信号通路蛋白、基因调控蛋白、免疫调控蛋白等的结构解析，对解释细胞的遗传调控、新陈代谢机理等提供了最直接的证据。在人类基因组框架图已经完成的"后基因组时代"，蛋白质的结构与生物学功能研究更加受到科学界的重视。

五、蛋白质结构的研究方法

蛋白质结构的研究涉及蛋白质从细胞中的分离、纯化和结构分析等非常复杂的过程，并且需要在0~4℃的低温条件下进行，以减少蛋白质可能发生的变性和去折叠等结构变化。这方面具体的原理和操作需要阅读生物化学或蛋白质化学等教材和专著，以下仅做简短的介绍。

对蛋白质进行粗分离需要先采用机械匀浆、超声破碎、压力破碎或酶裂解等方法破碎细胞，促使细胞内的蛋白质溶于缓冲液中。接着利用离心（centrifugation）的方法除去细胞碎片、亚细胞器等颗粒，获得可溶性的蛋白质溶液。然后利用蛋白质在不同盐浓度溶液中溶解度的差异，通常在蛋白质溶液中分步加入硫酸铵，分级沉淀不同的蛋白。通过透析除去蛋白质溶液中的硫酸铵便得到粗蛋白样品。膜蛋白的分离纯化难度要大很多，涉及利用除垢剂处理等特殊方法将蛋白组分从膜上解离的过程。

对粗蛋白样品的进一步分离纯化常采用离心、柱层析（column chromatography）和电泳（electrophoresis）等技术。**离心**就是将含有被分离分子的溶液在离心机中高速旋转，将不同质量或密度的分子分离开来。差速离心、速率区带离心和平衡密度梯度离心是部分分离纯化蛋白质的常用方法。

柱层析技术又称柱色谱技术，一根柱子里先填充不溶性的基质，形成一个固定相，将蛋白质混合样品加到柱子上后，利用特别的溶剂洗脱，溶剂组成流动相。在样品从柱子上洗脱下来的过程中，根据蛋白质混合物中各组分在固定相和流动相中的分配系数不同，经过多次反复分配，将不同蛋白组分逐一分离（图2-32）。根据填充基质和样品分配交换原理不同，离子交换层析、凝胶过滤层析和亲和层析是3种分离蛋白质的经典层析技术。

利用电场来分离可溶性带电分子的实验技术叫做**电泳**。蛋白质大都带有负电荷，在电场中可以向正极移动，其移动速率与负电荷数成正比，与质量成反比。实验时，蛋白质样品加到一块预制好的凝胶介质上，凝胶可以是琼脂糖凝胶（agarose gel）和聚丙烯酰胺凝胶（polyacrylamide gel），在凝胶的两端加上电场，不同蛋白质在凝胶介质中经过一段时间速率不等的移动，便可以相互分离开来（图2-33）。目前实验室内常用的电泳技术包括SDS—聚丙烯酰胺凝胶电泳、等电聚焦电泳、毛细管电泳和双向电泳等。特别值得一提的是，新改进的双向电泳技术结合蛋白质测序技术和生物信息学的软件分析技术，在细胞的基因表达调控和蛋白质组学的研究中显示出很好的应用前景。另外，电泳也是分离DNA的常规方法。

通过分离和纯化获得单一高纯度的蛋白质样品后，为了分析蛋白质的结构，接下来一个非常关键的工作是获得蛋白质晶体。与其他小分子结晶一样，当蛋白质在溶液中达到过饱和状态时，分子之间有可能以规则的方式堆积起来形成结晶析出，这也是蛋白质在溶液中由随机状态转变为有序聚集状态的过程。影响这一过程的物理和化学因素很多，要成功地获得高分辨率的蛋白质单晶是一件难度较大的实验工作。最后一步实验是对一个结晶的蛋白质样品做X射线衍射（X-ray diffraction）。当X射线穿过蛋白质晶体的原子平面时，由于晶体中原子重复出现周期性结构，反射波互相叠加而产生衍射，形

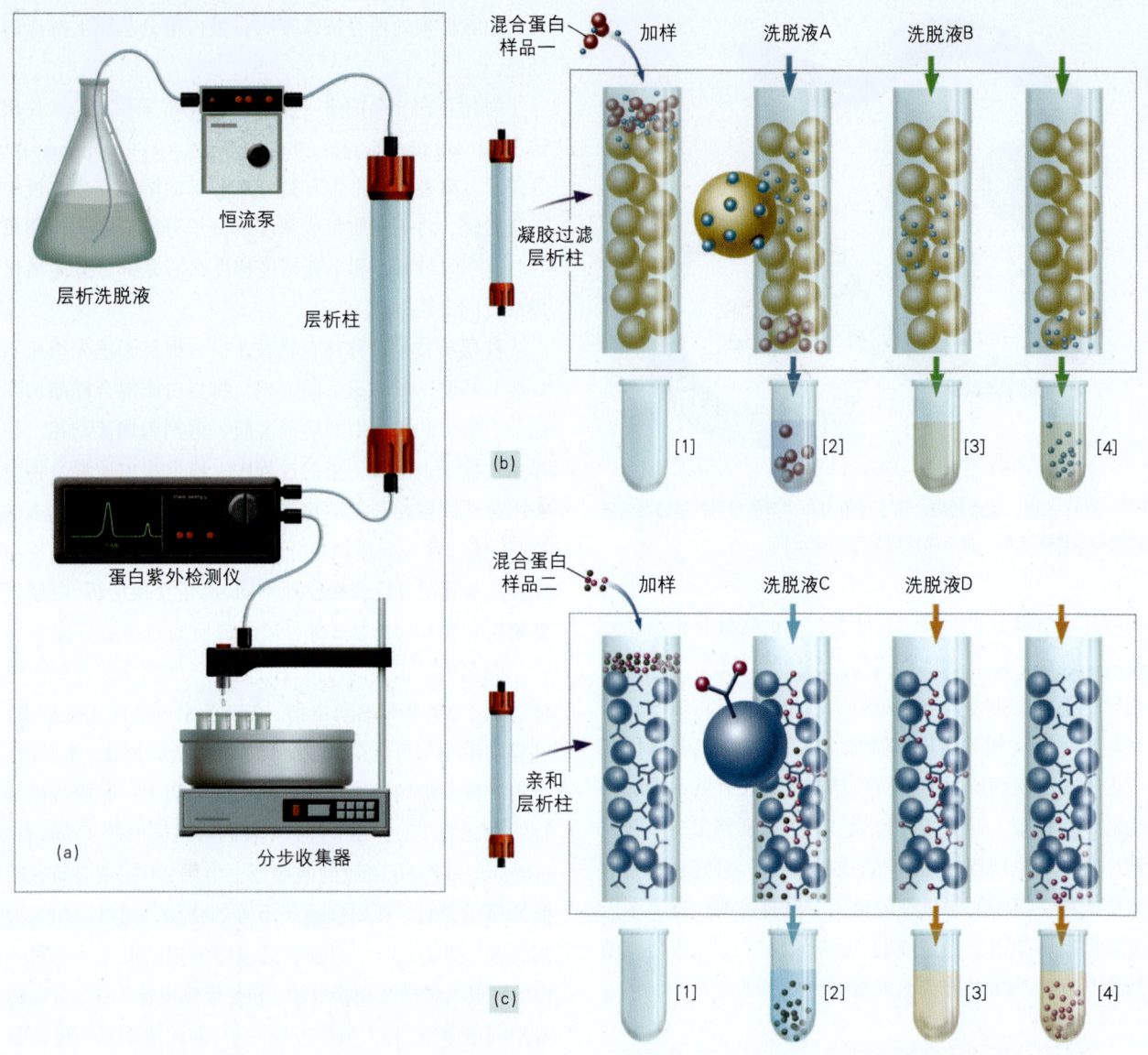

图 2-32　柱层析分离蛋白质　(a) 柱层析全套仪器装置示意。(b) 凝胶过滤层析原理及过程示意。在凝胶柱中，相对分子质量较小的蛋白可进入凝胶颗粒内部，因此通过凝胶柱的运动路程较长，受到来自凝胶内部的阻力也较大，从凝胶柱上被洗脱下来的时间也较长，而相对分子质量较大的蛋白就较先被洗脱下来，达到了分离相对分子质量大小不等的蛋白质的目的。(c) 亲和层析原理及过程示意。当蛋白质混合液通过装有连接了配体基质的亲和层析柱时，只有靶蛋白可以特异地与基质结合，而其他没有被结合的蛋白质首先被洗脱下来。特异结合在基质上的靶蛋白最后可以用高浓度自由配体溶剂或盐溶液洗脱。

成复杂的晶体衍射点图案，每一个衍射点都对应着具有一定振幅的一列光波（图 2-34 a, b）。由于收取衍射图时的曝光时间远大于 X 射线的周期，因此衍射点的相位信息已经丢失了。因此需要采取分子置换法、多对同晶置换法、单/多波长反射散射法等方法来求解相位。其中除了分子置换法外，其他方法都需要多个蛋白晶体的衍射数据。对晶体的衍射数据求解相位再进行傅里叶（Fourier）变换，获得蛋白质的电子密度图，就可以根据电子密度图搭建出蛋白质的三级结构（图 2-34 d, e）。

除了 X 射线衍射方法外，通过核磁共振（nuclear magnetic resonance, NMR）分析也可以直接研究蛋白质溶液状态下的空间结构。NMR 分析是利用蛋白质分子在一个高强度的变频磁场中吸收的电磁辐射来确定原子核的旋转状态及氢原子间的相互作用，再根据已知的氨基

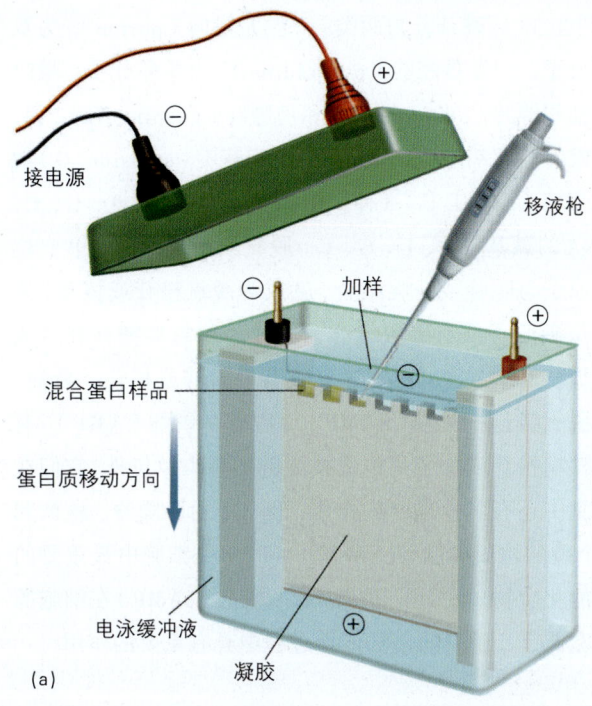
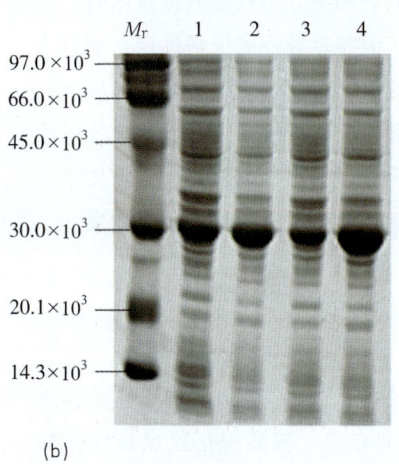

图 2-33 **电泳分离蛋白质** （a）先将混合蛋白样品加入预制好的凝胶上的样品凹槽中（位于电泳池负极一端），通电后不同蛋白质在凝胶介质中以不同速率向正极移动。(b) 电泳完成后凝胶的显色照片，显示出不同蛋白质样品条带按分子质量大小分离开来。M_r：相对分子质量。

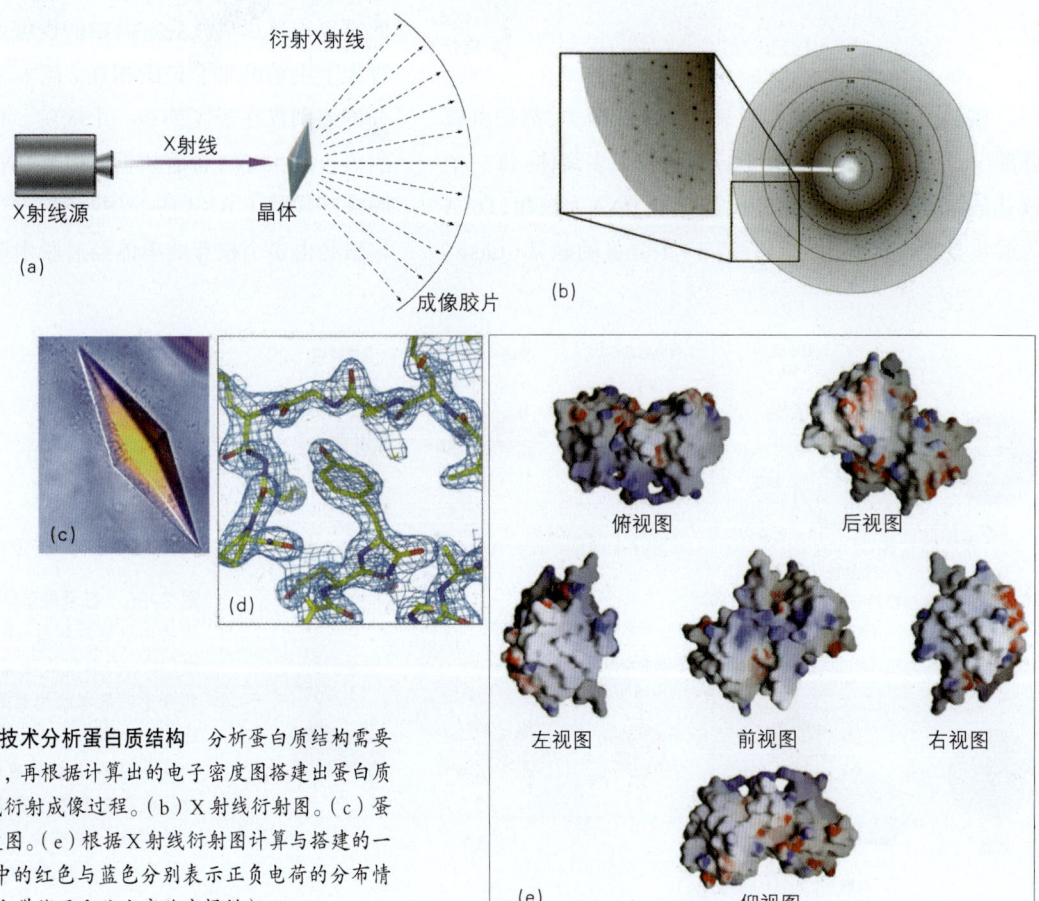

图 2-34 **用 X 射线衍射技术分析蛋白质结构** 分析蛋白质结构需要获得晶体、X 射线衍射图，再根据计算出的电子密度图搭建出蛋白质的三维结构。(a) X 射线衍射成像过程。(b) X 射线衍射图。(c) 蛋白质晶体。(d) 电子密度图。(e) 根据 X 射线衍射图计算与搭建的一种蛋白质结构模型，图中的红色与蓝色分别表示正负电荷的分布情况。(图 c、d、e 由清华大学饶子和院士实验室提供)

酸序列来确定该蛋白质的构象。用核磁共振技术时，蛋白质样品不需要结晶，但需要进行同位素标定，而且大相对分子质量蛋白质的NMR谱很复杂，一般难以解析，因此核磁共振技术一般情况下只适用于分析相对分子质量小于15 000的蛋白质结构。最新研究显示，该技术方法改进后，已可以分析相对分子质量更大的蛋白质。

第五节 核 酸

核酸是生物体中一类重要的生物大分子，它贮存遗传信息，控制蛋白质的合成。核酸包括脱氧核糖核酸（DNA）和核糖核酸（ribonucleic acid, RNA）两类。贮存遗传信息的特殊DNA片段称为**基因**，它主要编码蛋白质的氨基酸序列，从而决定蛋白质的功能。通过蛋白质的作用，DNA实际上控制着细胞和生物体的生命过程。

DNA控制蛋白质的合成是通过RNA来实现的，即遗传信息由DNA转录到RNA，后者决定蛋白质的氨基酸序列。相关内容将在遗传及其分子基础部分（第五章）作详细介绍，这里仅重点介绍核酸的组成和结构。

一、核苷酸

核酸分为核糖核酸和脱氧核糖核酸两类，都是由**核苷酸**（nucleotide）单体连接形成的大分子多聚体。每一个核苷酸单体由3部分组成：一个戊糖（RNA为核糖，DNA为脱氧核糖）分子、一个磷酸和一个含氮的碱基（base）

（图2-35）。碱基分为两类：一类是嘌呤（purine），为双环分子；一类是嘧啶（pyrimidine），为单环分子。嘌呤包括腺嘌呤（adenine, A）和鸟嘌呤（guanine, G）2种，嘧啶有胸腺嘧啶（thymine, T）、胞嘧啶（cytosine, C）和尿嘧啶（uracil, U）3种。DNA的碱基是A、T、G、C，RNA的碱基是A、U、G、C。脱氧核糖或核糖上第1'位碳原子与嘌呤或嘧啶结合，就成为脱氧核苷或核苷，第5'位碳原子再与磷酸结合，就成为脱氧核糖核苷酸或核糖核苷酸，也可称为脱氧核苷一磷酸或核苷一磷酸，如脱氧腺苷一磷酸（dAMP）或腺苷一磷酸（AMP）。有些核糖核苷酸除了是构成核酸链的基本单位外，它们在细胞中还有其他重要的作用。例如，由腺嘌呤、核糖和3个磷酸构成的腺苷三磷酸（ATP）是细胞中最重要的高能化合物。另一种环式腺苷一磷酸（cAMP）在细胞的代谢调节、激素的信号传导过程中具有重要的作用。

二、核糖核酸和脱氧核糖核酸

一个核苷酸单体戊糖第5'位碳的磷酸与另一个核苷酸单体戊糖第3'位碳相连，形成3'、5'-**磷酸二酯键**，如此重复连接形成核酸链的磷酸戊糖基本骨架，碱基则与骨架上戊糖的第1'位碳相连（图2-36）。RNA与DNA成分的差别仅在于戊糖和一个嘧啶。DNA分子含有D-2-脱氧核糖，RNA含有核糖；构成DNA的4种碱基中，胸腺嘧啶代替了RNA中的尿嘧啶。与多糖和多肽链一样，核酸是由多个核苷酸单体经过脱水缩合形成的多聚体长

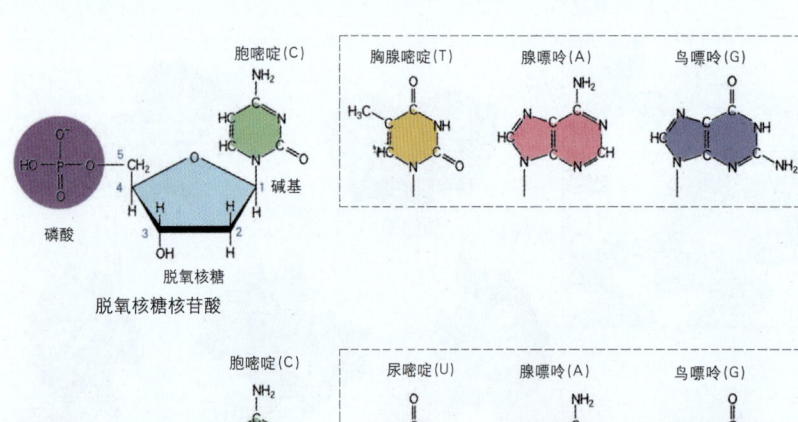

图2-35 核苷酸单体的组成 核苷酸是构成生物体中遗传物质核酸的单体，分为核糖核苷酸（RNA）和脱氧核糖核苷酸（DNA）两大类，其分子的基本结构都是一个五碳糖在1位碳上连有一个碱基，在5位碳上连有一个磷酸基。每一类核苷酸根据其碳环上碱基的不同分为四种。碱基有单环的嘧啶和双环的嘌呤两种。其中胞嘧啶、腺嘌呤和鸟嘌呤为两种核苷酸共有，尿嘧啶和胸腺嘧啶则分别为RNA和DNA独有。

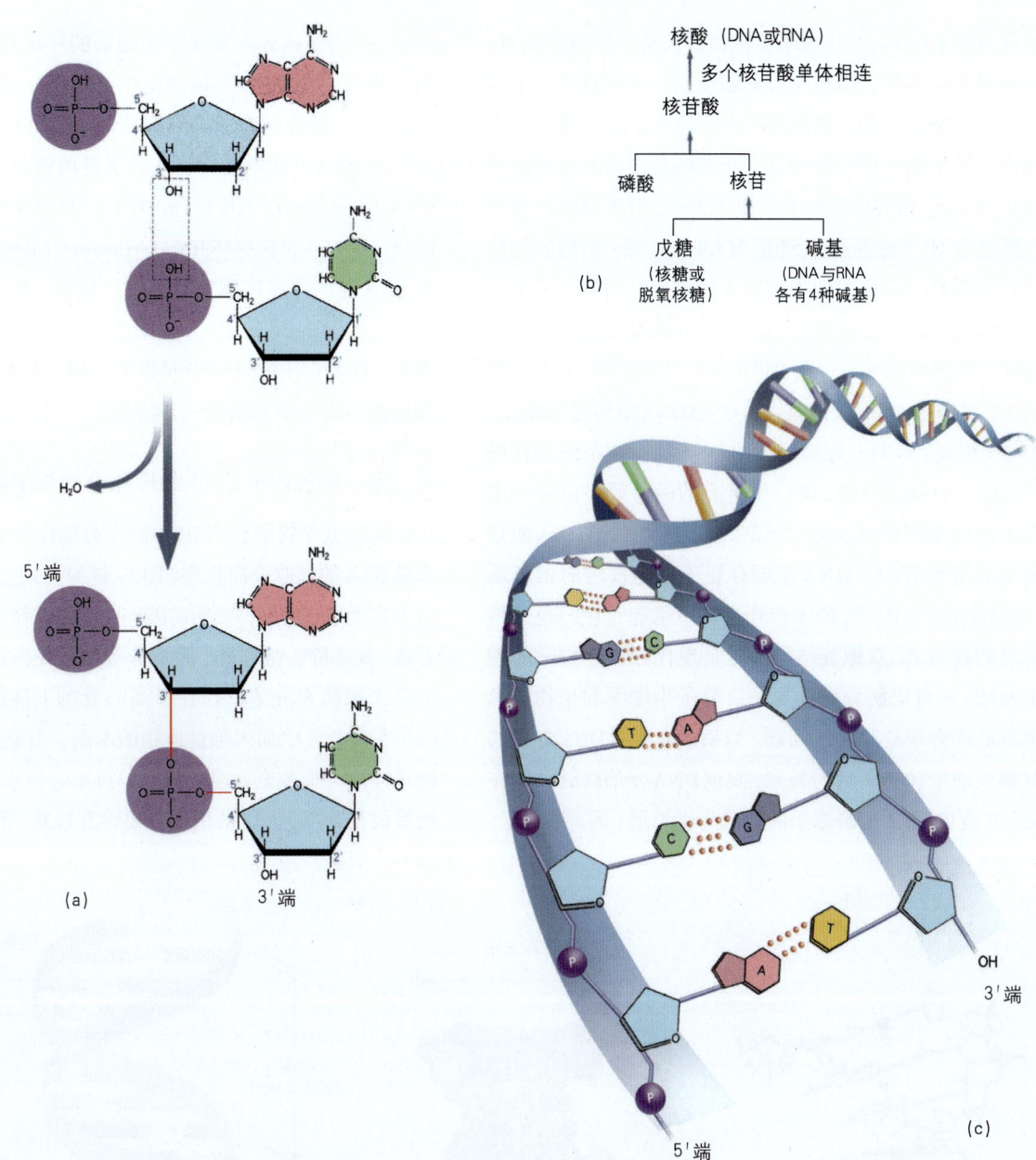

图 2-36 核酸是由多个核苷酸单体经过脱水缩合形成的多聚体 (a) 一个核苷酸分子中戊糖第 3' 位碳上的羟基与另一个核苷酸分子中戊糖第 5' 位碳上的磷酸之间，通过发生脱水缩合反应相连接。红线示磷酸二酯键。核酸合成的过程实际上是 dNTP（4 种脱氧核糖三磷酸缩写）在其 3' 端上通过脱去焦磷酸（相当于两个磷酸基团），形成磷酸二酯键，使核酸链延长。(b) 核酸的组成显示，核酸的单位是核苷酸，核酸的基本结构为核苷酸长链。(c) DNA 双螺旋分子中，一个核苷酸分子中戊糖的 3 位碳与相邻的另一个核苷酸分子中戊糖的 5 位碳上的磷酸之间依次相连接，形成长链。长链中各个核苷酸分子的顺序构成核酸分子的一级结构。在 DNA 分子中，两条脱氧核糖核酸长链反向平行，以氢键相连。

链。长链中各个核苷酸分子的顺序构成核酸分子的一级结构。核酸的多核苷酸链可用简式来表示，如图 2-36 中的链可表示为 5'ACTGT3'，简式的阅读顺序由左向右，式中的字母分别代表不同碱基的单核苷酸。无论是 DNA，还是 RNA，在它们的生物合成的聚合反应中，都是不断在戊糖的第 3' 位碳上连接新的单核苷酸，由于聚合反应由长链的 5' 端向 3' 端进行，因此，核酸序列都是按照 5' 向 3' 方向读写。

三、DNA 双螺旋结构

1953 年，Watson 和 Crick 根据 DNA 晶体的 X 射线衍射分析提出 DNA 分子是由两条脱氧核糖核苷酸长链组成双螺旋结构,两条脱氧核糖核酸长链互以碱基配对,两条链都是右旋,以相反方向围绕同一个轴盘绕,形成右旋的双螺旋结构。螺旋的平均直径为2 nm,碱基在螺旋内,其平面与中心轴垂直,相邻碱基之间的堆积距离为0.34 nm,相邻核苷酸的夹角为36°。沿螺旋的长轴每一圈含有10个碱基对,其螺距为3.4 nm。糖-磷酸骨架的扭转和碱基对的堆积使螺旋的表面还形成相间不等宽的沟。构成螺旋、走向相反的两条链的碱基对之间由氢键相连,连接的原则是A与T借助2个氢键配对,G与C借助3个氢键配对,因此,富含G+C的DNA结构更加稳定。A与T配对,G与C配对形成的DNA使得两条链是**互补**(complementary)的,即一条链上的碱基顺序由另一条链上的碱基顺序来决定(图2-37),这点对于DNA的复制是非常重要的。DNA主要存在于细胞核内的染色质(chromatin)中,线粒体和叶绿体中也有,它们是遗传信息的携带者。**双螺旋**结构理论是现代分子生物学的理论基础,它可以解释和指导解决分子生物学和生物技术领域的许多理论和实践问题。以后的研究对DNA分子的双螺旋理论又有了新的补充,发现DNA分子双链可以左旋,左旋的DNA中磷原子的走向为锯齿形,因此称为Z-DNA。另外,还有人发现了超螺旋的环状双螺旋DNA结构(称为质粒)。在真核细胞中,DNA一般都与组蛋白(histone)结合包装形成细胞核内的染色质。

与DNA不同的是,RNA分子是单链分子,包括信使RNA(messenger RNA,mRNA)、转移RNA(transfer RNA,tRNA)和核糖体RNA(ribosomal RNA,rRNA)。有些RNA链的许多区域自身可发生回折,如tRNA形成三叶草形(图2-38)。RNA在细胞核内产生,然后进入细胞质,在蛋白质的合成中起重要作用。关于RNA的结构与功能,将在第五章进一步介绍。

四、细胞内总DNA的提取分离与浓度测定

从细胞中提取分离DNA的实验操作并不复杂。细胞内总DNA的提取分离程序(图2-39)可以包括以下步骤:
(1)在缓冲液中进行细胞的破碎或消化,释放出细胞的内容物,离心除去细胞壁、膜成分等颗粒或碎片。核酸作为可溶于水的大分子,存在于离心管的上层缓冲液之中。
(2)在离心管中加入等量体积的苯酚,反复颠倒离心管,使缓冲液与苯酚充分混合接触,再离心使水相(缓冲液)与有机相分层,上层水相中主要含有核酸,下层苯酚中聚

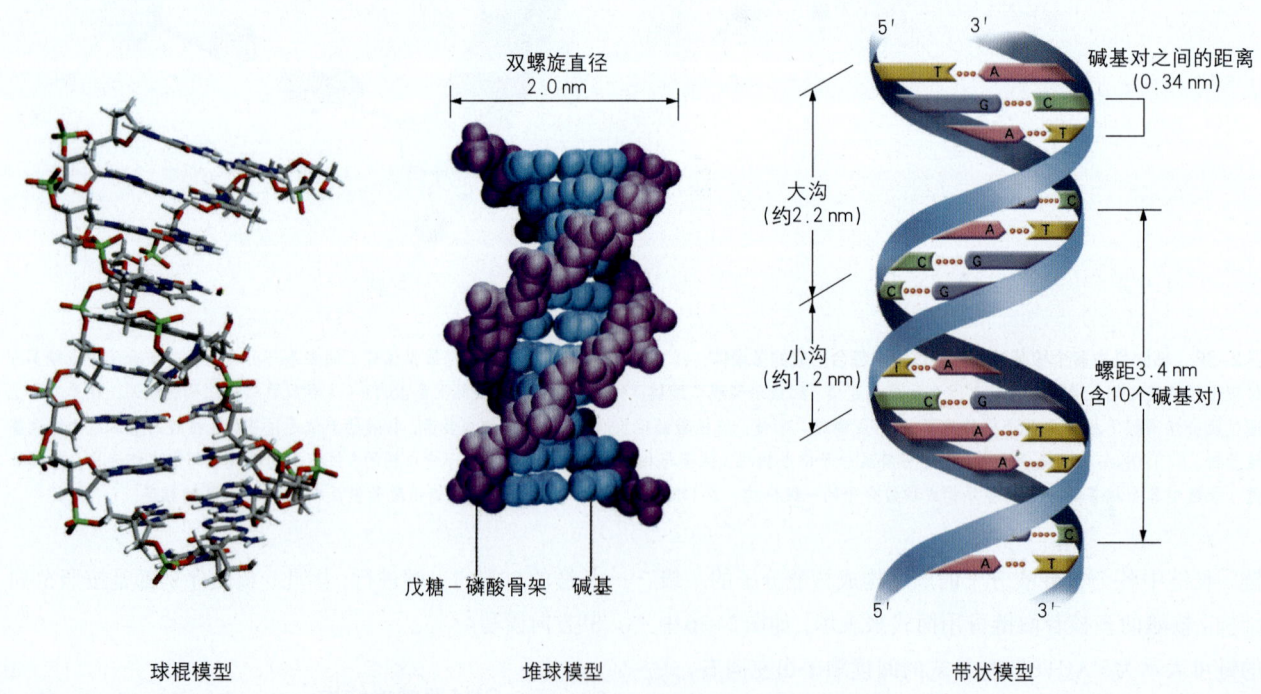

图2-37 DNA双螺旋结构 根据双螺旋结构的理论,DNA分子中的两条核苷酸长链反向平行且右旋,螺旋每周含10个碱基对,磷酸-核糖主链在螺旋外侧,内侧的碱基之间以氢键严格配对互补:A与T之间有2个氢键,C与G之间有3个氢键,并且只有A与T、C与G之间能够形成氢键。

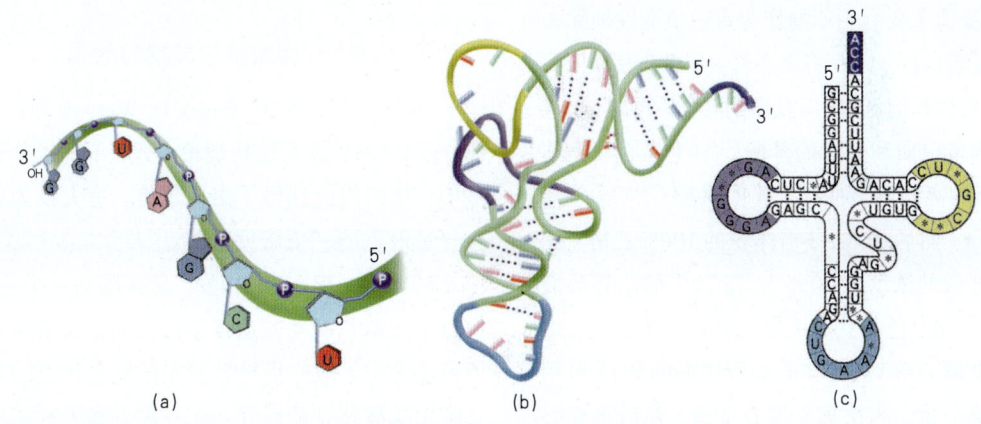

图 2-38 **RNA 分子结构** （a）单链 mRNA 或 rRNA 分子。（b）tRNA 分子的空间结构。（c）tRNA 分子的结构组成，显示 tRNA 分子由约 75 个核苷酸组成，相对分子质量为 25 000。tRNA 分子在把 mRNA 核苷酸顺序中的信息翻译成特异氨基酸时起配接器的作用。所有 tRNA 分子的一级结构（即核苷酸的顺序）皆广泛折叠，并经链内互补形成像三叶草样的二级结构。

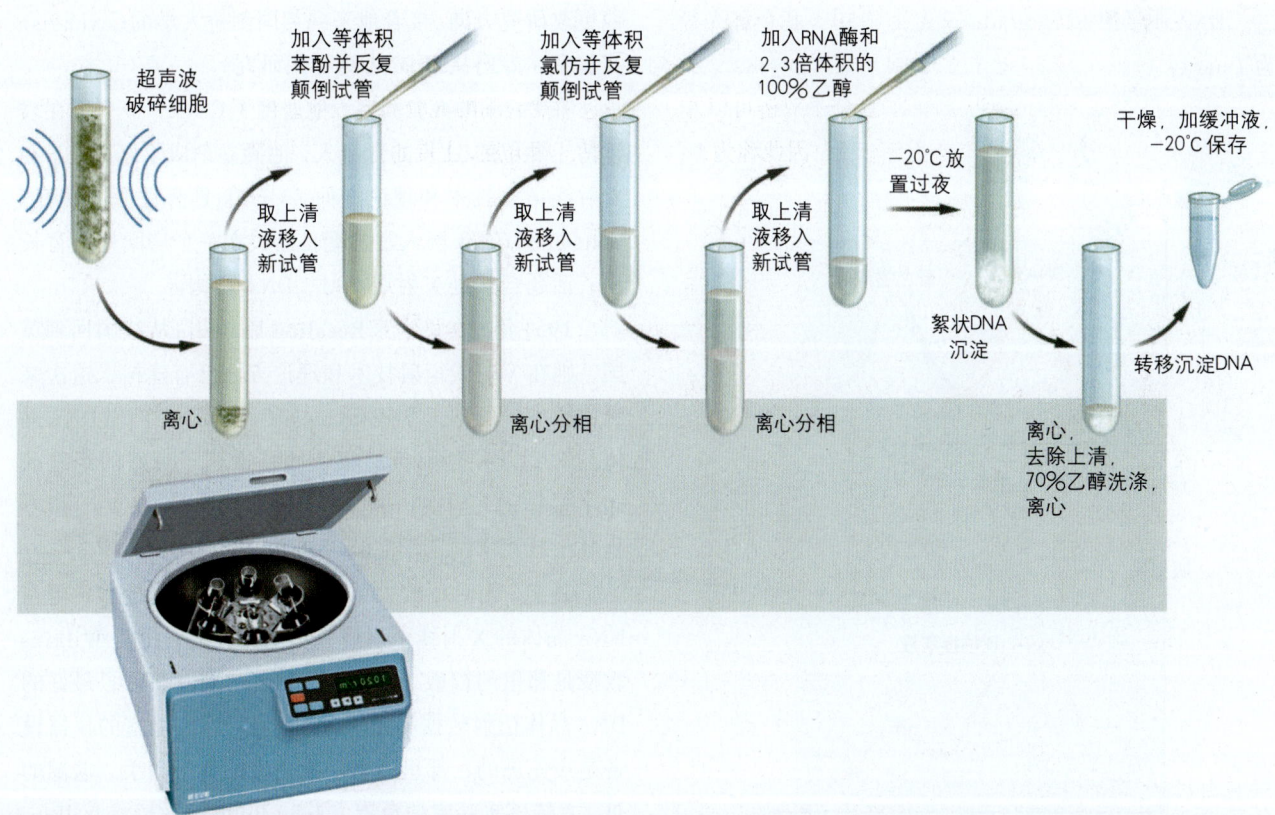

图 2-39 **细胞内总 DNA 提取的一般方法** 将细胞置于含缓冲液的试管中，超声波破碎细胞并离心；取上清液（内含可溶于水的大分子核酸和蛋白质），加入等体积苯酚（蛋白质变性剂），反复颠倒试管，离心分相，上层水相主要含核酸，下层苯酚中聚集了已变性的蛋白质；取上层水相，加入等体积氯仿，反复颠倒，进一步除去残留的蛋白质和微量苯酚；离心取上清，加入 RNA 酶降解溶液中的 RNA，再加入 2.3 倍体积的 100% 乙醇，-20℃ 放置过夜，DNA 将在其中形成白色丝状沉淀；离心除去上清，将 DNA 沉淀干燥，再将其溶解于缓冲液，-20℃ 贮存。

集了蛋白质,该步骤主要利用苯酚作为蛋白质变性剂除去提取液中的大量蛋白质。(3)将离心管上层的水相移入另一离心管,加入等体积的氯仿,反复颠倒混合后再离心,进一步除去残留的蛋白质和微量的苯酚。(4)离心取上清液,再次转入新的离心管,加入少量RNA酶(RNase)降解溶液中的RNA。然后加入2.3倍体积的100%乙醇(乙醇与水溶液混溶后的浓度为70%),在70%的乙醇溶液中,DNA可以形成白色絮状沉淀。-20℃放置过夜,然后离心后除去上清。(5)沉淀在离心管底部的DNA再用70%的乙醇洗涤一次,再次离心除去上清。然后将离心管及沉淀于底部的DNA置于真空干燥器中充分干燥后,加入少量缓冲液溶解DNA,-20℃贮存。(6)根据DNA对260 nm紫外光具有特征吸收峰,蛋白质对280 nm紫外光具有特征吸收峰的性质(图2-40),用紫外分光光度计测定DNA溶液的纯度和浓度。

纯的DNA溶液其A_{260}/A_{280}值应大于1.8。

DNA质量浓度(μg/mL)= A_{260} × 50(比色杯光径为1 cm)。

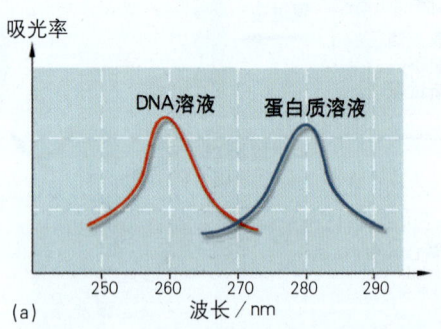

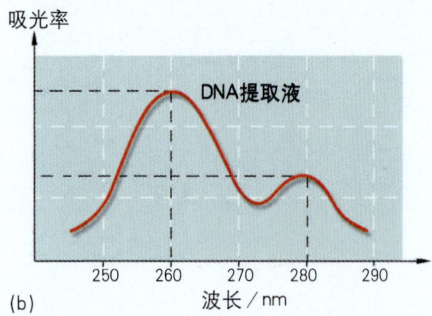

图2-40 利用DNA对260 nm紫外光的特征吸收测定DNA的浓度
(a)DNA溶液和蛋白质溶液各自的特征吸收光谱。(b)DNA提取液中的实际吸收光谱。一个OD_{260}单位的核酸溶液,其浓度为:DNA,50 μg/mL;单链DNA,33 μg/mL;RNA,40 μg/mL

五、DNA双螺旋结构发现的故事

1953年2月28日,James D. Watson和Francis Crick建立了DNA双螺旋结构理论,奠定了现代分子生物学的基础,他们因此获得了诺贝尔奖。有人认为这是迄今为止分量最重的一项诺贝尔奖。

1951年,Watson 23岁,是美国的一个毛头小伙子,通过了细菌和病毒的遗传学研究的论文答辩后,他获得了博士学位。他的指导教授安排他去丹麦的哥本哈根进一步做核酸化学的研究。在一次去意大利那不勒斯旅行时,偶然的机会,他听了英国Maurice Wilkins教授的一次讲座,当时Wilkins教授放了一张DNA晶体的X衍射幻灯片,Wilkins教授说,X射线衍射技术有助于阐明DNA晶体的结构,并将为遗传基因研究开辟光明的前景。Watson当时立即认识到,揭示DNA结构的秘密正是他要实现的梦想。他立即返回美国,请求他的导师同意他更改研究方向。接着他来到英国剑桥大学的Cavendish实验室,专门从事DNA结构的研究。

在Cavendish实验室,他遇到了Crick,一个正在攻读博士学位的31岁的青年人,他俩立刻成了好朋友。在X射线衍射技术和理论方面,Crick具有更深的功底。Watson和Crick两人常常把自己关在一个房间里通宵长谈,话题当然是X射线衍射、DNA结构。

1951年,女科学家Rosalind Franklin从法国回到英国,她在X射线衍射技术和理论方面已有建树,这次来到伦敦大学的国王学院(King's College)专门做DNA晶体的X射线衍射研究,很快她就得到了最好的纤维状DNA晶体的X射线衍射照片(图2-41),为此Watson专程赴伦敦大学国王学院听了Franklin的学术讲座。

其实,当时伦敦大学的国王学院实验室最有希望在DNA晶体的X射线衍射研究中取得突破,因为Wilkins教授是那里的权威,又有Franklin加盟并获得了最好的DNA晶体衍射数据和照片,而且当时该实验室的仪器设备是最先进的,那里还有一批杰出的青年助手。遗憾的是,主持该实验室的负责人John Randall教授将Wilkins和Franklin分开了,他们一个在山上的实验室工作,一个在山下的实验室做实验,Franklin不知道Wilkins早先的研究成果,而Wilkins也没有将Franklin作为合作伙伴,仅把她当作一个专门做X射线衍射实验的技术员。在伦敦大学,Franklin受到排挤,没有平等讨论DNA结构

Pauling(蛋白质螺旋理论的发现者)、Erwin Chargaff(碱基配对法则的发现者)那里吸取知识和经验,同时纠正了这些科学家的一些失误。他们先后否定了DNA的单螺旋、三螺旋和梯状扭曲等假设,确定DNA应该是双螺旋。以后他们从Chargaff的A与T配对、C与G配对法则中获得启发,尝试在双螺旋结构中将A与T、C与G巧妙连接,同时使连接后的结构与DNA晶体的X射线衍射数据相吻合。他们认识到,这样配对构成的双螺旋可为DNA的复制提供可能。1953年2月28日,Watson和Crick用金属线制作出了新的DNA模型,生命的重要秘密终于被揭开,Watson和Crick为自然科学树立了一座闪闪发光的里程碑(图2-42)。

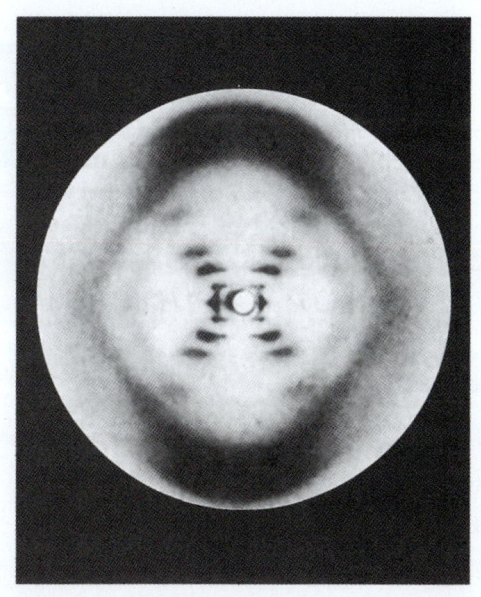

图 2-41 DNA晶体的X射线衍射照片 DNA衍射图样呈X形,且在水平方向衍射点按层线排列。由X形的斜度可以计算出单元间的螺距和半径。由中心至垂直最远衍射弧的距离可以计算出单元间沿螺旋方向的距离。利用DNA纤维衍射数据,结合考虑这些大分子的化学组分及立体化学等性质,可推断该分子的模型。Watson和Crick由DNA分子纤维衍射的强度和图样推断该分子为双螺旋结构,并算出相邻碱基之间的堆积距离为0.34 nm,相邻核苷酸的夹角为36°。沿螺旋的长轴每一转含有10个碱基对,其螺距为3.4 nm。由此得到的右手双螺旋模型很好地解释了作为遗传物质的DNA自我复制机制。

的机会,那里甚至规定,妇女不能参加每天咖啡座学术沙龙的随意交谈和交流,Franklin觉得很压抑。

当时Franklin已经认识到DNA结构像一个由核糖和磷酸连成的扭曲的梯子,每一节上都有配对的碱基,等等。这些都是别人所不知道的。但是Franklin在生物大分子结构研究方面的知识和经验有限,又没能与Wilkins很好地合作,他们失去了取得突破的机会。Franklin作为晶体结构研究杰出的女科学家后来也过早的去世了。

听完Franklin的学术讲座回到剑桥大学的Cavendish实验室,Watson请求Crick帮助他集中精力一起攻克难关。他们日以继夜地工作,并从Wilkins、Franklin、Linus

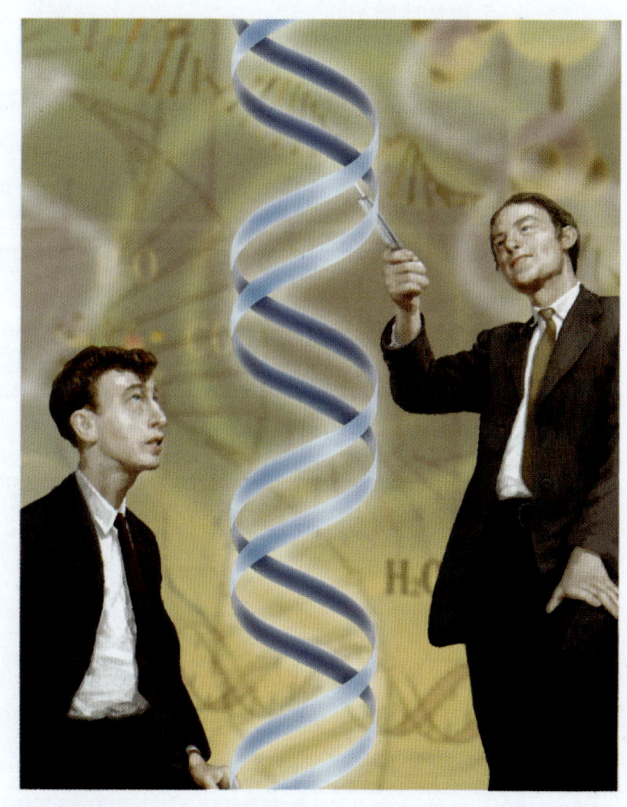

图 2-42 Watson(左)和Crick(右)

思考与讨论

1. 组成细胞及生物体的主要原子有哪些，它们在细胞中主要有哪些作用？
2. 请描述碳元素的核外电子轨道形状和电子分布情况。为什么说在生命元素中，碳元素具有特别重要的作用？
3. 请举例讨论细胞中的原子具有可以做功的能量这一问题。
4. 如何理解重新学习或深化有关原子的结构与性质、化学键、有机化合物的碳骨架与功能基团等基本概念，对于理解生命运动的本质是非常必要的？
5. 整个水分子是电中性的，为什么又是极性化合物分子？在液体状态，水分子间的氢键是如何形成的？
6. 细胞内4种主要生物大分子单体的碳骨架与功能基团各有哪些特征？这4种生物大分子主要有哪些生物学功能？
7. 举例说明蛋白质的空间结构对于其功能具有决定性的作用。
8. 戊糖、磷酸、碱基、核苷酸、核酸、DNA和基因之间有什么样的关系和结构上的顺序？
9. DNA的结构特征对于遗传信息的传递具有什么特殊的作用？
10. Watson与Crick发现DNA双螺旋结构的故事可以给我们哪些启示？

练习题

1. 名词解释：
   原子　原子轨道　放射性同位素　氧化　还原　极性　烃类化合物　碳骨架　功能基团　多聚体　糖类　多糖　水解反应　脂类　蛋白质变性　基元　结构域　柱层析　电泳
2. （　）、（　）、（　）和（　）4种原子是组成细胞及生物体最主要的原子，其中（　）原子相互连接成（　）或环，形成各种生物大分子的基本骨架。
3. 化学键是将相邻原子结合在一起形成分子的相互（　）。共价键是原子之间通过（　）而形成稳定的分子结构，离子键是原子之间通过（　）而形成稳定的分子结构。分子之间（　）叫氢键。
4. 细胞及生物体通常由（　）、（　）、（　）、（　）、（　）和（　）6类化合物所组成。
5. 下列分子式（　）含有肽键，（　）含有糖苷键，（　）含有酯键。

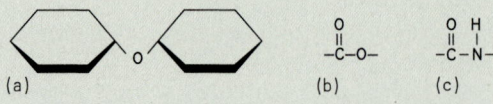

6. 每个核苷酸单体由3部分组成，下面哪项不是组成核苷酸的基本基团？
   a. 一个己糖分子　　　　　　b. 一个戊糖分子
   c. 一个磷酸　　　　　　　　d. 一个含氮碱基

7. 下列化合物中,哪一个不是多糖?
   a. 纤维素　　　　　　b. 麦芽糖　　　　　c. 糖原　　　　　　d. 淀粉

8. 指出下列反应中的水解反应。
   a. 氨基酸 + 氨基酸 → 二肽 + H$_2$O　　　b. 二肽 + H$_2$O → 氨基酸 + 氨基酸
   c. 多肽变性反应　　　　　　　　　　　　d. a 和 b 都是
   e. b 和 c 都是

9. 一条肽链是由 9 个氨基酸残基组成的。用 3 种蛋白酶水解得到 5 段短链(N 表示氨基末端):Ala-Leu-Asp-Tyr-Val-Leu; Tyr-Val-Leu; N-Gly-Pro-Leu; N-Gly-Pro-Leu-Ala-Leu; Asp-Tyr-Val-Leu。请确定这条肽链的氨基酸序列。

10. 蛋白质的球形结构特征属于( )。
    a. 蛋白质的一级结构　　　　　　b. 蛋白质的二级结构
    c. 蛋白质的三级结构　　　　　　d. 蛋白质的四级结构

11. RNA 和 DNA 彻底水解后的产物( )。
    a. 核糖相同,部分碱基不同　　　　b. 碱基相同,核糖不同
    c. 碱基不同,核糖不同　　　　　　d. 碱基不同,核糖相同
    e. 以上都不是

12. 将下列 4 类基本的生化大分子与有直接关联的名词或概念连线:

    A. 糖类

    B. 脂类

    C. 蛋白质

    D. 核酸

    DNA 双螺旋结构
    细胞壁
    氨基酸
    基因
    细胞膜
    甘油
    磷酸
    酶
    激素
    葡萄糖
    相对高贮能营养物质
    嘌呤或嘧啶
    活性位点
    磷酸二酯键
    二硫键
    电泳
    260 nm 紫外吸收峰
    280 nm 紫外吸收峰

相关网站

http://www.nyu.edu/pages/mathmol/library/
http://web.mit.edu/esgbio/www/lm/lmdir.html
http://www.bgsu.edu/departments/chem/midden/MITBCT/lm/sched.html
http://web.mit.edu/esgbio/www/chem/chemdir.html
http://bioresearch.ac.uk/browse/mesh/D009696.html

第三章

细胞——生命的基本单位

第一节　细胞的基本概念
　　一、细胞学说
　　二、细胞的形态
　　三、原核细胞与真核细胞

第二节　真核细胞的结构与功能
　　一、细胞膜和细胞壁
　　二、细胞核
　　三、内膜系统
　　四、其他细胞器

第三节　生物膜
　　一、膜的结构
　　二、膜蛋白
　　三、膜的"流动镶嵌模型"
　　四、物质的跨膜运输
　　五、生物膜的其他功能和动态变化

第四节　细胞分裂与细胞周期
　　一、细胞分裂的作用
　　二、染色体的结构
　　三、细胞周期与有丝分裂
　　四、细胞周期的控制机制
　　五、配子形成与减数分裂

第五节　细胞学研究的一般方法
　　一、显微镜与细胞形态结构观察
　　二、细胞组分与结构的分离
　　三、细胞组分的分析与定位技术

细胞是生命的基本单位，是生长、发育、繁殖与遗传的基础。细胞形成是完整生命起源的标志和生物进化的起点。

地球上的生物具有多样性，各种各样的生物都具有一个共同点，即所有的生物都是由细胞及其产物组成的。

300多年前，荷兰人 Antonie van Leeuwenhoek 制造了世界上最早的显微镜（microscope），他也成为世界上最早看到细菌等微生物的人。后来，英国皇家科学学会的 Robert Hooke 用 Leeuwenhoek 发明制作的显微镜观察了一小片软木，发现软木是由许多蜂窝状的小格子组成的，Hooke 将这些蜂窝状的小格子定名为"**细胞**"。后来，细胞是组成生物体的基本单位逐步成为科学家们的共识。

第一节　细胞的基本概念

一、细胞学说

1838年，德国植物学家 Matthias Schleiden 提出，所有的植物体都由细胞构成。1839年，德国动物学家 Theodor Schwann 也描述了细胞是所有生物的基本单元。1858年 Rudolf Virchow 总结了利用显微镜观察细胞的成果。他提出，新的细胞是已存在的细胞经过分裂而形成的，即"细胞来自细胞"，细胞不可能由非生命的物质自发地产生。至此，细胞学说被进一步完善了。

概括**细胞学说**（cell theory），可以归纳为以下3点：

1. 所有生物都由细胞和细胞的产物组成；
2. 新的细胞必须经过已存在细胞的分裂而产生；
3. 每一个细胞可以是独立的生命单位，许多细胞又可以共同形成生物体或组织。

细胞学说的上述3个要点仍然是现代细胞基本概念的主要内容。就好像原子是化学的基础一样，细胞是生物学的基础。

细胞是生命活动的基本单位，除病毒外，一切生物都是由细胞构成的。从生命的层次上看，细胞是具有完整生命的最简单的物质集合形式。自然界存在着各种各样的单细胞生物，如细菌、单细胞藻类、单细胞原生动物等。许多动物和植物是多细胞的复杂有机体，在这些多细胞的生物中，各种分化的细胞密切合作，共同完成一系列复杂的生命活动（图3-1）。大肠杆菌（*Escherichia coli*）、衣藻（*Chlamydomonas*）、眼虫（*Euglena*）等都是单细胞生物，这样的细胞既具有营养功能，又具有繁殖的功能。通常，多细胞生物的细胞数与生物体的大小成

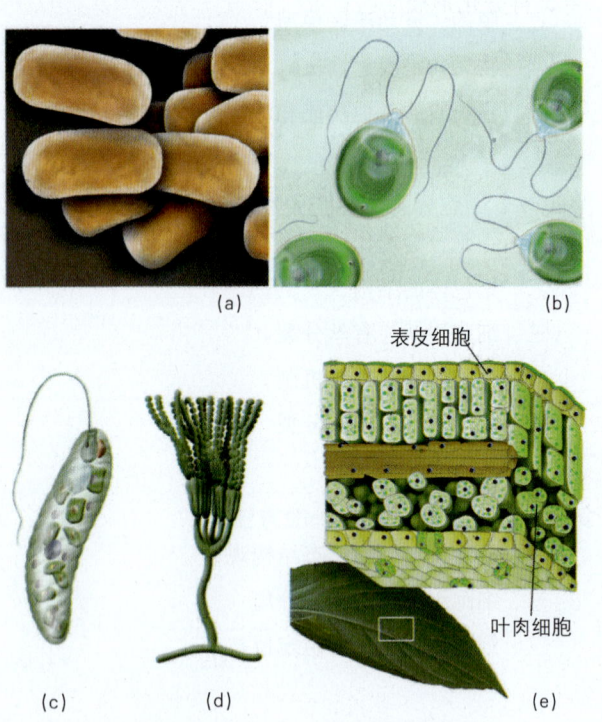

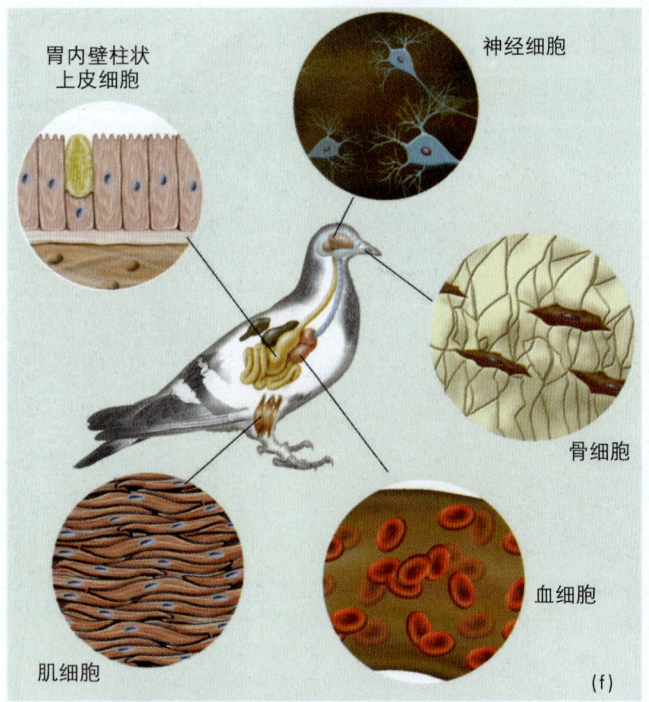

图3-1　各类生物都由细胞组成　大肠杆菌是原核细胞类生物（a），衣藻是藻类生物（b），眼虫是原生动物（c），它们都是单细胞生物，即一个细胞便是一个完整的生命个体，单个细胞个体既具有营养生长的功能，又有繁殖后代的功能。青霉菌属多细胞真菌（d），由菌丝体细胞组成，繁殖时，形成分生孢子（细胞）。一般植物和动物都是由多细胞组成的复杂生命个体，例如杨树的叶片（e）含有表皮细胞、叶肉细胞等等；鸟的各器官组织都是由各种细胞组成的（f）。

正比，例如，植物的生长总是伴随着细胞数目的增多。对于多细胞生物而言，不同的细胞或细胞群往往执行不同的功能，有的专行营养（nutrition）功能（如植物的叶片），有的专行繁殖功能（如植物的花）。生物体结构越复杂，细胞的分工就越细。细胞在形态、结构和功能上的特化过程称为细胞的**分化**。一些来源和结构相同、行使一定功能的细胞群称为**组织**。

细胞是独立有序、能够进行代谢自我调控的结构与功能体系，每一个细胞都具有一整套完备的装置以满足自身生命代谢的需要。即使在多细胞的生物体中，各种组织也都是以细胞为基本单位来执行特定的功能。细胞作为一个开放系统，不断地与环境交换着物质、能量和信息。

不同组织细胞之间存在着广泛的联系和通讯联络，表现出分工合作的相互关系，各种精细的分工和巧妙的配合使复杂的多细胞生物的各种代谢活动有序地进行。例如，当您阅读本书时，肌细胞（muscle cell）的收缩运动使您的眼球得以转动。当您决定翻过一页时，您大脑作出的决定将通过神经（nerve）细胞传递给您手臂的肌细胞（图3-2）。因此，生物体的每一种运动基本上都可以在细胞水平上发生或最终体现出来。

细胞是生物体生长发育的基础。在多细胞生物体中，尽管数目众多的各种细胞形态和功能各不相同，但它们都是由同一个受精卵分裂和分化而来的。生物体的生长发育部分可以通过细胞体积的增长来实现，但是细胞体积不可能无限地增加，因此多细胞生物的生长主要是通过细胞分裂、增加细胞的数量并伴随细胞的分化来实现。

细胞还是生物繁殖和遗传的基础，因为生物的繁殖与遗传离不开细胞分裂（division）。生物的无性繁殖依赖于细胞的直接分裂，而有性繁殖形成雌雄配子和受精（fertilization）则涉及到细胞分裂与形成合子（zygote）的过程。各种各样的细胞不管其多么简单或多么复杂，都包含全套的遗传信息。植物的性细胞和体细胞在合适的操作和培养条件下可诱导发育成完整的个体；利用体细胞实现绵羊"多莉"的克隆证明，动物的性细胞和体细胞也可实现类似于植物那样的操作。因此，从复杂生物体中分离出来的单个独立细胞具有遗传的全能性。例如，分离胡萝卜根的细胞（组织），在特定条件下进行培养，一些已经完成分化的根细胞又恢复了再分化的能力，即经过**去分化**或**脱分化**（dedifferentiation），形成了愈伤组织，后者又再分化形成胚状体并发育成为新的胡萝卜植物个体（图3-3）。另外，生命的起源（origin）还以细胞的形成为完整生命出现的标志，细胞的形成又是生物进化的起点。

早期的细胞学说是生物学的基石，由此发展起来的现代细胞学概念是生命科学最基本的内容。

二、细胞的形态

细胞的形状多种多样，大小也各不相同（图3-4）。细胞的形状和大小与它们行使的功能密切相关。例如，变形虫（amoeba）细胞运动时可以改变自身的形状。白细胞（white blood cell，或leukocyte）的形状也可以变化。精子（sperm）细胞具有细长的尾，便于在液体中游动。支原体（mycoplast）是最小最简单的细胞，直径只有100～200 nm。鸟类的卵细胞最大，鸡蛋的蛋黄就是一个卵细胞，其中存积大量的营养物卵黄，可以满足早期胚胎发育的需要。一些植物纤维（fibre）细胞可长达10 cm，人体有的神经元可长达1 m。大多数细胞一般都很小，直径在1~100 μm范围，只有通过显微镜才能看到它们。为什么大多数细胞都非常小呢？考察这些细胞为了生存必须做些什么，就不难回答这一问题。作为一个活的细胞，

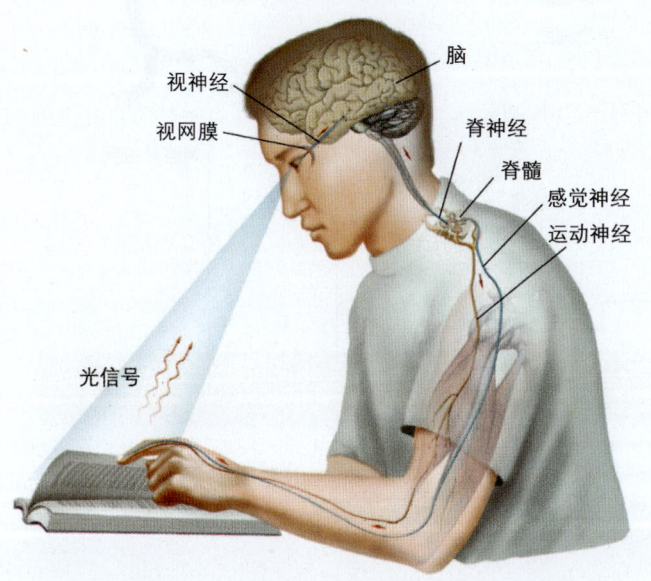

图3-2 大脑做出的决定通过神经细胞传递给手臂的肌肉细胞 人脑由1 000多亿个神经元和大量的支持细胞所组成，神经元是专门传递信号的特化细胞，人体的肌肉由数量众多的肌细胞组成，肌肉中有许多血管和神经分布。在神经系统的支配下，手臂的骨骼肌收缩或舒展牵动骨骼产生手臂运动。

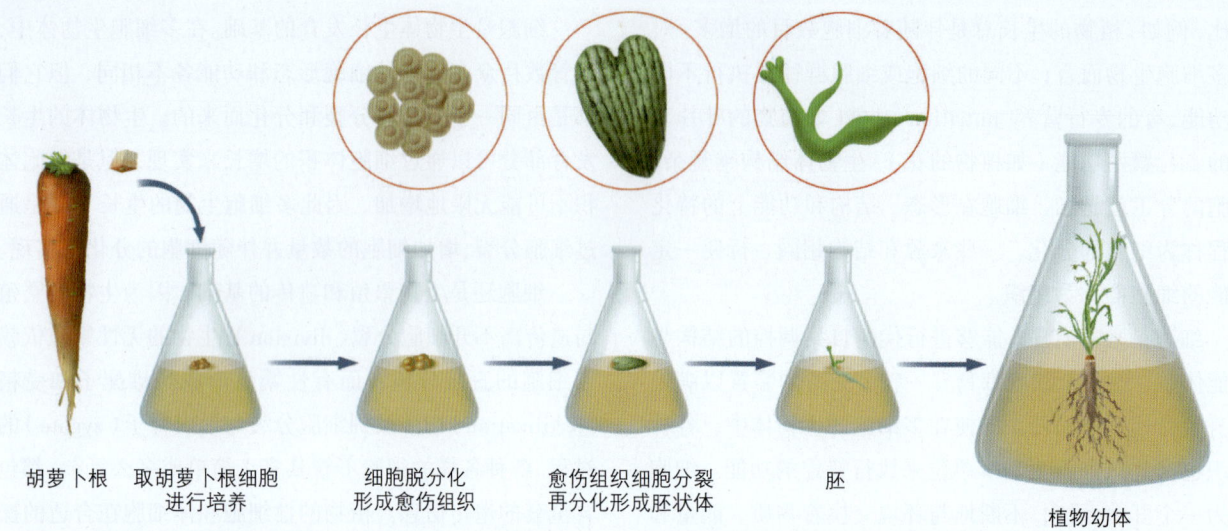

图3-3 从植物体中分离出的单个细胞可以发育成一个完整的植株 用胡萝卜做实验的结果证明，从复杂生物体中分离出来的单个独立细胞具有遗传的全能性。

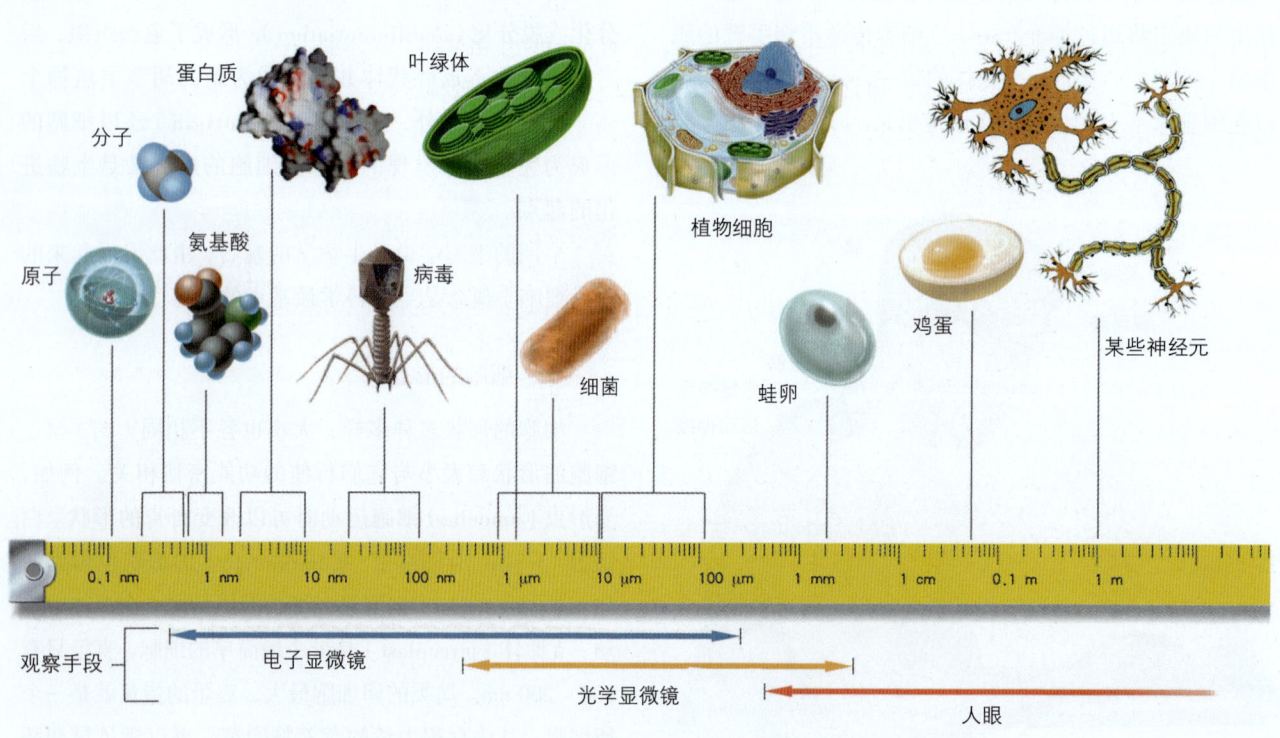

图3-4 形状与大小各异的细胞及组分 各类细胞的结构、功能和所处的环境不同，在形状上便产生了千差万别的变化，有圆形、椭圆形、柱形、方形、多角形、扁形、菱形，甚至不定形等等。单细胞生物，往往是单个细胞独立生活，即便是成群体存在，它们彼此的关系也不密切，所以每种单细胞生物往往有自己的固定形状和大小。多细胞生物的细胞形状和大小则与其所在部位和功能密切相关。

它必须通过其细胞膜从外部不断地获得能量和物质；细胞从其外部获得的各种物质通过细胞内的代谢反应，转化成其他的形式，同时产生的副产品必须再通过细胞膜排出到细胞外；在多细胞生物中，一些细胞代谢物还需要输送给其他的细胞。细胞的体积越小，其表面积与体积比相对就越大，越有利于代谢物质进出细胞，加速细胞代谢反应的进行，促进物质在细胞间或细胞内外的传递或运输。因此，就相同体积来说，较小的细胞和相对多的细胞数具有相对较大的细胞表面积，有利于接受外界信息以及与外界进行物质交换（图3-5）。

三、原核细胞与真核细胞

按照结构的复杂程度及进化顺序，全部细胞可归并为两类，一类是**原核细胞**，另一类是**真核细胞**。在真核细胞中，按照细胞的营养类型，即自养（autotrophy）与异养（heterotrophy），还可将大部分真核细胞分为植物细胞（plant cell）和动物细胞（animal cell）。真菌（fungi）类细胞也是真核细胞，它们既有植物细胞的某些特征，如有细胞壁（cell wall），又行异养生长。

原核细胞缺乏真正的细胞核，通常比真核细胞小。原核生物一般是单细胞的生物体，在五界分类系统（five kingdoms）中归属于原核生物界，主要包括细菌和蓝菌［cyanobacteria，又称为蓝藻（blue-green algae）］等。在原核细胞中，遗传物质DNA通常分布于一定的区域，该区域称为核区或拟核，没有核膜包被。原核细胞的遗传信息量较少，内部结构较简单，除了没有细胞核外，也没有以膜为基础的具特定结构与功能的细胞器。原核细胞外层是双层脂类构成的**质膜**（plasma membrane），质膜内的所有细胞内容物称为**原生质**。在一些原核细胞中，质膜可以向内折叠延伸形成复杂的膜片层，细胞内的许多能量转化反应就发生在这些膜片层上。有些原核细胞如蓝细菌和细菌还具有紧贴质膜外的细胞壁。原核细胞的细胞壁主要化学成分是肽聚糖（peptidoglycan），区别于以纤维素为主的植物细胞壁。原核细胞的细胞壁具有保持细胞形状的作用及保护细胞的功能。原核细胞也是地球上起源最早、细胞结构最简单的生命形式。图3-6为细菌的透射电子显微镜照片及模式图，代表了典型原核细胞的基本结构。

除了原核生物界外，其他各界生物的细胞都是真核细胞。顾名思义，真核细胞具有真正的细胞核。真核细胞的细胞膜内是透明、黏稠、可流动的细胞质基质，其中具有许多由膜包被形成的具有独立特定功能的**细胞器**，它们主要包括：细胞核、线粒体（mitochondrion）、质体（plastid）、内质网（endoplasmic reticulum，ER）、高尔基体（Golgi apparatus）、溶酶体（lysosome）、微体（microbody）、液泡（vacuole）。此外，还有核糖体（ribosome）及细胞骨架组

8个边长为1个单位的细胞

1个边长为2个单位的细胞

表面积	1×6×8=48	4×6=24
体 积	8	8
表面积：体积	6：1	3：1

图3-5 大小不等细胞的几何特性比较 8个边长为1个单位的正方体细胞与一个边长为2个单位的正方体细胞具有相同的体积，但它们的表面积却相差1倍，说明较小的细胞和相对多的细胞数具有相对较大的细胞表面积。

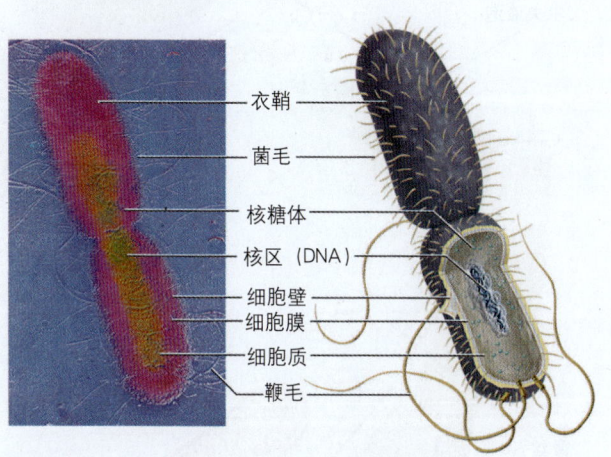

图3-6 细菌的透射电子显微镜照片（左）及模式图（右） 大多数原核细胞体积比较小，平均直径只有1～10 μm。细菌的核区中含有盘绕的细丝，这些细丝是不结合蛋白质的裸露的DNA。某些细菌细胞壁外包裹的一层胶状结构，统称衣鞘或荚膜，其化学组成多是多糖类，含少量蛋白质，常呈黏稠状。鞭毛是一些细菌在体表长出的弯曲的长丝状物，可帮助细胞运动。一般球菌无鞭毛，杆菌多有一至数十根鞭毛，弧菌、螺旋菌一般皆有鞭毛。菌毛是革兰氏阴性菌体表的一种纤细、中空、数量多的蛋白质附属物，具有使菌体细胞粘连在宿主器官表面的功能。左图中的色彩是计算机软件处理的结果，而非原初电子显微镜照片的颜色。

表 3-1　原核细胞与真核细胞的主要区别

	原核细胞	真核细胞
代表生物	细菌、蓝细菌	原生生物、植物、动物和真菌
细胞大小	1~10 μm	3~100 μm
细胞核	没有真正的细胞核	有核膜包被的细胞核
细胞膜	有	有
细胞器	没有线粒体、叶绿体、内质网、高尔基体等细胞器	有线粒体、叶绿体、内质网、溶酶体等细胞器
细胞壁	多数有肽聚糖构成的细胞壁	植物细胞和真菌细胞有细胞壁，动物细胞无细胞壁
核糖体	70 S（由 50 S 和 30 S 两个亚基组成）	80 S（由 60 S 和 40 S 两个亚基组成）
染色体	仅有一条裸露双链 DNA	有两条以上的染色体，DNA 与蛋白质结合
DNA	环状，存在于细胞质中	线状，存在于细胞核中
核外 DNA	有的细胞有质粒	有线粒体 DNA 和叶绿体 DNA
RNA 与蛋白质合成	RNA 没有内含子，DNA 转录为 RNA 与蛋白质的合成（翻译）都在细胞质中进行	RNA 有内含子和外显子，DNA 转录为 RNA 在细胞核中进行，蛋白质的合成（翻译）在细胞质中进行
细胞质	无细胞骨架	有细胞骨架
细胞分裂	二分裂，无有丝分裂	有丝分裂和减数分裂
细胞组织	主要是单细胞生物体，不形成细胞组织	大多数是多细胞生物体并形成细胞组织

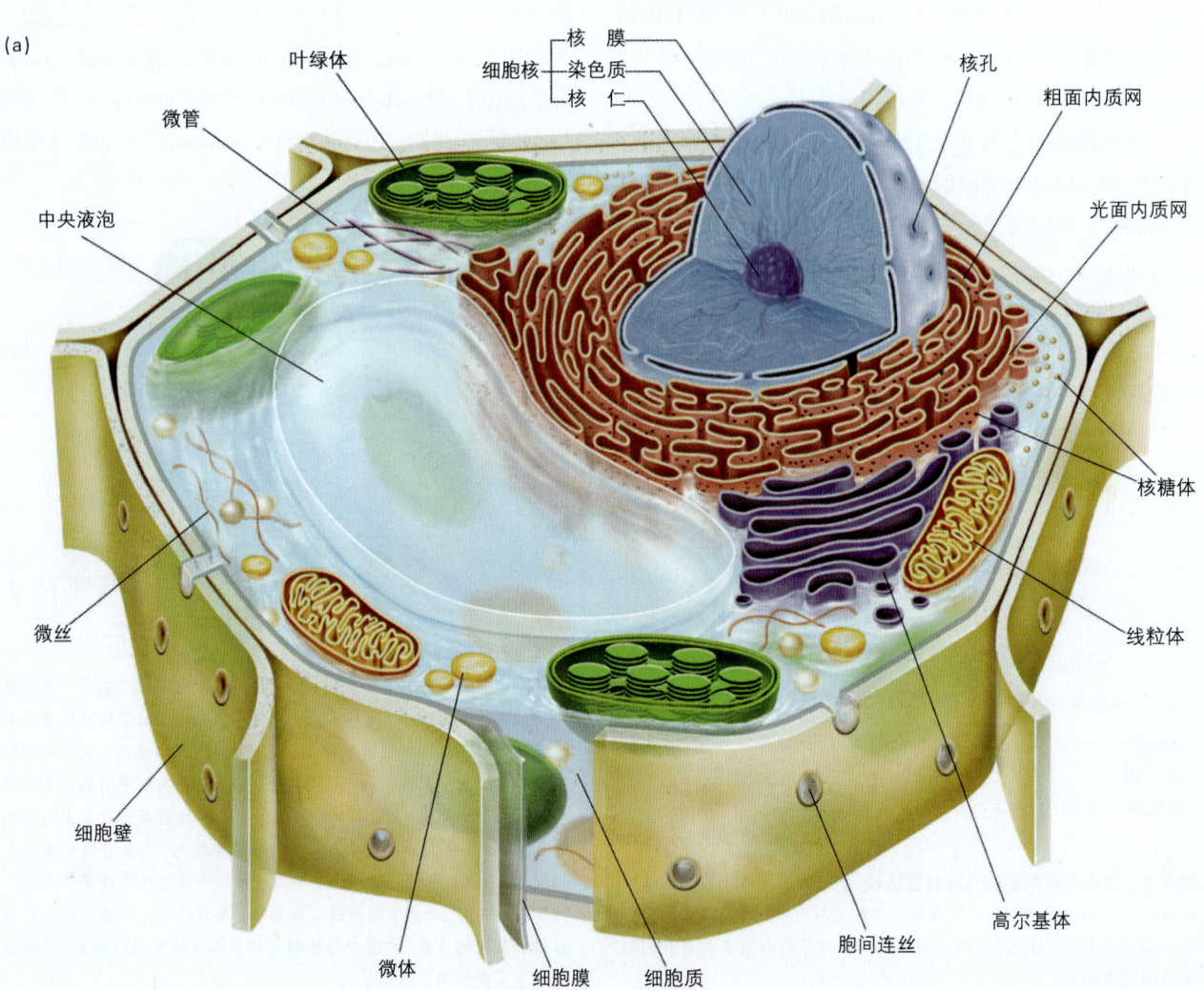

分，细胞骨架组分包括微管（microtubule）、微丝（microfilament）等。有的细胞表面还有细胞膜的特化结构如鞭毛或纤毛。这些以膜为基础分化的细胞器和骨架结构使得真核细胞比原核细胞复杂许多，导致了真核细胞功能的多样性。

真核细胞种类繁多，一些单细胞原生生物、多细胞的植物与动物，以及特殊的真菌类等都含有各种真核细胞。表3-1 比较了原核细胞与真核细胞的一些主要区别。

虽然植物细胞和动物细胞都属于真核细胞，但它们在细胞水平上仍然有明显的差异。**植物细胞**与**动物细胞**（图3-7）最主要的差别可归纳为：

1. 植物细胞的质膜被较坚硬的细胞壁所包围，细胞壁主要起保持细胞形状和位置的作用，其主要化学成分是纤维素。动物细胞没有细胞壁。

2. 植物细胞含有质体，质体具有双层膜结构，是植物细胞生产和贮存食物分子的场所。最常见的质体是叶绿体，它是专门进行光合作用生产食物分子（葡萄糖）的细胞器。动物细胞不含有质体。

3. 大多数植物细胞都含有一个或几个液泡，液泡中充满了液体。液泡的主要作用是转运和贮存养分、水分

图3-7　植物细胞与动物细胞示意图　（a）植物细胞属真核细胞，它最主要的特点是细胞内有膜结构把细胞区分成了许多功能区。明显的含有由膜包被的细胞核，此外，还有由膜围成的细胞器，如线粒体、叶绿体、内质网、高尔基体等。细胞内分区是细胞进化的特征。分区使细胞的代谢效率较原核细胞大为提高。（b）动物细胞与植物细胞的主要区别在于：（1）无细胞壁；（2）无质体；（3）无大的中央液泡；（4）无乙醛酸循环体、胞间连丝、细胞板，但有溶酶体、中心体、收缩环等。需要说明的是，图中各细胞器的位置、大小及相对比例随不同生物或细胞生长的不同阶段而发生变化。

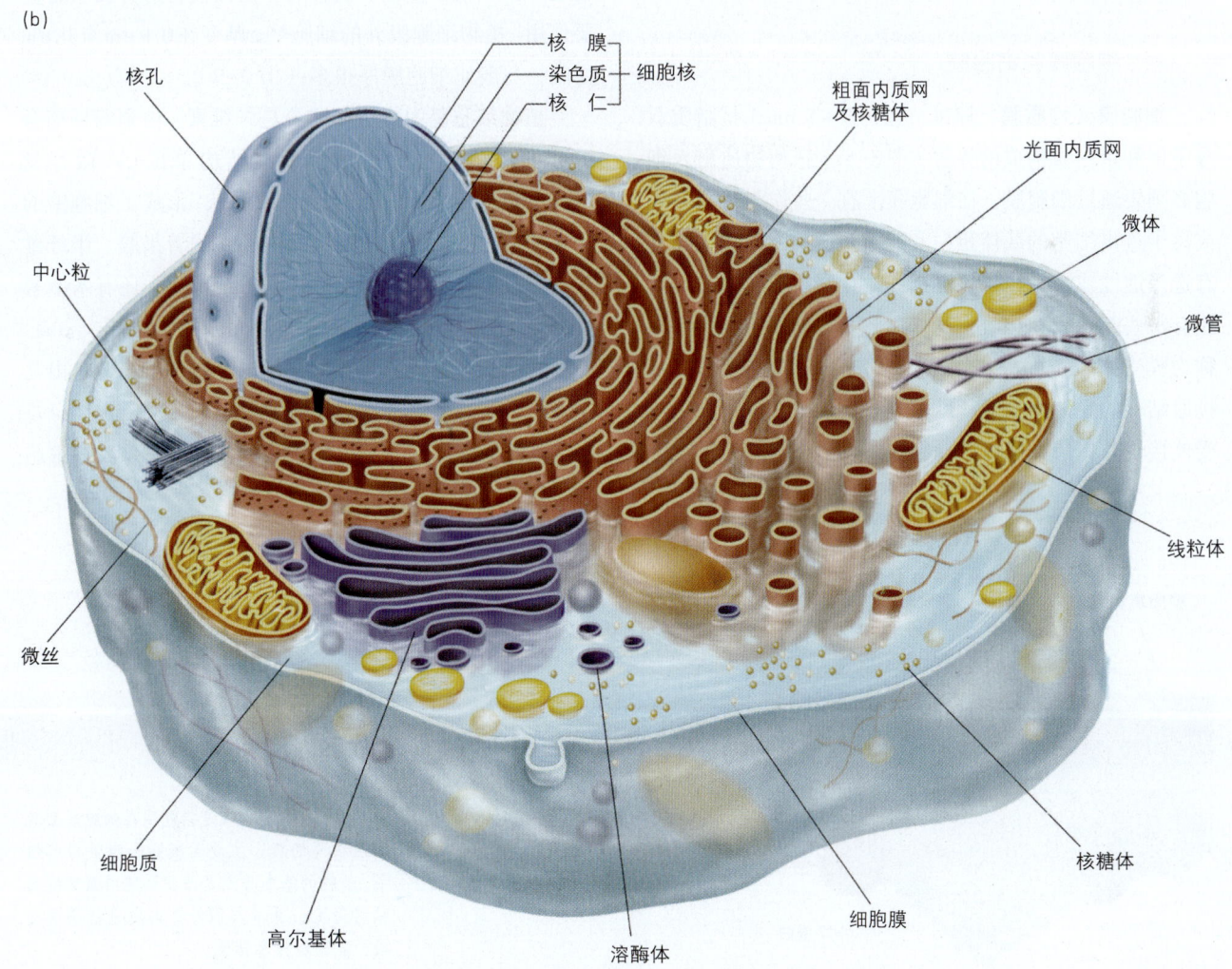

和代谢副产物或代谢废物,即具有仓库或中转站的作用。动物细胞一般没有大的中央液泡。

4. 植物细胞中含有动物细胞所没有的乙醛酸循环体（gloxysome）、胞间连丝（plasmodesmus）、细胞分裂时的细胞板（cell plate）等等；而动物细胞则含有植物细胞所没有的溶酶体、中心体（centriole）、细胞分裂时的收缩环等等。

无论是真核细胞还是原核细胞、动物细胞还是植物细胞，它们都具有细胞质膜、DNA和RNA、核糖体等等，各种细胞都通过二分裂（binary fission）的方式产生新细胞，使生命得以延续。

第二节　真核细胞的结构与功能

图3-7显示，真核细胞（包括植物细胞与动物细胞）比原核细胞复杂得多，让我们来进一步认识真核细胞内部的具体结构和功能。

一、细胞膜和细胞壁

细胞膜又称**质膜**，厚度一般为7~8 nm，是脂质双分子层和蛋白质构成的界膜（图3-8），任何物质出入细胞必须要通过细胞膜。在细胞膜上有一些作为特殊分子或离子进出细胞的载体蛋白和通道蛋白，因此细胞膜具有选择透性或半透性，可有选择地让物质通过。细胞膜还有一些起识别和接收信息作用的蛋白质，这些蛋白质称为膜受体（receptor），如激素（hormone）的受体、与抗原结合的受体或其他特殊信息分子的受体等等。这些受体接受外界信息后可诱导细胞内发生相应的变化或反应。另外，细胞膜上还有一些与其他细胞或大分子相互识别的标志蛋白等等。细胞膜内是透明黏稠可流动的细胞质基质。真核细胞除了具有细胞表面膜外，细胞质中还有许多由膜分隔成的各种细胞器，这些细胞器的膜结构与质膜相似，但功能有所不同，这些膜称为**内膜**（internal membrane），或胞质膜（cytoplasmic membrane）。内膜包括细胞核膜、内质网膜、高尔基体膜等。

细胞膜属于生物膜，生物膜的结构与功能是现代生命科学最重要的研究领域之一，在本章第三节将专门讨论生物膜的问题。

植物细胞没有骨骼或相应的骨架结构，但却有相当强度的**细胞壁**，维持着植物细胞的形态。细胞壁保护细胞免遭渗透及机械损伤，还保护植物免受微生物，特别是真菌和细菌的侵染。细胞壁控制着原生质体的大小，也防止原生质体过度吸水引起质膜破裂，因此具有支持和保护植物细胞的功能。研究发现，细胞壁在物质吸收、转运和接收化学信号、抵御病原菌的侵害等方面也有重要作用。植物细胞膜外的细胞壁，厚度在0.1 μm至几μm之间，一般比细胞膜厚很多（图3-9）。

植物细胞壁中最主要成分是纤维素。由葡萄糖缩合组成的纤维素构成了细胞壁的结构单位——微纤丝（microfibre），微纤丝相互交织成网状，形成了细胞壁的基本构架。纤维素的网络结构中还交联着果胶、半纤维素和蛋白质等等。植物保护组织的细胞壁中还有木质素（lignin）、角质（cutin）、栓质（suberin）、蜡质（wax）等多糖或脂类物质。**半纤维素**（hemicellulose）是由几种不同类型的单糖构成的异质多聚体，**果胶**（pectin）是由半乳糖醛酸和它的衍生物组成的多聚体。果胶在细

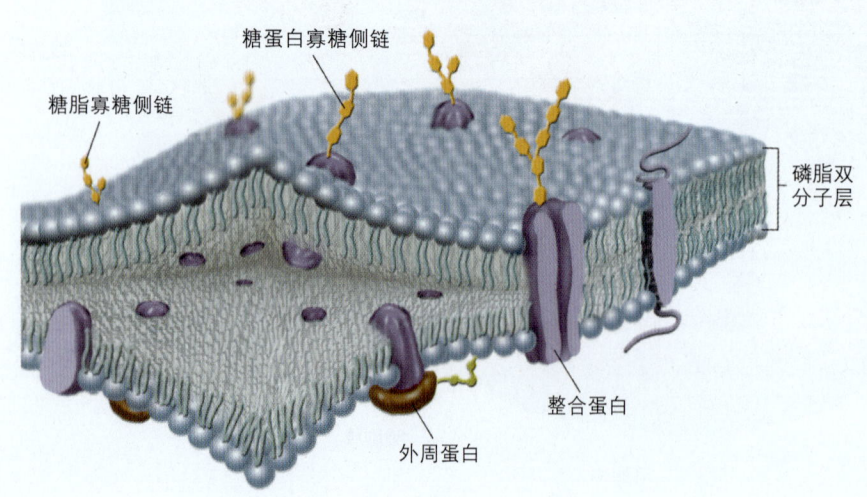

图3-8　质膜　质膜是指包围在细胞表面的一层极薄的膜，主要由膜脂和膜蛋白所组成。质膜的基本作用是维护细胞内微环境的相对稳定，并参与同外界环境进行物质交换、能量和信息传递。

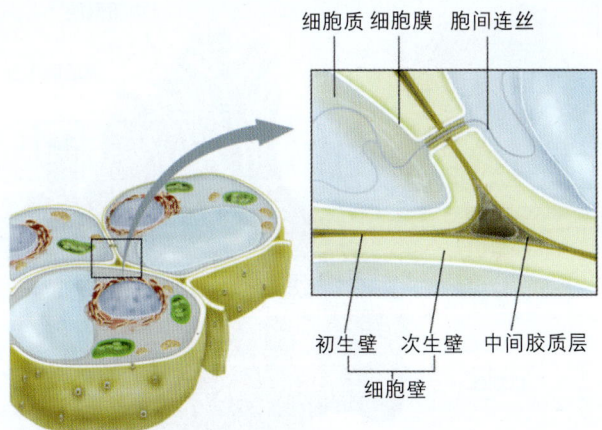

图3-9 **细胞壁** 植物细胞壁中最主要的成分是纤维素,主要具有支持和保护植物细胞的功能。

二、细胞核

细胞核含有控制细胞生命活动的最主要的遗传物质(有些基因位于线粒体和叶绿体中),是细胞中的信息中心,也是真核细胞最显著和最重要的**细胞器**。细胞核的直径为5 μm左右,由核膜将其内含物与细胞质分隔开来(图3-10)。一般情况下,一个细胞内有一个细胞核。但也有例外,绿藻中的无隔藻、蕨藻有几个至几十个细胞核。动物的肝细胞、骨髓细胞也有多核的情况。

细胞核包括核膜(nuclear envelope)、核纤层(nuclear lamina)、核基质(nuclear plasma)、染色质和核仁(nucleolus)等部分。**核膜**又称被膜,包括内、外核膜,因此是包在核外的双层膜,两层膜之间间隔为20~40 nm。**核纤层**是核膜下方的正交纤维网络,对核膜具有支持作用。核膜上还嵌有**核孔**(nuclear pore)复合物,它由核孔与周缘的环状结构组成。另外外核膜可延伸与细胞质中的内质网相连。一些蛋白质和RNA分子可通过核孔进入或输出细胞核,核孔的直径约为100 nm。在细胞核中,**染色质**是细胞核中由DNA和蛋白质组成并可被苏木精等染料染色的物质,染色质DNA含有大量的基因,是生命的

壁中的作用主要是连接相邻细胞壁,并且形成细胞外基质,将纤维素包埋在水合胶中。木质素是由聚合的芳香醇构成的一类物质,主要位于纤维素之间,它的作用是抵抗压力。糖蛋白(glycoprotein)也是植物细胞壁中的重要成分之一,总量占10%。最重要的一种糖蛋白叫伸展蛋白(extensin),这种蛋白同其他的相关蛋白一起,与纤维素等形成交叉网络。

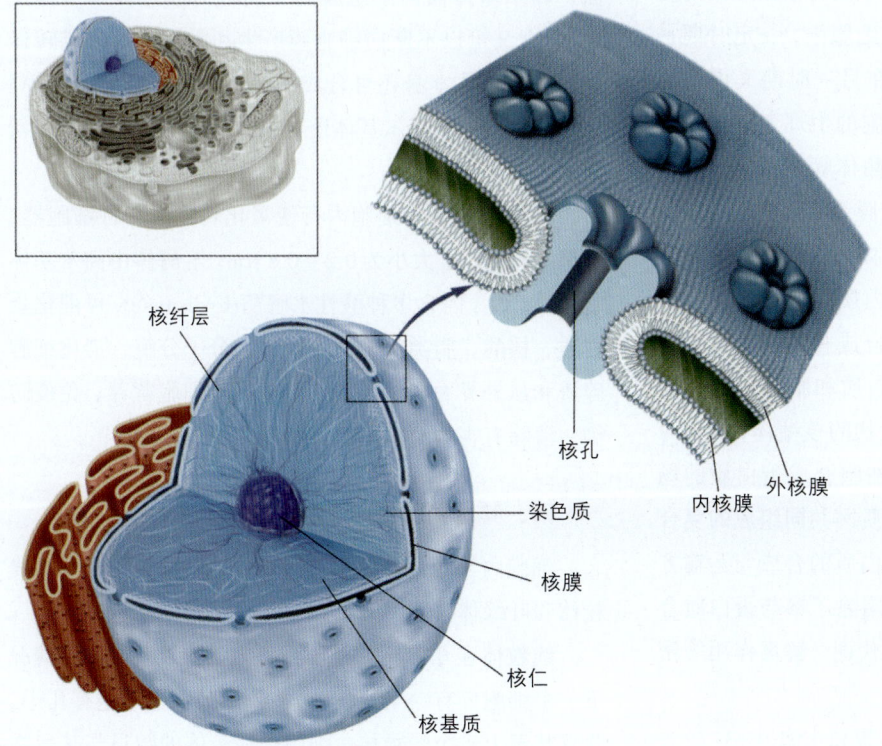

图3-10 **细胞核示意图** 细胞核包括核膜、核纤层、核基质、染色质和核仁等部分。纤维网络状核纤层具有支持核膜的作用。核孔是由于内外两层膜的局部融合所形成的,在电镜下可以显示其复杂、有规律性的结构。在核孔的周缘有一层贯穿核内外膜的环状结构,核孔与环状结构统称为核孔复合物。

遗传物质，因此细胞核是细胞生命活动的控制中心。在细胞准备分裂时，线性缠绕的染色质聚缩成在显微镜下可辨认的**染色体**(chromosome)。每一种真核生物的细胞中都有特定数目的染色体。例如，人的体细胞中共有23对即46条染色体。**核仁**是细胞核中的纤维和颗粒状结构，富含蛋白质和RNA。核仁是核糖体亚单位发生的场所，这些核糖体亚单位可通过核孔进入细胞质后再装配成完整的核糖体。核糖体是蛋白质合成的场所。染色质和核仁都没有膜包被，存在于液态的核基质中。

在细胞核中，遗传信息由DNA转录(transcription)到mRNA，再在细胞质中翻译(translation)成为蛋白质的多肽结构。细胞核与细胞质中遗传信息的转录和翻译将在第五章中详细介绍。

三、内膜系统

真核细胞细胞质内遍布着动态的**内膜系统**(endomembrane system)，它们是一些由膜包被的细胞器或片层结构，包括内质网、高尔基体、溶酶体和分泌泡等。这些膜相结构在发生和功能上相互有密切的联系。内膜系统为细胞内的分子提供了传递的通道，为一些脂类和蛋白质合成提供场所。

内质网是细胞质中以脂质双分子层为基础形成的囊状、泡状和管状结构(图3-11)。在细胞中，一定时期它们可能是连续的小管小囊系统，在另一时期又可能是不连续的膜片层，反映内质网对细胞的生理变化相当敏感。内质网与核膜、高尔基体和溶酶体等在发生和功能方面相互联系，构成了细胞质的内膜系统。根据内质网上是否具有核糖体，可区分出光面内质网(smooth ER)和粗面内质网(rough ER)。光面内质网通常为小囊和分支管状，无核糖体附着，是脂类合成和代谢的重要场所，它还可将内质网上合成的蛋白质和脂类转运到高尔基体。粗面内质网膜上附有颗粒状的核糖体，通常为平行排列的扁平囊状。**核糖体**是细胞合成蛋白质的场所，因此粗面内质网是核糖体与内质网共同组成的复合机能结构，并可与核膜相连，在蛋白质的合成与运输方面起重要的协同作用。内质网的作用除了参与蛋白质合成与转运外，还与脂类代谢、糖类代谢、解毒作用等密切相关。

高尔基体是一些聚集的扁的小囊和小泡(图3-12)，

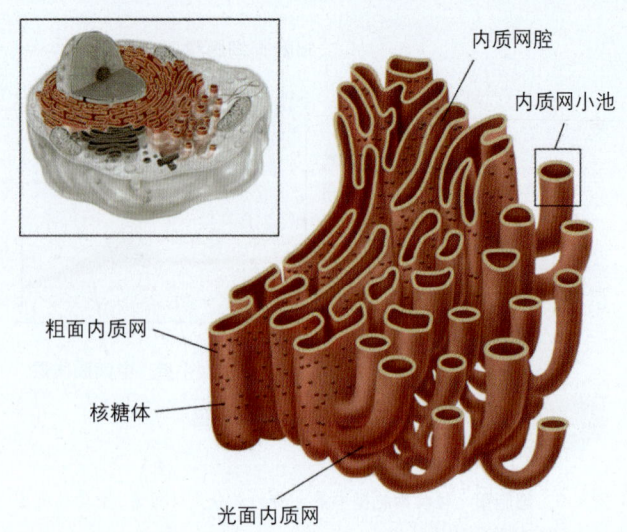

图3-11　内质网　内质网是由膜结构连接而成的网状物，广泛分布在细胞质的基质内，它增大了细胞内的膜面积。内质网分为粗面和光面两种类型。粗面内质网(又称糙面内质网)膜的表面富有颗粒状的核糖体，参与蛋白质的合成与运输。光面内质网(又称滑面内质网)膜的外表面光滑，没有核糖体附着，它的功能复杂，与脂类、脂蛋白、糖原和激素的合成与分泌有关。

它是内质网合成产物和细胞分泌物的加工和包装场所，最后形成分泌泡将分泌物排出细胞外。这一过程涉及到，部分膜囊结构从内质网上脱离后，形成转运泡，它们并入高尔基体的形成面(又称顺面)，即面向内质网的一面；高尔基体面向细胞膜的一面称为成熟面(又称反面)，它又可以不断向细胞膜产生和派送分泌泡或转运泡。高尔基体本身还可合成一些生物大分子如多糖等。在植物细胞中，高尔基体还与植物分裂时新细胞膜和新细胞壁的形成有关。

溶酶体是动物细胞内行使消化功能的一种细胞器，为单层膜小泡，大小为0.2～0.8 μm。溶酶体由高尔基体断裂而产生，内含多种酸性水解酶(hydrolase)，可催化蛋白质、核酸、脂类、多糖等生物大分子分解，消化细胞碎渣和从外界吞入的颗粒。溶酶体对细胞营养、免疫防御、清除有害物质、应激等具有重要的作用。

四、其他细胞器

细胞内与能量转换和代谢相关的细胞器主要包括线粒体和叶绿体。

线粒体在几乎所有真核细胞内都有发现，少数情况下一个细胞仅有一个线粒体，多数情况一个细胞有几十、几百甚至上千个线粒体。细胞中线粒体的数目与其生物

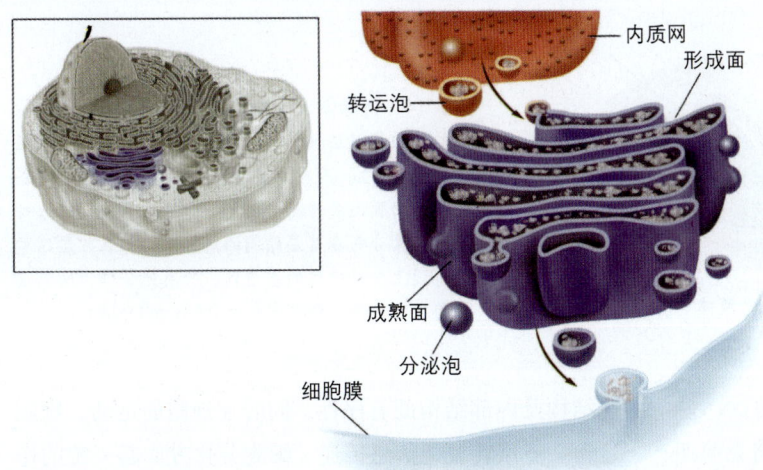

图3-12　高尔基体　高尔基体由扁平的膜囊组成，这种膜囊将蛋白和脂质集中起来，向真核细胞中的特殊位置派送。面向内质网、接受内质网转运泡的一面称为高尔基体的顺面或形成面，面向细胞膜并释放分泌泡的一面称为高尔基体的反面或成熟面。高尔基体不仅参加细胞的分泌过程，而且对分泌的糖蛋白和其他糖蛋白具有修饰、加工、分类、包装共转运的作用。在高尔基体内也进行着糖蛋白的合成、多糖的合成以及氨基多糖的硫酸化等过程。

代谢活性正相关。线粒体的长度为1~10 μm，在细胞中不断移动并不时改变着自身形状。线粒体是由内膜和外膜包裹的囊状结构（图3-13），在其磷脂双分子层上还有一些特殊的蛋白质。囊内是液态的**基质**(matrix)，这些液态基质中含有催化柠檬酸循环(citric acid cycle)的多种酶。线粒体外膜平整，内膜向内折入形成一些嵴(cristae)，增加了内膜的表面积，从而增加了内膜上的代谢反应总量。内膜面上有许多带柄的颗粒，它们是ATP酶复合体。线粒体的内膜与外膜之间的间隙称为**膜间隙**(intermembrane space)，约6~8 nm，其中的液体含有多种可溶性的酶、底物(substrate)和辅助因子(accessory factor)，其中最主要的酶是腺苷酸激酶(adenylate kinase)。线粒体是细胞呼吸和能量代谢中心，有"能量代谢工厂"之称，细胞呼吸中的电子传递过程及ATP的合成就发生在线粒体内膜上。此外，线粒体基质中还含有DNA分子、核糖体及其相关的酶蛋白。关于线粒体及呼吸作用请阅读下一章。

质体是植物细胞的细胞器，包括白色体和有色体。植物根或茎细胞中的白色体含有淀粉、油类或蛋白质。植物色彩丰富的花和果实的细胞具有有色体，有色体内含有各种色素。

叶绿体是一类最重要的有色体，是植物进行光合作用同化CO_2产生有机分子的细胞器。细胞内叶绿体的数目、大小和形状因植物种类不同而有很大差异，藻类植物的叶绿体变化更大。大多数高等植物的叶肉细胞一般含有50~200个叶绿体，可占细胞体积的40%以上。叶绿体中含有大量的叶绿素和各种与光合作用相关的酶。典型的叶绿体为凸透镜状，大小为2~5 μm。叶绿体也有两层膜，内部是一些扁平囊组成的膜系统，这些扁平的囊称为**类囊体**(thylakoid)。扁平的类囊体有规则地摞叠在一起形成**基粒**(grana)，基粒外围的部分称为**基质**(stroma)。各个基粒通过基质类囊体彼此相连通（图3-14）。植物光合作用的色素和电子传递系统位于类囊体的膜上，而催化糖类合成的酶特别是核酮糖-1,5-二磷酸羧化酶（1,5-carboxydismutase）则主要分布于基质中。叶绿体中许多基粒及其多层类囊体膜片层大大增加了植

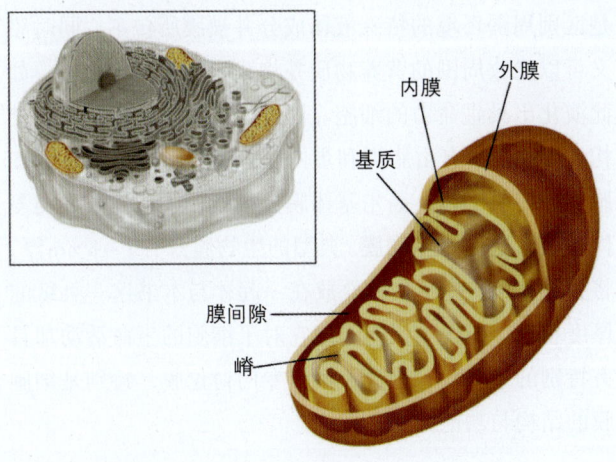

图3-13　线粒体　线粒体的外形多种多样，如线形、椭圆形、哑铃型、环形、圆柱形、蛇形等。线粒体的大小随细胞类型不同而异，一般直径为0.5 μm左右，长2~3 μm左右。有的线粒体较大，直径可达2~3 μm，长可达7~10 μm。线粒体是由内外两层膜构成的。外膜使线粒体与周围的细胞质分开。内膜的某些部位向线粒体的内腔折叠，形成嵴，这大大增加了酶附着的表面。内膜上分布有许多基粒。嵴的周围充满着液态的基质。在内膜、基质和基粒中，有许多有氧呼吸的酶。线粒体是细胞进行有氧呼吸的主要场所。

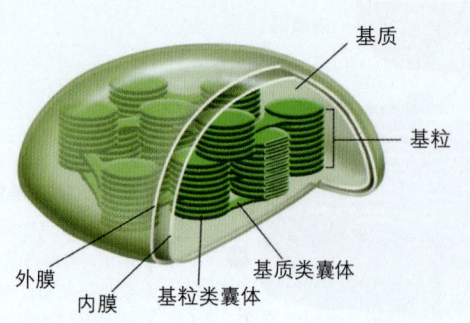

图 3-14 叶绿体 典型的叶绿体为凸透镜状。叶绿体的外面有双层膜，内部含有基粒。每个基粒由片层结构重叠而成，有些片层结构沟通不同的基粒。片层结构是由膜围成的扁平囊。基粒之间充满着基质。叶绿体色素分布在片层结构的薄膜上，而在片层结构的薄膜上和叶绿体的基质内，含有光合作用所需要的酶。叶绿体还含有少量的 RNA 和 DNA。

物细胞光合作用的总面积。叶绿体也含有环状的 DNA 和核糖体。关于植物细胞叶绿体中光合作用过程将在第四章中详细介绍。

微体 与**溶酶体**类似，包括过氧化物酶体（peroxisome）和乙醛酸体（glyoxysome），含有氧化酶（oxidase）、过氧化氢酶（hydrogen peroxidase）或其他酶等。

液泡是植物细胞中单层膜包被的充满水溶液的泡。未成熟的植物细胞通常有许多小液泡，随着细胞的扩大，这些小液泡不断扩大融合成一个大的中央液泡，可占据 90% 的细胞体积。液泡的主要成分是水，还有盐、糖类和可溶性蛋白。液泡有时含有花青素（anthocyanin）等，还会出现某些高浓度物质的结晶。液泡是植物细胞代谢废物囤积的场所，还与大分子的降解和细胞质组成物质的再循环有关，因此被认为具有类似动物细胞溶酶体的功能。

细胞骨架（cytoskeleton）是细胞内以蛋白质纤维为主要成分的立体网络结构（图 3-15），维持着细胞的形态结构及内部结构的有序性，同时在细胞的运动、物质运输、能量转换、信息传递、细胞分化方面起一定的作用。细胞质中的细胞骨架主要由微管、微丝和中间纤维（intermediate filament，又称中间丝）等构成。细胞骨架在形态结构上与其他细胞器有明显不同，具有离散性、整体性、变动性等特点。

有些细胞表面还有鞭毛（flagellum）和纤毛（cilia），可帮助细胞自主运动。

第三节 生物膜

细胞膜是细胞的界膜，它将具生命力的活细胞与非生命的环境分隔开来。它还具有选择透性，控制着所有物质的出入。生命的起源与进化中最重大的事件之一，是区别周围环境的特殊液体成分并被膜所包裹，同时膜又可以吸收周围的营养物质并将膜内的废物排出去，如此演化出具生命力的细胞。因此，膜是生命最基础的结构。细胞中所有由脂类和蛋白质等成分组成的膜包括细胞膜、内质网膜、高尔基体膜、核膜、线粒体膜和类囊体膜等等统称为**生物膜**。典型的生物膜只有 7~8 nm 厚，将大约 8 000 片生物膜叠放在一起才与本书这一页纸的厚度相当。膜既小又薄，但它对于细胞的生命活动却具有特别的重要性。为此，本节专门讨论膜，特别是细胞膜的结构与功能问题。

一、膜的结构

一个多世纪以前，科学家们对膜的组成就进行了富有成效的探索。1895 年，Charles Overton 发现，凡是可以溶于脂类的物质比不能溶于脂类的物质更容易透过细胞膜进入到细胞中去。于是，他提出了一个基本的假说，膜是由脂类组成的。20 年后，科学家们第一次将膜从红

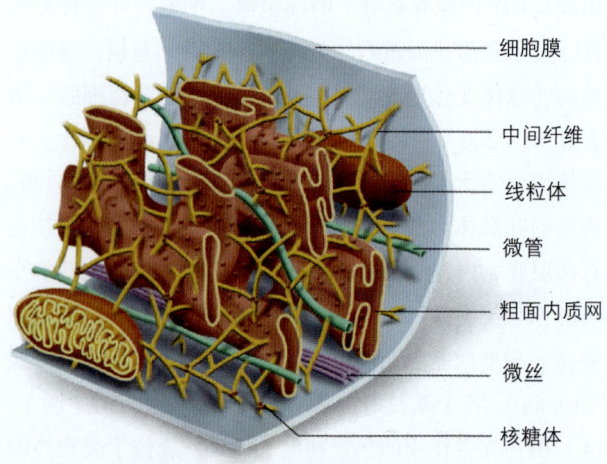

图 3-15 细胞骨架 细胞质中由蛋白质纤维组成的非膜相结构统称为细胞骨架，按纤维直径的大小又可将其分为微管、微丝、中间纤维，以及比微丝更细且不规则的纤维网。

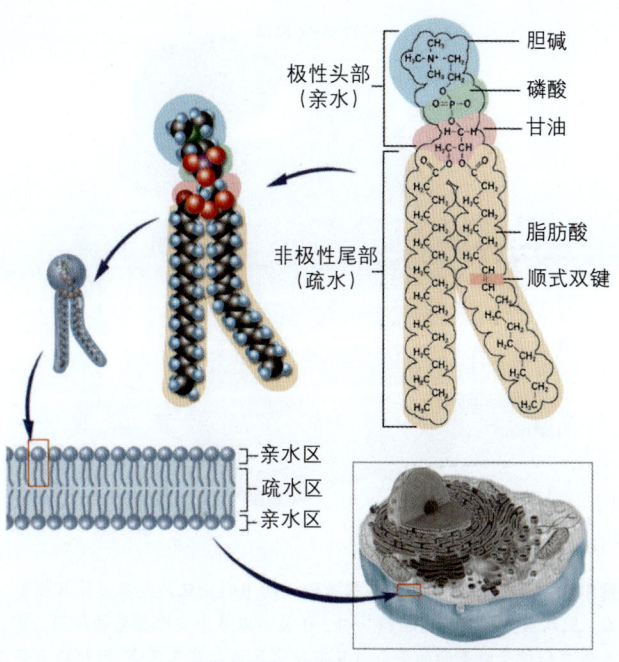

图 3-16 磷脂的结构 磷脂是一类含有磷酸基团的脂类,在生物膜中磷脂的亲水头位于膜表面,而疏水尾位于膜内侧。

细胞中分离出来,化学分析表明,它们的主要成分是磷脂和蛋白质。

磷脂是一种由甘油、脂肪酸和磷酸所组成的具有双重极性的分子。机体中主要含有两大类磷脂,由甘油构成的磷脂称为**甘油磷脂**;由神经鞘氨醇构成的磷脂,称为**鞘磷脂**(sphingolipid)。其结构特点是:具有由磷酸相连的取代基团(含氨碱或醇类)构成的亲水头和由脂肪酸链构成的疏水尾。磷酸的一端是极性(亲水性的)"头"部,脂肪酸的一端是非极性(疏水的)"尾"部(图 3-16)。1917 年,Irving Langmuir 完成了一项重要的实验。

他将磷脂溶解于苯(非极性溶剂)和水(极性溶剂)中,当苯挥发掉以后,磷脂依然保持着一种薄膜状态,而且其磷酸基团的极性头部浸入在水中(图 3-17 a)。1925年,两位荷兰科学家提出,细胞膜实际上是一种磷脂的双分子层结构,因为只有这种双分子层结构才可能稳定于细胞内外均为极性液体的环境中。即在双分子层中,磷脂分子疏水的"尾"(脂肪酸一端)向着内侧背离水相而相对排列,而磷脂分子亲水的"头"(磷酸一端)向着外侧,暴露于两侧的水中。据此理论,科学家们设计并得到了磷脂双分子层人工膜(图 3-17 b)。两位荷兰科学家测定了红细胞的磷脂含量和计算后证实,测定到的红细胞的全部磷脂恰好可以按双分子层形式将细胞全部包裹或覆盖。

二、膜蛋白

对膜的化学分析证明,除了磷脂外,蛋白质也是膜上的成分。那么蛋白质应该在膜的什么位置呢?经检测,人工双分子层磷脂膜比实际细胞膜的黏性和强度要弱很多。科学家据此提出,生物膜上的蛋白质可能是提高膜黏性和强度的重要因素。1935 年,H. Davson 和 J. Danielli 提出了一种将磷脂双分子层夹在两层球蛋白间的"三明治"模型(图 3-18)。在 20 世纪 50 年代,在电子显微镜的帮助下,生物学家发现细胞膜的厚度仅为 7~8 nm,而按照 Davson-Danielli 的"三明治"模型,其厚度至少有 20 nm,"三明治"模型被否定了。

根据蛋白质也有疏水区和亲水区的特点,科学家重新设计和配置了蛋白质在膜上的分布。按照膜蛋白的位置及其与脂分子的结合方式与结合牢固程度,膜蛋白被分成**外在膜蛋白**(peripheral membrane protein)和**内**

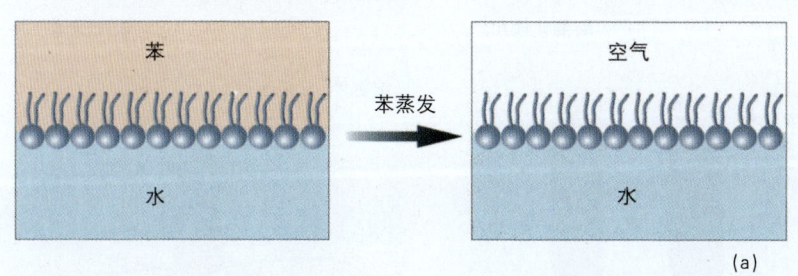 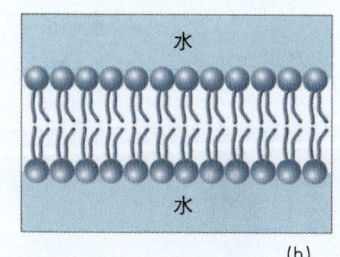

(a) (b)

图 3-17 磷脂单分子层和双分子层人工膜 (a)磷脂单分子层。由于磷脂的结构使其具有一种独特的物理性质,当磷脂位于空气与水的界面时,它们往往排列在界面上,极性的头部伸向水中,非极性的尾部则避开水面,伸向空气。(b)双分子层人工膜。在水量适宜时,磷脂分子排列成片层(或称液晶)形式。片层是双分子层的磷脂结构。每一片层由双层磷脂分子组成,分子的亲水头部伸向两侧表面,疏水的尾部则伸向双分子层的内侧。大部分磷脂分子在水环境里能自发地形成双层,而且这样的脂双层又能自我聚合形成脂质体。

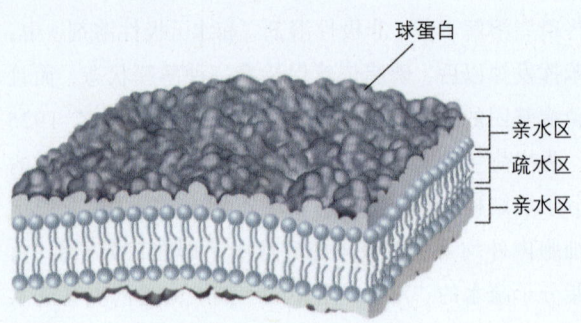

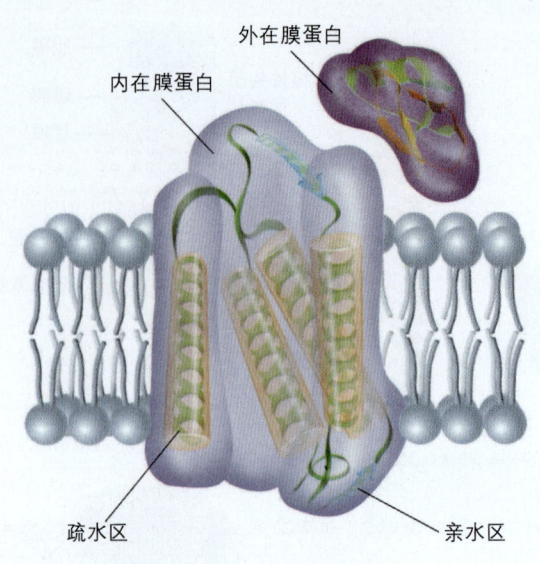

图3-18　Davson-Danielli的"三明治"模型　"三明治"模型的基本观点是：一般的细胞膜是由双层脂类分子及其内外表面附着的蛋白质所构成的。脂类分子平行排列并垂直于膜平面。双层的脂类分子的非极性端相互对着，极性端向着膜的内外表面，在内外表面各有一层蛋白质。

在膜蛋白（integral membrane protein）（图3-19）。外在膜蛋白是一些位于膜某一侧表面的蛋白，它们往往以非共价键的形式与内在膜蛋白相互连接和作用，一般不需要破坏膜脂的双分子层就可以把它们从膜上分离下来。内在膜蛋白是一些嵌入膜内或部分嵌入膜内的蛋白，它们与膜结合紧密，一般需要用除垢剂（detergent）如十二烷基磺酸钠（SDS）等破坏膜脂的双分子层后才能将它们解离下来。内在膜蛋白大多是**跨膜蛋白**（transmembrane protein）。具有两性分子性质的蛋白质的疏水区域与脂双层中脂类分子的疏水尾部相互作用，而蛋白质的亲水区域暴露在膜的一侧或两侧。内在膜蛋白的跨膜部分可以

图3-19　外在膜蛋白和内在膜蛋白　图中的脂双层外具有外在膜蛋白，脂双层中嵌入了内在膜蛋白，并显示以多个α螺旋结构跨膜。嵌入膜内和位于膜表面的蛋白质具有疏水区域和亲水区域，因此称为两性蛋白质分子。另外，一些糖蛋白的寡糖链往往伸展在膜的外测。

包含1个或多个α螺旋结构，可以排列成封闭的β筒（β-barrel），也可以以多个结构域形成大的蛋白复合物跨膜（图3-19）。

在真核细胞和原核细胞中，不同的膜蛋白具有各自重要的特殊作用和功能。这些主要的作用和功能包括（图3-20）：①作为转运蛋白，起物质运输作用，输送无机或有机分子跨膜进入膜的另一侧；②作为酶，催化发

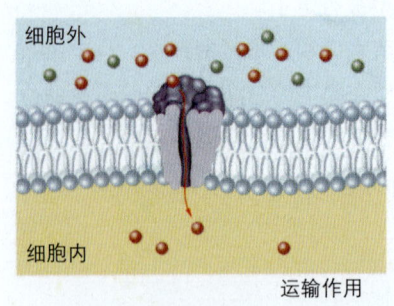
运输作用

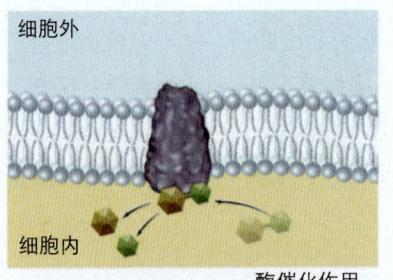
酶催化作用

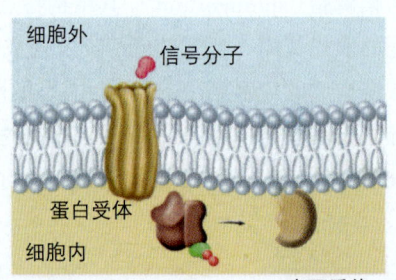
表面受体

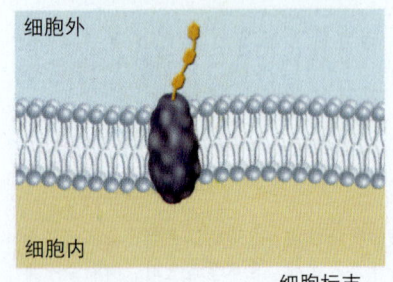
细胞标志

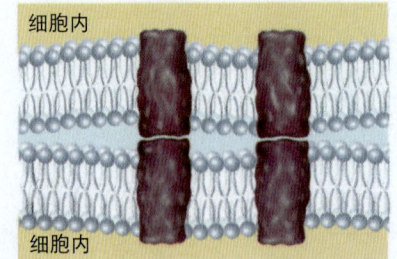
细胞连接

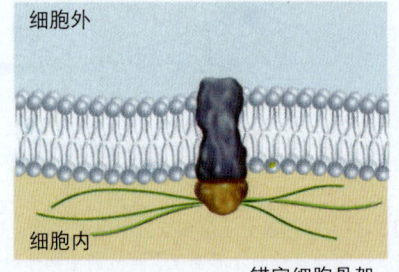
锚定细胞骨架

图3-20　膜蛋白的主要作用和功能　不同的膜蛋白主要具有运输、酶催化、表面受体、细胞标志、细胞连接和锚定细胞骨架等功能。

生在膜表面的重要代谢反应；③作为细胞表面受体或天线蛋白，敏感地接收膜表面的化学信息；④作为细胞表面的标志，被其他细胞所识别；⑤作为细胞表面的附着连接蛋白，与其他细胞相互结合；⑥作为锚蛋白，起固定细胞骨架的作用。

三、膜的"流动镶嵌模型"

为了揭示膜的结构，生物学家进行了一项细胞冰冻蚀刻实验：首先用液氮将细胞冷冻成坚硬的固态，再用冷冻的玻璃刀在细胞膜处刻出一裂口，进一步将冷冻的细胞样品在细胞的双分子层处撕裂和剥开，断裂面经升华蚀刻后用重金属盐对剥开的断裂面染色并用扫描电子显微镜观察（图 3-21）。根据实验结果，并结合脂双层和膜蛋白的特性，科学家提出了生物膜的"**流动镶嵌模型**"（fluid mosaic model）（图 3-22）。该模型的主要特点如下：

1. 磷脂双分子层构成了膜的基本结构，磷脂分子非极性的"尾"向着内侧疏水区。而磷脂分子极性的"头"向着外侧，暴露于两侧的亲水区，各种球形膜蛋白以不同的镶嵌形式与磷脂双分子层相结合，有的附着在膜的表面，有的全部或部分嵌入膜中，有的贯穿于膜双分子层。另外也有糖类附着在膜的外侧，与膜脂类或膜蛋白的亲水端结合，构成糖脂（glucolipid）和糖蛋白。这种特殊结构体现了膜结构的有序性。

2. 磷脂双分子层既有其分子排列的有序性，又有脂类的流动特性。这种流动性表现为膜内部磷脂和蛋白质分子的位置是不固定的，它们在膜的水平方向甚至在垂直方向都可以流动、翻转和变化。同时膜的分子组成也可以发生变化。

3. 膜脂与膜蛋白在膜上的排列具有不对称性，主要表现在内外两层脂类分子的种类（如饱和脂类与不饱和脂类）和含量有很大差异，蛋白质分子在膜内外两层分布的位置和数量有很大差异，膜内、外侧面伸出的氨基酸残基的种类和数目也有很大差异。另外，糖脂与糖蛋白上的糖基一般只分布于膜的非细胞质侧，寡糖链往往具有分叉，它们对于接受和识别外来受体或信号起重要的作用。

4. 膜的有序性、流动性和不对称性对于生物膜适应于膜内外环境的变化，具有选择透性及物质的跨膜运输、电子传递和信号的传导等等具有重要的意义。它们保证了膜功能的不对称性和方向性，保证了细胞代谢活动即物质的交换与能量的转换在高度有序的状态下进行。膜结构与功能的相互适应和统一既是生命所固有的特征，也是我们学习和探索膜及生命科学所要把握的基本规律。

膜的"流动镶嵌模型"既解决了膜的黏性与强度问题和厚度问题，体现了脂分子和蛋白质的流动性，又反映了蛋白质的疏水区和亲水区的特点，即蛋白质的疏水区埋入磷脂双分子层中，亲水区则暴露于膜的两侧。该模型还可以解释质膜选择性透性的特征（图 3-22）。

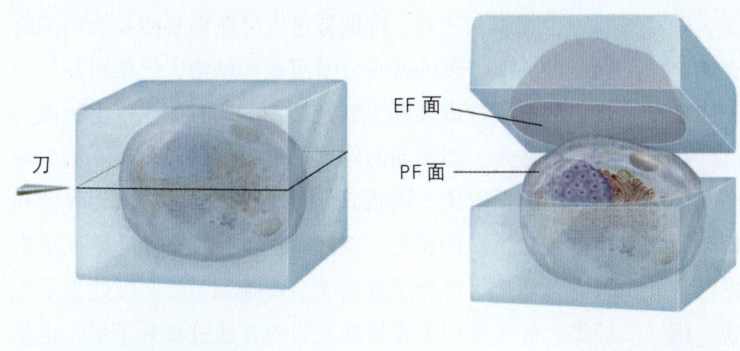

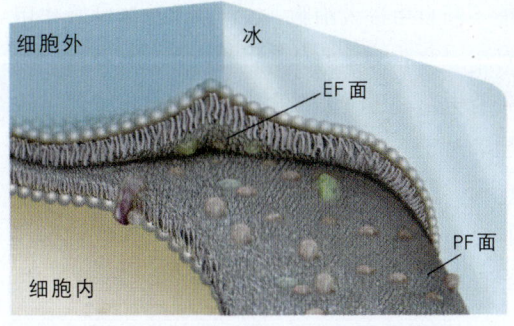

扫描电镜下看到的质膜断裂面

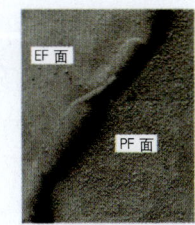

图 3-21 观察生物膜的细胞冰冻蚀刻实验 冰冻蚀刻法是将生物样品在液氮温度（-196℃）下冷冻，然后用冷刀将其断裂。这时断面通常总是沿着生物膜的脂质双分子层之间形成。稍微升高温度，令样品中的冰在真空中升华，这样细胞内外凡空隙处或含游离水较多的地方将下陷，除上述膜的脂质外，其他结构也被显示出来，并进一步增强了断面的浮雕效果。对这一断面进行铂碳复型，在腐蚀性溶液中除去生物材料后，即可用电子显微镜观察。这种技术特别适宜显示大面积的膜的内表面和其间的内在膜蛋白。通过冰冻蚀刻看到的 EF 面实际上是细胞外断裂面分子层，PF 面是细胞质侧断裂面分子层。

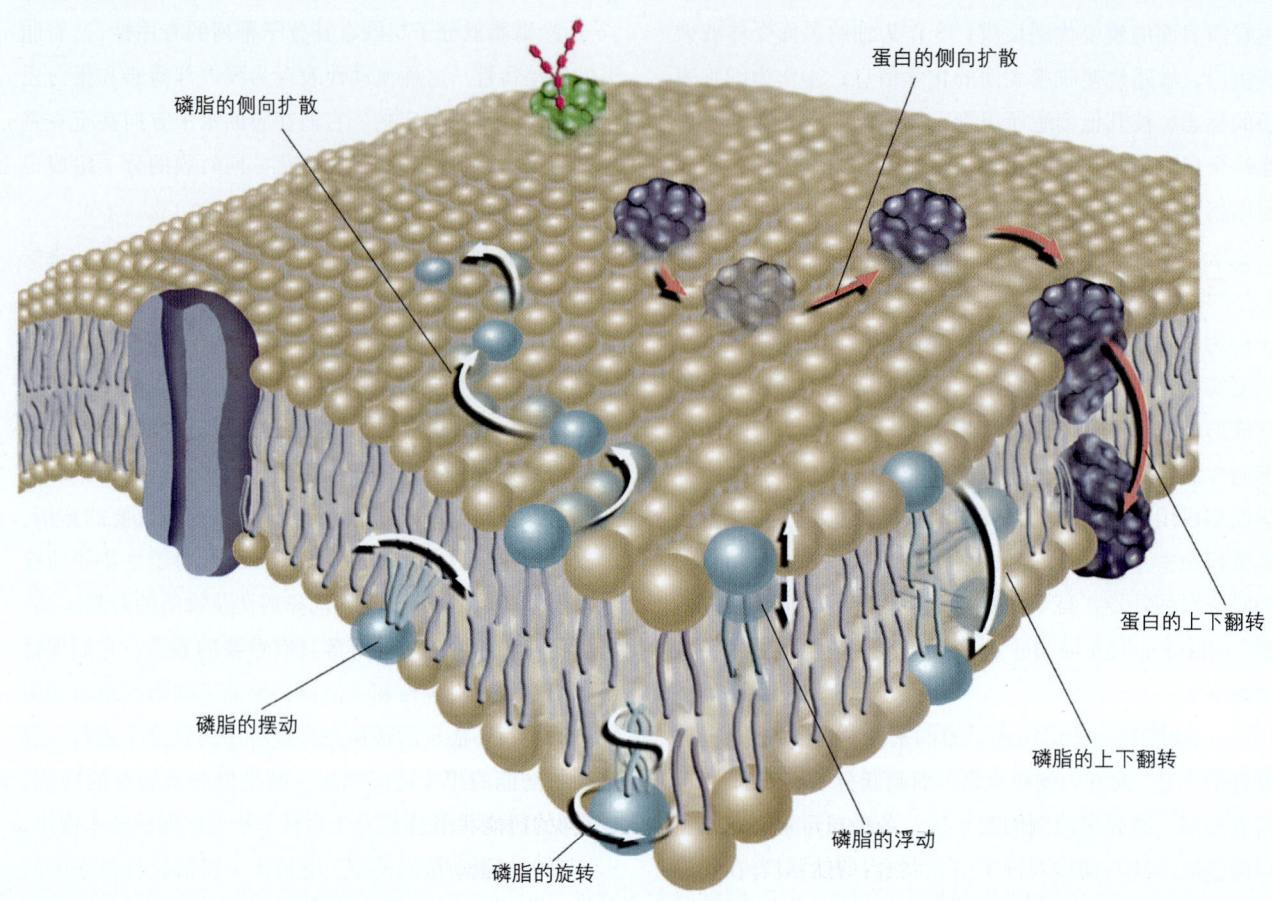

图3-22 膜的"流动镶嵌模型" 膜中的脂类分子呈双分子相对排列，构成膜的网架，而蛋白质分子则镶嵌于网孔之中。该模型突出了膜的流动性。细胞膜是由流动的脂类双分子层中镶嵌着球蛋白按二维排列组成的。脂类双分子层像轻油般的流体，具有流动性，能够相当迅速地在膜平面进行侧向运动。侧向运动会使膜蛋白彼此相互作用或与脂类相互作用，同时也给各种不同大小的分子提供进出膜的通道或屏障。

在磷脂双分子层中，磷酸胆碱一端为亲水的头，两个脂肪酸一端弯曲为疏水的尾，脂肪酸不饱和双键的电子分布特点使得双键处发生扭曲弯折，造成不饱和脂肪酸与相邻的不含双键的饱和脂肪酸不能紧密平行排列，因此可增加膜的流动性。

从生物膜结构的"三明治模型"到"流动镶嵌模型"，反映了科学研究的基本方法。科学家可以首先根据已有的知识和信息提出解释某一生物学问题的一种假说，用进一步的观察和实验对已建立的假说或模型进行修正和补充。一种模型最终被接受或被否定取决于它能否与以后不断得到的观察和实验结果相吻合，科学就是这样一步一步向前迈进的过程。

四、物质的跨膜运输

在细胞体系中，许多物质的转换和能量的交换都要通过生物膜来进行，特别是物质交换都要涉及物质的跨膜运输。由于膜的特殊分子组成和结构，包括膜脂与膜蛋白的流动性以及膜上转运蛋白的存在，使得生物膜具有选择透性，即不同的物质透过膜的难易程度不同。膜的选择透性取决于磷脂双分子层对该物质的阻碍程度和膜上转运蛋白的状态。例如，膜内层的非极性特征决定了它不能让极性分子或离子自由地通过；非极性分子如烃类、氧气等则很容易融入膜内并通过双分子层，正是大量氧气能不断自由进入细胞，才保证了细胞呼吸作用的进行。对于一些非常小的分子，如水和二氧化碳，由于它们不带有电荷，质量非常之小，也能自由地通过磷脂双分子层。对于一些较大的分子，如葡萄糖等，尽管它们不带电荷，但由于分子太大，也不能自由地进出细胞。一些非常小的离子，如 H^+ 和 Na^+ 等，无论它们有多小，都不能自由通过膜的双分子层。镶嵌在膜上的一些特殊的转运蛋白在一定的条件下可以帮助那些原来不能透过膜的物质进行跨膜运输。

物质的跨膜运输可归纳为两类形式，一类为**被动运输**（passive transport），另一类为**主动运输**（active transport）。

所有分子都具有内在的动能，称为热动能。分子热运动的结果之一是分子的扩散，即分子具有在其可占据空间广泛分布的倾向。分子随机运动导致的**简单扩散**（simple diffusion）是物质跨膜被动运输的一种最主要的方式，这种被动运输不需要能量，并且顺化学浓度梯度进行，即物质由高浓度一侧向低浓度一侧运动，直至两侧的浓度相等。相对分子质量小或脂溶性强的物质（如氧气、烃类、乙醇、水分子等）一般都以这种简单扩散的被动运输方式做跨膜运动（图3-23）。

水的简单扩散即**渗透作用**（osmosis）可影响活细胞内外水的平衡并影响到细胞的存活。如果细胞悬浮在一种高盐浓度的液体环境中，细胞内盐浓度低于细胞外，细胞内的水就会向细胞外渗透，细胞失水后会皱缩，有细胞壁的情况下会发生**质壁分离**（plasmolysis）。相反，如果将细胞悬浮于纯水环境中，细胞内的盐浓度大大高于细胞外，细胞便会大量吸收水，可能导致细胞被涨破（图3-24）。因此，生物学家常常将分离得到的细胞或组织置于生理盐水中，以维持细胞内外相同的渗透压（osmotic pressure），保持细胞内外水的平衡。

除了简单扩散外，被动运输的另一种形式是**易化扩散**（facilitated diffusion），它是指在细胞膜上的跨膜蛋白质协助下，一些非脂溶性物质或亲水性物质，如氨基酸、某些糖和金属离子等，顺浓度梯度或电化学梯度（electrochemical gradient）不消耗能量进入膜内。在易化扩散过程中膜蛋白起着通道作用或载体作用，分别被称为**通道蛋白**（channel protein）和**载体蛋白**（carrier protein）。通道蛋白在易化扩散时本身不直接与小的带电物质或极性物质相互作用，通道蛋白仅在膜双分子层的疏水区域形成亲水性通道，以利于小的带电分子或极性分子扩散进入到膜的另一侧。载体蛋白是另一种跨膜蛋白，它能与特定的分子或离子相结合，然后协助它们进入到膜的另一侧。载体蛋白具有特异性，一个特定的载体蛋白只运送一种分子或离子（图3-25）。因此以载体蛋白为中介的易化扩散具有竞争性抑制、饱和现象和结构特异性等特点。以通道蛋白为中介的易化扩散则具有相对特异性，无饱和现象，通道有"开放"和"关闭"两种不同的机能状态。

与被动运输相反，主动运输是逆化学浓度梯度的运输方式，**主动运输**都需要膜蛋白的参与。在膜的两侧，物质从低浓度的一侧向高浓度一侧运输需要消耗一定的化学能量，这种化学能量贮存在腺苷三磷酸（ATP）中，也

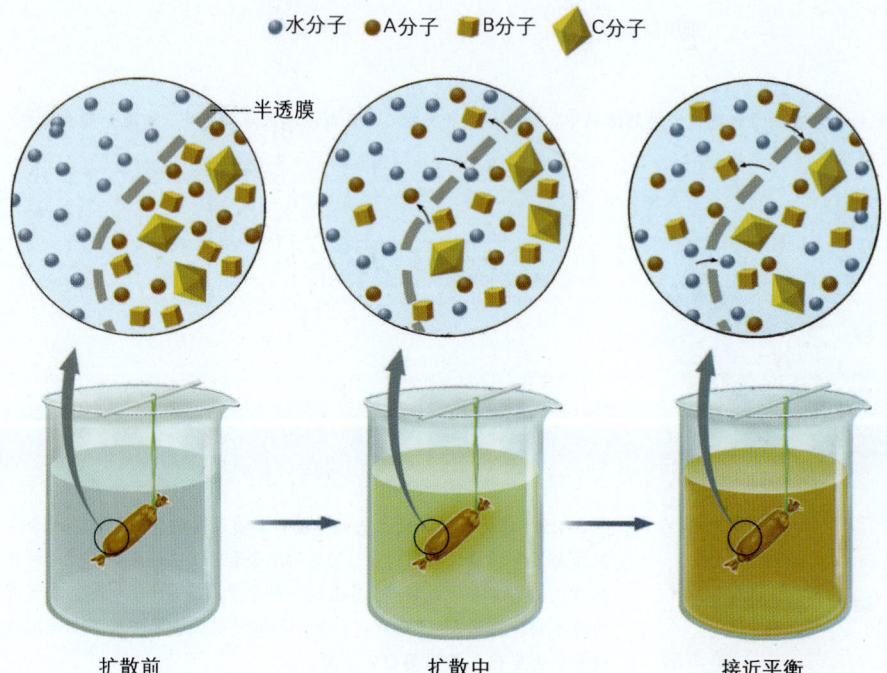

图3-23 被动运输——跨膜自由扩散
烧杯中，人工的半透膜包裹着不同的分子，这些分子跨膜扩散的形式类似于细胞中的跨膜自由扩散。水分子和小的分子如图中的A分子、B分子都可跨膜自由扩散，而较大的C分子不能跨膜自由扩散。小的非极性分子易于溶解在脂双层中，因此它能很快地扩散通过膜。不带电荷的极性分子，如果它体积很小也能快速通过脂双层。这种从浓度高的一侧向浓度低的一侧运输、不需要消耗能量的运输方式叫做自由扩散。自由扩散相对于主动运输来说，又叫做被动运输。

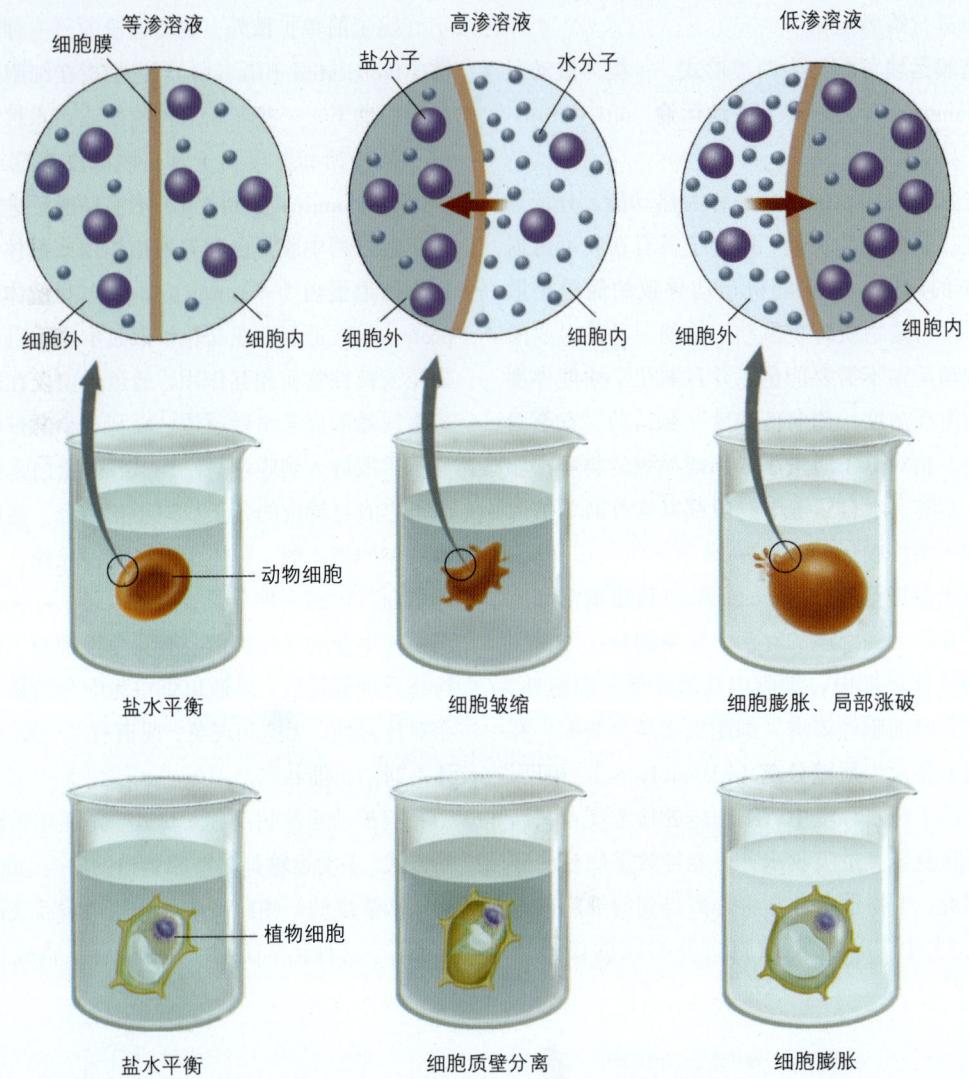

图3-24 细胞的水平衡 在高渗溶液即细胞外盐浓度高于细胞内浓度的溶液中,细胞一般会失水。而在低渗溶液或纯水中,细胞一般会吸水。植物细胞由于细胞壁的保护,膨胀后不至于破裂。

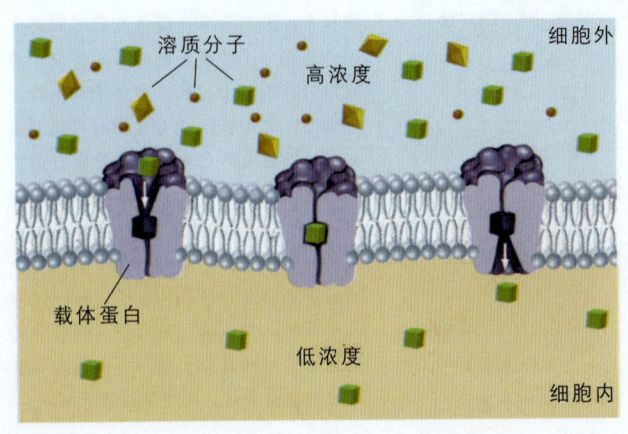

图3-25 易化扩散 膜上的载体蛋白具有高度的特异性,其结合点只能与某种物质进行暂时性、可逆的结合和分离,而且一种特定的载体只运输一种分子或离子,甚至仅一种分子或离子。每一类型载体有对溶质的特异结合点。由载体所介导的溶质扩散速率根据其结合溶质的量而有变化。载体蛋白不是酶。

就是说，主动运输需要消耗 ATP（图 3-26）。

主动运输最重要的作用是保持细胞内部的一些带电离子的浓度与周围环境相比有较大的差别。例如，动物细胞具有比环境高许多的钾离子浓度而低许多的钠离子浓度，正是质膜借助于主动运输将钠离子泵出膜外而将钾离子泵入膜内的结果。这种主动运输系统是靠一些特殊的膜蛋白从 ATP 获得能量来完成的，它被称之为**离子泵**（ion pump）。

所有的细胞都具有跨膜的电位差，这是由于分布在膜两侧的阴离子与阳离子浓度不等造成的。与细胞外的溶液环境比较，一般细胞质都是负电性的（也是还原性的）。跨膜的电位差又称为**膜电势**（membrane potential），通常为 -50 ~ -200 mV。膜电势就好比是一个电池，它可影响带电物质的跨膜运输。由于细胞质是负电性的，它有利于阳离子通过被动运输进入细胞而阴离子排出细胞外。离子的跨膜扩散受两种力的作用，一种是离子的浓度差形成的作用力，另一种是电位差形成的作用力。这两种对于离子的作用力结合起来就是跨膜的电化学梯度。对于离子的被动运输来说，它不但要顺化学浓度的梯度进行，还要顺电化学梯度进行。例如，静息的神经元胞外的钠离子（Na^+）浓度大大高于胞内，当神经元受到刺激时，膜上的钠通道蛋白便打开，协助钠离子顺电化学梯度跨膜运输，进入到膜的负电势一侧。

与上述例子相反，膜上的离子泵可以将离子逆电化学梯度的方向运输，增大膜两侧的电位差。离子泵实际上是镶嵌在质膜脂质双分子层中具有运输功能的ATP酶。不同的ATP酶运输不同的离子，最典型的是**Na^+-K^+泵**（sodium-potassium pump）（图3-26），它是一种Na^+-K^+ATP

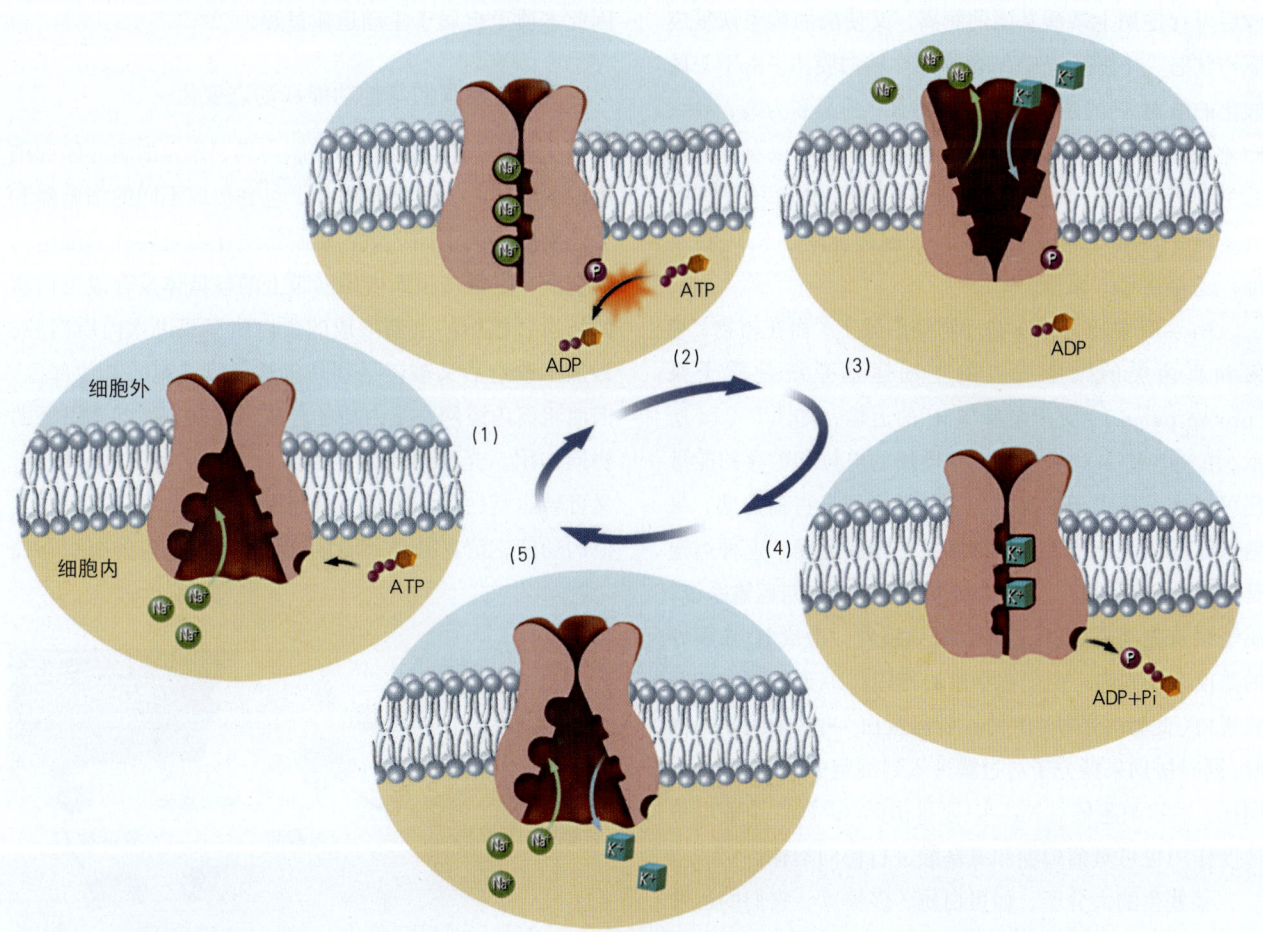

图 3-26 主动运输——Na^+-K^+泵 （1）在膜内侧，Na^+ 与酶结合激活了 ATP 酶活性。（2）ATP 分解，高能磷酸基团与酶结合引起酶构象变化，于是与 Na^+ 结合的部位转向膜外侧。（3）这种磷酸化的酶对 Na^+ 的亲和力低，对 K^+ 的亲和力高。因而在膜外侧释放 Na^+，而与 K^+ 结合。（4）K^+ 与磷酸化酶结合后促使酶去磷酸化，磷酸基团很快解离，结果酶的构象又恢复原状，于是与 K^+ 结合的部位转向膜内侧。（5）这种去磷酸化的酶构象与 Na^+ 的亲和力高，与 K^+ 的亲和力低，使 K^+ 在膜内被释放，而又与 Na^+ 结合。如此反复进行。Na^+-K^+ 泵的这种构型变化每秒可达 1 000 次左右。

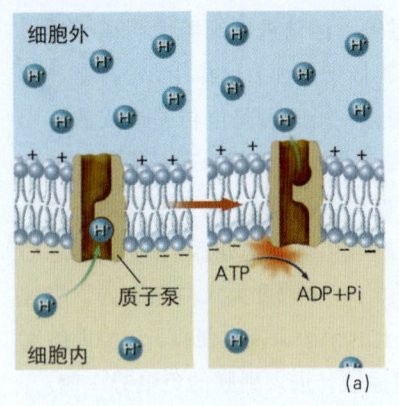
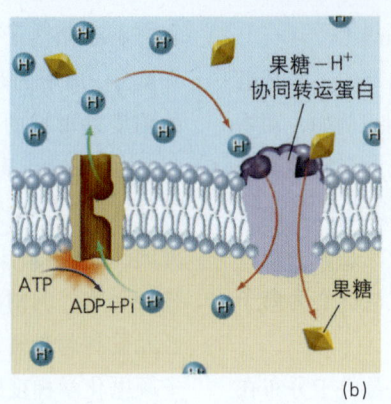

图3-27 主动运输——质子泵与协同运输

（a）质子泵中，载体蛋白利用ATP进行H^+的运输。（b）协同运输，由质子泵产生的电化学梯度所蕴藏的能量可协助果糖分子等跨膜运输。

酶。在膜的内侧，当Na^+与该酶相结合，激活了ATP酶的活性，使ATP分解出的高能磷酸基团与酶结合，导致酶构象的变化，引起与Na^+结合的部位转向膜外侧，这时由于磷酸化的酶对Na^+的亲和力低，而对K^+的亲和力高，膜外的K^+便取代了酶上的Na^+；K^+与磷酸化的酶结合后可促使酶上磷酸基团的解离，又使酶的构象恢复成原初状态，并使得与K^+结合的部位转向膜内。由于去磷酸化的酶对K^+的亲和力低，而对Na^+的亲和力高，导致K^+在膜内被释放，而再次与Na^+结合，又可以重复上述的主动运输过程。Na^+-K^+泵每运转一次，水解一个ATP，可运出3个Na^+，运进2个K^+。细胞膜上除了Na^+-K^+泵外，还存在Ca^{2+}泵等。

Na^+-K^+泵通常分布在动物细胞膜上，而在植物、细菌和真菌类的细胞膜上的主动运输系统是**质子泵**（proton pump）。质子泵参与H^+的运输，如图3-27a所示。由Na^+-K^+泵和质子泵工作增加的电位和贮存的能量还可以被直接用于细胞做功，包括可用来将葡萄糖、果糖、氨基酸等分子逆浓度梯度方向跨膜运输，这种运输是间接地消耗ATP，又称为**协同运输**。在协同运输系统，质子泵首先消耗ATP，将H^+泵到膜外，造成H^+在膜外的浓度高于膜内，由于化学渗透作用，H^+通过特殊的跨膜蛋白（此处为果糖-H^+协同转运蛋白）再次回到膜内侧时，同时协助果糖分子通过膜进入到细胞中（图3-27 b）。同样，动物细胞依靠Na^+-K^+泵排出的Na^+所产生的电位梯度作用也可对葡萄糖和氨基酸进行协同运输。

某些生物大分子，如蛋白质、多糖等，它们的运输机制与上述的被动运输或主动运输完全不相同。生物大分子或颗粒物质的跨膜运输主要靠**胞吞**（endocytosis）和**胞吐**（exocytosis）两种形式来完成。在发生胞吞作用时，细胞膜内陷形成小泡，将生物大分子或颗粒物质包裹在其中，然后脱离细胞膜进入到细胞中（图3-28）。胞吐作用则是胞吞作用的反过程，先由细胞内的高尔基体囊泡形成分泌小泡，分泌小泡再移向细胞膜并与之发生融合，同时将小泡包含的大分子颗粒释放到细胞外去。由于胞吞和胞吐作用涉及膜的融合与断裂，也需要能量，因此本质上也属于主动运输过程。

五、生物膜的其他功能和动态变化

生物膜包括细胞膜和细胞内膜，作为细胞界膜和细胞内的隔膜，分隔细胞内外、包裹形成不同的细胞器和分隔细胞内的不同区域，控制物质在细胞内外和细胞内的交流。附着在粗面内质网膜上的核糖体是合成蛋白质的场所，核糖体上新形成的蛋白质穿膜进入内质网腔，被加工改造后又被转运到高尔基体或细胞的其他部位。因而粗面内质网在蛋白质的合成与运输方面起着重要的协同作用。光面内质网是脂类合成和代谢的重要场所，又可转运蛋白质和脂类。除此以外，生物膜还有一些其他的功能，信息处理、能量转化、化学反应的组织与控

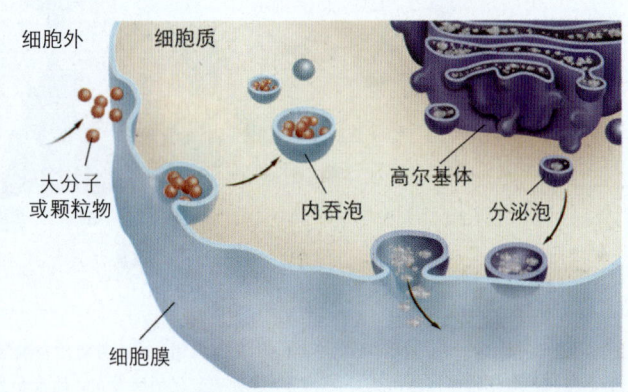

图3-28 胞吞作用和胞吐作用

制和受刺激后发生电化学变化是其中最重要的4类功能（图3-29）。

信息处理 前面已经提到，内在膜蛋白可以伸出膜外，也可与糖类结合形成糖蛋白，糖蛋白上的糖基一般只分布于膜的非细胞质侧，糖链往往具有分叉，它们能够结合环境中的特殊分子作为启动信号，开启、关闭或调节细胞内的一系列反应（3-29 a）。关于信号通过细胞膜的转导，以后的章节还将进一步介绍。

能量转化 细胞内的一些典型的能量转化过程发生在细胞器的膜上。例如，线粒体的内膜协助将燃料分子的能量转化到ATP的高能磷酸键中；叶绿体中的类囊体膜参与将光能转化为化学能的过程。膜的特殊结构具有分隔与传递电子和质子的作用，使它们能够参与细胞的能量转化（3-29 b）。

化学反应的组织与控制 在细胞中，许多酶催化的反应往往不是独立发生的，一个酶促反应的产物又是下一步反应的底物，因此形成多步反应的序列联系。如果这些反应在一个混合溶液中进行，由于多种底物、酶和产物的随机分散分布，它们相互碰撞的机会也是随机的，因此完成多步序列反应就非常缓慢。但是如果这些酶按反应发生的先后顺序定位在膜上，一个酶促反应的产物立刻成为下一个相邻酶的反应底物，如此形成一条"装配线"来组织和控制多步序列反应，就会大大提高这些反应的速率和效率。因此，细胞中生物膜组织和控制化学反应的功能是至关重要的（3-29 c）。

发生电化学变化 神经元、肌细胞、卵细胞和其他一些细胞的质膜受到刺激后，膜内外钠、钾离子分布产生的变化，可导致质膜电化学变化的发生。神经元的质膜还可以波的形式传导这样的电化学变化，形成神经冲动的传导。因此可以说，神经元的质膜是可以传导神经冲动（电化学变化）的导体（3-29 d）。质膜的这一功能是动物神经信号传递及对外界刺激产生应激反应的基础（具体细节请进一步阅读第九章第五节相关内容）。

一方面，生物膜在细胞中具有重要的结构、生理和生物化学功能，另一方面，生物膜在细胞中还经历着动态变化的过程。它们以"膜流"的形式，从一种形式转

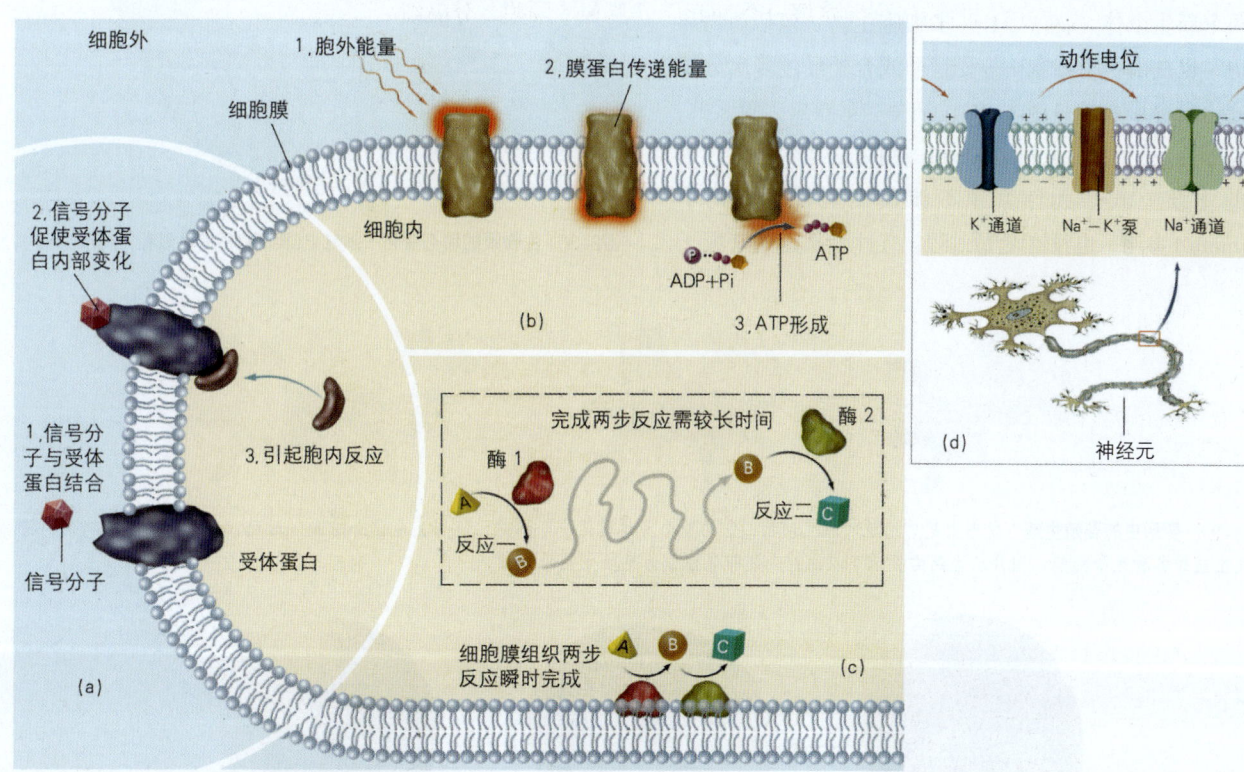

图3-29 生物膜的其他4类重要功能 （a）膜蛋白接收细胞外的化学信号启动或调节细胞内的一系列反应。(b)膜上的能量转化。(c)与溶液中的随机反应比较，按反应发生的先后顺序定位在膜上的酶促反应大大提高了反应的速率和效率。(d)神经冲动的传导是神经纤维膜上顺序发生的电化学变化。

变成另一种形式，可以相互聚合，也可以分离。在真核细胞中，磷脂在光面内质网表面被合成后，以膜泡的形式离开内质网分布到细胞各处，并与其他细胞器融合。新合成的磷脂也可被载体蛋白转运到其他细胞器上。由核糖体上合成的蛋白质被插入到粗面内质网中。粗面内质网可以以出芽的方式加入到高尔基体的形成面，很快，在高尔基体的成熟面，它们又以出芽的方式形成分泌泡或溶酶体等，一些分泌泡又可以胞吐的方式与质膜相融合（图3-30）。生物膜在细胞中发生、移动与融合的过程中，膜脂和膜蛋白的组成也不断发生改变，膜自身也得以更新。例如，目前已知，位于高尔基体形成面区域的膜成分与内质网膜的成分相类似，而位于高尔基体成熟面区域的膜成分与质膜的成分相同。

第四节　细胞分裂与细胞周期

一、细胞分裂的作用

细胞分裂（cell division）是细胞繁殖的一种形式。一些单细胞生物，如眼虫和变形虫，一次细胞分裂可形成两个新生个体（图3-31）。多细胞生物，包括动物和植物，也是由一个细胞——受精卵或合子经过多次分裂和分化发育形成的（图3-32）。细菌、草履虫、变形虫、眼虫等的裂殖生殖（schizogenesis）则是这些生物无性繁殖的主要方式。无性繁殖不涉及性别，没有配子（gamete）参与，也没有受精过程。有性繁殖则是有配子

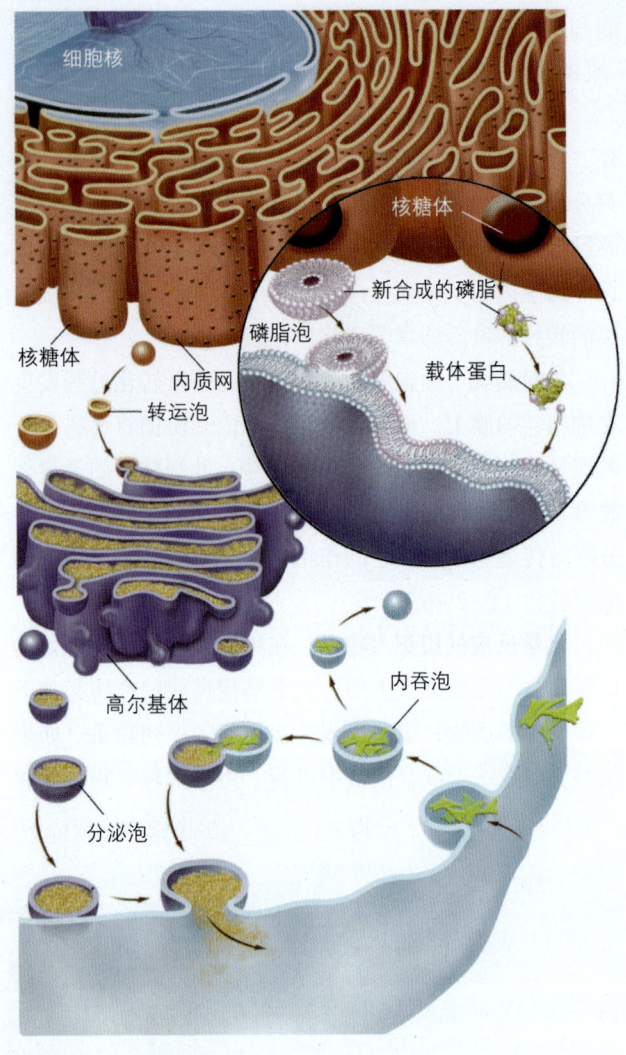

图3-30　**生物膜的动态变化**　细胞中，膜可以不断地形成、转移和融合。

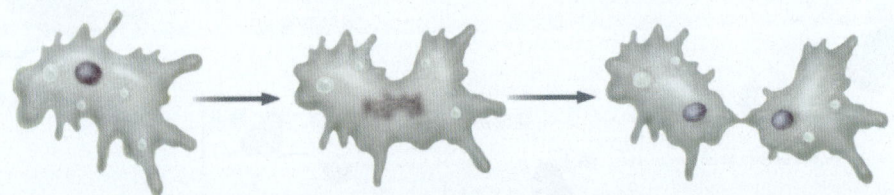

图3-31　**变形虫的裂殖生殖**　变形虫是单细胞的原生动物，它的整个身体就是一个细胞，能够完成诸如应激、运动、呼吸、摄食、消化、排泄及生殖等各种生命功能。图片从左到右显示了以细胞分裂即裂殖作为无性生殖的过程。

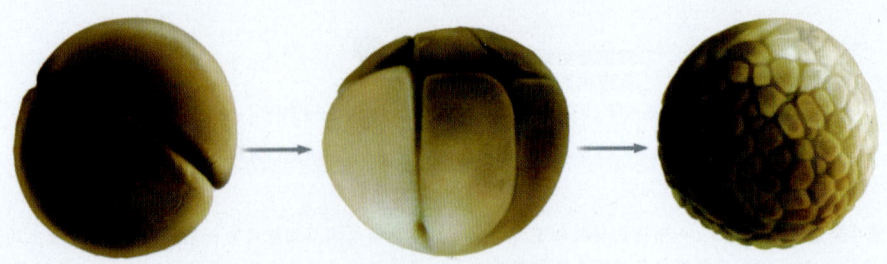

图3-32　由受精卵或合子经过多次分裂和分化发育形成多细胞囊胚

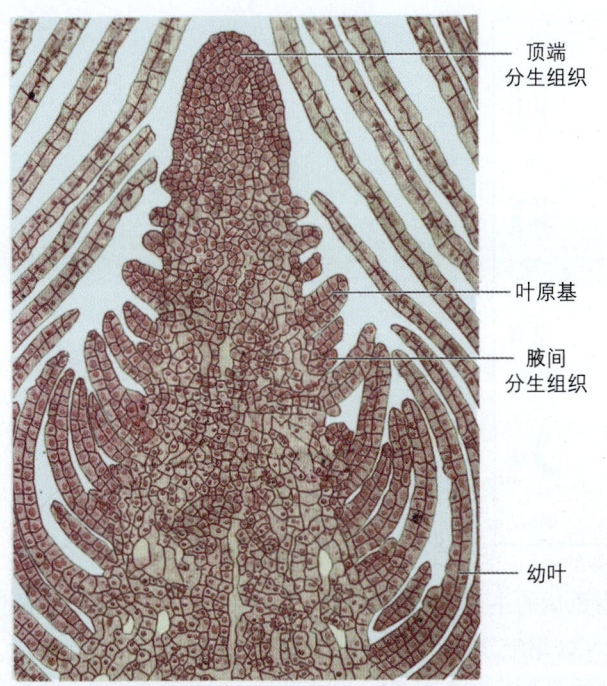

图3-33 细胞分裂导致植物顶芽的快速生长　图为植物顶芽部分纵剖面显微照片。

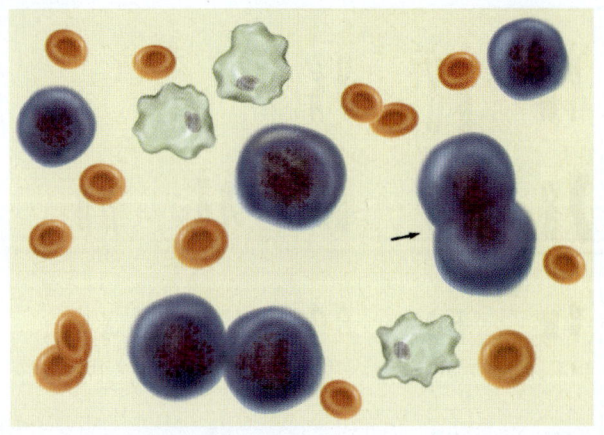

图3-34 骨髓细胞不断再生出新的血细胞　箭头所指部分为骨髓细胞分裂形成两个新细胞。

参与和有受精过程的繁殖方式，其产生生殖细胞或配子的过程要比细胞的裂殖更复杂。

生物的生长也依赖于细胞分裂，因为生物体积的加大不仅要靠细胞体积的增加，更要靠细胞数目的增多，以保证较大的细胞表面积，有利于接受外界信息以及与外界进行物质交换。细胞分裂还导致了多细胞生物的组织分化和生长发育（图3-33）。

即使一个多细胞生物已经完成了组织的分化和个体的发育，即在它完全长大以后，仍然需要细胞分裂的过程。这种分裂生成的新细胞可用于替代不断衰老或死亡的细胞，维持细胞的新陈代谢，或者用于生物组织损伤的修复。例如，骨髓细胞可以不断再生出新的血细胞（图3-34）。

细胞分裂并非只是母细胞简单地一分为二，而是一个比较复杂的过程。它首先涉及到细胞内遗传物质——DNA要完成复制，再均等分为两份。在原核生物中，如在细菌裂殖时，这种DNA的复制和分离相对比较简单（图3-35）。而真核生物的细胞核中，DNA的复制和分离相对要复杂得多。真核细胞分裂涉及染色体复制、有丝分裂（mitosis）、减数分裂（meiosis）、细胞周期控制等复杂过程。

二、染色体的结构

真核细胞具有膜包被的细胞核，其内细长的双链DNA、蛋白质及少量RNA结合形成的复合物称为**染色质**，它是一种易被碱性染料着色的遗传物质。在细胞分裂时期，松散存在的染色质经过紧密盘绕、折叠，形成凝缩的**染色体**。染色体是真核细胞分裂时期，在显微镜下可见的具有固定形态的遗传物质存在形式。例如，人的体细胞中有23对（46条，$2n=46$）染色体，女性具有22对常染色体和一对XX性染色体；男性有22对同样

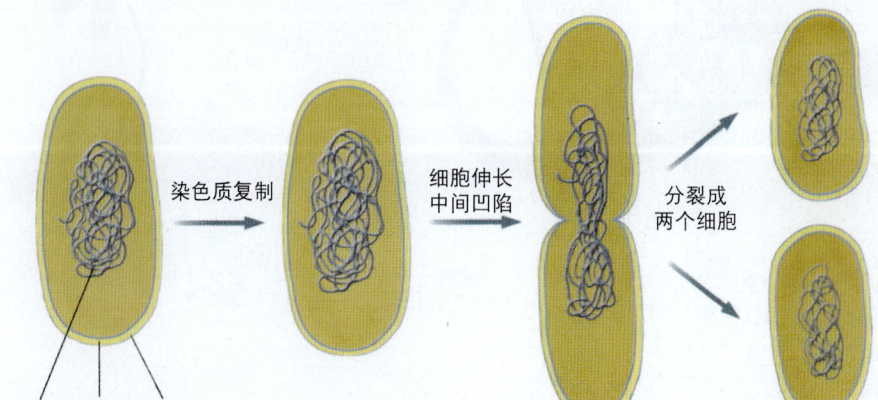

图3-35 细菌裂殖时DNA的复制　细菌裂殖时，分布在无核膜的核区中一条环状DNA先复制为2条环状DNA。细胞然后缢裂，形成2个新的细菌细胞。

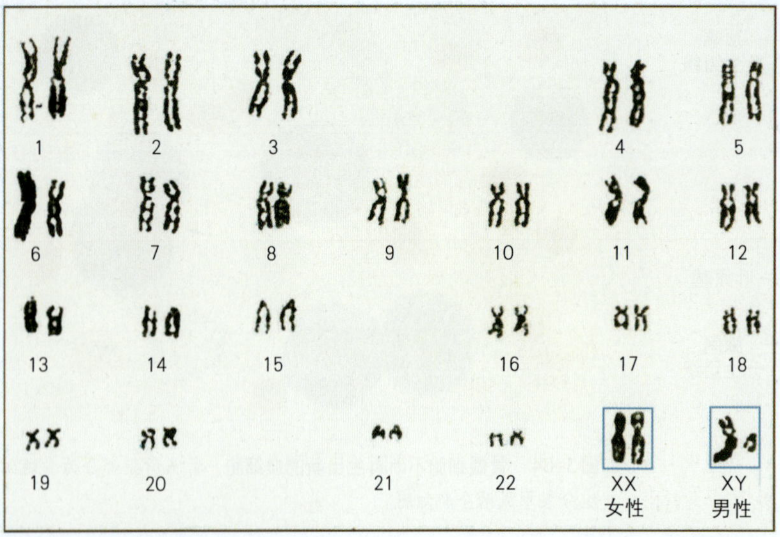

图3-36 人的体细胞中有23对染色体

的常染色体和一对XY性染色体（图3-36）。决定生物各种性状的基因都位于染色体上。

DNA与组蛋白共同组装形成**核小体**（nucleosome），染色质主要是由串珠状的核小体聚集形成的。真核细胞染色质的主要成分是DNA、组蛋白、非组蛋白及少量RNA。细胞分裂前，染色质再被进一步聚集包装而形成染色体（图3-37）。从DNA到染色体，经过盘绕折叠，其长度缩短了近万倍。例如，人的每条染色体的DNA分子的平

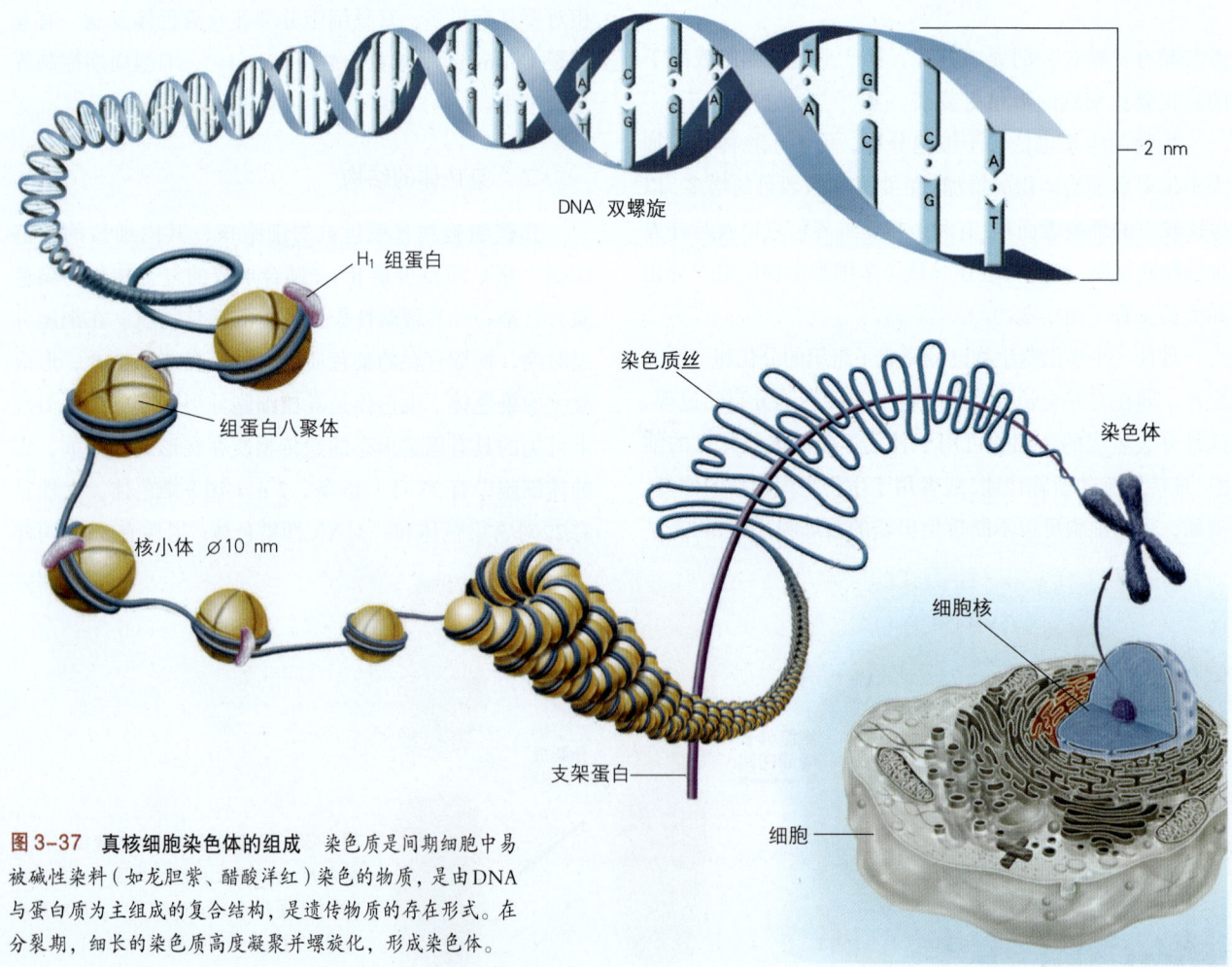

图3-37 真核细胞染色体的组成　染色质是间期细胞中易被碱性染料（如龙胆紫、醋酸洋红）染色的物质，是由DNA与蛋白质为主组成的复合结构，是遗传物质的存在形式。在分裂期，细长的染色质高度凝聚并螺旋化，形成染色体。

均长度约为5 cm，而染色体平均长度则小于2~3 μm。由于姐妹染色单体（sister chromatid）通过**着丝粒**（centromere）相连，着丝粒就将染色体分为两个臂。着丝粒两侧蛋白质丰富的区域称为**动粒**，又称**着丝点**（kinetochore）。在染色体的两端还有被称为**端粒**（telomere）的结构，端粒中包含着**端粒酶**，端粒酶是核糖核蛋白构成的逆转录酶。研究表明，细胞每分裂一次，端粒DNA就会缩短一截。因此，端粒和端粒酶与细胞的衰老密切相关联。医学研究表明，肿瘤细胞的发生与端粒酶活性不正常地增加有关。

每一种生物细胞染色体的数目都是恒定的。例如，果蝇的体细胞有8条染色体；人的体细胞（somatic cell）有46条染色体，而人的生殖细胞即配子（包括精子和卵细胞）只有体细胞染色体数的一半，为23条。也就是说，多数动物和植物的体细胞是二倍体（diploid），即每一个体细胞核中有两组同样的染色体，用$2n$表示。因此人体细胞46条染色体排列为23对，每对染色体一条来自父系，另一条来自母系。每对染色体上基因的分布基本相同，称为一对**同源染色体**（homologous chromosome）。而在生殖细胞即亲本的配子中，由于只有一组染色体，叫**单倍体**（haploid），用n表示。单倍染色体组所含有的全部遗传信息称为**基因组**。在真核细胞分裂前的准备期，细胞核内基因（组）的复制是通过染色体的复制完成的。染色体在复制之后，形成纵向并列的两条染色单体（chromatid），它们通过着丝粒相连。这一对染色单体称为**姐妹染色单体**，它们的大小、形状完全相同。细胞经过有丝分裂，一对姐妹染色单体分开，各自分配到两个子细胞中（图3-38）。

一种生物的细胞在有丝分裂中期染色体的数目、大小、形态特征等表型被称为**核型**（karyotype）。每种生物正常的细胞都有特征性的核型模式。核型分析是诊断人类遗传病、判断不同物种间亲缘关系与进化的重要手段。

三、细胞周期与有丝分裂

新形成的细胞具有从小到大的生长过程，当细胞体积增大到一定程度，就会停止生长或者开始分裂。有些细胞如神经细胞、肌细胞和一些血细胞，一旦细胞生长成熟后就不再分裂。而那些有分裂能力的细胞，从一次分裂结束到下一次分裂结束所经历的一个完整过程称为一个**细胞周期**（cell cycle）。典型的细胞周期（图3-39）

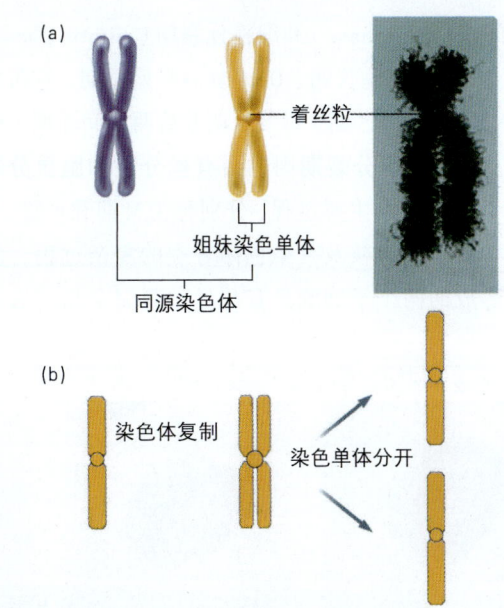

图3-38 同源染色体和姐妹染色单体 （a）同源染色体是一对相同的染色体，姐妹染色单体是DNA复制后由着丝粒相连的纵向并列的两条染色单体。（b）细胞有丝分裂时两条染色单体分开，分配到两个新的子细胞中。

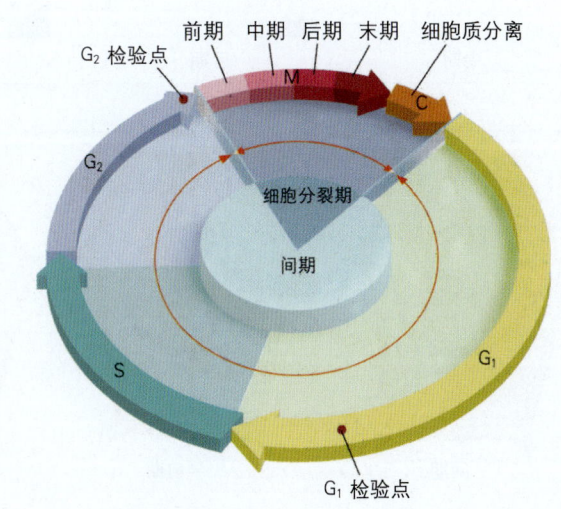

图3-39 细胞周期 从形态上观察处于旺盛生长和分裂状态的细胞发现，大部分时间里看不到细胞形态的明显变化，这段时期为细胞分裂间期，它包括DNA合成期（S期）和S期前后两段间隙时期，即第一间隙期（G_1期）和第二间隙期（G_2期）。细胞分裂期（M期）和胞质分裂期（C期）时间较短。因此，细胞周期包括由G_1期、S期、G_2期、M期和C期组成的从一次分裂结束到下一次分裂结束的完整过程。动植物的细胞周期通常为20 h左右，其中分裂期只有1~2 h。

可包括间期（interphase）和细胞分裂期（mitotic phase）两部分。**间期**是细胞代谢、DNA复制旺盛时期，它包括一个DNA合成期（S期）以及S期前后两个间隙期（G_1期，G_2期）。**细胞分裂期**则包括**有丝分裂**和**胞质分裂**（cytokinesis）两个主要过程，分别称为M期和C期。M期是一个涉及细胞核及其染色体分裂的复杂过程，它使得新形成的两个子细胞具有与母细胞完全相同的染色体形态和数目。C期则是细胞质分裂形成两个新的子细胞的过程。

有丝分裂是一个连续的过程，根据染色体形态的变化特征，可分为前期（prophase）、中期（metaphase）、后期（anaphase）和末期（telophase）4个阶段（图3-40）。在细胞间期，细胞生长过程为分裂期作物质准备。在有丝分裂前期，染色体出现，核膜核仁逐渐消失，由微管

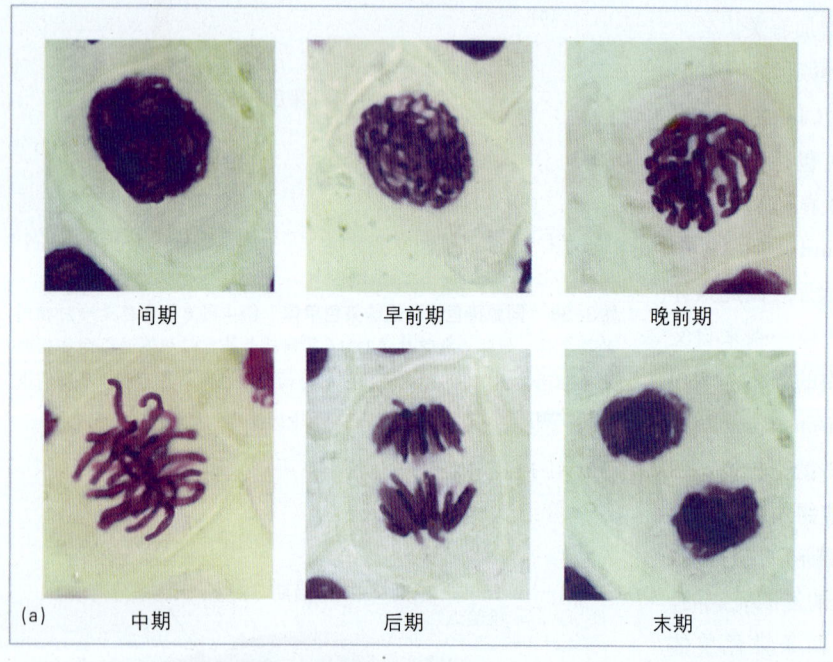

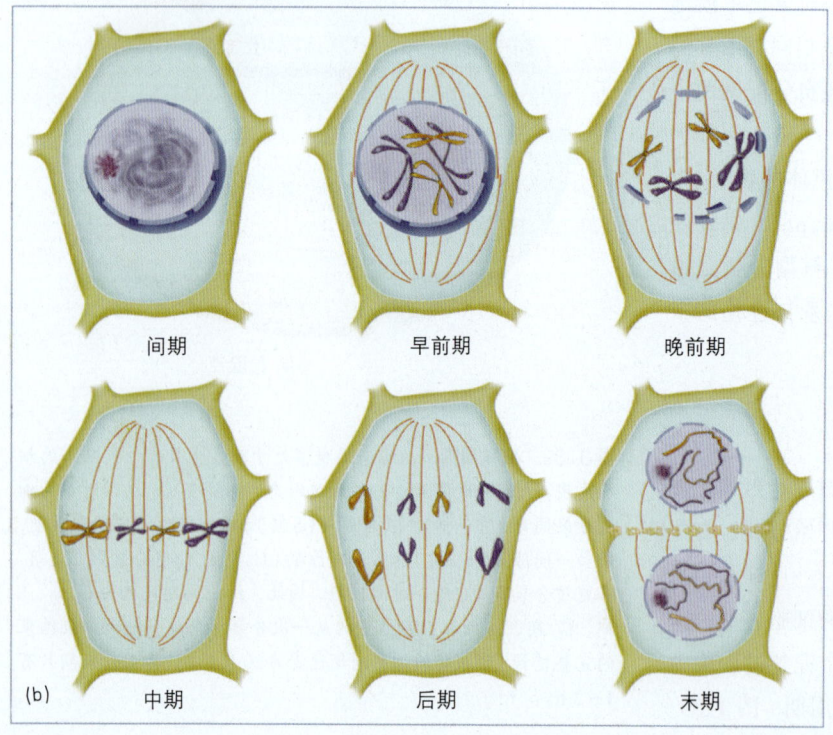

图3-40 有丝分裂过程 （a）洋葱根尖细胞有丝分裂过程中各期的显微照片。（b）植物细胞有丝分裂各期染色体及细胞形态变化模式图。

构成的纺锤丝和蛋白质共同形成**纺锤体**（spindle）。有丝分裂中期，每条染色体着丝点两侧都有微管附着，受其牵挂，着丝点排列在细胞中央的平面——**赤道板**上。进入有丝分裂后期，着丝粒分裂，两条姐妹染色单体分离为两条染色体，分别受微管牵拉向两极移动。最后是有丝分裂末期，两套染色体分别到达两极后，细胞形态发生较大变化，核膜核仁重新出现，伴随子核重建，动物细胞通过缢缩，植物细胞通过细胞板形成，完成胞质分裂，最终形成两个子细胞。

有丝分裂的特点是，在间期每条染色体复制成两条相同的染色单体，在分裂时有规律地分配到两个子细胞核中。因此，由一个亲代细胞产生的两个子细胞各具有与亲代细胞在数目和形态上完全相同的染色体，母细胞与子细胞携带的遗传信息也相同。

四、细胞周期的控制机制

从增殖的角度可将细胞分为周期性细胞、G_0期细胞和终端分化细胞。周期性细胞是可以正常进行分裂的细胞，G_0期细胞是在一定条件下暂时不分裂的细胞，终端分化细胞是不再分裂的细胞。细胞周期就好像一个椭圆形的赛车跑道，周期性细胞在这条道上经历了G_1期–S期–G_2期–M期–C期的全过程。这5个期又称为5个**时相**（phase），细胞在单向有序的各时相停留多少时间，是否能顺利地进入下一个时相，这就是细胞周期的控制问题。研究表明，为了监视和调控细胞周期时相正常运转，从单细胞生物（如酵母菌）到高等多细胞生物（如人），都普遍存在细胞周期的控制系统。在真核细胞中，这一控制系统包含3个主要**细胞周期检验点**（cell cycle checkpoint），它们分别位于G_1期、G_2期和M期。细胞周期检验点受制于一系列特异或非特异环境信号的影响，周期性细胞能否顺利通过G_1期和G_2期检验点进入下一时相，关键还取决于细胞内部**周期蛋白**（cyclin）和**周期蛋白依赖性激酶**（cyclin-dependent kinase, Cdk）组成的引擎分子的周期性变化。Cdk是一种蛋白激酶家族，该激酶的激活在于它可与周期蛋白结合形成异源二聚体复合物。例如，G_2期的周期蛋白与Cdk家族的成员结合后，可导致Cdk一级结构N端保守的第160位苏氨酸残基（Thr160）磷酸化，使其成为有活性的引擎分子（图3-41）。在被激活的引擎分子作用下，周期性细胞便可通过G_1期或G_2期检验点的检查，进入下一时相。不同的生物细胞

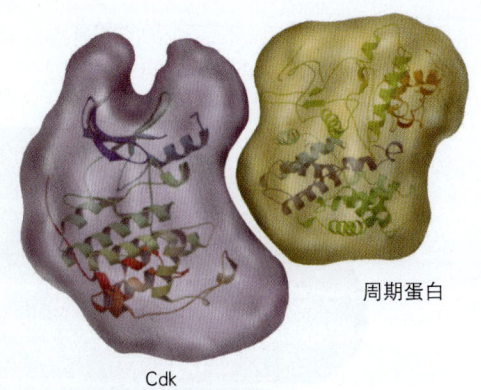

图3-41 周期蛋白与Cdk结合 引擎分子被激活的原因在于，有的周期蛋白与Cdk家族的成员结合后，形成异源二聚体，导致Cdk一级结构N端保守的第160位苏氨酸残基（Thr160）磷酸化，使其成为有活性的引擎分子。激活的引擎分子活性也有可能被另加入的阻遏蛋白亚基所抑制。另外，在特定调控条件下，如果第15位的酪氨酸（Tyr15）被磷酸化，则可阻止二聚体的活性。后两种情况下，细胞便不能通过检验点而进入下一时相。

中，每一种Cdk结合不同类型的周期蛋白，分别在细胞周期不同时相的检验点产生作用。

让我们以酵母细胞为例，考察细胞周期控制的机理。在酵母细胞进入G_1期到达G_1期检验点时，该检验点通过比较细胞质体积与基因组的大小，决定是否让新合成的G_1周期蛋白与Cdk结合，激活称为启动点激酶（start kinase）的二聚体引擎分子。即在G_1期，随着细胞的生长，细胞的体积增大到一定程度而其DNA总量仍保持稳定，G_1周期蛋白便与Cdk结合，激活启动点激酶，使周期性细胞通过G_1检验点进入S期，DNA的复制过程便开始启动，G_1周期蛋白接着便解离和自我降解。但是，如果G_1检验点检查该周期性细胞不具备进入S期的条件，这时这些细胞便进入G_0期（图3-42）。

完成了DNA复制后进入G_2期的细胞首先开始逐渐积累M周期蛋白，该周期蛋白与Cdk结合形成称之为**有丝分裂促进因子**（mitosis-promoting factor, MPF）的二聚体。最初，MPF在其磷酸化之前并没有活性。当非常少量的MPF被磷酸化以后，它们具有正向反馈调节作用，即少量磷酸化的MPF反过来可以增强催化MPF磷酸化的酶活性，促进细胞内被激活的MPF浓度急剧增加，最终导致细胞通过G_2检验点的检查，进入M期，有丝分裂过程开始启动。

细胞进入M期以后，MPF可进一步催化核小体组蛋白H1磷酸化，再使核纤层蛋白和微管结合蛋白磷酸化，

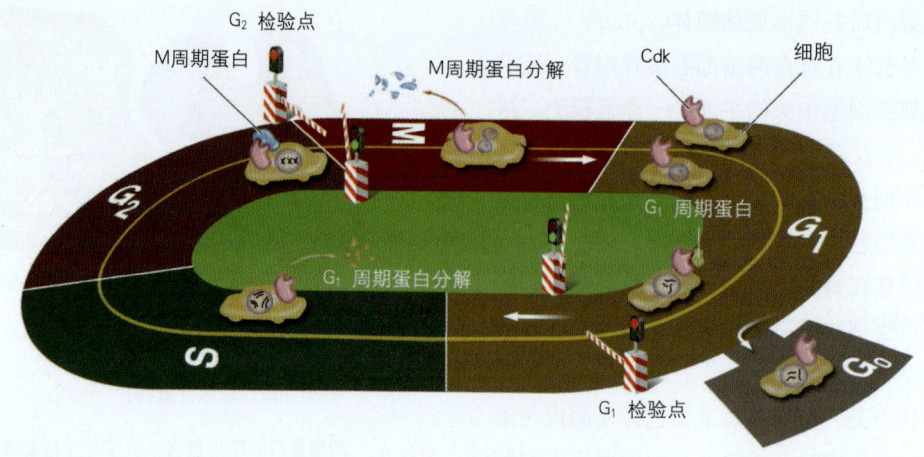

图 3-42　细胞周期的控制过程　细胞周期就好像赛车跑道，当正常细胞经过 G_1 或 G_2 检验点时，Cdk 便与不同的周期蛋白结合，激活了相应的引擎分子，周期性细胞便可通过 G_1 或 G_2 检验点的检查，进入下一时期，接着周期蛋白降解，Cdk 作用暂停，到下一次新的周期蛋白合成以后 Cdk 再次活化。但是，如果 Cdk 不能与周期蛋白正常结合，或者结合后二聚体的活性被抑制，周期性细胞便不能通过检验点，如图所示，它成为 G_0 期细胞，并退出细胞周期。

促进核纤层结构解体，从而促进纺锤体组装及染色单体的分离，保证一系列有丝分裂事件的正常进行。

M 期的时间长短取决于活性 MPF 浓度变化，因为 MPF 本身会使二聚体上的周期蛋白自我降解。虽然 Cdk 的浓度始终不变，但新合成的 M 周期蛋白降解后，活性 MPF 浓度减少到一定程度，M 期结束，有丝分裂过程完成，细胞又开始下一次以 G_1 期为起点的周期循环（图 3-42）。

多细胞真核生物的细胞周期控制要比酵母细胞复杂，因为在多细胞生物中，相邻的细胞可能有的分裂而有的不分裂，因此它们的细胞周期控制还涉及到细胞生长因子（growth factor）的作用、信号转导通路等多方面复杂过程。另外，肿瘤细胞的形成也与细胞周期的控制密切相关。有关这方面内容请参阅第六章第二节和第十一章第三节的内容和检索其他相关文献。

五、配子形成与减数分裂

减数分裂是细胞分裂的一种特殊形式。进行有性生殖的生物从二倍体的体细胞产生单倍体的生殖细胞或性细胞都要经历细胞的减数分裂过程。不同生物的生殖过程不尽相同，有的甚至差别很大。一般有性生殖都要涉及到母本和父本一对生物，每一个生物通常各自产生一种特别的性细胞，即**雄配子**（male gamete）或**雌配子**（female gamete）。在动物和植物中，雌配子是卵细胞（ovum），雄配子是精子（在高等植物中称为精核）。雌雄配子相互融合形成**受精卵**或称**合子**。合子通常为二倍体（$2n$），而配子则为单倍体（n）。有性生殖有可能使来自父母两方的优势遗传性状互补重组，产生变异，使它们的后代更适应环境的变化（图 3-43）。

由二倍体细胞形成单倍体细胞，染色体数目需要在细胞分裂过程中减半，伴随着染色体数目减半的细胞分裂称为**减数分裂**。减数分裂是在配子体形成过程中的成熟期进行的。减数分裂时，配子母细胞（二倍体）要经过两次连续的核分裂，但 DNA 只复制一次，因此两次分裂形成的 4 个子细胞中，染色体数目比配子母细胞减少了一半。减数分裂过程包括两个阶段，分别称为减数分裂 I 和减数分裂 II，每一阶段根据染色体形态的变化特征还可区分为前期、中期、后期和末期（图 3-44）。在减数分裂前的间期是细胞进入第一次分裂前的准备过程，这期间完成了 DNA 的复制及有关蛋白质的合成。减数分裂 I 前期，同源染色体进行联会配对，形成四分体，非姐妹染色单体间发生局部交换。中期，四分体排列在赤道板上。后期，同源染色体分开，向两极移动。末期，形成两个子细胞，并转向第二次分裂。减数分裂 II 与有丝分裂过程基本相同。因此减数分裂是一种特殊方式的有丝分裂。

从图 3-44 可以看到，DNA 复制发生在减数分裂 I 开始前的间期（S 期），且只有这一次复制。特别值得注意的是，在减数分裂 I 的前期染色体变短变粗时，来自母本和来自父本的各一条相当的同源染色体两两配对，称为**联会**（synapsis）。由于每一条染色体实际含有一对姐妹染色单体，因此每对同源染色体联会后共有 4 条染色单

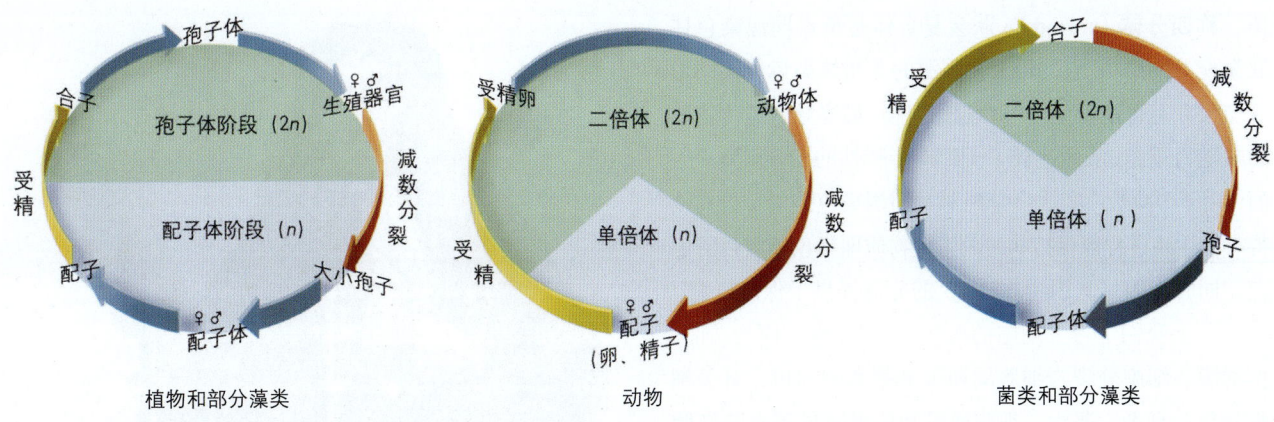

图 3-43　**3种不同生物的有性生殖生活史**　有性生殖通过减数分裂和受精作用来维持生物后代体细胞中染色体数目恒定。同时，由于减数分裂过程中同源染色体间联会时片段互换，等位基因分离，非等位基因自由组合以及受精过程中的组合等因素，增大了前后两代间的变异，从而提高了后代中更适应环境的类型出现的可能性。

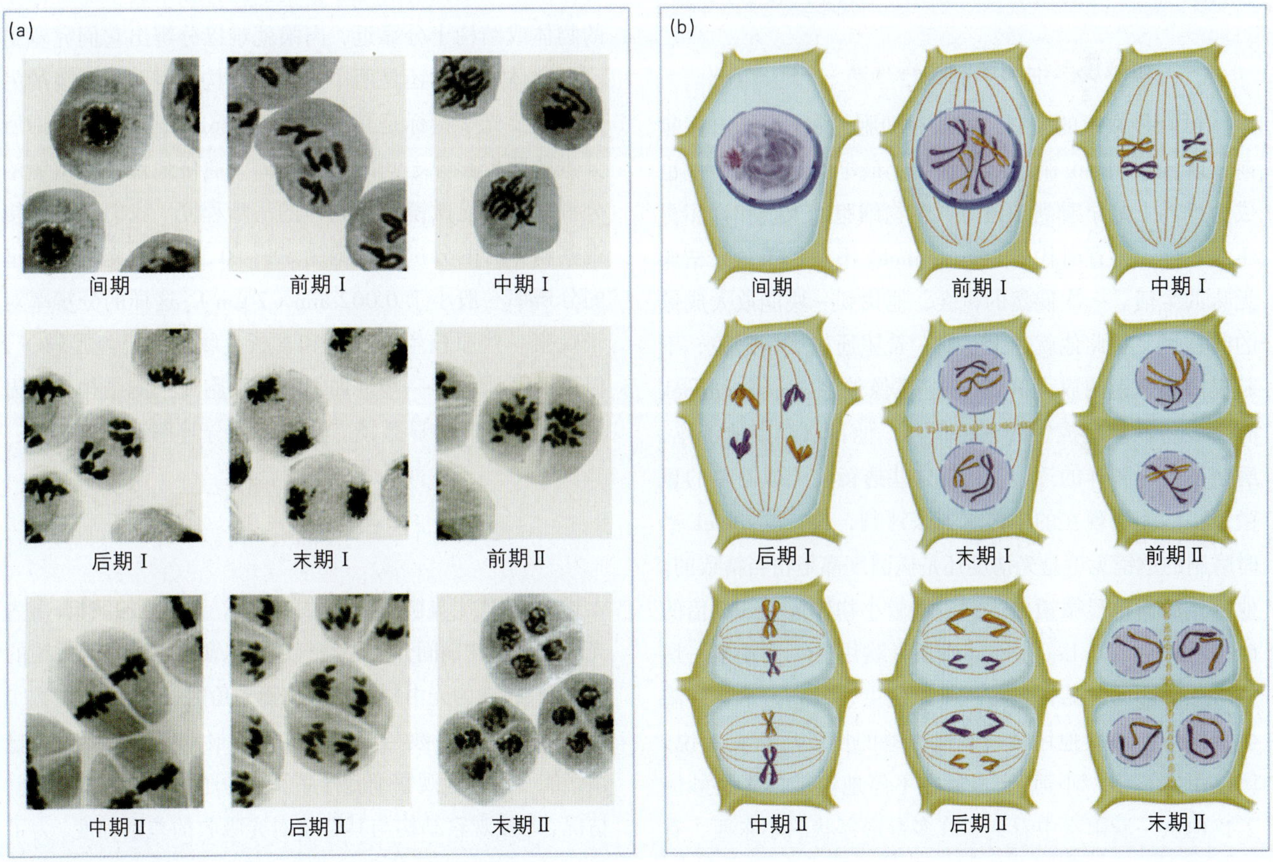

图 3-44　**植物细胞的减数分裂过程**　（a）黑麦花粉母细胞的减数分裂。（b）植物细胞减数分裂模式图。减数分裂Ⅰ的前期、中期、后期、末期分别简写为前期Ⅰ、中期Ⅰ、后期Ⅰ、末期Ⅰ；减数分裂Ⅱ的前期、中期、后期、末期分别简写为前期Ⅱ、中期Ⅱ、后期Ⅱ、末期Ⅱ。

体,称**四分体**(tetrad)。联会复合体是负责同源染色体联会配对的结构,它的形成使同源的非姐妹染色单体间形成交叉并有可能发生对等片段的交换,最终导致遗传物质的非随机重组,从而造成了子代遗传特性的变异。另一方面,由于"减数"实质上是配对的同源染色体的分开,使得有性生殖过程能保持物种的遗传物质即染色体数目的恒定,同时为等位基因(alleles)的分离提供了保障机制。

以上我们学习了细胞的概念、真核细胞结构与功能、生物膜、细胞分裂与细胞周期等最基本的知识,有关细胞分化、衰老、凋亡、细胞通讯和信号转导等也是细胞学领域重要的内容,由于这些内容涉及基因调控的原理,特别又与生物的发育关系极为密切,因此它们被安排在理解了遗传的分子基础以后的发育一章中重点介绍。

第五节 细胞学研究的一般方法

一、显微镜与细胞形态结构观察

没有显微镜的发明,就没有细胞的发现。300多年前,Leeuwenhoek制造出了世界上最早的显微镜,他也成为世界上最早看到细菌等微生物细胞的人。和许多青年人一样,年青时代的Leeuwenhoek不满足于每天枯燥无味的生活。一次偶然的机会,他找到一块能放大成像的凸透镜,从此他就迷上了它,希望通过磨制透镜,不断提高凸透镜的放大倍数,改进成像效果。Leeuwenhoek有一股将铁棒磨成针的刻苦精神,他日以继夜地工作,磨制了各种各样的透镜,还将这些透镜装配成简单的显微镜。即使用现在的工艺水准来评判,Leeuwenhoek当时磨制的透镜无论是光洁度还是椭圆度都是相当精致的。他制作的简单显微镜已达到了将微小物体放大300倍的能力(图3-45)。Leeuwenhoek还喜欢用透镜去观察一切他所感兴趣的物品,包括跳蚤、昆虫、一滴雨水、一滴血液等等。一次他用透镜观察蝌蚪的尾巴后兴奋地说,尾巴里有许多"小河",血液在不停地流动,真是妙极了!他从一滴雨水中看到了许多奇形怪状的小东西,有的像圆球,有的像长皮条,有的全身是毛,这些小东西在水中不停地运动。一滴水虽少,但它就是一个包含了多种生命(细胞)的精彩微观世界。

人的眼睛观察物体的能力是有限的,特别微小的物体必须先被放大,才能被肉眼所看见。显微镜的重要作用是将被观察的微小物体影像放大。但是,仅仅将微小

图3-45 Leeuwenhoek和他发明的显微镜

物体的影像放大有时是不够的。因为如果两个非常微小的物体或结构十分靠近,肉眼就难以分辨出它们究竟是一个物体或结构还是两个物体或结构。因此显微镜的另一个重要光学指标是其**分辨率**(resolving power),即所分辨的两个影像之间的最小距离。通俗地说,显微镜的分辨率就是显微镜观察物体的清晰程度。我们眼睛直接观察物体时的分辨率大约为0.1~0.2 mm,光学显微镜的分辨率一般小于0.002 mm(2 μm),这样的分辨率对于观察一些原核生物细胞和真核生物细胞已经足够了,但要清晰地观察一些更加细小的细胞或细胞结构,则需要分辨率更高的显微镜。显微镜的分辨率计算公式为:

$$d = \frac{0.61\,\lambda}{n \sin \alpha}$$

上式中,d代表显微镜的最大分辨率,λ为光的波长,n为光从样品和物镜间介质(空气或加入矿物油)进入物镜的折射系数,α为光由样品进入物镜夹角的一半(半角度数)。

除了放大倍数与分辨率这两个最重要的指标外,显微镜能否清晰地观察细胞样品及结构还取决于样品的反差情况,即被观察结构与其背景对光吸收的差别程度。为了增加被观察细胞和结构的反差,早在19世纪,生物学家用不同的化学染料对细胞进行染色并发现,细胞内各部分与染料的结合能力有一定的差别,如有的染料能特异性地与细胞核结合,有的则特异性地与细胞壁结合等等。因此,生物学家常用染色的方法来增加所观察细胞结构的反差。由于染料会毒死细胞,观察活的细胞一般就不能采用染色

方法来增加反差。20世纪30年代，科学家根据光在不同细胞结构部分穿透率的微小差异，发明了一种相差显微镜，提高了活体细胞在显微镜下的反差及其清晰程度。

一般光学显微镜自下而上主要包括光源、聚光镜、样品台、物镜、镜筒、目镜等几部分（图3-46）。在观察细胞样品时，物镜将被观察的像反射到达目镜，目镜再一次放大，所以显微镜最终观察物体的放大倍数等于物镜的放大倍数乘目镜的放大倍数。从显微镜的发明到现在，普通光学显微镜仍然是观察细胞形态结构的主要工具之一。

由光的性质可知，光学透镜不能分辨小于光波长的物体或结构。可见光的波长范围为400~700 nm，因此，再好的光学显微镜一般都不能观察小于500 nm（0.5 μm）的细胞及其结构。为了观察更细微的结构，科学家发明了**电子显微镜**。100 kV的电子显微镜电子的波长为0.004 nm，小于单个原子的直径，因此，电子显微镜可以观察到光学显微镜下难以看到的细微结构。生物学家常用的电子显微镜有透射电子显微镜（transmission electron microscope, TEM）和扫描电子显微镜（scanning electron microscope, SEM）两种（图3-46）。前者需要将细胞样品切成超薄的薄片，适合于观察细胞内部的超微结构；后者主要用于观察细胞样品的表面形态和构造。透射电子显微镜的成像工作原理与光学显微镜基本相似，它们分别依赖电子和光子穿透细胞样品，再经电磁"透镜"和光子"透镜"放大成像。扫描电子显微镜则依靠电子射到细胞样品的表面后发射出更多的二次电子，放大后形成反映细胞表面形貌特征的三维图像。除了透射电镜和扫描电镜外，还有一种根据量子力学中的隧道效应研制的扫描隧道显微镜（scanning tunneling microscope, STM），它利用原子尺度的针尖探测被扫描样品表面产生的隧道效应，获得样品表面更高分辨率的图像。

人们对细胞的一种主要认识方法是直接观察。随着生物学和物理学等学科的发展，显微镜的性能不断被改进，人们还陆续研制出相差显微镜（phase contrast microscope）、微分干涉显微镜（differential interference microscope）、荧光显微镜（fluorescence microscope）、激光扫描共聚焦显微镜（laser scanning confocal microscope）、原子力显微镜（atomic force microscope）等，它们利用不同的物理或化学原理及技术，提高了显微镜的放大倍数、分辨率和被探测样品特殊部分和特殊成分的显现清晰程度或应用范围。显微镜性能的每一次重要改进，都加深了人们对细胞结构的认识，同时向人们提出了新的问题和课题。随着显微镜性能的提高，细胞核、细胞膜、各种细胞器等细胞的内部结构不断被揭示和认识，同步研究还证明，这些细胞结构特征与它们的功能具有一致性。

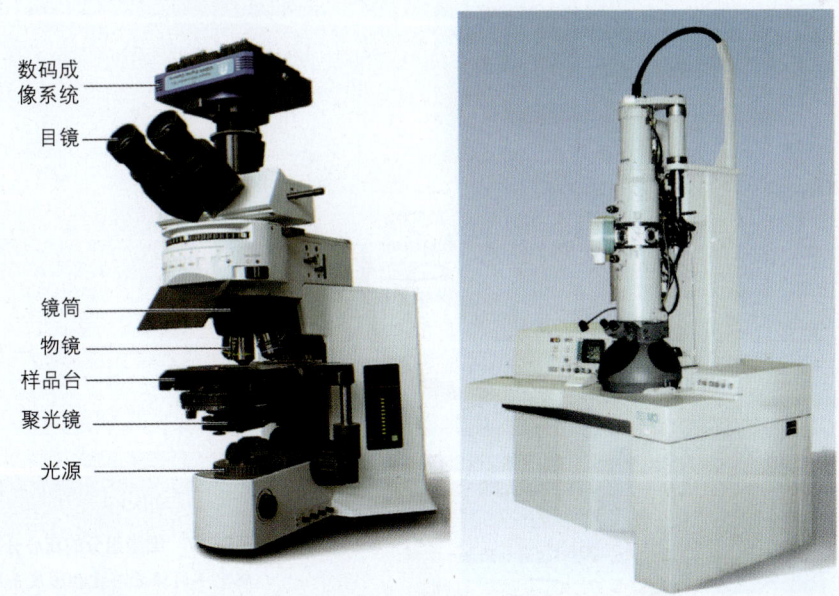

图3-46 普通光学显微镜和透射电子显微镜 光学显微镜主要包括由目镜和物镜构成的光学放大系统，由光源、折光镜和聚光器构成的照明系统和机械支架与样品固定及移动系统几部分。分辨率和放大倍数是光学显微镜性能最重要的指标。透射电子显微镜的成像工作原理与光学显微镜基本相似，它依赖电子穿透细胞样品，再经电磁"透镜"放大成像。

二、细胞组分与结构的分离

为了更细致地研究细胞各部件的结构和功能，有时必须将细胞的不同组分或细胞器分离开来。为此，生物学家们不断改进细胞组分的分离技术，其中最主要的技术是细胞破碎技术和超离心（ultracentrifugation）技术。

针对不同类型的生物组织和细胞，可采用不同的破碎细胞的方法，如采用电动或手动组织匀浆器，其中的刀片高速转动将一些组织及细胞打成碎片；对微小的细胞还可以采用一种弗氏细胞压碎器（french press），它首先将细胞放入一密封的耐压容器内，再向容器内压入高压氮气，最后突然打开容器的一个极细小的小口，让容器内的细胞瞬时减压并通过细孔喷射出来，达到破碎细胞的目的；对于又小又坚硬的细胞如一些单细胞藻类，还可采用一种特殊的细胞匀浆器，其工作原理是将细胞与其大小相近的玻璃珠（粉）混合在一起，通过超速震荡，让它们相互撞击，最终达到破碎细胞的目的。不论采取哪种方法，都要防止细胞破碎液过热而破坏细胞组分的功能，必要时要采取一定的降温措施。另外，还可用酶裂解的方法破碎细胞。例如，可以用溶菌酶（lysozyme）来破坏革兰氏阳性菌的细胞壁，让细胞内含组分释放出来。

细胞被匀浆破碎后，由于不同细胞器或细胞组分的质量或密度不同，在离心机中采用不同的离心速率可将它们分步分离（图3-47）。离心的原因在于处于悬浮状态的两种微粒，如果它们的质量或密度不同，就会以不同的速率沉降。但是，细胞器或细胞组分的密度虽然大于悬浮液密度，但它们之间的差别相当微小，因此，它们沉降到悬浮液底部的时间很长，实际上不可能将它们分离或沉降下来。将待分离样品放入离心试管中进行离心，待分离的细胞器或细胞组分在离心力的作用下，其沉降过程加速进行。在某种悬浮介质中，已知颗粒的沉降速率（v）与离心机转子的角速度（ω）平方及颗粒到转子中心的距离（r）成正比：

$$v = S(\omega^2 r)$$

式中 $\omega^2 r$ 为转子的离心加速度，单位为 cm/s^2，S 为颗粒的**沉降系数**，单位为 s。实际应用中，常用 S（Svedberg）来表述沉降系数单位，$1S = 10^{-13}$ s。对于同一种分子或形状密度相同的颗粒，S可以表示该分子或颗粒的大小。例如，大肠杆菌RNA核糖体3种亚基的大小分别为 5 S，16 S 和 23 S。

超速离心机的转速可达到每分钟8万转，使细胞器或结构成分受到的沉降作用力比地球重力大50万倍，即

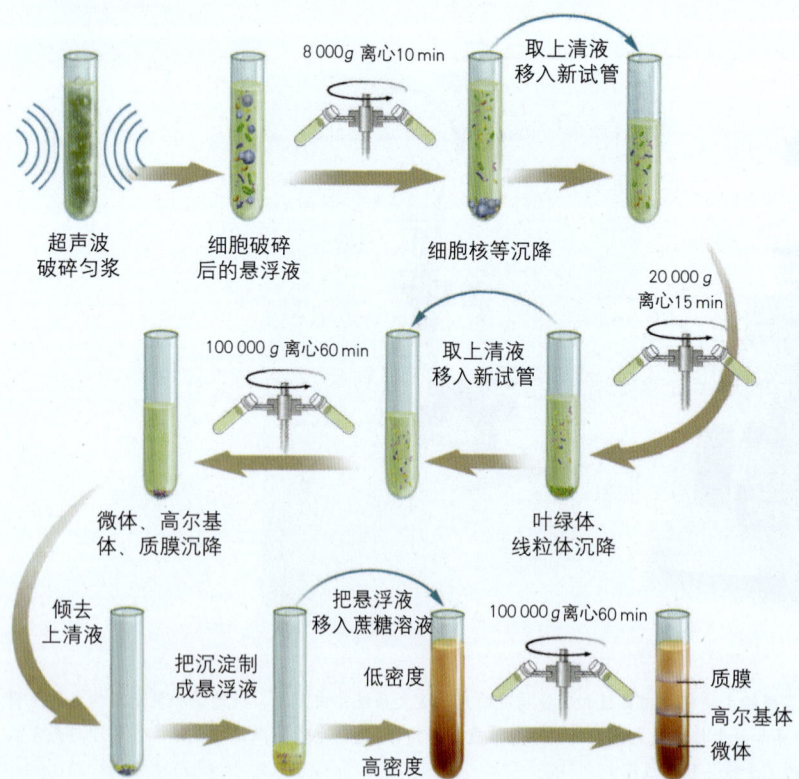

图3-47 细胞组分的离心分离 离心是根据细胞中不同组分质量和密度差别分离细胞的各种组分的常用技术。图中在密度梯度蔗糖溶液中离心分离质膜、高尔基体等应用了平衡密度梯度离心技术，其他颗粒的分离应用了差速离心技术。

表达为 500 000 g。离心机的转速（r/min）与离心力(g)可以相互换算。一般来说，将匀浆后的细胞 8 000 g 离心 10 min，细胞核与大的细胞碎片可在离心管内沉降下来；将离心管上层溶液转入另一离心管，再用 20 000 g 离心 15 min，可将线粒体、叶绿体等沉降下来；对上清液再施以 100 000 g 离心 60 min，可在沉淀中获得微体、质膜、高尔基体等等；若将微体、质膜、高尔基体等悬浮于密度梯度蔗糖溶液中再次 100 000 g 离心，质膜、高尔基体和微体或内质网膜将在密度梯度蔗糖溶液中分层分布（图3-47）。将细胞器或各结构成分分开后，生物学家可以分别对它们用电子显微镜等做结构观察，也可以分别采用不同的生物化学或生物物理学方法对它们进行性质与功能的研究。对细胞器或细胞结构成分的分离，以及对它们的细胞学与生物化学的研究，是探索细胞的结构与功能相互关系的有效途径。

三、细胞组分的分析与定位技术

即使在不破碎或分离细胞组分或细胞器的情况下，细胞生物学家也可以对细胞中不同的化学成分和不同的细胞组分进行定性或定量的研究。其最大的优点在于可以确定这些组分在细胞中的位置，跟踪分析它们在细胞中的移动或变化。细胞组分的分析与定位技术特别有利于研究细胞在不同分化阶段或生物的不同发育时期细胞中特定化学成分和细胞组分的变化规律，还特别有利于研究细胞及其组分对特定外界条件或刺激作用的应答。

一些可以与细胞内化学物质的特殊基团结合并显示特别颜色的化学试剂（称为显色剂或染料）常被用来检测核酸、蛋白质、脂类和多糖在细胞中的含量和分布。例如，福尔根（Feulgen）染色对于检验细胞内 DNA 特别有效，真核细胞分裂时用福尔根显色剂对细胞染色，细胞内的染色体 DNA 可以清晰地显现出来（图3-48）。福尔根染色的局限性在于，它在染色操作时需要对细胞先行酸解除去 RNA 和 DNA 上的嘌呤，因此对细胞具有毒害作用。但也有的细胞组分分析与定位技术可直接用于活细胞的分析，JC-1 是一种阳离子荧光染料，它可以被用来检测线粒体膜内外的电位差，当线粒体内膜产生跨膜电位差时，这种脂溶性染料在高膜电位一侧形成聚集体，显现橘红色荧光，而在低膜电位一侧只形成单体，显现绿色荧光（图3-49）。另外，细胞生物学家用荧光试剂来跟踪分析敏感神经元对特殊刺激的响应，如细胞内游离的环腺苷酸（cyclic adenosine

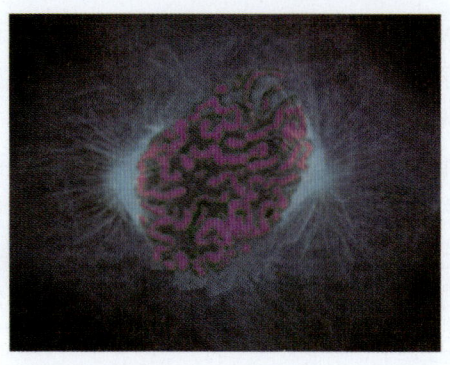

图3-48 真核细胞分裂时用福尔根试剂染色，显微镜下可见的染色体　染色体名字的由来是因为它们能被某些染料着色。图为细胞即将分裂时光学显微镜下见到的染色体。

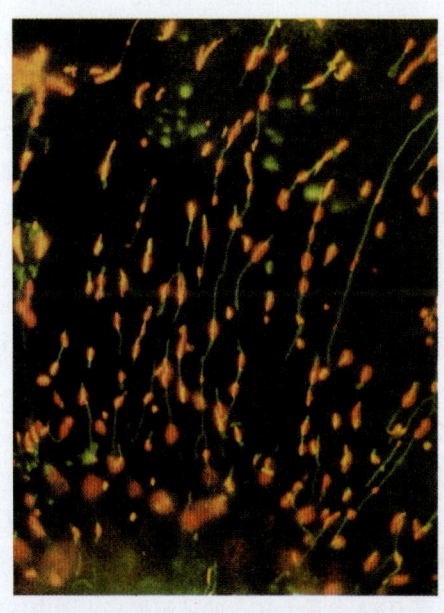

图3-49 阳离子荧光染料JC-1显现线粒体内膜跨膜电位差　在荧光显微镜下，被培养的细胞用荧光染料染色后显示出线粒体内膜的质子运动产生的膜电位差，线粒体内膜的内侧带负电性，产生绿色荧光，外侧为正电性，显示橘红色荧光。

monophosphate, cAMP）的分布与浓度变化。

细胞组分分析与定位技术还包括，利用希夫（Schiff）试剂与醛基间的反应来检测细胞中的多糖化合物，用四氧化锇与不饱和脂肪酸的反应检测细胞中的脂肪粒，用汞试剂或重氮化合物检测蛋白质和酶的变化，用免疫荧光（immunofluorescence）显微镜或免疫电镜技术检测细胞内的抗原-抗体反应（antigen-antibody reaction）等等。

细胞的**放射自显影技术**（autoradiography）是一种对细胞内生物大分子进行动态追踪研究的有效技术，它利用加入到细胞内的放射性同位素的电离辐射对感光材料（如 X 光底片）显影作用来检测细胞内特定标记的生物大分子的位置与含量。在活细胞及组织培养或生长阶段，加入的放射性前体分子被细胞吸收后，被用于合成特定的生物大分子。例如，可以用氚（^3H）标记的胸腺嘧啶脱氧核苷示踪 DNA 的合成，用 ^{35}S 标记的蛋氨酸来示踪蛋白质的合成。根据需要可以对细胞进行持续标记或间隔脉冲标记，以后这些新合成的带放射性同位素标记的大分子在细胞生命活动的不同时期会出现一系列的变化或位置迁移。在不同的时间取样或在组织的不同部位取样，固定细胞和组织，按常规方法制备细胞或组织切片。在黑暗处将感光胶片覆盖在切片上，让细胞切片内的放射性物质自动对感光胶片曝光一段时间，然后再对感光胶片进行显影、定影等处理，获得相应的图片。

流式细胞仪（flow cytometry）可以连续测定细胞中 DNA 含量，因此形成了分析细胞周期时相的新技术。细胞悬浮液被特殊的 DNA 荧光染料处理后从一个细小的喷孔中放出，每一个细胞被一束激光激发，产生的荧光强度与 DNA 含量成正比。用流式细胞仪对非同步化且细胞数量足够大的细胞悬浮液进行测定，可以获得该细胞群体细胞周期时相的分布特征。在一定时间内，处于 G_1 期的细胞最多，小部分细胞处于 S 期和 G_2/M 期。图 3-50 显示了经流式细胞仪测定获得的细胞内 DNA 含量动态变化及细胞数量统计，从图中可以看出，绝大部分细胞都含有固定量（2C）的 DNA，对应于 G_1 期 DNA 的非复制状态（图中橘黄色部分），接着细胞群进入 S 期，每个细胞 DNA 含量增加，高 DNA 含量（4C）的细胞增多（图中的绿色部分），以后再由 G_2 期（图中的紫色部分）到 M 期（图中的

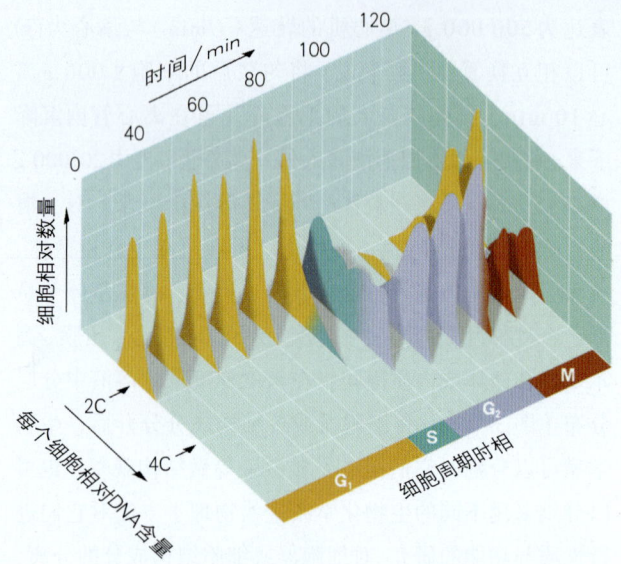

图 3-50 流式细胞仪测定细胞周期 三维坐标图像反映了细胞周期时相分布对应于细胞周期中 DNA 含量的动态变化及细胞数量统计。

红色部分），高 DNA 含量（4C）的细胞又逐渐由多变少，DNA 为 2C 含量的细胞又逐渐增多。流式细胞仪经常被用于对同步化细胞群体细胞周期的检测和分离，用于研究突变体的细胞周期时相变化和检测特定药物对细胞周期控制的作用等等。例如，利用流式细胞仪分析发现，小鼠服用了一种抗氧化药物后，其胸腺细胞的增殖能力明显增强（图 3-51）。流式细胞仪分析技术除了可以定量检测细胞中 DNA 含量以外，还可分析细胞中 RNA 的变化和特异性蛋白质含量的变化，也能将具有特异染色反应的细胞从众多一般性细胞中分离出来，如果特异染色过程没有毒性，分离出的细胞还可以继续培养。

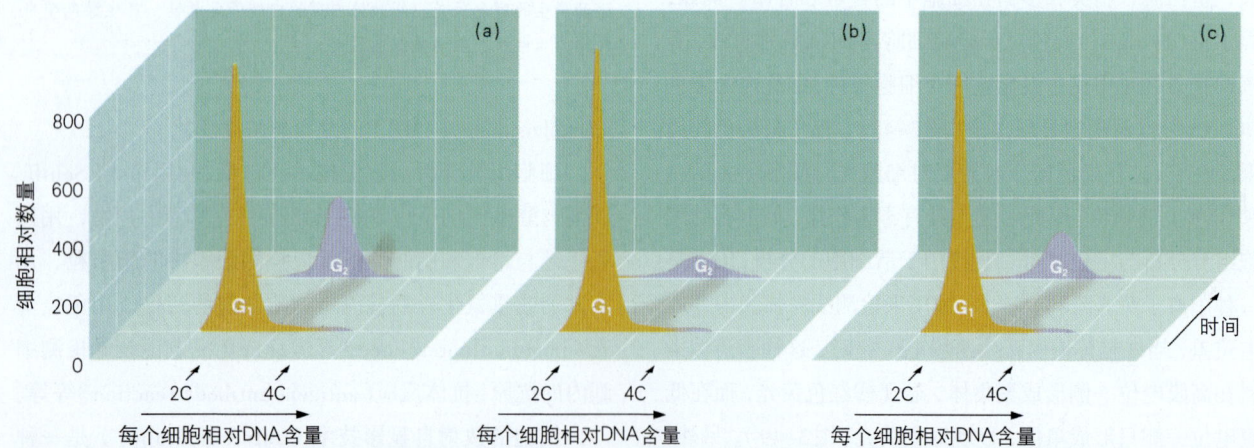

图 3-51 用流式细胞仪测定一种抗氧化药物对小鼠胸腺细胞增殖能力的影响 （a）2 月龄小鼠，可见较大的 G_2 期细胞峰。（b）24 月龄小鼠，G_2 期细胞峰明显降低（对照）。（c）服用抗氧化药物的 24 月龄小鼠，与对照相比，G_2 期细胞峰增大。

思考与讨论

1. 试分别比较原核细胞与真核细胞、植物细胞与动物细胞、叶绿体与线粒体，它们有哪些共同点，有哪些不同点？
2. 有些植物种子的细胞里有贮存油脂的脂肪颗粒，这些颗粒被一层磷脂膜包被，而不像细胞器那样具有双分子层膜。试描述这种单分子层膜的形态，解释它比双分子层膜稳定的原因。
3. 构成膜的蛋白质与磷脂双分子层的相互关系怎样？镶嵌在磷脂分子中的蛋白质有哪些结构特点和功能？
4. 试从生命特征的不同方面说明细胞是生命的基本单位。
5. 举例说明细胞中膜的重要性和各项功能。为什么说生物膜系统是最重要的物质与能量代谢场所？
6. 请用草图表示，由构成染色质的长链 DNA 分子与蛋白质结合经过紧密盘绕、折叠，凝缩形成了染色体，同时标示出染色体上的特征结构名称。
7. 有丝分裂与减数分裂的共同点和差别是什么？
8. 列举出你所知道的细胞器和它们各自的功能。
9. 为什么在膜的双分子层中，脂肪酸碳原子间的双键越多，膜的流动性就越大？
10. 物质的跨膜运输分为被动运输和主动运输，其主要差别是什么？
11. 请以酵母细胞为例，简单介绍细胞周期控制的机制。

练习题

1. 名词解释：

    细胞　细胞学说　分化　去分化　组织　原核细胞　真核细胞　质膜　原生质　细胞器　染色体　染色质　内膜系统　线粒体　类囊体　细胞骨架　流动镶嵌模型　被动运输　主动运输　简单扩散　渗透作用　质壁分离　通道蛋白　主动运输　离子泵　膜电势　质子泵　Na^+-K^+泵　核小体　着丝粒　同源染色体　姐妹染色单体　核型　细胞周期　有丝分裂　减数分裂　纺锤体　时相　细胞周期检验点　联会　四分体　分辨率　沉降系数　放射自显影技术　流式细胞技术

2. 下列（　）不是由双层膜所包被的。

    a. 细胞核　　　　　　　b. 过氧物酶体　　　　　c. 线粒体　　　　　　　d. 质体

3. 最小、最简单的细胞是（　）。

    a. 痘病毒　　　　　　　b. 蓝细菌　　　　　　　c. 支原体　　　　　　　d. 古细菌

4. 下列（　）细胞周期时相组成是准确的。

    a. 前期–中期–后期–末期　b. G_1–G_2–S–M　　　c. G_1–S–G_2–M　　　d. M–G_1–S–G_2

5. 引导细胞周期运行的引擎分子是（　）。

    a. ATP　　　　　　　　b. cyclin　　　　　　　c. Cdk+cyclin　　　　　d. MPF

6. 下面（　）不是有丝分裂前期的特征。
   a. 核膜解体　　　　b. 染色质凝集　　　c. 核仁消失　　　　d. 胞质收缩环形成
7. 下列细胞器中，作为细胞分泌物加工分选的场所是（　）。
   a. 内质网　　　　　b. 高尔基体　　　　c. 溶酶体　　　　　d. 核糖体
8. 不直接消耗ATP的物质跨膜主动运输方式是（　）。
   a. Na⁺-K⁺泵　　　b. 质子泵　　　　　c. 简单扩散　　　　d. 协同运输　　　　e. 易化扩散
9. 细胞核不包含（　）。
   a. 核膜　　　　　　b. 染色体　　　　　c. 核仁　　　　　　d. 核糖体　　　　　e. 蛋白质
10. 细胞膜不具有（　）的特征。
    a. 流动性　　　　　b. 两侧不对称性　　c. 分相现象　　　　d. 不通透性
11. 真核细胞的分泌活动与（　）无关。
    a. 粗面内质网　　　b. 高尔基体　　　　c. 中心体　　　　　d. 质膜
12. 真核细胞染色质的基本结构单位是（　）。
    a. 端粒　　　　　　b. 核小体　　　　　c. 染色质纤维　　　d. 着丝粒
13. 将下列描述和相应的细胞内结构或物质匹配
    a. 合成细胞分泌蛋白的核糖体附着部位　　　　　　　　质体
    b. 线粒体内隆起的褶皱　　　　　　　　　　　　　　　类囊体
    c. 合成和贮存糖类　　　　　　　　　　　　　　　　　内质网膜
    d. 分泌水解酶分解细胞　　　　　　　　　　　　　　　溶酶体
    e. 叶绿素在叶绿体中的存在部位　　　　　　　　　　　嵴
    f. 进行氧化磷酸化合成ATP　　　　　　　　　　　　　过氧化物酶
    g. 毒性分子的氧化　　　　　　　　　　　　　　　　　线粒体

相关网站

http://www.cellsalive.com/
http://www.cellbio.com/
http://www.life.uiuc.edu/plantbio/cell/
http://www.cell.com/
http://www.cellbioed.org/

第四章

能量与代谢

第一节　生物体的能量
　　一、生命活动需要能量
　　二、热力学定律
　　三、细胞的能量通货——ATP

第二节　生物催化剂——酶
　　一、酶是具有催化作用的蛋白质
　　二、酶的催化作用机理
　　三、影响酶活性的因素
　　四、酶的辅助因子和辅酶

第三节　生物代谢
　　一、活细胞是一个微小的化学工业园
　　二、氧化—还原反应
　　三、其他常见的代谢反应

第四节　细胞呼吸
　　一、细胞呼吸产生能量
　　二、细胞呼吸的代谢过程
　　三、ATP形成及统计
　　四、其他营养物质的氧化分解和代谢

第五节　光合作用
　　一、光合自养生物、叶绿体和光合膜
　　二、光的性质与叶绿素
　　三、光系统与光反应
　　四、暗反应与葡萄糖的形成

生命不息，代谢不止。代谢是发生在生物体内全部化学物质与能量的转化过程。

第一节 生物体的能量

一、生命活动需要能量

生命的活动和维持需要消耗能量（energy），生物本身不能创造新的能量，它只能依赖于外部能量的输入。几乎所有地球生命所需要的能量都来自太阳。例如，植物通过光合作用捕获能量，食草动物通过摄取植物获得能量，食肉动物就要依靠捕猎食草动物来生存。在整个地球生态系统中，植物直接吸收利用太阳光，将无机物转变为有机物，并将电磁波形式的太阳能转化为有机物分子化学键中的化学能。陆生或水生植物可以直接转化太阳能而获得能量，因而是**自养生物**（autotrophic organism）。自养生物还包括海洋与湖泊中生存的大量藻类生物和一些光合细菌等，它们是生态系统中的生产者。人类和其他动物直接或间接以自养生物为营养源，通过分解自养生物合成的有机质获得能量，它们是生态系统的消费者，又称为**异养生物**（heterotrophic organism）（图4-1）。绝大多数微生物也是异养生物，它们分解丧失了生命能力的动物和植物或来源于动植物的物质，或者寄生于动植物体内来获取营养和能量，被微生物分解转化的物质又成了植物的营养，所以这些微生物又称之为分解者或还原者。生态系统中能量的流动是由多样化的生命过程来完成的。

正常情况下，细胞或生物体内每时每刻都在进行着能量的转换。每一个活细胞的生命活动都需要能量来维持。生物的生长、运动、自我修复、繁殖、对外界的应激反应等生命活动都有赖于生物的**代谢**活动，代谢也可定义为发生在生物体内全部的化学物质和能量的转化过程。生物体将简单小分子合成复杂大分子并消耗能量的过程称为**同化作用**或合成代谢（anabolism）；生物体将复杂化合物分解为简单小分子并放出能量的反应，称为**异化作用**或分解代谢（catabolism）。同化作用与异化作用组成了新陈代谢的两个方面。细胞呼吸是最重要的异化作用过程，光合作用是最典型的同化作用过程。在细胞或生物体内，异化作用释放的能量常常被用来供给同化作用，这种能量的转移、转化称为能量代谢的偶联（coupling）（图4-2）。因此，新陈代谢可以分为物质代谢与能量代谢两个方面。伴随着能量的流动，这些代谢反应基本都发生在生物膜（如类囊体膜和线粒体膜）上，还都需要酶的催化作用。

本章以热力学及自由能等概念为基础，重点从分子水平上来讨论细胞中主要的物质代谢途径和能量代谢过程，不但包括细胞呼吸产生能量与光合作用捕获能量两方面，还涉及酶的作用机理和ATP形成的理论等。

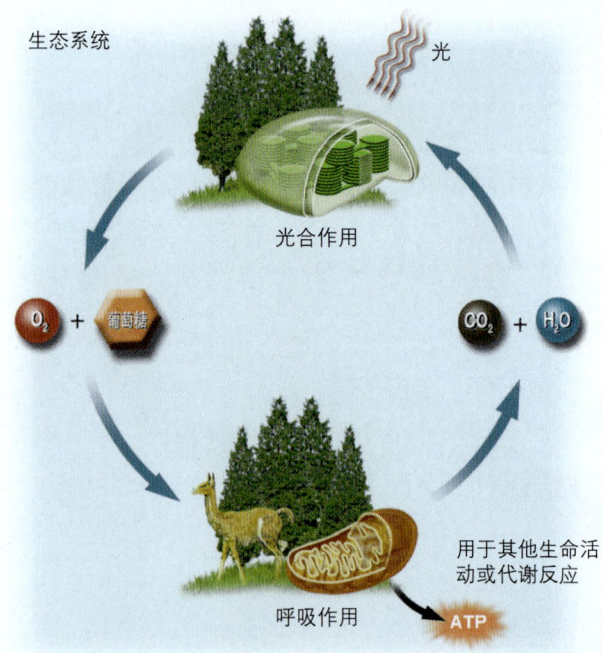

图4-2 **细胞呼吸与光合作用通过物质代谢和能量代谢相偶联** 光合作用发生在植物细胞的叶绿体中，细胞呼吸发生在真核细胞的线粒体中。它们在能量的捕获和可利用化学能的形成中起着关键的作用。图中显示，叶绿体利用太阳能将二氧化碳与水合成为葡萄糖，光能被转化成化学能贮存在葡萄糖分子中。细胞呼吸则可以分解葡萄糖并将贮存其中的能量转化为可直接被细胞其他生命活动或代谢反应所需要的能量形式（ATP）。

图4-1 **自然界的自养生物与异养生物** 植物是典型的自养生物，动物是典型的异养生物。无论是自养还是异养生物，它们的生存与生命活动都需要消耗能量。

二、热力学定律

为了学习代谢过程中能量变化规律和酶的作用机理，有必要了解基本的热力学定律。为了研究能量的转换，科学家需要对能量进行测量，**热**（heat）是一种可测量的能量形式，于是形成了**热力学**（thermodynamics），它是研究热现象中物态转变和能量转换规律的学科。热与功是能量的两种主要表现形式。在生物系统中，一般使用千焦耳（kJ）为能量单位。

1. 热力学第一定律

热力学第一定律即能量守恒定律，该定律指出，宇宙或一个孤立系统的总能量是一个常数，能量可以不断被转化和转移，但不可能被创造，也不可能被消灭。将生物及其环境看作为一个孤立系统，其能量始终是守恒的。生物体可以从环境中获得能量，在体内转换传递，也可将能量以热的形式释放到环境中去。热力学第一定律还可以理解为，系统内能的变化等于该系统所吸收的热量减去它所做的功，用方程式表达为：

$$\Delta U（系统内能的变化）= Q（吸收的热量）- W（系统做的功）$$

该式体现了能量守恒原理：能量不能被创造或消灭，它只是从一种形式转化为另一种形式。例如乙醇（酒精）分子内的化学键能可以通过与氧气发生剧烈燃烧反应转化为热能与光能（图4-3）。如果将酒精灯作为一个体系，烧杯、水和空气为其环境，如此构成完整的系统，酒精燃烧的过程完全符合能量守恒定律。同理，生物与其环境组成的完整系统中，其代谢反应和能量转换也遵守热力学第一定律。

将红绿两色等量的小球放入瓶中随意摇晃后，两种颜色的小球上下分开、整齐有序排布的可能性极小。有序是一种高度不稳定的状态（图4-4）。热力学将不能做功的随机和无序状态的能定义为**熵**（entropy），以 S 表示。熵是度量无序程度的量纲。一个系统越是有序，它的熵就越低，反之越高。讲个故事作比喻，有一个人用绳提着一摞瓷盘赶路，突然绳断了，瓷盘落在地上摔得粉碎，这个人不回头继续向前走去。路人见之，高声喊道："你的瓷盘摔碎了"。该人一边走一边答曰："我听声音就知道瓷盘摔碎了，回头和后悔都不能让碎片恢复成瓷盘，

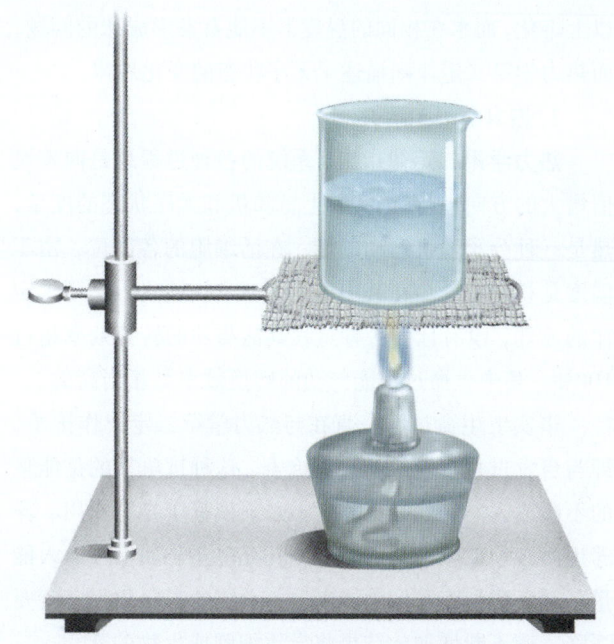

图4-3 化学能（内能）通过燃烧转化为光能和热能　系统内能的变化等于过程中热量变化加上系统所做的功，图中酒精的化学能经燃烧后转变为热能和光能，再通过热传递使烧杯中的水沸腾。这一过程体现了能量守恒原理：能量不能被创造或消灭，它只是从一种形式转化为另一种形式。

图4-4 有序是一种高度不稳定的状态　考察左右两个瓶子，若有红球、绿球各50个，则所有红球都在上半瓶且绿球都在下半瓶的可能性为 2^{-50}。也就是说，像左侧那样呈"杂乱"状态排布的情况概率约为右侧的 2^{50} 倍。可见，瓶中小球有序排列的可能性远小于无序排列，有序是高度不稳定的。

我还是继续赶路为好"。完整的瓷盘处于一种高度有序的状态，它是不稳定的，一旦成为无序状态的碎片，一般情况下（不输入能量做功）它就再也不可能回复到高度有序状态，即回复成完整的瓷盘。热力学第一定律主要关注的是变化过程中能量守恒问题，对一个过程事实上能否发生却无能为力。例如，第一定律无法解释为什么冰在0℃

以上熔化,而水在相同的温度下不能自发形成冰的问题,而热力学第二定律则描述了无序状态的变化规律。

2. 热力学第二定律

热力学第二定律指出,系统的各种过程总是向着熵值增大的方向进行。熵实际上是随机和无序状态的度量,热是一种分子随机运动的能。在活细胞的各部位,由于温度是相同的,热在其中不能做功。按照热力学第二定律的原理,没有任何一种过程其能与功的转换效率超过100%。其中生命过程能与功的转换效率是相当高的。

事实上生命过程一直在与热力学第二定律作抗争,即与自发过程中熵的增大作抗争。这种抗争靠的是能量的不断输入。例如,自养生物必须依赖于光合作用、异养生物必须依赖消耗有机质来补充能量。如果不输入能量,对于活细胞和生物体来说,系统的有序化程度就要下降,熵不断增加的结果将导致细胞或生物的死亡。

热力学将系统中总的热称为**焓**(enthalpy),以 H 表示。在化学反应中,反应物或产物的焓等于总的化学键能,化学键的形成或断开使焓获得吸收补充或者释放。与熵(S)和焓(H)相关联的第三种物理量叫**自由能**,以 G 表示。我们可以把自由能当作在恒定温度和压力条件下总能量中可以做功的那一部分能量。当熵增加时,系统的自由能便会下降,因此有如下关系式:

$$\Delta G = \Delta H - T\Delta S \quad (T\text{为热力学温度})$$

物理和化学过程达到平衡时,即达到系统的自由能

图 4-5 平衡系统的自由能最小而熵最大 只有在自由能最小时,才不会有自发的反应发生,否则反应会不断进行,直到将自由能消耗为最小。就像滑梯,你永远只能向下滑而不会从梯脚滑上去,正是因为你在滑梯的底部时达到了自由能最小而熵最大的平衡状态或稳定状态。也好比水永远是从高处流向低处,要把水从山下运到山上,必须依赖电能驱动的泵。

最小而熵最大(图 4-5)。即一个体系的过程自发进行时,其自由能降低导致熵增加。在生物系统中,自由能是有用的能,熵是降解和无用的能量状态。生物体能够通过新陈代谢不断地从周围环境吸取负熵维持高度有序的生存状态。新陈代谢过程使生物体向周围环境释放出其不断产生的正熵。在一个具体的生物化学反应中,如果产物比反应物含有更少的自由能,这个反应便趋向于自发地进行。自发反应可释放自由能,称为**放能反应**(exergonic reaction)。相反另一些反应需要从外界输入自由能才能进行,这种反应称为**吸能反应**(endergonic reaction)(图 4-6)。

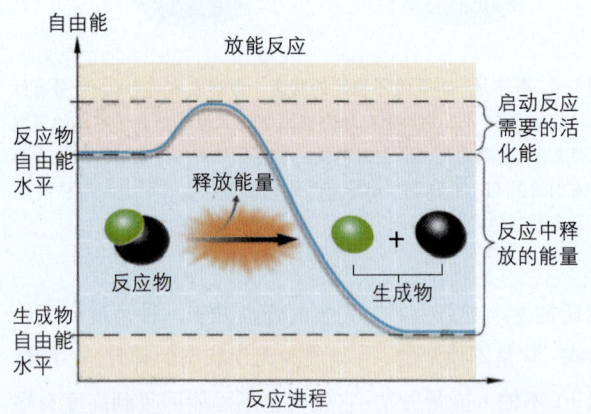
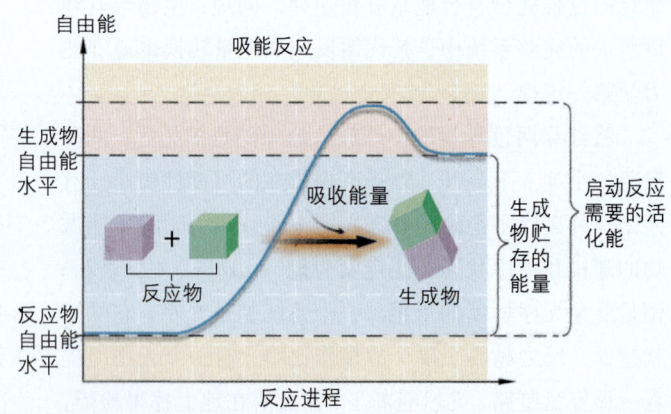

图 4-6 放能反应和吸能反应 化学反应中,常常伴随能量的吸收与释放。对于在过程中释放能量的,我们就称其为放能反应,一般这些反应都能自发进行,产物的自由能比反应物低;对于在过程中吸收能量的,我们称为吸能反应,一般由外界供给能量,才能使反应发生,产物的自由能比反应物高。

生物体的新陈代谢符合热力学第一定律和第二定律。生物体必须靠能量的不断输入来保持其高度的有序化。一般生物化学反应的发生都伴随着能量的转移，是包括吸收能量或释放能量的过程。正是许多放能和吸能反应构成了生物体的新陈代谢过程。

三、细胞的能量通货——ATP

在活细胞中，可以直接用于做功的能量通常以化学键能的形式贮存在腺苷三磷酸（ATP）中（图4-7）。我们可以将ATP当作细胞中能量的通货。ATP是一种不稳定的化合物，其磷酸键相当脆弱、易于断裂。当ATP水解时，一个高能磷酸键断裂，同时释放出能量并形成较ATP更为稳定的腺苷二磷酸（adenosine diphosphate, ADP）（图4-8）。在标准状态下，每摩尔ATP水解形成ADP，可产生30.5 kJ的能量（自由能）。

$$ATP + H_2O \rightarrow ADP + Pi \quad \Delta G = -30.5 \text{ kJ/mol}$$

在非标准的细胞环境中，由于能与功转换效率的提高，ΔG实际上大约为 −54.3 kJ/mol。

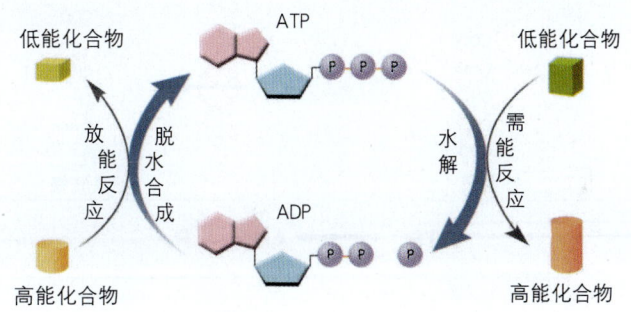

图4-8 ATP与ADP的转换 ATP是一种高能化合物，分子中富聚的高能量使分子很不稳定，它水解脱去一个磷酸根并形成ADP与Pi，释放出大量能量用于其他吸能反应。相反，在从其他放能反应中吸能量时，ADP也能与一分子磷酸分子组合，形成ATP。

在一定条件下ADP还可以进一步水解形成腺苷一磷酸（adenosine monophosphate, AMP），并进一步释放能量。

ATP作为细胞中能量的通货是如何工作的呢？细胞内ATP水解的放能反应往往在特定酶的帮助下直接与某些吸能反应相偶联。例如，由谷氨酸与氨合成谷氨酰胺的反应是一种吸能反应，它不能自发地进行，在ATP提供能量的情况下，首先ATP的一个高能磷酸键断开，磷酸基团被转移到谷氨酸分子上，具有更高能量的磷酸化分子（反应中间体）与原来的谷氨酸相比更加不稳定，它能自发地与氨分子反应生成谷氨酰胺（图4-9）。

相反，AMP与一个磷酸结合可形成ADP，ADP再与一个磷酸结合可形成ATP，两步反应都需要吸收能量。在生物细胞中，许多放能反应总是和ATP的合成相偶联，许多吸能反应总是和ATP的分解相偶联。

在生物体中，ATP不断地消耗和再生，维持着生命的高度有序状态，一个人每天大约需要消耗45 kg ATP，但每一时刻贮存在人体里的ATP不到1 g。即每个细胞每秒钟大约可形成一千万个ATP，同时有同样量的ATP被水解，产生出能量供给生命活动所需。例如肌肉的收缩运动、物质在细胞内或细胞间的运输、细胞中单体化合物（如氨基酸）合成多聚体（如多肽链）等都需要消耗ATP。以ATP形式贮存的自由能在各类生物大分子的合成和代谢调节中，以各种方式起递能作用。

植物通过光合作用将无机物转变为有机物（同时产生ATP）。这些有机物可作为"食物分子"，直接或间接地为植物本身和其他动物提供细胞呼吸所需的"燃料"。一般情况下，一个成年人每天摄入的"食物分子"

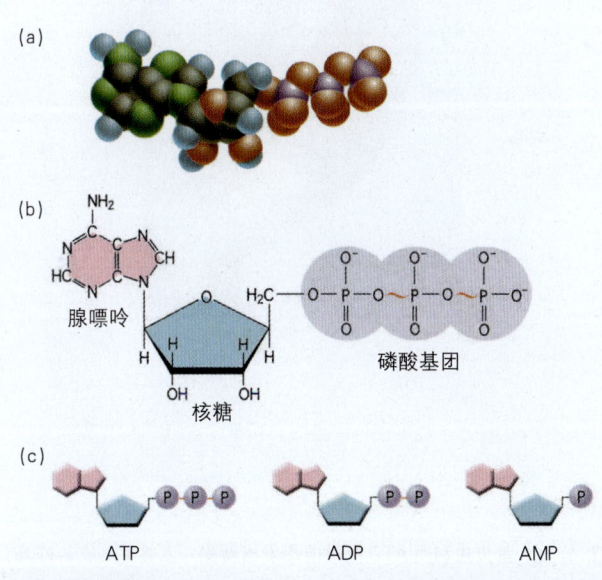

图4-7 腺苷三磷酸（ATP） （a）ATP堆球模型。（b）ATP分子式，图中红色波浪形短键代表高能磷酸键。ATP广泛存在于生物细胞中，它主要由腺嘌呤、核糖以及3个磷酸分子构成。它能在水解时脱去一个或2个磷酸根后形成ADP或AMP，在分解的过程中，断裂的为磷酸根中远离核糖的高能磷酸键。完整细胞在恒态下，ATP、ADP和AMP的比值相对稳定。（c）ATP、ADP和AMP分子式的省略形式。

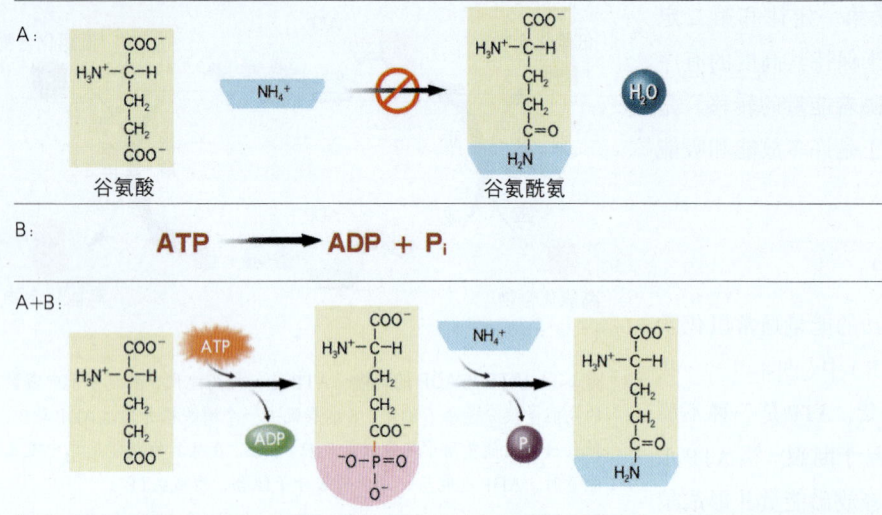

图4-9 ATP水解的放能反应与吸能反应相偶联 在没有ATP输入能量的情况下，由于谷氨酸与氨合成谷氨酰氨需要吸收14.2 kJ/mol的自由能，因此反应不能自发进行。在有ATP输入能量的情况下，即将ATP分解生成ADP的反应与谷氨酸与氨合成谷氨酰氨的反应相偶联，由于ATP分解生成ADP可释放30.5 kJ/mol自由能，吸能反应与放能反应的自由能合计，可释放出16.3 kJ/mol的自由能，因此反应可以完成。

经过细胞呼吸形成的ATP，可提供大约9 200 kJ的能量。这些能量可基本满足一个成年人一天活动的需要。

让我们看看，仲夏的夜晚，萤火虫是如何利用ATP来发光（散发能量）的（图4-10）。

在萤火虫尾部发光细胞中存在着荧光素酶（E-LH），酶促反应结果使ATP与E-LH先结合，结合后形成的高能中间产物E~LH$_2$-AMP很不稳定，在氧气存在时可释放出能量，并以荧光的形式发射出来：

ATP + E-LH → E~LH$_2$-AMP + PPi

E~LH$_2$-AMP + O$_2$ → E-P + CO$_2$ + AMP + $h\nu$（荧光）

萤火虫正是借助于ATP提供的能量发出荧光，这种荧光是萤火虫求偶的信号（图4-10）。

第二节 生物催化剂——酶

一、酶是具有催化作用的蛋白质

热力学原理只能帮助我们预测一个反应能否发生，却不能告诉我们反应的速度有多快。常温无菌状态下的一瓶葡萄糖溶液可以无限期地保存而不会分解成CO$_2$和H$_2$O，也不可能释放能量。而当受到高温、强酸或强碱处理时，葡萄糖分子则会分解。活细胞当然不具备高温、强酸或强碱等极端条件，但它却能在很短的时间内将葡萄糖分解，这是因为活细胞内有大量分解葡萄糖的酶。**酶**是细胞产生的可调节化学反应速度的催化剂。正是酶的催化作用，使得生物化学反应在常温、常压下得以迅速

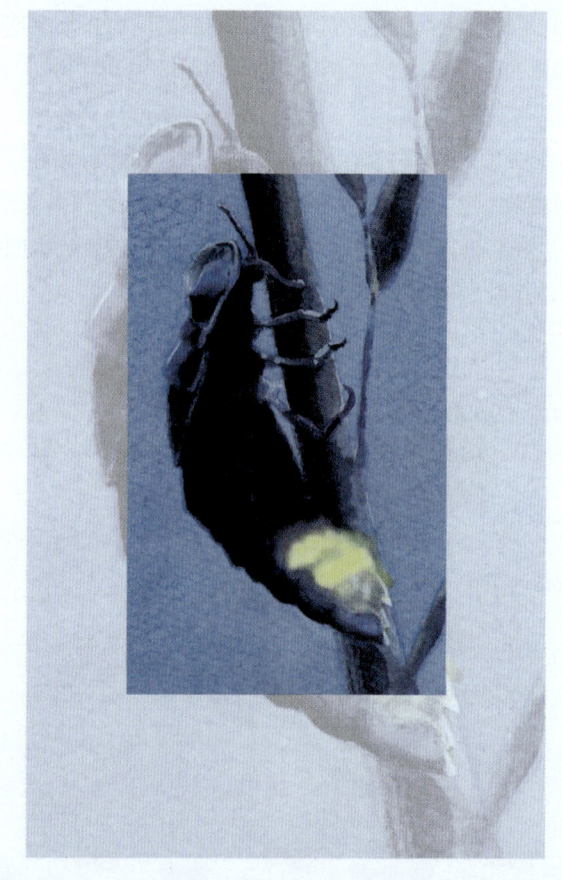

图4-10 萤火虫利用ATP提供能量发出荧光 在炎夏之夜的野外，可经常看到点点流动的淡黄色或淡绿色闪光。有时是单独一个，忽而又会成双成对。这便是从萤火虫腹部末端的发光器发出的"求偶信号"。雄萤先发出寻找配偶的闪光信号，"有意"的雌萤便发出回答闪光，凭着这种奇特的"闪光"语言，它们便在夜幕中幽会了。萤火虫的发光器，由发光细胞层和反光细胞层构成。发光细胞含有荧光素和荧光酶，前者是光的产生者，后者是发光的催化剂。在荧光酶的作用下，荧光素与ATP结合后氧化而发出荧光。

进行。绝大多数的酶都是蛋白质，近年来科学家发现，某些核酸也具有生物催化作用，它们被称之为"核酶"（ribozyme）。

酶在常温、常压、中性pH的温和条件下具有很高的催化效率。例如，单个过氧化氢酶分子在室温条件下每分钟可完成500万个过氧化氢分子的分解反应；又例如，

$$CO_2 + H_2O \rightarrow H_2CO_3$$

这一反应在有碳酸酐酶（carbonic anhydrase）存在时，反应速度比没有碳酸酐酶参加时快1 000倍。

酶的活性指酶具有催化生化反应的能力。常用酶的活力单位（U）表示酶活力的大小。国际标准活力单位的定义为，在标准条件（25℃、最适pH、底物过量）下，1分钟催化1 μmol底物转化成产物的酶的量，就是1个活力单位。

酶可以是由一条肽链构成的单体酶，也可以是由多条肽链构成的寡聚酶。按照酶催化反应的性质，它们有多种类型。氧化还原酶类是催化氧化还原反应的酶，以催化脱氢反应为主，加氧反应为次；转移酶类催化基团转移反应，例如氨基酸代谢中的转氨反应；水解酶类催化水解反应；裂解酶涉及从底物中移去一个基团并形成双键的反应；异构酶催化同分异构反应；合成酶催化两种化合物合成为一种物质，这类合成反应通常需要由ATP水解提供能量；新的研究发现还有一类**抗体酶**（abzyme），以过渡态底物的类似物作为抗原，在动物体内诱导出相应抗体，这个抗体对该底物具有酶的活性，抗体酶本质上是具有催化能力的免疫球蛋白。

二、酶的催化作用机理

酶蛋白为什么会对生物化学反应具有催化作用呢？根本的原因在于酶可以降低活化一个反应所需要的能量。即使是一个放能反应，在它放出能量之前，也存在着化学反应启动的能量障碍，因为新的化学键形成之前，存在着必须首先断开的键，这就是"能障（energy barrier）"。用于克服能障、启动反应进行所需要的能量叫**活化能**（activation energy），而酶恰好可以降低化学反应所需要的活化能（图4-11）。活化能还可定义为，在一定温度下1 mol反应物全部进入活化状态所需要的自由能。图4-11显示，虽然产物的自由能比反应物的自由能低，但

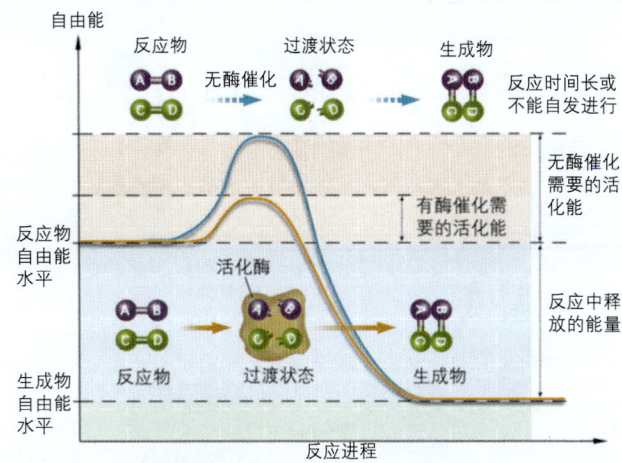

图4-11 酶可以降低化学反应所需要的活化能 从AB相连、CD相连的底物变成AC相连、BD相连的产物，首先必须打断AB间和CD间的作用，而后重新生成AC、BD的化学键。显然，打断AB、CD需要消耗一定能量，即使产物能量低于反应物，由于需要首先断键，所以反应并不一定能自发进行。酶的作用就是产生中间过渡状态ABDC，减弱原先化学键的作用，使整体更不稳定，因而就可降低该化学反应所需要的活化能，使反应得以快速进行。

从反应物变成产物，必须克服一个能障。而酶的作用就在于通过和反应物结合成中间产物，从而降低这部分能量（E_A），来提高反应的速率。

酶所作用的反应物被称为该酶的底物（以S代表），在催化反应中，酶（以E代表）首先与底物结合形成不稳定的中间产物S-E，这个中间产物的进一步分解，形成产物（以P代表）和酶本身：

$$S + E \rightarrow S\text{-}E \rightarrow E + P$$

经过中间产物反应所需要的活化能比由底物直接生成产物（S→P）所需的活化能小很多。酶在反应的前后没有发生改变，所有酶在反应中仅仅起到催化作用。酶和底物结合时，底物的结构必须和酶活性中心的结构非常吻合，这样才能紧密结合形成中间复合物。例如，蔗糖酶在催化蔗糖（二糖）分解为葡萄糖和果糖（单糖）的反应时，蔗糖首先与蔗糖酶结合形成中间产物，而该中间产物极不稳定，会立刻分解成葡萄糖和果糖（图4-12）。

酶的另一个重要特点是它的特异性或专一性。一个酶能特异性地识别其特定底物，从而催化专一的反应。例如，蔗糖酶只能作用于蔗糖，对于其他二糖（如乳糖）则不起任何作用。因为酶是蛋白质分子，具有特殊的三维

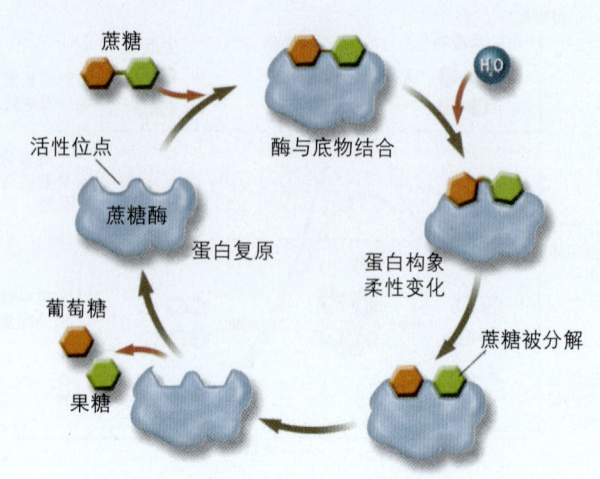

图 4-12 酶与中间产物　当没有酶的存在时，蔗糖几乎不水解；而一旦加入酶，水解就会瞬间进行。即蔗糖首先与蔗糖酶结合形成中间产物，而该中间产物极不稳定，会立刻分解，这时由于葡萄糖和果糖的自由能更低，因而就分解得到葡萄糖、果糖和酶本身。

空间结构和构象，其大分子的特殊袋状或沟状部位可以与底物相结合。这一部位称为酶的活性位点或酶的**活性中心**（active center）。酶的活性中心通常由少数氨基酸组成，酶分子的其他部分为活性中心提供骨架并保持其特定的空间构象。专家们提出，底物与酶就好比是钥匙和锁的关系，一把锁只能被一把钥匙打开，因此酶具有高度的特异性。酶的特异性在于酶的活性中心形状与底物分子的形状具有特殊的匹配合作关系，酶的活性中心部位不是刚性的，而是一种柔性的结构。当酶与底物结合时，底物分子能诱导酶分子的构象发生一定的变化，使活性中心部位与底物可以很好地结合。这种**诱导契合**关系就像是握手一样，促进了酶与底物相互作用，使活性中心化学基团有最佳的定位，从而导致底物分子特定的化学键伸直或弯曲和化学键的断开，启动了化学反应的发生，即打破了"能障"，从而降低了化学反应所需要的活化能（图4-13）。

三、影响酶活性的因素

酶大都是具有四级结构的蛋白质大分子，外界的许多物理和化学因素都会对蛋白质分子的结构和构象产生一定的影响，从而影响到酶的活性。影响酶活性的主要因素包括温度、pH和抑制剂等。

1. 温度的影响

一般来说，在一定范围内，酶的活性随温度升高而增高，超过一定的温度界限，活性即下降。酶活性最高时的温度即为酶的最适温度。因为适当地升温促进了分子的运动，提高了底物与酶活性位点的结合速度和频率；但如果超过一定的温度界限，由于酶蛋白肽链间氢键、离子键或其他更弱的作用力被破坏，导致蛋白质变性，从而很快地降低了酶的活性。人体中大多数的酶最

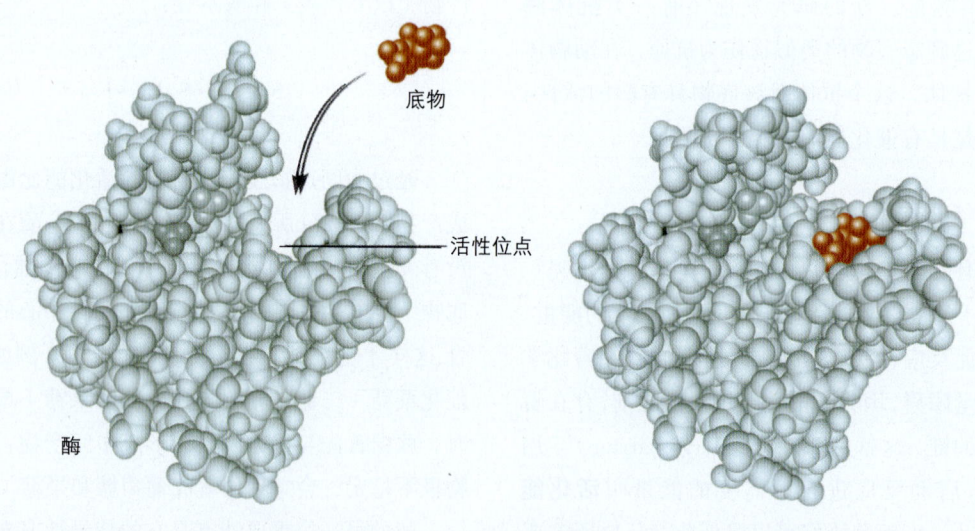

图 4-13 酶与底物的诱导契合关系　酶具有特殊的三维空间结构和构象，与底物分子的形状具有特殊的匹配合作关系。酶的活性中心与底物的结构不是刚性而是柔性互补的。当酶与底物靠近时，底物能够诱导酶的构象发生变化，使其活性中心变得与底物的结构互补。就好像握手一样，促进了酶与底物的相互作用，改变了底物化学键的性质，从而降低了反应的活化能。

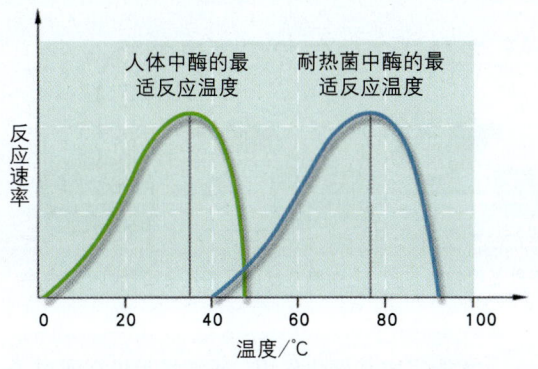
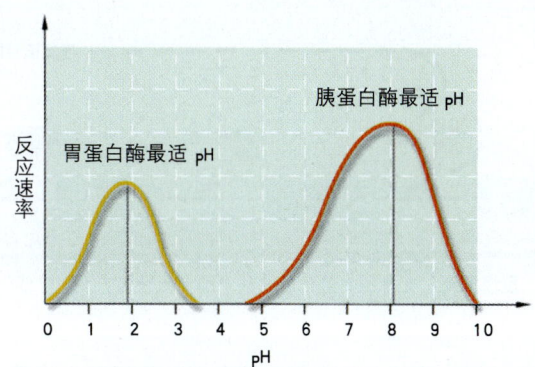

图 4-14　温度和 pH 对酶活性的影响　和许多的催化剂一样，在温度升高的时候，酶的反应活性也会相应地升高，大约温度每上升 10 ℃ 时，反应的催化速度是原来的两倍。但是酶也是一种蛋白质，在温度升高超过一定界限的时候，部分蛋白质就开始变性，当变性积累到一定的程度时，酶的反应活性会出现下降。酶活性和 pH 的关系也有一个相似的曲线，在 pH 太高或太低的时候，酶都会产生变性，只有在一个合适的 pH 时，酶才能发挥其最大的效力。

适温度为 35~40 ℃；某些生长在温泉中的细菌所含的酶的最适温度高达 70~80 ℃（图 4-14）。

2. pH 的影响

酶对 pH 的变化极为敏感，每一种酶只在一定的 pH 范围内具有较高的活性，而且有一个最适 pH。动物体内酶的最适 pH 多在 6~8 之间（图 4-14），但不同酶的最适 pH 差别很大。例如，胃蛋白酶的最适 pH 为 1.9，而胰蛋白酶的最适 pH 为 8.1。pH 对酶活性的影响主要是因为 pH 会影响酶或底物的解离，也会影响底物的极性基团。

3. 酶的抑制剂

有些化合物可以选择性地抑制酶的活性，称为**酶的抑制剂**（inhibitor）。如果抑制剂以共价键与酶相结合，这种抑制往往是不可逆的；如果抑制剂以更弱的键与酶结合，则其抑制作用是可逆的。

有些抑制剂与正常的底物结构相似，它和底物竞争性地与酶的活性位点结合，从而妨碍底物进入酶的活性中心，减少酶与底物的作用机会，这种抑制剂称为**竞争性抑制剂**（competitive inhibitor）。由于这种抑制是可逆的，那么增加底物的浓度可以降低或解除抑制剂的影响。

另有一种**非竞争性抑制剂**（noncompetitive inhibitor），它们结合在酶的非活性中心部位，导致酶分子形状的改变，使之不能与底物分子相匹配和结合（图 4-15）。

一些酶的抑制剂对于生物代谢具有毒性。例如，杀虫剂 DDT 是一种神经系统关键酶的抑制剂，对环境和人畜具有污染和毒害作用。许多抗生素是细菌中一些特定酶的抑制剂。例如，青霉素可以与细菌合成细胞壁的关键酶的活性中心结合，阻碍细菌细胞壁的合成，从而达到杀死细菌的效果。

4. 反馈抑制

在代谢过程中局部反应对催化该反应的酶所起的抑制作用，称为**反馈抑制**（feedback inhibition）。例如，在

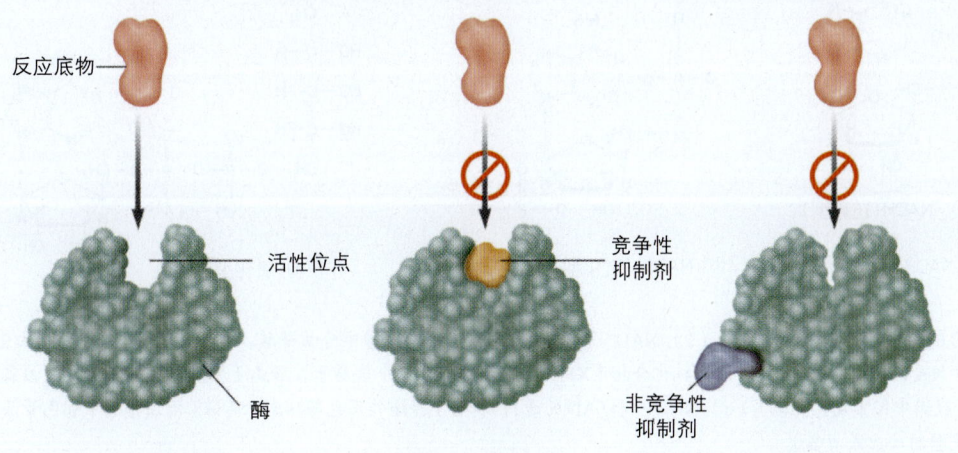

图 4-15　酶的竞争性抑制和非竞争性抑制　抑制剂是通过与酶结合而使其无法再与反应底物结合。竞争性抑制剂"占据"了酶的活性位点，底物自然无法进入；非竞争性抑制剂则是结合在酶的其他部位，通过改变酶的构象使之无法与底物结合。

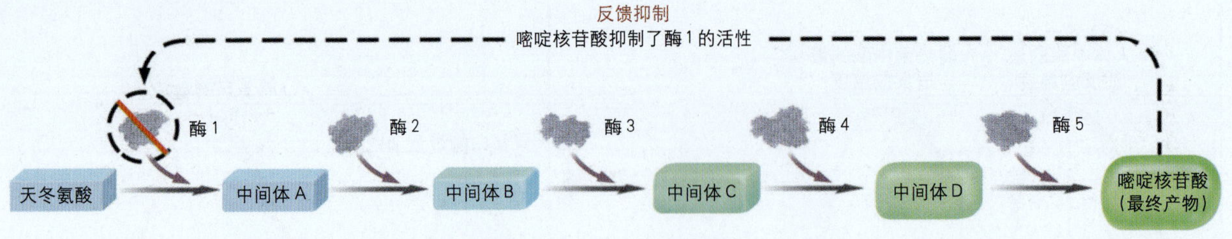

图4-16 反馈抑制 反馈抑制是代谢过程中局部或最终产物，对催化前期反应的酶所起的抑制作用，是细胞自行调节其代谢过程的一种机制。

糖代谢中，葡萄糖与ATP在葡萄糖激酶的作用下生成葡萄糖-6-磷酸，而反应产物葡萄糖-6-磷酸对葡萄糖激酶具有抑制作用，这种抑制即为反馈抑制。

酶促反应在细胞中往往不是独立发生的，酶促反应的序列性使得不同的酶促反应彼此按一定顺序相互联系，一个酶促反应的产物同时又是另一个酶促反应的底物。多步反应后的最终产物有时还会对第一步反应的酶产生抑制作用，这种最终产物抑制是细胞自行调节其代谢的一种机制。反馈抑制可防止细胞生成超出其需要的多余产物，达到节约反应物的目的，也是维持细胞稳态（homeostasis）的重要机制（图4-16）。

四、酶的辅助因子和辅酶

许多酶还需要非蛋白的**辅助因子**（cofactor）和**辅酶**（coenzyme）才能完成其催化作用。通常将无机金属离子称为辅助因子，将有机化合物称为辅酶。有些辅助因子或辅酶与酶蛋白的活性部位结合紧密，有的则结合疏松。大多数氧化还原酶类的辅酶是一些具有核苷酸结构的维生素（vitamin）。如烟酰胺腺嘌呤二核苷酸（nicotinamide adenine dinucleotide，NAD^+，又称辅酶Ⅰ），烟酰胺腺嘌呤二核苷酸磷酸（nicotinamide adenine dinucleotide phosphate，$NADP^+$，又称辅酶Ⅱ），黄素腺嘌呤二核苷酸（flavin adenine dinucleotide，FAD）等等都是一些特别重要的辅酶，这些辅酶同时可以传递H^+和电子（图4-17），在细胞呼吸代谢和光合作用反应中都发挥了重要的作用。除此以外，在酶促反应中起脂溶性电子载体作用的辅酶有泛醌（ubiquinone，又称辅酶Q）、质体醌（plastoquinone）等，起转移酰基作用的辅酶有辅酶A（coenzyme

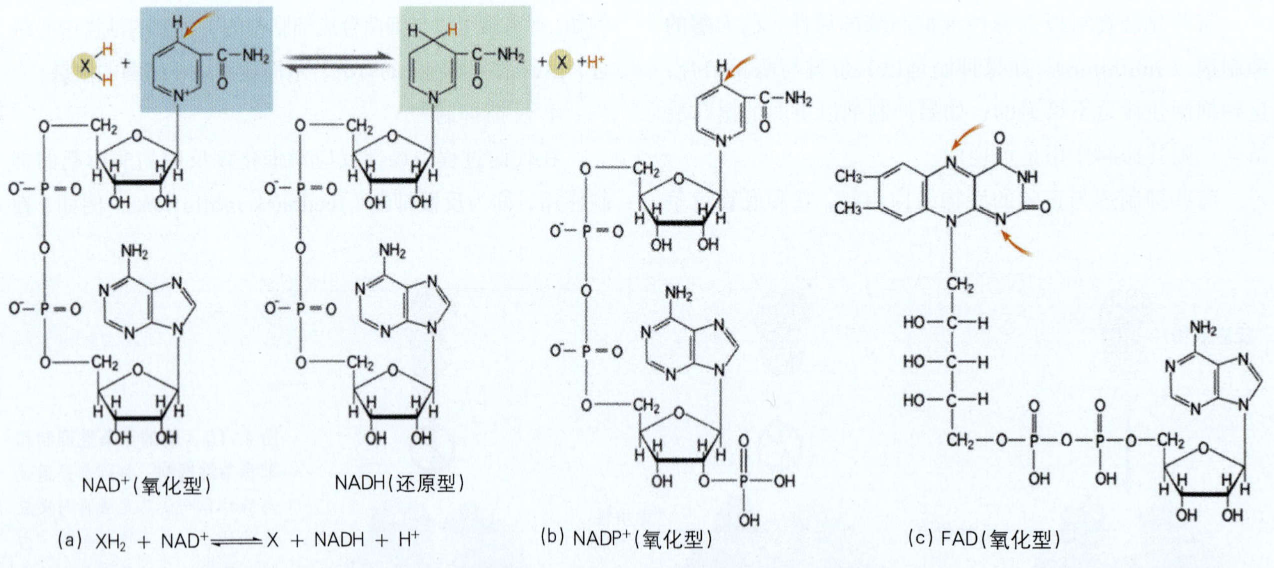

图4-17 NAD^+、$NADP^+$和FAD的递H^+和电子传递作用 （a）NAD^+含有2个核苷酸，一个是腺嘌呤核苷酸，另一个是烟酰胺，它们由2个磷酸基团相连。氧化型的NAD^+接受其他富含H^+和电子的有机化合物（XH_2）的2个电子和1个氢质子，形成还原型的NADH，XH_2被氧化成X。这样的反应在细胞呼吸等代谢中经常发生。（b）、（c）$NADP^+$和FAD的递H^+和电子传递作用也与NAD^+类似（请注意图中红色箭头指示的这两个分子的加氢部位，完整的反应式省略）。

A、CoA)等，这些辅酶也都是一些维生素。**维生素**是参与生物代谢所必需的一类微量有机化合物，对于生物的生长发育十分重要。这类化合物在动物体内的需求量非常少，必须由食物供给。已知绝大多数维生素作为酶的辅酶在生物代谢中发挥重要作用。

第三节　生物代谢

一、活细胞是一个微小的化学工业园

细胞是生物代谢的基本单位，在细胞极其微小的空间内发生着数千种生物化学反应。生物代谢简称代谢，是生物体内所有生物化学反应和能量转换过程的总称。代谢也是生命最基本的特征之一。通过生物代谢，糖可以转变成氨基酸，氨基酸也可转变成糖。小分子单体被装配成细胞需要的多聚体，这些多聚体也可被水解成小分子单体。许多细胞输出的产物又构成了生物体的其他部分。植物中的叶绿体通过吸收太阳能进行光合作用，光合作用是一系列的化学反应，最终将二氧化碳和水合成为葡萄糖并放出氧。贮存在葡萄糖等"食物分子"中的化学能经过细胞呼吸多步化学反应被释放出来，并以高能磷酸键的形式贮藏在ATP分子中。细胞利用呼吸作用放出的能量（ATP）完成各种各样的工作，包括化学物质的跨膜运输、蛋白质的机械运动和驱动需能的化学反应等等（图4-18）。因此，在细胞这个微小的体系中，物质代谢总是伴随着能量的转化。

细胞不是一个装满了各种酶和反应物的口袋，细胞复杂的结构特别是膜的结构固定了各代谢反应的空间和时间，使它们高度有序并可以控制和调节。我们可以把细胞的代谢想像成一个经过精心制作的复杂道路交通图，数千条生化反应途径相互交错编织在这张图上（图4-19）。就像管制交通的红绿灯一样，酶控制着各条代谢途径，确定反应进行的方向，调节底物转变为产物的反应速度，保持着细胞中各类化学物质供给和需求的平衡，防止出现亏空和过剩。某些代谢途径（异化途径）通过将复杂的化合物分解为简单的小分子而释放出能量。将简单的小分子合成为复杂的大分子的过程（同化途径）则需要消耗能量。在代谢图上，异化途径和同化途径就像是交通图中的下坡和上坡，从下坡的异化途径释放的能量能够用来供给上坡的同化途径，这种从异化途径向同化途径的能量转移被称为能量的偶联。

长期的进化过程中，生物体获得了对生物代谢精密的调控机制。酶的调节是其中最基本的代谢调节。在分子水平上，酶的合成与分解、酶活性的提高与降低直接控制着代谢反应的速率。由于基因的转录与表达直接控

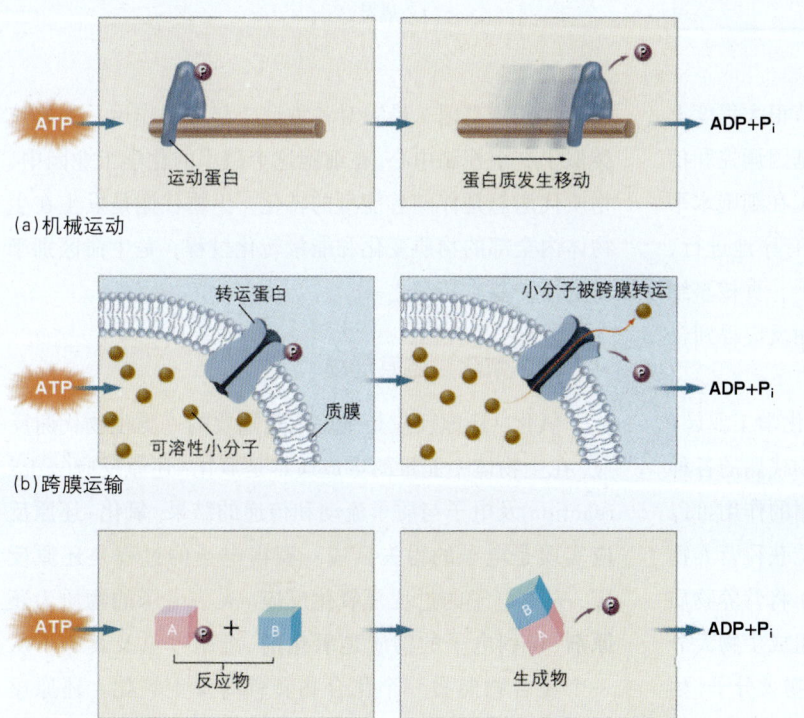

图4-18　细胞利用能量（ATP）完成各种工作
（a）肌肉的收缩源于消耗能量的蛋白质机械运动。
（b）物质跨膜主动运输需要消耗能量。（c）合成代谢反应通常需要输入能量。

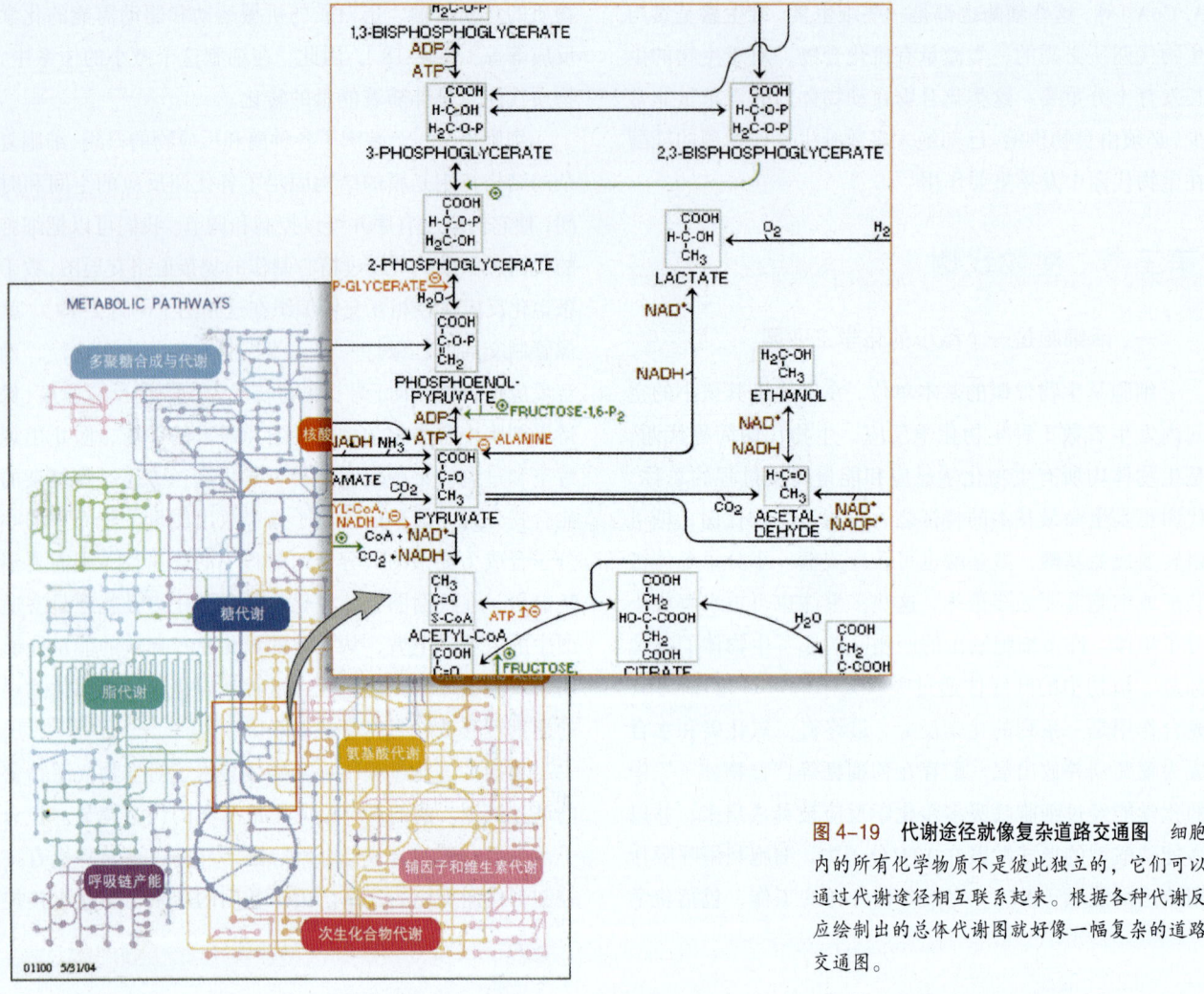

图 4-19 代谢途径就像复杂道路交通图　细胞内的所有化学物质不是彼此独立的，它们可以通过代谢途径相互联系起来。根据各种代谢反应绘制出的总体代谢图就好像一幅复杂的道路交通图。

制着蛋白质的合成，因此，酶对代谢的调节很大程度上取决于信号转导对基因的调控作用（有关基因调控和信号转导将在以后第六章第二节中详细介绍）。在细胞水平上，酶在生物膜上的定位使各步生化反应有序地进行，大大提高了代谢的效率。在生物个体水平上，真核多细胞生物各种器官的发育和分化使不同的代谢反应得到合理的分工安排。

我们可以把活细胞看作是一个微小的化学工业园。在这个化学工业园中发生着各种称之为生物代谢的各种化学反应（图 4-20）。归纳细胞中生物代谢的作用可以包括以下方面：（1）从环境和不同器官部位获得营养物质，又将代谢废物和热输出到环境中；（2）将营养物质分解成自身代谢需要的有机化合物分子或组成生物大分子的前体分子或构件；（3）合成细胞内的生物大分子（生物聚合物）；（4）为生命活动提供能量；（5）细胞核中的遗传物质（基因）最终对各种反应起控制作用，细胞核类似于一个控制中心。在细胞这个微小的化学工业园中，物质代谢总是伴随着能量的转化。生物代谢是发生在生物体内全部的物质变化和能量转化过程，是生命区别于非生命的基本特征之一。

二、氧化-还原反应

氧化-还原反应是细胞内最重要的一类生物代谢反应。在生物体中能量的生成通常是氧化-还原反应(redox reaction)及电子与质子流动和传递的结果。**氧化-还原反应**实质是电子的得失反应：获得电子的过程是**还原反应**，失去电子的过程是**氧化反应**。失去电子的物质为**还原剂**，得到电子的物质是**氧化剂**。细胞中电及其电子从一个化合物向另一个化合物转移时发生氧化-还原反应，被转移的电子所携带的能量便贮存在新的化学键

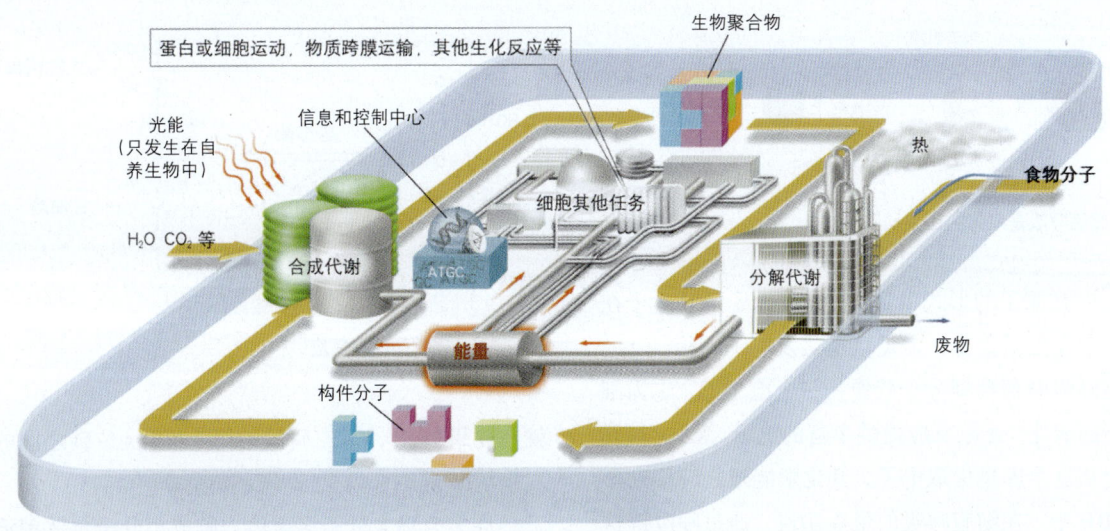

图4-20 活细胞是一个微小的化学工业园 在细胞这个微小的化学工业园中，各种生物代谢反应就好比是化工厂内各车间的分工合作所承担的生产任务，原料、产品、废物、能量在各车间之间输入输出。一个车间的产品可以是另一个车间的原料；有的车间产生能源，有的车间则消耗能源。在控制中心的指挥调度下，各部分的工作和合作高效有序。

中。例如：

XH_2（还原型底物）$+ NAD^+ \rightarrow X$（氧化型产物）$+ NADH + H^+$

XH_2（还原型底物）$+ NADP^+ \rightarrow X$（氧化型产物）$+ NADPH + H^+$

XH_2（还原型底物）$+ FAD \rightarrow X$（氧化型产物）$+ FADH_2$

其中还原态的 $NADH$、$NADPH$ 和 $FADH_2$ 等还可将所接受的电子和氢传递给其他传递体如细胞色素、辅酶 Q 等。在电子和能量转移过程中，起关键作用的是脱氢酶及其辅酶 NAD^+（或 FAD），脱氢酶在转移两个氢原子时，实际上是转移了 2 个质子（$2H^+$）和 2 个电子，NAD^+ 结合了 2 个电子和 1 个质子成为 NADH，另一个 H^+ 便游离在细胞的液体中。

按照热力学原理，电子的传递必须由低**氧化-还原电位**（E_0）物质向高氧化还原物质传递。氧化-还原电位又称为标准还原电位（standard reduction potential），它是以氢电极为标准并以氢原子氧化-还原体系的 E_0 值（-0.42 V）为对照来反映还原剂失去电子能力大小的电位差值。E_0 值高的体系较 E_0 值低的体系容易接受电子，其本身是较强的氧化剂；E_0 值低的体系较 E_0 值高的体系容易失去电子，其本身是较强的还原剂（表4-1）。在有电子转移的代谢反应中，氧化-还原电位的改变（ΔE_0）与标准自由能的改变（ΔG）成正比。因此，细胞中氢及其电子从一个化合物向另一个化合物转移时，被转移的电子所携带的能量便贮存在新的化学键中。

总体看来，细胞呼吸过程是一个氧化-还原反应，在图4-21所示的反应中，葡萄糖分子以 H 原子的形式失去

表4-1 部分重要氧化-还原体系的氧化-还原电位

氧化-还原对	E_0'/V
$2H^+ + 2e^- \longrightarrow H_2$	-0.42
铁氧还蛋白$(Fe^{3+}) + e^- \longrightarrow$ 铁氧还蛋白(Fe^{2+})	-0.42
$NAD^+ + H^+ + 2e^- \longrightarrow NADH$	-0.32
$NADP^+ + H^+ + 2e^- \longrightarrow NADPH$	-0.32
$S + 2H^+ + 2e^- \longrightarrow H_2S$	-0.274
乙醛 $+ 2H^+ + 2e^- \longrightarrow$ 乙醇	-0.197
丙酮酸$^- + 2H^+ + 2e^- \longrightarrow$ 乳酸$^-$	-0.185
$FAD + 2H^+ + 2e^- \longrightarrow FADH_2$	-0.18
草酰乙酸$^{2-} + 2H^+ + 2e^- \longrightarrow$ 苹果酸$^{2-}$	-0.166
延胡索酸$^{2-} + 2H^+ + 2e^- \longrightarrow$ 琥珀酸$^{2-}$	0.031
细胞色素 b $(Fe^{3+}) + e^- \longrightarrow$ 细胞色素 b (Fe^{2+})	0.075
泛醌（辅酶Q）$+ 2H^+ + 2e^- \longrightarrow$ 泛醌H_2（辅酶QH_2）	0.10
细胞色素 c $(Fe^{3+}) + e^- \longrightarrow$ 细胞色素 c (Fe^{2+})	0.254
$NO_3^- + 2H^+ + 2e^- \longrightarrow NO_2^- + H_2O$	0.421
$NO_2^- + 8H^+ + 6e^- \longrightarrow NO_4^+ + 2H_2O$	0.44
$Fe^{3+} + e^- \longrightarrow Fe^{2+}$	0.771
$O_2 + 4H^+ + 4e^- \longrightarrow 2H_2O$	0.815
乙酰 $CoA + CO_2 + H^+ + 2e^- \longrightarrow$ 丙酮酸 $+ CoA$	-0.48
$FMN + 2H^+ + 2e^- \longrightarrow FMNH_2$	-0.22
光合作用系统 P_{700}	0.43

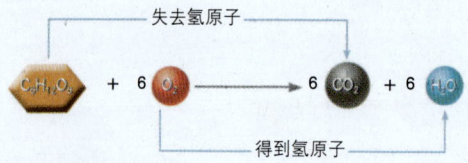

图 4-21　细胞呼吸是氧化-还原反应

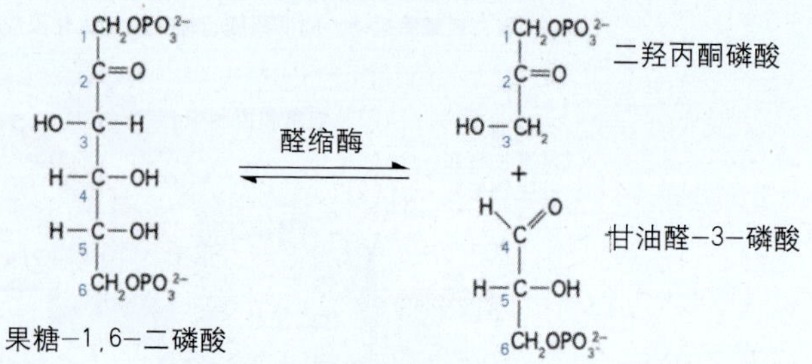

电子，O_2 以 H 原子的形式得到电子，H 原子及其电子在这个反应中发生了重排，能量也随之发生了转移。

细胞呼吸时葡萄糖分子就像是一个电子库，它为细胞内产能的氧化-还原反应提供丰富的电子。NAD^+ 与脱氢酶结合从这个库里提取电子，其化学能随之转移到形成的 NADH 中。在细胞呼吸的最后阶段，通过呼吸链这样的多酶氧化-还原体系，贮存在 NADH 中的化学能逐步释放出来，产生了更多的 ATP。同样，光合作用过程也涉及到一系列的电子转移及氧化-还原反应。氧化-还原反应是呼吸作用和光合作用等代谢中最基本的反应，关于呼吸链和光反应过程的电子传递及 ATP 的形成机理将在本章以后的部分具体讨论。

三、其他常见的代谢反应

除了最重要的氧化-还原反应外，常见的生物代谢反应还包括基团转移反应（group-transfer reaction）、碳键的形成和断裂反应、水解反应（hydrolysis reaction）、消除反应（elimination reaction）、重排反应（rearrangement reaction）等。

在第二章第一节中我们已经了解到，除了碳骨架外，有机化合物的性质还取决于与碳骨架相连接的功能基团（某些含氧、氮、硫、磷的原子团）。生物体中的有机化合物主要含有酰基（羰基）、羟基、羧基和氨基等功能基团。所谓基团转移反应就是指代谢反应中某功能基团从一个分子向另一个分子的转移。细胞代谢过程中典型的基团转移反应包括酰基转移反应、磷酰基转移反应、葡糖基转移反应等。例如在以后介绍的糖酵解和 Krebs 循环反应中，就涉及到一些基团转移反应。

我们已经知道，生物体将简单小分子合成复杂大分子并消耗能量的过程称为同化作用或合成代谢；生物体将复杂化合物分解为简单小分子并放出能量的反应，称为异化作用或分解代谢。大部分合成代谢和分解代谢都涉及到碳键的形成或断裂。例如果糖-1,6-二磷酸在醛缩酶的作用下分解成为二羟丙酮磷酸和甘油醛-3-磷酸，

图 4-22　碳键的断裂反应

就是在果糖-1,6-二磷酸的第 3 和第 4 位碳之间的碳键发生了断裂（图 4-22）。

许多生物大分子多聚体分解成小分子单体都涉及水解反应，例如淀粉水解成葡萄糖、多肽水解成不同的氨基酸、DNA 或 RNA 分子水解产生许多单核苷酸等等。ATP 水解形成 ADP 是另一类直接放出能量的水解反应。另外，苹果酸（malate）消除 1 分子水生成延胡索酸（fumarate）的反应属于消除反应，葡萄糖-1-磷酸转变为葡萄糖-6-磷酸、葡萄糖-6-磷酸转变为果糖-6-磷酸的反应属于重排反应。

在酶的调节催化作用下，细胞内各类代谢反应能否发生，取决于反应前后标准自由能的变化（ΔG）。反应前后标准自由能的变化与该反应的化学反应平衡常数（K_{eq}）相关。化学反应平衡常数是在标准状态条件下一个化学反应达到平衡时产物与反应物浓度的比值。在标准状态条件下 ΔG 与 K_{eq} 的关系可以用以下方程式表示：

$$\Delta G = -RT \ln K_{eq}$$

表 4-2 显示了标准自由能变化与化学反应平衡常数的关系及代谢反应状态的判断标准。有机化合物所含的能量主要决定于该化合物所含基团的能量，一般情况下，不稳定的活泼化学基团具有较高的自由能。热力学第二定律指示了代谢反应的方向和限度，应该再一次强调，

表 4-2　标准自由能变化（ΔG）与化学反应平衡常数（K_{eq}）的关系

K_{eq}	ΔG	代谢反应
>1.0	<0（负值）	可以正向发生
1.0	0	处于平稳状态
<1.0	>0（正值）	可以反向发生（或输入能量后可以正向发生）

即使 $\Delta G < 0$，并不等于反应就一定能自发进行，因为它还需要酶的催化作用来降低启动代谢反应所需的活化能和提高反应的速率。

第四节　细胞呼吸

一、细胞呼吸产生能量

汽车的开动需要燃烧汽油来提供能量。在汽车发动机中，有机燃料（汽油）的燃烧是氧化反应过程，这一发光发热的反应需要消耗氧气（O_2）和有机燃料，产生能量和二氧化碳（CO_2）。生命的一切活动也需要能量来维持。例如，小分子有机物合成为蛋白质或 DNA 等生物大分子多聚体、细胞中物质的跨膜运输、生物体的运动和形状改变、细胞的生长和繁殖等等都需要消耗能量。生命活动需要的能量主要通过细胞呼吸（cell respiration）来提供，细胞呼吸是生物体获得能量的主要代谢途径。

细胞呼吸也是一种氧化反应，它与汽油的燃烧产生能量在本质上是相同的（图 4-23）。在细胞中，"食物分子"是一种有机"燃料"，它的"燃烧"反应也需要消耗氧气，产生出能量和二氧化碳废气。因此汽油的燃烧和细胞呼吸都可以用下式来表达：

$$\text{有机化合物} + O_2 \rightarrow CO_2 + \text{能量}$$

细胞呼吸消耗的"燃料"可包括糖类、脂肪、蛋白质等多种"食物分子"，人们通常用典型的葡萄糖分子（$C_6H_{12}O_6$）来阐明细胞呼吸的代谢反应过程，因此，细胞呼吸通常被表达为葡萄糖的降解反应：

$$C_6H_{12}O_6 + 6O_2 \rightarrow 6CO_2 + 6H_2O + \text{能量}（ATP + \text{热}）$$

细胞呼吸与汽油燃烧本质上都是氧化有机质产生能量。细胞呼吸是在复杂的细胞体系中（主要在线粒体中）进行的，在温和条件和酶的参与和调控下，能量逐步按需释放，没有剧烈的发光发热现象，因此细胞呼吸能量的转化和利用效率很高。

有氧条件和缺氧条件下，葡萄糖等"食物分子"在生物细胞中产生能量的情况是不一样的，日常生活中的一些现象可以提供说明的佐证。酵母菌是一种单细胞真核生物，靠出芽进行繁殖。它们通常生活在有氧环境中，也能生活在缺氧的环境中。当酵母菌被加入到面团中时，酵母细胞一方面消耗氧气来分解葡萄糖（由面团的淀粉水解而来）并获得能量，同时产生二氧化碳使面团发泡膨胀，由此烤制成的面包多孔松软，口感良好。发酵是典型的有氧细胞呼吸过程。酒的酿制与面团发酵不同，酵母菌加入到酒坛中后，酒坛立刻被密封形成缺氧的环境，这时酵母菌将葡萄汁中的葡萄糖分解成酒精（乙醇）和二氧化碳。当酒精质量分数达到 12%～16% 时，酵母菌就会被杀死。酵母菌在有氧和无氧两种环境下分解葡萄糖所产生的能量相差很大（图 4-24）。在有氧环境中，食物分子被充分氧化，可产生比无氧环境更多的能量。

与酵母菌细胞相似，人体细胞也可以通过消耗氧气从葡萄糖分子中获得能量。生物学家把**细胞呼吸**定义为

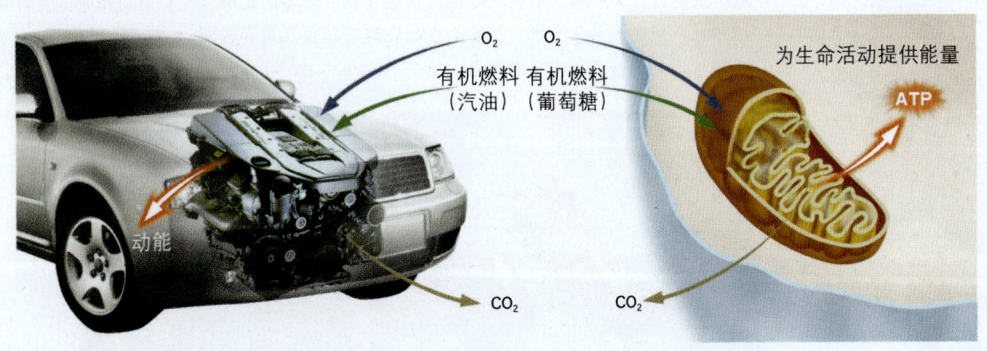

图 4-23　生命活动与汽车开动一样需要能量，它们的能量产生过程在本质上是相同的　汽车加油和人饮用含糖饮料都是为了补充有机质作为氧化反应的原料。汽车发动机利用汽油为燃料，经过消耗氧气的氧化反应产生动能（由化学能→热能→动能），推动汽车运动，同时放出二氧化碳废气；细胞中的线粒体利用葡萄糖（食物分子）为"燃料"，经过消耗氧气的氧化反应（细胞有氧呼吸）产生 ATP，为生命活动提供能量，这一过程同样也产生二氧化碳废气。

图 4-24　有氧与无氧条件下，利用酵母菌发酵生产面包和酿制葡萄酒　（a）酵母菌。（b）在有氧条件下，面团经酵母菌发酵后可制成松软的面包。（c）糖液在无氧条件下经酵母菌发酵酿制葡萄酒。

生物细胞消耗氧气来分解食物分子并获得能量的过程。人们通常将呼吸理解为通过口腔或鼻腔将 O_2 吸入到肺部再呼出 CO_2 的过程。通常意义的呼吸与细胞呼吸是相互关联的。例如，当运动员做跑步运动时，吸入肺部的 O_2 被输送到血液中，血液再将其输送给肌肉细胞，肌肉细胞便利用这些 O_2 进行细胞呼吸，将由血液输送来的葡萄糖等食物分子氧化分解成 CO_2 和 H_2O，并产生较多的能量使肌肉收缩运动，运动员便完成了跑步动作。同时 CO_2 废气又被血液运送到肺部，再经口或鼻腔排出体外（图 4-25）。当我们慢跑时，血液为肌肉细胞及时输送细胞呼吸所需要的氧气；但是，如果做激烈奔跑运动，肌肉细胞就需要在很短的时间内分解更多的葡萄糖，从而获取更多的能量，这时会造成氧气供应不足，肌肉细胞也会像酵母菌细胞无氧呼吸一样，一部分葡萄糖分子不能充分被氧化。其结果，葡萄糖被分解成乳酸（lactic acid），而不是水和 CO_2，同时也快速产生较少的能量用于应急。肌肉中产生的乳酸会使我们的肌肉有酸痛的感觉（图 4-25）。

葡萄糖分子含有许多化学能，例如，10 g 葡萄糖（大约一小汤匙）就含有 167 kJ 的能量。这些能量可以维持一个成年人做 15 min 的快速跑步运动。而 1 个 ATP 分子

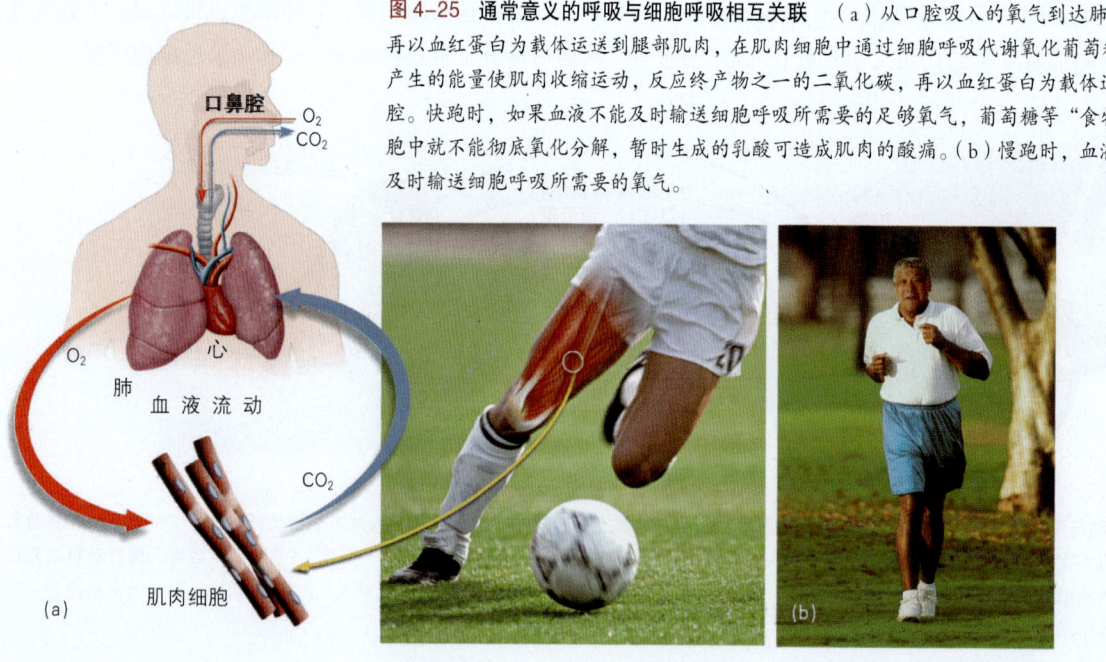

图 4-25　通常意义的呼吸与细胞呼吸相互关联　（a）从口腔吸入的氧气到达肺泡后进入血液中，再以血红蛋白为载体运送到腿部肌肉，在肌肉细胞中通过细胞呼吸代谢氧化葡萄糖等"食物分子"，产生的能量使肌肉收缩运动，反应终产物之一的二氧化碳，再以血红蛋白为载体运送到肺部呼出口腔。快跑时，如果血液不能及时输送细胞呼吸所需要的足够氧气，葡萄糖等"食物分子"在肌肉细胞中就不能彻底氧化分解，暂时生成的乳酸可造成肌肉的酸痛。（b）慢跑时，血液可以为肌肉细胞及时输送细胞呼吸所需要的氧气。

第四节 细胞呼吸 107

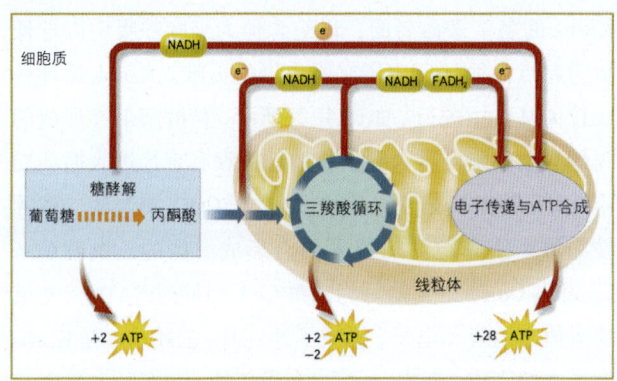

图4-26 **细胞呼吸的3个阶段** 图中的橘红色箭头部分为细胞呼吸的第一阶段，发生在细胞质中的糖酵解阶段不需要氧参与，通过9步反应六碳糖分子被部分分解成2个三碳的丙酮酸分子。在缺氧情况下，丙酮酸可以转化成乳酸或乙醇。图中的蓝箭头部分为细胞呼吸的第二阶段，在有氧存在时，丙酮酸进入线粒体，经过Krebs多步循环反应进一步氧化成二氧化碳，放出的氢和电子转移到NADH和FADH$_2$中。图中的红色箭头部分为细胞呼吸的第三阶段，Krebs循环产生的这些高能中间物将电子传给电子传递链，经氧化磷酸化过程，自由能被释放合成了更多的ATP。

所含有的化学能大约只有1个葡萄糖分子的1%。这并不意味着在细胞呼吸过程中每个葡萄糖分子有氧分解可以形成100个ATP分子，实际上经过细胞的有氧呼吸，葡萄糖中大约30%～40%的能量被转化贮存在ATP中，葡萄糖分子的其他能量则被转化成热能。与汽车发动机只能将汽油化学能的15%～25%转化为动能相比，细胞呼吸的产能效率是相当高的。

二、细胞呼吸的代谢过程

细胞呼吸是由一系列化学反应组成的一个连续完整的代谢过程，每一步化学反应都需要特定的酶参与才能完成。在这一系列反应中，某一步化学反应得到的产物同时又是下一步反应的底物。为了便于学习和理解，我们根据产物的性质和反应在细胞中发生的部位，将细胞呼吸的化学过程分为糖酵解、Krebs循环和电子传递及ATP合成三个阶段来介绍（图4-26）。

第一阶段为**糖酵解**（glycolysis）阶段，发生在细胞质中。糖酵解过程包括10步化学反应（图4-27）。参与

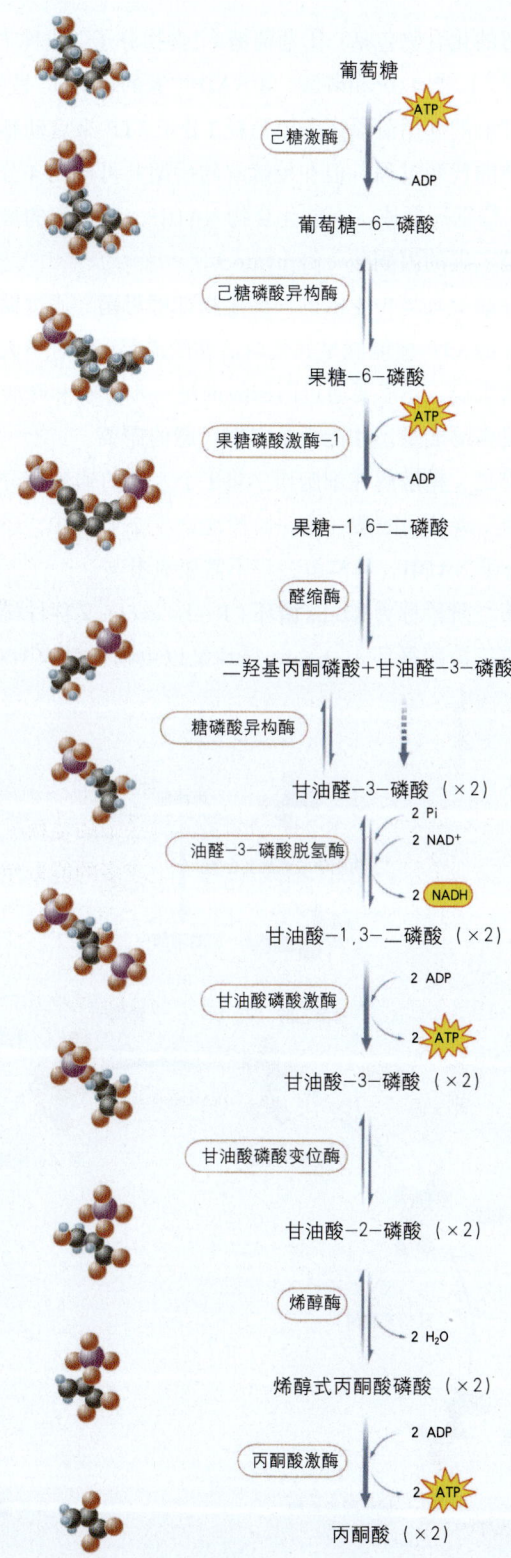

图4-27 **糖酵解阶段各步化学反应** 糖酵解阶段没有氧参与，起点为一分子的葡萄糖，终点为两分子的丙酮酸，放出的少量能量以ATP的方式被贮存，产生的高能电子被留在了高能化合物NADH中。通常情况下细胞中葡萄糖可以由贮存的糖原或淀粉通过分解而产生，但葡萄糖必须在己糖激酶的催化下"活化"为葡萄糖-6-磷酸，并以此为糖酵解的启动。另外，在果糖-1,6-二磷酸被分解为2个三碳分子（二羟丙酮磷酸和甘油醛-3-磷酸）后，在下一步反应中，细胞利用了甘油醛-3-磷酸。因为二羟丙酮磷酸可以转化为甘油醛-3-磷酸，所以1分子的果糖-1,6-二磷酸的分解，产生2分子的甘油醛-3-磷酸。

糖酵解的化合物包括：①葡萄糖（"食物分子"或称"燃料分子"），②ADP和磷酸，③NAD⁺（氢的载体）。另外，在糖酵解的起始阶段还需要消耗2分子ATP来启动整个葡萄糖的代谢过程。但在糖酵解的后期共可产出4分子ATP，特别还形成了高能化合物NADH。糖酵解的最终产物是三碳的丙酮酸（pyruvate）。

在缺氧环境中生活的一些生物如酵母菌，通过糖酵解产生的ATP便能满足其代谢活动的需要；但对于大多数生物来说，还需要通过丙酮酸的进一步分解和呼吸链获得更多的能量，才能满足它们代谢的需要。

总之，糖酵解在细胞质中将1个六碳的葡萄糖分解成2个三碳的丙酮酸，这一阶段净产生2个ATP，还生成2分子NADH，糖酵解过程不需要氧参与。

第二阶段称为 **Krebs循环**（Krebs cycle，又称柠檬酸循环或三羧酸循环）。Krebs循环是以生物化学家Hans Krebs的名字来命名的，以纪念他为细胞呼吸中以柠檬酸为起点的循环反应研究所作出的贡献。Krebs循环在线粒体基质中进行。如图4-28所示，糖酵解最终形成的丙酮酸由细胞质进入到线粒体后并没有直接进入循环反应，而是首先氧化脱羧释放出1分子CO_2，剩余的二碳片段与维生素来源的辅酶A结合形成二碳的乙酰辅酶A（acetyl-CoA，中文简写为乙酰CoA），同时NAD⁺接受该反应放出的氢和电子，形成了NADH。乙酰CoA是Krebs循环中的高能"燃料分子"，在线粒体中，实际上只有乙酰CoA的乙酰基（二碳部分）与4碳的草酰乙酸（oxaloacetic acid）反应生成了6碳的柠檬酸（citrate），并开始了循环反应，CoA片段脱下后又成为上一步骤的反应物。接下来，柠檬酸继续氧化，通过9步反应，逐步脱去2个羧基碳，又形成四碳的草酰乙酸，由此完成了一轮循环。每一轮循环放出2分子CO_2和8个H，产生3分子NADH

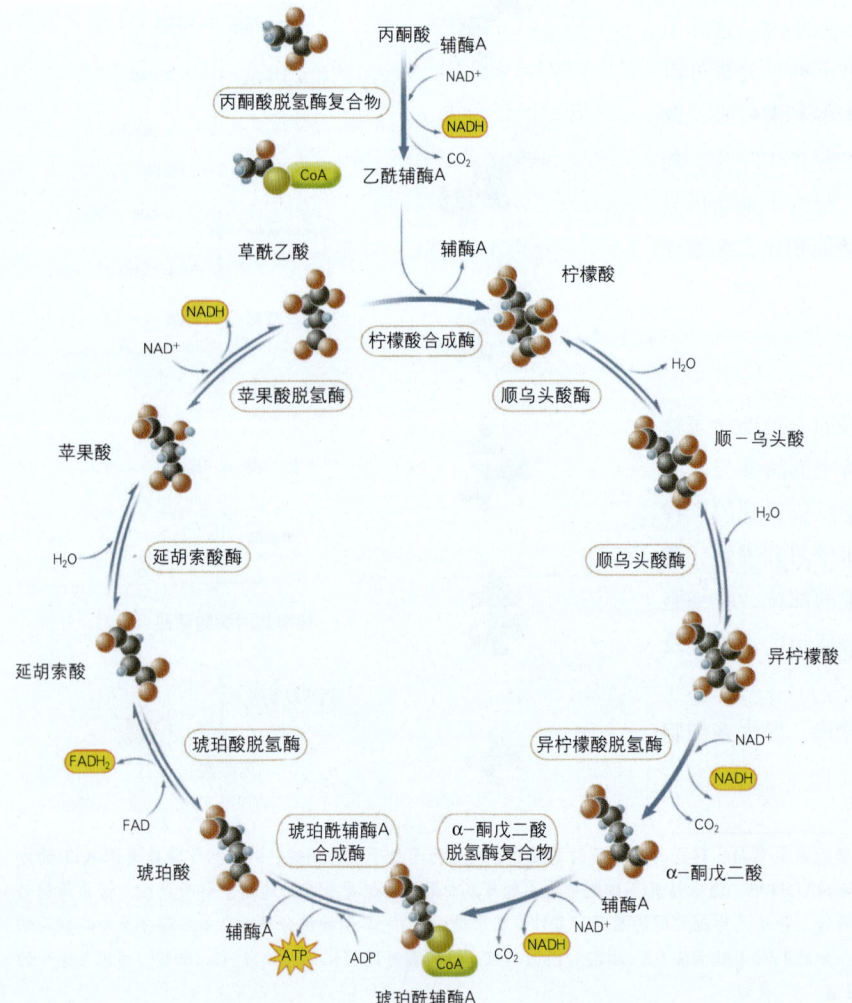

图4-28 简化的Krebs循环图解 在真核细胞的线粒体中或是在需氧原核细胞的细胞质中，辅酶A所携带的乙酰基通过一系列循环的反应被完全氧化：首先，在顺乌头酸酶催化的反应中，乙酰基结合草酰乙酸产生的柠檬酸被转化为柠檬酸的同分异构体——异柠檬酸。异柠檬酸经过氧化脱羧作用转变为α-酮戊二酸。接着，在总称为α-酮戊二酸脱氢酶复合物的三种酶所催化的多步反应中，进一步的氧化脱羧作用使得α-酮戊二酸转化为琥珀酰辅酶A。高能化合物琥珀酰辅酶A在琥珀酰辅酶A合成酶的作用下脱去辅酶A生成琥珀酸。在琥珀酸脱氢酶的催化下，琥珀酸被氧化为延胡索酸。延胡索酸酶催化一分子水加入延胡索酸形成苹果酸。最后，苹果酸被氧化为草酰乙酸。这一反应所形成的草酰乙酸此时可以又与另一个乙酰辅酶A分子结合，开始新一轮的循环。

Krebs循环的主要功能是生成细胞所需要的ATP。但事实上循环的4个氧化反应中释放出来的大部分能量是被贮存在琥珀酸脱氢酶的$FADH_2$及NADH中的。正是这些物质此后被分子氧进一步氧化，才通过一个偶联的过程为细胞提供了大量的能量（生成更多的ATP）。（注：在动物细胞中的琥珀酸形成反应实际可生成GTP。）

和1分子$FADH_2$，还直接产生1分子ATP。Krebs循环的每一步反应同样需要相应酶的催化作用。(此处把丙酮酸氧化脱羧形成乙酰CoA归入在Krebs循环阶段，有些教科书也把丙酮酸氧化脱羧形成乙酰CoA作为一个独立的阶段。)

细胞呼吸第三阶段进入**氧化磷酸化**(oxidative phosphorylation)阶段，贮存于NADH和$FADH_2$的高能电子沿分布于线粒体内膜上的电子传递链(electron transport chain，又称呼吸链)传递，最后到达分子氧，高能电子逐步释放的能量合成了更多的ATP。

葡萄糖经过糖酵解和Krebs循环被氧化分解成CO_2，产生的能量一部分直接形成了ATP，一部分保留在NAD^+和FAD接受高能电子后形成的NADH和$FADH_2$中。在细胞呼吸的第三阶段，电子传递链就是通过一系列的氧化-还原反应，将高能电子从NADH和$FADH_2$最终传递给分子氧，同时随着电子能量水平的逐步下降，高能电子所释放的化学能就通过磷酸化途径贮存到ATP分子中(图4-29)。

电子传递链又称**呼吸链**(respiratory chain)，是典型的多酶体系。电子传递链的主要成分是在线粒体内膜上的蛋白复合物，这些复合物包含了一系列的电子传递体如NADH脱氢酶、黄素腺嘌呤单核苷酸(flavin adenine mononucleotide，FMN)、辅酶Q、各种细胞色素(cytochrome，Cyt)分子等(图4-30)。每一个电子传递体从上游（较高能量水平）的相邻电子传递体接受电子后呈还原态，当它把电子再传递给下游相邻的电子传递体时，它又转变成氧化态。分子氧是电子传递链中最后的电子受体，当电子经上述电子传递链最终传到分子氧(1/2 O_2)时，它便结合周围溶液的2个H^+形成了细胞呼吸的最终产物H_2O分子。2个电子从最上游的NADH经呼吸链传递到分子氧，其总能量水平下降了222 kJ/mol，释放出的能量可形成2.5个ATP(原先认为是3个)。2个电子从最上游的$FADH_2$经呼吸链传递到分子氧可形成1.5个ATP(原先认为是2个)。由于线粒体内膜上发生的磷酸化作用与氧化作用密切偶联，所以这一过程又称为氧化磷酸化。

三、ATP形成及统计

生物细胞通过磷酸化作用即磷酸基团与ADP结合产生ATP分子。生物细胞有2种磷酸化的途径或机理，即底物水平磷酸化(substrate-level phosphorylation)和与电子传递系统(electron transport system)偶联的磷酸化。

1. 底物水平磷酸化

底物水平磷酸化机理较为简单，在磷酸化过程中，相关的酶将底物分子上的磷酸基团直接转移到ADP分子上。这些底物是葡萄糖分解为CO_2的细胞呼吸反应中形成的有关中间产物。这种转移过程的发生是由于这些带有磷酸基团的底物相当不稳定，磷酸基团与底物相连的化学键非常脆弱，在酶的作用下发生磷酸基团的转移形成了比原反应物更为稳定的新产物和ATP分子。例如，糖酵解中ATP的形成(图4-27)都是这种底物水平磷酸化反应，Krebs循环(图4-28)中也有一次底物水平磷酸化。图4-31显示了在酶的作用下，糖酵解后期烯醇式丙酮酸磷酸转变为丙酮酸反应所完成的磷酸化过程。

与底物水平磷酸化机理相比，与电子传递系统偶联的磷酸化及其机理要复杂得多，它涉及到质子的跨膜运输等。

2. 化学渗透

1961年，英国科学家Mitchell提出了**化学渗透学说**(chemiosmotic theory)，解释了线粒体内膜上电子传递过程中氧化磷酸化及ATP形成的机理，Mitchell由此荣获

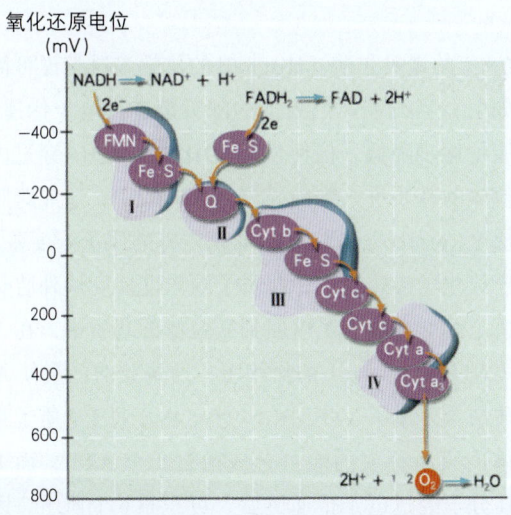

图4-29 线粒体内膜上的电子传递链组成成分及氧化-还原电位
通过催化多步电子传递转移（氧化-还原）反应，NADH和$FADH_2$的电子最终被传递给分子氧，生成H_2O。$2e^-$从NADH转移到1/2 O_2，有1.14 V氧化-还原电位差。1 mol NADH通过呼吸链可产生219.1 kJ自由能。如果NADH或$FADH_2$不经过呼吸链直接被氧化，释放的能量就无法被生物利用。

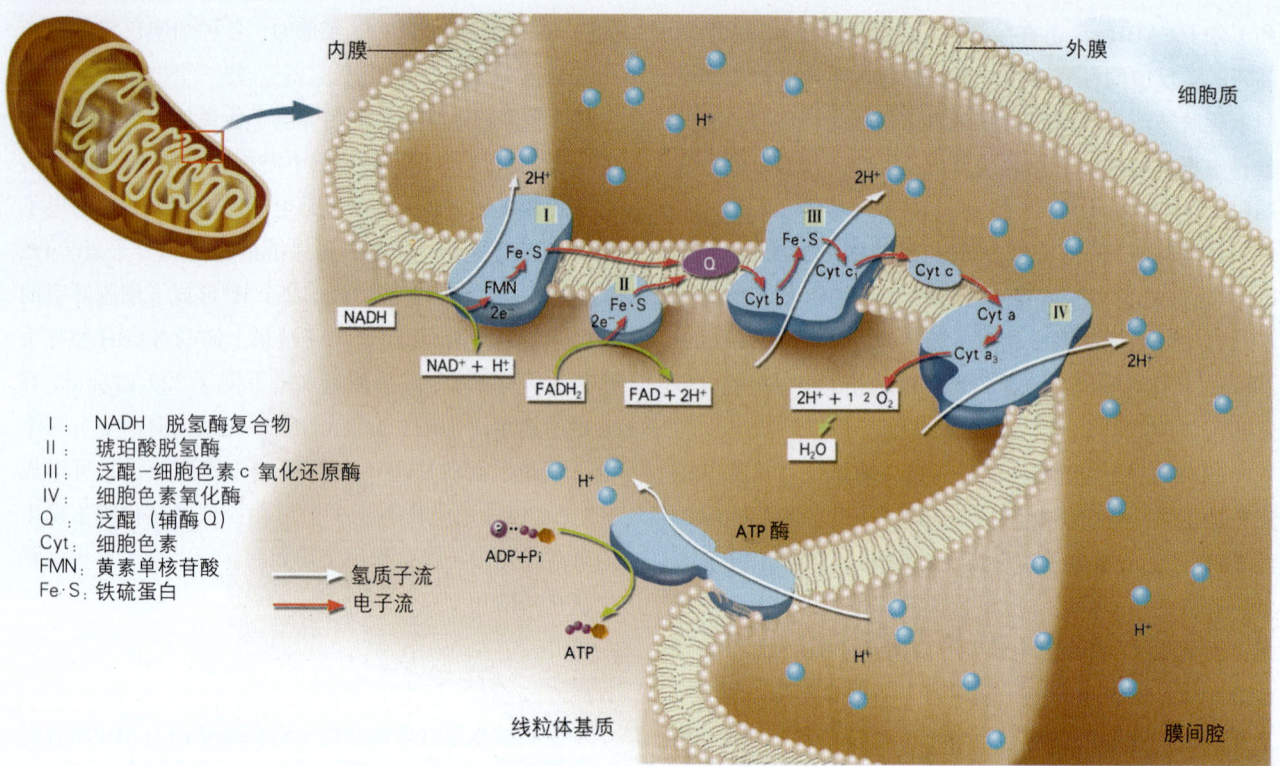

I: NADH 脱氢酶复合物
II: 琥珀酸脱氢酶
III: 泛醌-细胞色素c 氧化还原酶
IV: 细胞色素氧化酶
Q: 泛醌（辅酶Q）
Cyt: 细胞色素
FMN: 黄素单核苷酸
Fe·S: 铁硫蛋白

→ 氢质子流
→ 电子流

图 4-30　**呼吸链**　呼吸链酶系是由结合在内膜上的许多酶和其他分子所组成，承担电子传递作用，故又称电子传递链。这些电子载体组成依次为 NADH 脱氢酶（以黄素单核苷酸 FMN 为辅基），铁-硫蛋白，辅酶Q，细胞色素b，细胞色素c_1，细胞色素c，细胞色素a，细胞色素a_3。除辅酶Q以外，其余皆为蛋白质。通过呼吸链，电子由 NADH 传递给分子氧。这一系列放能反应与 ATP 的合成反应偶联。线粒体内膜的电子载体精确的空间取向使电子以最大的效率从一个载体传递到下一个载体。注：最近的研究表明，呼吸链酶系中，复合物Ⅱ（琥珀酸脱氢酶）是跨膜蛋白，本图仍沿用了以前的未跨膜形式。

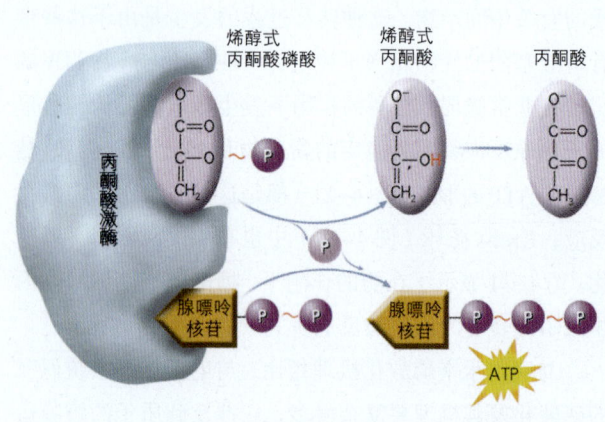

图 4-31　**底物水平磷酸化**　烯醇式丙酮酸磷酸中，氧与磷酸基团间的化学链不稳定，在丙酮酸激酶的作用下，烯醇式丙酮酸磷酸上的磷酸基团为H取代，产生烯醇式丙酮酸并最终生成了丙酮酸，而脱去的磷酸基团与 ADP 结合，生成 ATP，同时高能电子及其能量由烯醇式丙酮酸磷酸转移到 ATP 分子中。

了1978年的诺贝尔奖。Mitchell 的化学渗透学说可简单表述如下：当线粒体内膜上的呼吸链进行电子传递时，电子能量逐步降低，促使从 NADH 脱下的 H^+ 穿过内膜从线粒体的基质进入到内膜外的膜间腔中，造成跨膜的质子梯度（proton gradient），即膜内外的质子浓度差。紧接着导致化学渗透发生，即质子顺浓度梯度从外腔经内膜通道（ATP合成酶）返回到线粒体的基质中，在 ATP 合酶（ATP synthase）的作用下，所释放的能量使 ADP 与磷酸结合生成了 ATP（图4-32）。由于每2个质子穿过线粒体内膜所释放的能可合成接近1个 ATP，而1个 NADH 分子经过电子传递链后，可积累6个质子，因此共可生成 2.5 个 ATP 分子；而1个 $FADH_2$ 分子经过电子传递链后，可积累4个质子，共可生成 1.5 个 ATP 分子。

3. 1分子葡萄糖彻底氧化分解所形成的能量统计

1个葡萄糖分子经过细胞呼吸氧化分解，生成了 CO_2 和 H_2O，经过上述的糖酵解、Krebs 循环和电子传递及

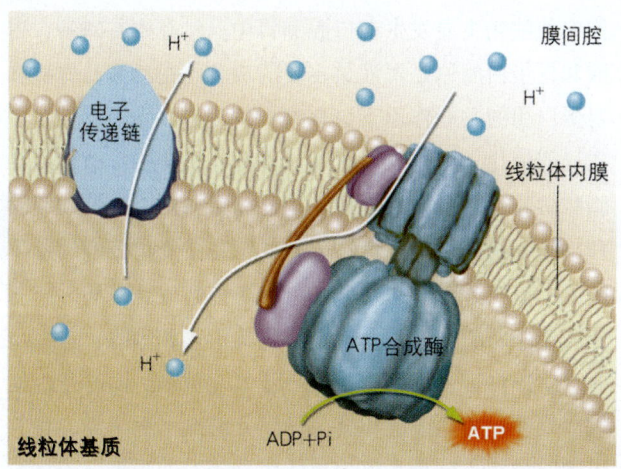

图 4-32 Mitchell 的化学渗透学说 在线粒体内膜上电子传递过程中电子能量降低时,质子过膜从线粒体基质进入内膜外的膜间腔中,从而造成质子浓度梯度,即膜外的氢离子浓度高于膜内的氢离子浓度,导致了 pH 差和电位差的形成。质子浓度梯度的存在意味着势能的存在,于是质子顺梯度从外面经内膜通道(ATP 合成酶)而折回线粒体基质中,所释放的能量即用来产生 ATP。即跨膜的氢离子浓度梯度的势能驱动了氧化磷酸化反应来合成 ATP。

ATP 合成 3 个连续阶段所产生的 ATP 统计如下(图 4-33):

在糖酵解阶段(发生在细胞质中),底物水平磷酸化产生 4 分子 ATP,己糖分子活化消耗 2 分子 ATP,糖酵解阶段的脱氢反应产生 2 分子 NADH,经过电子传递链生成 5 个 ATP;由于糖酵解阶段产生于细胞质中的 2 个 NADH 进入呼吸链时按甘油磷酸穿梭(glycerol phosphate shuttle)途径穿过线粒体膜需要消耗 2 分子 ATP,因此糖酵解阶段合计积累 5 个 ATP。

Krebs 循环阶段(发生在线粒体中),底物水平磷酸化产生 2 分子 ATP。脱氢反应(包括丙酮酸生成乙酰辅酶 A 的反应)产生 8 分子 NADH 和 2 分子 $FADH_2$,8 分子 NADH 经过电子传递链生成 20 个 ATP,2 分子 $FADH_2$ 经过电子传递链生成 3 个 ATP,因此 Krebs 循环阶段净积累 25 个 ATP。

经过糖酵解阶段和 Krebs 循环阶段,1 分子葡萄糖通过有氧呼吸共形成 30 个 ATP。图 4-33 总结了 1 分子葡萄糖经过细胞有氧呼吸产生 ATP 的部位和数量。

四、其他营养物质的氧化分解和代谢

一般情况下,一个成年人每天摄入的"食物分子"经过细胞呼吸形成的 ATP,可提供大约 9 200 kJ 的能量,这

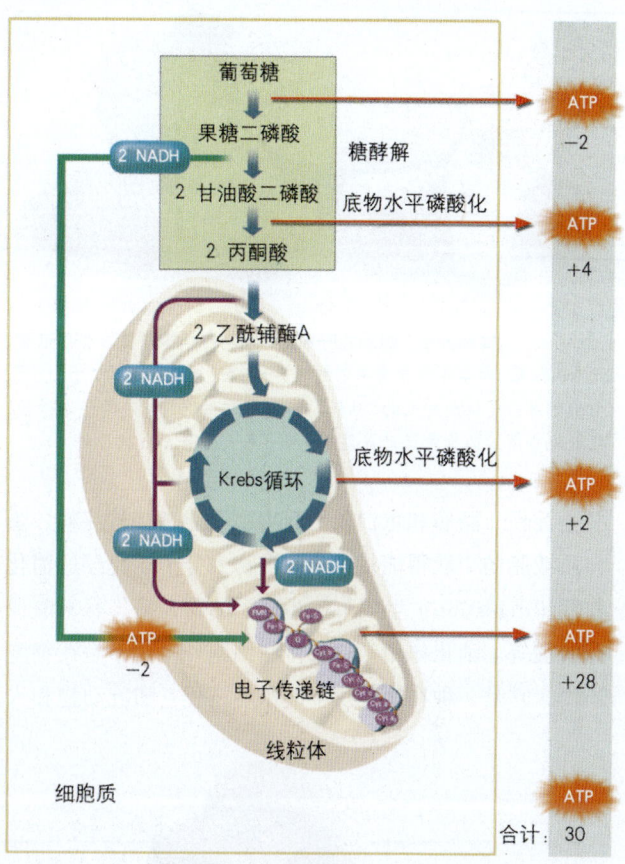

图 4-33 1 分子葡萄糖经过细胞有氧呼吸产生 ATP 的部位和数量
细胞产生 ATP 的统计(+表示产生,-表示消耗):

糖酵解:	
底物水平磷酸化	+4ATP(细胞质)
己糖分子活化	-2ATP(细胞质)
2 分子 NADH 可生成	+5ATP(线粒体)
2 分子 NADH 进入线粒体	-2ATP(线粒体膜)
Krebs 循环:	
底物水平磷酸化	+2ATP(线粒体)
8 分子 NADH 可生成	+20ATP(线粒体)
2 分子 $FADH_2$ 可生成	+3ATP(线粒体)
总计生成:	+30ATP

些能量可基本满足一个成年人一天活动的需要。地球上几乎所有的生命都直接或间接地从太阳获取所需要的能量。植物通过光合作用将无机物转变为有机物,这些有机物可作为食物分子,直接或间接地为植物本身和其他动物提供细胞呼吸所需要的"燃料"(图 4-34)。生命就是这样不断地依赖于外部能量的输入,生命不息,代谢不止,演绎着个体发育和系统进化的历史。

为了便于理解,我们总以葡萄糖为例来讨论细胞呼吸和能量的收获,但在我们的食物中,很少有游离的葡萄糖单体存在。我们每天摄入的用以产生能量的食物主

图4-34 "食物分子"是细胞呼吸的"燃料" 各种食物包括粮食、蔬菜、瓜果、肉类等都含有丰富的糖类、脂肪、蛋白质等"食物分子",它们都可以是细胞呼吸的"燃料"分子,通过细胞内特定的代谢途径,经氧化分解后为生命活动提供能量和生物大分子合成的原料。

要是淀粉、脂肪和蛋白质,而细胞不能直接从淀粉、蛋白质或脂肪中获得能量,这些生物大分子需要经过**消化作用**(digestion)生成单体小分子的葡萄糖、氨基酸或脂肪酸等。消化作用常常发生在细胞外,而不是在细胞质内,它是一种在酶作用下的水解过程。哺乳动物和人体中的消化主要发生在口腔和胃中。口腔中有唾液,胃酸和胃蛋白酶原是胃液最主要的成分,在唾液、胃酸和胃蛋白酶的共同作用下,食物中的淀粉、脂肪、蛋白质先局部消化。淀粉先消化成寡聚糖,脂肪初步消化成为脂肪微粒,蛋白质可被初步消化为蛋白胨。以后,胰腺和小肠分泌消化酶把食物分解成细胞能氧化分解的单体成分:淀粉分解成葡萄糖,蛋白质分解成氨基酸,脂肪分解成脂肪酸和甘油。通过小肠的消化和吸收,这些小分子单体再进入细胞中被进一步氧化分解,同时产生能量。另外,某些细菌和真菌可以分泌出水解酶类,将其周围的食物大分子水解为单体小分子,这些小分子再被吸收到细菌和真菌的细胞内完成氧化分解,产生出能量。

许多食物如大豆,除了含多糖外,还含有丰富的蛋白质和脂肪,消化水解后的氨基酸与脂肪酸也都可以经过氧化分解为细胞提供能量,它们的氧化都是先转变为某种中间产物,然后进入糖酵解或Krebs循环(图4-35)。

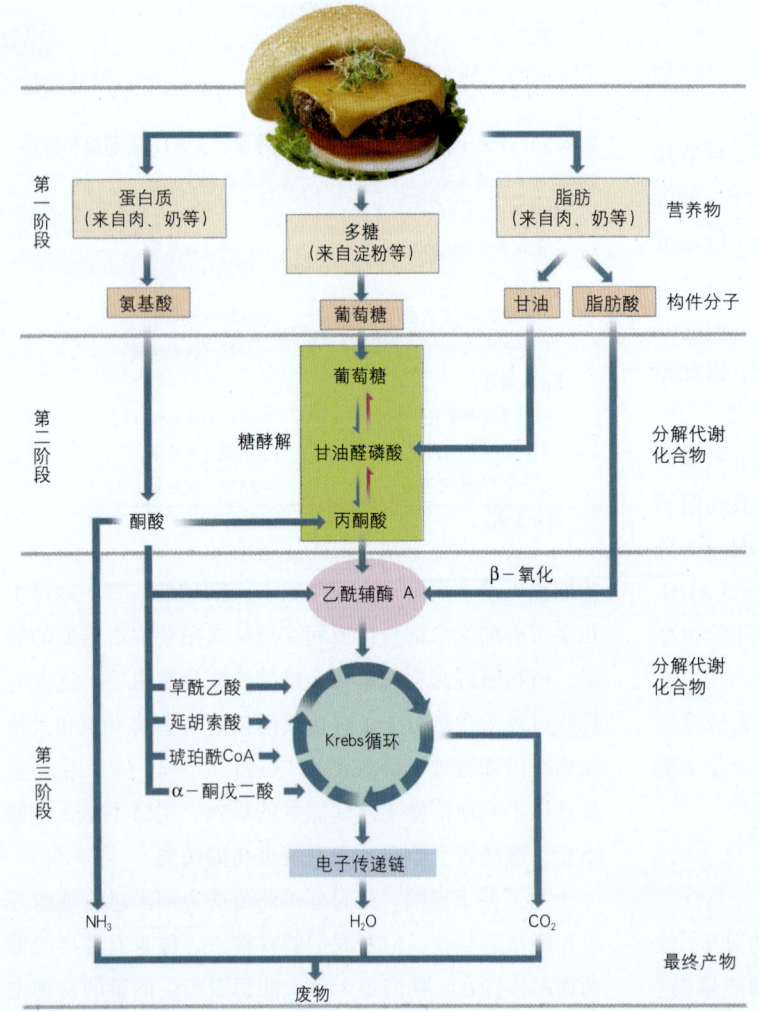

图4-35 蛋白质和脂肪的氧化 Krebs循环中最基本的反应物乙酰基可来源于葡萄糖(经过丙酮酸氧化脱羧),也可来源于脂肪酸(经b氧化),或来源于氨基酸(经脱氨基作用先生成酮酸)。同时,经由氨基酸分解产生的酮酸还可以生成Krebs循环中的众多中间反应物,如草酰乙酸、延胡索酸、琥珀酰辅酶A等。因此,Krebs循环也是蛋白质和脂肪的氧化降解途径。

氨基酸经过脱氨变成 Krebs 循环中的有机酸,脂肪酸可以与辅酶 A 结合氧化生成乙酰辅酶 A 而进入 Krebs 循环,甘油则可以转变为磷酸甘油醛进入糖酵解过程。由于脂肪富含更多的氢原子和能量,1 g 脂肪氧化产出的 ATP 可以是 1 g 淀粉氧化产出 ATP 的 2 倍。

生物的新陈代谢包括有机质的分解与合成及能量的产生与消耗两方面。由细胞呼吸产生的代谢产物及能量又可被利用来合成生物大分子并进一步形成细胞的结构成分。例如,由食物分解产生的氨基酸可以再被合成为细胞中的蛋白质;糖酵解和 Krebs 循环过程中的一些中间代谢产物也可为细胞成分的生物合成以至细胞、组织和生物体的构成提供原料(图 4-36)。同时由细胞呼吸产生的能量(ATP)又在生物大分子及细胞结构成分的合成过程中被利用。如此满足了细胞生长与分裂、组织与器官的形成、生物个体的生长与发育的需要。

通过本节学习,我们认识到,一方面,"食物分子"的氧化分解即细胞呼吸过程可捕获能量;另一方面,食物分子的分解又为生物大分子的合成及细胞、组织和生物体的组成提供原料。正是由于这两方面的作用和联系,为生命的代谢活动及保持高度有序的状态提供了保证。

第五节　光合作用

万物生长靠太阳,地球上所有的生命最终都靠太阳提供能量。太阳光经过一亿六千万千米的长途跋涉到达地球,植物捕获和利用太阳能,将无机物(CO_2 和 H_2O)合成为有机物,并放出氧气,即将太阳能转化为化学能并贮存在葡萄糖和其他有机分子中,这一过程称为**光合作用**(图 4-37)。植物光合作用除了给自然界提供食物和化石燃料外,光合作用过程中产生的氧气也是无数多细胞和单细胞生物进行呼吸活动所必需的。光合作用包括了光吸收、能量传递、电子传递及糖类的合成等一系列复杂的反应。

一、光合自养生物、叶绿体和光合膜

光合自养生物是生物圈(biosphere)的生产者;动物和真菌等直接或间接以光合自养生物为生,它们是生物圈的消费者。实际上,植物并不是地球上唯一的生产者,光合自养生物可以分布在陆地、沙漠、海洋和湖泊等多种环境之中,它们的种类很多,如高大的橡树、旱生的仙人掌、海洋中的长达几百米的巨藻和湖泊中的绿藻等藻类生物,还有蓝细菌和其他光合细菌等。人们最为常见的光合自养生物是陆地上的植物。

植物的光合作用过程都是在叶绿体中进行的,因此,我们首先来认识叶绿体的基本构造(图 4-38)。

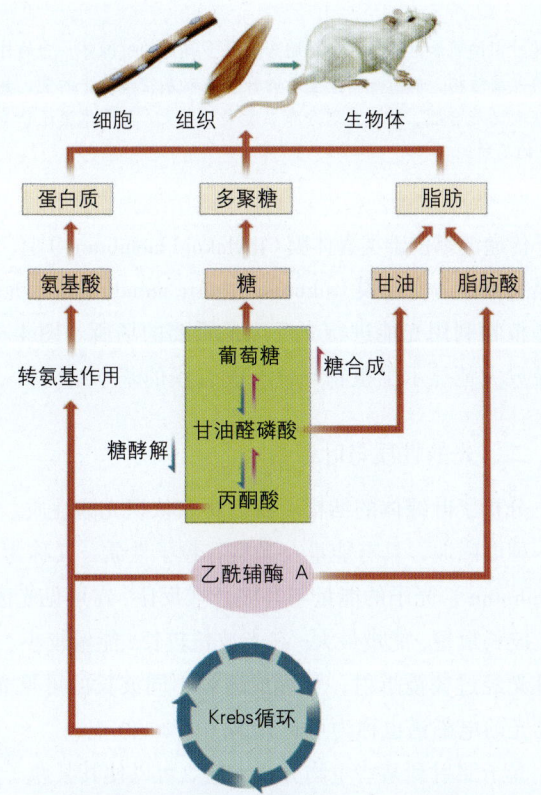

图 4-36　营养物质的分解可提供生物大分子合成的原料　"食物分子"分解形成的各类小分子单体如单糖、甘油、脂肪酸等都可以用来合成多聚糖、脂类和蛋白质等,进而成为细胞、组织乃至生物体的结构成分。例如,Krebs 循环不仅是一种降解递能途径,其过程的中间产物是氨基酸的重要的前体。同时,乙酰辅酶 A 和糖酵解阶段的终产物丙酮酸在转氨基作用下都可以生成氨基酸,进而合成蛋白质等生物大分子

图 4-37　光合作用的化学表达

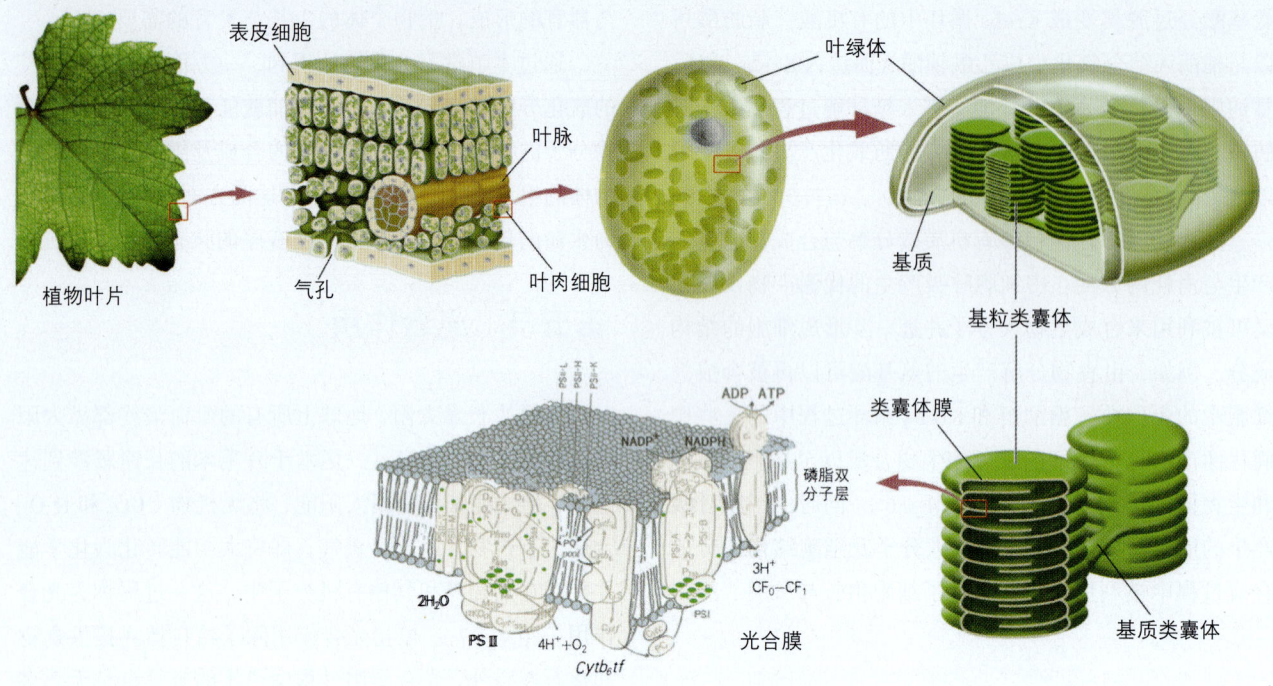

图 4-38 植物叶片、叶绿体和光合膜的基本结构　叶片的上下两层表皮之间是叶肉细胞和叶脉。叶肉细胞含有许多扁圆的叶绿体。它的外表是双层膜结构，内部有类囊体组成的基粒和致密液体（基质）。基粒有着明显的片层结构，如同一堆堆叠着的钱币或双层空心扁平的囊，其中每一个扁平的囊（密封膜结构）称为类囊体，类囊体腔内是水溶液。类囊体膜又称为光合膜，叶绿素则分布在类囊体膜上。类囊体膜还分布着许多电子递体，如质子醌、蛋白质、细胞色素等。类囊体膜是光合作用光反应的场所。

植物体所有绿色的部分都有叶绿体。对于大多数植物来说，叶片所含有的叶绿体最多，是光合作用最主要的场所。在每平方厘米叶片范围，大约可分布 50 万个叶绿体。这些叶绿体主要分布于叶片的叶肉（mesophyll）细胞中。叶片下表皮上的气孔控制着 CO_2 和 O_2 进出，平行或纵横交错的叶脉（vein）是叶片输入水分、矿物质和输出光合作用产物的通道。植物根部吸收的水分进入叶脉输送到叶肉细胞中，叶脉还可将光合作用的产物——糖类等输出到植物的根部或其他部位。

叶片中典型的叶肉细胞大约有 30~40 个叶绿体。每一个叶绿体的形状类似于一个凸透镜，直径为 2~7 nm。叶绿体外包被是双层生物膜，膜内含有称为**基质**（stroma）的致密液体，悬浮分布于基质中的是一些膜系统，它们是一系列排列整齐的扁平囊状结构称之为**类囊体**（thylakoid）。部分类囊体相互垛叠在一起像一摞硬币，称为**基粒**（grana），这些类囊体又称为**基粒类囊体**（grana-thylakoid）。暴露于基质中连接基粒的膜系统称为**基质类囊体**（stroma-thylakoid）。组成类囊体的膜结构是一个彼此相通的复杂膜系统，光合作用的色素、光系统和电子传递链都位于类囊体膜（thylakoid membrane）上，这些膜又被称为**光合膜**（photosynthetic membrane）。光合膜是植物利用光能进行光反应最重要的场所。图 4-38 逐级放大地显示了植物叶片至光合膜的基本结构。

二、光的性质与叶绿素

分析了叶绿体的结构后我们再来认识光的性质。光是一种电磁波，具有能量。光具有粒子性质，又称为光子（photon）。光子的能量与其波长成反比，在可见光区，紫光波长最短，能量最大；红光波长较长，能量较小。一束日光经过棱镜折射，可形成连续不同波长的可见光，可见光的电磁谱也称为可见光谱（图 4-39）。

光子照射到某些生物分子上时，可以使其某原子中的电子跃迁到更高的能级水平上，即生物分子处于**激发态**（excited state）。激发态的生物分子是不稳定的，接下来有两种发展途径，一条途径是电子再回到基态，即回到原来的近核轨道的低能量状态，同时能量以热或者荧光方式耗散出去；另一条途径是失去电子，而本身被氧化，带有正电荷，接受其电子的另一个生物分子则被

第五节　光合作用

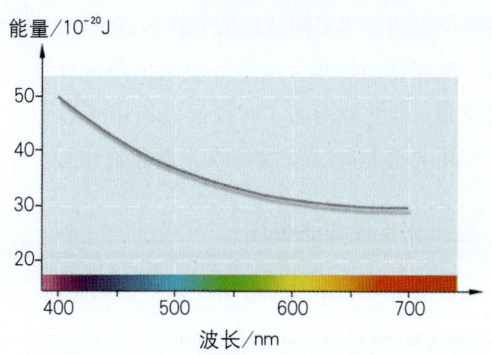

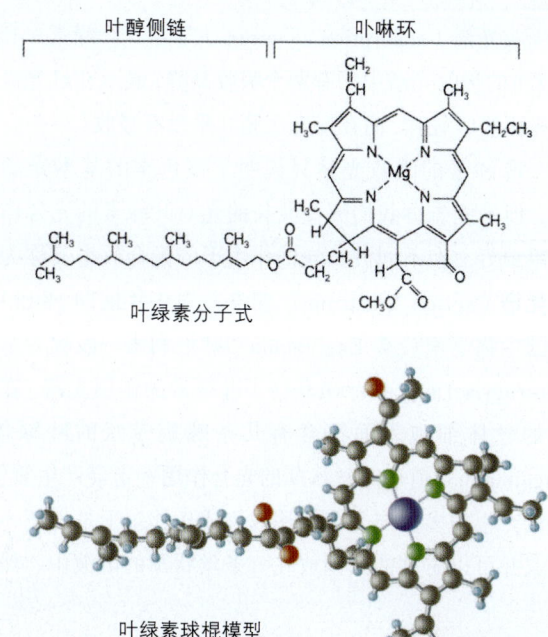

图4-39　**可见光的电磁谱**　可见光谱只代表整个电磁谱的一小部分，其波长范围大约为380～760 nm。可见光的能量可以被植物光合作用所利用。

还原。叶绿素分子就是一种可以被可见光激发的色素分子，在光子驱动下发生的得失电子反应是光合作用过程中最基本的反应（图4-40）。

色素是一种可以吸收可见光的物质，涉及光合作用最关键的色素是叶绿素。日光是由波长380～760 nm的光组成的混合光，当日光照射到植物的叶绿素分子上时，其他波长的可见光基本都被叶绿素吸收了，唯独大部分绿光不能被吸收而反射出来，所以我们看见的植物是绿色的。

叶绿素分子是由碳和氮原子组成的具有较复杂结构的卟啉环（porphyrin ring）与叶醇（phytol）侧链相连的化合物，排列在类囊体表面的叶绿素分子靠叶醇侧链插入到类囊体膜中（图4-41）。叶绿素卟啉环结构与红细胞中的血红素基本相同，只是叶绿素分子中心4个吡咯环上与氮原子相连接的是一个镁原子，而不是铁原子。叶绿素是一个大的共轭分子，由于配对键结构的共振，

图4-41　**叶绿素分子的化学结构**　叶绿素分子含有4个吡咯环，它们和4个甲烯基连接成1个大的卟啉环。镁原子居于卟啉环环中央。另外还有1个含羰基和羧基的副环。含20个碳的叶醇侧链以酯与吡咯环侧链上的丙酸相结合。叶绿素通常都与蛋白质结合，叶绿素－蛋白质复合物插入在类囊体膜上。

被光激发后，其中双键被还原或分子结构丢失1个电子，都会改变其能量水平。光合作用的色素主要包括叶绿素a、叶绿素b、类胡萝卜素（carotenoid）、藻胆素（phycobilin，为蓝细菌与红藻特有）等，其中叶绿素a是启动光反应的主要色素，其他色素主要起捕捉和转递光能的作用。

分光光度计是用来测定色素或化学物质对不同波长的光吸收能力（吸收光谱）的一种仪器。用其测定叶绿素

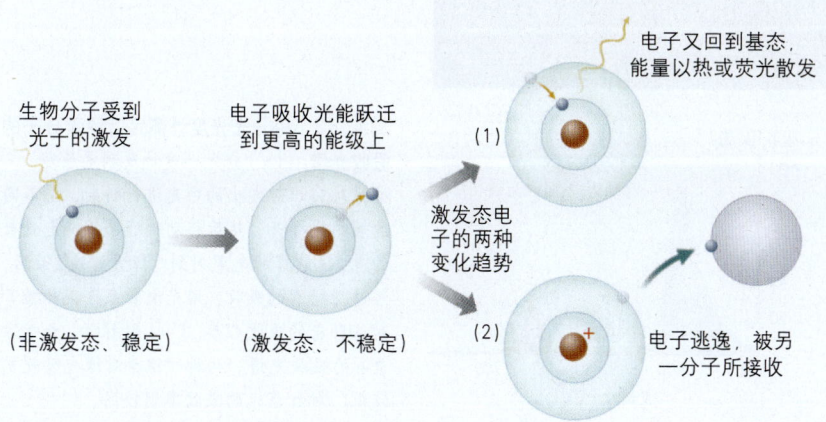

图4-40　**光与原子或分子间的相互作用**　当一个原子或分子中的某原子受到光的激发，在光子能量的驱动下，其电子可跃迁到离原子核更远的轨道上处于高能量水平的激发态。如果该电子又回到原来低能量水平的轨道，一部分能量便可以荧光或热的形式释放；如果存在另一个合适的电子受体（原子或分子），该电子便可能逃逸到电子受体上。这种在光能驱动下的得失电子反应即是典型的氧化-还原反应。即得电子的受体被还原，失电子的供体被氧化。

的吸收光谱（absorption spectrum）显示，叶绿素a和叶绿素b的吸收光谱中均有两个吸收高峰，表示在红光区和蓝光区吸收较强，而在绿光区则几乎没有吸收（图4-42）。

叶绿素的吸收光谱只说明了该色素的基本光学特性，但不能告诉我们哪些波长的光对叶绿素的光合作用效果最好。在不同波长光的作用下的光合效率又称为**作用光谱**（action spectrum）。早在一百多年前即1883年，德国生物学家T. W.Engelmann巧妙地利用一段称为水绵（*Spirogyra*）的丝状绿藻获得了叶绿素的作用光谱。在水绵的丝体细胞表面都含有几条螺旋带状的叶绿体，Engelmann知道这些丝状藻的光合作用一定会产生氧气，氧气产生的多少与光合作用效率成正比。于是他把一些好氧并可以游动的细菌放在一条丝状藻的溶液中，然后将棱镜产生的连续不同波长的光投射到一段绿藻丝体上。这时，他惊奇地发现，这些好氧细菌都向着红光和蓝光区域聚集，自然地得出了叶绿素的作用光谱（图4-43），这个作用光谱与叶绿素的吸收光谱非常相近。

三、光系统与光反应

在光合作用过程中，叶绿素分子是如何捕获光能，将无机物（CO_2和H_2O）合成为有机物，即将太阳能转化为化学能并贮存在葡萄糖分子中的呢？为了便于理解光合作用的机理，整个光合作用被分为**光反应**（light reaction）和**暗反应**（dark reaction）两大部分。光反应发生在类囊体膜上，当叶绿素和其他色素分子吸收光能时，光反应便发生了。暗反应发生在叶绿体的基质中，暗反应是不

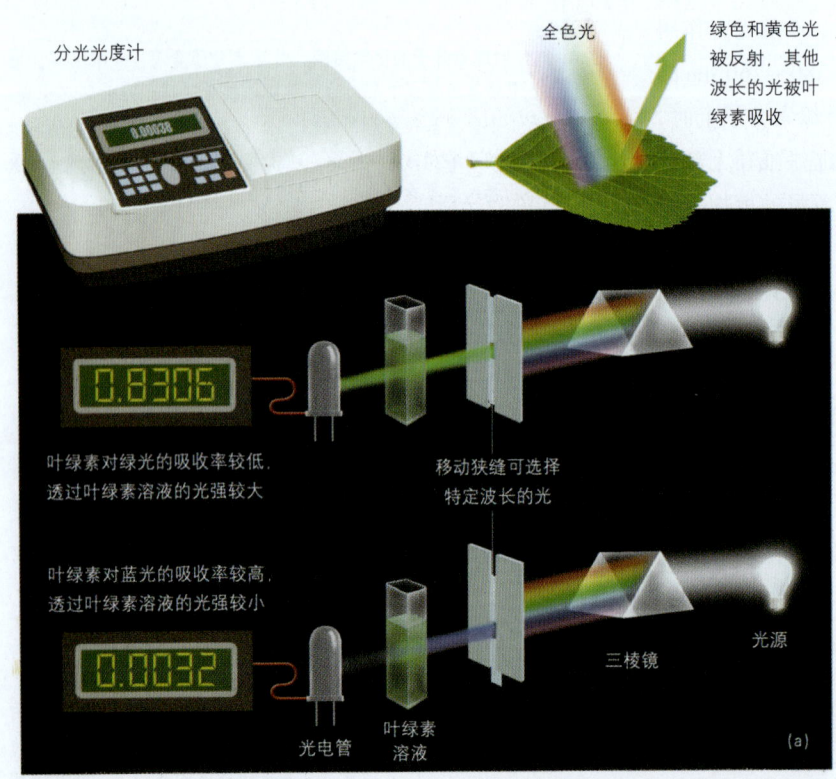
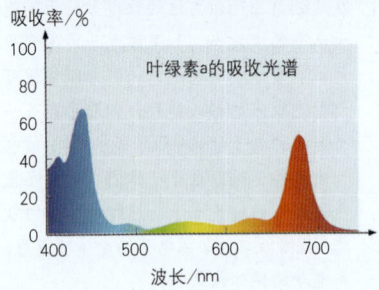
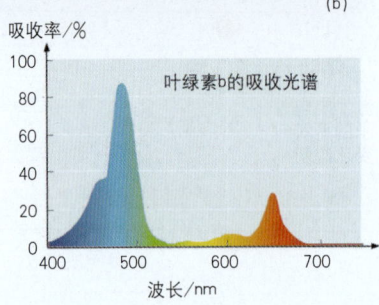

图4-42 用分光光度计测定叶绿素分子的吸收光谱 （a）分光光度计及测定原理。三棱镜对白炽灯发出的白光进行折射，将不同波长的光分开，然后移动狭缝选择特定波长的光，使选择的光照射到叶绿素溶液，最后，经过叶绿素的吸收，用光电管来检测叶绿素对这种光的吸收程度。（b）叶绿素a和叶绿素b的吸收光谱。两种叶绿素对绿光吸收率较低，对红蓝光的吸收率则较高。

第五节 光合作用

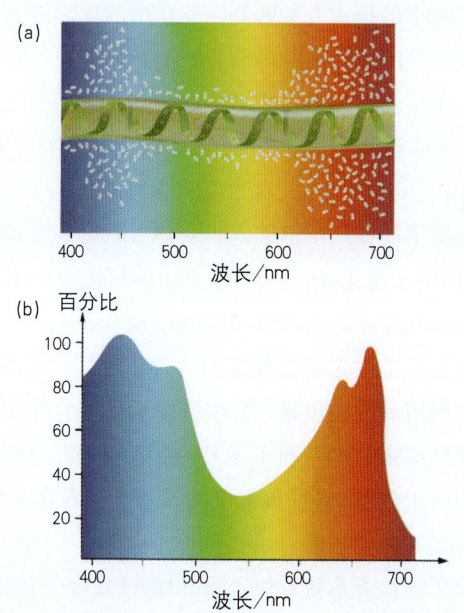

图4-43 检测叶绿素作用光谱的巧妙实验 (a)图中的白点代表好氧性细菌。好氧性细菌分布密度越大,反映该光波长处氧气浓度高,说明了该处光合作用效率高。(b)叶绿素的作用光谱。

需要光的反应(图4-44)。为了较好地把握光合作用的机理,我们先介绍光系统和光反应,然后再了解暗反应与葡萄糖的形成过程。

1. 光系统

在类囊体膜上由叶绿素分子及其蛋白复合物(protein complex)、天线色素系统(antenna complex)和电子受体(electron receptor)等组成**光系统**(photosystem)。一般植物的光反应由2个光系统及电子传递链来完成,每个光系统含有200~300个叶绿素分子。

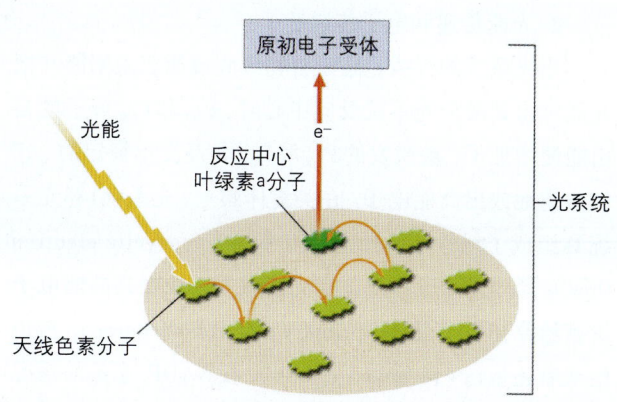

图4-45 光系统中的天线色素将捕获的光能传递给光反应中心色素分子 当适当波长的光照射到类囊体膜上时,光能首先被胡萝卜素、叶绿素b等天线色素分子捕获吸收并在这些色素分子之间传递,最后传递到反应中心色素分子(叶绿素a),启动了电子和氢质子的转移。

光系统I(PSI)含有被称为"P_{700}"的高度特化的叶绿素a分子,它在红光区的700 nm具有吸收高峰;光系统II(PSII)含有另一种被称为"P_{680}"高度特化的叶绿素a分子,它在红光区的680 nm具有吸收高峰。P_{700}和P_{680}又称为光反应中心叶绿素分子,光反应中心(reaction center)除了P_{700}和P_{680}外,还有一些与这些色素分子结合的光反应中心蛋白,如光系统II反应中心有D1和D2蛋白,光系统I反应中心有PSAa和PSAb蛋白等等。在两个光系统中的其他色素如叶绿素b、胡萝卜素等都作为天线色素吸收或捕获太阳能,并将太阳能传递给P_{700}和P_{680}(图4-45)。光系统I和光系统II则通过电子传递链相连接。

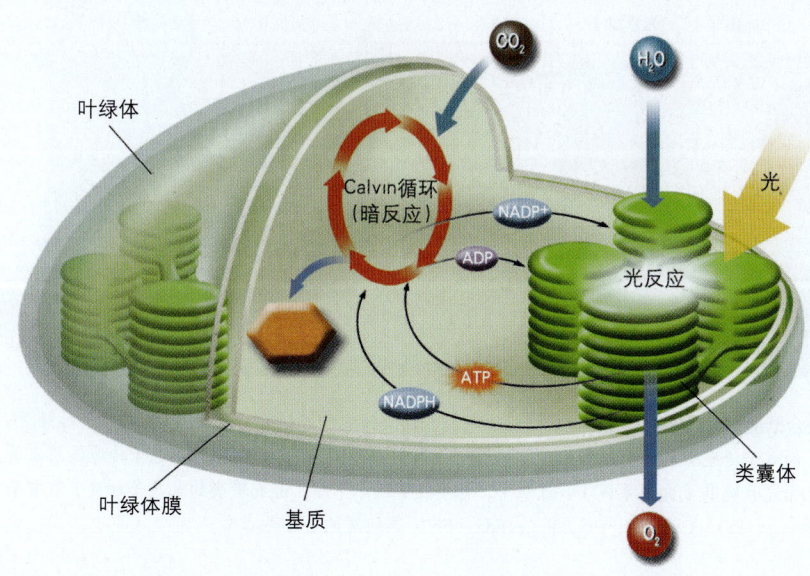

图4-44 光合作用中的光反应和暗反应 光合作用分为光反应和暗反应两大部分。光反应,主要是发生在类囊体膜上的光能吸收、传递和转换过程,水被裂解造成电子和氢质子的转移同时有氧气放出,ADP和$NADP^+$被转变生成ATP和NADPH,即光能转化成为贮存在ATP和NADPH中的化学能。暗反应发生在叶绿体基质中,主要是活跃的化学能转变为稳定的化学能的过程。即利用光反应生成的NADPH和ATP,经过碳同化的循环反应将二氧化碳固定生成葡萄糖。

2. 光能传递和电子传递链

当光系统的天线色素复合物吸收或捕获太阳能并把光能传递到两个光系统反应中心时，P_{700}和P_{680}分子的自由能便增加了，被激发的P_{700}和P_{680}是高度不稳定的，它们快速地放出高能电子。在类囊体膜上，光系统Ⅰ和光系统Ⅱ组成了线性非循环电子传递链（noncyclic electron flow）。当光系统Ⅰ中P_{700}被光能激发，便将其高能电子贡献给原初电子受体（primary electron acceptor），再传给铁氧还蛋白（ferredoxin, Fdx），在$NADP^+$充足的情况下，在铁氧还蛋白-铁氧还蛋白$NADP^+$还原酶（FNR）参与下，又将电子传递给最终电子受体$NADP^+$，同时一个氢质子被结合形成还原型的NADPH，NADPH以后在暗反应中被用于固定CO_2。这时，由于光系统Ⅰ中的P_{700}失去了电子造成电子空穴，称为氧化型的P_{700}，它不可能再被光能激发产生高能电子。但同时光系统Ⅱ的反应中心P_{680}分子受光激发，放出的高能电子传递给原初电子受体并进一步沿线性的电子传递链经质体醌（plastoquinone, PQ）、细胞色素b_6-f复合物（cytochrome b_6-f complex，$Cytb_6$-f）和质体蓝素（plastocyanin, PC）传递到P_{700}，填充了P_{700}的电子缺失，于是P_{700}便可以再一次被光激发，继续进行光反应。在光的驱动下，电子在类囊体膜上由光系统Ⅱ流向光系统Ⅰ过程中电子能量逐渐下降，这些能量被用于将氢质子从类囊体的外侧基质转移到类囊体的内腔中，由此造成了跨膜的质子梯度，导致了ATP的形成（参见上一节介绍的化学渗透学说理论）。这一过程被称为非环路的光合磷酸化（图4-46）。那么在光系统Ⅱ中被激发后失去电子的P_{680}分子如何再生呢？原来强氧化态的P_{680}分子可以使水裂解放出电子，以填补P_{680}的电子空穴，氧气同时从水中被释放出来，所形成的质子被提供给最终电子受体$NADP^+$，形成还原型的NADPH（图4-46）。1937年，英国植物学家R. Hill利用离体叶绿体的悬浮液与高铁盐混合并光照，才发现氧气是水分子被光解而释放的。四年后，S. Ruben及其同事们利用氧的同位素$^{18}O_2$验证表明，光合作用产生的全部氧气都来自水，而不是CO_2。人们将叶绿体在光下所进行的水分解，并释放氧气的反应称为**希尔反应**（Hill reaction）。

除了连接光系统Ⅱ和光系统Ⅰ的线性电子传递链（又称为非循环电子传递途径）以外（图4-47a），在光系统Ⅰ中，由P_{700}放出的高能电子还有另一种**循环电子传递途径**（cyclic electron flow），即高能电子沿原初电子受体、铁氧还蛋白、细胞色素b_6-f复合物、质体蓝素再回到氧化型的P_{700}分子，使其又还原到基态。当高能电子沿一个电子受体向另一个电子受体传递时，电子的能量逐渐降低，同时驱动氢质子的跨膜运输，造成跨膜的氢质子梯度，与线粒体膜呼吸链ATP形成的机理一样，这种与光驱动的环路电子传递相偶联的ATP形成过程称为环路光合磷酸化（图4-47b）。

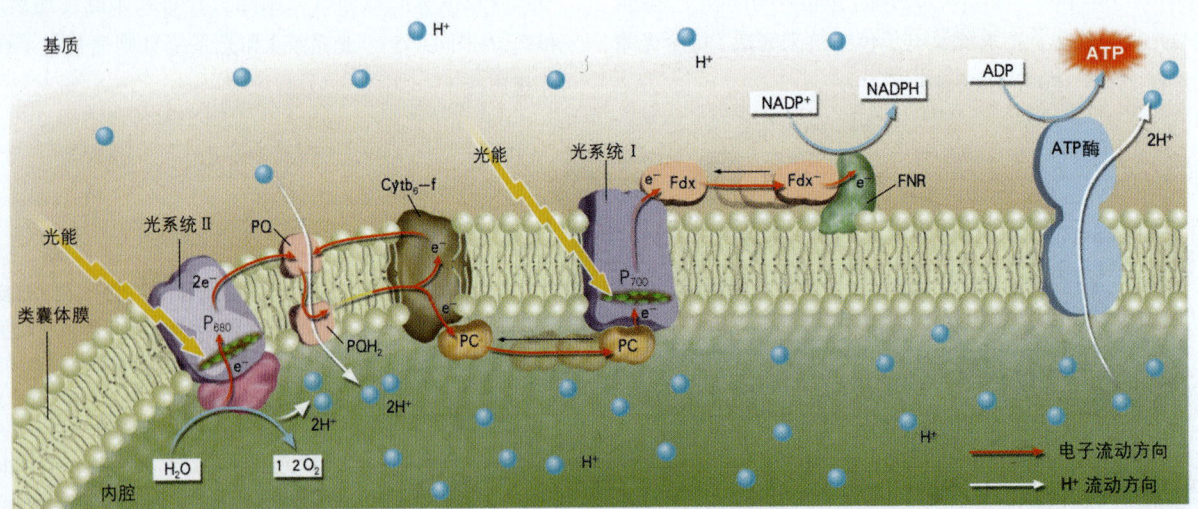

图4-46 发生在类囊体膜上的电子转移与非环路光合磷酸化 光系统的天线色素复合物将捕获的太阳能传递到两个光系统反应中心，叶绿素a分子P_{700}和P_{680}被激发，快速放出高能电子，其中P_{700}的电子传递给电子受体$NADP^+$，生成NADPH。而P_{680}放出的电子经过电子传递链用来填充P_{700}空穴。高能电子在光的驱动下，在类囊体膜上由光系统Ⅱ流向光系统Ⅰ，过程中，电子能量逐渐下降，造成跨膜的氢质子梯度，氢质子通过ATP合酶通道，由此导致了ATP的形成。图中P_{680}、PQ、$Cytb_6$-f、PC、P_{700}、Fdx、FNR等缩写的全称见正文。

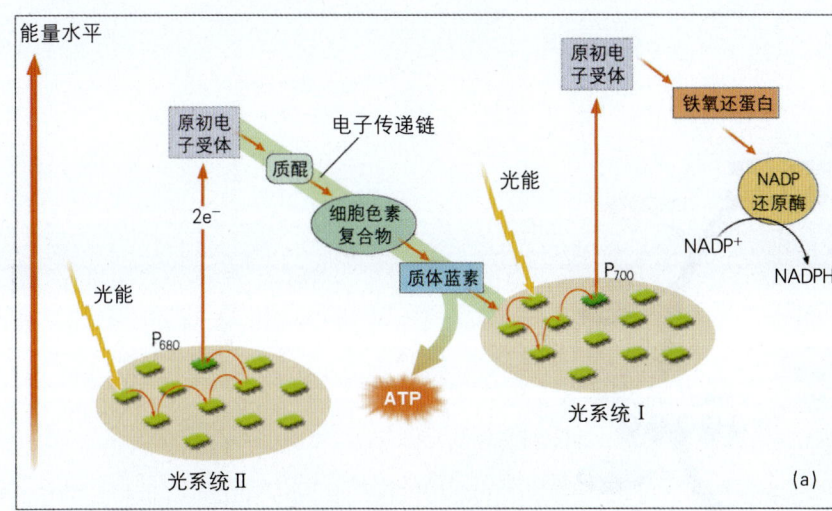
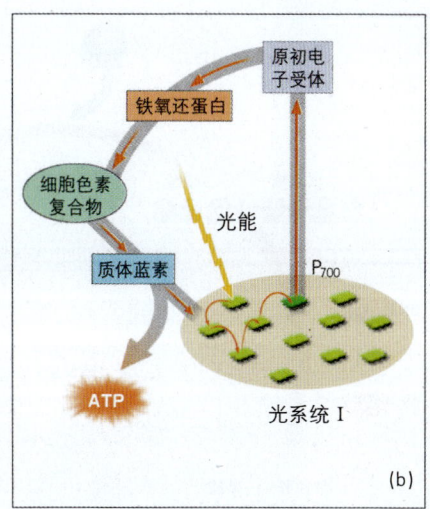

图4-47 非环路光合磷酸化途径和环路的光合磷酸化途径 （a）非环路光合磷酸化途径 光系统的天线色素复合物将捕获的太阳能传递到两个光系统反应中心，P_{700}和P_{680}被激发，快速放出高能电子，其中P_{700}的电子传递给电子受体$NADP^+$，形成NADPH，而P_{680}的电子用来填充P_{700}的电子空穴。电子在光的驱动下，在类囊体膜上由光系统Ⅱ流向光系统Ⅰ的过程中电子能量逐渐下降，造成跨膜的质子梯度，由此推动了ATP的形成。（b）环路光合磷酸化途径 光系统Ⅰ的天线色素复合物将捕获的太阳能传递到光系统反应中心P_{700}，电子被激发，高能电子经由原初电子受体，铁氧还蛋白，细胞色素，质体蓝素，最后又回到P_{700}分子，使其可以再次被光激发，在高能电子传递过程中，其能量逐渐降低，驱动氢质子的跨膜运输，形成跨膜的氢质子梯度，由此也推动了ATP的形成。

综上所述，光反应可以归纳为：

1. 叶绿素吸收光能并将光能转化为"电能"，即造成从叶绿素分子起始的电子流动。

2. 在电子流动过程中，通过氢离子的化学渗透，形成了ATP，"电能"被转化为化学能。

3. 强氧化态的P_{680}分子促使水发生裂解，又称为水的光解，氧气从水中被释放出来。

4. 电子沿传递链最终达到最终电子受体$NADP^+$，并与一个质子结合，形成了还原型的NADPH，"电能"又再一次被转化为化学能，并贮存于NADPH中。

光合作用的暗反应必须依赖于光反应中形成的ATP和NADPH。

四、暗反应与葡萄糖的形成

在光反应的基础上，不需要光的暗反应利用光反应中产生的ATP和NADPH来还原CO_2，即通过碳同化产生葡萄糖。贮存于ATP和NADPH中的化学能被转移到更稳定的化合物——葡萄糖分子中：

$$12NADPH + 12H^+ + 18ATP + 6CO_2 \rightarrow C_6H_{12}O_6 + 12NADP^+ + 18ADP + 18Pi$$

暗反应是一种不断消耗ATP和NADPH并固定CO_2形成葡萄糖的循环反应，由于是由美国科学家Calvin首次发现的，又被称为**Calvin循环**（图4-48）。

在叶绿体基质中，10分子的甘油醛-3-磷酸经磷酸化（消耗ATP）形成6分子的核酮糖-1,5-二磷酸（ribulose-1,5-biphosphate，缩写RuBP，五碳糖），在核酮糖-1,5-二磷酸羧化酶（rubisco）的作用下固定6分子CO_2，又形成6分子不稳定的六碳化合物，它们立刻分解为12分子的三碳化合物即甘油酸-3-磷酸（3-phosphoglycerate），12分子的甘油酸-3-磷酸再经磷酸化作用变成12分子甘油酸-1,3-二磷酸（1,3-bisphosphoglycerate），12分子甘油酸-1,3-二磷酸从NADPH得到电子成为12分子储能更多的甘油醛-3-磷酸（3-phosphoglyceraldehyde，三碳化合物），其中2分子甘油醛-3-磷酸参与葡萄糖的合成，另外10分子甘油醛-3-磷酸又生成6分子核酮糖-1,5-二磷酸（五碳糖），再一次重复上述的Calvin循环。每生成1分子葡萄糖需要2分子甘油醛-3-磷酸。如此，形成1分子葡萄糖要消耗18分子ATP和12分子NADPH。所产生的葡萄糖不但可以经过呼吸作用为生命活动提供能量，还是组成细胞结构的重要原料分子。也有学者的研究提出，Calvin循环主要形成磷酸甘油醛，最终产物是形成稳定的葡萄糖

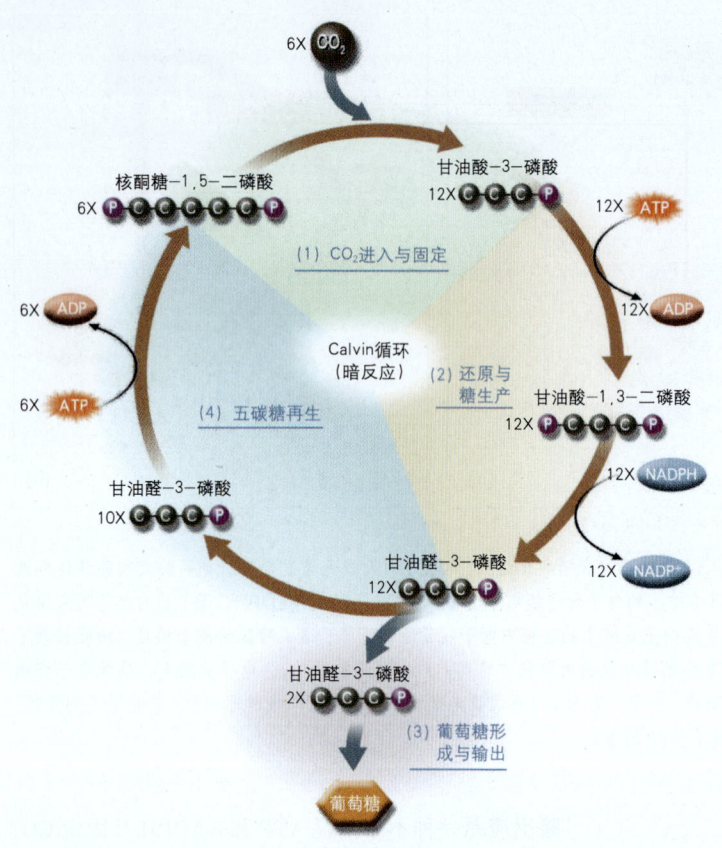

图 4-48 Calvin 循环 Calvin 循环即暗反应是在一系列酶的参与下，利用光反应生成的 ATP 和 NADPH，通过叶绿体基质中的二磷酸核酮糖固定 CO_2 生成磷酸甘油酸，再经还原与糖的生产，最终合成葡萄糖的循环过程。实际上，每合成一分子葡萄糖经历了由 3 分子核酮糖 -1,5- 二磷酸结合 3 分子 CO_2 的两次循环过程，这样就满足了五碳糖再生并继续循环的要求。

或蔗糖。另外 Calvin 循环的中间产物磷酸甘油醛也可以参与到氨基酸代谢、脂肪酸代谢和糖代谢的过程中去（图 4-36）。

光合作用过程中二氧化碳被固定最终形成葡萄糖的反应（暗反应）是通过 Calvin 循环进行的，它发生在叶绿体的基质中。由于二氧化碳在 Calvin 循环反应中被固定所形成的第一个化合物是甘油酸 -3- 磷酸，是一个三碳的化合物，因此通过上述途径同化二氧化碳的植物称为 **C_3 植物**。但在另一类植物中，二氧化碳固定的最初产物不是甘油酸 -3- 磷酸，而是草酰乙酸，是一个四碳的化合物，因而该途径称为 **C_4 途径**（C_4 pathway）。通过 C_4 途径固定二氧化碳的植物称为 **C_4 植物**。玉米、高粱、甘蔗等农作物都是典型的 C_4 植物。

C_4 植物的作用机理与其形态结构密切相关。从解剖结构上看，C_4 植物区别于 C_3 植物的最显著特点是其叶片的维管束周围紧密排列着两圈特殊的叶绿体数量更多的细胞，紧靠维管束的一圈细胞称为维管束鞘细胞（bundle sheath cell），外圈是叶肉细胞（图 4-49）。在 C_4 植物中，CO_2 固定首先发生在外圈的叶肉细胞中，在烯醇式丙酮酸磷酸（PEP）羧化酶的作用下，进入外圈叶肉细胞的 CO_2 与 PEP 结合，形成了四碳的草酰乙酸。与核酮糖 -1,5- 二磷酸（RuBP）羧化酶相比，PEP 羧化酶具有更高的 CO_2 亲和力。因此，当 CO_2 浓度较低时，PEP 羧化酶能够更加有效地固定 CO_2。特别在炎热干旱的环境下叶片关闭气孔以减少水分的丧失，这时叶片中 CO_2 浓度大大下降，C_4 植物便具有比 C_3 植物更高的对炎热干旱环境的适应性，并保持着较高的光合作用效率。在 CO_2 被固定后，C_4 植物叶脉的外圈叶肉细胞将四碳化合物（由草酰乙酸还原形成的苹果酸）输送到内圈的维管束鞘细胞中。在那里，四碳化合物脱羧作用释放出的 CO_2 立即进入到 Calvin 循环途径中，经过一系列的循环反应步骤生成葡萄糖等光合产物，这些光合产物被立即转运到韧皮部中。与此同时，脱羧反应生成的丙酮酸返回外圈叶肉细胞，与 CO_2 再结合，重复进行 CO_2 的固定（图 4-50）。在 C_4 植物中，Calvin 循环途径仅限于维管束鞘细胞的叶绿体中。从效率上分析，C_4 植物的叶肉细胞将低浓度的 CO_2 "泵"入维管束鞘细胞，使维管束鞘细胞的 CO_2 浓度增高到足以被核酮糖 -1,5- 二磷酸羧化酶所结合，完成 Calvin 循环的过程，同时增加了糖的产量。

C_3 植物与 C_4 植物生产效率的差别还在于前者具有较

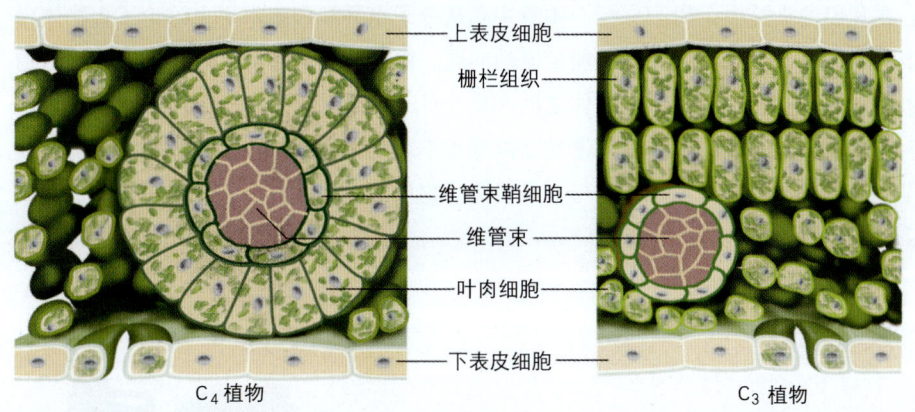

图4-49 C₃植物(大豆)与C₄植物(甘蔗)叶片的解剖结构比较 C₄植物叶片的维管束周围紧密排列着两圈特殊的叶绿体数量更多的光合作用细胞（内圈为维管束鞘细胞，外圈为叶肉细胞）而不同于C₃植物。C₄植物同化的最初产物不是三碳化合物3-磷酸甘油酸，而是四碳化合物草酰乙酸。因此这种同化途径称为C₄途径，具有C₄途径同化CO_2的植物称为C₄植物。它们是适应于干热条件下的高光效植物，产量高。但在光强度和温度较低的情况下，其光合效率可能并不比C₃植物高。

强的光呼吸（photorespiration）。**光呼吸**是植物的绿色细胞在光照条件下吸收O_2并放出CO_2的过程，其涉及到在细胞过氧化物酶体中的乙醇酸的氧化等步骤。叶绿体中的羧化酶既可催化CO_2的固定，又可作为加氧酶在CO_2分压低、O_2分压高的时候催化O_2与CO_2的接受体RuBP（核酮糖-1,5-二磷酸）结合从而生成乙醇酸。乙醇酸进入过氧化物体里被氧化，产物进入线粒体，释放CO_2。光呼吸的强度大致和光强度成正比。这一过程之所以称为光呼吸，一是因为它吸收O_2放出CO_2，二是因为它只有在光照下，CO_2浓度降低，O_2浓度增高时才进行。但是它不同于细胞呼吸，因为它使有机物分解为CO_2而不产生ATP或NADPH，较强的光呼吸对于光合作用产物的积累是很不利的。光呼吸的生理功能目前尚不完全清楚，有推测认为可能与减少光抑制相关。

光合作用最基本的过程包括光反应捕获和利用太阳能形成了ATP分子，同时将水中的电子传递给$NADP^+$，Calvin循环利用ATP和NADPH固定CO_2形成了葡萄糖，如此，进入到叶绿体的光能被转换为化学能并贮存在"食物分子"之中。每年，全球光合作用估计可产生大约16亿吨的糖类，产生相应的氧气。地球上没有任何化学过程能有光合作用那样的创造力。光合作用是生物圈的原初生产力，它为生物圈带来了巨大的财富。如果没有光合作用，地球上的生命将无法生存。因此，深入研究光合作用机理，使之更好地服务于人类，是生命科学最重大的课题之一。

在这一章中，我们讨论了在酶的作用下，生物体内基于同化（如光合作用）与异化（如细胞呼吸）双方向的生物代谢与能量流动过程。生物体的物质代谢与能量

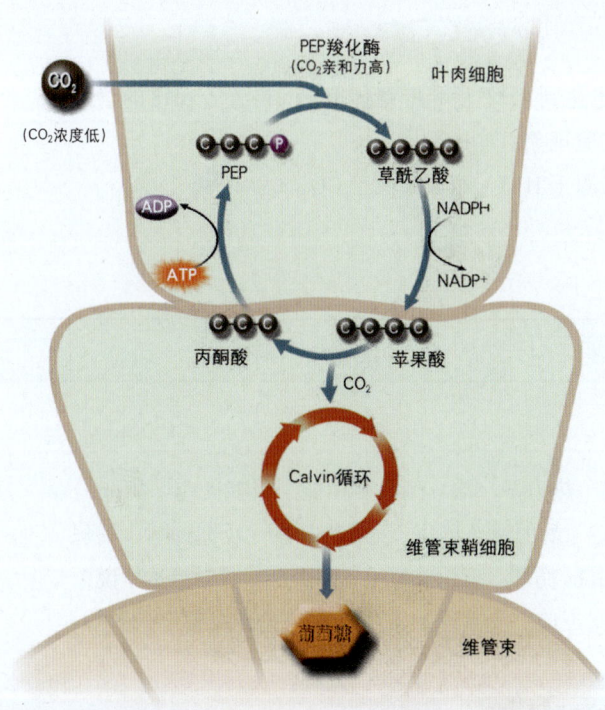

图4-50 C₄植物CO_2同化途径 在高温高光强和干旱条件下发展起来的C₄植物的CO_2同化途径有如下的适应性特点：PEP羧化酶对CO_2亲和力较RuBP羧化酶大，C₄植物能利用低浓度CO_2。C₄途径具有低CO_2浓度条件的羧化酶作用，抑制了光呼吸，所以C₄植物光呼吸较C₃植物低。C₄植物适应于高温、高光强，C₄植物光合作用最适温度在30~40℃，显著高于C₃植物。

流动完全符合或遵循热力学定律。在我们的头脑中，代谢途径的网络和能量流的概念逐步清晰起来。富含自由能的有机物合成与分解是新陈代谢对立统一的两个方面。生物体依靠能量的不断输入来保持其高度的有序化水平。因此，伴随能量流动的新陈代谢是生命最基本的特征。

本章主要从分子水平和细胞水平上讨论了生物体内的能量流动问题，在本书的第十章我们还要讨论在生物个体之间和整个生态系统宏观层面上的能量流动问题。无论是在微观水平还是在宏观层面上，说到能量流，都是与物质代谢（物质流）相辅相成，密不可分的。

思考与讨论

1. 生物代谢的本质是什么？
2. 请从热力学原理出发，讨论为什么生命活动需要不断地输入能量。
3. 光合作用与呼吸作用有哪些共同点？
4. 什么叫活化能？酶是怎样改变化学反应中的反应速率的？
5. 根据酶的特性和催化作用原理说明蛋白质结构对于功能的重要性。
6. 为什么说细胞呼吸与汽油的燃烧在本质上是一样的？
7. 请指出细胞呼吸各阶段化学反应发生的部位。
8. 将叶绿体置于pH4的酸性溶液里，直到基质的pH也达到4，然后将叶绿体取出，再置于pH8的溶液里，这时发现叶绿体开始合成ATP。请解释上述实验现象。
9. 请设计一个实验来证明，光合作用中产生的氧气来源于H_2O，而非来源于CO_2。

练习题

1. 名词解释：
   代谢　同化作用　异化作用　自养生物　异养生物　热力学　焓　熵　自由能　吸能反应　酶　核酶　酶的活性　抗体酶　能障　活化能　活性中心　酶的诱导契合　竞争性抑制　反馈抑制　辅酶　辅助因子　氧化-还原电位　细胞呼吸　糖酵解　Krebs循环　氧化磷酸化　呼吸链　化学渗透学说　光合作用　类囊体　激发态　作用光谱　光反应　暗反应　光系统　希尔反应　光合磷酸化　Calvin循环　C_3植物　C_4植物　光呼吸

2. 下面关于酶的叙述不正确的是（　）。
   a. 酶可以缩短反应时间
   b. 酶可以降低化学反应所需的能量
   c. 许多酶还需要非蛋白的辅助因子和辅酶才能完成催化功能
   d. 酶具有高度的特异性

3. 细胞呼吸是（　）过程。
   a. 同化作用　　　　b. 异化作用　　　　c. 催化作用　　　　d. 以上都不是
4. 酶的竞争性抑制剂能够（　）。
   a. 与酶的底物结合,使底物不能与酶结合　　b. 与酶的活性位点结合,使底物不能与酶结合
   c. 与酶的特殊部位结合,破坏酶的活性　　　d. 同时和酶与底物结合,使酶无法和底物直接结合
5. 糖酵解的最终产物是（　）。
   a. ATP　　　　　　b. 葡萄糖　　　　　c. 丙酮酸　　　　　d. 磷酸烯醇式丙酮酸
6. 呼吸链的主要成分分布在（　）。
   a. 细胞膜上　　　　b. 线粒体外膜上　　c. 线粒体内膜上　　d. 线粒体基质中
7. 光合作用中的暗反应发生在（　）。
   a. 叶绿体的外膜　　b. 叶绿体的内膜　　c. 叶绿体的基质　　d. 类囊体膜上
8. 能够产生环路光合磷酸化的是（　）。
   a. 光系统Ⅰ　　　　　　　　　　　　　　　b. 光系统Ⅱ
   c. 光系统Ⅰ和光系统Ⅱ都可以　　　　　　　d. 光系统Ⅰ和光系统Ⅱ都不可以
9. 在Calvin循环中,（　）直接参与了葡萄糖的合成。
   a. 甘油酸-1,3-二磷酸　　　　　　　　　　b. 甘油醛-3-磷酸
   c. 甘油酸-3-磷酸　　　　　　　　　　　　d. 核酮糖-1,5-二磷酸
10. 有氧呼吸不包括以下（　）过程。
    a. 糖酵解　　　　　b. 丙酮酸氧化　　　c. 三羧酸循环　　　d. 卡尔文循环
11. 一分子葡萄糖彻底有氧氧化净生成的ATP分子数与糖酵解阶段净生成的ATP分子数（包括产物经过呼吸链产生的ATP）最接近的比值为（　）。
    a. 2:1　　　　b. 9:1　　　　c. 18:1　　　　d. 19:4　　　　e. 6:1
12. 下列对酶的描述正确的是（　）。
    a. 所有的酶都是蛋白质　　　　　　　　　　b. 酶可以改变反应的方向
    c. 酶的变构位点经常和反馈抑制有关　　　　d. 酶的催化专一性通常比化学催化剂的专一性差
13. 下列对电子传递链描述不正确的是（　）。
    a. 电子传递链是典型的多酶体系
    b. 电子传递链的主要成分是核糖体内膜的蛋白质复合物
    c. 电子传递链的最终电子受体是氧
    d. 电子传递链反应过程中ATP的形成与氧化磷酸化密切相关
14. 光合作用属于（　）。
    a. 氧化还原反应　　b. 取代反应　　　　c. 裂解反应　　　　d. 水解反应
15. 光合电子传递链位于（　）。
    a. 线粒体内膜　　　b. 叶绿体外膜　　　c. 类囊体膜　　　　d. 叶绿体基质

相关网站

http://www.bgsu.edu/departments/chem/midden/MITBCT/eb/sched.html

http://www.bioenergysystems.com/

http://web.mit.edu/esgbio/www/eb/ebdir.html

http://users.rcn.com/jkimball.ma.ultranet/BiologyPages/C/CellularRespiration.html

http://web.mit.edu/esgbio/www/ps/psdir.html

第五章 遗传及其分子基础

第一节 遗传学基本定律
一、Mendel 的遗传学定律
二、基因的连锁与交换
三、性染色体和伴性遗传

第二节 基因的奥秘
一、基因是由什么物质组成的
二、DNA 的半保留复制
三、RNA 的组成和作用

第三节 遗传密码与蛋白质合成
一、遗传密码的破译
二、遗传信息的转录
三、蛋白质的合成

第四节 基因表达的调控和 DNA 损伤的修复
一、原核与真核细胞基因表达的差异
二、原核基因表达的调控
三、真核基因表达的调控
四、基因突变和 DNA 损伤的修复

第五节 人类基因组计划简介
一、基因组概念、人类基因组结构和人类基因组计划
二、人类基因组研究技术和策略
三、人类基因组计划的科学意义
四、关于后基因组时代及生物信息学

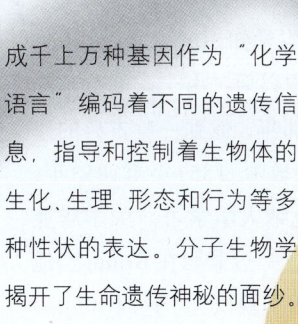

成千上万种基因作为"化学语言"编码着不同的遗传信息，指导和控制着生物体的生化、生理、形态和行为等多种性状的表达。分子生物学揭开了生命遗传神秘的面纱。

一位相貌出众的女模特儿对一位遗传学教授说："我们结婚吧，我们的孩子将会像我一样美貌，像你一样聪明。"遗传学教授回答说："如果我们的孩子像我一样貌丑，像你一样愚蠢，那可如何是好？"女模特听后愕然（图5-1）……

生命通过繁殖而延续，繁殖是生命最基本的特征之一。通过繁殖，生物的基本特征信息由父方和母方传递给下一代，这种信息传递称为遗传。自古以来，遗传学就是一块神秘的领地。人们苦苦探索其奥秘，仍不得要领。自从伟大的遗传学家 Gregor Johann Mendel 揭示了遗传的基本规律以后，遗传学开始逐步成为生命科学最引人注目的领域。

1953年，Watson 和 Crick 确立了 DNA 双螺旋模型（图5-2），开创了遗传学乃至生命科学的新纪元。DNA 是自然界最特殊、最精细的分子，DNA 的 4 种核苷酸分子形成不同的特殊组合或序列，它们又构成了成千上万种基因，这些"化学语言"编码着不同的遗传信息，指导和控制着生物体的生化、生理、形态和行为等多种性状的表达。DNA 也是自然界唯一能够自我复制的分子，正是这种精细准确的自我复制，为生物将其特征传递给后代提供了分子基础。基因的分子生物学让我们认识到生命遗传的本质，揭开了生命遗传神秘的面纱。本章从

图5-2　伫立在北京中关村的 DNA 模型雕塑　在北京中关村树立一座DNA的雕塑，表明了DNA对现代科技的重大意义。双螺旋结构是DNA分子基本的特征，它是DNA分子能进行自我复制的结构基础，也是生命能得以延续的最本质的基础。DNA双螺旋结构有利于DNA双链相互分离后再进行复制，这是一种传递遗传信息的巧妙机制。

简单回顾Mendel经典的遗传学开始，然后重点在分子水平上介绍有关生命遗传的基本概念和机理。

第一节　遗传学基本定律

一、Mendel的遗传学定律

Mendel 1822年出生于奥地利乡村（现在的捷克共和国）。他童年时受到园艺学和农学知识的熏陶，对植物的生长和开花非常感兴趣。高中以后，由于家庭贫困和疾病等原因中断了学业。21岁那年，他到一所古典的修道院进修，后来又去中学做代课教师。1851年至1853年，Mendel 进入奥地利首都的维也纳大学学习。大学毕业后，Mendel 一边继续担任神职，一边兼职在 Brunn 当地中学任教，同时从事杂交育种的实验研究。这时 Mendel 所在的修道院为他提供了一小块花园土地，就在修道院

图5-1　遗传学真是一块神秘的领地

的花园里，Mendel进行的豌豆遗传育种研究获得了重要的成果（图5-3）。

豌豆有许多品种，植株高度、花色、种皮颜色等性状都能稳定地遗传给下一代，把不同性状的植株区别开来是很方便的。Mendel最初的实验是对具有上述单个相对性状的纯种亲代进行杂交，结果所有杂交产生的子一代（F_1）都只表现一个亲代的性状（图5-4）。例如，开紫色花的植株与开白色花的植株杂交后，无论紫花植株是作为父本还是母本，子一代总是清一色的紫花。Mendel称表现出来的性状为显性性状（dominant trait）。如紫花对白花是显性性状，没有表现出来的性状（如白花）称为隐性性状（recessive trait）。接着，Mendel又让F_1代植株自花授粉产生子二代（F_2）。Mendel发现，在F_2代植株中有些植株表现显性性状（开紫花）、有些植株表现隐性性状（开白花）（图5-4）。通过分类统计他敏锐地发现，F_2代植株中的不同性状具有一定的比例，子二代中开紫花的约有3/4，开白花的约有1/4，即开紫花的植株与开白花的植株数的比例近似是3∶1。

Mendel按上述方法继续对多组相对性状分别进行杂

图5-3 Mendel在修道院花园里进行豌豆的遗传育种研究 Mendel在遗传学研究中取得的巨大成功，源于他对科学的热爱和执著的追求。他特别注重实验设计，首先从单因子实验和分析入手，观察和分析在一个时期内一对遗传性状的差异，排除其他复杂因素的干扰，于是首先发现了"遗传因子分离定律"。在此基础上他又进一步把个别性状综合起来，将数学和统计学应用于遗传学的研究，又发现了"遗传因子的自由组合定律"。

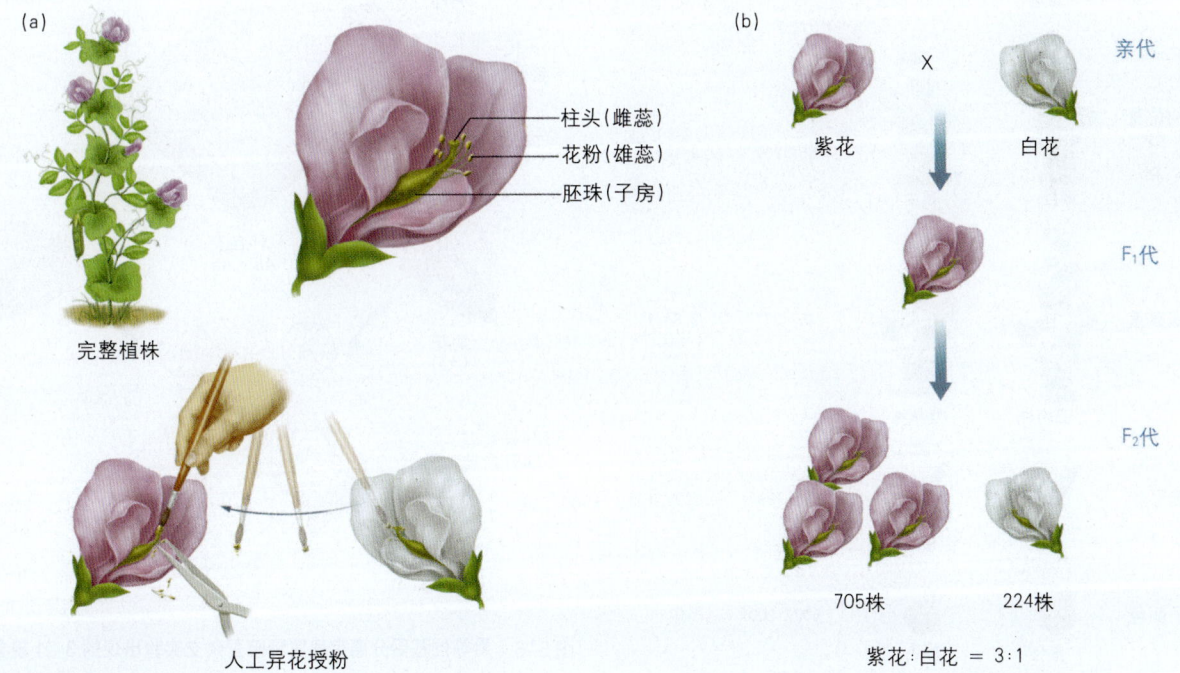

图5-4 豌豆单因子杂交实验 （a）豌豆植物正常情况下进行自花受粉。人工异花授粉（杂交）时，用剪刀除去紫花的雄蕊，再用毛笔蘸粘白花雄蕊上的花粉，将这些花粉转加到紫花子房上部的柱头上，花粉萌发后，精子进入胚珠，完成受精，最后形成子一代种子（参见第八章第四节）。为了便于观察和示意，图中未显示豌豆的龙骨瓣；（b）开紫色花的植株与开白色花的植株杂交，子一代（F_1）全是紫花。让F_1代植株自花授粉产生子二代（F_2），在F_2代植株中有3/4植株开紫花、有1/4植株开白花。即紫花与白花数的比例是3∶1。

交实验，统计了子二代植株显性与隐性性状之间的比例，结果都十分相似，总体上都体现了3∶1的规律（图5-5）。据此Mendel推断，生物细胞中存在控制遗传性状的一对因子，今天我们称之为**等位基因**（alleles），这一对因子如果都是显性因子或隐性因子，则其个体称为**纯合子**（homozygote）；如果一个是显性，一个是隐性，则其个体称为**杂合子**（heterozygote）。在每一个植株中，每一个相对性状都来源于两个相同的"等位基因"（Mendel当时称为"遗传因子"，以下都称为基因），显性基因使之表现为显性性状，纯合的隐性基因使之表现为隐性性状。一般用大写字母代表显性基因，用相应的小写字母代表隐性基因。例如，紫花和白花这一对不同性状的杂交，紫花亲本产生花粉A和卵A，白花亲本产生花粉a和卵a。紫花亲本和白花亲本杂交产生的F_1含有Aa一对基因，因为A为显性，表现为开紫花。F_1（Aa）可以产生两种花粉和两种卵，即花粉A、花粉a、卵A、卵a。它们之间以同样的概率组合，则可产生4种组合的F_2后代，即AA、Aa、aA、aa。如果F_2植株的数量足够大，这4种后代的比例应为1∶1∶1∶1，其中AA为纯合子，仍然开紫花；Aa和aA各含有一个紫花基因和一个白花基因，由于紫花基因为显性，它们开紫花，是杂合子；aa所含的一对等位因子都是隐性白花基因，则是纯合子，仍然开白花。总计起来，开紫花的植株与开白花的植株之比为3∶1（图5-6）。

接着，Mendel进一步首创了测交实验方法（test cross），验证了其推断的正确性。他用子一代杂种与亲代隐性纯种杂交，期望得到紫花与白花为1∶1的比例。子一代杂种（Aa）与亲代隐性纯种（aa）杂交，产生的后代一半是Aa，呈紫花；一半是aa，呈白花。结果与预期的假设完全相符（图5-7）。

根据上述实验和分析，Mendel建立了遗传学第一定

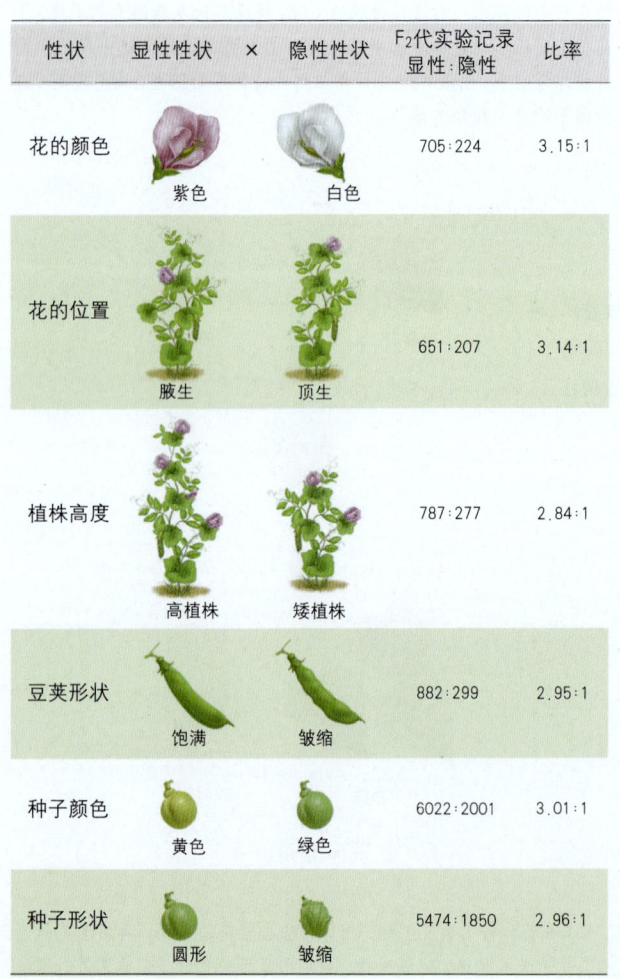

图5-5 豌豆6组相对性状分别杂交实验结果

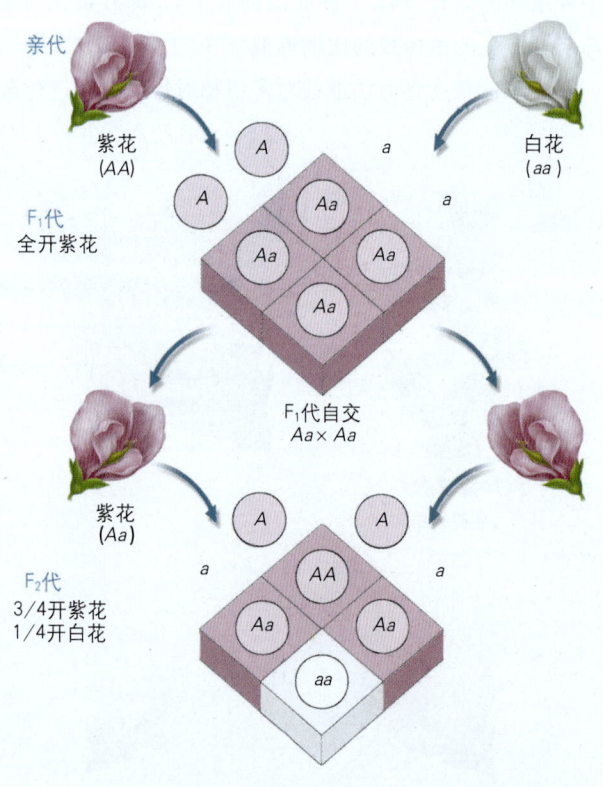

图5-6 用等位基因分离定律解释豌豆杂交实验出现的3∶1现象

控制花颜色的一对等位基因在形成配子时分离，完成受精后再组合。由于显性与隐性基因在表达上的差别，于是显性纯合子的紫花（AA）和隐性纯合子的白花（aa）杂交，产生的F_1代全是开紫花的杂合子。开紫花的杂合子自交，还是由于等位基因分离和再组合的结果，产生的F_2代表现了紫花与白花3∶1的规律。遗传学第一定律，可以很好地解释或预见豌豆杂交实验的结果。

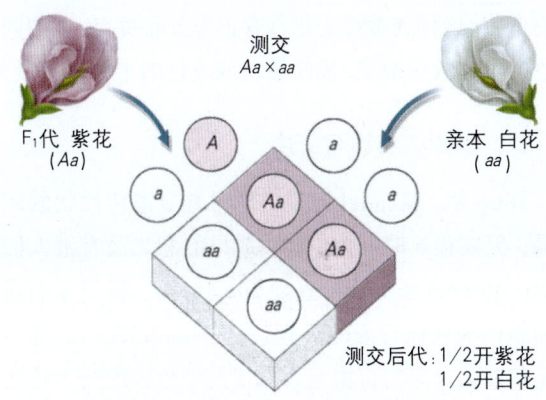

图 5-7 用等位基因分离定律预测豌豆测交实验结果

律，即"**分离定律**"（Mendel's Law of Segregation）：一对等位基因在形成配子时完全独立地分离到不同的配子中去，相互不影响。

在分析了一对性状传递规律的基础上，Mendel 进一步进行了两对相对性状杂交的遗传分析。他选择了这样两个亲本进行杂交：一个是双显性亲本：种子是圆形的，种子的颜色为黄色；一个是双隐性亲本：种子是皱缩的，种子的颜色为绿色。杂交结果，得到的子一代（F_1）全是黄色圆形的种子。子一代通过自花授粉，在子二代（F_2）556 粒种子中，同时有"黄色圆形"、"黄色皱缩"和"绿色圆形"、"绿色皱缩"，4 种表型比数近似是 9∶3∶3∶1（图 5-8）。

根据 Mendel 建立的遗传学"分离定律"，同一对相对性状可以发生分离，如种子的黄和绿，黄对绿是显性，所以其比近似 3∶1。同样，圆形对皱缩是显性，其比也近似 3∶1。因为不同性状可以相互组合，所以把不同性状综合起来可以表现为一种组合系列，组合数是 2^n，这里 n 表示相对性状的个数。如对黄色圆形和绿色皱缩两对性状来说，它们有 $2^2 = 4$ 种组合类型。所以在占 3/4 的黄色里面，有 3/4 圆形，1/4 皱缩；在 1/4 的绿色里面，有 3/4 圆形，1/4 皱缩。同样，在 3/4 的圆形里面，有 3/4 黄色，1/4 绿色；在 1/4 的皱缩里面，有 3/4 黄色，1/4 绿色。把两种性状综合起来，即：

黄色圆形 = 3/4 × 3/4 = 9/16
黄色皱缩 = 3/4 × 1/4 = 3/16
绿色圆形 = 1/4 × 3/4 = 3/16
绿色皱缩 = 1/4 × 1/4 = 1/16

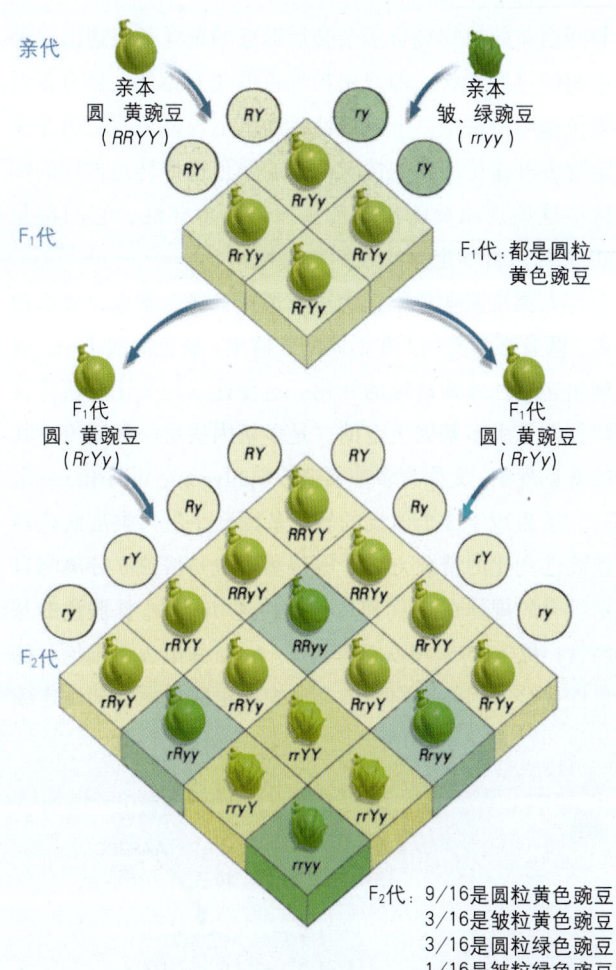

图 5-8 多对基因的独立分配和自由组合　Mendel 用圆形黄色种子的双显性亲本植株（基因型为 RRYY）与皱缩绿色种子的双隐性亲本植株（基因型为 yyrr）进行杂交，因为亲本的基因是独立分配，互不干涉的，所以产生 2 种相同的配子，各带有基因 RY, ry。杂交组合结果，产生的 F_1 代植株都是圆形黄色种子（基因型为 RrYy）。他再继续让 F_1 代植株自交，产生 4 种配子，分别带有基因 RY, Ry, rY, ry。杂交组合结果，产生的 F_2 代植株有 4 种表型，它们各自的比例和基因型如图所示。

事实上在杂交实验得到的 556 粒种子中，黄色圆形为 315 粒，黄色皱缩为 101 粒，绿色圆形为 108 粒，绿色皱缩为 32 粒，它们的比数也近似于 9∶3∶3∶1。

Mendel 由此推论得出"多对等位基因的独立分配和自由组合定律"。这个规律表明，当两对或更多对基因处于异质接合状态时，它们在形成配子时的分离是彼此独立不相牵连的，受精时不同配子相互间进行自由组合。

Mendel 遗传学定律准确地反映了一些有性生殖过程中遗传性状的传递规律，但并不能代表所有遗传因子表现的性状及遗传规律。例如，某种开红花的植物纯合子与开白花的植物纯合子杂交后形成的杂合子表现出一种中间的过渡性状，即开出粉红色的花。另外，还有多对等位基因只决定一个遗传性状和单个等位基因影响并决定着多种遗传性状的情况。人的肤色遗传就是这样的例证。这些现象反映出遗传规律具有多样性，它们都是Mendel遗传学定律的延伸和变化。

人类皮肤颜色不像豌豆花那样：要么紫色，要么白色，两者必其一。在不同的人群中，肤色深浅不一，表现出连续性或渐进性的变化。这种连续性变化的遗传性状往往是由多基因决定的，是多基因决定一种遗传性状的常见现象，又称为多基因遗传（polygenic inheritance）。图 5-9 表现了 3 个假设的等位基因产生出人类皮肤色素连续性变化的情况。这 3 个等位基因也是按独立分离与自由组合的规律在 F_1 代和 F_2 代中传递和配对，深肤色的基因 A、B、C 对于浅肤色基因 a、b、c 并不表现出绝对的显性优势，因而它们的杂合子表现出肤色由深到浅连续性的变化，这种连续性变化具有正态分布特点，即中间型肤色的个体数量最多，极端深色或浅色的个体数量最少。

二、基因的连锁与交换

1866 年，Mendel 发表了他对豌豆遗传性状的研究结果，但在很长时间内，这些成果的意义没有被人们所认识。Mendel 去世后，直到 20 世纪初，科学家们通过对细胞内染色体行为的研究，发现 Mendel 提出的遗传因子及其独立分离与自由组合规律与染色体的行为特性具有平行性。主要表现为：在体细胞中染色体和基因都是成对存在的；形成配子时每对染色体分离，每对基因也分离；在配子中，只有每对染色体的一条染色单体，也只有每对等位基因中的一个基因。细胞学研究提供了在显微镜下可以看到的染色体行为与杂交实验的遗传因子的行为相关联的证据。之后遗传的染色体学说逐渐形成，该学说阐明了生物学的一个基本概念：基因位于染

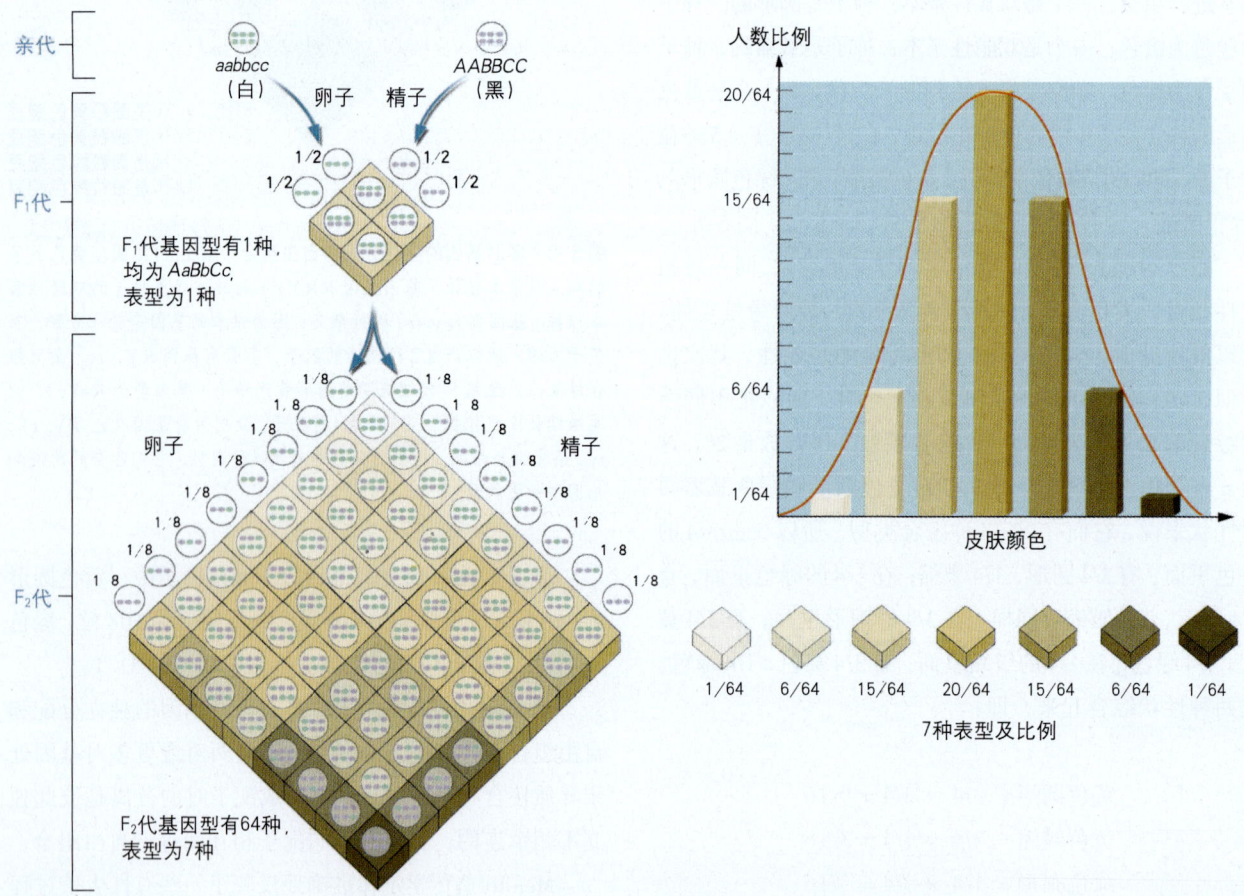

图 5-9 人类皮肤色素的连续性变化　多基因决定一个性状时，仍遵循 Mendel 遗传规律，但显性优势不显著且性状趋于连续变化。

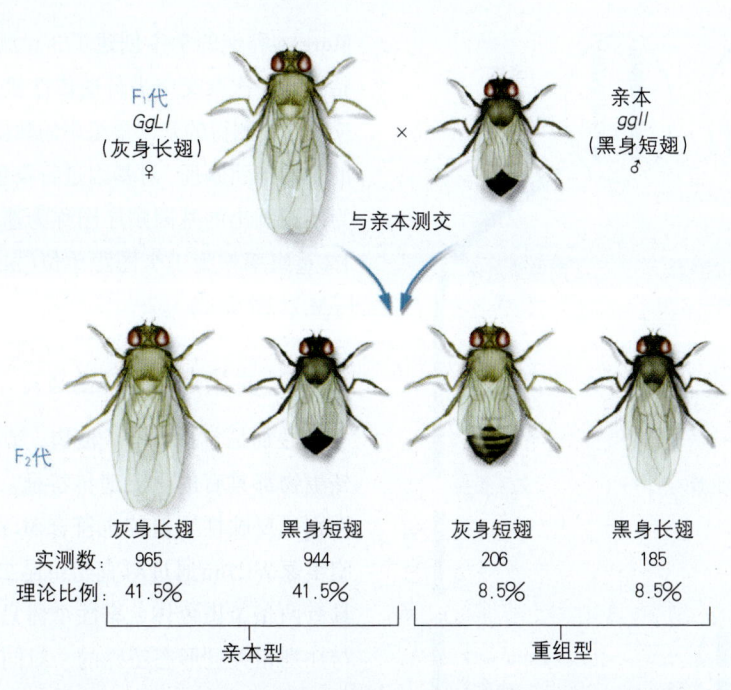

图5-10 染色体上基因的连锁现象 果蝇的测交试验显示，在 F_2 代中表现为亲代类型占大多数，而新类型少。这一现象可用两等位基因连锁在一起，共同遗传，很少分开来解释。

色体上，成对的染色体及位于其上的等位基因在细胞减数分裂时分离，独立分配到配子中，经过有性生殖过程中雌雄配子的结合，它们重新组合配对。遗传的染色体学说的建立，使人们重新认识到Mendel遗传学定律的重要意义。

20世纪初，美国著名的遗传学家Thomas Hunt Morgan及其同事通过果蝇的杂交试验，确立了基因在染色体上的连锁和交换规律，被后人称为遗传学第三定律。

野生果蝇有两种体色，灰色是显性性状（G），黑色为隐性性状（g）；另一对性状长翅为显性（L），短翅为隐性（l）。Morgan用灰身长翅的雌果蝇（$GGLL$）与黑身短翅的雄果蝇（$ggll$）交配，F_1代全是灰身长翅（$GgLl$）。他再将F_1代雌果蝇与双隐性雄果蝇（黑身短翅，$ggll$）进行测交，虽然也获得了4种表型，但大部分是与亲代性状完全相同的两类果蝇，即灰身长翅和黑身短翅两种亲本类型占多数（图5-10）。这一结果不符合Mendel的自由组合定律，因为按照自由组合定律，测交结果应该形成4种性状类型的果蝇，即灰身长翅、灰身短翅、黑身长翅和黑身短翅，且4种果蝇数目比应为1:1:1:1；事实却是4种性状之比为41.5%:8.5%:8.5%:41.5%，其中两亲本型即灰身长翅和黑身短翅占多数，比例为1:1。由此，Morgan推断，在染色体上灰身基因（G）与长翅基因（L）始终连锁在一起，黑身基因（g）与短翅基因（l）始终连锁在一起。F_1代杂合子在形成配子时，这两对基因不能自由组合，原来两个位于同一染色体上的基因只能共同遗传而不能被拆开。基因完全连锁很好地解释了为什么灰身长翅和黑身短翅两亲本性状占测交后代的大多数（41.5% + 41.5%），且比例为1:1的现象（图5-10）。

但对于占8.5%的黑身长翅和灰身短翅性状又如何解释呢？Morgan又发现并提出染色体上的连锁基因还可以发生交换。灰身和长翅基因（G和L）虽然原来定位在同一染色体上，但在减数分裂和配子形成过程中，同源染色体在配对时会发生同源染色体片段之间的相互交换，导致其上基因的重组（图5-11），上述试验中基因重组频率（重组率）为17%。

Morgan通过多次果蝇的杂交试验证明，染色体上各基因间的重组率与基因位点间的距离成正比，即两基因相距越远，发生交换的频率就越高。根据这一原理，

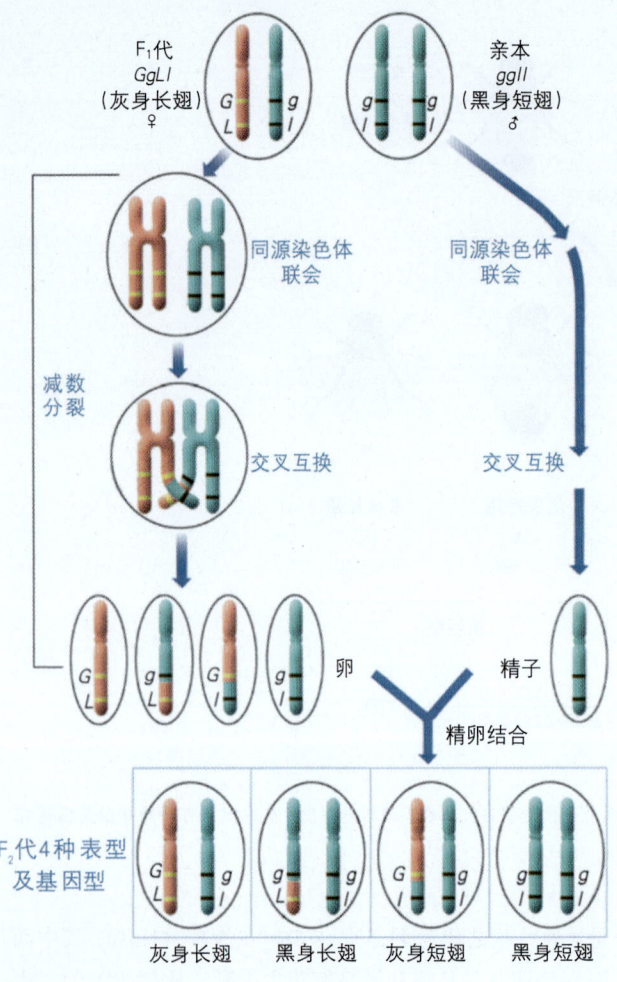

Morgan和他的学生创建了3点测交法（即将3个基因包括在同一次杂交中进行遗传性状分析），他们利用果蝇杂交实验中测得的基因重组率的数据并根据基因在染色体上的直线排列原理，对基因进行染色体上的定位。以重组率为距离画出的基因顺序图称为遗传图谱（genetic map），1%重组率作为1个图距单位（m.u.），或称1 centimorgan（cM）（图5-12）。

三、性染色体和伴性遗传

性别是包括酵母、植物、动物和人类在内的所有真核生物都具有的重要遗传特征。各种两性生物中1:1的性别比反映性别遗传也符合Mendel定律。1905年，细胞学家Wilson通过对直翅目昆虫的研究，发现雌性个体具有两条X染色体，雄性个体只有一条X染色体。这种与性别相关且形态特殊的一对同源染色体称为**性染色体**（sex chromosome），一般用X-Y或Z-W表示。生物中一般有X-Y型、X-O型、Z-W型和单倍体-二倍体型4种性别决定类型（图5-13），其中X-Y型是最为普遍的一种。例如，人的体细胞中有23对（46条，$2n=46$）染色体，女性具有22对常染色体和一对XX性染色体；男性有22对与女性相同的常染色体和一对XY性染色体（图5-14）。女性产生的卵都含有一条X染色体，男性则产生比例相等的两种精子，一种含一条X染色体，一种含一条Y染色体。由含一条X染色体的精子与卵结合形成的一对XX染色体受精卵，将发育为女性；由含一条Y染色体的精子与卵结合形成的一对XY染色体受精卵，将发育为男性。直翅目昆虫的性别决定属于X-O型，雌性的性染色体成对为XX，而雄性只有一条单一的X染

图5-11　染色体上基因的连锁和交换理论的解释和分析　各占8.5%的黑身长翅和灰身短翅性状果蝇的出现可以用染色体上基因的连锁和交换理论来解释。灰身和长翅基因（G和L）原来定位在同一染色体上，但在减数分裂和配子形成过程中，在同源染色体配对的四分体时期，会发生同源染色体片段之间的相互交换，导致其上基因的重组，结果出现了少量黑身长翅和灰身短翅果蝇。

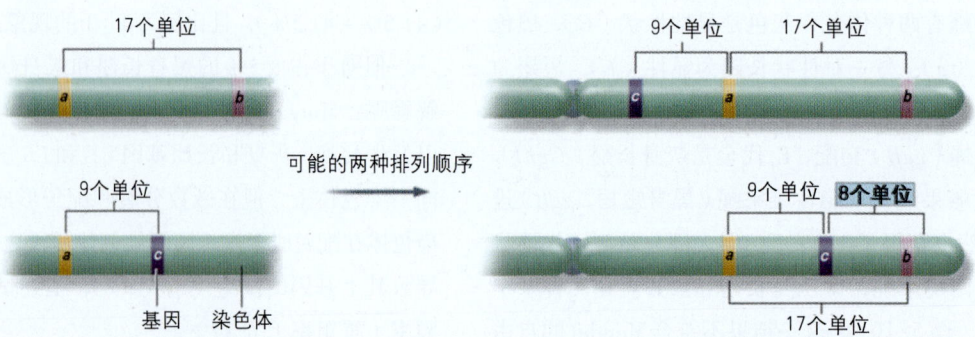

图5-12　基因定位与染色体作图　基因图反映了基因在染色体上的线性顺序。本实验中用交换频率来定位果蝇染色体的3对基因：a,b和c。已知a基因距着丝粒13个单位，试验结果显示，a和b相距17个单位，a和c距离9个单位。每个单位代表1%的重组率。为了最终确定各基因的顺序，必须测定b和c两对基因的重组率。试验测得b和c的重组率为8，可见3个基因的顺序应该是a-c-b，而不是c-a-b。

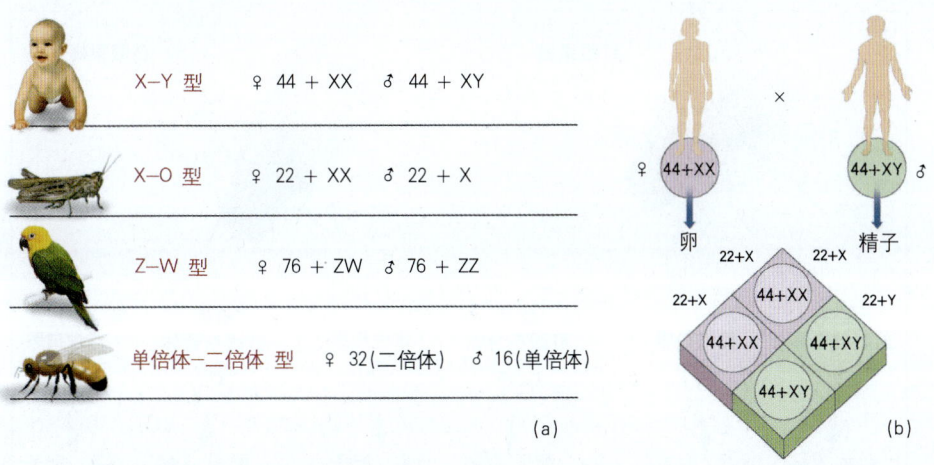

图5-13　性别决定类型　（a）性别是生物体中一种特殊性状，与其他性状一样受遗传物质控制和环境因素影响。决定生物雌雄性别发展趋势的内在因素和方式称为性别决定。由性染色体决定性别是生物界普遍存在的一种性别决定机制。常有X-Y型（雄性含有两条异型性染色体，雌性含有两条同型性染色体）、X-O型（雄性只含有一条染色体，雌性有两条X染色体）、Z-W型（与X-Y型相反）、单倍体-二倍体型（单倍体为雄性）。（b）人的X-Y型染色体及其性别遗传方式。

图5-14　人的X-Y性染色体　人的性染色体属于X-Y型，体细胞中除了22对常染色体，还含有一对性染色体，女性为XX，男性为XY，由于女性只产生含X染色体的卵子，故后代性别由父方决定，而精子中，X、Y两种染色体出现的几率相等，所以在整体种群中两性的大致比例总保持在1:1。

色体。大部分鸟类、鳞翅目昆虫、某些两栖类和爬行类动物的性别决定则为Z-W型，即雄性的一对性染色体为纯合子ZZ，雌性为杂合子，有一条Z染色体和一条W染色体。这种性别决定类型正好与X-Y型相反。另外，在蜜蜂和蚂蚁的体细胞中则没有性染色体，蜜蜂和蚂蚁的性别决定比较特殊，由经过受精后的卵发育成的二倍体个体为雌性，未经过受精的卵发育成的单倍体个体则是雄性。

在性染色体上，除了含有决定性别的基因外，还带有与性别决定无关的基因，这些基因称为**性连锁基因**（sex-linked gene）。性连锁基因的遗传称为**伴性遗传**（sex-linked inheritance）。伴性遗传与常染色体遗传相比，具有和性别相关的特殊性质，如Y染色体遗传就只能在雄性个体上得到表达，X染色体隐性遗传也在雄性中出现几率较大。例如，一种决定人耳缘上有较粗长毛的性状基因定位在Y染色体上，因此这一性状只能遗传给男性。在生物体中，大多数性连锁基因定位在X染色体上。果蝇复眼颜色的遗传就是定位在X染色体上的基因伴性遗传的典型例证（图5-15）。一般野生型果蝇都有一对深红色的复眼，较少有白色的复眼。红眼是显性性状，以R代表，白眼是隐性性状，以r代表。红眼的雄性的基因型为X^R，白眼则为X^r，Y染色体不带有决定复眼颜色的基因。在雌性果蝇中，$X^R X^R$和$X^R X^r$为红眼，$X^r X^r$为白眼。因此，这些果蝇交配产生的雌雄后代其复眼的颜色必然表现为如图5-15所示的特点。人类的许多伴性遗传现象与果蝇眼色伴性遗传类似，例如，人的色盲（color blindness）、血友病（hemophilia）等都是X连锁隐性遗传病，抗维生素D佝偻病（rachitis）是X连锁显性遗传病。X连锁隐性遗传病在男性中出现的机会往往比女性多。

Morgan对果蝇遗传的研究确立和发展了遗传的染色体理论，使Mendel遗传学定律更具有价值，以后获得了更广泛的应用。

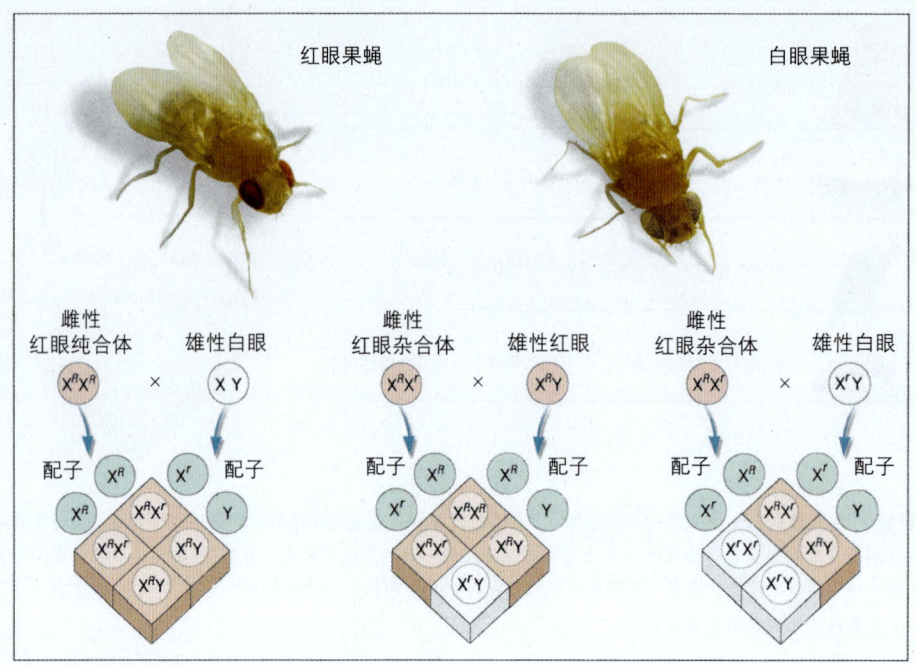

图 5-15　果蝇复眼颜色的遗传与性连锁基因定位

第二节　基因的奥秘

一、基因是由什么物质组成的

Mendel 通过对豌豆的杂交和遗传学研究，提出了遗传因子的分离定律和自由组合定律。Morgan 进一步将遗传学与细胞学的研究方法结合起来，以果蝇为对象，研究了染色体上遗传基因的连锁、交换和伴性遗传，发展并确立了基因学说。但是，在 20 世纪的前 40 年，困扰科学家的两个最基本的问题依然没有解决：① 基因是由什么物质组成的？② 基因是如何工作的？

当时没有人能够想到 DNA 就是遗传物质，他们猜测，生命的遗传物质可能是蛋白质，因为 20 种氨基酸多种不同的组合，可以形成许多不同的蛋白质；蛋白质作为酶催化生物代谢反应，由此控制多种遗传性状的表达。当时的科学家们很难想象，众多的遗传性状可以仅由 4 种核苷酸来表现。Mendel 和 Morgan 使用的实验材料主要是豌豆和果蝇等，它们都是一些非常复杂的多细胞生物，最初在人们不知道遗传基因是由什么物质组成的时候，不可能从这些复杂的生命形式中获得线索和证据。后来，在对细菌和病毒这些极其简单的生命形式的研究中，科学家才发现了遗传物质的蛛丝马迹（图 5-16）。事实再一次证明，从简单到复杂是科学的研究方法。

著名的肺炎链球菌实验　1928 年，英国的细菌学家 Frederick Griffith 首次发现了基因是一类特殊生物分子的证据。他当时正进行两种肺炎链球菌的实验：一种肺炎链球菌有荚膜，在培养基平板上形成的菌落表面光滑，称为 S 型肺炎链球菌。将活的 S 型肺炎链球菌注射到小白鼠的体内，很快便导致了小白鼠的死亡。如果加热将 S 型肺炎链球菌全部杀死，再注射到小白鼠的体内，小白鼠就不会死亡。另一种肺炎链球菌没有荚膜，在培养基平板上形成的菌落表面粗糙，称为 R 型肺炎链球菌。将活的 R 型肺炎链球菌注射到小白鼠的体内，小白鼠不会死亡。Griffith 将加热杀死的 S 型肺炎链球菌与无害的 R 型肺炎链球菌混合起来注射到小白鼠的体内，这时发生了奇怪的现象：小白鼠死亡了，从死亡的小白鼠体内居然还分离得到了活的 S 型肺炎链球菌。这一结果说明，加热杀死的 S 型肺炎链球菌中一定有某种特殊的生物分子或遗传物质，可以使无害的 R 型肺炎链球菌转化为有害的 S 型肺炎链球菌（图 5-17）。

这种生物分子或遗传物质是什么呢？在美国纽约洛克菲勒研究所工作的 Osward Avery 立刻敏感地抓住了这一问题，他反复进行类似 Griffith 的转化实验。Avery 将加热杀死的 S 型肺炎链球菌中的蛋白质用有机试剂除去，

豌豆 (a)

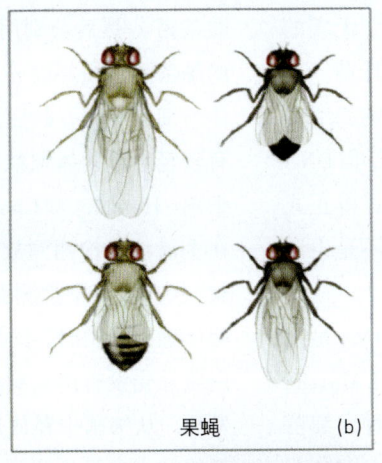
果蝇 (b)

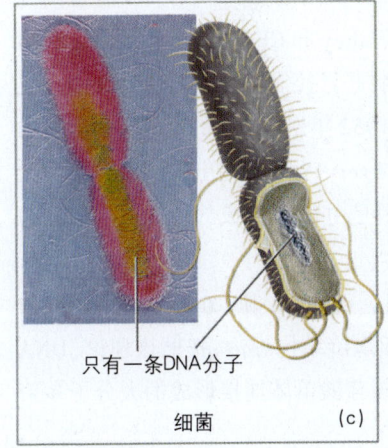
只有一条DNA分子
细菌 (c)

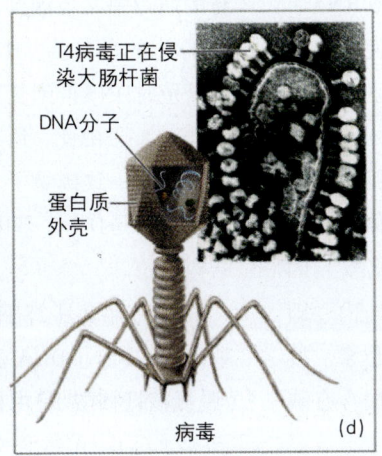
T4病毒正在侵染大肠杆菌
DNA分子
蛋白质外壳
病毒 (d)

图5-16 细菌和病毒是极其简单的生命形式，科学家从中发现了遗传物质的蛛丝马迹 （a）豌豆属于高等植物，有根、茎、叶、花、果实、种子等复杂的器官，其许多性状如紫花与白花，高茎与矮茎，籽粒黄色与籽粒绿色，花在茎顶和花在叶腋等体现了遗传的差异，但这些差异并不能直接揭示遗传物质分子基础的秘密；（b）果蝇也是具有各种复杂器官和组织的多细胞动物。虽然其几种表型的相对性状较容易观察，但在人们尚不知道遗传物质的分子基础时，这种复杂的动物不是研究该问题的最好材料；（c）细菌是比较简单的生命形式，图示的细菌是单细胞原核生物，只有一条DNA分子，便于观察分析；（d）病毒是最简单的生命形式，它没有细胞结构，只有蛋白质外壳和核酸。图示左侧为一蝌蚪状的病毒，其中蓝色部分为DNA分子，右侧为T4噬菌体正在侵染大肠杆菌的电镜照片。

遗传物质深藏于细胞之中，长期以来不为人们所察觉，随着科学的不断进步，科学家们才从最简单的生命形式——细菌和病毒中发现了遗传物质的蛛丝马迹。

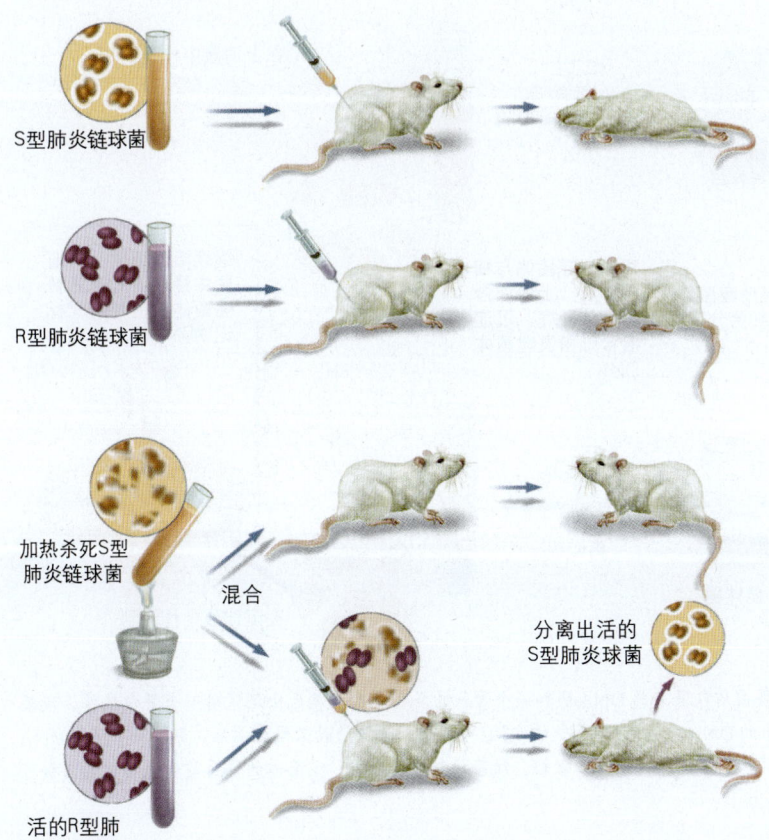

图5-17 著名的肺炎链球菌实验 该实验包括4步独立的实验和结果。1. S型肺炎链球菌注射入小白鼠体内，导致小白鼠死亡；2. R型肺炎链球菌注射入小白鼠体内，不会导致小白鼠死亡；3. 加热杀死的S型肺炎链球菌注射入小白鼠体内，不会导致小白鼠死亡；4. 加热杀死的S型肺炎链球菌和活的R型肺炎链球菌混合注射入小白鼠体内，导致小白鼠死亡。在第三步和第四步实验中，"加热杀死"仅仅是加热使S型球菌蛋白质外壳及其细胞膜变性而失去感染能力，由于蛋白质变性温度低于DNA变性温度，故加热温度远远没有达到使DNA发生不可逆变性的温度，所以DNA完全没有受到损害，加入R型肺炎链球菌后，S型肺炎链球菌DNA借助R型肺炎链球菌细胞合成蛋白质从而又具有了感染能力。

再加入到无害的 R 型肺炎链球菌中，结果发现，无害的 R 型肺炎链球菌仍能转化为有害的 S 型肺炎链球菌。对加热杀死的 S 型肺炎链球菌各种生物化学成分的酶解实验也证明，蛋白质和 RNA 是否水解与转化无关，但 DNA 是否水解则可以控制转化的成败。1944 年 Avery 等正式得出了结论：DNA 是生命的遗传物质，蛋白质不是生命的遗传物质。

更有说服力的噬菌体实验 另一个证明 DNA 是生命遗传物质的实验是 1952 年 Afred Hershey 和 Martha Chase 利用病毒为实验材料完成的。病毒是一种比细菌更加简单的生物，它仅含有少量简单的 DNA（或 RNA），外被一层蛋白质的外壳所包裹。病毒不能自我完成繁殖过程，它必须通过感染其他细胞才能完成繁殖。专门感染细菌的病毒称为**噬菌体**（bacteriophage）。

Hershey 和 Chase 将放射性同位素 ^{35}S 加入细菌培养基中进行细菌及噬菌体的培养，由于组成噬菌体外壳的蛋白质一定有含硫的氨基酸（如胱氨酸和半胱氨酸），因此这一批培养的噬菌体其蛋白质外壳便被 ^{35}S 标记了，即在噬菌体的蛋白质外壳中可以检测到放射性同位素。接着他们又同样用 ^{32}P 标记了噬菌体的 DNA（核酸含有磷酸基团）。然后分别用这些噬菌体去感染细菌。将被感染的细菌通过搅拌破碎器作用，附在细菌细胞壁外的噬菌体与细菌脱离，然后用离心机分离，离心管的上清液含有较轻的噬菌体颗粒，离心管的沉淀中则是被感染过的细菌。Hershey 和 Chase 发现，经 ^{35}S 标记的一组实验，仅在上清液中检测到放射性同位素；经 ^{32}P 标记的一组实验，仅在沉淀中检测到放射性同位素。实验结果说明，噬菌体感染细菌时，仅是 DNA 进入到细菌的细胞中，而蛋白质外壳没有进入到细菌的细胞。然后 Hershey 和 Chase 发现，从细菌中释放出的新复制的噬菌体经裂解后，在新的病毒中又检测到了 ^{32}P 标记的 DNA，而没有检测到 ^{35}S 标记的蛋白质。Hershey 和 Chase 的实验证明，在病毒繁殖时 DNA 得到复制并且控制了新蛋白质外壳的合成（图 5-18）。由此，到 1952 年用了 8 年的时间，全世界的科学家才一致接受了 Avery 1944 年提出的结论：生命的遗传物质是 DNA，基因是由 DNA 组成的决定遗传信息的结构单位。

1953 年 2 月 28 日，Watson 和 Crick 在前人研究的基础上，提出了 DNA 双螺旋结构理论，按照该理论，DNA（脱氧核糖核酸）是由核苷酸单体连接形成的大分子多聚

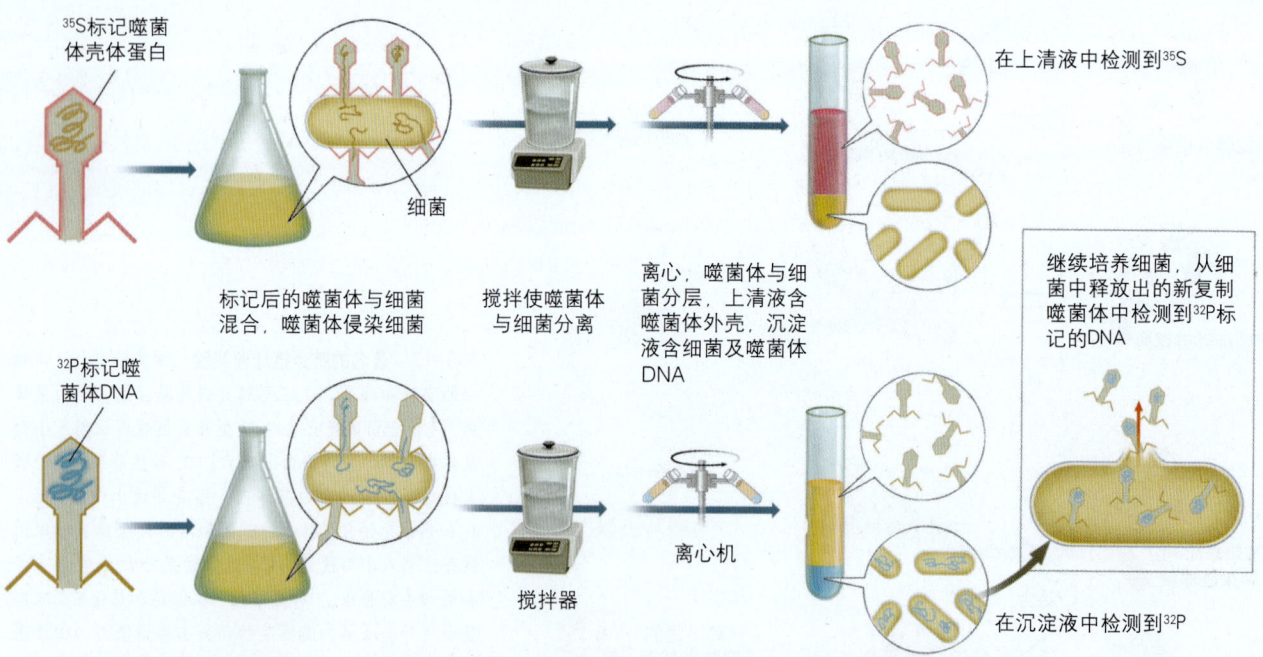

图 5-18 更有说服力的噬菌体实验 噬菌体包括一个用蛋白质包裹着的 DNA 头和一个管状的蛋白尾巴，尾巴上还带着一个蛋白尾丝，侵染大肠杆菌时，通过其尾丝将 DNA 注入细菌细胞内，释放出的 DNA 是一条 50 kb 长的线性 DNA 链，两端的粘末端配对后，形成一个环形 DNA 分子，然后借助大肠杆菌细胞完成 DNA 和蛋白质的复制，再装配成新的噬菌体颗粒，细菌被裂解后放出。噬菌体的蛋白质外壳和核酸内核可以分别被放射性同位素 ^{35}S 和 ^{32}P 标记，使该实验具有说服力。

体。每一个核苷酸单体由3部分组成：一个戊糖分子、一个磷酸和一个含氮的碱基。碱基包括腺嘌呤（A）、鸟嘌呤（G）、胸腺嘧啶（T）和胞嘧啶（C）4种。一个核苷酸单体戊糖第五位碳的磷酸与另一个核苷酸单体戊糖第三位碳上的羟基相连，形成3′，5′-磷酸二酯键（见图2-35，2-36），如此重复连接形成核酸链的磷酸戊糖基本骨架，碱基则与骨架上戊糖的第一位碳相连。DNA分子是由两条脱氧核糖核酸长链互以碱基配对相连而成的螺旋状双链分子，这两条链绕同一轴盘绕形成右旋的双螺旋结构。两条链的碱基对之间由氢键相连，连接的原则是A与T配对，G与C配对，两条链是互补的（图5-19）。由于碱基互补配对的高度精确性（即只能A与T配对，C与G配对），在细胞分裂前DNA复制的时候，可以使贮藏在DNA分子中以4种核酸碱基编码的遗传信息得以稳定地向下一代传递。

Watson和Crick的DNA双螺旋结构理论奠定了生命遗传的分子生物学基础，标志着现代遗传学的开始，宣告生命科学从此进入了认识生命本质的新阶段。

二、DNA的半保留复制

DNA是遗传物质，它携带由特定顺序的核苷酸组成的遗传信息，控制着生物体特定的性状并在细胞增殖过程中将其遗传信息传递给下一代。细胞的繁殖首先需要进行DNA的复制。我们现在知道，DNA的复制遵循"半保留复制"（semiconservative replication）的机制。

1958年，Matthew Meselson和Franklin Stahl设计了DNA合成的同位素示踪实验（图5-20）。他们先将大肠杆菌放入以 $^{15}NH_4Cl$ 为唯一氮源的培养液中生长若干代，使大肠杆菌的DNA都被放射性同位素 ^{15}N 所标记。然后将被 ^{15}N 标记的大肠杆菌转入 $^{14}NH_4Cl$ 为唯一氮源的培养液中生长，待第一代细胞分裂完成后（细胞数增加一倍）和第二代细胞分裂完成后，分别将大肠杆菌中的DNA分离出来，做密度梯度的超速离心和分析。Meselson和Stahl认为，被 ^{15}N 标记的亲代双链DNA（记作 $^{15}N/^{15}N$）密度较大，离心后形成的一条带（重带）应分布于离心管的下部；被 ^{14}N 标记的双链DNA（记作 $^{14}N/^{14}N$）密度较小，离心后形成一条带（轻带）应分布于离心管的上部；而分别被 ^{15}N 和 ^{14}N 标记的双链DNA（其中一条链为 ^{15}N，另一条链为 ^{14}N，记作 $^{15}N/^{14}N$）密度和分布应介于 $^{15}N/^{15}N$ 和 $^{14}N/^{14}N$ 两者之间。Meselson和Stahl

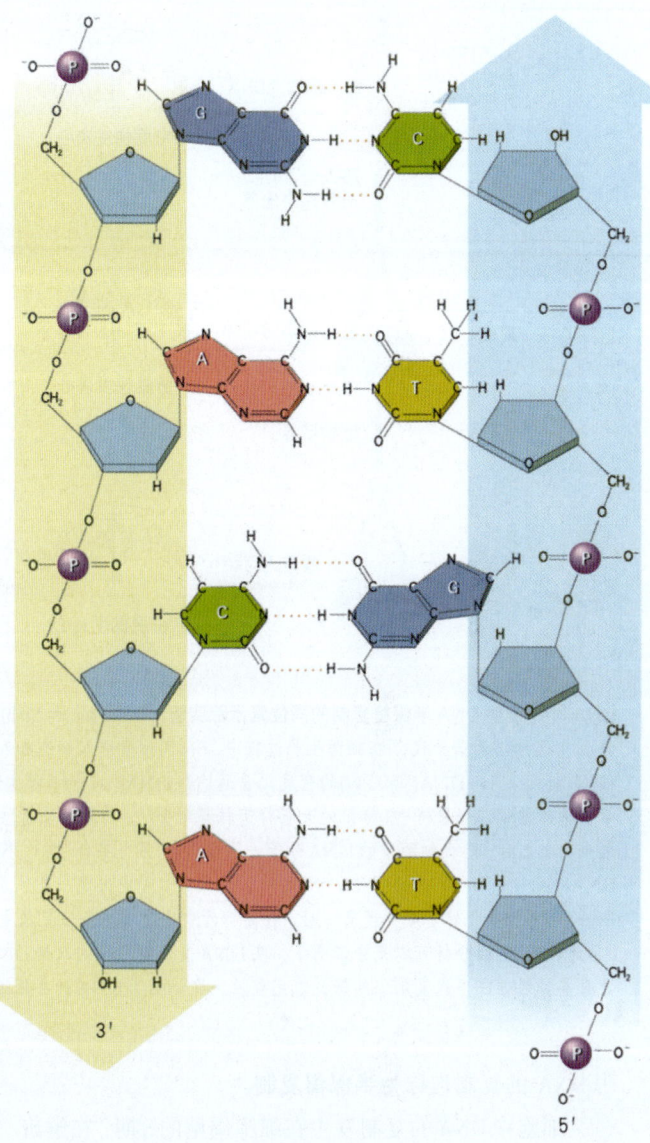

图5-19 碱基互补的DNA双螺旋结构 DNA双螺旋结构中碱基互补配对的高度精确性，使贮藏在DNA分子中以4种核酸碱基编码的遗传信息可以稳定的向下一代传递，参见图2-37。

在实验中发现，被 ^{15}N 标记的亲代DNA离心后只有一条带，正好分布于离心管的下部；繁殖后第一代大肠杆菌的DNA离心后也只有一条带，正好分布于离心管的中部；经繁殖后的第二代大肠杆菌DNA离心后出现了两条带，一条分布于离心管的中部，另一条分布于离心管的上部，证明新合成的DNA分子的两条多核苷酸链中有一条来自亲代DNA，一条则是新合成的（图5-20）。细胞中DNA的复制是以亲代的一条DNA为模板，按照碱基互补的原则，合成另一条具有互补碱基的新链，完成复制的DNA新链与亲代双链DNA完全相同，因此，细胞

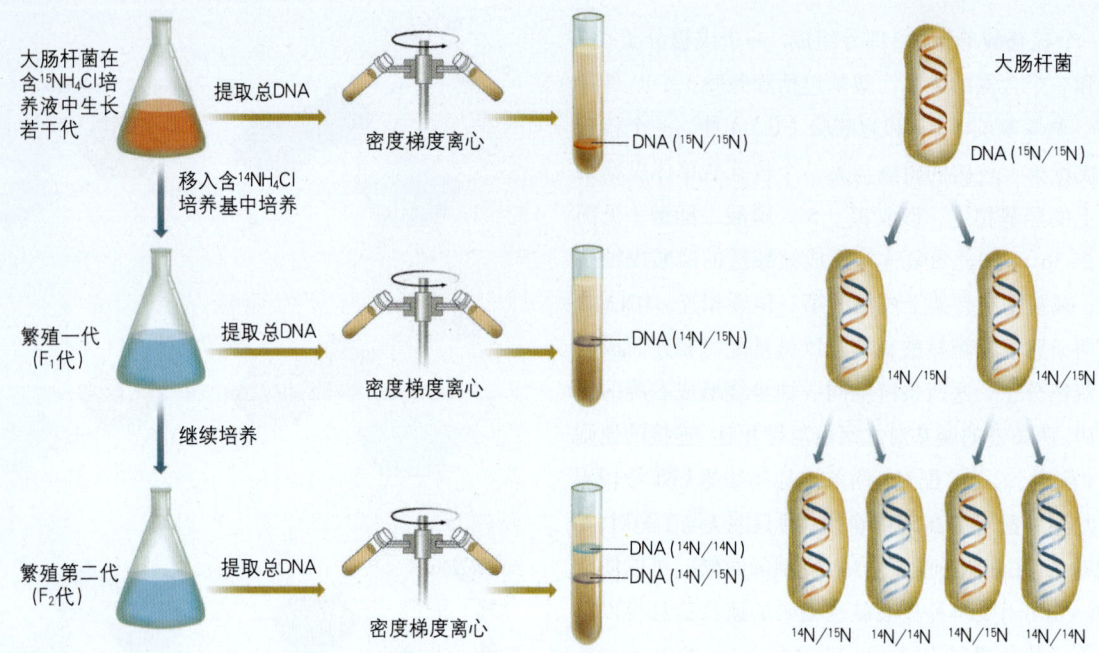

图 5-20　证明 DNA 半保留复制的同位素示踪实验　Meselson 和 Stahl 让大肠杆菌在以 $^{15}NH_4Cl$ 为唯一氮源的培养基（图中以红色标示的培养液）中连续培养若干代，在细菌生长过程中，^{15}N 同位素进入细胞加入到新合成 DNA 的含氮碱基部位，经过多次分裂，亲代 DNA 双链均充分被 ^{15}N 标记。^{15}N-DNA($^{15}N/^{15}N$) 的密度比普通 ^{14}N-DNA($^{14}N/^{14}N$) 密度大，提取的 DNA 在氯化铯密度梯度离心时，可以得到一条位置较低的区带，称为重带。如果将 ^{15}N 标记的大肠杆菌转移到含 ^{14}N 的氮源普通培养基（图中以蓝色标示的培养液）中继续培养，经过细菌繁殖一代（分裂一次）之后，F_1 代细菌中的 DNA 分子一半含 ^{15}N，另一半含 ^{14}N（$^{15}N/^{14}N$）。在氯化铯密度梯度离心时，所有提取的 DNA 的密度都介于 ^{15}N-DNA($^{15}N/^{15}N$) 和 ^{14}N-DNA($^{14}N/^{14}N$) 之间，因此离心管中出现一条位置居中的区带。若在 ^{14}N 的氮源普通培养基中让细菌继续再分裂一次，提取的 DNA 经氯化铯密度梯度离心后，在离心管中除了有一条位置居中的 $^{15}N/^{14}N$-DNA 区带外，可以看到一条位置更高的 $^{14}N/^{14}N$-DNA 区带（称为轻带）。经分析可以充分证明了，在 DNA 复制时原来的双链 DNA 分子均可被分成两个单链亚单位，分别构成子代分子的一半，这些单链亚单位经过许多代复制仍然保持着完整性，即证明了 DNA 的半保留复制。

中 DNA 的复制被称为**半保留复制**。

细胞中 DNA 的复制发生在细胞周期的 S 期，在解旋酶（helicase）的作用下，首先双螺旋的 DNA 同时在许多 DNA 复制的起始位点局部解螺旋并拆开为两条单链，如此在一条双链上可形成许多"复制泡"，解链的叉口处称为**复制叉**（replication fork）（图 5-21）。每一条 DNA 链都有戊糖和磷酸依次相连形成链的骨架，在戊糖的 3′ 位碳原子处总是接着羟基（-OH），在戊糖的 5′ 位碳原子处总是接着磷酸基团，因此一般都将每一条 DNA 单链带有 -OH 的一端称为 3′ 端，带有磷酸基团的另一端为 5′ 端。在 DNA 复制时起关键作用的酶是 DNA 聚合酶（DNA polymerase），该酶使游离的核苷酸准确地与 DNA 上互补的碱基结合并与早先结合形成的核苷酸新链连接，使新链延长。由于 DNA 聚合酶只能将游离的核苷酸加到新链的 3′ 端（而绝不是 5′ 端），因此 DNA 的复制（DNA 的合成）总是由 5′ 向 3′ 方向进行。在亲代 DNA 解螺旋后的复

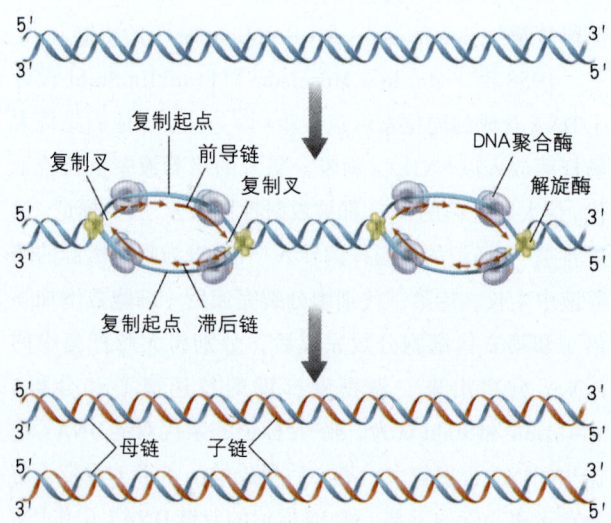

图 5-21　DNA 复制叉　高等生物的 DNA 复制是从多个复制起点开始双向进行的，母链从多个起始位点局部解开为两条单链，然后通过半保留复制形成两条子链。箭头表示 DNA 在每一个复制泡两端的复制方向。

制叉处，按照由 5′ 向 3′ 方向复制的原则，一条子链可以连续向着分叉处进行复制和延伸，而另一条子链则不能连续向着分叉处复制和延伸（图 5-22）。因此，在 DNA 聚合酶的作用下，随着复制叉不断打开，先合成一段新的 RNA 短链，称为**引物**（primer）。在引物后再仍按 5′ 向 3′ 方向使游离的核苷酸加到新链的 3′ 端，这时的 DNA 的复制和延伸不是连续的，而是分段进行的，每合成的一小段片段称为**冈崎片段**（Okazaki fragment）。以后冈崎片段前的 RNA 引物被 DNA 短链取代，DNA 连接酶（DNA ligase）又使冈崎片段连接成为连续的新链（图 5-22）。

DNA 的半保留复制保证了所有的体细胞都携带相同的遗传信息，并可以将遗传信息稳定地传递给下一代。

DNA 的复制都是半保留复制，真核生物 DNA 的复制有多个特定的复制起点，原核生物（环状双链 DNA）只有单个复制起始点。例如，某种噬菌体的环状 DNA 只有一条链，当它进入宿主后，在引物酶和 DNA 聚合酶Ⅲ的作用下，产生一条互补的新链，然后以这个双链环状 DNA 为模板，再形成新的单链 DNA 分子。噬菌体 DNA 的这种复制方式被称为**滚环复制**（rolling-circle replication）。

三、RNA 的组成和作用

RNA 是核糖核酸的缩写，它与脱氧核糖核酸（DNA）的主要差别在于：① RNA 大多是单链分子；② 含核糖而不是脱氧核糖；③ 4 种核苷酸中，不含胸腺嘧啶（T），而是由尿嘧啶（U）代替了胸腺嘧啶（T）。

细胞中主要有 3 种 RNA，即信使 RNA（mRNA），核糖体 RNA（rRNA）和转运 RNA（tRNA）。

mRNA 是遗传信息的携带者。它在细胞核中转录了 DNA 上的遗传信息，再进入细胞质，作为蛋白质合成的模板。mRNA 种类很多，每一种 mRNA 的相对分子质量及碱基序列都不相同。原核细胞 mRNA 与真核细胞 mRNA 的主要区别在于，原核细胞 mRNA 的 5′ 端无帽子结构（cap），真核细胞 mRNA 的 5′ 端有帽子结构。mRNA 的 5′ 端帽子是指 7-甲基鸟苷以不寻常的 5′→5′-三磷酸连接到 mRNA 的 5′ 端，并在第一或第二个核苷酸的 2′ 位上甲基化。帽子结构对于 mRNA 的翻译活性具有重要作用。而在 mRNA 的 3′ 端，原核细胞没有或仅有少于 10 个多聚腺苷酸（poly A）结构，真核细胞一般有一条由

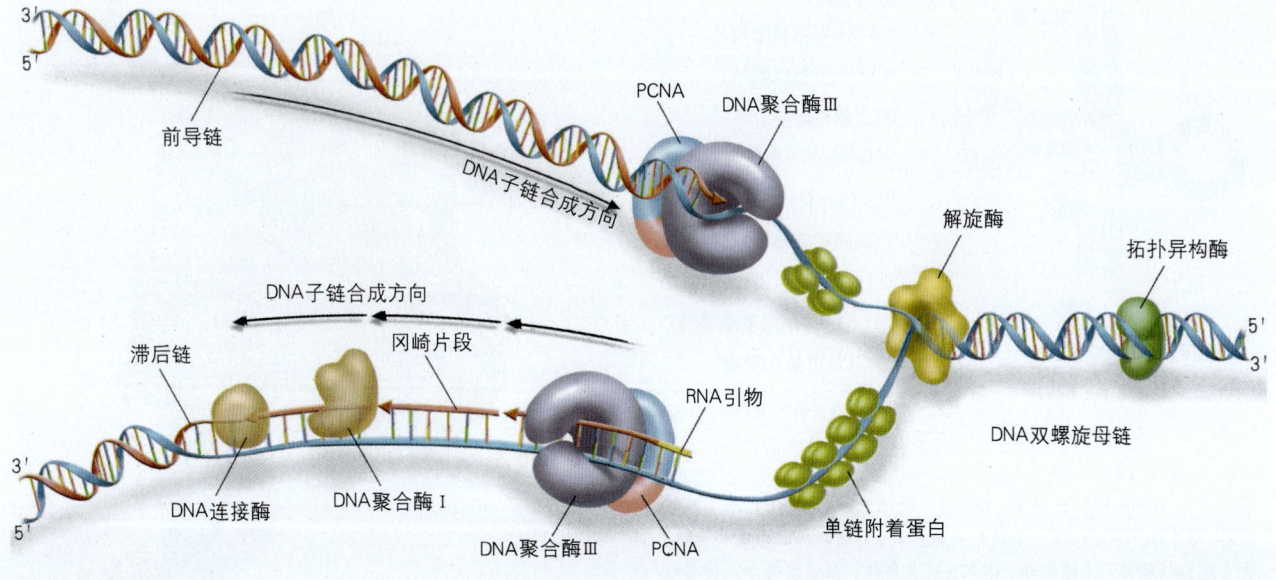

图 5-22　DNA 复制　DNA 的复制是半不连续复制，图中上侧的前导链的复制是连续的，图中下侧的滞后链的复制则是不连续的。在复制的过程中，解旋酶打开母链的双螺旋，单链附着蛋白稳定解旋的母链 DNA，前导链按 5′ 向 3′ 的方向连续合成，这其中聚合酶起着重要的作用。滞后链的合成为不连续复制。在 DNA 复制时，首先由引物酶合成一小段 RNA 引物，DNA 聚合酶在引物后面合成 DNA 片段，这个片段称为冈崎片段。RNA 引物被另一种 DNA 聚合酶释放，DNA 连接酶把冈崎片段连接到正在延伸的 DNA 片段上。PCNA 全称是增殖细胞核抗原，它是 DNA 聚合酶的辅助蛋白因子。

20～200多个腺苷酸残基连续组成的多聚腺苷酸链。这种多聚腺苷酸与起初 mRNA 的稳定性有关。

tRNA 是含有 80 个左右核苷酸的小分子，局部成为双链，在其 3′、5′ 端的相反一端的环上具有由 3 个核苷酸组成的**反密码子**（anticodon）。tRNA 的反密码子在蛋白质合成时与 mRNA 上互补的密码子（codon）相结合。tRNA 起识别密码子和携带相应氨基酸的作用（图 5-23）。tRNA 的结构特点包括，其相对分子质量在 2.5×10^4 左右，沉降系数在 4 S 左右，碱基组成中有较多稀有碱基，3′ 端有 CCA-OH，用来接受活化的氨基酸。所以这个末端称为接受末端。tRNA 的二级结构都呈三叶草形。双螺旋区构成了叶柄，突出环好像是三叶草的三片小叶。由于双螺旋结构所占比例甚高，tRNA 的二级结构十分稳定。三叶草形结构由接纳茎（氨基酸臂）、D 环、反密码环、可变环和 TψC 环等五个部分组成。

rRNA 和蛋白质共同组成的复合体就是核糖体，它们大约各占核糖体的 60% 和 40%。核糖体是蛋白质合成的场所。rRNA 是细胞中最丰富的一类 RNA，大约占细胞总 RNA 的 80%。核糖体由大小不同的两个亚基组成，这两个亚基只有在行使翻译功能即肽链合成时才聚合成整体，为蛋白质的合成提供场所。例如，大肠杆菌有 70 S（离心沉降系数）的核糖体，它包含了 30 S 和 50 S 两种亚基；高等动植物细胞有 80 S 核糖体，它包含了 40 S 和 60 S 两种亚基。rRNA 在核糖体中既具有结构上的功能，又参与翻译过程的起始等反应。同样，核糖体蛋白也是既具有结构上的功能，许多核糖体蛋白又是翻译过程中必不可少的因子（图 5-24）。在核糖体上具有附着 mRNA 模板链的位置，还有两个 tRNA 附着的位置，分别称为 A 位和 P 位。A 位供携带一个新氨基酸的 tRNA 进入并停留，P 位供携带待延长的多肽链的 tRNA 停留，另外，P 位旁还有一个 tRNA 的释放位（E 位）。

在真核生物中，由 DNA 遗传信息控制的蛋白质合成涉及到两个基本过程：第一步，DNA 的遗传信息转录到

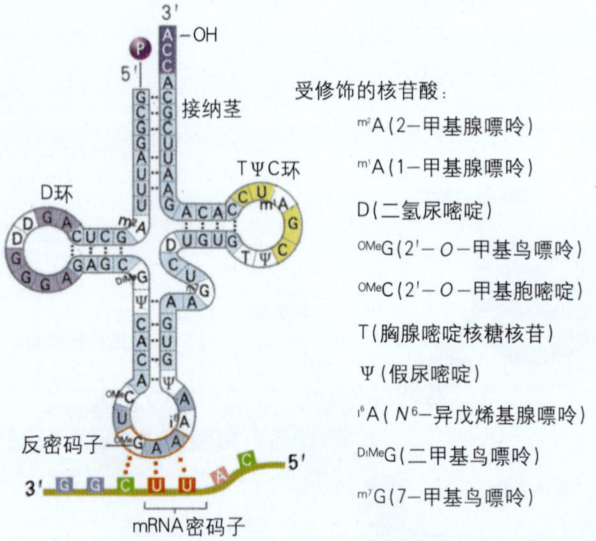

图 5-23　tRNA 和反密码子　tRNA（转运 RNA）是运载氨基酸的工具，每个 tRNA 可认出一个特定的氨基酸，与这氨基酸形成共价键，把它运到核糖体。左图显示，tRNA 虽是单链，但以发夹方式折叠起来，形成了所谓的"三叶草"形的三维结构结构。三叶草结构的顶端为反密码子环，可以与 mRNA（信使 RNA）上的密码子结合。图中 TψC 环包含 TψC 序列。ψ 是一种被修饰的核苷酸，叫做假尿嘧啶。反密码子环：识别并结合 mRNA 的序列。D 环又称二氢尿嘧啶环，它包含不寻常的二氢尿嘧啶核苷酸的茎环结构。可变环又称额外环，只在部分 tRNA 中出现。

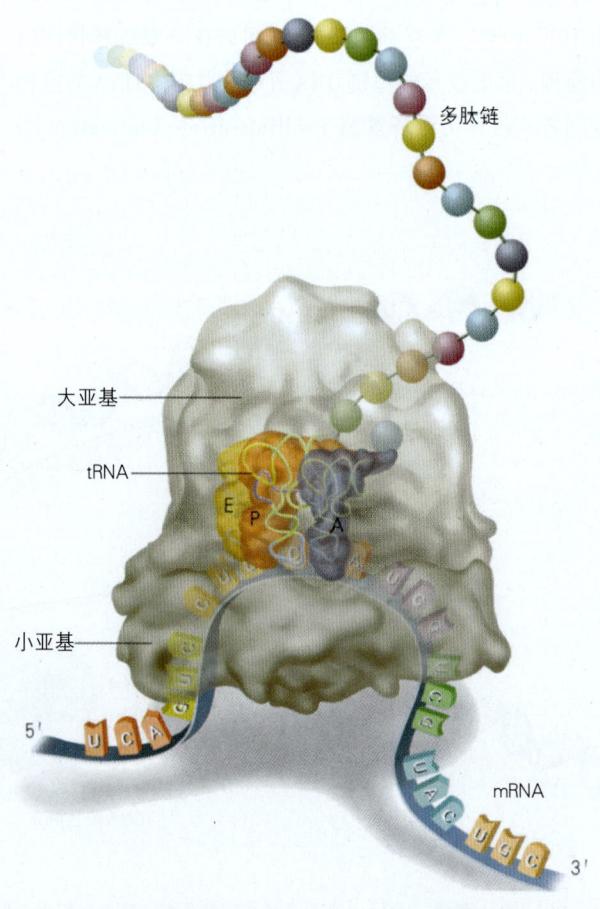

图 5-24　核糖体是蛋白质合成的场所　核糖体是蛋白质生物合成的工厂，由 rRNA 和核糖体蛋白组成。rRNA 在核糖体中既具有结构上的功能，又参与翻译过程的起始等反应。核糖体蛋白也具有结构上的功能，许多核糖体蛋白又是转译过程中必不可少的因子。

mRNA 中，这一过程发生在细胞核中，以 DNA 为模板转录合成一条 mRNA 链，它与 DNA 的复制过程大致相同；第二步，将 mRNA 的信息翻译成蛋白质的氨基酸序列，这一过程在细胞质中进行。在原核生物中，遗传信息的转录和翻译则简单一些。下一节将具体讨论转录和翻译的问题。

第三节　遗传密码与蛋白质合成

一、遗传密码的破译

Watson 和 Crick 发现了 DNA 双螺旋结构以后，全世界的科学家都想到了下一个重大问题：遗传密码的问题，即遗传信息是如何贮藏在只有简单的碱基差别的 4 种核苷酸中的？这时数学家和物理学家们相信，通过逻辑运算或推导，就可以破译这些简单的遗传密码，因为遗传密码的破译与将传统的电报密码译成电文词语相似（图 5-25）。但是几年后的事实证明，遗传密码的最终破译不是由理论推演获得的，而是收获于两位分子生物学家无数艰苦的实验之后。

1955 年，在纽约大学工作的 Marianne Grunberg-Manago 发现并分离获得了一种可以将核苷酸连接起来的酶，用这种酶，可以将核苷酸连接成 RNA 聚合体。例如：可以把腺嘌呤核苷酸（A）连接成多聚 A（polyA，A-A-A-A-A-A），还可以制备 polyC（C-C-C-C-C-C-C），polyG、polyU、polyAU 等等。但是，当时没有人知道怎么样的核苷酸组合可以被细胞翻译成多肽片段。

1960 年，一个名叫 Johann Heinrich Matthei 的 31 岁的德国青年来到美国华盛顿特区的国家健康研究所（缩写 NIH），寻找他感兴趣的研究工作。他发现，蛋白质合成研究既是一种挑战，又蕴藏着突破的机遇。在美国国家健康研究所，当时有 3 位科学家在做细胞外的蛋白质的人工合成，Matthei 对其中 33 岁的 Marshall Nirenberg 的研究课题最感兴趣，于是便开始与 Nirenberg 合作。Matthei 独立研究的能力很强，他的加盟加速了在试管中合成多肽的工作。他们在试管中将 ATP 和游离的氨基酸加入到从细胞中提取的核糖体、核酸和酶的混合物中，其他学者已经用这种方法将氨基酸连接到一段肽链上去，但是人们不知其所以然，不知道应该在试管中加入什么遗传信息来合成特定的多肽。Matthei 与 Nirenberg 经过思考和讨论，共同提出了一个特别重要的基本问题：哪一种 RNA 可以促进多肽的合成？

为了回答这一问题，他们花了大量的时间，建立并优化了一种对 RNA 高度敏感并可以及时检测多肽合成的试管实验系统，这个系统不用传统的翻译起始核糖就可以翻译。他们首先在试管中加入了 ATP、游离的氨基酸、酶和核糖体及核糖体 RNA，这时试管中并没有蛋白质的合成，实验说明，仅有核糖体及核糖体 RNA 是不够的，可能还需要带有遗传信息的 RNA。他们立刻列出了可以做实验的其他 200 多种 RNA。此时，Matthei 和 Nirenberg 看中了烟草花叶病毒 RNA，他们加入了这种简单的带有遗传信息的病毒 RNA，实验结果令人兴奋，大量的氨基酸在他们的试管系统中被合成为一些神秘的蛋白质。接下来，他们又看中了用 Grunberg-Manago 方法人工合成的 RNA。他们将 20 种氨基酸分成 5 组分别放入 5 支试管，加入含有核糖体、ATP 和酶的混合液，然后在其中分别加入 polyU。戏剧性的实验结果令人兴奋，在其中 1 支试管中产生了许多蛋白质。重要的发现来源于准确和及时地提出关键问题，这时，Matthei 立刻问：polyU 主要利用了哪些氨基酸呢？于是，他决定将产生蛋白质的那支试管中的 4 种不同的氨基酸分别加入到 polyU 试管

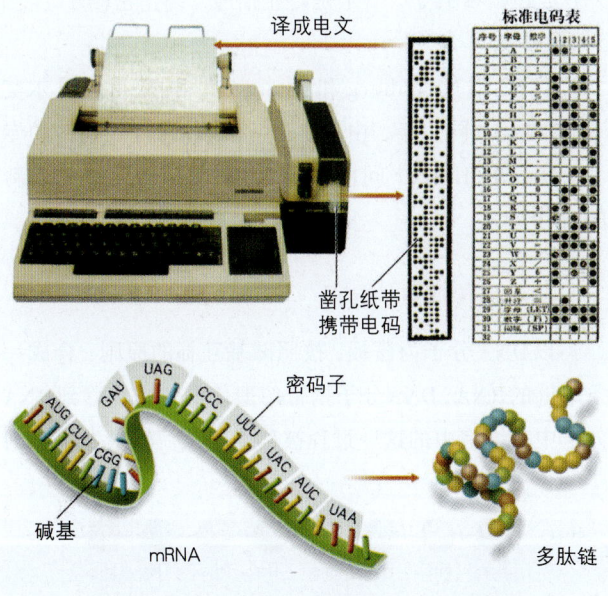

图 5-25　遗传密码的破译与电报密码译成汉字词语类似　上图：用于传送信息的电报机，凿孔纸带上携带电码，每个电码代表一个特定的含义，翻译电码即可得信息。下图：mRNA 上分布着的密码子，其作用类似于凿孔纸带上携带的电码，每个密码子对应一种氨基酸，翻译密码子可以得出多肽链的结构组成。

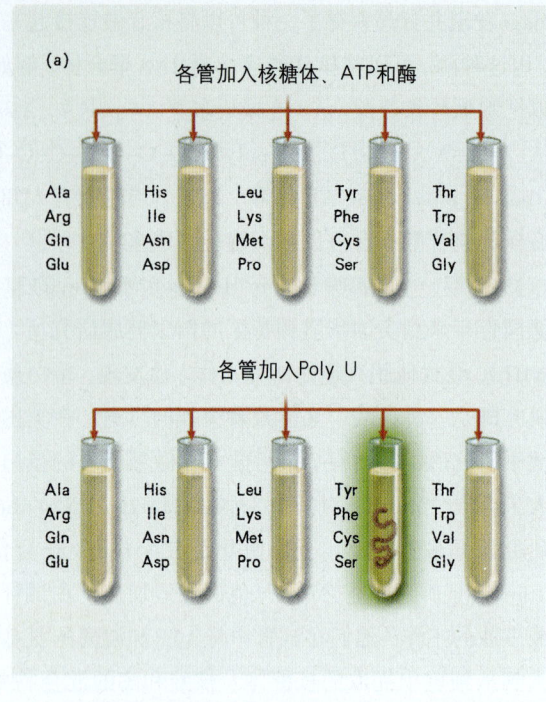

Matthei 和 Nirenberg 很快就将他们的研究结果写成论文投给了学术期刊公开发表，同时 Nirenberg 在莫斯科举办的第五届国际生物化学大会上介绍了他们最新的研究成果，科学界由此知道了第一个遗传密码。从莫斯科回来后，Nirenberg 全力组织其他遗传密码的破译。这时，Matthei 和 Nirenberg 的关系开始出现了裂缝，Matthei 回到了德国独自进行研究。在破译其他遗传密码的竞争中，Nirenberg 的步伐越来越快，他又与其他科学家进一步合作，根据实验结果和分析推测，合理地提出3个核苷酸决定一个氨基酸的翻译。在破译遗传密码的竞争中，另一位科学家 Gobind Khorana 发明了一种利用重复序列按设计需要连接任意核苷酸的方法，例如，他发现 ACACACACACACAC 链合成的是 Thr-His-Thr-His（苏氨酸-组氨酸-苏氨酸-组氨酸）链，从而证明 ACA 是决定苏氨酸的密码子，CAC 是决定组氨酸的密码子（图5-27）。这一研究成果更确切地证明了 mRNA 中的遗传信息以3个碱基形成的遗传密码决定肽链上一个特定的氨基酸。因此，决定肽链上一个特定氨基酸的碱基三联体被定义为一个**密码子**。到1966年，Nirenberg 和 Khorana 等人完成了对全部遗传密码的破译，在全部64个密码子中，61个密码子负责20种氨基酸的翻译，1个是起始密码子，3个是终止信号（终止密码子）（图5-28）。

1968年 Nirenberg 和 Khorana 共同获得诺贝尔奖（图5-29）。同一年，由 James Watson 编写并畅销的专著《Double Helix》问世，分子生物学进入了一个崭新的时代。

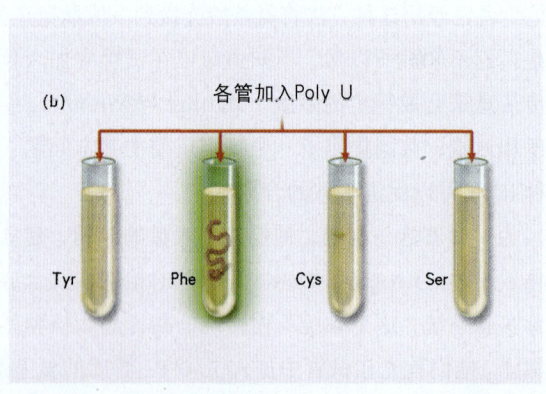

图5-26 第一个遗传密码的破译实验 （a）科学家首先将20种氨基酸分成5组，放入5个不同的试管中，加入含有核糖体、ATP 和酶的混合液。然后在每个试管中加入 polyU，结果在放有 Tyr、Phe、Cys、Ser 四种氨基酸的试管中发现有蛋白质生成；（b）在以上实验和发现以后，又进一步设计了更简单的研究方案，在4个盛放含有核糖体、ATP 和酶的混合液的试管中分别加入 Tyr、Phe、Cys、Ser，再加入 polyU，结果只有含 Phe 的试管中发现了新合成的蛋白质。Matthei 因此证明，poly U 合成的肽链全部是 Phe。

系统中。通过连续5天通宵达旦的工作，星期五的晚上 Matthei 又是站着工作了一夜，星期六早晨，熬红了眼的 Matthei 终于得到了答案：polyU 合成的肽链全部是苯丙氨酸（Phe）（图5-26）。虽然这时 Matthei 还不知道几个 U 可以在肽链上决定一个苯丙氨酸的合成，但此时，他却是世界上破译第一个遗传密码的人。

二、遗传信息的转录

以 DNA 分子为模板，按照碱基互补的原则，合成一条单链的 RNA，DNA 分子携带的遗传信息被转移到 RNA 分子中，细胞中的这一过程被称为**转录**。转录发生在细

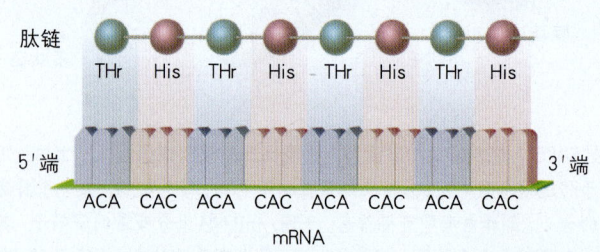

图5-27 ACA 是决定苏氨酸的密码子，CAC 是决定组氨酸的密码子

第三节 遗传密码与蛋白质合成

第一位核苷酸	第二位核苷酸				第三位核苷酸
	U	C	A	G	
U	UUU UUC 苯丙氨酸(Phe) UUA UUG 亮氨酸(Leu)	UCU UCC UCA UCG 丝氨酸(Ser)	UAU UAC 酪氨酸(Tyr) UAA UAG 终止密码	UGU UGC 半胱氨酸(Cys) UGA 终止密码 UGG 色氨酸(Trp)	U C A G
C	CUU CUC CUA CUG 亮氨酸(Leu)	CCU CCC CCA CCG 脯氨酸(Pro)	CAU CAC 组氨酸(His) CAA CAG 谷氨酰胺(Gln)	CGU CGC CGA CGG 精氨酸(Arg)	U C A G
A	AUU AUC AUA 异亮氨酸(Ile) AUG 蛋氨酸(Met)或起始密码	ACU ACC ACA ACG 苏氨酸(Thr)	AAU AAC 天冬酰胺(Asn) AAA AAG 赖氨酸(Lys)	AGU AGC 丝氨酸(Ser) AGA AGG 精氨酸(Arg)	U C A G
G	GUU GUC GUA GUG 缬氨酸(Val)	GCU GCC GCA GCG 丙氨酸(Ala)	GAU GAC 天冬氨酸(Asp) GAA GAG 谷氨酸(Glu)	GGU GGC GGA GGG 甘氨酸(Gly)	U C A G

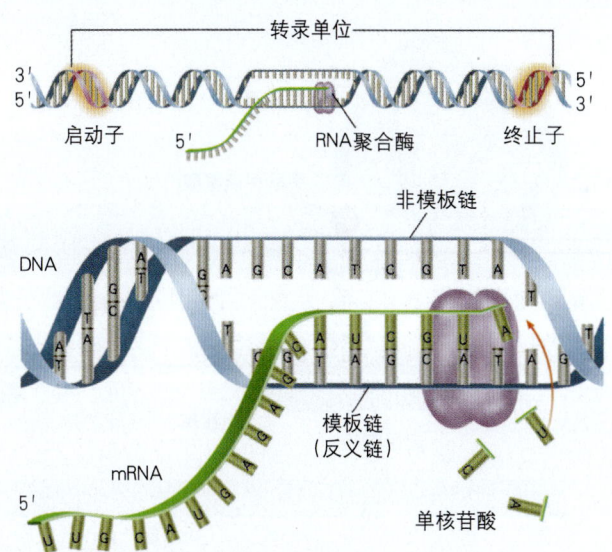

图 5-30 转录 基因的遗传信息转换成蛋白质的第一步。以DNA为模板在RNA聚合酶的作用下合成mRNA。在体内,它是基因表达的第一阶段,并且是基因调节的主要阶段。转录始于启动子,止于终止子,启动子和终止子之间的片段称为转录单位。转录起始时,在RNA聚合酶的作用下,仅以DNA的一条链为模板,生成mRNA,mRNA沿着转录方向不断延长,至终止子结束。

图 5-28 遗传密码 肽链上各个氨基酸的排列顺序是由mRNA上的核苷酸排列顺序决定的。每三个核苷酸决定一个氨基酸,称为三联体密码或密码子。密码字典中一共有64组密码子,61个用来编码氨基酸。UAA、UAG、UGA为终止信号。AUG为起始信号并编码甲硫氨酸或甲酰甲硫氨酸。遗传密码是无标点符号的,简并的,而且是接近于完全通用的。在识别过程中,密码子上头两位碱基较为重要,而第三位则不太重要。这种密码的摆动性及tRNA在阅读密码时的灵活性,减低了由遗传密码突变而引起的基因产物中的错误。

图 5-29 Khorana(左)和 Nirenberg(右)

胞核中,其过程与DNA的复制基本相同。转录开始时,DNA分子首先局部解开为两条单链,双链DNA中只有其中一条单链成为新链RNA合成的模板。在RNA聚合酶(RNA polymerase)的作用下,游离的核糖核苷酸以氢键与模板DNA上互补的碱基配对并连接成链,然后新的单链从模板上解离下来(图5-30)。在新RNA链合成过程中,与DNA复制所不同的是,转录中尿嘧啶(U)替代胸腺嘧啶(T)并与模板的腺嘌呤(A)相配对。在细胞中,转录的开始是由DNA链上的转录起始信号——**启动子**(promoter)(一段特定的核苷酸序列)控制的。启动子正好位于被转录基因(单位)的开始位置,它是位于转录单位5′端(上游)特异的一段约100 bp的DNA序列,是RNA聚合酶识别并结合形成转录复合物的部位。新的RNA链的合成与延伸也是由5′向3′方向进行的,在核酸链中靠近5′的序列称之为上游序列,相对于该序列靠近3′的序列称之为下游序列。在转录的最后阶段,终止RNA新链合成是由一段称为**终止子**(terminator)的核苷酸序列控制的。当RNA聚合酶移行到DNA上的终止子时,转录便停止下来。终止子是在转录过程中提供转录终止信号的序列,终止子与启动子有所不同,启动子由DNA序列提供信号,但起终止作用的不是DNA序列本身,而是转录生成的RNA。

在真核生物细胞核中,DNA链上具有不能编码蛋白质的核苷酸片段即**内含子**(intron)和编码蛋白质的核苷酸片段即**外显子**(exon)。转录后新合成的mRNA是未成熟的mRNA,又称为**前体mRNA**(pre-mRNA),它是核内非均一RNA(hnRNA)的一部分,这些RNA需要经过一定的加工(processing)过程。哺乳动物的hnRNA大约只有5%的部分转变成细胞质mRNA。最简单的加工是

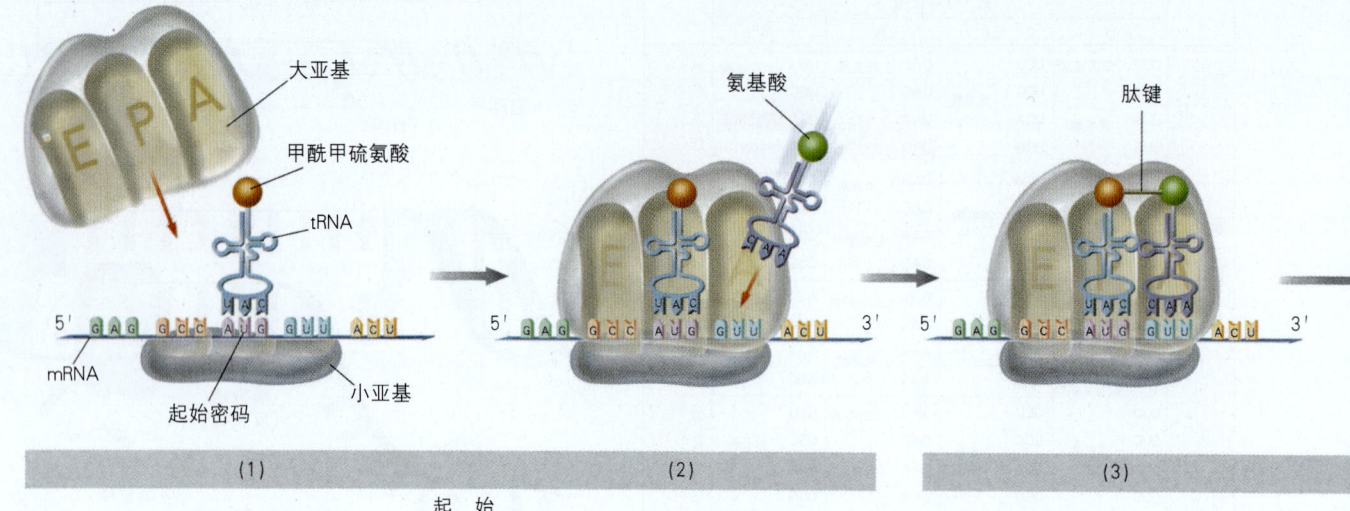

(1) 起始　(2)　(3)

在刚转录的 RNA 特定部位进行剪接（splicing），除去内含子，还要在转录后的 RNA 的 5′ 端加一个 7- 甲基鸟苷酸 "帽子" 和在 3′ 端加上一个多聚腺苷酸尾（poly A tail），最后形成较短的有功能的成熟 mRNA（图 5-31）。真核细胞 mRNA 分子 5′ 端帽子结构有以下主要功能：（1）供核糖体 40 S 小亚基识别；（2）保护合成中的转录产物免受核酸外切酶的降解；（3）与成熟的转录产物从核内输送到细胞质的过程密切相关联；（4）保证前体 mRNA 的正确剪接。另外研究表明，大多数 mRNA 的 poly A 尾上游 10~35 个核苷酸处都含有 AAUAAA 序列（少数为 AUUAAA）。如果这 6 个核苷酸序列的碱基发生了突变，3′ 端的加尾就被抑制，并导致转录产物在核内被迅速降解。

在原核生物中，DNA 链上不存在内含子，因此转录和翻译过程比真核生物要简单。

三、蛋白质的合成

细胞中蛋白质的合成是一个严格按照 mRNA 上密码子的信息指导氨基酸单体合成为多肽链的过程，这一过程称为 mRNA 的翻译。mRNA 的翻译需要有 mRNA、tRNA、核糖体、多种氨基酸和多种酶等的共同参与。翻译过程（即多肽链的合成）包括起始、多肽链延长和翻译终止 3 个基本阶段。

如图 5-32 所示，翻译开始时，核糖体小亚基先与 mRNA 的起始密码（如 AUG）部位和一个带有相应反密码子的特定 tRNA 相结合，在原核细胞中，这个 tRNA 另

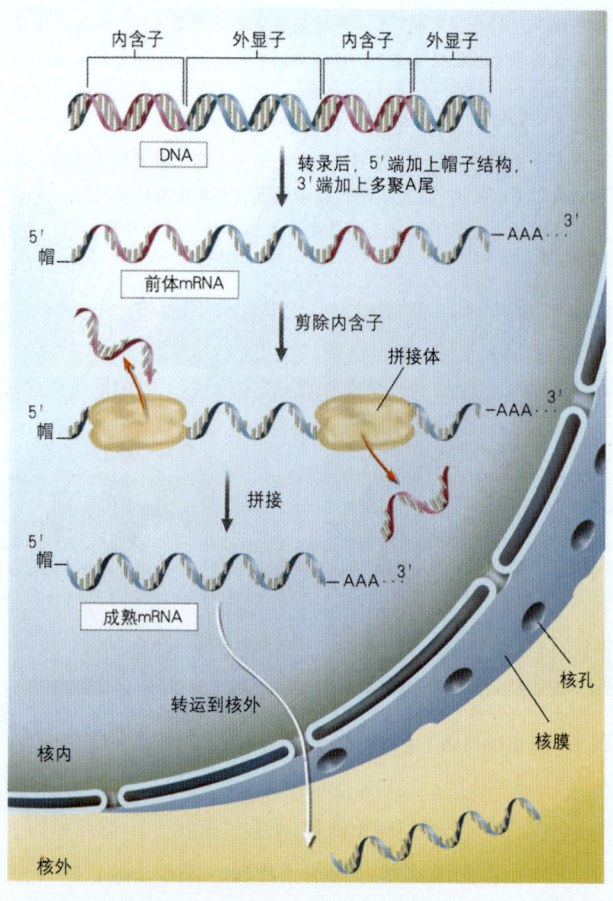

图 5-31　真核生物细胞中成熟 mRNA 形成过程　原核生物 mRNA 转录产物一般不需加工，少数情况下需将多顺反子 mRNA 切断成单个 mRNA 才能翻译。真核生物 mRNA 的前体为核内非均一 RNA（hnRNA）的一部分，其加工过程包括 5′ 端加一个 7- 甲基乌苷帽子结构，3′ 端由 RNA 末端腺苷酸转移酶催化，加上一条具有 200 个左右核苷酸的序列，称为多聚腺苷酸尾（poly A 尾）。通过拼接除去内含子序列，外显子按照一定顺序准确地连接起来。

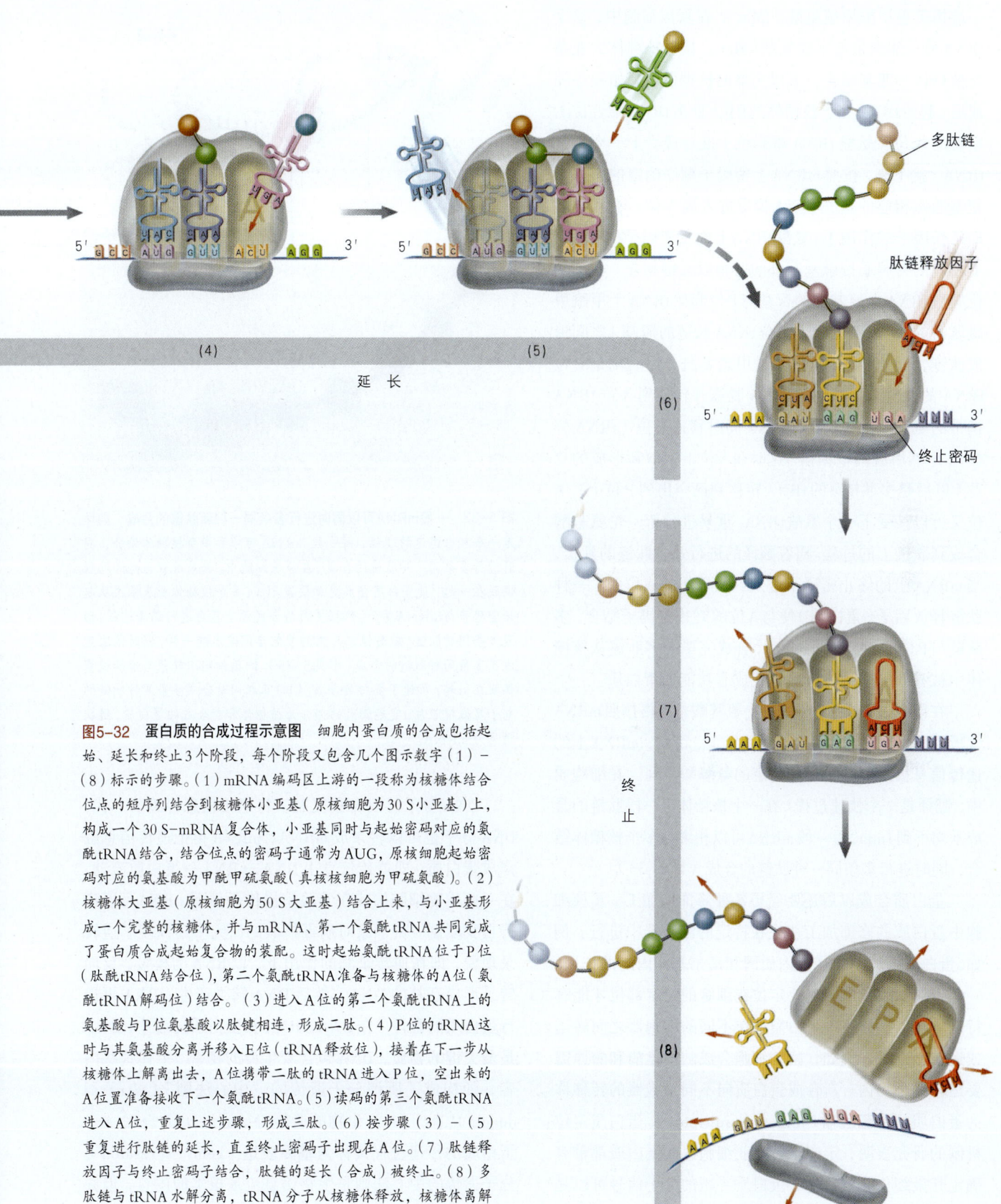

图5-32 蛋白质的合成过程示意图 细胞内蛋白质的合成包括起始、延长和终止3个阶段，每个阶段又包含几个图示数字（1）－（8）标示的步骤。（1）mRNA编码区上游的一段称为核糖体结合位点的短序列结合到核糖体小亚基（原核细胞为30 S小亚基）上，构成一个30 S-mRNA复合体，小亚基同时与起始密码对应的氨酰tRNA结合，结合位点的密码子通常为AUG，原核细胞起始密码对应的氨基酸为甲酰甲硫氨酸（真核细胞为甲硫氨酸）。（2）核糖体大亚基（原核细胞为50 S大亚基）结合上来，与小亚基形成一个完整的核糖体，并与mRNA、第一个氨酰tRNA共同完成了蛋白质合成起始复合物的装配。这时起始氨酰tRNA位于P位（肽酰tRNA结合位），第二个氨酰tRNA准备与核糖体的A位（氨酰tRNA解码位）结合。（3）进入A位的第二个氨酰tRNA上的氨基酸与P位氨基酸以肽键相连，形成二肽。（4）P位的tRNA这时与其氨基酸分离并移入E位（tRNA释放位），接着在下一步从核糖体上解离出去，A位携带二肽的tRNA进入P位，空出来的A位置准备接收下一个氨酰tRNA。（5）读码的第三个氨酰tRNA进入A位，重复上述步骤，形成三肽。（6）按步骤（3）－（5）重复进行肽链的延长，直至终止密码子出现在A位。（7）肽链释放因子与终止密码子结合，肽的延长（合成）被终止。（8）多肽链与tRNA水解分离，tRNA分子从核糖体释放，核糖体离解为两个亚基，mRNA也解离和解体，多肽链折叠缠绕成有特殊空间结构的蛋白。

一端携带着甲酰甲硫氨酸（fMet）；在真核细胞中，这个tRNA另一端携带着甲硫氨酸（Met）。接着核糖体大亚基与核糖体小亚基结合，形成完整的核糖体。起始程序完成后，起始tRNA处于核糖体的P位（肽酰tRNA结合位），空着的A位（氨酰tRNA解码位）准备接受下一个氨酰tRNA。接下来，按照mRNA上密码子顺序确定的下一个氨基酸由相应的氨酰tRNA携带进入到A位。在几种酶即延长因子的作用下，氨酰tRNA上的反密码子与mRNA上相应的密码子按碱基互补的原则以氢键相连。接着A位氨酰tRNA上氨基酸的氨基与P位起始tRNA上甲酰甲硫氨酰的羧基（以后则是P位tRNA肽链的羧基）之间形成肽键，起始tRNA上的甲酰甲硫氨酰（以后则是P位tRNA的肽链）与原来的tRNA脱离并转移到A位tRNA携带的氨基酰上，P位的tRNA同时移入E位（tRNA释放位），然后脱离核糖体。这时在A位上携带新形成的二肽（以后是多肽链）的tRNA转移到已空出的P位上，A位又可以接受下一个氨酰tRNA，重复进行新一轮氨基酸合成到肽链上的过程。随着翻译的进行及多肽链的延长，当mRNA上的终止密码子进入到核糖体的A位时，一种肽链释放因子（蛋白酶）便与A位的终止密码子结合，多肽链与P位的tRNA水解分离，合成完毕的多肽链从核糖体中被释放出来，再折叠组装成有功能的蛋白质。

在翻译过程中，由于每一个氨基酸是严格按照mRNA模板的密码序列被逐个合成到肽链上，因此，mRNA上的遗传信息被准确地翻译成特定的氨基酸序列。在细胞质中，翻译是一个快速过程。在一个核糖体上一段肽链的合成平均不到1min，且一段mRNA可以继续与多个核糖体结合，同时进行多条同一种肽链的合成（图5-33）。

蛋白质合成以后还要经历各种修饰和加工。真核细胞中蛋白质的修饰加工往往在特定的细胞器中进行，例如，蛋白质的糖基化需要内质网和高尔基体内酶的作用。一些蛋白如膜蛋白等需要定位在细胞的特定部位才能有特殊的功能。另一些蛋白需要在不同的细胞器之间转运或运转出细胞，例如，胰脏细胞合成的消化酶和酶原需要运转到小肠内。新合成蛋白质向不同细胞器的转移称为蛋白质的**寻靶运输**（targeting transport）。蛋白质定位机制的研究表明，定向于特定亚细胞区的蛋白质都带有确定其最终位置的信号，蛋白质寻靶的分子信号可以是N末端或内部的一段氨基酸序列。指导蛋白质寻靶定位的一段连续的氨基酸序列称为**信号肽**（signal peptide）。

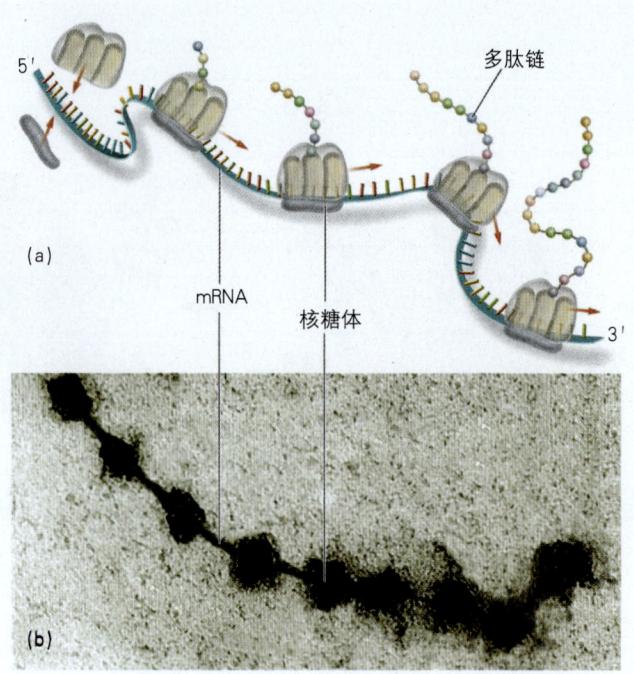

图5-33 一段mRNA可以同时进行多条同一种新肽链的合成 翻译是一个相当迅速的过程，每一段mRNA可以和多个核糖体结合，同时进行多条同一种肽链的合成。在原核细胞中，转录过程与翻译过程偶联在一起，使蛋白质合成更加快捷。(a) 多个核糖体亚基依从起始密码子与mRNA结合，依据蛋白质合成原理各自进行翻译过程，形成多条同种肽链。就好像工厂里的装配车间流水线一样，同时依次完成了多条同种肽链的合成（参见5-35）。细菌细胞中转录与翻译过程偶联在一起，加速了蛋白质合成。(b) 正在同时合成多条同种肽链的电子显微镜照片，突起膨大的部分为核糖体和新合成的蛋白质，链状物质为mRNA。

DNA分子可以自我复制，将遗传信息传给下一代。DNA分子也可以转录成mRNA，mRNA再把遗传信息翻译成蛋白质，即遗传信息由DNA→RNA→蛋白质流动。在一些生物细胞中或在实验室操作条件下，RNA可以进行自我复制。科学家对病毒核酸的研究中还发现了逆转录现象，即在逆转录酶的作用下，以RNA为模板，反向转录形成互补的DNA，然后DNA转录产生mRNA再进行蛋白质的翻译。在DNA、RNA和蛋白质三者中，DNA是最关键的物质，DNA包含着生命的秘密。上述这些内容，便构成了所谓分子遗传的"**中心法则**"（central dogma）（图5-34）。生物的遗传特征通过DNA→RNA→蛋白质的传递过程又称为**基因表达**（gene expression）。分子遗传的中心法则是生物信息流最根本的内容，但并不是信息流的全部。以后学习的有关信号传导、基因调控等都属于信息流的内容范畴。

第四节 基因表达的调控和DNA损伤的修复

通过以上章节的介绍,我们初步了解到基因是如何工作的。即初步认识了生物的遗传信息通过DNA→RNA→蛋白质的传递过程。其实生物体中众多基因的表达是相当复杂和精密的。就好像在一个大型的乐队中,所有的乐器并非都在同时演奏某一个或某几个音符,否则只能产生出强烈的噪音。生物体也是这样,所有的基因并非都在同一时间内同时进行表达或进行随机无序的表达。不同的基因在不同的时刻表达,每一种基因的表达都受到严格精密的调节和控制。另外,受到各种因素的作用,基因本身还会发生突变或损伤,生物细胞本身又有DNA损伤修复的机制。

一、原核与真核细胞基因表达的差异

由于细胞结构的差异,原核细胞基因(简称原核基因)与真核细胞基因(简称真核基因)的表达具有明显的差别,因此它们基因表达的调控机理也不一样,后者要比前者复杂得多。

原核与真核基因表达的差异主要有以下几方面(图5-35):

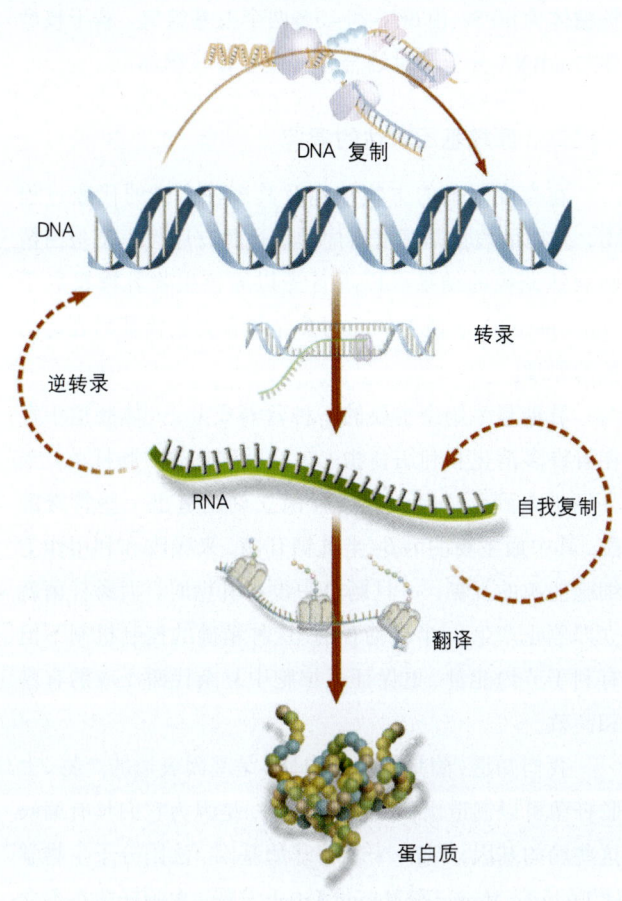

图5-34 分子遗传的中心法则图示 关于逆转录的原理与过程见图10-5。

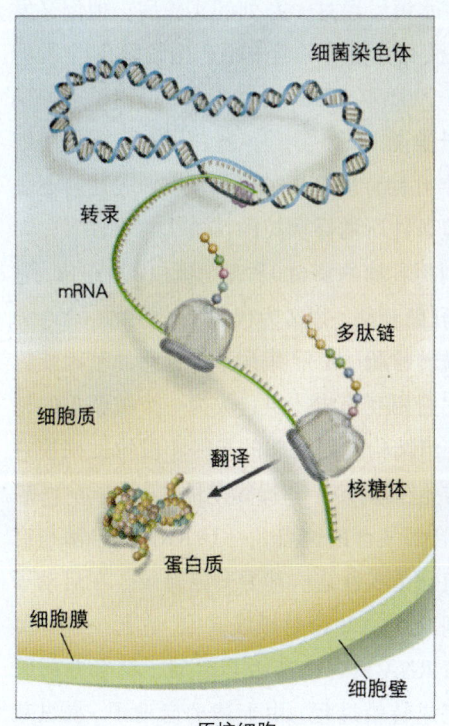

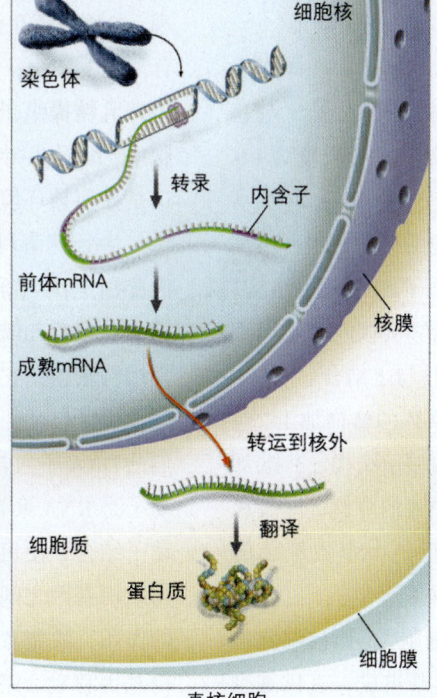

图5-35 原核与真核基因的表达具有一定的差别 基因的表达包括转录和翻译两个主要过程。转录是以DNA为模板合成mRNA,翻译是以mRNA为模板,以tRNA为工具,在核糖体上合成蛋白质。原核和真核基因表达最主要的差异之一在于,原核生物的转录和翻译过程均发生在细胞质中,真核生物转录在细胞核中进行,翻译在细胞质中进行。另外,真核生物的基因是不连续的,它的基因DNA序列由外显子和内含子两部分构成,外显子被内含子隔开。内含子在成熟的mRNA中是不存在的。含前体mRNA经过加工删除内含子后成为成熟的mRNA,成为蛋白质合成的模板。

（1）除古细菌以外，原核基因缺乏内含子，而绝大多数真核基因具有内含子。

（2）因为细菌等原核细胞没有细胞核，原核基因的mRNA在转录过程尚未完成之前就可以开始翻译，进行多肽链的合成（5-33b）。相反，真核基因必须在转录完全完成以后，成熟的mRNA由核内转运到细胞质中以后才能开始进行翻译即多肽链的合成。真核基因的转录和翻译存在时空间隔。

（3）在原核细胞内，单个mRNA分子往往可以包含多个基因的转录物（transcript）。在细菌中，一些功能上相关的酶的基因常一个紧接一个地串联排列，受同一操纵区调控，这种由多个结构基因及其共同的转录操纵区组成的单一转录单位称为**操纵子**（operon）。例如，色氨酸操纵子包含5个与合成色氨酸有关的基因。操纵子转录产生单一的约7 kb（kilo-base，千碱基）的mRNA分子，核糖体在每个基因的开头起始翻译，产生相应于每个基因的多肽。因为编码一个多肽的遗传单位称为**顺反子**（cistron），所以原核细胞的单个mRNA分子可以包含多个顺反子。而大多数真核基因仅产生单个顺反子mRNA，即大多数真核mRNA转录单位产生仅编码一个多肽的mRNA。虽然一些编码蛋白基因的初级转录物可以被加工成不只一种mRNA，但每个mRNA仅翻译成单一的多肽。在真核细胞内，一些功能上相关的酶的基因不是相邻串联排列，因此，真核基因表达的调控比原核基因更复杂。

（4）原核和真核mRNA一般都以AUG作为翻译起始密码子，GUG和UUG比较少见。原核mRNA在5′端起始密码子AUG上游大约7~10个碱基处有一个长度为4~6个碱基的多嘌呤序列，其作用是与16 S rRNA 3′端富含嘧啶保守序列互补，协助翻译过程的启动。在真核细胞中，转录完成后mRNA被修饰加上了5′端帽子结构，该5′端帽子结构提供了信号，使之能够从核内输送到细胞质，也让40 S核糖体小亚基识别并与之结合。

（5）真核基因在翻译前需要一系列的修饰加工，包括切除内含子、外显子拼接、5′端加帽子结构、3′端加poly A尾。由此延缓了真核细胞mRNA的降解，即真核细胞mRNA有更长的半衰期。相反绝大多数细菌的mRNA半衰期很短，大约只有几分钟。

（6）真核细胞的核糖体比原核细胞大。原核细胞核糖体为70 S，由50 S与30 S两个亚基组成，真核细胞核糖体为80 S，由60 S和40 S两个亚基组成。若干核糖体与mRNA分子同时结合，形成多聚核糖体。

二、原核基因表达的调控

在高度复杂的生物细胞及其多种多样的代谢过程中，基因的表达是高度有序的。这种有序性正是基因精确表达调控的结果。以下首先以原核生物乳糖操纵子（lac operon）学说为例，初步介绍有关原核基因表达调控的原理。

乳糖是牛奶中主要的一种营养成分，人体肠道中存在着许多消化和利用食物（包括乳糖）的大肠杆菌。当乳糖进入到肠道后，大肠杆菌立刻制造出一些特殊的酶，其中最主要的为β-半乳糖苷酶，来吸收和利用作为细胞能源的乳糖；一旦肠道中没有乳糖时，大肠杆菌就立即停止产生β-半乳糖苷酶。这种精确的控制机制不但有利于节约能量，更保证了细胞中复杂代谢反应的有序和高效。

我们知道，酶是一种蛋白质，是基因表达的产物。大肠杆菌可以制造出β-半乳糖苷酶，是因为它们具有编码这些酶的基因，即β-半乳糖苷酶基因。法国分子生物学家Jacques Monod和Monod Jacob发现，大肠杆菌在不含乳糖的葡萄糖培养基中不会分泌β-半乳糖苷酶；相反，在含有乳糖的培养基中，大肠杆菌会合成β-半乳糖苷酶，使乳糖发生水解。经过一系列的实验后，他们又发现，大肠杆菌在没有乳糖的环境中不产生编码β-半乳糖苷酶的mRNA。1961年，Monod和Jacob提出了一种模型即**乳糖操纵子学说**（图5-36），解释了在大肠杆菌细胞中，编码β-半乳糖苷酶基因的开与关，即表达与不表达是如何被环境条件所诱导调控的。

大肠杆菌利用乳糖的酶由3种酶（蛋白）所组成，它们分别是β-半乳糖苷酶（以Z为代表）、透性酶（Y）和硫半乳糖苷乙酰转移酶（A）。编码这3种酶的基因统称为结构基因，它们相互连成一组，成为一个被调控的整体单位。与这一组结构基因相邻的是一小段协助调控它们的DNA序列，包括启动子和操纵基因（operator）。启动子是RNA聚合酶结合的位点，一旦RNA聚合酶与启动子结合，便启动了3种结构基因开始转录。在启动子与结构基因之间的DNA片段是操纵基因，它起一种开关的作用，决定着RNA聚合酶能否与启动子结合并向结构基因移动，完成转录过程。由上述的启动子、操纵基

第四节 基因表达的调控和DNA损伤的修复

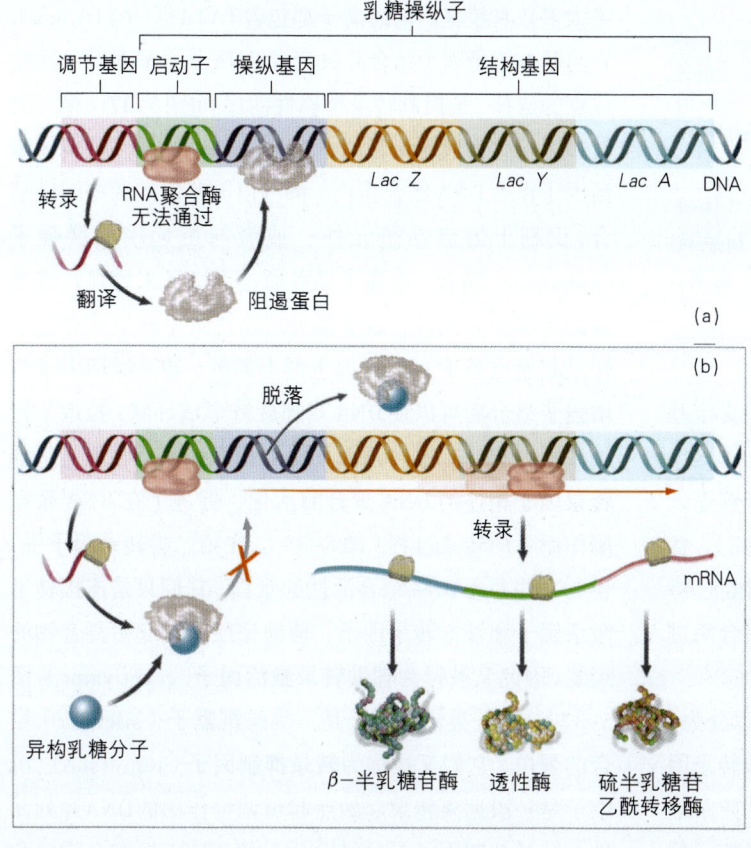

图5-36 乳糖操纵子学说 （a）调节基因表达产生阻遏蛋白以四聚体的形式与操纵基因结合，RNA聚合酶不能通过操纵基因区，从而使结构基因不能表达。（b）当培养基中加入乳糖时，由乳糖转变成的异乳糖作（图中的蓝色小球）为诱导物（inducer）与阻遏蛋白结合，使阻遏蛋白发生变构，使之不能以四聚体的形式与操纵基因结合（阻遏蛋白从操纵基因脱落下来），这时RNA聚合酶通过操纵基因区，在RNA聚合酶作用下，下游的结构基因开始转录，合成利用乳糖的β-半乳糖苷酶、透性酶和硫半乳糖苷乙酰转移酶。一旦乳糖被利用完，没有诱导物与阻遏蛋白结合，调节基因表达产生的阻遏蛋白又可以以四聚体的形式与操纵基因结合，进入第一种（a）状态。

因和结构基因共同构成的基因簇单位称为原核生物的**操纵子**。大肠杆菌细胞中利用乳糖的这一簇基因称为**乳糖操纵子**。

当大肠杆菌培养基中没有乳糖时（图5-36），由操纵子前端的调节基因编码产生的阻遏蛋白（repressor protein）便与操纵基因结合，阻止了RNA聚合酶与启动子的结合，使得乳糖操纵子处于关闭状态，不能转录形成编码β-半乳糖苷酶和其他两种酶的mRNA，当然也不可能合成相应的3种酶。

在阻遏蛋白始终存在的情况下，乳糖操纵子是如何开动的呢？正如图5-36所示，当大肠杆菌周围有乳糖存在时，乳糖分子首先转变为异乳糖（由β-1,4糖苷键转变成β-1,6糖苷键），后者作为诱导物可以与阻遏蛋白相互结合，改变了阻遏蛋白的构象，使后者不能再与操纵基因相结合。这时，操纵基因便开启着，RNA聚合酶便可以结合在启动子上，然后，沿着操纵子移向结构基因，转录3种酶的结构基因，形成相应的mRNA。这些mRNA进一步翻译，合成了大肠杆菌利用乳糖的3种酶蛋白。

乳糖操纵子是一个自我调节的系统。乳糖在这个系统中起诱导作用。除了乳糖操纵子外，原核生物中还有其他多种不同的操纵子模型和相应的基因表达调控机制。

三、真核基因表达的调控

自从在原核生物中发现了各种操纵子后，科学家们一直在探索真核生物基因表达调控的机制，几十年来的研究证明，绝大多数的真核生物细胞中不存在类似于原核生物的操纵子。真核生物细胞中基因的表达调控要比原核生物复杂得多。真核生物与原核生物在细胞结构及基因的组成及其组织结构的差别决定了真核生物基因表达与调控的复杂性。真核生物细胞在发育过程中具有高度分化的机制，这种细胞分化特别需要对基因表达进行选择性地控制。

真核基因的转录需要3种RNA聚合酶，分别称为RNA聚合酶Ⅰ、RNA聚合酶Ⅱ和RNA聚合酶Ⅲ，它们分别负责不同基因的转录（表5-1）。与原核基因不同，在真核基因转录起始阶段，识别和结合启动子的是各种特异的蛋白因子，称为**转录因子**（transcription factor, TF），而不是RNA聚合酶。可能的原因在于，真核多细胞生物的每一个细胞都含有同样的DNA，但每一种类型或不同组织的细胞中仅有部分DNA被转录，所以需要特别的一

表 5-1　真核生物3种RNA聚合酶的功能

聚合酶	催化转录的基因
RNA 聚合酶 I	28S、5.8S、18S核糖体 RNA 基因
RNA 聚合酶 II	蛋白质编码基因，小分子细胞核 RNA 基因
RNA 聚合酶 III	转运 RNA (tRNA) 基因，5S核糖体 RNA 基因，U6-小分子细胞核 RNA 基因，小分子核仁 RNA 基因，小分子细胞质 RNA 基因

些转录因子从时间和空间上控制基因的表达。在真核基因转录过程中，3种RNA聚合酶都不直接与启动子结合，它们依赖转录因子在启动子区构筑"平台"才能够进入启动子区，参与转录起始复合物的组装（图5-37）。各种转录因子连接RNA聚合酶使之定位，接着通常经过将RNA聚合酶磷酸化后从起始复合物解聚，RNA聚合酶进入编码区开始RNA的转录过程。

按照各自的主要功能，真核基因转录因子可以分为3类，一类称为**基本转录因子**（basal factor）或一般转录因子（general transcription factor），它们是真核基因转录起始复合物最基本的成员，主要功能是将RNA聚合酶定位在启动子上。真核基因的启动子是在基因转录起始位点前5'上游近端约100 bp左右的一段具有独立功能的序列。

绝大多数真核基因的启动子都包含TATA框（TATA box），它与基本转录因子结合并决定着RNA聚合酶对转录起始位点的选择，是控制转录精确性的序列（图5-37）。第二类转录因子称为**转录激活因子**（activator），绝大多数转录激活因子作为DNA结合蛋白，都可以与基因的调控顺序结合，识别上游启动子元件，或者与更远端的**增强子**（enhancer）结合。增强子是可通过启动子来增强转录效率的远端控制元件，以单拷贝或多拷贝串联形式存在于转录起始点至少100 bp以上的上游处。转录激活因子与增强子结合后可以使DNA双螺旋链形成环状，拉近了转录激活因子与基本转录因子使之相互作用，导致与基本转录因子相连的RNA聚合酶活化，促进了在RNA聚合酶作用下的转录过程（图5-38）。在第二类转录因子中，还有一些并无DNA结合活性的蛋白，它们只是连接转录激活因子和基本转录因子，辅助完成转录起始复合物的组装，因此又被称为**辅助转录激活因子**（coactivator）（图5-37）。第三类转录因子是一类与**沉默子**（silencer）结合的蛋白，它们又被称为**转录抑制因子**（repressor）。沉默子是一段远离转录起始点起负调控作用的DNA序列元件，转录抑制因子与之结合后，使TATA框结合蛋白和转录起始复合物被封闭，从而阻碍或抑制基因的正常转录（图5-37）。

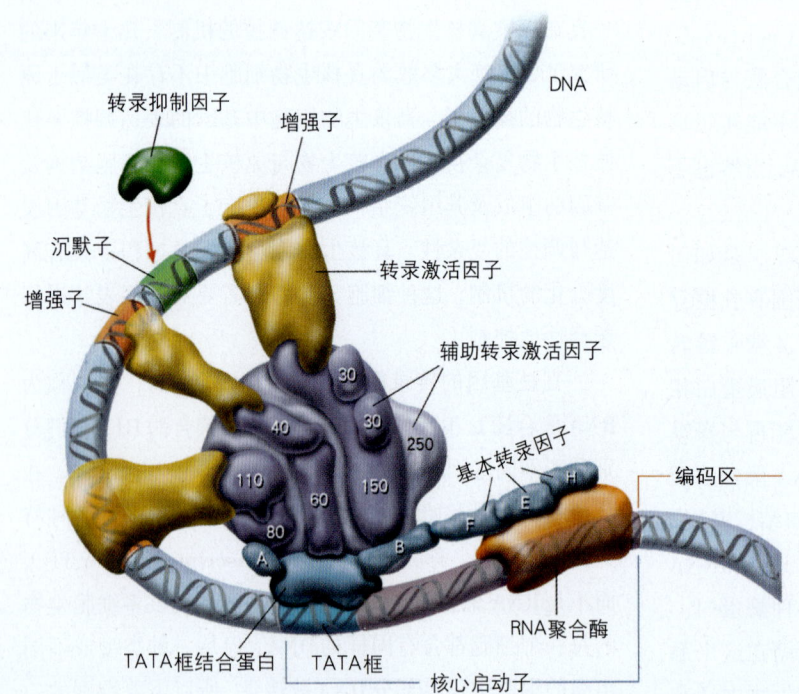

图5-37　真核基因转录起始复合物的结构示意图

转录起始复合物包含3种转录因子（蛋白），基本转录因子（图中的蓝色蛋白）包括TATA框结合蛋白等，TATA框结合蛋白是第一个结合于中心启动子序列的蛋白，基本转录因子使RNA聚合酶（图中橘红色蛋白）在启动子上定位，它们虽然不能增加或降低转录速率，但它们是转录必需的因子。辅助转录激活因子（图中紫色部分，其中数字表示蛋白质分子质量的大小）同时与结合于增强子的转录激活因子（图中的黄色部分）和基本转录因子结合，通过蛋白质的相互作用，促进了转录的进行，提高了转录的效率。如果转录抑制因子（图中的绿色蛋白）与沉默子结合，可导致增强子和转录起始复合物的封闭，抑制RNA聚合酶并阻碍转录过程的正常启动。

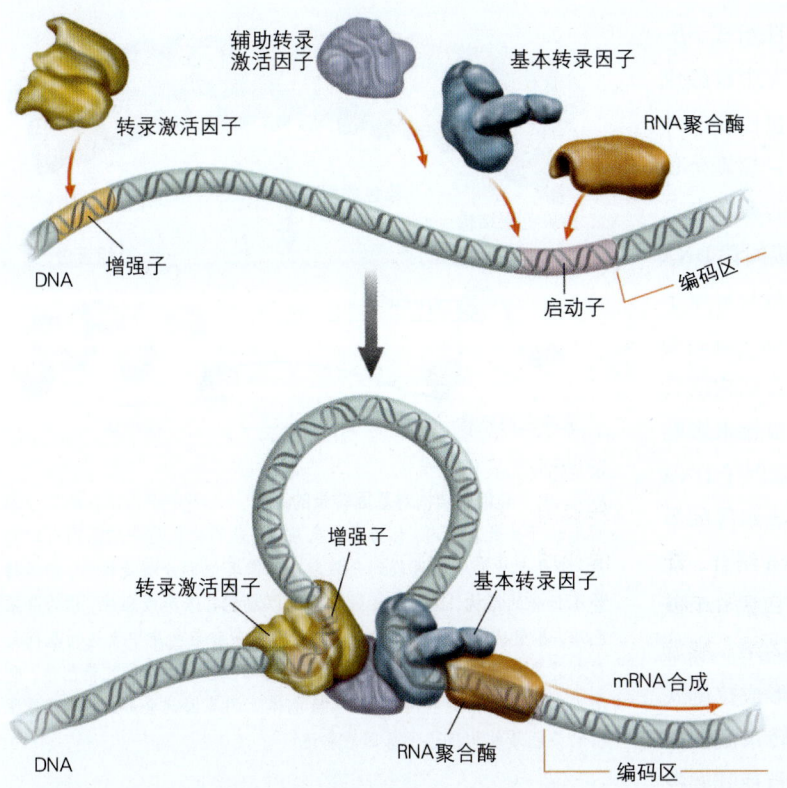

图 5-38 增强子与转录激活因子的作用原理　增强子位于远离被调控基因的 5' 端，转录激活因子（黄色）与增强子结合后使 DNA 链成环，转录激活因子与基本转录因子（蓝色）相互接触和作用，促进和增强了与之相连的 RNA 聚合酶（橘红色）的活性和转录效率。最新的研究表明，有些增强子并不一定存在于被调控基因的上游，也有可能存在于基因中。

由于转录因子都是一些特异性 DNA 结合蛋白，其结构域中的 DNA 结合基序（即蛋白质的超二级结构 motif）的结构和与 DNA 的相互作用是研究基因表达调控的重要内容。真核基因（也包括少数原核基因）转录因子的 DNA 结合基序主要有螺旋-转角-螺旋（helix-turn-helix）、锌指（zinc finger）、亮氨酸拉链（leucine zipper）等几种（图 5-39）。含有螺旋-转角-螺旋基序的转录因子是最早发现并研究得较为深入的 DNA 结合蛋白。该基序由

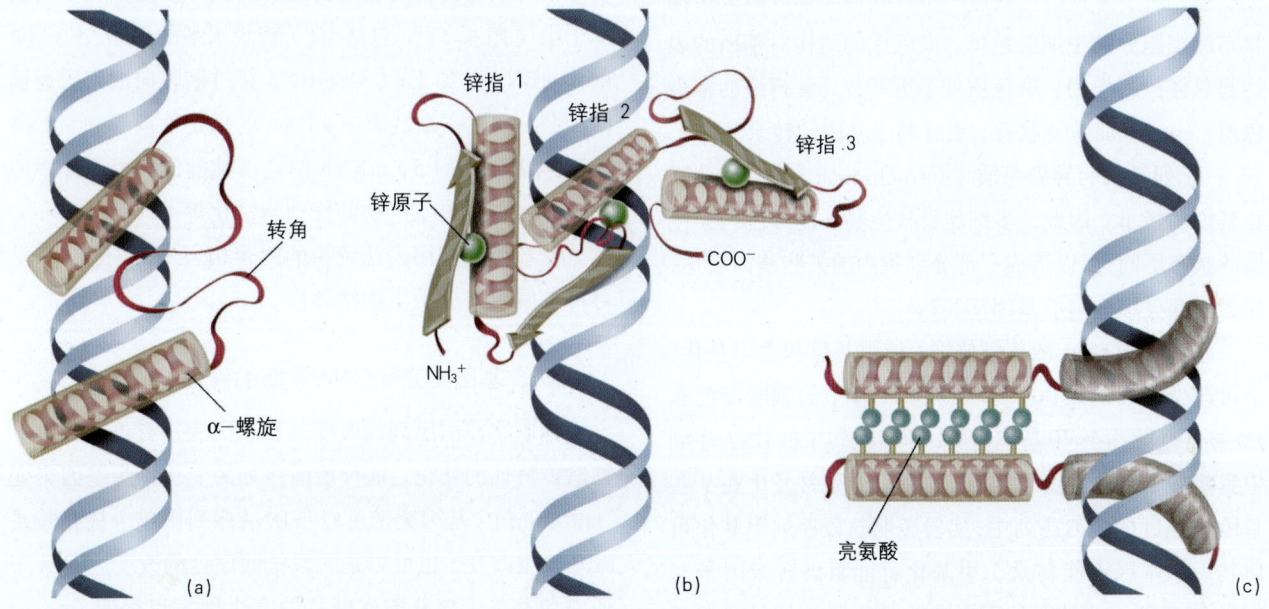

图 5-39 3 种主要的 DNA 结合基序　调控基因表达的转录因子是一些特异性 DNA 结合蛋白，它们以特殊的结构域基序识别并结合所调节的 DNA。图中显示了 3 种主要的 DNA 结合基序：(a) 螺旋-转角-螺旋、(b) 锌指、(c) 亮氨酸拉链。图中红色桶状结构代表蛋白质的 α-螺旋二级结构，具三角箭头的灰色片状结构代表蛋白质的 β-折叠二级结构。

2个α-螺旋和一个含4个氨基酸的β-转角肽组成，β-转角肽连接氨基端的α-螺旋，通过与DNA中磷酸戊糖骨架的结合，将羧基端的α-螺旋定位在蛋白质的外表面并进入DNA大沟的内部。羧基端的α-螺旋是识别螺旋，其氨基酸残基同DNA双螺旋大沟的残基专一结合，通过与DNA双螺旋大沟充分接触直接阅读DNA顺序（图5-39a）。锌指结构是由一小群氨基酸与锌原子结合形成相对独立的结构域而得名，单个锌指的三维结构由一个α-螺旋和一个β-折叠片组成，含锌指结构的转录因子通过其α-螺旋与DNA双螺旋大沟接触来影响DNA的转录（图5-39b）。亮氨酸拉链是转录因子DNA结合区的一种结构模式，它是包含疏水区和亲水区的呈Y形的"兼性"二聚体，分叉的亲水区与DNA结合，疏水区的两个相同的α-螺旋平行，由于其中每隔6个氨基酸就有一个亮氨酸残基，这些亮氨酸残基在α-螺旋一侧排成一行，并靠亮氨酸残基的疏水作用形成拉链式结构（图5-39c）。带有亮氨酸拉链基序的转录激活因子就是以疏水区和亲水区两部分结构为整体行使其调控作用的。

除了转录因子的调控以外，影响真核基因表达的调控的因素还有很多。例如，真核细胞染色质的状态和结构的变化对于基因的转录是非常重要的。真核生物染色质由DNA与5种组蛋白结合组成，它们折叠和缠绕形成核小体，核小体及染色质进一步折叠缠绕形成超级结构状态的细胞分裂中期染色体。染色质的结构对基因的表达起总体控制作用，染色质处于更开放、解折叠的**常染色质**（euchromatin）状态，更有利于基因的转录（**图5-40**）。排列紧密的**异染色质**（hetrochromatin）结构会阻止基因的转录。因此，多细胞真核生物不同细胞内染色质的状态不同，可以造成一部分细胞内的某些基因表达，而另一部分细胞内的基因不表达。

基因组内DNA的化学修饰（如甲基化和去甲基化）也可改变基因的表达。真核细胞DNA中的胞嘧啶约有5%被甲基化为5-甲基胞嘧啶，而活跃转录的DNA序列中胞嘧啶甲基化程度常较低。这种甲基化常发生在某些基因5′侧区的CpG序列中，实验表明这段序列甲基化可使其后的基因不能转录，甲基化可能阻碍转录因子与DNA特定部位的结合从而影响转录。化学信号包括某些激素对基因的表达可以起重要的诱导控制作用。甾类（类固醇）激素是一类化学信号，它们通过细胞质膜

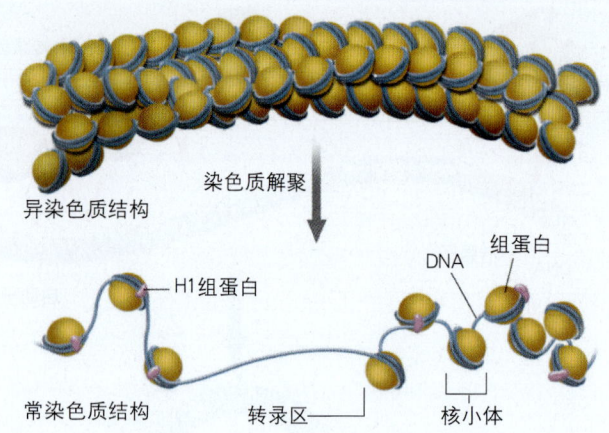

图5-40 染色质结构对基因转录的影响 大部分染色体在细胞分裂间期松开分散在核内，称为常染色质，松散的染色质中的基因可以转录。染色体中的某些区段到分裂期后不像其他部分解旋松开，仍保持紧凑折叠的结构，在光学显微镜下可以看到其浓集成斑块，称为异染色质，其中从未见有基因转录表达。原本在常染色质中表达的基因如移到异染色质内也会停止表达。哺乳类雌性体细胞2条X染色体，到间期一条变成异染色质，这条X染色体上的基因就全部失活。可见紧密的染色质结构阻止了基因的表达。

进入到细胞质后与特异的激素受体蛋白相结合，改变了受体蛋白的构象，激素受体蛋白复合物便可转移到细胞核中，与DNA序列中的激素受体元件（HREs）相结合，激活RNA聚合酶，刺激和增强了一个或多个基因的表达。

总之，真核生物基因表达的调控可以发生在不同的水平上（图5-41），包括（1）转录水平的控制；（2）对前体mRNA的加工；（3）mRNA穿过核膜向细胞质运输的控制；（4）在细胞质中mRNA的稳定性调节和mRNA的选择性降解；（5）mRNA的选择性翻译和翻译速率的调节；（6）蛋白质产物的修饰与活化等。

真核生物基因表达调控的内容相当丰富，进一步学习可参阅有关分子生物学著作。

四、基因突变和DNA损伤的修复

细胞中核酸序列的改变通过基因表达有可能导致生物遗传特征的变化。这种核酸序列的变化称为**基因突变**（mutation）。基因突变可以是DNA序列中单个核苷酸或碱基发生改变，也可以是一段核酸序列的改变。DNA序列中涉及单个核苷酸或碱基的变化称为**点突变**（point mutation）。点突变通常有两种情况：一是一个碱基或核苷酸被另一种碱基或核苷酸所替换（substitution）；二是

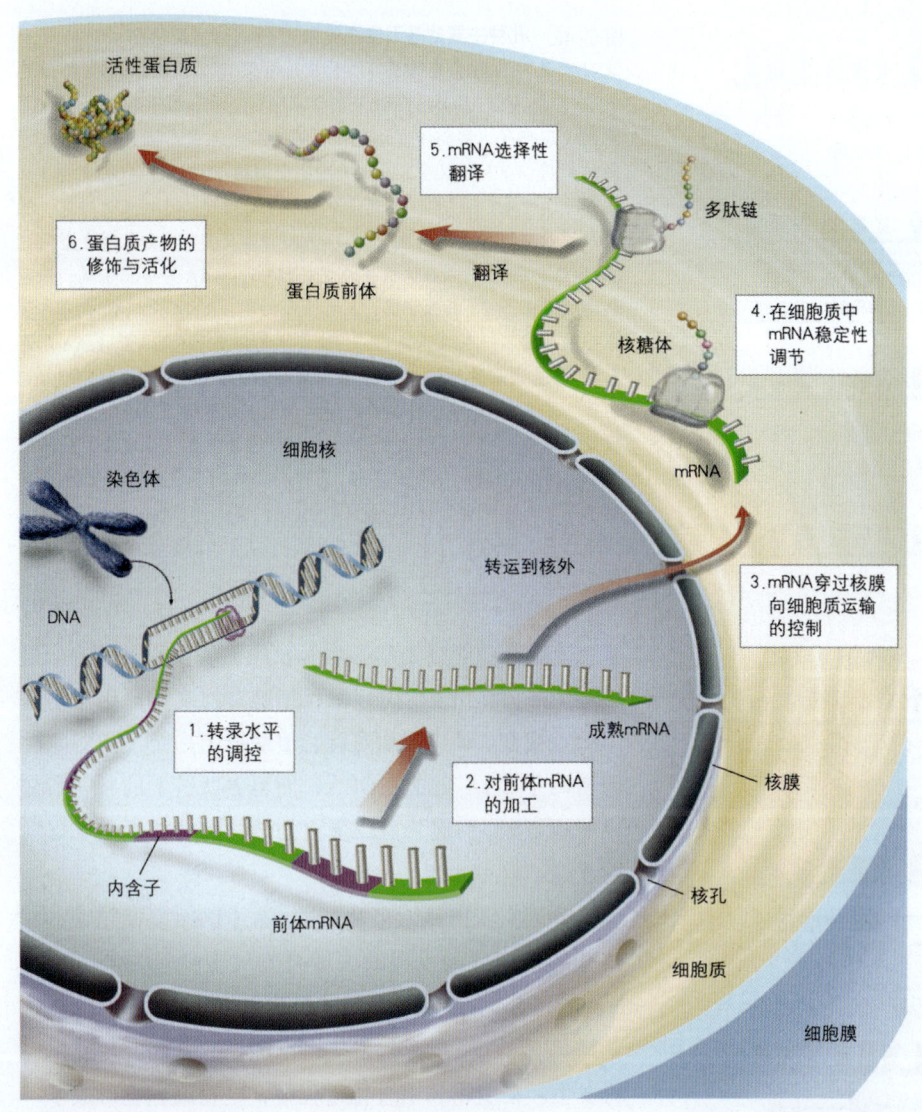

图 5-41 不同水平上真核生物基因表达的调控

一个碱基的插入（insertion）或缺失（deletion）。

在第一种情况下，往往是在 DNA 复制时，DNA 链中某一个碱基被另一个所替换。这种替换的结果有时可以不影响其所翻译的蛋白质的结构和功能。例如，DNA 序列中的一个碱基 A 被替换成 G，如图 5-42 所示，造成转录得到的 mRNA 上密码子由 AGU 变为 AGC（图 5-42 a, b），但这一结果并没有改变其合成相应多肽链的氨基酸序列，也就不影响这个蛋白质的结构和功能。因为 AGU 和 AGC 都是编码丝氨酸的密码子。类似于这样的基因突变又称为**同义突变**（samesense mutation）。

但是，有的碱基对的替换却不是同义突变，其造成一个密码子的改变也改变了多肽链上一个氨基酸。如图 5-42c 所示，当基因内 TCA 突变成 GCA 时，mRNA 相应的密码子由 AGU 变为 CGU，结果使肽链上原本应结合的丝氨酸变成了精氨酸。这种造成单个氨基酸改变的碱基对替换称为**错义突变**（missense mutation）。在 DNA 链上，一个或几个非 3 倍数的碱基的插入或缺失比碱基替换突变产生的后果往往更严重。这种插入或缺失突变会造成翻译过程中其下游的三联密码子都被错读，产生出完全错误的肽链或肽链合成提前终止。因此这种插入或缺失突变又称为**移码突变**（frameshift mutation）（图 5-42 e, f）。如果在 DNA 链上正好插入或缺失了 3 个碱基（即一个完整的密码子），所编码的肽链只会增加或减少一个氨基酸，其余的氨基酸顺序不会发生变化（图 5-42 g, h）。

基因突变可能改变蛋白质（酶）的结构与功能，使生物体的形态、结构、代谢过程和生理功能等特征发生改变，严重的突变则影响生物体的生存力甚至导致

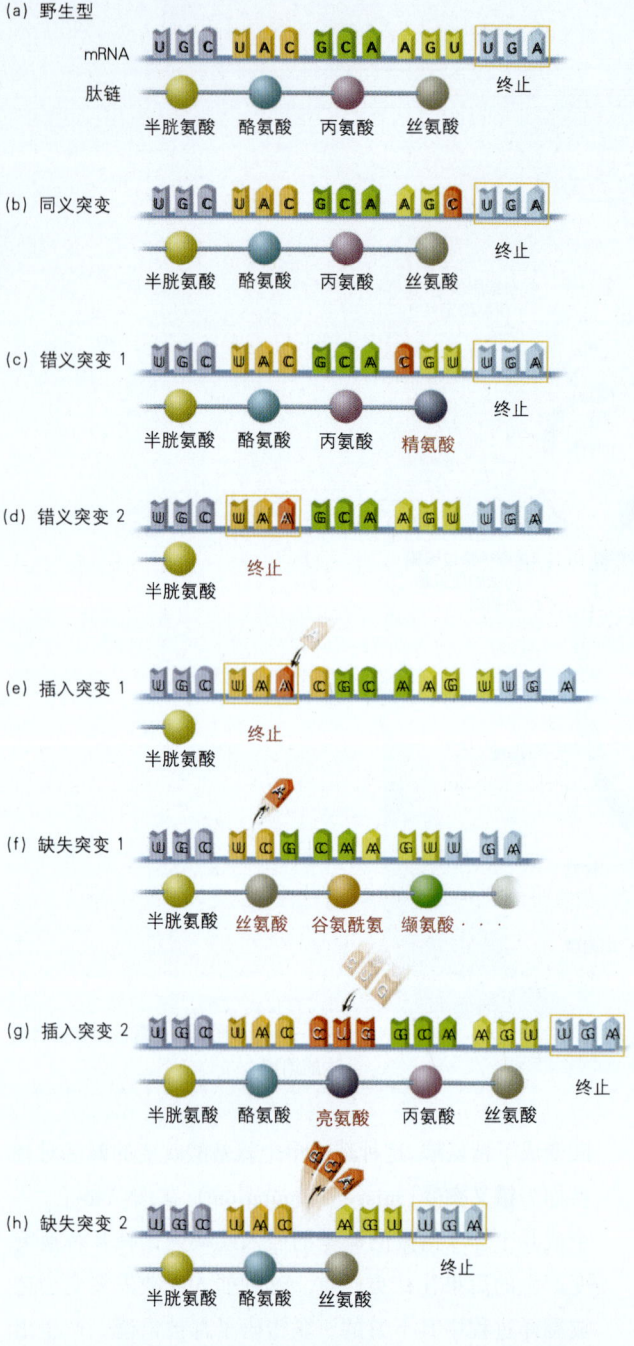

图 5-42 几种主要的基因突变类型 （a）野生型细胞mRNA序列及其表达对应的氨基酸序列。（b）同义突变，改变野生型细胞mRNA中AGU的第3位核苷酸变成AGC后，由于AGU与AGC是同义密码子，都翻译成丝氨酸，所以不会造成多肽氨基酸组成方面的变化。（c）错义突变，改变野生型细胞mRNA中AGU的第1位核苷酸，变成CGU后，引起一个密码子的改变，基因表达结果，肽链中的丝氨酸变成了精氨酸。（d）另一种错义突变，如果野生型细胞mRNA中UAC的第3位核苷酸变成UAA，UAA是终止密码，基因表达被终止。（e）插入突变，在野生型细胞mRNA中UAC的第3位核苷酸前插入一个腺苷酸（A），造成插入突变形成UAA，UAA是终止密码，基因表达被终止。（f）缺失突变，野生型细胞mRNA中UAC的第2位腺苷酸（A）缺失，造成后续核苷酸移位，基因表达结果，后续的氨基酸全都发生变化。（g）如果连续插入3个碱基，翻译结果只造成肽链增加一个氨基酸，后续的其余的氨基酸序列不发生变化。（h）如果野生型细胞mRNA中UAC后连续3个碱基发生缺失，翻译结果只造成肽链中一个氨基酸缺失，后续的氨基酸序列不发生变化。

塞，导致肾功能衰竭和心血管及脑血管障碍性贫血，最终造成患者的死亡。引起镰状细胞贫血症的原因就是基因的点突变，即编码血红蛋白β肽链上一个决定谷氨酸的密码子GAA变成了GUA，使得β肽链上的谷氨酸变成了缬氨酸，引起了血红蛋白的结构和功能发生了根本的改变（图5-43）。

基因突变的原因多种多样。除了DNA复制错误造成碱基的替换、插入或缺失等自发突变（spontaneous mutation）外，一些外界因素如某些化学物质（又称为诱变剂）、紫外线、电离辐射等也可能诱导基因突变或损伤的发生。在生物长期进化过程中，生物细胞也形成了一套DNA损伤或突变的修复机制。它通过各种酶系统和其他物理化学方法来修复和纠正偶然发生的DNA复制错误或DNA的损伤。细胞的修复系统是DNA的一种安全保障体系，但该体系有时也会出错。以下以光复合修复和切除修复为例，让我们简单了解细胞自行修复DNA损伤的一些基本过程。

光复合修复（photoreactivation）又称光复合酶（photolyase）修复。紫外线照射可造成细胞内DNA单链上形成嘧啶二聚体（以胸腺嘧啶二聚体最常见）（图5-44 a），以至破坏了DNA双链间的碱基配对，造成DNA不能成为复制或转录的模板。光复合修复过程中，首先光复合酶结合到DNA的损伤部位二聚体处，然后在可见光（最有效波长为400nm）的作用下，光复合酶被激活，切断二聚体之间的两个C-C键，酶解离的同时使嘧啶二聚体变成为两个单体，使DNA又恢复正常的结构和功能。科

生物个体的死亡。例如，肿瘤的发生就与一些控制细胞周期、分裂和生长的基因突变有密切的关系。细胞中的肿瘤抑制基因是一种编码抑制肿瘤形成的基因，该基因如发生突变则会致癌。典型的错义突变可以使基因所编码蛋白质或酶的重要部位如结构域或活性中心的氨基酸被替换，会改变蛋白质的结构和功能，并可能造成极其严重的后果。一个最为典型的例子是镰状细胞贫血症。患有该贫血症的病人红细胞由正常的圆盘形变成了镰刀状，血液变得很黏稠，红细胞在毛细血管中聚集形成栓

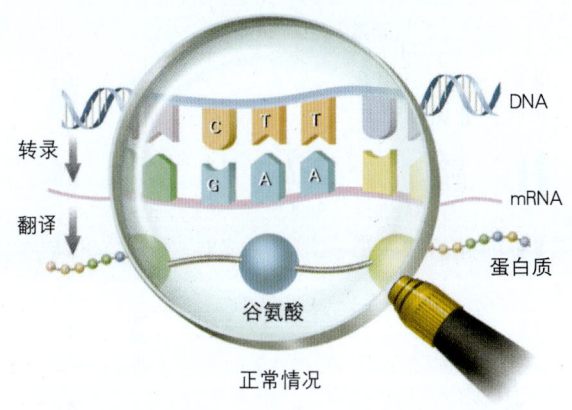
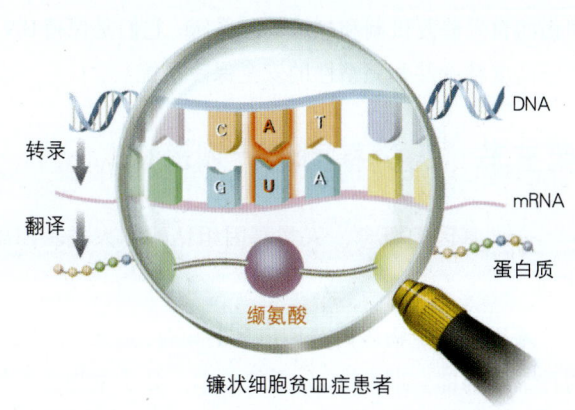

图5-43 点突变导致镰状细胞贫血症　放大镜内部分仅显示图片的部分放大,并非显示实际DNA样品的放大。

学家在原核生物、植物和动物中都发现了这种光复合修复的现象。

切除修复(excision repair)是在几种酶的协同作用下,先在损伤的一端切开磷酸二酯键,然后切除一段寡核苷酸,留下的缺口按碱基配对的原则由修复性合成来填补,最后再由连接酶将缺口补齐(图5-44 b)。切除修复可以消除由紫外线、电离辐射、化学诱变剂等引起的DNA损伤。

细胞自行修复DNA损伤的主要方式除了光复合修复、切除修复以外,还有重组修复(recombination repair)、应答修复(response repair)、错配修复(mismatch repair)等几种。在长期的生命进化过程中,活细胞形成了DNA

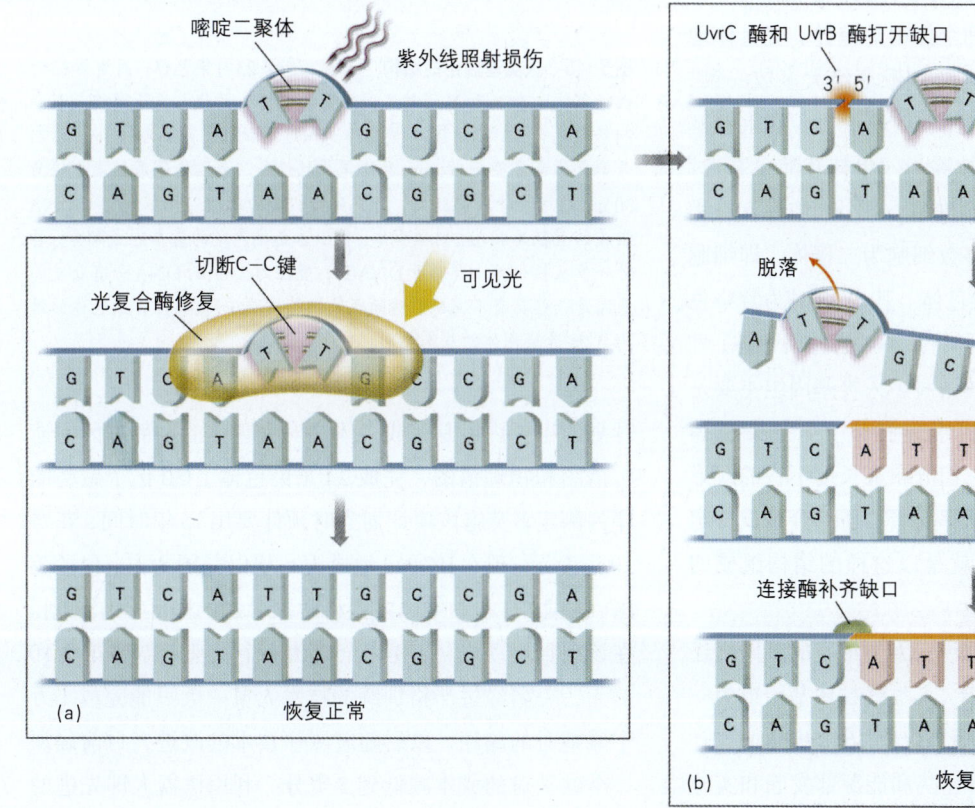

图5-44 DNA损伤修复　(a)DNA的光复合修复。(b)DNA的切除修复。

损伤的自发修复机制和相应的酶系统，它们是保持DNA分子高度精确性和完整性的安全保障系统。

第五节　人类基因组计划简介

一、基因组概念、人类基因组结构和人类基因组计划

基因组是生物体内遗传信息的集合，是某一个特定物种细胞内部全部DNA分子的总和。分子生物学不但要研究单个基因的结构、表达和功能，而且还要研究整个基因组的结构和功能，研究对象涉及原核生物和真核生物不同的属种，因此形成了一门新的科学分支——**基因组学**（genomics）。从总体的角度解析生物体整个基因组的全部遗传信息，可以帮助我们从一个全新的视角来探讨生物的结构、功能、生长、发育、遗传、进化以及健康与疾病等重要问题。基因组学对生命科学的未来发展将产生重要影响。

在现存的生物基因组中，人们最感兴趣的是人类自身的基因组。从整体上看，人类个体的基因是相同的，人类只有一个基因组。由于不同的人可能拥有不同的等位基因，因此决定了人与人之间个体上的差异。更具体地说，不同人之间基因组的碱基排列顺序绝大多数一致，但也有着极小的差异，主要体现于DNA个别位置上碱基有所不同，这种遗传性差异被称为"单核苷酸多态性"（SNP）。成人身体大约有10^{13}个细胞，每个细胞都含有相同的基因组拷贝。人类绝大多数细胞为二倍体，即细胞核内有23对、总数为46条染色体。其中22对为常染色体，每对都有相同的2条染色体；另一对为性染色体，性染色体有X染色体和Y染色体两种。人类基因组主要是指核基因组，因此人类基因组包括了24条染色体（22+X+Y）上的全部基因。它们分布在长度不一的线形DNA分子上，每一条DNA分子都与蛋白质结合组成特定的一条染色体，人类基因组就是以这样的结构组成的（图5-45）。

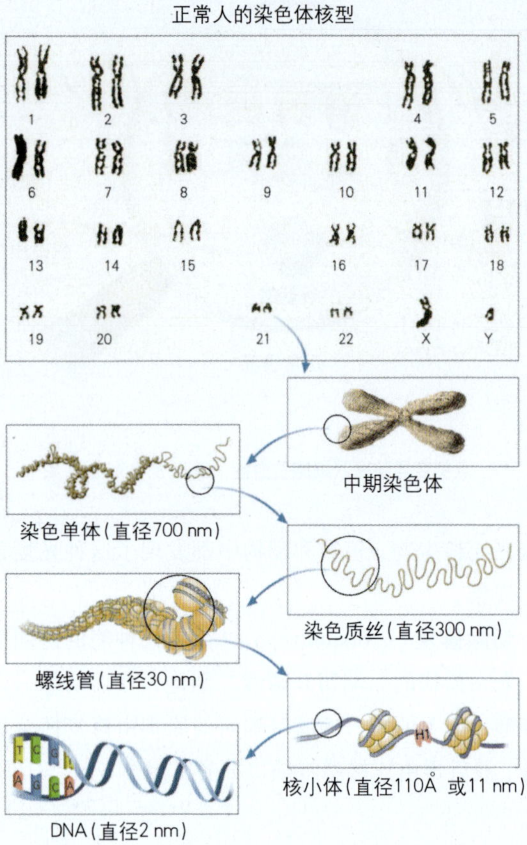

除了核基因组外，严格来说，人类细胞的基因组还应包括细胞中的线粒体基因组。人类线粒体基因组为一环状DNA分子，长度相对很短，仅有16 569 bp。

1988年，美国国家卫生研究院和能源部发起和实施了一项迄今为止在生命科学领域最宏大的研究计划——人类基因组计划（Human Genome Project，HGP），该

图5-45　人类基因组的结构　正常人包含23对染色体。因为第23对性染色体包含X和Y两种不同的染色单体，因此人类基因组分布在24条染色体上。以第21号染色体为例逐级放大，直径为700 nm的21号染色体由直径为300 nm的染色质丝组成。截取染色质丝上直径为30 nm的螺线管局部放大，可见到由组蛋白的核心和环绕它的DNA组成的直径为11 nm的核小体，核小体是染色质的基本组成部分。再进一步从核小体上解离开DNA丝，直径为2 nm的DNA含有众多的基因是一些具有不同碱基对的脱氧核糖核酸序列。其他各染色体的结构与21号染色体的基本相同。

计划的主要内容是完成人体23对染色体的全部基因的遗传谱图和物理谱图，完成24条染色体上30亿个碱基的序列测定。实施该项计划当时预计要用15年时间，花费30亿美元。现在HGP已经成为一项以美国为主、包括英国、法国、日本和中国多国科学家参加的国际合作计划。在该项目启动之初，要完全确认一个碱基对需要花费10美元，一名经过严格训练的技术人员一天只能完成1万个碱基对的测序。以后随着测序技术的改进，目前确认一个碱基对的成本减低到5美分。利用机器人即先进的仪器设备测序，其效率可达到每秒钟1万个碱基对。在各国科学家的努力下，人类基因组计划于2000年6月完

成了人类基因序列的"工作框架图",2002年2月又公布了"精细图",人类基因组测序范围从90%提高到了99%,以碱基对为基础的误差率从1/1 000降到了1/10 000。

人类基因组计划研究成果初步揭示,人类核基因组DNA总长约为31.647亿个bp,分散为24条长度不一的线形DNA分子,最长的分子为250 Mb(megabase,百万碱基对),最短的为55 Mb。当时科学家发现,人类基因数目为3.4万至3.5万个,仅比果蝇多2万个,远小于原先10万个基因的估计数。目前最新的研究成果又显示,人类基因数目不多于2.5万个。

如果以英文字母A、T、G、C分别代表人类基因组测到的每一个碱基,以每1cm书写6个字母计算,总长约为31.647亿个bp连接的长度可达5 000 km,相当于北京到香港的来回距离,用这些顺序还可以写成3 000本每本200万字的著作。人类基因组测序的完成并不能代表人类基因组计划大功告成,因为要搞清基因组的全部结构及其工作机制,认识基因结构与功能的关系,科学家们仍然面临着艰巨的任务和严峻的挑战。

除了人类基因组以外,迄今为止,世界各国的科学家还完成了大肠杆菌、酵母、集胞藻(一种蓝细菌,又称蓝藻)、线虫、果蝇、拟南芥、中国水稻等一些重要生物基因组的测序。其中中国水稻(籼稻)基因组精细图是由中国科学家独立完成的世界第一张农作物的基因组精细图谱(图5-46)。

二、人类基因组研究技术和策略

对人类基因组作图和测序的实验采用了从染色体开始自上而下的分析、从一段碱基序列开始自下而上的分析以及随机化克隆分析然后整合等3种研究策略。例如,自上而下的研究策略是首先对染色体上标记出的包含约100万个碱基的超大片段进行定位作图,再把一个超大片段分割成10来个包含10万个碱基的大片段作出物理图,然后克隆其中的小片段,并逐个进行测序,如此实现对整个染色体的测序和作图(图5-47)。因此人类基因组计划主要应用了4方面相互配合与补充的研究方法和技术:

1. 基因连锁图(linkage map)分析

基因连锁图又称遗传图,遗传图分析以具有遗传多态性的遗传标记为路标,利用人类家族遗传史和染色体上基因交换频率的实验数据,推断任何两个已知性状的基因之间的距离,根据点测交试验确定各基因的相互位

图5-46 水稻基因组测序成果上了2002年11月21日出版的《自然》杂志封面

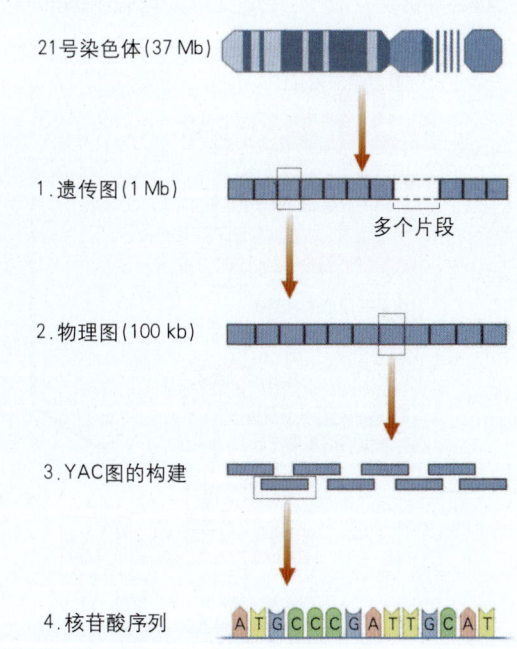

图5-47 人类基因组作图和测序的策略 1. 用RFLP等标记出包含大约1 Mb的超大片段进行定位作图。2. 再用RFLP把超大片段分割成10多个包含100 kb的大片段,做出它们的物理图。3. 用酵母人工染色体(YACs)或其他载体构建包含其中小片段的一系列重叠的克隆,约0.5~1.0 Mb。4. 对小片段逐个进行测序,进而实现对整个染色体的测序和作图。

置和排列顺序（参见5-12，基因定位与染色体作图），作出包含人类染色体上多个基因、包括酶切位点和其他标记的连锁图。连锁图表现了基因或DNA标志在染色体上的相对位置与遗传距离。遗传距离通常以基因或DNA标志在染色体上交换频率（重组率）厘摩（cM）来表示，每单位厘摩定义为1%的交换频率，cM值越大，两者之间的距离越远。

2. 基因组物理图（physical map）测定

基因组物理图是以已知核苷酸序列的DNA片段作为序列标签位点（sequence-tagged site，STS），以碱基对作为基本测量单位的基因组图。任何DNA序列，只要知道其在基因组中的位置，都能被用作STS标签。在物理图测定时，先将染色体切割成若干个可辨认的限制性酶切片段，找出其上独特性的序列作为标签，分析各界标间的距离，确定各片段在染色体上的实际排列顺序。例如，利用一种"染色体步移"(chromosome walking)的方法结合其他分子生物学技术可以加快完成染色体的基因组物理图测定（图5-48）。

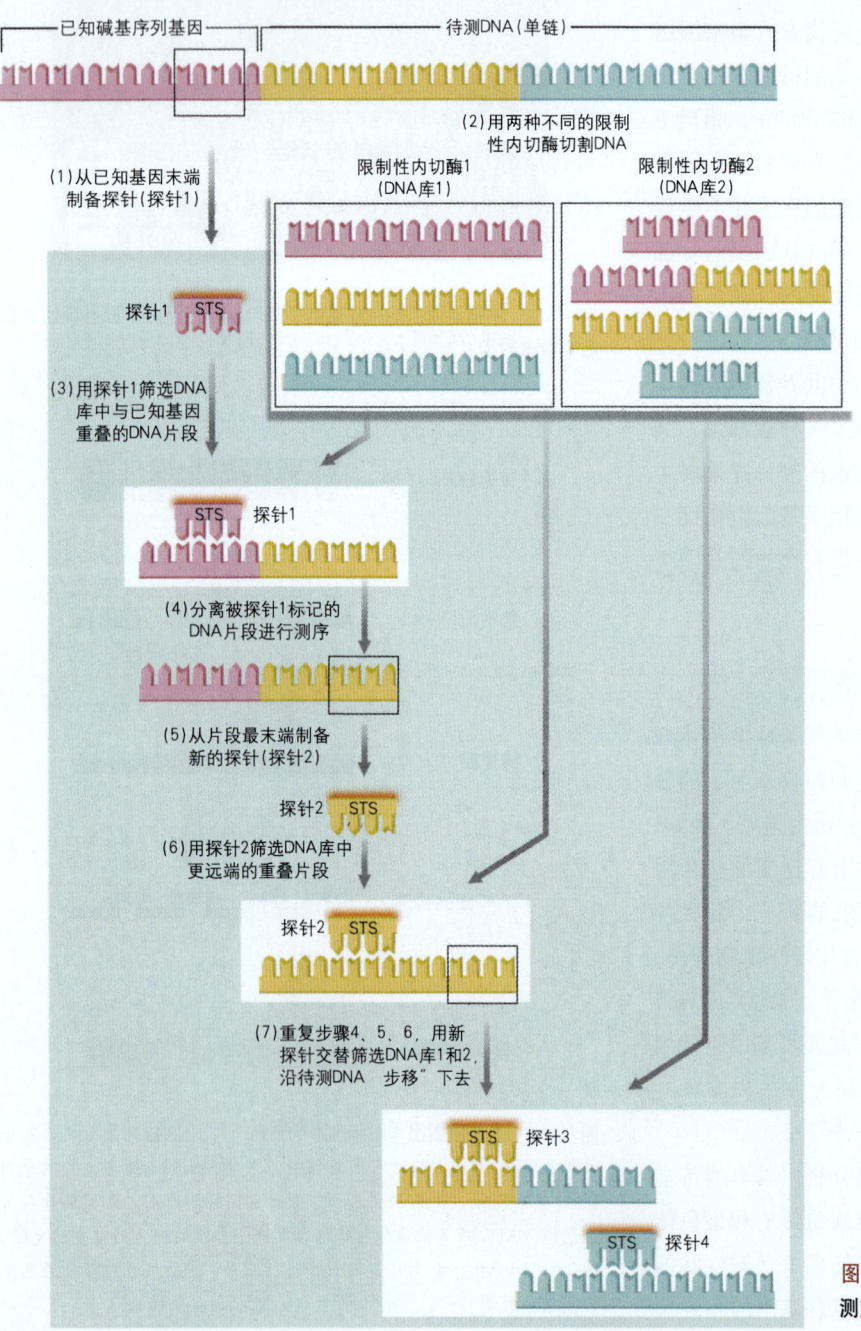

图5-48　"染色体步移"法进行基因组物理图测定

3. 确定基因组转录图

在基因组上确定与全部mRNA相对应的DNA顺序位置即获得基因组转录图,又称cDNA图。利用构建的各种人工载体和基因片段的克隆技术分离到相应的cDNA片段,获得表达序列标签(expressed sequence tag, EST)组成的"表达序列图",可得到人类"基因图"雏形。

具体分析测定各DNA片段碱基的组成及顺序是人类基因组计划最繁重、耗时最多的工作。一般实验室所用的传统的测序方法为链终止法(chain termination method),该方法第一步是制备单链模板DNA,然后加上一小段DNA为引物与起始端配对形成双链,接着在引物之后按照模板的碱基顺序起始新链的合成。新链的合成由DNA聚合酶催化,需要加入4种脱氧核苷酸(dNTP, dNTP包括dATP, dTTP, dCTP, dGTP)为新链延长的原料(底物),同时还特别加入了少量双脱氧核苷酸(ddNTP),由于DNA聚合酶不能区分dNTPs和ddNTPs,当后者随机加入到新生的单链上后,由于ddNTP核糖3′碳原子上连接的是氢原子而不是羟基,因此不能与下一个核苷酸聚合延伸,合成的新链被就此终止。按这种原理,合成的大量互补的DNA新链可在任意一个碱基的位置终止,从而产生所有仅差一个碱基的单链分子,这些DNA分子经聚丙烯酰胺凝胶电泳后(参见第十章重组DNA技术一节),由4个泳道显示4种碱基的终止位置,而单链分子的大小又由电泳距离确定,彼此依次相差一个碱基,由下至上,便可读出新链的DNA碱基序列。

以链终止法为基础,各国科学家相继发明了各种提高测序速度和效率、加快工作进度的方法。例如,核苷酸自动测序仪的应用和改进,荧光探针和标记技术替代放射性同位素技术在核苷酸测序中的应用等等(图5-49)。

4. 随机测序与序列组装

基因组的每条染色体上DNA长度可达数百万碱基对,这就需要将链终止法或其他测序方法阅读的小片段DNA组装成原始的排列顺序。科学家们发明了鸟枪法(shotgun method)以及在鸟枪法基础上改进的克隆重叠法和引导鸟枪法来解决随机测序与序列组装问题。全基因组鸟枪法测序的基本原理是,用超声技术将某基因组DNA随机打断成为2.0 kb左右的随机并有重复序列的片段,经琼脂糖凝胶电泳分离收集后,将各片段分别连接到质粒克隆载体中,构建基因文库。对基因组文库全部克隆片段进行大量随机多次测序,使随机测定的碱基数达到基因组的5倍以上,那么,基因组未测定到的碱基数(即缺口)仅为基因组总碱基数的0.67%。鸟枪法的顺序组装是直接从已测序的小片段中寻找彼此重叠的测序克隆,然后依次向两侧邻接的序列延伸。这一方法不需要预先做遗传图和物理图就可以完成整个基因组顺序的组装。鸟枪法的发明使得采用不同策略完成人类基因组计划的测序工作并获得人类基因组全部核苷酸序列图成为可能。

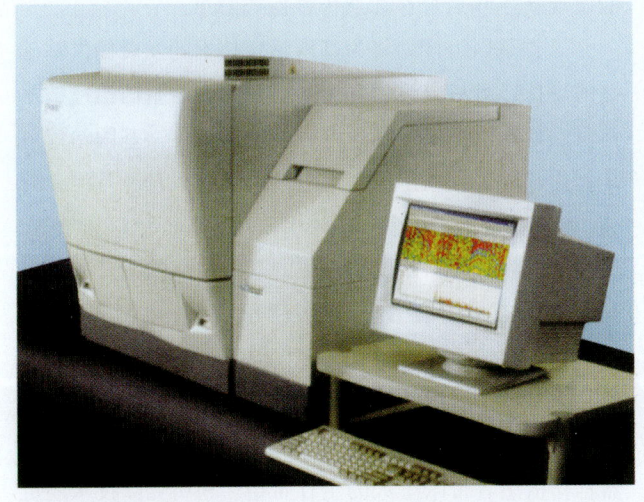
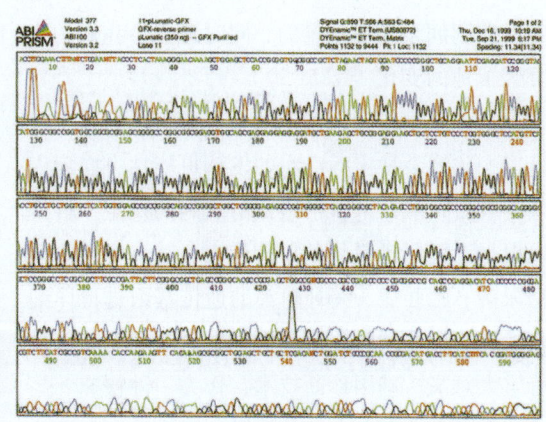

图5-49 核苷酸自动测序仪和测序谱图 用于测定基因组序列的仪器,可以大幅度提高测序速度和效率,加快基因测序工作的进程。左图为核苷酸自动测序仪,高效率的仪器可以快速地测定DNA的序列。右图为通过自动测序仪测出的测序谱图,每一条谱线表示一个DNA的基因序列,其精度已达相当高的水平。

三、人类基因组计划的科学意义

2000年6月26号是值得全世界纪念的日子，被誉为"达尔文以后意义最为重大的生物学发现"的人类基因组草图被宣布已完成，标志着人类探索生命奥秘的进程和生物科学技术的发展进入一个崭新的时期。1988年正式启动的人类基因组计划是了解人类自身奥秘的计划，旨在阐明人类基因组 DNA 长达 3×10^9 碱基对的序列，发现所有人类基因并阐明其在染色体上的位置，从而在整体上破译人类遗传信息。

人类基因组计划的重要作用首先体现在与人类生命息息相关的医学领域，它还将人类感知生命的里程提高到分子水平阶段，将给人类的生存能力和生命及生活质量带来显著的提高。人类基因组序列图的完成为人类了解自身提供了一个非常重要的平台，它将帮助我们从分子水平了解人类特定细胞、组织或器官的基因表达模式并解释其生理属性，深入阐明人体细胞生长、发育、分化、衰老和疾病发生的机制。通过研究基因序列，人类可以进一步分辨出人与人之间、族群与族群之间在生理上的差异及其分子基础，并在此基础上进一步分析所有与疾病相关的序列差异，为新时代的"个人医学"提供基础。人类基因组计划所提供的遗传图（连锁图）、物理图、转录图和序列图蕴藏了决定我们生、老、病、死的所有秘密，是人类认识自我、改造自我且用之不竭的知识宝库。

人类基因组计划完成后，破译的大量基因信息将成为医学、医药等方面技术创新的源泉，其研究成果产业化带来的商业利润是无法估量的，同时也会给我们的生活带来翻天覆地的变化（图5-50）。

科学家可以根据每个人特定的基因图谱判断这个人的健康情况，预测某种疾病潜在的发病可能性，向病人提供有效的警告，从而采取措施预防疾病的发生。科学家还可以根据基因图谱提供的遗传信息，对一些遗传性疾病如糖尿病、肥胖症、精神病等的遗传基因进行详细的研究，找到相应的预防、治疗措施，这对人类的优生优育具有重大意义。基因诊断技术，作为一种快速、高效、准确的诊断方法，在人类基因组被解读后将会迅速成长起来。基因诊断的优势不仅仅是快速、高效、准确，而且具有两个无可比拟的优势：① 超前性，利用基因诊断可以在某些遗传疾病或病毒性疾病在发病前就诊断出

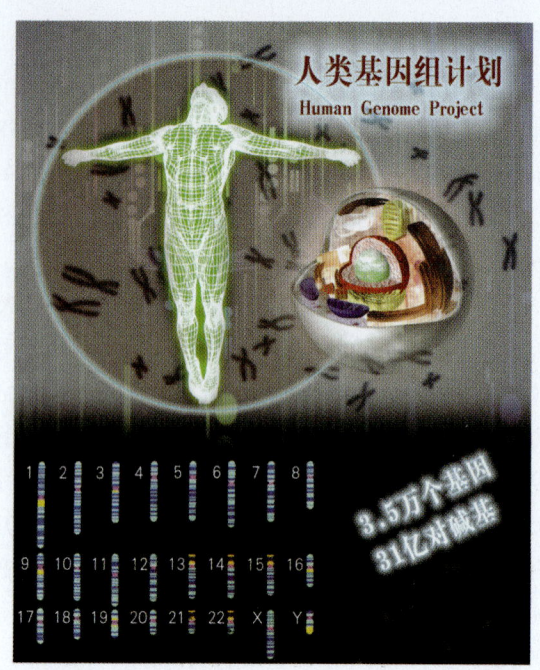

图5-50 人类基因组计划的初步完成，标志着人类探索生命奥秘的进程和生物科学技术的发展进入一个崭新的时期

来，这使得许多疾病的提前预防成为可能，这种超前性的诊断还可以让医生根据每个人的特点制定治疗方案；② 即时性，在治疗过程中可以利用基因治疗对患者的病情进行快速检验，有助于医生根据实际情况对治疗方案进行及时的修改。目前在美国每年要进行多达400万次的基因临床检验，许多大医院对新生儿做镰刀状细胞贫血、先天性甲状腺病以及苯丙酮尿症的常规检查，以提前发现新生儿是否存在遗传性疾病隐患。

人类基因组计划将为基因治疗技术的发展提供基础性的支持，对特异致病基因的研究，会给基因治疗技术针对性地指明方向，加速这一技术的发展。**基因治疗**就是利用基因工程的手段，通过向人体导入功能基因，修补、改变相应的缺陷基因，对相关疾病进行治疗和预防。现在全世界进入临床试验阶段的基因治疗方案有396个，其中三分之二的病例是针对癌症等恶性肿瘤疾病。另一方面，克隆技术虽然争议颇多，但它带给人类的种种好处显而易见。治疗性克隆技术将导致器官移植的重大突破，人们不会再为移植器官来源不足烦恼，克隆技术为器官移植患者带来更大的生存希望。利用克隆技术还可以大量复制获得"药物生产工厂"、"蛋白质生产工厂"。人类基因组计划的研究成果可以为克隆技术应用于疾病治疗领域提供基础性和方向性的指导。

人类基因组计划将促进基因工程药物的研究开发，为新药的研制和筛选提供必要的信息和行之有效的手段，科学家届时可以根据癌症、心脏病等疾病的病因，有针对性的开发治疗药物。其中最为常见的是一些治疗性蛋白如基因重组激酶、基因工程疫苗、细胞因子、干扰素等产品。基因技术使药物对疾病的疗效、针对性不断提高，而价格却不断降低，特别是基因技术为一些疑难、甚至在以前称为绝症的疾病提供了治疗途径。

人类基因组计划的完成还为其他重要生物包括农作物基因组研究提供了借鉴，将促进农业生物技术、海洋生物技术、能源和环境生物技术等领域的发展。科学家预言，人类基因组计划正在绘制的控制人类从出生到死亡全过程的"DNA联络图"将引导人类进入一个全新的时代。人类基因组计划的实施和完成对人类未来将产生难以预料的影响，其作用和影响不亚于原子弹试验计划和阿波罗登月计划。

四、关于后基因组时代及生物信息学

随着人类基因组测序及数十种单细胞低等生物和水稻、果蝇、线虫、拟南芥等高等生物基因组序列谱图的完成，生命科学研究进入了所谓"后基因组时代"（post-genomic era）。围绕已有的海量基因组序列信息，全面破解基因在生命活动中的内在作用和运动规律、在基因组水平上阐明DNA序列的功能、系统地认识各基因及蛋白质的功能和相互关联等是后基因组时代研究的主要内容，这些又被统称为功能基因组学（functional genomics）。

功能基因组研究涉及的生命科学研究领域包括分子生物学、细胞生物学、生物化学、遗传学、生物信息学等，其中生物信息学在功能基因组研究中具有特殊重要的作用，也是近年来发展最快的前沿分支学科。因为以DNA序列为代表的生物相关信息量的革命性爆炸，产生了对海量生物信息进行处理的需求，而计算机技术的飞速发展，形成了处理海量信息的能力。因此，生物信息学便在计算生物学和计算机技术的基础上迅速而成功地发展起来。美国人类基因组的5年报告中对生物信息学做了如下的定义："**生物信息学**是包含了生物信息的获取、加工存储、分配、分析、解释等在内的交叉学科，它综合运用数学、计算机科学和生物学的各种工具阐明和理解大量数据所包含的生物学意义"。生物信息学是计算机、网络大发展和各种生物数据库迅猛增长的形势下组织数据，并从数据库中提取生物学新知识的科学。它具有学科交叉、独特的开放性等特点。具体而言，生物信息学把基因组DNA序列信息分析作为源头，找出基因组序列中代表RNA和蛋白质的编码区和非编码区，破译隐藏在DNA序列中的遗传规律；同时，归纳、整理与基因组遗传信息释放及其调控相关的转录谱和蛋白质谱数据，从而为在分子水平上认识代谢、发育、遗传和进化的规律提供依据。

科学家们已经建立了围绕基因功能的生物信息学研究平台，生物信息学平台的基本架构包括：①生物数据存储系统；②基本数据处理和分析工具集；③高级信息学研究工具集；④参考资料分析系统；⑤基于互联网的服务界面。例如，针对目前科学家们常用的Genbank、PubMed、COG等数据库资源，美国国家生物技术信息中心还提供了Entrez和Blast等信息提取和分析工具。另外，利用生物信息学的研究方法，从蛋白质数据库中提取的注释信息结合有关亚细胞结构的信息可以进行蛋白质的亚细胞定位分析和预测，通过对已知跨膜螺旋区蛋白质的序列特征的统计还可以进行膜蛋白的三维结构分析和预测等等。

基因组对生命体的整体控制必须通过它所表达的全部蛋白质来执行，随着蛋白质分析技术的发展，特别是近年来二维凝胶电泳（双向电泳）技术和蛋白质的质谱测序技术及蛋白质数据库的建立，系统地解析蛋白质的结构与功能以及蛋白质间的相互关系和相互作用成为可能。生物信息学与结构生物学的结合形成了被称为蛋白组学的前沿领域。基因组和蛋白质组（proteome）研究的新成果不但为描绘整个生物体运动的规律提供了全方位的信息，而且将在针对靶蛋白的新药设计等方面产生巨大的经济效益。

思考与讨论

1. 为什么Mendel和Morgan等科学家提出了遗传因子的概念,却不可能认识遗传因子是由什么物质组成的?
2. 举例说明伴性遗传现象和基因的连锁和交换现象,并用经典的遗传学作出解释。
3. 从结构和功能两方面说明DNA与RNA的差别。
4. 试解释下述现象:一位生物学家把从人的肝细胞中提取出的基因植入一种细菌的染色体中,该基因通过转录和翻译合成蛋白质。然而这种在细菌体内合成的蛋白质在氨基酸序列上发生了很大变化,与肝细胞合成的蛋白质完全不同。
5. 在合成蛋白质的过程中,细胞内的什么机制保证一次只增加一个氨基酸到正在合成的肽链上?又是什么机制保证每个氨基酸都处于正确的位置上?
6. DNA的两条链的复制步骤有什么不同?为什么不能采取同样的步骤进行复制?
7. 请叙述基因中的遗传信息经转录和翻译后在蛋白质中表达的过程,叙述时请正确应用tRNA、氨基酸、起始密码、肽键、反密码子转录、翻译、核糖体、RNA聚合酶、基因、mRNA、终止密码等词汇。
8. 现代分子遗传学的"中心法则"与早期"中心法则"主要区别是什么?
9. 原核与真核基因表达有哪些差异,为什么会有这些差异?
10. 除了乳糖操纵子学说解释了原核生物基因表达调控的原理外,您是否知道解释原核生物基因表达调控的其他学说?如果知道,请作简单介绍。
11. 请说明用链终止法进行基因测序的原理。
12. 人类基因组计划应用了哪些主要的研究方法和技术,取得了哪些主要成果,有什么意义?
13. 为什么生物信息学、功能基因组学和蛋白质组学逐渐成为后基因组时代的前沿领域?

练习题

1. 名词解释:
   等位基因 纯合子 杂合子 分离定律 性染色体 伴性遗传 DNA半保留复制 冈崎片段 滚环复制 反密码子 启动子 终止子 内含子 外显子 前体mRNA 中心法则 寻靶运输 信号肽 顺反子 操纵学说 转录因子 转录激活因子 增强子 常染色质 异染色质 基因突变 点突变 同义突变 错义突变 移码突变 光复合修复 切除修复 基因组 基因组学 鸟枪测序法 基因治疗 生物信息学 蛋白质组学

2. 一般来说,生男孩和生女儿的几率都是1/2,如果一对夫妻生三个孩子,两男一女的几率是( )。
   a. 1/2   b. 2/3   c. 3/8   d. 5/8

3. Griffith 和 Avery 所做的肺炎链球菌实验是为了（　　）。
   a. 寻找治疗肺炎的途径
   b. 筛选抗肺炎链球菌的药物
   c. 证明 DNA 是生命的遗传物质，蛋白不是遗传物质
   d. DNA 的复制是半保留复制

4. 1952 年 Hershey 和 Chase 利用病毒作为实验材料完成的噬菌体实验中用到的关键技术是（　　）。
   a. PCR 技术　　　　　　　　　　　　b. DNA 重组技术
   c. 放射性同位素示踪技术　　　　　　d. 密度梯度离心技术

5. 蛋白质的合成场所是（　　）。
   a. 细胞核　　　　b. 核糖体　　　　c. 线粒体　　　　d. 类囊体

6. 蛋白质的合成是直接以（　　）上的密码子的信息指导氨基酸单体合成多肽的过程。
   a. 单链 DNA　　　b. 双链 DNA　　　c. mRNA　　　　d. tRNA

7. 如果黄色果实（Y）对绿色果实（y）为显性，矮株（L）对高株（l）是显性，那么 $YyLl$ 基因型的植株和 $yyll$ 基因型的植株杂交，则（　　）。
   a. 所有后代都是矮株，黄果　　　　　b. 3/4 是矮株，黄果
   c. 1/2 是矮株，黄果　　　　　　　　d. 1/4 是矮株，黄果

8. X、Y、Z 三个在同一条染色体上的基因，经重组实验表明 XY 的重组率为 40%，XZ 的重组率为 5%，YZ 的重组率为 35%，下列对基因顺序描述正确的有（　　）。
   a. 基因顺序为 X、Z、Y　　　　　　　b. 基因顺序为 Z、X、Y
   c. ZY 间距离比 XZ 间近　　　　　　　d. XY 间距离比 XZ 间近

9. 在 DNA 复制时，序列 5′－TAGA－3′ 合成下列（　　）互补结构。
   a. 5′－TCTA－3′　　　　　　　　　　b. 5′－ATCT－3′
   c. 5′－UCUA－3′　　　　　　　　　　d. 3′－TCTA－5′

10. 下列对转录描述不正确的是（　　）。
    a. 转录中尿嘧啶和腺嘌呤配对　　　　b. 转录后必须切除内含子
    c. DNA 转录完成后形成两条互补的 RNA　　d. 从启动子到终止子的部分被称为转录单位

11. 从遗传密码表中我们获得如下信息：
    　　Phe：UUU，UUC
    　　Pro：CCU，CCC，CCA，CCG
    　　Lys：AAA，AAG
    请指出，为了转录编码 Phe-Pro-Lys 小肽相对应的 mRNA，需要以下（　　）段 5′→3′ 核苷酸序列的 DNA 为模板。
    a. AAG-GGC-TTC　　b. CUU-CGG-GAA　　c. UUC-CCG-AAG　　d. CTT-CGG-GAA

12. 反密码子位于（　　）。
    a. DNA　　　　　b. mRNA　　　　c. tRNA　　　　d. rRNA

13. 乳糖操纵子是（　　）中的基因表达调控系统。
    a. 原核生物　　　　　　　　　　　　b. 真核生物
    c. 原核生物和真核生物都有　　　　　d. 植物

14. 操纵子模型中，调节基因的产物是（ ）。
    a. 诱导物　　　　　　b. 阻遏物　　　　　　c. 调节物　　　　　　d. 操纵子
15. 增强子（ ）。
    a. 是一种蛋白质　　　　　　　　　　b. 是一段 DNA
    c. 只能距启动子上游几百个核苷酸　　d. 没有特异性
16. 下列属于真核细胞 mRNA 修饰的有（ ）。
    a. 加 5′ 帽　　　b. 加 3′ 帽　　　c. 加 5′ 多聚 A 尾　　　d. 加 3′ 多聚 A 尾

相关网站

http://www.ornl.gov/sci/techresources/Human_Genome/genetics.shtml

http://ghr.nlm.nih.gov/

http://www.utexas.edu/courses/bio325/

http://gslc.genetics.utah.edu/

http://www.kumc.edu/gec/

第六章
发育

第一节　细胞分化与胚胎发育
　　一、生物体发育的基本阶段
　　二、动物的发育
　　三、植物的发育

第二节　发育的细胞与分子生物学机制
　　一、细胞命运决定、诱导和发育模式
　　二、发育的基因表达调控
　　三、细胞信号转导
　　四、激素信号对发育的控制作用

第三节　几种发育模式生物的特征
　　一、线虫
　　二、果蝇
　　三、斑马鱼
　　四、小鼠
　　五、拟南芥

第四节　干细胞和动物克隆
　　一、干细胞的种类与特性
　　二、干细胞培养和应用
　　三、动物克隆技术

发育是有机体以遗传信息为指导，按特定时间与空间顺序进行自我构建和自我组织的过程。发育生物学是连接微观与宏观的桥梁。

第六章 发育

第五章我们主要介绍了单个细胞中基因的表达和调控过程，从分子水平认识基因的复制、转录、翻译等机理有可能从本质上揭示生物遗传信息传递和代谢调控的奥秘。然而，单个细胞中众多基因的结构、功能和表达上的差异最终必然会在细胞和生物个体水平上得以体现。尽管生物个体的不同细胞都具有相同的基因组，但正是这些细胞中基因的差异表达和特异蛋白质的合成是导致细胞分化的根本原因。一个细胞（受精卵）不断分裂和分化，即一个有机体从其生命开始到性成熟的变化过程称为**发育**（图6-1）。发育是有机体以遗传信息为基础进行自我构建和自我组织的过程，是基因按照特定的时间和空间选择性表达并逐步转化为特征表型的过程。因此，发育生物学是连接分子生物学、细胞生物学和个体生物学的桥梁。另外，自从地球上生命出现以后，在特定的环境中短时间尺度的生物个体发育和长时间尺度的生物系统演化一刻也没有停止，个体发育和与环境相适应的生物进化间的必然联系又将我们对发育生物学的认识向进化生物学延伸。

近年来，分子生物学与细胞生物学先进技术的运用促进了发育生物学的发展，使其成为现代生命科学的前沿领域。这一章要将以前所学的细胞与分子生物学知识向多细胞动植物的个体动态变化过程延展，在了解动物和植物如何由受精卵发育成为生物胚胎以后，介绍有关控制生物个体发育的细胞与分子机制，接着还要认识几种典型动植物作为发育模式系统的特征，最后再简单介绍有关干细胞和克隆动物等现代发育生物学领域的热点问题。

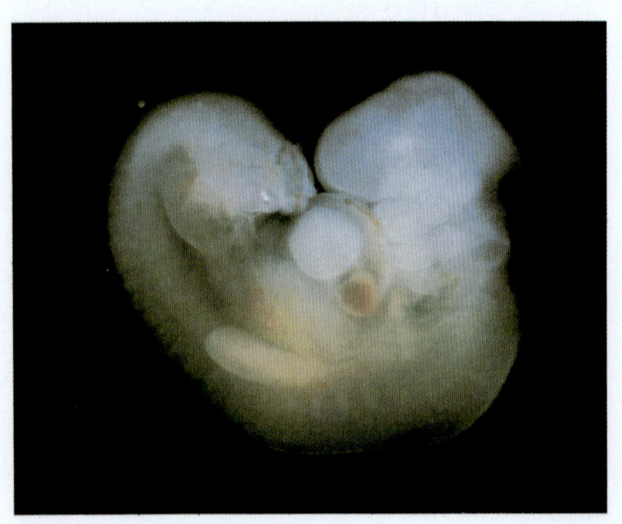

图6-1　正在发育的人体胚胎

第一节　细胞分化与胚胎发育

一、生物体发育的基本阶段

我们日常所见的多细胞动物和大多数植物都是由一个细胞（受精卵）发育而来的。受精卵（fertilized egg）内融合了来源于精子的一套染色体和来源于卵细胞的一套染色体。二倍体染色体承载的基因组，为新生命个体的发育提供了完整的遗传信息。从一个受精卵开始，经过细胞的分裂、分化、相互诱导，最终形成生物雏形即胚胎（embryo）的过程称为**胚胎发育**（embryonic development）。胚胎发育阶段以后，生物的发育还会持续进行。例如，一些成体动物的骨髓可以不断地产生新的血细胞；多年生木本植物每年都保持着旺盛的顶端生长和加粗生长。尽管如此，发育生物学与胚胎学（embryology）的关系最为紧密，现代发育生物学特别注重对胚胎发育过程及机理的研究，因为从一个受精卵到生物胚胎形成是生命体变化最大的时期，胚胎是动植物从受精卵发育到成体并最能反映基因差异表达的过渡体。

无论是动物还是植物，其胚胎发育过程都要涉及细胞分裂、形态发生（morphogenesis）和细胞分化这三个基本阶段（图6-2）。其中细胞分裂是由受精卵细胞不断进行有丝分裂，通过细胞的快速增殖，为发育进程持续提供新细胞的过程。**细胞分化**就是经过细胞分裂产生的许多细胞在发育潜能、形态、结构或功能上特化即产生差异的过程。细胞分化按照一定的时空顺序发生，并沿着生物特定的模式进行。细胞分裂和分化的结果产生了一定结构和功能的组织和器官。产生生命个体具特定结构和功能的不同部分和整体形态的物理过程称为**形态发生**。持续的形态发生为有机体的多样性提供了可能，最终完成了胚胎的发育，导致生物雏形的形成。

如图6-2所示，细胞分裂、形态发生和细胞分化在时间上是相互重叠或叠合的。在胚胎发育的早期，形态发生便为生物体基本形态的形成做好了准备。例如，动物囊胚的哪一端将发育成为头部，植物胚的哪一端将发育成为根部，这些都是在胚胎发育的早期，甚至在受精卵第一次分裂以后，便已经被确定下来。因此，细胞分裂、细胞迁移、细胞分化、细胞凋亡即细胞的程序性死亡等在所有多细胞生物的形态发生中具有非常重要的作用。

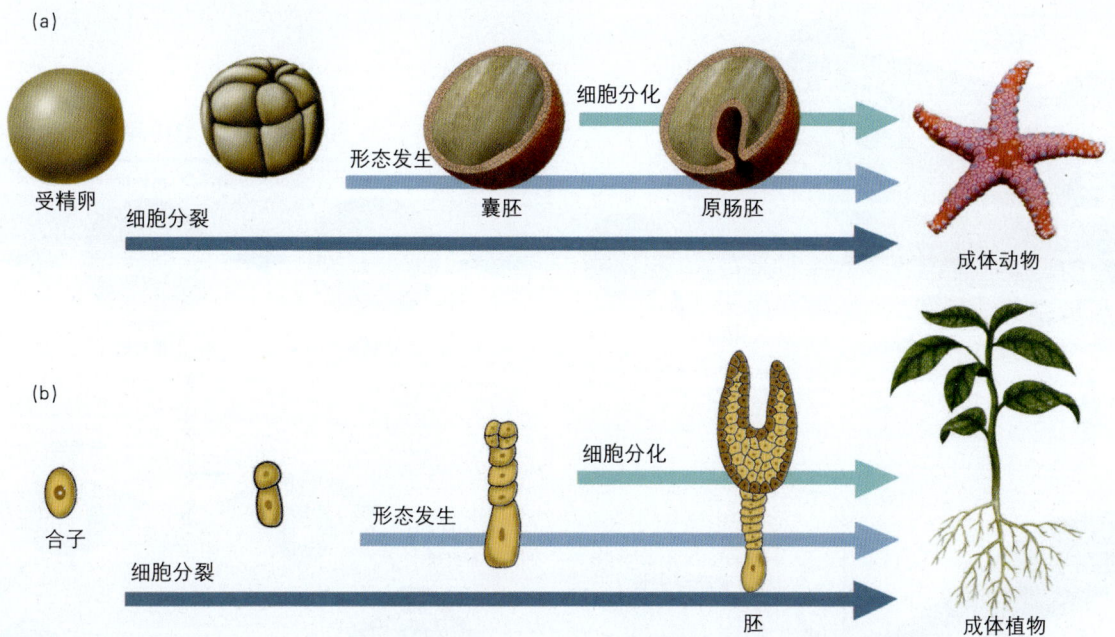

图 6-2　动物与植物发育的重要阶段　动物和植物的发育都包括细胞分裂、形态发生、细胞分化三个基本阶段。严格地说，有些生物的细胞分化在受精卵第一次卵裂就开始了。为了便于直观理解，此图从分裂后的细胞产生可观察到的差异开始标示细胞分化的箭头。(a) 动物胚胎的发育一般要经过卵裂与囊胚期、原肠胚期以及器官建成期等主要阶段，一旦动物体发育成熟，其大部分细胞就不再分裂和分化，有限的细胞分化仅在局部范围进行，动物体不再无限制地生长。(b) 植物胚胎的发育在种子内完成，它不像动物胚胎发育那样发生细胞的迁移。植物体发育成熟后，其顶端分生组织的细胞分裂和分化还可以持续地发生，不断形成各种器官并维持植物的持续生长。

从总体上看，动物的发育和植物的发育在其过程和机制方面还是有很大的差别。一方面，动物往往通过细胞迁移（cell migration）将胚胎发育早期形成的细胞团转变成动物体特定的三维形态结构，即细胞迁移为动物器官的发生提供了细胞来源；而植物胚胎发育的过程中没有细胞迁移现象的发生。由于植物不能像动物那样自由的运动，其发育和生长更加受到环境的控制。另一方面，植物的生长和形态发生持续整个生命周期，并非像动物那样主要局限于胚胎发育期。例如，植物茎尖和根尖的顶端分生组织（meristem）可以不断地通过细胞分裂和分化，产生根、茎、叶等新的器官，在植物体发育成熟以后还能保证其不断地长高和长大。而进入成年的动物个体，不再无限制地生长或长出新的器官。

接下来，本书将分别介绍动物和植物发育的一般概况。出于对人类自身认识的需要，发育生物学家对动物胚胎的发育过程和机制的研究更加深入和广泛。

二、动物的发育

脊椎动物的发育以受精为起点，单细胞受精卵经过卵裂（cleavage）形成多细胞囊胚（blastula），囊胚发育成具有三胚层（有些低等动物仅有二胚层）的原肠胚（gastrula），然后经过神经胚（neurula）期初步确立体形特征，再经过进一步的器官发生（organogenesis）以后，便完成了胚胎的发育。之后，一些早熟的动物具备了独立生活的能力，而大多数哺乳动物还会在母体内完成早期的胚后发育。胚胎发育，幼体生长、成熟、衰老和死亡各阶段构成了动物完整的生活史。性成熟的动物个体的生殖细胞通过减数分裂产生单倍体配子，即精子和卵（egg），精子和卵经过受精作用又融合形成二倍体的受精卵，开始了新一轮的发育过程。

图 6-3 显示了以蛙为代表的脊椎动物发育的一般过程。蛙卵直径为 1~2 mm，细胞核位于卵的上部。卵的上部称为动物极（animal pole），由于含较多蛋白质和色素呈深色。卵的下部称为植物极（vegetal pole），包含大量卵黄（yolk）等营养物质，呈淡黄色。蛙卵受精后 24 h 内就开始卵裂，有些动物甚至受精后 1 h 就开始发生卵裂。受精卵第一次卵裂是从动物极向植物极方向的纵裂，1 h 后的第二次卵裂还是纵裂，然后进行一次横裂成为 8 细胞胚。随后继续多次快速的纵裂和横裂，形成大量较小的卵裂球或称囊胚细胞（blastomere）。由于动物极细胞分

(a) 卵裂
(c) 神经胚形成
(d) 细胞迁移与器官发生
(e) 变态与生长

裂比植物极快而向外凸起，使动物极一端的内部形成充满液体的囊胚腔，蛙胚发育经过卵裂期形成了囊胚。8~16细胞期着床前的哺乳动物胚胎的形状似桑椹，又称桑椹胚（morula）。细胞尚未出现可明显观察到的分化是卵裂至囊胚形成阶段最显著的特征。

受精卵经过大约12次分裂形成囊胚以后，细胞分裂速率降低，囊胚细胞活动加剧，通过位置变换和细胞重排，启动了原肠胚的形成过程，囊胚细胞的分化更明显。首先，分裂速率较快的动物极细胞向图6-3所示的灰新月带（gray crescent）迁移，促使这部分陷入囊胚内，接着带动囊胚细胞向内延伸，这时，原有充满液体的囊胚腔逐渐变小和消失。经过原肠胚形成阶段一系列连续的细胞分裂、分化、迁移和重排，最终发育形成了原肠胚的3个胚层（germ layer）。未迁入内部的动物极细胞分布于蛙胚的表面，构成外胚层（ectoderm）。灰新月带内

陷后留在蛙胚表面的原动物极细胞合拢成圆形的胚孔（blastopore），胚孔的上部称为背唇（dorsal lip），在胚孔中央的原植物极富含卵黄的细胞称为卵黄栓（yolk plug）。从胚孔背唇两侧内迁的原动物极细胞形成中胚层（mesoderm）。进入囊胚中的原植物极细胞在持续前伸的同时还沿着囊胚的两侧向上包卷，最终形成封闭的内胚层（endoderm）及原肠腔。三胚层建成是胚胎发育最重要的阶段，以后各胚层逐步发育形成各器官系统：外胚层产生表皮和神经系统，胚孔最终将发育成动物的肛门；内胚层产生消化管及其他器官如胰、肝、肺、呼吸道、尿道等；中胚层产生脊索（notochord）、骨骼、肌肉、循环系统、排泄系统和生殖系统等。在中胚层中还逐渐分化出分节排列的体节（somite）。

原肠胚形成后，其背部外胚层细胞分化成神经板（neural plate），并开始拉长加厚，神经板下陷为"U"形

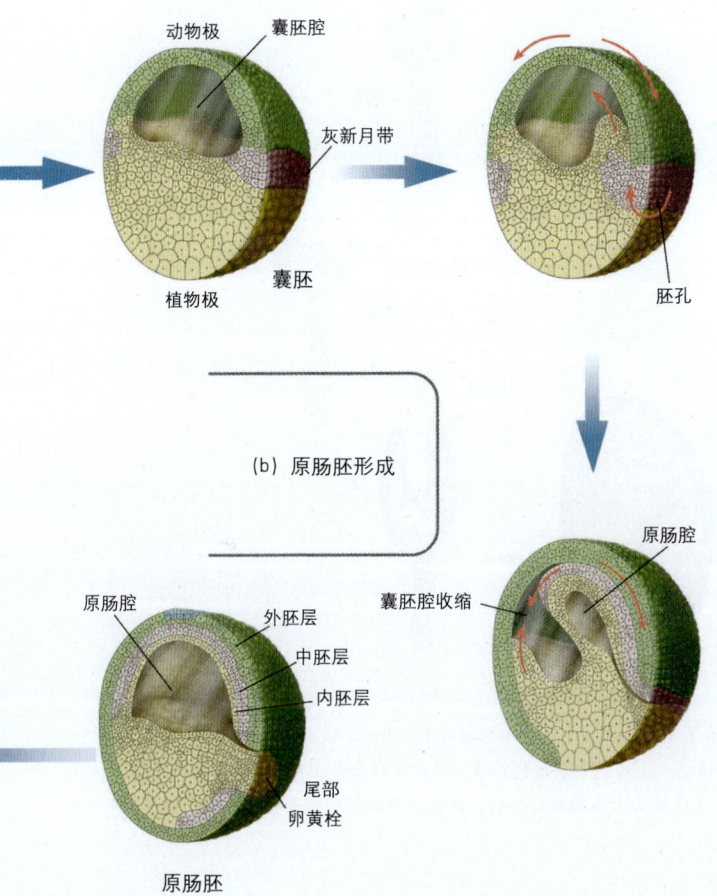

图 6-3 蛙的发育过程 蛙的发育从受精开始，精子从蛙卵"赤道"附近的灰新月带进入，约 24 h 卵裂便开始，以后经过(a)卵裂、(b)原肠胚形成、(c)神经胚形成、(d)细胞迁移与器官发生、(e)幼体生长与变态等各发育阶段。蛙进入成熟生长后，在繁殖期成体蛙通过配子发生产生精子和卵，以后又重复新一轮的发育过程。完成了繁殖后代的任务以后，成体蛙逐渐进入衰老直至死亡。为了便于学习胚胎发育的动态过程，图中分别用不同的颜色来显示各部分的变化。如图中的卵裂(a)和原肠胚形成(b)阶段，特别用绿色显示了囊胚的动物极部分，黄色显示植物极部分，用粉红显示灰新月带。3 种颜色还显示了它们以后分别主要衍变成为原肠胚的外胚层、内胚层和中胚层的动态变化。图中的神经胚形成阶段(c)，用红框特别局部显示了神经板下陷为"U"形神经沟、再卷曲为神经管和形成神经嵴（蓝色部分）的变化。神经嵴前体细胞是位于神经板的最外侧单层细胞，神经管闭合时它们位于闭合处，以后离开神经管向其他部位迁移。

神经沟（neural groove）并最终卷曲为神经管（neural tube）；在原肠的背侧，早期从胚孔背唇卷入的原动物极细胞（中胚层细胞）分化成棒状的脊索，并形成了神经系统的雏形。进一步发育过程中，神经管前端膨大为脑（brain），其余部分演变成脊髓（spinal cord）等中枢神经系统。此时，动物体前后、背腹分化明显，完成了神经胚期的发育过程后，动物的体形特征基本确立。

脊椎动物的器官发育还伴随着细胞迁移的过程，如神经嵴细胞（neural crest cell）、白细胞（leukocyte）、淋巴细胞（lymphocyte）等都是长距离的迁移细胞。原始生殖细胞通过迁移入性腺(gonad)发育成为配子细胞；动物面部的骨骼也是由头背部的神经嵴细胞迁移衍变而来的，色素细胞也由神经嵴细胞分化而成。以神经胚形成为起始的器官发生过程中，各器官原基按照特定的模式和顺序进行快速的细胞分裂和分化，协调地建成各种器官。器官建成以后，整个动物体的雏形便发育完全，胚胎发育过程便完成了。以后经过幼体生长、蝌蚪变态发育为成体蛙，经过成熟发育期和繁殖后代以后，它们最终进入衰老和死亡。动物胚胎的发育从第一次卵裂开始就按照一定的模式（pattern）和程序在进行，这种模式和程序保证了细胞分裂、分化、迁移及囊胚、原肠胚、神经胚的形成和器官发生都按照特定的时空顺序展开。

三、植物的发育

植物的发育也是从受精卵开始的。我们常见的典型被子植物（angiosperm）的发育阶段包括：在植物的繁殖器官——花中，受精卵（常称为合子）分裂产生胚并形成种子，种子离开母体后条件适合时在土壤中萌发，由植物胚胎内的分生组织细胞分裂和分化形成植物幼苗，幼苗进

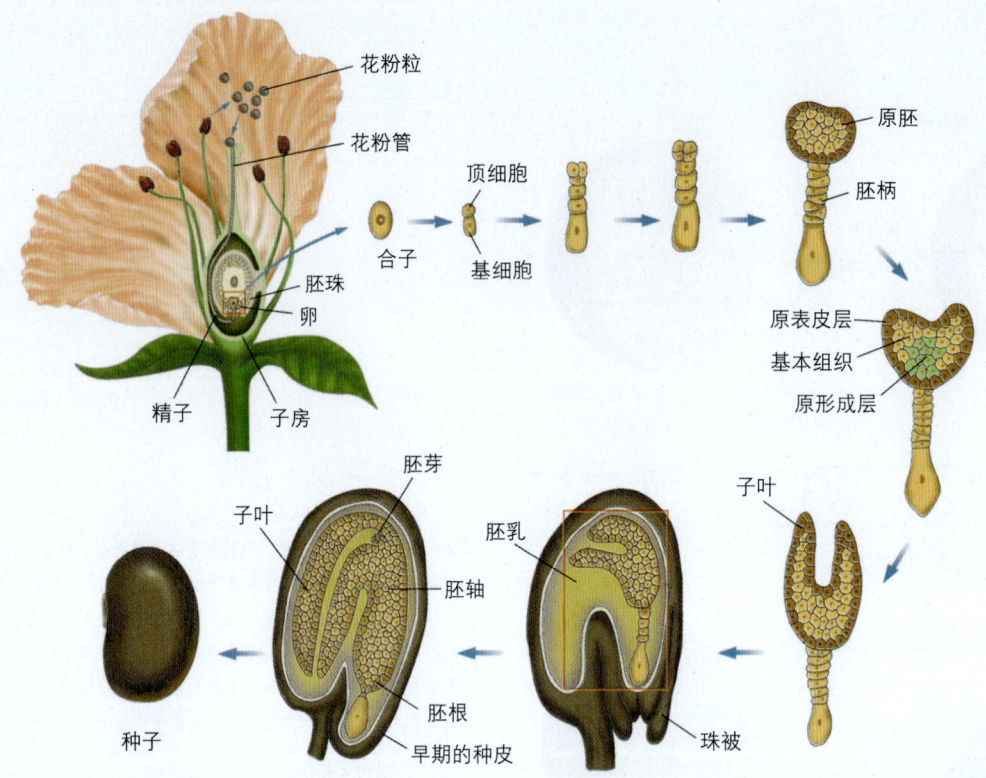

图6-4 被子植物胚的发育和种子的形成 图中用小红框标明的局部，显示了受精后的合子在花中经过分裂、分化，成为胚胎的过程。在花中，由花粉粒萌发形成的花粉管中的精子到达胚珠，与卵结合形成合子，合子经过一系列的分裂分化步骤，形成保存在种子内的胚胎。新形成的种子具有与环境相适应的最大存活力。保存在种子中胚胎的表皮原以后将发育成植物个体的表皮组织，原基本组织细胞将发育成植物根、茎、叶中的基本组织，原维管组织细胞将发育成根、茎、叶中的维管组织。

一步生长并发育产生成熟的根、茎、叶、花等植物器官。

图6-4显示了被子植物胚的发育和种子形成的过程。在花的子房（ovary）内，胚珠（ovule）中的卵细胞受精后形成合子，合子通常会经过一段休眠后开始进行第一次横分裂，形成一个较大的基细胞（basal cell）和一个较小的顶细胞（terminal cell）。顶细胞原生质浓厚，富含核糖体，顶细胞分裂最终产生了胚体。同时基细胞也横向分裂形成了胚柄（suspensor），胚柄除了起固着胚的作用外，还从胚囊、珠心及植物母体内吸取营养传送到胚体。随着胚的进一步分化成熟，胚体两侧部位细胞生长和分裂要快于中央部位细胞，它们渐渐突起形成为子叶（cotyledon）。形成心形双子叶的发育成为双子叶植物（dicotyledon），仅形成一片子叶的发育成单子叶植物（monotyledon）。在子叶出现后不久，胚进一步发育伸长，上部形成胚芽顶端分生组织，而胚轴的下端也形成了具分生组织的胚根，胚中同时还具有原分生组织，此时胚的发生已经建立了新植物个体的雏形。在胚和胚乳发育的同时，胚珠的珠被发育成种皮。当胚珠发育成种子（seed），花的子房同时发育成果实。

具有胚根（radicle）和胚芽的种子已经孕育了一个微小的新植物个体，种子的萌发并不是新植物体生命活动的开始，而是成熟的种子经休眠后继续分化和生长。度过休眠且具有生活力的种子在足够水分与氧气、一定温度条件下就开始萌发。种子从萌发到发育成幼苗是一个复杂的过程。种子首先吸水膨胀，呼吸作用加强，胚细胞开始活跃地分裂，胚根和胚芽相继顶破种皮，下胚轴（hypocotyl）或上胚轴（epicotyl）有时形成弯勾来保护柔弱的顶端生长点。种子萌发后，胚根随细胞分裂而伸长，向下生长，成为幼苗的根。子叶开始生长和分化，胚乳养分因降解而逐渐耗尽。胚轴伸长后将子叶推出地面，子叶出土后便可进行光合作用。随着幼苗的形成，当第一片真叶从茎尖长出暴露于阳光下，幼苗便可以通过光合作用为自己提供部分养分，这时植物开始从异养生长转为自养生长。胚芽和胚根的顶端分生组织维持植物的初生生长，由子叶或真叶、芽和根组成的幼苗继续生长分化成为包含表皮、维管和基本组织系统的根、茎、叶各器官齐全的植株（图6-5）。

大多数植物在一生中都可保持连续地生长和发育。相比之下，大多数动物的生长则是有限的，即动物的个体到一定的体积后其生长就停止了。尽管整个植物体具有持续生长的特性，但植物的某些器官，如叶片和花，生长也是有限的。植物持续生长并不意味其长生不老，各种植物都有一定的生命周期，最终会衰老和死亡。植物之所以能够持续生长，是因为在植物体的生长部位具有分生组织（图6-6）。在成熟的植物体内，总保留一部分不分化并具有分裂能力的细胞。从分生组织分裂产生的细胞中，有的能持续分裂，保持着很强的分裂能力，它们被称为原生分生组织；有的生长并初步分化，形成初生分生组织，这些初生分生组织以后逐渐失去分裂能力，形成植物器官中的其他成熟组织。

被子植物的孢子体（sporophyte）由种子萌发而来，即我们常见的二倍体植株。当其由根、茎、叶的营养生长过渡到生殖生长期，在孢子体上形成了特化的繁殖器官——花，其部分特殊细胞通过减数分裂，形成单倍体的

图6-6　植物的生长与分生组织的位置　图中的黄色部分显示了分生组织的部位。顶端分生组织位于根尖和茎的芽中，细胞经过横分裂，使植物体纵向生长。在大多数木本植物中，除了具有这种顶端分生组织进行的初生生长外，还具有由侧生分生组织进行的次生生长。细胞通过径向分裂，使根、茎进行加粗生长。侧生分生组织通常是一些已经分化的细胞又恢复了分裂能力，因此又称为次生分生组织。根、茎的加粗生长属于次生生长。

图6-5　种子萌发成为幼苗　（a）休眠后的种子在足够水分、氧气和一定温度条件下萌发，种子先吸水膨胀，种皮变软，胚细胞活跃地分裂，胚根和胚芽相继顶破种皮，胚根细胞分裂伸长，向下生长，成为幼苗的根。接着子叶开始生长和分化，胚乳养分逐渐耗尽，上下胚轴伸长后将子叶推出地面。由子叶或真叶、芽和根组成的幼苗继续生长分化成为根、茎、叶各器官齐全的植株。（b）幼苗继续生长成为包括表皮、维管和基本组织系统的植株。三大组织系统连续地贯穿在整个植物体的根、茎、叶中。表皮组织是覆盖和保护着植物各部分的一层排列紧密的表皮细胞。维管组织贯穿于植物体的两种输导组织即木质部和韧皮部，共同构成了植物的维管组织系统，它具有输导水分及养分和机械支持的功能。基本组织填充在表皮组织和维管组织之间，占据了植物体的绝大部分，其主要由具同化（如光合作用）、贮藏、通气和吸收功能的薄壁细胞组成，还包括具机械支持功能的厚壁细胞和厚角细胞。

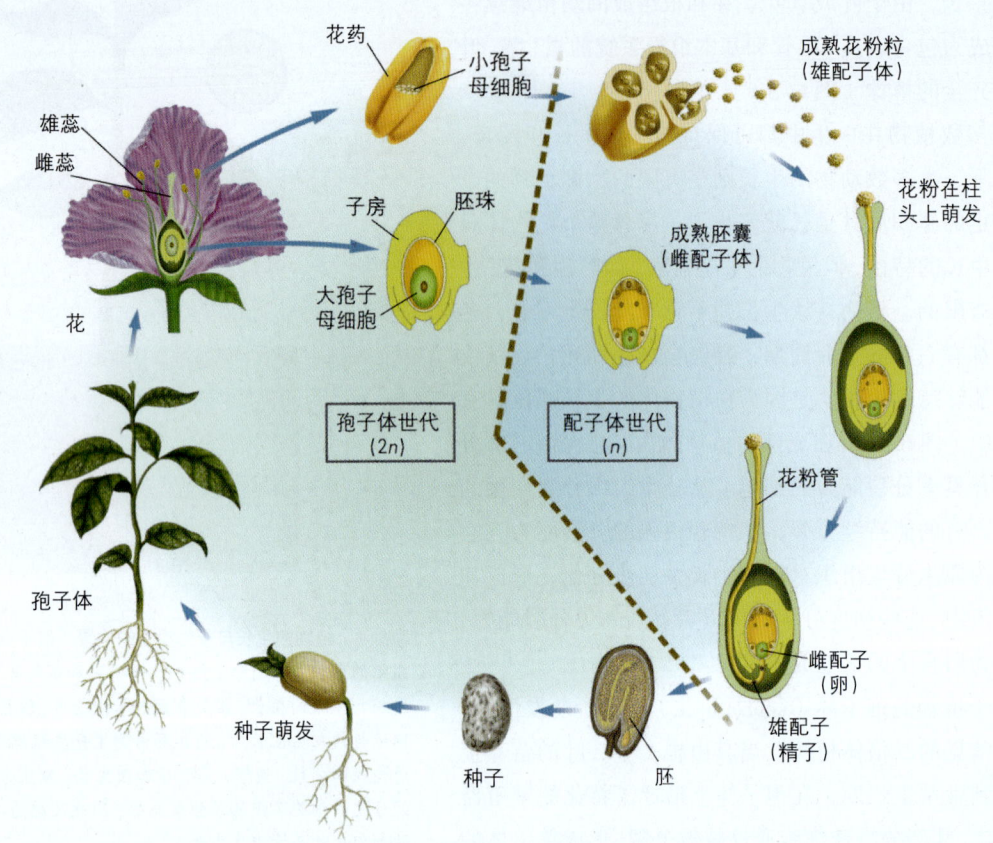

图6-7 被子植物的繁殖过程和生活史 被子植物的发育从受精卵（合子）开始，分裂发育成保存在种子中的胚。种子萌发后，二倍体的孢子体幼苗由营养生长变为成熟的植株，进入到生殖生长期。花是被子植物最重要的生殖器官，当花中的雄蕊和雌蕊发育成熟，花药内部的花粉囊中一个二倍体的小孢子母细胞（花粉母细胞）经过减数分裂形成4个单倍体的小孢子。每个小孢子成熟后又经过一次有丝分裂形成两个花粉细胞，其中一个大的花粉细胞以后发育成花粉管，另一个小的花粉细胞成为生殖细胞，生殖细胞再分裂一次，形成两个精子。同时，雌蕊子房的胚囊中一个二倍体的大孢子母细胞经过减数分裂，产生4个单倍体的大孢子。其中3个退化，仅有一个继续发育成胚囊。再有丝分裂3次形成了具8个核的胚囊。位于胚囊中部的两个核（称为极核）形成一个中央细胞；位于珠孔端的3个核也形成3个细胞，其中一个为卵细胞，另两个为助细胞。相对于珠孔的另一端（合点端）的3个细胞形成3个反足细胞。传粉和受精时，花粉在柱头上吸水膨胀，并在花粉粒的萌发孔处生成细长的花粉管，其向下生长，进入柱头并由珠孔到达胚囊。此时，花粉管中的一个精子与卵结合形成受精卵即成为二倍体的合子，合子将来发育成为产生新个体的胚；另一个精子与中央细胞极核结合，成为三倍体的受精极核，并进一步发育成为胚乳。双受精是被子植物特有的现象，它保证了新个体从父母亲本中获得双重遗传信息。图中的浅蓝色和浅绿色背景分别显示被子植物生活史的配子体世代和孢子体世代。在被子植物的生活史中，孢子体世代（二倍体世代）与配子体世代（单倍体世代）交替出现，配子体世代不发达，雌雄配子体不能独立生活，都寄生在孢子体上，且特化成花的一部分。

孢子，孢子经过有丝分裂形成了多细胞的雄配子体和雌配子体，它们分别是花中雄蕊（stamen）部分的花粉粒（pollen）和雌蕊（pistil）部分的胚囊。当花的雄蕊和雌蕊发育成熟，花粉便从花粉囊中散出，并被传送到花的柱头上。花粉粒和胚囊经过有丝分裂，分别产生单倍体的配子，即精子和卵。以后，精子与卵结合形成受精卵，成为二倍体的合子，植物的生活史又开始新一轮的循环（图6-7）。

第二节 发育的细胞与分子生物学机制

尽管不同的生物其发育的具体途径和特征各不相同，针对发育的细胞与分子生物学研究的一系列最新成果显示，许多生物的发育都享有共同的细胞与分子机制。

一、细胞命运决定、诱导和发育模式

多细胞生物的发育是从受精卵发育成具有各种组织和器官的完整有机体的过程，因此，受精卵是具有发育潜能的全能细胞（totipotent cell），这也意味着它的基因组的全部基因都具有表达的潜力。大多数动物细胞在囊胚形成前一般只有细胞分裂而没有分化，即在早期胚胎中，卵裂球细胞的命运没有特化，细胞都是全能的。例如从哺乳动物的 8 细胞桑椹胚中分离出的任何一个细胞都可以发育成为完整的生物个体。但从原肠胚细胞重排成三胚层后，由于细胞的分化，即原肠胚的细胞之间产生了稳定性差异，三胚层的细胞在发育潜能上出现一定的局限性，各胚层细胞只倾向发育为本胚层的组织器官。在细胞分化以前，细胞接受了某种信号，决定了其以后的发育命运，即在形态、结构和功能等分化特征尚未显现之前便已经确定了其不同分化前途，这种细胞的发育命运被稳定地确定的过程称为**细胞命运决定**（cell fate determination），简称**细胞决定**。细胞决定是随着胚胎的发育，细胞发育的潜能逐渐受到限制的过程。此时细胞虽然没有体现出可分辨的分化特征，但经过细胞决定，已经具备了向某一特定方向分化的能力。我们可以通过蛙胚细胞的移植实验来证实细胞决定的发生（图6-8）。在蛙原肠胚早期，将预计会发育成表皮的细胞移植到另一宿主原肠胚预计发育为脑组织的区域，结果被移植的细胞在宿主原肠胚中发育成脑组织，说明被移植前，这些细胞的发育命运尚没有被确定，移植后，它们的发育受周围环境的控制，在预定为脑组织的发生区域随周围细胞一起发育成脑组织。但在蛙原肠胚晚期再进行同样的移植实验，结果被移植的细胞在早期原肠胚受体中仍然发育成表皮，表明在细胞移植前细胞决定就发生了，而且这些被移植的细胞在另一宿主胚胎的其他区域仍不会失去它们的"原定决定"。

那么，细胞决定是如何发生、又是由什么因素控制的呢？在细胞分化前用细胞决定阶段的胚胎材料进行移植实验和分离实验有助于认识发育过程中细胞决定的机制。研究显示，某些物种受精卵细胞质的不均一性对于早期胚胎的细胞决定具有根本的作用。受精卵每次卵裂，经过 DNA 复制以后，其细胞核物质包括基因组都均匀地分配到子细胞中，因此子细胞的细胞核是等能的。从已经分化的体细胞中分离出的细胞核仍能培育出新的生命个体（如多莉羊，见本章第四节），证明了细胞核的全能性。但是，卵裂时受精卵细胞质物质的分布可以是不均匀的，即各种物质在细胞质中有一定的区域分布差异，因此细胞质分裂（cytoplasmic segregation）时分配到子细胞中的细胞质可以是不均一的。这种不均一性在一定程度上决定了细胞的早期分化。细胞质中决定细胞命运的特殊信号物质称为**决定子**（determinant）。在某些动物受精卵的动物极和植物极分布着不同的决定子，正是由于这种极化（即区域化）的差别，造成了卵裂后动物极细胞与植物极细胞发育的不同命运（见图6-3）。一个典型

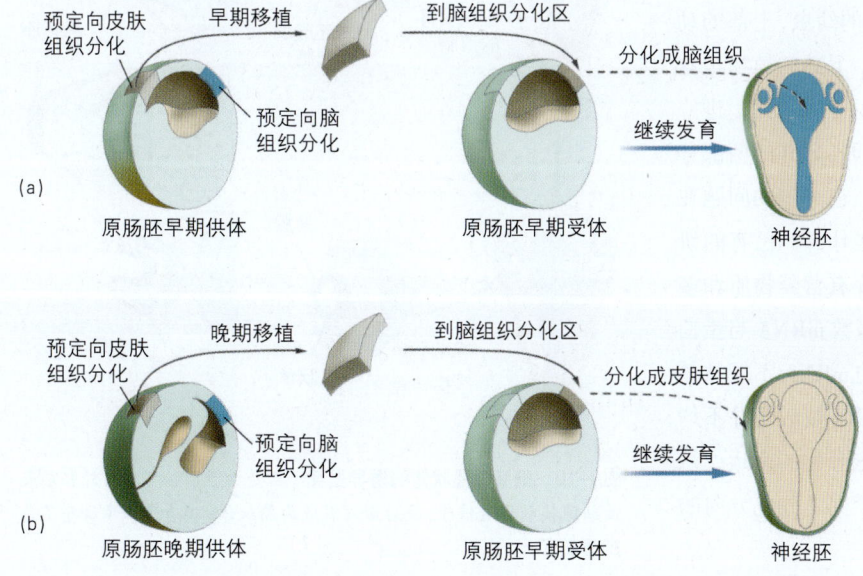

图6-8 证明细胞决定发生的蛙胚细胞移植实验 （a）把原肠胚早期预计将发育成表皮的区域细胞移植到另一蛙胚的脑组织预定发生区，被移植的细胞与相邻细胞一起共同发育成脑组织。（b）把原肠胚晚期预计将发育成表皮的区域细胞移植到另一蛙胚的脑组织预定发生区，被移植的细胞不受该区域和相邻细胞的控制，仍按原先确定的途径发育成为表皮。

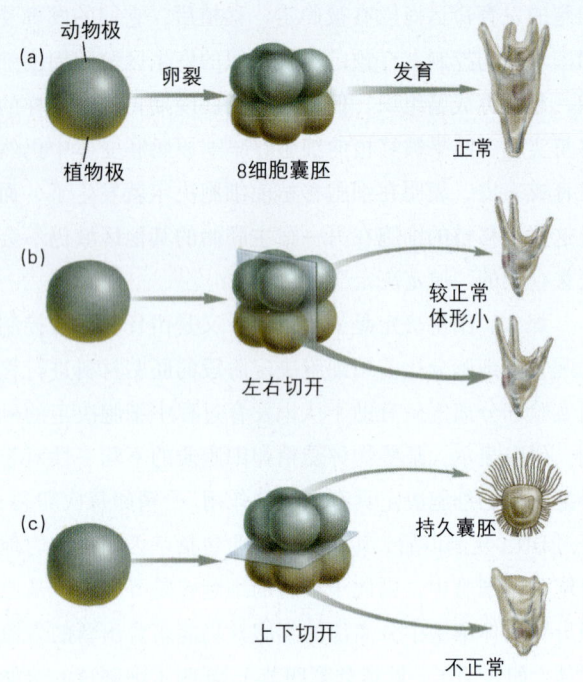

图6-9 揭示细胞质作用的海胆胚胎发育实验 (a) 8细胞囊胚正常发育成完整的幼虫（对照组）。(b) 8细胞囊胚左右分开，分别发育成相同的较小完整幼虫（实验组1）。(c) 8细胞囊胚上下分开，上部发育成多纤毛持久囊胚，下部发育成不完整的幼虫（实验组2）。

的例子是对海胆胚胎的发育实验（图6-9）：用玻璃针把卵裂发育到8细胞的海胆囊胚沿动、植物极轴左右对半分开，结果左右各4个细胞的两部分都发育成为了完整的幼虫，它们只是比正常的幼虫小一些。在另外一组实验中，用玻璃针把卵裂发育到8细胞的海胆囊胚沿赤道面上下对半分开，结果上下各4个细胞的两部分发育的命运是不一样的，它们都不能发育成为完整的幼虫，上部的动物半球形成了球状的多纤毛持久囊胚，下部的植物半球形成了具有食管、外胚层和某些骨骼的不完整幼虫。进一步实验发现，按不同方向切割未受精的卵，分开的两部分分别受精后也得到了类似的发育结果。进一步的问题在于，细胞质中决定细胞命运的决定子是什么？已有的研究显示，卵母细胞的细胞质中除了贮存有营养物质和多种蛋白外，还含有多种mRNA，其中多数mRNA与蛋白质结合，处于非活性状态，这些隐蔽的mRNA不能被核糖体所识别。受精以后一些隐蔽的mRNA被激活并不均一地分配到子细胞中，决定了未来细胞分化的命运，从而使胚胎发育过程中不同部位的细胞产生了分化方向的差异。

一些动物卵裂球的发育命运是由细胞质中贮存的卵源性决定子决定的，在这种细胞命运的决定方式中，如果将一个早期胚胎的某一部分去掉而丧失了一部分决定子，正如图6-9c所示，就不会继续发育成完整的胚胎。这种卵裂球不同部分嵌合才能完整发育的方式又称为**镶嵌型发育**（mosaic development）。但是研究显示，在哺乳动物中，所有的囊胚细胞都接收到了同等的决定子，这些动物囊胚的发育命运则受到相邻细胞相互作用的控制。在这种**调整型发育**（regulative development）的细胞命运决定方式中，相邻细胞相互作用的重要性可以被以下实验所证实。如果将一个爪蟾早期囊胚的动物极、植物极部分分开后分别培育，则动物极囊胚细胞只能发育分化成具有外胚层特征的细胞，植物极囊胚细胞只能发育分化成具有内胚层特征的细胞，而没有任何囊胚细胞可以发育分化成具有中胚层特征的细胞。有趣的是，如果将动物极、植物极部分分开后放在一起共同培育，其中一部分动物极细胞就会发育分化成具有中胚层特征的细胞。正是相邻两类细胞的相互作用启动了某些细胞发育途径的开关。这种相邻细胞相互作用决定分化方向的过程称为**诱导**（induction）。脊椎动物眼的晶状体的形成也是典型的诱导发育（图6-10）。在蛙胚中，正在发育的前脑在两侧发生突起形成视泡（optic vesicle，又称为眼泡），它们逐渐膨胀最终与头部表面细胞相互接触，

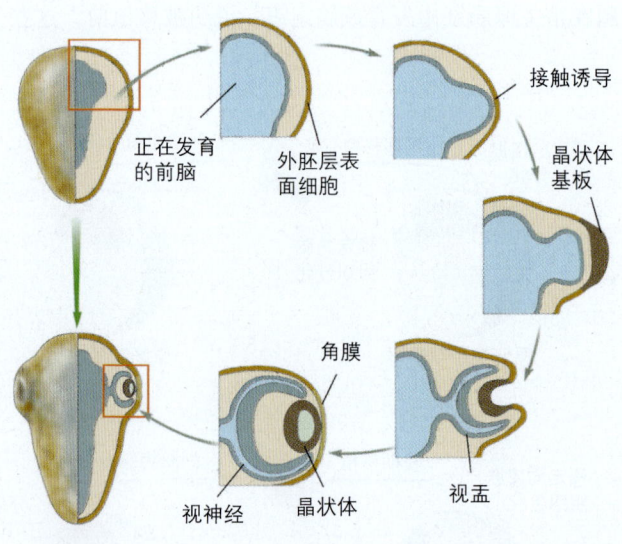

图6-10 蛙胚眼晶状体的诱导发育 正是由于前脑突起与外胚层表面细胞接触传送信号，使后者发育成为晶状体，接着进一步诱导了角膜的发育。

被接触的这部分表面细胞变厚，形成了晶状体基板(lens placode)，其向内弯曲、折叠闭合，并从表面脱离，产生了晶状体的前体结构，最终导致晶状体的发育完成。实验显示，在视泡突起与表面细胞接触前将其切除，或者在突起的视泡与表面细胞之间放入一层无透性的隔离膜，都会阻止晶状体基板和晶状体的发育，说明表面细胞发育成晶状体基板前收到了来自视泡的称为胚胎**诱导子**(inducer)的信号。接着，分化发育的晶状体又可以诱导其外层角膜的发育。诱导必须通过细胞的相互作用来实现。诱导可以分级进行，初级诱导可以进一步启动下一级(次级)诱导的发生。

在整个有机体发育的过程中，细胞在时间和空间上有秩序的分化，从而导致有机体的器官组织等结构有序的空间排列，形成有机体特定形态的统一性，称为生物的**模式形成**(pattern formation)。胚胎发育中的位置效应(position effect)、细胞凋亡和某些特殊基因的表达调控等是控制模式形成的重要原因。

一些研究显示，诱导相邻细胞发育的信号分子是可扩散的蛋白质，它们又称为**成形素**(morphogen)，分泌成形素的一组特殊细胞称为**组织者**(organizer)。由于成形素的可扩散性和渗透性质，因此胚胎中越靠近组织者的区域，成形素的浓度越高，越远离组织者的区域，成形素的浓度越低。研究发现，成形素浓度的高低即待发育的胚胎区域离组织者的位置远近是决定该区细胞发育命运的重要因素。例如，非洲爪蟾早期囊胚的高成形素动物极区域以后发育成为脊索，中等浓度区域以后发育成肌肉，低浓度区以后发育成表皮(图6-11)。胚胎发育过程中，细胞所处的位置不同对细胞分化的命运有明显的影响，细胞位置的改变可导致细胞分化方向的改变，这种现象称为**位置效应**。一些成体动物肢体切除后可以再生，再生时创口先形成一肢芽，然后重现了切除部分的胚胎学发生过程，产生了一个新的肢体。这种肢体再生与该生物模式形成完全吻合：前肢在躯体的前部形成，后肢在躯体的后部形成。这说明了位置效应在模式形成中的重要控制作用。

有机体的发育不完全限于细胞分裂增殖后的分化，**细胞凋亡**即发育过程中细胞程序性死亡是另一类控制和影响发育的特殊细胞分化现象。细胞凋亡是特定的细胞在基因的控制下自动结束生命的过程，它与由于外部环境的物理、化学或病理等破坏性因素造成细胞的损伤和死亡截然不同。细胞凋亡过程中，细胞质收缩，染色质

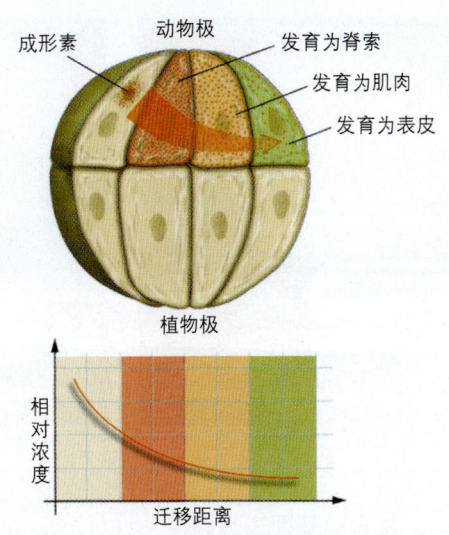

图6-11 非洲爪蟾早期囊胚不同部位的位置效应即成形素浓度决定了该部位细胞的发育命运示意图　需要说明的是，非洲爪蟾等动物的早期胚囊中可以有2个甚至2个以上的组织者即成形素产生中心，成形素也可能有多种。

凝集，细胞膜反折，将自我断裂的染色质片段和部分细胞器包裹成许多凋亡小体，这些凋亡小体又被邻近的细胞吞噬。整个细胞凋亡过程不发生炎症反应。细胞内DNA发生核小体间的断裂是细胞凋亡最主要的生化特征。提取凋亡细胞的DNA进行常规的琼脂糖凝胶电泳，可检测到呈梯状排列的DNA片段条带。细胞凋亡在有机体发育进程中经常发生。例如，成人体内的骨髓中时刻有大量的细胞不断凋亡，约50%的细胞在脊椎动物神经系统的发育过程中凋亡了。小鼠囊胚早期原先实心的内细胞团发育成中空的囊状结构是通过内部细胞凋亡来实现的。特殊基因指令控制的细胞凋亡使线虫从受精卵到成熟个体形态的发育得以完成(见本章第三节)。人胚胎发育时手和足的形成更体现了细胞凋亡对模式形成的作用。在胚胎期，最初人的手和足呈铲形，各手指和足趾蹼连在一起。在胚胎发育的第41到56天，各手指和足趾间的细胞发生凋亡，各手指和足趾相互分开，形成了手和足的特征形态(图6-12)。这一过程体现了细胞凋亡对手和足空间排列结构模式形成的作用。深入的研究发现，手指和足趾间的细胞凋亡是由一类称为Caspase的蛋白酶启动的。

许多生物发育的模式形成都是由特殊基因的差异表达控制的，关于基因表达调控对模式形成的作用将在下一段和第三节进一步介绍。

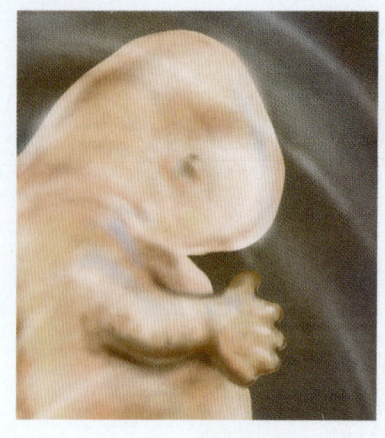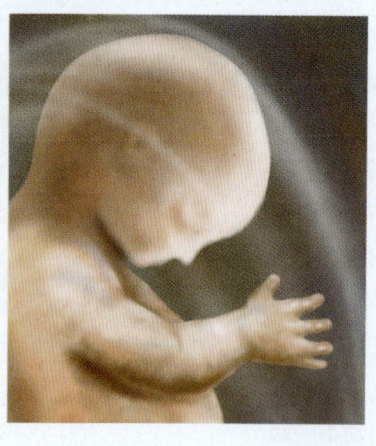

图 6-12 在人胚胎手指的形态发生中，细胞凋亡导致原先连在一起的各手指相互分开

二、发育的基因表达调控

发育的基础在于细胞分化，细胞分化的本质是细胞中特异蛋白质的合成，也就是基因组中少数特定基因的选择性表达。不同细胞中的特定基因表达受到各种机制的调控（见本书第五章第四节内容），包括转录调控、RNA 修饰和加工等等。因此，有机体发育的机制最终要在分子生物学水平上来阐明。

myoD 是科学家最早发现的一个控制肌细胞发育的主导基因（master control gene）。该基因的表达产物 MyoD 蛋白是一个控制基因表达的转录因子，在胚性前体细胞中，该蛋白一旦被合成，虽然细胞的外观并没有发生任何改变，此时细胞决定就已经发生了，即胚性前体细胞变成了成肌细胞（myoblast）。在分子生物学水平上分析，MyoD 蛋白不仅可以控制其他肌肉发生相关基因的转录，还能反馈促进其本身的表达（这种调节又称为正反馈）。MyoD 蛋白具有螺旋-转角-螺旋结构域基序，它结合到受控基因的调控区后，首先启动了其他生肌转录因子基因的转录，这些次生的转录因子接着再调控和启动一些肌肉蛋白基因的转录，导致肌球蛋白和肌动蛋白等的合成。成肌细胞中的这些肌肉蛋白合成后，成肌细胞便聚合为成熟的多核肌细胞，又称为肌纤维（图 6-13）。上述

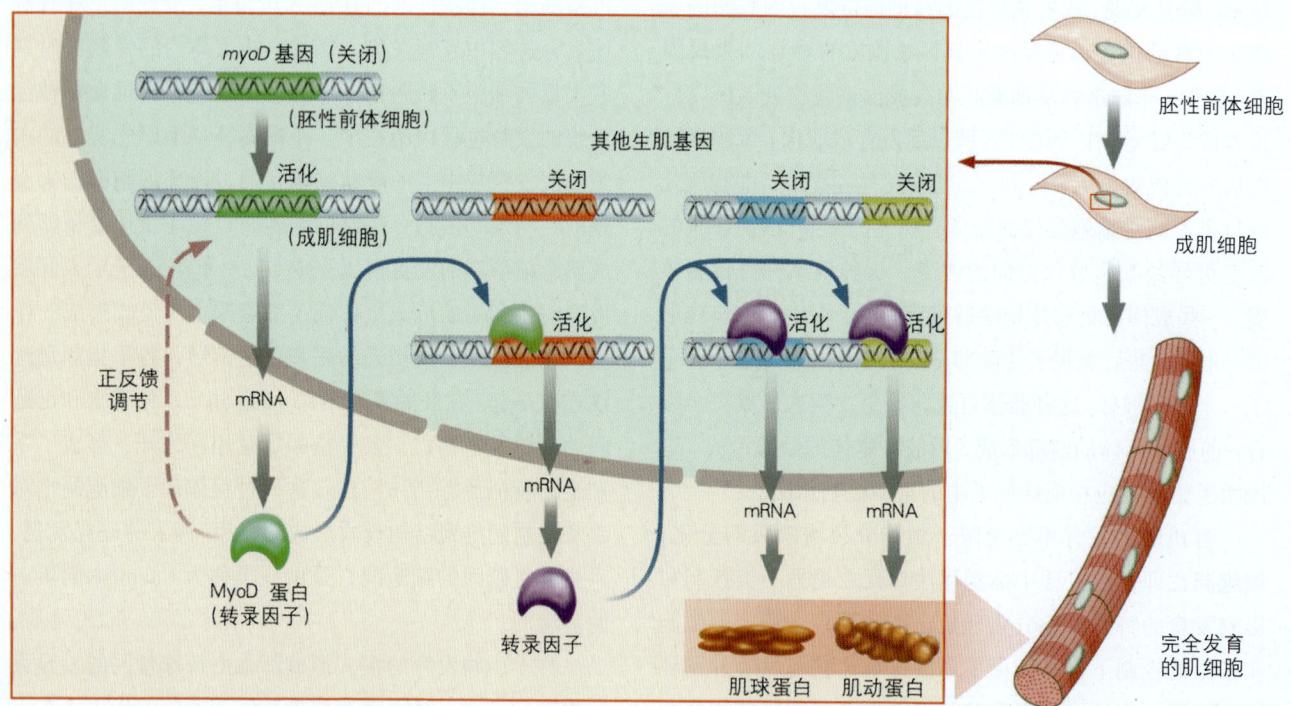

图 6-13 主导基因 myoD 对肌细胞分化的调控

基因表达调控及肌细胞发育的过程一开始就是由 *myoD* 基因设定和决定的,因此 *myoD* 是一种肌细胞发育的**主导基因**。更令人惊奇的是,MyoD 蛋白还能改变一些已经分化的非肌细胞的发育。例如,将 MyoD 蛋白引入到成脂肪细胞或成肝细胞中,结果这些细胞转变成了肌细胞。将 *myoD* 基因引入体外培养的成纤维细胞,这些成纤维细胞没有分化成肌细胞,但是将 MyoD 蛋白引入到体外培养的成纤维细胞中后,肌细胞的分化便开始了。科学家认为,MyoD 蛋白启动了一组基因调节蛋白的转录,正是这一组基因调节蛋白共同协作,决定了肌肉发生基因的活化。依靠某主导基因的调控表达,通过产生特定调节蛋白引发其他调节蛋白(转录因子)组合的级联反应和组合调控,从而不断地启动细胞分化,是有机体发育过程中基因调控的基本规律之一。

果蝇发育的基因表达调控研究为从分子水平上深入揭示有机体发育的机制提供了许多典型的证据。我们来看一看果蝇发育过程中母源极性基因 *bicoid* 和级联的体节基因特异表达对果蝇体轴建立和身体分节(segmentation)的影响。

果蝇的胚胎发育过程包括:卵细胞受精后经过多核阶段和卵裂形成囊胚,经过建立体轴和身体分节产生体节分明的胚胎,再经过幼虫和蛹的阶段,发育成为成体果蝇。在果蝇母体的卵泡中,与卵细胞相邻的营养细胞内 *bicoid* 基因(又归为卵极基因 egg-polarity genes)先转录产生 *bicoid* mRNA,*bicoid* mRNA 作为决定子进入卵细胞并分布于卵的前区,卵受精后,刺激其翻译产生 Bicoid 蛋白,该蛋白作为一种成形素,在受精卵前区建立了浓度梯度,即前极 Bicoid 蛋白浓度最高,沿卵的纵轴向中区浓度逐渐减低。实验证明,正是由于 *bicoid* mRNA 及其蛋白产物在受精卵前区的定位和另一些其他成形素(如 oskar 蛋白、hunchback 蛋白等)在后区聚集等,这些基因产物扩散产生的浓度梯度控制着沿受精卵纵轴不同部位各卵裂球内核基因的选择性差异表达,从而建立起果蝇胚胎的前后轴,即确定了果蝇胚胎的头部和尾部(图6-14)。*bicoid* 基因突变引起 Bicoid 蛋白缺陷显示,发育成的幼虫无头和胸,顶节(原头区)被一个反向的尾节所代替。如果将纯化的正常 *bicoid* mRNA 注射到处于卵裂的胚胎的尾部,结果可以获得两端各有一个顶节(头部)的双头胚胎。

Bicoid 蛋白是一个转录因子,调控着果蝇胚胎体节基因的差异性表达。在果蝇体轴建立以后,Bicoid 蛋白利用其螺旋-转角-螺旋结构域基元结合到一组包括间隙

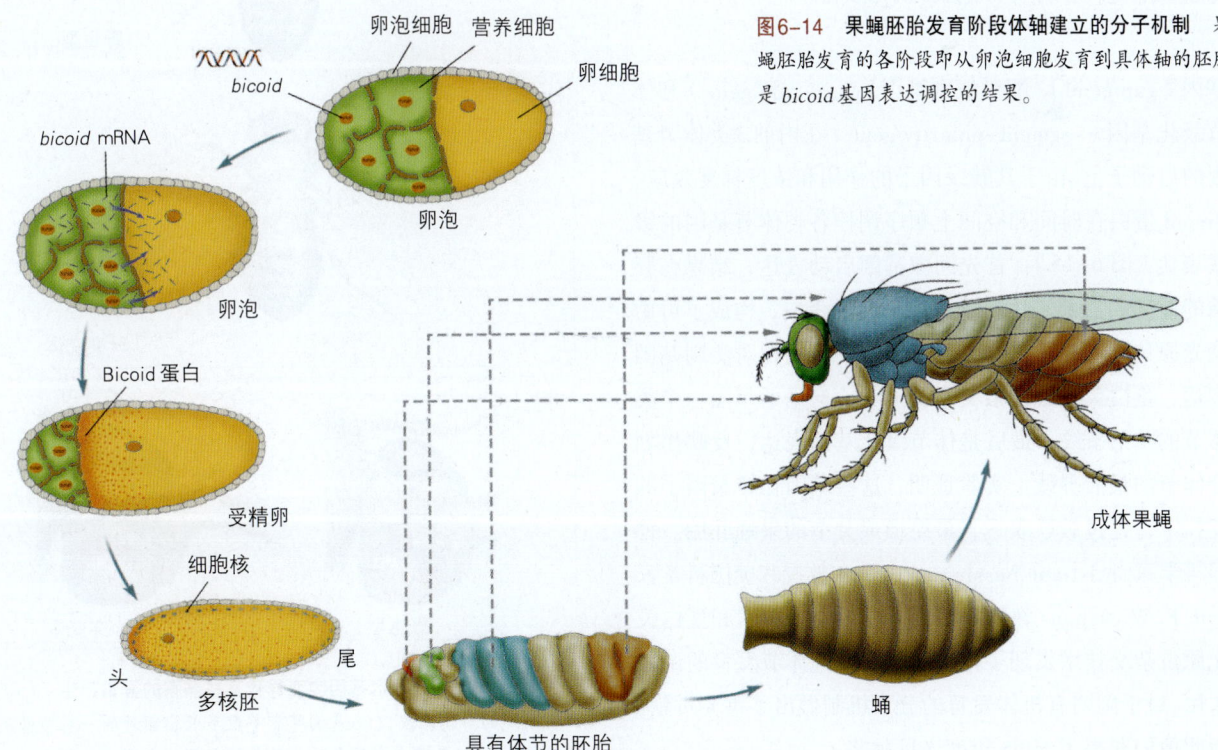

图6-14 果蝇胚胎发育阶段体轴建立的分子机制 果蝇胚胎发育的各阶段即从卵泡细胞发育到具体轴的胚胎是 *bicoid* 基因表达调控的结果。

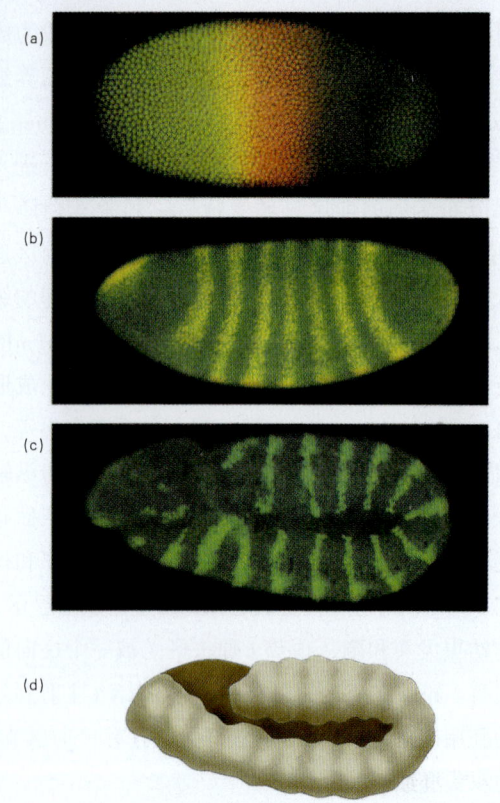

科学家发现，在体轴和体节的模式基本形成以后，最后控制成体果蝇前后各体节形态模式的主导基因是一系列**同源异形基因**（homeotic gene）。它们编码具有转录因子功能的蛋白，其中每一个同源异形基因的产物都活化和启动分节果蝇14个不同囊胚腔特定部位形态模式的遗传基因表达程序，即同源异形基因最终决定各体节将发育成哪一种形态，如该体节发育成无翅的前胸还是有翅的中胸，或者成为有平衡器的后胸。任何一个同源异形基因的显性突变都可导致某器官产生在不该出现的部位。例如，在双胸复合体（bithorax）基因群中，Ubx基因的突变导致果蝇多一个胸节和其上多长出额外的一对翅膀。而在触角足复合体（antennapedia）基因群中，Antp基因的突变使果蝇头部呈现胸节的特征，在本该长触角的部位却长出了一对附肢（图6-16）。

果蝇的同源异形基因都定位在第3号染色体上，控制体轴前部形态的触角足复合体基因群含有5种基因，控制体轴后部的双胸复合体基因群含有3种基因。这些

图6-15　果蝇体节基因级联表达导致胚胎分节　果蝇胚胎体节基因顺序级联表达产生各蛋白条带，荧光原位杂交显示胚胎分节的现象。(a)间隙基因首先表达。(b)接着配对法则基因表达。(c)最后体节级化基因表达。(d)分节形成后胚胎的模式图。

基因（gap gene）、配对法则基因（pair-rule gene）和体节级化基因（segment-polarity gene）在内的3类体节基因的启动子上。由于其转录因子的作用和浓度梯度效应，Bicoid蛋白在时间和空间上顺序调控各类体节基因的级联表达（图6-15）：首先间隙基因启动表达，结果在胚胎的前部和后部表达产生两类不同的蛋白，构成了可由荧光原位杂交显示的最初两节差异；接着配对法则基因表达，蛋白荧光原位杂交实验显示，产生了每隔一个类体节的7条条纹；最后是体节级化基因表达，反映出划分体节的最后界线。实验证明，这些基因在转录因子的调控下，经过级联表达，最终形成分节的果蝇胚胎。德国科学家Christiane Nüsslein-Volhard教授和美国科学家Eric F. Wieschaus教授等利用分子生物学技术和蛋白荧光原位杂交技术发现了体节基因对果蝇体节发育的调控作用，对于阐明有机体发育的分子机制做出了重要贡献，为此他们获得了1995年度诺贝尔奖。

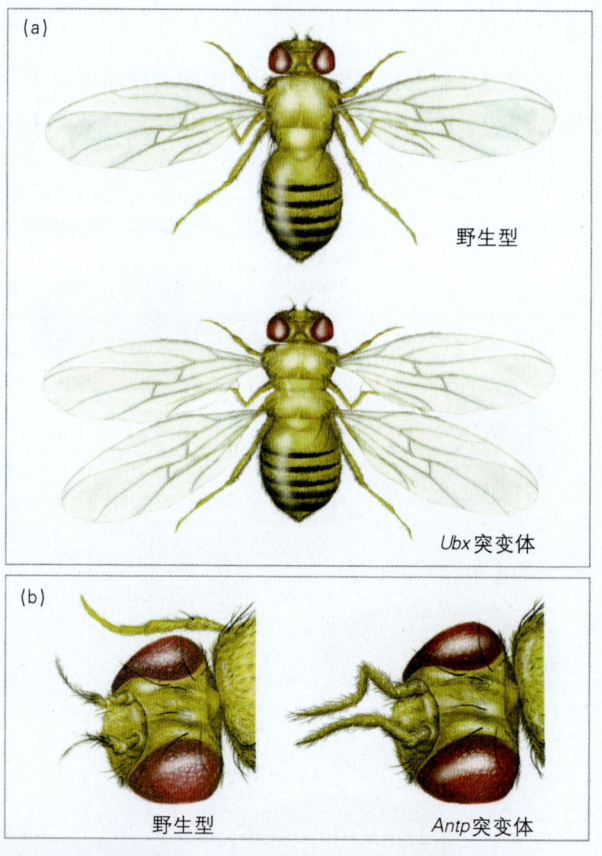

图6-16　果蝇同源异形基因突变导致某些器官的异常产生　(a)与正常果蝇的形态比较，Ubx基因突变导致多长出额外的一对翅膀及胸节。(b)Antp基因突变使本该长触角的部位长出了一对附肢。

基因在染色体上的定位与它们沿体轴前后的表达顺序相对应。许多同源异形基因一般都含有一个非常保守的 DNA 片段，即一段不易变化的且在其他生物类群中也常出现的 DNA 序列，这个共同的 DNA 片段称为**同源盒**（homeobox，又称同源异形盒）。同源盒具有 180bp，编码一个可以与 DNA 结合的由 60 个氨基酸组成的多肽结构域。除了果蝇外，许多其他无脊椎动物和脊椎动物也都具有这样的同源盒序列。比较各种动物的同源盒编码的蛋白质氨基酸序列可以发现，它们有 60%~98% 相同性（参见图 6-33，并比较果蝇和小鼠同源异形基因的相同性）。哺乳类动物中的人和老鼠与昆虫在进化时间上相差约 6 亿年，它们在控制身体各部位发育的同源异形基因的同源盒序列上的保守性反映了它们在进化的历史上都来源于一个共同的遥远祖先。这种保守性在长期的进化中仍然被保留下来，足以说明了其生物学的重要意义。

与动物一样，在植物有机体中也存在类似的同源异形基因，称为**器官特征基因**（organ-identity gene）或 ABC 基因，这些基因控制着来源于分生组织的各种植物器官的发生，即决定花原基分生组织细胞的发育命运。利用各种突变体和花原基分生组织原位杂交技术对芥科植物拟南芥（*Arabidopsis*）的遗传发育研究证明，决定其花结构发育的基因可划分为 A、B、C 三类。A 类基因控制着花萼的发育、A 类与 B 类基因共同控制花瓣的发育，B 类与 C 类基因共同控制雄蕊的发育，C 类基因控制雌蕊的发育（图 6-17）。实验显示，这三类基因中任何一类基因的突变都将导致花器官发育的异常。例如，缺失 A 类基因的突变使得原着生花萼的花轮部位分生组织发育成了雌蕊，原着生花瓣的花轮部位分生组织发育成了雄蕊。植物器官特征基因也是一些编码转录因子的主导基因，它们通过转录因子表达后与 DNA 的启动子或增强子结合来调控花器官的发育。

细胞凋亡的基因控制研究显示，线虫细胞凋亡受 *ced* 基因家族的控制。线虫染色体中共有 15 个基因分别在不同程度上调控细胞凋亡。其中 *ced-3*、*ced-4* 和 *ced-9* 三个基因的作用最重要。*ced-3*、*ced-4* 的激活是线虫细胞凋亡启动和继续所必需的。如果 *ced-4* 基因发生突变，则

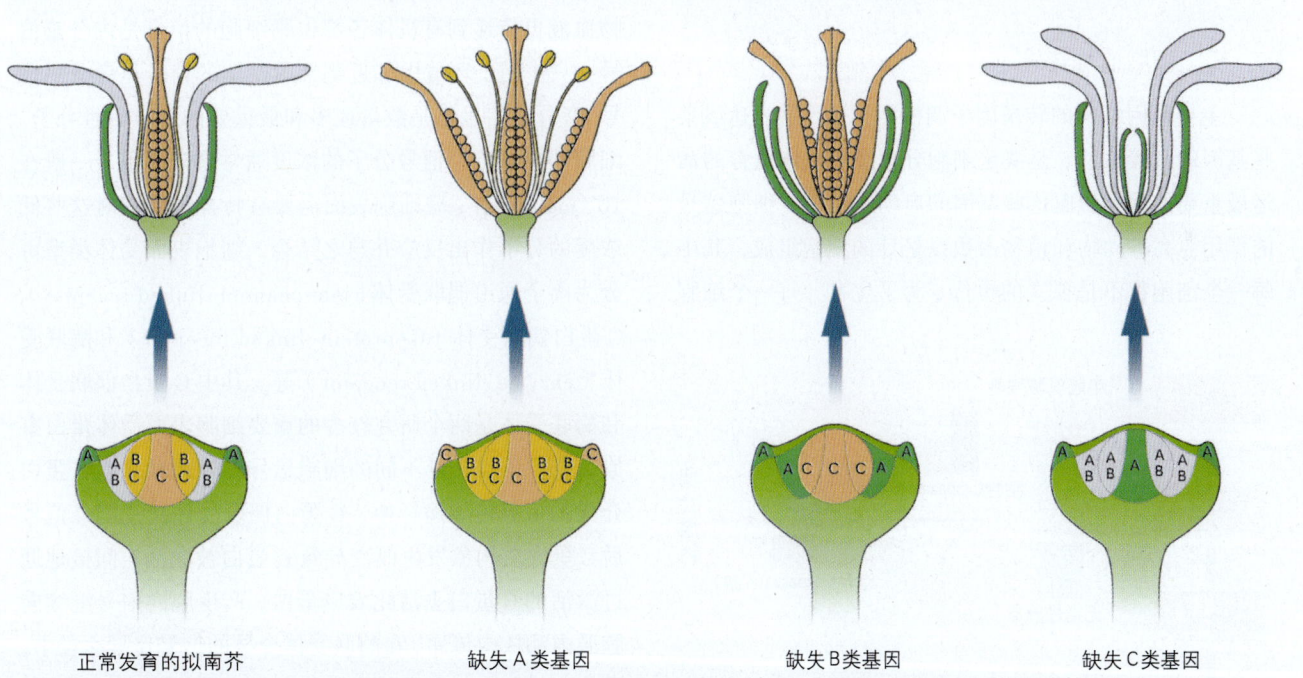

图 6-17 拟南芥器官特征基因对花萼、花瓣、雄蕊、雌蕊 4 种花器官发育的控制 ABC 三类器官特征基因定位并作用于花轮相应部位的花原基分生组织细胞，决定该部位的发育命运，A 类基因控制着花萼的发育、A 类与 B 类基因共同控制花瓣的发育，B 类与 C 类基因共同控制雄蕊的发育，C 类基因控制雌蕊的发育，形成了野生型植株花萼、花瓣、雄蕊、雌蕊 4 种花器官在花轮上由外向内正常分布的整齐花。花器官特征基因突变导致花萼、花瓣、雄蕊、雌蕊的缺失和异位：缺失了 A 类基因使原着生花萼的部位发育成了雌蕊，原着生花瓣的部位发育成了雄蕊；缺失了 B 类基因，原着生花瓣的部位长出花萼，原着生雄蕊的部位长出了雌蕊；缺失了 C 类基因，原着生雄蕊的部位长出了花瓣，原着生雌蕊的地方发育成了花萼。

导致正常细胞凋亡出错，使线虫发育过程中本应该死亡的细胞也存活下来。与ced-4基因作用相反，ced-9基因可抑制细胞凋亡的发生，而ced-9基因突变失活会导致正常情况下应存活的细胞发生凋亡，结果造成了线虫的死亡。另一种bcl-2编码的人类蛋白与ced-9基因编码的蛋白相同，也可以对凋亡起相反的阻挠作用。虽然人类与线虫在进化时间上相差6亿年，但它们都具有相同的控制细胞凋亡的基因。Caspase是天冬氨酸特异性的半胱氨酸水解酶的缩写，是ced-3产物在哺乳动物中的类似物，具有高度保守性。目前发现的Caspase家族成员一共有14种，按照被发现的先后顺序被命名为Caspase-1，Caspase-2，直至Caspase-14。在正常情况下，它们以无活性的酶原形式存在，当有细胞凋亡信号刺激时，它的半胱氨酸残基被特异性剪切，导致Caspase被激活，释放蛋白质的N-结构域。在细胞凋亡过程中，上游的Caspase能够按次序地激活下游的Caspase，形成级联反应，最终将凋亡信号逐级传至凋亡底物（图6-18）。作为细胞凋亡的执行者，Caspase最终可以通过水解维持细胞基本结构和功能的蛋白质而瓦解细胞结构。

三、细胞信号转导

主导基因编码的转录因子调控相关基因的表达或某些基因的直接表达，是决定细胞分化及有机体发育的命运最重要的因素，而这些基因的启动通常需要细胞信号的作用。高等动物和植物由数以亿计的细胞组成，其中每一个细胞都不是孤立的单位。为了生存，每一个细胞都必须与环境及相邻细胞保持通讯联系和相互作用。各种特化的细胞既有明确的分工又要保持相互间的联系和协作。经过长期的进化，多细胞生物体有一套设计精巧的信号转导系统来整体协调众多细胞的生长和分化，控制代谢反应的发生和有机体的发育过程。化学信号分子与细胞表面或细胞内的受体相结合使之激活，激活的受体将外界信号转换为细胞能感知的信号并作出相应的反应，这一过程称为**信号转导**。了解细胞信号转导过程有助于认识代谢反应发生的原因，了解细胞的生长、分裂、分化、死亡调控规律和探讨多细胞有机体的发育、繁殖、衰老的分子机理。生物体的发育在时间和空间上是一个高度有序并整体协调的变化过程，在这里初步了解细胞的信号系统和信号分子的传递等基本内容是十分必要的。

多细胞生物体中承担细胞间信息传递的信号分子（又称配体）多种多样，包括蛋白质、小肽、核苷酸、类固醇、某些离子和可溶性气体分子等等。由细胞合成的这些分子包括内分泌（endocrine）信号、自分泌（autocrine）信号和旁分泌（paracrine）信号三类。由细胞合成并结合到细胞自身受体的信号属**自分泌信号**；进入动物血液再传递到有机体各部位靶细胞的信号是**内分泌信号**；只作用于环境中邻近靶细胞受体的信号是**旁分泌信号**。旁分泌信号也是数量最多和最重要的一类信号分子。细胞间或细胞外信号分子的浓度通常都非常低，一般在10^{-8} mol/L以下。靶细胞表面需要有特异的受体对这些低浓度的分子作出反应并与之结合。细胞表面受体类型可分为离子通道偶联受体（ion-channel-linked receptor）、G蛋白偶联受体（G-protein-linked receptor）和酶联受体（enzyme-linked receptor）等。其中G蛋白偶联受体和酶联受体是两个研究较多的重要细胞表面受体蛋白家族，它们各自介导不同的细胞信号转导途径。在G蛋白介导的信号传导途径中，G蛋白偶联受体接受胞外信号后，蛋白质构象发生改变导致G蛋白被激活，间接地通过激活的G蛋白去活化效应蛋白，产生胞内信号继续向胞质内和核内传递。在酶联受体介导的信号传导途径中，受体一旦与配体信号结合，就获得了酶的催化活性，激活胞内的效应蛋白，将信号继续向胞内和核内传递。这两类细胞表面受体接收到信号后的一个共同特征，就是将信号传入胞内由蛋白质组成的精密的信号网络系统，系统中的蛋白成员逐级地被磷酸化或去磷酸化。一般情况下胞内信号蛋白通过获得磷酸基团被激活，失去磷酸

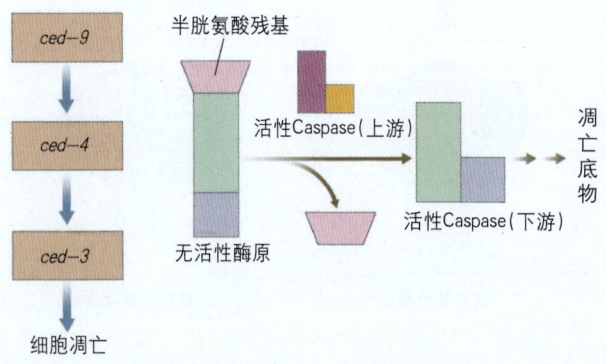

图6-18 Caspase被激活的级联反应 在细胞凋亡过程中，上游有活性的Caspase作用于无活性的酶原（下游无活性的Caspase），特异性地剪切其半胱氨酸残基，使其被激活成有活性的Caspase（下游）。如此依次再激活更下游的Caspase，最终将细胞凋亡信号传递给凋亡底物。

基团而失活,造成下游的信号蛋白磷酸基团的依次转移,形成磷酸化级联反应。如此便使信号蛋白逐级激活(或抑制),最终将信号传递到细胞核内,调控特异的基因,从而改变细胞的行为,如导致细胞的分化,促进有机体的发育等等。胞内信号蛋白的磷酸化通常通过两种途径进行,一种是在蛋白激酶的作用下,共价结合 ATP 提供的磷酸基团(图6-19a);另一种是在信号诱导作用下,与 GTP 结合以取代信号蛋白上原先的 GDP(图6-19b)。以下让我们仅以 G 蛋白偶联受体介导的信号转导途径为代表,了解细胞信号转导的一般规律。

G 蛋白偶联受体是一条 7 次跨膜的多肽链,其胞外部分具有与信号分子结合的结构域,胞内部分有激活 G 蛋白的催化结构域。当激素分子等信号分子与细胞表面 G 蛋白偶联受体结构域结合后,受体蛋白的构象便发生了改变。这种新形式受体的催化结构域部分通常能够与位于膜内侧的 G 蛋白相互作用。G 蛋白是一个 GTP(鸟嘌呤三磷酸)结合蛋白大家族,它是由 α、β 和 γ 三个不同亚基组成的异三聚体蛋白。当 α 亚基与 GDP(鸟嘌呤二磷酸)结合时 G 蛋白没有活性;在胞外激素或其他信号分子结合于 G 蛋白偶联受体后,诱导 α 亚基与 GTP 结合,接着,与 GTP 结合的这个亚基与 G 蛋白的另外两个亚基分离,同时移向膜内面的腺苷酸环化酶并使之活化。活化后的腺苷酸环化酶立即催化细胞质中的 ATP 转变成为环腺苷酸(cAMP),cAMP 再引起细胞内发生一系列的生化反应,从而最终对激素信号作出应答。当腺苷酸环化酶被活化后,与 G 蛋白 α 亚基联结的 GTP 被水解成 GDP,同时该亚基与 G 蛋白的其他两个亚基组合恢复到原状,以后可以再一次被受体蛋白作用和活化(图6-20)。细胞中存在着许多种 G 蛋白,有的对腺苷酸环化酶起活化作用,也有的起阻扼作用,因此可以控制多种代谢过程。美国科学家 Alfred Gilman 和 Martin Rodbell 由于发现 G 蛋白对于细胞内信号传递的重要介导作用以及对 G 蛋白的结构与功能研究的成就而荣获 1994 年度诺贝尔医学或生理学奖。

G 蛋白偶联受体介导的信号转导系统除了具有上述的 cAMP 信号通路外,还有另一条磷脂酰肌醇信号通路(又称 Ca^{2+} 信号通路),即活化的 G 蛋白先激活磷脂酶 C,再借助于中介分子磷脂酰肌醇(IP_3)从内质网释放 Ca^{2+},然后调控激活钙依赖性蛋白和蛋白激酶 C 等靶蛋白。由 G 蛋白偶联受体介导的胞外信号通过 cAMP 信号通路和 Ca^{2+} 信号通路逐级传递,将靶蛋白激活,最终诱导相应基因的表达。因此,包括许多激素等在内的胞外信号是信

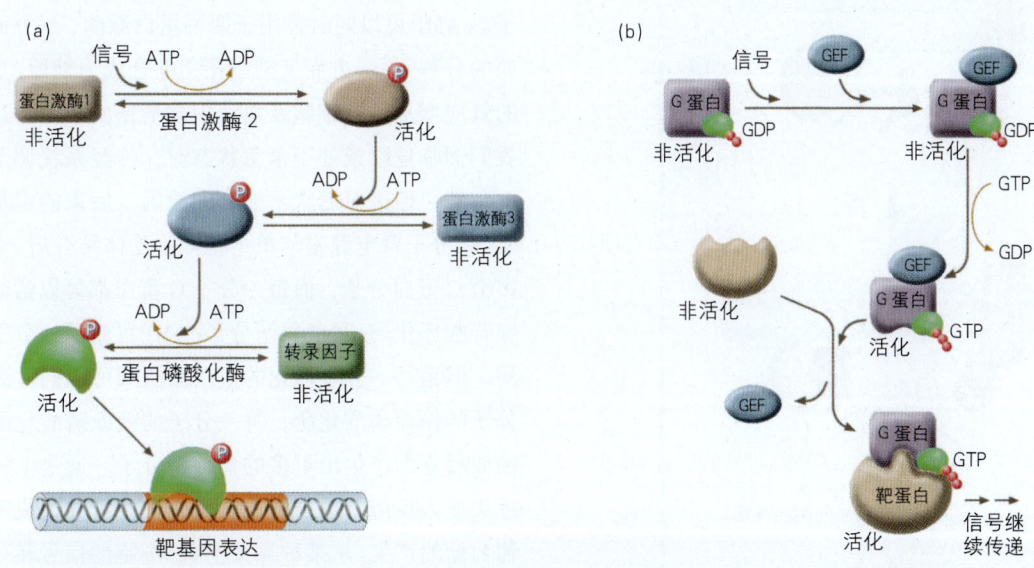

图6-19 一系列磷酸化与去磷酸化作用即磷酸化级联反应导致信号蛋白逐级激活后将信号传递到细胞核内 (a)在酶联受体介导的信号转导途径中,胞外信号传来时,在蛋白激酶和蛋白磷酸化酶作用下,通过将一些酶或蛋白的磷酸化与去磷酸化(即磷酸基团的转移),控制着这些信号蛋白的活性,将胞外信号传入胞内。介导这种磷酸化通路的激酶主要包括丝氨酸/苏氨酸蛋白激酶和酪氨酸蛋白激酶。(b)在 G 蛋白诱导的信号转导途径中,G 蛋白偶联受体接受胞外信号后,在鸟嘌呤核苷酸交换因子(GEF)的作用下,G 蛋白上的 GDP 被 GTP 替换,导致 G 蛋白激活,活化的 G 蛋白再去活化胞内的靶蛋白,将信号传入胞内。

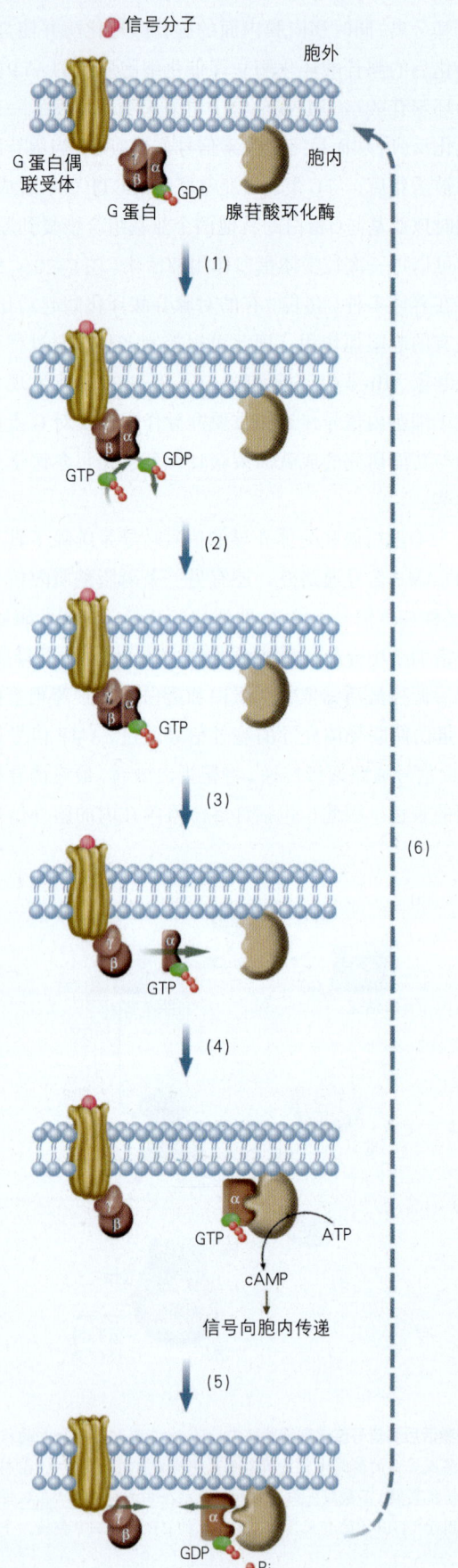

图 6-20 在 G 蛋白偶联受体介导的信号转导系统中 G 蛋白的活化过程和 cAMP 的产生　图中箭头右侧括号中的数字代表 6 步变化：(1) G 蛋白偶联受体接受胞外信号后与 G 蛋白结合。(2) G 蛋白上的 GDP 被 GTP 替换。(3) 与 GTP 连接的 α 亚基脱离 G 蛋白。(4) α 亚基与膜内侧的腺苷酸环化酶结合使之被激活，后者催化 ATP 产生 cAMP，cAMP 将信号传入胞内。(5) α 亚基上的 GTP 被水解脱去一个磷酸变成 GDP，接着与腺苷酸环化酶结合的 α 亚基和与 G 蛋白偶联受体结合的 β 和 γ 都脱离各自结合的蛋白相向移动接近。(6) 三个亚基结合成的异三聚体 G 蛋白又游离在膜内侧，回复到第一步变化前的状态。

号转导系统的**第一信使**（first messenger），cAMP 和 Ca^{2+} 是细胞信号转导系统的**第二信使**（second messenger）。

　　让我们以肝细胞对肾上腺素（epinephrine）信号应答促使糖原分解和调节糖代谢为例，了解激素信号与靶细胞受体结合到最终发生细胞应答反应的细胞信号转导全过程。作为第一信使的激素在血液中的含量虽然极低，但通过细胞的信号传导途径，微弱的化学信号可以被逐级放大。科学家通过对肾上腺素作用于肝细胞和肌细胞的机制的研究发现，个别肾上腺素分子与肝细胞质膜上的受体结合后，立刻大大增加了细胞中 cAMP 的浓度。cAMP 使得一种 cAMP 依赖性蛋白激酶 A（protein kinase A，缩写 PKA）活化，活化的 PKA 又诱导活化了一种磷酸化激酶，后者再激活糖原磷酸化酶。在活化的糖原磷酸化酶的作用下，肝细胞中的糖原被分解，释放出葡萄糖分子。cAMP 可以同时作用于两种蛋白激酶，一方面促进糖原的分解，另一方面又抑制葡萄糖合成为糖原，这两方面的效应增加了肝细胞及血液中葡萄糖的水平。这就是当我们面临危险或处于紧急状态时，神经系统调节分泌肾上腺素，促进血糖水平上升的原因。后来的定量研究证实，一分子肾上腺素与单个靶细胞受体结合后，可以活化多个 G 蛋白分子，而每一分子 G 蛋白都可以激活一分子腺苷酸环化酶；虽然每两分子 cAMP 可激活一分子蛋白激酶，但是每一分子活化的蛋白激酶却可以同时激活许多分子的糖原磷酸化酶，每一分子的糖原磷酸化酶作用于糖原后立即产生出更多的葡萄糖分子。通过上述一系列逐级放大反应，单个肾上腺素分子便可导致成千上万个葡萄糖的产生。从某种意义上看，细胞的信号转导途径也就具有放大器的效应。另一重要方面，作用于靶细胞表面的水溶性激素通过细胞的信号传导途径形成 cAMP 后，cAMP 借助于 PKA 的活化，形成了有活性的 cAMP 应答元件结合蛋白（cAMP response element binding protein，CREB），CREB 作为基因表达的调控因子，作用于细胞核

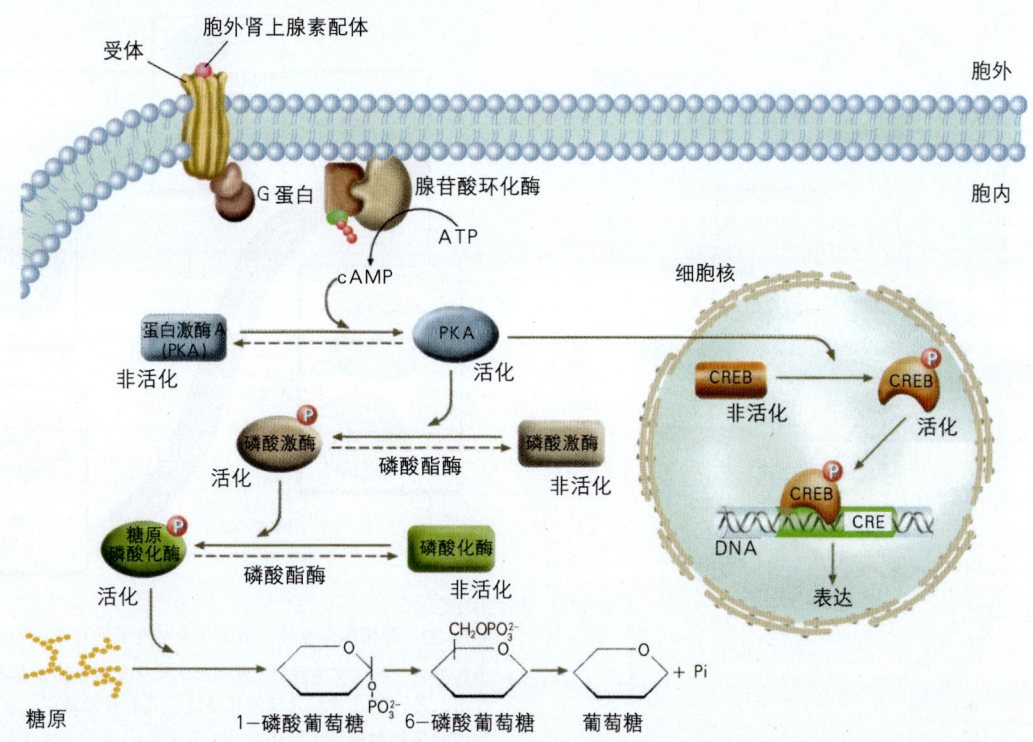

图 6-21 肝细胞对肾上腺素刺激产生应答的信号转导过程 胞外肾上腺素配体与肝细胞表面受体结合,刺激 cAMP 产生,cAMP 作为胞内第二信使,一方面通过级联的磷酸化和去磷酸化作用将信号传递到靶蛋白磷酸化酶,使之活化,促进了糖原的分解。另一方面,通过活化的 PKA 进入核内调节靶基因的表达,即形成了有活性的 cAMP 应答元件结合蛋白(CREB)并作用于细胞核内的靶基因的 cAMP 应答元件(CRE),启动了靶基因的转录和翻译,表达出蛋白质(酶)进而催化相关的糖原代谢反应。除此以外,活化的 PKA 还可以调节糖原合成的代谢(图中未显示)。

内靶基因的 cAMP 应答元件(cAMP response element, CRE),启动了靶基因的转录,生成新的特异性 mRNA。这些 mRNA 再转移到细胞质中指导蛋白质的翻译,新合成的蛋白质发挥酶的催化作用来调节有关代谢反应,最终也体现了对微量激素信号作用的应答(图 6-21)。

前面已经学过,细胞凋亡是发育过程中细胞对内外刺激应答产生的程序性死亡过程,细胞凋亡的每一步都受到多种细胞信号的调控。科学家发现,在离子辐射、温度升高、病毒感染或有毒药剂等不利环境中,被激活的巨噬细胞可以产生的一种蛋白称为肿瘤坏死因子(tumor necrosis factor, TNF),TNF 可以作为第一信使,与哺乳动物细胞表面一种称为 TNFR1 的跨膜受体蛋白结合。TNFR1 是介导细胞凋亡的 TNF 受体超家族成员。TNF 与 TNFR1 结合后,受体构象发生改变并聚合成为三聚体,每一个 TNF 受体亚基在其膜内侧的胞质部分都成为一个由约 70 个氨基酸组成的"死亡结构域",它又能与 TRADD(TNFR1-associated death domain protein)和 FADD(Fas-associated death domain protein)这两种胞质接头蛋白通过同源的死亡结构域相互作用,导致后者的构象发生变化,促使 FADD 的死亡因子结构域与无活性的 Caspase-8 前体(酶原)上同源的死亡因子结构域相互作用,导致 Caspase-8 前体的半胱氨酸残基被特异性剪切,再经过装配形成含有 4 段多肽链的活化 Caspase-8。接着,上游的 Caspase 依次激活下游 Caspase,通过级联反应,将凋亡信号逐级传至凋亡底物,最终导致细胞凋亡的发生(图 6-22)。值得提出的是,TNF 与细胞表面受体 TNFR1 结合不但可诱导细胞凋亡途径,还能活化其他细胞信号转导途径。另外,科学家还发现了另一条以线粒体为核心的细胞凋亡途径,即胞外的死亡信号通过 Bcl-2 蛋白家族成员的介导促使线粒体向胞质释放细胞色素 c,在 dATP 的参与下细胞色素 c 再与胞质因子 Apaf-1 结合,诱导相关 Caspase 蛋白的活化,启动细胞的凋亡。

协调多细胞有机体代谢、生长和发育过程的信号转导途径多种多样,多细胞生物的信号转导系统是一个完整、精细和相互协调的网络,其相关内容非常丰富,进一步学习可以阅读有关细胞信号转导的专著。

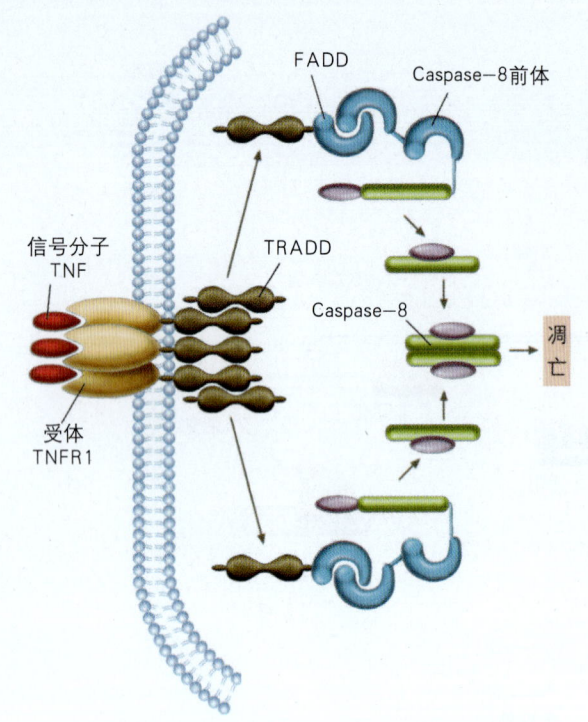

图6-22 膜蛋白受体介导细胞凋亡的信号转导途径简示图 信号分子TNF通过与细胞膜上相应受体TNFR1结合,激活的受体与TRADD和FADD胞质接头蛋白相互作用,使无活性的Caspase-8前体(酶原)被切割并组装成活性显著增高的Caspase-8,后者激活Caspase-3及基本的凋亡程序。

四、激素信号对发育的控制作用

动物激素是由多细胞动物内分泌系统产生的化学物质。具有化学信号性质的激素可以作用于某些特定的靶细胞(target cell),靶细胞通过其特殊的受体与激素结合后启动一系列代谢活动来对激素信号作出反应,这种反应可以表现为动物细胞开始分化,生理上发生某种变化或者产生出某种行为。动物激素是分泌到动物体内环境系统中的一种微量化学调节物质。绝大多数情况下,激素进入循环系统,通过血液的运输到达全身各组织器官,但每种激素只能作用于各自特定的靶细胞、组织或器官。由于很微量的激素分子便能对多种酶进行诱导或激活,因此,尽管人和动物体内激素的含量非常少,却能控制和调节很多靶细胞的代谢活动。另外,神经分泌细胞(neurosecretory cell)也可以制造和分泌激素,通过血液运输作用于相应的靶器官或靶细胞。与腺细胞分泌激素有所不同,神经元通过传递神经信号,在其末端产生神经递质分子,神经递质再与靶分子结合,作用于靶神经细胞,最终使机体作出反应(图6-23)。因此,动

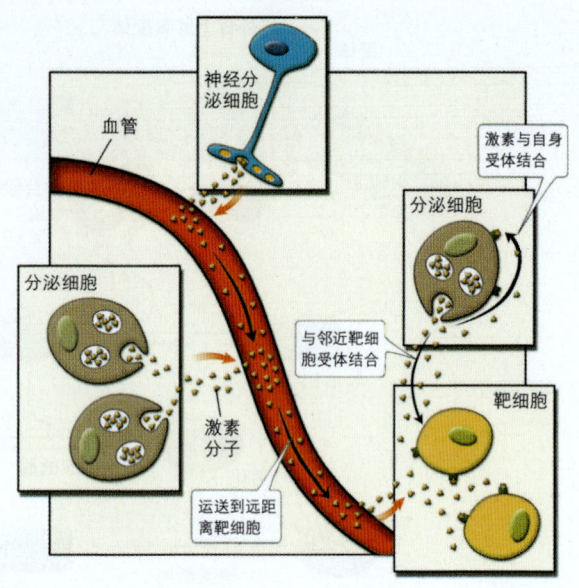

图6-23 激素信号系统 激素信号对发育的控制一般通过两套系统来完成,一套是分泌细胞(腺细胞)通过分泌激素直接对靶细胞产生作用;另一套是神经分泌细胞通过合成和分泌激素,传递神经信号,对远距离靶细胞产生作用。

物体具有内分泌和神经两套系统的协调作用。两者的主要差别在于:从内分泌系统分泌激素、血液运输、与靶细胞结合引起代谢变化到最终的目标器官作出反应所需要的时间较长,而神经信号传递引起目标器官作出反应所需要的时间非常短。

研究发现,在腔肠动物和扁形动物内已经有了激素活动的迹象,在其他较高等的无脊椎动物中普遍存在着多种激素。例如,幼龄环节动物沙蚕的脑神经节能分泌促进沙蚕生长及再生的激素和抑制性发育的激素。一些软体动物和节肢动物能分泌促进色素细胞变化的激素。在无脊椎动物中,研究较多的是控制鳞翅目昆虫发育过程的一些激素。家蚕由幼虫成蛹再发育为成虫(蚕蛾)的过程中要经历多次蜕皮和变态,昆虫体内脑神经分泌细胞分泌的脑激素(brain hormone)、前胸腺(prothoracic gland)分泌的蜕皮激素(ecdysone)和咽侧体(corpora allata)分泌的保幼激素(juvenile hormone)共同调节控制着家蚕由幼虫变成蛹、再发育为成虫的主要过程。首先,由家蚕的脑神经分泌细胞分泌出脑激素(又称促胸腺激素,贮存于由脑延伸成的心侧体中),该激素刺激家蚕前胸腺分泌蜕皮激素,蜕皮激素可促进幼虫多次蜕皮发育。与此同时,咽侧体也分泌保幼激素,保幼激素具有控制和维持幼虫阶段,使之不发育为成虫的作用。只

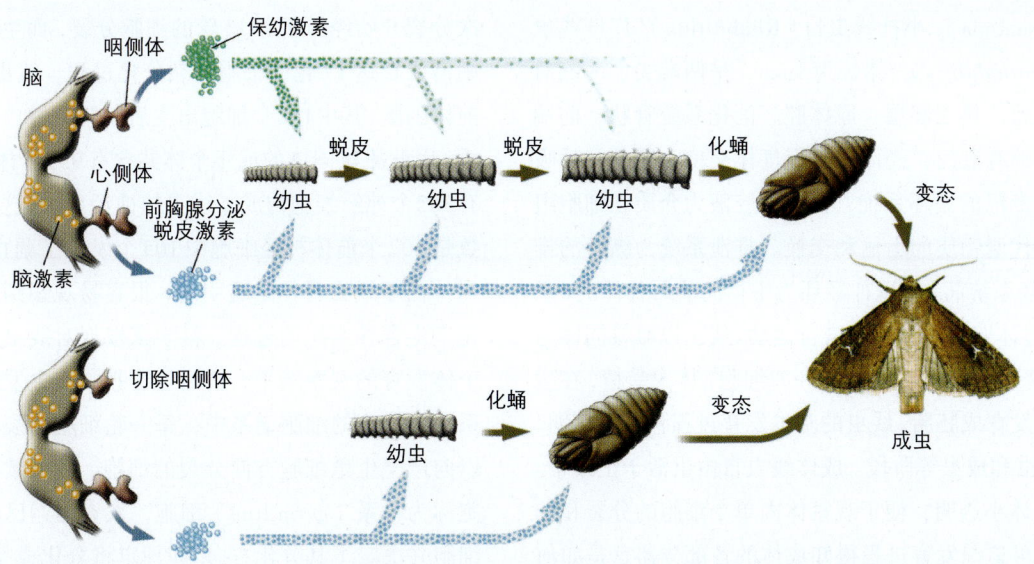

图6-24 家蚕多次蜕皮和变态的发育过程受三种激素的调节控制 家蚕体内脑神经细胞、前胸腺和咽侧体分别分泌脑激素、蜕皮激素和保幼激素等，协调控制家蚕的蜕皮与变态。细节见正文。

有在保幼激素浓度降低后，在蜕皮激素的作用下，幼虫才能成为蚕蛹；在体内完全缺乏保幼激素的情况下，蜕皮激素能进一步促进蚕蛹变态为成虫。一位英国剑桥大学的生理学家曾设计和进行了这样的实验，在幼虫发育的早期阶段，他摘除了其体内的咽侧体，结果，由于体内缺乏咽侧体分泌的保幼激素，早期发育的幼虫不再经过多次蜕皮便立即变态发育为蛹和成虫（图6-24）。在另一个实验中，他先从一个处于早期发育阶段的幼虫体内摘除其咽侧体，然后将这个咽侧体植入经过多次蜕皮到发育后期的另一个幼虫的体内，结果，接受了新咽侧体的幼虫由于体内仍然含有保幼激素，便不再立即变态为蛹和成虫。这些操作延长了幼虫的发育阶段。上述研究揭示了昆虫脑激素、蜕皮激素和保幼激素三者相互制约、共同调节昆虫变态发育的过程。

植物细胞的信号转导和动物细胞的信号转导一样，对于植物的代谢、生长、发育具有非常重要的作用。例如，植物的脱落酸通过细胞转导途径使叶片气孔在几分钟内关闭，原因在于激素的刺激诱导了保卫细胞中K^+的流失。植物生长素诱导细胞壁的酸化导致细胞的伸长也是细胞信号转导途径所介导的结果。首先，生长素与细胞膜上特殊的受体蛋白结合，使第二信使激活，浓度增加；它一方面导致质子泵活化，向细胞壁输出H^+，细胞壁的酸化使细胞壁成分松散，有利于细胞的伸长；另一方面，高尔基体被刺激分泌更多的小泡和细胞壁生成的相关成分，保证了细胞壁伸长和维持了细胞壁的厚度；同时，信号转导途径还活化了DNA结合蛋白，诱导启动了特殊基因的转录和翻译，表达出了细胞生长所需要的蛋白。

细胞信号转导途径作为生命科学最活跃的领域之一，其每一步重要进展都有助于揭示重要的生命现象。同时，植物的信号转导研究在农业方面及动物的信号转导研究在医药等方面都显示出了良好的应用前景。

第三节　几种发育模式生物的特征

检索近十几年来发育生物学领域所取得的一系列最重要研究成果可以发现，它们的研究对象几乎都集中在线虫、果蝇、斑马鱼、小鼠、拟南芥等少数的几种生物上。由于一些特殊的优点，这几种生物已成为发育生物学研究的主要模式生物。利用模式生物开展发育机制的研究具有便捷、高效、深入、系统和有利于成果的延展与应用等优势。因此，这些模式生物的基本特征应该成为现代生命科学必不可少的学习内容。

一、线虫

作为发育生物学研究模式生物的一种线虫，称为华美广杆线虫（*Caenorhabditis elegans*，以下简称线虫），它在分类学上归于线形动物门（Nemathelminthes）、线虫纲（Nematoda）、小杆线虫目（Rhabditida）、广杆线虫属（Caenorhabditis）。体长为1mm，呈两端尖、两侧对称的粗线状。具三胚层、原体腔。消化系统管状，前端有口，后端有肛门。经体表进行气体交换，无专门呼吸器官。无专门的循环系统，以原体腔液为介质在细胞组织中进行代谢物质的运输和交换。排泄系统为纵行的排泄管。神经系统简单，以神经环为中枢向前后各伸出6条神经，通过体壁的肌肉收缩进行运动。线虫以雌雄同体为主，即每条线虫同时含有精子和卵细胞，体内受精，在生殖腺管内发育成胚胎。线虫的基本发育过程包括受精卵、胚胎、幼虫和成虫等阶段。成体线虫自由生活于土壤中。

线虫体小透明，便于观察体内单个细胞的分裂和分化过程，可追踪发育进程得知成体的各部分器官是如何从受精卵分裂分化而来的。例如，观察发现，一些外表皮组织是受精卵分裂8轮后一部分分化的细胞组成的，而完成另一些外表皮组织的分化形成过程则需要14轮的细胞分裂。形成线虫进食器官——咽道的细胞从受精第一次分裂开始经历了9~11轮的细胞分裂，而生殖腺的发育则需要长达17轮的细胞分裂分化过程。线虫有1090个前体细胞，其中131个细胞出生后的几分钟内便发生了凋亡，因此雌雄同体的成年个体共含有959个体细胞，其中有302个神经细胞构成了线虫的神经系统，这些神经细胞数是407个前体神经细胞中105个发生了凋亡后的数目。

由于线虫身体是透明的，很容易观察到细胞分裂分化产生各种组织的过程。科学家根据对线虫细胞分裂和个体发育的观察结果，精确地绘制了线虫发育的细胞谱系。在简略的细胞谱系中，每一轮细胞分裂后，继续可以向产生生殖细胞方向分裂的细胞，即延续其种系的细胞称为**种系**（germ line）细胞，发育命运已经确定为体细胞并决定了其分化方向（即预定将分化成哪一类组织）的细胞为**生成细胞**（founder cell）。该谱系反映了细胞命运确定的时间、预定组织器官类型及总体细胞数。在图6-25中，如果用不同的色块覆盖代表一群同种组织或器官的文字，并与另外绘制的线虫形态图解中相应组织或

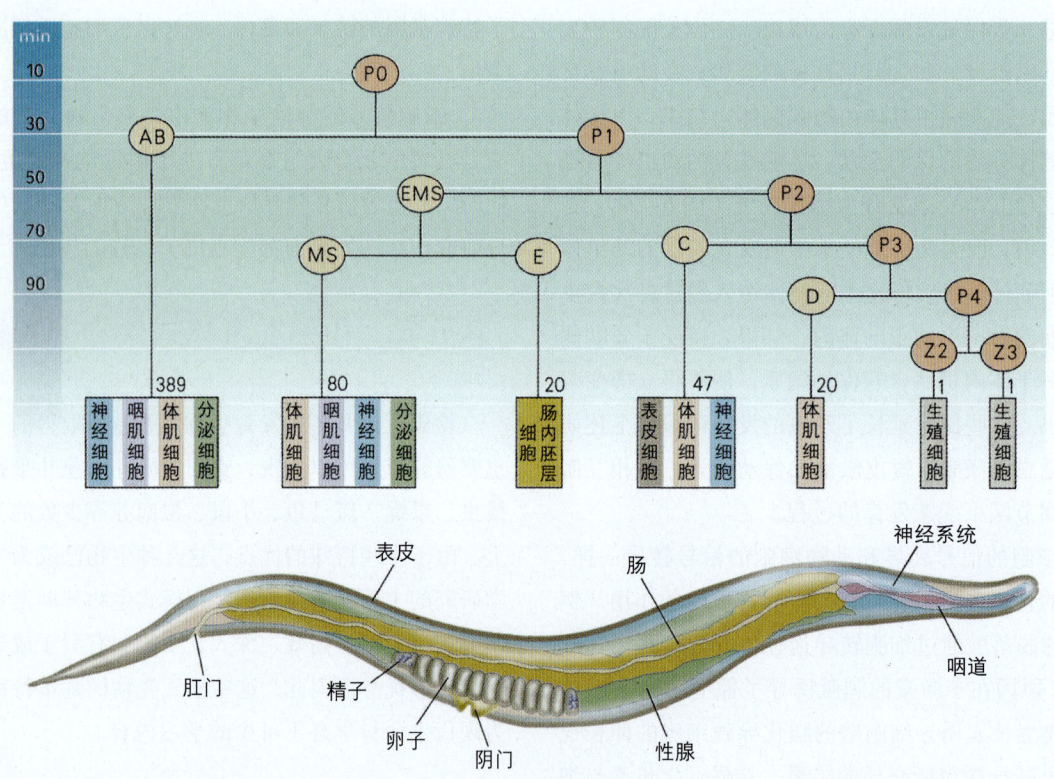

图6-25 线虫的细胞分化谱系和对应的线虫形态图解 线虫发育过程中，种系细胞包括在细胞分裂分化的路线图（上图）中从受精卵到原始的生殖细胞走向上的所有细胞，分别以P0,P1,P2,P3,P4命名，它们都被赋予了传代即延续种系的任务。在细胞分裂分化的路线图上的其他新产生的细胞（体细胞）都将分化组成不同的组织，AB,EMS,MS,E,C,D分别代表不同分化方向的生成细胞。图中色块的不同颜色代表了不同的组织或器官，并与线虫雌雄同体个体的形态图解（下图）中相应组织或器官的颜色对应一致。

器官的颜色一一对应，便可获得简略的线虫细胞分化路线图和对应的线虫发育图解。另外，跟踪观察从受精卵开始的每一次细胞分裂，用同一水平的横线代表每一轮细胞分裂，以竖直线长度代表每一轮细胞分裂之间相对的时间长度，分叉末端的竖直线代表完全分化并构成了相应组织的细胞，再用不同的色块覆盖一群同种组织或器官细胞的代表文字，便可获得更详细的线虫细胞分化路线图。它可以显示线虫各种组织和器官的细胞来源、数目、细胞分裂的次数、细胞分化的时间和彼此间的相互关系（图6-25）。

华美广杆线虫作为发育研究的模式生物主要有以下优点：①生物个体体小透明，便于跟踪观察细胞的分裂和分化过程；②生命周期短，一般为3~4天，胚胎发育速度快；③可用培养皿进行实验室内的培养和筛选，可冷冻保存和常温下复苏；④有雌雄同体和雄性个体两类生物型，它们之间的交配增加了基因重组的机会；⑤它是第一个基因组被完整测序的多细胞动物；⑥便于构建多种突变体。

二、果蝇

从20世纪初到现在约100年的时间里，果蝇（*Drosophila melanogaster*）就一直是遗传学研究的重要材料。说起遗传学，人们都会想到摩尔根、果蝇、染色体、基因等。在现代生命科学的前沿领域，特别在生物发育机制的研究中，果蝇也发挥了不可替代的重要作用。本书图6-14,15,16显示的成果仅是以果蝇为研究对象在生物发育机制研究方面无数重要成就的代表。在过去的十多年中，科学家们从细胞生物学和分子生物学角度对果蝇发育的模式和基因控制过程等有了更完整和更深刻的了解。因此，有人将果蝇称为遗传学和发育生物学领域的王中王。

果蝇在分类学上归于节肢动物门（Arthropoda）、昆虫纲（Insecta）、双翅目（Diptera）、果蝇科（Drosophilidae）、果蝇属（*Drosophila*）。果蝇身体分头、胸、腹三部分，外表上可包括14个体节。头部附肢特化成触角和口器，复眼大，呈红色。胸部包括3个体节，中胸节着生一对前翅，前、中、后每对胸节上附生一对足，成年个体共有三对步行足。果蝇的腹部由8个体节组成，为营养和生殖区。果蝇雌雄异体，体内受精。雌性成虫产出的受精卵只需要1天便可完成胚胎发育即孵化出幼虫。以后一龄幼虫经过2次蜕皮的二龄幼虫和三龄幼虫阶段形成蛹，这一过程需要5~6天时间。蛹再经过大约2~3天的变态期孵出成虫。成年果蝇体长2~3 mm，在自然界以腐烂的果实为食，成虫存活期一般为7~9天（图6-26）。

在果蝇幼虫发育的变态期，在胚胎发生完成以后及幼虫发育到成虫前，一些扁平的盘状前体细胞群组成了未分化的成对结构分布在幼虫内腔中，由于这些盘状的前体细胞群决定了以后成虫器官的结构，因此被称为成虫盘（imaginal disc）。占据着幼虫体腔特定部位的成虫盘分别发育成果蝇的翅、足、眼等等（图6-27）。研究证明，由成虫盘等前体细胞发育为成体器官结构受到遗传基因的严格控制，迄今为止已经有50个决定果蝇成虫结

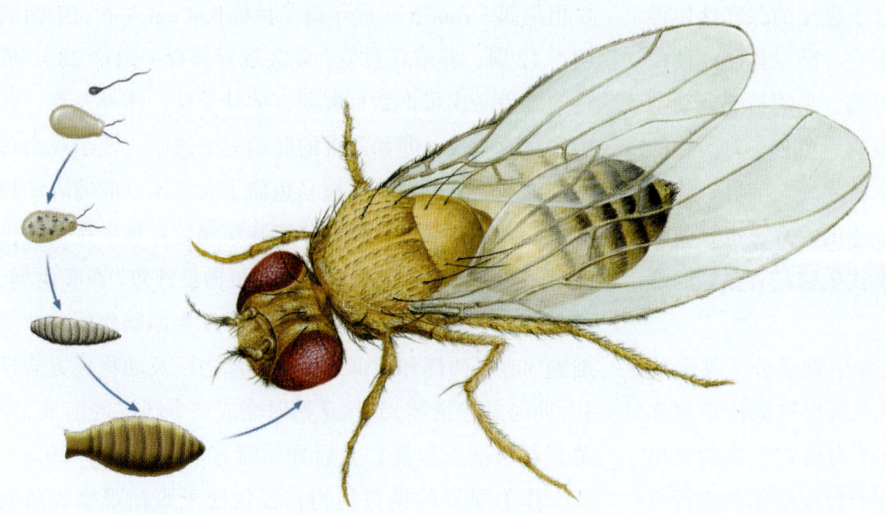

图6-26 果蝇发育的不同阶段 果蝇具有简短的生命周期，气温25℃条件下，整个生命周期约为2~3周。其中胚胎发生只需1天，幼虫2次蜕皮成蛹约需5天，然后变态、孵化到成虫生长共持续约9天。

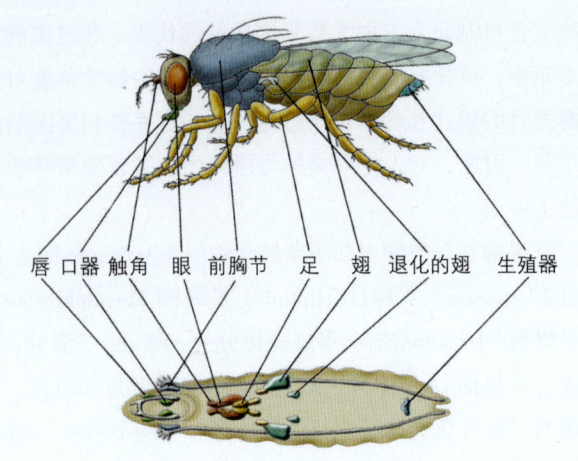

唇 口器 触角 眼 前胸节 足 翅 退化的翅 生殖器

图6-27 幼虫体腔内的各对成虫盘相应发育为成虫的不同器官结构

构与功能的成虫盘基因被鉴定。这些基因的突变能够改变果蝇的形态和功能特征。决定果蝇发育最重要的基因包括影响身体分节和个体模式形成的基因，如 *bicoid* 基因、间隙基因、配对法则基因、体节级化基因和多种同源异形基因等等。果蝇的基因组为180 Mb，其中约为120 Mb富含编码基因的常染色质部分已经被完全测序，已知果蝇基因组有13 600个基因。

一个世纪以来，果蝇一直是遗传学研究最重要的对象，果蝇遗传学研究的优势如染色体的基因定位、分子标记、众多的突变体和表型特征以及许多成熟的遗传学分析和基因操作技术等也为揭示果蝇发育的分子机制提供了机会。果蝇基因的分子克隆和功能分析为在分子水平上勾绘生物体的发育过程提供了可能。而果蝇中与发育相关的基因及其功能与哺乳动物特别是人类在许多方面是相同的，最早在果蝇和哺乳动物中都发现的同源异形基因就是一个最典型的例子。分子进化的保守性使得它们具有一些相同或类似的结构蛋白、转录因子、调控目标、离子通道、信号转导途径等等，果蝇与哺乳动物间分子进化的保守性必然体现在发育、生理、对药物的反应等诸多方面。最新的研究显示，果蝇与哺乳动物在体节、附肢、心脏、眼、神经系统等的发育上也是高度保守的。因此，果蝇作为发育的模式生物具有更好的延展性和应用前景。

果蝇为基因学说的创立和发育生物学分子基础的确定作出了不可替代的贡献，它之所以被遗传学家和发育生物学家所垂青，在于果蝇作为模式生物的突出优点：①个体小，生命周期短，易于大量培养和进行突变体的筛选；②胚胎发育速度快，同时易于观察卵裂、早期胚胎发生、躯体模式形成和各器官结构的变化；③易于进行基因诱变并获得变化的表型特征，具有各种大量的突变体；④仅有4对染色体，组成简单。基因组测序已于2000年基本完成；⑤卵子和幼虫变态期成虫盘等都是研究细胞分化的绝佳材料；⑥相对于哺乳动物而言，果蝇在基因的分子进化、细胞的生长、代谢、分化、繁殖和器官发生等方面具有保守性，其研究成果不但对于揭示自身的发育生物学机制具有重要的意义，对于探讨其他生物的遗传发育规律也具有重要的指导价值。

三、斑马鱼

线虫和果蝇都属于无脊椎动物。在脊椎动物中，斑马鱼（*Danio rerio*）属于易于同时结合胚胎学和遗传学方法跟踪研究其发育过程和机制的模式生物。20世纪70年代，美国俄勒冈大学的George Streisinger教授首先以斑马鱼为对象开展遗传与发育的研究并建立了相关的研究技术，他的研究成果在发育生物学领域引起高度关注和反应，许多科学家也加入到对斑马鱼发育生物学问题的研究中来。后来，对果蝇发育研究取得突出成就的诺贝尔奖获得者、德国科学家Christiane Nusslein-Volhard对斑马鱼开展饱和诱变（即足量诱变剂处理）研究，获得了首批发育突变体，在脊椎动物中确立了斑马鱼作为重要发育模式生物的地位。

斑马鱼为小型热带鱼类，因体表有类似斑马的条纹而得名，属脊索动物门（Chordata）、脊椎动物亚门（Vertebrata）、硬骨鱼纲（Osteichthyes）、鲤科（Cyprinoidea）、短担尼属（*Danio*）。成年斑马鱼体长4 cm左右，生活周期为12周，养殖花费少，能大规模繁育（图6-28）。成熟的雌鱼一次可产数百粒卵，体外受精，体外发育，胚胎发育速度快。卵和发育的胚胎完全透明，便于观察每一个细胞的发育命运。斑马鱼卵子大，比一般哺乳动物卵子大10倍左右，受精卵分裂及胚囊发育集中在动物极一端，随着细胞分裂和细胞层向植物极外包，在胚胎期，卵黄的上半部分被胚盘覆盖；随后发生原肠作用，背部细胞内卷，两侧和腹部细胞向背部中线及动物极方向迁移，同时外包继续，到尾芽期时完成三个胚层的形成，卵黄全部被细胞包裹，之后开始器官形成（图6-29）。

作为重要的模式生物，仅仅便于跟踪观察胚胎发

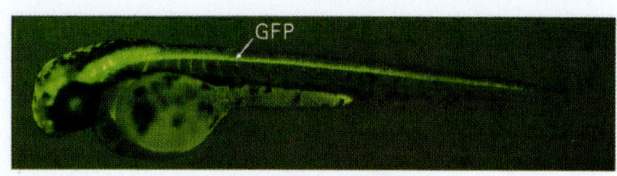

图6-30 转基因斑马鱼 利用gata-2神经特异性增强子和Gfp基因制备的转基因斑马鱼胚胎在受精后48 h时GFP（绿色荧光蛋白）表达，中枢神经系统在紫外光下绿色的荧光清晰可见。（本图片由清华大学孟安明教授惠赠。）

图6-28 实验室内大量养殖的斑马鱼

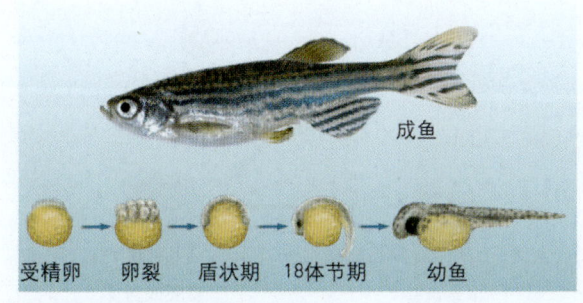

图6-29 斑马鱼的生活史 斑马鱼胚胎发育迅速，从受精卵开始到幼鱼孵出仅需2~3天。

科学家还建立了斑马鱼的基因转移技术。例如，利用斑马鱼gata-2基因的神经特异性增强子和绿色荧光蛋白基因构建转基因斑马鱼，能够在胚胎的中枢神经系统中特异性表达绿色荧光蛋白，它可以用于适时动态观察神经系统的发育并研究有关基因对神经系统发育的影响（图6-30）。

总之，作为发育模式生物，斑马鱼的主要优点包括：①容易在实验室养殖，繁殖力高，一条雌鱼一次可产数百粒卵，可持续提供大量胚胎材料供分析研究之用。②卵和胚胎透明，体外受精，体外发育，便于在不受损害的情况下进行连续跟踪观察。③卵子比一般哺乳动物卵子大10倍，外源物质包括外源基因可以通过显微注射引入到胚胎中。④胚胎发育速度快，24 h便可完成从受精卵到形成主要组织器官的发育过程，幼鱼发育到性成熟期约需3~4个月。⑤成体斑马鱼个体小，便于大规模养殖和大规模人工诱变和突变体的筛选。⑥胚胎学和遗传学操作技术成熟先进。⑦基因组全系列测定已经完成。⑧可用来建立筛选治疗人类疾病药物的模型，用于化学物品的毒理学研究等。

四、小鼠

哺乳动物均为胎生（vivipary），胚胎在母体子宫内发育时接受来自母体充足的营养，因此不易于跟踪观察胚胎发育的全部过程。尽管如此，由于人类属于哺乳动物，为了深入了解人类的发育机理和促进医学进步，必须建立来源于哺乳动物的发育模式生物。在医学科研中，长期以来小鼠就是理想的实验动物模型（图6-31），它能够在室内快速地大量繁殖而不受季节的影响。随着现代分子生物学技术和细胞生物学技术在小鼠上的成功应用，小鼠现已成为发育生物学的模式生物。

小鼠（*Mus musculus*）属脊索动物门、脊椎动物亚

育和细胞分化的命运还是不够的，它还需要具有分子遗传学研究的优势，科学家才能从本质上揭示该生命个体发育的机制，认识生物发育过程中的基因调控规律。而斑马鱼恰恰满足了这方面的需要，它能像果蝇一样通过诱变剂（如乙基亚硝基脲）的处理，获得大量的各类突变体。对筛选出的表型异常突变体进行变异基因的分析并做克隆、表达等分子生物学研究，就可以发现相关基因对发育过程的控制作用。除了饱和诱变外，

图6-31 **实验用小鼠** 实验动物房人工养殖的小鼠繁殖时，每窝可产出8~12只幼鼠，每年产仔可多达8次。按照遗传学规定的标准，实验小鼠可划分为远交群、近交系和同源基因导入系等。在研究机构，实验小鼠的饲养具有非常严格的生态环境标准，饲养高等级的无菌小鼠需要装备先进的动物房，还需要有专业的实验技术人员进行极为严格的管理。

门、哺乳纲（Mammalia）、鼠科（Muridae）、鼠属（*Mus*）。小鼠出生后6周达到性成熟，雌鼠约每4天排卵一次。小鼠卵细胞在输卵管内受精18 h后发生第一次卵裂，直至8细胞期的卵裂球仍具有全能性。这时如果把8个细胞相互分离，每一个细胞都可以发育产生遗传背景相同的小鼠。受精后4天半，包括早期胚胎的胚泡便植入母鼠的子宫壁。在第7天的时候，开始进行原肠化和器官发生。期间胚胎经历翻转变化，这一阶段大约需要3~4天时间。然后再经过6天在羊水中完成胚胎阶段的发育。小鼠从受精到胎儿产出约需19天时间。

科学家用白色皮毛小鼠的8细胞期囊胚和黑色皮毛小鼠的8细胞期囊胚去透明带后进行融合，融合后的囊胚植入准备受孕的母鼠子宫内继续发育，最后产出有两对父母的一只小鼠，它具有黑白镶嵌的皮毛，这样的动物称为嵌合体（chimeras）（图6-32）。

本章第二节已经介绍，控制多种动物前后各体节形态模式的主导基因是一系列同源异形基因。许多无脊椎动物和脊椎动物也都具有这样的同源盒序列。图6-33比较了哺乳动物代表种——小鼠和无脊椎动物代表种——果蝇的同源异形基因，它们在染色体上的分布和对各自体节形态的对应控制非常类似，反映了同源异形基因上同源盒序列的保守性。除了对小鼠发育的一些主导基因的研究取得了重要进展，科学家在转基因小鼠的构建方面也产生了令人兴奋的新成果。所谓转基因小鼠，就是

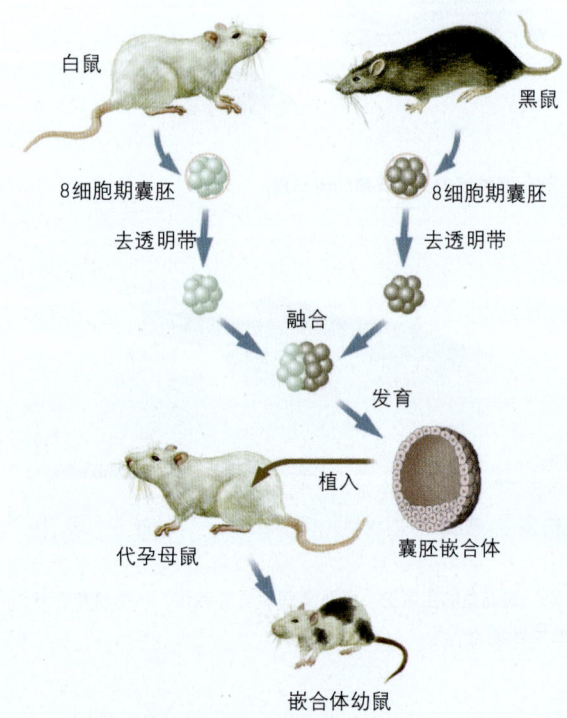

图6-32 **形成嵌合体小鼠的胚胎融合实验** 将黑、白小鼠的8细胞期囊胚分别用酶除去透明带后进行融合，再植入另外一只代孕母鼠的子宫内，让其继续发育直至产出幼鼠。产出的幼鼠是有4个父母的嵌合体，皮毛黑白相间。

通过向受精卵或小鼠早期囊胚的细胞核中导入克隆的外源基因，该基因与启动子的DNA片段相连接，在受体细胞中控制表达。以后，这个被改造的受精卵或囊胚被移

五、拟南芥

以上介绍的模式生物都属于动物界。虽然发育的研究以动物为多，但光合自养的植物在发育生物学中也具有重要的地位。开展植物发育的研究对于认识植物生长发育的规律和调控机制、提高经济作物的产量和质量等方面具有重要的意义和价值。虽然许多经济作物包括豌豆、玉米、水稻、大麦、小麦、烟草等等都是重要的研究材料和实验模型，但综合比较生长、发育和分子遗传学实验技术的优势来看，植物学家们更看重一种开花的草本植物拟南芥（*Arabidopsis thaliana*）。自1987年在美国密歇根召开的第三次国际拟南芥大会以后，特别是近十年来，科学家以拟南芥为对象开展的分子生物学研究和发育生物学研究成果累累，拟南芥已成为公认的植物发育首选模式生物（图 6-34）。

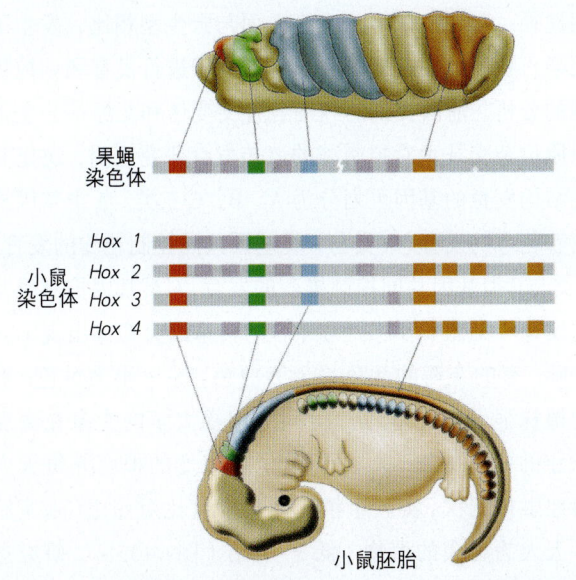

图 6-33 小鼠和果蝇同源异形基因在染色体上的分布及其对体节发育相应部位的控制　图的上半部分显示分布在果蝇1条染色体上的 *HOM* 基因（同源异形基因）及其对果蝇体节发育相应部位的控制。图的下半部分显示分布在小鼠4条染色体上的 *Hox* 基因（同源异形基因）及其对小鼠体节发育相应部位的控制。图中不同基因片段用不同颜色表示，并与它们所表达控制的相应体节颜色一致。

植到代孕母鼠的子宫内继续发育，产生的后代（F_1代）对于该基因是杂合子。F_1代的反复相互交配可能产生该外源基因的纯合体，这个外源基因就成为个体基因组的一部分，成为永久携带这个基因的转基因小鼠。目前，科学家已经可以把许多不同的外源基因包括与人的器官发育或重要疾病相关的基因转入小鼠中。科学家还利用对小鼠原有基因敲除（gene knockout）的技术来研究这些基因在发育过程中的作用。通过将感兴趣的小鼠DNA调控序列与一些表达报告蛋白的外源基因构建在一起产生转基因小鼠，由于这些外源基因表达的报告蛋白便于检测，如绿色荧光蛋白可在紫外光照射下显荧光，与特异性抗体结合的蛋白可发生免疫反应等等，跟踪分析外源报告基因表达的结果，便可以了解这些DNA在小鼠胚胎发育过程中的表达模式。

小鼠作为哺乳动物发育的模式生物归结于它的快速繁殖，长期以来作为医学研究的动物模型及其相关的实验操控技术成熟，嵌合体小鼠、转基因小鼠和克隆小鼠等许多研究成果已扩展到发育生物学领域。小鼠必将对人类发育机制的探究和人类重大疾病的治疗作出重要的贡献。

图 6-34 拟南芥　20多年前，植物学家就开始寻找理想的模式植物，最后对拟南芥情有独钟。拟南芥植株小，生活周期短，生长易于控制，遗传变异技术成熟，使其成为发育的模式植物。

拟南芥属被子植物中的双子叶植物纲（Dicotyledoneae）、芥科（Cruciferae，也有人称之为十字花科）、芥属（Arabidopsis）。拟南芥分布范围较广，适应于不同地区和气候条件下生长，与大多数被子植物相比，其生活周期较短，一般6周便可以完成一个生活周期。拟南芥的生命周期具有一年生开花植物的特征（见图6-7），它经历了配子发生、双受精、胚胎形成、种子成熟、种子萌发、叶丛植株形成、主茎生长和成熟开花等阶段。成熟的拟南芥个体一般高10~30 cm，可以在温室中大批量地培养，还可以在培养皿和三角瓶中进行生长。拟南芥的花小，花的高度只有2~4 mm，总状花序，花萼4枚，花瓣4枚，雄蕊6枚（4长2短），2心皮，自花授粉，也可人工异花授粉完成杂交实验。人工诱变后也可以在自交的子2代中直接筛选突变株的纯合子。

用化学方法和物理方法对拟南芥的种子和幼苗进行处理，很快可以获得人工诱变的突变株。如用化学诱变剂乙基甲磺酸酯浸泡种子或用X光等照射，可以改变拟南芥的表型特征，产生一些特殊的形态突变株和化学突变株等。利用DNA体外重组及转基因技术向拟南芥导入外源目的基因的技术也非常成熟和方便，与植物的生长、发育相关的突变株几乎都可以得到。过去的20多年内，通过多种手段获得、积累并被鉴定的拟南芥突变株有几千种，它们分别在配子体的发生，胚的发育，种子的形成，根、茎、叶、花、果实的形态，细胞的化学组成、代谢途径、对环境信号的应答方面与野生型相比，发生了明显可检测的变化。因此非常有利于进行发育和调控机制的分析。前面提到的利用各种突变体和花原基分生组织原位杂交技术对拟南芥的遗传发育研究证明，决定其花结构发育的基因可划分为A、B、C三类。A类基因控制着花萼的发育、A类与B类基因共同控制花瓣的发育，B类与C类基因共同控制雄蕊的发育，C类基因控制雌蕊的发育（见图6-17）。另外有的转基因突变体出现不对称叶；有的花瓣的颜色一半为白色，另一半为黄色；有的植株显著矮化等等。美国斯坦福大学的专家在突变诱导的研究中发现，对经过诱导突变的拟南芥每天人为地触摸两次，实验组植物体的高度比对照组（未实施每天人为触摸的植物）低3~4倍（图6-35a）。研究进一步揭示，这种植物体生长发育的差异与5个特殊基因的诱导密切相关联。对拟南芥植株实施物理上的接触后，一种特殊的信号转导途径被激活，该途径所涉及的一系列特殊蛋白质的结构变化和代谢反应最终引起细胞核内基因组的响应，调控着拟南芥的生长和发育过程。另外，耶鲁大学的专家在拟南芥中发现的称为cop9信号传导复合体是结构和功能缜密的细胞信号调节网络的一部分，参与了拟南芥幼苗光调控的发育过程。cop9是一种具有抑制拟南芥依赖于光的形态发生的信号传导体。黑暗中生长的野生型拟南芥幼苗下胚轴极度伸长，顶端成弯勾状，子叶不发达；相反，在光下生长的拟南

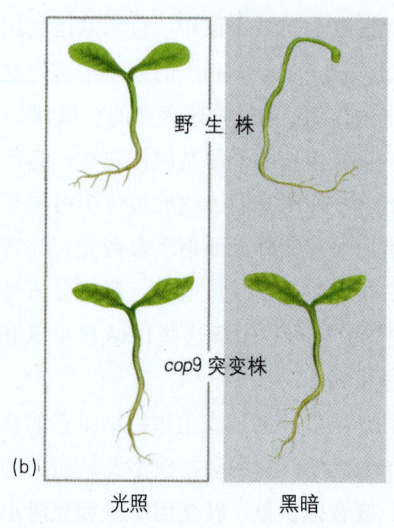

(a) 自然生长　　人为触摸　　　　(b) 光照　　黑暗

图6-35　与基因突变相关的拟南芥两组实验　(a)对经诱导突变的拟南芥植物的接触改变了基因的表达，左图为未实施每天人为触摸的拟南芥（对照组），右图为实施每天人为触摸的拟南芥（实验组）。(b)野生型植株在光照条件在与黑暗条件下的植株形态差别显著，cop9突变株则没有显著差异。

芥幼苗下胚轴短，无顶端的勾，子叶发达并有发达的叶绿体。如果利用转基因技术造成 cop9 基因突变，黑暗中生长的拟南芥 cop9 突变体形态却与光照条件下的幼苗形态基本相同，即它们的下胚轴都较短，子叶都较发达（图6-35b）。

2000年，拟南芥全基因组测序完成，它也成为第一个基因组全系列被测定的植物。拟南芥的基因组很小，包括了25 000个编码基因，仅为水稻基因组的1/4。与果蝇的13 600个基因和线虫的18 400个基因相比较，拟南芥中的许多基因与果蝇、线虫及其他动物在功能上具有类似性。特别值得关注的是，拟南芥基因组中有1 500多个基因是编码转录因子的特殊基因。通过对拟南芥基因组蛋白质编码区的基因构成和功能分析，已经鉴定了许多编码各种代谢途径酶的基因，这些酶分别在光合作用、呼吸作用、植株的光形态建成、物质的跨膜运输、细胞壁的形成、中间产物代谢、次生物质代谢、无机盐吸收、脂类、氨基酸、核苷酸和辅助因子等基本生化原料的合成中发挥着关键的作用。利用拟南芥丰富的基因组信息，已制备出大量各种核酸探针（关于DNA探针的制备等参见第十二章相关内容），它们在其他植物甚至动物中发现与发育相关的重要基因方面非常有用，这方面的工作将对整个植物功能基因组的研究作出重要的贡献。

第四节　干细胞和动物克隆

早在1997年，多莉羊克隆成功，让全世界人都为之惊叹。1998年科学家们首次分离获得了人的胚胎干细胞。2004年2月11日，来自美国华盛顿媒体的报道说，美国与韩国的科学家宣布，他们已成功地克隆出人类早期胚胎，并从中提取出人类胚胎干细胞。干细胞和克隆动物技术的新突破是生命科学、特别是发育生物学与医学发展的重要里程碑，这一领域更重要的突破还在酝酿中。

一、干细胞的种类与特性

前面已经介绍，在动物胚胎发育早期，受精卵分裂产生了细胞团即卵裂球，如果将卵裂球中这些相同的细胞相互分离，其中每一个细胞都可以独自继续分裂和分化，发育成正常的生物个体。这种具有无限的或可被延长的自我更新和分化能力并可分化产生至少一种特化的细胞称为**干细胞**。通俗地说，干细胞是在生命的发育和成长中起"主干"作用的原始细胞，它具有自我更新、高度增殖和多向分化的潜能。如同一棵树的树干，可以长出新枝、树叶和花，干细胞充当了未来分化细胞预备队的角色，也有人称干细胞为未来的"组织工厂"。

按照其组织来源，干细胞可分为胚胎干细胞、造血干细胞、表皮干细胞、神经干细胞等多种类别。除了胚胎干细胞外，造血干细胞、表皮干细胞、神经干细胞等又称为成体干细胞。在一定条件下，成体干细胞可以产生新的干细胞，也可以按一定的程序分化，形成新的功能组织细胞，用以保持组织和器官的生长或用于对损伤或衰退细胞的修复和补充。

如上所述，在哺乳动物中，**胚胎干细胞**（embryo stem cell，EC）来源于胚胎发育早期的内层细胞团，它具有全能性，可以自我更新并分化成为体内各种组织（图6-36a）。胚胎干细胞又是全能干细胞，分化能力强，可以无限增殖并分化成200多种细胞类型，从而形成机体的任何组织或器官，包括形成新的生殖细胞。目前关于胚胎干细胞的研究大多以小鼠为实验模型，最早建立的干细胞是小鼠的畸胎瘤干细胞。动物胚胎干细胞可通过选择性流产、体外受精、将体细胞核移植到卵质内再植入代孕动物子宫等方法获取。人类受精卵经5~6天分化后的胚胎被称为**胚泡**，是一个针尖大小的卵裂细胞球，含有100多个细胞，这些细胞群中含有适合于研究用的干细胞。从胚泡中取出的干细胞可以在培养皿中生长成多种不同的器官或组织细胞，包括心肌细胞、肝细胞、胰腺细胞、肌细胞、血细胞、表皮细胞、神经元细胞等等。

造血干细胞（hemopoietic stem cell）由胚胎干细胞发育产生，是所有血细胞的起源细胞。造血干细胞具有自我更新能力，主要存在于骨髓、外周血和脐带血中。造血干细胞能够产生红细胞、白细胞和血小板等，如果没有造血干细胞，我们就无法存活（图6-36 b）。成年人体造血干细胞的80%以上贮存在骨髓中，早期的造血干细胞移植又叫做骨髓移植。利用骨髓移植可以治疗白血病。通过静脉注射等方法将正常造血干细胞输入人体内，可以替代病人原来的病理性造血干细胞，恢复病人的正常造血与免疫功能。在骨髓中还存在着另一种**间充质干细胞**（mesenchymal stem cell），它具有分化成中胚层和神经外胚层组织细胞的能力，如产生成肌细胞、成骨细胞、

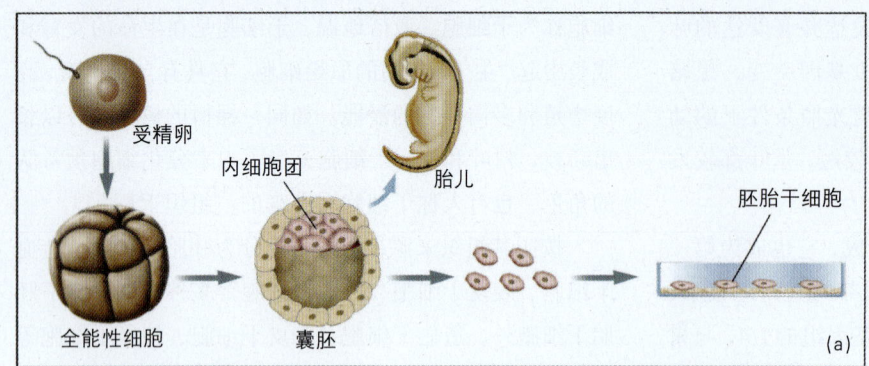
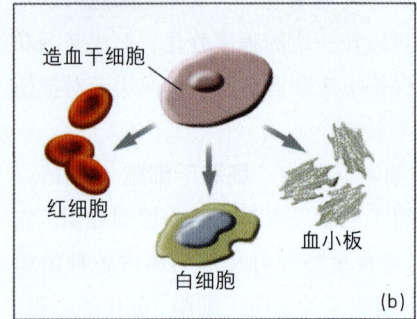
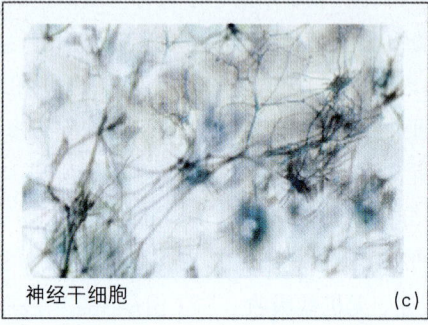

图6-36 胚胎干细胞、造血干细胞和神经干细胞是生物最主要的三类干细胞 （a）胚胎干细胞是受精卵分裂产生的全能细胞。人类的卵细胞在受精的4~5天后，经过几轮的细胞分裂形成中空的胚泡，胚泡中的内细胞团主要用于形成胚体。（b）造血干细胞主要来源于骨髓、外周血和脐带血。造血干细胞移植可以治疗多种血液疾病。（c）神经干细胞主要存在于胎儿脑组织中，在成人的脑和脊髓中也发现了神经干细胞。

成神经胶质细胞等等。移植到体内的骨髓间充质干细胞可在多种造血以外的组织处定位和分化，产生相应的组织细胞。骨髓间充质干细胞易于分离、保存和培养。

与胚胎干细胞和造血干细胞相比，神经干细胞的研究起步较晚。神经干细胞主要存在于胎儿的脑组织包括大脑皮层、纹状体和小脑中，取材难度大（图6-36 c）。在体外诱导和移植实验中，神经干细胞也表现出令人惊叹的分化潜力。神经干细胞功能的损伤会引起严重的中枢神经系统疾病。

按其分化潜能的大小，干细胞可以分为全能干细胞、多能干细胞和专能干细胞。例如，胚胎干细胞就属于全能干细胞。骨髓造血干细胞属于多能干细胞，它可以分化出多种血细胞。神经干细胞和表皮干细胞等属于专能干细胞。干细胞除了本身不处于分化途径的终端，具有增殖分裂的能力和发育的全能性或多能性外，还有其他一些共同特性，如干细胞可以连续分裂若干代，也可以较长时间内处于静止状态。干细胞的体外培养技术已经成熟，对干细胞的基因转移和突变等一般都不影响其发育潜能。干细胞的分裂可以是对称的，也可以是不对称的。在不对称分裂中，两个子细胞中，往往一个仍然是未分化的干细胞子代，另一个是祖细胞（progenitor cell），即某种末端分化细胞的祖先细胞，正是这些定向祖细胞的分裂，为组织的再生和损伤修复提供了补充的功能末端细胞。所谓**末端细胞**，是指在发育完成的组织中表达其特征基因、没有继续分裂能力、寿命较短的细胞。因此，干细胞在分化形成末端细胞时，必须经过一种中间类型的细胞——定向祖细胞，然后由定向祖细胞进一步分化为成熟的末端细胞（图6-37）。与定向祖细胞相比，干细胞具有较长的生命周期及相对慢的增殖速度。

二、干细胞培养和应用

目前科学家对干细胞的培养和应用以胚胎干细胞和造血干细胞为主。最早被分离培养的干细胞是小鼠畸胎瘤干细胞，它是发育不正常的无序胚胎，具有肿瘤的某些特性。之后英国剑桥大学的专家从小鼠胚泡的内细胞团中分离出可在体外培养的胚胎干细胞。它们的培养需要有滋养层细胞或白血病抑制因子。滋养层细胞不能分裂增殖，但能分泌白血病抑制因子。另外的研究发现，还有多种生长因子和细胞黏附蛋白等是调控干细胞增殖或分化行为的外在因子。在前期研究的基础上，科学家们相继建立了猪、牛、绵羊、山羊、猴和人的干细胞系和培养系统（图6-38）。人类干细胞的培养与应用，一方面具有重大的医学价值，另一方面涉及科学道德、伦理、公共卫生安全等十分敏感的问题，因此引起人们的高度

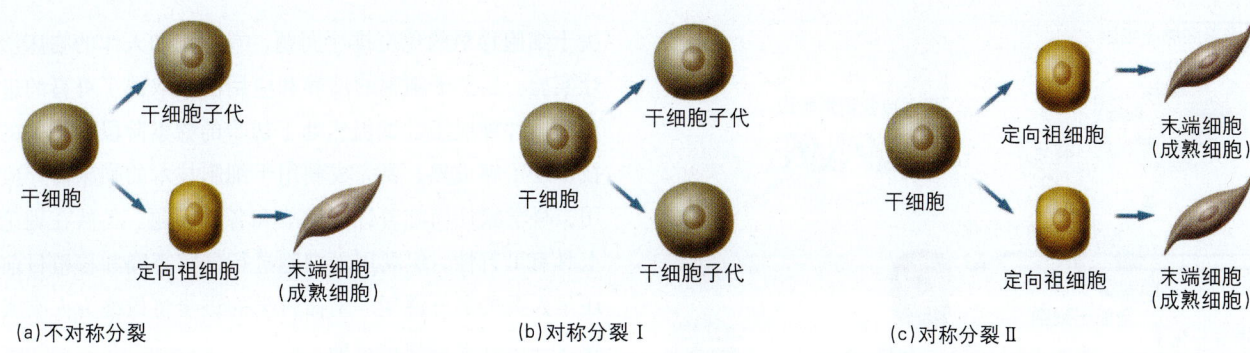

图 6-37　干细胞的发育命运　（a）干细胞不对称分裂，往往产生一个干细胞子代和另一个定向祖细胞，定向祖细胞再分裂产生末端细胞（成熟细胞）。（b）干细胞对称分裂，可以产生2个相同的干细胞子代。（c）干细胞对称分裂，也可以产生2个定向祖细胞，由定向祖细胞分化产生末端细胞。

关注。在应用性研究的实验中，人类胚胎干细胞主要来源于：①选择性流产的人类胚胎组织；②体外受精产生的人类胚胎；③将人的体细胞核植入卵质内产生的克隆胚胎。目前研究中普遍使用的胚胎是人工授精的冷冻胚胎，而使用人类细胞克隆的胚胎在一些国家受到立法禁止。

造血干细胞是一类非常有医学临床应用价值的干细胞。运用流式细胞仪和磁性分选技术可以从骨髓、外周血、胎儿肝脏中分离得到早期造血干细胞。科学家已经能够在体外对造血干细胞进行大量的扩增和培养。在加入多种造血因子的条件下，造血干细胞还可以在体外产生多种定向分化的血细胞。外周血干细胞和脐带血干细胞移植的安全性较好，有可能将来在临床上代替骨髓移植。把外源基因导入造血干细胞进行基因重组和修饰，就有可能进行某些特殊疾病的基因治疗。输血是抢救失血过多病人的有效治疗方法，造血干细胞的培养和应用有可能从根本上解决医院血源不足的问题。

图6-39简略的示意利用胚胎干细胞恢复病人损伤组织的一般过程。首先从冷冻的胚泡中分离出少量干细胞，经过培养和增殖获得足量的干细胞，再经过诱导分化培养，获得定向分化的专能干细胞、祖细胞或定向分化的组织细胞。还需要从病人体内获得相应的自识别基因转入干细胞中，使人工培养的干细胞进入人体后不发生免疫排斥反应。它们在植入到病人体内后依附而生，能分裂增长生成肌细胞、血细胞和神经元等组织细胞，代替、补充或修复病人相应的病变组织，达到治疗疾病的效果。

几十年来，干细胞的基础研究和应用研究不断取得突破性的进展。例如，早在1967年，华盛顿大学的专家就报道了用正常人的骨髓移植方法试图治疗病人的造血功能障碍。1978年，第一例体外受精的试管婴儿在英国出生。1989年，科学家应用人类胚胎癌细胞系产生了来源于人体各胚层的组织。1998年，威斯康星大学的专家完成了人类胚胎干细胞在体外的生长和增殖。1999年，科学家用小鼠肌肉干细胞成功培育分化出血细胞和形成神经胶质细胞，用成人骨髓中分离出的单个间质细胞培

图 6-38　胚胎干细胞分离和培养示意图　英国剑桥大学专家在分离培养胚胎干细胞时发现，干细胞在含有滋养细胞的培养基中不发生分化但能分裂增殖，因而保持了干细胞的特性。如果去掉滋养细胞，又不加入白血病抑制因子，体外培养的干细胞就会发生分化。

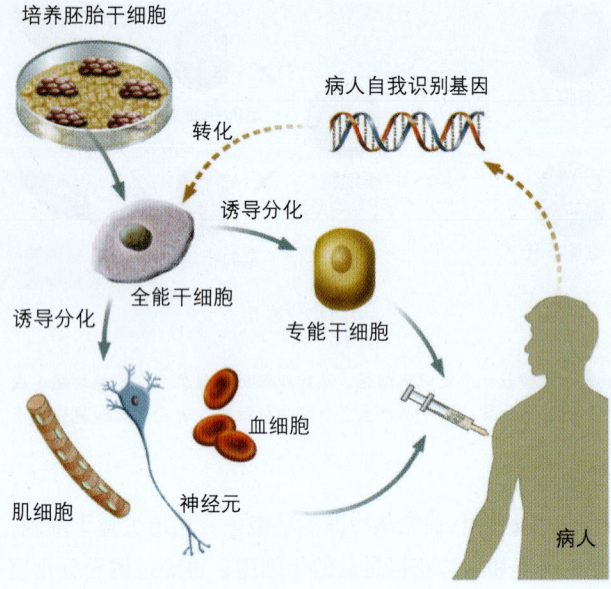

图6-39 利用胚胎干细胞修复病人损伤组织过程的示意图

育分化出人体骨骼组织。以后,哈佛大学医学院的专家组利用干细胞治疗帕金森综合征发现,将干细胞植入小鼠脑中,结果4个月后大部分小鼠体内出现了能制造多巴胺的神经元并表达出帕金森综合征患者大脑中所缺失的标志蛋白质。2001年,科学家发现某些病人臀部和大腿脂肪中含有类似干细胞的细胞,这些细胞可以发育成软骨和肌肉组织。另外的研究显示,将胰岛素基因转入小鼠干细胞中,将这些能分泌胰岛素的干细胞植入患糖尿病的小鼠胰腺中,结果小鼠的糖尿病症状消失了。干细胞移植还被证明可以恢复患病瘫痪小鼠的神经功能和运动能力。近年来更重要的一项研究结果令人兴奋,骨髓干细胞可以在心脏病人心梗后受损的心脏组织中生成新的血管和心肌细胞,减少了心肌疤痕,心血管功能改善效率达30%~40%。2004年,*Nature Biotechnology*杂志还公布了一项干细胞用于毛发再生的新发现,证实了科学家们此前有关毛囊中可能存在干细胞的猜测。科学家已用克隆技术获得人类胚胎干细胞的实验成功说明,治疗性克隆已从理论上的可能变为现实,干细胞应用研究的成果将为医学界带来巨大的改变,为许多疑难疾病的治疗提供有效的手段。

干细胞研究对于人类具有巨大的应用潜力,目前研究的重点主要集中在以下几方面:①建立多种胚胎干细胞系;②干细胞定向诱导成组织细胞的分子机制;③成体干细胞分化的相关条件;④建立成体干细胞库;⑤解决干细胞移植的免疫排斥问题;⑥动物和人体的临床治疗实验。虽然干细胞的培养和应用已经取得了可喜的进步,但种种应用尝试仍然处于初步的探索阶段,相关的技术还不够成熟,要完成利用干细胞技术的临床治疗应用,科学家还面临着许多挑战和各种问题。虽然在理论上具有可行性,但利用干细胞进行器官克隆和移植目前还是人类的美好愿望。生命科学的进步将最终为人类实现这一美好愿望提供可能。

三、动物克隆技术

1962年英国生物学家John Gurden等首次报道了动物克隆。他们将成年非洲爪蟾完全分化的肠细胞的细胞核植入去核的爪蟾卵中,获得了发育完全正常的个体。1997年2月23日,苏格兰Roslin研究所的Wilmut和Campbell等人在英国的*Nature*杂志宣布:世界上首例来源于哺乳动物体细胞的克隆羊"多莉"问世了。全球各大新闻媒体纷纷以头号新闻转载和传播了这一重大科学突破,消息传开,立刻惊动了全世界,有人为之高兴和欢呼,有人为之担忧。

Wilmut和Campbell等人克隆"多莉"羊应用的是一种"核移植"技术。所谓核移植(nuclear transplantation),就是利用一个动物的体细胞的细胞核(供体核)来取代受精或未受精卵中的细胞核,形成一个重建的"合子"。从理论上来说,供体细胞核具有基因组全套遗传信息,可以指导胚胎发育形成与核供体动物完全相同的个体(拷贝)。尽管理论上是可行的,但实际操作和实现动物的克隆并非是一件简单的工作。研究人员花了很多年的时间,尝试核移植操作,他们收集脆弱的卵细胞,除去里面的遗传物质,另引入一个哺乳动物的供体细胞核,然后将重建的"合子"植入一个"代孕母亲"的子宫内。研究人员做了一个又一个这样的核移植试验,克服了许多技术操作难题,虽然实现了以胚胎细胞为供体的核移植,并发育得到了新一代生物个体,但他们始终没有实现哺乳动物体细胞的克隆,即没有能实现由哺乳动物体细胞为核供体来重建"合子"并发育成核供体动物的"拷贝"。

克隆原意是无性繁殖系。克隆动物就是不经过生殖细胞的受精过程而直接由体细胞获得新的动物个体,这个新个体是核供体动物的拷贝。

在前人克隆动物多次失败的基础上,Wilmut等人对直接从体细胞进行核移植操作技术和步骤进行了不断的探索和重要改进。他们先从一头苏格兰黑面母羊（卵供体）体内获得了一些卵细胞，在显微镜下用毛细吸管除去了卵细胞中原有的细胞核（图6-40）；接着，将来自一头6岁的白色芬兰母羊（核供体）的冷冻乳腺上皮细胞取出，并进行营养限制性培养。然后通过电脉冲技术使芬兰母羊乳腺细胞中的核释放并融合进入到去核的苏格兰黑面母羊卵细胞的细胞质中。电脉冲还进一步刺激了这种重组卵细胞一周内分裂了3次，形成8细胞的"胚"。8细胞的"胚"最后被植入到另一头苏格兰黑面母羊（代孕母亲）的子宫内进一步发育。Wilmut等人一共进行了277次这样的乳腺细胞核移植实验，获得了29个发育为8细胞的"胚"，分别植入13头代孕母亲的子宫中。1996年7月5日，原始记录为6LL3的羊羔出生了，它被命名为"多莉"。"多莉"是与核供体动物（白色芬兰母羊）一样的复制品，具有与供体核相同的全套遗传信息。如此，全球第一例由体细胞克隆的哺乳动物终于问世了，它宣告了生命科学和生物技术的又一次大跨越。

"多莉"羊的克隆绝不是偶然的，Wilmut等人分析了前人未能成功的可能原因，经过反复研究发现，重组卵细胞最初3次分裂时虽然完成了DNA复制，但它们的转录并没有开始，即基因未开始表达；与此同时，供体核DNA开始丢失来源于乳腺细胞的调节蛋白，正是这些乳腺细胞的调节蛋白最初阻止了核基因的表达；在重组卵细胞开始第3次分裂时，卵细胞质中的蛋白因子便全部替换了原乳腺细胞的调节蛋白，于是重新编排核DNA，使胚细胞开始表达自己的基因，进而调控胚在代孕母亲子宫中的进一步发育。因此，他们除了采用电脉冲细胞融合技术和选择细胞刚分裂3次时进行移植外，还在核移植前对乳腺细胞进行了特殊的处理。例如，他们将这些乳腺细胞先保持在含有10%牛血清的培养基中，在与卵细胞融合前，将牛血清的质量浓度降低到0.5%，这种牛血清饥饿处理使乳腺细胞处于细胞周期的G_0阶段。G_0阶段是细胞停止分裂但仍保持代谢活性的休眠阶段，此时，细胞核内会发生一系列化学变化，导致其中基因启动程序重新编排，有利于细胞融合后卵细胞质中的蛋白因子能够再次启动乳腺细胞核的分子开关，进而对胚的发育进行调控。

除了在生物技术方面的重大突破外，"多莉"羊克隆成功之所以轰动了世界，还因为大家普遍关心另外两个重大问题：①既然绵羊的体细胞可以被成功地克隆成一个新的个体，是否意味着人类也可以克隆自己呢？②是否应该允许进行克隆人的实验？第一个问题的答案是明确的。从理论上看，既然绵羊可以被克隆，同属于哺乳动物的人类的克隆最终也能成功，而且有关试管婴儿的试验和人类生殖控制等技术也都比较成熟，在技术层面上的问题都可以得到解决。有人还专门设计了克隆人或器官的技术路线与步骤。但是回答第二个问题就不那么简单

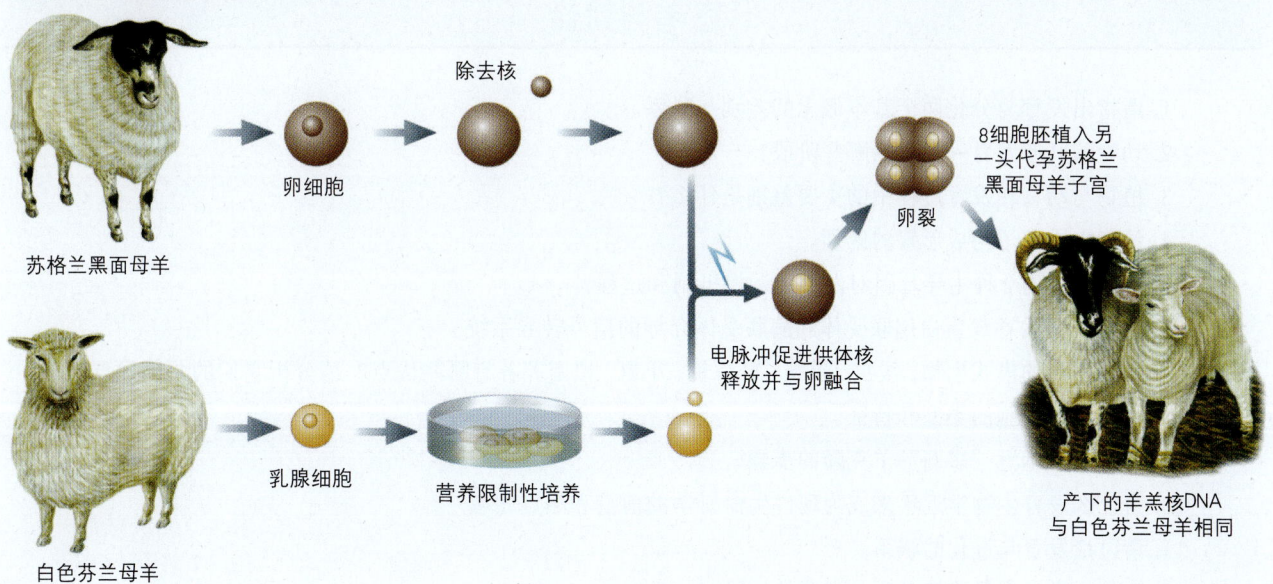

图6-40 克隆羊技术示意图

了。这里涉及到一系列人类过去尚未遇到的重要问题，包括伦理道德、人类自身安全、克隆人是否健康、是否易引发基因突变等等，该问题将在第十二章中进一步讨论。

了解了"多莉"羊的克隆以后，让我们再来讨论**克隆**本身的含义。如果您翻开词典，查找克隆一词的含义，您会见到这样一句简单的解释：一群无性繁殖的细胞系。它的原意是指细菌等单细胞生物通过无性繁殖，产生了一群遗传背景完全相同的细胞。一群无性繁殖的细菌在琼脂培养基上又称为一个菌落。因此在细胞水平上的克隆是指来源于单一的共同祖先细胞分裂所形成的遗传背景相同的一群细胞。而在分子水平上的克隆一般指DNA克隆（或基因克隆），其含义是将某一特定的DNA片段（或基因）通过重组DNA技术插入一个载体（如DNA质粒）中，再将携带特定DNA片段的载体转入宿主细胞（如大肠杆菌）中，当宿主细胞通过无性繁殖产生一群遗传背景相同的许多细胞时，每一个细胞的载体都含有这一特定的DNA片段，即产生了许多相同的DNA片段拷贝，这就是DNA克隆。DNA克隆是借助于细胞水平上的克隆而完成的。在个体水平上的克隆是指基因型完全相同的2个或多个生物群，也可指一个生物的人工"复制品"。如动物早期胚胎分割、干细胞培养或像"多莉"羊那样通过细胞核移植到去核卵细胞中，再通过代孕母体产出遗传背景相互完全相同的后代，或产出与核供体动物遗传背景完全相同的后代，这些都是克隆动物。无论如何，动物克隆不经过有性生殖的基因重新组合，新个体的遗传背景没有变异。

自从"多莉"羊克隆成功以后，其他各类克隆动物也相继问世。目前全世界体细胞克隆牛的数目已达到约300头。已有3个实验室报道克隆猪获得成功。虽然猪的体细胞克隆比羊和牛的难度大，成功率较低，但猪的器官大小和功能与人体较为接近，猪的器官可作为医学上异体器官移植的供体，猪的体细胞克隆应用价值更大。小鼠是非常好的实验动物模型，克隆鼠的研究已经在全球的多个实验室获得成功。另外其他各类动物的克隆研究和转基因动物的克隆也不断取得新的进展。

干细胞克隆和动物克隆技术在医学、制药、工业、农业及畜牧业领域具有广泛的应用前景。例如，可用于器官克隆和移植，大量生产克隆动物，大量生产转基因动物，制备发育生物学体外模型系统，制备药理学实验模型系统，培育家畜优良品种，保护和拯救珍稀濒危动物等等。

思考与讨论

1. 请指出发育与分化两个基本概念的差别与联系。
2. 动物的胚胎发育一般包括哪些阶段？
3. 植物与动物在发育过程中的主要差别是什么？
4. 请指出决定子与成形素的区别。
5. 请举例说明2种主导基因对发育的调控机制和过程。
6. 请绘简图示意G蛋白偶联受体和酶联受体介导的信号转导系统。
7. 作为发育的模式生物，线虫、果蝇、斑马鱼、小鼠、拟南芥各有哪些优点？请分析它们的共同优点。
8. 请说明干细胞的类型和特征。
9. 请绘简图示意"多莉"羊克隆的步骤。
10. 为什么发育生物学近年来成为现代生命科学的前沿和热点领域？
11. 请讨论发育与进化的联系。
12. 为什么说发育是连接微观与宏观的桥梁？

练习题

1. 名词解释：

   发育　胚胎发育　细胞分化　形态发生　细胞命运决定　决定子　镶嵌型发育　诱导　诱导子　模式形成　成形素　组织者　位置效应　细胞凋亡　主导基因　同源盒　器官决定基因　信号转导　自分泌信号　内分泌信号　旁分泌信号　G蛋白偶联受体　第一信使　第二信使　种系　生成细胞　同源异形基因　干细胞　胚胎干细胞　胚泡　造血干细胞　间充质干细胞　末端细胞

2. 下列不属于胚后发育的是（　）。

   a. 鱼的受精卵发育成鱼苗

   b. 蝌蚪从卵膜里孵化出来后发育成青蛙

   c. 家蚕发育成蚕蛾

   d. 小鸡破壳而出后发育成鸡

3. 青蛙由于（　）的发育而具有了感受刺激并发生反应功能的神经系统。

   a. 内胚层　　　b. 中胚层　　　c. 外胚层　　　d. 外胚层和内胚层

4. 蛙受精卵的特点是（　）。

   a. 动物半球颜色深、卵黄多、朝上

   b. 植物半球颜色浅、卵黄少、朝下

   c. 动物半球颜色深、卵黄少、朝上

   d. 植物半球颜色浅、卵黄多、朝上

5. 在动物胚胎发育过程中，早期原肠胚的细胞从一个部位移动到另一个部位时，被移植的细胞能适应新的部位并参与那里的器官形成。但如果在原肠胚的末期，把未来将发育为蝾螈下肢的部分肢芽细胞移植到另一个蝾螈胚胎上不发育为下肢的区域，这些细胞将发育为一条额外的腿。这说明（　）。

   a. 原肠胚末期，已有了组织和器官的形式

   b. 此时的肢芽细胞是全能的

   c. 原肠胚末期出现的细胞分化不可逆转

   d. 原肠胚已出现了三胚层

6. 在海胆动物早期胚胎发育过程中，细胞质中决定细胞命运的特殊信号物质是（　）。

   a. DNA　　　b. mRNA　　　c. 蛋白质　　　d. 未知化合物

7. 果蝇体节基因级联表达控制体轴的建立称为（　）。

   a. 模式形成　　b. 转录调节　　c. 诱导　　　d. 细胞凋亡

8. 细胞的分化总是涉及到（　）。

   a. 原肠胚的形成　　　　　　b. 环境因子

   c. 基因组中某些基因的丢失　　d. 基因组中少数基因的选择性表达

9. 同源异形基因（　）。

   a. 只是控制果蝇体节形态模式的基因

   b. 在植物中称为器官决定基因，它总是造成花器官发育的异常

   c. 就是同源盒

   d. 是与许多生物形态模式相关、表达转录因子的控制基因

10. 作为发育生物学研究的模式生物,以下( )不是必需的。

　　a. 胚胎的分化易于被观察

　　b. 分布广泛,易于收集样品

　　c. 生活周期较短,生活史清楚

　　d. 基因组相对较小或已知其全部或大部分基因组序列

11. 有人将果蝇称为遗传学和发育生物学领域的王中王,是因为( )。

　　a. 易于进行基因诱变,具有各种大量的突变体

　　b. 胚胎发育快,易于观察卵裂、早期胚胎发生、躯体模式形成和各器官结构的变化

　　c. 个体小,生命周期短,易于大量培养

　　d. 仅有4对染色体,组成简单。基因组测序已于2000年基本完成

　　e. 上述4点

相关网站　　http://www.biology.arizona.edu/developmental-bio/developmental-bio.html

http://www.devbio.com/

http://zygote.swarthmore.edu/

http://www.sdbonline.org/

http://www.luc.edu/depts/biology/dev.htm

第七章

进 化

生物进化要阐明生命起源与进化的机制，从时间与空间统一的角度了解生命的演化过程，把握现今生物多样性与复杂性规律。

第一节 生命的起源
一、关于生命来源的争论
二、原始的地球和最早出现的生物
三、前生物期的化学演化
四、代谢系统的进化和遗传系统的起源

第二节 Darwin 与进化论
一、神创论与进化论的斗争
二、年青时代的 Darwin 和贝格尔号的航行
三、自然选择导致生物进化
四、物种形成的原理
五、生物进化的理论在争论中不断发展

第三节 群体遗传与生物进化的机理
一、种群的遗传结构和变异
二、群体遗传平衡及 Hardy-Weinberg 平衡定律
三、促进基因频率改变及微观进化的原因
四、自然选择的作用

第四节 生物进化的证据和历程
一、生物进化的化石记录
二、生物进化的其他证据
三、真核生物的起源及内共生学说
四、生物进化的历史进程

第五节 生命系统及进化树
一、生物分类与五界分类系统
二、各大类（界）生物的进化系统树
三、植物界和动物界主要门类进化系统树

第六节 人类的起源和进化
一、人在生物界的地位和特征
二、从猿到人
三、人类在进化中创造了不断发展的文化

第七章 进化

看过电影《侏罗纪公园》的人不仅对其中巨大的恐龙留下了深刻的印象，更热衷于讨论其进化命运等问题（图7-1）。现今地球上的生命多种多样，丰富多彩。这些生物从何而来？它们相互之间有怎样的亲缘关系？上一章我们重点学习了生物发育的基本理论，认识了新的生命个体从出生到发育成熟、再进入衰老和死亡的过程。生物通过遗传和生殖繁衍后代，将无数短时间尺度的个体发育循环串联起来、延续下去，并使生物在长时间尺度上产生了适应于环境的变异。生物的某一种群在一定历史时期内形成的遗传变异的积累和表型特征的改变就是**生物进化**。一个多世纪以前，达尔文发表了《物种起源》，提出了自然选择学说并创立了生物进化论。达尔文的进化论被恩格斯称为19世纪自然科学三大重要发现之一。现代进化生物学理论将种和种以上类群的进化称为**宏观进化**（macroevolution），将无性繁殖系和有性生殖种群在遗传组成上的微小改变称为**微观进化**（microevolution），而正是许多这种微观进化，伴随着地球历史的演变，构成了生物进化的历程，产生了现今地球上丰富多彩的生命形式。

随着生命科学的发展，特别是发育生物学和分子生物学的发展，对生物进化的研究已不只限于古生物化石研究和传统形态分析与推论等方面，它还向验证实验与定量方向发展。我们不仅要了解进化的过程，还要弄清进化的原因、机制、速率和方向等一系列更深层次的问题。在我们学习进化的理论、思考进化问题的时候，应该把握好时间与空间的关系，将进化现象与遗传、发育和生态环境的适应密切联系起来，将宏观生物学与微观生物学（主要包括分子生物学）密切联系起来。生物进化是生命科学的核心问题，它不但要回答生命从何而来、生物之间相互关系等基本问题，还要阐明生命起源与进化的机制，从时间与空间统一的角度了解生命的过去与演化过程，从而把握现今生命系统的多样性与复杂性规律，并可能预测未来生命演化的方向。生物进化理论的学习和研究对于我们进一步认识生命本质及其运动规律具有重要的意义。

第一节 生命的起源

一、关于生命来源的争论

过去人们曾经相信，新的生命随时都可以从非生命物质中自发地产生出来。因为他们看到，从垃圾和粪坑里自发地产生了蛆和苍蝇，从小池塘和沼泽地中自发地

图7-1 公园里的恐龙雕塑 这一幅雕塑图片仿佛又将我们带入了侏罗纪时代，恐龙曾经是地球村的匆匆过客，如今已经绝灭。它们从何而来？又迈向何处？当时它们生存的地球环境发生了哪些变化？会飞翔的恐龙（又称翼龙）与鸟类在进化上有何联系？恐龙蛋化石中可能保存古DNA的信息吗？这些神秘的问题不但引起专家们的兴趣，也为广大公众所关注。

出现了蝌蚪和青蛙，从潮湿的土壤里钻出了老鼠。人们又知道，许多植物只能通过种子的萌发才能产生，卵的孵化产生了昆虫和家禽等。生命究竟是如何起源的，有机体能自发地由非生命物质随时形成吗？

18世纪意大利科学家Lazzaro Spallanzani发现，置于烧瓶中的肉汤加热沸腾后让其冷却，敞口时烧瓶中很快就繁殖生长出许多微生物；但加了瓶塞与外界隔离后烧瓶中就没有出现微生物。这一实验结果为解决上述的生命来源问题提供了重要的线索。但是，当时其他人重复该项实验时，由于实验条件控制不严格，因此获得了相反的结果。同时，也有学者认为，通过加热烧瓶中的空气，Spallanzani可能将生物自发产生所需要的某些物质破坏了。

1860年，伟大的科学家、现代微生物学奠基人Louis Pasteur设计了一个简单且令人信服的实验，终于解决了生命是否可以自发产生的问题。Pasteur的实验实际上是Spallanzani实验的重复，主要差别在于Pasteur没有用瓶塞将烧瓶内外隔离，而是在瓶口上连接了一根细长弯曲的玻璃管，管口是敞开的。当他加热烧瓶内的肉汤再冷却后放置数天，烧瓶内没有出现任何微生物；当他把瓶口的细长玻璃管断开，很快烧瓶内出现了大量的微生物（图7-2）。根据这一结果，Pasteur敏锐地指出，是瓶外空气中的微生物植入了烧瓶，才使肉汤中产生和繁殖出大量的新的微生物，而接上细长弯曲的玻璃管，烧瓶外的微生物在数天内很难到达烧瓶的肉汤中。因此，Pasteur得出结论："所有生物只能来源于生物，从非生命物质中绝对不可能自发地产生出新的生命个体"。

尽管Pasteur证明了新的生命绝对不可能自发地从非生命物质中产生，但他并没有解决生命起源的问题。Darwin和其他生物学家都认为，所有现代的生物都是过去的生物进化的结果，只有生命才能产生生命。那么，任何人都会问：地球上的第一个生命是如何而来的？人类社会的各种文化，无论是古代的文化和现代的文化都曾试图来回答生命起源的问题，其中还有许多哲学的和宗教的解释，有的涉及超理性的或超自然的创造力等等。这些非科学的解释都没能说明最早的生命是如何发生的。如今，人们仍然无法肯定地说清楚地球上生命起源的详细过程，因为这一过程现在已经不可能被重复和验证。尽管如此，根据现代天文学、地球科学、化学、物理学和生物学等的研究成果，科学家们可以作出合理的分析和推测，甚至可以设计一些模拟实验对生命起源的一些关键步骤进行某种程度的验证。最重要的是，科学研究表明，在生命物质与非生命物质之间没有不可逾越的鸿沟。

关于生命的起源，有两种推测或解释。一种简单的推测是，地球上的生命可能来源于宇宙中的其他星球；另一种推测是，在地球形成初期特殊的原始大气环境下，非生命的有机分子经过长期（又称为前生物期）的化学演化，逐渐形成了最简单的生命形式。对于前一种推测，大多数生物学家不赞同，但有一些天文学家根据宇宙中发现的不明飞行物和有关天体物理学的理论，提出人类对宇宙万物的探索是无止境的，人类不应坚持以地球为中心的狭隘观，宇宙中其他星球有着生命存在的可能性，只是目前我们尚不知道罢了。生物学家则认为，迄今为止人类对宇宙的探索研究包括对月球与火星的探测并没

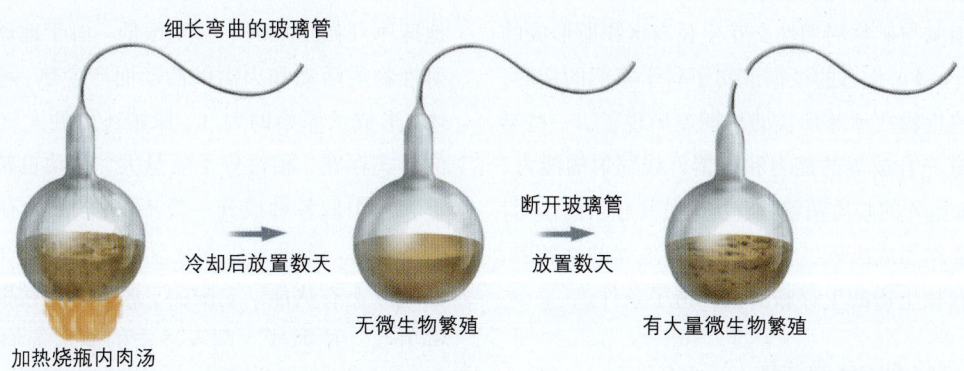

图7-2 Pasteur的实验　1860年，Pasteur设计了一个巧妙的实验，他在烧瓶中加入肉汤，然后在瓶口接上一根细长弯曲的玻璃管，他煮沸了肉汤再冷却，数天后瓶内没有出现微生物。但断开了瓶口细长弯曲的玻璃管，烧瓶内肉汤中很快出现了大量微生物。由此他提出，是瓶外空气中的微生物进入烧瓶，才使肉汤中出现了大量微生物。而接上细长弯曲的玻璃管，瓶外微生物就不易达到瓶内的肉汤中。

有发现那里有生命存在的迹象。另外即使外星球存在生物，它们要到达地球需要经过漫长的距离和时间，任何生命形式都不可能跨越如此漫长的距离和岁月。同时，外星上的生命是如何起源的这个问题仍然没有解决。现在看来，地球上的生物起源于外星球这一假说距事实还相当遥远，人们基本接受了通过研究早期地球的化学演化来揭示生命起源秘密的探索途径。

二、原始的地球和最早出现的生物

我们的地球大约在46亿年以前就逐渐形成了。科学研究表明，原始的地球缺乏 O_2，大气中存在着许多还原性气体如 H_2、NH_3、CH_4 和 H_2O（水蒸气），也可能有 CO_2、H_2S 等。由于当时地球缺乏臭氧层（ozonosphere）的保护，太阳的紫外线辐射很强。地质学家把从地球形成到5.7亿年前的这一段时期称为前寒武纪（Precambrian）。在地球形成、地壳变冷固化以后，大约在41亿年以前出现了最早的结晶矿物，最早的沉积岩（sedimentary rocks）可追溯到38亿年以前。过去古生物学家在前寒武纪以后的地层中发现了许多肉眼可见的动植物化石（fossil），而在前寒武纪地层基本找不到类似的化石。直到20世纪50年代以后，通过在显微镜下对前寒武纪沉积岩薄片的仔细观察和研究，科学家们才找到并确认了其中存在类似细菌大小的微体古生物化石，经鉴定主要是一些细菌、蓝细菌（蓝藻）等。迄今发现的最早的生物化石存在于34亿年前南非的燧石（一种以 SiO_2 为主要成分的沉积岩）层中。这些最早出现的微体生物化石是一些能进行光合作用的蓝细菌（图7-3）。另外，在前寒武纪早期地层中发现的一些叠层石（stromatolite）被确定为光合蓝细菌与矿物周期性交互生长与沉积所形成的特殊构造（图7-4）。化石的证据证实了科学家们的推测，即最早的原核生物在地球形成的早期就出现了。一些早期生物还具有光合放氧的能力和抗紫外线辐射的能力，例如蓝细菌细胞外的胶质鞘就具有抗紫外线辐射的作用，它们通过光合作用放出氧气，形成了保护地球的臭氧层，为以后其他真核生物的生存和演化创造了条件。

三、前生物期的化学演化

图7-4和图7-5所显示的地球早期的生物细胞是如何形成的呢？科学家们认为，在最早的生物细胞产生前（即前生物期）的化学演化对原始细胞的形成是必需的。

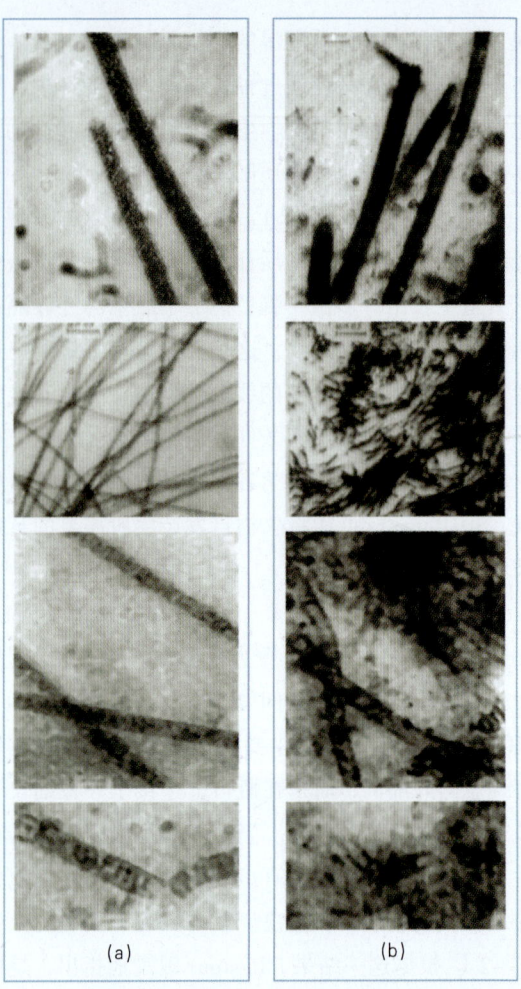

图7-3　现代蓝细菌和古老燧石层中的蓝细菌微体生物化石比较

（a）现代丝状蓝细菌 *Oscilatoria tennuis* 的显微照片。（b）发现于地质年龄为14亿年的燧石层中的蓝细菌化石显微照片。自上而下第二行的两幅照片的显微镜放大倍数为100倍，其他图片的显微镜的放大倍数为400倍。

地球刚开始形成时，温度很低。由于地球物质收缩、放射性物质活动和火山的活动而产生热，同时放出大量气体，形成了原始的大气。原始还原性大气大都以化合物的形式存在，相对分子质量大，运动也较慢，这种情况下大气中的各种成分一般不易消失，为有机物的积累创造了条件。能量是生物化学演化的另一个必要条件，原始地球上有热能、太阳能、放电等直接能源，此外，宇宙射线、放射线、陨石冲击的能量等均可促进化学演化；原始海洋是生命的摇篮，液态水的出现是生命化学演化中的重要转折点，水蒸气冷却产生的雨水把大气中一些生成物降于原始海洋后，原始海洋就成了生命化学演化的中心。

元。虽然从非生命的无机与有机分子可以聚合形成糖、脂类、蛋白质和核酸等生物大分子，甚至生物多分子体系，但还没有出现真正的生命，因而这一时期被称为**化学演化期**或**前生物期**（prebiotic period）。科学家们分析，从前生物期的化学演化到最终产生最简单的生命形式应包括4个阶段：①氨基酸、核苷酸等有机单体分子的非生物合成和积累；②有机单体分子在非生物体系中聚合成多聚体，即形成核酸、脂类、蛋白质等生物大分子；③非生物过程产生的多聚体整合成为多分子体系颗粒，这些原始的具有某些简单生命特征的颗粒被统称为原球体（protobionts），它们的内部具有与周围环境完全不同的化学特征；④代谢与遗传体系的形成和演化最终产生出最简单的生命形式——原核细胞。

前生物期的化学演化只有在原始地球条件下才能实现，只有在完全没有氧气的环境中，最初形成的生命物质才有可能不被氧化降解。有机分子聚合成为生物大分子和多分子体系的原球体还需要有能量输入，而没有臭氧层的原始地球上大量的紫外线辐射恰好提供了足够的能量，使生命起源的化学演化得以完成。

1953年，美国芝加哥大学的Stanley Miller根据原始地球的还原大气条件设计了一套密闭循环实验装置，模拟和验证了非生命的有机分子在原始地球环境中生成生物分子结构单元的化学动力学过程。在Miller的装置中，一个盛着水溶液的烧瓶代表原始的海洋，其上部球型空间的"还原性大气"含有H_2、NH_3、CH_4、H_2O（水蒸气）等（图7-6）。Miller先给烧瓶加热，使水蒸气在管中循环，接着他通过两个电极放电产生电火花，模拟原始天

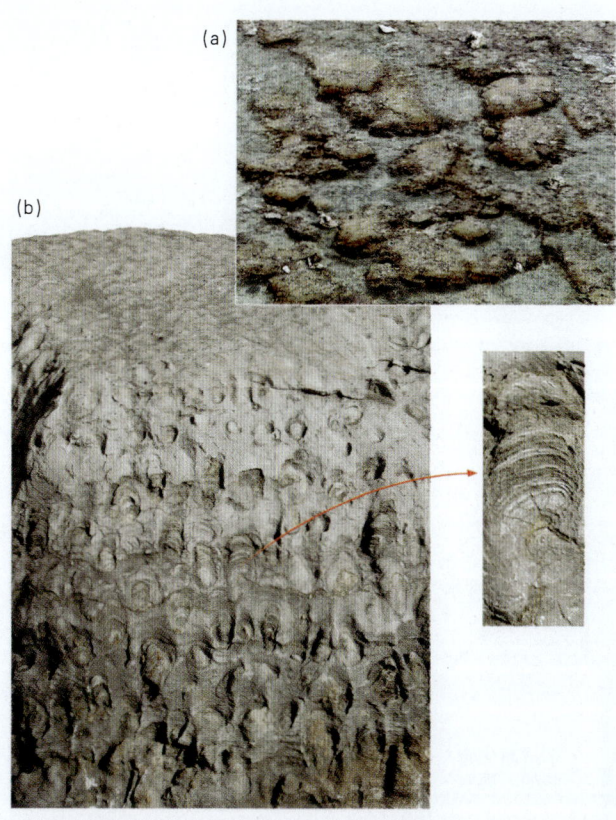

图7-4 叠层石 （a）现代海洋潮间带中正在发育的叠层石生物礁。（b）叠层石化石及部分剖面，可清晰地显示蓝细菌细胞层与碳酸岩沉积周期性交替分布。元古代地球的地质特征之一是地层中有许多叠层石碳酸盐沉积，它们形成了如今发现的古老地层中的叠层石化石。

现代生物学告诉我们，所有的生物体都是由一些基本相同的生物大分子结构单元——糖、脂类、蛋白质和核酸所组成的。专家们经过研究和分析后提出，在原始的地球环境中完全可以产生出这些组成生物体的结构单

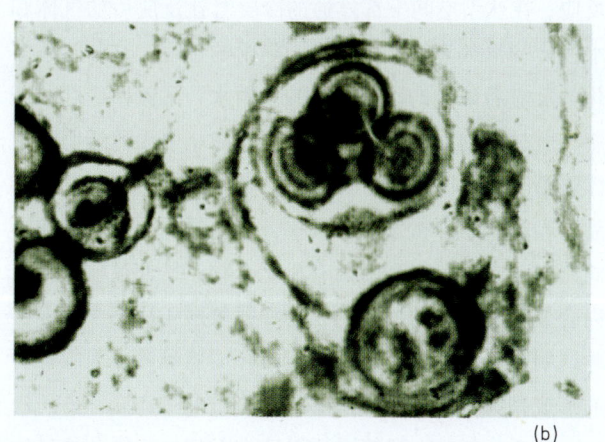

图7-5 早期出现的原核生物化石和后来出现的真核生物化石 （a）地质年龄为14亿年的地层中的原核生物化石，它们是一些球状蓝细菌（蓝藻）。（b）地质年龄为14亿年的地层中的真核生物化石，它们是一些球状绿藻类。

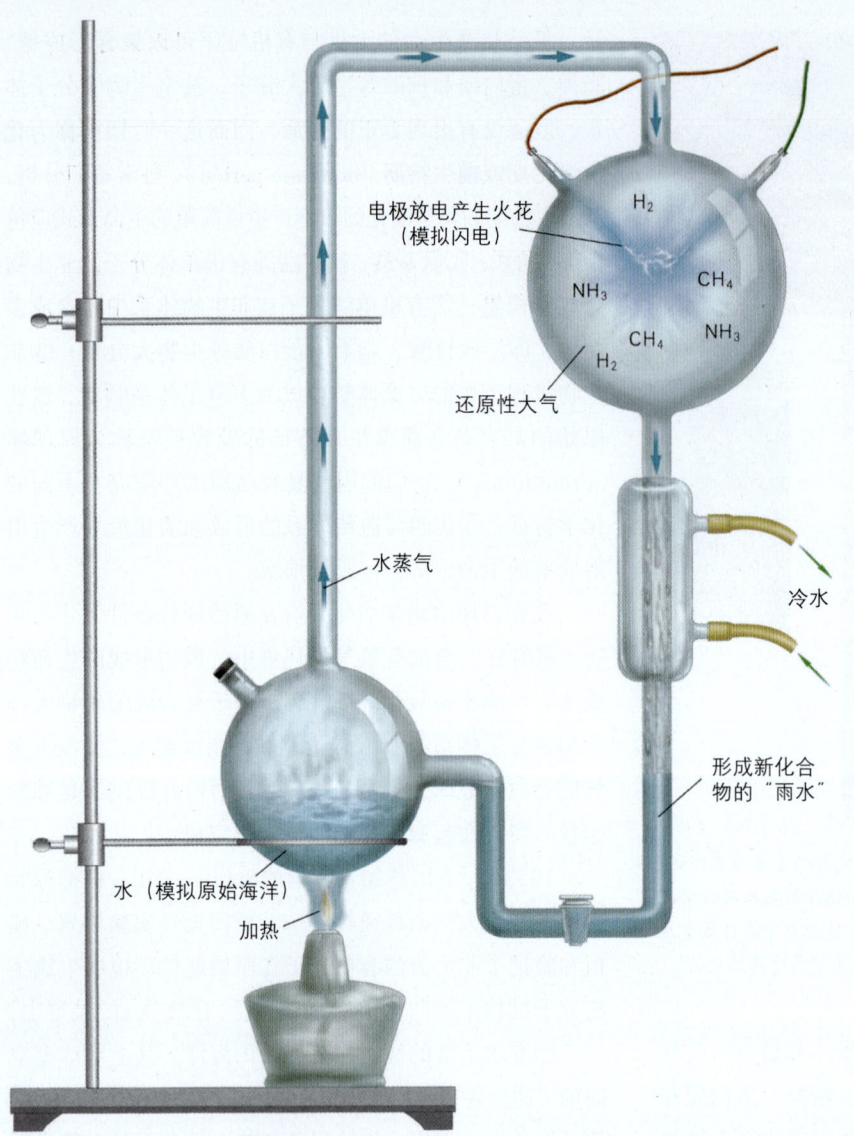

图7-6 Miller的实验 Miller根据原始大气和地球环境特征设计了模拟生物分子形成的实验装置。假定当时大气圈是含有大量氢气的高度还原条件，则大气中的氮或一氧化碳与氢反应，生成大量的甲烷和氨，并且与原始大气中的水蒸气混合，经过模拟火花放电过程，反应一周以后，从模拟实验体系中可以分离获得包括5种氨基酸在内的多种生物分子。

空的闪电，并激发密封装置中的不同气体之间发生化学反应，在球型空间下部连通的冷凝管让反应后的气体和水汽冷却形成液体，即模拟了降雨的过程。这些溶解了化学反应后形成的新化合物的"雨水"又流回底部的烧瓶。通过持续反复地实验和循环，烧瓶中无色透明的液体逐渐变成了暗褐色。一周后，Miller取出部分液体样品，经过化学分析发现，其中含有包括5种氨基酸和不同有机酸在内的多种新的有机化合物，另外还检测到可以合成核酸碱基的前体化合物如氰氢酸（HCN）等。实验证明，5个HCN分子便可直接合成腺嘌呤，而腺嘌呤的形成则为ATP的形成提供了基础（图7-7）。

其后，Miller及其同行们又改用其他气体和能量输入条件进行了许多类似的模拟实验，采用了紫外线辐射来模拟能量输入。实验结果都证实，在几十亿年前原始的海洋中，存在着能够聚合成生命物质的结构单元，它们在还原性的地球环境条件下的非生物体系中，较容易形成氨基酸、腺嘌呤等合成蛋白质与核酸的前体成分。进一步的实验还显示，将腺嘌呤、核糖和磷酸混合在一起并用紫外线照射，便有ATP的形成。ATP的存在为氨基酸聚合成多肽链进而形成蛋白质提供了能量条件。在实验室条件下，模拟原始海洋和大气环境，生物学家还发现核苷酸分子也可以聚合形成短的RNA链，并可进一步按照Watson-Crick的核酸模型规则地形成双链分子。科学家们推测，前生物期的化学演化大约经历了4亿年。

在原始的海洋中形成的生命结构单元并不是生命的基本形式，科学家们对生命起源需要的多分子体系（原球体）形成、代谢的进化和遗传体系的建立提出了不同的假说。在生命起源的化学演化阶段，原始地球上的其

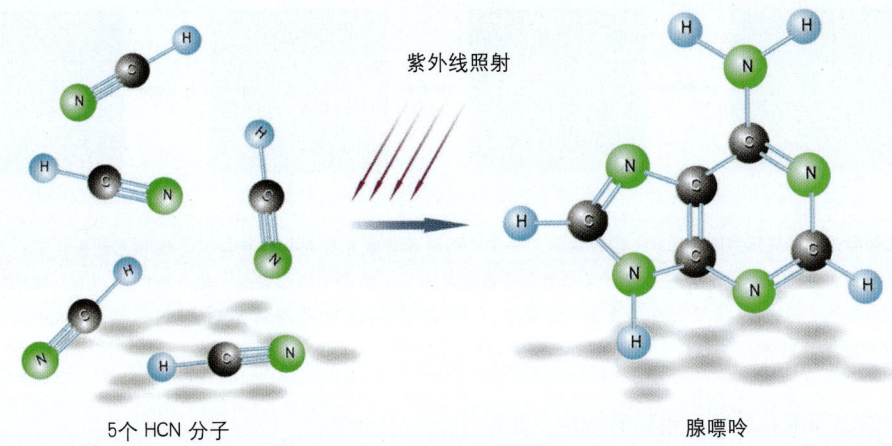

图7-7 5个HCN分子可以直接合成腺嘌呤 在Miller的实验中，形成了核酸碱基的前体化合物氰氢酸（HCN），实验证明，5个HCN分子在紫外光作用下便可直接合成腺嘌呤。腺嘌呤的出现为ATP的形成提供了基础，也说明在原始地球环境中存在核苷酸形成的可能性。

他因素也发挥了重要的作用，这些因素包括粘土矿物的化学催化作用、太阳和紫外线辐射对有机分子的浓缩作用、火山爆发形成的特殊环境和条件等等。在生命起源的化学演化过程中，先产生的生物分子组成了多分子体系，再形成漂浮在原始海洋中的胶质小球，这些多分子体系的小球可以是团聚体和微球体等形式。

将多肽、核酸和多糖等放在合适的溶液中，它们能够自动地浓缩聚集为分散的球状小滴，俄国科学家Alexander Oparin将这种球状小滴称为"**团聚体**"（coacervate）。按照Oparin的团聚体学说，蛋白质和核酸等生物大分子聚合在团聚体内并具有类似于半透膜那样的边界，其内部的化学特征显著地区别于外部的溶液环境。团聚体是一种多分子体系，它具有一定的生命现象，具有化学催化性质的蛋白质被包裹在团聚体中时，单个团聚体就好像一种简单的"细胞"。它能从外部溶液中吸入某些分子作为反应物，还能在酶催化作用下发生特定的生化反应，反应的产物也能从团聚体中释放出去。Oparin不但用蛋白质、核酸、多糖和脂类等形成了具有明显边界的团聚体，而且显示了这些团聚体具有某些最简单的代谢性质。例如，进入到团聚体中的磷酸化酶可以将由外部溶液中进入到团聚体内的1-磷酸葡萄糖转化成为淀粉，并在团聚体中积累保存起来（图7-8）。这些淀粉在淀粉酶的作用下还能被水解成麦芽糖，然后从团聚体中排出去。Oparin等科学家还利用团聚体完成了其他代谢反应，证明团聚体表现了一定的生命现象。

美国南伊利诺州大学生物化学家Sidney Fox发现，浓缩干燥的氨基酸在水溶液中可以形成微小的蛋白质球状体，他称之为**微球体**（microsphere）。这些微球体可以从外界吸收更多的生物多聚体分子，使得微球体上产生出芽，甚至形成新的微球体（图7-9）。这些微球体表面的蛋白膜还具有选择透性，它们能够在不同浓度的盐溶液中由于内外渗透压的变化而膨胀或者收缩。膜内外的电荷梯度差还能维持微球体能量的聚集和贮存。Fox的微球体学说为认识生命的起源提供了重要的依据。

另外，科学家将磷脂与蛋白质相互混合在一起还形

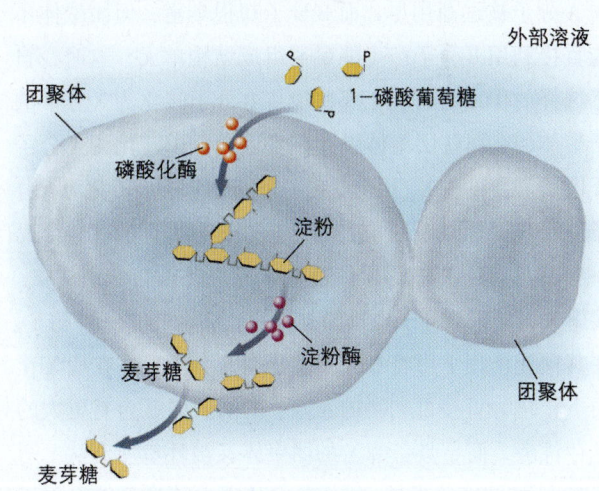

图7-8 团聚体具有简单的代谢性质 Oparin和他的研究小组从20世纪30年代开始研究某些蛋白质胶体形成的团聚体，Oparin视这种团聚体为前细胞的生命模型。团聚体最有趣的特征就是能通过它的外膜有选择地吸收周围的物质，如氨基酸、化学催化剂、酶等，并且在其内部发生酶促反应。例如，团聚体可以完成将1-磷酸葡萄糖转化为淀粉的代谢反应。

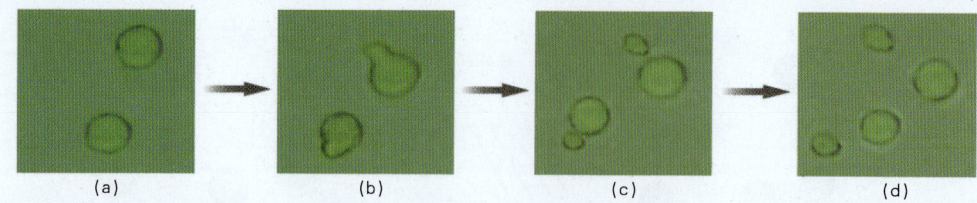

图7-9 微球体出芽和新微球体形成示意图 （a）实验显示，一定比例的各种氨基酸混合物在高温干燥和无氧条件下，可以得到高相对分子质量的聚合物，称为类蛋白，类蛋白溶于水并慢慢冷却下来时，可形成大小均一的微小球形颗粒，称为微球体。（b）微球体悬液放置一段时间后，可以出芽。（c）把这些芽分离出来，置于饱和的类蛋白溶液中。（d）把它们从37℃冷却到25℃时，可以使芽长大到原微球体一样大小，由此显示了微球体原始的出芽繁殖特性。

成了另一种外形类似于细胞并具有双层膜的结构，被称为脂球体。虽然团聚体、微球体和脂球体还不是真正意义上的细胞，但这些原始的生命体（原球体）都显示出生命的一些基本特征，如生长、代谢和对外部环境的响应等等。这使我们相信，在原始的地球环境中，化学演化和生物多聚体的聚合装配这种长期过程，最终为最简单的生命形式和最原始的细胞的出现提供了机会。

四、代谢系统的进化和遗传系统的起源

在早期地球环境中，原球体（包括团聚体、微球体等）内的代谢最初极为简单。例如，团聚体外的A分子直接被吸收和利用，可为原始的生命提供能量或结构单元，这种最简单的代谢系统比不具有这样代谢系统的团聚体在生存上更有优势。如果由于A分子的消耗，环境中A分子被逐渐用尽，而B分子却很丰富，但团聚体不能直接利用B分子产生能量或组成结构单元，这时，自然选择的作用将有利于那些能将B分子转化为A分子的团聚体，在那些团聚体中存在着将B分子转化为A分子反应所需要的酶X。因此，它们可以在B分子转化为A分子以后获得能量或结构上的补充，具有生存优势。而一些不具有酶X的团聚体就趋于死亡并被自然所淘汰。接下来，如果B分子也逐渐被耗尽，那么具有一种酶Y，在其催化作用下可将C分子转化为B分子，再在酶X作用下转化为直接可利用的A分子的团聚体就会有更大的生存优势，而不具备酶Y的团聚体又被环境所淘汰（图7-10）。如此变化发展，原始生命体系内代谢系统变得逐渐复杂起来，这种代谢系统的进化经历了由简单到复杂的漫长过程。

根据上述代谢系统进化的过程，科学家们分析，最原始的生命形式或最早出现的细胞应该是异养的。它们直接消耗外部的有机分子并获得能量。由于原始地球没

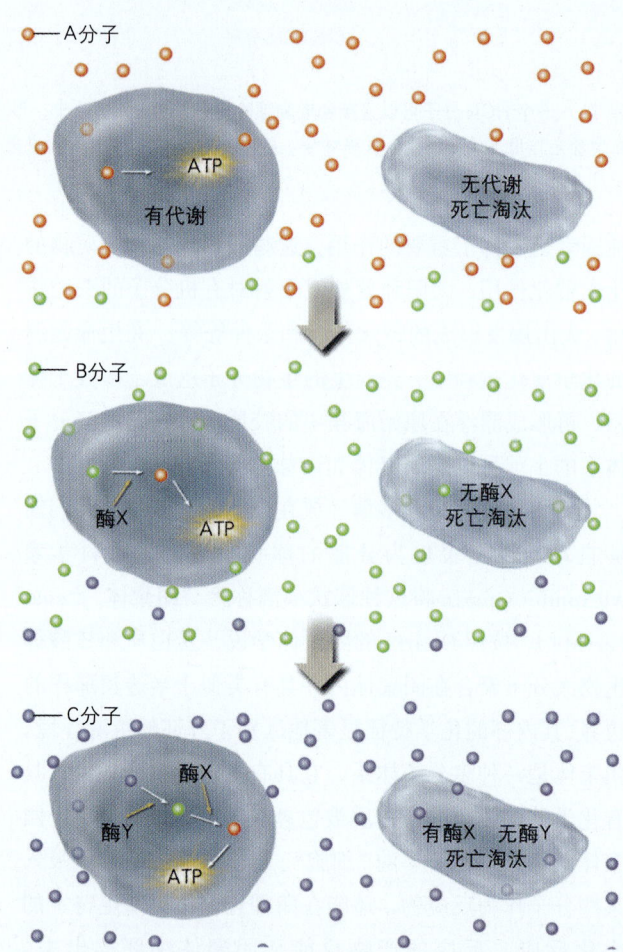

图7-10 原始生命体中代谢的进化 生命现象的本质特征是不断地与环境进行物质和能量交换，原始的生命体系通过它的外膜有选择地吸收周围的物质，并且在其内部发生酶促反应。对于原始的生命系统，自然选择继续发挥作用，导致生命的代谢体系逐渐复杂以适应变化的环境，并更高效地从环境中获得物质和能量。图中相关细节的说明见正文。

有氧气，它们不可能进行有氧呼吸，而可能进行类似于糖酵解过程的某些反应。不论是原核细胞或真核细胞都普遍存在糖酵解的代谢过程似乎也支持最早的细胞应该

是异养的,与自养代谢和有氧呼吸相比,这也符合生命进化由简单到复杂的原则。由于可以为早期原始的异养细胞提供能量的营养物质不会自发地再生,它们终究将会被消耗尽,这时,自然选择的压力促进了某些含有卟啉(porphyrin)类化合物的细胞能够吸收太阳光能,进行光化学反应(photochemical reaction),将无机物变成有机物,同时生成ATP。这一过程的复杂化便是光合作用的进化,其最终结果产生出光能自养细胞。自养细胞的出现不但可为异养细胞提供继续生存的营养物质及能量,更改变了地球的环境。光合作用产生的氧气为异养细胞的有氧呼吸和向更高级程度的进化提供了条件。大量氧气还逐渐形成了包围地球的臭氧层,这一臭氧层为地球上的生命不受太阳紫外线辐射的伤害提供了保护的屏障(图7-11)。科学家们在早前寒武纪地层中发现的许多蓝细菌等微体化石印证了地球及生命早期的进化过程。

原始生命代谢系统的进化及代谢过程的复杂化同时必须伴随遗传系统的出现,否则催化各种代谢反应的酶如果不能以某种形式被"记忆"或"复制",并传递给下一代新细胞,代谢系统的进化就不会逐渐被"积累"。

现在我们知道,生物细胞中的遗传信息贮存在DNA中,它通过将遗传信息转录到RNA,然后再被翻译成特定氨基酸序列和具有特殊功能的蛋白质。在细胞繁殖过程中,首先通过DNA的精确复制,遗传信息被传递给子细胞,它们在子细胞中最终以蛋白质或酶的形式进行表达。这种DNA→RNA→多肽链的体系实在太复杂,它不可能在原始的生命或细胞中突然出现。在DNA、RNA、多肽链这三者中哪一种是原始的生命最早贮存遗传信息并指导蛋白质合成、同时还能自我复制的物质呢?没有蛋白质的催化作用,DNA便不能合成和复制;相反,DNA也不可能指导蛋白质的合成,且蛋白质本身不能进行复制。如此,科学家们便集中来考虑RNA能否在最初担此重任。在现存生物的细胞中,RNA位于遗传表达系统的中心位置,因此它最有可能在原始细胞中成为最早的遗传物质,既能自我复制,又能指导蛋白质的合成。实验显示,在试管中RNA链可以自发地延伸和复制。即它能自发完成由单个核苷酸连接装配成短的RNA链。按照碱基配对的原则,一条单链RNA还能作为模板,指导5~10个单核苷酸聚合成链。在20世纪80年代初,分子生物学家Thomas Cech和Sidney Altman发现,某些RNA甚至具有像酶一样的化学催化活性。他们还提出,在没有酶(DNA聚合酶)存在时,RNA也能完成自我复制。Cech和Altman的重大发现使他们获得了1989年的诺贝尔奖。在1989年,Jennifer A. Doudna和Jack Szostak在实验室中研制出了人工RNA酶,称之为"核酶"。这种核酶能够催化新的RNA分子(包括mRNA, tRNA, rRNA)的合成(图7-12)。

RNA分子中核苷酸序列的差别、RNA链不同的折叠方式以及相对碱基之间氢键的相互作用,增进了RNA分子在组成及三维空间结构方面的多样性和稳定性。在特殊的原始环境中,那些更稳定、复制更快、活性更高、对高温及不同盐浓度等环境因素更为适应的RNA分子在自然选择的作用下逐渐演化,建立起最简单的遗传系统。最初由RNA指导的蛋白质的合成可能较简单,RNA分子与某些氨基酸结合很弱,并可能将多个不同的氨基酸按

图7-11 光合作用的出现为自身和异养细胞提供能量 早期原始的含有卟啉类化合物的细胞吸收太阳光,进行原始的光合作用,把无机物变成有机物,并生成ATP,由此出现了光能自养细胞。它的出现不仅为其自身和其他生物提供了生存的物质与能量,而且改变了大气的组成成分。光合作用产生的氧气为生物的有氧呼吸创造了条件。大量氧气还形成了臭氧层,包围着地球,以使地球其他生物免受紫外线伤害。由于可以为早期原始的异养细胞提供能量的营养物质不会自发的再生,光合自养细胞的首先出现还为异养细胞的繁衍提供了丰富的有机质原料。(图中的紫外线实际上不可见,此处仅为示意。)

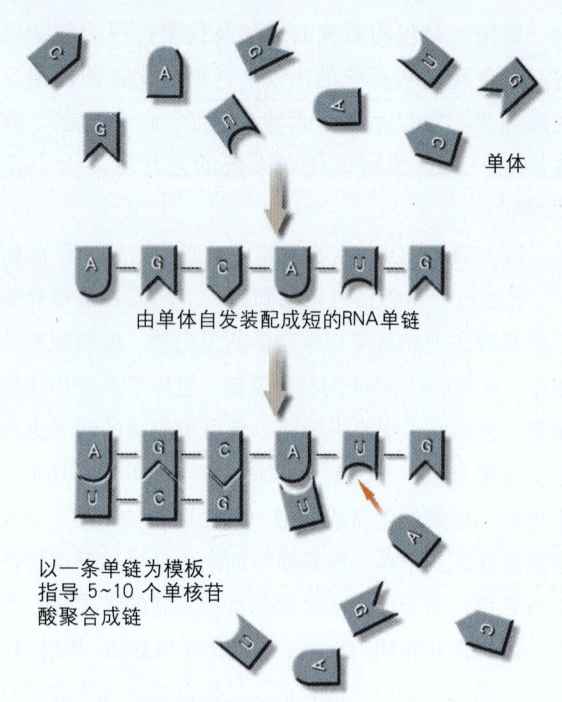

图7-12 RNA分子的非生物学复制　RNA分子是由核苷酸连接而成的，实验显示，在试管中核苷酸单体可以自发连接装配成短的RNA链。这条RNA短链又可以作为模板，按照碱基互补配对原则指导5~10个单核苷酸聚合成链。由此科学家们推测RNA极有可能是原始生命最早贮存遗传信息并指导蛋白质合成，同时还能自我复制的物质。

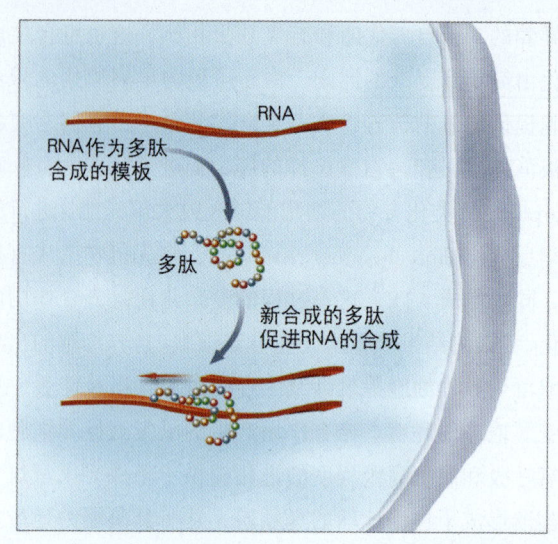

图7-13 偶然合成的多肽在RNA分子复制过程中开始起关键作用
在特殊的原始环境中，一些能够对高温及不同盐浓度等环境更为适应以及更稳定，复制更快，活性更高的RNA分子生存下来并逐渐进化，从而建立起最简单的遗传系统。这些RNA可能偶然地指引几个不同氨基酸按碱基密码子的信息连成短的肽链，这些偶然合成的肽链如果具有促进RNA分子复制的活性，那它们就会在RNA分子复制过程中发挥关键作用。它们能促进RNA复制，而RNA又会指导合成更多的多肽，如此循环，便促进了原始细胞遗传系统的进化。

照RNA上有限的少数几个密码子的简单信息连成短的肽链。一旦这些偶然合成的短肽链具有促进RNA分子复制的活性，它们就会在以后RNA分子复制的过程中发挥关键的作用（图7-13）。新合成的蛋白质与RNA分子之间的合作促进了原始细胞遗传系统的进化。从此以后，遗传系统包裹在原始的细胞中，更加有利于代谢系统的进化，两者协同发展相互促进。后来可能由于偶然的机会，由RNA为模板合成了DNA链，后者贮存和复制遗传信息比RNA更加稳定和更加有效，生命起源初期RNA发挥主要作用的时代便让位于DNA-RNA-蛋白质共同作用的时代。在原始生命起源的过程中，一旦遗传系统被建立起来，自然选择还继续发挥作用。那些繁殖能力强同时能从环境的化学物质中获得更多能量的细胞便具有更高的存活率和进化的机会。繁殖、蛋白质合成和代谢三者在特殊环境条件下协同进化，加深了遗传系统与代谢系统的偶联。生命从此由起源阶段进入漫长的进化阶段，演化出多样性的生物世界，年轻的地球从此充满了生机。

第二节　Darwin与进化论

一、神创论与进化论的斗争

现代的生物是过去生物的延续，现代的生物是在长期进化过程中发展起来的。但是，在过去相当长的时间内，人们并没有这样的认识，19世纪中叶以前，神创论或称特创论（special creation）一直占据着主导地位。其中一次创造论认为，世界上各种各样的生物，包括所有的植物和动物都是上帝（神）在最初一次就造好放在地球上的，它们永远不变、一代一代地繁衍下来。连续创造论（continuous creation）则认为，世界上各种各样的生物是一次又一次不断地被神创造的，因此造成了地球上过去的物种与现代物种的差别。英国牛津大学的一位副校长兼牧师甚至根据旧约记载还推测出上帝创造地球和造人的准确时间。无论是一次创造论还是连续创造论都否认生物的进化，坚持物种是神创造的，只是创造的时间和方式不同而已。

早在公元前6世纪，希腊的哲学家Anaximander就预言，生物是逐渐进化的。他争辩说，世界不是像大多数古代宗教所宣扬的那样是被创造出来的。他相信，动物是在不断进化的，人类和其他脊椎动物是从鱼类演变来的。18世纪，瑞典植物分类学家Carolus Linnaeus（1707—1778）发明了双名制生物命名法则，但Linnaeus却相信每一个生物物种都是上帝分别逐个创造的。就是在相同的年代，法国生物学家George-Louis Leclerc Buffon（1707—1788）在研究中察觉到生物进化现象并进行了描述，但他没有勇气承认并作出结论。他曾提出地球在被上帝创造出来以前很早就形成了，当时教会的长老威胁他，由于其异端和叛逆要将他逐出教会。在威胁面前Buffon只好退缩了，没有再坚持其观点。

1830年，苏格兰地质学家Charles Lyell（1797—1875）发表了他的著作《地质学原理》（Principles of Geology）第一卷，阐述了古老地球在很早以前就形成了，地质过程经历了缓慢渐进的变化。同时，古生物化石的研究也被引入了地质学，为进化理论提供了基础。但是，当时发现的化石记录还不足以证明物种是进化的。后来，法国生物学家Jean baptiste Lamarck（1744—1829）再一次提出了生物进化的思想，并对进化作出了较为详细的解释，但是他遭受到许多攻击和不公正的对待。上述这些天才的科学家都对生物进化论的产生作出了重要贡献，包括Darwin的祖父Erasmas Darwin（1731—1802）也提出了生物进化的可能性，但他们或者没有拿出足够令人信服的证据，或由于时代的局限，没有确立进化论，神创论所占据的主导地位一直没有被动摇。

直到1859年，伟大的生物学家Charles Robert Darwin（1809—1882）(图7-14)通过多年的研究、考察和标本的采集，在积累了大量令人信服的证据的基础上发表了划时代的著作《物种起源》，该书英文全名为：On the Origin of Species by Means of Natural Selection, or the Preservation of Favoured Races in the Struggle for Life。《物种起源》一书的出版不但轰动了当时的科学界，也引起广大平民百姓的关注，首印1 250册在一天之间便销售一空。同时，神创论者对该书的发表表现了极大的恐慌和愤怒。英国的许多报纸几乎天天都在争论：人类究竟是亚当的子孙还是猿猴的后代。争论的结果，事实胜于雄辩，真理战胜了谬误，进化论压倒了神创论。自此以后，Darwin的进化论得到了更广泛的传播。

尽管人们已经广泛地接受了生物进化的思想，但有少数人仍然顽固坚持神创论，否定进化论，进化论与神

图7-14　Darwin　Charles Robert Darwin，1809年2月12日生于英国Shewsbury，1882年4月19日去世。一个半世纪前，Charles Darwin可能没有意识到他所给予科学的是一件从来没有过的强大武器，即他的进化理论。由于《物种起源》的出版，人们开始关注生命的起源和进化而神创论者对此极为恐慌。他的进化论曾被多次宣判"死亡"或"崩溃"。神创论与进化论斗争的结果，进化论压倒了神创论，Darwin的进化论得到了更为广泛的传播。在科学技术飞速发展的现代，进化的理论又不断获得了新的发展。

创论的斗争一直没有停止。1925年7月，在美国田纳西州，一位代课教师因为在中学的课堂上讲授了进化论而不得不面对法庭的审判。按照该州当时的法律，学校里禁止传授进化论。直到1967年，该法律条文才被废止。1979年，美国斯密森学会举办人类起源的展览，神创论者上诉法庭，要求展览中同时包括神创论内容，结果上诉被驳回。

Darwin进化论的确立是生物学的一场革命。有的学者说：没有进化论，生物学将毫无意义（Nothing in biology makes sense except in the light of evolution）。Darwin是如何确立了生物进化的思想，进化论的核心内容是什么呢？以下我们先从Darwin的年青时代和贝格尔号探险船的大洋考察说起。

二、年青时代的Darwin和贝格尔号的航行

Darwin 1809年出生，他的童年时代的许多时光是在山林和田野中度过的。他经常在树林和田野中游玩奔跑，打猎、垂钓、采集野生植物、捕捉昆虫等是他最喜爱的活动。丰富多彩的大自然使他陶醉。1825年Darwin进入爱丁堡大学学习。1828年，有钱的父亲又送Darwin进入剑桥大学学习神学，但Darwin对毕业后做一个牧师不感兴趣，利用在剑桥学习的机会，他努力钻研博物学和自然史，还结识了一些博学的教授学者。1831年，Darwin从剑桥毕业并获得学士学位。同年，剑桥大学的博物学教授推荐他去英国贝格尔号航海船（HMS Beagle）上担任博物学专家。贝格尔号航海船是一艘环球探险调查船（图7-15），当时正准备进行5年期的环南美洲探险航行，Darwin的使命是在那一片未开发世界中采集动物、植物和岩石样品。1831年12月，贝格尔号探险船驶离英国德文港，出英吉利海峡，进大西洋，贴着南美洲东岸绕过合恩角，再北上进太平洋，经澳大利亚进入印度洋，绕过非洲的好望角，再次进入大西洋，最后返回英国（图7-16）。在穿越大西洋的长途航行中，Darwin专心致志地阅读了Lyell的《地质学原

图7-15 贝格尔号探险船　贝格尔号探险船是一艘排水量为两百三十五吨的传统式军舰，这艘小小的探险船在环球航行中确实不辱使命，它不止一次地经受住了狂风暴雨的袭击，完成了科学考察的艰巨使命。

理》第一卷。该书阐明的地球早期起源和演化的思想深深地影响了他。当贝格尔号到达南美洲大陆，Darwin立即被那里热带雨林中丰富的动植物所吸引，对自然界物种的繁盛赞叹不已。他一路观察和记录，采集了许多珍贵的动物、植物和化石标本。他还特别注意观察，各种动物吃什么，在什么地方栖息，各种植物偏爱在什么样

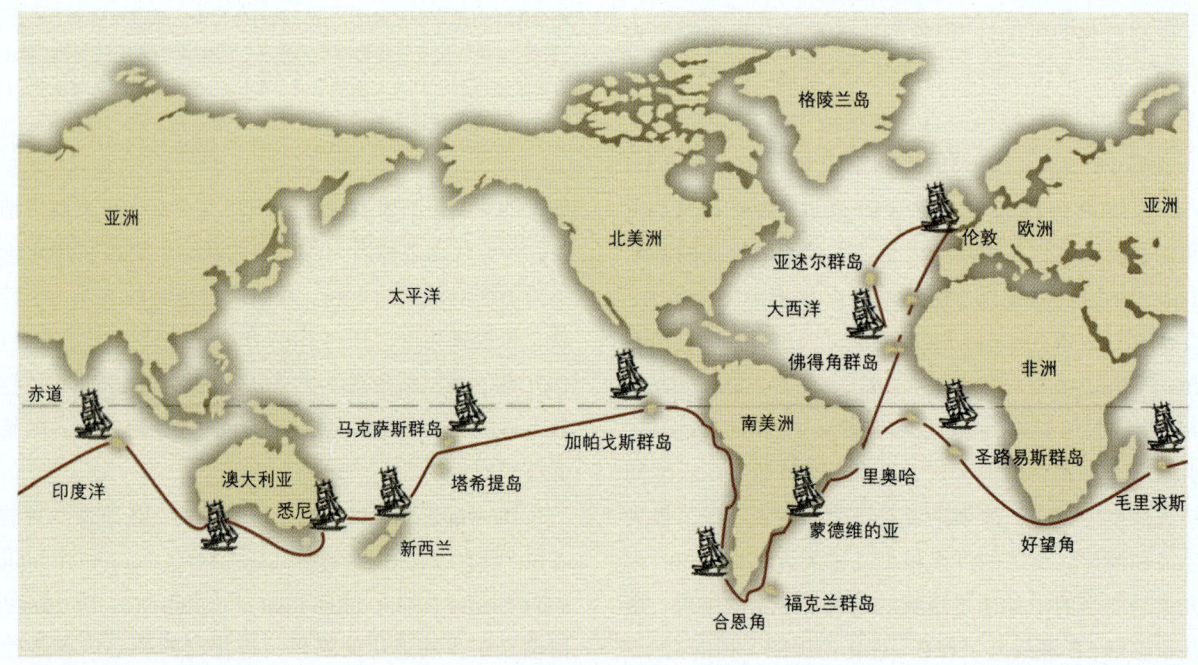

图7-16 贝格尔号探险航行路线　贝格尔号于1831年12月27日从英国德文港起锚远航，先后到达佛得角群岛，南美沿岸的里约热内卢、马尔多纳多、布兰卡港、布衣诺斯艾利斯、福克兰群岛等，穿过麦哲伦海峡，越过安第斯山脉，经加帕戈斯群岛，再到新西兰、澳大利亚，最后从毛里求斯经好望角回到英国。1836年10月2日在法尔茅斯靠岸，历时近5年。

的土壤中生长等等。

1835年的夏天，贝格尔号到达太平洋东部，离南美洲西海岸965 km的加帕戈斯群岛（Galapagos Islands），它们是500万年前由于海底火山喷发而形成的火山熔岩岛，比南美洲大陆形成要晚很多。虽然加帕戈斯群岛位于赤道上，它们并不像太平洋赤道附近其他热带岛屿那样郁郁葱葱。加帕戈斯群岛属于贫瘠的沙漠群岛，在干旱季节里，岛上主要栖息着海鬣蜥和地雀等动物。那些大型海鬣蜥拖着长长的尾巴，约有1 m多长，重200多kg（图7-17）。Darwin在加帕戈斯群岛考察了一个多月，采集了大量的岩石及植物和动物标本。他惊奇地发现，几乎所有的爬行动物和至少一半以上的植物都是这些群岛所特有的，在世界上所有其他地方都见不到它们。Darwin还发现，岛上26种陆栖鸟类中，有25种是特有的，15种海栖鱼类全部是新种，25种甲壳虫中只有2～3种是南美洲也有的，185种显花植物中新种为100种。另外，不同岛屿上的海鬣蜥形态各不相同，地雀的许多特征也有差异，显示出这些不同的物种是这里特殊的气候和环境创造的。物种是可变的，这种变化明显受自然环境的影响和选择！

随着贝格尔号长达5年的航海探险考察后，1836年10月，Darwin回到了英国。他不再相信物种是上帝分别创造的，认为神创论解释不了所观察到的事实，特别是他在加帕戈斯群岛上观察到的生物现象。他一边花大量的时间整理标本和笔记，一边思索这些标本的内在联系和规律，头脑中生物进化的思路逐渐清晰起来。他意识到，所有的动物和植物最初都是由一个共同的祖先进化来的。

图7-17 加帕戈斯群岛上的海鬣蜥 在加帕戈斯群岛的所有岛屿上，都可以遇到这种动物，而且数目很多，因此几乎可以推断这种海鬣蜥是加帕戈斯群岛的原产动物。雄鬣蜥的尾巴比雌鬣蜥长，所以容易辨认出来。

同时，他又专心阅读了有关书籍，潜心研究各方面的材料。1838年，他阅读了著名的经济学家Thomas Robert Malthus（马尔萨斯，1766—1834）的《人口论》，开始明白了生物进化是如何进行的。Malthus分析，一对农民夫妇如果有3个孩子，以后每个孩子长大成人后又各有3个孩子，这对农民夫妇的9个孙子以后再各有3个孩子，人类可以有这样的繁殖能力。但是，这对夫妇的家庭农场不可能提供27个重孙足够的食物，因为他们不可能在每一代人的时间内都将粮食的产量增加3倍。贫穷、饥饿、疾病和战争使得人口不再盲目增加，这就是生存竞争。Darwin进一步认识到，每一物种的个体从一出生，就面临着生存竞争。各种生物一方面具有无限增加其数量的潜力，但由于食物和环境不可能满足其数量无限增加的需要。生物之间生存竞争的结果使各物种在自然界中保持适当的数量，同时逐渐向着更加适应于环境的方向变化。生存竞争和适者生存为Darwin的自然选择学说的形成提供了依据，Darwin关于生物通过自然选择而连续进化的理论开始成型。在此基础上，Darwin列举了大量事实证据，完成了《物种起源》的初稿。

Darwin并没有急于发表他的著作，而是不断在他的理论中添进新的证据，不断对初稿进行修改。1858年，英国年青的博物学家Alfred Russel Wallace（1823—1913）给Darwin写信，阐述了他通过对马来西亚群岛动植物的考察所得出的生物进化的结论。同年，Darwin和Wallace在英国Linnaean学会上公布了他们各自的论文。1859年，Darwin《物种起源》终于问世，该书的发表是生物学研究历史上新的里程碑。

三、自然选择导致生物进化

生物进化是指地球上的生命从最初最原始的形式经过漫长的岁月变异演化为几百万种形形色色生物的过程。Darwin称进化为随着变异而演化，或随着时间推移生物体发生了可遗传的变化，而变化的发生是由于生物适应环境的结果，即自然选择（natural selection）起了关键作用。所谓**自然选择**实质上是自然环境导致生物出现生存和繁殖能力的差别，一些生物生存下去，另一些生物被淘汰。自然选择的理论是Darwin进化论的核心，它解释了生物进化的机理。所谓的**Darwin进化论**主要包括了两方面的基本含义：①现代所有的生物都是从过去的生物进化来的；②自然选择是生物适应环境而进化的原因。

Darwin自然选择的理论既简单又很深刻。按照该理论，自然界各种生物适应环境生存和繁殖的能力各不相同，那些最适应环境的生物具有最大的繁殖力和生存力，在竞争生存空间或赖以生存的自然资源时，那些对环境适应差的生物个体便会逐渐被淘汰。如此一代一代的竞争，必将导致生物群体可遗传特征向着有利于生存竞争的方向变化和积累，并随着环境的变化而进化。

人们驯养动物和培育植物的过程是一种人工选择，Darwin从人工选择的结果中也获得了有说服力的证据。那些家养的动植物与自然界野生种类相比，随着时间延伸差异会越来越大。例如，犬科动物中，通过几千年的驯养，家养的狗发生了很大的变异，这是人工选择的结果（图7-18a）。Darwin提出，在相对短的时间内（几百年内），人工选择便产生了效果，而经过几百或几千代（几千年或几万年）自然选择，也必然会改变物种的一些性状特征，即造成可遗传性状变化的积累，按不同方向变化和差异积累到一定程度，最终将导致新种的出现。例如，由一个早先共同的犬类祖先经过长期的自然选择，产生出形态各异的犬科动物（图7-18b）。

生物性状及特征的变化往往是环境和遗传相互作用的结果，在生物世界里，生物通过自然选择更加适应环境的例证非常多。例如，生长在不同环境背景下的螳螂等昆虫，为了不被其他鸟类所捕食，遗传与环境选择相互作用的结果，进化出与环境背景相似的伪装色。即与环境背景色相近的昆虫存活与繁殖后代的可能性更大。长颈鹿是经自然选择而进化最典型的例证。最初在食物繁盛而长颈鹿数量较少时，每一个长颈鹿都可获得足够的食物——树叶。长颈鹿大量繁殖增加了数量，较矮的树木和高树下部的树叶首先被吃光了。那些脖子较短的鹿由于吃不到高树上部的树叶而死亡，脖子长的鹿这时能吃到高树上部的树叶，在生存竞争中存活下来并繁殖出长颈的后代。自然选择的结果造成颈越长的鹿生存力较强，繁殖出的后代存活率也大。这种可遗传的长颈性状在自然选择的作用下逐代积累，于是便有了长颈鹿的进化（图7-19）。

从群体遗传学的角度分析，自然选择作用下群体水平的进化实质上反映了生物基因库的变化。**基因库**（gene pool）是一种生物群体全部遗传基因的集合，它决定了这个群体下一代的遗传性状。我们以前提到，生物细胞中同源染色体上的一对等位基因可以决定生物个体的某一性状。如果在一个小岛上有两种蜥蜴，一种蜥蜴四肢的脚趾连起来便于划水，使其有较强的游泳能力；

(a) 经过数百年乃至上千年的人工选择　　(b) 经过数百或数千代的自然选择

图7-18　**人工选择和自然选择**　（a）人工选择导致家养的狗形态各异。（b）时间更长的自然选择也可导致出现各种典型的犬科动物。达尔文认为，自然选择和人工选择同样能对有益变异进行选择和积累，只是经历时间相对地漫长。

另一种蜥蜴四肢的脚趾是分开的，游泳能力很弱。假设脚趾的这两种性状是由一对等位基因决定的，W代表分趾性状，是显性基因，w代表联趾性状，是隐性基因。那么，为WW型的是分趾蜥蜴的纯合子，ww型的是联趾蜥蜴的纯合子，Ww型的是分趾蜥蜴的杂合子。图7-20显示了自然选择的结果导致了这些蜥蜴基因库变化的过程。最初，小岛上食物充足，蜥蜴群体基因库的W基因与w基因各占50%。当蜥蜴群体的数量增加，岛上食物不足时，联趾善游泳的蜥蜴可以去海中获取更多的食物，而分趾不善游泳的蜥蜴饿死的机会就多一些，如此便造成蜥蜴群体基因库中W基因的比例下降，而w基因的比例逐渐上升。当然，在达尔文时代，不可能用群体遗传的理论深入地分析生物进化的机理，在本章第三节，我们将进一步讨论群体遗传与生物进化机理的问题。

四、物种形成的原理

物种是生物分类的基本单元。种是形态、结构、功能、发育特征和生态分布基本相同的一群生物。在自然条件下，行有性生殖的同种生物可交配产生有生殖能力的后代，不同种生物之间不能交配，即使交配也不能产生有生殖能力的后代，这叫做**生殖隔离**（reproductive isolation）。例如，马与驴交配产生的后代（骡子）没有生殖能力。虽然是人类在对生物进行分类，但物种是客观存在的。我们通常根据动物和植物外观形态的异同来判别不同的物种，这种确定物种的方法有时并没有科学地反映出生物界客观实际。人为分类尽量接近生物学上

图7-19 **长颈鹿的进化是自然选择的结果** （a）最初，这些鹿的脖子有的长，有的短，大量的树木枝叶为它们提供了充足的食物。（b）在食物充足的情况下，鹿的种群不断扩大，过度繁殖使鹿的数量急剧增加，对食物——树叶的消耗也急剧增加，因此，较矮的树木和高树下部的树叶首先被吃光了。（c）这时，脖子较短的鹿吃不着高处的树叶，不能良好地发育和生长，而脖子较长的鹿能够吃到高处的树叶，能继续健康地发育生长。（d）吃不到足够的树叶，脖子较短的鹿相继死去。而脖子较长的鹿不但存活下来，繁育的后代也继承了长脖子的优点，存活率也较大。这些鹿通过生存竞争，最终，适者生存。长颈作为生存的有利因素逐渐积累遗传下来，成为长颈鹿。长颈鹿的进化是自然选择的结果，变异是不定向的，而选择是定向的。

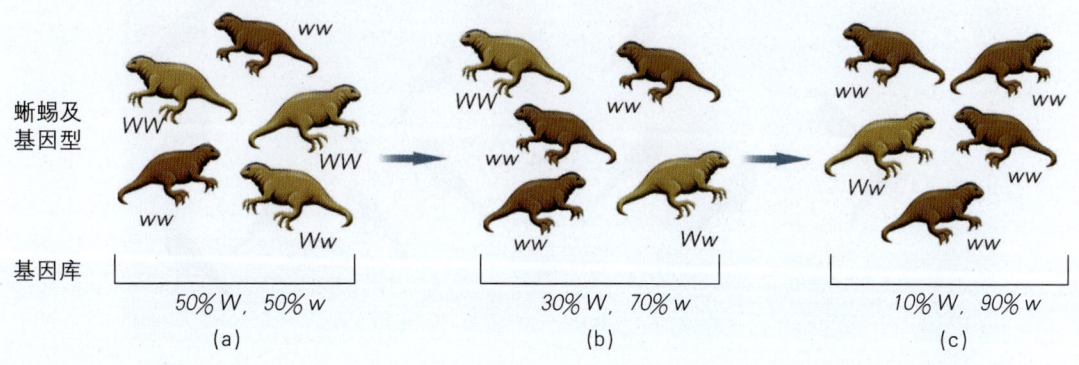

图7-20 **自然选择导致蜥蜴基因库的变化** （a）起初，小岛上环境宽敞，食物充足，蜥蜴基因库中的W基因与w基因各占50%。（b）当蜥蜴过度繁殖，数量增加时，小岛环境不能容纳所有蜥蜴，生存斗争加剧。此时，游水能力强、具有生存优势的w基因纯合子蜥蜴数量增加，导致w基因比例上升，W基因比例下降。（c）最终，自然选择，适者生存，导致w基因在蜥蜴的基因库中占绝对主导地位。

定义的物种概念是生物分类学家追求的目标。物种不但是生物分类的单元，更是遗传、生殖和进化的单元。物种的概念体现了生物的统一性和多样性。绝大多数生物都有类似的细胞结构，共用一套遗传密码，有相似的代谢途径和发育过程等等，这些都体现了它们的统一性，说明物种之间存在着或近或远的亲缘关系，它们在一定的程度上具有一个共同的祖先。但是，物种之间的差异也是显著可区分的。除了形态差异、生态及地理分布差异以外，物种间存在生殖隔离现象，即在自然条件下，行有性生殖的同种生物可以交配产生有生殖能力的后代，不同物种之间不能交配，物种之间在遗传上是不混合的。在生物进化过程中，物种是如何形成的呢？这正是Darwin《物种起源》一书中所要解释的问题。

种群是同一物种的一群个体，享有共同的基因库。同一种群生物个体之间的交配便造成了彼此间的基因交流并保持着基因库的稳定。Darwin将某些地理障碍如大的山脉、峡谷、海洋等把生物相互隔开称为**地理隔离**。隔离是把一个种群分成多个小种群最常见的方式。隔离使种群变小，也改变了基因交流的范围。地理隔离形成不同的小种群在各自小范围内进行基因交流，各自范围内发生的基因突变也不相同，最终将形成有差别的基因库，再加上不同环境的选择作用，使各个小种群向不同方向发展。这种地理隔离造成小种群间基因交流的阻断使基因库的差异越来越大，最终出现了**生殖隔离**，即不同小种群间的个体不能彼此交配和产生有生殖能力的后代。如此，标志了它们已经成为不同的物种。因此，地理隔离造成生殖隔离，生殖隔离导致新种的形成，这一过程合理地解释了物种形成的原理。

我们可以用加帕戈斯群岛上发现的13种地雀的进化过程来说明上述物种形成的原理。按照Darwin的观察，加帕戈斯群岛上的13种地雀都起源于由南美洲迁移来的一个小的种群（种群1）。如图7-21所示，当这个种群来到主岛上后，由于地理隔离，它的基因库发生了与南美洲原种群不同的变化，又经过主岛屿上特殊环境的自然选择作用，它们逐渐进化为与南美洲原种群完全不同新种（种群2），并与原种群形成了生殖隔离；以后偶然的机会，部分种群2的个体迁移到相邻的小岛屿，由于地理隔离，来到小岛屿地雀的基因库也发生了与主岛屿原

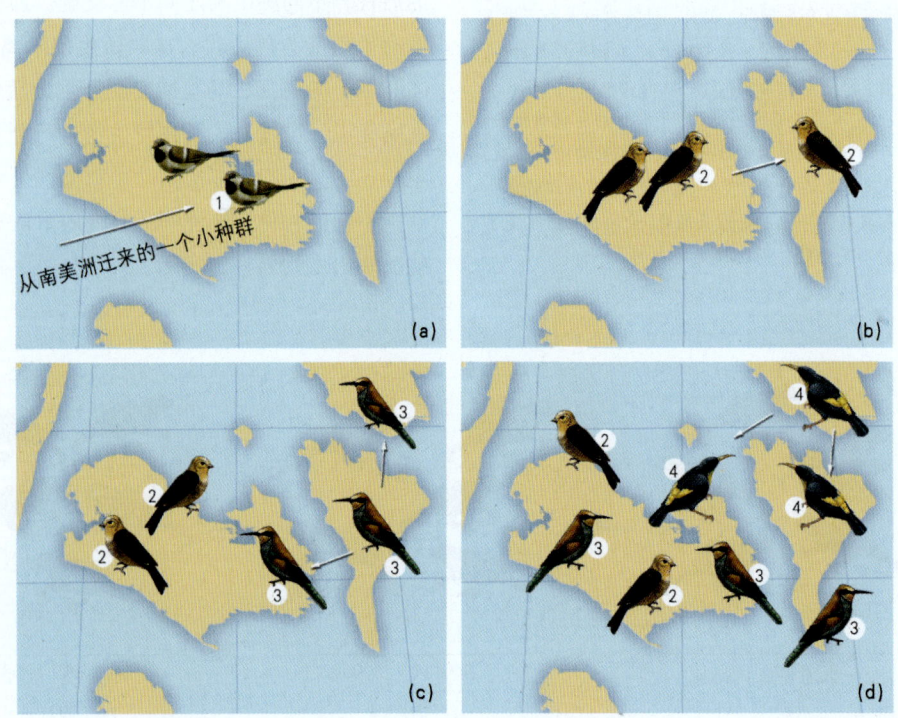

图7-21 地理隔离与生殖隔离导致地雀新种的产生 环境隔离因素是物种形成的重要条件。地理的、地形的以及其他物理环境因素对生物迁移和分布产生影响，这些都是环境隔离因素。在加拉帕戈斯群岛上，环境隔离因素主要表现为地理隔离，被隔离的种群之间基因交流大大减少，从而使各隔离种群之间的遗传差异随时间推移而逐渐增大。通过若干中间阶段而最后达到种群间的生殖隔离。生殖隔离的产生标志了新物种的形成。图中的细节说明见正文。

种群2不同的变化，再经过小岛屿上特殊环境的自然选择作用，它们又逐渐进化为与主岛屿原种群完全不同新种（种群3），并与原种群形成了生殖隔离；如果以后部分种群3返回到主岛屿上时，主岛屿上由最初只存在的一个种变成了两个种并存的局面。以此类推，不断的地理隔离和生殖隔离，产生了越来越多的新种（图7-21）。

经过地理隔离和生殖隔离形成新种的方式称为**异地物种形成**（allopatric speciation），它是生物进化过程中形成新物种的主要方式。在自然界中，还发现了少数没有经过地理隔离也产生新种的同地物种形成。例如环境的突变或生物个体基因的突变就有可能逐渐产生出新种。另外，植物多倍体的形成、人工杂交与自然杂交等也可能导致新种的形成。

物种形成过程一般要经历遗传变异、自然选择和隔离产生等3个主要环节。基因突变等遗传物质的改变为物种形成提供了原材料，遗传变异是随机发生的。自然选择是有方向的，某些遗传变异产生的性状会造成生物在自然界的生存和竞争优势，从而影响着物种形成的方向，促进了进化的持续进行。而各种因素和变化产生的隔离导致遗传物质交流的中断，使群体歧化不断加深，直至新种的形成。隔离既是物种形成的重要条件，又是物种形成的重要标志。

五、生物进化的理论在争论中不断发展

自从Darwin确立了以自然选择为核心的进化论以后，在激烈的争论中战胜神创论是进化论发展的第一阶段。以后生物进化的理论还在不断地发展，这一发展过程也充满了激烈的争论。尤其随着遗传学、实验生物学与分子生物学的发展和相关实验技术的应用，人们对生物进化有了更深刻的认识。自然选择学说的一些基本概念也得到了更新和扩展。

在Darwin以后，一些学者根据化石记录提供的证据，提出自然界除了存在Darwin式的渐变性进化外，还存在跳跃式的进化。当生物种群遭遇环境发生突然重大变化或称之为灾变时，它们要么走向灭绝，要么迁移。除此以外，幸存下来的个体需要有更大的变异。这就存在跳跃式进化的可能性。这种跳跃式进化可以解释物种以上单元的起源与进化问题。根据对地质灾变事件和物种灭绝现象的研究，一些学者提出，地质灾变和物种灭绝对地球上生物的进化历程也产生了深远的影响（图7-22）。生物进

图7-22　白垩纪灾变造成生物种群大灭绝，影响了生物进化的原有渐变过程　（a）中生代时恐龙大量繁殖和分布。（b）天体与地质灾变造成生物大灭绝。（c）地质灾变过后，又经过较长的地史时期和环境变化，形成了新的生物种群。

在整个中生代，恐龙在陆地上大量繁殖，但是在白垩纪末期，恐龙却全部绝灭了，没有留下后代。对于恐龙灭绝的原因，已经提出几十种假说。近年来许多研究者认为，天体的爆炸和辐射，以及小行星或陨石的冲击所引起的一系列效应是恐龙灭绝的主要原因。白垩纪灾变造成生物种群大灭绝，影响了生物进化的原有渐变过程。

图 7-23　在继续探索中不断丰富和发展生物进化理论，逐步破解生物进化的千古之谜　海南某猴岛游览区的一处雕塑形象地展示，达尔文生物进化的理论将猴子与人的进化关系联系起来。人类高度关注进化的问题，就连猴子也参与了"思考"。

化的完整过程应包括物种的形成和物种的灭绝，是两部分动态平衡变化的过程。因此有人提出了**间断平衡论**（punctuated equilibrium）来修正达尔文的进化论，提出生物的进化是跃变与渐变的交替过程。

20世纪发展起来的**综合进化论**（synthetic theory）提出，交配繁殖引起基因分离和重组，种群保持了一个相对稳定的基因库。共享一个基因库的群体是生物进化的基本单位，应以此为基础来阐明进化的机制；物种的形成和生物进化的机制可包括突变、自然选择和隔离3个方面。在自然选择过程中，生物之间的关系不但有竞争，还有捕食（predation）、寄生（parasitism）、共生（symbiosis）、合作（protocooperation）等多种方式，这些相互关系只要影响到基因频率及其相关因素，都应该有进化的价值。在分析生物变异时，还应该将可遗传的变异和非遗传的变异区分开来。自然选择决定了进化的方向，遗传与变异这一对矛盾是推动生物进化的动力，进化的实质是种群内基因频率和基因型频率的改变（这一部分将在下一节详细介绍）。

分子进化的**中性学说**（neutral theory of molecular evolution）提出，由于单个核苷酸替换的突变是经常发生的，而有些点突变并没有影响蛋白质分子的结构和功能，这些基因决定的遗传性状与生存环境不发生关联，因此，类似这样的中性突变不会涉及选择和适者生存的情况。分子进化的中性学说认为，每一种生物大分子都有一定的进化速率，大量经常发生的中性突变既无利也无害，中性突变的漂移固定即导致生物形态和生理上出现差异以后自然选择才可以发挥作用。因此，中性突变的漂移固定是生物进化的动力。

长期以来，对达尔文进化论的解释和进一步的认识虽然还有许多争议，生物进化的理论已经为多数人所接受，尽管如此，反对进化论的还是大有人在。事实上，进化理论是在探索和争论中不断发展的，新的学说不断产生，这并不等于对达尔文进化论的全部否定。因此要避免因为进化论的争论而产生负面效应，甚至提出所谓"审判达尔文"的口号。科学在不断地发展，人们对自然的认识永远不会有止境，因此，只有在继续探索中不断丰富和发展生物进化理论，才能逐步破解生物进化的千古之谜，深化人类对自然、对生命和对自身的认识（图 7-23）。

第三节　群体遗传与生物进化的机理

既然我们把生物进化理解为生物为适应环境变化而形成的遗传变异的积累，就应该深入分析这些生物遗传变异的规律，从而具体地阐明生物进化的机理。达尔文虽然知道遗传规律在其进化论中的重要性，但他对遗传的方式和相关机制知之甚少。他可能也读过孟德尔的论文，在当时他也和其他多数人一样没能深刻地理解孟德尔遗传学定律的重要含义。幸运地是进入20世纪以后，人们重新认识和重视了孟德尔以前所发表论文的科学意义，并在此基础上建立和发展了种群遗传学理论。科学家们利用孟德尔的遗传学定律研究整个种群变异的规律，引入了基因频率和基因型频率等概念来定量地分析遗传变异与自然选择的作用规律，从微观定量的角度解释了种群内生物进化的机理。

一、种群的遗传结构和变异

过去一些进化论学者认为，生物个体是进化的基本单位，因为进化表现为个体遗传组成和性状的差异。通过微观进化的分析证明，对行有性生殖生物而言，进化的基本单位实际上不是个体而是种群。因为生物个体发生了变异以后，只有通过繁殖后代才能形成遗传变异的积累，这里所指的后代并非单个个体，只有原先群体的个体与新群体的个体之间产生了差异和隔离，物种的进化才被确立。虽然我们并不能直接观察到生物个体或种群的遗传组成变异，但我们所能看到的个体表型的变化正是遗传组成变异的结果。因此，要深刻理解变异和进化的原理，我们必须要具体考查分析群体的遗传结构和变异。图7-20反映的自然选择导致蜥蜴基因库的变化就是群体遗传结构变异的典型事例。

在遗传学上**种群**被定义为随机交配繁殖的个体集合。在生物染色体特定位点上的同一基因的不同形式称为**等位基因**。同一种群内的个体是在很多位点上有不同等位基因的杂合体。正是这种杂合性保证了同一种群内的生物仍然具有多样性，即使孪生兄弟之间也存在某些差异。通常把构成一个种群内所有等位基因的总和称为该种群的基因库（图7-24）。一个个体的特定位点上一般不可能同时具有2个以上的等位基因，但每个种群的个体都享有一个共同的基因库，单个生物个体只含有该种群基因库中的部分等位基因。

控制某一生物性状（phenotype，又称表型）的遗传基因组成称为**基因型**（genotype），即一种基因型决定或对应一种性状。例如，一种飞蛾的颜色包括黄、白2种性状，假设我们研究的部分对象可以代表整个种群，随机调查该种群50只飞蛾的颜色，结果黄色个体有45只，白色个体有5只（图7-24a）。对代表该飞蛾种群的群体遗传结构的分析显示，决定飞蛾颜色的一对等位基因中A基因是控制黄色的显性基因，a基因为控制白色的隐性基因，因此飞蛾基因型有2种纯合子AA,aa和1种杂合子Aa。在50只飞蛾中，具有AA基因型的个体数为15，具有aa基因型的个体数为5,具有Aa基因型的个体数为30（图7-24b）。群体遗传学将某种基因型的个体在群体中所占的比率定义为**基因型频率**（genotype frequency），根据该定义，飞蛾的AA,aa和Aa基因型频率分别为15/50 = 0.3, 5/50 = 0.1, 和30/50 = 0.6。群体遗传学将二倍体的某特定基因位点上某一个等位基因占该位点上等位基因总数的比率定义为**等位基因频率**（alleles frequency），等位基因频率是群体遗传结构的一个最基本的参数。因此，根据图7-24不难得出，该飞蛾群体A基因的基因频率为60/100 = 0.60，a基因的基因频率为40/100 = 0.40（图7-24c）。这些数据显示，基因频率和基因型频率是某一种群或群体基本遗传结构的定量表现形式。

几乎所有自然的生物群体中都存在一定程度的遗传变异。几千年来，人类正是利用自然群体的变异来选择和培育符合人类需要的动物与植物品种的。实验室的研究也证明了遗传变异的客观存在。例如专家们发现，在实验室内连续培养的果蝇35代以后，其种群中出现了与原先某些性状差异明显的新性状。又例如，科学家观察自然界野生的果蝇群体时发现，它们的复眼几乎都是红色的，但是它们中间偶尔也会出现白色复眼的个体，研究分析证明，这是控制果蝇复眼颜色基因发生了遗传变

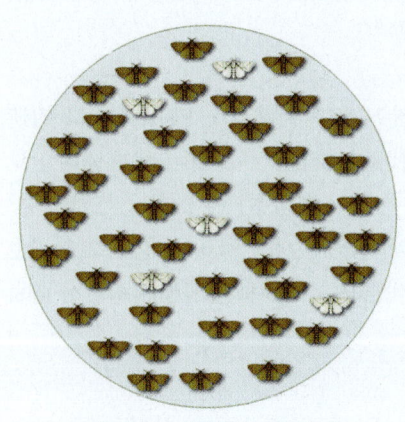
(a) 表型：黄蛾 45, 白蛾 5

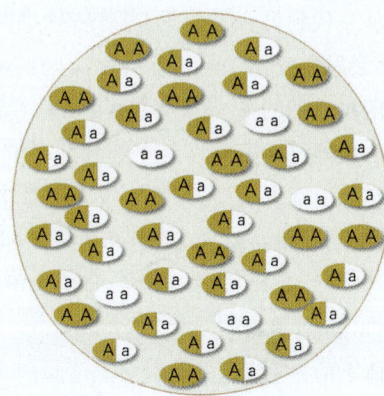
(b) 基因型：AA 15, Aa 30, aa 5

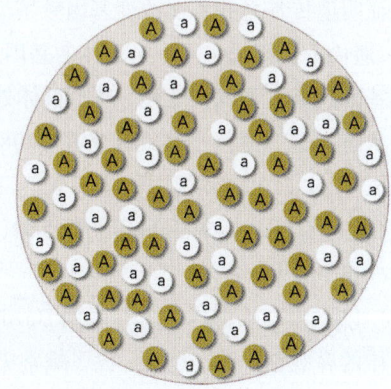
(c) 基因库：A 60, a 40

图7-24 根据表型、基因型分析获得的基因库 构成一个种群内所有等位基因的总和称为该种群的基因库，该基因库图示显示了飞蛾种群50只个体的染色体上一个决定体色的位点上2种等位基因（A, a）的总体组成情况。在这个基因库中，A是黄色显性基因，a是白色隐性基因。根据相关定义，A, a 等位基因的频率分别为0.60和0.40。所对应群体的AA, aa和Aa的基因型频率分别为0.30, 0.10, 和0.60。相关定义和分析见正文。

图7-25 果蝇群体中的遗传变异现象 一般野生型果蝇的复眼都是红色的,由遗传变异的结果,在果蝇的群体中出现了个别白色复眼的个体(图中蓝色箭头指示)。

异的结果(图7-25)。生物进化现象的许多客观事例证明,正是群体的遗传变异为生物进化提供了原材料。为了更好地认识生物进化的微观机理,我们需要定量地分析和测定随着时间的延续在一定空间范围内群体遗传结构的稳定程度和群体遗传变异的程度。

二、群体遗传平衡及Hardy-Weinberg平衡定律

群体遗传结构的变化造成了遗传水平的进化,只有认识了遗传水平进化的规律,才能从根本上把握生物进化的机理。由于导致群体遗传结构变化的原因很复杂,为了循序渐进地认识遗传水平进化的规律,让我们分析遗传结构变化之前,暂时不考虑环境等诸多因素的作用,先证明遗传本身并不能改变基因频率。即从一代到另一代,遗传学原则决定了一个群体的基因型不会发生变化,其基因频率也不发生变化,整个群体处于随机交配的平衡状态。这一遗传平衡规律是在1908年由英国科学家Godfrey H. Hardy和德国科学家Wilhelm Weinberg发现的,故称为**Hardy-Weinberg平衡定律**(Hardy-Weinberg equilibrium law)。

以下以飞蛾群体为例,说明Hardy-Weinberg平衡定律的客观性(图7-26)。设飞蛾常染色体上的一对等位基因A(黄色、显性)和a(白色、隐性)的频率分别为p和q,如果其第一代群体的基因型频率AA为0.49,Aa为0.42,aa为0.09,在这个群体中基因型频率的总和等于1,那么基因频率p和q的值则分别为0.7和0.3,

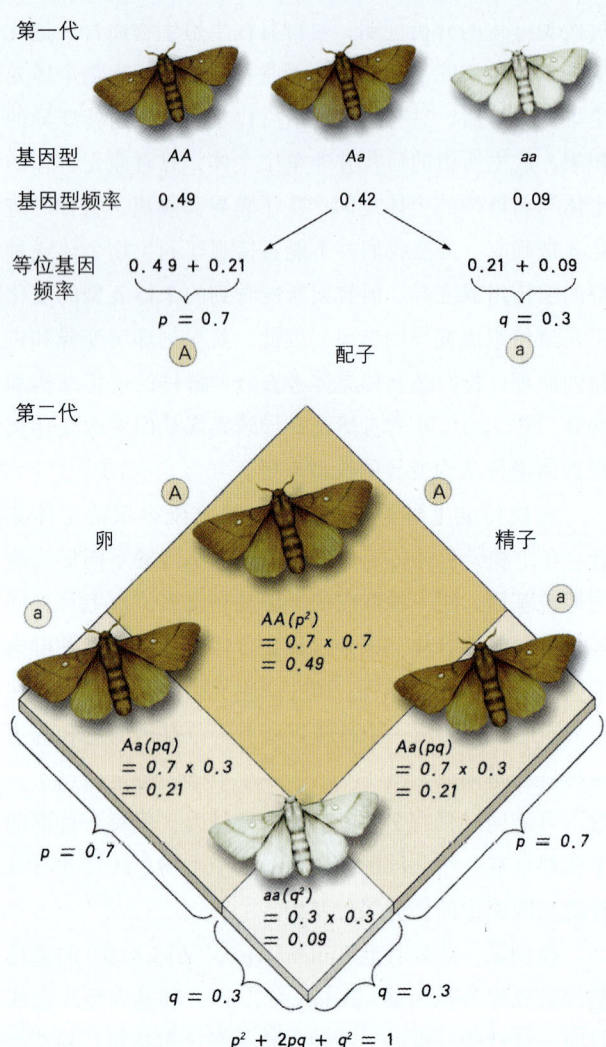

图7-26 飞蛾群体中基因型频率的计算结果符合Hardy-Weinberg平衡定律 相关说明见正文,图中的大正方形的边长按基因频率比例分割,产生的4个小矩形面积分别显示出3种基因型频率(由深到浅的3种颜色为代表)的比例。

且$p+q=1$。(见图7-26上半部分)。按照Mendel的遗传学定律,由第一代随机交配产生的第二代群体时(见图7-26下半部分),在第一代亲本产生的精子与卵子中,基因A和基因a的频率分别为0.7和0.3,它们结合产生合子,合子(第二代群体)的3种基因型频率可分别表示如下:

基因型	AA	Aa	aa
基因型频率	p^2	$2pq$	q^2
数值	0.49	0.42	0.09

由此可见，第一代配子的随机结合组成第二代合子的基因型，不同基因型 AA、Aa 和 aa 的频率分别为 p^2、$2pq$ 和 q^2，其基因型频率的数值仍然与第一代相同而保持不变，在飞蛾群体中基因型频率的总和仍然等于 1，即：

$$p^2 + 2pq + q^2 = 1$$

这个公式就是一对等位基因的 Hardy-Weinberg 平衡定律公式。

在飞蛾群体中，第二代向再下一代提供的配子中两种基因的频率可根据下式算出：

$$A\text{ 基因的频率} = p^2 + 1/2(2pq)$$
$$= p^2 + pq = p(p+q) = p$$
$$a\text{ 基因的频率} = q^2 + 1/2(2pq)$$
$$= q^2 + pq = q(p+q) = q$$

因此，飞蛾的再下一代中这一对决定颜色的等位基因频率仍然为 p 和 q，实际计算结果也分别为 0.7 和 0.3。说明下一代基因频率的数值仍然与第一代相同而保持不变，在飞蛾群体中基因频率的总和也仍然等于 1，即：

$$p + q = 1$$

Hardy-Weinberg 平衡定律有以下先决条件：
群体非常大
交配是随机的
群体之间没有发生任何迁移
自然选择对等位基因不产生影响
任何突变可以被忽略

Hardy-Weinberg 平衡定律所阐明的群体遗传平衡是指在理想条件下，等位基因按各自不同的频率世代相传而保持不变的客观现象。即在没有外界其他因素（如基因突变、选择、迁移等）的干扰，群体的基因频率世代相传而不发生变化。Hardy-Weinberg 平衡定律还说明，遗传变异一旦被一个群体所获得，就可以维持在一个相对恒定的水平上，并不因为交配而融合或最后消失。总之，Hardy-Weinberg 平衡定律描述的遗传平衡代表了生物进化停止的特殊状态。

三、促进基因频率改变及微观进化的原因

学习了 Hardy-Weinberg 平衡定律，我们认识到，遗传本身并不能改变一个群体基因的频率。在自然界，绝对恒定的群体遗传平衡是不存在的，生物总是或快或慢地通过遗传变异而进化着。群体遗传结构的任何变化都意味着进化，既然遗传本身并不能改变群体基因的频率，那么促进基因频率改变及微观进化的原因是什么呢？归纳起来，促进基因频率改变及微观进化最主要的原因可包括突变、迁移（migration）、随机遗传漂变（random genetic drift）等。自然选择既是一种促进基因频率改变及微观进化的重要原因，也是对突变、迁移、随机的遗传漂变等发生以后的一种促进进化的作用过程。

1. 突变对微观进化的影响

突变主要包括基因的点突变和染色体结构和数目的改变，突变本身直接影响着基因频率，为自然选择提供了原始材料，因此突变是进化的主要原因之一。

自然界中我们可以经常观察到，生物发生遗传突变往往与环境的变化密切相关联。而实际上，对于需要适应于环境而生存的生物而言，突变总是随机的。在一般环境情况下，大多数的突变对其生物来说是有害的或中性的。但一旦环境发生了显著的变化，早先是有害或中性的突变便可能成为一种生物适应环境变化的有利性状。表面看起来，突变好像是生物一种定向的或有目的变化的结果，其实不然，因为其他许多随机的突变由于其生物不能适应环境的变化而死亡，所以未能保留和遗传下来。

突变可以分为非频发突变和频发突变。非频发突变由于其频率低，在大群体里遗传下去的机会小，因此对群体基因频率的影响非常小，除非这种稀少的非频发突变在选择上具有特别的优势。频发突变对群体基因频率的影响较大，例如一对等位基因 Aa 中，当基因 A 频发突变为 a 时，群体内 A 的频率就会逐渐减少，而 a 的频率就会逐渐增加，最后可以导致群体内 A 完全被 a 所代替，结果一种基因型消失，另一种基因型的数量增加或产生出一种新的基因型（图 7-27）。

2. 迁移对微观进化的影响

迁移主要是指生物的个体从一个群体迁入另一个群体然后参与交配繁殖的现象，迁移也可以是部分个体离开原群体到新的环境中交配和繁殖后代。迁移必然导致基因的流动，迁移和突变一样，也会带来基因频率的变

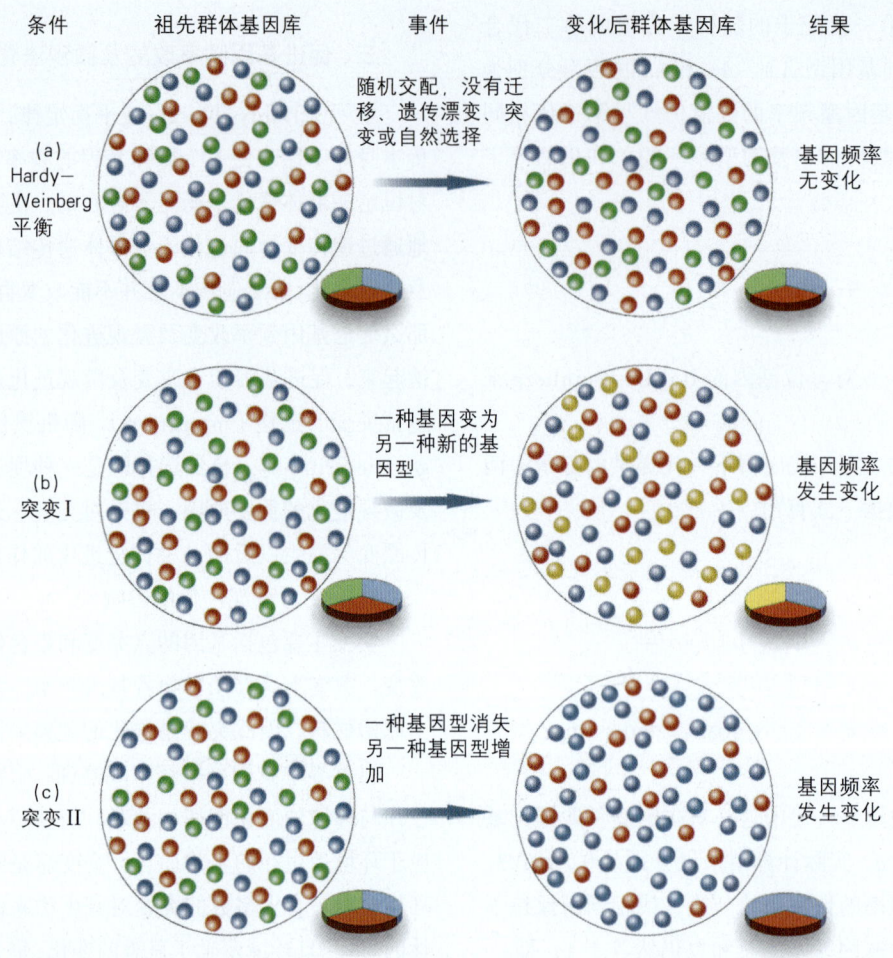

图7-27 突变改变了基因频率从而对进化做出贡献 （a）Hardy-Weinberg平衡状态。（b）突变导致一种基因型被另一种新的基因型所取代。（c）突变导致一种基因型消失，另一种基因型增加。

化，因为迁移群体的等位基因频率与土著群体该基因的频率往往存在一定的差异。当迁入个体的相对比率较大，且基因的频率与土著群体基因频率之间差异较大时，这种迁移由于会对群体基因频率产生较大的影响，因此成为定向进化的重要力量。另外，地理的、地形的以及其他物理环境因素对生物迁移和分布产生重要影响，由此可产生生殖隔离，微观进化的积累最终还可导致新物种的形成（参见图7-21及相应的正文说明）。

3. 随机遗传漂变对微观进化的影响

Hardy-Weinberg平衡定律成立的条件之一是生物群体要足够的大。当少部分生物个体从一个大的群体中分出形成了一个小的群体时，由于群体太小引起的基因频率随机增减的现象称为**遗传漂变**（genetic drift）。换句话说，小群体的个体数量很少，往往因随机留种的偶然性造成基因留存具有随机性，从而导致遗传漂变。基因频率因随机变化的程度与小群体的个体数多少相关，个体数越少，基因频率的随机变化就越大。

在自然界，一些具有很大群体的生物在经历环境剧烈变化的偶然事件时，往往只有很少量的生物个体存活下来，就好像当一个大的群体通过瓶颈后由少数个体再交配繁殖扩展成原先规模的群体，这种小生物群体内个体数量的消长对基因频率的影响称为**瓶颈效应**（bottle neck effect）。瓶颈效应显示，环境剧烈变化使群体中个体数目急剧减少甚至使生物面临灭绝危险，通过瓶颈效应使它们度过难关又恢复到原先的群体规模，但在瓶颈期间，由于遗传漂变的作用，它们的等位基因的频率就会发生很大的改变（图7-28）。瓶颈效应是一种极端典型的遗传漂变。

遗传漂变的作用效果在小群体中特别显著，它可以掩盖甚至违背自然选择的作用。即使选择不利于某一个

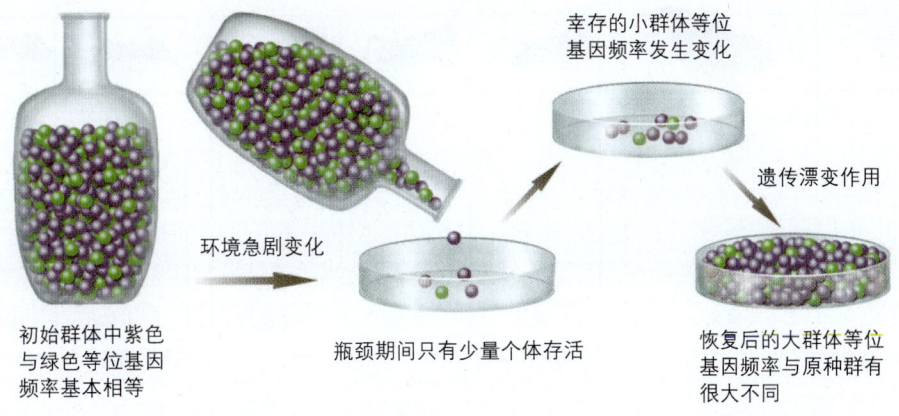

图7-28 瓶颈效应反映一种极端典型的遗传漂变现象 最左侧瓶中的紫色和绿色小球代表原先一个大群体中的一对等位基因，它们的基因频率几乎相等。后来由于环境的急剧变化，只有少量的生物存活下来，就好像通过瓶颈只倒出很少的小球。因为随机留种的偶然性造成基因留存也具有随机性，即小群体的遗传漂变作用，最后又由此恢复起来的大群体中，一种基因频率（紫色小球的数量为代表）大大超过了另一种基因的频率（由绿色小球的数量为代表）。

等位基因，这个基因也会因漂变而延续下来，只要这种不利没有发展到使基因携带者死亡的程度。对应的例子也是存在的，选择对等位基因有利的情况下，如果该选择还没有充分等到有利效应表现出来之前，该基因也可能会由于遗传漂变而被淘汰。

四、自然选择的作用

自然选择、适者生存是达尔文进化论的核心内容，群体遗传学用**适合度**（fitness）和**选择系数**（selective coefficient）两个概念描述遗传变异的结果和在选择作用下基因频率的变化。所谓适合度（用 W 表示）是指某一基因型个体与其他基因型个体相比能够存活并把它的基因传给下一代的能力。适合度最大值通常被定为1，即 $W_{max}=1$，而其他基因型的适合度则小于1。因此，适合度的定义体现的是一个相对值。例如，某地野生型果蝇在25℃时的生存力最大，存活个数为100，小型翅突变体的存活个数为69，短刚毛突变体的存活个数为85，它们的适合度分别为1.0，0.69和0.85，但在30℃时，它们的存活个数都发生了变化。因此，同一物种的不同突变体及同一突变体在不同环境条件下其适合度是不同的。选择系数（以 s 表示）则表示某一基因型在群体中不利于生存的程度。例如，$s=0.001$，表明该基因型的群体中有千分之一的个体不能存活或繁殖后代。选择系数与适合度的关系是：$s=1-W$。由于适合度和选择系数反映了经遗传变异后某一基因型的基因频率在群体中的相对数值，它们反映了与环境条件相协调的生物微观进化的趋势和程度。

我们已经知道，生物个体遗传特性的差异决定了它们繁衍后代的能力。在一个特定的环境中，并非所有的个体都具有相同的存活和繁殖能力。具有与环境适合性好的表型的个体有更多的生存机会也留下较多的后代，这一过程就是**自然选择**。因此，自然选择作用体现出不同的遗传变异个体差异的生活力和繁殖力。自然选择的本质反映了一个群体中的不同基因型个体在特定的环境中对后代基因库的贡献。综合进化论认为，只要不同基因型个体之间适合度有差异，就会发生选择。我们还把自然选择当作一个过程，该过程导致一个群体对环境的生物因素（如竞争、捕食、寄生或共生等）和非生物因素（如气候、地理、营养、自然灾变等）的适应。生物因自然选择而进化，遗传变异和差别的适合度是自然选择发生作用的前提。变异为选择提供材料，选择作用于表型，自然选择是群体中的生物随机变异的非随机淘汰和保存。

自然选择包括方向性选择（directional selection）、分歧性选择（disruptive selection）和正态化选择（stabilizing selection）等几种主要类型（图7-29）。

方向性选择是把趋于某一方向的变异保留下来而淘汰另一相反方向的变异，使生物表型定向发展（图7-29a）。在一定时间内，某生物群体生存的环境发生了相对稳定的定向变化，产生一种定向的选择压力，便可造

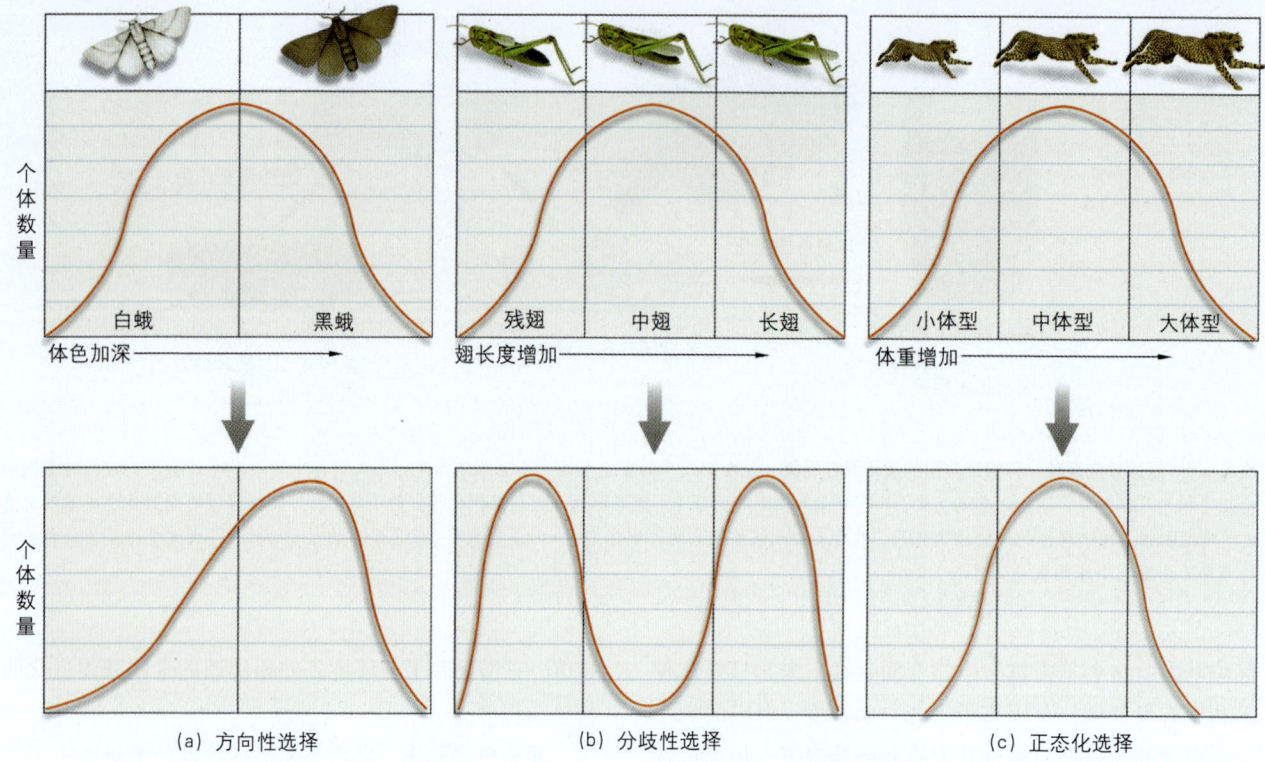

图7-29 自然选择的类型 （a）方向性选择将趋于某一方向的变异保留，使生物表型定向发展。（b）分歧性选择保留两端变异，减少中间态。（c）正态化选择与分歧性选择相反，淘汰两端变异，保留中间态，使生物表型具有相对的稳定性。

成该群体遗传组成朝着适应环境变化的有利方向改变。例如，欧洲桦尺蛾最初大都是灰色的，19世纪50年代以后，由于英国东部和南部工业化发展迅速，严重的工业污染使黑色桦尺蛾的数量迅速增加，原因在于栖息于树干和岩石上的黑色桦尺蛾有利于在污染的环境中隐蔽自己，而难以被其天敌——鸟类所捕食。欧洲桦尺蛾的工业黑化现象是自然选择作用于多基因控制表型，使其多态特征定向适应进化的结果。图7-19显示长颈鹿进化的过程也属于这类方向性选择。

分歧性选择是将一个群体的两端变异按不同选择方向保留下来而逐渐减少中间态（图7-29b）。在一定时间内，种群中的两种或多种极端表型比其中一般或中间态的表型更加适应于特定的环境，这时自然选择作用便导致种群内表型随着遗传组成向不同方向变化而分异，发展到一定程度还可能造成种群分裂，进化产生不同的亚种群甚至产生新种。例如，在季风频繁的季节，一个昆虫种群内，翅膀特别发达（长翅型）和没有翅膀（无翅型）的两种极端表型的个体容易生存下来，而那些翅膀发达程度一般或中等（中翅型）的中间表型个体则由于很容易被大风吹到海面上而丧生。

正态化选择与分歧性选择恰恰相反，是将一个群体的两端变异逐渐淘汰而保留下中间态表型的个体，同时使生物表型具有相对的稳定性（图7-29c）。例如，某食肉性动物猎豹种群中，体重特别大的个体需要很多的食物且行动不便，体重特别小的个体捕食能力弱，而体重处于中间态的个体比两端变异的个体更适应特定的环境，它们奔跑能力强，可以捕食到更多的猎物而不易被自然选择所淘汰。

自然选择是一种创造性的作用过程，它像一个筛子，保留有利的变异，筛除不利的变异。但它又要比筛子的作用过程复杂得多，因为在选择的时候，生物个体遗传结构和组成的变化随着环境的变化可构成多种组合，遗传信息多方向动态加强和积累最大程度地保存了生命各个层次的多样性，从而创造和保留了大量的物种。自然选择的创造性还在于，突变是随机的，但自然选择是非随机且定向的，从总体上看，它促进了生物由简单到复杂、由低等到高等的进化。

生物通过突变、迁移、遗传漂变和选择改变了基因频率，由基因频率的变化积累产生了微观进化并导致种内进化甚至新种的产生，多种微观进化汇集的结果就是我们可直接观察到的宏观进化。关于生物进化机理的探讨，本节只提供了部分入门的基础，同学们还可以进一步阅读有关专著，通过深入分析和研究生物遗传变异和自然选择作用的规律，才能逐渐把握生物进化的本质。

第四节　生物进化的证据和历程

一、生物进化的化石记录

支持Darwin生物进化理论最有力的证据是自然界发现的古生物化石记录。最典型的化石是早已绝灭的爬行动物恐龙的骨骼化石。常见的还有古代的树干化石、鱼化石、树叶化石、昆虫化石等等（图7-30）。另外更多的古生物化石则更加微小，只有古生物学家才去特别关注它们。古生物化石不但包括那些在地层中易于保存下来的骨骼、贝壳、牙齿等，还包括植物的印迹、动物的脚印和排泄物等等。生物死亡后只有在湖底或海底被快速埋藏，上层泥沙继续沉积并压实形成沉积岩，它们才有可能被保存下来。以后埋藏化石的沉积岩在地球引力的作用下可能抬升，形成山峰或峡谷中的地质断层，或者遭受风化及河水雨水的冲蚀，或者被人们挖掘，人们才又见到了这些古生物化石。海洋与湖泊的沉积埋藏作用是化石形成的重要条件，所以，现在已发现的化石大部分属于水生生物。大部分古代陆生的动植物需要经河流等的搬运，才可能沉积在海洋或湖泊中成为化石。动植物的一些柔软的组织或器官与骨骼、牙齿、贝壳、树干的木质部分相比，则难以在地层中保存。在海洋与湖泊中，古代大量的动物和植物尤其是生物量最大的浮游藻类生物死亡后被沉积埋藏，以后经过漫长的地质年代和沉积岩中的温度与压力的作用，生物体内的生物化学物质被降解转化为碳氢化合物，即形成了石油。我们现代开采的大部分石油来源于古代的生物，所以又被称为化石燃料（fossil fuel）。

18世纪以后，科学家们开始认识到，在地球的沉积岩层中，上部较新的地层形成的年代较晚，下部较老的地层形成年代较早。因此，在较新地层中发现的化石沉积埋藏的年代距现代更近，而在较老地层中发现的化石代表了那些生活在距现代更加久远年代的生物。沉积岩地层就好像是一本厚厚的地质历史书，其中不同的页面（地层）的化石记录了不同时代沉积埋藏的生物（图7-30）。这些化石记录显示，越古老的地层，生物形态越简单；越新的地层，生物形态越复杂。地质历史及其中的化石记录雄辩地证明，生物是进化的，复杂的生物是从简单的生物进化来的，陆生生物是从水生生物进化来的。

地质学家将地质历史从老到新分成不同的"代（Era）"，每一代至少约6 500万年以上。每一代再分成若干个"纪（Period）"，每一代或纪都有其特征的化石记录。另外，最后的纪还被分成若干个"世（Epoch）"。沉积地层中发现的化石，特别是那些在特定地质年代繁盛但后来又绝灭的生物化石是判断该沉积地层地层地质年代最重要的依据。地质古生物学家可以根据古生物化石的种类、特征和化石组合准确地给地层定位，确定其属于什么代和纪，即可以确定地层相对的新老顺序。20世纪40年代年发展起来的岩石稳定同位素测年技术应用到古生物学的研究中后，科学家们已经可以测定出生物演化事件发生的实际年代（图7-31）。

二、生物进化的其他证据

除了古生物化石的研究为生物进化提供的证据以外，在生命的其他方面也能表现出生物进化的信号或痕迹。生物地理学、比较解剖学、分子生物学等的研究从不同的角度和层次上揭示了生物进化的现象。

生物地理学（biogeography）是研究物种地理分布的

图7-30　沉积地层中埋藏的化石　（a）藻类，距今7亿年。（b）角石，距今4亿年。（c）海百合，距今3.2亿年。（d）硬骨鱼，距今3亿年。（e）恐龙，距今1.4亿年。（f）树干（硅化木），距今200万年。

代	纪	世	年代（百万年前）	主要事件
新生代	第四纪	现代	0.01～0	冰期已过，气温上升，被子植物繁茂，草本植物发达，人类发展
		更新世	0.01～1.65	四个冰期，北半球冰川，气温下降。直立人、早期智人，很多大型兽类绝灭
	第三纪	上新世	1.65～5.3	喜马拉雅山、安第斯山、阿尔卑斯山形成，大陆各洲成型
		中新世	5.3～23.7	气候冷
		渐新世	23.7～36.6	被子植物取代裸子植物，繁茂，杨、柳、桦、榉等成林
		始新世	36.6～57.8	恐龙绝灭后，鸟类及哺乳动物大发展，适应辐射
		古新世	57.8～66.4	类人猿出现，南方古猿
中生代	白垩纪		66.4～144	造山运动，火山活动多，大陆分开，后期冷。裸子植物衰退，被子植物发达。恐龙及多数有袋类绝灭，胎盘哺乳类及鸟类兴起，灵长类出现
	侏罗纪		144～208	温暖、潮湿。有内海、大陆飘浮。裸子植物为主，被子植物出现。爬行类繁茂，恐龙、鱼龙、翼手龙等，始祖鸟、单孔类多，原始有袋类出现
	三叠纪		208～245	气候温和干燥、晚期湿热。裸子植物成林（苏铁、银杏、松柏等）炭化成煤。无尾两栖类出现，爬行类恐龙占优势，原始哺乳类出现
古生代	二叠纪		245～286	造山运动频繁，干热，Pangeue开始分裂，蕨类衰退，裸子植物繁茂，三叶虫及多种无脊椎动物绝灭，爬行类辐射适应
	石炭纪		286～360	造山运动，气候温湿，蕨类繁茂，裸子植物兴起。陆生软体动物，昆虫辐射适应，两栖类繁茂，爬行类兴起
	泥盆纪		360～408	陆地扩大，干旱炎热。蕨类繁盛，鱼类繁盛。昆虫、两栖类兴起，三叶虫少
	志留纪		408～438	造山运动，陆地增多，裸蕨、陆地维管植物，珊瑚多，三叶虫衰退，无翅昆虫、甲胄鱼
	奥陶纪		438～505	浅海广布，气候温暖，蕨类、笔石珊瑚、三叶虫、腕足类、苔藓虫、头足类等，甲胄鱼
	寒武纪		505～545	浅海广布，气候温和，多化石，蕨类，三叶虫繁盛，海绵、珊瑚、腕足类、软体动物，棘皮动物
	前寒武纪		2 500	细菌光合作用出现
			4 600	地球上出现初级大气圈，化学进化

（b）

（a）

图7-31 沉积岩地层和地质年代 （a）沉积岩在地壳岩石总量中只占百分之五，但是在地表分布面积却占到百分之七十五。沉积岩中分布最广的是页岩、砂岩和石灰岩。沉积岩的一个特征是有理层，另一个特征是大多含有生物的化石。化石就是生物记载在地层书页里的文字。（b）地球历史由老到新被划分为大小不同的演化阶段，构成了不同等级的地质年代单位。在各地质年代单位中，发生着特定的地质事件和生物演化过程。

科学。正是生物地理学最早为Darwin提出的物种形成和生物进化理论提供了证据。例如，一些岛屿上生长着其他地方所没有的独特的动物和植物，它们的许多特征与相邻岛屿及相邻大陆（洲）的生物很接近。而在地球上自然环境基本相同的不同地区的岛屿，却栖息着和生长着完全不相同的生物种群。科学家们发现，南美洲热带动物与南美洲沙漠的动物很相似，但与非洲热带动物差别却很大。另外，各种有袋哺乳动物如袋鼠仅仅居住在澳大利亚，而在世界其他地方少有分布。相反，在澳大利亚，胎生哺乳动物非常稀少。实际上并非胎生哺乳动物不能在澳大利亚生活与繁殖，近年来人们将兔子引入澳大利亚，它们很快在那里繁衍出很大的群体。如何分析和解释这些现象呢？生物地理学理论认为，由于自然的地理隔离产生了独特的动植物区系，地理隔离进一步造成更重要的生殖隔离。生物种群的进化一方面受环境选择的作用，另一方面在一定的区系内进行。各地现存的动植物在自然的情况下通常都是从本区域古老的祖先进化而来的。

对不同种群生物的个体解剖结构进行比较称为**比较解剖学**（comparative anatomy）。在不同种群生物中，科学家们发现，某些器官即使行使不同功能，它们在解剖结构上也具有相同或相似性，反映出这些生物之间可能具有亲缘关系，它们可能来自共同祖先。例如，人的手臂、猫的前肢、鲸的前鳍、蝙蝠的翅膀等都有结构相同

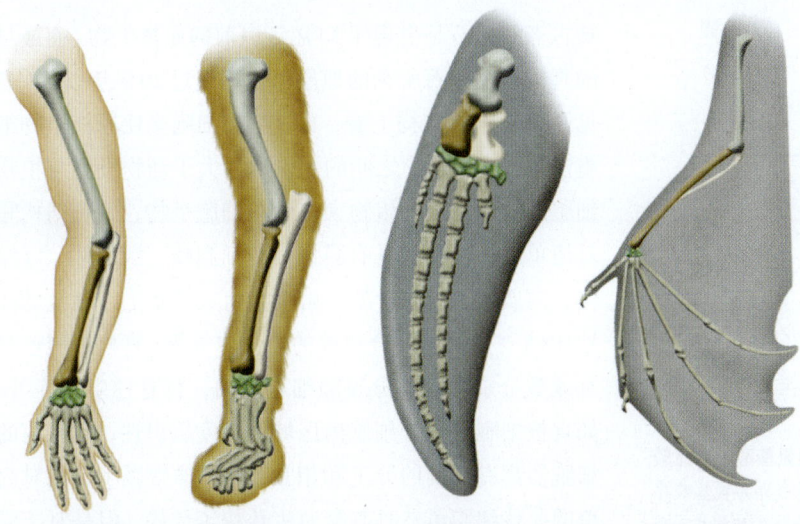

人的手臂　　猫的前肢　　鲸的前鳍　　蝙蝠的翅膀

图7-32　同源结构反映了生物进化的轨迹　比较解剖学是对不同种群生物的个体解剖结构进行比较的科学。通过比较，科学家们发现，在同一类型的动物或植物中，如图中人的手臂、猫的前肢、鲸的前鳍和蝙蝠的翅膀，它们在功能上很不相同而在内部构造上却基本一致，我们把它们叫做同源器官。同源器官说明生物是由共同祖先进化而来的。因此，比较解剖学也是证明生物进化论的重要学科。

的骨骼，虽然这些器官的功能不同，但从它们的结构和发育可以看出，它们是从同一个"蓝图"模制下来的，这些具有共同来源的结构称为**同源结构**（homologous structure）（图7-32）。人、猫、鲸和蝙蝠都属于哺乳动物，按照进化论的观点，它们应该有一个原始的哺乳动物祖先，如此看来，它们的不同功能器官之间解剖结构即骨骼系统的相同性就不奇怪了。另外，一些生物体内还保留了部分退化器官的痕迹，如人体内保留了在其他哺乳类相当发达的动耳肌、阑尾、体毛和尾椎骨等痕迹。这些痕迹和人群中偶尔的返祖现象如毛孩等都从某一方面反映了生物进化的系统历史。

比较胚胎学（comparative embryology），即不同生物胚胎发育过程的变化研究也揭示了一些不同的生物是由同一个祖先进化而来的事实。亲缘关系相近的生物在它们发育过程中有相同的发育阶段。例如，所有脊椎动物在其早期发育的胚胎阶段都出现了尾巴和鳃囊（图7-33）。这些说明，人类是从曾经有尾和有鳃的祖先进化来的。这些现象又称为"重演（recapitulation）"，反映了生物个体的发育再现了系统发育所经过的部分主要阶段。

20世纪后叶，分子生物学取得了一系列重大的突破，加深了人们对生命本质的认识。分子生物学的研究方法也为生物进化提供了有力的证据和更多的信息。在所有生物中，遗传密码的通用性说明自然界所有生命形式都是相互关联的。分子生物学家发现，亲缘关系相近的生物，其DNA或蛋白质分子具有更多的相同性。而亲缘关系较远的生物之间，DNA或蛋白质分子的差异程度就比较大。利用分子生物学技术对不同生物同种蛋白的

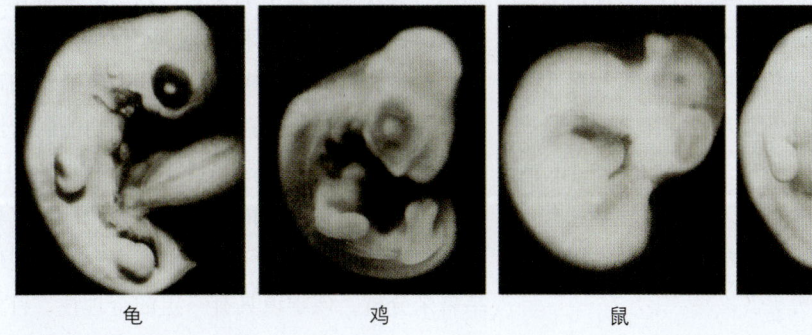

龟　　鸡　　鼠　　人

图7-33　几种脊椎动物胚胎发育的早期形态　龟（爬行类）、鸡（鸟类）、鼠（哺乳类）和人彼此间有相当显著的差异，但它们早期胚胎却很相似：都有鳃裂和尾，头部较大，身体弯曲，彼此不易区别。以后出现四肢，但最初的四肢只是一些乳头状的突起，分辨不出是鱼鳍还是鸟翼，再往后，在它们各自的发育过程中才出现越来越明显的差别，表现出不同的形态。这说明脊椎动物也具有共同的祖先，而人类则是从有尾动物发展来的。

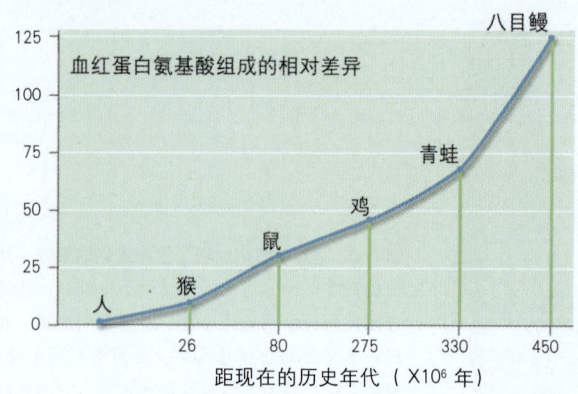

图7-34 人与其他5种脊椎动物血红蛋白多肽链的氨基酸序列比较所反映的相互进化关系 图中的纵坐标表示各血红蛋白样品氨基酸序列组成差异的程度。研究不同物种的同一种蛋白质的氨基酸组成，可以发现它们的氨基酸序列具有不同程度的相似，反映了这些物种相互的亲缘关系。图中显示了人与其他5种脊椎动物血红蛋白多肽链的氨基酸序列比较所反映的相互进化关系。这种关系也正好与它们在结构上的差异程度及形态学判定的亲缘关系相对应。

氨基酸序列分析是一种分析和判断生物之间亲缘关系和进化顺序的先进手段。图7-34显示了人类与其他几种脊椎动物血红蛋白多肽链的氨基酸序列差别。人与猴子的血红蛋白只有8个氨基酸的差别，与鼠有30个氨基酸的差别，顺序往右与鸡、青蛙、八目鳗等的差别越来越大，最后达到125个氨基酸的差别。人的血红蛋白多肽链一共只有146个氨基酸，人与这5种脊椎动物相比，氨基酸序列差别从5%到86%，显示人类与猴子的亲缘关系最近，与八目鳗最远，鼠、鸡、青蛙则位于其中。这样的分析结果所排列的进化关系顺序也恰好与比较解剖学和比较胚胎学方法所获得的结论相一致，也与上述生物各自的化石出现的地层年代顺序完全一致。除了蛋白质氨基酸序列的分析外，不同生物同源基因的DNA序列分析也为生物的进化关系提供了有力的证明和丰富的信息。目前，生物间的DNA同源序列分析、基因组分析和基于PCR技术的DNA多态性分析等已成为判断生物之间亲缘关系和进化顺序的常用手段。

综合利用化石证据、比较形态学、比较生理学和分子生物学的方法，科学家们正试图以系统树的形式描述和重建地球上所有生命进化的历史。

三、真核生物的起源及内共生学说

生命起源的学说揭示，地球上最早出现的生物应该是最简单的单细胞原核生物，目前在沉积地层中发现的最古老的化石是出现于34亿年以前的原核生物。而最早的真核生物化石所在的地层年代不超过20亿年以前（参见图7-5）。从结构上看，真核生物细胞要比原核生物细胞复杂得多，它们之间的差别远远大于动物细胞与植物细胞的差别。原核生物大多为单细胞生物，细胞结构相对简单。真核细胞具有膜包被的细胞核、线粒体、叶绿体、内质网、细胞骨架、由微管组成的鞭毛、缠绕的线性DNA与蛋白质结合形成的染色体等等。真核细胞还具有减数分裂和有丝分裂的细胞周期，行有性生殖等等。如真核细胞表现了细胞内区域的高度组织性，细胞内的细胞器都有明确的分工和相互合作。非常微小且相对简单的原核细胞虽然具有繁殖生长快等优势，但是对于同时完成多种不同代谢却有很大的限制。因为原核细胞基因组相对简单和较小，它所编码的蛋白质及酶有限。自然选择的结果常常有利于生物细胞向着增加其功能、复杂性和高度组织性的方向发展，使其更加适应于各种环境。因此，原核细胞向真核细胞的方向进化是自然选择的必然结果，符合生物进化的客观规律。

具有膜包被的细胞器即区域高度组织性的真核细胞是如何从较简单的原核细胞进化来的呢？电子显微镜观察显示，真核细胞中普遍存在单位膜结构。许多生物学家认为，真核细胞的内膜系统，如内质网、高尔基体及相关结构是原核细胞的外膜向内折入而发展起来的（图7-35）。这种内折的膜将DNA包围在局部区域便形成了细胞核。对于线粒体和叶绿体等细胞器的形成，美国马萨诸塞州波士顿大学的Margulis等人提出了一种"**内共生学说**（endosymbiotic theory）"。按照内共生学说，较大的原核细胞可以吞入其他较小的原核细胞，被吞入的细胞与其发生了共生的关系，以后逐渐特化为其中的一部分，即被吞入的原核细胞通过内共生变成了细胞器。内共生学说认为，原来被吞入的需氧的细菌可变为线粒体，被吞入的具叶绿素和光合作用功能的蓝细菌变成了叶绿体，如此，便逐渐完成了向真核细胞的进化。

虽然目前还不可能用实验来完全验证真核生物起源的内共生学说，但从科学家们观察到的一些现象和实验结果来分析，该学说具有一定的合理性。首先，生物细胞间的内共生现象是存在的。好氧细菌与线粒体，蓝细菌与叶绿体在大小、膜的组成及膜蛋白的运转作用等方面具有相似性。繁殖时，线粒体和叶绿体分裂方式与好氧细菌和蓝细菌的二分裂基本相同。线粒体与叶绿体内

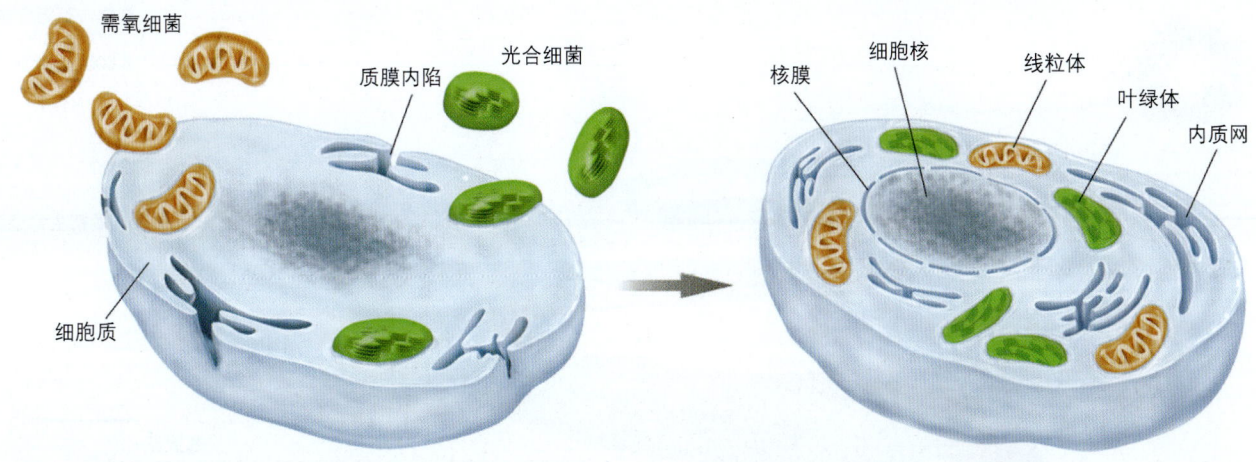

图7-35 质膜内折与内共生 最早提出内共生说的是A.M.Schimper，他发现绿藻和高等植物的叶绿体能够自行繁殖分裂，并发现它们在形态上与自由生活的蓝细菌很相似，从而提出叶绿体来自寄生的蓝细菌的假说。1981年，美国波士顿大学的Margulis系统地阐明了内共生学说理论。她认为只有原核生物细胞才算是最小、最基本的生命单位，真核细胞则是复合的。真核生物起源于若干原核生物的共生；线粒体是从内共生的、由可进行有氧呼吸的自由生活的细菌发展而成；叶绿体则来自内共生的光合细菌、蓝藻或原绿藻；真核细胞的运动器官，包括微管系统可能来自共生的螺旋菌。

部含有环状DNA，这一点也与好氧细菌和蓝细菌相同。另外，线粒体与叶绿体核酸序列的分析结果也为内共生学说提供了支持。

四、生物进化的历史进程

讨论了真核生物起源的问题以后，让我们概括地认识各类生物进化的先后顺序，简要地了解生物进化的历史进程。

如图7-36所示，从地球形成开始到5亿多年前的前寒武纪，持续了长达40亿年的时间。它占据了整个地球历史的8/9。最早的化石发现于前寒武纪34亿年前条带状的燧石层中，这些化石的形态与现存的单细胞原核生物非常相似，因此被鉴定为单细胞的蓝细菌。科学家们相信，最简单的生命至少在30多亿年前就在地球上出现了。而最早的真核生物化石出现在距今20亿年左右，它们是一些单细胞真核藻类。化石记录显示，大约在8亿年前前寒武纪快要结束时，地球上才出现了形态各异的多细胞生物，它们包括了水母类、珊瑚虫、蠕虫等无脊椎动物。这些生物体质柔软，所以保存下来的化石较为稀少。

古生代（Paleozoic era）起始于5.7亿年前，共包括了寒武纪（Cambrian）、奥陶纪（Ordovician）、志留纪（Silurian）、泥盆纪（Devonian）、石炭纪（Carboniferous）和二叠纪（Permian）等6个纪。每一纪大约为3 000万年到7 500万年不等。寒武纪时，浅海扩大，气候温和，古生物学家在寒武纪地层中发现了大量的生物化石，其中多数为藻类和类似于现代甲壳类的三叶虫（trilobite）。至大约5亿年前寒武纪结束时，蕨类植物、海绵、珊瑚、腕足类软体动物和棘皮动物都很繁盛。与前寒武纪相比，寒武纪出现了大量生物类群，因此又被古生物学家称为寒武纪生物大爆发。到奥陶纪和志留纪时，除了上述生物继续存在以外，硬骨鱼类、裸蕨及低等陆生维管植物开始出现，植物界逐渐完成了由水生向陆地的进化。泥盆纪时，海洋面积减少，陆地面积扩大，昆虫和两栖类动物兴起。泥盆纪干旱炎热，蕨类植物非常繁茂，海洋与湖泊中鱼类非常繁盛，有人将泥盆纪称为鱼类大发展的时代。到石炭纪，海洋面积进一步减少，陆地面积继续扩大，造山运动使一部分海底抬升成为地台或山脉。为了适应这种变化，两栖类动物繁盛起来，爬行类也开始兴起，动物界完成了由水生到陆生的进化。与此同时，蕨类植物仍然非常繁盛，裸子植物开始兴起。二叠纪是古生代最后一个纪，那时造山运动更加频繁，气候干热，蕨类植物衰退，裸子植物繁茂，三叶虫及多种无脊椎动物绝灭，但脊椎动物则在陆地上站住了脚。石炭纪和二叠纪繁盛的蕨类植物和裸子植物被埋藏后，变成为今天我们所开采的煤炭。到古生代末期，由于造山运动和干热的气候，起源于寒武纪并在古生代曾经兴盛一时的三叶虫完全绝灭了，三叶虫绝灭事件为古生代地层的划分提

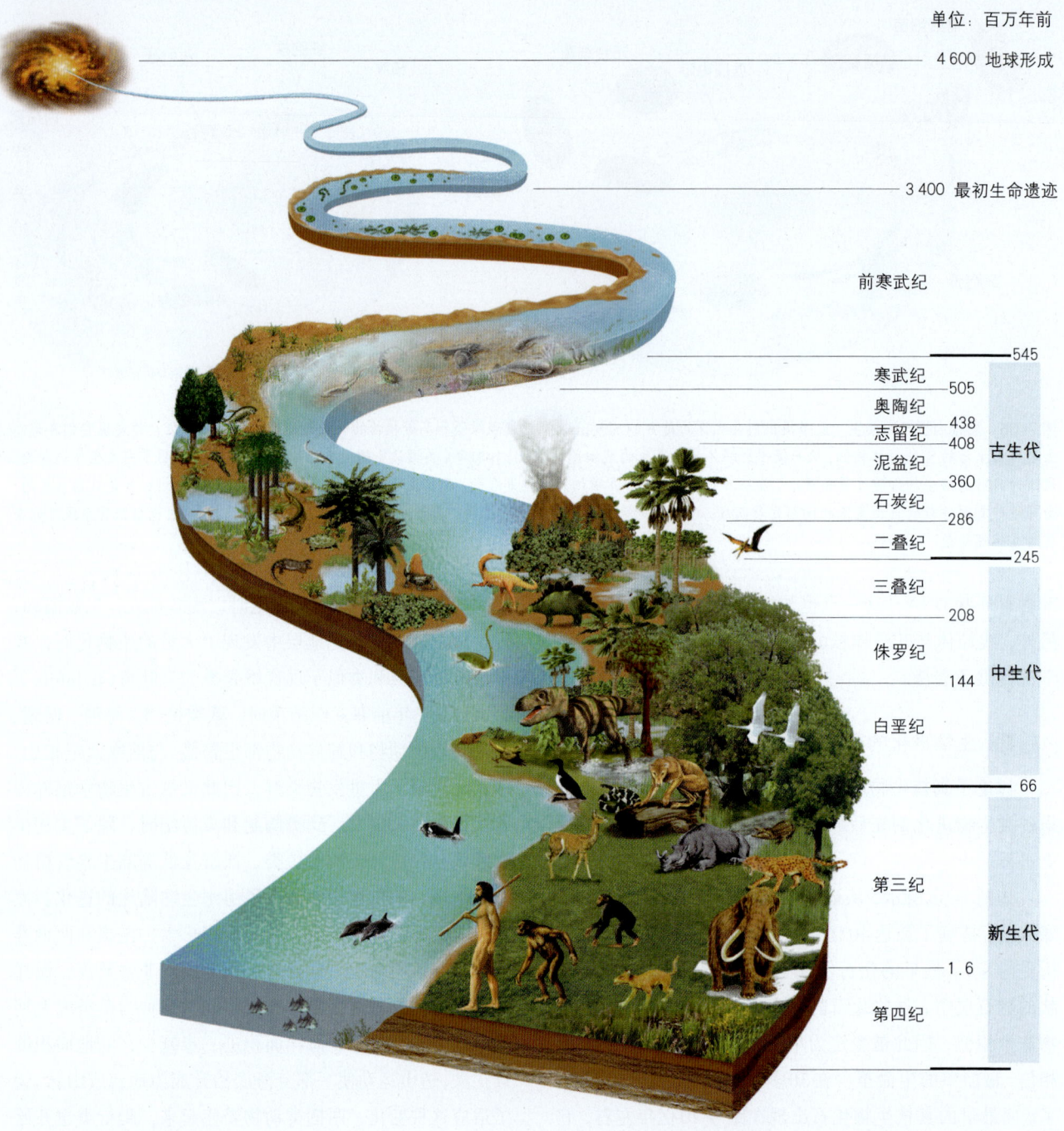

图7-36 生物进化的历程 生物是进化的,生物进化是生物与其生存的环境相互作用的结果。从46亿年前地球形成到现今,通过遗传、变异和自然选择,生物从低级到高级、从海洋到陆地、从简单到复杂而进化。图中生物进化历程的细节请参见图7-31表格内的主要事件描述。

供了可识别的标志。

中生代(Mesozoic era)又称为爬行动物的时代,它开始于2.45亿年以前,持续到距今6600万年前。中生代包括了三叠纪(Triassic)、侏罗纪(Jurassic)和白垩纪(Cretaceous)。三叠纪气候温和干燥,晚期湿热,爬行类动物包括恐龙等逐渐成为优势生物。在海洋中长颈的蛇颈龙(Plesiosaur)以中生代的鱼类为食。在空中飞行着巨大的翼龙(Pterosaur),它们的翅膀甚至可长达数十米。在陆地,一组原始的腔齿类爬行动物逐步演变成鳄鱼、鸟类和恐龙,以后又进化产生了蜥蜴和海龟。恐龙最早出现于晚三叠纪,到侏罗纪达到最繁盛阶段,在白垩纪时绝灭。在三叠纪时还开始出现了类似于鼠类的最原始的哺乳动物，它们直到恐龙绝灭以后才有了新的进化和发展。中生代时还出现了一些新的海洋无脊椎动物。同时，蛇颈龙、翼龙、恐龙等爬行动物的绝灭宣告了大型爬行动物时代的结束。在中生代极为繁盛的物种包括昆虫、有花植物、鸟类、原始的哺乳类和以恐龙为代表的爬行类。恐龙等许多生物到白垩纪大量地绝灭了，这与当时地球频繁的造山运动、火山爆发和突然出现的冰期密切相关，因此被称为地球历史上的生物大绝灭事件（参见图7-22）。在白垩纪，昆虫和有花植物出现了巨大的种群分化，原有的物种消失了，有的则进化成为新的物种。

新生代（Cenozoic era）是最短的地质历史时代，从6600万年前延续到现代，包括了第三纪（Tertiary）和第四纪（Quarternary）。新生代昆虫与被子植物继续繁盛和分化发展，又出现了鸟类和大量的哺乳动物。由于新生代距现代非常近，其地层中的化石相当普遍且保存完好。在第四纪还有一个冰期。新生代出现了适应于热带、温带、寒带、高山、平原、沼泽、荒漠等各种环境的动物和植物。到第四纪，哺乳动物灵长类中的一支逐渐进化为人类（参见图7-36）。

第五节　生命系统及进化树

一、生物分类与五界分类系统

迄今为止，科学家在地球上已经发现和命名的生物大约有2 000 000种，其中约有260 000种植物，750 000种昆虫，500 000种脊椎动物。科学家估计，地球上的生物共有5 000 000至30 000 000种，其中大部分还未被命名。现今地球上的生命多种多样、丰富多彩，它们都是过去生物的延续和长期进化的结果。按生物进化和亲缘关系将不同的生物进行命名和分类是生物学研究的基础。

同种生物具有一个共同的进化祖先，亲缘关系相近的种构成另一个高一级的分类单元：属（genus）。种既是生物分类的单元，又是遗传单元和生态单元。

生物的分类从高级单元到低级单元构成若干**分类阶层**（图3-37），包括界（kingdom）、门（phylum）、纲

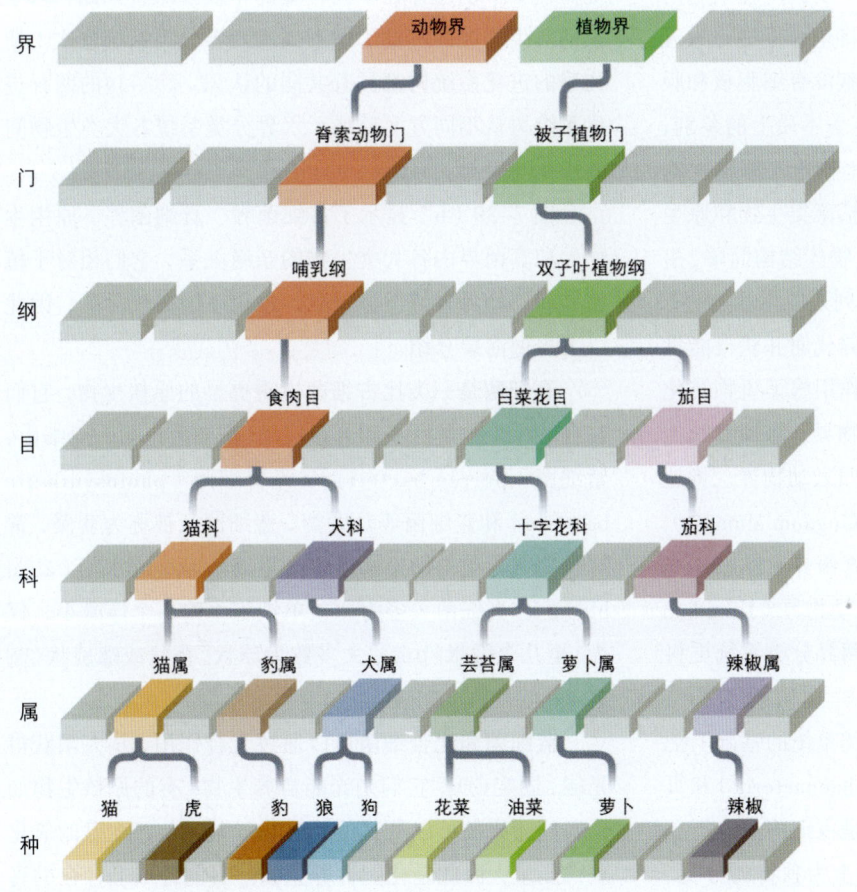

图7-37　**分类阶层**　现在所采用的主要分类等级是界、门、纲、目、科、属和种。这七个等级之间还可以再分成更细的等级，如亚纲，亚目，变种等等。

(class)、目（order）、科（family）、属、种。有的种还可分亚种（subspecis）、变种（variety）或品系（strain）。瑞典植物分类学家 Carolus Linnaeus 创立的为物种命名的**双名法**一直被沿用至今，使用的一般是拉丁文，例如，*Chlorella prothecoides*（原始小球藻），*Escherichia coli*（大肠杆菌），*Zea mays*（玉米），*Felis catus*（猫）。前一个词为属名，第一个字母大写，第二个词是种加词，全部小写，属名和种加词用斜体。在属名和种加词之后也可以用正体标出定名人。对生物进行命名的另一个原则是时间优先的原则，即如果有两个人都描述了同一种生物并分别对它确定了不同的拉丁名，则命名时间在先的应该被承认，随后的命名则不被承认。每一个物种只有一个学名，因此在正式场合必须用拉丁文规范书写的学名。

早在 18 世纪，Linnaeus 就将生物分为两大类即两界：植物界和动物界。以后，生物学家对地球上的生物了解越来越多、越来越深入，发现两界分类系统不能在大类上客观地反映生物的基本差别。例如，真菌（fungi）既不能像动物那样可以运动，又不像植物那样可以进行光合作用，放入两界分类系统的哪一界都不合适。1969年美国康奈尔大学的 Whittaker 提出了根据生物细胞的结构特征和能量利用方式的基本差异将全部生物分为五界（五大类）的建议。原核生物的细胞没有细胞核和膜包被的细胞器，这些生物与真核生物有着本质上的差别，在进化上明显比真核生物更早，因此被列入原核生物界；另一类比较原始的真核生物，包括藻类生物和原生动物类，它们大多数是单细胞生物，生物体结构简单，生活一般离不开水体环境，这些生物被列入原生生物界；直接从外部环境吸收化学物质进行营养代谢并获得能量的真菌单独被列入真菌界；依靠光合作用将无机物转化为有机物并获取能量的植物被列入植物界；靠捕食其他生物获得能量并且能运动的动物类被归入动物界。将地球上的全部生物划分为原核生物界（Kingdom Monera）、原生生物界（Kingdom Protista）、真菌界（Kingdom Fungi）、植物界（Kingdom Plantae）、动物界（Kingdom Animalia）的**五界分类系统**比最早的两界分类系统更科学，现已被大多数科学家所接受（图7-38）。还有些科学家提出**六界分类系统**，即在五界分类系统的基础上把原核生物分为古细菌界（Kingdom Archaebacteria）和真细菌界（Kingdom Eubacteria）。理由是古细菌是一类在极端环境中生活的原始生物，在进化上为独特的分支，与其他各界生物没有直接的进化联系。

二、各大类（界）生物的进化系统树

自 Darwin 时代起，许多生物学家都试图认识和重建地球上生命进化的历史。要认识和重建地球上生命进化的历史，最理想和直接有效的途径是发现和研究不同地质历史时期埋藏并保留在代表不同地质年代地层中的古生物化石。由于已发现的化石零散和不完整，因此传统的古生物学方法存在很大的局限性。"将今论古"的研究方法，即比较生物形态学、比较生理学和各生物类大分子多态性差异分析和比较的方法为分析研究各类生物的进化和亲缘关系提供了有力的证据和新的补充。

科学家依据古生物学、比较形态学、比较生理学和分子生物学研究结果，按照生物间进化的先后顺序、相互亲缘关系的远近，把各类生物安置在一个类似树状分枝的图上，简明地表示各类或各种生物的进化历程和亲缘关系，如此便构成了生物的**进化系统树**（phylogenetic tree）。由于人类认识的局限性以及不可能重复再现地球的历史和生物进化的过程，因此不同学者重建的进化系统树在细节上还存在不同程度的争议。尽管如此，科学家们对生物大的类群（即五界或六界分类系统层次）所构建的进化系统树都具有共同的认识。图7-39 的两种进化系统树从不同方面反映了六界分类系统各大类生物间的进化与亲缘关系。

图7-39（b）显示了古细菌界、真细菌界、原生生物界和真菌界内各大类生物的亲缘关系，它们相对于植物界和动物界来说类群较少，进化系统树较简单，因此以下先做简要介绍。

真细菌是一类比古细菌出现更早的原核生物，它们在自然界中数量巨大和分布广泛。真细菌包括一般细菌，紫细菌（purple bacteria）、光合细菌（photosynthetic bacteria）和蓝细菌等几大类。蓝细菌又被称为蓝藻，常常在富营养化的污染水体中大量繁殖而形成**水华**（algal bloom）。真细菌大多为原核单细胞生物，个体微小，仅为1至几个微米（μm），大多数为球状、杆状或螺旋状（图7-40）。

蓝细菌和**光合细菌**可以通过光合作用，从太阳获得光能，固定 CO_2，它们是光能自养生物；有的原核生物如硝酸盐还原菌可以从其他无机物如 S、H_2、NH_3 等的氧化获得能量，因此是**化能自养生物**。目前地球上存在的真

图 7-38 **五界分类系统** （a）原核生物界代表。（b）原生生物界代表。（c）真菌界代表。（d）植物界代表。（e）动物界代表。（f）五界生物的特征、类群和代表的简单归纳。

细菌大多数是**化能异养生物**（chemoheterotroph），它们从有机化合物中获得能量和碳源。细菌的繁殖方式很简单，一般都以细胞二分裂的方式进行繁殖。

古细菌是一类特殊的原核生物，它们往往生活在缺氧的沼泽、盐湖和酸性温泉或动物消化系统等极端环境中。古细菌包括甲烷菌、嗜热菌、嗜盐菌和嗜酸菌等。一般认为古细菌与真核生物有更为接近的共同祖先。古细菌在核糖体RNA的核苷酸序列以及其他分子和细胞特征方面也与真细菌有较大的差别。

原生生物（protists）是一些最简单的真核生物，早

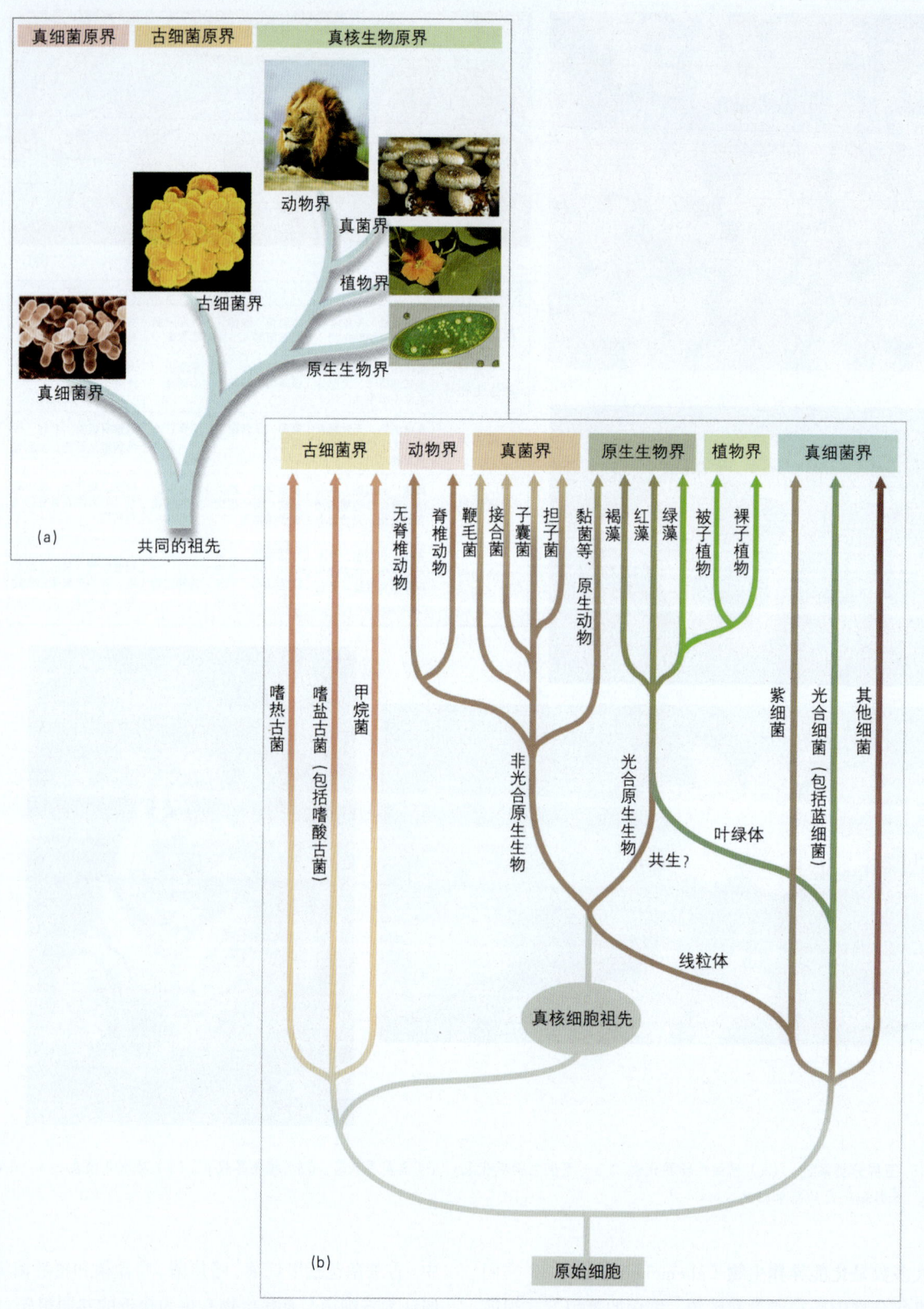

图7-39 依据六界分类系统构建的进化系统树 （a）简单反映各界生物进化顺序与亲缘关系的系统树，生物学家在六界分类系统之上还建立了古细菌、真细菌和真核生物3个原界（Domains）。（b）反映各界生物主要类群和真核生物起源（内共生）事件（以褐色和绿色线条显示）的进化系统树。关于内共生学说的解释见图7-35。

期的原生生物也是植物、真菌类和动物的祖先。原生生物一般都是单细胞个体，体形较小，多数自由地在水中或潮湿的土壤中生活。也有少数原生生物在人体或其他动物的体内生存，并可致病。原生生物的分类常有一些变化或争议，原生生物中大部分为原生动物，其次是真核藻类，另外还包括一些低等的菌类。

自然界常见的原生动物种类很多（图 7-41），典型的如变形虫、草履虫（slipper animalcule）、眼虫等等。原生动物在水生生态系统中是食物链中的重要环节，它们一方面常常以吞噬等方式来摄取微体藻类或细菌等颗粒性食物，另一方面又被鱼虾等水生动物所捕食。原生

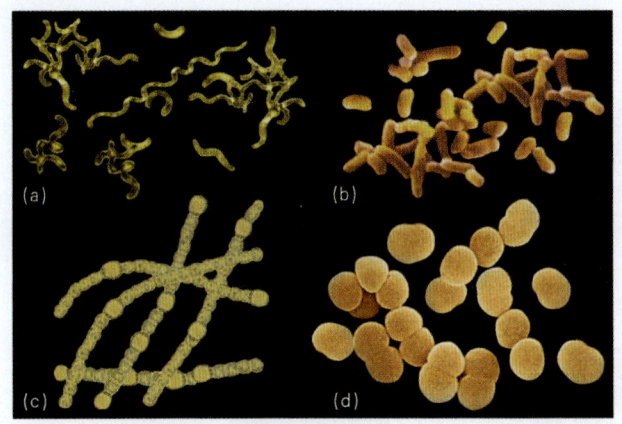

图 7-40 几种常见的真细菌 （a）螺旋菌。（b）耶尔森鼠疫杆菌。（c）鱼腥藻（蓝细菌）。（d）球菌。

(a) 绿藻　　(b) 硅藻　　(c) 眼虫　　(d) 金藻　　(e) 草履虫　　(f) 甲藻

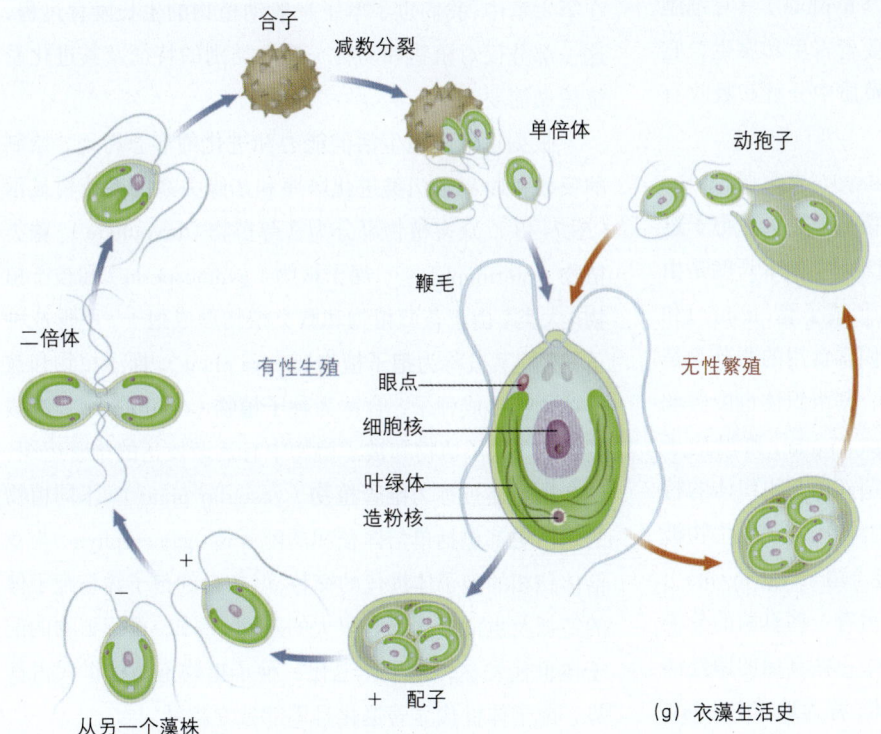

(g) 衣藻生活史

图 7-41 几种常见的原生生物

动物一般通过鞭毛、纤毛或伪足（pseudopod）行使运动功能。

藻类是一类具有光合作用色素、没有根茎叶分化的**自养原植体**（thallus）生物。大多数藻类是单细胞的，一些多细胞的藻类其生殖器官也是单细胞的，而且受精卵发育不形成多细胞的胚。例如，衣藻是一种单细胞绿藻，其生活史中的无性生殖与有性生殖过程都相对的比较简单（图7-41g）。常见的单细胞藻类包括硅藻（diatom）、甲藻（dinoflagellate）、金藻（golden algae）和部分绿藻（green algae），常见的多细胞藻类则包括一些绿藻、褐藻（brown algae）与红藻（red algae）等。正是由于在生物进化的早期藻类的光合作用，为原始地球提供了充分的氧气，为耗氧生物的出现和进化提供了条件。一般还认为绿藻与高等植物亲缘关系最近，是高等植物的祖先。

黏菌（slime mold）是原生生物中数量较少的一类，黏菌大多数生于森林中阴暗和潮湿的地方，在腐木、落叶或其他湿润的有机物上生长。一些科学家也将水霉（water mold）等低等菌类归入原生生物界。

真菌是典型的异养真核生物，在其营养生长阶段一般都形成**菌丝体**（mycelium）。**菌丝**（hyphae）具有细胞壁，但细胞内不含叶绿素。真菌主要营寄生和腐生，它们从动植物活体、死体或土壤的腐殖质中分解和吸收有机质，获取养分和能量。

常见的低等真菌有酵母菌（yeast）、青霉菌（blue mold）等。酵母菌靠出芽繁殖，青霉菌则通过分生孢子进行生殖。真菌的菌丝可缠绕成各种组织体，如木耳就是由菌丝缠绕成的组织体，菌丝还进一步形成子囊（ascus）和子囊孢子（ascospore）进行繁殖。人们常食用的蘑菇等是一些高等的担子菌（Basidiomycota），其组织体也由菌丝缠绕形成，繁殖时形成担子（basidium）和担孢子（basidiospore）（图7-42）。根据真菌菌丝体与组织体的特征以及繁殖时形成的孢子及孢子囊的特征，真菌类生物被分类为鞭毛菌（Chytridiomycota）、接合菌（Zygomycota）、担子菌和子囊菌（Ascomycota）等，另有一些真菌的分类位置尚难确定，被称为半知菌。另外，一些真菌的菌丝体与藻类细胞共生形成特殊复合共生体，称为**地衣**（lichen）。

图7-42 几种常见的真菌 （a）以出芽方式生殖的酵母菌（子囊菌）。（b）生长在柑橘上的青霉菌（子囊菌）。（c）生长在潮湿地表的蘑菇（担子菌）。（d）生长在树干上的木耳（子囊菌）。

三、植物界和动物界主要门类进化系统树

人们日常肉眼常见的生物大多数归于植物界或动物界，动植物的结构与功能将在第八和第九章中详细介绍，在第六章中，我们也了解了一般动植物的生长发育过程，这一部分仅对植物和动物一些大类别的特征及其进化系统树做简要介绍。

根据适应陆地生活的能力和进化的形态特征，绘制的反映植物界各门类进化顺序和亲缘关系的系统树显示（图7-43），众多植物可分为苔藓植物（bryophyte）、蕨类植物（pteridophyte）、裸子植物（gymnosperm）和被子植物4大类。由于苔藓植物和蕨类植物形成孢子，不形成种子，它们又被称为**孢子植物**（spore plant），裸子植物和被子植物都形成种子，合称为**种子植物**（seed plant）。在蕨类植物、裸子植物和被子植物中有逐渐发达的维管组织，这些植物还被称为**维管植物**（vascular plant）。不同植物的生活史都包括单倍体核相的配子体（gametophyte）与双倍体核相的孢子体世代的交替，但各自的孢子体与配子体的特征及生活期等都有很大的差别。例如，苔藓植物的配子体世代发达，孢子体退化，种子植物孢子体世代占优势，配子体世代显著退化且不能独立生活。

(ginkgo)和松树(pine)等是典型的裸子植物的代表。

被子植物是地球上最有优势的植物。各种农作物和经济作物如水稻、小麦、玉米、油菜、马铃薯、棉花、各种蔬菜等等都是被子植物。被子植物的孢子体高度发展和分化,具有典型的根、茎、叶、花、果实和种子等器官。生殖器官特化成为花的构造,其中雌蕊包括子房、花柱和柱头,胚珠包被在子房内,传粉受精后胚珠发育成种子,子房发育成果实。果实的形成是植物进一步适应陆地生活,更加进化的体现。

在所有生物中,大约有2/3以上的种类属于动物。动物一般都具有运动能力并表现出各种行为,多细胞,细胞没有细胞壁但有胞间连接(cell junction),异养,在体内消化食物。绝大多数动物的细胞是二倍体,只有其卵和精子为单倍体。

根据主要的形态和行为特征,尤其是否有脊索,动物可归为两大类,一类是无脊椎动物(invertebrate),另一类是脊索动物(chordate)。动物界中大多数门类(约30个门)属于无脊椎动物,它们都没有脊索。脊索动物归入一个门,其中主要是脊椎动物(图7-44)。

海绵是最简单的**无脊椎动物**。海绵囊壶状个体呈辐射对称,体壁包括皮层、胃层和中胶层。胃层的领细胞鞭毛的摆动引起水流通过海绵体,籍以完成摄食、呼吸、排泄、生殖等功能。体内水的流动并带入食物颗粒。海绵无消化腔和口、无神经系统等表明海绵动物的细胞和组织分化相当简单。

水螅和水母属于两胚层辐射对称的腔肠动物,它们都有两胚层组成的体壁和消化循环腔(腔肠),触手具有捕食和防卫功能,消化循环腔的开口同时起摄食和排遗两种作用。腔肠动物具有原始的神经系统——神经网。

动物界进一步发展出现了三胚层两侧对称的扁形动物,如枝睾吸虫、血吸虫、自由生活的涡虫、蛭虫等都是扁形动物的成员,它们的头部已分化出眼点、"脑"及简单的神经系统。

线虫可寄生于动植物体内,其体表有角质层,体壁有肌肉,其体腔液的流动以及体壁肌肉的舒缩能使身体做蛇样摆动。蛲虫、蛔虫等都属于线虫动物门。

软体动物是无脊椎动物的一个大门类,螺蛳、蜗牛、蚌、乌贼、鱿鱼等都是软体动物。软体动物大多数体腹面有块状肌肉伪足,外套膜及其分泌形成的贝壳,能保护柔软的内脏团。软体动物的神经细胞集中成多对神经

图7-43 植物界各大门类进化系统树 根据已有的科学证据绘制的进化系统树反映了植物界各大门类一种假设的进化关系,门以下各植物的亲缘关系与进化顺序目前还不十分确定或依然存在许多争论。

常见的**苔藓植物**是生于阴湿环境的一类小型多细胞的植物体,每一个体为两侧对称的叶状体或拟茎叶体(caulidium),有单细胞假根,拟茎叶体中没有维管束组织。有性生殖时精子有鞭毛,受精过程依赖于水。这些特征反映了苔藓植物对陆地生活的适应性还有一定局限。但是苔藓植物中已经出现了颈卵器,受精卵在颈卵器的保护下靠母体的营养发育成胚和孢子体。

从形态上看,**蕨类植物**是介于苔藓植物和种子植物之间的陆生植物,以热带和亚热带种类最丰富。植物体有根、茎、叶的分化。根常为不定根,着生于根状茎上,根状茎内维管组织不很发达。叶异型,即有营养叶和孢子叶的分化,在孢子叶上有排列整齐的孢子囊。孢子萌发后形成的配子体不发达,精子仍然有鞭毛。

裸子植物孢子体发达,大多数为高大的乔木,其强壮的茎中有高度分化的维管组织,茎干也有加粗的次生生长。裸子植物有性生殖时受精作用在胚珠中进行并发育形成为种子。由于胚珠及种子裸露,没有真正的花和果实,因此它们被称为裸子植物。苏铁(cycad)、银杏

图7-44 动物各主要门类进化系统树 根据已有的科学证据绘制的进化系统树反映了动物界主要门类一种假设的进化关系，门以下各种动物的亲缘关系与进化顺序有些目前依然存在许多争论。该简化的进化树并没有包括动物所有门类，如腕足动物、纽形动物等都没有列入。

节。乌贼、章鱼等具有发达的脑和眼。大多数软体动物有了较完整的开管式循环系统，呼吸色素存在于血浆中，并开始出现了专门的呼吸器官（鳃或"肺"）。

环节动物门包括土壤中的蚯蚓、海洋中的沙蚕、池塘和热带丛林中的蚂蟥等等。它们的共同特征是具体节，神经系统链状或梯状且较扁形动物集中，大多数为闭管式循环系统。环节动物的体节不仅表现为体表的环纹，体内器官系统也是按体节排列的。

节肢动物门是动物界最大的一门，总数超过一百多万种，是无脊椎动物中的高等类群。虾、蟹、蜘蛛、昆虫等都是节肢动物。多样性的节肢动物大多身体分节，体节高度分化，身体可区分为头、胸、腹等部位。节肢动物具坚硬的外骨骼（exoskeleton）和分节的附肢，由眼、嗅觉器、触角和口等组成的头部成为感觉和取食中心。水生节肢动物以鳃为呼吸器官，陆生种类以气管或书肺呼吸。

棘皮动物的种类不多，海星是其中的典型代表。

为了更好地适应环境、扩展活动范围和生存领域，动物的进化向硬骨质的脊柱取代柔弱的脊索的方向发展，于是进化出现了**脊椎动物**。脊柱由脊椎骨顺序排列组成，有利于肌肉发育和提高身体的运动能力，运动能力的提高意味着能捕获更多更好的食物，逃避敌害和寻找配偶，也促进了动物的进一步生长和发育。在脊椎动物中，除了有脊柱外，神经管分化为脊髓。脑、眼等感觉器官和口等全部集中在头部，呼吸器官进一步发展成完善的鳃（水生）或肺（陆生），有成对运动附肢，出现心肌发达的心脏，肾脏和生殖系统等在结构上也进一步完善。

脊椎动物的分类较为明确，4万多种现存的脊椎动物被分为圆口纲、软骨鱼纲、硬骨鱼纲、两栖纲、爬行纲、鸟纲和哺乳纲。上述分类排列顺序还反映了脊椎动物从水生到陆地生活的演化过程。

圆口纲动物种类较少，其代表七鳃鳗等虽然属于脊椎动物，但它们的脊索终生存在，反映了圆口纲动物的原始性。

鲨鱼是人们熟知的软骨鱼，软骨鱼无鳃盖，也没有起漂浮作用的鳔，鲨鱼需不断运动以保持身体漂浮。

硬骨鱼的种类很多，是人类食物和蛋白质的重要来源。

两栖类如蛙、蟾蜍、蝾螈等是脊椎动物由水中登陆的过渡类型。两栖类动物可以在水中生活，又可以在陆地生活，它们用肺和皮肤呼吸，但它们的繁殖和发育还离不开水环境。

龟鳖、蛇、蜥、鳄以及灭绝了的恐龙等都是适应了陆地生活的爬行纲动物。爬行类的骨骼系统比两栖类发达，四肢更有力，皮肤外常有鳞片，可防止水分的散失；体内受精，卵外有壳，胚胎发育中出现了羊膜等等，这些都是它们适应陆地生活的重要特征。

鸟纲动物体表覆盖羽毛，前肢特化为翼，适应空中的飞翔，体温恒定，新陈代谢水平提高。鸟纲动物种类很多，在脊椎动物中仅次于鱼类，排第二大类。麻雀、家燕、杜鹃、啄木鸟、猫头鹰以及鸡、鸭、鹅等家禽等都是鸟纲动物。

哺乳纲动物是脊椎动物中最高等的类群。**哺乳动物**无羽毛，有毛发，体温恒定，分头、颈、躯干和尾，有典型五趾型四肢。躯干部有乳头，用乳汁哺乳幼儿。几乎都为胎生。代表动物有袋鼠、蝙蝠、鲸、虎、马、猪、猿、猴、人等等。

第六节　人类的起源和进化

一、人在生物界的地位和特征

人属于真核生物，靠异养即摄食有机物获得能量，组织器官发达、能运动。按照生物学的观点，人应归入五界分类系统中的动物界，属于脊椎动物亚门、哺乳动物纲、灵长目、人科、人属。

由于地球上不同地区的环境气候差异很大，长期生活在世界各地的人类出现了肤色、发型等可遗传的体质特征的显著差异，即出现了不同的人种或种族（race）。根据肤色、发型、鼻型等体质特征，人类通常被划分为4种类型，黄种人：又称蒙古人种（Mongoloid），肤色浅黄，头发直，脸型扁平，鼻小且鼻梁低，眼睛以黑色为主；白种人：又称高加索人种（Cuacasoid），肤色白，鼻子高大，眼睛颜色多样，以蓝色为主，头发类型也多种多样；黑种人：又称尼格罗人种（Negroid），皮肤黝黑，嘴唇较厚，鼻子宽，头发卷曲；棕种人：又称澳大利亚人种（Australoid），皮肤呈棕色或咖啡色，头发棕黑且卷曲，鼻子较宽，胡须及体毛多，棕种人与上述其他种人相比，数量较少（图7-45）。人（种）是生物学概念，所有的人都属于同一个物种。因此，虽然在一定的条件下不同人群间存在地理隔离和文化隔离，但这些并不足

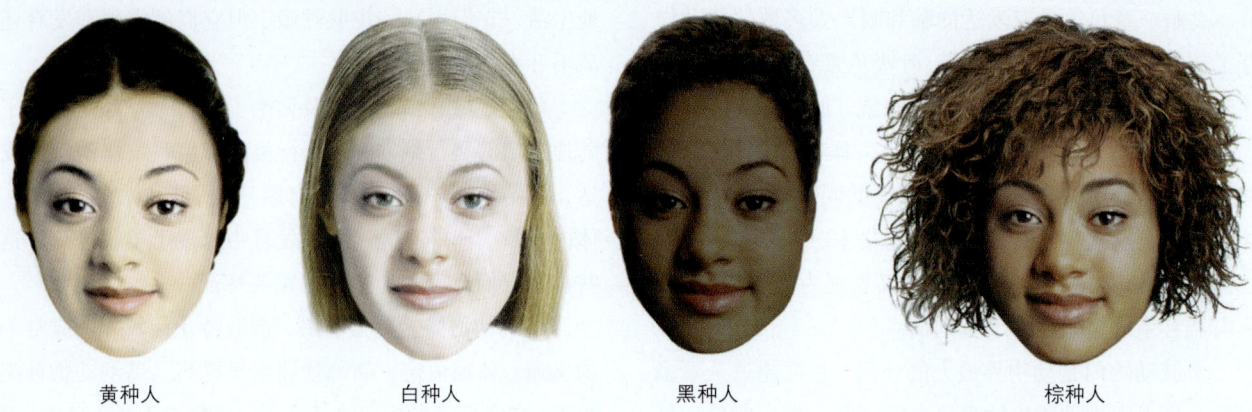

黄种人　　　　　白种人　　　　　黑种人　　　　　棕种人

图7-45　4类人种　从肤色上，现代人分为4种类型。目前还不清楚现代人的种族是在人类的亚种刚出现时分化的，还是在此之前的直立人阶段分化的。

以导致生殖隔离。人种间的差异源于地理环境等差异，但不同人种间在遗传上是开放的，不同人种之间可以通婚，区别对待不同人种即种族歧视和种族隔离都与人类社会的文明和发展相背离。人类具有很强的迁徙能力和适应环境的能力，人种的地理隔离及文化隔离等会因为人的迁徙而打破。由于现代社会交通与通讯技术的发达和物质文化的进步，人的迁徙和交流日益频繁，人适应自然的能力更加增强，大多数种族特征已经失去了适应上的意义。

人与其他哺乳动物在体形上的显著区别在于人是直立的动物，四肢不再都用于行走，而是只用后肢行走，前肢演变成手臂和手。人的手极为灵巧，能够制作工具。人的大脑发达，脑力劳动也为社会创造了巨大的财富。人有复杂的语言，形成了社会组织，并创造出丰富的人类文化。

二、从猿到人

大多数人具有强烈的寻"根"愿望，人们希望知道我们最直接的祖先是从哪里来的。探寻人类的"根"可以从6 500万年前出现的原始灵长类开始。人类和其他灵长类都是哺乳动物，有恒定的体温（热血）、产生毛发，用乳腺产生的乳汁哺育年幼的后代。在大约6 500万年前，恐龙等大型爬行动物的绝灭为许多哺乳动物的进化让出了空间。另外，各种树木经过辐射适应（adaptive radiation）逐渐繁盛，为哺乳动物提供了食物、栖息及活动场所和防止被捕食的环境。于是，新生代早期哺乳动物经历了辐射适应，从类似食虫树类哺乳动物中进化出最早的灵长类动物。为了适应树林中的生活环境，最早的灵长类身体较小，栖息在树上，善于在树林中跳跃、攀缘、以昆虫为食。为此"手"逐渐发达起来，拇指与其他四指相对，便于捕捉握执食物和在树枝间攀缘。爪尖变成保护指尖的指甲，肉质的指尖感觉能力增强，手指变得更加灵巧，四肢更加弯曲自如。一对眼睛并列于脸的前方，增强了视力和感觉距离的能力，同时听力也得到了增强（图7-46）。灵长类开始具有复杂的社会行为。一些生物学家相信，灵长类具有的学习能力是它们大脑日趋复杂和进化的重要因素。

图7-46　猕猴　在中国最常见的猕猴是一类灵长类动物，分布于亚洲东南部热带与亚热带丛林。

第六节 人类的起源和进化 241

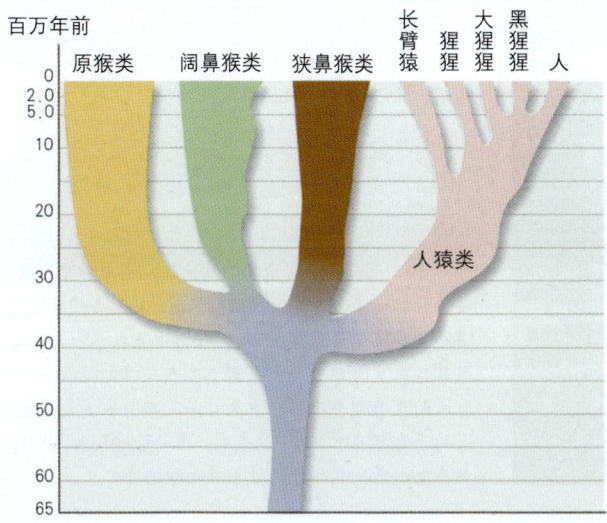

图 7-47 灵长类的进化 最早出现的灵长类是 5 000 万年前的猿猴类，如近年在我国长江下游江苏溧阳发现有 4 500 万年前的中国曙猿，即为灵长类动物的祖先。在那以后，高级灵长类分化为两支。一支为阔鼻猴类，祖先为非洲的副猴。另一支为狭鼻猴类，其中又分为两支，一支发展为现代的猴超科（猕猴，狒狒等），另一支发展为现代的猿类和人类。

最早出现的灵长类是 5 000 万年前的猿猴类，它们广泛分布于北美洲、欧洲和亚洲。在第三纪末期气候变得寒冷和干燥，猿猴类逐渐绝灭，少数演化成现代的猴类。人猿类是在大约 3 600 万年前渐新世时从一组猿猴类进化而来的（图 7-47）。开始它们主要分布于非洲（在亚洲也可能有分布），后来很快在非洲、亚洲和欧洲都有分布。以后人猿类分为两支，一支进化成猿猴，另一支进化成为人类的祖先——原始人。血清蛋白的分子免疫学分析显示，人和猩猩、黑猩猩、大猩猩在血统上很接近，血红蛋白的氨基酸序列分析和 DNA 序列的研究也说明，人与黑猩猩具有非常近的亲缘关系。人和黑猩猩在进化路线上分开大约在 500 万年前，那时，灵长类中的一个小系，从树上下来，将前肢的指节离开地面，采取后肢直立的姿势，在身体构造的其他方面同时发生了与直立相适应的变化，于是便进入到人的进化阶段。完全直立行走、手、脑与语言的发展使人成为灵长类中最高级的成员（图 7-48）。

人类学家相信，人类的进化最早发生在非洲，最早的人科化石是发现于非洲的阿法南猿（*Australopithecus afarensis*）。阿法南猿生活在迄今 390 万年至 300 万年以前。它们同以后出现的非洲南猿（*Australopithecus africanus*）一样，已经适应于直立行走，但它们的脑容量较小，大约仅是现代人脑容量的三分之一（图 7-49）。化石证据表明，在大约 250 万年前，出现了更进步的人种西方古猿（*A. boisei*）和早期猿人（*Homo habilis*，又称能人）。早期猿人脑的容量扩大，能够制造和使用简单的石器，如用石片割开兽皮和兽肉，用石块敲裂兽骨等等。由于脑的扩大和石器的制造和应用，早期猿人被列入人属。人类学家根据对爪哇人和北京人的化石研究结果，确定了另一个化石人类的物种，即直立人（*Homo erectus*）。直立人的化石广泛分布在非洲、亚洲和欧洲，因此他们是最早离开热带进入寒带的人种。直立人骨骼

图 7-48 原始人的进化 人与猿至少在 500 万年前就分道扬镳了，400 万—25 万年前，远古人类在进化过程中分成不同的几支，它们同时并存，其中一支向着直立人方向发展，另外的分支逐渐灭绝。人与猿的真正区别在于会制造工具，所以在从猿向人类演化的过程中，只有到能制造工具时，地球上才真正出现了人类。

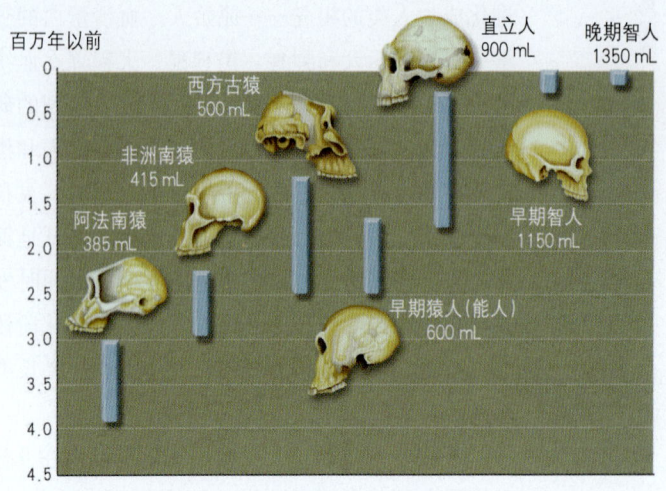

图7-49 部分人种出现的时间比较 图中非坐标数字及单位标示了各时期猿人的脑容量。按照多线系观点,多个物种可能同时存在。我们从图中可以看出,南猿与早期猿人生存期重叠,早期直立人与早期猿人和早期智人的生存期都有部分重叠,而早期智人更与晚期智人的生存期有所重叠。这表明,在人科谱系中,一个新种产生以后,某些老的种并未立即绝灭。

支架与现代人相似,身高约1.5 m,直立人的脑容量已经接近现代人,但其颅骨仍带有原始的特征,如头骨低矮,眉脊粗壮,牙齿较粗大。在直立人经历了大约150万年的历史以后,出现了现代的人种——智人。早期智人(*Homo sapiens neanderthalensis*,又称古人)生活在25万年至4万年前的旧石器时代中期。晚期智人(*Homo sapiens sapiens*,又称新人)出现于距今4万年前。早期智人与晚期智人都属于同一个物种,形态上的差别在于后者的前部牙齿和颜面都较小,眉脊降低,颅高增大。晚期智人能制作复合工具,已掌握了原始的绘画和雕刻技术。

现代人类起源于何处是仍然有争论的问题。一种意见认为现代人类起源于距今20万年前的非洲地区,另一种意见则认为现代人类具有多个发源地。但最新的人类基因组研究证据似乎支持前一种观点。

三、人类在进化中创造了不断发展的文化

从分子生物学水平上来看,人类与其他灵长类区别并不大,人类的大部分基因与大猩猩等其他灵长类动物是相同的。然而人类有更多的智慧,人类的智慧随着人类文化的发展越来越增强。

人从树上下来,直立行走导致了四肢与四趾的极大变化和骨盆与脊椎的变化。人的大脑增大在进化上具有重要意义。通常其他哺乳动物在出生后的很短时间内大脑就停止增长了。而原始人在出生后的较长时间里其大脑仍然保持着增长,促进了脑的发达和智力的提高。而人发育期的延长则增加了父母照料其后代的时间。对后代的哺育和照料期的延长意味着幼儿可以从父母那里获得更多的经验和知识。这就是文化的基础——即上一代积累的知识向下代代相传。所传递的最基本的知识首先包括语言、文字的读写等等。

所谓文化,广义上是指人类的创造活动及其成果的总和。文化的进步是人类逐渐积累知识和经验的过程。随着新知识的不断增加和积累,人类文化就不断地变化和发展。正是由于人类文化的进步,人与其他包括灵长类动物的差别越来越大,成为万物之灵。

人类文化的发展可以分为四或五个阶段。第一阶段是狩猎与聚集为简单的部落社会的阶段,开始于200～300万年前。早期的原始人以狩猎获取食物,能够制造和使用简单的石器,借助于野兽的毛皮和使用火来御寒,火的使用还改善了肉食质量,引起人的牙齿和颌骨尺寸进一步减小,有利于大脑的增大和发育。为了提高狩猎的效率,原始人成群活动并有了分工与合作,有了最简单的语言,形成了简单的游动的部落社会。第二阶段农业的发展开始于10 000～15 000年前,部落不再到处游动,原始部落的人们在环境适合的固定场所居住下来,进行植物栽培和驯养动物,同时用部分时间从事狩猎活动。这一阶段,人类制造和使用工具的能力进一步增强,并逐渐开始制造陶器、铜器和铁器,逐渐掌握了原始的绘画和雕刻技术。以后人类又发明了文字,更高效地促进了文化的交流和积累。这一阶段还出现了乡村和小城镇。人类文化发展的第三阶段是开始于18世纪的工业革命阶段,更多的人进入城市,使用复杂的机器制造各种各样的产品。从瓦特发明蒸汽机、飞机的发明使用和人

类首次完成登月的壮举,工业革命阶段一直持续到现在。工业革命的成果使人们从繁重的体力劳动中解脱出来,有了更多的精力和时间从事更复杂和更高级的脑力劳动,以及从事文化的发展和交流。人类文化发展的第四阶段是近年来开始的信息技术革命时代,它以计算机的普及和互联网广泛应用为主要标志。信息技术革命一方面使人的大脑得到扩展,脑力劳动的效率空前地提高;另一方面,信息技术革命使人类活动与成果的各类信息的传递更加及时,在知识爆炸和信息爆炸的同时,知识与信息又高效快捷地被传递、贮存、更新和及时调用。因此,人类文化的发展和交流发生了前所未有的飞跃。如果说人类文化的发展出现了第五阶段,那就是刚刚起步的生物技术革命时代。重组DNA技术、绵羊多莉的克隆和人类基因组计划的基本完成是它起步的标志(图7-50)。

人类在进化中创造了不断发展的文化,反过来,人类文化的发展又改变了生物进化的进程。我们不再通过自然选择来被动适应环境。从本章中我们看到,整个生物进化的历史也是地球环境不断变化的历史。但是,自从人类出现及迅速发展成为地球上最庞大的种群,大大加快了地球环境的改变。人口的快速增长和对地球资源过度的开发应用,使地球不堪重负。人类的活动和工业污染损害了环境,破坏了生态平衡,加快了许多动植物绝灭速度。这些人类文化发展伴随的负面效应与人类文明相背离,是当今人类社会面临的最严重挑战。

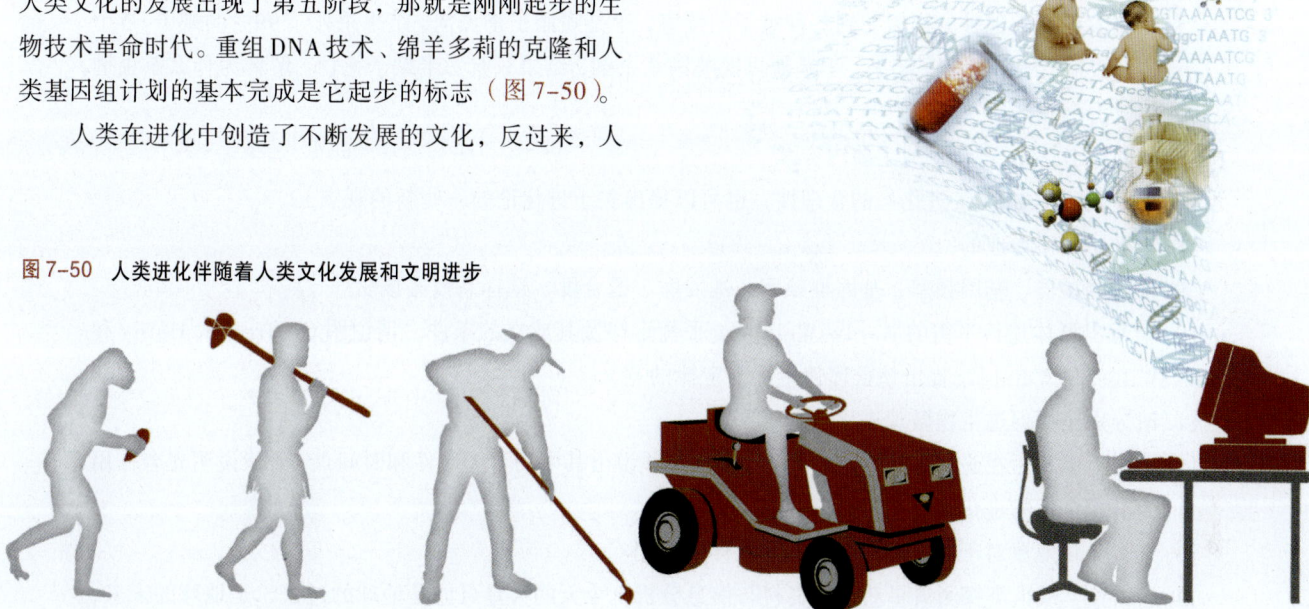

图7-50 人类进化伴随着人类文化发展和文明进步

思考与讨论

1. 哪些事实或证据能够说明早在30多亿年前，地球上就出现了有细胞结构的生命？
2. 你认为从原始的生命体（团聚体、微球体、脂球体）到真正意义上的原始细胞，还需要哪些最基本的结构、代谢和遗传特征？
3. 工业革命以前，英国的工业区有一种椒花蛾，体色以淡灰色为主。工业革命以后，工业区人口大量增长，树木和房屋都被煤烟熏成了灰黑色。在这些工业区里发现的椒花蛾大部分已经变成暗黑色。试用自然选择理论来解释这一现象。
4. 早期的灵长类动物身体出现了哪些适应于环境、有利于进化的特征？
5. 一位农民发现他种的橘树受到一种蛾子的侵害，于是喷洒了杀虫剂，结果杀死了99%的蛾子。5个星期以后，蛾子又多了起来，于是他再次喷洒杀虫剂，结果只有一半蛾子死亡。解释为什么杀虫剂的效力会降低。
6. 请叙述 Darwin 进化论的主要内容。
7. 请举例证实 Darwin 进化论的合理性，也可以提出关于进化论的一些新的观点。
8. 物种是如何形成的？
9. 请解释种群、基因频率、基因型频率、基因库、适合度、选择系数等概念。
10. 请写出群体遗传平衡的 Hardy-Weinberg 平衡定律及其成立的条件，请说明 Godfrey H. Hardy 和 Wilhelm Weinberg 提出该群体遗传平衡定律的意义。
11. 请分别说明促进生物微观进化的主要原因。
12. 请闭上眼睛后在头脑中想象生命进化的历程，并说出其中的重大事件和时间点。另请说明光合作用的出现在生物进化中的意义。
13. 人类文化发展对于人类的进化具有什么样的作用？
14. 请讨论，从人类探测火星获得的资料与信息分析，今天的火星可能是地球的过去，是地球的未来，还是与地球的过去或未来都没有可比性？

练习题

1. 名词解释：

   生物进化　宏观进化　微观进化　化学演化期　前生物期　原球体　团聚体　微球体　核酶
   自然选择　达尔文主义　基因库　种群　地理隔离　生殖隔离　异地物种形成　间断平衡论
   综合进化论　中性学说　等位基因　基因型　基因型频率　基因频率　Hardy-Weinberg 平衡定律
   遗传漂变　瓶颈效应　适合度　选择系数　方向性选择　分歧性选择　正态化选择　化石燃料
   生物地理学　比较解剖学　比较胚胎学　同源结构　内共生学说　种　分类阶层　双名法
   进化系统树　水华　化能自养生物　化能异养生物　原生生物　自养原植体　五界分类系统
   六界分类系统　地衣　孢子植物　种子植物　维管植物　裸子植物　被子植物　文化

2. 下列叙述中不正确的是（　　）。
   a. 生物具有新陈代谢、生长和运动等基本功能
   b. 动物对外界环境具有适应性，而植物则几乎没有
   c. 动物与植物有共同的祖先，它们都是由原始的有鞭毛的单细胞生物分化而来的
   d. 生物进化遵循着由水生到陆生，由简单到复杂，由低等到高等的规律

3. 生命起源以前，原始的地球大气中不存在的气体是（　　）。
   a. H_2　　　　　b. NH_3　　　　　c. O_2　　　　　d. CH_4

4. Darwin《物种起源》问世于（　　）。
   a. 1831年　　　b. 1836年　　　c. 1859年　　　d. 1953年

5. 传统的五界分类系统不包括（　　）。
   a. 原核生物界　　b. 原生生物界　　c. 真菌界　　d. 真核生物界　　e. 动物界

6. 虫媒花与传粉昆虫的相互适应是下列（　　）方式进化的结果。
   a. 趋同进化　　b. 平行进化　　c. 重复进化　　d. 协同进化

7. 生物分类的基本单位是（　　）。
   a. 属　　　b. 种　　　c. 品种　　　d. 科　　　e. 门

8. 有一个由40条鱼组成的群体，其中基因型 AA 为4条、Aa 为16条，aa 为20条。如果有4条基因型为 aa 的鱼迁出，4条基因型为 AA 的鱼迁入，新群体等位基因 a 的频率是（　　）。
   a. 0.2　　　b. 0.5　　　c. 0.6　　　d. 0.7

9. 地球大约在（　　）亿年前形成。
   a. 36　　　b. 46　　　c. 56　　　d. 66

10. 下列属于化学演化的是（　　）。
    a. 无机分子形成有机小分子
    b. 有机小分子进一步产生生命大分子
    c. 相互作用的生命大分子逐渐聚合成细胞样结构
    d. 上述各项

11. 蓝细菌的（　　）结构具有抵抗紫外辐射的作用。
    a. 细胞壁　　b. 细胞膜　　c. 色素　　d. 胶质鞘

12. 生物进化的基本单位是（　　）。
    a. 个体　　b. 种群　　c. 群落　　d. 生态系统

13. 在进化中，遗传变化的原始材料来源于（　　）。
    a. 选择　　b. 杂交　　c. 突变　　d. 繁殖

14. 一个物种在进化为两个物种时往往最先发生的是（　　）。
    a. 生殖隔离　　b. 配子隔离　　c. 地理隔离　　d. 机械隔离

15. 定义物种的根本依据是（　　）。
    a. 解剖学结构差别
    b. 生理学行为差别
    c. 适应性能力差别
    d. 生殖隔离

16. 种群数目较少时，有较大的机会发生（　　）。
    a. 人工选择　　　　b. 基因漂变　　　　c. 自然选择　　　　d. 中性突变
17. 一对等位基因 A、a，基因型 AA、Aa 和 aa 的基因型频率分别是 0.49、0.42 和 0.09，则 A 的基因频率是（　　）。
    a. 0.7　　　　　　b. 0.6　　　　　　c. 0.4　　　　　　d. 0.3
18. 假设一种群符合 Hardy-Weinberg 平衡，现在 49% 是纯合显性，42% 是杂合的，9% 是纯合隐性的。下代中是纯合隐性的比例是（　　）。
    a. 9%　　　　　　b. 42%　　　　　　c. 49%　　　　　　d. 21%

相关网站

http://www.becominghuman.org/
http://www.pbs.org/wgbh/evolution/
http://www.talkorigins.org/faqs/homs/
http://www.ucmp.berkeley.edu/history/evolution.html
http://www.ucmp.berkeley.edu/history/evotmline.html

第八章
植物的结构与功能

第一节　植物各门类及其特征
　　一、苔藓植物
　　二、蕨类植物
　　三、裸子植物
　　四、被子植物

　　一、植物的器官及其陆生适应性
　　二、特定功能的细胞群——组织
　　三、植物营养器官的生长和结构特征

第三节　植物的营养与体内运输
　　一、水分的吸收与运输
　　二、植物的矿质营养吸收
　　三、有机同化物的转运

第四节　植物的繁殖
　　一、被子植物的生活史和世代交替
　　二、花的结构
　　三、传粉与受精
　　四、种子与果实的形成

第五节　植物生长发育的调控
　　一、种子的萌发
　　二、各种环境因子对植物生长发育的影响
　　三、植物激素与生长发育

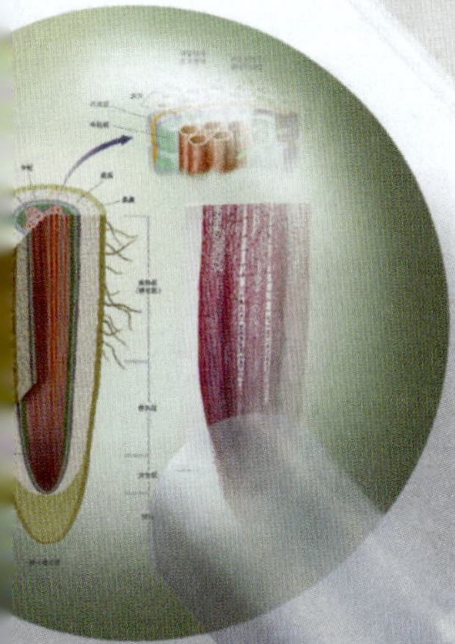

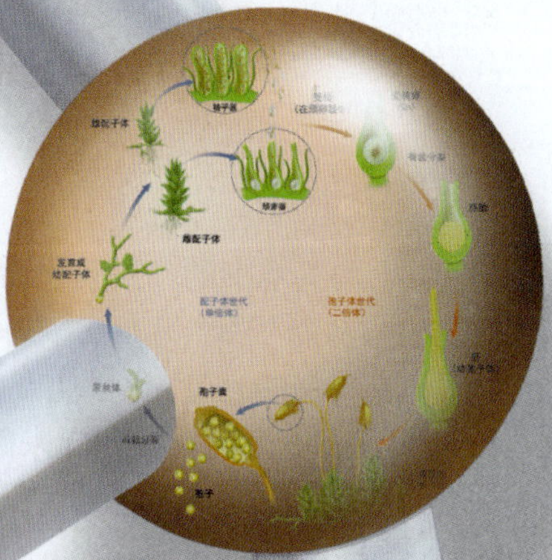

结构与功能的高度统一与密切联系体现在植物个体生长与发育的每一个阶段。

　　为了进一步降低本书的售价，减轻学生购买本书的经济负担，彩印平装版特别将易于自学的"第八章　植物的结构与功能"和"第九章　动物的结构与功能"两章及各章摘要用电子版的形式制成随书的光盘，供学生及读者在计算机上阅读。读者也可利用黑白或彩色打印机将本章内容打印出来阅读。

　　彩印精装版中，第八章和第九章的内容依然正常被印刷和装订在书中。

　　阅读本章电子版内容的方法：

　　将随书的光盘放入计算机光驱，光盘自动运行，双击第八章文件图标即可。计算机要求已预装Microsoft Windows软件和Adobe Reader软件，后者可在多数有关计算机软件的网站上免费下载。

第九章

动物的结构与功能

第一节 动物体结构对功能的适应性
一、结构适应于功能是动物界普遍现象
二、动物的组织
三、器官与系统
四、结构与功能的统一

第二节 消化系统与排泄系统
一、哺乳动物的营养需求
二、摄食、消化与吸收
三、水盐平衡的调节
四、排泄系统及排泄过程

第三节 呼吸系统与循环系统
一、动物的呼吸系统
二、人体内的气体交换过程
三、动物的血液循环系统
四、人体的血液循环
五、血液

第四节 内分泌系统与动物激素的作用
一、内分泌系统
二、激素及其主要作用
三、激素的作用机理

第五节 神经系统、感觉与运动
一、神经系统的形态结构
二、反射与神经冲动的传导
三、神经系统的演化
四、人体的感觉器官
五、人体的运动

第六节 生殖系统、繁殖与胚胎发育
一、动物的无性繁殖与有性繁殖
二、男性生殖系统
三、女性生殖系统
四、受精与合子形成——胚胎发育的开端
五、人的胚胎发育
六、辅助生殖技术

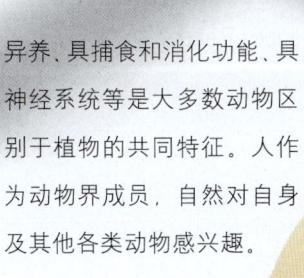

异养、具捕食和消化功能、具神经系统等是大多数动物区别于植物的共同特征。人作为动物界成员，自然对自身及其他各类动物感兴趣。

为了进一步降低本书的售价，减轻学生购买本书的经济负担，彩印平装版特别将易于自学的"第八章　植物的结构与功能"和"第九章　动物的结构与功能"两章及各章摘要用电子版的形式制成随书的光盘，供学生及读者在计算机上阅读。读者也可利用黑白或彩色打印机将本章内容打印出来阅读。

彩印精装版中，第八章和第九章的内容依然正常被印刷和装订在书中。

阅读本章电子版内容的方法：
将随书的光盘放入计算机光驱，光盘自动运行，双击第九章文件图标即可。计算机要求已预装 Microsoft Windows 软件和 Adobe Reader 软件，后者可在多数有关计算机软件的网站上免费下载。

第十章 生物与环境

第一节　生态学的层次和生态因子
　　一、生态学研究的层次
　　二、环境及生态因子
　　三、环境与生物习性及动物的行为

第二节　种群生态
　　一、种群的结构
　　二、种群增长特征
　　三、种群增长的调节
　　四、人口的结构和增长

第三节　生物群落
　　一、群落的基本特征与结构
　　二、地球上的主要群落类型
　　三、群落内生物之间的相互关系
　　四、群落的演替和扰动

第四节　生态系统
　　一、生态系统的概念
　　二、生态系统的营养结构
　　三、生态系统中的能量流动
　　四、与生命活动相关联的物质循环

第五节　生物多样性、人口、资源与可持续发展
　　一、生物多样性及其意义
　　二、人口增长与生态环境的人口承载容量
　　三、资源压力及生态环境面临的严重问题
　　四、生态平衡和人类社会可持续发展战略

生物与环境的关系及相互作用包括了从个体到群体、从局部到全局、从微观到宏观的不同层次。

地球上一切生命形式，包括植物、动物、微生物等，都有各不相同的生存环境（environment）。**环境**是指某一特定生物或生物群体周围一切的总和，它包括在一定空间内直接或间接影响该生物或生物群体生存的各种因素。研究生物及其生存环境之间相互关系和作用规律的科学称为生态学。环境的特征及其变化决定了生物的分布和多样性，生物的活动又对环境产生影响。生物与环境的关系及相互作用包括了从个体到群体，从局部到全局，从微观到宏观不同的层次。本章先介绍生态学的层次和生态因子（ecological factor），然后在不同的生态层次上讨论生物与环境相互关系的性质和相互作用的结果。

第一节　生态学的层次和生态因子

一、生态学研究的层次

在地球的表面，几乎到处都是生机勃勃的生命，它们在不同环境下生存和繁衍，各种植物、动物和微生物与环境构成了不同的生态系统。**生态系统**是指在一定空间中各类生物以及与其相关联的环境因子的集合，它是生命的家园。在不同的生态系统中，各种生命通过一张极其复杂的食物网来获取和传递太阳的能量，同时完成物质的循环（图10-1）。全球生态系统的总和称为**生物圈**，

图10-1　生命的家园　生物圈是全球生态系统的总和，它包括地球上全部生物及其栖息场所。生物圈包括大气圈下层、水圈和岩石圈上层，范围十分广泛。绝大部分生物的生活范围集中在地面以上100米到水面以下200米的空间内。植物圈的底部有充足的太阳光能，有适于生命活动的温度条件，有生物可以利用的大量液态水、氧气以及各种营养元素。

图 10-2 生物与环境关系的不同层次水平　简单地说，在一定空间和时间内的同种生物个体的总和构成种群；生活在一定的自然区域内，相互之间具有直接或间接关系的各种生物种群的总和即为群落；生物群落及其所生活的无机环境相互作用的自然系统，就是生态系统。

或者说，生物圈是地球上全部生物及其栖息场所的总称。它包括岩石圈上层、水圈和大气圈下层。组成生态系统最主要的单元是生物群落，生物群落的构成单元是种群，**种群**是同种生物个体的集合体。生态学的层次从个体、种群、群落、生态系统到整个生物圈逐级放大（图10-2）。

生态学家对于生物与环境的关系和相互作用的研究是在不同的层次上进行的。在个体水平上，他们可能会重点考察某一种生物如何应对环境变化的挑战。例如研究在极端高温条件（如温泉）中存活的某种细菌的形态结构和代谢机理的特征，探讨其为什么能在这种极端高温下生存。

在一定空间中的一群同种生物个体称为**种群**。例如，生活在中国四川等地高山密林中的一群珍稀野生动物金丝猴，便是一个种群，以树林池塘为伴的一群长颈鹿是另一个种群。在种群的水平上，生态学家可能对影响金丝猴的繁殖和数量增减的关键环境因素感兴趣，另一些生态学家可能专注于研究金丝猴种群在环境因子影响下的遗传变异和进化等问题。

在种群之上更高的层次是群落。在一个特定的环境区域内生存的多种不同的种群便组成为**群落**（图10-2）。同一群落内不同种群的相互关系和相互作用、同一群落内不同种群的兴衰等是生态学家在群落水平上展开的主要研究课题。他们还关注不同种群生物间的相互作用，如捕食、竞争等。

生态学的第四个层次便是生态系统。**生态系统**是指一定空间中共同栖居的所有生物与其环境之间由于不断地物质循环和能量流动过程而形成的统一整体。生态系统中物质的循环和能量的流动、生态系统的稳定与平衡以及影响平衡的因素及相关结果等等都是生态学家在这一层次上所关心的重要问题。

二、环境及生态因子

环境与生物的相互作用包括两个方面：一方面，生物的生长、繁殖、代谢和分布等一切活动都要受到环境的影响和制约；另一方面，生物的活动又反过来会引起环境的变化。这里我们先讨论影响和制约生物活动的环境与生态因子（也可称为因素），生物活动对环境的作用将在后面部分进行讨论。

对于某个生物，其周围一切客观存在都是它的环境。生物的环境因素按性质可分为非生物因子（abiotic factor）和生物因子（biotic factor）两大类。生态学家将生物生存不可缺少的环境条件称为**生态因子**，而对于生物体外部的全部环境要素则称为**环境因子**。生态学与环境科学是密切相关联的两个学科，生态学家从环境的角度来研究生物，环境科学家则主要以生物为参考对象进行环境变化规律及其保护或改善的研究。从某种意义上说，没有生物，就谈不上所谓的环境，环境往往是针对生物而言的。

影响生物活动的非生物因子（包括环境因子和生态因子）有以下几类：

（1）气候因子　包括阳光、温度、湿度、降雨、风、气压、雷电等。

（2）营养因子　对于植物来说，其主要营养因子是一些无机元素；对于动物来说，其主要的营养因子则是有机物。

（3）水因子　包括水量、水中的氢离子浓度（即pH）和盐浓度。

（4）土壤、地形和地理因子　主要对陆生动植物而言，包括土壤的结构、理化性质，山脉的起伏程度，山脉的阳面与阴面、地形和地理位置等等。

（5）海洋地理因子　对海洋动植物来说，海水的深度、洋流的变化和海岸带地理位置，如河口、潮上带、潮间带和潮下带等。

（6）大气成分　包括空气中氧的浓度和二氧化碳的浓度等等。

（7）自然灾变　如火山喷发、地震、森林大火、冰川融化引起海平面上升等。

（8）地质条件　大范围和长时间尺度的地质构造变化引起的造山运动或形成盆地、峡谷等。

影响生物活动的环境因子包括：

（1）生物之间的各种相互作用。

（2）人类的活动对自然界其他生物产生的影响。

（3）政治、经济、文化、科学技术等社会环境因素对个人和整个人类的作用和影响。

当我们提问，在一个地区影响某一种生物或者一个生物群落最重要的生态因子是什么？我们首先想到的是气候，特别是温度和降雨。在各类环境和生态因子中，气候因子尤为重要，因为气候因子决定了一个区域环境中的温度、光照、降水与湿度等等一些控制生物活动最重要和最直接的因子（图10-3）。

整个地球上温度变化的幅度相当大，而生物能够生存的温度范围则相对比较小。除极个别特例外，在0℃以下或50℃以上，控制生化反应的酶都会失活，一般生物体内都很难保持正常的新陈代谢活动。每种生物对各生态因子都有一个耐受范围，各种生物对生态因子（如温度）所能耐受的上限与下限之间的幅度称为**生态幅**（ecological amplitude），它反映了生物对环境的适应能力。生态幅广的生物种类称为**广适性生物**（eurytopic organism），如一些鸟类就是广适性生物，其分布范围也较广；生态幅小的生物种类称为**狭适性生物**（stenotopic organism），如南极的企鹅、赤道海域的热带鱼、中国的大熊猫等就是狭适性生物，其分布范围较小。图10-4显示了不同类型的生物对温度的适应幅度。

早在1840年，德国科学家Justus von Liebig通过分析土壤营养与植物生长之间的关系，就生态因子对生物生存的限制作用，提出了**最小因子法则**（law of the minimum，又称为利比希法则），即每一种植物都需要一定种类和一

图10-3 一个区域环境中的温度、光照、降雨与湿度等气候因子是控制生物特征和活动最重要和最直接的因子 （a）中国海南岛热带海洋性气候环境，决定岛上生长了一些典型的热带植物，如椰树就是最典型的热带植物。（b）中国西部戈壁滩干旱的沙漠气候环境中分布的稀疏的耐旱植物，如仙人掌、胡杨、沙棘等，它们凭借独特的适应干旱气候的形态生理结构，才能在沙漠中生存。

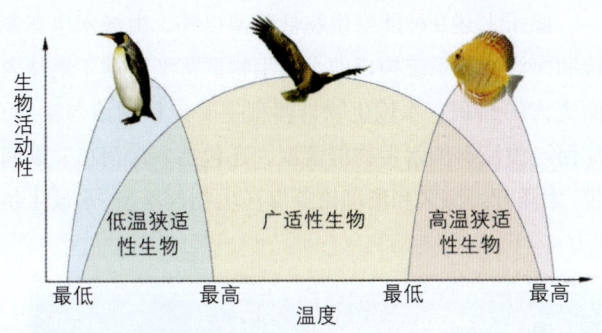

图10-4 广温性种和狭温性种的适应幅度 狭适性生物(如企鹅、热带鱼类)所能适应的生态因子的变化范围较小，从而决定了它们的分布范围较小。而相反，广适性生物（如许多鸟类）凭借其对环境较强的适应力，可以在更广阔的范围生活。

定数量的营养物，如果其中有一种营养物完全缺失，植物就不能生长。如果该营养物质数量极微，植物的生长就会受到限制。以后，又有一些生态学家对利比希的最小因子法则进行了补充和完善，形成了限制因子的概念：生物的生存和活动依赖于各种生态因子的综合作用，其中有一种或少数几种起关键作用的因子就是限制性因子。任何一种生态因子只要接近或超过生物所能耐受的极限，就会成为这种生物的限制因子。

降水和湿度影响着生物的生长、发育、行为和寿命。水是生物体的重要组成部分，也是生物体内生化过程的介质。植物需要通过根部不断地吸收水分进行光合作用和蒸腾作用；依赖于水分的植物其光合作用直接或间接地为草食性动物和肉食性动物提供能量。一些昆虫的发育与空气中的湿度密切相关。总之，水是生物生存必不可少的条件，没有水便没有生命。长期干旱的沙漠地带，生物的分布就很少（图10-3b）。

生态系统的全部能量都来自于太阳能。在陆生环境中，植物可通过增加水平分布以获得更多的阳光。在海洋与湖泊等水环境中，太阳的光照强度和透过水体的深度对于藻类生物的生长和分布具有重要的决定作用，藻类生物的光合作用大都发生在靠近水体表层的区域。光强对水体中浮游藻类的生长是至关重要的因素，在一定范围内，光强越大，浮游藻类生长越快，但超出了这个范围，增加光强并不能促进浮游藻类的生长，这一现象称为**光饱和现象**（light saturation），这一光强范围的最高点称为**光饱和点**（light saturation point）。不同的浮游藻类，其光饱和点不同。光强低于光饱和点时，光能可充分被利用；光强超过光饱和点时，随着光强的增加，光能利用率逐步下降。除了浮游藻类外，光饱和现象在所有绿色植物中都存在。另外，光的波长对所有绿色植物的光合作用效率也会产生重要的影响。

全球的气候特征主要是由太阳能的输入和地球在宇宙中的运动决定的。由于地球的曲面性质，其表面各处太阳光照是不均衡的（图10-5）。在地球赤道附近，太阳光线直射地面；在远离赤道的地方，太阳光线斜射地面，因此造成了地球表面各处温度差异较大。地球以一定的倾斜角度自转并围绕着太阳公转形成了季节和温度的变化。在全球范围内，气温高的地区（如热带）最高温可达40℃以上，气温低的地区（如南极和北极）最低温可达-50℃。在海洋表面，除遇暖流或寒流外，气温变化和地球的纬线基本平行,温度从赤道向极地递减。

地球表面温度不均衡是造成空气运动和降雨的主要原因。当空气变热,它就会上升,同时吸收更多的水蒸气;当空气冷却,它便下降,同时失去水蒸气。于是,温暖潮湿的空气上升遭遇冷空气时便发生降雨过程。由于温度和降雨是影响植物生长和依赖于植被的其他生物生存最重要的生态因子,因此,全球大陆不同地区的气候类型也对应该地区的生物群落型(biome)。全球大陆按气候可以分成热带多雨气候区、干旱气候区、温暖气候区、北方寒冷气候区、高原气候区和极地气候区6类气候区(图10-6)。相应地形成了全球大陆的9种生物群落型,它们是:热带雨林(tropical rain forest)、具稀疏乔木和灌木的稀树草原(savanna)、荒漠(desert)、极地冰原(polar ice)、浓密常绿阔叶灌丛(chaparral)、温带草原(temperate grassland)、温带落叶林(temperate deciduous forest)、针叶林(coniferous forest)、北极和高山冻原(arctic and alpine tundra)群落型(图10-7)。

除了上述9种陆生生物群落型以外,由淡水生态系统和海洋生态系统构成的水域生物群落型占据了地球表面更大的面积。水域生物群落型主要包括湖泊与池塘、江河与溪流等淡水生物群落型,还包括入海河口、潮间带、大洋开阔海区和珊瑚礁等海洋生物群落型。水域生物

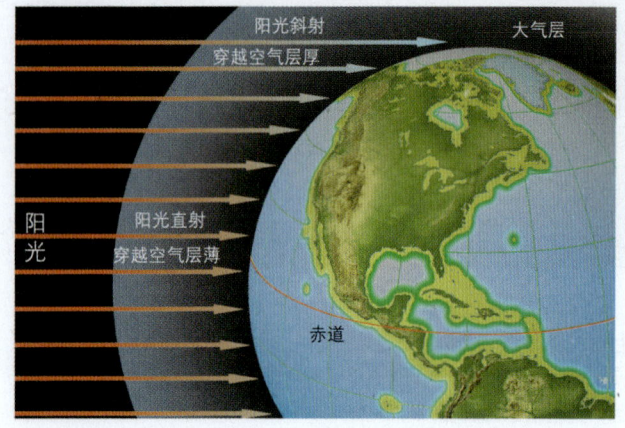

图10-5 **地球表面太阳光照和温度差别很大** 太阳光的入射角随纬度的增大而增大,赤道地区太阳直射地面,能量分布集中,因而单位面积获得的能量多,气温较高;相反,高纬度地区由于太阳斜射,太阳光的能量分布在较大的地球表面上,单位面积获得的能量少,气温较低。另外,进入大气圈中的辐射必须通过空气层,纬度越高,光线入射角越大,穿越的空气层越厚,被反射的机会也随之增多,也会造成高纬度地区获得的太阳能量更少,导致气候更加寒冷。

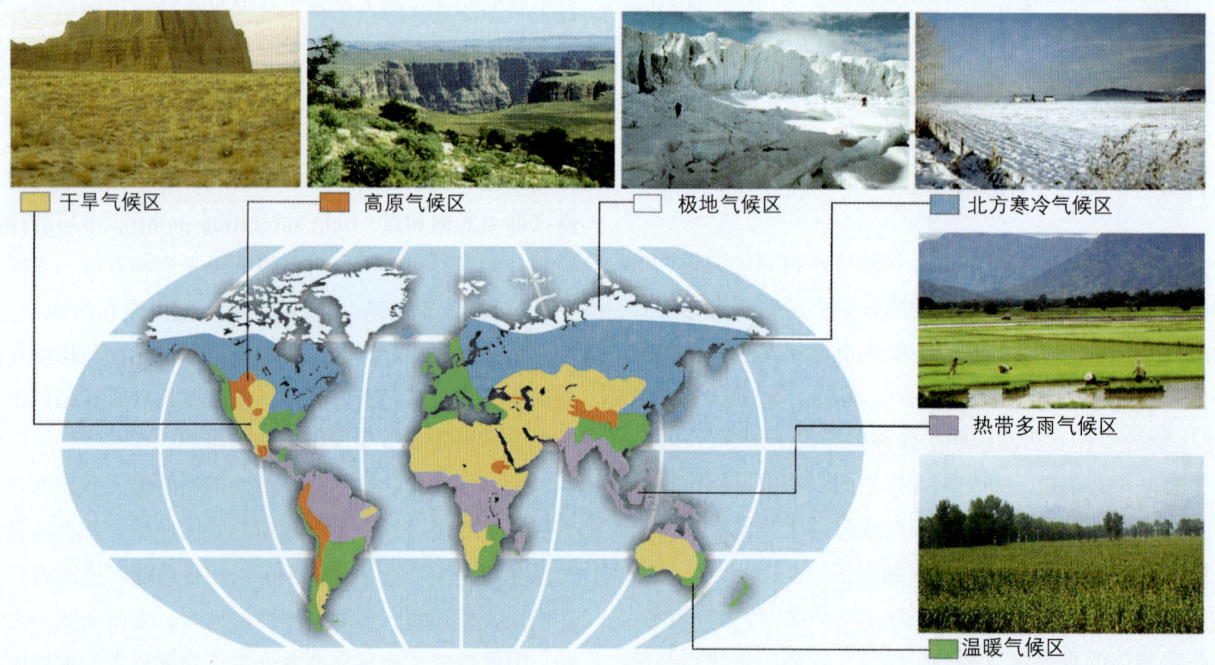

图10-6 **全球6类气候区** 全球大陆按气候可以分为如图所示的6类气候区。极地气候区主要分布在北半球亚欧大陆和北美大陆大约北纬60度以北的地区和南极大陆。北方寒冷气候区处于极地气候区以南,大约跨越20个纬度。高原气候区是零星分布于全球各大高原山脉区,如亚洲的青藏高原、欧洲的阿尔卑斯地区、南美安第斯山脉和东非的乞力马扎罗山脉等。温暖气候区主要分布在温带相对湿润的地区,如我国长江以南、欧洲的地中海沿岸等。干旱气候区主要在温、热带降雨相对较少的地区,如中西亚、北非沙漠、美国中西部等地区。热带多雨气候区分布在亚洲东南部、非洲中西部及南美、大洋洲北部赤道附近地区。

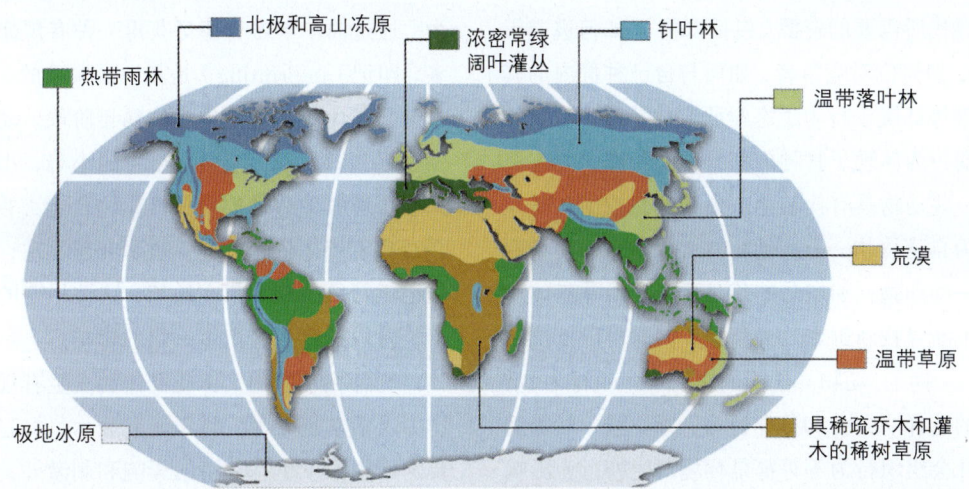

图10-7 全球大陆9类生物群落型的分布 从总体上看,全球范围的地理环境是一个整体,但是各个地区由于所处的纬度位置、海陆位置等互不相同,分别有一定的热量和水分组合,以及有代表性的植被的土壤类型,在地球上分布成为不同的自然区域。由于温度和降雨是影响植物生长和依赖于植被的其他生物生存的重要生态因子,因此不同的气候区中生活着各有特点的生物群落型。全球大陆大致可分为如图所示的生物群落型。由于一个群落中的植物体现了群落的外部形态,所以这9类群型也是依据植物的分布而分类的。各类生物群落的具体面貌请参见本章第三节的内容。

群落的生物组成主要取决于水的深度、阳光射入的深度(随透明度而不同)、到岸边的距离、水体的营养盐浓度、洋流的方向与温度和特殊的海底形貌与结构等环境因素。

三、环境与生物习性及动物的行为

环境的变化对生物产生的影响和生物对环境的适应性是生物与环境相互作用的结果。例如,在长期风向固定的环境中生长的植物其枝干的生长方向会与风向一致。科学家还进行了这样的实验,将一种温带生长的植物立即移植到一个较寒冷的环境,这种植物会受到严重的伤害甚至死亡;如果让这种植物经过逐渐的寒冷锻炼,即逐步降低其环境的温度,给它一个逐渐适应寒冷的过程后,再将这种植物移植到一个同样较寒冷的环境,该植物就可能不再受伤害或者伤害的程度被大大地降低了。以上的例子都是环境对植物习性影响的结果。与植物相比,环境对动物行为的影响则更加显著。动物的许多有规律的行为就是动物适应其环境定向进化的结果。例如,候鸟随季节的变化做长距离的迁移飞行来获得更有利的生存环境(图10-8)。人体的生物钟现象显示了人的一些行为与环境周期性变化同步的节律。人们乘飞机做跨越世界时区的旅行时会产生时差反应,这种时差反应是人体的生物钟节律与环境周期性变化出现矛盾的结果。

图10-8 大雁东南飞 候鸟随季节变化作长距离的迁移飞行来获得更有利的生存环境,这是它们为适应环境而定向进化的结果。候鸟按迁徙情形的不同,可分为夏候鸟、冬候鸟和旅鸟。图中所示的大雁属于冬候鸟,它们在北方繁殖,秋季南迁至我国南方过冬,翌春返回栖地。大雁的队伍常排成"一"字或"人"字形。"一"字飞行的头一只大雁和"人"字双行交叉处的头雁是雁群的领队,它拨云开路、引导方向、侦察敌情。由于路程遥远,大雁除靠翅膀飞行以外,还要利用前面大雁飞过造成上升气流滑翔前进,因此它们需要排成"一"字或"人"字两种阵式。

大部分动物都具有捕食和消化功能、具有神经系统和运动的能力,它们对外界环境的变化能够作出反应,动物的行为与环境的关系是生态学领域的重要研究内容,于是出现了生态学的重要分支学科——行为生态学(behavioral ecology)。在特定环境中,动物决定在何处生活,如何选择和寻找所需要的资源（包括食物），如何逃避天敌（捕食者），如何应对竞争者，如何与自己种群内的其他动物相处等等都属于行为生态学研究的范畴。动物的许多复杂应变行为体现了物种内和物种间特殊的生态关系。例如，一些动物具有伪装色，便于突然攻击和捕获其他动物作为自己食物。有些动物具有保护色，便于躲避捕食者。一些动物，如东非的角马群居生活并集体大规模迁移，不断寻找新鲜繁茂的草地，同时可以抵抗凶狠的捕食者——狮子。动物异性间的吸引等生殖行为，动物生存领地的选择、划分和争夺行为，蜂、蚁、猴等动物等级化的社会组织行为等等都是环境对生物行为影响的结果，是行为生态进化的现象。

动物的**行为**（behavior）是动物个体或群体有规律或成系统的作为及活动现象。按照其功能一般可归纳为定向行为、社群行为、繁殖行为、通讯行为、节律行为、防御行为和攻击行为等。动物的行为可以是先天的或本能的，也可以通过学习与记忆获得。例如，婴儿的第一次微笑，小狗看见食物流口水等都属于本能的条件反射行为。通过简单学习与记忆获得一种有规律行为的例子很多，印记（imprinting）是其中最典型的一例。**印记**学习一般只发生在动物出生后的幼年阶段。动物行为学研究专家很早就发现，刚孵化出生的小鸡、小鸭或小鹅往往都会跟着其他移动的物体或生物行走（图10-9），而且会对后者产生依恋。进一步研究还发现，许多动物物种印记学习的敏感期都在幼年，这种早期的印记对其以后生长阶段的行为会产生一定的影响。

为什么动物的个体或群体会发生有规律或成系统的作为及活动现象呢？科学研究显示，引起动物行为最主要的因素除了生态环境的影响和刺激外，还在于生物与环境长期相互作用和进化过程形成了这种行为的生理和遗传基础。例如，科学家已经发现，激素对动物的行为有明显的激活效应；动物细胞的一些特定基因对于某种行为是必需的。

第二节　种群生态

种群生态学是研究影响种群大小和密度、种群增长和种群结构特征等因素的生态学分支学科。种群是在特定时间和空间中同一种生物个体的组合。种群内的个体通过自然繁殖产生遗传性稳定的后代。种群的边界一般都是自然形成的，但生态学家为了研究的需要，常常根据研究的性质和要求对某一种群的边界做出界定。例如，生态学家为了研究大熊猫的繁殖，可以把大熊猫种群的范围界定在我国四川某一竹林茂密的山区；传染病学家为了研究艾滋病毒在人群中的感染和传播速率，可以在一个国家内或者在全世界范围内对艾滋病毒种群的增长和传播进行跟踪研究。无论我们如何界定种群的范围，一些种群的结构和增长的原则对于种群生态学的研究具有普遍的指导意义。

一、种群的结构

种群的大小是指种群内个体数量的多少，单位面积或体积中个体的数量称为**种群密度**（population density）。种群密度是反映种群结构的重要特征参数。在测定某一地区某种生物的种群密度时，例如我们要测定北京郊区的一种蜘蛛的种群密度，我们往往不可能对该地区的所有蜘蛛逐一计数。大多数情况下，生态学家以 m^2 或 km^2 为单位随机选定若干个**样方**（sample plot），通过对样方

图10-9　印记是动物最简单的一种学习行为　刚孵化出生的小鸡、小鸭或小鹅会跟着其他移动的物体或生物行走，而且会对后者产生依恋。刚孵化出壳后的雏鹅如果先与人接触，它们总是排队依恋和追逐当初它接触过的人，而不认自己的鹅父母。

记过的其他动物个体随机混合达到均匀分布后，再一次在界定的区域内随机设置陷阱或张网，对捕捉到的经标记的和未被标记的该种群动物个体分别记数，通过以下公式，便可估算出该种群的数量（N）：

$$N = (M_1/M_2) \times T_2$$

N：种群个体数量

M_1：首次捕捉到（并标记）的个体数

M_2：第二次捕捉到的个体总数中已经被标记的个体数

T_2：第二次捕捉到的个体总数

由于一些特殊的原因，如被标记放生的一些动物逃离了该地区，上述估算种群数量的方法就会与实际情况有很大的误差。

除了调查种群密度外，认识种群的结构特征还需要了解种群的**分布型**（pattern of dispersion）。种群分布型是指全部个体在种群界定范围内的空间分布类型（图10-11）。**群集型**（clumped pattern）是自然界最普遍的一种种群分布类型，这些种群的个体都相聚成群，如芦苇集中在湖滩生长、蚂蚁成窝、鱼苗成群结队游动等等。种群的群集型分布的原因在于环境中有利生存的地理条

图10-10 野外拉样方采样进行种群结构的研究 为了测定某地区某种群的密度，一般不可能采用直接计数的方法。大多数情况下，可以以 m^2 或 km^2 为单位随机选定若干样方，在样方中计数全部个体，然后以其平均数来估计种群整体。样方个数越多，空间分布越广，估计就越准确。在采样统计中，一定要注意样方必须具有代表性，另外计算最后还要用数理统计法估计变差和显著性。

中该物种的计数来统计和计算整体区域的种群密度（图10-10）。

另一种研究野生动物种群结构的采样技术叫**标记–再捕捉方法**（mark-recapture），研究人员在界定的区域内随机设置陷阱或张网，对首次捕捉到的某一种群动物计数并全部用标签、染料等进行标记，然后放生。几天或几周后这些被标记的动物个体与种群内的未被捕捉标

(a) (b) (c)

图10-11 3类种群的分布型：群集型、均匀型和随机型 种群分布型是种群的结构特征之一。种群分布型是指全部个体在种群界定的范围内的空间分布类型。(a) 群集型是动植物对生活环境差异发生反应的结果，如鱼苗成群结队的移动，某些昆虫以及人口分布等都属此类。(b) 均匀型分布是由于种群内部成员间进行种内竞争引起的，如鸟类占据各自的树木筑巢，以及树木争夺根部空间、沙漠植物争水等。(c) 随机型分布只有在资源分配不是限制性因素，且种内个体既不吸引又不排斥时才发生，如某些草种和森林树种的随机分布等就是这种情况。

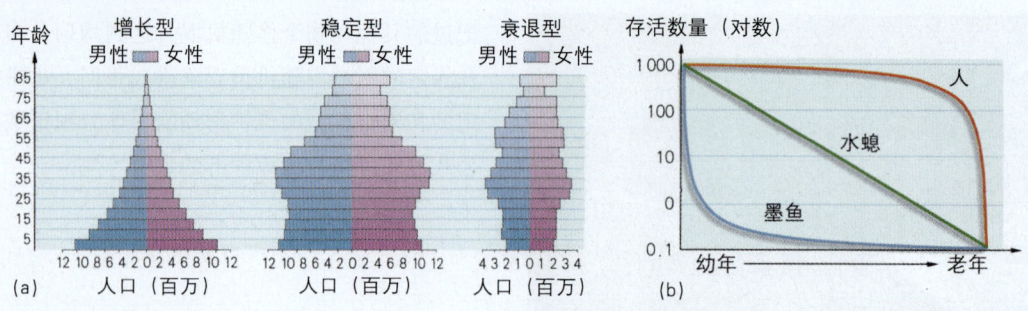

图10-12 种群年龄结构和存活曲线类型 (a) 种群的年龄结构主要有增长型、稳定型和衰退型3类。处于增长型的种群出生率高,后继世代种群数量总比前一世代高,年龄结构呈金字塔型;处于稳定型的种群出生率与死亡率相当,年龄结构呈钟型;处于衰退型的种群出生率下降,年龄结构呈瓮型。(b) 以某一种群存活个体的年龄为横坐标,存活个体数量为纵坐标作图,得到种群的存活曲线。存活曲线一般有3类:(1) 凹型曲线,幼年时死亡率很高,如墨鱼;(2) 倾斜直线型,各年龄段死亡率基本相等,如水螅;(3) 凸型曲线,在接近生理寿命前只有极低的死亡率,如人类。实际上,很少有生物完全符合这三种曲线中的某一种。即使是同一种生物种群,它的存活曲线也会随生存环境不同而改变。

件分布不均匀,或者更有利于交配与繁殖后代,或者有利于相互合作等等。**均匀型**(uniform pattern)的种群分布类型是种群中个体相互作用、争取获得更大空间和更多资源的结果。例如荒漠中的植物为获得更多的水分和养分,大多散生在各处;正在营巢的鸟类也相互拉开距离,各自占据一定的地盘和活动空间。另一类**随机型**(random pattern)分布出现在各个体之间既不相互排斥、也不相互吸引的种群内,即各个体的分布不受其他个体的影响(图10-11)。

一些生物的分布随昼夜和季节的变化而变化。例如大多数动物白天活动,夜晚栖息。蚊、蛾、萤火虫、猫头鹰等动物则夜间活动,白天潜伏。一些水生浮游藻类白天分布在水体的表层进行光合作用,夜晚则下沉。这些都体现了种群的分布和结构特征。

种群的年龄结构对种群数量的变化具有很大的影响,种群的年龄结构从生态学的角度可以分成增长型、稳定型和衰退型3类(图10-12a)种群的性别结构和生存能力的性别差异也是种群结构的一个方面。大多数生物种群都倾向于1:1的性别比例。动物出生时一般雄性多于雌性,随着年龄的增加,雄性的死亡率往往高于雌性,造成这一结果的原因则十分复杂。

自然界中,各种生物的生存策略影响着该物种的生存和年龄分布,也反映了种群结构的重要特征。以某一种群存活个体的年龄为横坐标,存活个体数量为纵坐标作图,便得到了该种群的**存活曲线**(survivorship curve)。存活曲线表明了在一定年龄阶段的生存率。生存率的反义词是死亡率,指在单位时间内死亡的个体数量。有许多物种(如墨鱼、牡蛎等)在年幼时死亡率极高,它们的存活曲线呈凹形;有一些物种(如水螅),它们在中年的死亡率和幼年或年老时相等,物种的存活曲线呈一条斜直线;发达国家的人口存活曲线呈凸形,在开始生存率很高,接着缓慢下降直到一个特定的年龄阶段(对人类来说大约是60岁),以后死亡率才开始迅速上升(图10-12b)。绝大多数种群的真实存活曲线是这3种类型的组合,它们兼有凹形、线形和凸形3个阶段。比如大多数鸣禽,在幼年有较高的死亡率;在中年,它们被天敌捕获或发生意外死亡的机会与他们的实际年龄无关,因此是线形的;到了老年,死亡率增加。许多植物有相似的格式:萌芽时期高死亡率;然后是很长时间的低死亡率;紧接着迅速老化。

二、种群增长特征

种群内个体数量是如何增长的?让我们先来考察一下培养液中大肠杆菌(*E. coli*)的**指数增长模式**(exponential growth model)。在最适宜的条件下,比如在一个富营养的肉汤里,*E. coli* 每20 min就增长一倍。20 min后,一个细菌裂殖成2个细菌;再过20 min,2个又裂变成4个,再过20 min又成为8个;即 2^0、2^1、2^2、2^3、2^4、2^5、2^6、……依此类推。我们说这种细菌的**繁殖周期**[又称为**世代时间**(generation time),即繁殖1代所需要的时间]为20 min(图10-13a)。可以用下面的公式来计算一定时间里细菌的数量(N):

$$N = 2^t$$

在这个公式中,t 是指数,代表共繁殖了多少代。细

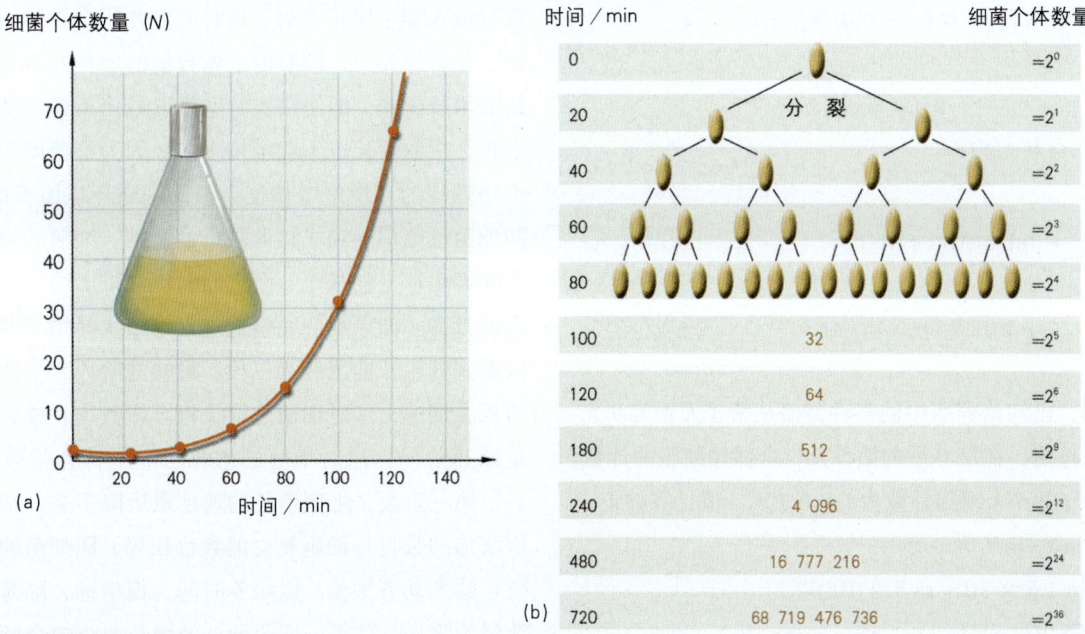

图10-13 细菌种群的指数增长 在培养大肠杆菌时,随培养时间延长记录下大肠杆菌数量的变化,在没有限制的理想状况下,发现大肠杆菌的数量每增长一倍需要20 min。利用数学计算可推得大肠杆菌的数量(N)与培养时间(t)的关系满足$N = 2^t$的函数关系。

菌的指数增长就是个体数量经过一定周期就会加倍的增长。指数增长意味着个体数量越大,增长速度越快。例如,16个 E. coli 会在 20 min 内增长成为 32 个,即数量在 20 min 内增长了 16 个。但是 1.6×10^8 个 E. coli 在同一时间(20 min 内)也增长一倍,亦即增长了 1.6×10^8 个。

以时间为横坐标,个体数量为纵坐标作图,细菌的增长曲线像一个"J"字母,所以被称为"J"曲线。在曲线底部个体的数量增长得很慢,然后加速。如果没有任何限制,N 会增长得越来越快,一个细菌经过 12 h 共 36 代繁殖,在理论上可以增长到 68 719 476 736 个(图10-13b)。

我们可以这样描述这种细菌的持续增长:在没有限制的指数增长中,增长速度(G)与个体数量(N)成正比,也就是说,个体数量越大,增长速度越快:

$$G = rN$$

上式中 r 是实际增长系数,又称为实际增长率,它与细菌本身的生长特性和培养条件相关。我们可以用细菌的出生速率减去细菌的死亡速率来估算 r 的数值。在实际过程中我们还可以通过以下方法来计算 r 的数值,并可计算出世代时间。

因为 G 代表了种群的增长速度,G 还可表达为 dN/dt,即任一无限小的变化时刻内 N 的变化,指数生长可以用以下微分方程来表示:

$$G = dN/dt = rN \qquad (1)$$

(1)式还可表达为:

$$(dN/dt)/N = r \qquad (2)$$

(2)式的含意是,在一定的物种与环境条件下,处于指数生长期任一时刻个体数量的变化与该时刻的个体数之比永远是一个常数 r,实际增长率常数 r 反映了对数生长期个体增殖的程度,r 越大,说明增殖越快。

如何测定计算指数生长期的 r 值呢?

首先将(1)式转换为:

$$dN/N = r\,dt \qquad (3)$$

如果 N_1 代表时间 t_1 时的个体数,N_2 代表时间 t_2 时的个体数,对上述(3)式两边积分,得:

$$\int dN/N\,[N_1, N_2] = r \int dt\,[t_1, t_2] \quad (4)$$

由于 $\int dx/x = \ln x + C$

故（4）式可转换为：

$$\ln(N_2/N_1) = r(t_2-t_1) \quad (5)$$

$$r = (\ln N_2 - \ln N_1)/(t_2-t_1) \quad (6)$$

例如，已知培养瓶中的某种微藻从第4天到第9天为对数生长期，在培养后的第5天，全部藻细胞的计数为 5×10^3，第7天细胞计数为 1.5×10^4，r值计算如下：

$$r = (\ln N_7 - \ln N_5)/(t_7-t_5)$$
$$= (\ln 1.5 \times 10^4 - \ln 5 \times 10^3)/2$$
$$= 0.5493$$

已经算出了 r 值，接着便可计算世代时间。因为世代时间就是种群增长过程中个体生活史中的某一点到下一代个体生活史的同一点所需的时间，是个体数翻倍所需的时间，根据

$$\ln N_2 - \ln N_1 = r(t_2-t_1)$$
$$\ln(N_2/N_1) = r(t_2-t_1)$$

由于个体数加倍，即 $N_2/N_1 = 2$ 时，t_2-t_1 便是世代时间 Tg，即

$$\ln 2 = rTg$$

将 $\ln 2 = 0.693$ 代入，得：

$$Tg = 0.693/r$$

因此，$Tg = 0.693/0.5493 = 1.2618$（天）

r 值越大，世代时间越短，个体生长越快。在种群实际生长过程中，我们总是要在不同的时间里多次测定个体的数量，因此在指数增长期，我们就有 t_1、t_2、t_3、t_4、t_5、t_6 等时刻和相应的 N_1、N_2、N_3、N_4、N_5、N_6 等一系列的个体数量值。由于实验误差和测定值 N 的随机误差，在指数增长期内任意取两点算出的 r 值都与另取其他两点算出的 r 值不相同，相应列出的增长曲线方程也不相同，因为按上述的两点得到种群增长曲线是不精确的。借助于计算机，将 t_1、t_2、t_3、t_4、t_5、t_6 和相应的 N_1、N_2、N_3、N_4、N_5、N_6 等数值代入标准指数曲线方程进行拟合，便很容易解决这一问题。计算机还能自动给出回归分析的估计方差及估计标准误差（进一步学习该部分内容可参考数量生态学的相关专著）。

必须指出，指数增长模式只是一种理想的状态，因为任何种群的生长都存在一定的限制因子，特别当种群数量增大到一定程度后，这种限制作用会更加明显。因此，在自然界中，种群内个体数量的增长并不符合这种指数增长模式。即使在实验室里以最佳条件控制细菌的生长，指数增长也不能维持多久。因为细菌即使是在一个很理想的环境中增长也会很快受到环境因子的限制，如细菌逐渐消耗完了培养液中的营养，细菌的密度增大意味着生存空间减小，而它们的代谢排出物已经在毒害它们自身。如果我们完整地观察细菌实际增长曲线，可以看到其生长曲线分为三段：最初的阶段，个体数量的增长在加速，这时细菌的增长符合指数增长模式；然后是减速阶段，这时细菌的增长已经不符合指数增长模式；第三阶段，细菌增长的速度最后降下来，细胞分裂所增加的数目与细胞死亡的数目相等，即细菌的增长与死亡达到动态平衡。以培养时间为横坐标，细菌个体的数量为纵坐标作图，细菌种群的增长曲线像个倾斜伸展的"S"字母（图10-14a）。

观察这个"S"形曲线可以发现，个体数量越大，即 N 越大，减速就越快。我们取"S"曲线的峰值用"K"表示，并定义为环境对一物种的最大承受容量，它是环境所能承受或者养活的最大的个体密度。K 也可描述一个栖息地实际能承担的个体数目的极限值。当一个环境还没有达到它的承受容量，仍然有一部分 K 可以留下来被填充。例如，北京郊区东灵山的一种蜘蛛每平方米最大容量是100只（$K = 100$），当每平方米个体密度 N 是70只，那么便留下了30%的容量。生态学家用下述公式来描述自然界种群的增长速度随时间的变化：

$$G = rN(K-N)/K$$

该种群增长模型又称为**逻辑斯蒂增长模型**（logistic growth model），它反映了许多物种在限制条件下的生长：随着个体数量增长，K 的空余部分减少，种群的增长速度随之降下来。当个体数量达到最大承受容量，环境不能负担更多的个体，这时 K 的空余部分为0，个体数量停止增长，即达到零增长。将这个公式绘制成图形（图10-14b），它与上述 E. coli 的S曲线图形（图10-14a）正好吻合。在开始阶段它与指数增长模型基本吻合，因为在种群密度很小的特定的时间内，环境中承受容量的剩余空间很大，$K - N ≈ K$，根据 $G = rN(K-N)/K$ 公式，$G = rN$，因此相当于指数增长公式。

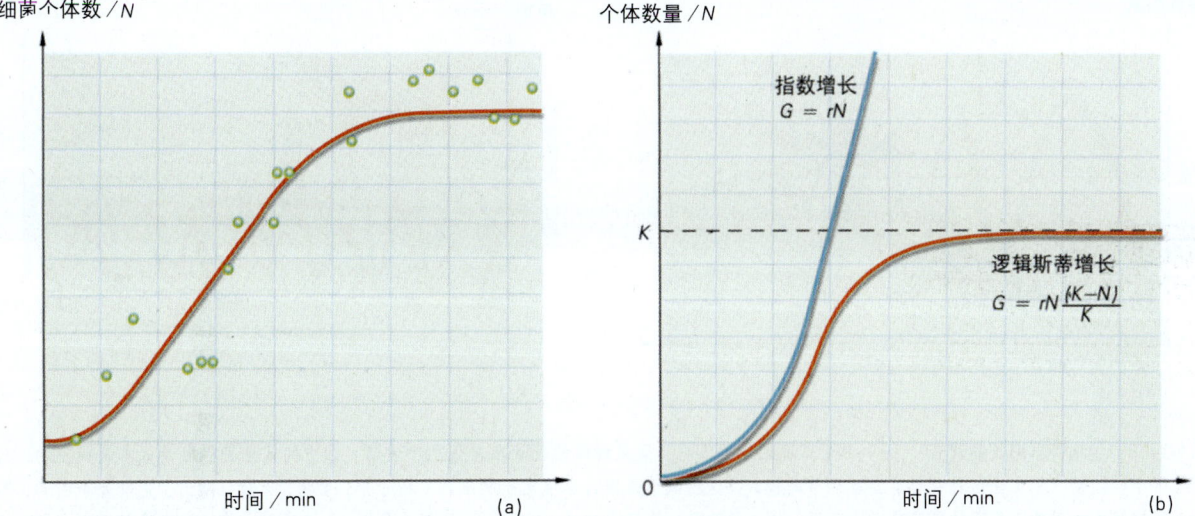

图10-14 在生长限制因子作用下种群个体数量的增长 （a）在实验室中，完整地记录下细菌的实际增长过程，并以时间为横坐标，细菌个体数为纵坐标拟合曲线，会发现实际的增长曲线是呈"S"型的。在最初阶段，N很小，资源充沛且相互影响小，基本与指数增长曲线吻合；但在中间阶段，资源的有限与相互间的竞争使增长明显减慢；最后阶段，增速最终减慢到零，种群数量达到环境的最大容纳量。（b）在环境限制因子作用下种群的逻辑斯蒂增长模型，即以 $G = rN(K-N)/K$ 理论公式作图，得到的曲线与图10-14a的试验曲线非常吻合，说明它能够比较真实的反映种群增长地实际过程。

三、种群增长的调节

环境对一个种群的承受容量决定于这个种群对环境的需求和该物种繁衍的各种决定因素：营养、食物、领土、天敌和竞争者等等都属于密度相关因素，即种群的密度越大，环境因子的限制就越强。高密度群体能够迫使生育或繁殖速度下降。高密度也能造成个体移居，并且限制外来个体移入。另外，高密度能增加天敌的作用。病虫害、竞争、移居等都会制约个体密度。密度越高，种群增长得越慢。

一些物种的个体数目还受制于密度无关因素，例如火灾、干旱、暴风雨、旋风、火山爆发和其他一些自然灾害。如果种群密度的变化是由于密度无关因素造成的，那么上述的种群增长模式就不适用于种群密度实际变化的情况。

在自然界正常情况下，大多数种群个体的数量基本都是稳定的，种群的数量在环境承受容量K值上下波动，任何种群都不可能无限制地增大，例如海洋中鲨鱼种群的数量一般情况下都在环境承受容量的一定范围内波动（图10-15a）。自然界中关于种群增长调节的实例有很多。圣马太岛位于美国的阿拉斯加之西，过去一直被地衣覆盖。1944年，这个小岛引进了29只爱食地衣的驯鹿。到了1963年，这29只驯鹿已发展成6 000多只，形成了一个庞大的种群部落，并吃掉最后的几片地衣。在那年年底，生长缓慢的地衣几乎从这个500 km²的小岛上消失。然后一个漫长的冬天来临了。到1964年，几乎所有的驯鹿都在饥寒中倒下。春天来临时，只有41只雌鹿和1只雄鹿存活了下来。尽管这些动物会依靠仅存的地衣艰难度过几年，但不可能再生育。它们一只一只死去，小岛又回到了地衣的世界。过度增长的驯鹿没有得到有效的控制,最终受到了大自然的惩罚，其中有两个直接原因：首先，当地衣开始消失时，驯鹿不可能离开这个岛去吃别的植物，让地衣恢复生长；其次，这个岛上没有驯鹿的天敌来控制驯鹿的数量。驯鹿一味地繁殖直到全部食物被消耗光。在自然中，我们会看到当一个物种刚占领一个领地时会这样无限制地增长，如上文所说驯鹿被引入一个铺满地衣的小岛，但最终物种数量会降下来并且很可能只留下很少的幸存者。

实际上,我们发现尽管自然增长会或上或下地波动，但是却出人意料地稳定。大部分物种的数量随季节而上下波动。生物因子和非生物因子都可能戏剧性地影响物种数量。在自然界中的一些物种个体总数总能长时间保持稳定。不过有些物种数量保持稳定的同时，另一些物种却波动很大。

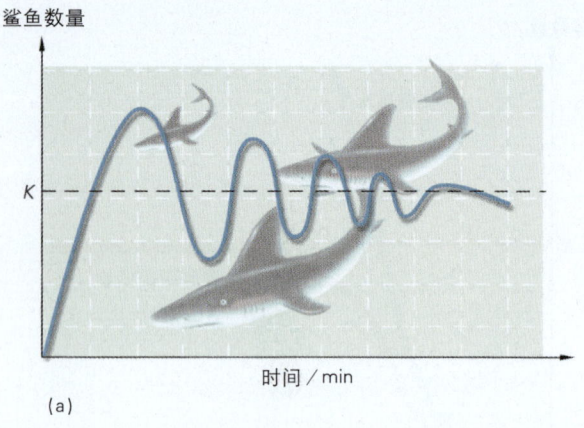

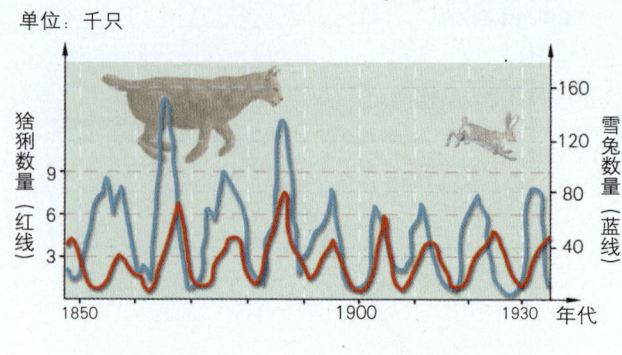

图10-15 生物种群增长的调节 （a）由于环境因子的限制，鲨鱼种群的数量在K值上下波动。图中的鲨鱼种群数量基本是稳定的，仅在K值上下小幅波动。其实任何种群都有自我调节的模式。这种调节是因为环境因子的限制（指营养、食物、天敌、领土、竞争者等因素，不考虑少数的密度无关因素）是随种群密度增大而增大的。当种群数量超过K时，环境限制因子也增大，迫使种群增长速率下降甚至到负值，这样种群数量出现回落；当种群数量低于K时，类似的机制也会使种群数量回升。（b）雪兔和猞猁的种群大小变化与循环，图中雪兔和猞猁的种群大小变化是天敌对种群数量控制的典型例子。每到雪兔数量增加时，由于猞猁的可觅食物增加，使猞猁的数量也随之增加。接下来，更多的猞猁捕杀雪兔，增加了后者死亡的速率，因而又减少了猞猁的食物，使猞猁的数量也随之减少。较少的猞猁对雪兔捕食的减少又可使后者的种群得到回升。如此周而复始形成循环。图中显示，猞猁数量的实际变化曲线并不总是紧跟雪兔的数量变化曲线，这可能是因为雪兔食物的多少也影响着它们的数量变化。

种群中个体数量的变化与其天敌有直接的关系。查看加拿大哈德逊湾毛皮业公司对雪兔及其主要天敌猞猁长达200年的纪录发现，雪兔和猞猁数量变化的循环周期都是20年（图10-15b）。生态学家曾经将雪兔和猞猁的种群大小变化的平行发展解释成天敌对一个物种的数量控制，即雪兔的数量越大，猞猁的食物就越多；于是，猞猁的数量就越多。然后又产生了矛盾，如此多的猞猁增加了雪兔的死亡率，直到雪兔太少而不能维持这么多的猞猁。根据猞猁数量变化曲线并不是一致地落后于雪兔，雪兔数量即使在没有猞猁的岛上也上下波动的现象，另一些生态学家认为雪兔数量变化的循环除了与天敌猞猁相关外，还更多地取决于它们的食物（一种可食植物）供应的情况。被捕食的动物并不一定能完全控制肉食动物的种群大小，植物也不一定能完全控制食草动物的增长，这就是自然界环境与生态因素的复杂性。

四、人口的结构和增长

在我们了解了种群的结构、增长和调节因素等一般原则以后，让我们再来分析一下人类这一特殊种群，即讨论人口的结构和增长等一般问题。在本章的最后一节，我们还将进一步重点讨论人口、资源与环境的特殊问题。

据有关统计，地球上每20 min，人类就增加3500个新成员。同样在这平均20 min内，地球上便有一种动物或者植物绝灭。一方面是人口的急剧增加，另一方面其他物种绝灭的间隔时间越来越短，生物资源越来越短缺，生态环境越来越恶化，生态学家们相信，这两方面趋势之间有着必然的关联（图10-16）。

图10-16 大量的树木被砍伐，以满足人口扩张的需要 由于人口的大量增长，人类对农田的需求不断增大，根据世界能源研究所估计，每年大约有20×10^{14} km^2的热带雨林被伐并转化为其他生物量较低的土地覆盖类型。由于森林是地球陆地上最庞大的生态系统，也是地球上最大的生物基因库，所以砍伐森林不仅将造成严重的水土流失和土地荒漠化，还使其他物种绝灭的速度越来越快。因此，物种的减少与人口增长有直接的关系。

我们已经知道，自然界中绝大多数种群都不遵照指数增长模型。但是，几个世纪以来，人类这一种群的增长却是按指数增长模型进行的。在最后一次冰期之前，大约一万年前，世界人口只有500万。人们以采集野果、草根、树叶以及狩猎为生。每一个地区人口都比较稳定，出生和死亡处于平衡状态。在1650年以前，人口的增长十分缓慢，那时地球上大约只有5亿人。以后从5亿人口增长到10亿人口用了整整2个世纪的时间（1650—1850年）。从10亿人翻倍到20亿则用了80年的时间（1850—1930年）。再次翻倍达到40亿人只用了45年（1930—1975年）（图10-17）如果继续按照目前的增长速度，到2017年，世界人口将达到80亿！近几个世纪以来，人类种群个体增长体现了典型的指数增长模型。随着人类文明和经济的发展，与早期人类社会相比，更好的营养、医疗和公共卫生，降低了人的死亡率，增加了人的寿命，是人口急剧增加的主要原因。人口的指数增长曲线与培养瓶中细菌培养初期的指数增长曲线（图10-13）几乎完全相同。按照生态学原则，细菌不可能无限制地繁殖下去，从更长的时间尺度考察，人口的增长最终还是要遵守逻辑斯蒂增长模型。

从全世界范围看，各个国家的人口增长速率差异很大。一些发达国家如瑞士等，人口数量保持基本稳定，即人口的出生率与死亡率基本相同。在一些发展中国家，如斯里兰卡，由于不实行节制生育，人口的急剧增加带来了住房、饮水和食物短缺等一系列的问题。近几十年来，中国由于实行积极的计划生育政策，为控制全世界人口过度增长作出了贡献。

与研究人口的结构和变化密切相关的学科是人口统计学。人口统计和研究为经济、社会发展、保险与卫生计划等的制定提供了最基本的依据。人口学家用一些统计方法来描述人口。死亡率用来表示群体人口的死亡速度，即1000人中每年死去的人数。同样，出生率可用来表示群体人口中的出生速度，以每1000人中每年的新生人数来计。人口学家用年增长率来表示人口增长，即人群每年实际增长的比例。例如，2000年中国的人口年增长率为1%左右。

人口的年龄结构分析也可以帮助我们预测不同国家未来人口增长的趋势。从墨西哥与瑞士两国人口年龄分布看，它们之间的差异非常大。墨西哥中低龄和育龄的人口数量非常大，可以预测未来几十年将进入一个人口急剧增加的时期。而瑞士中各年龄组的人数差异较小，可以预测未来几十年其人口数量将保持持续的稳定。

预测人口增长的另一个方法是完全家庭尺度方法。当一对夫妇正好能被两个孩子取代，这种生育叫取代生育，在这个过程中总人口既不增长也不减少。今后几十年内，如果中国每对育龄夫妇都保持只生两个孩子，或

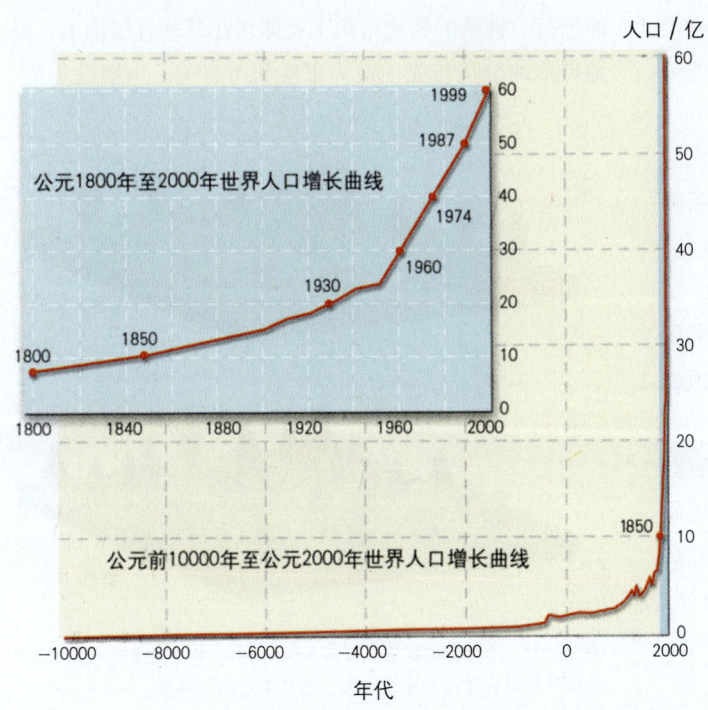

图10-17 地球上人口增长的历史 地球上人口增长的曲线呈"J"型的指数增长，说明人口的增长没有受到应有的限制，如果让地球的人口继续保持这样的增长速度，人类将面临更大的人口危机，这对人类自身的生存是极大的挑战。

其中大多数夫妇只生一个孩子，中国的人口并不能完全被后代取代，这是因为人口惯性的作用。人口惯性的原因很简单，在一个快速增长的人群中，很大的比例是年轻人。即使他们的后代能在数量上恰好取代他们，他们仍会使世界人口增加。因为他们同他们的子辈以及他们的孙辈同时生活着，直到他们年届六旬后才进入死亡期。在低龄组和育龄组人口比例较大的情况下，人口出生的减少在短期内并不能降低人类种群的数量，这种人口惯性要持续大约50年左右。

第三节　生物群落

一、群落的基本特征与结构

当你漫步在校园中，仔细地观察周围的环境，你可能发现不同生物之间的相互关联和作用的现象随处可见。例如，喜鹊在大树上做巢，蜜蜂在花丛中采蜜，毛虫在啃食小树的叶片，蜘蛛张网在捕捉害虫，树荫处生长着蕨类植物等等。生态园中芸芸众生扮演着不同的角色，它们生活在一起，相互联系、相互依赖或相互作用，共同维持着生物王国和生态环境的和谐与平衡。多种生物共同生活在一起是自然界中的普遍现象。在一个特定的区域内由不同种类的生物种群组成了集合体，这些相互邻近的生物彼此之间以及它们与环境之间相互影响和作用。占据特定空间和时间的多种生物种群的集合体和功能单位被称为**群落**。群落具有一定的结构、一定的种类组成和一定的种间相互关系，在环境条件相似的地方可以出现相似的群落。

不同的环境存在着不同的群落，它们之所以不同是因为这些群落的基本特征不同。群落的基本特征包括物种组成、群落的结构、内部环境、优势种群、动态变化、各物种的相互关系、群落的稳定性等7个方面。

首先，一个群落含有多少种不同的植物、动物和微生物，列出它们全体的名录，即了解该群落物种的组成是认识群落特征的最基础的要求。

一个群落中的植物体现了群落的外部形态，只有在植物茂密的地方，才能为动物和微生物提供栖息的场所和充足的能量及营养。群落基本的外貌包括森林、草原、荒漠等。在此基础上还能更细致地划分群落外貌特征。群落的外貌特征还会随着季节的变化发生周期性的变化，特别是在四季分明的温带，群落的季相变化更加明显，但由于其周期性重复，该群落仍然是稳定的。

组成群落的优势物种对群落的性质特征起着决定性的作用。群落内的优势物种一方面说明它最适应于周围的环境，另一方面它对其他物种和群落的整体环境影响最大。

了解了一个群落的物种多样性，列出群落中全部物种的名录只是认识群落特征的基础，进一步搞清群落中各物种的相对数量和比例，对于分析各物种间的相互作用和群落的发展变化趋势十分重要。例如，A、B两种森林群落都由4种木本植物所组成，但4种木本植物相对数量和比例却不一样。如果粗略地看图10-18，会以为A群落包含了更多的物种数量，但实际上A、B两种森林群落物种的数量是相同的，只是各物种的相对数量和比例不一样。考察群落内物种的多样性时还应分析各物种的相对数量。

群落的稳定性是指群落受到一定的外界因素作用后恢复到原来种群组成能力的情况。群落的稳定性取决于群落本身的特性和环境的相对稳定性两个方面。例如，由雪松为优势种的森林群落就具有较强的稳定性，因为它抗干扰的能力较强。

干扰是自然界中最普遍的现象，一些干扰是随机变化事件。并非所有的干扰都是有害的，现代生态学认为，中等程度的干扰有时有利于增加生物的多样性。

对一个群落的剖析可以从物理结构和生物结构两方面进行。群落的物理结构主要体现在其垂直层次上，陆地群落的分层与光的最大程度利用有关。土壤微生物、

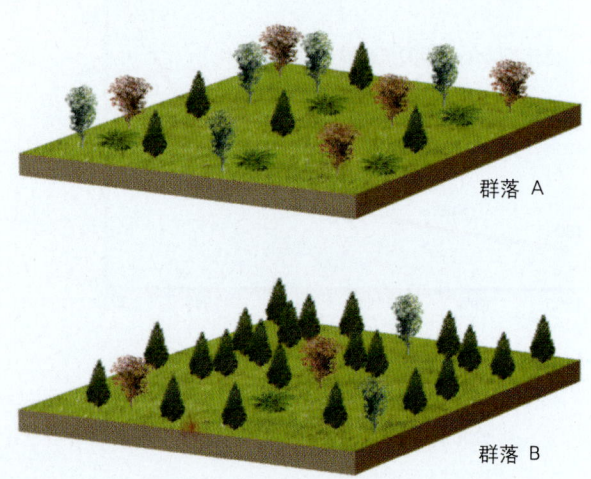

图10-10　两种森林群落　群落A和群落B的物种数量是相同的，但各物种相对数量比相差非常大，显然不是同一群落。

苔藓、草本植物、灌木和乔木自下而上分别配置在群落不同的高度上。相应于植物不同的层次，栖息着与之相适应的不同的动物。这种群落的垂直结构体现了多样性的生物最经济的太阳能利用和垂直空间的利用。其他群落如草原群落和水生群落也具有垂直结构，只是草原群落的绝对分层高度比较低。

群落的生物结构主要是指群落内各物种之间的取食关系（物种间的营养结构）和各自所处的位置，这种取食关系决定了物质和能量的流动方向，也决定了群落中各物种的相对数量和比例及其变化。群落中各物种的取食顺序所决定的物质和能量的流动方向通常为：植物→草食动物→肉食动物→顶级肉食动物。另外，微生物通常也可参与到上述关系的各个阶段，取食顺序及物质和能量的流动方向为：动植物尸体与有机碎屑→微生物→动物。

二、地球上的主要群落类型

在本章第一节我们了解到，地球气候因素和地理位置是生物分布的主要控制因素，形成了热带雨林、稀树草原、荒漠、极地冰原、浓密常绿阔叶灌丛、温带草原、温带落叶林、针叶林、北极和高山冻原等大陆生物群落。水域生物群落包括淡水生物群落和海洋生物群落。以下分别对这些生物群落做简单的介绍。

热带雨林（图10-19）主要分布在亚洲东南部、非洲中部和西部以及南美洲和大洋洲以北的赤道附近。那里通常气温高，降雨量大，因此植物繁茂。整个热带雨林的树种可达几千种。热带雨林的垂直分层明显，高大常绿的乔木为主构成的茂密森林下还有灌木层和草本层。有些热带雨林顶部的林冠层形成为一片巨大的"顶蓬"，使阳光很少能透射到最下层。如果某一棵大树老朽而断落，暴露出的空间很快便被其他快速生长的乔木填补。在热带雨林乔木的不同层次上通常还附生着许多藤本植物，更增添了热带雨林枝叶的茂密程度。热带雨林中分布最多的动物是灵长类、鸟类和各种昆虫。与其他陆生生物群落相比，热带雨林具有的生物种类最多。

稀树草原（图10-20）按其英文发音还被称为萨瓦纳，主要分布在非洲、南美洲和大洋洲的热带季节性干旱地区。这些草地密布着大片的草本植物，一些草原以针茅、羊草、冰草、蒿草等为主。有些地方还散生着矮小的小片阔叶丛林。稀树草原栖息着许多草食性动物及它们的捕食者——肉食性动物，这些动物的种类很多，如野兔、斑马、长颈鹿、羚羊、野驴、猎豹、狮子等等，另外还有

图10-19 **热带雨林** 热带雨林中的植物种类多且茂盛。它主要分布在赤道附近地区，平均气温23.5℃左右，一年四季日照变化不大，降水充足。明显的垂直分层也是它的特点，植物一般为乔木、灌木和草本。热带雨林中的动物种群主要是灵长类、鸟类和各种昆虫。总体来说，热带雨林具有的生物种类在各主要群落类型中是最多的。

图10-20 稀树草原 草原曾一度占地球陆地面积的42%,但在农耕和牧业的压力下,退化到了现在的12%。即使这样,草原生态系统依然是地球上很重要的陆地生态系统。图中所示的是稀树草原的生物群落,它们主要分布在热带季节性干旱地区。其中主要的植物群落是各种草本植物。动物种类有大量无脊椎动物及野兔、羚羊、斑马、长颈鹿、狮子等脊椎动物。

许多鸟类和蛇等爬行动物。影响稀树草原最主要的非生物生态因子是周期性的雨季和旱季。雨季来临时,生长茂盛的草原植物为各种动物提供了丰富的食物;旱季来临时,许多大型草食性动物常常要向水分充足的区域迁移。

沙漠是荒漠的一类(图10-21),非洲的撒哈拉沙漠、中东的阿拉伯沙漠和中国的戈壁沙漠呈不连续的条状分布横贯非洲和亚洲大陆。地球上沙漠常年降雨量通常不足300 mm。一些沙漠地表的温度白天可达60℃以上,但分布在亚洲西部的一些沙漠气温却很低。沙漠地区植被较少,沙漠植物对干旱的主要适应是减少表面积,根系分布在沙土中最有利于吸收雨水的深度。多年生植物大多为具有肥厚块茎的仙人掌和仙人球类,一年生植物能在一个短暂的雨季里完成一个世代的发育,种子在干旱期间进入休眠。沙漠动物的种类也较少,包括骆驼、黄羊、沙漠兔等沙漠动物都发育形成了一些适应于干旱少水的特殊机能。

极地冰原终年冰雪覆盖,动物仅有北极熊、企鹅等少数以海洋动物为食物的极端耐寒性种类(图10-22)。

灌木林在地球上的分布面积相对较小(图10-23),主要发生在中纬度靠近海岸的地区,气候特征为冬季多雨,夏季干热。致密常绿的矮生灌木为优势种群。有些灌木林经常发生由于雷击和人类活动引发的林火。火灾后,这些灌木林树根能够再次萌发,又形成茂密的植被。

温带草原(图10-24)主要分布在欧亚大陆、南美洲、北美等地,中国的黄河中游、内蒙古和东北大兴安岭以西也有大片的温带草原,属于温带大陆性气候地区的旱生草本植物群落。温带草原乔木很少,以草本植物为主。代表动物有羚羊、黄羊和各种鼠类等。由于温带草原土壤肥沃富含无机与有机营养,因此有利于发展畜牧业和农业。

图10-21 沙漠的植被 荒漠是指水分蒸发量超过降水量的地区。图中的沙漠是一种典型的荒漠环境。沙漠生物种群由于严重缺水,表现出种类少,抗旱能力强等特点。其中的植物多为仙人掌、仙人球、丝兰和短命植物,而动物也只有骆驼、黄羊和沙漠兔等少数几种。

图10-22 南极的企鹅是典型的生活在终年冰雪覆盖的极地冰原上的极端耐寒性动物

图10-23 浓密常绿阔叶灌丛（灌木林） 灌木林主要分布在冬季多雨而夏季干热的中纬度地区。灌木在进化上的成功使它在特定条件下有很大竞争优势，它可以只把较少的营养物分配到地上生物量而把较多的营养留在根中。另外，它们能分泌抑制草本植物生长的抑他素，使它们在与草本植物的竞争中占据优势。这种生物群落中的动物主要有鸟类、蜥蜴等。

图10-24 温带草原 温带草原主要分布在欧亚大陆、南美和北美大陆的中纬度地区，那里的主要气候特征是每年有一个明显的干旱期。所以与稀树草原不同，这里的主要植物是旱生草本植物。它与稀树草原一样辽阔无垠。此生物群落的代表动物有羚羊、黄羊和各种鼠类。

温带落叶林（图10-25）主要分布在北美、西欧、中欧的温带湿润海洋性气候地区，中国的华北和东北沿海地区也有温带落叶林分布。这些地区湿度较大，四季分明，雨水集中在夏季。温带落叶林以阔叶乔木为主，植物的种类很多，包括榉树、槭树、桃树、栎树等树种，也可混杂着一些松树和柳树等，林下还分布了各种灌木和阔叶草本植物。一些温带落叶林木材是制作家具的好原料。温带落叶林中优势的草食性动物是鹿，优势肉食性动物为黑熊。此外，林中还有多种多样的鸟类、爬行类动物和昆虫等。

图10-25 温带落叶林 温带落叶林是以温带阔叶乔木为主，分布在温带湿润海洋性气候地区。从结构上看，发育较好的和树龄参差不齐的温带落叶林通常可分为若干层。此生物群落中的植物中常包括榉树、槭树、桃树、栎树等树种，下层植物包括各种灌木和阔叶草本植物。草食动物的代表为鹿，肉食动物的代表有黑熊。

针叶林主要由常绿的针叶树如松、杉、柏等树种所组成，大部分针叶林分布在北半球高纬度的温带到亚寒带地区。中国东北的大兴安岭地区分布的便是典型的针叶林。针叶林是一些木材的主要产地。一般针叶林林下植被不发达，地表常被枯枝落叶所覆盖。生活于针叶林内的动物种类较多，如野鸡、松鼠、鹿、狼、熊和各种鸟类。针叶林中昆虫的种类也很多。

冻原又称为苔原，分布于北极圈以南环绕北冰洋的严寒地带，大约占地球陆地面积的20%。由于气候严寒，降雨少，冻原区的土壤终年冻结。那里没有树木，典型的植物是地衣，偶然有很矮小的植物和苔草。冻原的动物也较少，有驯鹿、麝牛、旅鼠、北极狐和狼等。

淡水生物群落（图10-26）包括溪流、河流、池塘、湖泊和沼泽等类型，其中的植物包括浮游藻类、漂浮植物和挺水植物，动物包括各种蛤、蚌、鱼、虾等。一些爬行类和两栖类动物大都栖息在沿岸地带。

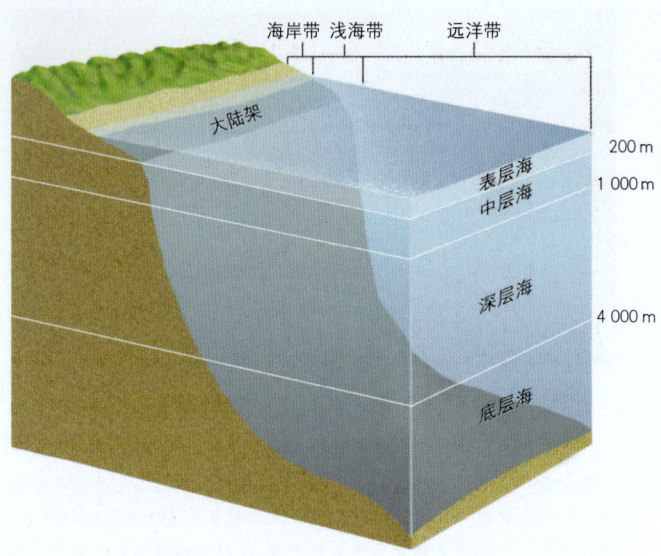

图10-27 **海洋带和海洋生物** 海洋占地球表面积的70%，整个地球上的海洋连成一体，海水具有流动性，因此地球上的全部海洋是一个巨大的生态系统。而海洋中的生物群落根据位置的海水深度的不同分为海岸带、浅海带、远洋带和海底带等类型。海洋中的植物以浮游植物为主，但不同的海洋带分布的海藻类植物和海洋动物的类群差别很大。其中浅海带由于太阳光强度大，有来自陆地的丰富的营养物质，具有较多的海洋生物和较高的生产力，是海洋资源最丰富的区域。海洋面积大，生物资源总量非常丰富。

图10-26 **溪流和池塘** 图中的溪流和池塘都属于淡水生物群落。淡水生物群落与陆地群落有较明显的差异，它的主要环境因素有水温、含氧量和透光量等。一般来说，淡水系统中上层氧气较丰富，而下层有较充沛的营养物质。淡水生物群落中的主要植物有浮游藻类、漂浮植物和挺水植物，动物包括各种蛤、蚌、鱼、虾等。

海洋生物群落根据位置和海水的深度分为海岸带、浅海带、远洋带和海底带等类型（图10-27）。不同的海洋带分布的海藻类植物和海洋动物的类群差异很大。海岸带可以经常看到海藻、海星、沙蚕、沙蟹和各种甲壳类动物。浅海带由于阳光射入和来自陆地较丰富的营养物质，具有较多的海洋生物种类和较高的生产力，是海洋资源最丰富的区域。远洋带海水的营养物含量少，生物生产力较低，但仍然有各种浮游藻类、鱼、虾等。远洋带受污染较少，相对面积大，总体资源量相当大。生活在海底带的生物与其他类型群落的种类差异很大，它们几乎全是异养生物，有海绵、软体动物、甲壳动物和棘皮动物等。

三、群落内生物之间的相互关系

群落是在一个特定的区域内由不同种类的生物种群组成的集合体，从功能上看这些相互邻近的生物之间相互关系包括竞争、捕食、寄生和共生4种主要类型。所涉及到的两种生物可能存在以下状态：彼此互惠，一方受益一方无害，一方受益一方有害，仅对一方有害但对另一方并无益，对双方都有害，对双方既无害也无益。群落内生物之间的相互关系是复杂和多方面的，需要结合环境条件具体问题具体分析。

生活在同一区域的两个物种如果利用相同的资源，它们便形成了竞争的关系。阳光、水分、空间和营养物质等都是植物的资源，食物、水分和空间可以是动物的资源。由于对资源不平等的利用，两个物种竞争的结果会导致竞争利用资源能力较弱的物种种群数量下降，激烈的竞争甚至可导致一个物种从该区域完全被排除。

水环境中的营养盐浓度是藻类生长的主要资源和重要的环境影响因子，生活在同一个环境中的两种藻类竞争利用同一种营养盐时，竞争的结果可能导致一种营养优势藻类生长更快，成为优势种群。

科学家在研究单细胞藻类营养吸收时，观察到微藻生长速率及其营养吸收速率在营养盐浓度增大到一定程度时有饱和现象。研究证明，当营养盐浓度很低时，随着浓度升高，微藻生长速率与营养盐浓度是正比关系，但进一步增加营养盐浓度，生长速率不再按正比关系升高，如果继续再加大营养盐浓度，微藻的生长速率会停留在一定水平不再升高，即呈饱和现象。于是，科学家们提出了一种微藻营养吸收与生长动力学方程来定量描述这一规律：

$$U = U_m [S/(K_s+S)] \quad (1)$$

U：该微藻每天的特殊生长速率　　(1/d)
U_m：该微藻最大的特殊生长速率　　(1/d)
S：某种营养盐的浓度　　(mg/L)
K_s：营养吸收动力学常数(或半饱和常数)

根据该动力学方程，我们以U对S作图得到了微藻营养吸收与生长动力学方程曲线（图10-28）。

当营养盐的浓度S很低时，该营养动力学方程（1）呈一级状态。即S在分母中被忽略后，每天的特别生长速率与该营养盐浓度呈线性正比关系：

$$U = U_m [S/K_s] \quad (2)$$

当营养盐的浓度$S \gg K_s$时，(1)式分母中K_s可被忽略，即$S/(K_s+S) = 1$，营养动力学方程呈零级状态：

$$U = U_m [S/(K_s+S)] = U_m$$

这就是上述的营养盐饱和状态，此时微藻的生长速率与该营养盐浓度无关。

当S介于以上两种状态之间时，微藻相应的生长速率遵守该动力学方程的轨迹。这些分析说明，该动力学方程符合科学家观察到的营养盐浓度对微藻生长速率影响的规律。

另外，该方程及其参数还有如下意义：

（1）当$U = 1/2 \, U_m$，$K_s = S$

即K_s是微藻生长速率为最大生长速率一半时的特殊营养盐（离子）的浓度（mg/L）。

（2）K_s是微藻的特征常数，只与该种藻种有关，与营养盐（离子）浓度无关，每一种微藻对某种营养盐（离子）在特定条件下，即特定温度、光照、pH等稳定平衡的状态条件下，都有一个特定的K_s值。

（3）$1/K_s$可以近似地表示该藻对某一种营养盐（离子）吸收速率和生长速率的快慢，$1/K_s$越大，表明吸收速率越快，生长越快，因为$1/K_s$越大，K_s就越小，达到最大生长速率和吸收速率所需要的该营养盐（离子）浓度就越小，即不需要很高的该营养盐（离子）浓度，该种藻就可以达到最大的吸收和生长速率。

通过上述微藻的营养吸收动力学方程，我们可以分析生活在同一环境中的两种微藻同时竞争利用某一种营养盐（如K_2HPO_4）时可能出现的结果。营养吸收动力学分析发现，微藻A与微藻B对于利用其中某一种营养盐离子（如HPO_4^{2-}）的K_s值不同，分别为K_{sA}和K_{sB}，且$K_{sB} > K_{sA}$（图10-29a）

利用相同的培养液分别在两个培养瓶中培养A、B两种微藻，分别得到的生长曲线并没有显示出差别（图10-29b）；A、B混合培养时，如果HPO_4^{2-}营养离子浓度水平略低于K_{sA}值，却大大低于K_{sB}值，由于这时$K_{sB} > K_{sA}$，微藻A对HPO_4^{2-}营养离子利用的效率更高，随着时间推移，竞争性利用HPO_4^{2-}的结果必将导致A逐渐成为优势种群，而微藻B的数量越来越少，最终被竞争所淘汰（图10-29c）。

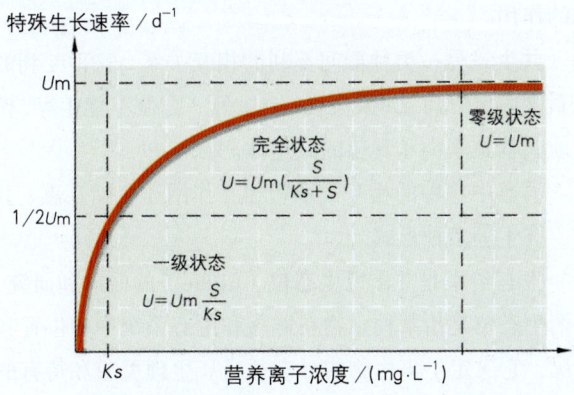

图10-28 微藻营养吸收与生长动力学方程曲线 微藻营养吸收与生长动力学方程定量描述了微藻生长速率及其营养吸收速率随营养盐浓度变化而变化的规律。原方程是$U=U_m[S/(K_s+S)]$，其中U表示微藻每天的特殊生长速率，U_m是微藻最大的特殊生长速率，S是某种营养盐的浓度，K_s是营养吸收动力学常数（也称半饱和常数）。方程式基于下列研究结果得出的：①微藻生长速率在营养盐浓度增加达到一定程度时有饱和现象；②在低浓度下，生长速率与营养盐浓度大约成正比，但浓度增加时其增速会放缓。这些特点在曲线上都有相应的反映。

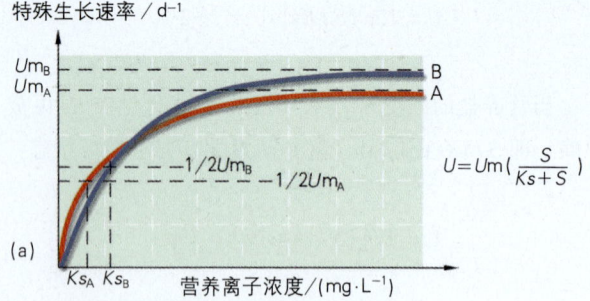

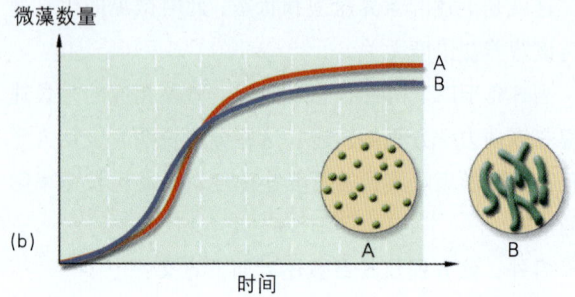

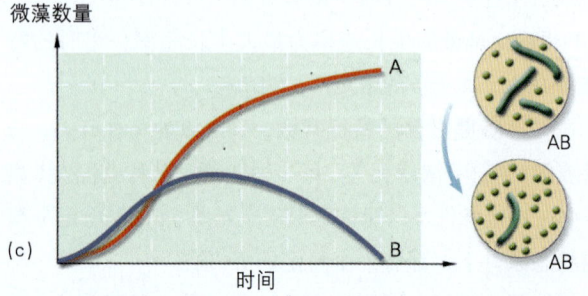

图10-29 两种微藻利用和竞争营养盐生长结果 （a）两种微藻A和B对HPO_4^{2-}的吸收是竞争关系，HPO_4^{2-}营养吸收动力学研究发现，两种微藻具有不同的营养吸收动力学常数值（Ks）。（b）对A、B两种微藻分别培养，它们的生长曲线没有显著区别。（c）把A、B两种藻类混合培养于HPO_4^{2-}浓度略低于Ks_A，却大大低于Ks_B的培养液中，从（a）图可以看出，在这样的HPO_4^{2-}浓度条件下，微藻A对HPO_4^{2-}的吸收能力大于微藻B。在一段时间混合培养后，A的数量不断增多，但B却开始下降。结果说明，由于A对HPO_4^{2-}的吸收效率较高，所以竞争性利用营养盐的结果必将导致A逐渐成为优势种群，而B的数量将越来越少，最终被竞争所淘汰。

捕食也是群落中普遍存在的种群间的一种相互关系。捕食包括动物猎食动物，被捕食者常常被杀死（图10-30），广义的捕食还包括动物吃植物，大多数情况下植物仍然存活并可继续生长。自然界通过种群间的捕食关系，调节着一些种群的数量，捕食者与被捕食者的数量往往存在着相互制约的反馈关系，也促进了捕食者与被捕食者的协同进化。例如，一些被捕食动物体表的伪装色（与环境背景相似的颜色）就是抵御捕食者、提高存活率的一种适应性进化结果。

图10-30 动物的捕食现象 捕食是群落中最普遍的种群间相互关系之一。大多情况下，捕食者和它的猎物属于不同物种。一般，捕食者对食物有特殊的敏感，并能准确认出和定位它的猎物。它们中的大多数具有一些身体条件上的共性：利爪、尖牙、螯刺或毒液。同时，在不断与捕食者的较量和进化中，被捕食的种群也发展出一系列防御机制和方法，以更好地保护自己。

寄生是指一种生物生存于另一种生物的体内或体表并从中获利。寄生的结果可以导致被寄居的一方受害并死亡，也可以受伤害但不至于死亡。寄生于人体的血吸虫、蛔虫和寄生于动植物体内的各种病原菌对于人体的健康和农业、畜牧业等的危害很大。寄生于人体消化道的一些细菌并不对人体造成危害，相反有促进和帮助消化的作用。

共生是另一类种群间互利的相互关系，这种互利的关系被固定以后，如果失去一方，另一方便不能生存，例如地衣就是藻类和真菌的共生体。

群落中物种的相互关系和相互作用还包括互惠、共栖、抗生等多种形式。

生态学家非常重视**生态位**（niche）的概念和研究，所谓生态位是指某种生物在群落和生态系统中的位置和状况，它决定于该生物的形态适应、生理反应和特有的行为。某种生物的基础生态位包括了它生存和生殖的全部最适生存条件，而现实生态位则包括限制该生物生命活动的各种作用力（如竞争、捕食和气候等）。在自然界，当两种生物在同一空间利用同一资源或占有同一环境变量时，就会出现生态位的重叠。这种重叠可以伴随着竞争，也可以不竞争。环境资源量的供求比决定了重叠生态位是否为竞争关系。

四、群落的演替和扰动

地球上各处的环境一直处于不断的变化之中,因此群落是一个动态系统。群落的稳定是相对的,变化则是绝对的,虽然这种变化有时显得非常地缓慢。一块废弃的农田任其自然发展,最初田里会长满各种野草,以后以草本植物为优势的群落便会逐渐被各种灌木所替代,再以后田里出现了乔木,这些乔木越来越繁盛,占据了优势的地位,最后形成了一片相对稳定的森林群落。这样一种群落取代另一种群落的过程称为群落的演替或**生态演替**(ecological succession),演替达到的最终相对稳定状态,就是**顶级群落**(climax)。

从一个没有植被的地表发展到顶级群落需要一定的气候条件。只要气候条件合适,从裸露的岩石最终演变到出现顶级群落通常要经历地衣阶段、苔藓阶段、草本植物阶段、灌木阶段和森林阶段(图10-31)。这一自然发生的完整过程称为**初生演替**(primary succession)。

在初生演替中,地衣是唯一能在岩石上首先定居的植物类群。壳状地衣能够忍受严酷的岩石表面生长条件,它们利用岩石表面的微粒和微量水分进行生长,并借助于自身分泌的有机酸等加速岩石向土壤的分化。当薄薄的一层土壤和腐殖质出现后,壳状地衣就会被叶状地衣和枝状地衣所取代。由于地衣的开拓作用,它们又被称为地表的先锋植物。

通过地衣的逐渐改造作用,岩石进一步风化,腐殖质进一步积累,一层较浅的土壤层形成了。一旦土壤层出现,生长缓慢的地衣便被以孢子进行繁殖的苔藓植物所替代。土壤层进一步加厚,适应于以种子为主要繁殖方式的草本植物的生长。在利用水、土和营养等资源方面,草本植物比苔藓植物更具有竞争力,草本植物大量繁衍和快速地生长逐渐将苔藓植物排除。植被条件的改善为一些动物提供了栖息生存的条件,多年生的草本植物也逐渐出现。到草本植物演替的后期,由于立体向上生长的灌木可更有效地利用太阳光,提高光合作用的效率,于是出现了灌木与草本植物混生的现象,并进一步演替到灌木成为优势群落。它们也为更多的鸟类、爬行类动物提供栖息生活的场所。以后,更高大的树木生长起来后。树冠连成一片,遮住了灌木的光线,森林便成为一个更加稳定的顶级群落(图10-31)。

一个湖泊经过一系列的演替也可发展成为顶级群落。这种完整的初生演替可以包括裸底阶段、沉水植物阶段、浮叶根生植物阶段、挺水植物阶段、湿生草本植物阶段、灌木阶段和森林阶段。

由地震、雷击产生大火、火山喷发、大风、洪水暴

图10-31 群落初生演替经历的地衣阶段、苔藓阶段、草本植物阶段、灌木阶段和森林阶段
(a)地衣是地表的先锋植物,壳状地衣能够利用岩石表面的微粒和微量水分生长。它们借助自身分泌的有机酸等加速岩石向土壤风化,逐渐产生出薄薄一层土壤和腐殖质,此时壳状地衣会逐渐被叶状地衣和枝状地衣所取代。(b)通过地衣长期的改造作用,岩石进一步风化,土壤变厚,出现了较浅的土壤层,同时腐殖质进一步积累。土壤层出现后,生长较慢的地衣被生长、繁殖较快的苔藓植物取代。(c)随着土壤层进一步加厚,由于草本植物在利用资源方面更有竞争力,而且以种子生殖为主要繁殖方式,生长更快速,因而取代了苔藓植物成为优势群落。(d)草本植物演替后期,灌木由于立体向上生长可以更有效地利用阳光,从而出现了灌木与草本植物混生的现象,灌木逐渐成为优势群落。(e)高大乔木生长后,森林成为一个稳定的顶级群落。

发、突然的冰期等各种突发灾难对群落造成的伤害，可以导致区域性物种的死亡、群落的稳定和平衡被破坏，正常的群落演替被中断，这些都属于群落的扰动（disturbance）。经群落扰动后，群落可以再次进行演替，这种演替称为**次生演替**（secondary succession）。

在群落的演替和扰动方面，近年来生态学家越来越重视**生物入侵**的问题，所谓生物入侵是指某种生物从原来的分布区域扩展到一个新的（通常也是遥远的）地区，在新的区域里生存和扩散，并对新地区的环境和生物多样性造成严重的影响或威胁。科学家们特别呼吁，要防止人们有意或无意地从一个地区或国家将某种有害的物种带到另一个地区或国家，由此造成环境或经济的损害。

群落的演替与生物的进化是一个协同的过程，其间穿插着生物多样性的变化。因此，了解和研究群落演替的规律对于维持生态系统的稳定和优化具有重要的意义。

第四节　生态系统

一、生态系统的概念

生态系统是生物学组织体系中最高的层次，它包含了一定区域里的全部生物和土壤、水、空气等所有的物理环境。**生态系统**是生物群落与非生物因子通过能量流动（energy flow）和物质循环相互作用而构成的生态集合体（图10-32）。全球总的生态系统又被定义为**生物圈**。

生态系统的共同特征包括：① 生态系统内部在一定范围和限度下具有自我调节的能力，这种自我调节的能力与生物多样性程度成正比；② 生态系统中的能量流动、物质循环和信息传递体现了生态系统的动力学特征，生态系统内部始终处于运动之中，能量的流动是单向的，物质流动是循环式的；③ 生态系统吸收的太阳能量一般都通过4~5个不同营养等级的生物进行传递；④ 从地球上生物起源到现在，生态系统经历了从简单到复杂的发育阶段。

生态系统的组成成分非常复杂，主要包括生物和非生物两大部分。

生态系统的生物部分包括生产者（producer）、消费者（consumer）和分解者（decomposer）3大类功能类群。由藻类、绿色植物、光合细菌和化能细菌组成的**生产者**是生态系统中有机质的制造者，是生态系统最基本的组成成分。由食草动物、食肉动物、杂食动物、腐食生物组成的**消费者**与生产者一起构成了生态系统的食物链或食物网。细菌、真菌等微生物是生态系统有机质的

图10-32　生态系统模型　生态系统是在一定时空内的生物群落与环境共同构成的复合体，其中的能量流动、物质循环和信息传递及相应地自我调节等将生态系统中的各要素有机地组织在一起。生态系统及其调节与平衡是人类赖以生存的基础。

分解者，它们的存在对于生态系统的物质循环是必不可少的。

生态系统的非生物部分，包括如氧、氮、二氧化碳、水、各种无机盐等在内的无机物，如蛋白质、糖类、脂类、核酸和腐殖质等在内的有机化合物，还包括太阳能、气候、各种基质和介质等。生态系统的非生物部分构成了生命的支持系统（图10-33）。

二、生态系统的营养结构

生态系统中各类生物之间的营养关系决定了能量流动和物质循环的途径，生态学家根据生物的营养来源确定各种生物处于什么样的营养水平（trophic level）。通过处于不同营养水平的生物之间的食物传递形成了一环套一环的链条式关系结构，称为**食物链**（food chain）。陆地生态系统和海洋生态系统都形成了各自的食物链（图10-34）。在食物链基部的一些光合自养生物是生态系统的生产者，它们能够利用太阳能合成有机物作为营养来源。在陆地生态系统中，植物是主要的生产者；具光合作用的原生生物（藻类）和光合细菌是水域生态系统的主要生产者，它们多数是浮游植物（phytoplankton）。在一些浅水环境中，多细胞藻类和一些高等水生植物也是水生生态系统的重要生产者。

所有位于生产者营养水平之上的异养生物都是消费者，它们直接或间接以生产者制造的有机物为食物。那些直接以植物、藻类或光合细菌为食物的食草动物（herbivore）为生态系统的**初级消费者**。许多昆虫、一些爬行动物、部分脊椎动物、草食性哺乳动物和鸟类等属于陆地生态系统中的初级消费者；各种各样以浮游植物为食的浮游动物（zooplankton）和一些草食性鱼类则是水域生态系统的初级消费者。

所有位于初级消费者营养水平之上的生物是肉食性动物，它们以其营养水平之下的动物为食。这些在陆地上的**二级消费者**包括一些小的哺乳动物、啮齿类动物、多种多样的鸟类、两栖类和大型食肉动物。在水生生态系统中的二级消费者则包括一些较小的鱼类，这些小鱼专吃浮游动物和底栖无脊椎动物。更高营养水平的生物称为三级消费者，例如专吃鼠类和其他二级消费者的蛇就属于三级消费者。另外，食蛇的鹰类和海洋中的某些鲸类又属于四级消费者（图10-34）。

图10-34所显示的食物链其实并不完整，因为它没有显示生态系统中另一类非常重要的消费者即分解者。这些称为分解者的消费者主要包括细菌和真菌等微生物，它们通过分解生物死亡后的有机体，从中获得营养和能量。在自然界中，被上一级营养水平的动物吃掉的部分

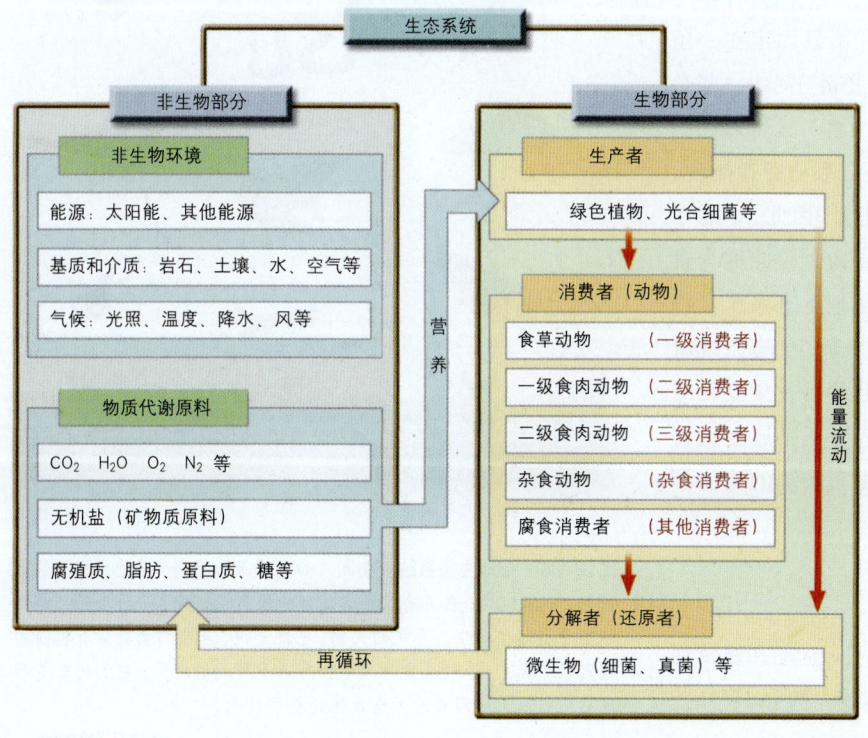

图10-33 生态系统的组成

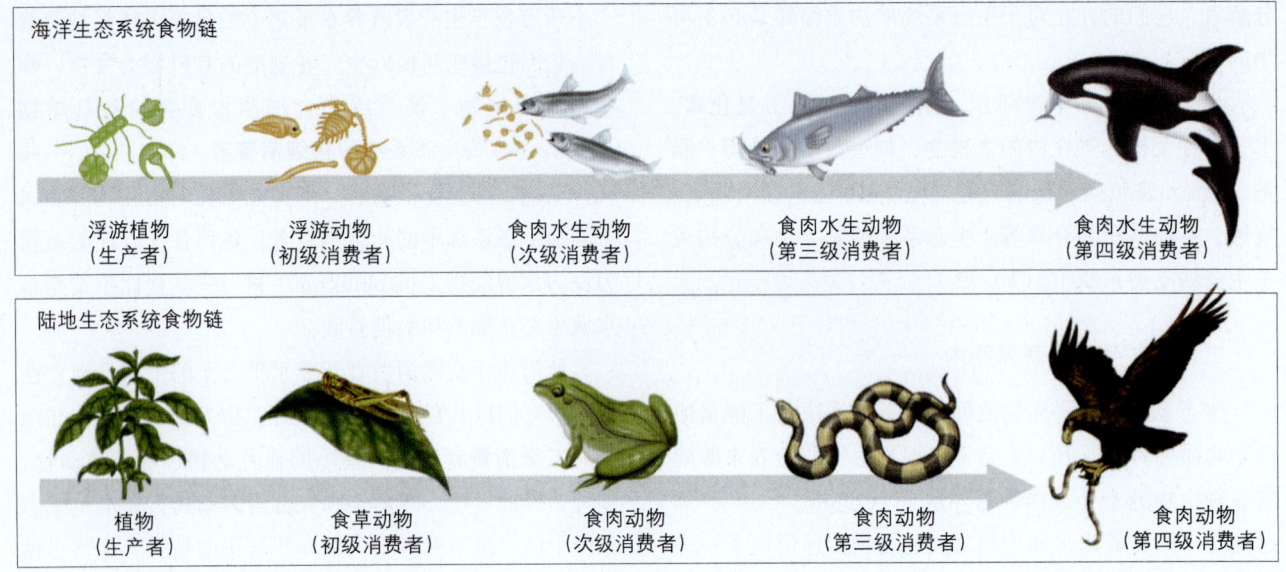

图10-34 陆地和海洋生态系统食物链 一般食物链都由生产者、消费者和分解者三部分组成。其中生产者是以简单的无机物制造食物的自养生物,如陆上的植物与水中的浮游植物。消费者是直接或间接依赖于生产者所制造的有机物质的异养生物。消费者按其在食物链上的位置分为(1)食草动物(一级消费者),如水中的浮游动物和底栖动物、草地上的食草昆虫和哺乳动物;(2)食肉动物(二级消费者),如水中以浮游动物为食的水生动物及陆地上以食草动物为食的捕食性鸟兽;(3)大型食肉动物或顶级食肉动物(三级消费者),如池塘中的黑鱼,草地上的鹰等猛禽。对由生产者和消费者产生的有机体或有机质最终都通过分解者(大都是一些异养细菌或腐生微生物)将它们转化成土壤中的营养物质。食物链还构成了生态系统中能量单向流动的途径。

占其生物量的比例一般都很小,这些动植物大部分在死后被分解者所利用。土壤、湖底和海洋底部大量的微生物在分解有机体、维持生态系统的物质循环方面的作用是任何其他生物所不能替代的。

在生态系统中,一种生物往往并不只固定在一条食物链上,它们可以同时加入几条食物链。例如一些杂食动物(包括人类),既可以以动物为食,又可以以植物为食。草食性动物既可以被狮子等二级消费者捕食,又可以直接被三级或四级消费者所捕食。因此,生态系统中的营养关系实际上是一种网状结构,因此称为**食物网**(food web)。图10-35是一种陆地生态系统食物网的简示图。通常情况下,食物网越复杂,生态系统就越稳定;食物网越简单,生态系统就越容易发生波动或遭受毁灭。生态系统中的各种生物成分正是通过食物网发生直接和间接的联系,维持着生态系统的功能和稳定。

三、生态系统中的能量流动

所有生物的一些活动如代谢、生长、运动和繁殖都需要能量。每天太阳输送到地球的能量大约为 10^{19} kJ。

图10-35 陆地生态系统食物网 如图所示的是一个陆地生态系统食物网。一般地说,在具有复杂食物网的生态系统中,一种生物的消失不至于引起整个生态系统的失调,也就是说,复杂的食物网有较强的稳定性。不过,一般在食物网中会有若干种关键物种,它们的数量和生存方式很大地影响着生态系统的整个结构。

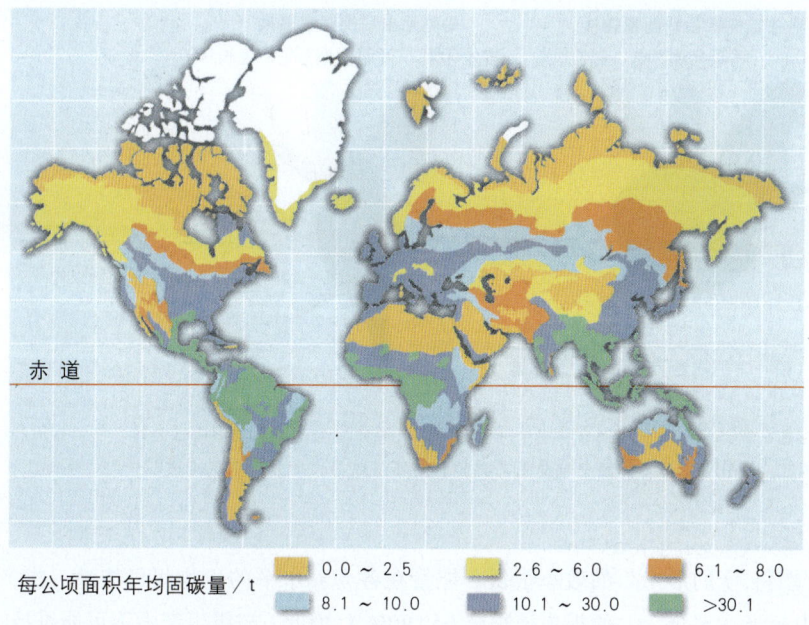

图10-36 **全球各处陆地生态系统净初级生产力分布情况** 地球上藻类、光合细菌和植物等生产者所制造的有机质被称为生态系统的初级生产力。图中所示的净初级生产力是初级生产力扣除植物自身呼吸消耗掉的以后剩下的那部分。各种主要生态系统单位面积净初级生产力从高到低大致为：热带雨林、温带森林、稀树草原、灌丛、温带草原、大洋、荒漠和冰原。

每公顷面积年均固碳量/t　0.0~2.5　2.6~6.0　6.1~8.0　8.1~10.0　10.1~30.0　>30.1

这些能量的绝大部分都被地球表面的大气层所吸收、散射和反射掉了。大约只有1%的能量以可见光的形式被地球上的植物通过光合作用转化成为化学能。从全球范围看，每年全球光合作用已经足以生产出大约1 700亿吨有机质。

生态系统中总的生物有机体物质称为**生物量**（biomass）。地球上藻类、光合细菌和植物等生产者所制造的有机质被称为生态系统的**初级生产力**（primary productivity）。地球上不同地区生态系统的初级生产力不一样，对整个生物圈总生产力的贡献也不一样（图10-36）。生态系统中的初级生产力及生物量作为贮存了化学能的有机"燃料"在食物网被分割和利用，地球上总的初级生产力是一定的，因此，生态系统中的能量分配和利用也是有限度的。

按照热力学第一定律，能量可以由一种形式转化为另一种形式，在转化过程中能量既不能消灭，也不能凭空产生。热力学第一定律也是能量守恒定律，生态系统中的能量流动和转化也是严格遵守着热力学第一定律。输入生态系统中的能量（太阳能）总是和生物有机体贮存、转换的能量和释放的热量相等。被生态系统通过初级生产力所固定的太阳能很大一部分被各营养水平的生物所利用，通过呼吸作用以热的形式散失到空间，这些以热的形式散失的能量不能再回到生态系统参与流动和被利用，因此生态系统中的能量流动是单一方向的（图10-37）。

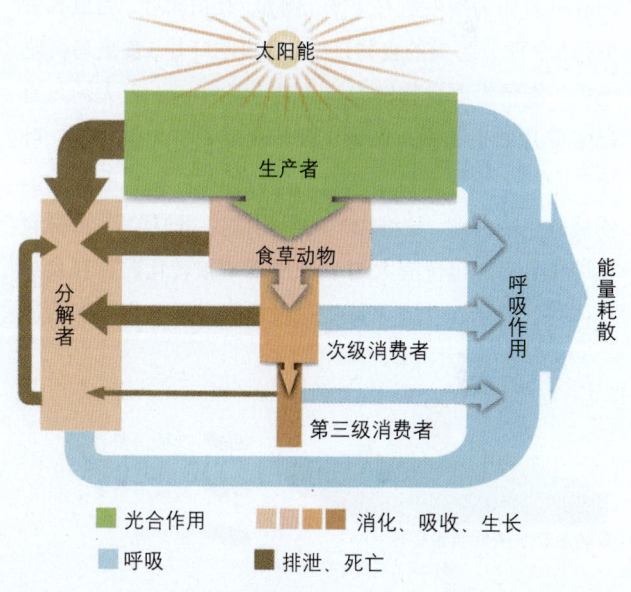

图10-37 **生态系统中的能量流动是单一方向的** 图中的生产者为绿色植物（包括藻类），消费者有食草动物（包括浮游动物）和食肉动物，分解者主要是一些微生物。生产者通过光合作用吸收太阳能，能量以食物的形式在不同营养水平的生物间传递。图中箭头方向为能量流动方向。如图所示，输入生态系统的能量（太阳能）总是通过单一的方向经过食物链，最终等量地以呼吸作用热形式散失到空间中。其中"等量"体现了热力学第一定律即能量转化与守恒定律，而"单一方向"体现了热力学第二定律的要求。简单地说，为了保持生态系统维持熵稳定的平衡状态（熵是体系的一种状态函数，它表征了体系的一种热力学混乱程度，在孤立体系中，熵会自发朝着增大的方向发展），必须把高效能量（光能）转化为低效能量（热能）作为代价。

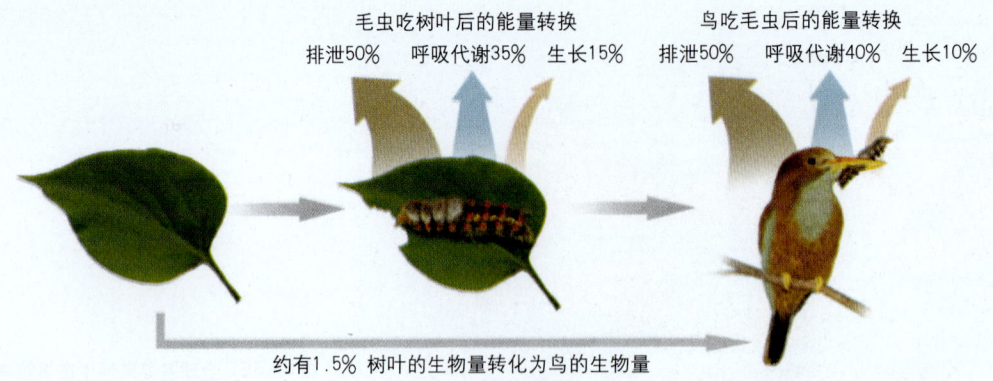

图10-38　能量沿食物链流动　在生态系统中，当能量以食物的形式在不同营养水平间传递时，大部分能量是以热能形式散失的，包括排泄和呼吸作用，而只有少部分转化为新的有机质贮藏于体内。如图所示，食物链中每两级之间的能量转换效率大约只有15%或更少一些。实际上，这种比率也是由热力学第二定律所限制的。

在生态系统中，当能量以食物（有机"燃料"）的形式在不同营养水平的生物间传递时，食物中相当一部分能量通过呼吸作用以热的形式散失，其余被用于合成新的有机质作为潜能贮存下来。例如，在由树叶、毛虫和食虫鸟3个环节组成的食物链中，毛虫吃叶片，食虫鸟再吃毛虫。能量沿着食物链在流动时（图10-38），大约只有15%叶片的生物量（能量）被转化成毛虫的生物量，叶片其余的生物量及能量通过毛虫的细胞呼吸和毛虫排泄物被微生物分解，最终以热的形式散失。同样，毛虫被食虫鸟摄食后，也仅有大约10%的能量被转化贮存在食虫鸟体内。能量在生态系统中各级营养水平生物之间传递的效率很低，能量在各营养水平的生物间每传递一次，便损失掉很多（约90%），因此，初级生产力不可能维持太多的消费者，生态系统吸收的太阳能量一般最多只能通过4~5个不同营养级的生物进行传递。由于通过食物链后能量的逐级损失，食物链中的能量也呈现下宽上窄的金字塔型，称为**能量金字塔**（energy pyramid）（图10-39）。相应地，营养等级越高，归属于这个营养水平的生物种类和数量就越少，如此便形成了食物链由下向上的金字塔构造，被称为**生物量金字塔**（biomass pyramid）。在自然界，海洋浮游藻类、光合细菌和陆生植物位于金字塔的基部，因此生物量最大，位于金字塔上部的各种

图10-39　生物量金字塔和能量金字塔　由于能量在生态系统各营养级中传递效率很低，所以初级生产力大多只能传递4级或5级。而且，随着营养水平的增高，食物链中的能量水平就不断降低，显示出从下向上由宽到窄的金字塔型，称为能量金字塔，如图所示。实际上，类似的还有生物量金字塔，其中每一层标志此营养级所有生物的干重，它通常也是呈下宽上窄的金字塔型的。

异养动物的生物量越来越少。

从能量的角度考虑，生态系统是一个开放系统，不断的能量输入和能量的散失，使该开放系统维持一种稳定的平衡状态。

四、与生命活动相关联的物质循环

生态系统不断地依靠太阳为其提供能量，所有物质在生态系统中不断地被循环利用，随着营养水平等级的提高，能量沿食物链传递时逐级损失和减少，生物量也随之发生变化。在一个生态系统中，诸如碳、氮、磷之类的物质不断地改变形态，有时它们是生物体的一部分，有时是非生物体系的成分。例如，你手指甲里的碳原子可能曾经属于一个苹果，再之前，它可能来源于海洋中的一个HCO_3^-离子。碳、氮、磷和水等许多与生命活动相关联的物质以多种形式——生物的或非生物的形式，原子的、分子的或生物大分子的形式等在自然界中循环，这些物质的循环叫做**生物地球化学循环**（biogeochemical cycle），因为它们既涉入了生物化学系统，又涉入了地球化学系统（图10-40）。

生态系统中所有物质的生物地球化学循环都有一些共同的特点：①碳、氮、磷和水等许多生命活动所必需的物质都有一个非生物库（abiotic reservoir）。例如，在大气中碳原子以CO_2气体的形式贮存于大气中，植物通过光合作用将无机碳同化为有机食物时，就是从这样的"库"中获取碳源。以后通过生态系统生物体的细胞呼吸和微生物的分解作用，存在于各种生物大分子中的碳又会再成为CO_2，回到这个非生物库中，以后可再次循环。②有一些物质虽然与生命活动密切相关，它们其中的一部分也可以完全通过地学过程进行循环，例如水与生命活动具有密切的关系，除了可以进入生物系统外，水还可以通过湖泊与海洋的蒸发和降雨过程在非生命体系的地学过程中进行循环。③有些化学物质需要经过微生物的加工才能被生物所利用，进入生物地球化学循环。例如对于氮元素来说，自然界最大的"氮库"是大气中的N_2，但生物本身不能直接利用大气中的N_2，有些微生物如固氮细菌能够将大气中的N_2固定转变成氨（NH_3）或硝酸态（NO_3^-）的氮，然后才可被植物所吸收和利用以合成生物体的成分。④在生物地球化学循环中，大量土壤中的微生物作为分解者可以将有机体和有机大分子分解成为简单的无机小分子，这些无机小分子可再被生物系统循环使用，微生物对各级营养水平生物有机质的分解作用是生物地球化学循环的关键环节。

图10-40只是概括了一般物质生物地球化学循环的粗略过程，生态系统中不同的物质其循环的途径各不相同，以下我们分别来考察水、碳、氮和磷这4种与生命活动关系最密切物质的生物地球化学循环的概况。

1. 水的循环

生态系统中，所有的生命都与水息息相关。植物光合作用直接以水为原料，生物体的许多代谢反应都以水为介质，生物体内的水解反应需要水的直接参与，水携带着无机物和有机物在生物体内运输，借助于水排出有机废物使生物系统得以更新，生活在水域生态环境中的群落更是离不开水，否则水生群落很快便会解体。

水的循环涉及非生物过程和生物过程（图10-41）。水循环中最大的"水库"是海洋，太阳光使大量的水从海洋、湖泊、河流及地表蒸发，蒸发到大气中的水汽83%来自海洋，水汽冷却成为降雨，仅有75%的雨水降落在海面上，水汽从海洋移向陆地，陆地的降雨量大于其水的蒸发量。陆地上水除了被生物利用以外，多余的水通

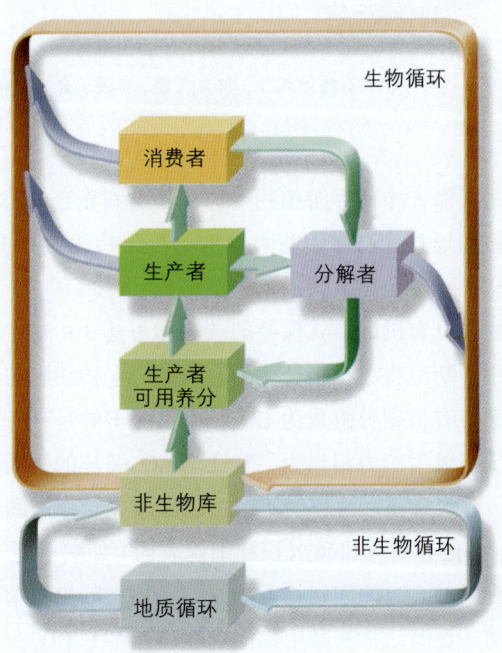

图10-40 生物地球化学循环示意图 生态系统中的物质循环与能量流动是两个基本过程，能量流动是单向的，而物质却是循环式的流动。生物圈的物质融入了整个大自然的物质循环中，所以称为生物地球化学循环。图中表示出了生物地球化学循环的主要流动方式和过程。

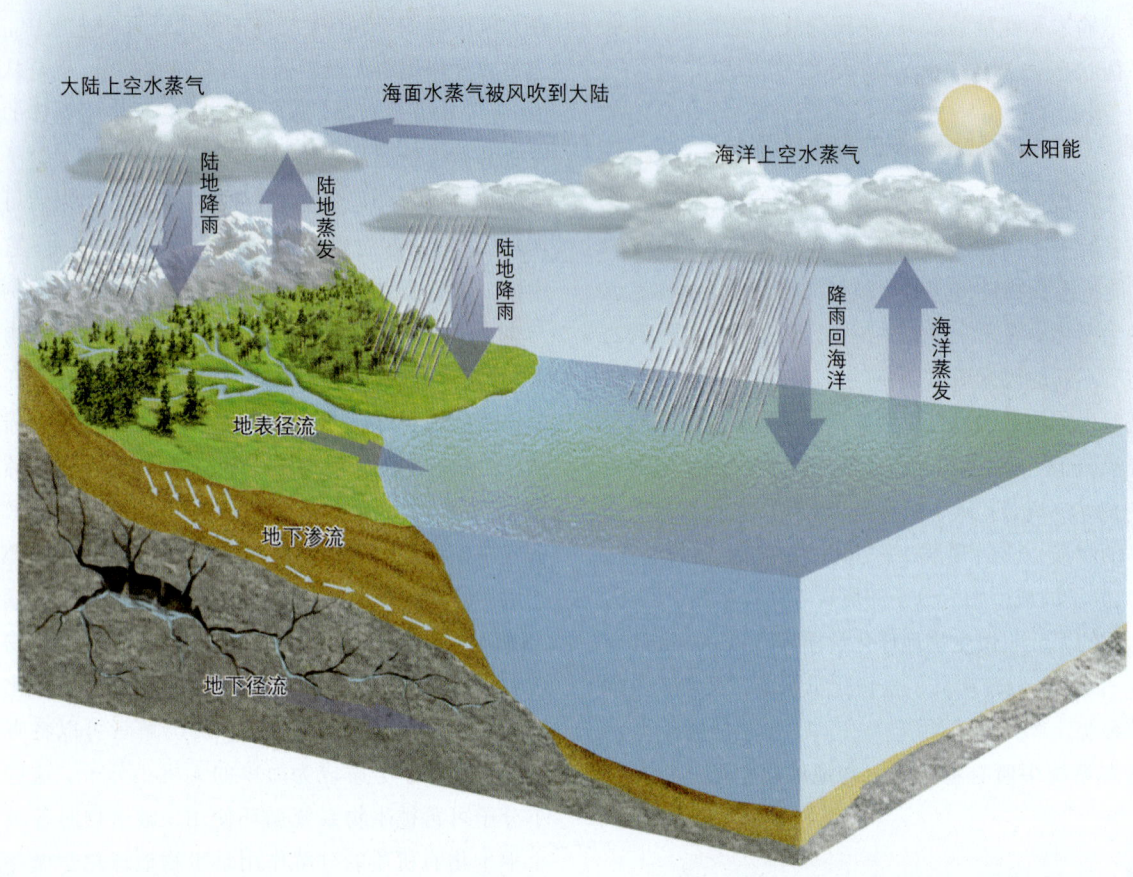

图 10-41 自然界水的循环 水循环的过程通过降水、地表径流、入渗、地下径流、蒸发、植物蒸腾等环节,把大气圈、水圈、岩石圈和生物圈联系起来,并在其间进行能量交换。

过河流回归大海。绝大部分的植物通过土壤吸取水分,通过叶片上的气孔将很大一部分吸取的水分蒸腾出去。夏季白天里,一棵枫树平均每小时蒸腾排出的水量可达200多升。动物通过饮水、吃植物和其他动物来补充水分,通过排泄和体表蒸发,排出水分。从陆地上看,凡是水的循环越活跃的地方,生命的活动就越活跃,热带雨林就是一个很好的例证。

2. 碳循环

碳循环在生态系统物质循环中具有特殊重要的作用,因为碳是所有有机分子的骨架,是最基本的生命元素。地球上碳的分布非常广泛,最活跃地参与生物地球化学循环的碳的形式是存在于大气中的 CO_2 和存在于海洋中的 HCO_3^-,其总量分别达到 6.4×10^{12} t 和 3×10^{14} t。沉积在海洋和湖泊底部的碳酸盐逐渐形成沉积岩,其所贮存的不活跃的碳达到 1.8×10^{18} t。

每年海洋中的浮游植物(包括藻类和光合细菌)和陆生植物通过光合作用将大量的无机碳转化为有机碳,这些有机碳在全球范围的食物网中流动(图10-42),全球生物体以有机碳形式保持的碳含量可达 3×10^{13} t。光合作用不断地将无机碳转变为有机碳,生物细胞的呼吸作用又将有机碳分解成为 CO_2。值得提出的是,海洋生态系统初级生产力相当大,对全球 CO_2 循环的作用举足轻重。有些海洋浮游植物不但可以通过光合作用固定无机碳,还能够将无机碳沉积在细胞表面(如颗石藻),因此具有两种 CO_2 的固定途径。浮游植物、陆生植物;食草动物、食肉动物和微生物的呼吸作用都是 CO_2 产生的源泉。

动植物死亡后除了一部分被微生物氧化分解外,另一部分沉积在海洋和湖泊底部的生物体如果被快速埋藏,在缺氧的还原条件下经过地质演化作用可以转变成为石

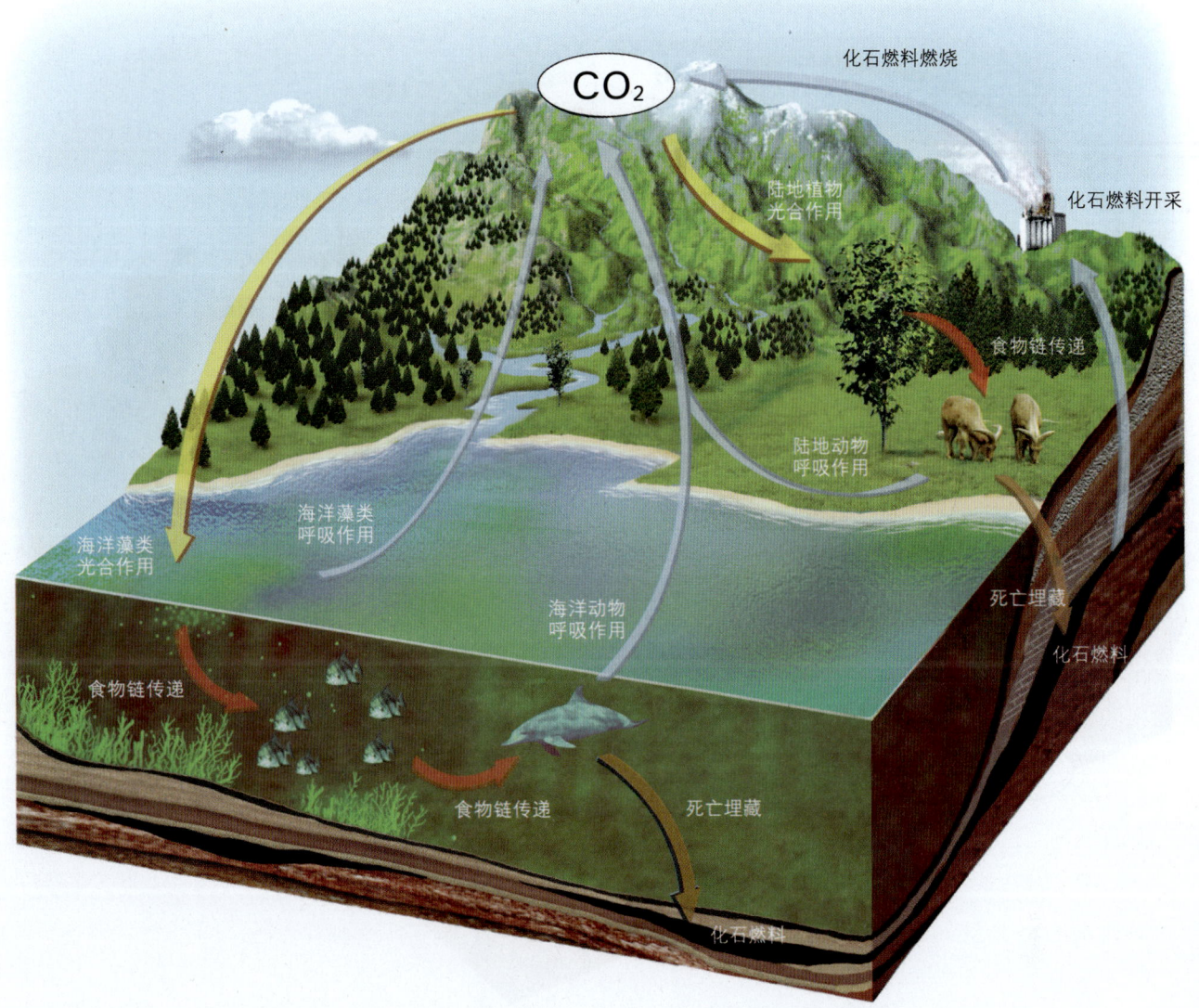

图10-42 碳循环 碳在无机环境中以二氧化碳或碳酸盐的形式存在,其在无机环境与生物群落之间是以二氧化碳的形式进行循环的:二氧化碳通过生产者的光合作用合成为有机物,一些海洋浮游植物还能将无机碳沉积在细胞表面来固碳。生物群落中的碳又通过生物的呼吸作用和微生物的分解作用以二氧化碳的形式返回到大气中。还有一部分生物死亡后快速被埋藏,经过复杂的地质演化转变为煤、石油、天然气等化石燃料贮存在地层中。

油、天然气和煤炭等化石燃料。人类对这些化石燃料的开发利用,又将它们转变成 CO_2 释放到大气中。这些化石燃料的过度开发利用,极大地增加了大气中的 CO_2 含量,引发了地球的"温室效应",对全球的生态平衡造成了巨大的伤害。

3. 氮循环

氮是蛋白质和核酸不可缺少的组成成分,对生物体的组成、代谢和遗传具有特殊重要的作用。N_2 在大气中的含量最高,我们呼吸的空气中78%为 N_2。可惜这些 N_2 不能直接被绝大多数的生命系统所利用。氮是不活泼元素,以三个共价键结合形成的 N_2 化学结构非常稳定,打破这些化学键需要输入很大的能量,这是它们难以被直接应用的重要原因。许多植物只能以 NH_4^+ 或 NO_3^- 为氮源,这些氨态氮(NH_4^+)和硝态氮(NO_3^-)在植物体中被转变成含氮有机物。自然界中有些微生物如固氮细菌能够将大气中的 N_2 固定转变成氨态或硝酸态的氮,经过这样的处理和加工,便可直接被植物所吸收和利用来合成生物体的成分。但总体来说,自然界可以被生物直接

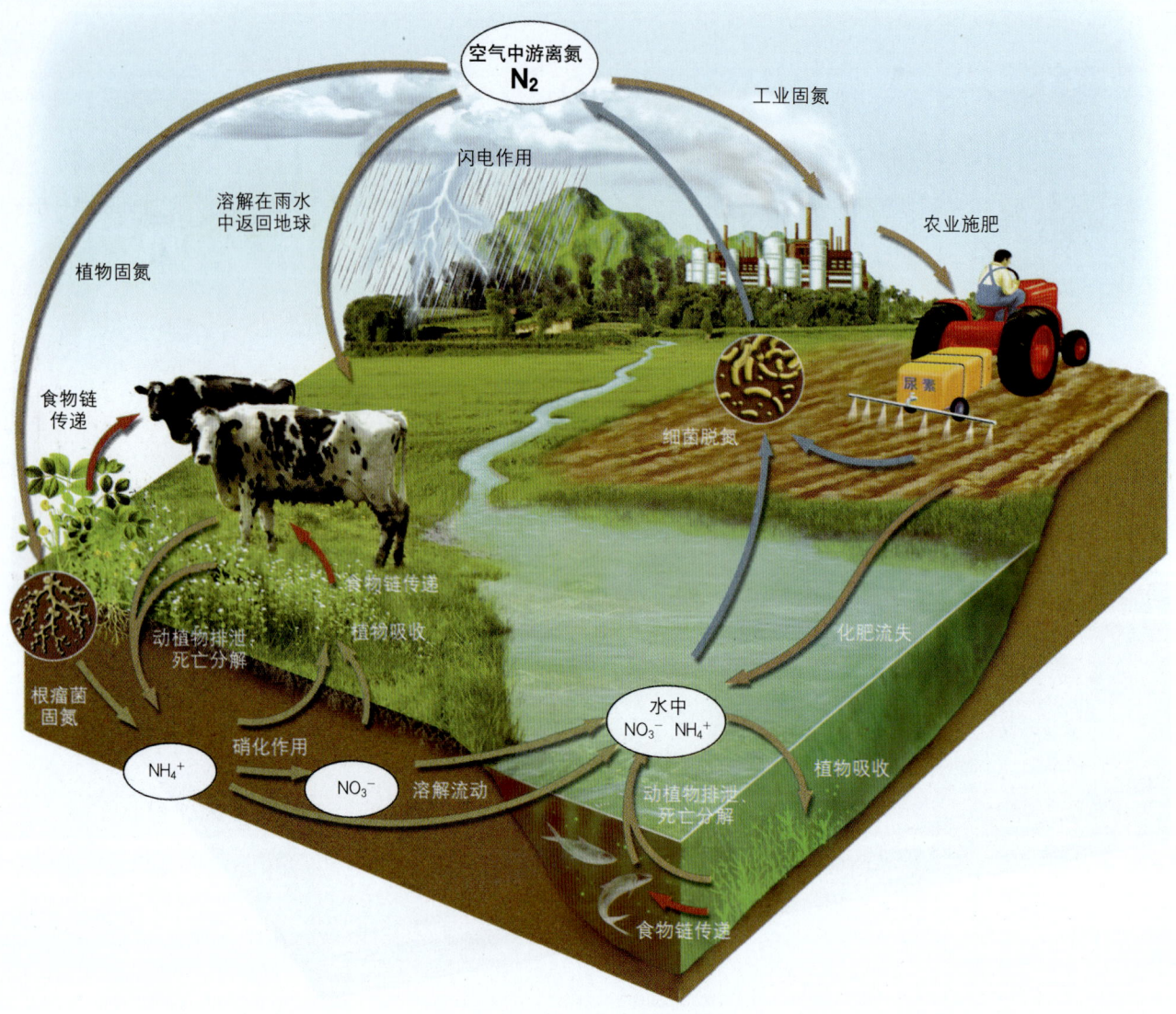

图 10-43 氮循环 氮是蛋白质和核酸必不可少的组成成分,对生物体的组成、代谢和遗传有着重要意义。自然界中的游离态氮只有通过固氮菌等生物的固氮作用、闪电中的固氮作用或人工手段转化为氨态氮或硝酸态氮后才能被大部分植物所利用,进入生物圈。由于自然界可以被生物利用的氮十分短缺,人类在农业中不得不消耗大量能量用于合成氮肥。生物体死亡后被微生物分解,从而使得氮元素回到无机环境中。

利用并达到一定浓度的氮仍然是短缺的,因此人们不得不在化肥厂消耗大量的能量来合成氮肥以弥补农业中可利用氮的短缺。异养的消费者(动物)和分解者(微生物)都是通过从其他动植物的组织来获得它们所需要氮。各类生物通过体内的呼吸与氧化作用来分解蛋白质等,使之转变成氨、尿素或尿酸再排出体外。这些又可以再次被植物所吸收利用(图10-43)。

那些可利用的氨态和硝酸态氮在生物地球化学循环中很容易被稀释,如 NH_3 在大气中挥发,溶于水中的硝酸盐被大雨从土壤中带入河流进入湖泊和海洋。有一些细菌也能将硝酸盐转变成 N_2。另一方面,自然界的闪电具有将 N_2 转变成 NH_3 的作用,雨水再把这些 NH_3 带到地面,或多或少地弥补了可利用氮的损失。

4. 磷循环

在 DNA、RNA、ATP 和其他高能有机分子中,磷是不可缺少的成分,构成细胞膜的磷脂也需要磷的参与。与碳和氮相比,生命只需要很少量的磷,但这种物质可利用的形式却非常少,植物一般只利用 $H_2PO_4^-$ 形式的磷。植物的含磷量大约只占植物体的3%，这些少量的磷却要从更低含量（一般仅占土壤的$3×10^{-6}$%）的土壤中获得。

在陆地生态系统中，含磷有机化合物被细菌分解成为磷酸盐，进入土壤后重新再被植物所利用，另一些被微生物等分解者直接利用，成为微生物的一部分，还有一些被分解成的磷酸盐随水流进入湖泊或海洋，以钙盐的形式长期沉积下来。陆地的异养动物主要依靠摄食植物和其他动物获得其所需要的磷（图10-44）。在水生生态系统中，浮游植物吸收无机磷的效率很高，浮游动物和其他水生动物靠所摄食的浮游植物获取磷。一些磷从陆地生态系统被雨水冲入海洋沉积后，很难回到陆地生态系统再被循环使用。只有沉积为矿物的磷酸盐露出水面，经过风化作用才可能再被植物吸收而循环利用。海洋动物被捕食也能使一部分磷返回陆地。海鸟的粪便含有大量的磷，磷虾、甲壳类等海洋生物在磷的循环中也起了重要的作用。

生态系统对磷特别敏感，轻微增加土壤或水环境中磷的浓度可能刺激生物快速地增长。例如人类的活动使排入湖泊的含磷肥料和含磷洗涤剂增加，过量的磷造成浮游藻类大量繁殖成水华，使湖泊水体受到严重的有机污染。

还有许多元素和物质与生命活动密切相关，它们的生物地球化学循环不在此一一介绍。另外，人类活动对物质循环的影响越来越大，下一节将涉及这方面的问题。

图10-44 磷的循环 生物对磷的需求量较小，磷可被生物利用的形式也很少，一般只有磷酸二氢盐可以被植物利用。生态系统对磷十分敏感，环境中磷浓度的增加可能会刺激生物快速生长，例如浮游植物对无机磷的利用效率很高，近年来人类活动使得排入水体的含磷肥料和洗涤剂增加，造成浮游藻类的大量繁殖形成赤潮（海洋生态系统）和水华（湖泊生态系统），使水体受到严重有机污染。磷在自然界中的循环是典型的沉淀型循环。这种循环主要有两种存在相：岩石相和溶解相相。岩石相主要指含磷岩石，它们通过风化变为可溶性磷酸盐，后者可直接被生物所利用。在经过食物链传递后，又以磷酸盐形式回到土壤中。然而，如图所示，这些可溶性磷酸盐中有不少被江河带入海洋，并沉积在海底。只有通过造山运动或海洋动物，这些磷才得以回到地面。

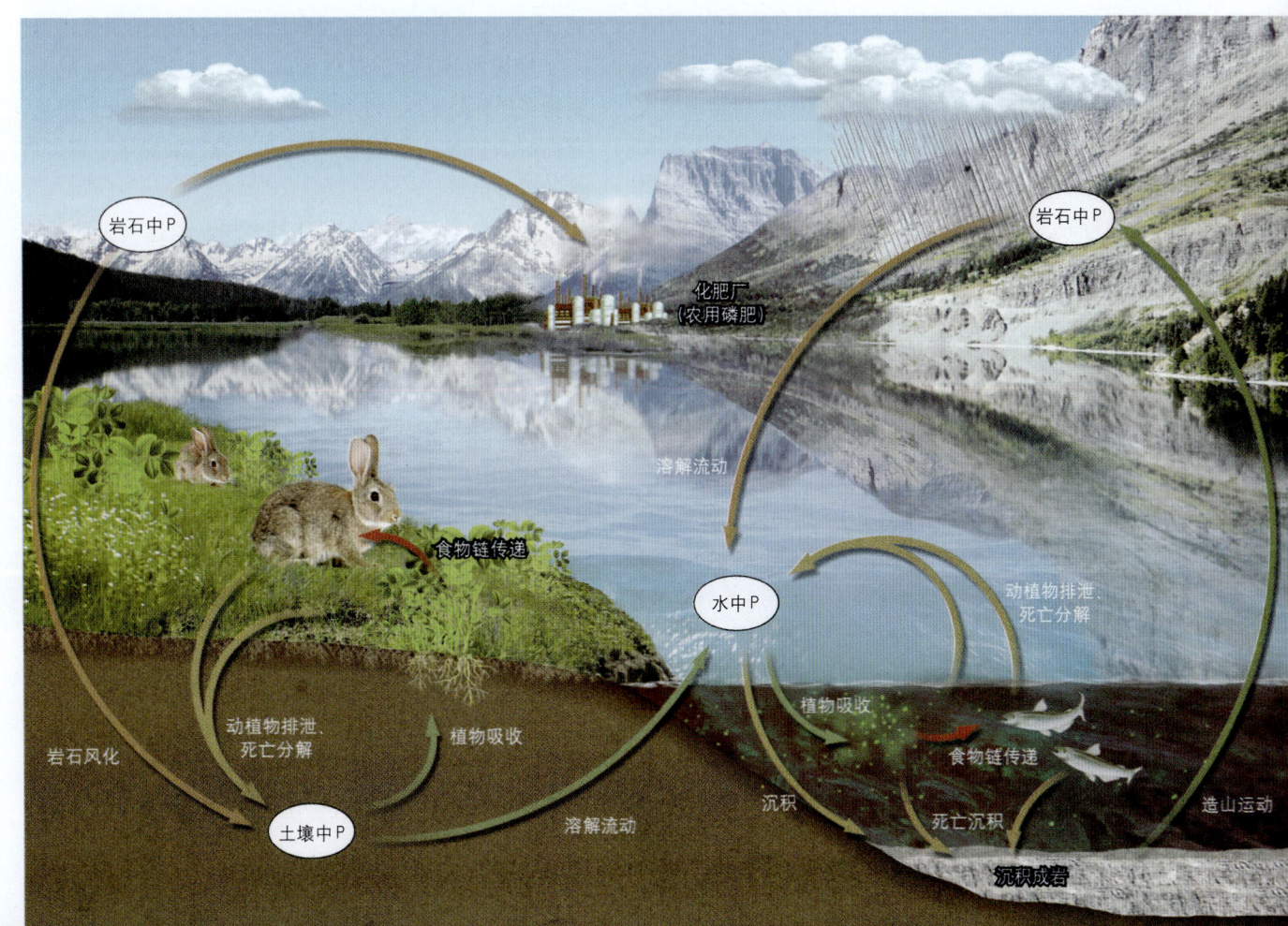

第五节 生物多样性、人口、资源与可持续发展

生物多样性、人口、资源和环境是全球生态系统中相互制约、相互作用的最基本因素，探讨它们之间相互作用规律并分析对人类未来的影响，不但对于人类本身明智地选择可持续发展战略具有重要的价值，而且对于维持整个生态系统的平衡，维护生物多样性等方面具有积极的意义。

一、生物多样性及其意义

生物多样性反映了地球上包括植物、动物、微生物等在内的一切生命都有各不相同的特征及生存环境，它们相互间存在着错综复杂的关系。生物多样性，一个简单的词语，描述了一个真实和精彩的大自然。它制造氧气，让我们能够自由呼吸；它提供食品，让我们的生命得以延续；它提供能源（煤炭和石油都来源于古代的生物）和各种资源，让我们的生活有了物质保障。

生物多样性包括以下 3 方面的内容：

（1）物种多样性　地球上的生命是多种多样、丰富多彩的：从非常小的一个病毒到重达 150 t 的鲸；从行动缓慢的蜗牛到每小时能奔跑 90 km 的猎豹；植物借助于风、水和动物的迁移把自己的后代送向远方；仅节肢动物门下的昆虫就有 100 多万种之多，大自然中每一样物种都是独特的，从而构成物种多样性（图 10-45）。物种多样性是用一定空间范围物种数量的分布频率来衡量的，这个范围通常还可以包括整个地球的空间范围。

（2）遗传多样性　世界上所有生命既能保持自己种的繁衍，又能使每一个个体都表现出差别，这要归功于其体内遗传密码的作用和基因表达的差别。遗传的多样性指同一个物种内基因型的多样性，是衡量一个种内变异性的概念。在组成生命的细胞中，DNA 是遗传物质，由 4 种碱基在 DNA 长链上不同的排列组合，决定了基因及遗传的多样性。在人类 DNA 长链上就有约 3 万个基因，它记录了我们祖先的密码（图 10-46）。大自然用了几十亿年的时间，建造起如此浩繁、精致和复杂的基因库，任何一个物种的绝灭，都会带走它独特的基因，令我们永远地遗憾。

（3）生态系统多样性　地球表面，到处都是生机勃

图 10-45　**显示物种多样性的代表**　生物物种的多样性是地球的宝贵财富，世界上到底有多少物种，还没有人能做出精确的估计。例如，目前已有记录的昆虫为 75 万多种，有人估计地球上昆虫总数应超过 100 多万种。图中显示的形形色色的飞蛾属于昆虫类动物，由此可见物种多样性一斑。

勃的生命。为适应在不同环境下生存，各种生物与环境又构成了不同的生态系统，这就是生命的家园。在不同的生态系统中，各种生命通过极其复杂的食物网来获取和传递能量，同时完成物质的循环。生态系统的结构、功能、平衡及调节机制千差万别是生物多样性的重要内容。

维护地球生命的过程是由多样性的生命来完成的。生物多样性是地球上生物经过几十亿年发展进化的结果，它们的未知潜力为人类的生存和持续发展显示了不可估量的美好前景。

历史的发展可能会越来越多地显示这一天的重要性，1992 年 6 月，包括中国领导人在内的 150 多个国家的首脑云集巴西里约热内卢联合国环境与发展大会，签署了全球的《生物多样性公约》。同年 11 月，中国七届人大 28 次会议审议批准了该公约，中国成为率先加入《生物多样性公约》的国家之一。该公约 1993 年 12 月正式生效。中国积极参与国际社会的生物多样性保护行动，中国政府又相继签署了《湿地公约》、《濒危野生动植物国际贸易公约》、《联合国防治荒漠化公约》等国际公约。

由于人口的急剧增长，人类对生物资源不合理的利用使自然环境遭到严重破坏，生物多样性正在以前所未有的速度被破坏。

人类无节制侵占并毁坏了大量原本属于野生动植物的家园，大量向自然界排放有毒废水、废气和废渣。据估计目前全球每分钟损失耕地 40 hm²，损失森林 21 hm²，

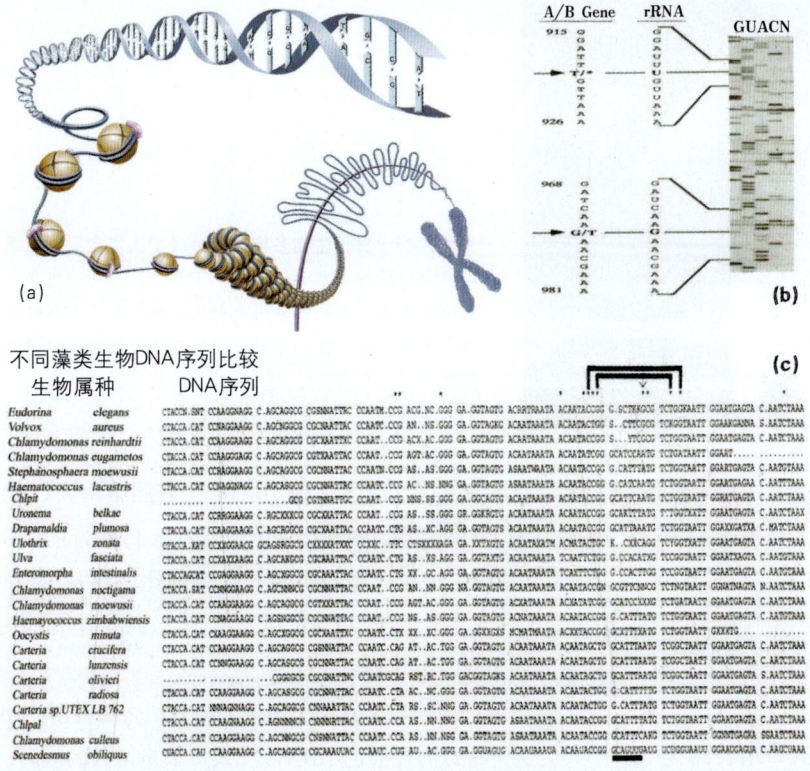

图10-46 4种碱基在DNA长链上不同的排列组合决定了基因及生命的多样性 （a）由DNA双螺旋长链组成染色体的示意图。（b）DNA序列测定的电泳分析图。（c）几种不同生物部分同源片段DNA序列比较。

11 hm² 良田被沙漠化，向江河湖海排放污水85万 t；另有300个婴儿出生；有28人死于环境污染。近400年里，已记录到有484万种动物灭绝，而实际上物种灭绝的速度远远超过了记录到的数字；随着世界人口的爆炸，经济的发展，物种灭绝的速度还要加快。专家预计：从1990年到2015年，世界上将有60万到240万种生物灭绝！在美国举行的1999年国际植物学大会上，动物学家和植物学家指出，人类活动破坏了地球将近一半的陆地，正导致自然界的动植物加速走向灭绝，如果这种情况持续下去，估计21世纪后半叶，将有1/3至2/3的物种从地球上消失。

科学家从对古化石的研究中发现，地球在过去曾经历"五大绝种潮"，其中一次发生在6 500万年前，庞大的恐龙（dinosaur）就是当中的受害者。人类现正处于第六次绝种潮边缘。鸟类化石专家把地球上数次出现的绝种潮分成5次，每次时段从100万年至1 000万年不等。最大规模的一次绝种潮发生在大约2亿5 000万年前，有77%～96%的物种被淘汰。而且，从种种迹象看来，动植物绝种的速度将会加快。国际保护自然联盟1996年发表的濒危物种"红色警报名单"显示，世界现存的大约4 500种哺乳动物中，面临绝种的已占24%，而现存的约9 500种鸟类中，有20%即将灭绝。在已知的大约100 000种木本植物中，濒临绝种的物种约占6%，其中有1 000种左右危在旦夕。

一个基因可能关系到一种生物的兴衰，一个物种可能影响一个国家的经济命脉，一个生态系统可能改变一个地区的面貌。在人类还没有来得及开发应用时众多物种便如此大量和快速地灭绝了，从此，我们不知道，而且将来永远也不可能知道这些已经灭绝物种的宝贵价值。例如某种灭绝的生物可能提供特效抗癌药物或治疗艾滋病（AIDS）的特效成分等等。设想一下，假如水稻、小麦、棉花、大豆等物种在人类利用它们之前便灭绝了，如今的人类将是何等的悲哀。更可悲的是，人类可能还不知道其悲哀，因为人类可能正以其他价值较低的物种或以更高的代价来生产食物而沾沾自喜。

全球生物多样性正在迅速丧失，这不仅意味着我们正失去大量以后可利用的资源；更重要的是，那将最终导致我们人类自己，也像其他生物一样，从这个星球上消失！从这个意义上说，保护生物多样性就是保护人类自己（图10-47）！

二、人口增长与生态环境的人口承载容量

地球上各物种之间保持好相应恰当的数量比例是保持好生物多样性的重要条件。人作为地球村生命的成员，

图10-47 保护生物多样性就是保护人类自己 人类与其他生物的关系就好像是：下雨了，人用一把小伞为它们遮雨，而它们却用大伞保护着人类。人类只有保护好生物多样性，才能走向光明的未来。这一幅卡通漫画并非夸张，它说明，保护生物多样性，就是保护人类自己。

其增长和总量就必须要限制在一定的范围内。1999年，世界人口突破了60亿大关。现在全世界的人口增长率为1.7%，如果人口的增长继续按照现在这样的速率进行下去，到2050年，地球人口将达到100多亿（图10-48a）。

中国是全世界人口最多的国家。从1800年到2000年间，中国人口增长总体上是按指数增长模型进行的，中国人口的增长曲线（图10-48b）与世界人口增长曲线非常相似（图10-17）。1762年清朝乾隆年间，中国人口为2亿，占当时世界人口的26.6%。1950年，中国人口占全世界人口的24.12%。近30多年来，由于中国政府实施了成功的人口政策，到1999年世界人口总量突破60亿大关时，中国人口占全世界人口总量的比例已经下降到20.83%，自1950年以来的50年间，平均每年下降0.07%。如此发展下去，人口的指数增长形式将逐渐转变成为逻辑斯蒂增长模型（图10-14），按照中国人口战略的第一个目标，到2030年，将争取实现人口数量的"零增长"，那时，中国人口占世界总人口的比例将从1999年的20.83%下降到18.82%。尽管如此，到2030年，中国人口还是会达到15亿左右。

自然界的生态规律适用于地球上的一切生物种群，对于人类这一特殊的种群也不例外。在人口数量增长的同时，其外部和内部抑制人口快速增长的作用力也越来越大，阻碍人口按指数形式增长。从外部来看，随着人口的快速增加，可使用的资源越来越少，人类的生存空间越来越小，环境中的诸多生态因素产生了积累式、渐进式的恶化，最终对人类的生存形成严重的威胁。由这些威胁所引发的饥荒、疾病和瘟疫、争夺资源的战争等等都将阻碍人口数量的增加。从内部分析，人类为了维持高水平的生活，自觉认识

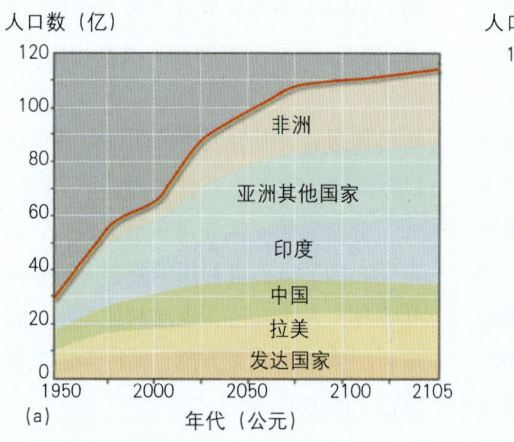
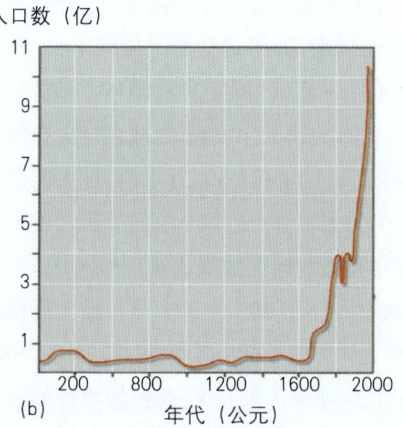

图10-48 世界和中国人口增长的统计 （a）世界总人口的发展。（b）公元200—2000年中国人口变化。可预测的世界人口未来百年的发展中，发达国家的人口基本呈零增长甚至负增长，人口增长较快的主要是亚非拉等经济不发达地区。对于这些经济不发达国家，尤其是一些农业不发达，长期粮食短缺的国家来说，如何养活不断增长的人口将是一个严峻的问题。由于中国近年来所采取的积极的人口政策，中国的人口将会在2030年之后进入零增长阶段，中国的努力为解决世界人口危机做出了巨大贡献。

到需要进行自律和自控,自觉认识到维持生态平衡的重要性,从外部和内部抑制人口快速增长会导致人口增长从指数增长形式向逻辑斯蒂增长模型的转换。

究竟地球能够承载多少人口,根据什么来估算地球生态环境的人口承载容量呢?目前可以被接受的依据是净初级生产力(net primary productivity, NPP),即根据全球光合作用产物供给人类活动的比率来衡量地球生态环境的人口承载容量。全球绿色植物(包括藻类和光合细菌)通过光合作用所固定的太阳能减去这些绿色植物本身所消耗的太阳能(如呼吸作用、产热等),其差值就是NPP,它实际上是支持包括人类在内的一切异养生物生存的生物化学能量。有些科学家估计,全球陆地表面每年的NPP中,有40%为人类活动所利用,其余60%被其他动物和微生物所消耗或者被埋藏封闭起来。不同学者根据不同统计资料推断,地球陆地表面可以供养80亿到150亿人口,也有人认为地球还可以供养更多的人口。但所有的学者都承认,地球上的自然资源对于人口的供养是有限的,人口数量不加以自觉限制,人类将无法维持生存安全和文明延续,人类最终将受到自然规律和生态规律的惩罚。

三、资源压力及生态环境面临的严重问题

由于人口与其他生物种群不成比例的超速增长已经使人类这一特殊的种群在生态系统中达到了一种超级水平,形成了对地球资源的巨大压力,对整个地球环境和生态系统演化趋势产生了最根本的影响。

土地资源压力 土地资源应包括耕地面积、土地生产力、粮食供应和食品安全等方面。地球表面陆地的面积仅为30%,陆地上的山地、沙漠、冻土等非可耕地又占绝大部分。联合国粮农组织的有关报告显示,全球用于粮食生产的耕地在1981年为7.32亿hm²,是历史最高记录,到1996年只有6.96亿hm²。从1950年到1996年,全球人口由25亿增加到58亿,而人均粮食作物面积则减少了一半。耕地面积的减少仅是问题的一个方面,土地生产力的下降更加剧了问题的严重性。由气候和人类活动在内的种种因素造成的干旱、半干旱和土地退化导致了土地荒漠化,由于人为因素(包括砍伐森林、破坏植被、粗放垦殖等)导致了水土流失,由于乱垦滥灌、滥用化肥和农药造成土壤盐碱化以及人类垃圾污染等造成土壤变质等等都降低了土地生产力。

图 10-49 饥饿的非洲儿童 人口的过度增长造成了可耕地面积减少和土地生产力降低,这些因素使得全球粮食供应大大不足。2000年,地球上人有5 000多万人受着饥荒的威胁,4.86亿人不能达到最低营养水平,7亿多人营养不良。如果人口的发展势头再不加控制,可以想象又将有多少孩子像图中的非洲儿童那样生活于食不果腹的悲惨世界。

人口增加、可耕地面积减少和土地生产力降低的结果必然是粮食供应不足。如今全球有5 000多万人正在遭受饥荒,7亿人因长期贫困而营养不良,发展中国家每年有1 400~1 500万名5岁以下的儿童死于贫困、营养不良和饥饿相关的疾病(图10-49)。

在20世纪60年代兴起的绿色革命,是发展中国家仿效发达国家增加粮食生产的尝试,其核心措施是通过密植推广能比以前增产10倍的水稻和小麦品种。但是绿色革命的"神奇作物"严重地依赖于以化石能源为基础的化肥和灌溉,日益增长的粮食"部分是由石油做成的"。尽管绿色革命在一些地区提高了粮食产量,但整个世界总产量增长却很少,而且它减少了农作物的多样性。例如,一些原有的可以在一些地区良好生长而不需用大量灌溉和施化肥的小麦品种已经丢失。

水资源压力 水是生命之源,是农业和工业生产的基本条件。虽然地球表面70%是水,但其中98%是咸水,在2%的淡水中,又有88%被冻结在南极和北极的冰雪中,因此可被人类直接利用的水量是相当少的。全世界人均每天需要消费水量8 000 L,其中生活用水约占10%,农业用水约占65%,工业用水约占25%。由于人口急剧增加,而淡水资源量不变,水资源危机会越来越严重。由于管理不善导致水资源的浪费和工业废水、生活废水和农业废水的大量排放使水质恶化,更加剧了水资源的短缺。中国属于贫水国家,全国年平均降水量648 mm,低

于全球平均值（834 mm），尤其是中国西北部地区大范围严重缺水，严重制约了这些地区的经济和社会的发展（图10-50）。

能源危机　人类活动所需要的能源大多数来自化石能源——煤、石油和天然气。这些化石燃料的能量来自至少6500万年前（石炭纪以前）的古生物固定的太阳能。虽然专家对于化石能源还能持续多久的问题有分歧，但每个人都意识到能量供应总归是有限的，所有化石燃料消耗完的那一天迟早会来到。

现代农业的生产不仅依靠阳光，而且依靠化肥，这些化肥是用化石燃料生产的。一个"石油农业"的产量是自然生态下的10倍。在我们身体内消费的能量之外，我们还消耗100～1000倍的能量用于工业、交通、取暖、照明和其他活动，即一个城市居民消耗的能量是他所需食物能量的100～1000倍。这部分能量用来建造房屋、公路、大坝、桥梁、机场以及保证经济运转的大多数商品和服务。能源消耗越多，经济越发达；经济越发达，人们所消费的能源就更多。在过去的50年里，世界能源消耗增加了近10倍，这些能源消耗中，近一半是石油。专家估计，到21世纪中叶，全球的石油危机将达到极限。

森林资源减少　森林是地球的肺，森林有调节气候、涵养水分、保持水土、防风固沙、防治污染、净化空气、改善环境和保护物种等多方面的功能。自从地球上出现了人类这一特殊的种群，全球的森林面积已经由原来的76亿 hm² 减少到1995年的26亿 hm²，减少了2/3。目前森林的消失还在加速，按照目前的毁林速度计算，亚洲森林在36年后将完全消失，世界最大的南美洲亚马逊森林9%已遭到砍伐，现在平均每5秒钟就有相当于一个足球场大小的一块森林在消失。与森林资源减少同步，全世界的草原沙化、退化也十分严重。森林是生态系统的主体，森林消失势必造成水土流失、气候异常、空气浑浊、草场沙化、沙尘暴和旱涝灾害频发。如果情况得不到有效地改善，人类将面临毁灭的灾难。"当人类砍伐地球上第一棵树的时候，人类的文明便开始了，当人类砍伐完地球上最后一片森林的时候，人类的文明便宣告结束。"

环境污染加剧　人口过度增长的后果之一是生态环境的污染，其中大气污染和水质污染表现得最为突出。大气污染物现有180多种，可吸入颗粒物（粉尘）、二氧化碳、二氧化硫、一氧化碳、一氧化氮、二氧化氮等排放量大，对人类生存环境危害最严重。目前，全世界每年排入大气层的污染物高达10亿 t，其中大部分为工业废气、汽车尾气和其他人类活动所产生的废气。由于空气污染，污染严重地区的人们呼吸困难，多种疾病频发，原本湛蓝的天空变成灰蒙蒙的一片。

化石燃料大多数是碳氢化合物，燃烧后的主要产物是水和二氧化碳。用煤炭和石油来获取能量便直接增加了大气层的CO_2含量。工业革命前全球空气中平均的CO_2浓度为2.7×10^{-4}，到1983年，CO_2的平均浓度是3.75×10^{-4}，比1850年上升了35%。科学家预测，到2050年，全球CO_2的平均浓度将达到6×10^{-4}。大气中CO_2浓度上升的一个直接后果就是大气层变暖，即形成**温室效应**（green house effect）。一般种植绿色植物的温室能让阳光进来，使其转化为热量，热量被温室保留在内部而使温室变暖。大气中CO_2捕捉热量的方法与温室类似，大气中的二氧化碳能够阻止地面向空间辐射热量，导致大气

河床干涸

颗粒无收

图10-50　干旱导致颗粒无收

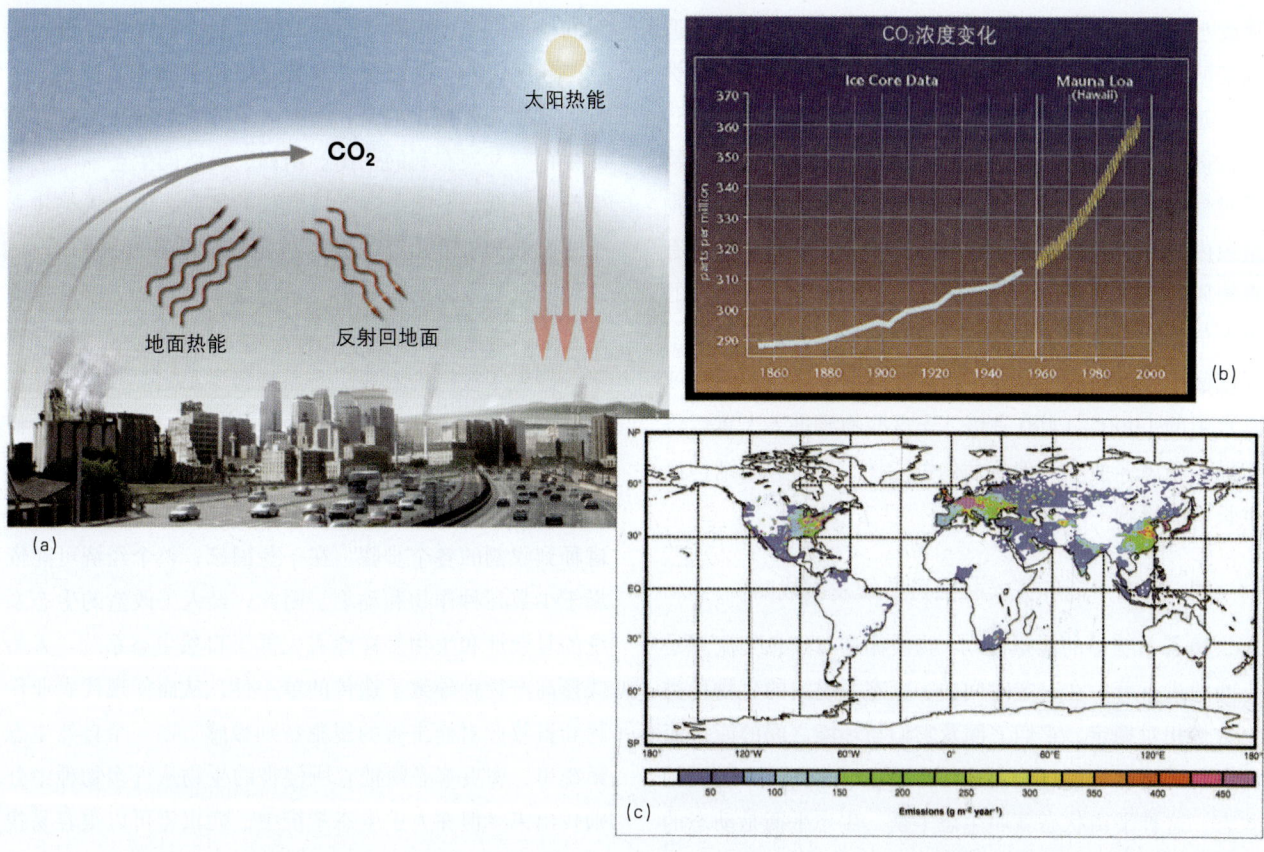

图10-51　CO_2浓度上升导致温室效应　(a) 温室效应是由于以二氧化碳为主的温室气体能阻止地面向空间辐射热量,并将其保存在地球中而造成的。然而,工业化造成了大量燃烧化石燃料,带来了额外的二氧化碳排入大气,温室效应将给地球带来极大的危害。譬如海平面的上升会淹没大量沿海城市和港口,而暖冬将不利于消灭害虫,使粮食和作物产量大幅度下降。(b) 100多年来部分区域二氧化碳浓度监测记录。(c) 1976年至1999年期间全球气温变化监测结果,红点显示气温上升,蓝点代表气温下降,圆点越大表示气温变化的幅度越大。CO_2释放量最高的是经济最发达的北温带地区,因此该地区气温上升幅度最大(据IPCC组织2001年度报告)。

层增温,形成了温室效应(图10-51 a)。1990年化石燃料释放出的CO_2全球年平均值为$12.2\ g\cdot m^{-2}$,释放量最高的是经济最发达的北温带地区,因此该地区也是全球气温上升幅度最大的地区(图10-51 b,c)。科学家预料在未来75年,日益增加的CO_2会引起地球表面温度升高3~4℃。这样的增加很可能融化极地冰盖而使海平面上升,淹没沿海城市并改变地球气候。没有人明确知道温室效应会产生什么影响,不过大多数人推算,全球变暖将使粮食产量大大减少。

除了CO_2,最有害的化石燃料燃烧产物是硫和氮的化合物。随着汽车数量的增加,NO_2以更快的速度注入大气层。大气中SO_2大多来自煤的燃烧和金属的冶炼。NO_2和SO_2可在空气流中飘游千里直到溶解到雨水中,由此造成的酸雨会破坏远离污染源地区的生态系统。另外,阳光的能量能使NO_2进一步反应成为光化学烟雾,在短时间内,这种光化学烟雾会压抑人的肺和心脏。

在近几年工业产生的化学气体中的氯氟烃等被公认为是引起北冰洋臭氧(O_3)层空洞的罪魁祸首。氯氟烃由碳氢化合物衍生而成,氢原子被氟和氯代替。最典型的这类物质是氟利昂,被广泛用作冰箱和空调等的冷却剂。一些氯氟烃被用于清洁电路板的溶剂,另一些用于密封住房或喷洒器的密封剂。臭氧是高活性的三氧原子分子,臭氧层离地面20~50 km,阻挡了大部分的紫外线,盾护生物圈避免紫外线辐射的危胁。在臭氧层变薄的地方,紫外线到达地球表面,增加了DNA变异的可能性,还可损伤蛋白质分子,并且增加了大气层中的反应活性分子。对人类最明显的影响是增加了皮肤癌的发病率。

尽管海洋生态系统也在遭受严重的污染,赤潮频繁出现便是明显的例证,但与之相比,淡水的污染问题表现得更为普遍和严重。大量的工业废水、农业污水和生活废水未经处理直接排入小溪、江河、池塘、湖泊，造成江河湖泊的富营养化和水生藻类的大爆发，这些藻类水华遮光耗氧，最终杀死所有水体中的生物。一些化肥、杀虫剂流入江河湖泊对公众健康危害极大，许多化学物质对食物链的影响正在增强。例如DDT可以聚集在生物组织内，特别是聚集在动物的脂肪中。食草动物体内有毒物质的集中程度是那些生活在地下水或湖泊中生物的很多倍，处于营养最高级的食肉动物体内有毒物质集中程度最高。例如，一些湖区鳟鱼体内的汞和农药的浓度是水中的 1 000～1 400 万倍。当这些物质进入人体后将增加人类患癌症和其他疾病的可能性，并对大脑结构产生长期的影响（图10-52）。

四、生态平衡和人类社会可持续发展战略

生态系统中的能量流动、物质循环与信息交流总是不断地进行着，在一定时间内，生态系统内的生物种类与数量相对稳定，它们之间及它们与环境之间的能量流动、物质循环与信息交流也保持稳定，达到统一协调的状态，这种平衡状态就叫生态平衡。生态平衡是动态的和相对的平衡，其主要特征包括：（1）生物的种类和数量保持相对稳定；（2）物质与能量的输入和输出保持相对的稳定；（3）物质与能量的循环与流动保持合理的比例与速度；（4）生态系统具有良好的自我调节能力。

特别需要指出的是，人类需要的生态平衡是对人类的生存与发展有利的平衡。例如，自然的生态平衡初级生产力很低，不能维持人口增长的需要，因此人类建立了更高效的农业生态系统来满足对食物和纤维的需要。这种经人工改造的农业生态系统是不稳定的，它的平衡需要靠人类来维持。

经人工改造的农业生态系统极不稳定。一片农场经常被用来种植一种作物或牧养一种牲口，或至多几种物种。农业的机械化和灌溉的发展使大多数农场热衷于单一耕作，只种植一种作物。单一性使农场主能够协调从耕种到收割的各个步骤。在一些国家，整个经济可能依靠于少数几种作物和动物。因此，经人工改造的生态系统的复杂性和生物多样性大大低于自然生态系统。人为选择高产物种导致了遗传的单一性，从而使现代农业作物和畜牧业对病虫害的侵犯特别敏感。在一个自然生态系统里，病虫害必须把它所侵害的生物从许多物种中分别找出来。但在人工生态系统中，病虫害可以很容易找到并聚集在一小片地域上，接着在大量单一的动植物种群中迅速传播，造成严重的危害。最近大规模发生在欧

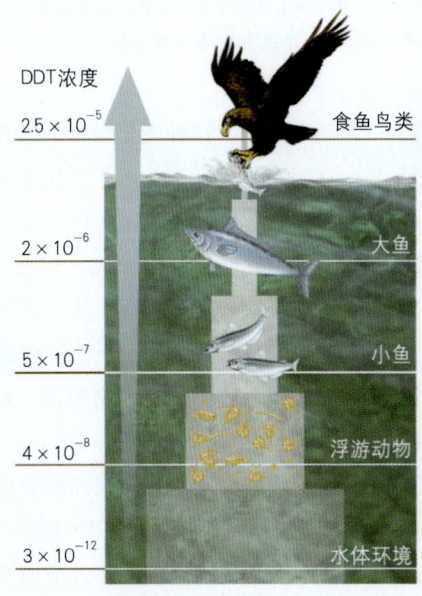

图10-52 DDT污染水源后在食物链中的放大 在水污染中，很重要的一部分是由于化学物质如杀虫剂、化肥排入水中后通过食物链进入人体内。图中DDT的食物链放大就是典型的例子。这种放大的主要原因是由于DDT的难分解性和在体内的聚集性。前者使它不能被土壤所降解，被雨水带入江河；后者是它一旦进入生物体内就很难排出，沿食物链不断放大也就很自然了。DDT能大大增加人类患癌症的几率，目前已被很多国家禁用。

洲等地的口蹄疫和疯牛病，导致一些国家畜牧业遭到灭顶之灾，就是这样的例证。

为了维持人工生态系统的高产，大量的化肥、农药和农业机械的制造和使用，形成了大规模的工业和人口的城市化，又引起地球资源和能源的过度开发利用，加剧了环境污染。由此我们可以看出，控制人类这一特殊种群的数量即控制人口的过度增长，阻止人工改造的生态系统过度扩张，保持一定比例的自然生态系统和维持全球整个生态系统的平衡对人类是最为有利的。

近年来，科学家们十分重视多学科交叉的全球变化研究，所谓全球变化是指在一定的自然或人为因素驱动下，通过一系列系统过程的变异，使地球系统状态和功能发生整体或部分改变，从而表现出具有时空变化特征的全球环境特征，影响着整个地球的可持续性。近几十年的全球变化的趋势是地球环境和人类生存环境的恶化，主要表现为温室气体浓度升高、全球暖化加剧、森林和湿地面积剧减、大气和水域污染加剧、生物多样性下降等。因此，全球变化既是人类社会面临的挑战，又是实现可持续发展的基础。

基于对全球变化的认识，为了人类的自身利益和维持全球生态系统的平衡，20世纪80年代初，联合国世界环境与发展委员会提出了可持续发展的理论和战略。可持续发展策略强调的是生态环境与经济的协调发展，追求人与自然的和谐，既要使人类的各种需求得到满足，又要保护生态环境，不对后代人的生存和发展构成危害。其核心思想是建立在生态平衡和持续基础上健康的经济发展，鼓励对环境有利和对环境友好的经济活动，不单纯片面用国民生产总值（GNP）作为衡量发展的唯一指标，而是用包括生态环境和维护生物多样性的多项指标来衡量发展。可持续发展总体策略的内容包括人口、生产和环境保护3方面多项政策和行动计划（图10-53）。

可持续发展作为人类萌生的理想和行为规范在未来高度的物质文明、精神文明中将成为现实。人类文明各阶段已有的生态直觉、生态伦理思想、环境意识将建立起人类的生态文明，在人类科学技术生态化水平上达到人与自然关系的真正和谐。只有到那时，维护了生物多样性的人类才能说：以代谢、遗传和进化为特征的生命是永恒的。

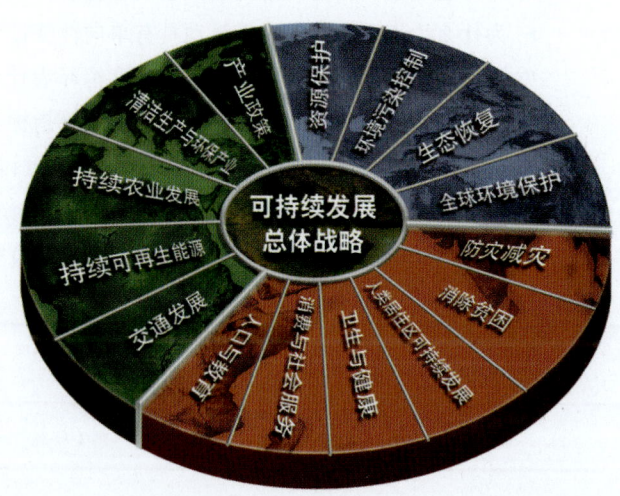

图 10-53　可持续发展总体策略的内容　1983年11月，联合国世界环境与发展委员会（WEDC）提出了"可持续发展"的理论和战略。一夜之间，这个名词便传遍了全世界。这个策略纠正了以往人们对自然的错误思想，强调生态环境与经济发展相协调，追求人与自然的和谐，既能使人类满足物质需求，又保护生态环境。可持续发展战略，标志着人类自然观的历史性转变。人和自然的关系从此由朦胧阶段、对立阶段、掠夺阶段走向和谐阶段。人类文明的发展道路必须是与整个自然和谐协调的可持续发展之路。

思考与讨论

1. 为什么要学习生态学？请举例说明环境对于生命的重要性。
2. 在种群个体数量增加的指数增长模型方程和逻辑斯蒂增长模型方程中，增长系数 r 值的本质含义是什么？
3. 为什么说生态系统越复杂，其稳定性就越好？
4. 请列举科学家在个体、种群、群落和生态系统 4 个不同层次水平上开展生态学研究的例证。
5. 地球上主要有哪些群落类型？它们各自有什么特征？
6. 为什么生态系统中的能量流动具有单向性特征？
7. 请从能量金字塔和生物量金字塔角度解释为什么要控制人口快速增长。
8. 生物多样性是衡量人类可持续发展的重要指标，为什么？
9. 从生态系统能量流动、平衡和环境保护的角度讨论可再生能源的主要类型和研究发展可再生能源的重要意义。
10. 请讨论，我们每一个人为维持生态平衡和可持续发展可以做些什么。

练习题

1. 名词解释：

   环境　生态学　生态系统　生物圈　种群　群落　生态因子　生态幅　广适性生物　狭适性生物　光饱和点　种群密度　样方　标记—再捕捉方法　种群分布型　逻辑斯蒂增长模型　生态演替　顶级群落　初生演替　次生演替　生产者　消费者　分解者　食物链　食物网　能量金字塔　生物地球化学循环　生物多样性　生态位　生物入侵　最小因子法则

2. 物种多样性最丰富的生态群落类型是（　　）。

   a. 温带草原　　　　b. 热带雨林　　　c. 热带草原　　　d. 荒漠草原

3. 下面（　　）不是生物多样性所包括的内容。

   a. 遗传多样性　　　b. 物种多样性　　c. 生物个体数量多　d. 生态系统多样性

4. 下列（　　）特征不属于平衡的生态系统的特征。

   a. 没有人为干扰和灾害发生

   b. 物流与能流相对稳定

   c. 具有良好的自我调节能力

   d. 具有较强的自净化能力

5. 两个物种共同生活在一起（甚至一种生物生活在另一种生物体内），相依为生，相得益彰，彼此都离不开对方，这种现象称为（　　）。

   a. 寄生　　　　　　b. 共栖　　　　　c. 共生　　　　　d. 协作

6. 能量在食物链的传递中会发生巨大损失，在下列4种原因中，（　　）是不被确认的。
   a. 动物排泄物中能量大部分散失于环境中
   b. 食物链缺少顶级消费者
   c. 不是100%的生物个体都进入食物链环节
   d. 生物体自身代谢所消耗

7. 下列属于物种的密度相关因素的有（　　）。
   a. 营养与食物　　　　b. 领土　　　　c. 天敌和竞争者　　　　d. 上述各项

8. 小鸡在一只长脖子的鸟飞过头顶时不再畏缩和躲藏，这是（　　）行为的例子。
   a. 记忆　　　　b. 本能　　　　c. 适应　　　　d. 顿悟

9. 稀树草原主要分布于（　　）。
   a. 非洲　　　　b. 南美洲　　　　c. 大洋洲　　　　d. 欧洲

10. 不属于大陆生物群落的是（　　）。
    a. 热带雨林　　　　b. 高原气候区　　　　c. 极地冰原　　　　d. 温带草原

11. 下列被称为"生态先锋"的是（　　）。
    a. 地衣　　　　b. 蕨类　　　　c. 松树　　　　d. 牧草

12. 下列对生态系统特征描述不正确的有（　　）。
    a. 生态系统具有自我调节能力，生态系统越复杂，调节能力越强
    b. 生态系统的能量流动和物质流动是循环式的
    c. 生态系统中营养级数目一般不超过4~5个
    d. 生态系统是一个封闭的动态系统

13. 给出正确的食物链顺序（　　）。
    a. 鹰—蛇—鼠—稻　　　　b. 鼠—蛇—稻—鹰
    c. 蛇—鹰—鼠—稻　　　　d. 稻—鼠—蛇—鹰

14. 在食物链中，生物量最多的是（　　）。
    a. 生产者　　　　b. 草食动物　　　　c. 初级消费者　　　　d. 顶级消费者

15. 在生物地球化学循环中，下述（　　）没有气体成分参与，而只涉及到从陆地到海洋沉积、又从海洋沉积到陆地反复循环。
    a. 碳循环　　　　b. 氮循环　　　　c. 磷循环　　　　d. 水循环

16. 下列描述不正确的是（　　）。
    a. 越发达的国家对热带雨林的破坏越少
    b. 热带雨林的破坏使全球生物多样性受到了严重破坏
    c. 热带雨林的破坏使热带土壤不能再长期支持农业
    d. 热带雨林的破坏增加了全球变暖的威胁

相关网站

http://www.ceh.ac.uk/
http://www.ecologycenter.org/
http://cgee.hamline.edu/see/
http://commtechlab.msu.edu/sites/dlc-me/
http://www.ecology.com/

第十一章 人体健康与重大疾病预防

第一节 人体免疫与防御系统
 一、非特异性防御及淋巴系统
 二、特异性防御与抗原识别
 三、T 细胞及细胞介导的免疫应答
 四、B 细胞及体液介导的免疫应答

第二节 主要致病因素和病原体
 一、疾病的概念和发生原因
 二、细　菌
 三、病　毒

第三节 几种重大疾病简介及其预防
 一、癌　症
 二、心血管疾病
 三、艾滋病
 四、传染性疾病

第四节 保持身体健康，提高生命质量
 一、健康的概念和生命质量评价
 二、健康的钥匙在自己手中

生命科学是医学的基础，学习与扩展人类生物学与医学知识，有利于保持身体健康，提高生命质量。

人作为万物之灵，是生物长期进化和人类文明发展的结果。我们热爱生命，关注健康，因为人体健康是最珍贵的财富。疾病对健康的危害是当今人类社会面临的最重大的问题和挑战之一，我们在第一章绪论中特别强调，学习生命科学应密切联系人类健康等重大实践问题。因此，修读基础生命科学课程的大学生应该了解人体健康和重大疾病防治方面的生命科学基础知识，前面10章内容的学习已为此提供了一个良好的基础。在一些国家，只有生物学专业的毕业生才有资格进入医学院学习，由此可见，基础生命科学对于医学的重要性。虽然以后我们可能不去做医生，但是保持身体健康，提高生命质量不仅仅是医生的职责，也是我们每一个人的职责。希望本章的学习能扩展我们的人类生物学和医学基础知识，并有利于将身体健康的钥匙掌握在我们自己手中。

第一节 人体免疫与防御系统

一、非特异性防御及淋巴系统

人是哺乳动物中结构、功能和行为最复杂、最高级的类群。人体是高度组织化的复杂生命形式，在神经和体液的调节下执行感觉、运动、血液循环、呼吸、消化、排泄和生殖等各种功能。**器官**是由多种组织构成的特定形态结构，每一种器官完成与其形态特征相适应的生理功能。在功能上相关联的一些器官联合在一起，分工合作完成某种生命必需的功能，这种比器官更高层次的结构单元称为**系统**或**器官系统**（图11-1）。我们生活的环境中存在着大量的细菌、病毒等病原性微生物和其他病原性物质，其中有的微生物入侵到人体后会破坏体内细胞与组织的结构，使之构成的器官或器官系统失去正常的功能，从而产生疾病。在长期的进化过程中，哺乳动物特别是人体对病原性微生物的侵害形成了特殊的防御机制，这种抵制疾病的机制称为**免疫**（immunity），相应的防御系统就是**免疫系统**。人体的免疫系统对于防御疾病、维护机体的健康具有十分重要的作用，也是人体中最重要的一种对抗各种致病因素引起机体损伤的防御机能。

人体对病原体侵害的防御共设置了三道防线。皮肤、口腔、鼻腔、消化道与呼吸道中的黏膜及其分泌物等构成了第一道防线。人体的皮肤能阻止大多数细菌和病毒进入体内，皮肤腺体分泌的脂类物质和汗液中的酸性物质也能够抑制多种微生物的生长。另外，汗液、泪液和唾液都具有破坏细菌细胞壁中蛋白酶的作用。与外部环境相通的消化道和呼吸道对病原体入侵也具有各自的防御机制。鼻腔里的细毛起过滤空气的作用，呼吸道中的黏液可吸附进入鼻腔的细菌和脏物并将其排出体外。胃中的胃酸和消化酶等可消灭随食物咽下的多种细菌。皮肤、黏膜等防御疾病的第一道防线对病原体不具有选择性或特异性，因此称为**非特异性防御**（nonspecific defense）。

部分侵入到组织或细胞内的病原体还会受到人体内特殊免疫细胞与化学成分的抵御和攻击，吞噬作用、抗菌蛋白和炎症反应等构成了人体抵御病原体入侵的第二道

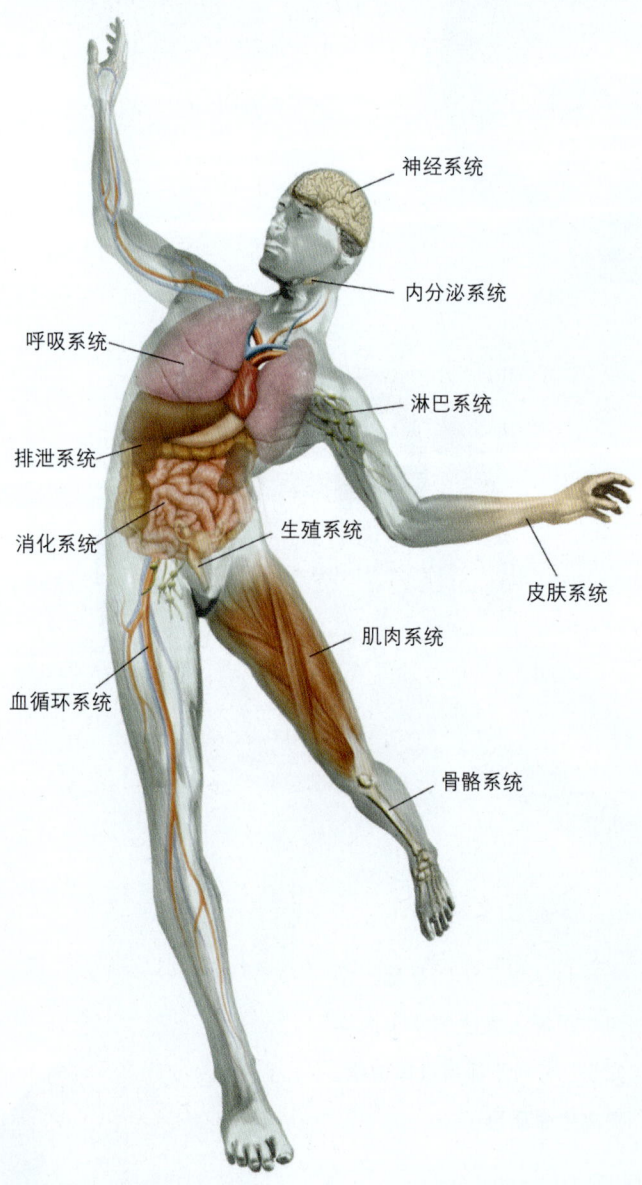

图11-1 人体的主要器官系统

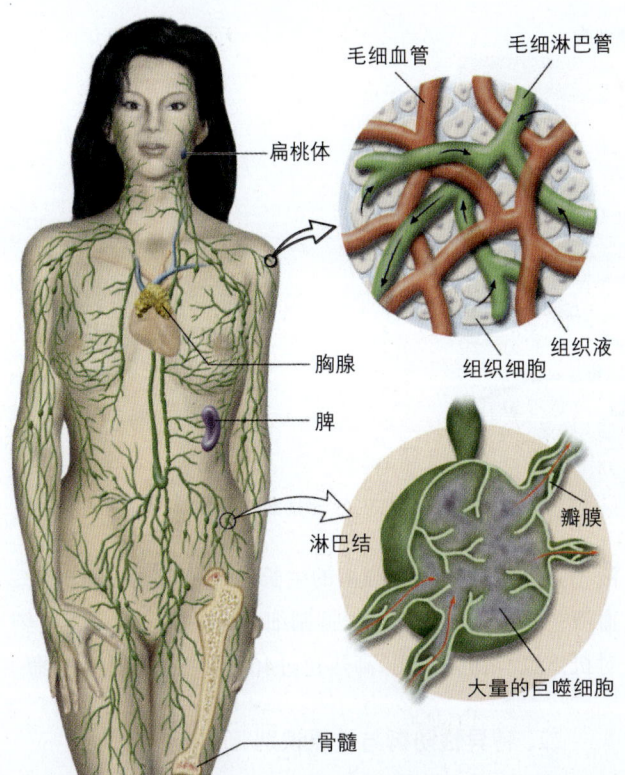

图11-2 人体的淋巴系统 人体的淋巴系统是各种免疫细胞协调作用的网状系统,由淋巴管、淋巴器官和淋巴组织组成。淋巴管内流动着的液体称为淋巴液,周流全身。当血液运行到毛细血管时,部分血浆经毛细血管壁滤出,进入组织间隙,形成组织液。组织液通过毛细淋巴管壁渗入成为淋巴液。淋巴液沿淋巴管道向心流动,最后注入静脉。淋巴器官包括淋巴结、脾、胸腺、骨髓和扁桃体等器官,具有产生淋巴细胞、过滤淋巴液和产生抗体的作用。淋巴组织是含有大量淋巴细胞的网状结缔组织,具有防御功能。

防线。这些特殊的免疫细胞与化学成分一般都是淋巴系统(lymphatic system)的组成部分。在解剖学上人体的**淋巴系统**是各种免疫细胞协同作用的网状系统,它们由淋巴管(lymphatic vessel)、淋巴结(lymph node)和包括胸腺、骨髓、脾和扁桃体等器官共同组成(图11-2)。淋巴管内的淋巴液周流全身,由于淋巴液是透明的,因此不像血管和血液那样易于观察。淋巴液的成分与各组织细胞间的组织液及血浆的成分基本相同。淋巴毛细管末端是封闭的,组织液通过毛细淋巴管壁渗入到淋巴管成为淋巴液,淋巴管中的淋巴液向心流动,在静脉中与血液混合后进入心脏。淋巴液中有大量的淋巴细胞,它们具有重要的免疫功能。

在人体及哺乳动物中最重要的一类非特异性防御细胞是**白细胞**,它们既可存在于血液中,又可分布于组织液中。巨噬细胞、中性粒细胞和自然杀伤细胞是3种具有非

特异性防御作用的白细胞。**巨噬细胞**由单核细胞(一种吞噬性白细胞)特化而来,细胞内富含溶酶体,可以通过其伸展出的伪足捕捉和吞噬细菌和病毒(图11-3)。**中性粒细胞**可吞噬受感染组织中的细菌和病毒,还可以释放出杀死细菌的其他化学物质。中性粒细胞本身寿命较短。自然杀伤细胞并不直接攻击入侵的微生物,而是通过增加质膜的通透性来杀死受到病毒感染的细胞。

在人体非特异性防御系统中还有一类结构特殊的抗菌或抗病毒蛋白,这些蛋白可以直接攻击细菌和病毒,阻碍其复制。例如,由受病毒感染的细胞协同其他细胞共同产生的**干扰素**(interferon)就是这样一类抗病毒蛋白。当一个正常细胞受到病毒侵染时,可诱导细胞核中干扰素基因的表达,从而产生干扰素以活化相邻细胞表达抗病毒蛋白,这种抗病毒蛋白可阻止病毒在该细胞中的复制和增殖(图11-4)。研究发现,这种抗病毒蛋白的短期免疫作用对于抵御引起流感和普通感冒的病毒比较有效。

炎症(inflammation)反应也是一种非特异性防御现象。人体任何组织受到损伤时,不论是由于病原体的入侵还是由于体表受到的机械性损伤,甚至是蚊虫的叮咬,都会引起炎症反应。如果你仔细观察自己被蚊虫叮咬后的皮肤,便可看到炎症反应的外在迹象:被叮咬区域变得红肿。当我们的手指不小心被刀划破时,暴露于空气中的皮下组织很快受到细菌的感染,这时炎症反应便会出现。首先,破损细胞立即释放组胺(histamine)等化学示警信号,引起邻近血管扩张并增加血管的渗透性,

图11-3 巨噬细胞用伪足捕捉细菌 巨噬细胞是由血液中的单核细胞进入组织中后分化而成的大的吞噬细胞,它的表面有补体的受体,细胞内富含溶酶体。巨噬细胞可以通过其伸展出的伪足捕捉和吞噬入侵的细菌和病毒。

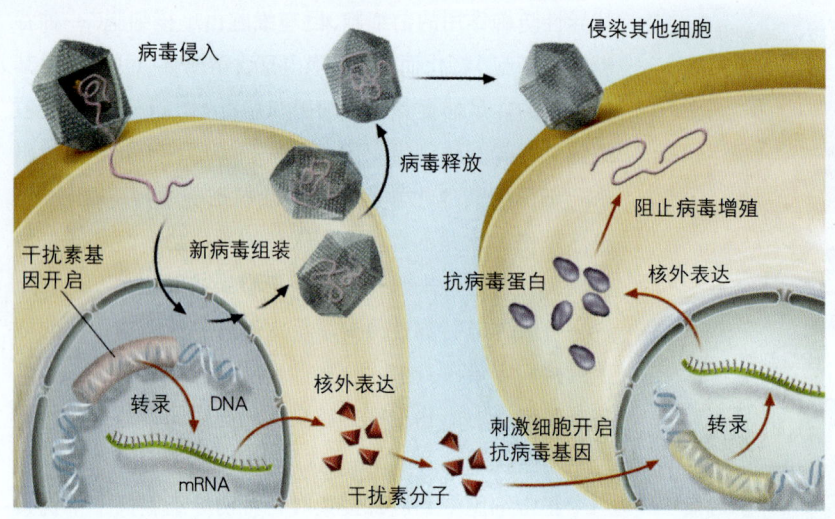

图11-4 干扰素的作用机理示意图

使流向伤口的血液增多。同时,更多的白细胞进入到伤口,对已经侵入的细菌进行吞噬性攻击。由于细胞的增加和血管的挤压、血液与组织液的增加和流动,造成了伤口局部区域的红肿、发热等症状(图11-5)。炎症反应可减弱或消除细菌对受伤组织的感染,攻击吞噬细菌后的白细胞也与细菌同归于尽。伤口化的脓就是炎症反应时死亡的白细胞和毛细血管流出液的混合物。

在更强烈的炎症反应中,白细胞遭遇入侵微生物时会释放出一种调节性化学分子——白细胞介素-1,白细胞介素-1经过血液输送到大脑,与入侵细菌分泌的内毒素共同作用刺激下丘脑中神经元,导致体温上升到正常(37℃)以上,即出现了发热现象。体温升高可刺激白细胞的吞噬作用,还可以增加肝和脾中铁的浓度以降低血液中铁的浓度。由于细菌的生长和繁殖需要大量的铁,血液中铁浓度的降低可以抑制细菌的生长。但是,发热对机体也有伤害作用,高热超过40.6℃往往会危及生命。

二、特异性防御与抗原识别

18世纪末,欧洲流行天花,危及许多人的生命。1796年,英国一位叫做Jenner的乡村医生发现,牛奶厂的女工们经常和患牛痘的乳牛接触,手上被感染,便出现了牛痘脓泡,但在天花流行和爆发时她们都没有受到天花感染。因此,Jenner做了一项大胆的实验,他用针尖蘸上感染了牛痘的女工手上的痘脓,划到一个小孩的皮肤上。2个月后,他又给这个孩子接种天花的病原体,结果这个小孩没有被天花感染。接种牛痘使这个小孩获得了对

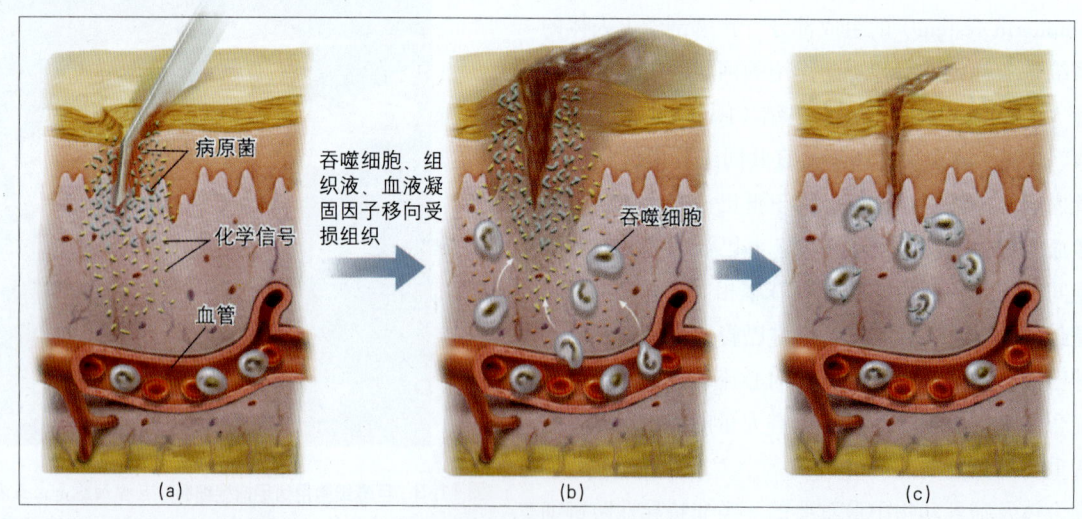

图11-5 伤口局部炎症现象 (a)组织损伤,受损组织细胞释放组织胺等化学信号。(b)血管扩张,血流增加,血管通透性增加,吞噬细胞、组织液、血液凝固因子等向伤口移动。(c)吞噬细胞吞噬病原菌,并与病原菌同归于尽,伤口逐渐愈合。

天花的免疫能力。于是，Jenner开始对伦敦的市民实施接种牛痘的免疫预防疗法，结果伦敦市民的天花发病率下降了70%多。到19世纪后期，著名的法国科学家Pasteur的实验研究证实，弱化的病原体（细菌或病毒）失去致病能力的同时可以使寄主获得免疫即抵抗这种病原体的能力。据此理论，Pasteur成功地治疗了禽霍乱和狂犬病这两种致命的疾病。早期的免疫研究初步揭示了病原体进入人体后会引起相应的免疫应答，即特异性免疫(specific immunity)。因此，人体除了具有非特异性防御疾病的第一和第二道防线外，还具有特异性免疫的第三道防线。

牛痘和弱化的病原体进入人体后会引起相应的免疫应答，可以引起人或动物体内免疫应答的特殊外来物质都称为**抗原**。抗原大多数都是相对分子质量在10 000以上的蛋白质分子，一些复杂的多糖分子也能引发很强的免疫应答。细菌表面通常带有抗原分子，细菌分泌的毒素（蛋白质）也具有抗原性。病毒外壳本身就是抗原。另外，一些外来的细胞或组织器官也会引起人体对它们产生排斥性的免疫应答。例如：人对花粉过敏是免疫应答现象；外科手术中的器官或组织移植会引起排斥反应等等。

人体和其他哺乳动物对不同的抗原具有特殊的识别能力，并能立即作出相应的反应，释放出许多直接攻击入侵抗原的白细胞，或者通过另一类细胞制造出相应的具有识别抗原功能的防御性蛋白质，我们把这些特异性的蛋白质称为**抗体**。人体的免疫系统具有特殊的记忆力，即免疫系统能记住入侵的抗原，当同样的抗原第二次入侵时，免疫系统能够更快更强烈地作出反应。接种牛痘或患天花、麻疹等疾病痊愈以后，人体一种称为B细胞的淋巴细胞便产生出游离于体液中的抗体蛋白，当上述病原体再次入侵时，抗体就能迅速识别并将它们消灭。这种靠B细胞产生抗体实现的免疫又称为**体液免疫**(humoral immunity)。人体中除了体液免疫外，还能针对病原体产生出一种称为T细胞的淋巴细胞直接对病原体进行攻击，依靠T细胞的免疫方式称为**细胞免疫**(cellular immunity)。依赖于B细胞的体液免疫和依赖于T细胞的细胞免疫两者之间具有密切的关联并相互影响。B细胞和T细胞是两类不同的淋巴细胞。淋巴系统中的淋巴细胞与其他血细胞一样，产生自造血干细胞，一些未成熟的免疫淋巴细胞在骨髓中可以分化成为特殊的B细胞；另一部分未成熟的淋巴细胞随着血液从骨髓进入胸腺，在胸腺中分化成为T细胞（图11-6）。B细胞和T细胞最终经血液流向淋巴结和其他淋巴器官。因此，人体的非特异性免疫和特异性免疫功能都来自淋巴系统，淋巴系统可以启动双重防线，其中能够识别抗原性病原体的特异性防线对于维护人体健康具有特别重要的作用。

下面让我们来看一看特异性免疫是如何识别抗原性病原体和启动免疫应答反应的。

当一种病毒或细菌突破了非特异性防御的第一和第二道防线，由呼吸道进入人体后，巨噬细胞便会立即启动免疫应答反应。首先巨噬细胞对它所遇到的所有细胞表面都进行识别性检查。大多数哺乳动物和人类有核细胞的表面都具有一类糖蛋白，称为**组织相容性复合体**(major histocompatibility complex, MHC)，人体的这些

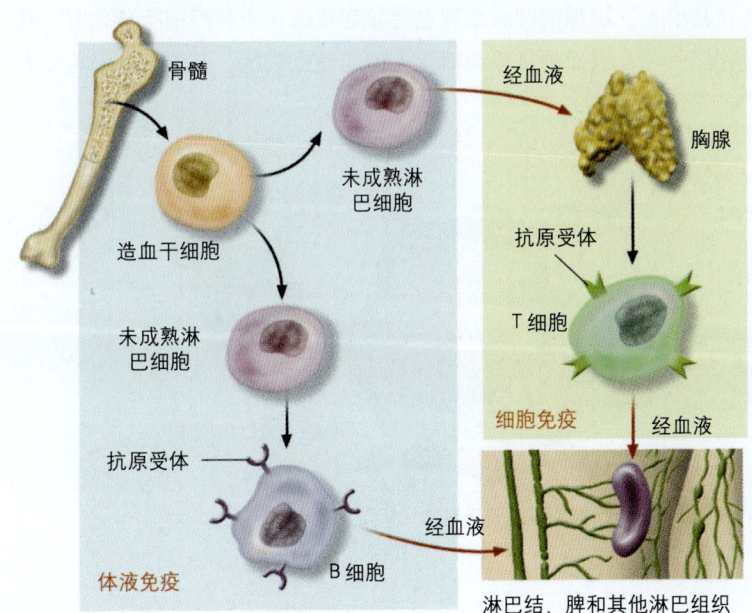

图11-6　B细胞和T细胞的来源和分化　B细胞和T细胞都是免疫淋巴细胞，它们来自于骨髓中的造血干细胞。B细胞是体液免疫淋巴细胞，T细胞是对体液免疫起促进作用的细胞免疫淋巴细胞。两种细胞表面都具有抗原受体。

MHC蛋白又称为**人类白细胞抗原**（human leukocyte antigen, HLA）。由遗传基因决定的MHC种类极多，其构象可多达170多种。像人的指纹一样，每个人的MHC也各不相同。由于个人的MHC起着一种自我标记的作用，因此免疫系统能够将人体自身的细胞与外来入侵者或被感染的细胞区别开来。免疫系统的T细胞正是通过细胞表面MHC蛋白的这种自我与非我的识别，对入侵者进行防御和攻击，而不会伤害自身的细胞。

当入侵人体的外源病毒、细菌被巨噬细胞吞噬后再被分解或消化，病原体的一些抗原分子与巨噬细胞表面的MHC分子嵌合，MHC分子嵌合了抗原的细胞又称为**抗原呈递细胞**（antigen-presenting cell, APC）（图11-7），它们将加工过的抗原提交给T细胞，进一步激活了细胞毒性T细胞，最终杀死被病毒和细菌感染的细胞。人体中的MHC蛋白有两种类型，所有具核体细胞中都具有MHC-Ⅰ型蛋白，而在巨噬细胞、B细胞和$CD4^+$T细胞的表面则是MHC-Ⅱ型蛋白（图11-8b, c）。细胞毒素T细胞（cytotoxic T cell，又称胞毒T细胞）利用其CD8辅助受体与MHC-Ⅰ型嵌合抗原相互作用，而辅助性T细胞（helper T cell，又称为助T细胞）则利用其CD4受体与MHC-Ⅱ型嵌合抗原相互作用。人体免疫系统对抗原性病原体的识别是启动免疫应答最重要的步骤。

三、T细胞及细胞介导的免疫应答

当病原体入侵到人体的血液、淋巴或组织液中时，由B细胞介导的体液免疫起着关键的作用。但是包括病毒在内的许多入侵者进入人体后直接进入到体细胞，在其中复制后再感染其他的体细胞（见下一节），在这种情况下，攻击和消灭入侵者是由T细胞介导的细胞免疫完成的。细胞介导的免疫应答可以防御病毒感染和癌症，杀死并消灭被感染的体细胞，同时也消灭了其中的病毒等病原体。

上一部分已经介绍了，病原体入侵到体细胞或被巨噬细胞吞噬后（图11-8a），抗原分子与细胞表面的MHC分子嵌合（图11-8b），形成的APC被助T细胞识别并相互作用。APC的主要作用是将外来抗原提交给助T细胞，并立即启动一系列的免疫应答反应。首先，嵌合在巨噬细胞表面MHC-Ⅱ型分子的抗原被助T细胞CD4受体识别，使巨噬细胞与助T细胞结合并相互作用，结果分泌出一种称为白细胞介素-1（interleukin-1）的淋巴细胞因子。白细胞介素-1是一种信号分子，它又进一步刺激助T细胞分泌白细胞介素-2。白细胞介素-2一方面通过正反馈机制刺激助T细胞分泌出更多的白细胞介素-2，另一方面直接刺激淋巴细胞通过增殖作用分化出更多的胞毒T细胞，正是这些胞毒T细胞消灭了被病原体感染的、表面MHC分子嵌合了病原体抗原的靶细胞（图11-8c）。其过程是胞毒T细胞首先与靶细胞结合，分泌一种称为穿孔素（perforin）的蛋白质，使被病原体感染的靶细胞解体和死亡，细胞内的病毒等病原体失去藏身之所随之也被抗体消灭（图11-8d）。在细胞免疫过程中，助T细胞活化时也能产生记忆细胞，这种记忆细胞使得下一次免疫应答（次级免疫应答）发生的速度更快，效率更高。

在医学临床上做器官移植手术时存在着异体排斥反应，这也是人体免疫系统的作用。胞毒T细胞对于外来的细胞、组织和器官会发起攻击。胞毒T细胞对于人体出现的肿瘤细胞也会发起攻击，当肿瘤细胞分化时，其表面的抗原会活化人体的免疫系统。老年人由于免疫力

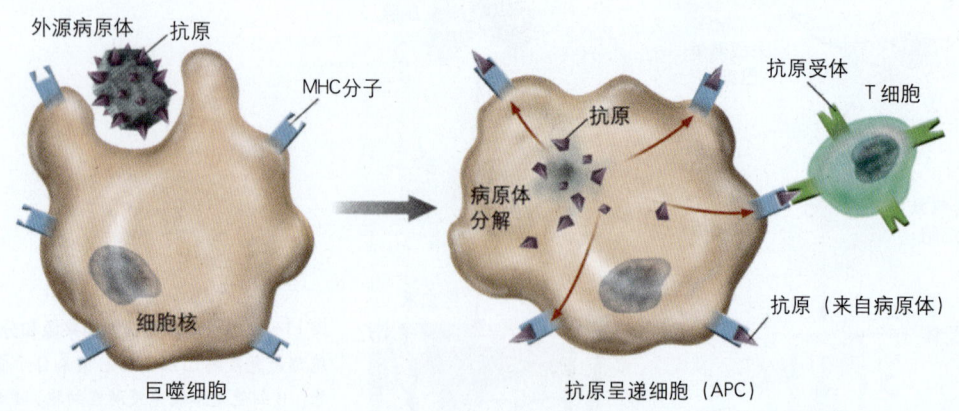

图11-7 在抗原呈递细胞中抗原分子与MHC分子嵌合

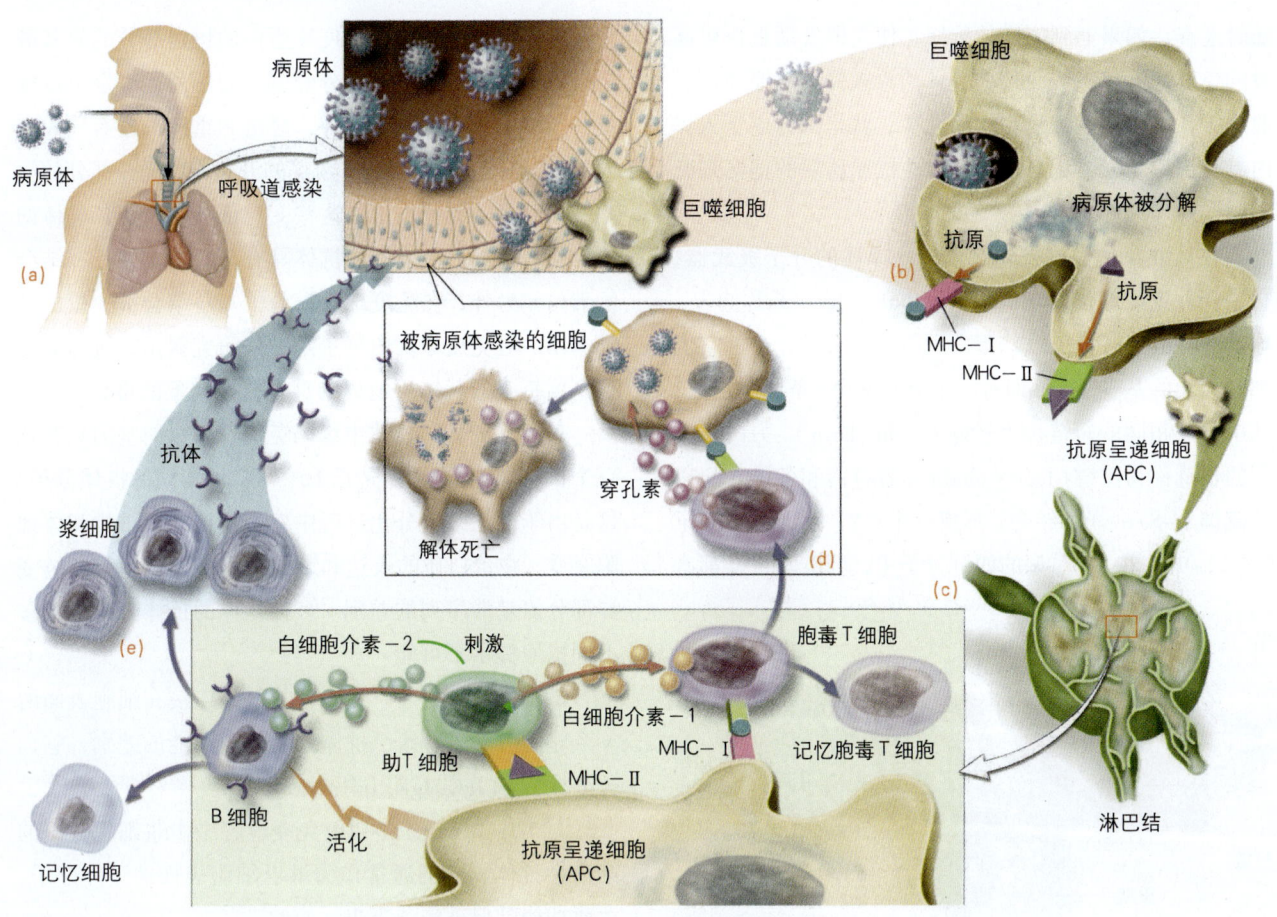

图 11-8　T 细胞介导的细胞免疫和 B 细胞介导的体液免疫过程　(a) 病原体(病毒)入侵呼吸道上皮组织示意图(注：病原体颗粒被放大绘制)。(b) 病原体颗粒被巨噬细胞吞噬分解后，抗原分子与巨噬细胞表面的 MHC 分子嵌合，形成 APC (抗原呈递细胞)。(c) 嵌合在巨噬细胞表面 MHC-Ⅱ型分子的抗原被助 T 细胞 CD4 受体识别，分泌白细胞介素-1 和白细胞介素-2。白细胞介素-2 刺激助 T 细胞分泌出更多的白细胞介素-2，还直接刺激淋巴细胞分化出更多的胞毒 T 细胞。(d) 胞毒 T 细胞与靶细胞结合，分泌穿孔素，使靶细胞及病原体解体和死亡。(e) 助 T 细胞分泌的白细胞介素-2 还刺激 B 细胞分化成浆细胞和记忆细胞，使得下一次免疫应答(次级免疫应答)发生的速度更快，效率更高。浆细胞产生的大量抗体则与抗原特异性结合，通过体液免役应答反应，最终清除抗原。

下降，比年轻人更易患癌症。因此，有人推断，人体的免疫系统至少在某种形式上能对肿瘤细胞起到一定的监控作用。目前，科学家已经利用细胞遗传工程的方法生产出了人干扰素和白细胞介素-2 等药物用于癌症的治疗，它们通过改善人体的免疫能力来抑制肿瘤细胞的生长，这方面的研究正在不断取得新的进展。

四、B 细胞及体液介导的免疫应答

上文已经说明，当细菌和病毒等病原体入侵到人体的血液、淋巴或组织液中时，由 B 细胞介导的体液免疫起着关键的作用。除此以外，通常 B 细胞表面具有抗原受体和 MHC-Ⅱ分子，病毒颗粒和细菌表面都带有各种抗原，这些抗原还能引起 B 细胞介导的体液免疫应答。

首先，病原体表面抗原分子的决定簇与互补的 B 细胞受体结合，这种结合触发了被结合 B 细胞的生长、分裂和分化，克隆出更多的 B 细胞。许多经过发育和分化的 B 细胞克隆成为浆细胞，浆细胞内含有丰富的粗面内质网，可以制造出大量的抗体。还有一些 B 细胞分化发育成为记忆细胞(图 11-8e)。B 细胞与抗原结合后的分化发育还需要巨噬细胞和 T 细胞的参与。由助 T 细胞分泌的白细胞介素-2 可以进一步刺激体液免疫的 B 细胞，使之迅速分裂和分化，产生更多浆细胞和记忆细胞，使浆细胞的产生效率大大增强。体液免疫应答反应，一方面产生了高效并短命的浆细胞，浆细胞可以制造分泌出大量抗体以清除抗原(初级免疫应答)；另一方面产生了寿命较长的记忆细胞，这些记忆细胞在血液和淋巴液中

随时巡查，如果遇到同样的抗原，便立即发动更快更高效的免疫应答（次级免疫应答）消灭入侵的病原体。一般成年人患传染病的机会比幼儿少，就是因为成年人体内具有抗原诱发的记忆细胞，有些抗原诱发的记忆细胞对同样的病原体具有终身免疫的能力。

在体液免疫中，**抗体**是攻击病原体的分子级武器，它是一种**免疫球蛋白**（immunoglobulin, Ig），或称为 γ-球蛋白。虽然各种免疫球蛋白的组成各有差异，但它们都有共同的基本结构，即每一个分子都由 4 条肽链组成，其中两条相同的短链称为轻链（light chain），另两条相同的长链称为重链（heavy chain），各链内和各链之间以二硫键（-S-S-）相结合，形成一个"Y"型的四链分子（图 11-9）。在"Y"型的四链分子中，轻链和重链都有一段恒定部分，每一类免疫球蛋白的恒定部分的氨基酸组成都是相同的，恒定部分的氨基酸序列是确定免疫球蛋白类型的一个标准。另外，轻链和重链都还有一段变异的部分，它们位于"Y"两臂的开口端，这一部分的氨基酸序列各不相同，正是这些变异部分体现了各抗体的特异性，使得多种多样的抗体具有与特定抗原互补结合的部位。另外，在免疫球蛋白分子上还结合了少量的糖类基团。对免疫球蛋白分子的结构研究揭示，抗体分子是高度折叠的肽链所组成的具有复杂构象的蛋白质。

虽然人细胞染色体中编码免疫球蛋白的基因只有几百个，但 B 细胞可以制造出 $10^6 \sim 10^9$ 种不同的抗体分子。这是由于淋巴细胞分化过程中发生抗体基因重排和体细胞突变，在蛋白质的表达和装配过程中便产生了肽链变异部分氨基酸序列的差别。多种多样的抗体为识别众多不同抗原提供了可能。

B 细胞表面的抗原受体分子就是连接在细胞表面的 γ-球蛋白分子。按照抗体的结构与功能的差别，它们被分成 IgM, IgG, IgD, IgA, IgE 等 5 类：

（1）IgM　IgM 是初级免疫应答中由浆细胞分泌的第一种抗体，它们通常作为淋巴细胞表面的受体分子，主要功能是促进细菌凝集、溶解。

（2）IgG　IgG 是存在于体液中的主要抗体形式，是次级免疫应答中分泌的抗体。

（3）IgD　IgD 是 B 细胞表面的受体，其主要功能目前尚不完全清楚。

（4）IgA　IgA 是存在于血清和体外分泌物如眼泪、黏液、初乳中的主要抗体形式。初乳中的 IgA 抗体为初生婴儿提供了重要的免疫保护。

（5）IgE　IgE 是促进组胺和其他攻击病原体因子释放的主要抗体，也是引起过敏反应如发热等现象的主要抗体。

每一个 B 细胞表面的 IgM 或 IgD 受体可多达 10 万个，当这些受体与游离的抗原相结合时便立即诱发初级免疫应答，分泌 IgM 抗体并刺激细胞分裂和浆细胞的克隆，紧接着浆细胞分泌出大量的 IgG 抗体。虽然浆细胞只有几天的寿命，但它们可以产生出占血浆蛋白总量 20% 的人体免疫球蛋白。

多种多样的抗体具有与特定抗原结合的部位，抗体通过与抗原的互补性结合，清除抗原分子。体液免疫应答中的第一个抗体 IgM 在细胞表面与互补抗原牢固结合

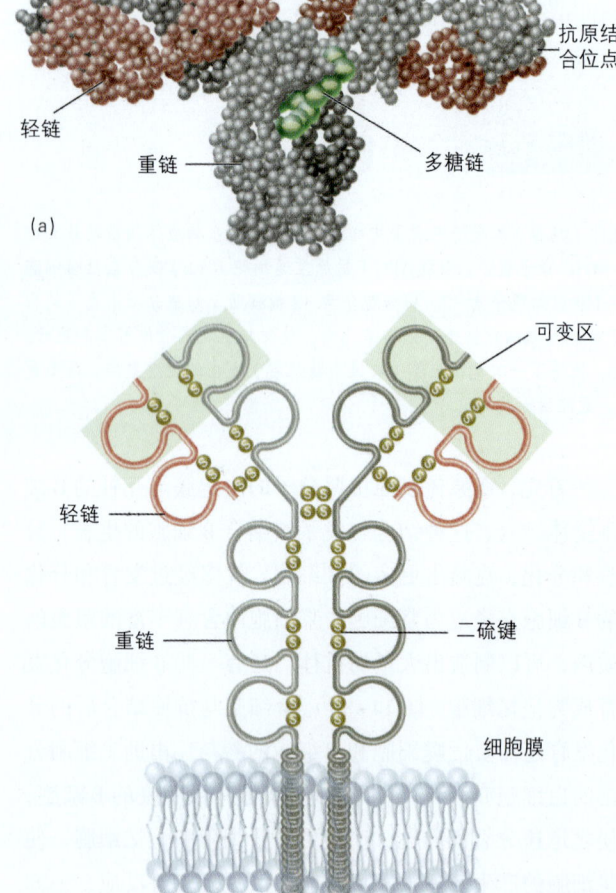

图 11-9　作为 B 细胞受体的抗体分子的结构　（a）抗体的堆球模型。（b）"Y"型四链分子。

可立即导致互补蛋白的凝集,这些蛋白使被感染细胞凝集成团而失去活力或形成穿孔而分解。与此不同的是,体液免疫应答中的IgG抗体与细胞表面抗原结合后成为一种分子标记,引起巨噬细胞对被标记的感染细胞发生吞噬作用。因此,抗体本身并不直接杀死入侵的病原体,它是通过两种途径即活化互补的蛋白系统和作为分子标记而使病原体成为巨噬细胞攻击的目标,最终使病原体分解。

总之,人体具有的免疫性就是保护机体免受外来侵害的特性,它包括**天然免疫**(natural immunity)和**获得性免疫**(acquired immunity)。天然免疫是机体先天就有并始终存在的防御机制,如组成第一道防线的皮肤、黏膜、分泌物、酶类等。获得性免疫是当机体与外来病原体接触后获得的免疫特性,组成机体第二道防线和第三道防线的白细胞、巨噬细胞、B细胞、T细胞等都在获得性免疫过程中发挥了重要的作用(图11-10)。

机体免疫应答抵御和清除了外来病原体的侵害,维持着人体的正常生理状态。利用免疫应答机制制备的疫苗进行人工预防免疫,为维护人类的健康做出了巨大的贡献。采用人工免疫已经在全世界消灭了天花、麻疹等严重危害人类健康的疾病,还有效地预防了肺结核、小儿麻痹、乙型肝炎、流感、疟疾等传染性和流行性疾病的发生或传播。另外,免疫诊断和治疗也是现代临床医学的重要内容。

此外,除病原体外的其他致病因素使机体受到损伤时,机体自身还存在其他相应的保护机制来抵抗或减弱致病因素的损伤作用。

第二节　主要致病因素和病原体

一、疾病的概念和发生原因

一般传统的观点认为,**疾病**是由致病因素作用于机体后,机体的稳态被破坏,导致代谢、功能和结构的损伤,同时引起机体的抗损伤反应的过程。所谓机体的稳态,是指机体的结构与代谢的平衡与稳定的状态,还包括机体的神经-内分泌-免疫系统整体上的协调统一的正常状态。一些现代分子医学的观点认为,疾病是细胞中的基因通过细胞受体和细胞转导途径对致病信号做出应答,导致特定蛋白质结构或功能发生变异的结果。基因及其调控是否正常是决定人体健康或疾病的基础。

引起疾病的原因很多,主要包括生物感染性因素、遗传性因素、免疫性因素、物理性因素、化学性因素(含营养缺乏、过剩,毒性物质伤害)和精神性因素(包括精神、心理和社会因素)等。

致病微生物等病原体对人体的感染是最主要和最常见的致病因素。感染性病原体的种类很多,最主要的病原体有细菌、病毒、真菌、支原体、原生动物等。由细菌感染引起的疾病很多,如肺炎、痢疾、结核、鼠疫、炭疽、梅毒、破伤风等;艾滋病、流感、非典型性肺炎、麻疹、天花等是最典型的由病毒引起的疾病;一些真菌常导致皮肤、指甲的感染;类胸膜肺炎是由支原体感染引起的疾病;由原生动物和低等动物感染引起的疾病有血吸虫病、蛲虫病、阿米巴痢疾、疟疾等。病原微生物的致病力主要取决于它们的侵袭力和毒力。**侵袭力**是病原微生物穿过机体保护屏障在体内散布、蔓延的能力,**毒力**则是它们在体内产生毒素和造成细胞或组织损伤的能力。另外,机体的防御和抵抗力下降有利于病原微生物的致病作用。感染性疾病的特点包括:①有具生命特征的病原体;②有感染性或传染性;③有流行性、地方性

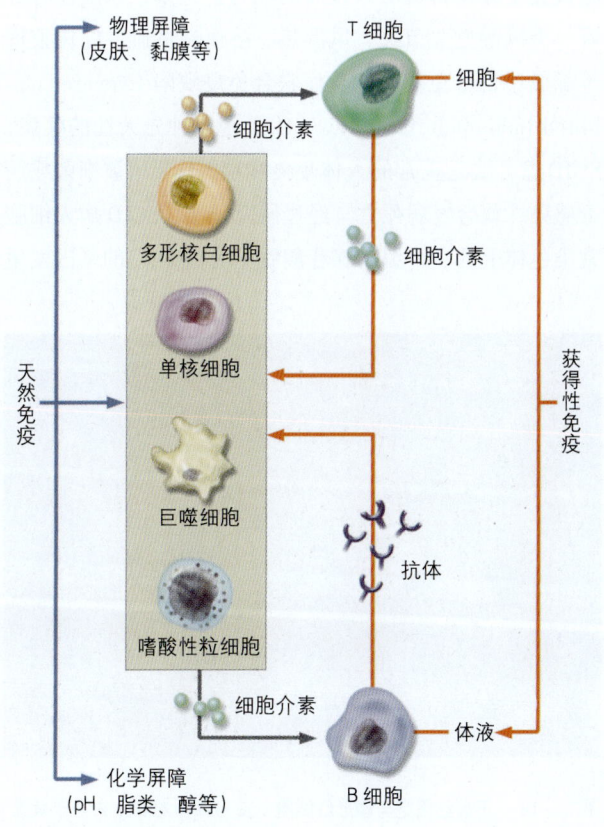

图11-10　天然免疫与获得免疫

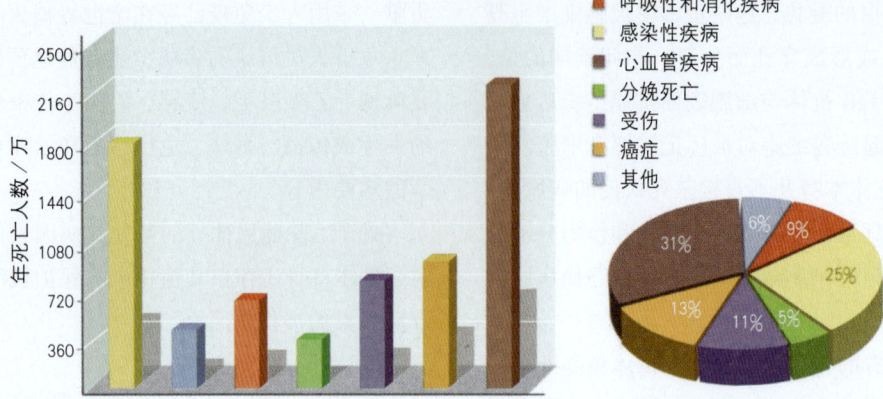

图 11-11 导致死亡的几种主要原因统计图 图中统计数据来源于世界卫生组织1999年的报告,1998年全世界总死亡人数为5 390万人,其中1 800万人死于感染性疾病。

和季节性,例如2003年春季爆发的非典型性肺炎(SARS)给全世界带来了巨大的危害;④有免疫原性,病原体侵入机体后会激活机体的防御性抵抗;⑤有爆发性,许多感染性疾病能够在短时间内大面积爆发。以1998年的统计数据为例,全世界每年有将近1 800万人死于感染性疾病,占全部死亡人数的25%(图11-11)。

机体细胞遗传物质的异常改变,包括染色体畸变和基因突变等可直接引起遗传性疾病。例如第21号染色体畸变可引起先天愚型(又称Down综合征);在我国仅由于染色体畸变就造成每年52万例胎儿的自发流产,还造成许多儿童的出生缺陷。镰形红细胞贫血症的原因就是基因的点突变,即编码血红蛋白β肽链的基因上一个决定谷氨酸的密码子GAA变成了GUA,使得β肽链上的谷氨酸变成了缬氨酸,引起了血红蛋白的结构和功能发生了根本的改变(图11-12)。除了染色体畸变外,由基因突变引起的遗传性疾病可分为单基因病和多基因病,某些遗传病还会受到环境的影响或诱导。某种遗传缺陷或基因多态性变异的个体容易发生某种疾病的特征称为**遗传易感性**(genetic predisposition),例如,某些家族中的成员具有易患精神分裂症、高血压等疾病的倾向。遗传分析证明,近亲结婚使单个纯合子比例增加,也增加了基因的纯合度和累加效应,因此大大提高了多基因病的发病率。在先天性因素引起的疾病中,有的先天性缺陷(疾病)并不遗传,例如先天性心脏病一般都不遗传。

上一节我们已经了解到,完善与平衡的免疫系统对维持机体的健康具有极其重要的作用。人类的生存依赖于自身的免疫防御系统,人体的免疫系统一旦出现问题,即任何原因引起机体免疫反应低下、缺陷或异常,疾病就会乘虚而入。人类由于免疫性因素产生的疾病主要有以下3类:①免疫缺陷疾病,例如,艾滋病是由人类免疫缺陷病毒(human immunodeficiency virus, HIV)引起的获得性免疫缺陷综合征。失去了免疫能力的艾滋病患者一旦受到哪怕是最轻微的感染,都会很快地丧失性命(细节参见图11-29及相关正文)。②自身免疫病,这是一类最常见的免疫性疾病,起因于抗体或敏感的淋巴细胞失去了分辨自身与入侵者的能力。例如,风湿性心脏病、类风湿性关节炎、风湿热、溶血性贫血、红斑狼疮等都属于自身免疫病。重症联合免疫缺陷(severe combined immunodeficiency, SCID)是一种先天性的疾病,SCID患者缺乏正常的人体免疫功能,只要稍被细菌或病毒感染,就会发病死亡。经过研究证实,SCID病人细胞常染色体上的一个编码腺苷酸脱氨酶(ADA)的基因发生

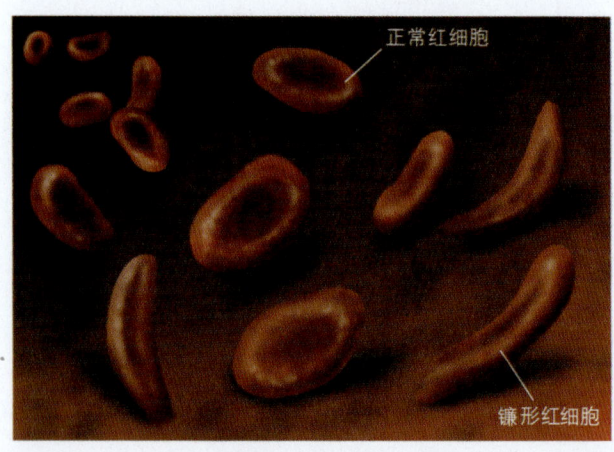

图 11-12 正常红细胞与镰形红细胞 镰形红细胞在体内易于破裂,也不能像正常红细胞那样通过毛细血管,因此产生贫血障碍,并可能导致机体死亡。

了突变。③过敏症，这是另一类免疫系统失调引起的疾病，机体免疫系统对抗原发生异常强烈的反应而引起变态或超敏反应，如异种血清蛋白、某些药物（如青霉素）、花粉、特殊食物等可造成某些免疫异常的个体的过敏性休克、哮喘、麻疹等变态或超敏反应。一些严重的过敏反应如果得不到及时治疗，还会危及生命。

导致疾病发生的物理因素包括由暴力、交通事故、自然灾害、工伤事故、极端温度或气压、噪音、电流、紫外线、激光、辐射等造成的机体表面创伤、内伤、体残、骨折、脱臼、烧伤、冻伤、电击伤等。它们的致病程度主要取决于这些物理致病因素作用的强度、部位、持续时间。

化学性因素致病则是由于强酸、强碱、化学毒物、生物毒物、非正常药物、环境中的有毒有害物质等作用于机体表面或内部造成器官的损伤。许多化学物质对机体的损害有选择性。例如，升汞主要引起肾损害；煤气中毒后，由于一氧化碳与血红蛋白结合，使其丧失携氧能力；极其微量的氰化物就可阻断线粒体中的呼吸链并导致机体死亡。另外，短期或长期必需营养物质的缺乏或过剩造成的机体疾病（如缺碘引起的甲状腺肿大，过多热量摄入引起的肥胖病等）也可归入化学性因素致病一类。

由于人们所处的社会环境、社会关系、社会活动会对机体产生负面的精神、心理效应，使机体的内稳态异常并导致疾病，这些由精神、心理和社会因素引起的疾病也是现代社会必须重视的现象。长期的忧虑、悲伤、恐惧和精神刺激等可使人发生忧郁症、神经衰弱、酒精依赖、精神分裂症、强迫症、痴呆症等。研究发现，长期精神过度紧张等也容易引发高血压、消化性溃疡等疾病。

各种疾病一般都有其发生的原因、发病的机理、发病期的症状，有的还伴随并发症或后遗症，这些构成了疾病的基本特征（图11-13）。疾病的最后阶段称为归转期，疾病的归转有完全康复、不完全康复和死亡3种形式。

由于细菌和病毒是两类最主要的致病微生物，是一些重大疾病的元凶，还由于细菌和病毒在细胞学、遗传学、代谢、进化、环境生物学和分子生物学中的特殊作用（如第五章中介绍，科学家最早对细菌和病毒的研究，才证明了DNA是生命的遗传物质），因此，这一节以下部分将重点介绍细菌和病毒这两种最主要的致病微生物的生物学特征。

二、细　菌

细菌是一类个体微小（仅为若干微米）、结构简单的原核单细胞生物，根据其外形分为球菌、杆菌和螺旋菌

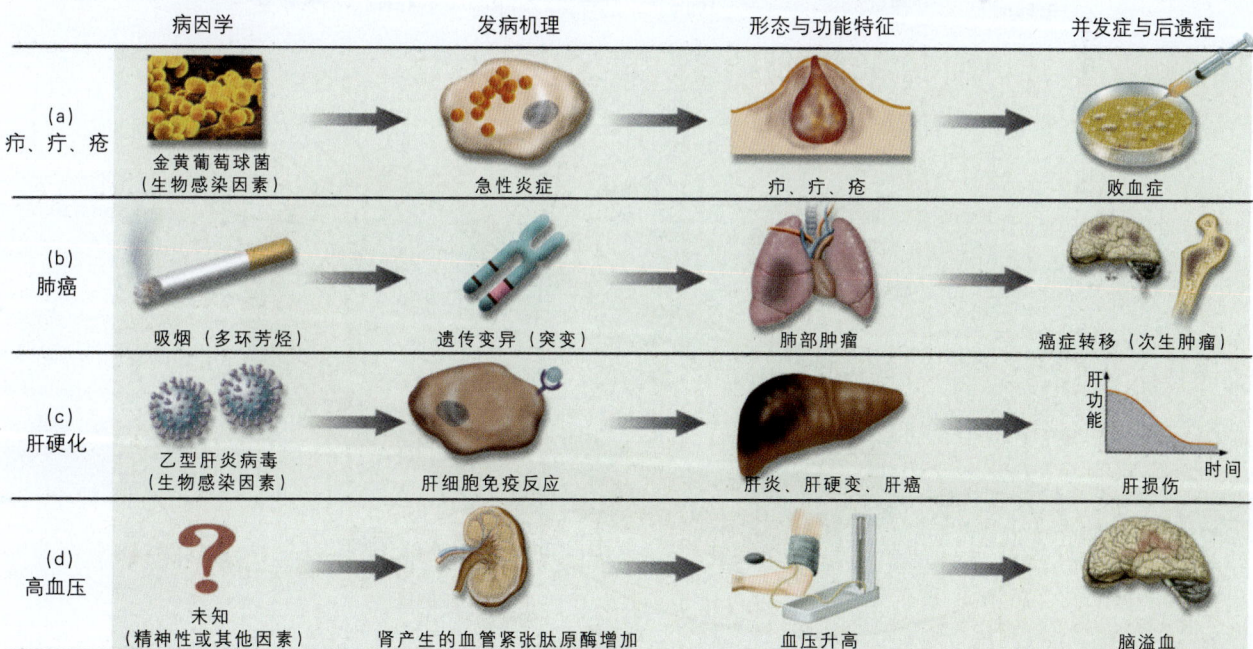

图11-13　4种疾病的基本特征　图中以4种疾病为例，反映了这些疾病的发病原因、发病机理、症状及并发症或后遗症等基本特征及相互关系。

三大类（图 11-14a）。球菌按照分裂方向和分裂后相互黏附程度还分为双球菌、链球菌和葡萄球菌。细菌细胞的基本结构包括细胞壁、细胞膜、细胞质和核质等几部分（图 11-14b），有些细菌还有荚膜、鞭毛、菌毛、芽孢等特殊结构。支原体属细菌，除支原体外，所有细菌都有细胞壁，细胞壁在细菌最外层，主要成分为肽聚糖，它由 N-乙酰葡萄糖胺和 N-乙酰胞壁酸通过短肽交替连接形成网状结构（图 11-15）。根据细胞壁化学成分和结构的差异，Christian Gram 创立了革兰氏染色法，把细菌分为革兰氏阳性菌和革兰氏阴性菌。细菌细胞先被结晶紫和碘液染涂，用酒精冲洗后再经红色染料复染，紫色者为**革兰氏阳性菌**（以 G⁺ 表示），红色者为**革兰氏阴性菌**（以 G⁻ 表示）。G⁺ 菌细胞壁较厚，含大量肽聚糖和磷壁酸（teichoic acid，包括壁磷壁酸和膜磷壁酸两类）侧链，网格编织紧密。G⁻ 菌细胞壁较薄，含肽聚糖较少，网格编织疏散，在其肽聚糖外还有脂多糖和脂蛋白组成的外壁层。细胞壁使细菌具有固定的外形和坚韧性，控制细胞内外物质的交换，还决定细菌的抗原性、致病力和对噬菌体的敏感性等。如革兰氏阳性菌对青霉素和溶菌酶敏感，因为青霉素可以抑制肽聚糖网格结构中短肽与侧链的连接，使细菌不能合成完整的细胞壁而死亡；而溶菌酶则破坏肽聚糖中 N-乙酰葡萄糖胺和 N-乙酰胞壁酸之间的 β-1,4 糖苷键的连接，引起细菌裂解。另外，有些细菌荚膜作为细胞壁外的一层黏液性物质，具有黏附、抗吞噬和抗药物或化学物伤害的作用。

为了维持生长和繁殖，细菌必须不断从环境中摄取

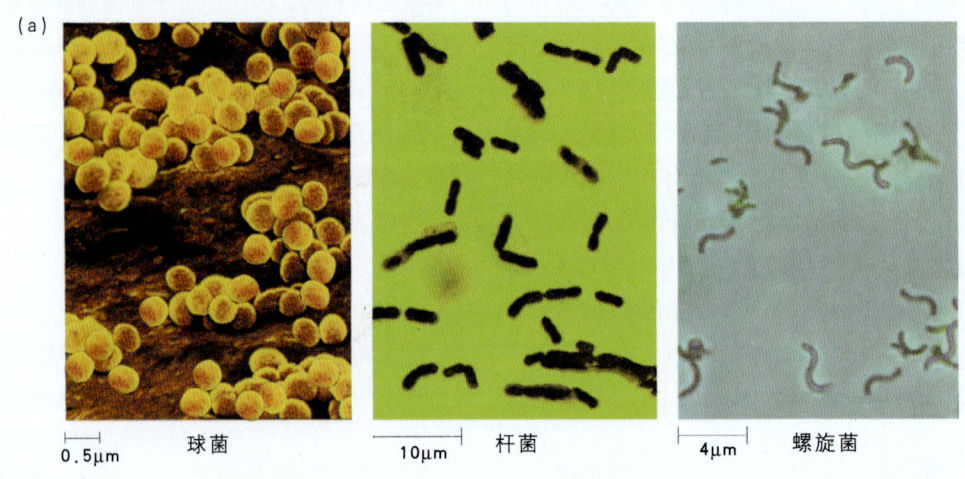

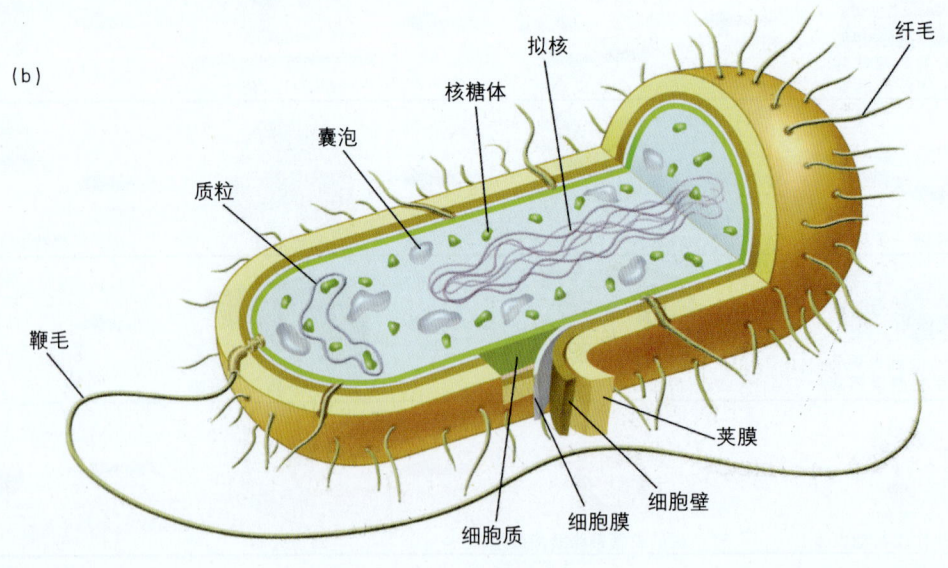

图 11-14　细菌的形态结构特征　（a）球菌、杆菌和螺旋菌代表了细菌三类最基本的形态。（b）细菌细胞结构模式图。

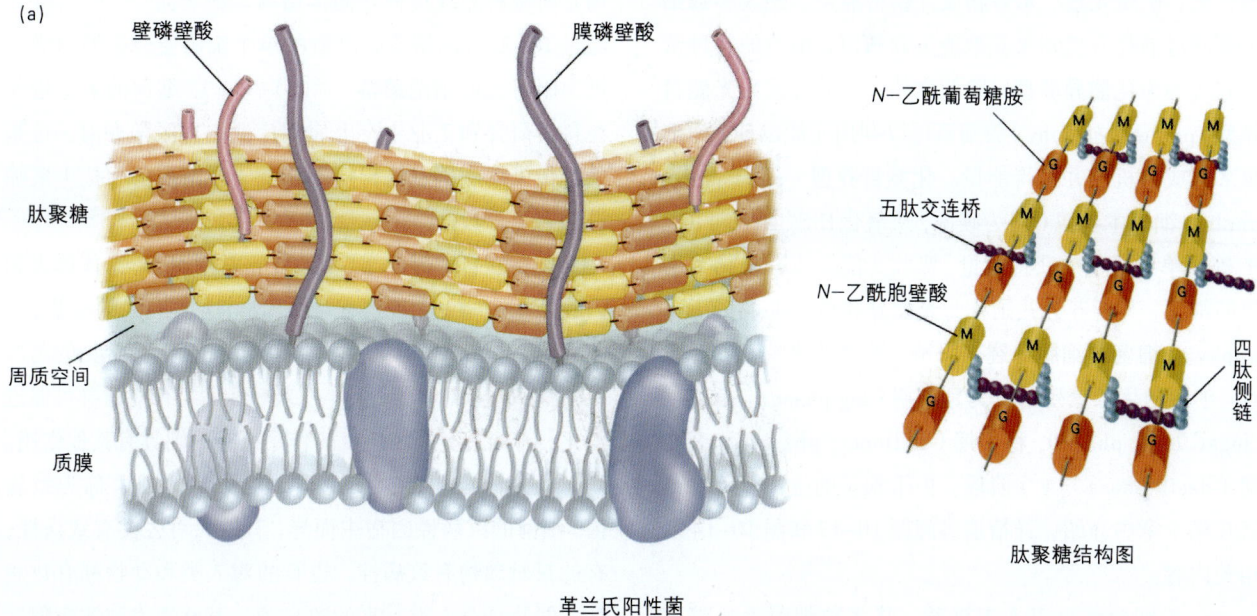

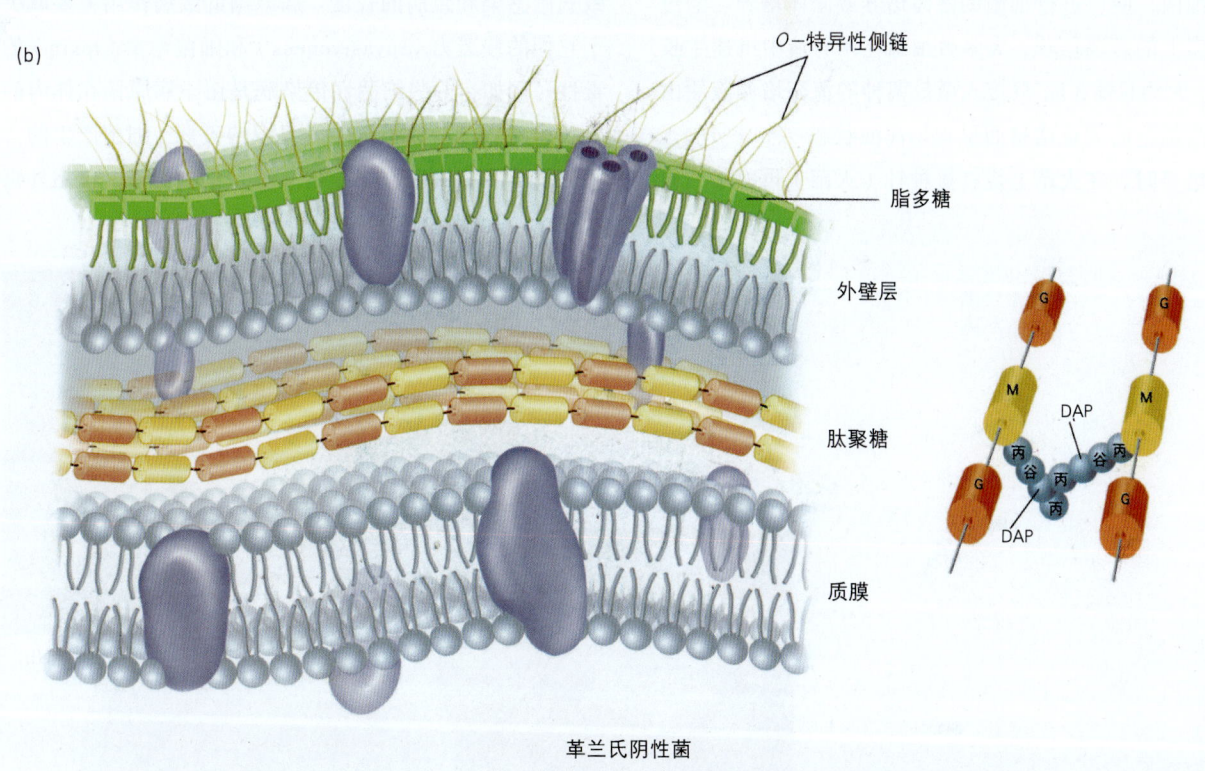

图 11-15 细菌细胞壁的结构 （a）革兰氏阳性菌的肽聚糖占细胞壁干重的50%以上，由聚糖骨架、四肽侧链和五肽交连桥三部分组成。聚糖骨架由 N- 乙酰葡萄糖胺和 N- 乙酰胞壁酸交替排列，以 β-1, 4糖苷键相连接。肽聚糖上的胞壁酸以共价键形式与壁磷壁酸侧链相连接，膜磷壁酸侧链则穿过 N- 乙酰葡萄糖胺和 N- 乙酰胞壁酸与细胞膜相连。（b）革兰氏阴性菌的肽聚糖占细胞壁干重的5%～15%，只有四肽侧链，没有五肽交连桥，只形成疏松的单层平面网格，因此细胞壁较薄，但其外层往往有脂多糖。

碳、氮、矿质元素、水等物质并获得能量。绝大多数细菌都通过消耗有机物来获取能量和碳源，细菌的这种营养方式称为**化能异养型**。除此之外，营养方式为**光能自养型**（photoautotrophy）的细菌可以利用光能以 CO_2 为碳源来合成有机质并获得能量。**化能自养型**（chemoautotrophy）细菌主要以 CO_2 为碳源，从氧化 H_2S、NH_3、Fe^{2+}、H_2 等简单无机物中获得能量。吸收光能并以有机物为碳源的细菌，其营养方式则称为**光能异养型**（photoheterotrophy）。细菌靠细胞分裂来繁殖。繁殖迅速是其重要特点。细菌的生长繁殖可分为延滞期（lag phase）、指数期（logarithmic phase）、稳定期（stationary phase）和衰亡期（death phase）4个阶段。关于细菌的生长繁殖规律将在第十章中介绍，详情请参阅图10-13和图10-14及相关内容。

一般细菌都可以人工培养，将多数细菌生长繁殖所需的基本营养成分配制成培养液，或在培养液中加入 1.5%~2.5% 的琼脂粉，经高温灭菌再冷却后接种少量的细菌，便可进行细菌的液体培养或固体培养。经过在摇床上的震荡培养，大多数细菌在培养液中迅速生长繁殖，大约只需 3 h，只接入微量菌种的清亮培养液便由于细菌细胞的大量增殖而呈均匀浑浊状态（图11-16a）。固体培养时，在火焰上烧红接种针（灭菌）再冷却，再用它将菌种划线接种在固体培养基的表面（图11-16b），经过 18~24 h 的培养，分散的单个细菌便分裂繁殖成一堆肉眼可见的细菌**菌落**（图11-16c）。细菌的人工培养在科学研究和工业生产上应用广泛；在医学方面，也是确定传染病病因、流行病学调查、疫苗制备和抗生素筛选的重要手段。

细菌在自然界分布广泛。在正常情况下，人体体表和内腔存在一些无害甚至有益的菌群，尤其在人的皮肤、口腔、肠道部位分布的细菌种类和数量较多。最常见的菌群包括葡萄球菌、大肠杆菌、双歧杆菌等，有些菌群可促进消化，有的具有提高免疫的作用，有的则具有其他作用。

通过感染引起机体生理功能失常的细菌称为致病菌。细菌的致病性因宿主而异，有的只对人类有致病性，有的只对动物有致病性，也有的对人类和动物都有致病性。即使是对人类有害的致病菌，其感染力和致病程度也可因人而异。因为致病菌在感染机体的同时，能激发宿主产生免疫反应与之对抗，人体免疫力的强弱决定了致病菌感染和致病的程度。病原菌的致病作用主要取决于它们的侵袭力（invasiveness）和细菌毒素（toxin）的毒性。例如，一些细菌性传染病是由于病原菌在体内的生长繁殖直接造成了机体内组织的破坏。细菌产生的一些对机体具有毒害作用的物质称为**细菌毒素**，包括外毒

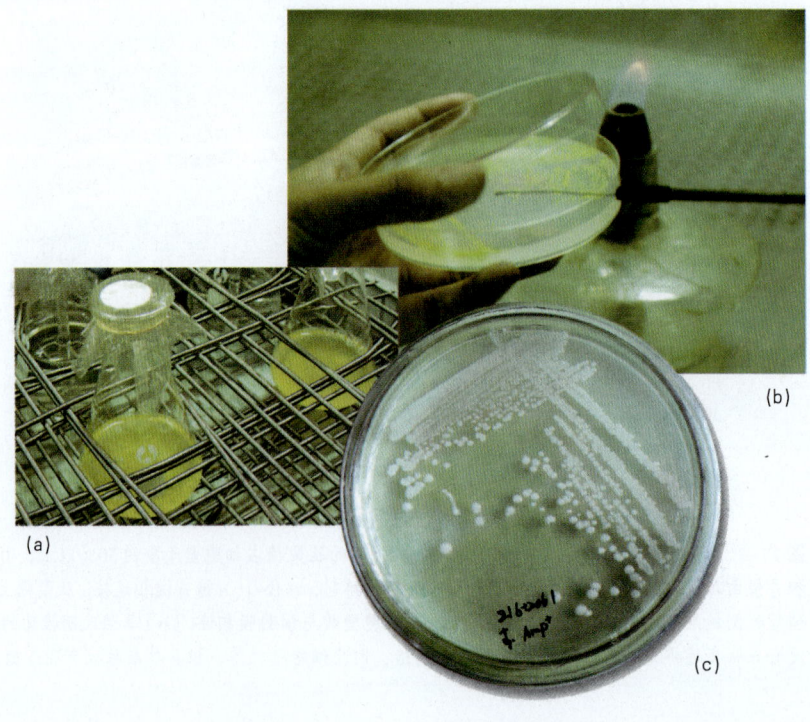

图11-16　**细菌的人工培养**　（a）在摇床上对细菌进行液体培养，摇床的震荡作用可促进细菌在培养液中的运动，防止沉淀，有利于吸收营养和细胞分裂。（b）在固体培养基的表面划线接种细菌。（c）经18~24 h的培养，细菌在固体培养基表面生长繁殖成许多菌落。

素（exotoxin）和内毒素（endotoxin）两类。

外毒素主要是由革兰氏阳性菌和部分革兰氏阴性菌分泌的蛋白质，一般都由两种亚基组成。外毒素对机体的器官和组织有选择性毒害效应，毒性较强。例如，白喉毒素是由白喉杆菌分泌的蛋白质毒素，它可以抑制机体细胞蛋白质合成，导致细胞死亡（图11-17）；破伤风毒素是由破伤风杆菌分泌的蛋白，它一般可以抑制神经元释放神经递质，引起神经痉挛和麻痹；炭疽毒素是由炭疽芽孢杆菌分泌的蛋白质，毒性很强，可快速导致细胞和机体的死亡。可产生外毒素的细菌不但严重危害着人类健康，还可能作为生物或生化武器用于战争或恐怖活动。**内毒素**是革兰氏阴性菌细胞壁中的脂多糖组分，一般相对分子质量都大于10万，内毒素分子通常由O-特异性多糖、非特异核心多糖和脂质A三部分组成，耐热性强，一般需160℃加热2~4 h才能灭活。内毒素的毒性作用较弱，一般都会引起发热、白细胞增多、休克和凝血反应。

致病菌感染人体的途径主要包括：①经空气传播和呼吸道感染，呼吸道感染的疾病有肺结核、白喉、百日咳、军团病等；②消化道感染，伤寒、痢疾、霍乱、食物中毒等胃肠道疾病都起因于摄入了被细菌污染的水和食物，不洁的手指和苍蝇等是消化道疾病传播的重要媒介；③接触感染，淋病、麻风病、梅毒等属于带菌的人与人或动物密切接触而感染的疾病，人类鼠疫是由鼠蚤叮咬传播的疾病；④创伤感染，由于创伤使皮肤或黏膜破损，随处分布的致病性葡萄球菌、链球菌等侵入引起

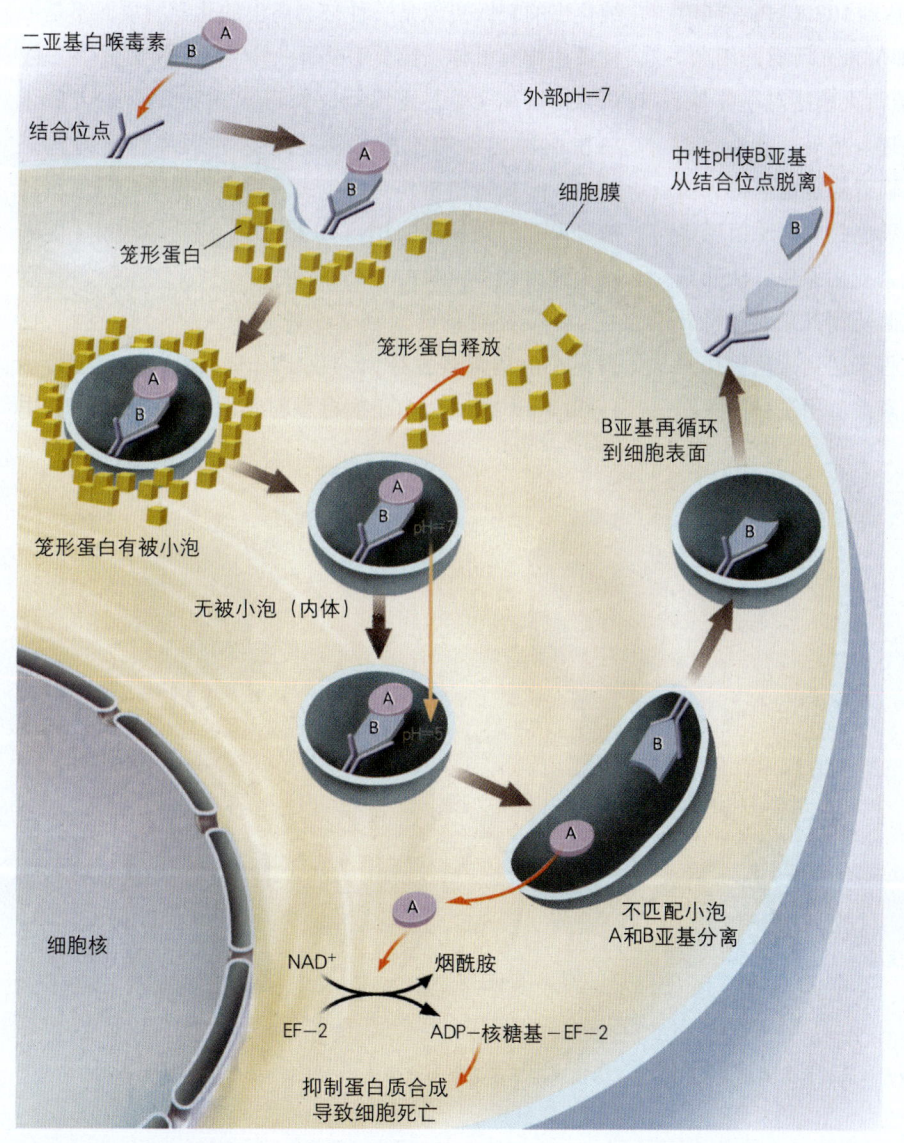

图 11-17　白喉毒素的运输和作用机制示意　白喉毒素作用于受体细胞时首先发生内吞作用，组成毒素蛋白质的A-B亚基被笼形蛋白包围形成小泡，经笼形蛋白释放和B亚基组分解离逸出，A亚基组分进入细胞质，催化蛋白质合成延伸因子2（EF-2）的ADP-核糖基化，导致蛋白质不能合成，最终造成细胞死亡。

化脓性感染，如破伤风杆菌经皮肤伤口进入，产生外毒素，严重者可导致死亡。另外，还有些致病菌可通过以上多种途径进行感染。

在环境适宜的条件下，细菌的生长非常迅速。为了消除病原菌，可以用物理、化学或生物学的方法使细菌生长的环境发生剧烈的变化，从而抑制细菌的生长和杀灭细菌。利用化学药剂进行搽洗或喷洒来杀死物体表面病原菌的过程称为**消毒**（disinfection），如果要杀死病原菌的芽孢（一种休眠的厚壁细菌形态），则需要提高消毒剂的浓度和作用时间。常用的消毒剂有 2.5% 的碘酒，70%~75% 乙醇，3% 过氧化氢，1% 高锰酸钾，氢氧化钙（生石灰），10% 甲醛溶液（福尔马林）等。用剧烈的物理方法杀灭物体上所有细菌（包括芽孢）称为**灭菌**（sterilization）。高压蒸汽灭菌是应用最广、效果最好的方法，在密闭的高压蒸汽灭菌器中，蒸汽压达到 103.4 kPa，同时温度达到 120℃维持 15~20 min，即可杀灭所有的细菌。因此实验室、医院等经常应用高压蒸汽灭菌法对培养基、生理盐水、手术器械等进行灭菌处理。另外，煮沸、焚烧、滤菌器过滤、紫外照射、电离辐射等也是消毒灭菌的有效手段。对于机体内的病菌杀灭也是对病原菌感染的疾病治疗过程，抗生素能抑制或杀死病原菌，从而减少对机体（宿主）的危害。一般抗菌药物都是通过特异性破坏病原菌的细胞结构和代谢过程来达到灭菌治病的目的。病原菌的抗药性和防止抗生素被滥用是目前医药卫生中面临的严峻问题。

三、病　毒

我们在第一章已经讨论了生命的几个基本特征，而病毒并不完全符合这些生命基本特征的要求。病毒是一类个体十分微小、结构简单、仅由蛋白质包裹单一核酸的"寄生性化学颗粒"。它们没有细胞结构，不能独立繁殖后代，但它们能在宿主细胞内以复制的方式增殖。早在 19 世纪末，科学家们就已经试图分离一种比细菌更小、结构更为简单的感染性颗粒——病毒。直到 1933 年，生物学家 Wendell Stanley 从被某种微生物感染的植物中制备出称之为烟草花叶病毒（tobacco mosaic virus，TMV）的提取物并试图对其进行纯化，令他惊奇的是，纯化出的 TMV 提取物形成了结晶颗粒形式的沉淀，这就意味着，纯化出的 TMV 更像是一种被剥离出的化学物质而不是一种微生物有机体。若干年以后，科学家们又完成了 TMV 病毒的解离实验，发现每一个 TMV 病毒都是 RNA 和蛋白质两种化学物的混合体，管状的病毒颗粒内核是 RNA，它被蛋白质外壳所包裹。后来，科学家重新组装被分离和分别保存的 RNA 和蛋白质，成功地获得了能够感染健康烟草植物的 TMV 病毒。

不同病毒的外形和大小差别很大（图 11-18a），已知最小的病毒其直径大约仅 17 nm，最大的直径可达 1 000 nm（1μm）。由于病毒颗粒非常小，一般需要在电

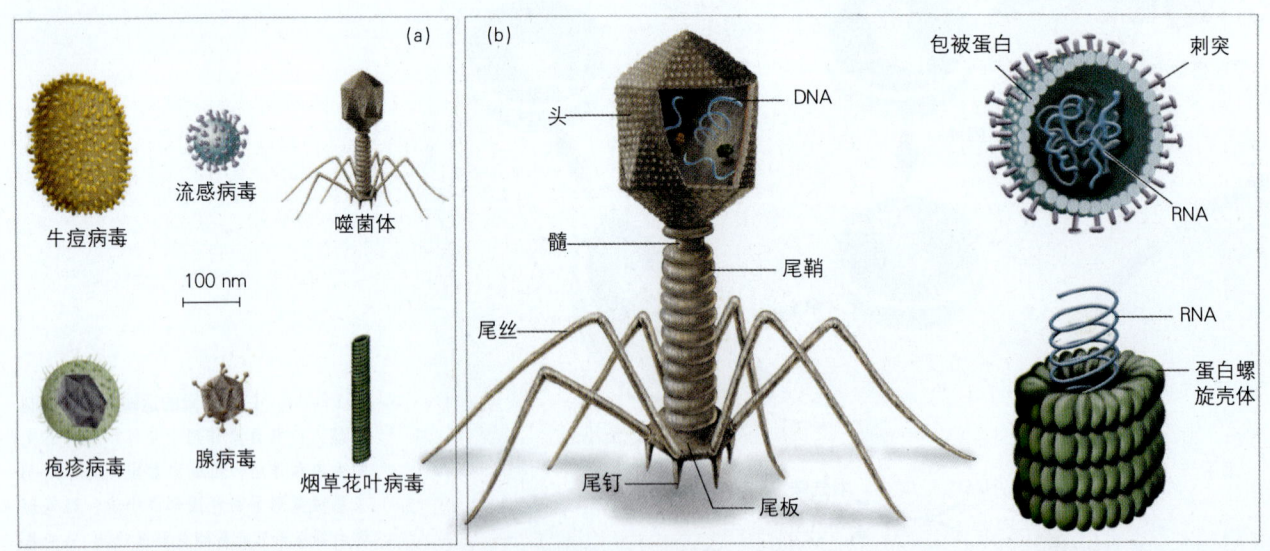

图11-18　病毒的形态和结构　（a）几种常见的病毒形态模式。（b）左、右上和右下图是分别以细菌、动物和植物为宿主的 3 种病毒的结构模式图。

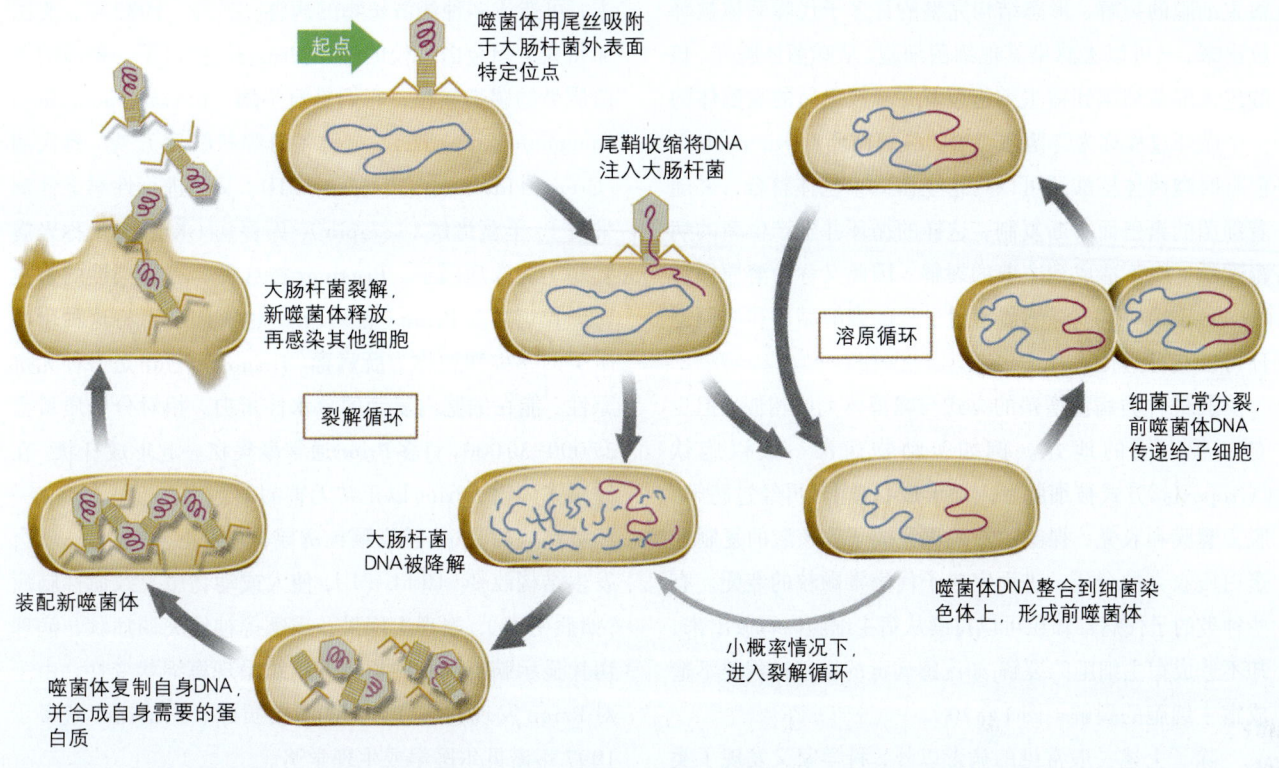

图11-19　噬菌体的增殖过程　噬菌体的增殖包括裂解循环和溶原循环。裂解循环时，噬菌体裸露的DNA直接导致子代噬菌体颗粒的复制和宿主菌的裂解；进入溶原循环的噬菌体DNA则与宿主菌染色体整合并随之复制。

子显微镜下才能观察到它们的形态。已知氢原子的直径为0.1 nm，较大的蛋白质分子直径在100~900 nm范围，一般病毒的大小与这些分子相当。从结构上看，病毒颗粒的基本结构都比较类似，即核酸内核外包裹着蛋白质衣壳（capsid）（图11-18b）。每一种病毒只含有一种核酸，或者是DNA，或者是RNA。病毒基因组可以是线状的，也可以是环状的；可以是单链，也可以是双链。有些RNA病毒还被称为**逆转录病毒**（retrovirus），逆转录病毒可以在宿主细胞内以其RNA为模板，合成互补的DNA片段。病毒核酸的功能是利用其贮存的遗传信息调控病毒的感染、增殖、遗传和变异等。位于病毒核心外的蛋白质衣壳由一定数量的壳粒即蛋白质亚单位组成，每一个壳粒含有一条或多条肽链。多种排列形式的壳粒形成了病毒特殊的对称形态。有的病毒衣壳外还可以有1~2层包膜。

病毒不能单独地进行自我增殖，它们只有进入宿主细胞后，利用宿主细胞的分子遗传机制才能进行增殖。从这个意义上看，感染细胞的病毒向宿主细胞输入了核酸信息以后，就好像是向计算机内输入了一条指令，可以启动计算机一组程序的运行。一种病毒只能侵染其特异性的宿主，以细菌为宿主的病毒特称为**噬菌体**。让我们先了解一种T4噬菌体的增殖过程（图11-19）。T4噬菌体侵染宿主（细菌）的第一步是吸附在宿主细胞的表面，然后利用噬菌体尾丝作用于细菌表面特殊受体，将噬菌体的尾钉和尾板固着在细菌细胞的表面。接着，噬菌体尾鞘输出的少量酶把细菌细胞壁局部肽聚糖溶解形成小孔，噬菌体尾髓插入细胞壁和细胞膜中，于是，噬菌体头部的核酸经过中空的尾髓立即注入到细菌细胞内，而噬菌体的衣壳则留在细胞外。噬菌体脱壳以后，原先的形态消失，其裸露的核酸利用细菌细胞内的核糖体、酶、多种低分子物质和能量进行噬菌体子代核酸的复制和外壳蛋白的合成。噬菌体DNA的复制和蛋白质的合成一般符合遗传中心法则。RNA病毒复制时，其单股负链RNA先指导RNA聚合酶的合成，然后在RNA聚合酶的指导下复制出互补的正链RNA，后者既可以作为模板复制出子代RNA，也可以具有mRNA的功能翻译合成早期蛋白。在宿主细胞内，新合成的核酸和蛋白质又被组装形成子代噬菌体颗粒，这一过程称为装配。伴随着宿主细胞的裂解，形态结构完整的许多子代噬菌体被释放出来，又可以去感染其他细菌细胞。从噬菌体脱壳、核酸进入细菌细胞到宿主细胞裂解并释放出新的噬菌体的一个循环过程称为噬菌体增殖的**裂解循环**（lytic cycle）。但有时噬菌体核酸还可以与宿主菌的染色体整合，并随着细菌的繁殖而不断复制，这样的循环并不产生新的病毒颗粒，也不造成宿主菌的裂解，因此又称为**溶原循环**（lysogenic cycle）。噬菌体增殖过程的裂解循环和溶原循环可以交替进行。

其他种类病毒增殖的方式与噬菌体大体相似，但也有一些不同的地方。例如，动物病毒一般以胞饮（viropexis）方式被细胞吞入而形成吞噬泡，再经过酶解，脱去囊膜和衣壳，裸露的核酸再完成子代核酸的复制和蛋白质衣壳的合成，进而完成子代病毒颗粒的装配。有些种类的子代病毒颗粒可以持续从宿主细胞内释放出来，却不造成宿主细胞的裂解，如流感病毒的增殖过程并不造成宿主细胞的裂解（图11-20）。

除了上述一般常见的病毒以外，科学家又发现了**类病毒**（viroid），类病毒仅是一条RNA链，没有蛋白质衣壳的包裹。目前已发现的类病毒大部分以植物细胞为宿主，可造成多种经济植物的病害。另外，1982年，美国加州大学旧金山分校的S. B. Prusiner报道了一种新的蛋白质类的感染颗粒，它们是疯牛病（bovine spongiform encephalopathy，BSE，又称牛海绵状脑病）、克-雅氏病（Creutzfeldt-Jakob disease，CJD，又称进行性早老性痴呆病）、羊瘙痒病（scrapie）、库鲁病（Kuru，又称人震颤病）的致病因子。Prusiner将这种具有感染性的蛋白质颗粒定名为**Prion**（普列昂），也有的学者将这种蛋白质类的感染颗粒称为**朊病毒**（virino）。Prion是一种无抗原性、能在细胞内复制的疏水性蛋白，相对分子质量为27 000~30 000，许多Prion通常聚集在一起形成杆状。在健康人体内，Prion以正常无害的细胞蛋白形式存在。一旦被致病的Prion感染颗粒诱导，原先正常的Prion就会发生结构改变（图11-21），使人或动物患上致命性脑病（如疯牛病），表现出痴呆、震颤等神经失调症状，病理切片显示脑组织和中枢神经组织呈现海绵状变性。由于对Prion发现和研究方面的重要贡献，Prusiner获得了1997年诺贝尔医学或生理学奖。

病毒作为一种主要病原体，传染性强、传播广，严重危害人类生命和健康。病毒的致病机制较复杂，裂解

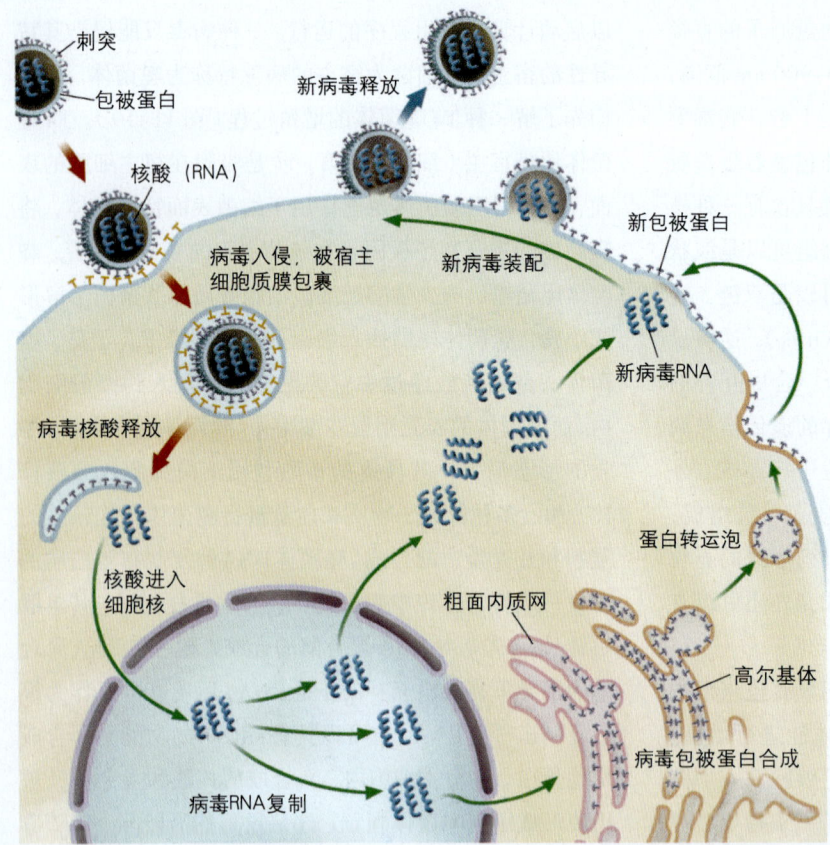

图11-20　流感病毒的增殖过程

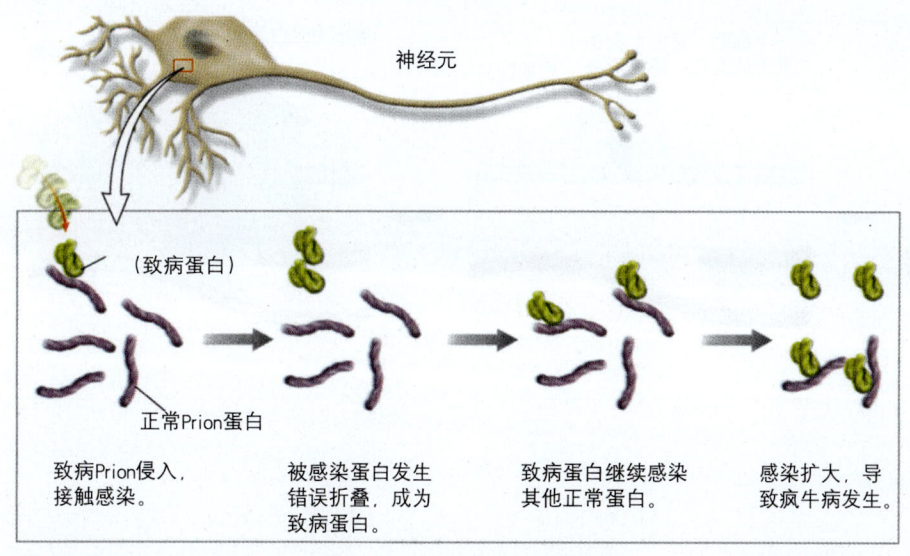

图 11-21 致病 Prion 的感染导致正常蛋白产生错误的折叠，因此具有病毒式的感染效果

作用强的病毒通过在宿主细胞内增殖引起细胞溶解死亡，还可以破坏宿主细胞蛋白质的合成过程而导致宿主细胞的死亡。有些病毒感染细胞时，可以使相邻细胞的细胞膜相互融合；病毒的侵染还可能改变细胞表面的抗原，损害细胞的正常功能。在病毒增殖的溶原循环过程中，整合到宿主细胞染色体上的 DNA 片段也可以使细胞遗传性状发生较大的癌变，令细胞的生长和分裂失控，某些肿瘤的发生可能与病毒 DNA 对宿主细胞的转化有关。

一般常见的病毒性疾病主要有艾滋病、流行性感冒、乙型肝炎、麻疹、脊髓灰质炎、狂犬病、登革热等。近年来，科学家还发现某些病毒能使动物产生肿瘤。病毒侵入机体的途径包括呼吸道感染、消化道感染、昆虫或其他动物叮咬感染、接触感染、血液（输血）感染、经胎盘或产道感染、性接触感染等。病毒感染后一般情况下可以诱导机体产生抗病毒的免疫应答反应，例如**干扰素**就是一种病毒入侵引起非特异性免疫应答反应而产生的糖蛋白，它具有抗病毒作用，还有抑制肿瘤细胞生长和免疫调节等多方面的作用。通过基因工程方法生产的干扰素作为抗病毒药物，已经在临床上用于多种病毒性疾病的预防和治疗。

第三节 几种重大疾病简介及其预防

危害人类健康的疾病种类很多，其中发病率高、危害极大的一些疾病属于重大疾病。例如，癌症、心血管疾病、糖尿病、艾滋病、流行性强的呼吸道传染病等都属于重大疾病。认识上述重大疾病的发生、发展规律和机制及患病机体相应的代谢与功能变化是病理学或病理生理学最主要的研究内容，也是基础生命科学知识体系中与实践结合最紧密的部分内容。

一、癌 症

癌症又称恶性肿瘤（malignant tumor），是正常细胞生长与分裂失控，导致异常分裂的细胞团即肿瘤不断增大。肿瘤细胞分裂产生的子代细胞也是肿瘤细胞，肿瘤细胞还能通过淋巴管和血管等扩散和转移到机体的其他部位，形成新的肿瘤（图 11-22）。肿瘤增大和转移的结果严重地损害组织和器官的结构与功能，最终导致机体的死亡。癌症作为人类健康的"杀手"，是一种死亡率很高的疾病。20 世纪 80 年代以来，全球癌症发病人数一直呈逐年上升趋势。据有关统计，1999 年出生的儿童中，大约将有三分之一的人在今后一生的不同时期将会受到癌症死亡的威胁。根据最初的发生部位，癌症被分成多种类型，在我国发病率最高的几类癌症有胃癌、肝癌、肺癌和食管癌等。

癌症发生的原因和机理很复杂，迄今仍然是医学界面临的重大课题。大量的临床观察、流行病学调查和实验肿瘤学研究证明，环境中的化学致癌物质、放射性物质、病毒等等是导致癌症发生最主要的因素。现代分子生物学的研究进一步证实，控制细胞生长与分裂的基因可以发生随机突变，这种突变在更多的情况下是一些环境因素作用的结果。上述环境因素都能直接或间接地作用于细胞内的遗传物质，使之结构、功能异常，从而诱发细胞癌变。

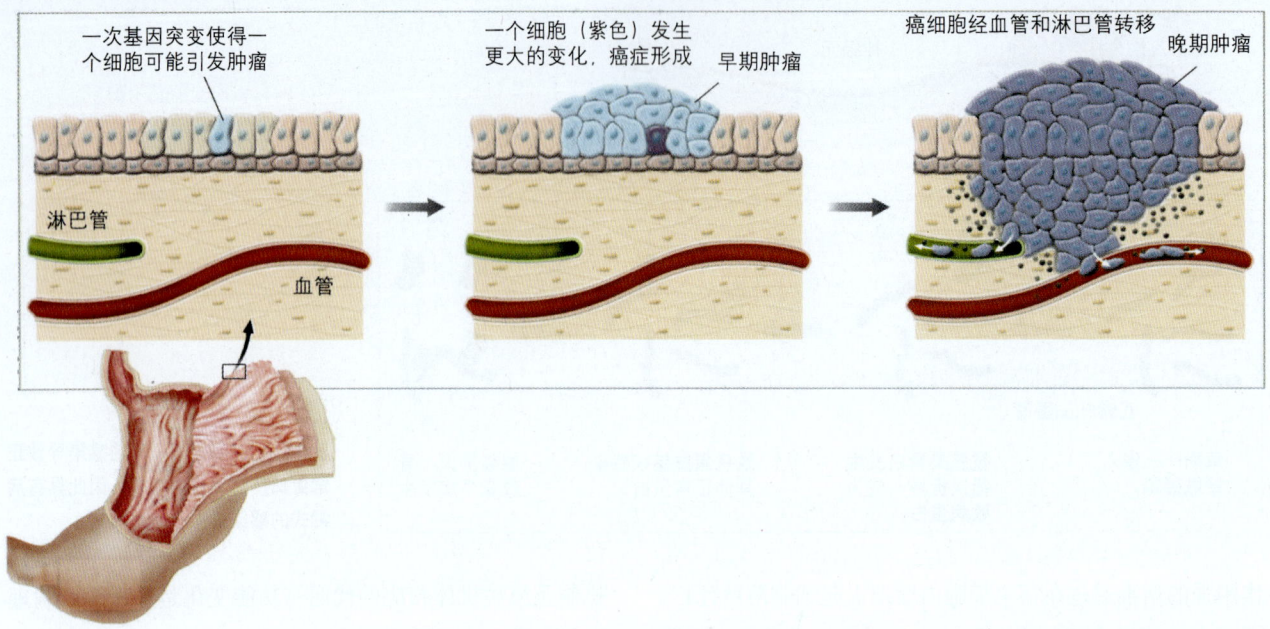

图 11-22 胃癌的发生模型 人体胃部个别上皮细胞发生癌变，形成异常分裂的细胞团（肿瘤）。随着肿瘤不断增大，癌细胞又通过血管和淋巴管侵入到其他组织，形成新的肿瘤。

化学致癌物质是指能引起人或动物形成肿瘤的化学物质，目前已发现环境中有2 000多种化学物质与癌症的发生密切相关，由化学致癌物质引发的癌症约占人类癌症病因的80%以上。化学致癌物质大部分是一些有机化合物，它们主要包括多环芳烃类、亚硝基化合物、烷化剂类、芳香胺类、偶氮染料、生物毒素等（图11-23），石棉、无机砷等物质也具有致癌作用。上述这些物质大多产生或存在于石油与煤炭等燃料燃烧后的排弃物、化学工业原料及其生产过程中，生物毒素主要来源于真菌类等微生物。工业化大生产加剧了全球大气和水环境的污染，也增加了引发人类肿瘤发生的风险。化学致癌物质引发肿瘤发生的主要原因在于它们可直接或间接地作用于细胞内 DNA、RNA 和蛋白质等生物大分子，最终改变细胞遗传物质的特性。例如，多环芳烃类、亚硝基化合物、烷化剂类等致癌物可以攻击核酸碱基（如鸟嘌呤）的多个亲核位点，与细胞内的 DNA 形成复合物，造成DNA的损伤。另外，电离辐射、紫外线等也都可以引发基因突变从而导致肿瘤的发生。例如，在第二次世界大战中受原子弹爆炸辐射伤害的日本长崎和广岛居民，30年后粒细胞白血病发病率显著升高。

除了化学致癌物质以外，科学家发现，一些肿瘤的发生与病毒感染有关。早在1911年，美国科学家Peyton

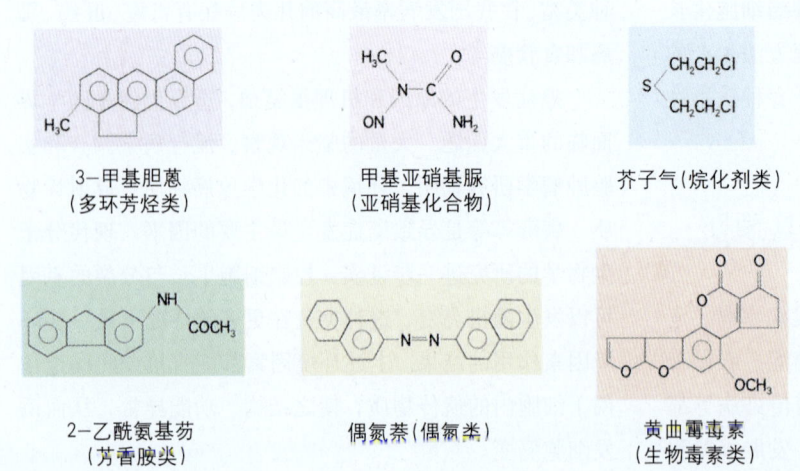

图 11-23 部分常见的化学致癌物质

Rous 就报告了后来被命名的一种 **Rous 肉瘤病毒**（Rous avian sarcoma virus，RSV），该病毒可以诱发小鸡成纤维细胞形成肿瘤。Rous 因为其突出的成果，获得了 1966 年度诺贝尔奖，那时他已经是一位 87 岁的老人。以后进一步研究证明，RSV 是一种逆转录病毒（RNA 病毒），当这种逆转录病毒感染宿主细胞时，便以病毒 RNA 为模板转录生成 DNA，然后插入到宿主细胞的 DNA 中。逆转录病毒的发现揭示了遗传信息还可以由 RNA 流向 DNA，这是对 Crick 提出的遗传信息由 DNA 流向 RNA 再流向蛋白质的中心法则的扩展和补充。

在 20 世纪 70 年代，科学家们通过对逆转录病毒的研究，首次发现了癌的形成与遗传基因相互作用的例证。实验显示，RSV 中的一个基因能够使正常的鸡细胞转化为恶性癌细胞。这个基因被命名为 *src*，这是科学家发现的第一个癌基因（oncogene）。1977 年，J. Michael Bishop 和 Harold Varmus 首次分离获得了 *src* 蛋白，而且揭示出，鸡细胞中原来就有能引起肿瘤的 *src* 基因。通过一种 RAV-O 病毒感染鸡细胞和逆转录过程，从宿主鸡细胞中获得了 *src* 基因（图 11-24），从而形成了能诱发肿瘤的逆转录病毒 RSV。Varmus 和 Bishop 因为对逆转录病毒癌基因研究的贡献，共同分享了 1987 年的诺贝尔医学或生理学奖。后来科学家们对 *src* 基因的深入研究又发现，*src* 蛋白是一种催化酪氨酸磷酸化反应的酪氨酸激酶。有的酪氨酸激酶是细胞膜上表皮生长因子的受体，具有启动细胞分裂的信号功能。对宿主细胞中正常的 *src* 基因和 RSV 中 *src* 基因的比较研究显示，后者的核苷酸序列已经发生了许多突变，而且 RSV 中 *src* 基因编码产生的 *src* 蛋白即酪氨酸激酶活性大大强于正常的 *src*，因此才具有致癌作用。

ras 基因家族是另一类编码 p21 蛋白的癌基因，p21 蛋白定位在细胞膜上，具有 GTP 酶的活性。*ras* 基因可以被化学致癌物质激活，这种激活只是改变了基因中的一个核苷酸，并导致其编码的 ras 蛋白一个氨基酸的变化，说明癌基因的突变在人体肿瘤发生中具有特别重要的作用。除了 *src*、*ras* 基因外，目前已经分离鉴定的癌基因有 70 多个，它们大多是一些编码生长因子、生长因子受体、信号转导蛋白、蛋白激酶和转录激活物等的基因。

人类和其他动物细胞中的癌基因起源于原癌基因（proto-oncogene）。**原癌基因**是一些与调节和控制细胞生长、分裂和细胞周期相关的基因。原癌基因的结构变化或者失控就会演变成癌基因。有 4 种类型的突变可以将

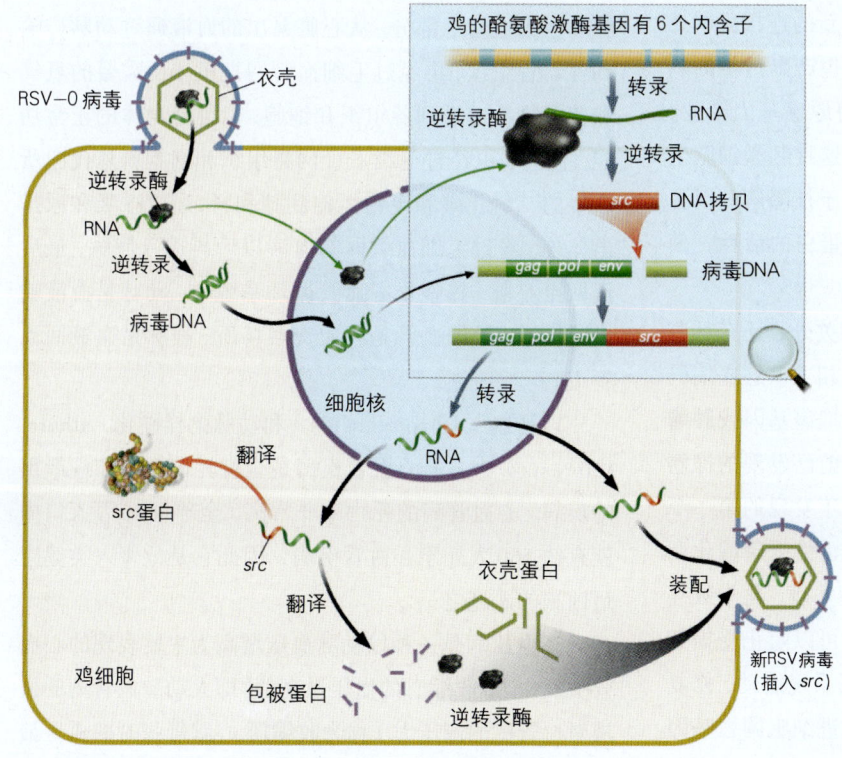

图 11-24 RSV 中的 *src* 基因来源于鸡细胞中正常的酪氨酸激酶基因 蓝色背景方框为局部放大，显示了在鸡细胞核内，病毒的 DNA 链插入了源于鸡的 *src* 基因片段以后，可以表达出 src 蛋白，又可能被包裹（装配）成新的致癌病毒。鸡细胞染色体上酪氨酸激酶基因有 6 个内含子（蓝色片段），其转录产物（绿色片段）经过一种无致癌活性的逆转录病毒 RAV-O 的感染，在逆转录酶的作用下生成互补的 DNA 拷贝（红色片段），后者插入到 RAV-O 的基因组中，成为有致癌活性的 RSV 中的 *src* 基因。RSV 染色体只含有较少的基因，其中 *gag* 和 *env* 是编码病毒衣壳和包被蛋白的基因，*pol* 是编码逆转录酶的基因。

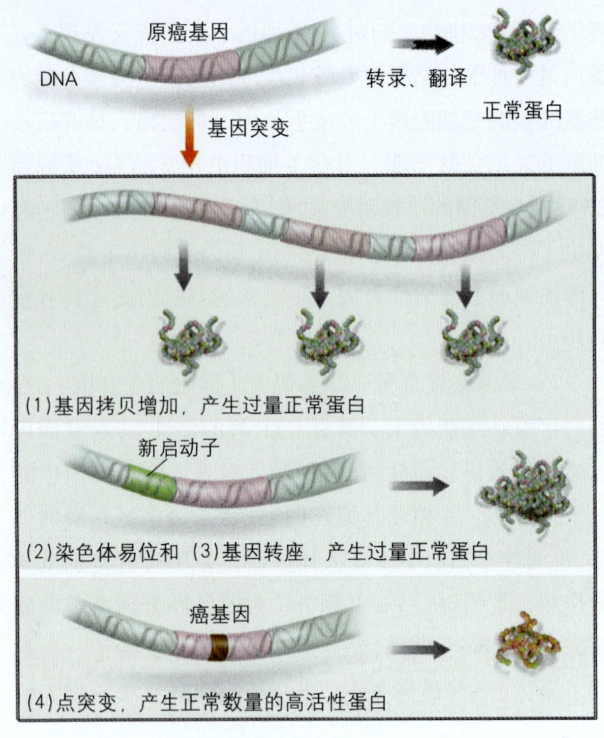

图11-25 基因突变导致原癌基因转变成癌基因

原癌基因转变为癌基因（图11-25）：（1）基因扩增和增强；（2）染色体易位；（3）基因转座；（4）点突变。基因扩增和增强就是每个细胞中的原癌基因数目比正常细胞多好几倍，产出过量的刺激细胞生长的蛋白。染色体易位和基因转座都使得癌基因被调整到新的连接区，处于一个活性更高的启动子的控制之下，也产出过量的刺激细胞生长的蛋白。点突变则是直接将原癌基因转变，使之表达出编码刺激细胞生长的蛋白，这种刺激细胞生长的蛋白活性更高，比正常蛋白更不易于被降解。以上4种突变的机制都是增加细胞生长调节蛋白的活性，使得细胞的生长和分裂失控，即形成了癌。

除了原癌基因的突变与癌的发生相关外，还有一些抑制细胞过度分裂的基因也与癌的发生相关。这些编码防止细胞无节制分裂的蛋白的基因称为抑癌基因或**肿瘤抑制基因**（tumor-suppressor gene）。目前已发现的抑癌基因有10多种，其中p53基因是1979年发现的第一个抑癌基因。**p53蛋白**是一种核磷蛋白，其活性受磷酸化调控。在正常情况下，当细胞DNA受到紫外线、化学致癌物质等作用产生损伤时，p53表达增高，可以阻止受损细胞进入细胞周期，同时使DNA损伤修复系统启动，修复被损伤的DNA。p53还有启动另一组促细胞凋亡基因

转录的功能，从而清除那些未被修复的DNA损伤的细胞（图11-26）。研究显示，任何使抑癌基因失活或减少表达的突变可以导致癌的发生。综上所述，癌的发生是多因素的，与癌基因、抑癌基因、细胞凋亡基因等多个基因的活化或突变密切相关。因此，癌的发生往往是一个多次突变积累的复杂过程。突变的积累需要时间，这也说明，为什么随着年龄的增长，发生癌症的概率会逐渐增大。

迄今为止，特别是近几十年来，肿瘤细胞的分子生物学研究不断取得新的发现和进展，但从根本上有效预防和治愈癌症的途径及方法尚未找到。随着科学技术的进步和分子生物学的发展，癌症这一人类头号杀手终将被科学家征服。

二、心血管疾病

心脏和血管组成了人体的循环系统（图11-27）。心脏是血液循环的动力"泵"，它不停地收缩和舒张，推动血液在血管内往复地流动。心脏主要由心肌细胞组成，含有丰富的肌纤维，它在控制心脏的收缩和舒张时的耗氧量约占全身耗氧量的15%。心脏的血流主要靠**冠状动脉**（coronary artery）供给，即通过冠状动脉里的血液为心肌细胞供氧，保证了心脏这一"耗能大户"收缩和舒张所需的能量。与心脏相连接的血管分为动脉、静脉和毛细血管三部分。从心脏泵出的血液通过动脉传输到各器官组织，再经过毛细血管网把机体所需要的氧气和营养物质运送到各组织和细胞，以维持身体的正常功能；同时，也经过毛细血管网将组织和细胞新陈代谢所产生的二氧化碳和废物运输到肺和肾，通过呼吸和尿排出体外。经过毛细血管网的血液以后再进入静脉，最后流回至心脏。在整个心血管循环系统中，动脉是血液输出的管道，毛细血管是物质交换场所，静脉是血液回流管道。

以高血压（hypertension）和动脉粥样硬化（atherosclerosis）为主的心血管疾病是全世界最常见和最严重的疾病。心血管病的死亡率非常高，全球每10万人口中就有约160人死于心血管疾病，因此它是危害人类健康最凶狠的恶魔之一。

高血压病是一种以动脉血压增高为主要表现的心血管疾病。心脏收缩时的血压最高值（即大动脉血管内的血液对血管壁的侧压力）称为**收缩压**，心脏舒张时的血压最

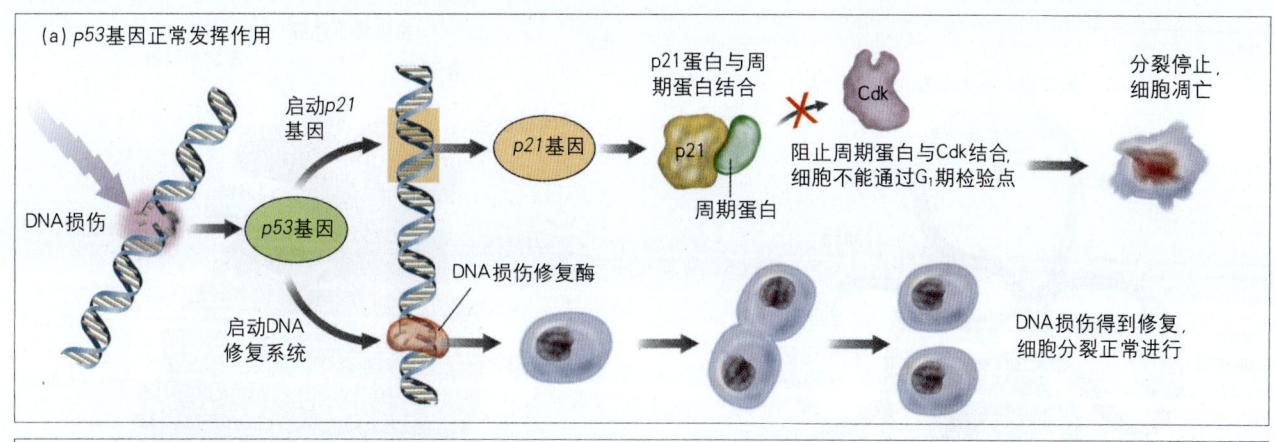

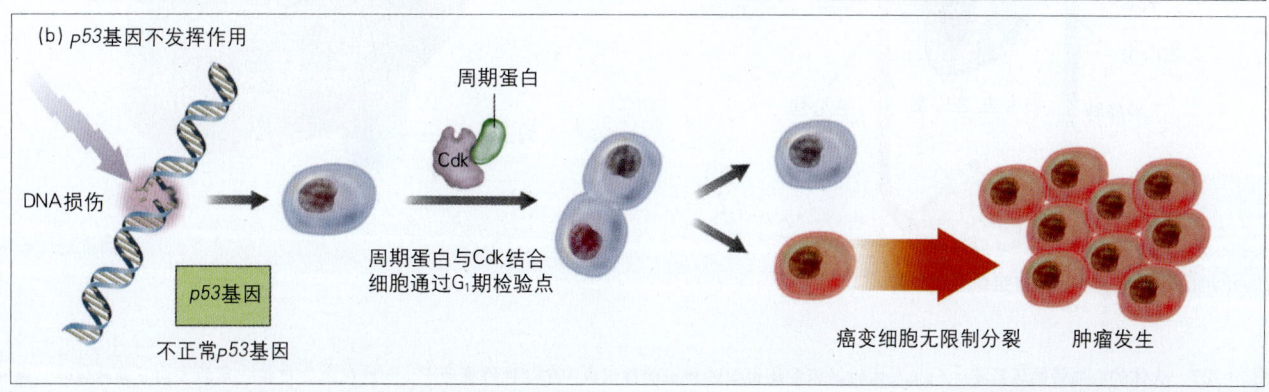

图 11-26　*p53* 肿瘤抑制基因在细胞周期中调控细胞分裂的作用　（a）在 *p53* 正常的细胞中，当细胞基因组 DNA 受到损伤，p53 蛋白过量表达。一方面，p53 蛋白启动 *p21* 基因转录和翻译产生 p21 蛋白，p21 蛋白与 Cyclin（周期蛋白）结合，使 Cdk（周期蛋白依赖性激酶）不能与 Cyclin 结合形成复合物，从而阻止受损的周期细胞通过 G_1 期检验点，细胞发生凋亡；另一方面，p53 蛋白让 DNA 损伤修复酶活化，使得一部分得到修复的细胞可以进行正常的细胞分裂。（b）在 *p53* 发生突变的细胞中，一部分受损的周期细胞在活化的 Cdk-Cyclin 复合物的作用下顺利地通过 G_1 期检验点，继续完成细胞分裂周期，由于 DNA 损伤和突变积累的效应，产生的个别子细胞便转变成为肿瘤细胞。有关细胞周期控制和细胞凋亡的机理请参见第三章图 3-41、3-42 和第六章图 6-12 及其相关的正文内容。

低值为**舒张压**。一般正常人的收缩压不高于 140 mmHg，舒张压不高于 95 mmHg。高于这一标准便是高血压。病理形态学观察显示，原发性高血压表现为血管口径缩窄，管壁平滑肌细胞增生肥厚，造成周围小动脉阻力增加和心肌收缩力的增加。高血压可以引起多种严重的并发症。心脏负荷增加可引起心肌肥厚和心力衰竭。高血压造成组织和器官供血不足，从而引起多种器官的损害，易发生脑中风、动脉血管粥样硬化、肾功能损伤和视网膜病变等。因此，高血压引起的心、脑、肾器官损害及并发症造成了高血压对健康和生命最大的危害。对高血压发病的基本原因目前尚不十分明了，流行病学调查显示，肥胖、高盐饮食、嗜酒、精神紧张等容易诱发高血压。高血压还具有一定的遗传倾向和家族集聚倾向。

动脉粥样硬化是另一类严重的心血管疾病。新出生的婴儿动脉血管壁内膜纤薄且十分光滑，血流畅通。随着年龄的增长，如果再受到多种有害因素的影响，血液中的脂质就会在动脉某些部位的内膜处沉积，造成平滑肌细胞堆积和纤维基质成分增殖，逐渐形成隆起的动脉粥样硬化性斑块。随着斑块的增大，局部动脉血管管腔越来越狭窄，血流不畅。动脉粥样硬化最常见于心脏部位的冠状动脉（图 11-27），由于冠状动脉是心脏的供血通道，当其血流量不能满足心肌的需要时，心肌就会发生缺氧性坏死。因此冠状动脉粥样硬化又称为缺血性心脏病或简称为冠心病。冠状动脉粥样硬化性斑块有的还会发生坏死、裂隙和溃疡，并可形成新的血栓（图 11-28）。冠心病的严重危害在于冠状动脉是保证心脏活动唯一的"生命线"，其狭窄、阻塞会立即引起心肌缺血、缺氧、梗塞而迅速危及生命。当冠心病患者心肌发生缺血缺氧时，临床上可以出现心绞痛、心肌梗塞、心脏骤停（猝死）等，有的病人也可能仅有心电图的改变而无其他显著症状。一旦心肌缺血急性发作而抢救不及时，会立即导致冠心病患者的突发性死亡。

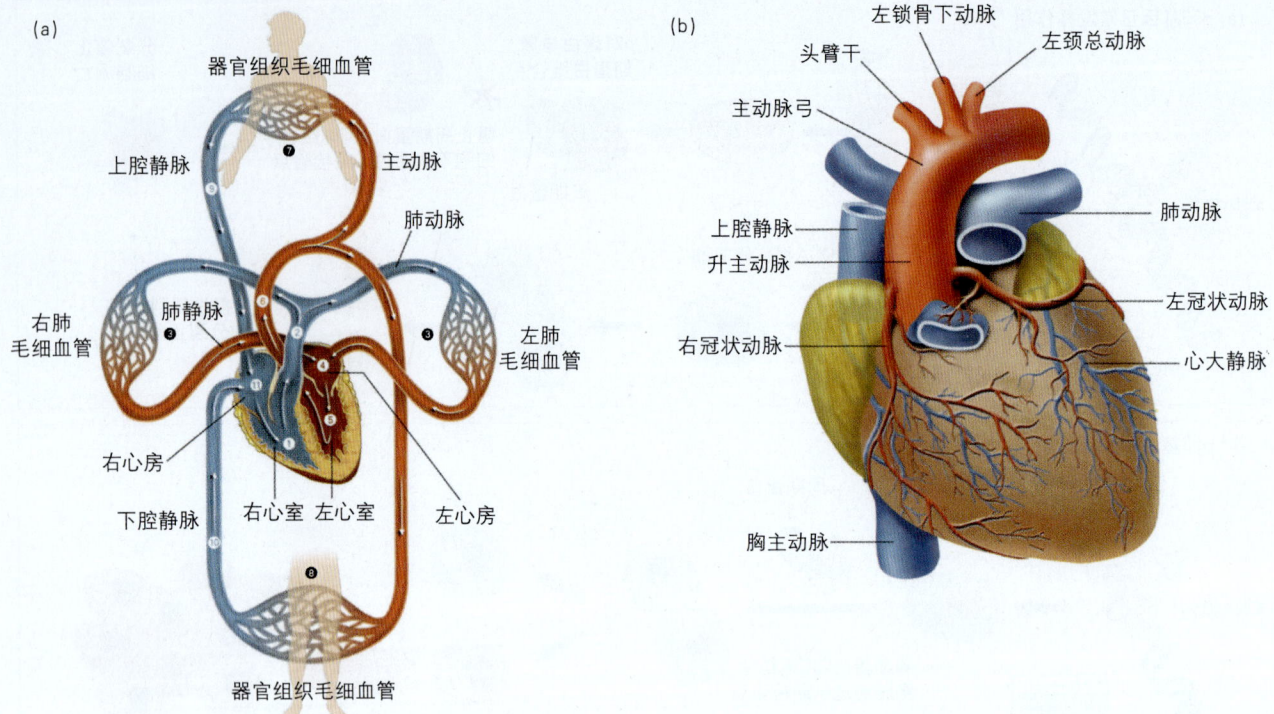

图11-27 人体的心血管循环系统 （a）人体的循环系统由心脏和血管所组成。在心脏的推动下，血液在血管中按一定的方向不断地流动。血液从心脏流入动脉，再经静脉流回心脏。从上、下腔静脉流入心脏的缺氧静脉血（携带CO_2）（图中蓝色表示）首先从心脏流向肺部，在肺部的毛细血管中，血液中的血红蛋白与氧结合，形成含氧丰富的动脉血（图中红色表示），再回到心脏，便完成了肺循环。含氧丰富的动脉血从心脏出发，通过主动脉到达全身各毛细血管，并将O_2和养料运送给身体的各个组织，经过与组织的气体交换和物质交换以后，又成为缺氧的静脉血，流入心脏，于是完成了体循环。（b）心脏在血液循环中起着泵的作用，心脏一旦停止跳动，血液便不能循环。人的心脏约拳头般大小，位于胸腔的围心腔（心包腔）中。心脏是一个由心内膜、心肌层和心外膜组成的中空的肌肉性器官。心肌的自主性收缩和舒张引起心脏有节律的收缩和舒张，产生了心搏。特别需要注意的是，心脏自身部分的血液循环称为冠状循环，它由冠状动脉、毛细血管和冠状静脉来完成。为心肌提供营养和氧气的左右冠状动脉分别从主动脉基部出发，走向心脏表面。心肌几乎完全依靠有氧代谢获得能量，以维持不停地搏动（即收缩和舒张）。因此，心肌耗氧量很大，需要由冠状动脉提供充分的血液供应。正常情况下，进入冠状循环的血量占心脏总输出血量的8%~9%。

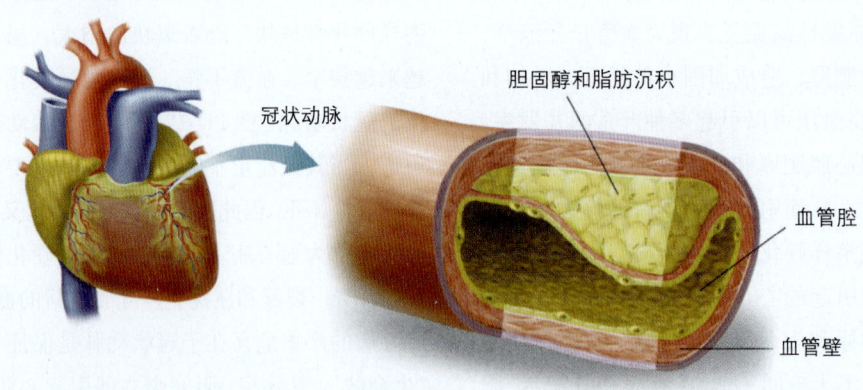

图11-28 冠心病患者冠状动脉壁粥样硬化性斑块 冠状动脉粥样硬化斑块的产生过程包括，首先冠状动脉内皮细胞的结构或功能性变化引起血小板黏附和聚集，血浆脂质进入动脉内膜并在内膜间隙内沉积，大量脂质进入内膜下单核细胞形成脂质泡沫细胞；同时，血管中层的平滑肌细胞增殖并大量吸收脂质，也转化为泡沫细胞；血管壁中层的成纤维细胞也通过增殖和迁移，分泌出大量的胶原蛋白等基质，使血管纤维化、硬化；这些最终造成了逐渐隆起的粥样硬化斑块的形成，阻塞了冠状动脉，严重影响了对心肌的血液供应。冠状动脉粥样硬化斑块发生坏死、裂陷、溃疡或脱离还可形成新的血栓。

现代医学对冠状动脉粥样硬化发病病理研究表明，血液中血脂和胆固醇浓度增高、肥胖、高血压等与冠心病的发生有直接的关系，因此，合理的饮食即控制总的食物摄入量、减低动物性食物和油脂在食物中的比例、多运动等是预防冠心病的有效途径。

近年来，利用分子生物学理论和技术对心血管疾病的研究也取得了许多重要成果，对心血管疾病的分子生物学研究内容包括许多方面。例如，与心血管系统生理和病理相关的基因的克隆、表达调控和功能分析；以多肽和激素等为主的心血管活性物质的分离、分析和功能研究；心血管细胞的增殖、分化与凋亡的调控机理认识；心血管疾病的分子诊断、基因诊断、基因治疗和基因药物研发等。

三、艾滋病

1981年首例艾滋病（AIDS，获得性免疫缺陷综合征）被确认，到现在20多年过去了，艾滋病不但没有被消灭，相反却在全球疯狂地蔓延开来。全球有近6 000万HIV感染者，其中约2 000万人已经死亡。虽然艾滋病最早在撒哈拉沙漠以南的非洲国家蔓延最为严重，近年来亚洲的艾滋病患者人数迅速上升。我国目前约有近100万感染者，感染者有逐年增加的趋势。在我国中部某些地区，1995年前因不规范或非法采血供血活动，助长了艾滋病的传播，感染者多以村为单位呈高度聚集分布，造成了艾滋病流行进入高发期，艾滋病的防治形势不容乐观。由于艾滋病感染和传播迅速，目前还没有有效的治疗方法，因此它是人类健康的重大威胁者。1988年1月，世界卫生组织（WHO）确定每年的12月1日为"世界艾滋病日"，以红丝带为警醒标记，以提高国际社会对艾滋病的重视。

艾滋病是由**人类免疫缺陷病毒（HIV）**引起的获得性免疫缺陷综合征。HIV是一种逆转录病毒，可特异性地侵染CD4$^+$ T细胞，破坏人体细胞免疫功能。HIV一旦开始繁殖，它们就杀死寄主细胞，然后感染其他细胞，最终摧毁人体的免疫能力。这时，由于失去了免疫能力，哪怕是最轻微的感染，都会直接威胁到人的生命。

HIV感染T淋巴细胞的过程包括（图11-29）：HIV外膜蛋白与T淋巴细胞表面的CD4$^+$受体蛋白结合，使病毒RNA进入细胞。在逆转录酶的作用下，病毒RNA被逆转录形成互补DNA链，后者再整合到宿主细胞的染色体上，HIV进入潜伏期。潜伏期结束后，HIV的基因随着宿主细胞染色体DNA一起转录，形成RNA后利用宿主细胞合成出病毒蛋白，病毒蛋白再与HIV的RNA组装成完整的HIV病毒颗粒。这时T淋巴细胞破裂或以出芽

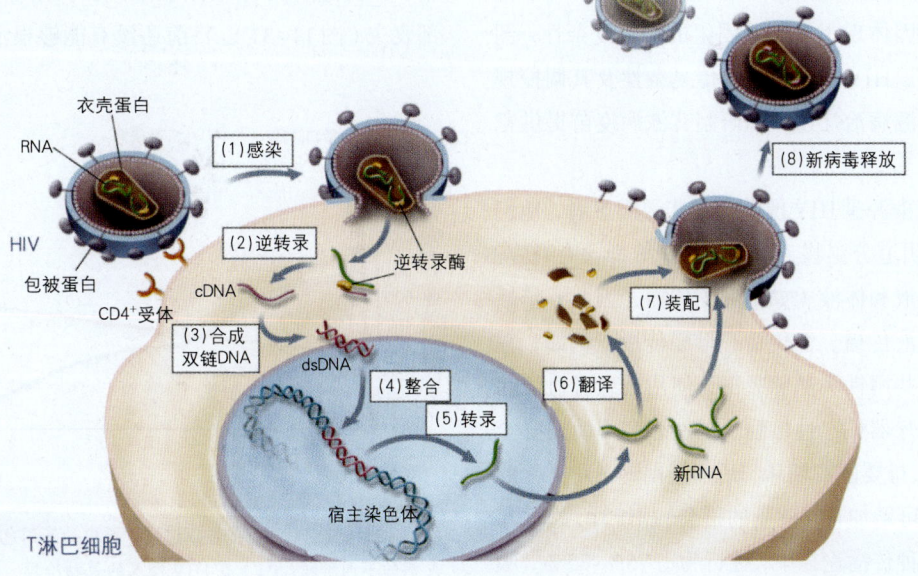

图11-29　HIV感染T淋巴细胞的过程　（1）HIV外膜蛋白与T淋巴细胞表面的CD4$^+$受体结合，HIV去除蛋白外壳，病毒RNA进入被感染细胞。（2）在逆转录酶的作用下，以HIV的RNA为模板，合成一条单链DNA（cDNA）。（3）后者再进一步合成互补的DNA双链（dsDNA）。（4）dsDNA整合到宿主染色体上，HIV进入潜伏期。（5）当被感染的细胞激活时，前病毒DNA开始转录生成新的mRNA片段。（6）新的mRNA片段合成HIV外壳蛋白（翻译过程）。（7）在宿主细胞内，新合成的RNA、逆转录酶、外壳蛋白等又装配生成更多的病毒颗粒。（8）更多新的HIV病毒颗粒以出芽的方式从宿主细胞中释放出来，又去攻击其他T淋巴细胞。

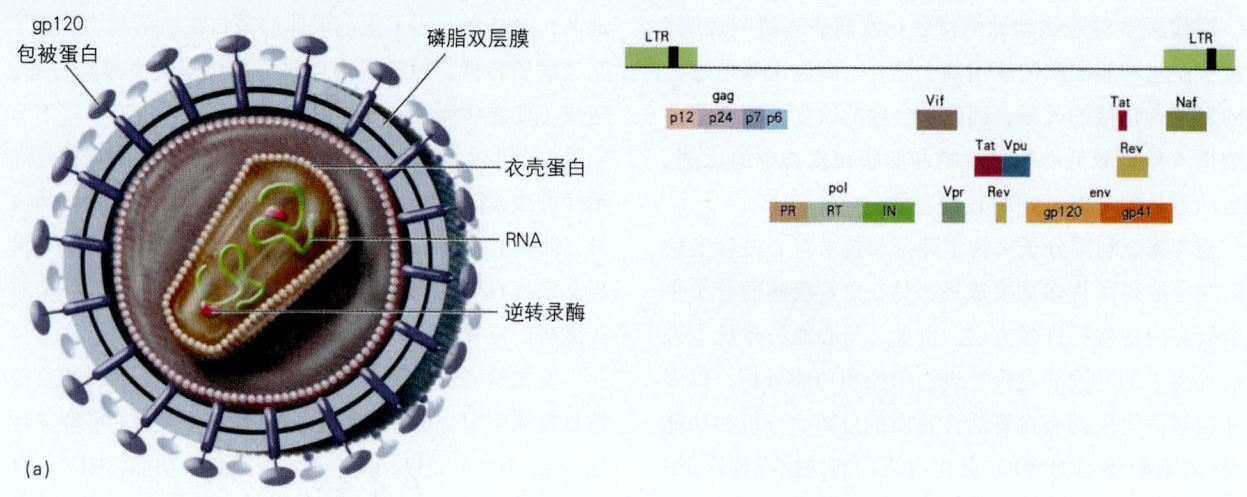

图 11-30　HIV的结构及其基因的组成与功能　（a）HIV结构的典型模式图。（b）HIV基因的组成及功能。

形式释放出新的HIV，新HIV个体再一次去侵染其他T淋巴细胞。晚期感染的HIV会发生一系列的突变，入侵$CD4^+T$细胞时，可以直接杀死后者。一般潜伏期后的病程发展很快，很多艾滋病患者在确诊后的3年内便死于其他疾病或某些癌症。

对HIV原病毒基因组分析揭示，其DNA两端具有包含增强子和启动子的相同的长末端重复序列（LTR）。与大多数逆转录病毒一样，HIV基因组中有 *gag*, *pol* 和 *env* 等3个编码区。除此以外，基因组中的几个重要调节基因和辅助调节基因体现了HIV基因组的遗传复杂性（图11-30）。深入认识HIV基因组的遗传复杂性及其调控规律可以为发现艾滋病治疗途径和研制艾滋病疫苗提供靶向目标。

艾滋病的感染源是HIV携带者和艾滋病患者，他们的血液、精液、阴道分泌物、乳汁和骨髓等都含有HIV。HIV主要通过血液和体液（如精液）传播，因此，传播感染途径包括血液传播、性传播、母婴传播。例如，输血或血液接触、共用针头静脉吸毒、使用被患者血液污染了的针头或医疗器械、性接触、同性恋和不使用安全套的随意性行为、母婴围产期和产后哺乳期母亲对婴儿的直接传播等都可增加HIV感染的机会。据统计，在成年人感染HIV的几种传播途径中，性行为占75%~85%，吸毒占5%~10%，血液制品占3%~5%。在感染HIV的儿童中，通过母婴传染的占90%。

HIV最初侵入到人体时，人体的免疫系统可以摧毁大多数的病毒。感染后2~6周，临床症状为发热、肌肉关节疼痛、咽痛，类似于流感的症状，还可伴有皮疹，全身淋巴肿大，1~3周后症状消失。接着，少数的HIV在被感染者体内潜伏下来，其最长潜伏期可达10年。感染了HIV的患者少部分在2~5年内发病，大部分在5~10年内发病，在这一段期间，以后随着HIV浓度的增加，身体内的T细胞数量逐渐减少。艾滋病发病期，病人简短持续发热、体重下降，淋巴结肿大、乏力、腹泻、盗汗，$CD4^+T$细胞受到严重损害、数量减少，$CD8^+T$细胞相对增多。艾滋病发病的最终结果将导致人体免疫能力的全部丧失（图11-31）。目前还没有能够根治艾滋病的有效

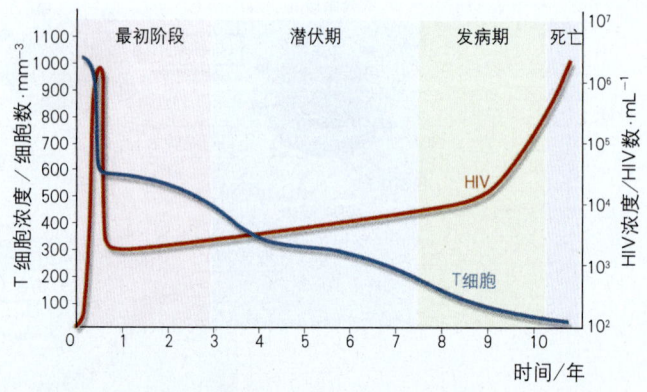

图11-31　艾滋病患者的发病过程　图中的不同色块代表艾滋病患者发病的不同阶段。（1）在HIV侵入的最初阶段，人体的免疫系统可以摧毁大多数病毒。（2）进入潜伏期后，HIV病毒的数量缓慢增加，T细胞逐渐减少，也伴随一些症状出现，如淋巴肿大等等。（3）潜伏期以后进入发病期，HIV病毒的数量增加迅速，T细胞数量减少到很低的水平，免疫系统被破坏，出现病菌感染。（4）发病最后阶段，人体免疫能力全部丧失，艾滋病患者最终死于感染。

药物,因此艾滋病一旦发病,最终就是致死。对待艾滋病恶魔,应该加强教育宣传,切断传播途径,切实做好预防工作。预防艾滋病的主要措施可包括:遵守性道德;怀疑自己或性伴侣可能受到艾滋病感染时一定坚持使用安全套;注意个人生活卫生;不以任何方式吸毒;不用未消毒的器械穿耳、文眉,不文身;有选择地使用干净卫生和消毒严格的理发店、美发店和公共卫生间;需要接受输血治疗时,一定使用经检验合格的血液;不与他人共用剃须刀、个人卫生用具和未经消毒的任何医疗器械;不直接接触他人的血液或血液制品。

除了HIV外,还有一些其他免疫源性疾病对人类健康的危害都很大,例如本章第二节提到的包括风湿性心脏病、类风湿性关节炎、风湿热、溶血性贫血、红斑狼疮等自身免疫病以及SCID和过敏症等都属于这一类疾病。

四、传染性疾病

在历史上不同时期、不同地域都大小不等地流行过各种各样的传染病(或感染性疾病),如天花、鼠疫、流感等。传染病在在人群中发生、蔓延的过程必须具备传染源、传播途径和易感人群三个基本环节。传染源包括病原体及能排出病原体的人和动物等;传播途径主要有经空气、经水、经动物和微生物、经土壤、经医学和垂直传播;部分人群作为一个整体对传染病的易感程度称为人群易感性,人群中免疫人口比例增加可降低传染病的发病率,甚至可终止传染病的流行。根据生物学和生态学原理,当一个动物种群密度过高时,就容易爆发传染病。近几十年来,传染性疾病的构成谱发生了巨大的变化。一些经典的传染病逐渐被控制,例如,1979年全球消灭了天花,近40年来我国基本消灭了鼠疫,新生儿破伤风、麻疹、白喉、猩红热、脊髓灰质炎等传染病的发生率也明显下降。但另一方面,全球又出现了一些新的传染性疾病或某些传染性疾病更加肆意发展,例如,SARS的出现及全球爆发流行,结核病的发病率高据不下,艾滋病毒、埃博拉病毒、西尼罗河病毒引起的疾病威胁,一些传染病病原体耐药性增强,近几年禽流感爆发并出现了向人类传播的趋势等等。据世界卫生组织2001年发表的报告,2000年全世界约有5400万人死亡,其中近2000万人死于各种传染病。当前值得我们特别关注的传染性疾病除了已经介绍的艾滋病外,至少应包括:流感和禽流感、结核、肝炎、SARS、耐药病原微生物引发的疾病等。

1. 流感和禽流感

流感是流行性感冒的简称,是一种急性上呼吸道传染病,它发病率高、传染性强、传播快、潜伏期短。许多人,特别是体质稍弱的人都有被流感侵袭的经历。流感可引起反复流行或大流行,20世纪就至少发生了4次世界性流感大流行。平时流行的流感虽然不一定都是致命性的,但平均每年也造成几百万人住院,而一次全世界流感大流行,也有导致2000万人死亡的历史记录。

流感病毒是引起流感的病原体,分甲、乙、丙三种类型。近年来主要流行株有新甲$_1$型H_1N_1、甲$_3$型H_3N_2及乙型流感病毒。其中甲型经常发生变异。多数流感病毒为球型,也有的呈杆状或丝状。球状病毒的直径在80~120 nm范围,其结构由内向外分为核心、基质蛋白和包膜三部分(图11-32)。流感病毒核心主要由电子致密的RNA及其周围的核蛋白、RNA多聚酶等组成。单股负链RNA分节段,每一节段为一个基因。甲型与乙型为8个节段,丙型为7个节段。基因组分节段容易发生基因的高频率重配,因此容易造成流感病毒发生变异。围绕在RNA周围的核蛋白基本稳定,具有类型特异性,因此甲、乙、丙三种类型的流感病毒就是根据其核蛋白抗原性的差别来划分的。位于包膜与核心之间的基质蛋白具有保护核心和维持病毒外形的作用,基质蛋白也是流感病毒中比较稳定的组分。在流感病毒的最外层是包膜,为脂双层结构,膜上镶嵌着突出于病毒表面的神经氨酸酶和血凝素,它们是病毒编码的糖蛋白,具有重要的抗

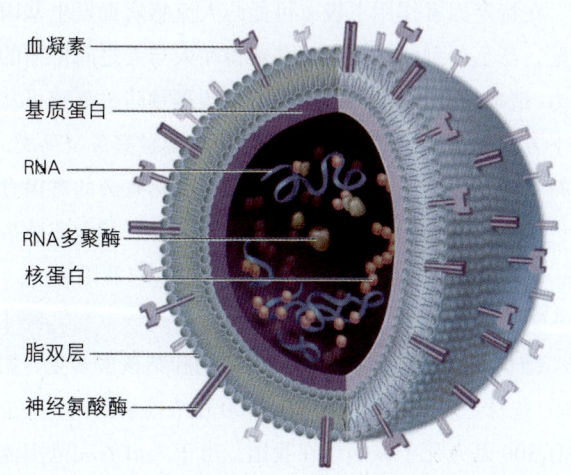

图11-32 甲型流感病毒的结构模型

原性，抗原结构易变异，流感病毒亚型的划分就是以神经氨酸酶和血凝素的变异为依据的。同时，这两种病毒表面蛋白对于流感病毒侵入和吸附于宿主细胞，从宿主细胞再释放和引起血凝反应等具有重要的作用。

流感病毒主要经飞沫传播，侵入呼吸道后吸附于呼吸道黏膜的上皮细胞并迅速增殖。被感染者的流感症状包括：呼吸道黏膜充血水肿，腺体分泌增加，打喷嚏，鼻塞，咳嗽，寒噤，然后出现全身酸痛、发热、头痛、疲乏无力、白细胞数下降等等现象。对于婴幼儿和体弱的老年人，还可能引起肺炎、脑炎、心肌炎、呼吸衰竭等并发或继发疾病，病死率比较高。流感患者如果体质较好，注意休息等，可在患病数日后自愈。流感传染性特别强，播散迅速，在流感流行时避免去人群聚集的地方，室内常通风换气，必要时也可进行空气消毒处理。对付流感目前尚无特效疗法，虽然流感疫苗已经被研制出来，但由于流感病毒抗原易发生变异，因此有时并非注射了流感疫苗就能抵抗流感的侵袭。

近年来，频繁发生的禽流感显示，禽流感病毒向人类传播的危险性越来越大，我们需要提高警惕，防止禽流感成为危害人类健康新的祸首。据世界卫生组织报告，2003年12月至2005年，韩国、越南、日本、泰国、柬埔寨、老挝、印度尼西亚、中国、马来西亚、俄罗斯、哈萨克斯坦、蒙古、土耳其、罗马尼亚等15国先后爆发高致病性禽流感疫情，越南、泰国、柬埔寨、中国、印度尼西亚等国出现人禽流感疫情。专家指出，尽管目前人禽流感只是呈地区性小规模流行，但是人类对禽流感缺乏免疫力，一旦人类感染H5N1型高致病性禽流感病毒后，在特定因素作用下极有可能与人流感病毒发生基因重配，产生新型流感病毒株并获得在人与人之间传播的能力，造成世界性流感大流行。普通人群预防禽流感可从以下方面进行：远离家禽分泌物，避免接触家禽及鸟类；保持室内空气流通和环境清洁；食用煮熟煮透的禽肉食品；勤洗手，避免用手直接接触口、鼻、眼；接种流感疫苗；发现有类似流感症状及时就医，做好自我隔离。

2. 结核

结核病主要以呼吸道感染引起的肺结核最多见，据WHO统计，全世界每年约发生800万结核新病例，至少约有300万人死于该病。在我国，由于人口的大范围流动、医疗卫生条件不足等，近年来结核病的发病率也高居不下。引起结核病的致病菌是结核分枝杆菌，俗称结

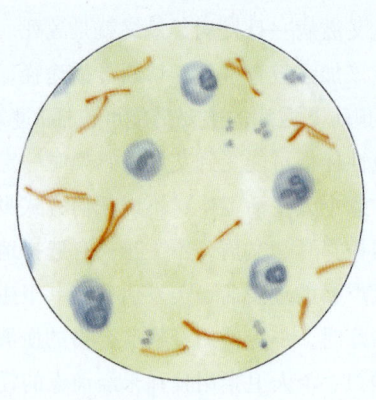

图11-33 显微镜下的结核杆菌 结核杆菌菌体细长，无鞭毛，不形成芽孢，有荚膜。图中用抗酸性染色法染成红色的为抗酸菌，蓝色的为非抗酸菌和血细胞。

核杆菌或结核菌。结核杆菌菌体细长，稍有弯曲，常呈分枝状排列（图11-33）。结核杆菌细胞壁富含脂质，因此对干燥抵抗力很强，在尘埃中能保持传染性一周以上，在病人干燥的痰液中更能存活6~8个月。结核杆菌细胞壁中的脂质还能够抵抗人体吞噬细胞的吞噬。

肺结核常见的有4种类型：原发型、血行播散型、浸润型和慢性纤维空洞型。结核杆菌病原体主要通过呼吸道传播，长期排菌的慢性纤维空洞型肺结核病人是最主要的传染源。病人在咳嗽、吐痰或打喷嚏时，其飞沫或散布到空气中的致病菌就容易被健康人吸入。少量毒力弱的结核杆菌在人体内有时并不引起发病，它们还能被健康人体的防御机能所杀死。因此有一些体质较好、结核杆菌检测显阳性的人没有明显的发病症状，也没有明显的传染性。一些体质差、抵抗力弱的人在被毒力强的结核杆菌侵袭后，发病率很高，发病后的传染性也很强。肺结核起病缓、病程长，早期无症状或仅有咳嗽、乏力等轻微症状，进入中晚期后，则逐渐表现为食欲不振，疲乏虚弱，消瘦，发热，面颊潮红，盗汗，咳痰且痰中带血，咯血，胸痛，呼吸困难，肺部有阴影和结核，肺组织损坏甚至出现纤维化坏死，直至液化形成空洞。

在易感人群中接种卡介苗，特别是对婴幼儿及结核菌素试验阴性者接种卡介苗是预防结核病的有效措施。经常保持环境卫生与个人卫生，不随地吐痰，饮食实行分餐制等都有利于预防结核病。结核杆菌对利福平、异烟肼、链霉素、乙胺丁醇等敏感，但又可能产生耐药性。因此，对结核病早发现，早治疗，联合用药，力求彻底治愈，就有可能减少这种传染病的传播和危害。

3. 病毒性肝炎

病毒性肝炎是一组由肝炎病毒引起的，以肝脏损害为主的全身性疾病。常见病毒性肝炎被分为甲型、乙型、丙型、丁型和戊型5种。病毒性肝炎的主要临床表现为乏力、食欲减退、恶心、呕吐、尿黄、皮肤和眼睛巩膜黄染、肝肿大、肝功能受到严重损害等。病毒性肝炎传播极广，危害严重，其中乙型和丙型肝炎病毒除了引起急性肝炎外，还可导致慢性肝炎，甚至发展为肝硬化及肝癌。我国的肝炎发病较高，估计乙型肝炎病毒的携带者约占全国人口的10%甚至更高。与其他类型相比，甲型和乙型肝炎在我国传播更广，危害更大，因此以下重点简单介绍这两种肝炎病毒和传播途径。

甲型肝炎的病原体是甲型肝炎病毒，它是球形的RNA病毒。病毒先在口腔、咽和唾液腺中进行早期的增殖，然后在肠黏膜和局部淋巴器官中大量繁殖，最后经血液循环进入肝，并在肝中继续大量繁殖。临床上甲型肝炎多为急性肝炎，以黄疸型偏多。被甲型肝炎病毒感染后的病人体内可产生IgM和IgG抗体，它们能够抵御甲型肝炎病毒的再次感染，并维持多年。甲型肝炎病毒感染者在发病前后都有传染性，一般情况下，病毒随粪便排出体外，污染食物、物品、手以后，再经口感染健康人群。苍蝇和蟑螂也是传播甲型肝炎的重要媒介。被甲型肝炎病毒污染的水源、食物还可以引起该病的爆发性流行。

乙型肝炎在我国传播广，危害大。乙型肝炎的病原体是乙型肝炎病毒，它是球形的DNA病毒。乙型肝炎病毒侵入人体后，进入肝细胞大量繁殖。与甲型肝炎不同的是，这时病毒本身并不直接引起肝细胞的炎症或坏死。但是，由于病毒在肝细胞内的增殖诱发表达了HbsAg、HbeAg和HbcAg等表面抗原，病毒表面抗原的表达导致体内对抗原致敏的T淋巴细胞产生抗病毒的免疫反应，这种细胞毒性T淋巴细胞在杀死乙型肝炎病毒的同时，也对肝细胞造成破坏，引起肝细胞的坏死或炎症反应，免疫反应强烈者和正常者可分别发生急性重型肝炎和急性肝炎。如果被乙型肝炎病毒感染者的免疫应答较低，则成为慢性乙型肝炎病人或只成为乙型肝炎病毒携带者。乙型肝炎病毒主要通过血液及密切接触传播或母婴传播。极微量带有乙型肝炎病毒的血液或体液进入破损的皮肤或黏膜就可导致感染。输血、输液、注射、手术、针刺、牙科与妇科操作、性行为、昆虫叮咬等都为乙型肝炎病毒的感染提供了机会。携带乙型肝炎病毒的母亲孕期或分娩时都会经血液感染新生儿。与乙型肝炎携带者长期密切接触也都增加了感染的机会。

中断肝炎病毒传播途径是预防肝炎感染的重点，注重个人卫生和环境卫生，注重食品卫生安全，对直接接触身体的物品和用具进行科学消毒，及时接种肝炎疫苗等都可以有效地预防肝炎的感染。注射免疫球蛋白和高效价乙肝免疫球蛋白，也可以用来预防意外接触乙肝病人血液可能导致的感染。

4. 非典型性肺炎

从2002年11月中旬开始，在我国广东省首先发现了原因不明的传染性非典型肺炎，该病起病急，表现为发热，体温一般高于38℃，偶有畏寒头痛，全身酸痛乏力，干咳胸闷，部分患者呼吸急促，出现呼吸窘迫综合征，还有的患者伴有腹泻等症状。临床诊断显示，患者白细胞计数正常或下降，肺部有絮状阴影并迅速扩展。该病具有强烈的传染性，短期内迅速向周边地区播散引起爆发流行。继广东省以后，在越南、中国香港、加拿大、新加坡、美国和中国台湾等地也陆续出现了相似病例，在我国北京、天津、山西、河北和内蒙古等地还造成了爆发流行。据世界卫生组织（WHO）报道，截止到2003年7月13日，已有33个国家和地区的8 439人被诊断为同类患者或疑似患者，其中死亡人数达812名。由于该病的一些症状与一般细菌性肺炎相似，但是当时没有查到明确的病原体，同时由于患者在白细胞计数、抗生物敏感性、咳痰量、感染性等方面明显区别于典型的肺炎，因此当时被称为非典型肺炎，它是21世纪第一个出现的烈性传染病，WHO的意大利籍传染病专家Carlo Urbanni博士根据该病的临床和流行病学特点，将其命名为"Severe Acute Respiratory Syndrome"（严重急性呼吸综合征，SARS）。Carlo Urbanni博士在研究该疾病病毒时不幸染病去世，因此，WHO于2003年2月底正式命名该病为"SARS"，并向全世界发出警报。2003年3月下旬，多国科学家先后从SARS患者体内分离得到SARS冠状病毒病原体（图11-34），在恢复期患者的血清中发现了病毒抗体。科学家还完成了该病毒基因测序（约29 727个核苷酸）和基因表达产物的分析。

由于SARS是近年新发生的传染性突发疾病，人类对它的认识还很不够，因此目前还缺乏特效的治疗方法。由于其传染性很强，治疗的总原则应该是早发现、早隔

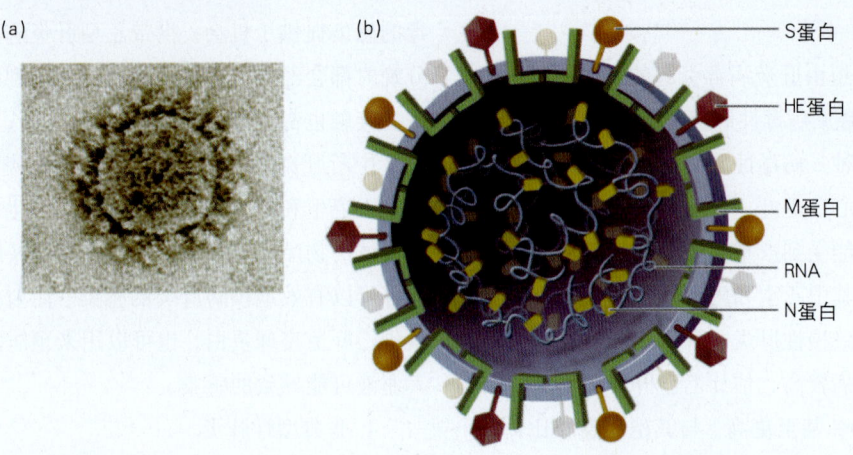

图 11-34　SARS冠状病毒及其模式图　（a）电子显微镜下的SARS冠状病毒。（b）SARS冠状病毒形态结构模式图。

离、早治疗。对所有患者或疑似患者应在隔离的状态下密切监测患者的病情变化，开展综合治疗。对症综合治疗可包括抗病毒、解热镇痛、抗过敏、抗休克、抗炎、辅助呼吸、激素治疗、特异性免疫治疗、中药辅助治疗和心理辅助治疗等。非典型肺炎的预防措施可包括：促进室内空气流通，注意环境卫生和个人卫生；勤洗手、多运动、增强体质；在非典型肺炎爆发期间，避免前往空气流动不畅、人口密集的场所；避免接触患者或疑似患者等。

耐药病原微生物的出现和传播是目前治疗传染性疾病的一个大问题，由于抗菌药物的广泛使用、不恰当使用和滥用，使一些病原微生物对常见抗菌药物的耐药性不断增加。例如，有人患了病毒性流感，不对症服药，而是大量使用抗细菌的抗生素；在抗菌治疗过程中，有的患者症状稍有好转，没有坚持完成整个疗程就停用或减少使用抗生素，结果使体内剩余的病原菌逐渐增加了耐药性。因此，应该在医生的指导下正确使用抗生素，防止出现抗菌药物的治疗危机。

除了癌症、心血管疾病、艾滋病、传染性疾病外，糖尿病和各种精神和心理疾病也是现代社会常见的疾病，受篇幅所限，这部分疾病介绍请参见病理学和预防医学相关的书籍。

第四节　保持身体健康，提高生命质量

一、健康的概念和生命质量评价

健康（health）与疾病是相互对立和相互排斥的，传统的健康概念认为，无病就是健康，有病就不健康。根据这种概念，判定一个人是否健康，主要根据这个人是否患有医生可以诊断出的疾病，或者这个人是否长期感觉到患有某种疾病。因此，传统上的**健康**被定义为人的机体在生命阶段处于无病的状态，无病就是健康的概念。另一方面，虽然健康与疾病是相互对立和相互排斥的，但它们之间并非是非此即彼的两种截然状态，从健康到疾病、死亡是一个连续的变化过程（图11-35），在这个变化过程中，健康与疾病之间并不能划出一条绝对甚至是相对的界线。因此，传统的健康概念既消极、不全面，又不利于人们在无病的时候积极促进身体健康、提高生命质量。

随着科学的发展和社会的进步，人们对健康概念的认识也进一步深化。按照WHO的定义，**健康**不仅仅是不生病，还应是身体、心理和社会适应上的完好状态。身体健康主要指人的躯体结构和功能完好，并能良好地维

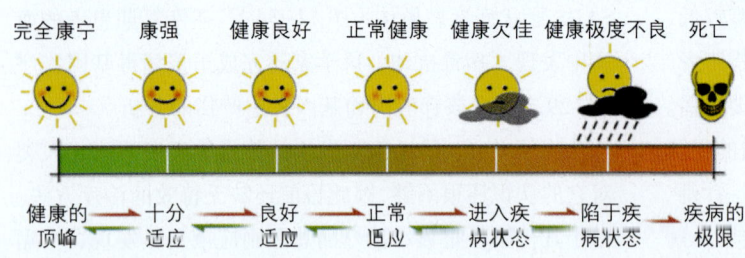

图 11-35　健康-疾病的连续过程

持自身的稳态和与环境的平衡。心理健康应该是乐观自信、务实谦虚、积极向上；正确客观地认识自我和环境，精神愉快，并且不常有郁闷、忧虑、焦躁、恐惧、惊惶、怨恨、愤怒的情绪。社会适应则包括社会责任心，在社会生活中发挥与自身能力相适应的作用，良好的人际关系，个人行为与社会规范相一致。对于健康的概念，现代医学更重视强调心理-精神健康的重要性。近年来分子生物学和人类基因组研究的发展，也为从基因水平上认识和评价健康或把握健康的尺度提供了可能。这种以生物-心理-社会医学模式为基础的整体健康概念是一种积极的健康观，它不但具有身体、心理、社会健康的多维性，反映出它们之间相互作用、有时具有互为因果的关系，还考虑到健康变化的连续性及多维连续变化的可检测性。

生命质量（quality of life）是医疗卫生界提出的与健康密切相关的另一个概念。生命质量是指以人们对自己的身体状态、心理及感受、社会作用好差的一种度量，这种度量往往以社会经济、文化背景和价值取向为基础，因此它还融入了人们的感觉体验的主观因素。例如，生命质量反映了个人期望与实际生活状况两方面的因素，个人期望与实际生活状况之间的差距越大，生命质量就越低。尽管如此，身体健康仍然是生命质量的核心，一个身患重病的人不可能具有较高的生命质量。因此，身体状况就成为生命质量评价最重要的指标。

除了无病以外，身体素质（也称体质）是检测身体状况最主要的内容。**体质**是指人体活动的能力，反映人在运动、劳动、生活中所表现出的力量、速度、耐力、灵敏度、柔韧性能方面的能力，还要反映人体血液循环和新陈代谢的状况。体质测定的项目一般可包括身高、体重、心率、血压、呼吸差、肺活量、视力、听力等，另外还可包括有关人体运动能力的测试项目，如跑、跳、握力、仰卧起坐等。随着年龄的增长，特别是步入老年阶段以后，生命质量下降是总体趋势，因此，在不同年龄阶段生命质量的评价指标各不相同，生命质量评价不但具有主观性，还具有相对性。例如，WHO的健康标准包括：①有充沛的精力，能从容不迫地应付日常工作和生活的压力，而不感到过分的紧张和疲倦；②处事乐观，态度积极，乐于承担责任，工作效率较高；③善于休息，睡眠良好；④应变能力强，能适应环境的各种变化；⑤抗疾病能力强，能够抵抗一般性感冒和传染病；⑥体重适当，身体均匀，站立时，头、肩、臀部位置协调；⑦眼睛明亮，反应敏锐；⑧牙齿清洁，无空洞，无痛感，无龋齿，齿龈颜色正常，无出血现象；⑨头发有光泽，无头皮屑；⑩肌肉丰满，皮肤富有弹性，走路、活动感到轻松。另外，我国提出的健康老人的标准是：①躯干无明显畸形，无明显驼背等不良体形，骨关节活动基本正常；②无偏瘫、老年性痴呆及其他神经系统疾病，神经系统检查基本正常；③心脏基本正常，无高血压、冠心病及其他器质性心脏病；④无慢性肺部疾病，无明显肺功能不全；⑤无肝肾疾病、内分泌代谢疾病、恶性肿瘤及影响生活功能的严重器质性疾病；⑥有一定的视听能力；⑦无精神障碍，性格健全，情绪稳定；⑧能适当地对待家庭与社会的人际关系；⑨能适应环境，具有一定的交往能力；⑩具有一定的学习、记忆能力。

二、健康的钥匙在自己手中

多数科学家测算认为，人的自然寿命为120岁左右，但实际上，能健康地活到120岁的人并不很多。我们每一个人都热爱生命，关注健康。在人的一生中，如何才能健康长寿，生命之树常青呢？回答这一个人人高度关心的问题，只有一个答案，就是依靠科学，尤其要依靠生命科学。WHO曾强调提出，许多人的死都是死于无知。生命科学是医学的基础，也是实现健康长寿的基础。为增进人体健康，提高生命质量，除生物学和医学学科的学生外，所有有学习能力的人都应该学习和掌握最基本的生命科学知识。用生命科学的理论知识指导个人的全部生活，只有这样，才能将健康的钥匙把握在自己手中。

根据人类社会现阶段发展的实际情况和人们对生命规律的认识，提高生命质量，增进身体健康可采取的措施有很多方面。除了提高医疗卫生技术，改善医疗卫生设施等以外，以下这些更重要的措施完全是个人应该并可以做到的：①合理膳食；②适量运动；③戒烟限酒；④心理平衡；⑤搞好个人卫生和环境卫生。

人体正常的新陈代谢需要不断向身体补充各种营养物质（又称为营养素），因此，人类的健康主要靠食物中的营养物质来维护。据WHO的评估，膳食营养因素对人健康的影响明显要大于医疗条件。人类吃的食物主要包含的营养物质有蛋白质、糖类、膳食纤维、脂肪、矿物

表 11-1　每人每天各种主要营养素的摄入量（据 WHO 资料简化）

年龄、性别及劳动强度	婴儿（6~11个月）	儿童（1~9岁）	青少年(10~17岁) 男	青少年(10~17岁) 女	成年(中等劳动强度) 男子	成年(中等劳动强度) 女子	妊娠后期	授乳期（前6个月）
体重 /kg	8.2~9.4	13.4~28.1	36.9~62.9	38.0~54.4	55	55		
热能 /kJ	3 762~4 138	5 685~9 154	10 868~12 833	9 823~10 408	12 540	9 196	+1 463	+2 299
蛋白质 /g	14~23	16~41	30~63	29~52	37~57	29~41	+9~15	+17~28
铁 /mg	5~10	5~10	5~18	5~28	5~9	14~28		
钙 /mg	500~600	400~500	500~700	500~700	400~500	400~500	1 000~1 200	1 000~1 200
维生素 A /μg	300	250~400	575~750	575~750	750	750	750	1 200
维生素 D /mg	10	10~2.5	2.5	2.5	2.5	2.5	10	10
硫胺素 /mg	0.3	0.5~0.9	1.0~1.5	0.9~1.0	1.2	0.9	+0.1	+0.2
核黄素 /mg	0.5~0.6	0.8~1.5	1.6~1.8	1.4~1.5	1.5	1.3	+0.2	+0.4
尼克酸 /mg	5.9~6.5	9.0~14.5	17.2~20.3	15.2~16	19.8	14.5	+0.2	+3.7
叶酸 /mg	60	100	100~200	100~200	200	200	400	300
维生素 B_{12} /mg	0.3	0.9~1.5	2.0	2.0	2.0	2.0	3.0	2.5
维生素 C /mg	20	20	20~30	20~30	30	30	30	30

质、维生素和微量元素等 7 类。根据 WHO 的建议和简化换算，表 11-1 给出了每人每天各种营养素平均摄入量的数值范围。米、面、马铃薯等谷类及薯类食物主要可以提供淀粉及糖类（热能）、蛋白质、膳食纤维及 B 族维生素等；肉、禽、鱼、奶、蛋等动物类食物主要提供蛋白质、脂肪、矿物质、维生素 A 和 B 族维生素等，动物脂肪还提供热能、脂溶性维生素和脂肪酸等；蔬菜、水果等各种植物类食物主要提供膳食纤维、矿物质、维生素 C 和胡萝卜素等，植物油还提供热能、维生素 E 和脂肪酸等；豆类及其制品主要提供蛋白质、脂肪、矿物质、膳食纤维及 B 族维生素等。

现代人类面临的诸多健康问题在很大程度上与膳食变化和生活方式的改变密切相关。例如，现代生活中人体摄入的热量过多而消耗的热量过少，使热量收支不平衡，由此引起体重不正常增加和身体肥胖，可引起心脑血管疾病和糖尿病等一系列严重病患问题。营养学家提出了一项衡量肥胖标准的体重指数：$f = w/h^2$，式中 f 为体重指数，w 代表体重（kg），h 为身高（m）。对于代谢综合征的相关研究显示，体重指数为 24 kg/m² 是衡量中国人是否肥胖的临界值，当体重指数大于 24 kg/m² 后，人体内血脂、血糖及胰岛素代谢紊乱的危险显著升高，心脑血管疾病与糖尿病的患病率也成倍增加。

早在 10 多年前，就有人提出，应避免过量摄入脂肪，多吃谷类等富含糖类的食品，因为饱和脂肪会导致胆固醇含量升高，增加人们患心脏病的危险。近年来的研究发现，大量食用白大米和白面包等精制糖类的食品可能对人体内的葡萄糖和胰岛素产生破坏作用，还会造成体内必需维生素的缺乏。另外研究发现，一些脂肪中的不饱和脂肪酸对于降低心脑血管疾病的危险是非常有益的。据此，为了指导人们正确地选择饮食，以保持身体健康和减少患慢性病的危险，专家们提出了一种新的食物金字塔（图 11-36），它鼓励人们摄取有益于健康的脂肪和全谷物食品，多吃水果和蔬菜，少吃精制糖类的食品、黄油、红肉类和奶制品。

生命在于运动是人人皆知的名言。科学家提出，适量运动是健康的第二基石，阳光、空气、水和运动是生命和健康的源泉。长期的实验研究和调查统计证明，适量运动对健康的促进至少可以体现在以下方面：①改善糖类和脂肪代谢，维持人体正常体重，减少肥胖的机会；②提高心脏的供血功能，促进机体各部分的新陈代谢；③激发和提高机体的免疫力；④健壮骨骼，提高骨关节的灵活性和身体的柔韧性，防止骨质疏松或增生；⑤减缓或预防多种疾病，如减缓或预防动脉粥样硬化症、糖尿病、高血压等疾病；⑥有利于心理素质的改善。

进行增进体质的体育运动，适量很重要。应选择适合于自身的运动项目，如慢跑、步行、游泳、骑车、登

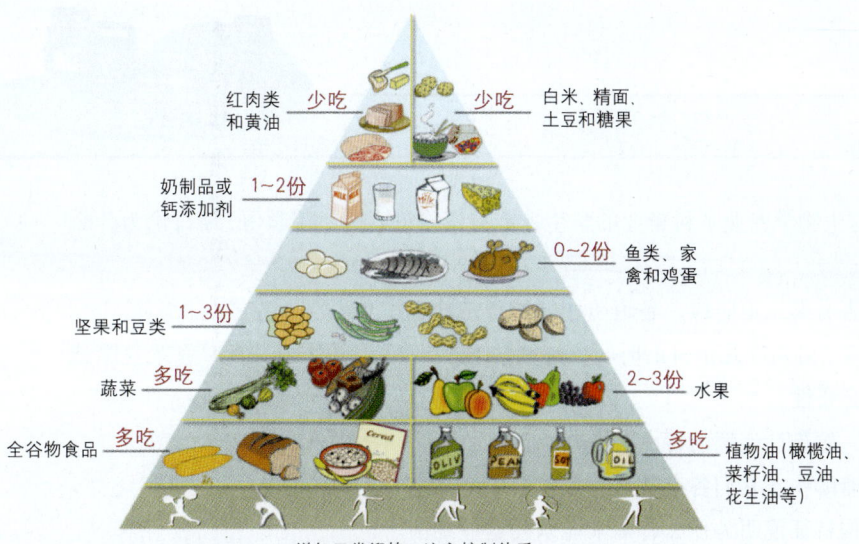

图 11-36　有益健康的食物金字塔
注：按营养学的提法，红肉类是指牛肉、猪肉、羊肉等肉类，而鸡肉、鱼肉则被称为白肉类。

山、太极拳等有氧耐力运动都是较好的项目（图 11-37）。运动应循序渐进、持之以恒，做到适量适度。具体的运动持续时间因人而异，大多数情况可以为 20～30 min，年轻学生的运动时间还可以稍长一些。

　　把握健康，还必须十分重视精神和心理健康。在中国经济步入快速发展的阶段以后，社会的经济成分、组织形式、就业方式、利益关系和分配方式多样化，人们收入的差异与思想活动的差异性增大。伴随着生活节奏的加快，升学、就业、学习与工作的压力与竞争加剧，易诱发和产生多种精神与心理问题与疾病。因此，尤其是大学生和年青人，应正确面对压力与竞争，正确面对困难和逆境，调整好心态，及时排解出现的精神与心理障碍，只有这样，才能维护好自己身体的健康。

　　戒烟限酒，搞好个人卫生和环境卫生等积极的措施对减少疾病，促进健康也具有十分重要的作用，这方面的原理请参阅预防保健方面有关的书籍和资料。

图 11-37　慢跑、步行、游泳、骑车、登山、太极拳等有氧耐力运动有益于健康

思考与讨论

1. 在西方一些发达国家，只有生物学专业本科毕业的学生才能有资格进入医学院学习，请讨论为什么要如此规定。
2. 请说明人体对抗病原体侵害有哪三道防线，各道防线的特点是什么？
3. 若想获得对乙肝病毒的免疫，必须在几个月的时间内连续注射3次疫苗。根据有关免疫系统克隆选择和记忆的知识，解释其必要性。
4. 感染性病原体有哪些种类？感染性疾病的特点有哪些？
5. 遗传性疾病与免疫性疾病有哪些？它们各有什么特点？
6. 请根据革兰氏阳性菌的结构特征说明为什么青霉素能杀死这些细菌。
7. 请以T4噬菌体的增殖过程为例，说明一般病毒的繁殖特征。
8. 什么是朊病毒？什么是类病毒？已知疯牛病的发病原因是什么？
9. 已知癌症的发病与哪些因素相关？
10. 什么是冠心病？它主要造成哪部分器官组织的病理变化？为什么它被称为是危害人类健康最凶狠的恶魔之一？
11. 从艾滋病感染人体和患者发病过程来说明如何预防艾滋病。
12. 为了提高生命质量、增进身体健康，我们个人可采取哪些措施？为什么说采取了这些措施，我们就把握了通向健康大门的钥匙？

练习题

1. 名词解释：

   免疫　非特异性防御　淋巴系统　白细胞　巨噬细胞　中性粒细胞　干扰素　炎症　特异性免疫　抗原　抗体　体液免疫　细胞免疫　MHC　抗原呈递细胞　天然免疫　获得性免疫　疾病　侵袭力　毒力　遗传易感性　革兰氏阳性菌　革兰氏阴性菌　化能异养　光能自养　化能自养　光能异养　细菌毒素　内毒素　消毒　灭菌　逆转录病毒　噬菌体　裂解循环　溶原循环　类病毒　朊病毒　癌症　化学致癌物质　Rous肉瘤病毒　原癌基因　肿瘤抑制基因　p53蛋白　冠状动脉　高血压　收缩压　舒张压　动脉粥样硬化　HIV　流感　结核　病毒性肝炎　非典型性肺炎　健康　体质

2. 下列（ ）是淋巴器官。
   a. 扁桃体　　　　b. 脾　　　　c. 胸腺　　　　d. 上述各项
3. 淋巴系统不包括（ ）。
   a. 扁桃体　　　　b. 黏液　　　c. 胸腺　　　　d. 淋巴结
4. 抗体是一种γ-球蛋白，它的每一个分子由（ ）条肽链组成，其中（ ）条为重链，（ ）条为轻链。
   a. 3, 2, 1　　　　b. 4, 2, 2　　　c. 4, 3, 1　　　　d. 2, 1, 1

5. 干扰素是一种（　　）。
   a. 抗原　　　　　　b. 抗体　　　　　　c. 维生素类　　　　d. 抗菌或抗病毒蛋白
6. 下述（　　）的描述是正确的。
   a. 引起人或动物体内免疫应答的外来物质称为抗体
   b. 体液免疫由 T 细胞产生抗体
   c. 细胞免疫依赖于 B 细胞直接攻击病原体
   d. 在免疫系统中，T 细胞通过自我识别特异性的人类白细胞抗原，因此只攻击外来病原体
7. 病原体入侵到体细胞或被巨噬细胞吞噬后，抗原分子与细胞表面的 MHC 分子嵌合，形成 APC，启动的一系列免疫应答反应不包括（　　）。
   a. 炎症反应
   b. 巨噬细胞与助 T 细胞相互作用
   c. 分泌白细胞介素 –1 和白细胞介素 –2
   d. T 细胞活化产生记忆细胞，后者下一次可识别原病原体，导致免疫应答效率更高
8. 感染性疾病的特点包括（　　）。
   a. 有具传染性的病原体
   b. 有流行性、地方性、季节性和爆发性
   c. 有免疫原性，即病原体侵入机体后会激活机体的防御性抵抗
   d. 上述各项
9. 青霉素对感染性疾病的治疗作用是由于（　　）。
   a. 可以抑制病毒的复制
   b. 破坏细菌细胞壁肽聚糖中的 N– 乙酰葡萄糖胺和 N– 乙酰胞壁酸之间的 β–1，4 糖苷键的连接
   c. 抑制肽聚糖网格结构中短肽与侧链的连接
   d. 抑制细菌 DNA 的合成
10. 自然界大多数细菌属于（　　）。
    a. 化能自养型　　　b. 光能异养型　　　c. 光能自养型　　　d. 化能异养型
11. 下述（　　）项是细菌和病毒所共有的特征或过程。
    a. 以核酸为遗传物质　　　　　　　　b. 依赖二分裂繁殖后代
    c. 有核糖体　　　　　　　　　　　　d. 有丝分裂
12. RNA 病毒繁殖时需要有自身提供的某些酶，这是因为（　　）。
    a. 这些病毒很容易被宿主细胞的防御系统所消灭
    b. 宿主细胞不具有病毒基因组复制所需要的酶
    c. 这些酶用于病毒 mRNA 的翻译
    d. 病毒利用这些酶穿过宿主细胞的细胞膜或细胞壁
13. 下列不属于自身免疫疾病的是（　　）。
    a. 艾滋病　　　　　b. 类风湿关节炎　　c. 红斑狼疮　　　　d. 溶血性贫血
14. 逆转录病毒中的 src 基因来源于鸡细胞中正常的酪氨酸激酶基因，是科学家发现的第一个癌基因，携带 src 基因的逆转录病毒是（　　）。
    a. 单链 DNA 病毒　　b. 双链 DNA 病毒　　c. 单链 RNA 病毒　　d. 双链 RNA 病毒

15. 冠状动脉粥样硬化的最大危害在于（ ）。
    a. 使血液中胆固醇浓度增高
    b. 引起高血压
    c. 引起心绞痛
    d. 引起心肌缺血
16. 预防艾滋病的主要措施至少应包括（ ）。
    a. 遵守性道德，远离毒品
    b. 注意个人生活卫生，如不用未消毒的器械穿耳、文眉，不文身；使用干净的与个人相关的卫生设备或设施
    c. 在医生指导下安全输血或接受输血，个人不直接接触他人的血液或血液制品
    d. 上述各项

相关网站

http://www.nih.gov/
http://www.tulane.edu/~dmsander/
　WWW/MBChB/MBChB.html
http://online.murdoch.edu.au/
　public/BMS361/
http://www.acor.org/
http://www.mun.ca/biochem/courses/
　3107/Topics/euk_transcription.html

第十二章
生物技术与人类未来

第一节 生物技术及其发展历史
　　一、生物技术的定义和特点
　　二、生物技术包含的主要内容
　　三、生物技术发展的历史概况

第二节 重组DNA技术——基因工程
　　一、获得目的基因
　　二、基因重组和克隆
　　三、转化受体细胞和转化子筛选
　　四、转化子分析——Southern印迹

第三节 蛋白质工程、发酵工程和细胞工程简介
　　一、蛋白质工程
　　二、发酵工程
　　三、细胞工程

第四节 生物技术在农业、医药等方面的应用
　　一、农业生物技术
　　二、分子诊断
　　三、基因治疗
　　四、生物芯片技术

第五节 生物技术面临的问题与挑战
　　一、转基因技术的安全性问题
　　二、克隆人的伦理问题
　　三、个人基因信息的隐私权问题
　　四、基因治疗的应用范围问题
　　五、生物技术引发的其他问题

第六节 生物科技造福人类
　　一、21世纪是生物科技大发展的世纪
　　二、生命有形，梦想无限——代结束语

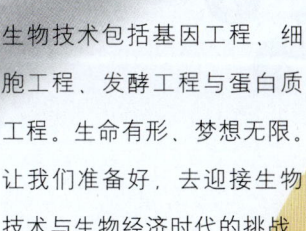

生物技术包括基因工程、细胞工程、发酵工程与蛋白质工程。生命有形、梦想无限。让我们准备好，去迎接生物技术与生物经济时代的挑战。

第一节　生物技术及其发展历史

一、生物技术的定义和特点

生物科学成为当今世界自然科学的热点和重点，主要有两方面的原因：（1）20世纪后叶，分子生物学领域一系列突破性成就，使生命科学在自然科学中的地位发生了革命性的变化；（2）建立在实验室研究基础上的生物技术的发展为人类带来了巨大的利益和财富。科学与技术是密切关联、不可分割的两个方面，是当今社会发展最重要的推动力。技术的发明常常源于科学的发现。Watson和Crick发现了DNA双螺旋结构，导致遗传密码的破译。随后分子生物学一系列重大的突破终于使得DNA的操作——将外源目的基因转入微生物生产有价值的产品成为可能，基因工程技术应运而生。也许Watson和Crick当初并没有料到，他们的科学研究会在生命科学领域以至整个自然科学领域引发如此巨大的技术革命。正是重组DNA技术的重大突破带动了现代生物技术的兴起，并很快产生了许多生命科学的高技术产业。

有人又称**生物技术**为**生物工程**(bioengineering)，但两者是有差别的。前者偏重研发，后者更偏重应用或实施产业化。如何对生物技术下定义，一直是一个有争论的问题。

1982年，国际合作与发展组织对生物技术的定义为：生物技术是应用自然科学及工程学的原理，依靠微生物、动物、植物体作为反应器将物料进行加工以提供产品为社会服务的技术。

美国政府技术顾问委员会（OAT）对生物技术的定义是：应用生物或来自生物体的物质制造或改进一种商品的技术，其还包括改良有重要经济价值的植物与动物以及利用微生物改良环境的技术。该定义强调了生物技术的商品属性，有一幅漫画生动形象地表述了生物技术的商品属性（图12-1）。

生物技术的成果及其成功应用首先需要实验室大量复杂的基础研究工作，生物技术还是微生物学、分子生物学、化学工程、材料科学等多学科交叉的综合性学科。高技术（精细和密集的复杂技术）、高投入（尤其是前期科研投入高）、高利润是生物技术产业的显著特点。

二、生物技术包含的主要内容

一般认为，生物技术通常包括基因工程、细胞工程、发酵工程和蛋白质（酶）工程4个方面内容。其中，以克隆和重组DNA为核心技术的基因工程发展最快，也带动和促进了细胞工程、发酵工程和蛋白质工程的发展。

基因工程是通过DNA的体外重组，实现不同物种之间基因的转移，或者在基因的水平上设计和改造生物结构和功能，最终获得具有目的性状的生物个体或表达产物。

细胞工程是以组织、细胞和细胞器为对象进行操作，在细胞水平上重组细胞的结构和内含物，或者通过一定规模的细胞培养或组织培养，最终获得所需要的组织、细

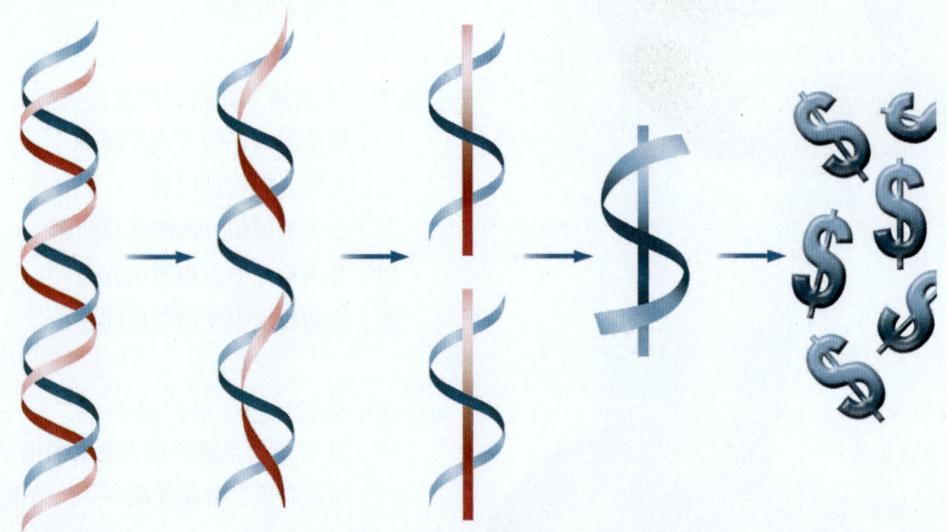

图12-1　生物技术的商品属性　什么是生物技术呢？不需要更多的文字说明，图中的DNA双螺旋结构被改造成了美元（$）。该漫画形象地表述了，以DNA操作为核心的生物技术就是通过其商品属性获得高额利润的。

胞和生物体及其产物。**发酵工程**通过对微生物菌株的选择、培育或改造,对发酵罐和反应器的设计和对发酵工艺的改进,实现目标工程菌或细胞的规模化发酵培养,最终从发酵液或细胞中分离提取所需要的生物工程产品。**蛋白质工程**是在对蛋白质结构与功能解析的基础上,对蛋白质结构进行改造,或通过对蛋白质结构的反向设计,选择或改造相应的基因,获得所需要的蛋白质。这些蛋白质可以是一些特殊药物,也可以是加速化学反应的蛋白质酶类,也可以是一系列代谢反应的靶蛋白等等。

从有关生物技术的定义来看,除了基因工程、细胞工程、发酵工程和蛋白质工程等方面内容外,基因诊断与基因治疗技术、克隆技术、生物芯片技术、生物材料技术、生物能源技术、开发应用可以生产化学药物、生物多聚物(如可降解生物塑料)、氨基酸、酶制剂和食品添加剂的微生物、用生物降解环境中有毒有害化合物的技术等等都是生物技术范畴的重要内容。

现代生物技术实际上是建立在多学科基础之上、涉及面广泛的综合技术,与生物技术直接相关联的学科至少包括分子生物学、微生物学、生物化学、遗传学、细胞生物学、化学工程学、医药学、材料科学等。对人类和社会生活各方面影响最大的生物技术领域还可按行业分为农业生物技术、医药生物技术、环境生物技术、海洋生物技术、材料生物技术、能源生物技术等等。以农业生物技术为例,其包括的具体内容有:以基因工程(DNA重组技术)为手段,培育高产、高品质和高营养的农作物,培育抗病、抗虫和抗病毒农作物,培育抗寒、抗旱农作物,培育抗除草剂农作物,培育抗早熟或抗倒伏农作物等;利用动物转基因技术,培育优良品种,促进家畜、家禽(包括水产养殖的鱼、虾等)的生长,改善家畜家禽的遗传特性和禽畜产品的品质,提高禽畜的抗病性等。以现代医药生物技术为例,其包括的具体内容有:疾病的分子诊断及基因诊断(含基因芯片诊断),基因治疗,基因工程重组疫苗研制,生长因子、神经营养因子、细胞因子、抗病毒药物和受体等蛋白和多肽药物的设计和开发,生物医用材料的研制等等。生物技术按其进行的顺序和性质一般包含以重组DNA等实验室操作为主的上游技术和以发酵工程等为主的工业化生产的下游技术(图12-2)。总之,现代生物技术的领域非常广泛,随着生命科学的发展和不断突破,许多生命科学的重大成果都隐含着良好的应用前景和商机,也不断拓展着生物技术领域的范围,显示

图12-2 生物技术一般包含以实验室操作为主的上游技术和以工业化生产为主的下游技术 (a)科学家在实验室内进行转基因和蛋白表达分析实验。(b)利用小型发酵罐等制备生物工程产品的中试装置。(c)扩大生产规模的发酵生产车间。

表 12-1　生物技术发展的大事件

时间	事件
1822—1884 年	Mendel 创立了经典的遗传学法则,被誉为经典遗传学之父。
1822—1895 年	Pasteur 创立了微生物学,在微生物发酵研究领域做出了巨大的贡献。
1929—1943 年	Alexander Fleming 发明青霉素,最终导致大规模工业生产青霉素。
1944 年	Avery 等的肺炎球菌实验,证明蛋白质不是遗传物质,DNA 是遗传物质。
1953 年	Watson、Crick 发现 DNA 双螺旋结构。
1960—1970 年	超速离心、层析技术、电泳技术、光谱技术、色谱技术、放射性同位素标记技术等日趋成熟。
1970 年	核酸限制性内切酶(分子手术刀)和连接酶相继被发现。
1973 年	Cohn 和 Boyer 等完成了 DNA 体外重组,一举打开基因工程学大门。
1976 年	Swanson 与 Cohn 合作,全球第一家生物技术公司——Genetech 公司问世。两年后该公司首次用基因工程技术在大肠杆菌中表达和生产胰岛素。
1981 年	第一个单克隆抗体诊断试剂盒在美国被批准使用。
1988 年	美国 Kary Mullis 发明 PCR 技术。
1997 年	英国科学家 Wilmut 等人完成了首例哺乳动物——绵羊"多莉"的克隆。生物芯片问世。
1999 年 12 月	人类基因组计划获得重要进展,科学家宣布,人类第 22 号染色体(人类 23 对染色体中最小的染色体)所含的 3.34×10^7 个碱基序列的测定已经全部完成,这是人类完成的第一个人类自身染色体的全序列测定。
2000 年 6 月 26 日	在多方参与和协作下,人类基因组工作框架图完成,标志着功能基因组时代的到来。
2001 年 2 月	人类基因组框架图数据结果正式发表,人类 23 对染色体上的基因数为 3 万至 3.5 万。
2002 年 4 月	水稻基因组框架图数据结果正式发表,中国科学家在该项研究中贡献突出。

了未来生物技术产业美好的前景。

三、生物技术发展的历史概况

以酿酒发酵等为代表的传统生物技术可追溯到19世纪,但直到20世纪后叶,分子生物学领域一系列重大发现和突破才使得现代生物技术蓬勃地发展起来。表12-1列举了部分对生物技术的发展具有里程碑意义的大事件,从这些大事件中,我们可以追溯现代生物技术在20世纪兴起的脉络。

20世纪70年代以来,现代生物技术的重要支柱——基因工程技术的重要成就,为世界农业及粮食生产和制药产业的发展提供了广阔的发展空间。一些国家将转基因技术运用于农业,取得了显著的成绩。例如,1983年首批转基因烟草和马铃薯问世,1986年首批通过转基因开发的抗虫和抗除草剂作物进入田间试验,1993年延熟保鲜转基因番茄被批准上市销售,到20世纪末,世界各国已累计批准了约5 000个(次)转基因作物释放于田间,其中近50个转基因作物产品已经进入市场,转基因作物的种植面积近4 000万公顷,产值达15亿美元。在中国,已知正在研究和开发的转基因作物有50多种,涉及各类基因100多个。中国已批准的转基因产品包括转基因棉花、转基因西红柿、转基因抗病毒辣椒等等,中国的转基因鱼、转基因羊和转基因猪等项成果也处于世界先进地位。另外,以袁隆平院士为代表的中国科学家在杂交水稻的遗传育种和推广应用方面取得了举世瞩目的成绩。在生物制药和诊疗方面,近几十年来中国也积累了丰硕的成果,早在1988年,中国科技人员就研制成功了乙型肝炎基因工程疫苗,1992年又完成了对甲肝和丙肝有特殊疗效的合成人工干扰素等基因药物的研制,到目前为止,至少已有18种基因工程药物与疫苗进入市场。在美国,生物技术产业已经达到相当的规模。据统计,2001年美国共有1 457家生物技术公司,其中342家是上市公司;市场资本总额达到2 240亿美元,年收入有276亿美元;生物技术产业雇佣从业人员17.9万人。据生物技术工业组织（BIO）的统计，1999年，生物技术产业的直接活动、间接活动等就为美国经济贡献了437 400个工作岗位和470亿美元的商业收入，来自生物技术产业的税收约为100亿美元。

由于生物技术是世界上科学研究密集程度最高的产业之一，其技术创新周期长，投入大，其产品涉及公共卫生和安全等重要方面，因此生物技术产品从研发到进入市场至少需要5年以上的时间。全世界生物技术产业目前还只处于初期发展阶段，生物技术产业要在世界经济中要占据主导地位还需要很长时间的培育和发展。

第二节 重组 DNA 技术——基因工程

以基因克隆（gene cloning）操作为主的重组DNA技术是基因工程的核心技术，该技术包括了一系列的分子生物学操作步骤。所谓**基因工程**（genetic engineering）就是有意识地把一个生物体中有用的目的基因转入另一个生物体中，使后者获得新的遗传性状或表达所需要的产物。

一般重组DNA操作通常包括以下步骤：（1）获得需要的目的基因（gene of interest）（又称外源基因）；（2）在限制性内切酶（restriction enzyme）和连接酶作用下与克隆载体连接，形成新的重组DNA分子（recombinant DNA），这一步往往需要对重组DNA分子进行克隆和筛选；（3）用重组DNA分子转化受体细胞，使之进入受体细胞并能够在受体细胞中复制和遗传；（4）对**转化子**即获得外源基因的受体细胞进行筛选和鉴定；（5）对获得外源基因的细胞或生物体通过发酵、细胞培养、养殖或栽培等，最终获得所需要的遗传性状或表达出所需要的产物（图12-3）。

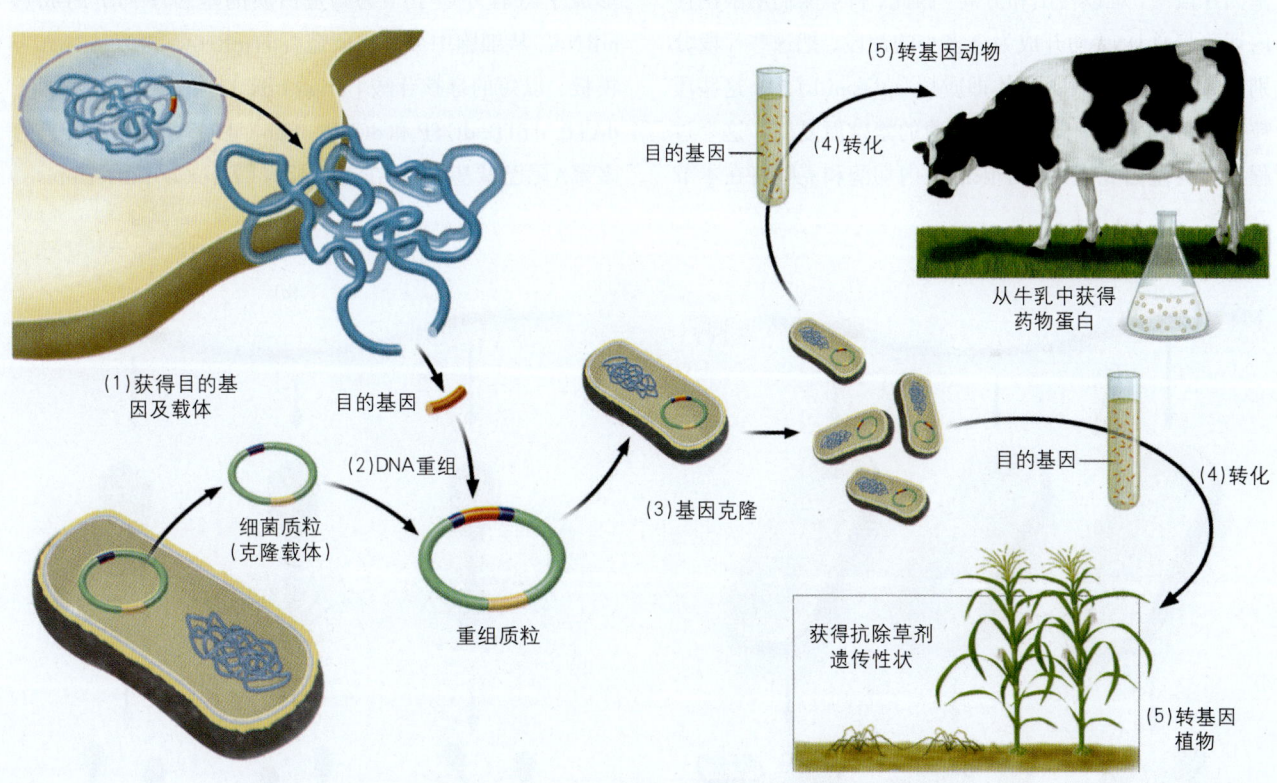

图12-3 重组DNA操作的通常步骤 （1）获得需要的目的基因，并获得克隆载体（如细菌质粒、噬菌体等）。（2）用限制性内切酶切下所需基因片段和克隆载体，然后在连接酶的作用下将它们连接，形成新的重组DNA。（3）使携带目的基因的载体（重组DNA）进入细菌，随着细胞的无性繁殖，携带目的基因的质粒也得以复制，以获得大量的目的基因拷贝，即完成了目的基因的克隆。（4）用克隆的目的基因或进一步构建的重组DNA分子对第二宿主（如植物、动物或其他微生物）进行转化，使外源目的基因能在其中稳定地遗传和表达；该步骤需要对获得外源目的基因的受体细胞（生物）进行筛选鉴定和分子检测。（5）对获得外源目的基因的细胞或生物体进行发酵、细胞培养、养殖或栽培等，最终获得目的基因表达产物（蛋白质）或获得具有某种所需遗传性状的生物体。本图中的目的基因及操作过程反映了基因克隆和转基因步骤，其中红色目的基因泛指可能的不同功能的基因。

与DNA操作相关的技术方法有很多,本节主要以目的基因的获取、在大肠杆菌中的克隆、受体细胞的转化、筛选和鉴定等为主要线索,介绍DNA体外重组最基本的原理和最常见的过程。

一、获得目的基因

进行DNA重组操作,首先要获得需要的目的基因,最常用的方法包括:① 直接从生物体中提取总DNA,构建基因文库(gene library),从中调用目的基因;② 以mRNA为模板,逆转录合成互补的DNA片段;③ 利用聚合酶链反应(PCR)特异性地扩增所需要的目的基因片段等等。

(1)构建基因文库 细胞内总DNA的提取分离程序已经在第二章做了详细介绍(图2-39),在提取分离到的总DNA中,目的基因片段含量很少,且掩埋在无数其他基因片段中,难以检出和分离。因此,科学家们用限制性内切酶将总DNA切开成为许多小的片段,把这些片段分别插入到环状的DNA载体即质粒(plasmid)中,这些质粒载体可以转入细菌并随着细菌的繁殖而复制,这个过程又称为**基因克隆**。关于限制性内切酶和克隆将在本节下一部分进一步介绍。这些大量被复制拷贝的各载体上的外源基因可以进一步地被分析鉴定和分离。将总DNA包含的基因组各片段分别克隆在质粒或噬菌体载体上,便构成了该生物的**基因文库**(图12-4)。科学家们一般用与目的基因部分序列互补并标记了放射性同位素的一小段单链DNA作为探针(probe),对克隆的基因文库进行杂交实验,从中选出感兴趣的目的基因。以后再做重组DNA操作时,可以从基因文库中调用所需要的目的基因。

(2)逆转录人工合成互补DNA 构建基因文库并获取目的基因费时费事,也会出现其他问题,如真核生物细胞的基因组都含有较多非编码蛋白的内含子序列,给构建基因文库并获取目的基因增添了许多麻烦。为了避免这一问题,科学家发明了逆转录人工合成互补DNA的方法(图12-5)。首先,细胞核内的基因组经过转录,产生出前体mRNA,经剪切作用后,其中的内含子被除去,形成了只有外显子(编码蛋白质的基因序列)的成熟mRNA。从细胞中分离出所需要的mRNA,再以mRNA为模板,以短的寡核苷酸[oligo(dT)]分子作引物,加入dATP, dTTP, dGTP和dCTP, oligo(dT)与mRNA分子的多聚A尾巴碱基配对,在逆转录酶(reverse transcriptase)

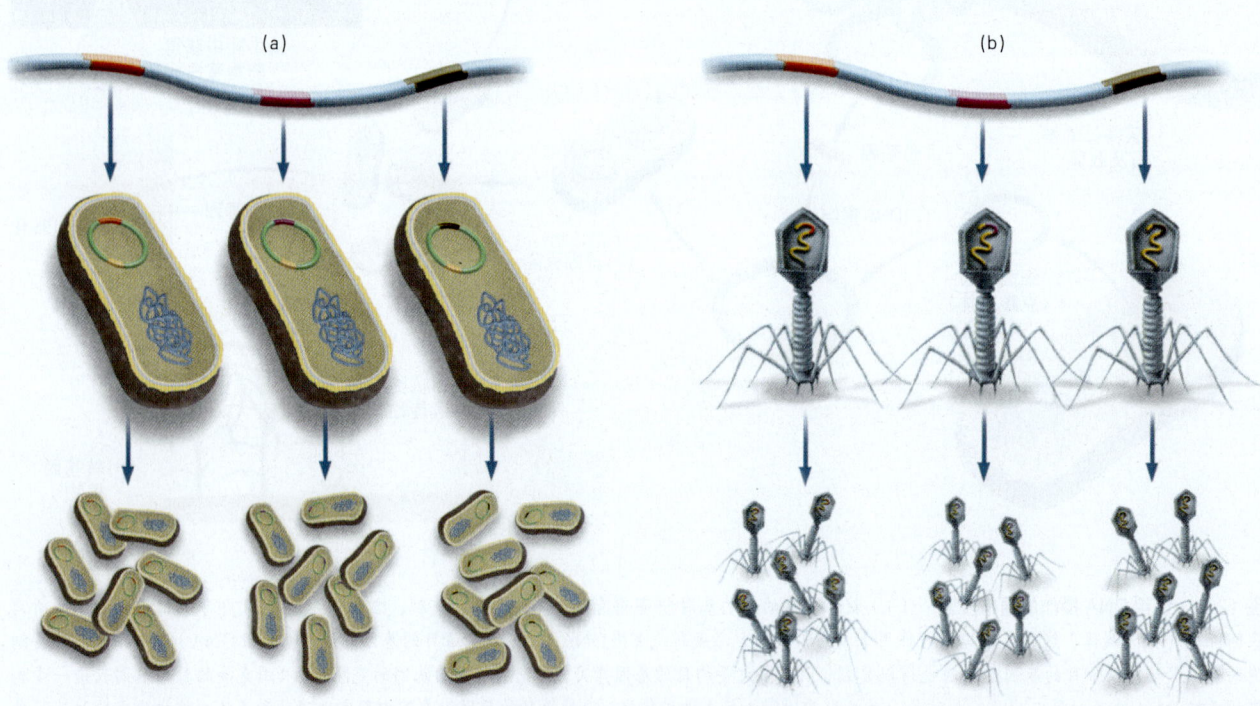

图12-4 构建基因文库 (a)将不同的基因片段(在总DNA上用不同的颜色表示)克隆到细菌质粒载体上,构建相应的基因文库。(b)将不同的基因片段克隆在噬菌体载体上,构建相应的基因文库。基因文库构建的操作参见下一部分有关基因克隆的操作。

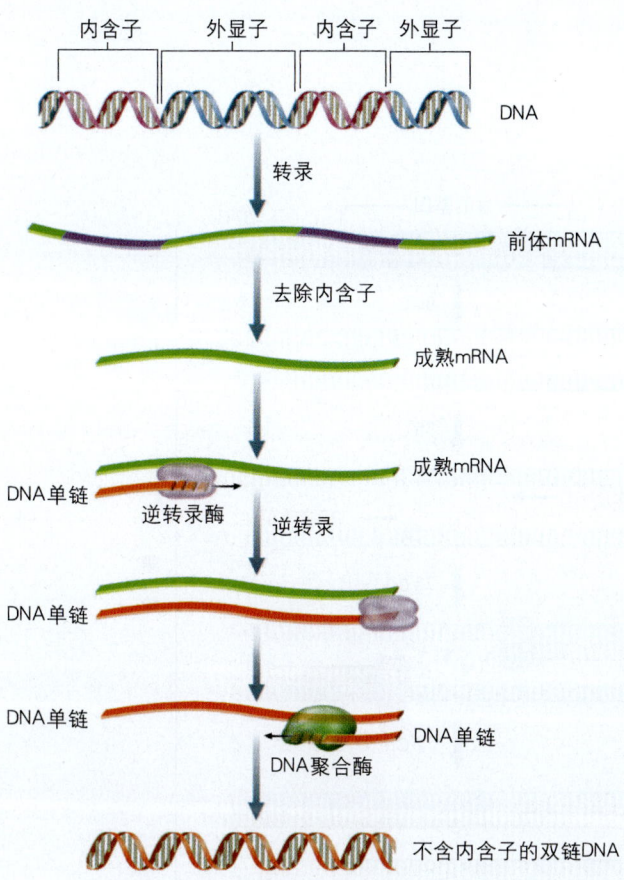

图12-5 逆转录人工合成互补DNA　（1）细胞内DNA转录为前体mRNA。（2）前体mRNA经剪切作用，除去非编码蛋白的内含子序列，成为只有外显子的成熟mRNA。（3）以从细胞内分离提取的成熟mRNA为模板，在逆转录酶的作用下，根据碱基互补原则合成一条DNA子链。（4）逆转录完成，RNA被降解，在DNA聚合酶的作用下，以已合成的DNA单链为模板，人工合成另一条互补的DNA子链。（5）最终形成不含内含子的双链DNA。

的作用下，根据碱基互补原则人工合成一段与之互补的DNA片段，这一过程称为**逆转录**（reverse transcription）。逆转录完成时，RNA被降解。接着，在大肠杆菌DNA聚合酶I的Klenow片段的作用下，再以第一条DNA为模板，人工合成另一条互补的DNA子链。这种经过mRNA逆转录人工合成的DNA被称为互补DNA（complementary DNA, cDNA）。在细胞分化的不同阶段，或经外界条件诱导，根据代谢反应的特殊需要，细胞往往特异性地转录产生编码特殊蛋白的mRNA。因此，在特定的情况下用cDNA方法获取的DNA片段往往是具有特定功能的目的基因，这是逆转录人工合成互补DNA方法的优势。

（3）聚合酶链反应　**聚合酶链反应**（polymerase chain reaction, PCR）技术，即PCR技术是在体外的小试管（eppondorf tube）中通过酶促反应有选择地大量扩增（包括分离）一段目的基因的技术（图12-6）。该技术高效、快捷、特异性好。完成PCR需要在小试管中加入4种物质：①作为模板的DNA序列，即从细胞中提取分离的微量总DNA；②与计划获取的目的基因双链各自3'端序列相互补的两种DNA引物（人工合成的约20个碱基的短DNA小片段）；③TaqDNA聚合酶，该酶来源于一种嗜热菌，具有很好的热稳定性；④4种脱氧核苷酸，简写为dNTP（包括dATP, dTTP, dGTP和dCTP）。

整个聚合酶链反应在特制的PCR仪中进行，4种反应混合物经历了变性、退火、延伸三步曲（图12-6）。①变性：在95℃高温下，作为模板的双链DNA解链成为单链DNA；②退火：反应体系的温度降至55~60℃，使得部分引物与模板的单链DNA的特定互补部位相配对并结合；③延伸：反应体系的温度回升到72℃左右，TaqDNA聚合酶在该合适温度条件下以目的基因为模板，逐个将4种脱氧核苷酸依照模板DNA的碱基顺序按碱基互补的原则连接在引物之后，使合成的新链延伸，形成互补的DNA双链。新形成的双链DNA又可以作为下一轮反应的模板，如此重复进行30轮循环，即可有选择地大量扩增（包括分离）一段需要的目的基因。每一轮聚合酶链反应可使目的基因片段增加一倍，30轮循环理论上共可获得2^{30}（1.07×10^9）个基因片段。

PCR的发明是DNA操作技术的革命，它是1988年由美国科学家Kary Mullis发明的。据说Mullis教授是一个兴趣广泛，爱好户外活动，性格特殊的人。一次外出的返家途中，他驾驶着汽车行驶在一条逶迤弯曲的山路上，在汽车开始驶入山脚下平坦笔直的公路时，他突发联想：已经经过的山路好像是折叠缠绕的DNA双螺旋，被热变性成两条解开的5'→3'的单链就是山脚下平坦笔直的双向车道，它们可以是DNA合成的模板，如果开始行驶的小汽车代表了一小段DNA引物，后来又是引导新链延伸的聚合酶，4种脱氧核苷酸好像车后排放的尾气……正是当时他开汽车时的联想，使他以后发明了PCR技术（图12-7）。因为这一项重大创新成果，Mullis教授于1993年获得了诺贝尔奖。PCR技术问世以来，已经在分子生物学、医学、考古学、法学、人类学等许多领域获得了广泛的应用，随着PCR技术的发展，科学家又发明了反向PCR、锚定PCR、定量PCR、原位PCR等方法，大大扩展了PCR技术的应用范围。

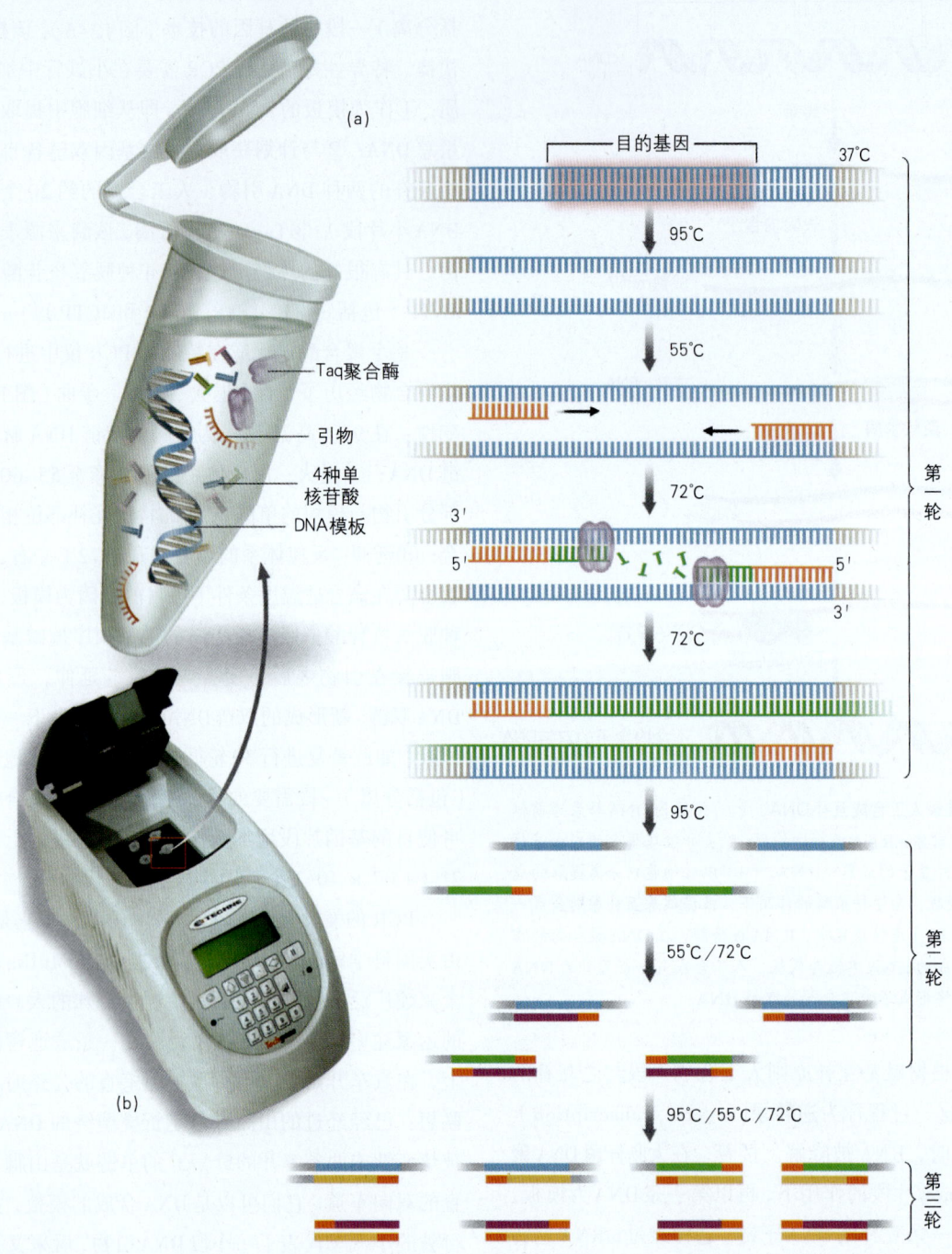

图 12-6　**聚合酶链反应**　（a）聚合酶反应的过程。将微量总 DNA、TaqDNA 聚合酶、引物及 4 种核苷酸底物的混合溶液放入 eppondorf 管中：(1) 将待扩增双链 DNA 加热（95℃）变性，形成单链模板。(2) 降温（55~60℃），引物以氢键与互补的目的基因外端部相连，每条DNA序列与一条引物相连。(3) 在 TaqDNA 聚合酶工作的最适温度（72℃），TaqDNA 聚合酶从两个引物的 3′ 羟基端后按照模板的 DNA 碱基序列合成互补的新生 DNA 链。重复上述操作，循环 30 次，可以从微量总 DNA 分子中扩增到大量目的基因。（b）PCR 仪。PCR 技术问世后，美国 Perkin-Elmer（PE）公司与 Cetus 公司合作，制造了世界上第一台 PCR 扩增仪。仪器改进的核心部件是加热冷却系统和微电脑控制的自动化系统。

二、基因重组和克隆

基因重组和克隆操作最重要的工具是限制性内切酶、载体（vector）和宿主菌（host bacterium）。微量的目的基因必须经过基因克隆获得大量的拷贝后，才能实现进一步的重组、转化和表达等操作。

限制性内切酶是从细菌中分离提纯的核酸内切酶，可以识别一小段特殊的核酸序列并将其在特定位点处切开。Wener Arber、Hamilton Smith 和 Daniel Nathans 因为在发现限制性内切酶方面开创性的工作而共同获得了1978年的诺贝尔奖。迄今为止，人们已发现和鉴定出了200多种限制性内切酶。由于它们可以在DNA序列的特殊位点将DNA切割成需要的片段，所以被喻为DNA操作的分子手术刀。正是因为有了这些分子手术刀，才使基因克隆操作成为现实。图12-8列出了几种最常用的限

图 12-7 Mullis 教授在盘山公路上开车时的联想使他以后发明了 PCR 技术

图 12-8 几种常用的限制性内切酶　在 DNA 重组中，用于 DNA 分子切割、片段修饰和连接等的酶统称工具酶。限制性内切酶即为一类切割工具酶，在合适的反应条件下，该酶能使每条链的一个磷酸二酯键断开，产生具有 3'-OH 和 5'-P 基团的 DNA 片段。限制性内切酶根据其来源命名。如从 *Hatmophlllus influenzae* Rd 中提取的第三种酶叫 *Hind* III。

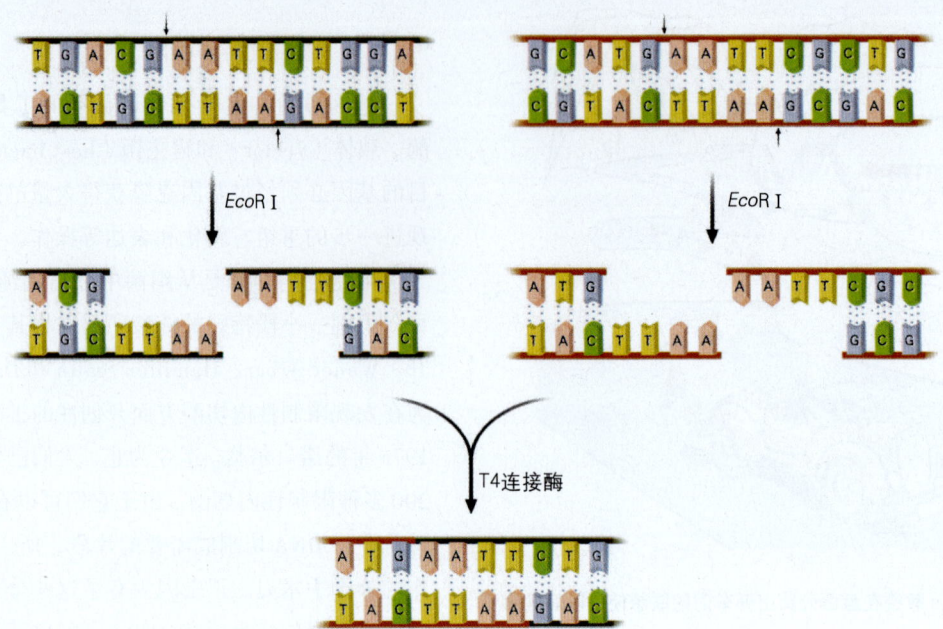

图 12-9 限制性内切酶切开的两个 DNA 双链片段在 T4 连接酶作用下连成重组片段 能催化两个 DNA 片段末端之间—P 基团和—OH 基团形成磷酸二酯键，使两个末端连接的酶称为 DNA 连接酶。现在用于连接 DNA 的连接酶只有两种：由大肠杆菌基因组编码的 DNA 连接酶，称为 *E. coli* 连接酶；由 T4 噬菌体 DNA 编码的 DNA 连接酶，称为 T4 连接酶。

制性内切酶，注明了其来源、缩写名、识别序列和切割位点。

例如，*Eco*RI 是最早被发现的限制性内切酶，它特异性地识别由 GAATTC 及其互补的 6 个碱基组成的双链片段，被 *Eco*RI 切开的双链 DNA 在端口各形成 4 个碱基暴露在外的单链，即形成黏性末端。两条具有碱基互补黏性末端的 DNA 片段在一种称为 T4 连接酶的作用下很容易相互连接起来（图 12-9）。

被限制性内切酶切割开的DNA并不能直接进入到细菌等宿主细胞中，切出的目的基因连入到一个合适的载体中，才可能被转入到宿主细胞中并且随之繁殖而复制。**载体**是运送目的基因片段进入宿主细胞的工具，目前最常用的载体包括细菌质粒、λ噬菌体、cosmid 质粒等。以下以最常用的细菌质粒 pUC118 为例，介绍该类载体的结构和工作原理。

质粒是细菌细胞中自然存在于染色体外可以自主复制的一段环状 DNA 分子。进入到宿主细胞中的一个质粒可以大量增加其拷贝数。pUC118（或 pUC18，下同）就是一种已经被修饰和改造为适用于基因工程操作的实用质粒载体（图 12-10），它有以下特点：

（1）该质粒比较小，可以插入一段较长的DNA片段。

（2）进入宿主细菌细胞后，pUC118 在每个细胞中可

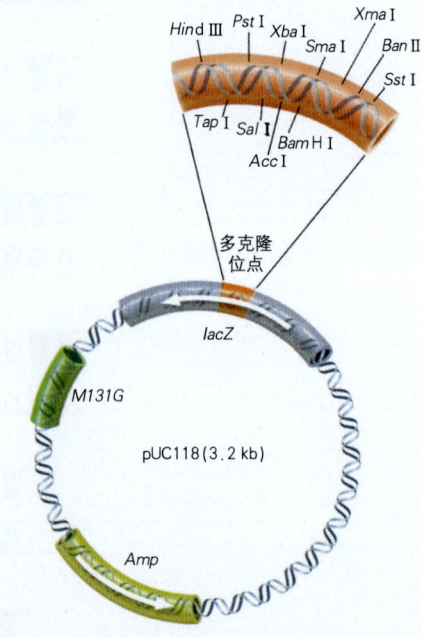

图 12-10 作为克隆载体质粒的基本结构 质粒是细菌细胞中存在于染色体外可以自主复制的一段环状 DNA 分子。载体是在基因工程中，可与包括目的基因的外源 DNA 片段构成重组体，并能将重组 DNA 导入受体细胞，使目的基因得以复制或表达的 DNA。细菌质粒是目前常用的一种载体。经过人工修饰和改造（如插入一段多克隆位点），可使其成为适用于基因工程操作的实用工具。如质粒 pUC118 就是一种已经被修饰和改造为适用于基因工程操作的实用工具。在 pUC118 中有一段人为设计和插入的具有多种限制性酶切位点的序列，即多克隆位点，便于根据目的基因片段的需要，选用不同限制性内切酶分别对质粒和外源 DNA 进行切割，产生相互匹配的末端，方便了进一步连接。

复制形成大约500个拷贝,于是也大大增加了插入在该质粒中的外源目的基因的拷贝数。质粒载体上的外源基因片段在宿主细胞中,通过宿主的无性繁殖被大量复制的过程称为基因克隆。

(3)在pUC118中有一小段人为设计和插入的具有多种限制性酶切位点的序列,即多克隆位点(图12-10)。在这一段序列上,可根据目的基因片段的需要,选用不同的限制性内切酶对质粒进行切割,再对外源DNA进行切割,产生相互匹配的末端,为进一步的连接提供了方便。

(4)pUC118中有一个 lacZ 基因,上述的多克隆位点区就位于 lacZ 基因之中(图12-10)。lacZ 基因编码 β-半乳糖苷酶的一个蛋白亚基。它可以使细菌在含有 X-gal(5-溴-4-氯-3-吲哚-β-D-半乳糖)底物和IPTG(一种乳糖类似物)的培养基上形成蓝色的菌落,即 X-gal 被 lacZ 基因编码产生的 β-半乳糖苷酶水解成蓝色。当外源DNA片段插入到多克隆位点区时就隔断了 lacZ 基因,使 lacZ 基因失去活性和表达功能。因此,凡是插入了外源DNA片段的pUC118(重组质粒)进入到宿主细菌后,这些细菌由于不能利用 X-gal,结果在含有 X-gal 底物的培养基上形成了白色的菌落,而不是蓝色的菌落。如此,利用这一特性很容易将携带重组质粒的细菌克隆从没有携带重组质粒的细菌中筛选出来(图12-11)。

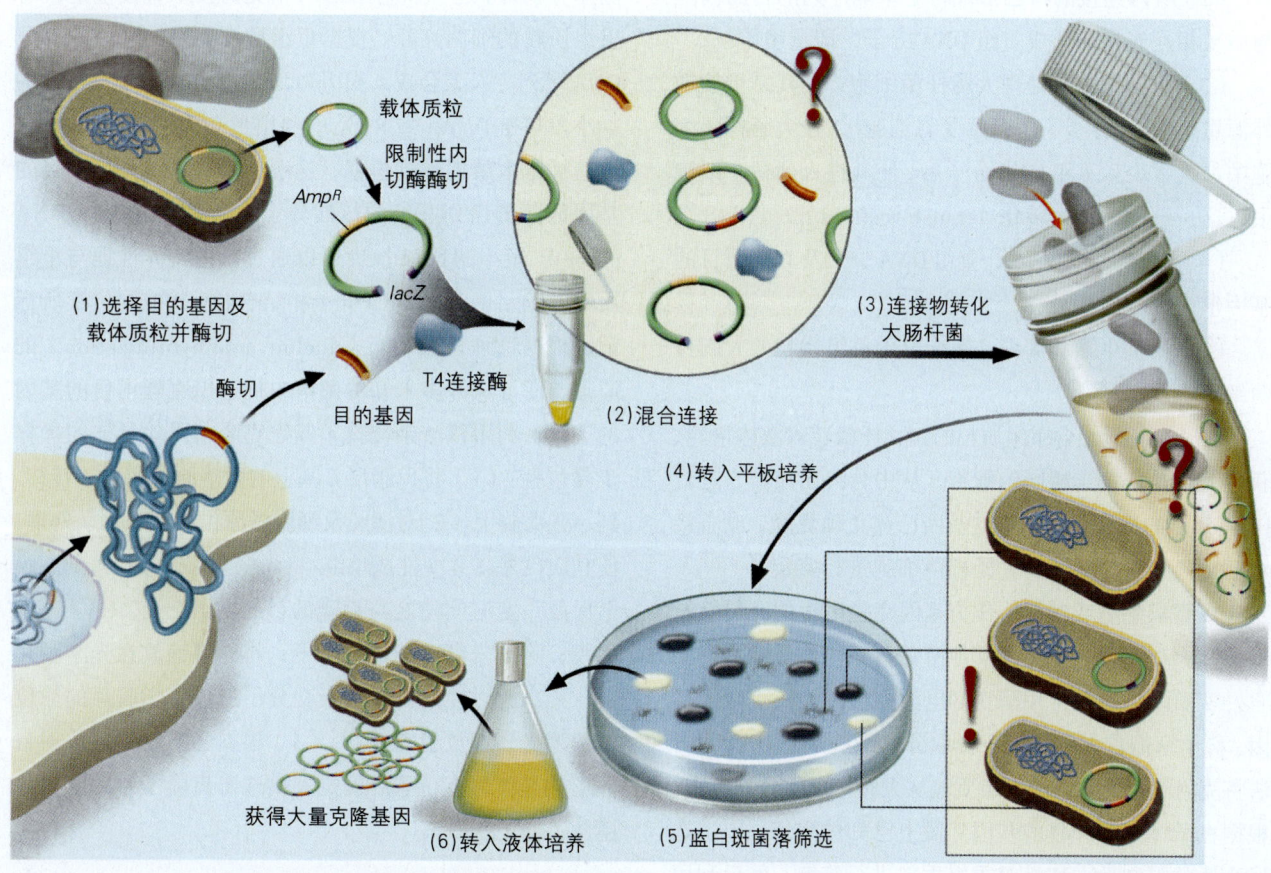

图12-11 将目的基因克隆到大肠杆菌中的操作步骤 (1)选择合适的限制性内切酶分别对外源目的基因和载体质粒进行酶切。(2)然后将两者混合,用T4连接酶连接以形成重组质粒。(3)将混合并经连接处理后的DNA混合物统统加入到大肠杆菌的细胞中,对大肠杆菌进行转化,即让可能形成的重组质粒进入到大肠杆菌中并随之繁殖而复制。由于DNA混合物中的情况较复杂,有的质粒没有连入外源目的基因便闭合了,虽然正确连入的几率较小,但有的质粒还是连入了外源目的基因。(4)将被DNA混合物转化后的细菌倒入含X-gal、IPTG和氨苄青霉素的培养基平板上。(5)经过保温培养,凡是没有载体质粒进入的大肠杆菌在平板上都被氨苄青霉素杀死(如图中平板上的黑色斑点痕所示),凡是有载体质粒进入的大肠杆菌在平板上都能抗氨苄青霉素,因此生长繁殖成由无数大肠杆菌堆积成的小菌落,其中,如果外源目的基因没有插入 lacZ 基因中,携带这样质粒的大肠杆菌能够正常表达半乳糖酶,后者使X-gal水解成蓝色,因此这样的菌落呈蓝色;而插入了目的基因的重组质粒,lacZ 基因被外源DNA隔断而失活,携带重组质粒的大肠杆菌不能利用X-gal,因此形成白色菌落。(6)挑出(筛选)出白色菌落,转入液体培养,随着大肠杆菌的分裂,全部大量的大肠杆菌细胞中都有含目的基因的质粒,如此目的基因便被克隆了。

（5）pUC118还携带了氨苄青霉素抗性基因（Amp^R），它使细菌能在含氨苄青霉素的培养基中生长，而没有转入pUC18的细菌则全部会被杀死。因此，用含氨苄青霉素的培养基可很方便地对携带pUC18的细菌做筛选。

基因克隆过程是通过将携带目的基因的重组DNA分子转入到宿主细胞中来完成的。有一些原核生物和真核生物或噬菌体都可以是基因克隆的宿主。在实验室中，大肠杆菌是一种常用的宿主菌。将目的基因转入到大肠杆菌细胞中的操作步骤（图12-11）通常包括：

（1）用特定的限制性内切酶酶解（切割）已获取的目的基因片段和质粒载体；

（2）用T4连接酶将已形成特定末端序列的目的基因与质粒相互连接，形成重组DNA分子，即重组质粒；

（3）用物理方法处理大肠杆菌细胞，使其易于接纳外源重组DNA分子（制备感受态细胞），在大肠杆菌细胞中加入了少量重组DNA分子后，使其进入到宿主细胞中，这一过程又称为**转化**（transformation）；

（4）培养大肠杆菌，让重组DNA分子及其外源目的基因形成大量的拷贝；

（5）用抗生素和X-gal筛选出含重组质粒的大肠杆菌细胞；

（6）将筛选出含重组质粒的大肠杆菌转入液体培养，获得大量遗传背景相同的细胞，从中分离出质粒，进行DNA分子的检查，确定目的基因已被正确克隆，或直接对已克隆了目的基因的大肠杆菌细胞进行鉴定。

以真核生物或噬菌体作为基因克隆宿主的有关操作步骤和原理可进一步阅读其他有关分子生物学教材。

实验室内一般常用酶切和电泳方法来检查克隆的基因。科学家们首先用类似于提取分离细胞中总DNA的方法将克隆了目的基因的重组质粒从大肠杆菌中分离出来，根据在载体部分和目的基因片段上已知的酶切位点，选择合适的限制性内切酶对重组质粒进行酶解，然后利用琼脂糖凝胶电泳的方法对大小不等的酶解片段进行分离和鉴定。

凝胶电泳（gel electrophoresis）是用于分离、纯化和鉴定DNA片段最常规的实验技术。DNA片段上的磷酸基团都带有负电荷，把大小不同的DNA片段装入琼脂糖凝胶（包含电解质的多孔支持介质）一端并将其置于静电场中，DNA分子便向阳极移动。DNA长度增加，来自电场的驱动力和来自凝胶的阻力之间的比率就会降低，不同长度的DNA片段就会表现出不同的迁移率。即较长的DNA分子（片段）电泳迁移率低，在凝胶上移动慢，较短的DNA分子（片段）电泳迁移率高，在凝胶上移动快，因而就可依据DNA分子的大小来使其分离。该过程可以通过把示踪染料和相对分子质量标准参照物与样品一起进行电泳而得到检测。相对分子质量标准参照物可以提供一个用于确定DNA片段大小的依据。最后，根据电泳条带分析的结果，可知重组质粒经酶切后产生了大小为多少的几段DNA分子，是否与所设计构建的重组质粒结构相吻合（图12-12）。

除了从细菌细胞中提取质粒做酶切电泳分析或DNA测序分析外，还可以利用DNA杂交的技术直接鉴定带有重组质粒的细菌克隆。根据重组质粒上目的基因的部分DNA序列，人工合成（或用PCR技术合成）与之互补的一小段单链DNA（或RNA），利用带有^{32}P-磷酸的dATP使其标记上放射性同位素，这一小段与重组质粒上目的基因的部分序列互补的核酸分子称为**DNA探针**（DNA probe）。短小的DNA探针可以通过氢键特异性地与重组质粒上的目的基因DNA分子相结合，使其被同位素所标记。根据这种核酸杂交（nucleic acid hybridization）的原理，便可从许多未知的菌落中挑选出克隆了目的基因的菌落。利用核酸杂交技术鉴定克隆基因的具体的操作步骤包括：（1）将琼脂培养基上的菌落原位印迹（转移）到一张滤膜上。（2）对滤膜及细胞做原位物理和化学处理，使其DNA暴露并变性成单链；将同位素探针液加入到滤膜上保温一定时间使之与克隆的目的基因杂交。（3）冲洗滤膜，除去未结合的探针分子；将滤膜铺放在光学胶片上，具有放射性同位素的杂交分子造成光学胶片的原位局部曝光，即放射自显影。（4）根据光学胶片上放射自显影的具体斑点位置，确定和挑选出克隆了目的基因的菌落（图12-13）。

三、转化受体细胞和转化子筛选

基因克隆以后便有了大量目的基因，下一步就是使其在合适的宿主细胞中表达，产生需要的基因表达产物或使宿主生物具备所需要的性状，同时，该外源目的基因还能在宿主细胞中稳定地遗传。这一过程就是遗传转化。所谓合适的**宿主细胞**就是接纳外源DNA的细胞，它们可以是细菌等原核生物，也可以是植物或动物细胞。

如果需要让克隆的基因表达和产生大量的编码蛋

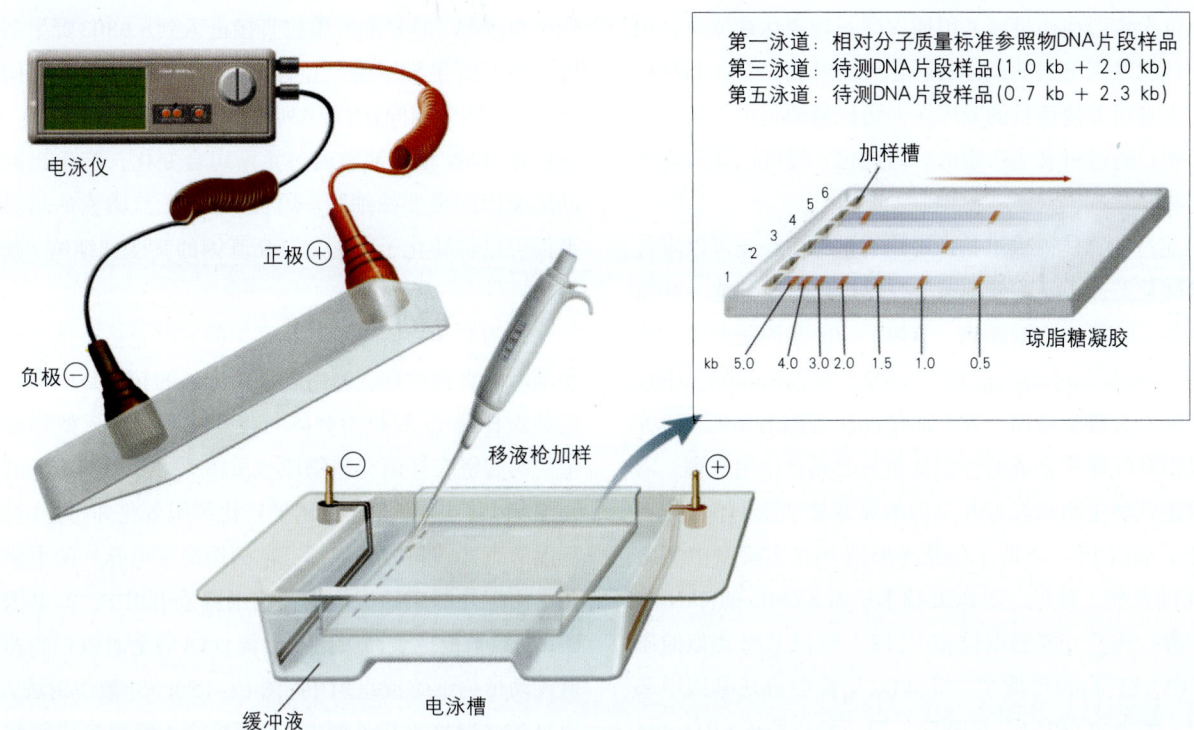

图 12-12　DNA 片段的凝胶电泳　凝胶电泳是用于分离、纯化和鉴定 DNA 片段最常规的实验技术。以凝胶作为介质，将凝胶浸泡在电泳槽内的缓冲液中，带有负电荷的 DNA 片段在电场作用下将在介质中泳动。不同长度的 DNA 片段会表现出不同的迁移率，因而就可依据 DNA 分子的大小来使其分离。该过程可将相对分子质量标准参照物与样品一起电泳，以提供一个用于确定 DNA 片段大小的依据。一般来说，较长的片段落于后方，较短的片段位于前方，可用染色、荧光标记或同位素标记将其显示。

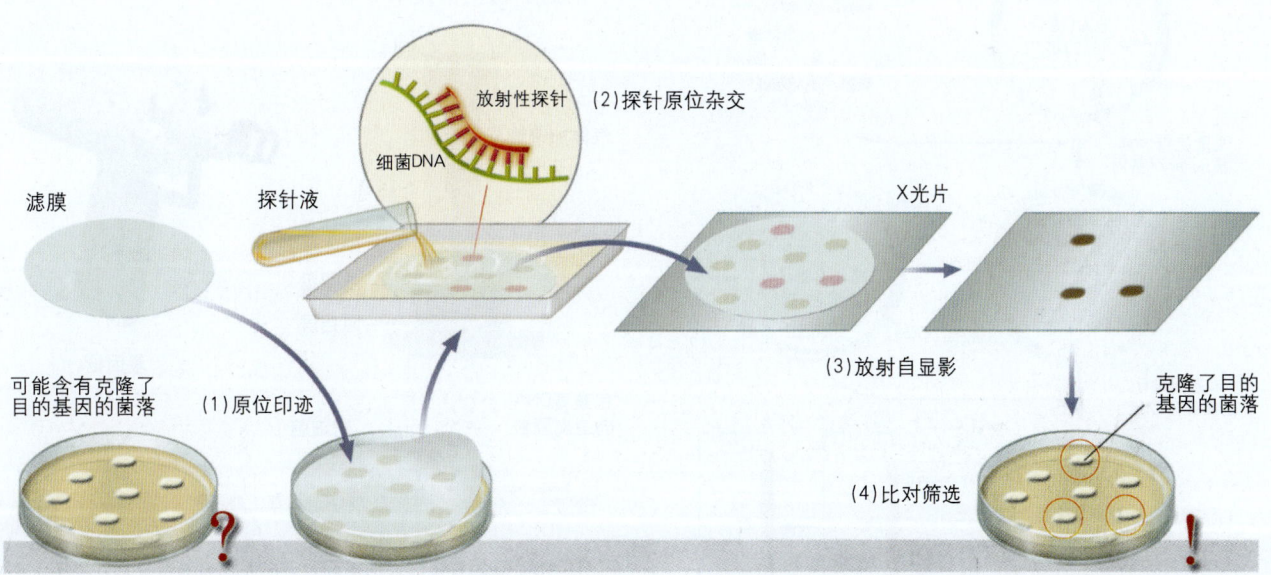

图 12-13　利用 DNA 杂交技术直接鉴定携带克隆基因的菌落　（1）将原培养基上的菌落原位转移至滤膜。（2）对滤膜进行物理和化学处理，使其上细菌 DNA 变性成为单链；将含有放射性同位素的探针液（含有人工合成的与目的基因部分序列互补的单链 DNA 或 RNA）加入滤膜，保温，使探针与菌膜印迹中可能的目的基因杂交。（3）冲洗去滤膜上未结合的探针分子，具有放射性同位素的杂交分子使光学胶片的原位局部曝光。（4）根据光学胶片上曝光部位，确定和挑选克隆了目的基因的菌落。

白，科学家们往往将该基因插入到一种表达载体中，用带有目的基因的表达载体再转化大肠杆菌，对大肠杆菌进行大量培养使目的基因在大肠杆菌细胞中大量表达和积累，通过对表达产物的分离纯化，便可以获得需要的产物。

通过DNA体外重组技术构建的重组质粒还可以直接用以转化蓝藻（又称蓝细菌）等原核生物或其他一些原生生物，如单细胞绿藻等。例如，*chlL*基因是蓝藻（蓝细菌）*Synechocystis* sp. PCC 6803（简称S.6803）中控制叶绿素合成的基因。为了研究*chlL*基因的功能，研究该基因对叶绿素合成的控制及相关的光合作用机理，需要构建该种生物缺失*chlL*基因的突变株细胞。本书作者设计了如图12-14所示的技术路线并在实验室中实施DNA的操作。首先，用PCR技术扩增S.6803的*chlL*基因片段，将它克隆到质粒pUC118（与pUC18类似的质粒）中，获得pFQ2质粒。将pFQ2质粒中*chlL*基因中部0.8 kb的*BstI-NheI*片段删除，用一段来源于pRL-425质粒的红霉素抗性基因取代之，得到重组质粒pFQ22。将pFQ22质粒直接加入到S.6803细胞中用以转化S.6803野生型细胞，部分重组质粒直接进入到S.6803野生型细胞中后与野生型细胞染色体DNA相应的片段发生同源重组，即部分相同DNA序列的两个片段间发生交换，使染色体DNA相应片段通过重新组合变化，产生出缺失*chlL*基因的突变株细胞。用含30 mg/L红霉素的培养基平板可以将转化子（缺失*chlL*基因的突变株细胞）筛选出来。

植物和动物的遗传转化常用的方法包括载体法转化和基因的直接转移。利用农杆菌介导的转化是以经过改造的农杆菌Ti质粒为载体，将外源基因转入植物细胞中。例如将农杆菌与植物原生质体（去除了细胞壁的植物细胞）共同培养，然后诱导转化细胞分化并再生植株。基因的直接转移方法包括：① 利用高压电脉冲的电激穿孔作用把外源DNA引入动植物细胞或组织中；② 基因枪法，用粒子枪把表面吸附有外源DNA的金属微粒高速地射入动植物细胞或组织中（图12-15）；③ 微注射法，利用显微注射仪等将外源DNA直接注入细胞核或细胞质中。对于植物细胞，常用除去了细胞壁的原生质体为受体；对于动物细胞，常用的受体包括受精卵、胚胎干细胞等。与目的基因在大肠杆菌或蓝藻等原核生物中的转化和表达相比较，对植物或动物的遗传转化往往要困难和复杂得多，这一部分的详细操作可进一步阅读有关分子生物学和生物技术专著。

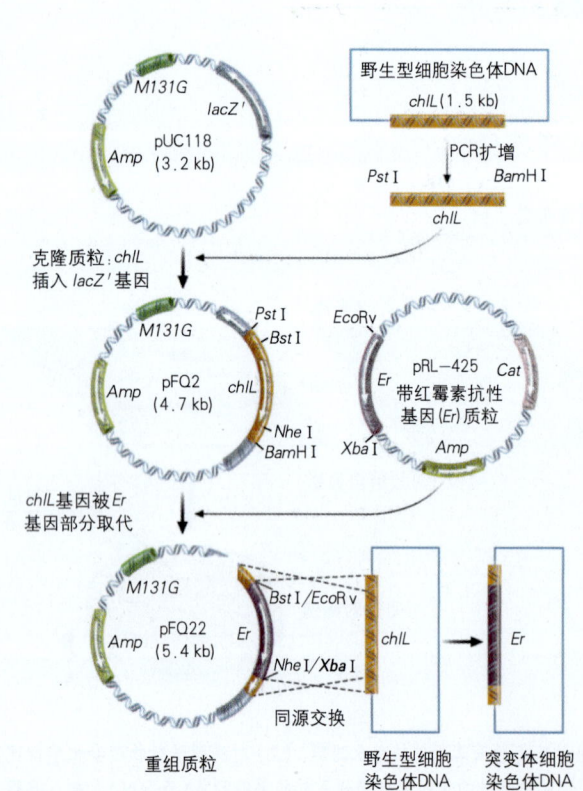

图12-14 构建缺失*chlL*基因的蓝细菌突变株

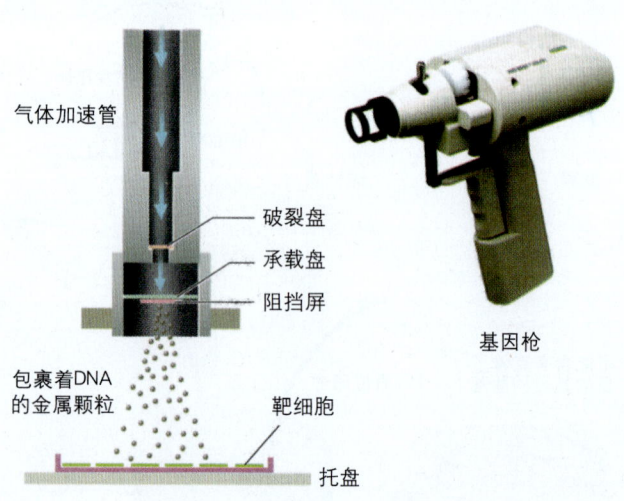

图12-15 基因直接转移的基因枪法 左图为基因枪工作原理示意图。利用微小的金、钨等金属颗粒将DNA吸附，然后利用高压气体冲击金属颗粒，当压力超过破裂盘的承受能力，气体喷出，经过加速的颗粒射向靶细胞。由于微粒的直径远小于细胞，因此可直接将DNA导入质粒中，这种方法能有效地使DNA在活体组织、贴壁细胞和悬浮细胞中表达。右图示基因枪外部形状。

四、转化子分析——Southern印迹

通过PCR、酶切、连接、克隆、转化、筛选等一系列DNA的操作，获得了转基因生物（transgenic organism）（又称**转化子**）后，常用核酸杂交的方法对转基因生物中外源目的基因的情况进行检测和分析。为了纪念其发明者Edward Southern，这种核酸杂交的技术被称为**Southern印迹**（Southern blot）。它的具体操作过程包括以下步骤（图12-16）：（1）从转化子中提取出总的DNA；（2）根据外源目的基因片段上和前后的酶切位点情况选择合适的限制性内切酶，对总DNA进行酶解；（3）对酶解产物做琼脂糖凝胶电泳，与重组质粒酶切后只形成很少的DNA片段不同，总DNA上有许多相同的酶切位点，酶解后产生出许多DNA片段。因此，在琼脂糖凝胶上形成许多连续无法辨认的条带，其中可能有外源目的基因的片段和相应的酶切位点；（4）在电泳后的凝胶上覆盖一片杂交滤膜，上下铺盖许多纸巾并压一重物，通过纸巾的毛细管吸水作用，琼脂糖凝胶上的全部DNA条带便转移印迹到滤膜上；（5）用碱性溶液对滤膜及DNA做变性处理，使双链DNA解开成为单链分子；（6）用与外源目的基因的部分序列互补、并带有放射性同位素的核酸分子作为DNA探针，将同位素探针液加入到滤膜上保温一定时间使之与外源目的基因的DNA变性单链杂交形成双链分子；（7）用缓冲液冲洗滤膜，使其他不能互补的多余放

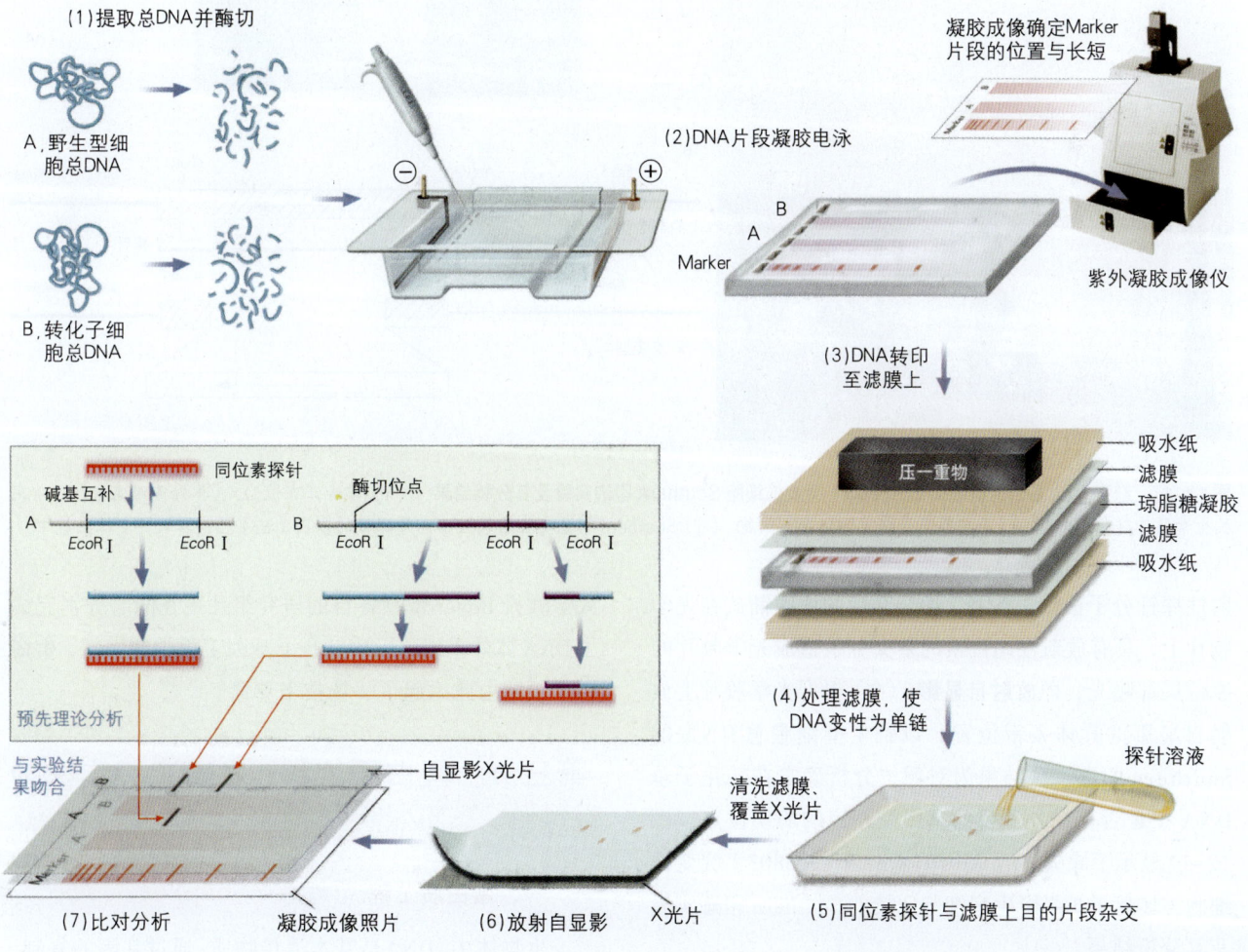

图12-16 Southern印迹实验过程 （1）分别从野生型和突变体细胞中提取总DNA，选择适当的限制性内切酶分别对它们进行酶切。（2）对两种样品的酶切片段分别进行凝胶电泳分离，再对凝胶上分离的DNA片段拍照（成像）。（3）在电泳后的凝胶上覆盖一片杂交滤膜，上下覆盖吸水纸并压一重物，使凝胶上DNA条带转印至滤膜。（4）对滤膜做物理和化学处理，使DNA变性为单链分子。（5）加入与外源目的基因部分序列互补，并带有放射性同位素的探针杂交。（6）冲洗去滤膜上多余的探针分子，覆盖X光片，滤膜上的放射性片段显影至胶片。（7）根据胶片上具体条带位置，以野生型细胞总DNA的杂交结果为对照，分析确定在转化子中是否存在外源目的基因及相应的酶切位点。

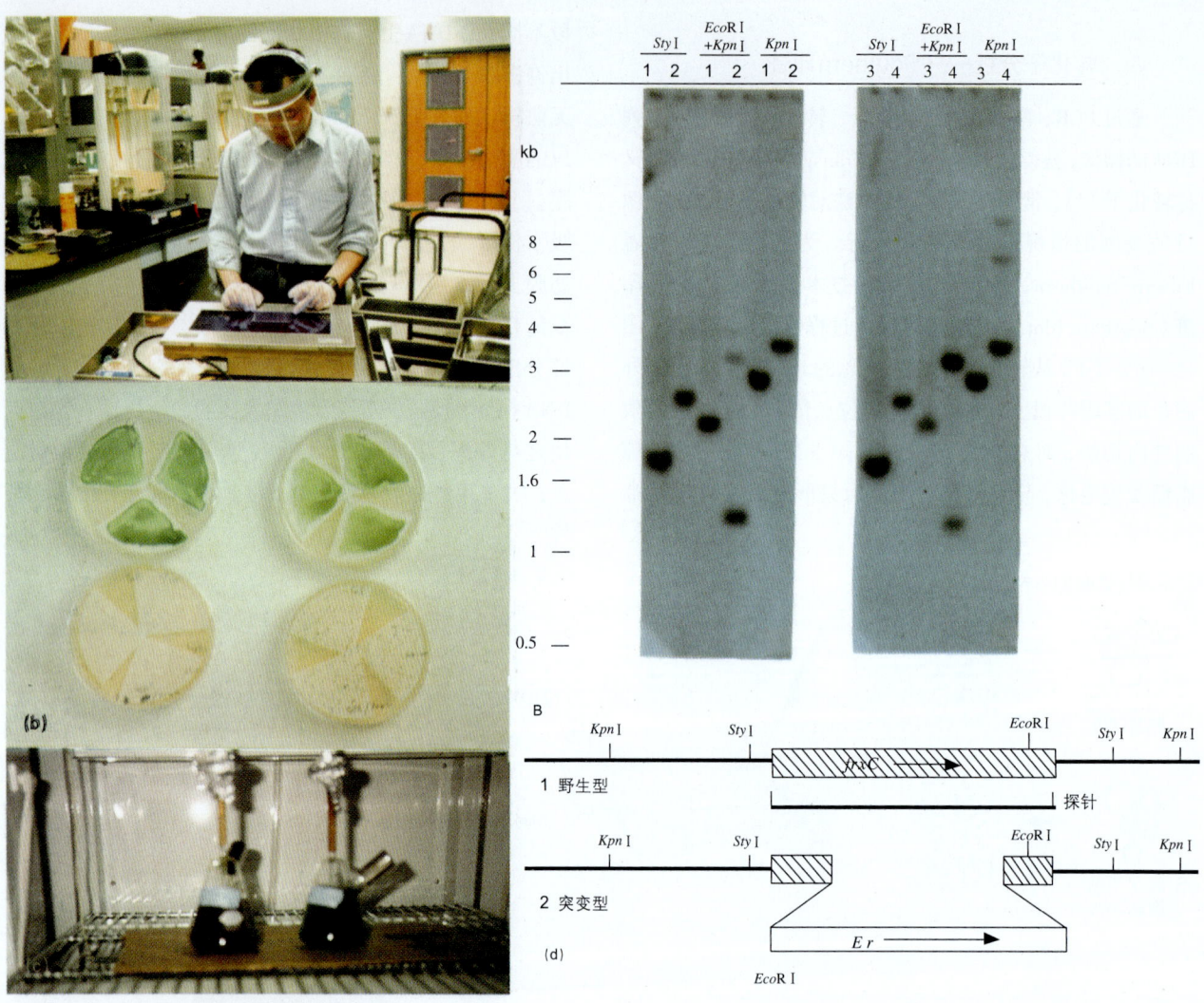

图 12-17 缺失 chlL 基因的蓝细菌（S.6803）突变株细胞 Southern 印迹实验及其分析结果 （a）作者正在做 DNA 体外重组实验。（b）用抗生素筛选转化子细胞。（c）培养突变株（转化子）细胞。（d）Southern 印迹实验结果显示，外源目的基因（Er）已经转入突变株细胞中。

射性探针分子被除去；(8) 把杂交后的滤膜铺放在光学胶片上，具有放射性同位素的杂交分子造成光学胶片的原位局部曝光，即**放射自显影**；(9) 根据光学胶片上放射自显影的具体条带位置，以野生型细胞总 DNA 的 Southern 印迹实验结果为对照，分析确定在转化子总 DNA 中是否存在外源目的基因及相应的酶切位点。图 12-17 显示了缺失 chlL 基因的蓝细菌（S.6803）突变株细胞（转化子）与野生型细胞比较的 Southern 印迹实验及其分析结果。

对转化子的分析检测还可以用其他有关分析技术，例如，对转基因生物中的外源目的基因片段进行核苷酸的序列测定等等。

1973 年，由美国斯坦福大学教授 Cohn 和美国加州大学教授 Boyer 带领各自的研究组几乎在同时分别完成了 DNA 体外重组，一举打开了基因工程学的大门，生命科学领域由此掀起了一场技术革命。

第三节 蛋白质工程、发酵工程和细胞工程简介

一、蛋白质工程

生物体中，DNA 是基本遗传物质，通过基因的复制、转录、翻译和表达调控，细胞中所有的代谢过程受到精确地控制。但是，DNA 本身不直接参与细胞结构的组成，也不直接参与和催化代谢反应。对生物体的结构和功能直接发生作用的是 DNA 表达产物——蛋白质。因此，通

过工程化方法直接设计、改造或合成出具优良性质和功能的蛋白质产品或酶制剂产品，具有立竿见影的商业效果。一些科学家甚至提出，"后基因组时代"将是"蛋白质组学时代"，即从对基因信息的研究转向对蛋白质信息的研究，包括研究蛋白质结构、功能与应用以及蛋白质相互关系和作用。**蛋白质工程**（protein engineering）就是在对蛋白质的化学、晶体学、动力学等结构与功能认识的基础上，人工改造与合成蛋白质，从而获得具有商业化价值的产品。在现阶段，蛋白质工程主要是改造和表达现有的蛋白质，包括通过修改氨基酸序列来改善蛋白质的结构或构象，以提高蛋白质的活性、稳定性和产率。

蛋白质工程的主要步骤通常包括：（1）从生物体中分离纯化需要改造的目的蛋白；（2）测定其氨基酸序列；（3）借助于核磁共振和X射线晶体衍射等实验手段，尽可能地了解蛋白质的二维重组和三维晶体结构；（4）设计各种处理条件，了解蛋白质的结构变化，包括折叠与去折叠等对其活性与功能的影响；（5）设计编码该蛋白的基因改造方案，如通过改变其中的核苷酸，来改变蛋白质的一级结构，造成一个氨基酸的插入、缺失或被替换（又称为点突变），使蛋白质的活性中心或整个构象发生变化，其中包括选择合适的载体和宿主来表达改造过的基因片段；（6）分离、纯化新蛋白，功能检测后投入实际使用。例如，研究人员通过在蛋白质分子中导入二硫键，提高了某种蛋白酶的热稳定性（**图12-18**）。具体的做法是，用点突变的方法将蛋白质分子第3位的异亮氨酸（Ile3）变成半胱氨酸（Cys3），使之与97位上的半胱氨酸（Cys97）之间形成二硫键。科学家们还通过定点诱变，改造了枯草杆菌的Tyr-tRNA合成酶的活性中心，增加了酶对底物的亲和力，从而提高了酶的催化活性。另外，研究人员在组织纤溶酶原激活物（tPA）、人的生长激素（GH）、人胰岛素等蛋白质工程的研究方面也取得了不同程度的进展。

研究一些蛋白质的结构、功能、与其他蛋白质或化学物质的相互作用，据此设计和生产特殊构型和构象的分子药物，用这些分子药物与特定的蛋白质结合或作用，提高或减低该蛋白的活性，用以控制人体内某些特定的代谢反应，达到治疗特定疾病的目的，也属于蛋白质工程的内容。

目前已被人们发现的蛋白质酶有几千种。用蛋白质工程技术改造的蛋白酶投入商业应用的虽然很少，但已经显示了诱人的发展前景。

二、发酵工程

1854年，Pasteur首创了著名的"巴斯德消毒法"，又用令人信服的实验证明了酵母菌在发酵中的基本作用，奠定了发酵工程的基础。早在19世纪，人们就利用微生物发酵大规模酿酒，后来又生产酒精、乳酸、面包酵母、柠檬酸和蛋白酶等初级代谢产品。现代发酵工程主要是

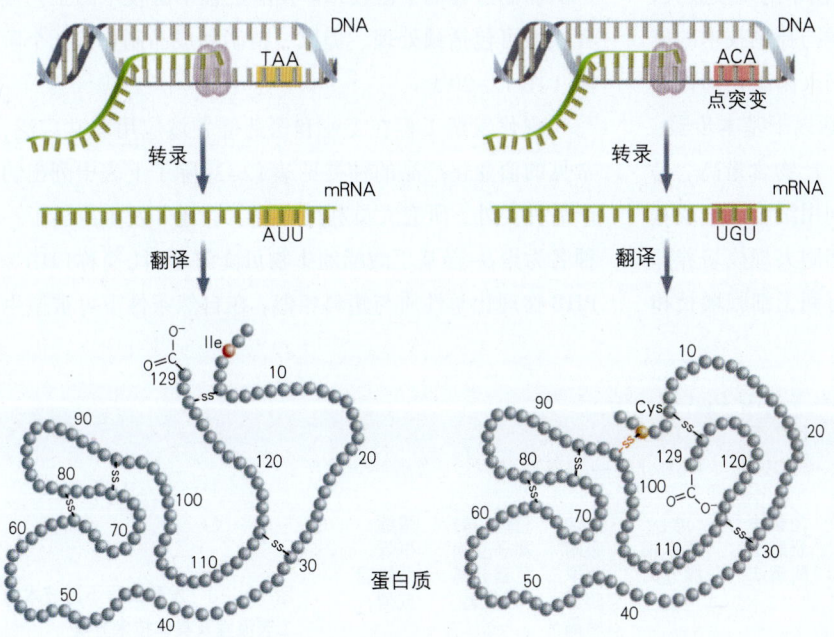

图12-18 用基因的点突变技术改变蛋白酶的活性 蛋白质工程中的点突变技术是与基因的点突变相呼应的。基因控制蛋白质的合成，改变基因上含氮碱基的种类、数目和排列顺序即可改变蛋白质的活性中心和空间构象，如镰形细胞贫血症的发生。蛋白质工程中的点突变技术就是通过设计编码该蛋白的基因改造方案，来达到改造蛋白质的目的。

图 12-19 发酵工程现场 （a）用于微生物发酵实验的发酵罐。发酵罐分为机械搅拌式发酵罐（包括通用式发酵罐和自吸式发酵罐）、通风搅拌式发酵罐和厌氧发酵设备。（b）生物技术公司内的发酵车间。现代发酵工程应用的范围广泛，其过程中对培养基的养分、温度、搅拌、通气、pH等条件的要求很苛刻，现代大型发酵罐或生物反应器就适应了这种需要，有自动化、高效化、功能多样化、大型化等特点。

指利用微生物、包括利用DNA重组技术改造过的微生物在全自动发酵罐或生物反应器中生产某种商品的技术。发酵工程的产品从食品、药品、精细化工产品到许多工业用原料等等，范围非常广泛。

现代发酵工程是分子生物学、生物代谢、微生物生长动力学、大型发酵罐或生物反应器研制、化工原理密切结合和应用的结果。因此，除了需要了解发酵产品在细胞内的代谢过程与机理，搞清楚培养基的养分、温度、搅拌、通气、pH、收获时间和批次等对微生物生长、发酵产物产量与质量的影响以外，研制和选用适合的发酵罐或生物反应器也十分重要，因为将实验室内微生物的培养过程转为工业化生产过程并非只是简单的规模放大，涉及到许多条件参数的改变和监测技术与控制技术的应用，还涉及大型发酵设备及其培养基的灭菌工艺的设计与优化（图12-19）。一般发酵工程包括以下基本步骤：①菌种选育，即筛选和培育出生长快、产物含量高、易于大规模培养的微生物菌种，还包括利用细胞诱变或基因工程技术改造获得的工程菌等；②细胞大规模培养即发酵过程，这一过程需要设置一系列有利于细胞增长和发酵产物产量增加的条件，需要对发酵条件和产物产量与质量实时监测与控制；③生产活性的诱导，采用各种化学或物理方法在发酵过程的特定阶段诱导产生最多所需要的代谢产物；④菌体及产物的收获，利用浓缩、吸附、过滤、离心、萃取、干燥、重结晶等手段对微生物细胞进行收获，从细胞或培养液中分离纯化所需要的代谢产物。

如果把整个微生物生物技术产品的研制过程比作河流，基因重组及微生物育种技术应属于上游技术，微生物的发酵生产技术是其中的生物反应工程，发酵液及微生物细胞中的产物分离到产品的制作技术则是生物技术产品研制过程的下游技术。发酵工程下游技术的工艺流程一般可包括预处理、提取、精制和成品制作等4个阶段（图12-20）。

现代发酵工程在工业和医药等领域应用非常广泛，常见的商业化产品的种类见表12-2。除了上表中列出的产品种类外，研究人员利用发酵工程还开发生产出了一种名为聚β-羟基丁酸酯的生物可降解塑料（简称PHB）。PHB物理化学性质与塑料相似，在自然条件下可被微生

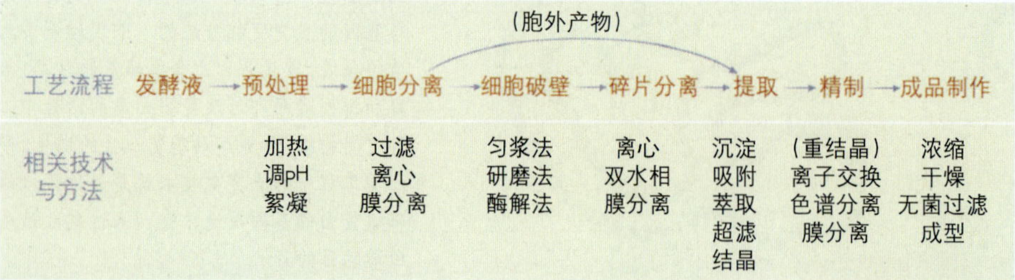

工艺流程	发酵液→预处理	→细胞分离	→细胞破壁	→碎片分离	→提取	→精制	→成品制作
相关技术与方法	加热 调pH 絮凝	过滤 离心 膜分离	匀浆法 研磨法 酶解法	离心 双水相 膜分离	沉淀 吸附 萃取 超滤 结晶	（重结晶） 离子交换 色谱分离 膜分离	浓缩 干燥 无菌过滤 成型

（胞外产物）

图12-20 发酵工程下游技术的工艺流程及具体技术方法

表 12-2 部分现代发酵工程产品种类

抗菌素	有机酸	抗肿瘤剂	神经系统药物
色素	除草剂	抗氧化剂	各类气体化合物
类固醇	杀虫剂	心血管药物	有机化学溶剂
核苷酸	多肽类	抗病毒剂	免疫调节剂
酶制剂	氨基酸	维生素	食品与饮料

物分泌的酶降解，因而不会在环境中积累造成白色污染。PHB在微生物体内的代谢途径已经研究清楚，其合成原料为乙酰CoA，代谢反应过程有一系列的蛋白酶参与。经过多年的研究，英国ICI公司采用真养产碱杆菌突变株在限磷条件下发酵，获得了 β-羟基丁酸及 β-羟基戊酸酯共聚物塑料，商品名为Biopol。以后研究人员以葡萄糖、蔗糖和丙醇等为原料，用转PHB基因的大肠杆菌进行发酵生产PHB，其表达量可达到菌体干重的70%左右（图12-21）。可以预见，随着生物技术的快速发展，发酵工程技术将会为人类提供更多更好的产品。

三、细胞工程

细胞工程是指通过组织、细胞和细胞器水平上的筛选或改造，获得有商业价值的细胞株、细胞系或细胞组织，再通过规模培养，获得特殊商品的技术与过程。细胞工程包括动物细胞工程和植物细胞工程，它们分别以动物细胞和植物细胞为主要生产对象，以细胞或组织培养为主要过程和内容。

将动物组织或细胞分散成单个细胞，在模拟机体内的生长环境条件下，使其在体外环境继续生长增殖的过程，称为**动物细胞培养**。体外培养可分为原代培养与继代培养。**原代培养**是指将机体取出的组织或细胞进行初次培养的过程，初次培养的细胞大约繁殖10代左右，称为原代细胞。此时，细胞分裂增殖扩展连片，占满器皿表面，这时需对其分离重新培养，称为**继代培养**。

动物细胞培养的操作步骤包括，先对动物体的胚胎、肌肉、肾脏等组织经酶解消化分离出单个细胞。例如，成纤维细胞的培养就是先从人的组织中取下一小片样品，经胰蛋白酶酶解，消化组织中的胶原纤维和细胞外的其他成分，获得单个的成纤维细胞悬浮液；然后将分散的细胞转入含有葡萄糖、氨基酸和无机盐的特殊培养液中，于二氧化碳培养箱中进行保温培养；再将原代细胞分装到多个扁形的瓶中进行继代培养（图12-22）。研究人员还发展了1 L和100 L的动物细胞培养反应器。利用动物细胞工程生产的产品以一些药品为主，包括集落刺激因子（CSF）、红细胞生成素（EPO）、抗血友病因子、组织纤溶酶原激活物（tPA）等等。

植物细胞培养与动物细胞相比有较大的差异。一些单细胞的低等植物如单细胞藻类的大规模培养成为细胞工程的重要组成部分（图12-23），原因是微体藻类本身的优点与特征：

（1）没有根、茎、叶，整个植物体都具有营养价值，只有极少的细胞部分难以消化。

（2）有些单细胞微藻含有大量的蛋白质，有的高达65%或70%，是维管植物种子和叶的2~4倍。有些单细胞微藻含有其他具有特殊商业用途的精细化学成分。

（3）微藻具有很高的高产潜力，可通过调节种群密度，搅拌使细胞运动，获得高效的太阳能利用与转化。

（4）生活史可控制，生产周期短。

（5）不需要土壤，不与农业争土地。可利用海水进行大规模培养和生产，开发海洋。

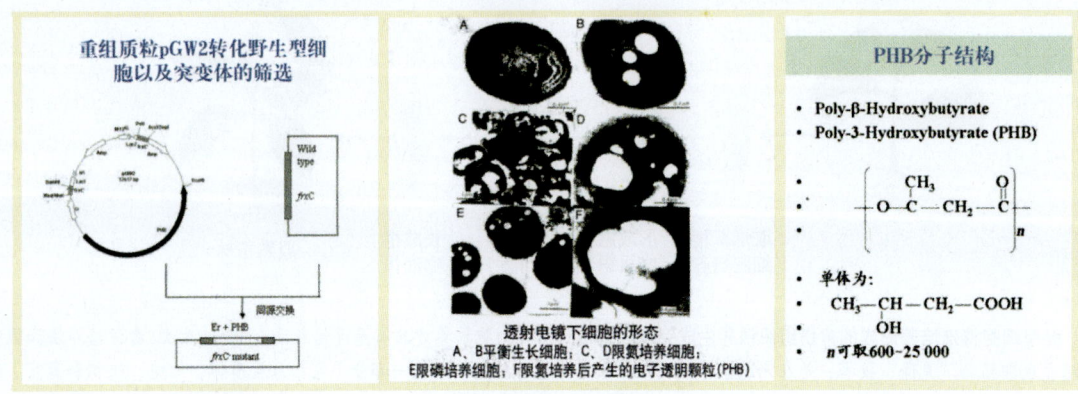

图12-21 用转基因的大肠杆菌进行发酵生产PHB

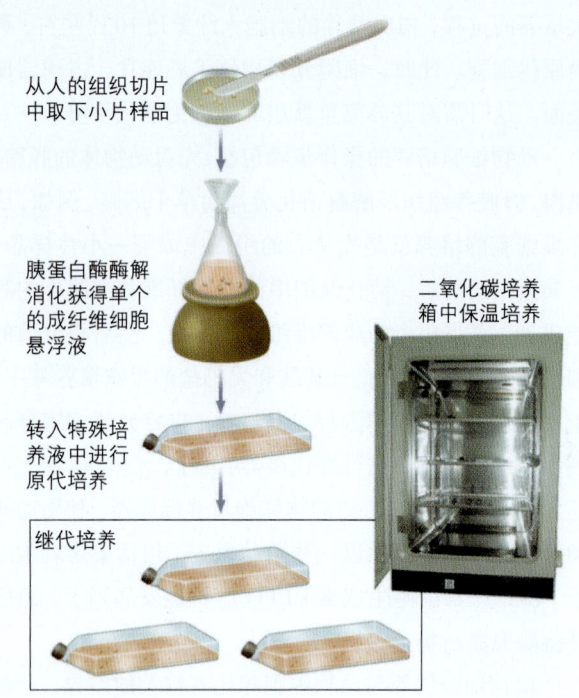

图12-23 单细胞藻类的大规模工厂化培养

图12-22 动物细胞培养 动物细胞培养的基本原理与微生物细胞相同，但动物细胞对于营养的要求更为苛刻，对于培养的环境适应性更差，培养时间要求更长。因此，往往需要多种氨基酸、维生素、辅酶、核酸、嘌呤、嘧啶、激素和生长因子等，其中很多成分系用血清、胚胎浸出液等提供，在很多情况下还需加入10%的胎牛或新生牛血清，在环境方面也需严加控制，常用空气、氧、二氧化碳和氮的混合气体进行供氧和调节pH。另外，还需防止污染问题。

（6）可连续培养，每天收获，生产过程易自动化。

微藻细胞的经济利用和开发可追溯到很久以前。20世纪50年代以后，世界许多国家的科学家进行利用微藻获得单细胞蛋白质资源的研究，同时，用高效氧化塘进行水产养殖微藻以获取食物资源。微藻细胞培养真正的商业应用开始于20世纪60年代。首先在前苏联，科学家发现嗜盐的绿藻 Dunaliella（杜氏藻）是最好的β-胡萝卜素资源。直到现在，澳大利亚、以色列和美国仍然在进行 Dunaliella 的商业化或半商业化的开发。近10年来人们对蓝藻(又称蓝细菌)中的螺旋藻的开发产生了进一步的兴趣，主要用于保健食品。据报道，螺旋藻是富含β-胡萝卜素的食品，其β-胡萝卜素含量比胡萝卜高10倍。螺旋藻含有γ-亚油酸，有超过60%的蛋白和多种氨基酸，低脂肪、低热量，其维生素B的含量比肝组织高两倍。另外螺旋藻含比其他食品高20倍的铁，富含钙、RNA、DNA和多种微量元素，含1%叶绿素，15%藻胆蛋白。一些生物技术公司生产的微藻细胞产品包括了螺旋藻和小球藻粉剂、片剂、粒剂、胶囊和间接用微藻细胞制作的营养食品。

高等植物细胞具有全能性。从高等植物的幼胚以及根、茎、叶、花和果实等不同器官的组织中分离的单个细胞，经过特殊培养形成愈伤组织（callus），并可进一步诱导生成完整的植株（图12-24）。利用细胞分离改造及组织培养技术，可从植物细胞中获得大量需要的产物。表12-3列举了部分利用植物细胞工程生产的商品种类。

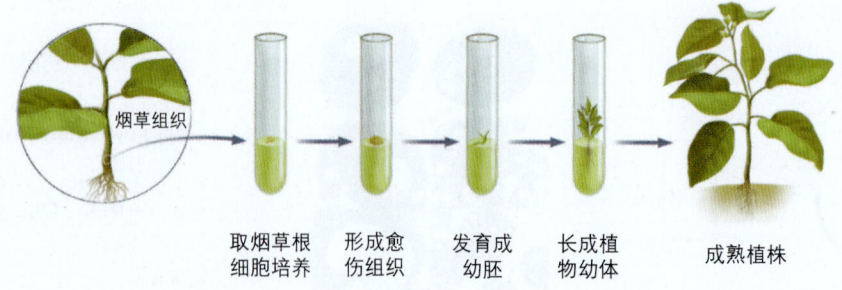

图12-24 经单细胞特殊培养形成的愈伤组织诱导生成完整的植株 植物细胞培养方法有悬浮培养法、平板培养法、看护培养法和微室培养等。植物组织培养也即植物"克隆"技术，是在无菌条件下利用人工培养基对植物体的某一部分（包括原生质体、细胞、组织和器官）进行培养。根据所培养的植物材料不同，组织培养可分为5种类型，即愈伤组织培养、悬浮细胞培养、器官培养、茎类分生组织培养和原生质体培养。这种无性繁殖在作物脱毒和快速繁殖上都有着广泛的应用。

表12-3 利用植物细胞工程生产的部分商品

生物碱	甜味素	强心苷	天然杀虫剂
紫杉醇	黄酮类	抗病毒剂	苯基苯乙烯酮
麻醉剂	香水	植物激素	抗肿瘤因子
单宁	芳香剂	橡胶乳液	甾醇类及其衍生物
有机酸	苯醌	植物多糖	核酸及核苷酸
苯酚	色素	植物油脂	萜类及其衍生物
青蒿素	维生素	抗过敏剂	各种蛋白及多肽
风味素	蛋白酶	酶抑制剂	植物生长调节剂

除了动物和植物细胞大规模培养外，细胞融合、细胞重组和杂交瘤技术等也是细胞工程的重要内容。细胞融合是将不同种类的两种细胞经过特殊处理后放在一起，在某些促融因子作用下发生融合，形成杂种细胞。如人与蛙的细胞融合，番茄与马铃薯细胞的融合等等，使杂种细胞具有新的遗传性状。促融因子及条件可包括病毒、化学试剂或电场作用等等。细胞重组是把不同种类的细胞的细胞器重新组合装配，包括核的移植、叶绿体移植、核糖体重建及线粒体装配等。核移植技术是借助于显微操作把一个细胞中的核吸出，再注射到另一个除去核的细胞中，如把胚胎细胞的核移植到去除了核的受精卵中，在体外保温形成胚胎后，植入适合的雌性动物子宫发育成熟为具有优良性状的新个体。杂交瘤技术是通过细胞融合产生特异杂交瘤细胞，进而使杂交瘤细胞产生单一的抗体（单克隆抗体），在医药业用作药物或诊断试剂。

20世纪70年代末，单克隆抗体（monoclonal antibody）技术得到了快速发展。**单克隆**是指所有制备抗体的细胞都是同一个细胞的拷贝，因此其产生的抗体也完全相同。单克隆抗体是大规模细胞培养的产物，而不是直接来自于动物血清。

由于抗体具有标记特定分子和细胞的能力，可以应用于疾病的临床诊断和科学研究，因此抗体的制备具有重要的商业价值。过去，通常通过化学纯化过程获得特定的抗原，把这些抗原注射到动物体中（通常用小白鼠或家兔），被注射动物会对抗原作出反应产生抗体，然后再从动物的血清中分离纯化相应的抗体。由于注射到动物体内的抗原具有多种不同的抗原决定簇，结果产生了针对多种抗原决定簇的不同抗体，它们被称为**多克隆抗体**。如此制备出的抗体用于标记和结合特定分子和细胞时敏感性很低，往往会与其他相近的抗原分子产生交叉

反应，结果严重限制了抗体的应用。

制备单克隆抗体的过程涉及到细胞培养、细胞融合等多种步骤。首先，向小鼠体内注射特定的抗原蛋白（免疫小鼠），同时体外培养小鼠骨髓瘤（myeloma）细胞。将免疫后的小鼠杀死，从其脾脏中分离出能分泌特定抗体的B淋巴细胞。将B淋巴细胞与骨髓瘤细胞融合，从获得的杂交细胞中筛选出能产生特定抗体的克隆，培养出既有肿瘤细胞迅速生长繁殖特征，又具有B淋巴细胞分泌特异性抗体能力的杂交瘤细胞。将阳性克隆（细胞）进行小鼠体内或体外培养，从小鼠腹水或从细胞的培养液便可分离获得针对特定抗原决定子的单克隆抗体（图12-25）。

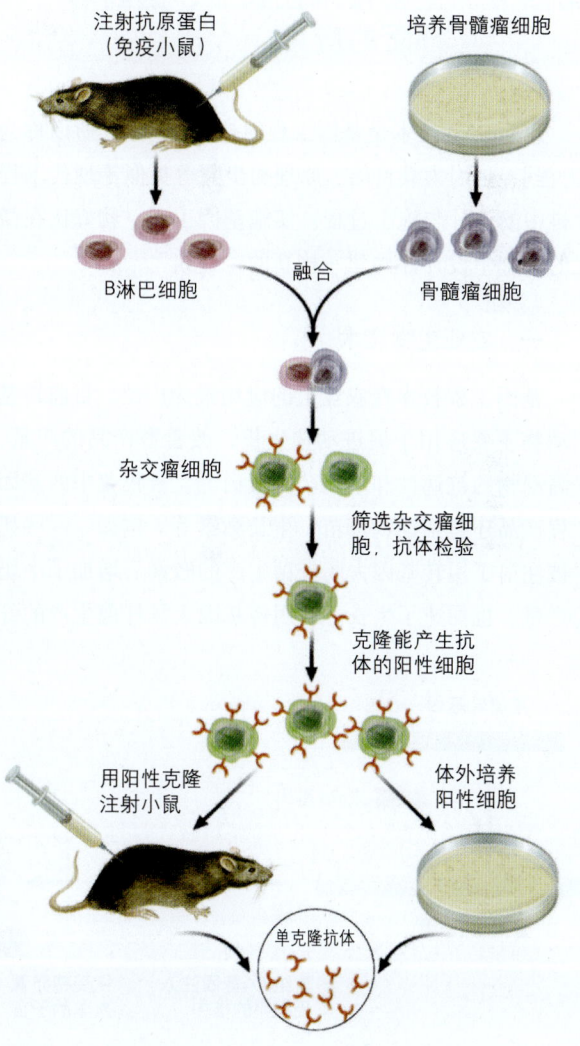

图12-25 单克隆抗体的制备 用抗原免疫小鼠，获得能产生抗体的B淋巴细胞，与可连续分裂的骨髓瘤细胞进行细胞融合。经筛选获得杂交瘤细胞，检验其分泌的抗体，克隆能产生抗体的阳性细胞，然后对其进行细胞体外培养或小鼠的体内培养，以获得单克隆抗体。

除了理论研究外,单克隆抗体技术现已应用于临床诊断和疾病的治疗。用单克隆抗体做受孕检查或引起性病的细菌检测灵敏性很高,这些单克隆抗体可以标记和显示受孕后的激素或细菌。单克隆抗体技术在癌症的研究治疗中具有应用潜力,针对癌细胞表面抗原制备出能与消灭癌细胞药物结合的单克隆抗体,被这类抗体标记的癌细胞就很容易被特定药物准确地发现并消灭,因而这种特定的结合了单克隆抗体的药物又被人们称为分子导弹。

另外,干细胞与动物克隆也可属于细胞工程的范畴,该部分内容已在发育一章中作详细介绍。

第四节　生物技术在农业、医药等方面的应用

重组DNA技术是基因工程的核心技术,之所以称为"工程",是因为其目的、原理和步骤等类似于现代工程学科中的设计与施工过程。实施基因工程,就好比在微观的细胞中设计并构建一栋新的"建筑"。

一、农业生物技术

基因工程技术在农业上的应用最为广泛。目前转基因动物主要应用于促进动物生长,改善畜产品的产量,提高动物的抗病性和生产药用蛋白等。畜牧业中的基因工程产品还包括动物疫苗、生长激素等。例如,一些奶牛被注射了用转基因大肠杆菌生产的激素后增加了牛奶的产量,也加速了生长。利用转基因大肠杆菌生产的纤维素酶使原先没有多少利用价值的植物纤维素被酶解后成为良好的动物饲料。科学家从利用基因工程技术获得的转基因羊的羊奶中,提取出了一种治疗心脏病的药物tPA(图12-26),从克隆牛产出的牛奶中提取出制药的原料。

植物基因工程在种植业生产上显示了更好的应用前景。用携带了外源基因的农杆菌Ti质粒转化植物原生质体,使外源DNA与植物染色体DNA相整合,通过原生质体的培养分化成愈伤组织,最后发育成具有新性状的完整植株——转基因植物(图12-27)。一些水稻、小麦和大豆通过转基因,具有了抗化学除草剂的特性,在使用化学除草剂大面积杀死大田杂草时,这些转基因作物可以免受伤害。现在至少已培育出分别抗敌稗、镇草宁等4种以上除草剂的转基因植物。关于其分子机理,迄今研究得最为透彻的是除草剂阿特拉津的抗性机理。它进入植物体内与QB蛋白结合,从而抑制光合过程。玉米、高粱等作物由于能将其降解,或通过叶片组织内特有的谷胱甘肽酶转移酶与之形成复合物而解除毒性,从而表现出抗性,但杂草却由于不具备这一防卫机制而遭灭杀。科学家们还培育出一种转基因西红柿。西红柿的成熟需要一种起催化作用的蛋白酶参与反应,他们先将编码这种蛋白酶的基因从西红柿植株中克隆出来,接着又克隆了它的互补基因,将互补基因转入西红柿植株后即转录生成了一种互补的mRNA,它与原来该蛋白酶基因正常转录的mRNA碱基互补配对形成双链片段,使后者不能正常地翻译合成催化西红柿成熟作用需要的蛋白酶。未成熟的西红柿有利于长期保存、保鲜和运输。需要供应

图12-26　从转基因羊的羊奶中提取出治疗心脏病的药物tPA　tPA是用于溶化人类血凝块的组织纤溶酶原激活物,克隆编码tPA的基因被YFG放在β-乳球蛋白启动子控制之下,使YFG只能在乳腺细胞内才具有活性。用显微注射法把此目的基因与表达载体的DNA重组体注入卵内,再把被注射的卵种入借腹怀孕的寄养母体内。根据YFG的序列设计引物,利用PCR鉴定表达YFG的幼羊的染色体,转基因羊通过YFG基因的表达,在乳汁中可产出一定浓度的tPA蛋白。

第四节 生物技术在农业、医药等方面的应用 453

图12-27 农杆菌Ti质粒转化植物技术 农杆菌介导法是植物基因转化的最为普遍的方法,农杆菌的Ti质粒可诱导植物组织产生肿瘤细胞。对天然Ti质粒进行改造,切除T-DNA区上与肿瘤形成有关的基因,同时插入外源目的基因,利用重组Ti质粒转化农杆菌,使农杆菌携带外源目的基因。再将人为造成伤口的叶片小块浸入这样的农杆菌菌液中,让农杆菌侵染植物细胞,同时让外源目的基因转移到植物细胞的染色体上并有效表达。然后,将被农杆菌侵染的叶片在含有抗生素的培养基上培养,被转化的植物细胞形成愈伤组织,再进一步分化发育成完整的转基因植株。

市场时,只要用微量的乙烯气体对未成熟的西红柿熏一次,很快就能获得成熟的西红柿(图12-28)。

植物基因工程在农业上应用的另一项有重大效益的研究是将一种土壤微生物的 *Bt* 基因经过修饰以后转入烟草中,该基因表达产生一种ICP毒蛋白,对鳞翅目昆虫具有特异的毒性杀灭作用。以后这一项转基因技术推广到玉米、棉花和马铃薯中获得成功。据统计1999年美国、加拿大、墨西哥三国转 *Bt* 基因作物的种植面积达1 170万公顷,我国的转 *Bt* 基因棉花的种植面积也达到30万公顷。有良好应用前景的转基因作物的研究还包括将细菌

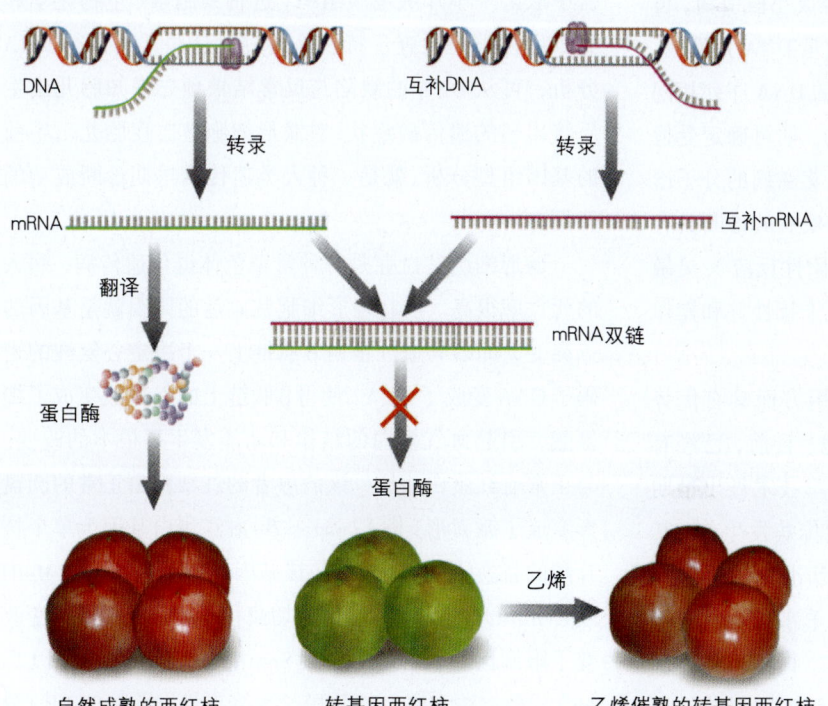

图12-28 转基因西红柿 果实的成熟是某些编码纤维素和多聚半乳糖醛酸酶的基因在果实成熟的过程中被诱导表达的结果。只要干扰它们中的一种或几种基因的表达,就可以推迟果实的成熟过程。将多聚半乳糖醛酸酶基因的反义DNA(互补DNA序列片段)对应转入西红柿后,多聚半乳糖醛酸酶的mRNA及其编码产物的酶活性均下降了90%,从而达到了延迟果实成熟的目的。

和蓝藻生物中特有的固氮酶基因转入水稻、小麦等粮食作物中,有这种固氮酶基因的农作物能固定大气中的氮,因而不需要额外使用氮肥。目前,科学家已经将固氮酶基因克隆出来,分析了这些基因的序列和结构。已经取得或有希望取得重要突破的新成果还包括:将人类DNA移植到苜蓿属植物中生产β-干扰素、胰岛素、麦谷蛋白、白细胞介素-2和其他抗体蛋白;研制可产生聚合物的基因改性油菜,用来生产生物降解塑料;从转基因烟草中分离白细胞介素-10,用以治疗肠炎并发症;用含抗乙肝口服疫苗的基因工程马铃薯进行人体试验;给水稻添加基因,生产人体需要的β-胡萝卜素等。

基因工程技术还被应用于环境保护,如利用转基因微生物吸收环境中的重金属,降解有毒有害化合物,处理工业废水等方面的研究已经取得了许多进展。

二、分子诊断

在临床上,分子生物学技术的应用首先为传染性疾病的诊断开辟了崭新的途径。利用PCR技术或PCR与分子杂交标记相结合,可以快速准确地检测出病原性物质。这些病原性物质包括病毒、细菌、真菌、寄生虫等等。通过对病原性物质的基因分析,获得它们的DNA序列图谱,再相应地检测它们是否感染了人体的组织和器官。例如艾滋病病毒(HIV)的DNA序列现已完全测定清楚,医生可以根据HIV的DNA序列先人工合成小段引物,再以受检病人血液或组织细胞样品中的微量DNA为模板,进行DNA的扩增实验,如获得与HIV的DNA序列相同的特定长度的DNA片段(实验呈阳性),便可确定受检人携带了艾滋病病毒基因(图12-29)。艾滋病的分子诊断说明,分子生物学技术应用于传染性疾病的诊断具有专一性强(即只对特定的病原分子产生阳性反应)、灵敏度高(只需极其微量的目标样品)、且抗干扰性好和操作快速简便等优点。

分子诊断除了在传染性疾病的应用方面具有优势外,对于遗传性疾病更是大有用武之地。目前,已经有200多种人类遗传性疾病可用分子生物学技术做出早期诊断。更有意义的是,该技术可以在遗传病发生前、甚至在胎儿出生前便可对将来发生的疾病准确地作出判断。胎儿出生前诊断应用最多的方法是羊水和胎盘绒毛膜检测,利用注射器从母体内抽取羊水,再做染色体和单基因分析(图12-30),也可利用导管深入母体的子

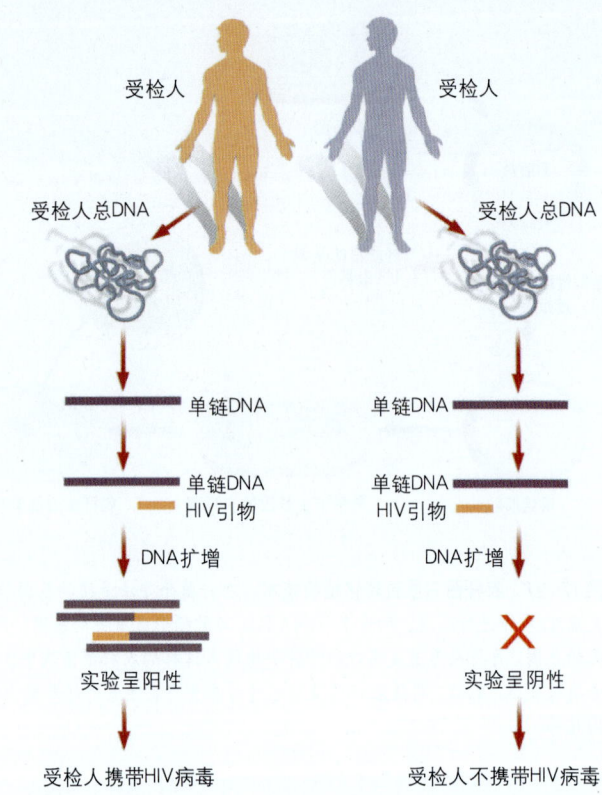

图12-29 利用PCR与分子杂交标记快速准确地检测出病原性物质
HIV检测通常有常规血清学、外周血单核细胞培养、唾液检测、尿液检测、DNA PCR等方法,其中以DNA PCR为最敏感和快速。它能够检测出1~10个HIV前病毒DNA拷贝,其准确性大于99%。

宫中取出一小片绒毛膜组织,进行细胞学、生物化学和分子生物学的检查。特别是通过对这些样品进行DNA分析,可从DNA的缺陷与反常结果预先得知胎儿出生后将出现的遗传病症状。对镰形细胞贫血症胎儿出生前的基因组型分析,就是一种人类遗传病早期诊断成功的实例。

镰形细胞贫血症是一种常染色体退化遗传病,病人的死亡率很高。引起镰形细胞贫血症的原因就是基因的点突变,即编码血红蛋白β肽链上一个决定谷氨酸的密码子GAA变成了GUA,使得β肽链上的谷氨酸变成了缬氨酸,引起血红蛋白的结构和功能发生了根本的改变。与正常血红蛋白相比,该病患者的红细胞由正常的圆盘形变成了镰刀形(图12-31)。β-血红蛋白基因上单个核苷酸的替换(A→U)恰好使该基因片段丢失了可被MstII或CvnI切开的一个限制性内切酶位点。由于基因突变改变了限制性酶切的结果,用Southern印迹(参见图12-16)分析方法和限制性片段长度多态性(简称RFLP)分

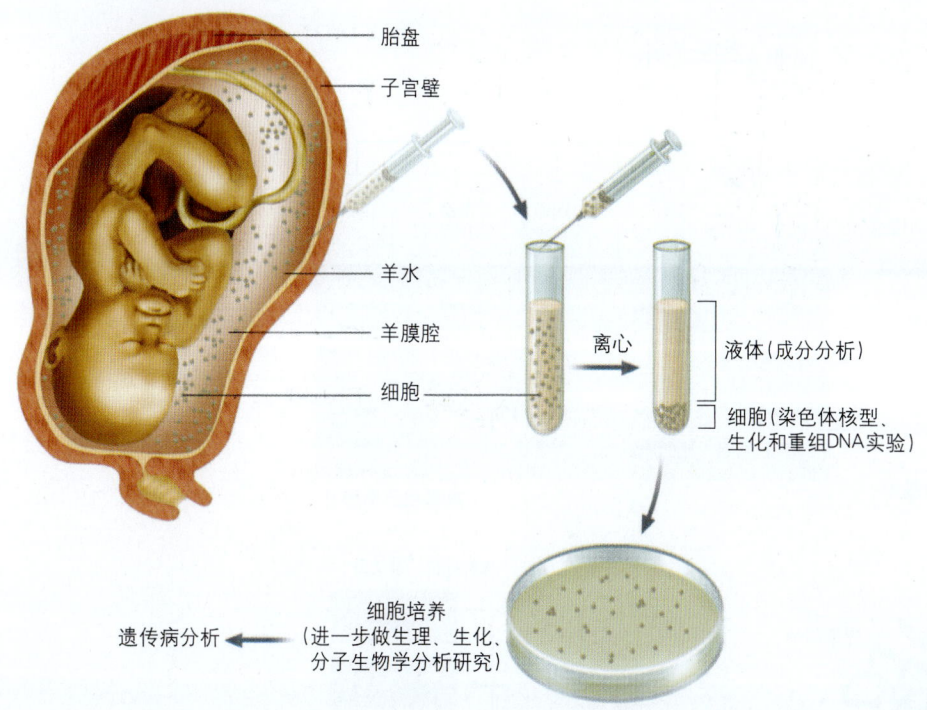

图12-30　羊水和胎盘绒毛膜检测遗传性疾病　在B型超声波监视下，用消毒注射器抽取羊水，分析羊水中胎儿脱落细胞进行产前诊断的方法，称为羊膜腔穿刺术，是当今对遗传病进行产前基因诊断最主要的途径。绒毛取样术是早孕时用导管自宫内吸取绒毛组织进行检查，其最大优点是取样时间比常规羊水细胞检查提前8星期左右，一旦发现胎儿有遗传缺陷，可以及早采取有效措施，避免中期引产而导致的种种风险。

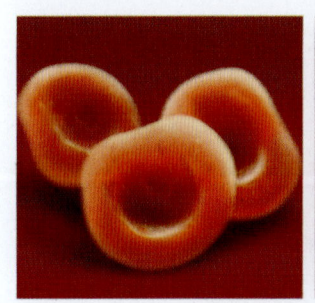
正常红细胞

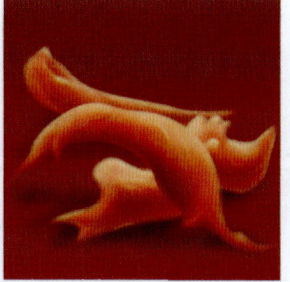
镰形红细胞

图12-31　正常红细胞与镰形红细胞　正常的血红蛋白分子(负责把氧从肺运输到身体各个部分)由两个α链和两个β链构成。罹患镰形细胞贫血症的个体有条突变的β链，第6位的谷氨酸被缬氨酸代替。该突变形成的血红蛋白分子被称为HbS，只含有HbS的细胞在低氧张力的情况下易于变成新月(镰形)形状，这些细胞易于破裂，氧合能力差，且不能像正常细胞那样通过毛细血管，进而导致贫血，也可能引起人的死亡。

析方法即可对镰形细胞贫血症胎儿做产前诊断，或对发病家族成员的基因组型进行分析。

对胎儿的早期诊断从提取羊水或绒毛膜的DNA开始，然后用限制性内切酶(如MstII)对DNA酶解。该酶在正常β-血红蛋白基因($β^A$)中切开3处，产生可被相应放射性DNA探针标记的两小段DNA片段，电泳及

Southern印迹分析实验中，在放射自显影胶片上出现两个小的条带(图12-32 a)。但是，如果β-血红蛋白基因发生突变，单个核苷酸的替换(A→U)成为突变基因($β^s$)，造成MstII位点丢失。用MstII对DNA酶解时只能切开两处，产生可被相应放射性DNA探针标记的一个大的DNA片段，在放射自显影胶片上就会只出现一个大的条带(图12-32a)。相对杂合子，即β-血红蛋白等位基因中一个是正常的，具有3个MstII位点，另一个携带着突变片段，即只有2个MstII位点，RFLP分析结果便会同时出现两个小的条带和一个大的条带(图12-32a)。在图12-32a中，父母都是镰形细胞贫血症基因的杂合子($β^A/β^s$)，经分子诊断，他们的第一个孩子是带有正常β-血红蛋白基因的纯合子($β^A/β^A$)，不会得镰形细胞贫血症；第二个孩子是带有突变基因的纯合子($β^s/β^s$)，必然是患有镰形细胞贫血症的病人；第三个尚未出生的胎儿，经产前诊断检测，放射自显影胶片上同时出现两个小的条带和一个大的条带，显示该胎儿是镰形细胞贫血症基因的杂合子($β^A/β^s$)，虽然出生以后不会出现镰形细胞贫血症，但他(她)是遗传病基因的携带者，其将来的子女有可能会是镰形细胞贫血症的患者。

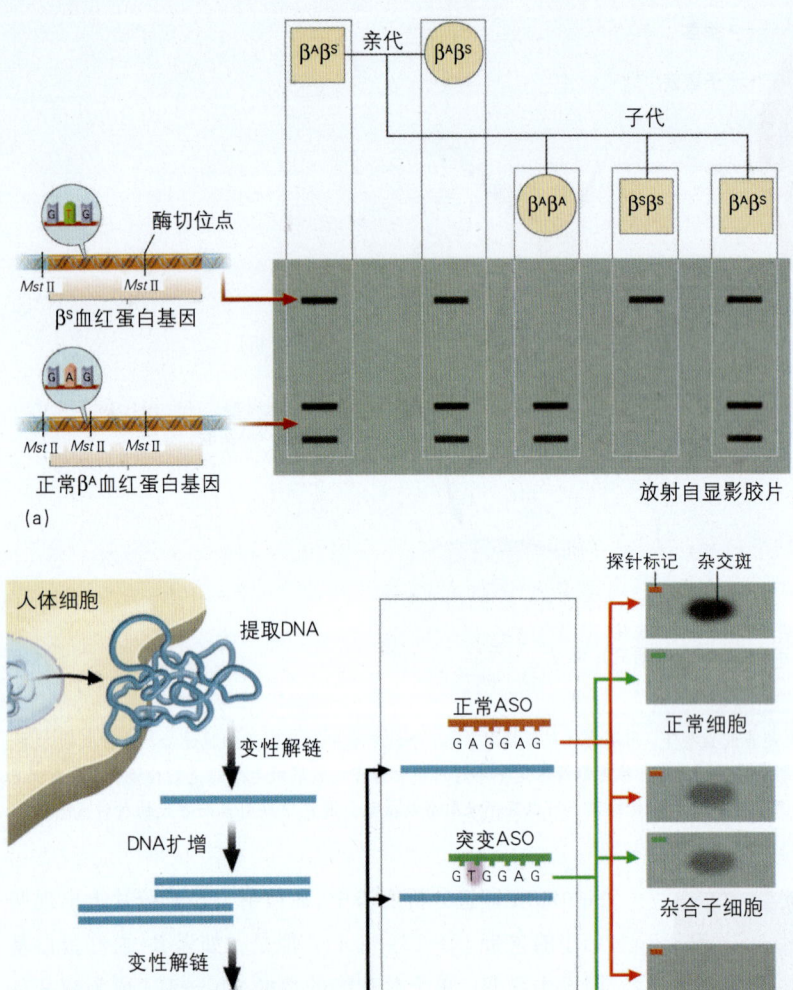

图 12-32 镰形细胞贫血症的分子诊断 (a) 早期诊断。(b) ASO 方法诊断（细节见正文）。

另外，研究人员还发明了另一种更加快速、简便和高效地诊断单个基因突变遗传病的新方法，称为特异性互补寡核苷酸法。该方法根据被检基因特定的 DNA 序列，人工合成两种特异性寡核苷酸分子探针（简称 ASO），一种与正常的基因序列完全互补，另一种与突变的基因序列完全互补。我们仍然以镰形细胞贫血症的早期诊断为例，说明该方法的原理和操作步骤（12-32b）：(1) 首先从受检者的血液中提取 DNA，热处理成为单链 DNA；(2) 以单链 DNA 为模板，仅对可能发生突变的核苷酸区域设计引物进行 PCR 扩增，将扩增获得的 DNA 片段转移到滤膜上，热变性成单链；(3) 分别用两种 ASO 对滤膜杂交。用正常序列的探针做杂交时（如图中的红色箭头线条指示），在滤膜上正常人的样品会出现很深的杂交斑，镰形细胞贫血症病人的样品处不出现杂交斑，杂合子介于两者之间，出现浅色的杂交斑；相反，用突变基因序列的探针做杂交时（如图中的绿色箭头线条指示），在滤膜上正常人的样品处不出现杂交斑，镰形细胞贫血症病人的样品会出现很深的杂交斑，杂合子介于两者之间，出现浅色的杂交斑。根据被检测 DNA 样品的两组探针杂交结果的组合，便很容易判断受检人是否患有镰形细胞贫血症。由于 ASO 方法可以对许多种人类遗传病进行分子诊断，灵敏性高，诊断费用较低，是一种广泛使用的分子诊断方法。

三、基因治疗

据临床统计，大约25%的生理缺陷、30%的儿童死亡和60%的成年人疾病都是由遗传疾病（包括单基因和多基因遗传疾病）引起的。迄今为止，对人类绝大部分疾病的治疗都依靠药物和外科手术，即使用由基因工程技术研制的药物（如人胰岛素）等，也属于药物治疗的范畴。所谓**基因治疗**，简单地说，就是利用基因工程技术来治疗人类遗传性疾病和多因素疾病。从理论上分析，许多正常的人类基因都可以克隆并引入遗传病患者的体细胞，以替代、修复或纠正有缺陷的基因，从而根治一些遗传性疾病。

基因治疗通常需要在DNA水平上认识发病机制，掌握基因的克隆分离、体外操作和适量表达的技术，再应用合适的载体或基因转移系统将人正常的结构基因以及相关的调节序列送入到人体组织和细胞中去，使之稳定、安全地表达。目前，通常使用一种逆转录病毒作为基因治疗的转移系统，该病毒3个基因构成的基因簇被删除，同时插入克隆的人类基因（图12-33），然后与病毒的蛋白外壳重新组合成新的病毒转移系统。重组的载体可以感染人的组织和细胞，但不再自我复制，因为其中的病毒基因已被删除，否则可能有致癌效应。当重组的病毒载体携带克隆的目的基因进入人体细胞后，便会移向细胞核并整合到染色体基因组中。以下以一种重症综合性免疫缺乏症（简称SCID）为例，介绍基因治疗的原理和步骤。

SCID患者缺乏正常的人体免疫功能，只要稍被细菌或病毒感染，就会发病死亡。经过研究证实，SCID病人细胞的一个常染色体上编码腺苷酸脱氨酶（简称ADA）的基因（*ada*）发生了突变。治疗方案采取先将人体正常*ada*基因克隆后用来替换逆转录病毒的原有基因，构建成重组载体及逆转录病毒转移系统；再从SCID患者体内分离出免疫系统有缺陷的T淋巴细胞；将这些T淋巴细胞与携带了正常*ada*基因的逆转录病毒混合在一起，让病毒感染T淋巴细胞，使正常的*ada*基因拷贝插入到T淋巴细胞的基因组中；在实验室中通过细胞培养并确认转入的基因表达后，用注射器将成千上万个重建的转基因T淋巴细胞注射到人体骨髓组织中（图12-34）。1990年，研究人员用上述步骤对一个患SCID的女孩进行了基因治疗，3年以后，该患者体内50%的T淋巴细胞出现了新的*ada*基因并合成了腺苷酸脱氨酶，免疫功能的修复使她开始了正常人的生活（图12-35）。在此前后，世界各国的科学家们不断探索对各种遗传性疾病进行基因治疗和临床试验，设计出多种基因治疗方案，在这些试验和治疗中，有些取得了成功，也有些失败了，因为其中仍然有许多理论和技术难点需要进一步的探索和解决。

近年来，随着人类基因组研究的深入，一种RNA干扰技术在基因治疗的研究中显示了良好的应用前景。所谓RNA干扰（RNA interference，RNAi）技术，就是利用一小段双链RNA（dsRNA）导入人体或其他哺乳动物细胞中，使特定的基因表达产生沉默。基因表达沉默的原因在于真核细胞有一种天然的防御机制，能对侵入细胞的外源dsRNA产生应答，激发细胞产生一种称为Dicer的RNA酶，Dicer将入侵的外源dsRNA切割成22~25 bp大小的许多小片段，这些小段双链RNA称为小分子干扰RNA（small interfering RNA，siRNA）。同时siRNA又诱导组装出一种称为RNA诱导沉默复合物（RNA-induced silencing complex，RISC）的核酸酶，RISC与siRNA结合，这时，细胞自身的mRNA如果含有与此小片段即siRNA同源的序列，就会被降解，因此引起转录该序列的基因表达表现出沉默，即所谓的基因沉默（gene silence）（图12-36）。实际上，RNAi是一种操纵基因表达、使特定基因沉默的新技术，它有望用于基因治疗或基因药物的研制。现在至少已有20多个制药公司正在利用siRNA技术进行基因治疗和基因药物的开发，

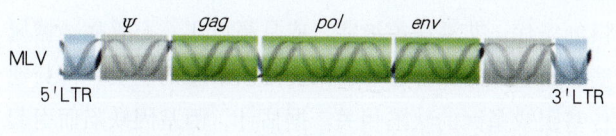

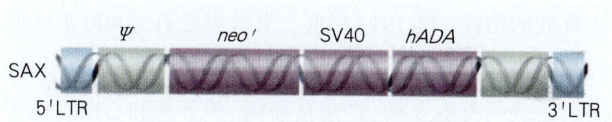

图12-33 逆转录病毒作为基因治疗的转移系统 用Moloney鼠白血病病毒（Moloney MLV）构建逆转录病毒载体，MLV自身的基因组包括包装所需的序列和编码膜蛋白的基因*gag*、依赖RNA的DNA聚合酶基因*pol*和表面糖蛋白基因*env*。在每一个末端连接着长的末端重复序列（LTR），它控制基因转录及整合到宿主基因组上。SAX载体保留了LTR，包括用作选择标记的细菌新霉素抗性基因（*neo*^{r}）。载体携带人的腺苷脱氨酶基因（*hADA*），整合了一个SV40启动子/增强子。SAX结构是用于人基因治疗的典型的逆转录病毒载体。

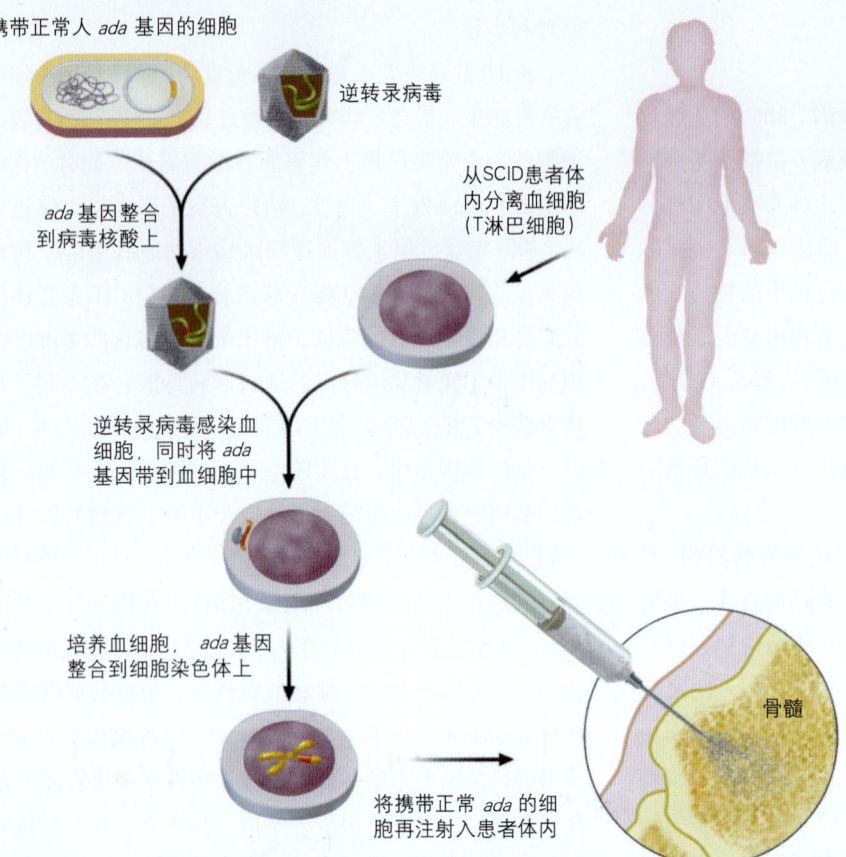

图12-34 转基因T淋巴细胞注射到人体骨髓组织中治疗SCID

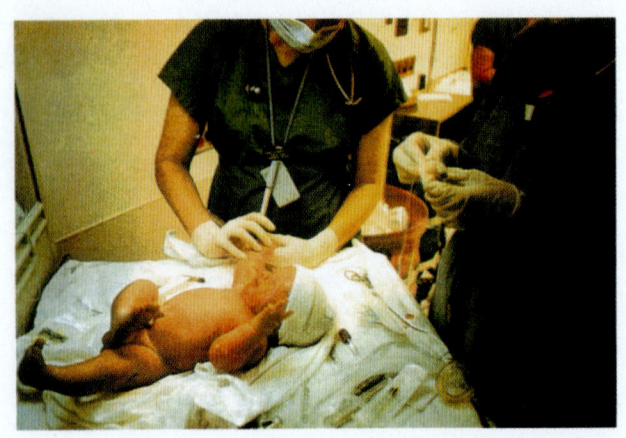

图12-35 美国的SCID患儿正在接受基因治疗，患SCID的女孩基因治疗成功后，免疫功能的修复使她开始了正常人的生活

例如，德国的Ribopharma公司根据人类黑色素瘤基因序列合成了25 bp长的siRNA，用来抑制黑色素瘤基因的表达，已进入临床实验，而且证明了低剂量siRNA即能生效，目前该产品已获得欧洲专利。Benitec公司研发siRNA药物的目标是治疗癌症、自体免疫病、艾滋病和病毒性肝炎等，已有10多家公司专门从事与RNAi技术有关试剂的生产与服务。

在过去的几年中，许多生物技术公司都加大了对基因治疗产品的研究开发的力度。正在进行基因治疗和临床研究的遗传疾病包括ADA缺乏症、艾滋病、癌症、黑色素瘤、囊性纤维化病等等。研究已表明，目前令人畏惧的癌症、艾滋病等绝症，或是高血压、心脏病、糖尿病、帕金森氏综合症等临床上难以治愈的病症，都与遗传基因或基因的缺陷相关。据估计，因基因缺陷而引起的疾病有6千多种，今后都可能通过基因工程进行彻底或有效的治疗。到1999年底，全世界已有近400个注册的基因治疗方案，接受过基因治疗的患者达3 000多名，治愈的疾病有血友病、严重贫血病、关节炎和心血管病等15种以上。1995年科学家发现了3种人体遗传基因——控制眼睛形成基因、老年痴呆基因和精神分裂症基因；1996年，科学家又发现了影响人性格的 *D4DR* 基因和影响人体肥瘦的 *RII-b* 基因。人类基因组计划的完成，可精确地绘制人类基因组图谱，使人类更了解自己，将大大促进疾病和人类进化的研究。因此可以预计，在21世纪，基因治疗研究和应用必将会出现更大的突破。

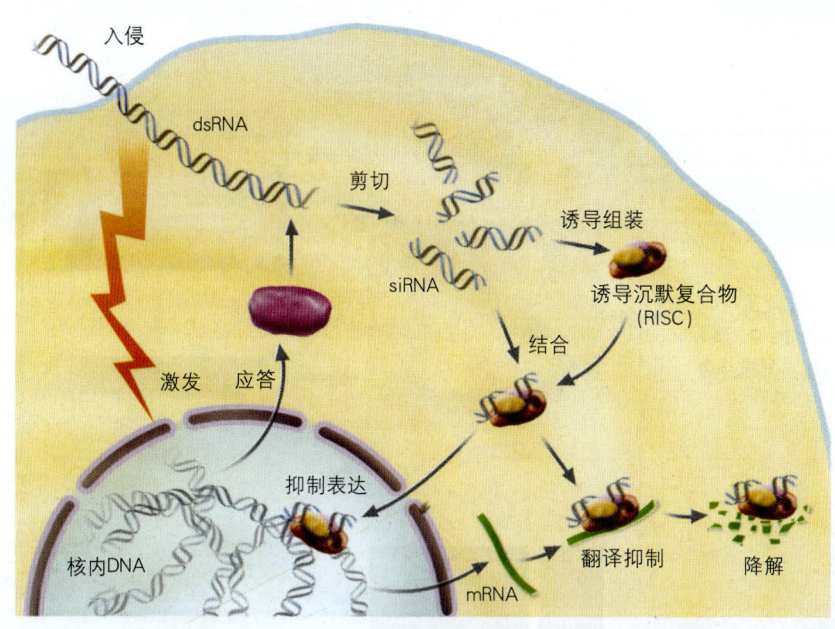

图12-36 RNA干扰技术原理的示意图 当外源dsRNA入侵，细胞应答产生Dicer（RNA酶），后者切割dsRNA成小片段的siRNA，并与RISC核酸酶复合物结合，这时，siRNA能使与其同源的细胞本身的mRNA序列发生降解，结果便是表达该mRNA的基因沉默了。RNAi是一种操纵基因表达、使特定基因沉默的新技术，它有望用于基因治疗或基因药物的研制。

四、生物芯片技术

生物芯片（biological chip）是指本身贮存有大量的生物信息，并能够对生物分子或组分进行高通量快速并行处理和分析的薄型固体器件。目前最主要的生物芯片是DNA芯片（DNA chip）或基因芯片（gene chip），它们是DNA杂交探针技术与半导体工业技术相结合的结晶。该技术系指将大量（通常每平方厘米点阵密度高于400）探针分子固定于支持物上后与带荧光标记的DNA样品分子进行杂交，通过检测每个探针分子的杂交信号强度进而获取样品分子的数量和序列信息。1996年底，美国的Affymetrix结合照相平版印刷、计算机、半导体、寡核苷酸合成、荧光标记、核酸探针分子杂交和激光共聚扫描等高新技术，研制创造了世界第一块DNA芯片，DNA芯片的问世由于其巨大的应用潜力，立即引起科学界的极大兴趣和高度关注。

DNA芯片本身是一种专门刻制和加工的仅为2 cm²左右大小的玻璃片，它被嵌在一小块胶片上。芯片被分隔成许许多多的小格，每一小格大约只有一根头发丝的一半么细，小格上特别的交联分子与一个含有20个左右核苷酸的DNA探针相连。一般的芯片有400 000个小格，更多的可达到1 600 000格。每一格上的DNA探针都各不相同。在对DNA样品分子检测时，从细胞中提取的DNA样品用一种或若干种限制酶进行酶切，这些酶切片段被荧光染料标记并熔解成为单链，然后它们被滴加到芯片上与DNA探针杂交。凡是与芯片上的探针互补的酶切片段便牢固地结合在特定的小格中，而那些与芯片上各探针都不能互补的酶切片段就会被洗脱掉。接下来，用一种特制的激光扫描器对芯片上小格和荧光进行扫描与解读。解读的信息被输入到计算机中，由专门的程序软件进行分析，最终获得被检测样品的序列信息（图12-37）。

DNA芯片技术包括了芯片基质材料的选择和处理，核酸芯片的制作，核酸杂交，杂交信号的读取和杂交数据的分析等5个方面。DNA芯片由于同时将大量探针固定于支持物上，所以可以一次性对样品大量序列进行检测和分析，从而解决了传统核酸杂交（如Southern印迹和Northern印迹等）技术操作繁杂、自动化程度低、操作序列数量少、检测效率低等问题。而且，通过设计不同的探针阵列、使用特定的分析方法可使该技术具有多种应用价值，如基因表达谱测定、突变检测、多态性分析、基因组文库作图及杂交测序等。

DNA芯片可用于大规模筛查由基因突变所引起的疾病。例如，科学家已经成功地利用DNA芯片来扫描检测人体细胞中的一种$p53$基因的突变状态，$p53$基因突变在癌症患者中发生的比例高达60%。DNA芯片用于检测遗传性乳腺癌和卵巢癌患者$BRCA1$基因第11外显子全长3.45 kb序列的突变，检测了15例病人样品，发现14例有基因突变，为遗传性乳腺癌和卵巢癌的早期诊断提供

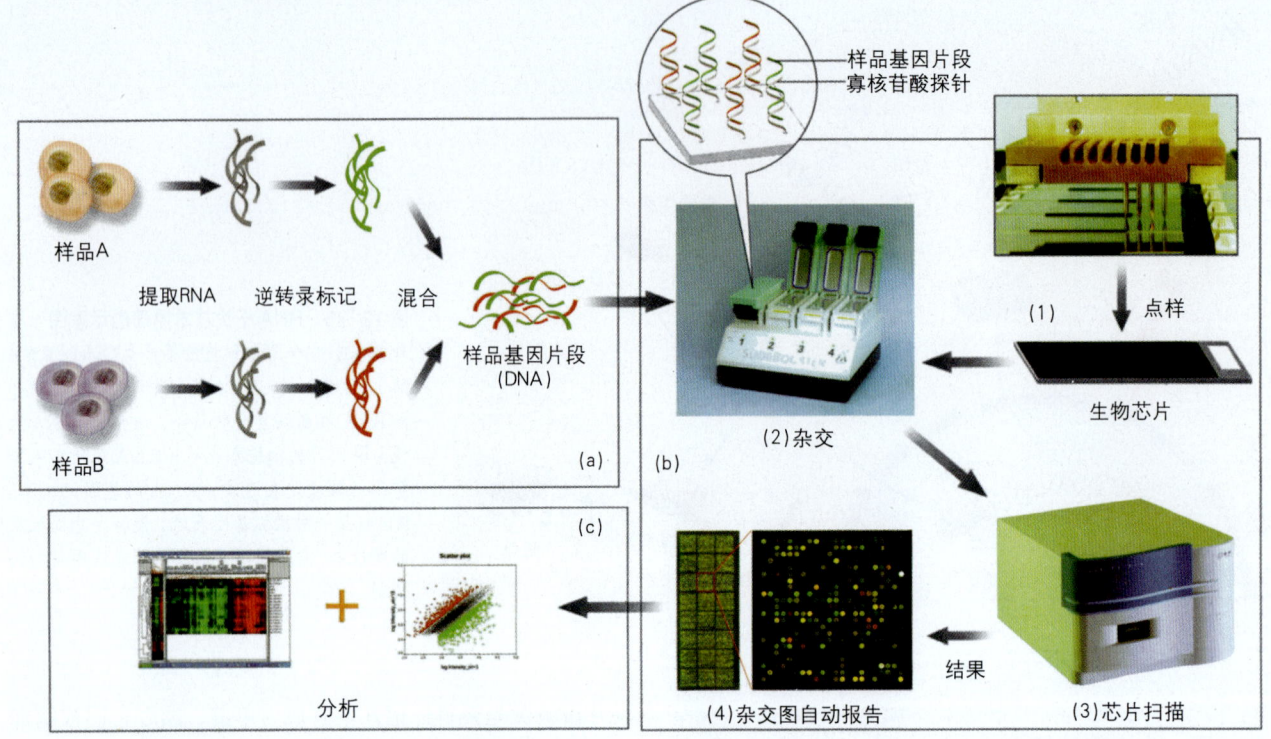

图 12-37 DNA 芯片 (a) 样品制备：将目的基因提取出来，通过分子生物学方法对样品进行荧光标记，制备成可以与基因芯片进行杂交反应的样品。(b) 芯片制备和杂交：(1) 根据检测的目的基因序列设计并合成寡核苷酸探针，用点样机械手进行芯片印制，每张经过表面化学修饰的 25 mm × 75 mm 的芯片最高可印制 2 万多个样品点，点样后的芯片经特殊的处理过程就成为可以用来实验的基因芯片。(2) 杂交反应，把一定量的荧光标记样品加到芯片上，让样品和芯片上的探针在一定条件下进行一段时间的杂交反应。杂交中微阵列芯片的局部放大部分显示，芯片上排列着成千上万的寡核苷酸探针，样品基因片段杂交水平的差异表现出不同颜色的荧光信号可被激光共聚焦扫描器及计算机所记录和分析。(3) 芯片扫描，将反应后的芯片洗涤干燥，放入芯片专用激光扫描器中进行扫描。(4) 杂交图，通过扫描就可以得到相应的杂交图。(c) 芯片分析：将得到的杂交图用图像分析软件进行数据提取就可以把图像文件转化成数据文件，然后再用数据分析软件对得到的数据进行统计分析就可以得到检测的目的基因的信息。(本图根据清华大学程京教授及生物芯片北京国家工程研究中心提供图片绘制。)

了有效的手段。另外，DNA 芯片技术在心脏病、糖尿病等多种疾病的诊断研究方面也取得了重要进展，预计 DNA 芯片诊断技术不久将会在疾病的分子诊断方面得到广泛的应用。

人类基因组计划完成后，利用 DNA 芯片分析基因组及发现新基因等具有很大的优势。DNA 芯片技术用于基因组分析时，具有样品用量小、信息量大、分析方法简易快速、自动化程度高等多项优点，特别适合于寻找新基因、基因表达检测、突变检测、基因组多态性分析和基因文库作图以及杂交测序等方面。例如，在基因表达检测的研究上，人们已比较成功地对包括拟南芥（*Arabidopsis thaliana*）、酵母（*Saccharomyces cerevisiae*）及人等多种生物的基因组表达情况进行了研究，并且用该技术（共 157 112 个探针分子）一次性检测了几种不同株酵母间数千个基因表达谱的差异。

除了 DNA 芯片，生物芯片还包括蛋白质芯片和芯片实验室等类型。蛋白质芯片以蛋白质作为检测目的物，在固相载体上预先设定了特殊的蛋白质（抗原或抗体）分子，形成蛋白质微阵列，然后加入可与之特异性结合的标记蛋白质分子，通过标记物实现对蛋白质的高效检测。蛋白质芯片在医药与临床诊断方面具有很广阔的前景。芯片实验室是集样品制备、基因扩增、核酸标记及检测并能完成其他生化检测全部分析的微分析系统。

生物芯片具有仪器体积小、重量轻、便于携带等特点，作为一项全新的技术，具有集成化、并行化、高通量、自动化和微型化的优势，因此在生命科学研究、疾病诊断和治疗、药物开发、食品卫生监督、司法鉴定、农业技术和航空航天等领域具有广泛的应用。

尽管生物芯片技术已经取得了长足的发展，但目前仍然存在着许多需要进一步解决的问题。这些问题包括技术成本昂贵、复杂，检测灵敏度较低，重复性差，分析范围较狭窄等。在样品的制备、探针合成与固定、分子的标记、数据的读取与分析等几个方面还需要完善。

第五节　生物技术面临的问题与挑战

科学是一把双刃剑，生物技术的发展为人类带来了巨大的利益，同时也带来了某些潜在的威胁和社会伦理等问题。生命科学与人类社会的联系比其他任何自然学科都更加紧密，它关系到每一个人的命运和前途。生物技术给人类带来的负面效应尽管比它为人类带来的利益小得多，但由于其事关生命与人类的未来，还是理所当然地引起人们的高度关注和激烈争论。生物技术领域涉及的人类安全和社会伦理问题有许多方面，以下仅简略讨论其中最主要的若干问题。

一、转基因技术的安全性问题

基因工程是现代生物技术发展最快的领域，其核心技术是在基因水平上进行操作，改变已有的基因，改良甚至创造新的物种。DNA是生命的蓝图，基因一旦被改动，一方面可能引起生物体内一系列未知的结构与功能的变化；另一方面，转基因操作对生物体的影响会通过遗传传递，产生无数拷贝并代代相传。如果转基因技术应用不当，一旦产生不良后果，其危害会不断扩展和传递。例如，人们普遍关心，外源基因引入生物体特别是引入人体后，是否会影响其他重要的调节基因，甚至会激活原癌基因？转基因技术的广泛应用是否会导致难以消灭的新病原体的出现？是否会造成生态灾难？人类摄食大量转基因食品是否会影响人类及其后代的健康（图12-38）？这些问题目前还难以用确切的实验证据来作出明确的答复，因为某些影响和作用目前还难以检测，或者还需要经过对几代人的分析后才能下结论。

二、克隆人的伦理问题

自从1997年克隆羊"多莉"问世以后，很快在全世界引发了一场克隆人问题的激烈讨论。从理论和技术层面上看，实现人的克隆是完全可能的。很多人忧虑，在克隆阶段，如果有关胚胎发育的基因重新编排或启动不完全，对新生儿可能产生什么严重后果呢？克隆技术一

图12-38　人们关注转基因食物的安全问题

旦用于人类自身，人类新成员就可以被人为地创造，成为实验室高科技产物，他们不是来自合乎法律与道德标准的家庭，兄弟、姐妹、父母、子女之间的相互关系全都乱了套……人们很难想象和接受这种对人类社会基本组织——家庭的巨大冲击。克隆动物技术发展引发的威胁人类社会现有法律、伦理、道德和观念的问题是人类必须面对的严峻挑战。因此，在克隆羊诞生不到两个月的时间内，美国、英国和中国等许多国家政府都明确宣布不支持任何将克隆技术应用于人类的研究。尽管如此，在克隆动物已经非常普遍的今天，人类是否应该克隆自己的争论也从最初的街头小报、严肃的媒体上升到科学界。2001年意大利和美国的3位科学家联手推出了克隆人的计划，并宣称，如果遭到有关法律的禁止，它们将在公海上实施该项计划。2001年8月7日，支持与反对克隆人的科学家们在美国科学院进行了科学界第一次人类克隆问题的直面交锋。也有科学家提出，应支持器官克隆和干细胞培养和分化器官，用于医学和临床治疗。2005年联合国大会上，中国政府代表明确表示，应该支持用于医学和维护人类健康的克隆研究实验。

三、个人基因信息的隐私权问题

在人类基因组计划建立之初，科学家们就十分关注基因组信息如何被正确地应用，个人与社会的利益如何有效地被保护等问题。为此，作为人类基因组计划的一

部分，还特别设立了人类基因信息利用的伦理、法律和社会影响计划，称之为 ELSI 项目（Ethical, Legal and Social Implication Program）。

ELSI 项目目前主要关注以下 4 方面：① 应用和解释基因信息时的隐私权和公正性；② 基因信息由实验室研究向实际医疗应用的转化；③ 人类基因组计划参与者相互协调和成果发布；④ 公众与专业教育。之所以设立 ELSI 项目，另一个重要原因是许多人担心现代生物技术的研究结果会给某些人提供种族或个人歧视的借口或依据。某些种族主义者会根据不同人群基因组的差别将人类分成不同优劣等级，甚至据此实施其侵略与灭绝种族的暴行。

个人基因信息的隐私权更是一个现实的问题。人类基因组计划的完成，一方面使我们能够鉴定或预测越来越多的与疾病相关的基因并设法治疗这些遗传疾病；但另一方面，个人的基因信息资料由谁来负责保管、保护和保密，有基因缺陷或差异的人在社会活动中是否能受到真正平等和公正的对待。提出这些问题是因为个人基因信息的泄露可能会得到不正确的解释或推测，也必然会影响一个人的升学、求职、婚姻、人寿保险费用与医疗保险费用及其他待遇等一系列的问题。

四、基因治疗的应用范围问题

生物技术的深入发展促进了医疗技术的提高。随着在分子水平上对遗传疾病致病机理的深入研究，最终可以用分子生物学技术将变异基因转变成为正常的基因，这就是基因治疗。可以预料，基因治疗技术今后还将有更深入的发展和更广泛的应用。从社会伦理和人类自身安全考虑，基因治疗仍然需要限制或规范在一定的应用范围中。目前基因治疗的应用仍有一些禁区。例如，对胚细胞或生殖细胞的基因治疗操作就存在社会伦理与安全问题。到目前为止所实施的所有基因治疗病例都以病人的体细胞为转基因的受体或靶细胞，这种体细胞基因治疗只影响一个个体。同时，这种基因操作得到了知情患者的同意或批准。如果把基因治疗引入胚细胞或生殖细胞，这种涉及到后代（未出生婴儿）基因结构的改变虽然有可能彻底治疗某种遗传疾病，但这一改变将直接影响这个"未来人"甚至影响到其后代。在这个"未来人"不知情也没有同意的情况下实施基因治疗本身就涉及到伦理问题。从伦理学角度看，一个人有权决定另一个人的基因结构或未来命运吗？更严重的是，万一这种基因操作失败了或者造成了将来才能发现的不可挽回的缺陷和后果，谁承担责任呢？

涉及基因治疗应用范围的另一个问题是基因治疗技术不仅限于疾病治疗，还可用于增强人的体能。例如，如果某种可以增强人的体能特征的基因被确定和被克隆以后，是否可以通过基因治疗的操作来增加运动员的身高或短跑速度？这与运动员服用兴奋剂有什么本质区别？就目前来看，人们还不能接受将基因治疗技术扩展到用于增加人的体能方面，但不同的意见和观点仍然在激烈地争论着。涉及基因治疗应用范围问题争论的结果有可能影响到人类及其个体成员的命运。

五、生物技术引发的其他问题

生物技术的发展可能引发的问题还很多。在 20 世纪 60 年代起，随着生物科技的进展，有关人体实验、安乐死、器官移植、辅助生殖、借腹产子、生育控制、性别选择、遗传优生等道德或伦理难题不断出现在人们面前（图 12-39）。医学专家们至今仍然在争论，能否在病人或受试者不知情的情况下对其进行人体实验或药物实验？在器官严重短缺时能否容许器官买卖？如何确定试管婴儿的父母？是否应该阻止有遗传缺陷的胎儿出生？关闭一个脑死亡病人的生命维持系统或拔去长期痛苦不堪植物人的呼吸管是否违背医学宗旨？于是，从具体到抽象，一门新兴的交叉学科——生命伦理学应运而生了。生命伦理学专家提出了自主、有利、不伤害、公正四原

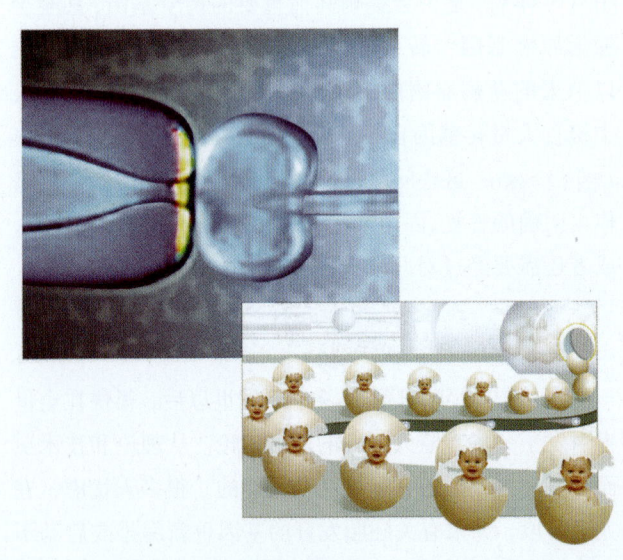

图 12-39 克隆技术的社会伦理问题

则来面对生物科技引发的伦理难题。而尊重生命则是生命伦理学的根本宗旨或主旨。尽管尊重生命的宗旨被大家广泛地接受，但如何处理许多由生物技术引发的实际问题，这一主旨或上述生命伦理的四原则有时仍然显得无能为力。

生物技术除了引发伦理问题，还引发了许多社会问题。例如，生物技术难度大，费用高，有钱人可以首先使用它来保护或增强自身的健康，而穷人则不敢问津。这就可能引发许多社会不公的问题。对于发达国家，由于其科技先进，研究经费充足，就可能首先获得一些涉及人类生存与发展的重要生物技术，如果发达国家对这些技术实行垄断应用，其后果将不堪设想。如果将生物技术应用于武器制造和战争，对人类可能将是一场比原子弹爆炸更为可怕和持久的灾难。生物技术的发展和应用还会引发哪些问题？可能其中有许多问题是我们目前无法预料或想象的。

经常有人向作者提问：转基因等生物技术可能会对人类的安全造成威胁吗？提出问题的人多数对专家和权威的答复并不满意。我的建议是，你必须在加强生命科学基础知识学习的基础上，亲自做出判断。知识就是力量。只有掌握了知识，才能正确面对生物技术的挑战，做到既不阻碍科学的发展，又不冒险造成不可挽回的损失甚至造成一场灾害。

第六节　生物科技造福人类

一、21世纪是生物科技大发展的世纪

在我们重点讨论生物技术面临的问题和挑战的时候，我们始终应该认识到，生物技术发展的正面作用要远远大于负面作用，而且在实践和发展中，人类也有智慧和能力来面对并逐步解决好由生物技术引发的一系列问题。在第一章中我们就明确了，解决人类生存与发展面临的一系列重大问题和挑战，在很大程度上将依赖于生命科学的发展。生命科学对人类经济、科技、政治和社会发展的作用是全方位的。生命科学与生物技术之间没有截然的分水岭，它们相互促进，相互带动。我们今天学好生命科学的基础理论知识，正是为了明天让生物技术更好地造福于人类。

进入21世纪，生命科技发展的势头越来越强劲。每天我们打开电视、电台、报纸、杂志、网站等，大量生物科技发展的报道或资讯扑面而来（图12-40）。恰好在全世界隆重纪念DNA双螺旋理论建立50周年以后，我们回顾过去的一年（2004年）世界生物技术领域的进展，基因破译、蛋白质解构、干细胞操作、克隆动物催生、新药物发明、生物技术农作物面积大幅增长，一项又一项重要成果带给人们一个又一个惊喜。

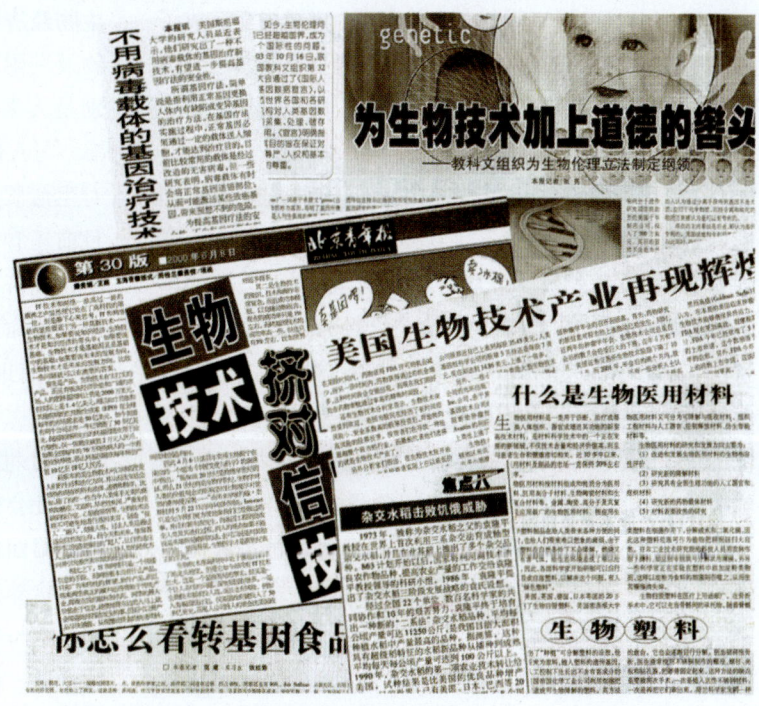

图12-40　生物科技发展的报道和资讯经常见诸报端
生物技术领域成果出现在新闻媒体上的频次远远高于其他科技领域。

例如，2004年10月，人类基因组草图的精确版已涵盖99%人类染色体组的图谱，人类蛋白编码基因数只有20 000~25 000，比2001年公布的要低。迄今为止，科学家已经从破译出人类的第13、14、16、19、20、21、22号和23号Y染色体中发现了与一些人类重大疾病相关的基因。2004年，美国科学家首次完成了牛基因草图，中国科学家领衔完成了第一张母鸡基因谱图。中国科学家已在水稻基因组和家蚕组的研究方面做出了突出的贡献。

2004年，日本科学家成功合成了世界上最小的蛋白质。迄今为止，国际上已经启动了包括由美国牵头的人类血浆蛋白质组计划、中国牵头的人类肝脏蛋白质组计划、德国牵头的人类脑蛋白质组计划、瑞士牵头的大规模抗体计划、英国牵头的蛋白质组标准计划、加拿大牵头的模式动物蛋白质组计划和日本牵头的糖蛋白质组计划。

2004年干细胞研究依然是全球的热门研究项目。经动物实验证实，多种胚胎干细胞及成体干细胞分别具有分化成肌肉、骨、软骨和结缔组织等多种组织细胞的能力，显示了干细胞研究在医学临床应用方面的重要价值。

在转基因研究方面，最为轰动的成果是美国科学家通过转基因实验，将能加快人体新陈代谢、加速脂肪"燃烧"的PPAR-DELTA转移到老鼠中，成功地培育出"马拉松"老鼠，它能比自然生长的老鼠跑得更远、耐力更久。

2004年，中国克隆的北山羊出世，美国成功完成了克隆牛的再克隆试验。虽然人类的克隆仍然是禁区，但美国科学家这一年还是成功地克隆出人类早期胚胎，并从中提取出胚胎干细胞。

2004年，全球生物技术作物大幅增长。有17个国家的近825万农民种植了生物技术作物，比2003年增加了125万。生物技术作物种植面积超过5万公顷的国家从2003年的10个增加到14个。2004年，中国种植了370万公顷的生物技术棉花，比2003年提高了32%。短期内对生物技术水稻的批准种植将极大地促进世界范围内生物技术粮食、饲料以及纤维作物的生产应用。农业生物技术应用国际服务组织预计，到2010年年底，世界上将多达30个国家的1 500万农民种植生物技术作物。

日新月异的克隆技术、基因芯片技术、蛋白芯片技术、育苗技术、蛋白质变构技术、基因重组技术、化学基因组学技术、药物基因组学技术、血管发生抑制因子技术、基因治疗技术、生物医学材料技术、生物医学工程技术等不断进步和实现新的突破，使全球生物技术药物的研发与上市的步伐不断加快。其中最引人注目的有英克隆公司（ImClone Systema）的直肠癌治疗药物Erbitux、基因泰克公司（Genetech）的抗肿瘤药物Avastin、Biogen Idec公司的多发性硬化症治疗药Tysabri等等。

从21世纪初的几年中生物技术发展的情况看，我们不难预测生物技术在21世纪的燎原之势。许多人说，21世纪是生物科技世纪，这种说法可能有点排他性，不容易被其他学科领域的学者所接受。但所有学科的专家都会同意，21世纪一定是生命科学与生物技术大发展的世纪。

与生命科技发展同步，人类社会进入21世纪以后，生物技术产业正在全世界范围内高速成长。据统计，生物技术产业达到了每3年增加5倍的增长速度，全球生物技术产业销售额约每5年翻一番，增长率高达25%~30%，是世界经济平均增长率的10倍左右。仅2004年，全球生物技术产业就吸引了200亿美元的投资，生物技术股市总市值达4 000亿美元。在发达国家，生物技术相关产业的产值一般要占GDP的20%~30%。2005年，全球生物技术市场规模达3万亿美元，2020年将达到15万亿美元。21世纪，继信息技术产业拉动信息经济以后，生物技术产业拉动生物经济的时代即将到来。所谓**生物经济**就是充分利用现代生物技术进步的成果进行生物及其附属产品市场化运作或直接为改善生命主体（特别是人类）生存质量服务的市场化运作的一种经济形态。与人们对物质生活需求和期望相比，21世纪的人类对生命质量和生命健康的追求与期望会越来越高。这种目前还看不到"拐点"的发展趋势正是拉动生物技术或生物经济发展的强劲动力之一（图12-41）。站在生物技术革命浪潮的前沿，抓住生物技术产业兴起的重大机遇，将有助于人类社会实现可持续发展和跨越式发展的目标。

21世纪，生命科学成为自然科学的带头学科，并将人类社会推进到"生物技术和生物经济的时代"。有人惊呼：第四次浪潮——生物经济，惊涛拍岸，汹涌而至！如何培养掌握生命科学与生物技术复合型人才来应对生物技术与生物经济的竞争和挑战？这是我们每一个人亟须严肃、认真、冷静思索的问题。

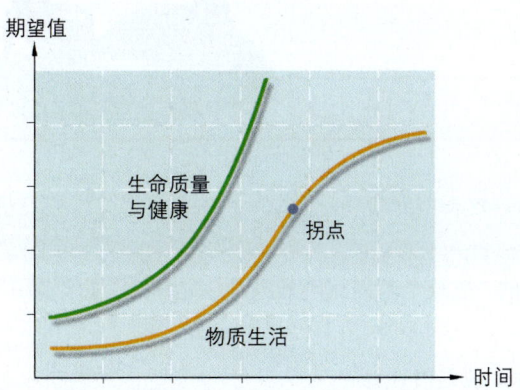

图 12-41　随着时间的推移，人们对物质生活的需求及期望与对生命质量及生命健康的追求与期望的比较示意图　随着时间的推移，人们对物质生活的需求和期望日益高涨，但其上升曲线（红线）在某一时期会出现数学图形上的拐点；进入 21 世纪以后，人类对于生命质量和生命健康的追求和期望曲线（蓝线）呈现指数方程曲线的形式，即从目前的发展趋势看，数学图形上看不到拐点。

二、生命有形，梦想无限——代结束语

细胞是生命的基本组成单位；新陈代谢、生长和运动是生命的本能；生命通过繁殖而延续，DNA 是生物遗传的基本物质；生物具有个体发育的经历和系统进化的历史；生物对外界刺激可产生应激反应并对环境具有适应性。所有生命个体，无论是单细胞还是多细胞，都具有与其功能高度协调的内部结构和外部形态。通过本课程的学习，我们应深切地认识到，生命有形有色，丰富多彩，世间万物，唯独生命是最美的。生命之美不但在"形"，更在其内在的规律及本质。人是生命的最高级形式，人体之美不但在"形"，更在其创新的思维和梦想。

我们享受生活，热爱学习，又乐于创新，因为我们具有生命。在本课程即将结束的时候，我们能初步领略到，生命又是一种艺术，这种艺术的精彩与魅力就在于：生命有形，梦想无限！

例如，暂且让我们来分享这样一个梦想：光合作用的分子生物学是作者主持的实验室研究方向之一。有朝一日，科学家搞清楚了植物光合作用的全部机理，又能够利用重组 DNA 技术将光合作用的全套基因从叶片上转移到人的头发中，那时，只要在头上撒点水，再晒晒太阳，人的头发就能像叶片一样完成二氧化碳与水通过光合作用合成葡萄糖的过程，葡萄糖再输送到人体的各部分（图 12-42）……于是，人类就不再有饥饿，色、香、味、形俱佳的食物就成了满足人们味觉需要或精神需要的艺术品。我不敢说，这样的梦想就一定能实现；但谁也不要说，这个梦想将来就一定不能实现。

亲爱的年轻同学，本课程学完后，您是否也已经编织了什么梦想？

有形的生命，无限的梦想。同学们，祝你们学业有成、梦想成真！

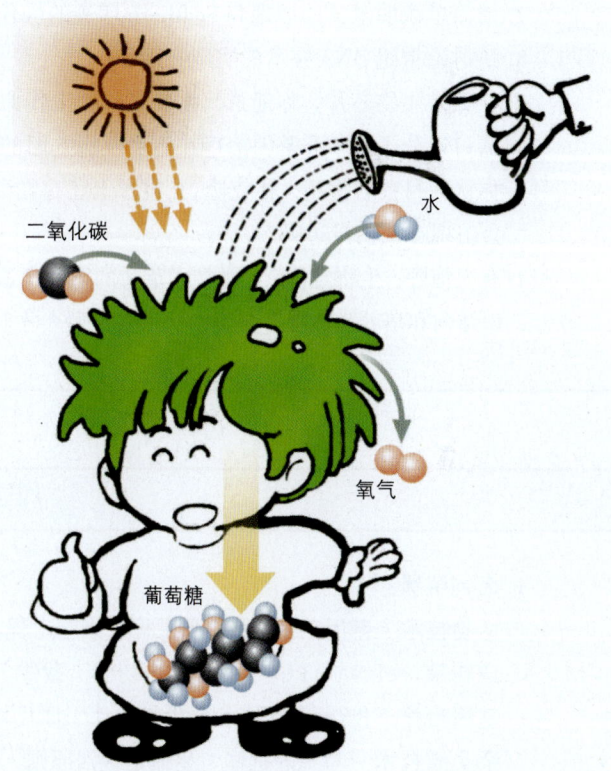

图 12-42　漫画：一个梦想

思考与讨论

1. 试讨论生物技术的定义和内容，为什么要突出强调生物技术的商品属性？
2. 为什么要将"工程"一词用于基因的操作？
3. 请给出基因克隆的定义。如何理解分子生物学家常说的"把某个基因克隆到某种生物中去"？克隆是名词，动词，还是既可做名词又可做动词？
4. 用逆转录方法从 mRNA 合成互补的目的基因片段有什么独到的好处？
5. 在 PCR 反应中，为什么科学家常合成 20 个左右碱基的核苷酸片段作为引物，而不用更多或更少碱基的核苷酸片段？
6. 一位神经生理学家对编码人脑细胞中一种神经递质蛋白的基因发生了兴趣。他已经知道这种蛋白质的氨基酸序列。请问，他如何识别编码神经递质的基因？他如何得到大量基因的拷贝？他如何生产这种神经递质？
7. 请简单说明电泳的原理和 Southern 印迹的操作步骤。
8. 请讨论重组 DNA 技术的实践意义。
9. 什么是生物芯片，你能说出生物芯片的工作原理与应用例证吗？
10. 请讨论分子诊断和基因治疗在防治疾病方面的应用前景。
11. 你认为目前若实施人体克隆，在技术上还存在哪些难题？会引起哪些社会问题？你认为克隆人最终会出现在我们身边吗？
12. 有人惊呼：生物经济，人类技术革命的第四次浪潮，惊涛拍岸，汹涌而至！请讨论：改善大学生的知识结构和培养生命科学与生物技术复合型人才对于应对生物技术与生物经济的竞争和挑战的重要性。

练习题

1. 名词解释：

    生物技术　基因工程　蛋白质工程　细胞工程　发酵工程　转化　转化子　基因文库　基因克隆　逆转录　cDNA　PCR　限制性内切酶　载体　质粒　凝胶电泳　DNA 探针　Southern 印迹　基因治疗　RNA 干扰技术　生物芯片　原代培养　继代培养　细胞融合　细胞重组　核移植　杂交瘤技术　单克隆抗体　生命伦理四原则　生物经济

2. 在进行 DNA 重组实验中，首先要获得目的基因，一般不使用下面哪种方法（　）。

    a. 从细胞内部总 DNA 提取分离目的基因

    b. 构建基因文库，从中调取目的基因

    c. 以 mRNA 为模板，逆转录合成互补的 DNA 片段

    d. 利用 PCR 特异性地扩增所需要的目的基因

3. PCR 反应中使用 TaqDNA 聚合酶，延伸过程一般要需要的温度是（　）℃。

    a. 95　　　　　　b. 72　　　　　　c. 55　　　　　　d. 68

4. 电泳是常用的 DNA 检测方法,在电泳中 DNA 分子的泳动方向是( )。

   a. 从负极向正极

   b. 从正极向负极

   c. 和正负极没有关系

   d. 大片段向负极,小片段向正极

5. 在 Southern 印迹实验中,一般使用的探针是( )。

   a. 带有同位素标记的单链 RNA 分子

   b. 带有同位素标记的双链 DNA 分子

   c. 带有同位素标记的单链 DNA 分子

   d. 带有同位素标记的小分子蛋白

6. 为了重复克隆羊实验,从 A 猴子的体细胞中提取双倍体核,转入去核的 B 猴子的卵细胞中,植入 C 猴子的子宫当中进行培养,实验进行很成功,最后生下的猴子( )。

   a. 与 A 相像　　　b. 与 B 相像　　　c. 与 C 相像　　　d. 同时具有 A、B、C 的特征

7. DNA 芯片技术和下面( )技术的原理更相似。

   a. PCR　　　　　　　　　　　　　b. Northern 印迹

   c. 电泳　　　　　　　　　　　　　d. 大规模集成电路

8. 在治疗 SCID 患者的过程中,最终导入患者体内的是( )。

   a. 携带有正常 ada 基因的细菌

   b. 已经整合了 ada 基因的病毒

   c. 转入了 ada 基因的转基因 T 淋巴细胞

   d. 直接将 ada 基因导入体内

9. 在用 ASO 方法对人类遗传病进行分子诊断时,正常的 ASO 和突变的 ASO 都显示浅色的杂交斑,则被检测样品属于( )。

   a. 正常细胞　　　b. 杂合子细胞　　　c. 病变细胞　　　d. 无法判断

10. 下列( )不是基因重组和克隆操作中最重要的工具。

    a. 限制性内切酶　　b. 载体　　　c. Taq 酶　　　d. 宿主菌

11. 不可以作为基因重组载体的是( )。

    a. 细菌质粒　　　b. 噬菌体　　　c. cosmid 质粒　　　d. 大肠杆菌

12. 关于限制性内切酶,下列说法错误的是( )。

    a. 限制性内切酶是从细菌中分离提纯的蛋白酶

    b. 限制性内切酶可以识别一小段特殊的核酸序列,并将其在特定位点处切开

    c. 利用限制性内切酶可将外源基因连接到不同的载体上

    d. 限制性内切酶是基因重组和克隆操作的重要工具

13. 科学家预言:人类历史上的第四次技术革命是( )。

    a. 以计算机、网络为标志的电子信息技术

    b. 以纳米材料为标志的材料技术

    c. 以重组 DNA 和基因克隆为标志的生物技术

    d. 以宇宙飞船、航天飞机为标志的航天技术

14. 利用大肠杆菌生产人胰岛素采用的技术是（　）。
    a. 基因工程技术　　　　　　　　b. 蛋白质工程技术
    c. 发酵工程技术　　　　　　　　d. 细胞工程技术
15. RNA 干扰技术是用（　）来干扰相关基因的表达，让基因（　）。
    a. 一段内源 RNA　　转录表达
    b. 一段外源 RNA　　沉默
    c. 一段外源 DNA　　转录表达
    d. 一段外源 RNA　　与 RNA 结合

相关网站

http://biotech.icmb.utexas.edu/
http://www.icgeb.trieste.it/
http://www.biotech-monitor.nl/
http://www.hhmi.org/genetictrail/
http://www.nih.gov/sigs/bioethics

主要参考书目

1. 胡玉佳主编. 现代生物学. 北京：高等教育出版社/施普林格出版社，1999
2. 黄诗笺主编. 现代生物学概论. 北京：高等教育出版社/施普林格出版社，1999
3. 刘凌云，薛少白，柳惠图主编. 细胞生物学. 北京：高等教育出版社，2002
4. 瞿礼嘉，顾红雅，胡萍等. 现代生物技术. 北京：高等教育出版社，2004
5. 孙儒泳，李庆芬，牛翠娟等. 基础生态学. 北京：高等教育出版社，2002
6. 王琳芳，杨克恭主编. 医学分子生物学原理. 北京：高等教育出版社，2001
7. 王希成编著. 生物化学. 北京：清华大学出版社，2001
8. 吴庆余等. 现代生物学导论实验指导. 北京：清华大学出版社，1999
9. 吴相钰主编. 陈阅增普通生物学. 第2版. 北京：高等教育出版社，2005
10. 许崇仁，程红. 动物生物学. 北京：高等教育出版社/施普林格出版社，2000
11. 张惟杰主编. 生命科学导论. 北京：高等教育出版社，1999
12. 周云龙主编. 植物生物学. 第2版. 北京：高等教育出版社，2004
13. Campbell N A, Reece J B. *biology*. 7th ed. San Francisco: The Benjamin/Cummings Publishing Company，2004
14. Karp G. *Cell and Molecular Biology*. 4th ed. New York: John Wiley & Sons, Inc., 2005
15. Lewis R, Gaffin D, Hoefnagels M, *et al. Life*. 5th ed. Boston: McGraw-Hill Companies, Inc., 2004
16. Lodish H, Berk A, Matsudaira P, *et al. Molecular Cell Biology*. 5th ed. New York: W. H. Freeman and Company, 2004
17. Mader S S. *Biology*. 8th ed. Boston: McGraw-Hill, Companies, Inc., 2004
18. Nelson D L, Cox M M. *Principles of Biochemistry*. 3rd ed. New York: Worth Publishers, 2001
19. Prescott L M, Harley J P, Klein D A. *Microbiology*. 6th ed. Boston: McGraw-Hill Companies, Inc., 2004
20. Purves W K, Sadava D, Orians G H. *et al. Life: The Science of Biology*. Volume I : The Cell and Heredity. 7th ed. New York: W. H. Freeman and Company, 2003
21. Raven P H, Johnson G B. *Biology*. 6th ed. Boston: McGraw-Hill Companies, Inc., 2002
22. Solomon E P, Berg L R, Martin D W. *Biology*. 6th ed. Fort Worth: Brooks/Cole, 2002
23. Tobin A J, Dusheck J. *Asking About Life*. 3rd ed. Fort Worth: Brooks/Cole, Thomson Learning, Inc., 2004

中英名词对照及索引

ATP 合酶（ATP synthase） 110
C_3 植物（C_3 plant） 120
C_4 途径（C_4 pathway） 120
C_4 植物（C_4 plant） 120
Calvin 循环（Calvin cycle） 119
cAMP 应答元件（cAMP response element, CRE） 183
cAMP 应答元件结合蛋白（cAMP response element binding protein, CREB） 182
Darwin 进化论（Darwin's theory of evolution） 213
DNA 聚合酶（DNA polymerase） 138
DNA 连接酶（DNA ligase） 139
DNA 双螺旋（double helix） 7
DNA 探针（DNA probe） 442
DNA 芯片（DNA chip） 459
FADD（Fas-associated death domain protein） 183
G 蛋白偶联受体（G-protein-linked receptor） 180, 181
Hardy-Weinberg 平衡定律（Hardy-Weinberg equilibrium law） 220
Krebs 循环（Krebs cycle） 108
Na^+-K^+ 泵（sodium-potassium pump） 73
p53 蛋白（p53 protein） 416
RNA 干扰（RNA interference, RNAi） 457
RNA 聚合酶（RNA polymerase） 143
RNA 诱导沉默复合物（RNA-induced silencing complex, RISC） 457
Rous 肉瘤病毒（Rous avian sarcoma virus, RSV） 415
SCI 论文（SCI paper） 21
Southern 印迹（Southern blot） 445
TRADD（TNRF1-associated death domain protein） 183
X 射线衍射（X-ray diffraction） 43
α 螺旋（α helix） 42
β 折叠（β pleated sheet） 42

A

阿法南猿（*Australopithecus afarensis*） 241
癌基因（oncogene） 415
癌症（cancer） 8, 413
氨基葡聚糖（glycosaminoglycan） 34
氨基酸（amino acid） 4, 37
暗反应（dark reaction） 116, 119
奥陶纪（Ordovician） 229
澳大利亚人种（Australoid） 239

B

靶细胞（target cell） 184
白蛋白（albumin） 314
白垩纪（Cretaceous） 230
白细胞（white blood cell 或 leukocyte） 57, 169, 313, 314
白细胞介素-1（interleukin-1） 400
白质（white matter） 325
斑马鱼（*Danio rerio*） 188
半保留复制（semiconservative replication） 137, 138
半规管（semicircular canal） 335
半乳糖（galactose） 33
半纤维素（hemicellulose） 62
伴胞（companion cell） 257
伴性遗传（sex-linked inheritance） 133
瓣膜（valve） 312
孢原细胞（archesporial cell） 272
孢子体（sporophyte） 171
孢子植物（spore plant） 236
胞间连接（cell junction） 237
胞间连丝（plasmodesmus） 62
胞嘧啶（cytosine, C） 46
胞吐（exocytosis） 74
胞吞（endocytosis） 74
胞饮（viropexis） 412
胞质分裂（cytokinesis） 80
胞质膜（cytoplasmic membrane） 62
保卫细胞（guard cell） 265
保幼激素（juvenile hormone） 184
北极和高山冻原（arctic and alpine tundra） 356
背唇（dorsal lip） 168
被动运输（passive transport） 71
被子植物（angiosperm） 169, 237, 252
比较解剖学（comparative anatomy） 226
比较胚胎学（comparative embryology） 227
边材（sap wood） 262
鞭毛（flagellum） 66
鞭毛菌（Chytridiomycota） 236
变形虫（amoeba） 57
变性（denaturation） 40
变异（variation） 4
变种（variety） 232

标记-再捕捉方法（mark-recapture）359
标准还原电位（standard reduction potential）103
表达（expression）4
表达序列标签（expressed sequence tag, EST）159
表皮组织系统（dermal tissue system）257
表型（phenotype）219
丙酮酸（pyruvate）108
病毒（virus）2
玻璃体（vitreous humor）332
薄壁细胞（parenchyma cell）254, 255
卟啉（porphyrin）209
卟啉环（porphyrin ring）115
哺乳纲（Mammalia）190
捕食（predation）218
不定根（adventitious root）254
不完全花（incomplete flower）271

C

操纵基因（operator）148
操纵子（operon）148, 149
草履虫（slipper animalcule）235
草酰乙酸（oxaloacetic acid）108
侧根（lateral root）253
侧生分生组织（lateral meristem）258
插入（insertion）153
长日植物（long-day plant）277
常染色质（euchromatin）152
超二级结构（supersecondary structure）42
超离心（ultracentrifugation）86
沉积岩（sedimentary rock）204
沉降系数（sedimentation constant）86
沉默子（silencer）150
成虫盘（imaginal disc）187
成肌细胞（myoblast）176
成熟区（zone of maturation）258
成纤维细胞（fibroblast）289
成形素（morphogen）175
重排反应（rearrangement reaction）104
重演（recapitulation）227
重组DNA分子（recombinant DNA）435
重组修复（recombination repair）155
臭氧层（ozonosphere）204
初级结构（primary structure）40
初级精母细胞（primary spermatocyte）341

初级卵母细胞（primary oocyte）342
初级生产力（primary productivity）377
初级消费者（primary consumer）375
初生壁（primary wall）255
初生分生组织（primary meristem）258
初生结构（primary structure）258
初生生长（primary growth）258
初生维管柱（primary vascular cylinder）258
初生演替（primary succession）373
除垢剂（detergent）68
触角足复合体（antennapedia）178
穿孔素（perforin）400
传粉过程（pollination）272
春化作用（vernalization）276
纯合子（homozygote）128
雌配子（female gamete）82
雌蕊（pistil）172
雌蕊群（gynoecium）270
雌雄同体（hermaphrodite）340
雌雄同株（monoecism）271
雌雄异株（dioecism）271
次级精母细胞（secondary spermatocyte）341
次级卵母细胞（secondary oocyte）342
次生壁（secondary wall）255
次生分生组织（secondary meristem）258
次生结构（secondary structure）261
次生生长（secondary growth）258, 260
次生演替（secondary succession）374
粗面内质网（rough ER）64
促甲状腺激素（thyrotropic hormone）316
促肾上腺皮质激素（adrenocorticotropic hormone）318
存活曲线（survivorship curve）360
错配修复（mismatch repair）155
错义突变（missense mutation）153

D

大肠（colon）301
大肠杆菌（*Escherichia coli*）56
大脑（cerebrum）324
大阴唇（labia majora）342
代（Era）225
代谢（metabolism）92
单倍体（haploid）79
单层上皮（simple epithelium）289

单果（simple fruit） 274
单核细胞（monocyte） 314
单克隆（monoclone） 451
单克隆抗体（monoclonal antibody） 451
单糖（monosaccharide） 32，33
单体（monomer） 31
单性花（imperfect flower） 271
单子叶植物（monotyledon） 170，252
单子叶植物纲（Monocotyledoneae） 252
担孢子（basidiospore） 236
担子（basidium） 236
担子菌（Basidiomycota） 236
胆固醇（cholesterol） 37
胆汁（bile） 301
蛋白复合物（protein complex） 117
蛋白激酶A（protein kinase A，PKA） 182
蛋白质（protein） 2，37
蛋白质二级结构（secondary structure） 42
蛋白质工程（protein engineering） 433，447
蛋白质三级结构（tertiary structure） 42
蛋白质四级结构（quaternary structure） 40，42
蛋白质一级结构（primary structure） 40
蛋白质衣壳（capsid） 411
蛋白质组（proteome） 161
蛋白质组学（proteomics） 12
导管（vessel） 256
导管分子（vessel element） 255
等位基因（alleles） 84，128，219
等位基因频率（alleles frequency） 219
底物（substrate） 65
底物水平磷酸化（substrate-level phosphorylation） 109
地理隔离（geographical isolation） 216
地衣（lichen） 236
第二信使（second messenger） 182
第三纪（Tertiary） 231
第四纪（Quaternary） 231
第一信使（first messenger） 182
点突变（point mutation） 152
电化学梯度（electrochemical gradient） 71
电突触（electrical synapse） 331
电泳（electrophoresis） 43
电子传递链（electron transport chain） 109
电子传递系统（electron transport system） 109
电子受体（electron receptor） 117

淀粉（starch） 32，34
凋亡（apoptosis） 12
叠层石（stromatolite） 204
顶端分生组织（apical meristem） 167，258
顶端优势（apical dominance） 254
顶级群落（climax） 373
顶细胞（terminal cell） 170
顶芽（terminal bud） 254
顶叶（parietal lobe） 324
动粒（kinetochore） 79
动脉（artery） 310
动脉粥样硬化（atherosclerosis） 416，417
动物极（animal pole） 167
动物界（Kingdom Animalia） 232
动物细胞（animal cell） 59，61
动物细胞培养（animal cell culture） 449
动作电位（action potential） 328
毒力（virulence） 403
端粒（telomere） 79
端粒酶（telomerase） 79
短担尼属（*Danio*） 188
短日植物（short-day plant） 277
多基因遗传（polygenic inheritance） 130
多聚体（polymer） 31
多聚腺苷酸（poly A） 139
多聚腺苷酸尾（poly A tail） 144
多克隆抗体（polyclonal antibody） 451
多肽（polypeptide） 40
多糖（polysaccharide） 32

E

额叶（frontal lobe） 324
恶性肿瘤（malignant tumor） 413
耳廓（auricle） 334
耳蜗（cochlea） 334
二倍体（diploid） 79
二叠纪（Permian） 229
二分裂（binary fission） 62
二级结构（secondary structure） 41
二级消费者（secondary consumer） 375
二糖（disaccharide） 33

F

发酵工程（fermentation engineering） 433

发育（development） 4, 166
发育生物学（developmental biology） 12
翻译（translation） 64
繁殖（reproduction） 4
反馈抑制（feedback inhibition） 99
反密码子（anticodon） 140
反射（reflex） 325
反射弧（reflex arc） 325
反足细胞（antipodal cell） 272
泛醌（ubiquinone） 100
方向性选择（directional selection） 223
仿生学（bionics） 288
纺锤体（spindle） 81
放能反应（exergonic reaction） 94
放射自显影技术（autoradiography） 87, 446
非极性（nonpolar） 29
非竞争性抑制剂（noncompetitive inhibitor） 99
非生物库（abiotic reservoir） 379
非生物因子（abiotic factor） 354
非特异性防御（nonspecific defense） 396
非循环电子传递链（noncyclic electron flow） 118
非洲南猿（Australopithecus africanus） 241
肺（lung） 305
肺活量（vital capacity） 307
肺泡（alveolus） 306
肺循环（pulmonary circulation） 310
分辨率（resolving power） 84
分布型（pattern of dispersion） 359
分化（differentiation） 12, 57, 166
分解者（decomposer） 375
分类（taxonomy） 11
分离定律（Mendel's Law of Segregation） 129
分裂（division） 57
分泌膜（mucous membrane） 289
分歧性选择（disruptive selection） 223, 224
分生区（zone of cell division） 258
分生组织（meristem） 257
分子生物学（molecular biology） 7, 10
封闭式循环系统（closed circulatory system） 309
弗氏细胞压碎器（french press） 86
浮游动物（zooplankton） 375
浮游植物（phytoplankton） 375
辐射适应（adaptive radiation） 240
辅酶（coenzyme） 100

辅酶Ⅰ（coenzyme Ⅰ） 100
辅酶Ⅱ（coenzyme Ⅱ） 100
辅酶A（coenzyme A, CoA） 100
辅酶Q（coenzyme Q） 100
辅助性T细胞（helper T cell） 400
辅助因子（cofactor） 100
辅助转录激活因子（coactivator） 150
附睾（epididymis） 340
复层上皮（stratified epithelium） 289
复果（multiple fruit） 274
复极化（repolarization） 328
复制叉（replication fork） 138
副交感神经（parasympathetic nerve） 327
傅里叶（Fourier） 44

G

干扰素（interferon） 397, 413
干细胞（stem cell） 12, 193, 314
甘油（glycerol） 35
甘油磷酸穿梭（glycerol phosphate shuttle） 111
甘油磷脂（glycerophosphatide） 67
甘油醛（glyceraldehyde） 33
甘油醛-3-磷酸（3-phosphoglyceraldehyde） 119
甘油酸-1,3-二磷酸（1,3-bisphosphoglycerate） 119
甘油酸-3-磷酸（3-phosphoglycerate） 119
肝（liver） 299
感觉适应（sensory adaptation） 332
冈崎片段（Okazaki fragment） 139
纲（class） 231
高尔基体（Golgi apparatus） 59
高加索人种（Cuacasoid） 239
高血压（hypertension） 416
睾丸（testis） 340
革兰氏阳性菌（Gram-positive bacteria） 406
革兰氏阴性菌（Gram-negative bacteria） 406
膈膜（diaphragm） 306
个体（individual） 5
根冠（root cap） 258
根系（root system） 253
根压（root pressure） 265
功能基团（functional group） 27, 31
功能基因组学（functional genomics） 161
巩膜（sclera） 332
共价键（covalent bond） 29

共生（symbiosis） 218, 372
古生代（Paleozoic era） 229
古细菌（archaebacteria） 233
古细菌界（Kingdom Archaebacteria） 232
骨（bone） 290
骨骼肌（skeletal muscle） 290
骨骼系统（skeletal organ system） 292, 293
骨髓瘤（myeloma） 451
鼓膜（tympanic membrane） 334
寡糖（oligosaccharide） 32
观察（observation） 18
冠状动脉（coronary artery） 416
管胞（tracheid） 255, 256
光饱和点（light saturation point） 355
光饱和现象（light saturation） 355
光反应（light reaction） 116
光反应中心（reaction center） 117
光复合酶（photolyase） 154
光复合修复（photoreactivation） 154
光合膜（photosynthetic membrane） 114
光合细菌（photosynthetic bacteria） 232
光合作用（photosynthesis） 3, 113
光呼吸（photorespiration） 121
光化学反应（photochemical reaction） 209
光面内质网（smooth ER） 64
光能异养型（photoheterotrophy） 408
光能自养型（photoautotrophy） 408
光系统（photosystem） 117
光周期现象（photoperiodism） 277
光子（photon） 114
广杆线虫属（*Caenorhabditis*） 186
广适性生物（eurytopic organism） 354
归纳（induction） 17, 18
硅藻（diatom） 236
滚环复制（rolling-circle replication） 139
国王学院（King's College） 50
果胶（pectin） 62
果糖（fructose） 33
果蝇（*Drosophila melanogaster*） 187
果蝇科（Drosophilidae） 187
果蝇属（*Drosophila*） 187
过氧化氢酶（hydrogen peroxidase） 66
过氧化物酶体（peroxisome） 66

H

海绵组织（spongy tissue） 262
焓（enthalpy） 94
寒武纪（Cambrian） 229
合子（zygote） 57, 82
合作（protocooperation） 218
核磁共振（nuclear magnetic resonance, NMR） 44
核苷酸（nucleotide） 46
核基质（nuclear plasma） 63
核孔（nuclear pore） 63
核酶（ribozyme） 97
核膜（nuclear envelope） 63
核内非均一RNA（hnRNA） 143
核仁（nucleolus） 63, 64
核酸（nucleic acid） 2, 46
核糖（ribose） 33
核糖核酸（ribonucleic acid, RNA） 46
核糖体（ribosome） 59, 64
核糖体RNA（ribosomal RNA, rRNA） 48
核酮糖-1,5-二磷酸（ribulose-1,5-biphosphate, RuBP） 119
核酮糖-1,5-二磷酸羧化酶（1,5-carboxydismutas或rubisco） 65
核纤层（nuclear lamina） 63
核小体（nucleosome） 78
核型（karyotype） 79
核移植（nuclear transplantation） 196
褐藻（brown algae） 236
红细胞（erythrocyte） 313, 314
红藻（red algae） 236
宏观进化（macroevolution） 202
虹膜（iris） 332
喉（larynx） 306
后基因组时代（post-genomic era） 161
后脑（hindbrain） 324
后期（anaphase） 80
厚壁细胞（sclerenchyma cell） 254, 256
厚角细胞（collenchyma cell） 254, 255
呼吸（respiration） 3
呼吸调节中枢（breathing control center） 308
呼吸链（respiratory chain） 109
呼吸系统（respiratory organ system） 292, 293
胡萝卜素（carotin） 248
互补（complementary） 48
互补DNA（complementary DNA, cDNA） 437
花被（perianth） 270

花萼（calyx） 270
花粉管（pollen tube） 272
花粉粒（pollen） 172
花冠（corolla） 270
花青素（anthocyanin） 66
花丝（filament） 270
花托（receptacle） 270
花药（anther） 270
花柱（style） 271
华美广杆线虫（Caenorhabditis elegans） 185
化能异养生物（chemoheterotroph） 233
化能异养型（chemoheterotrophy） 408
化能自养生物（chemoautotroph） 232
化能自养型（chemoautotrophy） 408
化石燃料（fossil fuel） 225
化学键（chemical bond） 27，29
化学渗透学说（chemiosmotic theory） 109
化学突触（chemical synapse） 331
还原（reduction） 28
还原反应（reduction reaction） 102
还原剂（reductant） 102
环境（environment） 352
环境因子（environmental factor） 354
环腺苷酸（cyclic adenosine monophosphate, cAMP） 87
荒漠（desert） 356
黄素腺嘌呤单核苷酸（flavin adenine mononucleotide, FMN） 109
黄素腺嘌呤二核苷酸（flavin adenine dinucleotide, FAD） 100
黄体（corpus luteum） 343
灰新月带（gray crescent） 168
灰质（grey matter） 324
回肠（ileum） 300
会厌软骨（epiglottis） 300
活化能（activation energy） 97
活性中心（active center） 98
获得性免疫（acquired immunity） 403

J

肌腱（tendon） 289
肌节（sarcomere） 339
肌肉系统（muscular organ system） 293，294
肌肉组织（muscle tissue） 290
肌细胞（muscle cell） 57
肌纤维（muscle fiber） 290
肌原纤维（myofibril） 339

基本转录因子（basal factor） 150
基本组织系统（ground tissue system） 257
基粒（grana） 65，114
基粒类囊体（grana-thylakoid） 114
基膜（basement membrane） 289
基团转移反应（group-transfer reaction） 104
基细胞（basal cell） 170
基序（motif） 42
基因（gene） 46
基因表达（gene expression） 146
基因测序（gene sequencing） 12
基因沉默（gene silence） 457
基因工程（genetic engineering） 432，435
基因克隆（gene cloning） 435，436
基因库（gene pool） 214
基因连锁图（linkage map） 157
基因敲除（gene knockout） 191
基因突变（mutation） 152
基因文库（gene library） 436
基因芯片（gene chip） 459
基因型（genotype） 219
基因型频率（genotype frequency） 219
基因治疗（gene therapy） 160，457
基因组（genome） 4，79，156
基因组物理图（physical map） 158
基因组学（genomics） 156
基质（线粒体内）（matrix） 65
基质（叶绿体内）（stroma） 65，114
基质类囊体（stroma-thylakoid） 114
激发态（excited state） 114
激光扫描共聚焦显微镜（laser scanning confocal microscope） 85
激素（hormone） 62
极地冰原（polar ice） 356
极体（polar body） 342
极性（polar） 30
疾病（disease） 403
集合管（collecting duct） 303
几丁质（chitin） 34
脊髓（spinal cord） 169
脊索（notochord） 168
脊索动物（chordate） 237
脊索动物门（Chordata） 188
脊椎动物（vertebrate） 10，239
脊椎动物亚门（Vertebrata） 188

嵴（cristae） 65
纪（Period） 225
继代培养（subculture） 449
寄生（parasitism） 218, 372
加工（processing） 143
甲藻（dinoflagellate） 236
甲状旁腺（parathyroid gland） 316
甲状腺（thyroid gland） 316
假说（hypothesis） 18
间充质干细胞（mesenchymal stem cell） 193
间断平衡论（punctuated equilibrium） 218
间期（interphase） 80
间隙基因（gap gene） 177
减数分裂（meiosis） 77, 82
剪接（splicing） 144
简单扩散（simple diffusion） 71
碱基（base） 46
碱基序列（base sequence） 4
健康（health） 424
键能（bond energy） 29
交感神经（sympathetic nerve） 327
角膜（cornea） 332
角质（cutin） 62
酵母（Saccharomyces cerevisiae） 460
酵母菌（yeast） 236
接合菌（Zygomycota） 236
节（node） 254
节间（internode） 254
节肢动物门（Arthropoda） 187
结缔组织（connective tissue） 289
结构基因组学（structural genomics） 12
结构域（domain） 42
姐妹染色单体（sister chromatid） 79
解旋酶（helicase） 138
芥科（Cruciferae） 192
芥属（Arabidopsis） 192
界（kingdom） 231
金藻（golden algae） 236
近曲小管（proximal tubule） 304
进化（evolution） 4, 5, 213
进化系统树（phylogenetic tree） 232
茎（stem） 254
茎干（枝条）系统（shoot system） 253
晶状体基板（lens placode） 175

精囊腺（seminal vesicle） 340
精细胞（spermatid） 341
精原细胞（spermatogonia） 340
精子（sperm） 57
精子器（antheridium） 249
净初级生产力（net primary productivity，NPP） 387
竞争性抑制剂（competitive inhibitor） 99
静脉（vena） 310
静息电位（resting membrane potential） 327
臼齿（molar） 299
巨噬细胞（macrophage） 289, 397
聚合果（aggregate fruit） 274
聚合酶链反应（polymerase chain reaction，PCR） 437
决定子（determinant） 173
蕨类植物（pteridophyte） 236, 237, 250
均匀型（uniform pattern） 360
菌落（colony） 35, 408
菌丝（hyphae） 236
菌丝体（mycelium） 236

K

开放式循环系统（open circulatory system） 309
凯氏带（Casparian band） 260
抗A凝集素（antiagglutinin A） 315
抗B凝集素（antiagglutinin B） 315
抗体（antibody） 314, 399
抗体蛋白（antibody protein） 37
抗体酶（abzyme） 97
抗维生素D佝偻病（rachitis） 133
抗原（antigen） 399
抗原呈递细胞（antigen-presenting cell，APC） 400
抗原-抗体反应（antigen-antibody reaction） 87
科（family） 232
科学（science） 16
科学情报研究所（Institute for Scientific Information，ISI） 20
《科学引文索引》（Science Citation Index，SCI） 21
克隆（clone） 6, 198
空肠（jejunum） 300
恐龙（dinosaur） 385
跨膜蛋白（transmembrane protein） 68
昆虫纲（Insecta） 187

L

蜡质（cuticle） 257

蜡质（wax） 62
蓝细菌（cyanobacteria） 59
蓝藻（blue-green algae） 59
郎飞结（Ranvier node） 330
类病毒（viroid） 412
类固醇（steroid） 37
类胡萝卜素（carotenoid） 115
类囊体（thylakoid） 65，114
类囊体膜（thylakoid membrane） 114
离心（centrifugation） 43
离子泵（ion pump） 73
离子键（ionic bond） 29
离子通道偶联受体（ion-channel-linked receptor） 180
鲤科（Cyprinoidea） 188
连续创造论（continuous creation） 210
联会（synapsis） 82
镰形细胞贫血症（sickle cell anemia） 41
链终止法（chain termination method） 159
两性花（perfect flower） 271
亮氨酸拉链（leucine zipper） 151
裂解循环（lytic cycle） 412
裂殖生殖（schizogenesis） 76
临界日长（critical day length） 278
淋巴管（lymphatic vessel） 397
淋巴结（lymph node） 397
淋巴系统（lymphatic system） 292，293，397
淋巴细胞（lymphocyte） 169
磷壁酸（teichoic acid） 406
磷酸胆碱（phosphate choline） 36
磷酸二酯键（phosphodiester bond） 46
磷酸甘油酯（phosphoglyceride） 36，67
磷脂（phospholipid） 27，67
磷脂酰胆碱（phosphatidylcholine） 36
流动镶嵌模型（fluid mosaic model） 69
流式细胞仪（flow cytometry） 88
六界分类系统（six kingdoms） 232
绿藻（green algae） 236
卵（egg） 167
卵巢（ovary） 342
卵黄（yolk） 167
卵黄囊（yolk sac） 344
卵黄栓（yolk plug） 168
卵极基因（egg-polarity gene） 177
卵裂（cleavage） 167

卵泡（ovarian follicle） 342
卵泡上皮（follicular epithelium） 342
卵清蛋白（ovalbumin） 37
卵细胞（ovum） 82
卵原细胞（oogonium） 342
逻辑斯蒂增长模型（logistic growth model） 362
螺旋-转角-螺旋（helix-turn-helix） 151
裸子植物（gymnosperm） 236，237，251

M

麦芽糖（maltose） 34
脉搏（pulse） 313
脉络膜（choroid） 332
猫（*Felis catus*） 232
毛细血管（capillary） 312
帽子结构（cap） 139
酶（enzyme） 12，37
酶促反应（enzymatic reaction） 3
酶的抑制剂（inhibitor） 99
酶联受体（enzyme-linked receptor） 180
门（phylum） 231
门齿（incisor） 299
蒙古人种（Mongoloid） 239
迷走神经（vagus nerve） 15
糜蛋白酶（chymotrypsin） 301
密码子（codon） 140，142
嘧啶（pyrimidine） 46
免疫（immunity） 396
免疫球蛋白（immunoglobulin, Ig） 402
免疫系统（immune system） 292，293，396
免疫学（immunology） 12
免疫荧光（immunofluorescence） 87
灭菌（sterilization） 410
模式（pattern） 169
模式形成（pattern formation） 175
膜（membrane） 2
膜电势（membrane potential） 73
膜间隙（intermembrane space） 65
末期（telophase） 80
母源极性基因（bicoid） 177
木栓层（cork） 261
木栓形成层（cork cambium） 260，261
木质部（xylem） 250，256
木质素（lignin） 62

目（order） 232
目的基因（gene of interest） 435

N

内毒素（endotoxin） 409
内耳（inner ear） 334
内分泌（endocrine） 180
内分泌系统（endocrine organ system） 292, 294
内分泌腺（endocrine gland） 294
内分泌信号（endocrine signal） 180
内共生学说（endosymbiotic theory） 228
内含子（intron） 143
内环境（internal environment） 302
内膜（internal membrane） 62
内膜系统（endomembrane system） 64
内胚层（endoderm） 168
内皮层（endodermis） 260
内起源（origin endogenous） 260
内在膜蛋白（integral membrane protein） 67
内质网（endoplasmic reticulum, ER） 59, 64
囊胚细胞（blastomere） 167
脑（brain） 169
脑垂体（pituitary gland） 316
脑激素（brain hormone） 184
脑桥（pons） 308
能量（energy） 92
能量金字塔（energy pyramid） 378
能量流（energy flow） 15
能障（energy barrier） 97
尼格罗人种（Negroid） 239
泥盆纪（Devonian） 229
拟核（nucleoid） 2
拟茎叶体（caulidium） 237
拟南芥（*Arabidopsis thaliana*） 179, 191, 460
逆转录（reverse transcription） 437
逆转录病毒（retrovirus） 411
逆转录酶（reverse transcriptase） 436
年轮（annual growth rings） 261
黏菌（slime mold） 236
鸟嘌呤（guanine, G） 46
鸟枪法（shotgun method） 159
尿道（urethra） 303
尿道球腺（bulbourethral gland） 340
尿嘧啶（uracil, U） 46

尿囊（allantois） 344
颞叶（temporal lobe） 324
柠檬酸（citrate） 108
柠檬酸循环（citric acid cycle） 65
凝集原（agglutinogen） 314
凝胶电泳（gel electrophoresis） 442
纽虫（nemertine） 309
浓密常绿阔叶灌丛（chaparral） 356

O

偶联（coupling） 92

P

排泄（excretion） 302
排泄系统（excretory organ system） 292, 293
旁分泌（paracrine） 180
旁分泌信号（paracrine signal） 180
膀胱（urinary bladder） 303
胚柄（suspensor） 170
胚层（germ layer） 168
胚根（radicle） 170
胚孔（blastopore） 168
胚囊（embryo sac） 272
胚胎（embryo） 166
胚胎发育（embryonic development） 166
胚胎干细胞（embryo stem cell, EC） 193
胚胎学（embryology） 166
胚珠（ovule） 170, 271
配对法则基因（pair-rule gene） 178
配子（gamete） 76
配子体（gametophyte） 236
皮层（cortex） 260
皮肤系统（integumentary organ system） 292
胼胝体（corpus callosum） 324
嘌呤（purine） 46
品系（strain） 232
平滑肌（smooth muscle） 291
苹果酸（malate） 104
瓶颈效应（bottle neck effect） 222
葡萄糖（glucose） 33
普通生物学（general biology） 10

Q

脐带（umbilical cord） 345

启动点激酶（start kinase） 81
启动子（promoter） 143
起源（origin） 57
气管（trachea） 299
气孔（stoma） 27
气囊（air sac） 306
器官（organ） 11, 252, 291, 396
器官发生（organogenesis） 167
器官特征基因（organ-identity gene） 179
器官系统（organ system） 292, 396
迁移（migration） 221
前臼齿（premolar） 299
前列腺（prostate gland） 340
前脑（forebrain） 324
前期（prophase） 80
前生物期（prebiotic period） 205
前体mRNA（pre-mRNA） 143
前庭（vestibule） 335, 342
前胸腺（prothoracic gland） 184
嵌合体（chimeras） 190
鞘磷脂（sphingolipid） 67
切除修复（excision repair） 155
亲水头部（hydrophilic head） 36
侵袭力（invasiveness） 403
青霉菌（blue mold） 236
青霉素（penicillin） 6
氢键（hydrogen bond） 30
轻链（light chain） 402
琼脂（agar） 35
琼脂糖凝胶（agarose gel） 43
丘脑（thalamus） 324
球蛋白（globulin） 40
曲精小管（seminiferous tubule） 340
去分化（dedifferentiation） 57
全能细胞（totipotent cell） 173
犬齿（canine） 299
缺失（deletion） 153
群集型（clumped pattern） 359
群落（community） 5, 354, 366

R

染色单体（chromatid） 79
染色体（chromosome） 64, 77
染色体步移（chromosome walking） 158

染色质（chromatin） 63, 77
热（heat） 93
热带雨林（tropical rain forest） 356
热力学（thermodynamics） 93
热力学第二定律（the first law of thermodynamics） 94
热力学第一定律（the second law of thermodynamics） 93
人类白细胞抗原（human leukocyte antigen, HLA） 400
人类基因组计划（Human Genome Project, HGP） 156
人类免疫缺陷病毒（Human Immunodeficiency Virus, HIV） 419
韧带（ligament） 289
韧皮部（phloem） 250, 256
日中性植物（day-neutral plant） 278
绒毛膜（chorion） 344
溶菌酶（lysozyme） 86
溶酶体（lysosome） 59, 64, 66
溶原循环（lysogenic cycle） 412
乳酸（lactic acid） 106
乳糖（lactose） 34
乳糖操纵子（lac operon） 148, 149
乳糖操纵子学说（lac operon theory） 148
朊病毒（virino） 412
软骨组织（cartilage） 289

S

鳃（gill） 305
三叠纪（Triassic） 230
三酰甘油（triacylglycerol） 36
三叶虫（trilobite） 229
桑椹胚（morula） 168
扫描电子显微镜（scanning electron microscope, SEM） 85
扫描隧道显微镜（scanning tunneling microscope, STM） 85
色盲（color blindness） 133
筛板（sieve plate） 256
筛管分子（sieve element） 255, 256
熵（entropy） 93
上胚轴（epicotyl） 170
上皮组织（epithelial tissue） 288
蛇颈龙（Plesiosaur） 230
射精管（ejaculatory duct） 340
伸长区（zone of elongation） 258
伸缩泡（contractile vacuole） 304
伸展蛋白（extensin） 63
身体分节（segmentation） 177
神经（nerve） 57

神经板（neural plate） 168
神经递质（neurotransmitter） 331
神经分泌细胞（neurosecretory cell） 184
神经沟（neural groove） 169
神经管（neural tube） 169
神经嵴细胞（neural crest cell） 169
神经节（ganglion） 323
神经节细胞（ganglion cell） 334
神经膜细胞（Schwann cell） 324
神经胚（neurula） 167
神经生物学（neurobiology） 12
神经索（nerve cord） 331
神经系统（nervous organ system） 293，294
神经细胞通讯（nerves communication） 16
神经元（neuron） 291，323
神经组织（nervous tissue） 291
肾（kidney） 303
肾单位（nephron） 303
肾皮质（renal cortex） 303
肾上腺（adrenal gland） 316
肾上腺皮质激素（corticoid） 36
肾上腺素（epinephrine） 182
肾髓质（renal medulla） 303
肾小管（renal tubule） 304
肾小囊（Bowman's capsule） 304
肾小球（glomerulus） 304
肾盂（renal pelvis） 304
渗透压（osmotic pressure） 71
渗透作用（osmosis） 71
生产者（producer） 374
生长（growth） 3，4
生长素（auxin） 281
生成细胞（founder cell） 186
生理学（physiology） 10
生命（life） 2，6，9
生命科学（life science） 2，9
生命质量（quality of life） 425
生态幅（ecological amplitude） 354
生态位（niche） 372
生态系统（ecosystem） 5，352，354，374
生态学（ecology） 5，10
生态演替（ecological succession） 373
生态因子（ecological factor） 352，354
生物大分子（biomacromolecule） 26，31

生物地理学（biogeography） 225
生物地球化学循环（biogeochemical cycle） 379
生物多样性（biodiversity） 5，10，384
生物工程（bioengineering） 432
生物化学（biochemistry） 10
生物技术（biotechnology） 2，10，432
生物量（biomass） 377
生物量金字塔（biomass pyramid） 378
生物膜（biological membrane） 66
生物圈（biosphere） 113，352，374
生物群落型（biome） 356
生物入侵（biotic invasion） 374
生物体（organism） 2
生物物理学（biophysics） 10
生物芯片（biochips 或 biological chip） 12，459
生物信息学（bioinformatics） 12，161
生物性状（phenotype） 219
生物医学工程（biomedical engineering） 12
生物因子（biotic factor） 354
生殖隔离（reproductive isolation） 215，216
生殖生长（reproductive growth） 269
生殖系统（reproductive organ system） 293，294
十二指肠（duodenum） 300
石炭纪（Carboniferous） 229
石细胞（sclereid） 256
时相（phase） 81
食草动物（herbivore） 375
食管（esophagus） 299
食物链（food chain） 375
食物网（food web） 376
世（Epoch） 225
世代交替（alternation of generations） 269
世代时间（generation time） 360
视杆（rod） 333
视泡（optic vesicle） 174
视网膜（retina） 332
视锥（cone） 333
适合度（fitness） 223
嗜碱性粒细胞（basophil） 314
嗜酸性粒细胞（eosinophil） 314
噬菌体（bacteriophage） 136，411
收缩压（systolic pressure） 416
受精（fertilization） 57，343
受精卵（fertilized egg） 4，82

受体（receptor）62
疏水尾部（hydrophobic tail）36
疏松结缔组织（loose connective tissue）289
舒张压（diastolic pressure）417
输精管（vas deferens）340
输卵管（oviduct）342
输尿管（ureter）303
鼠科（Muridae）190
鼠属（*Mus*）190
树突（dendrite）291，323
衰亡期（death phase）408
栓质（suberin）62
双翅目（Diptera）187
双极细胞（bipolar cell）334
双螺旋（double helix）48
双盲设计（double-blind fashion）19
双名法（binomial system）232
双受精（double fertilization）273
双胸复合体（bithorax）178
双循环（double circulation）310
双子叶植物（dicotyledon）170，252
双子叶植物纲（Dicotyledoneae）192，252
水华（algal bloom）232
水解反应（hydrolysis reaction）32，104
水解酶（hydrolase）64
水霉（water mold）236
水绵（*Spirogyra*）116
水平细胞（horizontal cell）334
水势（water potential）265
顺反子（cistron）148
四分体（tetrad）84
松果体（pineal gland）316
宿主菌（host bacterium）439
宿主细胞（host cell）442
随机型（random pattern）360
随机遗传漂变（random genetic drift）221
髓（pith）260
髓鞘（myelin sheath）324
髓射线（pith ray）261

T

胎生（vivipary）189
苔藓植物（bryophyte）236，237，249
肽键（peptide bond）40

肽聚糖（peptidoglycan）59
探针（probe）436
碳骨架（carbon backbone）27，31
碳酸酐酶（carbonic anhydrase）97
糖蛋白（glycoprotein）63
糖苷键（glycosidic linkage）33
糖酵解（glycolysis）107
糖类（carbohydrate）30，32
糖原（glycogen）34
糖脂（glucolipid）69
特创论（special creation）210
特异性免疫（specific immunity）399
体节（somite）168
体节级化基因（segment-polarity gene）178
体细胞（somatic cell）79
体循环（systemic circulation）310
体液（body fluid）301
体液免疫（humoral immunity）399
体质（physique）425
替换（substitution）152
调控（regulation）4
调整型发育（regulative development）174
天然免疫（natural immunity）403
天线色素系统（antenna complex）117
跳跃式传导（salutatory conduction）330
铁氧还蛋白（ferredoxin, Fdx）118
烃类化合物（hydrocarbons）31
通道蛋白（channel protein）71
同分异构体（isomer）33
同化作用（anabolism）92
同位素（isotope）27
同义突变（samesense mutation）153
同源盒（homeobox）179
同源结构（homologous structure）227
同源染色体（homologous chromosome）79
同源异形基因（homeotic gene）178
透射电子显微镜（transmission electron microscope, TEM）85
突触（synapse）324
突触后膜（postsynaptic membrane）331
突触前膜（presynaptic membrane）331
突触小泡（synaptic vesicle）331
团聚体（coacervate）207
蜕皮激素（ecdysone）184
脱分化（dedifferentiation）57

脱水缩合反应（dehydration synthesis） 32
脱氧核糖核酸（deoxyribonucleic acid, DNA） 4
唾液腺（salivary gland） 299

W

外毒素（exotoxin） 408, 409
外耳（outer ear） 334
外耳道（auditory canal） 334
外骨骼（exoskeleton） 239
外胚层（ectoderm） 168
外显子（exon） 143
外在膜蛋白（peripheral membrane protein） 67
完全花（complete flower） 271
晚期智人（Homo sapiens sapiens） 242
微RNA（microRNA） 7
微分干涉显微镜（differential interference microscope） 85
微观进化（microevolution） 202
微管（microtubule） 61
微量元素（trace element） 266
微球体（microsphere） 207
微绒毛（microvilli） 301
微生物学（microbiology） 10
微丝（microfilament） 61
微体（microbody） 59, 66
微纤丝（microfibre） 62
维管束（vascular bundle） 248, 260
维管束鞘细胞（bundle sheath cell） 120
维管形成层（vascular cambium） 260, 261
维管植物（vascular plant） 236
维管组织（vascular tissue） 250
维管组织系统（vascular tissue system） 257
维生素（vitamin） 100, 101
维生素A（vitamin A） 36
伪足（pseudopod） 236
位置效应（position effect） 175
味蕾（taste bud） 336
胃（stomach） 300
胃蛋白酶（pepsin） 300
温带草原（temperate grassland） 356
温带落叶林（temperate deciduous forest） 356
温室效应（green house effect） 388
稳定期（stationary phase） 408
稳态（homeostasis） 100
无脊椎动物（invertebrate） 237

无性生殖（asexual reproduction） 4, 269
无足细胞（amacrine cell） 334
五界分类系统（five kingdoms） 59, 232
物种（species） 7, 215

X

西方古猿（Australopithecus boisei） 241
吸能反应（endergonic reaction） 94
吸收光谱（absorption spectrum） 116
希尔反应（Hill reaction） 118
希夫（试剂）（Schiff） 87
稀树草原（savanna） 356
系统（system） 292, 396
系统生物学（systematic biology） 12
细胞（cell） 2, 56
细胞板（cell plate） 62
细胞壁（cell wall） 59, 62
细胞凋亡（apoptosis） 175
细胞毒素T细胞（cytotoxic T cell） 400
细胞分裂（cell division） 76
细胞分裂期（mitotic phase） 80
细胞工程（cell engineering） 432
细胞骨架（cytoskeleton） 66
细胞核（nucleus） 2, 63
细胞呼吸（cell respiration） 105
细胞决定（cell determination） 173
细胞免疫（cellular immunity） 399
细胞命运决定（cell fate determination） 173
细胞膜（membrane） 66
细胞囊胚（blastula） 167
细胞器（organelle） 2, 59, 63
细胞迁移（cell migration） 167
细胞色素（cytochrome, Cyt） 109
细胞色素b_6-f复合物（cytochrome b_6-f complex, Cytb_6-f） 118
细胞生长因子（growth factor） 82
细胞生物学（cell biology） 10
细胞学说（cell theory） 56
细胞因子（cytokine） 314
细胞质（cytoplasm） 27
细胞质分裂（cytoplasmic segregation） 173
细胞周期（cell cycle） 79
细胞周期检验点（cell cycle checkpoint） 81
细菌（bacteria） 2
细菌毒素（bacterial toxin） 408

狭适性生物（stenotopic organism）354
下胚轴（hypocotyl）170
下丘脑（hypothalamus）316
纤毛（cilia）66
纤维（fibre）57
纤维蛋白（fibrin）40
纤维蛋白原（fibrinogen）314
纤维结缔组织（fibrous connective tissue）289
纤维素（cellulose）32，34
显微镜（microscope）56
显性性状（dominant trait）127
线虫纲（Nematoda）185
线粒体（mitochondrion）59，64
线形动物门（Nemathelminthes）185
限制性内切酶（restriction enzyme）435，439
腺苷二磷酸（adenosine diphosphate，ADP）95
腺苷三磷酸（adenosine triphosphate，ATP）3
腺苷一磷酸（adenosine monophosphate，AMP）95
腺苷酸激酶（adenylate kinase）65
腺嘌呤（adenine，A）46
相差显微镜（phase contrast microscope）85
镶嵌型发育（mosaic development）174
消除反应（elimination reaction）104
消毒（disinfection）410
消费者（consumer）374
消化（digest）297
消化系统（digestive organ system）292，293
消化作用（digestion）112
小肠（small intestine）300
小分子干扰RNA（small interfering RNA，siRNA）457
小杆线虫目（Rhabditida）186
小脑（cerebellum）324
小试管（eppondorf tube）437
小鼠（*Mus musculus*）189
小阴唇（labia minora）342
协同运输（cotransport）74
心材（heart wood）262
心肌（cardiac muscle）291
心皮（carpel）270
锌指（zinc finger）151
新陈代谢（metabolism）2，3
新生代（Cenozoic era）231
信号肽（signal peptide）146
信号转导（signal transduction）27，180

信使RNA（messenger RNA，mRNA）48
信息流（information flow）15
行为（behavior）358
行为生态学（behavioral ecology）357
形态发生（morphogenesis）166
性连锁基因（sex-linked gene）133
性染色体（sex chromosome）132
性腺（gonad或sex gland）169，316
胸腺（thymus）316
胸腺嘧啶（thymine，T）46
雄配子（male gamete）82
雄蕊（stamen）172
雄蕊群（androecium）270
须根系（fibrous root system）254
序列标签位点（sequence-tagged site，STS）158
选择系数（selective coefficient）223
血红蛋白（hemoglobin）27
血浆（blood plasma）313
血清（serum）315
血小板（platelet）314
血型（blood type）315
血压（blood pressure）313
血液（blood）289
血友病（hemophilia）133
寻靶运输（targeting transport）146
循环电子传递途径（cyclic electron flow）118
循环系统（circulatory organ system）292，293，416

Y

压力流动假说（pressure flow hypothesis）268
亚基（subunit）42
亚种（subspecis）232
咽（pharynx）306
咽侧体（corpora allata）184
咽鼓管（Eustachian tube）334
烟草花叶病毒（tobacco mosaic virus，TMV）410
烟酰胺腺嘌呤二核苷酸（nicotinamide adenine dinucleotide，NAD^+）100
烟酰胺腺嘌呤二核苷酸磷酸（nicotinamide adenine dinucleotide phosphate，$NADP^+$）100
延胡索酸（fumarate）104
延髓（medulla oblongata）308
延滞期（lag phase）408
严重急性呼吸综合征（Severe Acute Respiratory Syndrome，SARS）

7，423
炎症（inflammation）397
盐腺（salt-secreting gland）302
眼虫（Euglena）56
演绎（deduction）17
羊膜（amnion）344
氧化（oxidation）28
氧化反应（oxidation reaction）102
氧化-还原反应（redox reaction）102
氧化剂（oxidizer）102
氧化磷酸化（oxidative phosphorylation）109
氧化酶（oxidase）66
样方（sample plot）358
叶柄（petiole）254
叶醇（phytol）115
叶黄素（chrysophyll）248
叶绿素（chlorophyll）11
叶绿体（chloroplastid）65
叶脉（vein）114，263
叶肉（mesophyll）114
叶原基（leaf primordium）260
液泡（vacuole）59，66
腋芽（axillary bud）254
一般转录因子（general transcription factor）150
衣藻（Chlamydomonas）56
胰蛋白酶（trypsin）301
胰岛素（insulin）317
胰淀粉酶（amylopsin）301
胰高血糖素（glucagon）317
胰腺（pancreas）299，316
胰脂肪酶（pancreatic lipase）301
移码突变（frameshift mutation）153
遗传（heredity）4
遗传漂变（genetic drift）222
遗传图谱（genetic map）132
遗传信息（genetic information）4
遗传学（genetics）10
遗传易感性（genetic predisposition）404
乙醛酸体（glyoxysome）66
乙醛酸循环体（gloxysome）62
乙酰胆碱（acetylcholine）16
乙酰辅酶A（acetyl-CoA）108
异地物种形成（allopatric speciation）217
异花传粉（alloflower pollination）272

异化作用（catabolism）92
异染色质（hetrochromatin）152
异养（heterotrophy）59
异养生物（heterotrophic organism）92
易化扩散（facilitated diffusion）71
翼龙（Pterosaur）230
阴道（vagina）342
阴蒂（clitoris）342
阴阜（pubes）342
阴茎（penis）340
引物（primer）139
隐性性状（recessive trait）127
印记（imprinting）358
应答cAMP结合蛋白（cAMP responding element binding protein, CREB）321
应答修复（response repair）155
荧光显微镜（fluorescence microscope）85
营养（nutrition）57
营养器官（nutritive organ）253
营养生长（nutritive growth）268
营养水平（trophic level）375
营养枝（vegetative shoot）254
影响因子（impact factor）21
硬骨鱼纲（Osteichthyes）188
油（oil）36
有机化合物（organic compound）26
有丝分裂（mitosis）77，80
有丝分裂促进因子（mitosis-promoting factor, MPF）81
有性生殖（sexual reproduction）4，340，369
右心房（right atrium）312
右心室（right ventricle）312
诱导（induction）174
诱导契合（induced fit）98
诱导子（inducer）175
玉米（Zea mays）232
原癌基因（proto-oncogene）415
原表皮（protoderm）258
原肠胚（gastrula）167
原初电子受体（primary electron acceptor）118
原代培养（primary culture）449
原核生物界（Kingdom Monera）232
原核细胞（prokaryocytic cell）2，59
原球体（protobionts）205
原肾管（protonephridium）305

原生分生组织（primary meristem）258
原生生物（protists）233
原生生物界（Kingdom Protista）232
原生质（protoplasm）2，59
原始小球藻（*Chlorella protothecoides*）232
原子（atom）26，27
原子轨道（atomic orbit）27
原子力显微镜（atomic force microscope）85
远曲小管（distal tubule）304

Z

杂合子（heterozygote）128
载体（vector）439，440
载体蛋白（carrier protein）71
早期猿人（*Homo habilis*）241
早期智人（*Homo sapiens neanderthalensis*）242
藻胆素（phycobilin）115
藻类（alga）2，236
增强子（enhancer）150
栅栏组织（palisade tissue）262
蔗糖（sucrose）34
针叶林（coniferous forest）356
真核细胞（eukaryocytic cell）2，59
真菌（fungi）236
真菌界（Kingdom Fungi）232
真细菌（eubacteria）232
真细菌界（Kingdom Eubacteria）232
诊断芯片（diagnostic biochip）8
枕叶（occipital lobe）324
蒸腾作用（transpiration）262
正态化选择（stabilizing selection）223，224
支链淀粉（amylopectin）34
支气管（bronchus）306
支原体（mycoplast）57
脂肪（fat）35
脂肪酸（fatty acid）35
脂肪组织（adipose tissue）289
脂类（lipid）30，35
直根系（tap root system）253
直立人（*Homo erectus*）241
直链淀粉（amylose）34
植物（plants）10
植物激素（plant hormone 或 phytohormone）281
植物极（vegetal pole）167

植物界（Kingdom Plantae）232
植物生长调节剂（plant growth regulator）281
植物细胞（plant cell）59，61
指数期（logarithmic phase）408
指数增长模式（exponential growth model）360
志留纪（Silurian）229
质壁分离（plasmolysis）71
质粒（plasmid）436，440
质膜（plasma membrane）59，62
质谱（mass spectrum）12
质体（plastid）59，65
质体醌（plastoquinone，PQ）100，118
质体蓝素（plastocyanin，PC）118
质子泵（proton pump）74
质子梯度（proton gradient）110
致密结缔组织（dense connective tissue）289
中耳（middle ear）334
中间纤维（intermediate filament）66
中脑（midbrain）324
中胚层（mesoderm）168
中期（metaphase）80
中生代（Mesozoic era）230
中枢神经系统（central nervous system）321
中心法则（central dogma）146
中心体（centriole）62
中性粒细胞（neutrophil）314，397
中性学说（neutral theory of molecular evolution）218
中柱鞘（pericycle）258
终止子（terminator）143
肿瘤坏死因子（tumor necrosis factor，TNF）183
肿瘤抑制基因（tumor-suppressor gene）416
种群（population）5，216，219，353
种群密度（population density）358
种系（germ line）186
种子（seed）170
种子植物（seed plant）236
种族（race）239
重链（heavy chain）402
周皮（periderm）260
周期蛋白（cyclin）81
周期蛋白依赖性激酶（cyclin-dependent kinase，Cdk）81
周围神经系统（peripheral nervous system）321
轴突（axon）291，323
侏罗纪（Jurassic）230

主导基因（master control gene） 176, 177
主动运输（active transport） 71
主根（tap root） 253
属（genus） 231
助细胞（synergid） 272
柱层析（column chromatography） 43
柱头（stigma） 271
转化（transformation） 442
转化子（transformant） 435
转基因生物（transgenic organism） 445
转录（transcription） 64, 142
转录激活因子（activator） 150
转录物（transcript） 148
转录抑制因子（repressor） 150
转录因子（transcription factor, TF） 149
转移 RNA（transfer RNA, tRNA） 48
着丝点（kinetochore） 79
着丝粒（centromere） 79
滋养细胞（trophoblast） 344
子房（ovary） 170
子宫（uterus） 342
子宫颈（cervix） 343
子囊（ascus） 236
子囊孢子（ascospore） 236
子囊菌（Ascomycota） 236
子叶（cotyledon） 170

紫细菌（purple bacteria） 232
自发突变（spontaneous mutation） 154
自分泌（autocrine） 180
自分泌信号（autocrine signal） 180
自然选择（natural selection） 213, 223
自养（autotrophy） 59
自养生物（autotrophic organism） 92
自养原植体（thallus） 236
自由能（free energy） 3, 94
自主神经（autonomic nerve） 327
综合进化论（synthetic theory） 218
阻遏蛋白（repressor protein） 149
组胺（histamine） 397
组蛋白（histone） 48
组织（tissue） 11, 57, 257
组织相容性复合体（major histocompatibility complex, MHC） 399
组织者（organizer） 175
祖细胞（progenitor cell） 194
最小因子法则（law of the minimum） 354
左心房（left atrium） 312
左心室（left ventricle） 312
作用光谱（action spectrum） 116

图片说明

《基础生命科学》第 2 版共有插图 654 幅。全部插图由作者立题、创意或编写绘图脚本，主要由作者和刘金龙共同完成了绝大部分图片的摄制、绘制、编辑、收集、修订或组合制作。其中，刘金龙担当了 488 幅图片的执笔绘制和编辑组合。其余少部分图片的绘制得到了赵学颜先生、曹露等同学和本书第 1 版部分插图完成人的协助。历时 4 年的编写和图片绘制过程中，作者和刘金龙经常在一起共同商讨图片的创意、表现和修改等问题。有时为完成一幅较复杂的插图，两人在一起共同工作长达 5 天时间。全部图片绘制完成后，多位审稿专家和高等教育出版社的林金安、吴雪梅等对每一幅图都做了细致审核，对一些图片提出了宝贵的修改意见。

除绘制的图片外，大部分摄影图片由本书作者亲自摄制，有些摄影图片还经过作者与刘金龙利用电子暗房技术后期编辑。摄影工作具体完成人列示如下：封面图片，吴庆余摄；图 1-4，吴庆余摄；1-10a，b，c，吴庆余摄；1-14，吴庆余摄；1-15，吴庆余摄；1-16，吴庆余摄；1-21，吴庆余摄；1-25，刘金龙、吴庆余摄；1-26，张贵友、潘勋摄；1-27，吴庆余摄；2-7，吴庆余摄；2-17，吴庆余摄；2-18，吴庆余摄，刘金龙后期制作与组合；2-34，部分资料由清华大学饶子和院士惠赠；2-41，赵学颜根据照片重新绘制；3-33，吴庆余、严雪摄（显微摄影）；3-46，吴庆余摄；4-1，吴庆余摄；5-2，吴庆余摄；5-29，赵学颜绘制；6-28，吴庆余和刘金龙摄；6-30，清华大学孟安明教授惠赠；6-31，吴庆余、刘金龙摄；7-1，吴庆余摄；7-3，吴庆余摄（显微摄影）；7-4，吴庆余摄；7-5，吴庆余摄（显微摄影）；7-23，吴庆余摄；7-25，吴庆余、刘金龙摄；7-30，吴庆余摄（a 图为显微摄影）；7-31a，吴庆余摄；7-46，吴庆余摄；8-5a，b，c，吴庆余摄；8-11a，b，c，吴庆余摄；8-12a，b，c，d，e，f，吴庆余、严雪摄（显微摄影）；8-16b，吴庆余、严雪摄（显微摄影）；8-17，吴庆余、严雪摄（显微摄影）；8-18，吴庆余、严雪摄（显微摄影）；8-19，吴庆余、严雪摄（显微摄影）；8-20，吴庆余、严雪摄（显微摄影）；8-22 右图，吴庆余、严雪摄（显微摄影）；8-23，吴庆余、严雪摄（显微摄影）；8-27a，吴庆余、严雪摄（显微摄影）；8-29，吴庆余摄，刘金龙后期制作；8-35b，吴庆余、严雪摄（显微摄影）；8-37b，吴庆余、严雪摄（显微摄影）；8-37c，吴庆余摄；8-39，吴庆余摄；8-41b，吴庆余摄；10-1，吴庆余摄，刘金龙后期制作；10-2，刘金龙制作；10-3a，吴庆余摄；10-8，

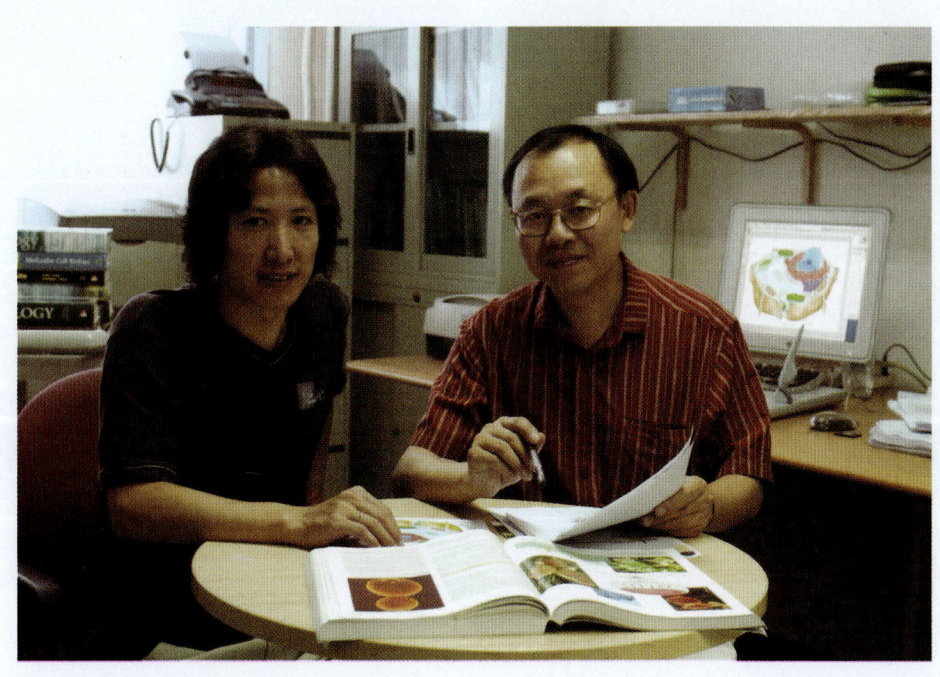

作者吴庆余（右）与责任绘图刘金龙（左）正在探讨图片的创意和表现。

吴庆余摄；10-10，吴庆余摄；10-16，吴庆余摄；10-19，吴庆余摄；10-23，吴庆余摄；10-26，吴庆余摄；10-31，吴庆余摄；10-45，吴庆余摄；11-16，吴庆余摄；12-2a，b，c，吴庆余摄；12-6b，吴庆余摄；12-17，吴庆余摄；12-19a，b，吴庆余摄；12-23，吴庆余摄；12-37，根据清华大学程京教授及生物芯片北京国家工程研究中心提供图片绘制；12-40，吴庆余摄；封底图片，吴庆余摄。

全书很少部分插图，为特别购买使用权的图片，它们列示如下：图1-9中的HIV病毒，2-41，3-36，3-48，6-1，6-15，7-33，10-9，10-49，12-35。另外，还有很少部分由学生提供或制作的图片来源资料不详，如果涉及使用权问题，请图片版权所有者与高等教育出版社联系，以便补付图片使用费。

除需要购买使用权的图片外，本教材所有自行完成制作的插图和摄影图片版权归高等教育出版社所有，任何个人或组织未经许可不得使用。

有关涉及图片版权购买、使用事宜和责任由高等教育出版社全权处理和承担。

谨此特别感谢为本教材图片制作提供协助和帮助的人员和单位。

高等教育出版社及作者

致 谢

《基础生命科学》第 2 版是为大学生编写的,清华大学生物科学与技术系部分优秀学生作为第一批读者,在分别阅读了本书第 3 稿部分章节后,提供了宝贵的修改意见。这些同学是:陈晓蕊、戚少玲、郭霖霏、杨滢、丁雀英、姜子玥、林彦妮、高雪、唐晓芳、王健、孟庆航、柴国梁、周煊、杨明、周唱、刘晶、蒋墨、马晓东、汤宇翀、庄源、沈伟、冯丹、何溟潇、赵医医、吴佳、谢谢、陈未翔、孙驰程、黄潇、陈琛、卢文、杨天舒等。

《基础生命科学》第 2 版经过了 6 次修改,3 轮审稿,特邀审稿人都是工作在各大学教学、科研第一线的高水平专家,他们提出的宝贵的评审和修改意见为本书的质量提供了保证。各审稿专家及重点审阅章节列示如下:尹伟伦(院士,北京林业大学),第一章;李珍(副教授,清华大学),第二章;王喜忠(教授,四川大学),第三章;张淑平(副教授,清华大学),第四章;周兵(教授,清华大学),第五章;孟安明(教授,清华大学),第六章;孙晖(教授,东北师范大学),第七章;谢莉萍(副教授,清华大学),第八章;张荣庆(教授,清华大学),第九章;牛翠娟(教授,北京师范大学),第十章;王振刚(教授,北京大学),第十一章;魏群(教授,北京师范大学),第十二章。

全书插图和美工设计始终得到刘金龙等的全力协助。刘金龙作为清华大学生物科学与技术系吴庆余教授与清华大学美术学院张火炎副教授联合培养的研究生,刻苦学习,努力工作,为提高插图的质量做出了重要贡献。以生命的美术表现为研究方向,刘金龙的研究论文和美术插图工作得到了清华大学美术学院张火炎副教授的精心指导,他的论文及在生命科学与美术学交叉领域的探索还得到清华大学美术学院何洁教授、李当歧教授和清华大学研究生院陈浩明教授等的大力支持。

与《基础生命科学》第 2 版同步出版的还有《基础生命科学(第 2 版)学习指导与习题》和《基础生命科学(第 2 版)教案与多媒体课件》。山东农业大学李菡副教授、清华大学闫永彬副教授为编写这些教辅努力工作,密切合作。这些教辅的出版有助于提高本书的教学实用性。

在国内,编写全彩色生命科学教材是一种新的尝试和探索,自1998年以来,第 1 版与第 2 版的编写工作始终得到清华大学领导和教育部高等教育司领导的鼓励和支持。清华大学教务处领导和生物科学与技术系的领导及许多老师与同学也都给予了支持和帮助。本教材编写工作还获清华大学"985"二期精品教材项目基金资助。

高等教育出版社刘志鹏社长和张增顺总编高度重视本书的编写和再版工作,高等教育出版社教材发展研究所常务副所长林金安、生命科学分社吴雪梅、王莉等为保证本书的出版和提高本书的质量,辛勤地工作,做出了重要贡献。

一些未能记录姓名的老师和同学、我的夫人和孩子长期以来也为本书的编写提供了支持和帮助。

谨以此书献给热爱生命科学、为我国生命科学教育与人才培养辛勤耕耘的老师们。感谢国家自然基金委员会主任陈宜瑜院士亲自为本书作序,感谢上述评审专家、老师、同学、领导和朋友们!

吴庆余
2006 年 4 月

郑重声明

高等教育出版社依法对本书享有专有出版权。任何未经许可的复制、销售行为均违反《中华人民共和国著作权法》，其行为人将承担相应的民事责任和行政责任；构成犯罪的，将被依法追究刑事责任。为了维护市场秩序，保护读者的合法权益，避免读者误用盗版书造成不良后果，我社将配合行政执法部门和司法机关对违法犯罪的单位和个人进行严厉打击。社会各界人士如发现上述侵权行为，希望及时举报，我社将奖励举报有功人员。

反盗版举报电话　　（010）58581999　58582371
反盗版举报邮箱　　dd@hep.com.cn
通信地址　　北京市西城区德外大街4号　高等教育出版社法律事务部
邮政编码　　100120

读者意见反馈

为收集对教材的意见建议，进一步完善教材编写并做好服务工作，读者可将对本教材的意见建议通过如下渠道反馈至我社。

咨询电话　　400-810-0598
反馈邮箱　　gjdzfwb@pub.hep.cn
通信地址　　北京市朝阳区惠新东街4号富盛大厦1座
　　　　　　高等教育出版社总编辑办公室
邮政编码　　100029